470个数学奥林匹克中的最值问题

470 Mathematical Olympic Maximum and Minimum Problem

◎ 佩捷 主编

数学主要地是一项青年人的游戏。它是智力运动的练习，
只有具有青春与力量才能做得满意。——诺伯特·维纳

为了激励人们向前迈进，应使所给的数学问题具有一定的难度，
但也不可难到高不可攀，因为望而生畏的难题必将挫伤人们继续前进的积极性。总之，
适当难度的数学问题，应该成为人们揭示真理奥秘之征途中的路标，
同时又是人们在问题获解后的喜悦感中的珍贵的纪念品。——大卫·希尔伯特

哈爾濱工業大學出版社
HARBIN INSTITUTE OF TECHNOLOGY PRESS

内容简介

本书收集了470道国内外数学最值试题，它将抽象的定理、公式、方法隐含于通俗、生动、有趣的题目中，深入浅出. 本书叙述严谨，可激发读者的学习兴趣，是提高数学水平、锻炼逻辑思维的理想用书.

本书适合中学生、数学竞赛选手及数学爱好者参考阅读.

图书在版编目(CIP)数据

470个数学奥林匹克中的最值问题/佩捷主编. —哈尔滨：哈尔滨工业大学出版社，2018.10(2022.8重印)

ISBN 978－7－5603－4972－5

Ⅰ.①4…　Ⅱ.①佩…　Ⅲ.①数学－竞赛题－题解
Ⅳ.①O1－44

中国版本图书馆CIP数据核字(2017)第066476号

策划编辑　刘培杰　张永芹
责任编辑　张永芹　钱辰琛
封面设计　孙茵艾
出版发行　哈尔滨工业大学出版社
社　　址　哈尔滨市南岗区复华四道街10号　邮编150006
传　　真　0451－86414749
网　　址　http://hitpress.hit.edu.cn
印　　刷　哈尔滨市石桥印务有限公司
开　　本　787 mm×960 mm　1/16　印张46.75　字数869千字
版　　次　2018年10月第1版　2022年8月第2次印刷
书　　号　ISBN 978－7－5603－4972－5
定　　价　98.00元

序　言

最值问题起源于两个古希腊传说，一是迦太基的建国者狄多女王有一次得到一张水牛皮，父亲许诺给她能用此圈住的土地作为她的嫁妆.于是她命人把它切成一根皮条，沿海岸圈了一个半圆.这是所能圈出的最大面积，这也可能是变分法的起源了.这个传说的另一个版本是这样说的，地中海塞浦路斯岛主狄多女王的丈夫被她的兄弟皮格玛利翁杀死后，女王逃到了非洲海岸，并从当地的一位酋长手中购买了一块土地，在那里建立了迦太基城.这块土地是这样划定的：一个人在一天内犁出的沟能圈起多大的面积，这个城就可以建多大.这对姐弟各自的爱情故事曲折动人，曾被古罗马诗人维吉尔和奥维德先后写进他们的诗歌中.

21 世纪被人们看成是生物学的世纪，人类对自然和生命的关注，通常体现在两个方面：构成世间万物的本质是什么，以及如何去认识和探寻这种本质.如果采用这样

的假设,生命的本质最终是体现在数学规律的构成上,那么没有数学显然我们就不能真正和彻底地揭示出生命的本质.我们来看两个生物学的最值问题.

第一个问题在18世纪初被提出,法国学者马拉尔蒂(Maraldi)曾经测量过蜂房的尺寸,得到一个有趣的发现,那就是六角形窝洞的六个角都有一致的规律:钝角等于109°28′,锐角等于70°32′.

难道这是偶然现象吗?法国物理学家雷奥米尔(Réaumur)由此得到一个启示:蜂房的形状是不是为了使材料最节省而容积最大呢?(数学的提法应当是:同样大的容积,建筑用材最省;或同样多的建筑材料,制成最大容积的容器.)雷奥米尔去请教当时巴黎科学院院士、瑞士数学家克尼格.他计算的结果使人们非常震惊,因为根据他的理论计算,要消耗最少的材料,制成最大的菱形容器,其角度应该是109°26′和70°34′,这与蜂房的角度仅差2′.

后来,苏格兰数学家马克劳林(C. Maclaurin)又重新计算了一次,得出的结果竟和蜂房的角度完全一样.后来发现,原来是克尼格计算时所用的对数表印错了.

小小蜜蜂在人类有史以前已经解决的问题,竟要18世纪的数学家用高等数学才能解决.

诚如进化论创始人达尔文(Darwin)所说:"巢房的精巧构造十分符合需要,如果一个人看到巢房而不倍加赞扬,那他一定是个糊涂虫."(华罗庚.谈谈与蜂房结构有关的数学问题[M].北京:北京出版社,1979.)

另一个近代的例子是关于分子生物学的.DNA和蛋白质是两类最重要的生物大分子,它们通常都是由众多的基本元件(核苷酸及氨基酸)相互联结而成的长链分子.但是,它们的空间形状并非是一条平直的线条,而是一个规则的"螺旋管".尽管在20世纪中叶人们就发现了DNA双螺旋和蛋白质α螺旋结构,但迄今为止,人们还是难以解释,为什么大自然要选择"螺旋形"作为这些生物大分子的结构基础.

美国和意大利的一组科学家曾利用离散几何的方法研究了致密线条的"最大包装"(Optimal Packing)问题.得到的答案是:在一个体积一定的容器里,能够容纳的最大线条的形状是螺旋形.研究者们意识到,"天然形成的蛋白质正是这样的几何形状".显然,我们由此能够窥见生命选择了螺旋形作为其空间结构基础的数学原因:在最小空间内容纳最长的分子.凡是熟悉分子生物学和细胞生物学的人都知道,生物大分子的包装是生命的一个必然过程.作为遗传物质载体的DNA,其线性长度远远大于容纳它的细胞核的直径.例如构成一条人体染色体的DNA的长度是其细胞核的数千倍.因此通常都要对DNA链进行多次的折叠和包扎,使长约5 cm的DNA双螺旋链变成约5 μm的致密的染色

体. 由此我们可以认为，生命是遵循“最大包装”的数学原理来构造自己的生物大分子的.(吴家睿. 抽象的价值——数学与当代生命科学[M]//丘成桐，刘克峰，季理真. 数学与生活. 杭州：浙江大学出版社，2007.)

20世纪是物理学的世纪，许多最值问题的提出有明显的物理学背景. 有一个经典的问题——极小曲面理论，它来源于肥皂液薄膜所呈现的曲面. 人们对它的研究已有很长的历史了. 把一个铁丝线圈先浸入肥皂液，然后拿出来，它上面会张着肥皂液的一张薄膜，该薄膜的特性是在所有以该线圈作为边界的曲面中面积最小. 找这种极小曲面容易表述为变分学中的一个问题，从而被转化为某种偏微分方程(极小曲面方程)的研究. 虽然这种方程的解并不难以描述，至少在小范围内是如此，但这些解的整体行为却是非常微妙的，而且许多问题仍然尚未解决.

这些问题具有鲜明的物理意义. 例如，任何物理的肥皂液薄膜不自交(即它是一个嵌入曲面)，但这一性质却难以从极小曲面方程的标准表示做出论断. 实际上在30多年前，仅有两个已知的嵌入极小曲面，这就是通常的平面和被称为悬链面的旋转面，它们在无边的意义下是完备的. 人们曾猜测这也是三维空间中仅有的完备嵌入极小曲面.

1983年，人们发现了一个新的极小曲面，它的拓扑与刺了三个洞的环面的拓扑相同. 根据椭圆函数理论，有迹象表明这个曲面似乎是可以作为上述猜测的反例的一个极好的候选者. 然而，其定义方程的复杂性直接造成嵌入问题的困难.

极端是数学的常态，所以最值问题才是数学中最有魅力的一部分. 有人说：数学能告诉我们，多样的背后存在统一，极端才是和谐的源泉和基础. 从某种意义上说，数学的精神就是追求极端，它永远选择最简单的、最美的，当然也是最好的.(伊弗斯 H W. 数学圈3[M]. 李泳，刘晶晶，译. 长沙：湖南科学技术出版社，2007.)

有趣的是，数学家的日常语言也是最值化的，以至于受到误解. 1917年，哈代(G. H. Hardy)的合作者李特伍德(J. E. Littlewood)为英国弹道学办公室写了个备忘录，结束语为：“这个σ应该尽可能小.”但在草稿复印时，这句话却在纸面上找不到了. 有人读备忘录时问：“那是什么?”仔细看才发现在备忘录最后的空白处有一个小斑点，大概就是那个“尽可能小的”σ了. 当时还是铅排时代，排字工想必是跑遍了伦敦才找到这个符号吧. 有人甚至“不怀好意”地想，如果李特伍德当时写的是“这里的大X很小”，排字工人又当如何呢?

过去在批判某人或控诉旧社会时人们爱用的一个词就是“无所不用其极”，其实这就是数学和数学家的本质. 1971年，哥伦比亚大学杜卡(Jacques Dutka)

用电子计算机经过 47.5 h 的计算，将$\sqrt{2}$至少展开到了小数点后1 000 082 位，密密麻麻地打印了 200 页，每页有 5 000 个数字，成为迄今为止最长的一个无理数方根.这个极端做法并不是单单为了显示计算机的威力，而是要验证$\sqrt{2}$的一个特殊性质——正态性.如果在一个实数的十进制表示中，10 个数字以相同频率出现，就说它是简单正态的；如果所有相同长度的数字段以相同频率出现，就说它是正态的.人们猜测 π，e，$\sqrt{2}$都是正态数，但是还没有被证明.

在数学历史上许多最值问题的提出和解决极大地推动了数学的发展和新的数学分支的产生.

1696 年，在莱布尼兹(G. W. Leibniz)创办的数学杂志 *Acta Eruditorum* 上，约翰·伯努利(Johann Bernoulli)向他的同行们提出了最速降线的问题.这个问题是说："在一个竖直的平面上给定两点 A，B，试找出一条路径 AMB，使动点 M 在重力的作用下从点 A 滑到点 B 所需的时间最短."并且还卖了一个关子："这条曲线是一条大家熟悉的几何曲线，如果到年底还没人能找出答案，那么到时候我再来公布答案."

到了 1696 年底，可能是由于杂志寄送延误，除了这份杂志的编辑莱布尼兹提交的一份解答以外，没有收到任何其他人寄来的答案.而莱布尼兹则是在他看到这个问题的当天就完成了证明.所以莱布尼兹劝约翰·伯努利将挑战的期限再放宽半年，并且将征解对象扩大到"分布在世界各地的所有最杰出的数学家".莱布尼兹似乎猜到了都有哪些人能解出这个问题，其中包括约翰·伯努利的哥哥雅各布·伯努利(Jacob Bernoulli)、牛顿(Newton)、德·洛必达(de l'Hopital)侯爵和惠更斯(C. Huygens)，如果惠更斯还活着的话(但他已于 1695 年去世).莱布尼兹的预言完全实现了，而且牛顿也和他一样在收到问题的当天就做出了正确的解答.

在所有这些解答中以约翰·伯努利的最为巧妙，而以雅各布·伯努利的最为深刻，而且由此产生了数学的一个新的分支——变分学.正是在变分学的基础之上才有了今天在实际应用中极其重要的控制论，雅各布·伯努利曾说过：一些看上去没有什么意义的问题，往往会对数学的发展起到一种无法预期的推动作用.

对于这种求最值问题，高手和普通爱好者的认识程度也有很大的不同，比如我们考虑一个简单的几何填充问题：在边长为 S 的大方块里能放入多少个单位方块而不重叠？当然，如果 S 等于某个整数 n，那么就不难看出正确的答案是 n^2；但若 S 不是整数，例如，$S=\frac{n+1}{10}$，怎么办？一般人的意见是把 n^2 个单位方块填入一个 $n\times n$ 的正方形中，放弃未覆盖的面积(将近$\frac{S}{5}$个平方单位)作

为无法避免的损失.但这真是所能做到的最好方式吗？十分惊人，答案是“不”.20世纪80年代由匈牙利籍天才数学家P.厄多斯(P. Erdös)、密歇根大学的D.蒙哥马利(D. Montgomery)和组合学家R. I. 格雷汉姆(R. I. Graham)同时证明了：当S很大时，填充任何$S\times S$的正方形使至多剩下$S^{\frac{3-\sqrt{3}}{2}}\approx S^{0.634\cdots}$个平方单位的未覆盖面积.这种方法实际上是存在的.这比当n很大时用显而易见的填充法所剩下的$\frac{S}{5}$个平方单位的未覆盖面积小多了.$S^{0.634}$这个数也许还不是对大值S可能达到的最优终极界限：似乎很难决定不可避免的未覆盖面积增长的精确数量级是什么样子，尽管$\sqrt{S}=S^{0.5}$看起来像是可能的候选者.透过这个结论，大师与普通爱好者高下立分，所以要向大师学习，而不是他的学生.

本书所选题目均可完全用自然语言叙述，而不借助于数学符号，但考虑到篇幅问题，所以还是采用了数学符号来叙述，希望不会给读者造成阅读障碍.歌德在《格言与感想》(*Maximen und Reflexionen*)中说：“数学家像法国人，不论你对他们说什么，他们都翻译成自己的语言，立刻就成了完全不同的东西.”

本书的题目多从数学著作中选出，解法多出自名家之手，首先向这些问题的原作者致以谢意，特别是附录的几位作者，另外也向文字编辑表示感谢.她在编辑加工过程中消灭了许多显见的和隐蔽的错误，使之臻于完美.数学史家斯特鲁伊克(D. J. Struik)讲过一个据说是杰西·道格拉斯(Jesse Douglas)津津乐道的故事.有一次，他在哥廷根大学听朗道(Landau)讲傅里叶级数.朗道在解释所谓吉布斯(Gibbs)现象时说：“这个现象是来自英国的数学家Gibbs(他读成Dzjibs)在Yale(他读成Jail)发现的.”道格拉斯说，出于对朗道的尊重，他才没有当面指出.“教授先生，您说的绝对正确，不过有一点小小问题，Erstens不是英国人，而是美国人.Zweitens不是数学家，而是物理学家.Drittens的名字是Gibbs，而不是Dzjibs.Viertcns不在监狱，而在耶鲁，而且，发现那个现象的不是他.”

本书成书于2018年，其后的日子中许多各级各类的数学考试中最值问题不断.以2022年哈佛－麻省理工数学锦标赛(团体赛)试题为例，其中竟然有两道题是最值问题，一道题是：

题1　设$P_1,P_2,\cdots,P_n$是正n边形的顶点，给定非负整数$a_1,a_2,\cdots,a_n$.我们可以画m个圆，使得对任意$1\leqslant i\leqslant n$，点P_i恰好在a_i个圆的内部.求m的最小值.

解　设$a=\max\{a_1,a_2,\cdots,a_n\}$，$b=\frac{1}{2}\sum\limits_{i=1}^{n}|a_i-a_{i+1}|$，其中$a_{n+1}=a_1$.下面先证明

$$m \geqslant \max\{a,b\} \quad ①$$

显然 $m \geqslant a$，需证 $m \geqslant b$.

设正 n 边形 $P_1P_2\cdots P_n$ 的外接圆为圆 Ω.

对任意 $i \in \{1,2,\cdots,n\}$，至少有 $|a_i - a_{i+1}|$ 个圆的内部包含 P_i, P_{i+1} 之一，于是至少有 $|a_i - a_{i+1}|$ 个圆与劣弧 $\overset{\frown}{P_iP_{i+1}}$ 有交点. 而每个圆至多与圆 Ω 有两个交点，故 $m \geqslant \frac{1}{2}\sum\limits_{i=1}^{n} |a_i - a_{i+1}| = b$.

再对 $S = \sum\limits_{i=1}^{n} a_i$ 用数学归纳法证明：m 可以取到

$$\max\{a,b\} \quad ②$$

当 $S=0,1$ 时，② 显然成立.

假设对 $S<k(k\geqslant 2)$，② 成立.

对于 $S=k$ 时，分以下两种情况：

(1) 当 $a_1,a_2,\cdots,a_n$ 中有 0 时，存在 $i\in\{1,2,\cdots,n\}$，使得 $a_i=0$，且 $a_{i+1}>0$. 取最小的正整数 j，满足 $a_{i+j}=0$(下标是在模 n 的意义下).

令 $a'_t=\begin{cases} a_t-1, t\in\{i+1,i+2,\cdots,i+j-1\} \\ a_t, t\in\{1,2,\cdots,n\}\backslash\{i+1,i+2,\cdots,i+j-1\} \end{cases}$.

对 $S'=\sum\limits_{t=1}^{n} a'_t = k-(j-1)$ 利用归纳假设可作 $\max\{a-1,b-1\}$ 或 $\max\{a,b-1\}$ 个圆. 再作一个圆，使得 $P_{i+1},P_{i+2},\cdots,P_{i+j-1}$ 在其内部，且正 n 边形的其余顶点都在其外部. 这样共作出 $1+\max\{a-1,b-1\}=\max\{a,b\}$ 或 $1+\max\{a,b-1\}$ 个圆，这些圆符合要求.

注意到 $b=\frac{1}{2}\sum\limits_{i=1}^{n} |a_i - a_{i+1}| \geqslant \max\{a_1,a_2,\cdots,a_n\} - \min\{a_1,a_2,\cdots,a_n\}$. 取等条件：把 $a_1,a_2,\cdots,a_n$ 放在圆周上(图 1)，从最大数到最小数有优弧与劣弧两条路径，在每条路径上，数不增或数不减.

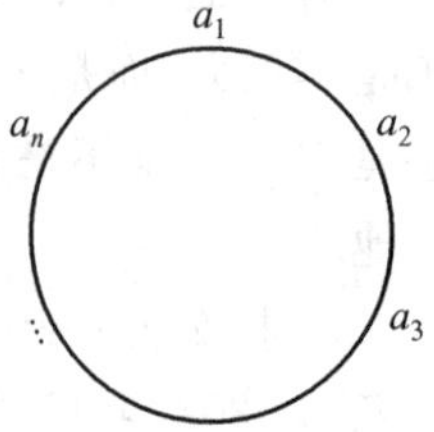

图 1

如果对 S' 用归纳假设，得到 $\max\{a,b-1\}$ 个圆，那么 $b\geqslant a$ 不可能取等号. 于是 $b\geqslant a+1 \Rightarrow \max\{a,b-1\}=b-1 \Rightarrow 1+\max\{a,b-1\}=b=\max\{a,b\}$.

故此时 $m=\max\{a,b\}$.

(2) 当 $a_1,a_2,\cdots,a_n$ 都大于 0 时，若 $a_1=a_2=\cdots=a_n$，则 $b=0$. 令 $a'_l=a_l-1, l=1,2,\cdots,n$.

对 $S'=\sum\limits_{l=1}^{n} a'_l = k-n$ 利用归纳假设可作 $\max\{a-1,0\}=a-1$ 个圆，然后

再作一个圆,使得 $P_1,P_2,\cdots,P_n$ 都在该圆的内部.

这样共作出 $1+(a-1)=a=\max\{a,b\}$ 个圆,这些圆符合要求.

若 $a_1,a_2,\cdots,a_n$ 不全相等,则存在 i,j,其中 $j>i+1$,使得 $a_i=a_j=a,a_{i+1}$,$a_{i+2},\cdots,a_{j-1}<a$(下标是在模 n 的意义下).

令 $a'_r=\begin{cases}a_r-1,r\in\{j,j+1,\cdots,i-1,i\}\\a_r,r\in\{i+1,i+2,\cdots,j-1\}\end{cases}$.

对 $S'=\sum\limits_{r=1}^{n}a'_r<k$ 利用归纳假设可作 $\max\{a-1,b-1\}$ 个圆,再作一个圆,使得 $P_j,P_{j+1},\cdots,P_i$ 在其内部,且正 n 边形的其余顶点都在其外部.这样作出 $1+\max\{a-1,b-1\}=\max\{a,b\}$ 个圆,这些圆符合要求.

故 ② 得证!

结合 ①② 知 m 的最小值是

$$\max\{a,b\}=\max\{a_1,a_2,\cdots,a_n,\frac{1}{2}\sum_{i=1}^{n}|a_i-a_{i+1}|\}$$

另一道题是:

题 2 黑板上写有以下六个向量:$(1,0,0),(-1,0,0),(0,1,0),(0,-1,0),(0,0,1),(0,0,-1)$.对其进行如下的操作:每次从黑板上选出两个向量 $\boldsymbol{v}$ 和 $\boldsymbol{w}$,擦掉这两个向量,用 $\frac{1}{\sqrt{2}}(\boldsymbol{v}+\boldsymbol{w})$ 和 $\frac{1}{\sqrt{2}}(\boldsymbol{v}-\boldsymbol{w})$ 代替.经过若干次操作后,黑板上六个向量的和为 $\boldsymbol{u}$,求 $|\boldsymbol{u}|$ 的最大值.

解 设 $\boldsymbol{\alpha}=(x,y,z)$ 是任意单位向量,第 n 次操作后,黑板上的六个向量分别为 $\boldsymbol{v}_1^{(n)},\boldsymbol{v}_2^{(n)},\cdots,\boldsymbol{v}_6^{(n)}$.记 $S_n=\sum\limits_{i=1}^{6}(\boldsymbol{\alpha}\cdot\boldsymbol{v}_i^{(n)})^2$.

下面证明:对任意非负整数 n,有 $S_n=2$.

设 $\boldsymbol{v}'=\frac{1}{\sqrt{2}}(\boldsymbol{v}+\boldsymbol{w}),\boldsymbol{w}'=\frac{1}{\sqrt{2}}(\boldsymbol{v}-\boldsymbol{w})$.

因为

$$(\boldsymbol{\alpha}\cdot\boldsymbol{v}')^2+(\boldsymbol{\alpha}\cdot\boldsymbol{w}')^2=\left(\frac{\boldsymbol{\alpha}\cdot\boldsymbol{v}+\boldsymbol{\alpha}\cdot\boldsymbol{w}}{\sqrt{2}}\right)^2+\left(\frac{\boldsymbol{\alpha}\cdot\boldsymbol{v}-\boldsymbol{\alpha}\cdot\boldsymbol{w}}{\sqrt{2}}\right)^2=$$
$$(\boldsymbol{\alpha}\cdot\boldsymbol{v})^2+(\boldsymbol{\alpha}\cdot\boldsymbol{w})^2$$

所以 $S_{n+1}=S_n,\forall n\in\mathbf{N}$,即

$$S_n=S_0=2(x^2+y^2+z^2)=2$$

根据柯西(Cauchy)不等式得

$$\boldsymbol{\alpha}\cdot\boldsymbol{u}=\sum_{i=1}^{6}\boldsymbol{\alpha}\cdot\boldsymbol{v}_i^{(n)}\leqslant\sqrt{6\sum_{i=1}^{6}(\boldsymbol{\alpha}\cdot\boldsymbol{v}_i^{(n)})^2}=\sqrt{6\times2}=2\sqrt{3}$$

而上式是对任意单位向量 $\boldsymbol{\alpha}$ 都成立，故 $|\boldsymbol{u}|\leqslant 2\sqrt{3}$.

下面给出 $|\boldsymbol{u}|$ 可取到 $2\sqrt{3}$ 的例子：$(1,0,0),(-1,0,0)\to(\sqrt{2},0,0),(0,0,0)\to(1,0,0),(1,0,0);(0,1,0),(0,-1,0)\to(0,\sqrt{2},0),(0,0,0)\to(0,1,0),(0,1,0);(0,0,1),(0,0,-1)\to(0,0,\sqrt{2}),(0,0,0)\to(0,0,1),(0,0,1)$.

按上述操作方式，黑板上六个向量分别为 $(1,0,0),(1,0,0),(0,1,0),(0,1,0),(0,0,1),(0,0,1)$，其和 $\boldsymbol{u}=(2,2,2)$，此时 $|\boldsymbol{u}|=2\sqrt{3}$.

故 $|\boldsymbol{u}|$ 的最大值是 $2\sqrt{3}$.

微信公众号“九章 Vector AB”曾提供过一个简单的例子：

题 3 如图 2，在平面直角坐标系 xOy 中，点 P 与点 R 关于 x 轴对称，$k_{PQ}\cdot k_{RS}=1$，$PQ=RS$，问：QS 的最小值？

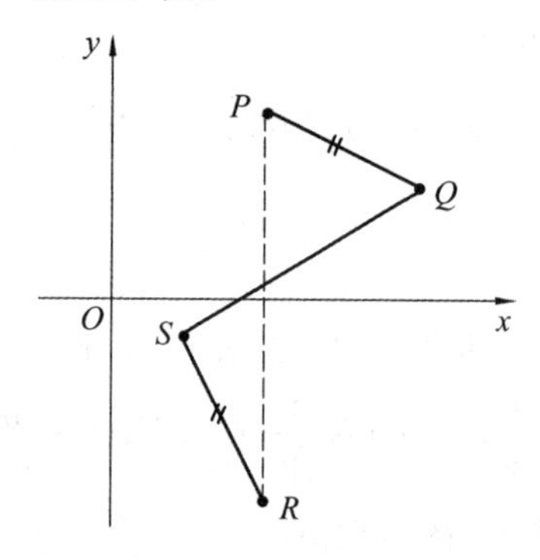

图 2

解 设点 P,Q 的坐标分别为 $(x_0,y_0),(x_0+x,y_0-y)$，则点 R,S 的坐标分别为 $(x_0,y_0),(x_0-y,-y_0+x)$.

由两点之间的距离公式可得

$$QS^2=(x+y)^2+(2y_0-x-y)^2$$

进一步变形可得

$$QS^2=2(x+y-y_0)^2+2y_0^2$$

故当 $x+y=y_0$ 时，QS 取到最小值 $\sqrt{2}\,y_0$.

还有人给出了一个貌似复杂的问题：

题 4 求函数 $f(x)=x^2-2x-14\sqrt{x-1}+x\sqrt{x^2-4x-28\sqrt{x-1}+61}$ 的最小值.

解 先进行配方

$$f(x)=\frac{1}{2}[(x^2-4x-28\sqrt{x-1}+61)+$$

$$2x\sqrt{x^2-4x-28\sqrt{x-1}+61}+x^2]-\frac{61}{2}=$$

$$\frac{1}{2}(\sqrt{x^2-4x-28\sqrt{x-1}+61}+x)^2-\frac{61}{2}=$$

$$\frac{1}{2}(\sqrt{(x-4)^2+(2\sqrt{x-1}-7)^2}+x)^2-\frac{61}{2}$$

令 $y=2\sqrt{x-1}$，其中 $x\geqslant 1$，即

$$y^2=4(x-1)$$

故

$$f(x)=\frac{1}{2}(\sqrt{(x-4)^2+(y-7)^2}+x)^2-\frac{61}{2}$$

因此，最小值变为抛物线 $y^2=4(x-1)$ 上一点 $P(x,y)$ 到点 $Q(4,7)$ 与点 $M(0,y)$ 距离之和的最小值(图 3)，显然抛物线的焦点为 $F(2,0)$，准线为 $x=0$，因此

$$f(x)=(|PQ|+|PM|)^2-\frac{61}{2}\geqslant$$

$$\frac{1}{2}|QF|^2-\frac{61}{2}=-4$$

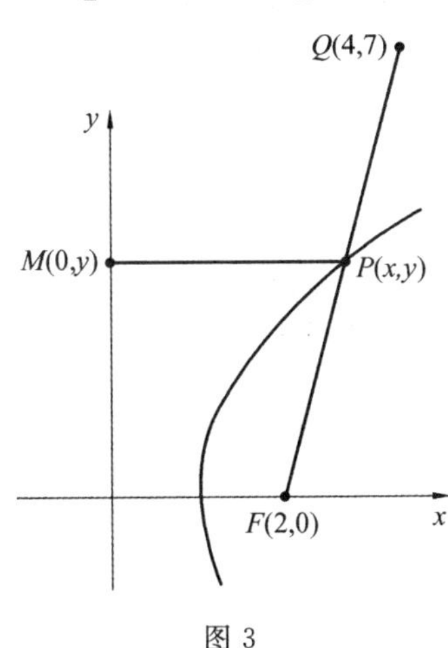

图 3

最值的概念及其求法不仅在中学阶段至关重要，而且在升入高等学校后则更是必须具备及随时要用到的概念与方法，以微积分为例：

我们欲求曲顶柱体的体积.

设有一立体，它的底是 xOy 面上的闭区域 D，它的侧面是以 D 的边界曲线为准线而母线平行于 z 轴的柱面，它的顶是曲面 $z=f(x,y)$，这里 $f(x,y)\geqslant 0$ 且在 D 上连续. 这种立体叫作曲顶柱体. 现在我们来讨论如何计算曲顶柱体的

体积 V.

首先,用一组曲线网把 D 分成 n 个小闭区域:$\Delta\sigma_1,\Delta\sigma_2,\cdots,\Delta\sigma_n$. 分别以这些小闭区域的边界曲线为准线,作母线平行于 z 轴的柱面,这个些柱面把原来的曲顶柱体分为 n 个细曲顶柱体. 当这些小闭区域的直径很小时,这个细曲顶柱体可以看作平顶柱体. 在每个 $\Delta\sigma_i$ 中任取一点 (ξ_i,η_i),以 $f(\xi_i,\eta_i)$ 为高而底为 $\Delta\sigma_i$ 的平顶柱体的体积为

$$f(\xi_i,\eta_i)\Delta\sigma_i,\quad i=1,2,\cdots,n$$

这 n 个平顶柱体的体积之和

$$\sum_{i=1}^{n} f(\xi_i,\eta_i)\Delta\sigma_i$$

可以认为是整个曲顶柱体体积的近似值. 为求得曲顶柱体体积的精确值,将分割加密,只需取极限,即

$$V=\lim_{\lambda\to 0}\sum_{i=1}^{n} f(\xi_i,\eta_i)\Delta\sigma_i$$

其中 λ 是 n 个小闭区域的直径中的最大值.

再比如我们要求平面薄片的质量.

设有一平面薄片占有 xOy 面上的闭区域 D,它在点 (x,y) 处的面密度为 $\rho(x,y)$,这里 $\rho(x,y)>0$,且在 D 上连续. 现在要计算该薄片的质量 M,如图 4 所示.

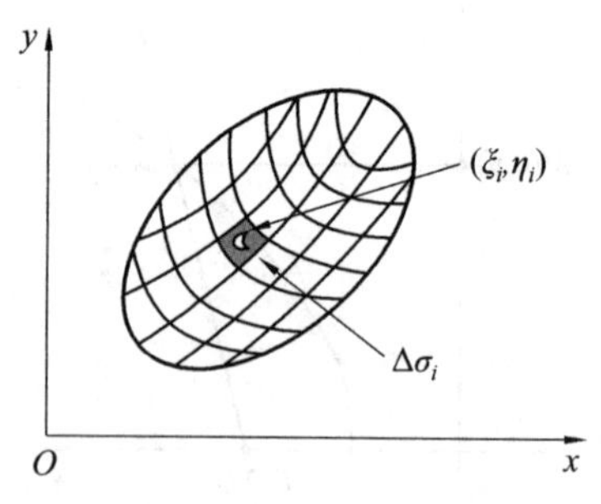

图 4

用一组曲线网把 D 分成 n 个小区域:$\Delta\sigma_1,\Delta\sigma_2,\cdots,\Delta\sigma_n$.

把各小块的质量近似地看作均匀薄片的质量:$\rho(\xi_i,\eta_i)\Delta\sigma_i$.

各小块质量的和作为平面薄片的质量的近似值,即

$$M\approx\sum_{i=1}^{n}\rho(\xi_i,\eta_i)\Delta\sigma_i$$

将分割加细,取极限,得到平面薄片的质量

$$M=\lim_{\lambda\to 0}\sum_{i=1}^{n}\rho(\xi_i,\eta_i)\Delta\sigma_i$$

其中 λ 是 n 个小闭区域的直径中的最大值.

这两个 λ 至关重要!

最后向读者表示一点歉意,书有点太长了,是否像毛主席曾批评的那样——“懒婆娘的裹脚,又臭又长”,自有读者评说.不过有些事是难免的,就像我们平时所用的英语词汇,所含字母大多不超过 10 个.但科学里的词汇有很多是很长并有很多音节的,例如 Mrs Byrne's Dictionary 里有一个酶的名称,竟出人意料地长达 1 913 个字母,与之相比本书还差得远.

刘培杰

2022 年 7 月于哈工大

目 录

❖何处观看塑像最好

某公园中有一高为 a m 的美人鱼雕塑，其基座高为 b m，为了观赏时把塑像看得最清楚（即对塑像张成的夹角最大），观赏者应该站在离其基座底部多远的地方？

分析　游人观赏塑像时，如果离得远，当然看不清楚；但如果离得太近，效果也不好，因此，会有一个最佳距离. 题目已经指出了目标函数——对塑像的张角 α，故只需写出其表达式，再用导数求解即可.

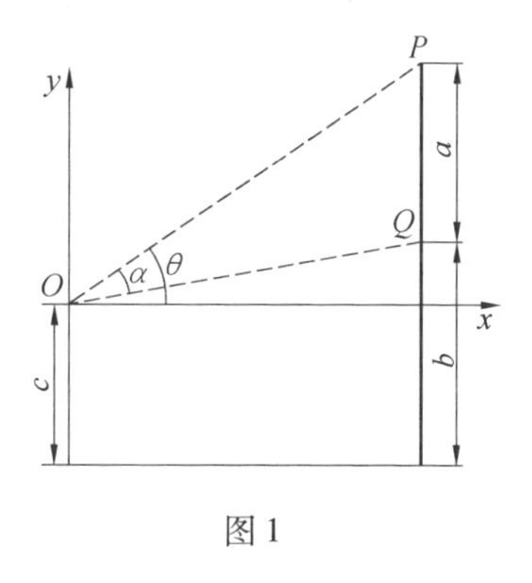

图 1

解法 1　如图 1，建立坐标系. 设游人的水平视线距地面 c m$(c < b)$，$h = b - c$，则

$$\tan\theta = \frac{a+h}{x}$$

$$\tan(\theta - \alpha) = \frac{h}{x}$$

$$\tan\alpha = \tan[\theta - (\theta - \alpha)] = \frac{\frac{a+h}{x} - \frac{h}{x}}{1 + \frac{a+h}{x}\cdot\frac{h}{x}} = \frac{ax}{x^2 + (a+h)h}$$

由 $\tan\alpha$ 在区间 $\left(0, \frac{\pi}{2}\right)$ 内的单调性，故只需求 $\tan\alpha$ 的极值，设

$$y = \tan\alpha = \frac{ax}{x^2 + (a+h)h}, \quad x > 0$$

$$y' = \frac{a[x^2 + (a+h)h] - 2ax^2}{[x^2 + (a+h)h]^2} = \frac{ah(a+h) - ax^2}{[x^2 + (a+h)h]^2}$$

令 $y' = 0$，得唯一驻点 $x = \sqrt{h(a+h)}$（舍去负值）. 由于实际问题存在极值，故 $x = \sqrt{h(a+h)}$ 也就是最大值点.

结论：游人应站在离塑像底座根部 $\sqrt{h(a+h)}$ m 处观赏为最好. 这个距离恰好是塑像顶部的高度与人的身高（$\approx c$）之差，和底座高度与身高之差的几何平均值.

解法2 记 $a_1=b-c,a_2=a+a_1$,则向量

$$\overrightarrow{OP}=(x,a_2),\quad \overrightarrow{OQ}=(x,a_1)$$

由这两个向量的内积

$$\overrightarrow{OP}\cdot\overrightarrow{OQ}=|\overrightarrow{OP}|\cdot|\overrightarrow{OQ}|\cos\alpha$$

得

$$(x^2+a_1a_2)^2=(x^2+a_1^2)(x^2+a_2^2)\cos^2\alpha \qquad ①$$

等式两边对 x 求导,得

$$4x(x^2+a_1a_2)=2x(2x^2+a_1^2+a_2^2)\cos^2\alpha-2(x^2+a_1^2)(x^2+a_2^2)\cos\alpha\sin\alpha\cdot\alpha'$$

令 $\alpha'=0$,得

$$2(x^2+a_1a_2)=(2x^2+a_1^2+a_2^2)\cos^2\alpha \qquad ②$$

由式①和式②消去 $\cos\alpha$,得

$$(x^2+a_1a_2)(2x^2+a_1^2+a_2^2)=2(x^2+a_1^2)(x^2+a_2^2)$$

化简亦得 $x=\sqrt{a_1a_2}=\sqrt{h(a+h)}$.(余略)

❖墙角的屏风

有两个4 m长的屏风,面对矩形房间的一个墙角而立,且封闭的地面最大,试确定其位置.

解 解答此题,需反复利用下述著名结论.

引理 在底边为 b,其对角为 θ 的三角形中,面积最大的三角形是等腰三角形(这类三角形均可内接于同一圆,因此,等腰三角形底边上的高最大,图1).

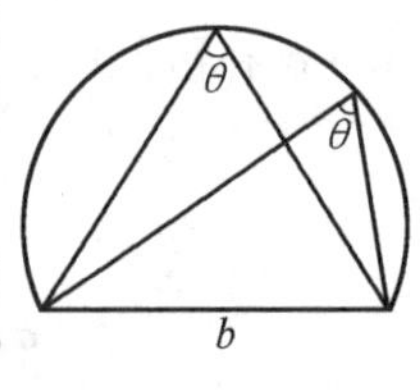

图1

假设 O 为房间的一角,两个屏风在点 A 和点 B 与墙接触.两个屏风封闭的地面面积等于 $S_{\triangle AOB}+S_{\triangle ABP}$,其中点 P 是这两个屏风的结合点(很清楚,这两个屏风必须互相连接,才能使其封闭的面积最大,P 就是这两个屏风的公共端点).

如图2,如果 $\triangle OAB$ 不是等腰三角形($OA\neq OB$),则可以移动屏风,使它们占据 $A'P'$ 和 $B'P'$ 的位置.此时,$OA'=OB'$,$A'B'=AB$,$\triangle A'B'P'$ 和 $\triangle ABP$ 相同(全等).据引理,$\triangle OA'B'$ 的面积大于 $\triangle OAB$ 的面积.因此,在这个新的位置上,

两个屏风封闭了更大的地面. 所以,这两个屏风封闭的面积最大时,必有 $OA=OB$.

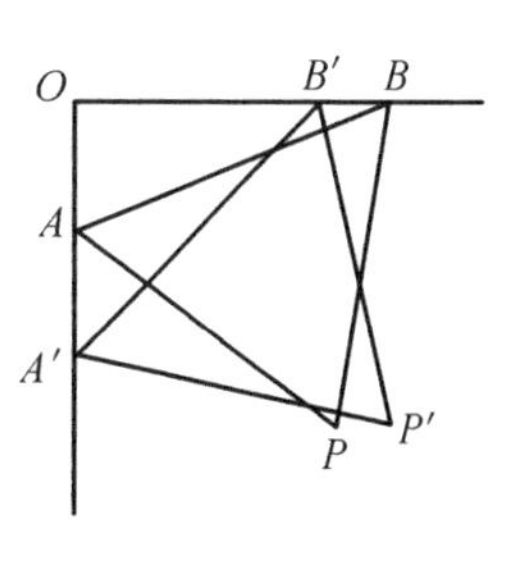

图2

因为这两个屏风等长,所以,点 P 位于线段 AB 的垂直平分线上. 在 $OA=OB$ 的情形下,这条垂直平分线平分 $\angle AOB$. 因此, 要使封闭的地面面积最大,OP 必平分 $\angle AOB$(图3). 所以,每个屏风的摆放,必须将墙角 O 为顶点的 $90°$ 角二等分,构成的三角形的面积才最大. 由于 AP 不变,根据引理可知,只有当 $OA=OP$ 时,$\triangle OAP$ 的面积才最大. 此时,$\angle OAP=67.5°$,此即所求.

一个简单的问题,即用圆规和直尺作出 AP,留给读者作为练习.

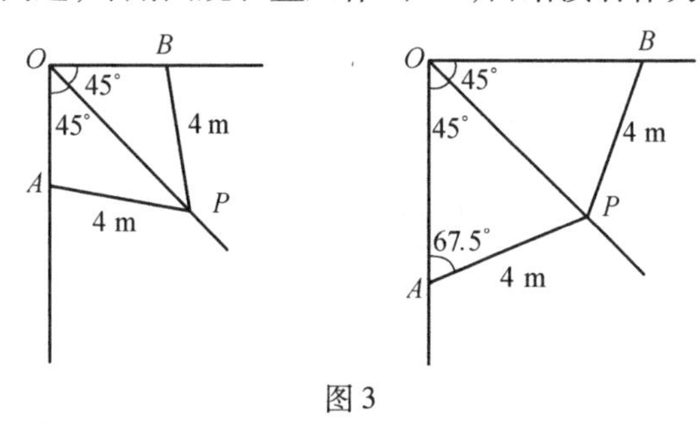

图3

❖圆的外切三角形

给定半径为 R 的圆,问:是否存在该圆的一个外切三角形使其面积为圆面积的 $\frac{3}{2}$ 倍? 是否存在该圆的一个外切三角形使其面积为圆面积的 2 倍? 证明你的结论.

分析 先求该圆外切三角形面积的最小值,得出它大于圆面积的 $\frac{3}{2}$ 倍,从而否定此题的第一问. 另外,又可以作出一个外切三角形的面积大于该圆面积的 2 倍,然后再用连续函数的介值定理,可以证明此题的第二问成立.

证明 作该圆的任一外切三角形,联结圆心与三个切点,设三个圆心角分别为 $x,y,2\pi-(x+y)$,则外切三角形的面积

$$S(x,y)=R^2\left(\tan\frac{x}{2}+\tan\frac{y}{2}-\tan\frac{x+y}{2}\right)$$

其中,$0<x,y<\pi,x+y>\pi$. 令

$$\frac{\partial S}{\partial x}=\frac{R^2}{2\cos^2\frac{x}{2}}-\frac{R^2}{2\cos^2\frac{x+y}{2}}=0$$

$$\frac{\partial S}{\partial y}=\frac{R^2}{2\cos^2\frac{y}{2}}-\frac{R^2}{2\cos^2\frac{x+y}{2}}=0$$

解出

$$x_0=\frac{2\pi}{3},\quad y_0=\frac{2\pi}{3},\quad S(x_0,y_0)=3\sqrt{3}R^2$$

下面证明 $S(x_0,y_0)$ 是 $S(x,y)$ 在区域

$$D=\{(x,y)\mid 0<x<\pi,0<y<\pi,x+y>\pi\}$$

内的最小值.

因为 $\lim\limits_{\theta\to\frac{\pi}{2}^-}\tan\theta=-\infty$,故存在 $\varepsilon>0\left(\varepsilon<\frac{\pi}{3}\right)$,使当 $\frac{\pi}{2}>\theta\geqslant\frac{\pi}{2}-\frac{\varepsilon}{2}$ 时

$$\tan\theta>6\sqrt{3}$$

记 $D_\varepsilon=\{(x,y)\in D\mid x\leqslant\pi-\varepsilon,y\leqslant\pi-\varepsilon,x+y\geqslant\pi+\varepsilon\}$,当 $(x,y)\in D\backslash D_\varepsilon$ 时

$$S(x,y)>R^2\tan\left(\pi-\frac{x+y}{2}\right)>$$

$$R^2\tan\left(\frac{\pi}{2}-\frac{\varepsilon}{2}\right)>6\sqrt{3}R^2$$

注意到 D_ε 是一个有界闭区域,$S(x,y)$ 在 D_ε 内必取得最小值,而在 D_ε 的边界上

$$S(x,y)>6\sqrt{3}R^2>S(x_0,y_0)$$

故 $S(x,y)$ 在 D_ε 上的最小值在 D_ε 内部取到. 而 (x_0,y_0) 是 $S(x,y)$ 在 D_ε 内唯一可能的极值点,故

$$\min S(x,y)=S(x_0,y_0)=3\sqrt{3}R^2>\frac{3}{2}\pi R^2$$

这表明面积等于圆面积 $\frac{3}{2}$ 倍的外切三角形不存在.

下面回答第二个问题:

取定圆周上两点 A,B,使劣弧 $\overset{\frown}{AB}$ 对应的圆心角为 $\frac{2\pi}{3}$,在优弧 $\overset{\frown}{AB}$ 上取点 P,设劣弧 $\overset{\frown}{AP}$ 对应的圆心角为 x,$0<x<\pi$,则以 A,B,P 为切点的外切三角形的面积为

$$f(x)=S\left(x,\frac{2\pi}{3}\right)=R^2\left[\tan\frac{\pi}{3}+\tan\frac{x}{2}-\tan\left(\frac{\pi}{3}+\frac{x}{2}\right)\right]$$

$$f\left(\frac{2\pi}{3}\right)=3\sqrt{3}R^2<2\pi R^2$$

当 $x\to\pi^-$ 时,$f(x)\to+\infty$,故存在 $x_1\in\left(\frac{2\pi}{3},\pi\right)$,使 $f(x_1)>2\pi R^2$.

由 $f(x)$ 是 x 的连续函数,根据介值定理,故存在 $\xi\in\left(\frac{2\pi}{3},x_1\right)$,使 $f(\xi)=2\pi R^2$,即存在面积等于圆面积 2 倍的外切三角形.

❖安装电线

江宽 a km,两岸几乎平行. 江滨电力厂向下游 b km 对岸工厂供电,单位长电线的安装费水底是陆地上的 $m(m>1)$ 倍. 问:如何安装电线使得费用最省?

解法 1 设电线离电厂 x km 处入水,而以陆地上 1 km 长电线安装费为单位,则电线安装总费用为

$$y=x+m\sqrt{(b-x)^2+a^2}$$

由此

$$(y-x)^2=m^2[(b-x)^2+a^2]$$

即

$$(m^2-1)x^2-2x(m^2b-y)+m^2a^2+m^2b^2-y^2=0$$

因为 x 为实数,所以

$$\Delta=4(m^2b-y)^2-4(m^2-1)(m^2a^2+m^2b^2-y^2)\geqslant 0$$

整理得

$$(y-b)^2\geqslant a^2(m^2-1)$$

但依题意有 $m>1,y>b$,所以

$$y-b\geqslant a\sqrt{m^2-1}$$

故

$$y_{\min}=a\sqrt{m^2-1}+b$$

这时

$$x=\frac{m^2b-y}{m^2-1}=b-\frac{a}{\sqrt{m^2-1}}$$

解法 2 如图 1,过点 A 作直线 l 与 AB 成角 α,使 $\sin\alpha=\frac{1}{m}$.

设电线在点 D' 处入水,作 $D'E' \perp l$,垂足为 E',则

$$y = AD' + m \cdot D'C = m\left(\frac{AD'}{m} + D'C\right) = m(D'E' + D'C)$$

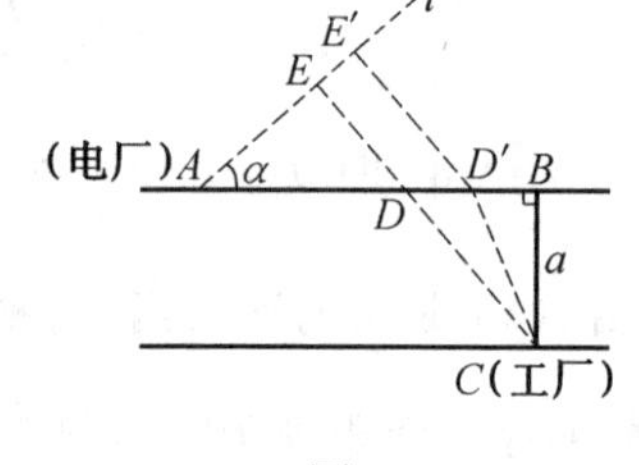

图 1

显然当 C,D',E' 三点共线时,折线 $CD'E'$ 的长 $D'E' + D'C$ 最小,这时总费用 y 也最小.

于是,过点 C 作 l 的垂线交 AB 于点 D,$\angle AED = \angle DBC = 90°$,所以 $\angle BCD = \alpha$,则点 D 就是电线入水处. 这时

$$BD = a\tan \alpha = a \cdot \frac{\frac{1}{m}}{\sqrt{1 - \left(\frac{1}{m}\right)^2}} = \frac{a}{\sqrt{m^2 - 1}}$$

$$AD = b - \frac{a}{\sqrt{m^2 - 1}}$$

解法 3 同解法 2,令 $\angle BCD' = \theta$,则

$$y = AD' + m \cdot D'C = b - a\tan \theta + \frac{am}{\cos \theta} = b + a \cdot \frac{m - \sin \theta}{\cos \theta} =$$

$$b + \frac{a}{2}\left[(m - 1)\frac{1 + \sin \theta}{\cos \theta} + (m + 1)\frac{1 - \sin \theta}{\cos \theta}\right]$$

但 $m > 1$,故 $(m - 1)\frac{1 + \sin \theta}{\cos \theta}$,$(m + 1)\frac{1 - \sin \theta}{\cos \theta}$ 均为正数,且其乘积

$$(m^2 - 1)\frac{1 - \sin^2\theta}{\cos^2\theta} = m^2 - 1$$

是定值. 所以,当 $(m - 1)\frac{1 + \sin \theta}{\cos \theta} = (m + 1)\frac{1 - \sin \theta}{\cos \theta}$ 时,其和最小. 即当 $\sin \theta = \frac{1}{m}$,$\theta = \alpha$ 时,总费用 y 最省.

❖内接长方体

在椭球面 $\frac{x^2}{4} + y^2 + z^2 = 1$ 内,求一表面积为最大的内接长方体,并求出其最大表面积.

分析 此题是条件极值.先写出长方体的表面积与长、宽、高的函数关系,而此长方体应在该椭球内且要内接于该椭球面,从而可得约束条件,然后用拉格朗日乘数法求解.

解 设此长方体的长、宽、高分别为$2a,2b,2c$,则其表面积为

$$A=8(ab+bc+ca)$$

此题是求满足条件

$$\frac{a^2}{4}+b^2+c^2=1$$

的a,b,c,使A达到最大值,故令

$$F(a,b,c)=8(ab+bc+ca)+\lambda\left(\frac{a^2}{4}+b^2+c^2-1\right)$$

则

$$\frac{\partial F}{\partial a}=8(b+c)+\frac{2}{4}\lambda a$$

$$\frac{\partial F}{\partial b}=8(c+a)+2\lambda b$$

$$\frac{\partial F}{\partial c}=8(a+b)+2\lambda c$$

且令$\frac{\partial F}{\partial a}=\frac{\partial F}{\partial b}=\frac{\partial F}{\partial c}=0$,得

$$b=c=\frac{-4a}{4+\lambda}$$

于是

$$\frac{-64a}{4+\lambda}+\frac{1}{2}\lambda a=0$$

即

$$\lambda^2+4\lambda-128=0$$

故

$$\lambda=-2(1\pm\sqrt{33})$$

代入

$$\frac{a^2}{4}+2b^2=\frac{a^2}{4}+2\left[\frac{-4a}{4-2(1+\sqrt{33})}\right]^2=1$$

即

$$(1-\sqrt{33})^2a^2+32a^2=4(1-\sqrt{33})^2$$

故

$$a=-\frac{2(1-\sqrt{33})}{\sqrt{66-2\sqrt{33}}}>0$$

$$b=c=\frac{4}{\sqrt{66-2\sqrt{33}}}>0$$

$$A_{\max}=8\left[\frac{-16(1-\sqrt{33})}{66-2\sqrt{33}}+\frac{16}{66-2\sqrt{33}}\right]=$$

$$\frac{64\sqrt{33}}{33-\sqrt{33}}=\frac{64\sqrt{33}}{33^2-33}(33+\sqrt{33})=$$

$$\frac{2\sqrt{33}}{33}(33+\sqrt{33})=2(1+\sqrt{33})$$

❽ ❖好组三角形

在面积为1的矩形$ABCD$中(包括边界)有5个点,其中任意3点不共线.求以这5个点为顶点的所有三角形中,面积不大于$\frac{1}{4}$的三角形的个数的最小值.

解 解答本题需要用到一个常用结论,我们将其作为引理.

引理 矩形内的任意一个三角形的面积不大于矩形面积的一半.

在矩形$ABCD$中,如果某三点构成的三角形的面积不大于$\frac{1}{4}$,那么就称它们为一个好的三点组,简称为"好组".

记线段AB,CD,BC,AD的中点分别为E,F,H,G,线段EF与GH的交点记为O.线段EF和GH将矩形$ABCD$分为4个小矩形.从而一定存在一个小矩形,不妨设为$AEOG$,其中(包括边界,下同)至少有所给5个点中的2个点,设点M和点N在小矩形$AEOG$中,如图1.

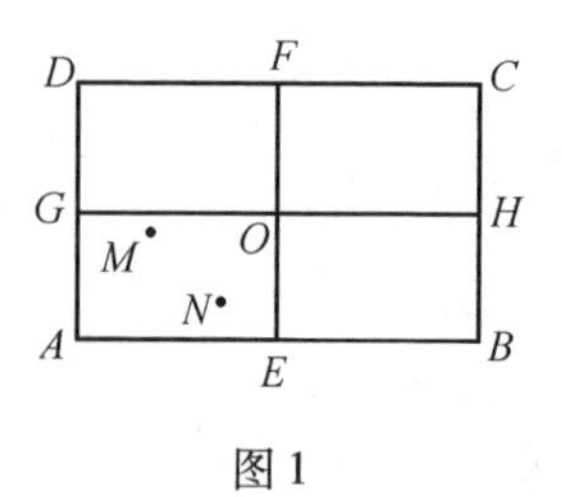

图1

(1)如果矩形$OHCF$中有不多于一个已知点,考察不在矩形$OHCF$中的任意一个不同于点M和点N的已知点X.易知,三点组(M,N,X)或者在矩形$ABHG$中,或者在矩形$AEFD$中.由引理可知(M,N,X)是好组.由于这样的点X至少有两个,所以至少有两个好组.

(2)如果矩形$OHCF$中至少有两个已知点,不妨设已知点P和点Q都在矩

形 $OHCF$ 中,考察剩下来的最后一个已知点 R. 如果点 R 在矩形 $OFDG$ 中,那么三点组(M,N,R) 在矩形 $AEFD$ 中,而三点组(P,Q,R) 在矩形 $GHCD$ 中,从而它们都是好组,于是至少有两个好组. 同理,如果点 R 在矩形 $EBHO$ 中,亦至少有两个好组. 如果点 R 在矩形 $OHCF$ 或矩形 $AEOG$ 中,设点 R 在矩形 $OHCF$ 中,我们来考察5个点 M,N,P,Q,R 的凸包,该凸包一定在凸六边形 $AEHCFG$ 中,如图2,而

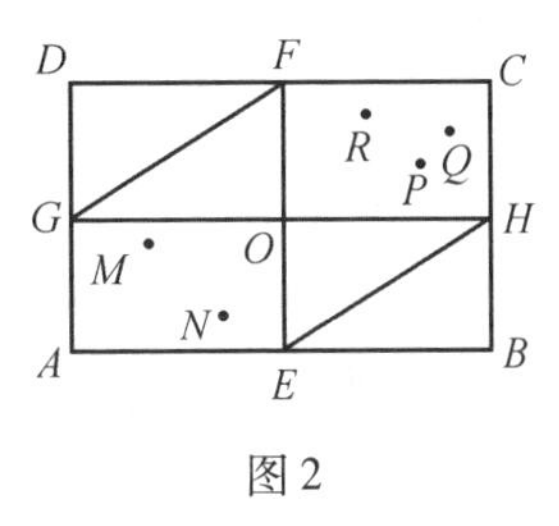

图2

$$S_{\text{凸六边形}AEHCFG}=1-\frac{1}{8}-\frac{1}{8}=\frac{3}{4}$$

下面再分三种情况讨论:

① 如果 M,N,P,Q,R 的凸包是凸五边形,不妨设其为五边形 $MNPQR$,如图3,此时

$$S_{\triangle MQR}+S_{\triangle MNQ}+S_{\triangle NPQ}\leqslant\frac{3}{4}$$

从而(M,Q,R),(M,N,Q),(N,P,Q) 中至少有一个为好组. 又由于(P,Q,R) 在矩形 $OHCF$ 中,当然是好组,所以至少有两个好组.

② 如果 M,N,P,Q,R 的凸包是凸四边形,不妨设其为四边形 $A_1A_2A_3A_4$,而另一个已知点为 A_5,如图4,其中 $A_i\in\{M,N,P,Q,R\}(i=1,2,3,4,5)$. 联结 $A_5A_i(i=1,2,3,4)$,则

$$S_{\triangle A_1A_2A_5}+S_{\triangle A_2A_3A_5}+S_{\triangle A_3A_4A_5}+S_{\triangle A_4A_1A_5}=S_{\text{四边形}A_1A_2A_3A_4}\leqslant\frac{3}{4}$$

从而(A_1,A_2,A_5),(A_2,A_3,A_5),(A_3,A_4,A_5),(A_1,A_4,A_5) 中至少有两个好组.

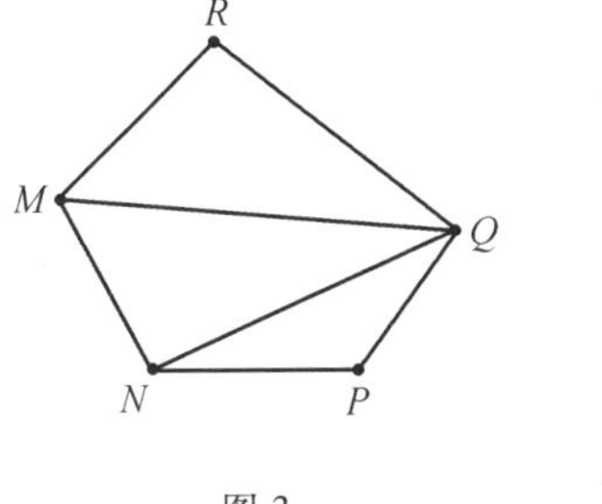

图3

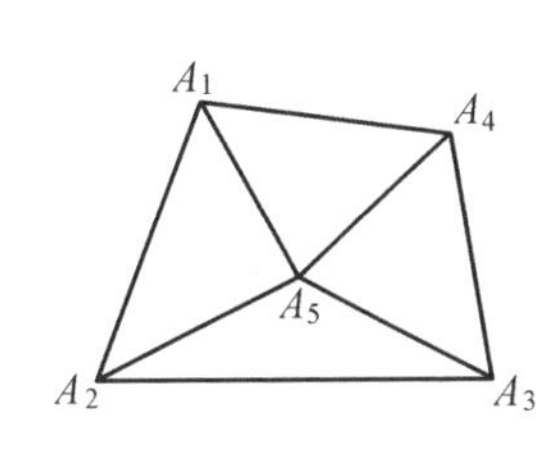

图4

③ 如果 M,N,P,Q,R 的凸包是一个三角形,不妨设其为 $\triangle A_1A_2A_3$,另外两个已知点为 A_4,A_5,如图5,其中 $A_i\in\{M,N,P,Q,R\}(i=1,2,3,4,5)$. 联结 A_4A_i $(i=1,2,3)$,则

$$S_{\triangle A_1A_2A_4}+S_{\triangle A_2A_3A_4}+S_{\triangle A_3A_1A_4}=S_{\triangle A_1A_2A_3}\leqslant\frac{3}{4}$$

从而(A_1,A_2,A_4)，(A_2,A_3,A_4)，(A_3,A_1,A_4)中至少有一个好组. 同理，A_5也与A_1,A_2,A_3中的某两个点构成好组，所以此时也至少有两个好组.

综上所述，不论何种情况，在5个已知点中都至少有两个好组.

下面我们给出例子说明好组的数目可以只有两个. 在矩形$ABCD$的边AD上取一点M，在边AB上取一点N，使得$AN:NB=AM:MD=2:3$，如图6，则在M,N,B,C,D这5个点中恰好有两个好组. 事实上，(B,C,D)显然不是好组. 而如果三点组中恰含M,N两点之一，不妨设含点M，设AD的中点为E，那么$S_{\triangle MBD}>S_{\triangle EBD}=\frac{1}{4}$，所以$(M,B,D)$不是好组，并且

$$S_{\triangle MBC}=\frac{1}{2},\quad S_{\triangle MCD}>S_{\triangle ECD}=\frac{1}{4}$$

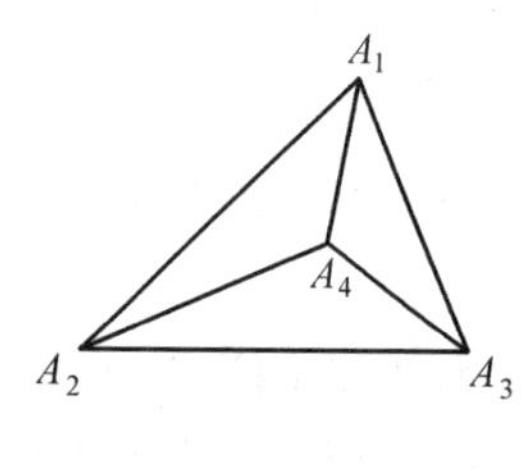

图5

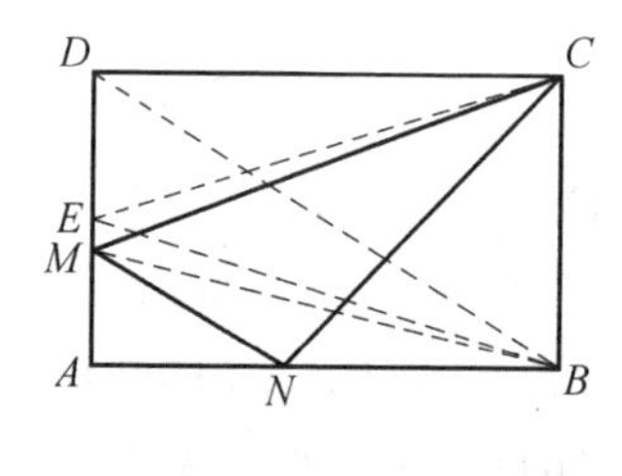

图6

从而(M,B,C)，(M,C,D)都不是好组. 如果三点组中同时含有M,N两点，那么

$$\begin{aligned}S_{\triangle MNC}&=1-S_{\triangle NBC}-S_{\triangle MCD}-S_{\triangle AMN}=\\&1-\frac{3}{5}S_{\triangle ABC}-\frac{3}{5}S_{\triangle ACD}-\frac{4}{25}S_{\triangle ABD}=\\&1-\frac{3}{10}-\frac{3}{10}-\frac{2}{25}=\frac{8}{25}>\frac{1}{4}\end{aligned}$$

所以(M,N,C)不是好组，而$S_{\triangle MNB}=S_{\triangle MND}=\frac{1}{5}<\frac{1}{4}$，从而其中恰好有两个好组$(M,N,B)$和$(M,N,D)$.

故面积不大于$\frac{1}{4}$的三角形的个数的最小值是2.

❖安全着陆

根据经验，一架水平飞行的飞机，其降落曲线为一条三次抛物线. 如图1，已知飞机的飞行高度为 h，飞机的着陆点为原点 O，且在整个降落过程中，飞机的水平速度始终保持着常数 u. 出于安全考虑，飞机垂直加速度的最大绝对值不得超过 $\frac{g}{10}$，此处 g 为重力加速度.

(1) 若飞机从 $x = x_0$ 处开始下降，试确定其降落曲线；

(2) 求开始下降点 x_0 所能允许的最小值.

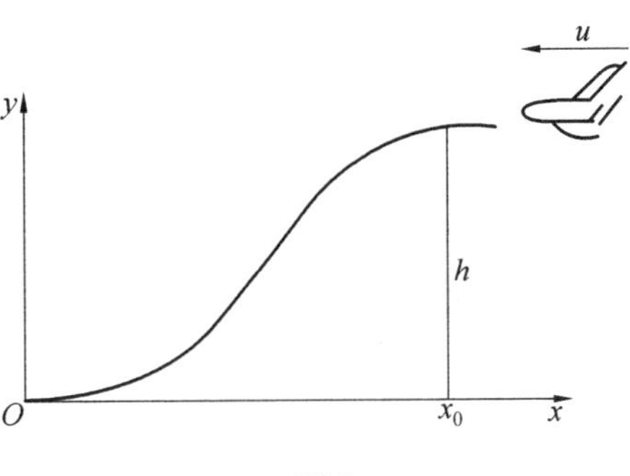

图1

分析 注意题设条件降落曲线为一条三次抛物线，只需求出降落曲线 $y = ax^3 + bx^2 + cx + d$ 的系数.

解 (1) 设飞机的降落曲线为 $y = ax^3 + bx^2 + cx + d$. 由题设条件知：$y(0) = 0$，$y(x_0) = h$. 由于飞机的飞行曲线是光滑的，即 $y(x)$ 有连续的一阶导数，所以 $y(x)$ 还应满足 $y'(0) = 0$，$y'(x_0) = 0$. 将上述四个条件代入 y 的表达式

$$y(0) = d = 0$$

$$y'(0) = c = 0$$

$$y(x_0) = ax_0^3 + bx_0^2 + cx_0 + d = h$$

$$y'(x_0) = 3ax_0^2 + 2bx_0 + c = 0$$

解此方程组，得到 $a = -\frac{2h}{x_0^3}$，$b = \frac{3h}{x_0^2}$，$c = d = 0$，即飞机的飞行曲线为

$$y = -\frac{2h}{x_0^3}x^3 + \frac{3h}{x_0^2}x^2 = -\frac{h}{x_0^2}\left(\frac{2}{x_0}x^3 - 3x^2\right)$$

(2) 飞机的垂直速度是 y 关于时间 t 的导数，故

$$\frac{\mathrm{d}y}{\mathrm{d}t} = \frac{\mathrm{d}y}{\mathrm{d}x} \cdot \frac{\mathrm{d}x}{\mathrm{d}t} = -\frac{h}{x_0^2}\left(\frac{6}{x_0}x^2 - 6x\right) \cdot \frac{\mathrm{d}x}{\mathrm{d}t}$$

其中 $\frac{\mathrm{d}x}{\mathrm{d}t}$ 是飞机的水平速度. 根据题设 $\frac{\mathrm{d}x}{\mathrm{d}t} = u$，因此

$$\frac{\mathrm{d}y}{\mathrm{d}t} = -\frac{6hu}{x_0^2}\left(\frac{x^2}{x_0} - x\right)$$

垂直加速度为

$$\frac{d^2y}{dt^2}=-\frac{6hu}{x_0^2}\left(\frac{2x}{x_0}-1\right)\frac{dx}{dt}=-\frac{6hu^2}{x_0^2}\left(\frac{2x}{x_0}-1\right)$$

将垂直加速度记为$\alpha(x)$,则$|\alpha(x)|=\frac{6hu^2}{x_0^2}\left|\frac{2x}{x_0}-1\right|$,$x\in[0,x_0]$,因此,垂直加速度的最大绝对值为

$$\max_{x\in[0,x_0]}|\alpha(x)|=\frac{6hu^2}{x_0^2}$$

根据设计要求,有$\frac{6hu^2}{x_0^2}\leqslant\frac{g}{10}$,此时$x_0$应满足$x_0\geqslant u\sqrt{\frac{60h}{g}}$,所以$x_0$所能允许的最小值为$u\sqrt{\frac{60h}{g}}$,即飞机降落所需的水平距离不得小于$u\sqrt{\frac{60h}{g}}$.

❖动物乐园

现在有全长为12 000 m的铁丝网,想利用这些铁丝网和借用一段直线河岸作为自然边界,围成两个长方形野生动物乐园.

(1) 假定要围的野生动物乐园是两个相邻的长方形,它们都可以利用一段直线河岸作为自然边界(图1(a)).试确定该野生动物乐园的长、宽尺寸,以使其总面积为最大.

(2) 由于有一些动物会泅水逃跑,所以两个相邻的长方形野生动物乐园中必须有一个不能以河岸为自然边界(图1(b)).这时又应该如何确定该野生动物乐园的长、宽尺寸,以使其总面积为最大?

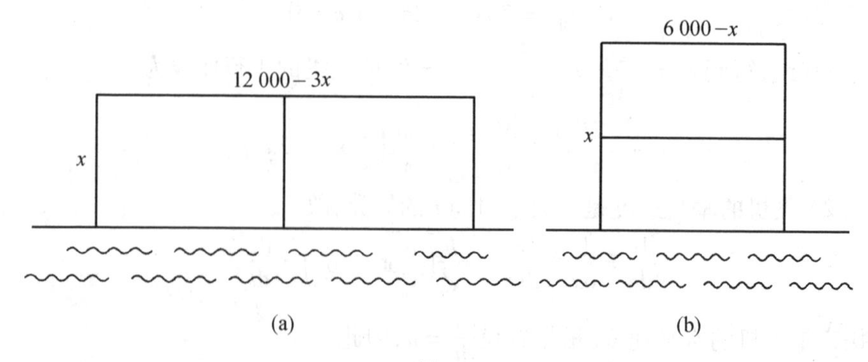

图1

解 (1) 设宽为 x m,则长(即借用河岸作为自然边界之长) 为$(12\ 000-3x)$ m,可得该野生动物乐园的总面积为

$$S=x(12\ 000-3x)$$

这就是目标函数,其定义域为 $0<x<4\ 000$,求导得

$$\frac{\mathrm{d}S}{\mathrm{d}x}=12\ 000-6x$$

$$\frac{\mathrm{d}^2S}{\mathrm{d}x^2}=-6<0$$

可见目标函数的唯一驻点 $x=2\ 000$ 就是所求的最大值点,即当长为 6 000 m、宽为2 000 m 时,此时该野生动物乐园的最大总面积为

$$S_{\max}=12\ 000\ 000(\mathrm{m}^2)=12(\mathrm{km}^2)$$

(2) 设宽为 x m,则长为$\frac{1}{2}(12\ 000-2x)$ m,于是可得该野生动物乐园的总面积(即目标函数) 为

$$S=\frac{1}{2}x(12\ 000-2x)=6\ 000x-x^2,\quad 0<x<6\ 000$$

$$\frac{\mathrm{d}S}{\mathrm{d}x}=6\ 000-2x$$

$$\frac{\mathrm{d}^2S}{\mathrm{d}x^2}=-2<0$$

可见此目标函数的最大值点就是 $x=3\ 000$,此时该野生动物乐园的最大总面积为

$$S_{\max}=9\ 000\ 000(\mathrm{m}^2)=9(\mathrm{km}^2)$$

注 这里总面积与隔栏的位置显然无关. 这是只有一个隔栏的问题,但它具有一定的典型意义. 对于没有隔栏或有更多个隔栏的问题,完全可用类似的方法来解决.

❖最小平方和

从正五边形的中心引一条直线,使得从该五边形的各顶点到此直线距离的平方和最小.

分析 要确定这样一条直线,就是要确定这条直线的方向,而需要的条件就是到这条直线的距离平方和最小.

解 设这样一条直线的单位法方向是(x,y),正五边形顶点的坐标是$(x_i,$

$y_i)(i=1,2,\cdots,5)$,利用直线的法式方程,则 5 个顶点到直线距离的平方和是

$$f(x,y)=\sum_{i=1}^{5}(xx_i+yy_i)^2$$

从上面的表示我们可知,$f(x,y)$ 是 x,y 的二次多项式,而且这个多项式的值当直线的方向旋转$\frac{2\pi k}{5}(k=1,2,3,4)$ 时并不改变. 设其一个值是 A,这说明椭圆$f(x,y)=A$(将 x,y 看作是变量) 在坐标系旋转$\frac{2\pi}{5}$的整数倍时,其值是不变的. 这只有当椭圆是圆时才有可能. 从而无论(x,y) 是什么样的单位向量,$f(x,y)$ 都是一个常数. 因而,通过五边形中心的任意一条直线都是所求者.

❖巧分圆盘

设 AB 和 CD 是以 O 为圆心、r 为半径的圆的两条垂直弦,以 X,Y,Z,W 循环地表示这两条垂直弦把圆盘所分成的四个部分. 试求$\frac{A(X)+A(Z)}{A(Y)+A(W)}$ 的极大值和极小值. 此处记号 $A(U)$ 表示 U 的面积.

解 如图1,设圆心 O 所在的区域为 X,平行移动 CD 和 AB,使 B,D 两点逐渐趋于重合,从而使 $A(Z)$ 趋于零.

在这样的移动过程中,$\frac{A(X)+A(Z)}{A(Y)+A(W)}$ 逐渐增大,于是当 B,D 两点重合时,$A(Z)=0$,此时

$$A(X)=\frac{1}{2}\pi r^2+S_{\triangle ABC}$$

$$A(Y)+A(W)=\frac{1}{2}\pi r^2-S_{\triangle ABC}$$

因为 $\triangle ABC$ 是直角三角形,所以当 $AB=BC$ 时,$\triangle ABC$ 的面积取最大值,即为 r^2.

因此 $A(X)$ 的最大值为

$$\frac{1}{2}\pi r^2+r^2=\frac{1}{2}r^2(\pi+2)$$

此时 $A(Y)+A(W)$ 取得最小值为

$$\frac{1}{2}\pi r^2-r^2=\frac{1}{2}r^2(\pi-2)$$

如图2，当 AB 和 CD 的两个端点 B 和 D 重合，且这两弦相等时，$\frac{A(X)+A(Z)}{A(Y)+A(W)}$ 取得极大值为

$$\frac{\frac{1}{2}r^2(\pi+2)}{\frac{1}{2}r^2(\pi-2)}=\frac{\pi+2}{\pi-2}$$

同样，如图3，平行移动 AB 和 CD，使 B，C 两点趋于重合，即 $A(W)$ 趋近于零. 在这样的过程中，$\frac{A(X)+A(Z)}{A(Y)+A(W)}$ 逐渐减小.

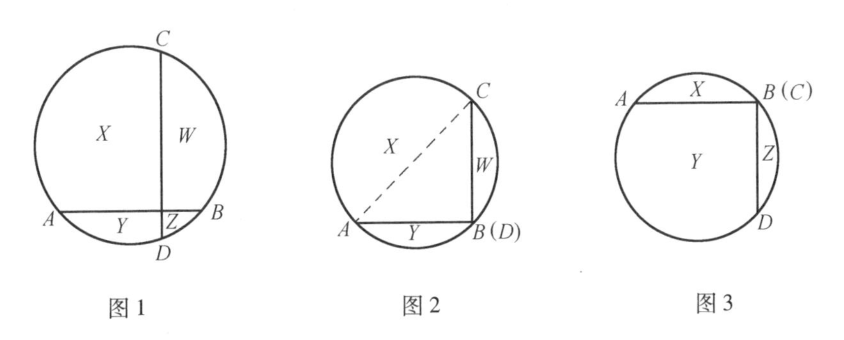

图1　　图2　　图3

当点 B 和 C 重合时，$A(W)=0$，此时

$$A(Y)=\frac{1}{2}\pi r^2+S_{\triangle ABD}$$

$$A(X)+A(Z)=\frac{1}{2}\pi r^2-S_{\triangle ABD}$$

同样可得，当 AB 和 CD 的两个端点 B 和 C 重合，且这两弦相等时，$\frac{A(X)+A(Z)}{A(Y)+A(W)}$ 取得极小值为 $\frac{\pi-2}{\pi+2}$.

❖最小面积

在第一象限从曲线 $\frac{x^2}{4}+y^2=1$ 上找一点，使通过该点的切线与该曲线以及 x 轴和 y 轴所围成的图形面积最小，并求此最小面积.

分析　设所求点为 (u,v)，求得切线方程以及该切线的横截距、纵截距，从而得所围面积 $A(u)$，并对 $A(u)$ 讨论最值.

解 设(u,v)为所求之点,则由$y=\frac{1}{2}\sqrt{4-x^2}$,$y'=-\frac{x}{2\sqrt{4-x^2}}$,得到在$(u,v)$处的切线方程为

$$y-v=-\frac{u}{2\sqrt{4-u^2}}(x-u)$$

令$x=0$得切线的纵截距

$$b=\frac{u^2}{2\sqrt{4-u^2}}+v$$

令$y=0$得切线的横截距

$$a=\frac{2v\sqrt{4-u^2}+u^2}{u}$$

于是,所围的面积为

$$A(u)=\frac{1}{2}ab-\frac{\pi}{2}$$

即

$$A(u)=\frac{1}{2}\left[\frac{2\cdot\frac{1}{2}(\sqrt{4-u^2})^2+u^2}{u}\left(\frac{u^2}{2\sqrt{4-u^2}}+\frac{1}{2}\sqrt{4-u^2}\right)-\pi\right]=$$

$$\frac{4}{u\sqrt{4-u^2}}-\frac{\pi}{2}$$

令$A'(u)=0$,解得$u=\pm\sqrt{2}$. 由几何直观知$u=\sqrt{2}$时,面积$A(u)$为最小,且

$$A(\sqrt{2})=2-\frac{\pi}{2}$$

因此,所找的点为$\left(\sqrt{2},\frac{\sqrt{2}}{2}\right)$,所求的最小面积为$2-\frac{\pi}{2}$.

❖磁盘字节

在电子计算机中用于储存信息的组合磁盘,是由若干片磁盘组成,其构造如图1所示. 每个存储单元通常称为字节,它们被分布在每片磁盘的各同心圆的圆形轨道上. 已知每片磁盘上沿半径方向每厘米最多可安置p条轨道. 由于每一条轨道都是以同样的角速度旋转,为了使读写头能均匀地读数与写数,所以要求每一条轨道上存储信息的字节数目必须都是相同的. 对于半径为R cm的圆形磁盘,试确定其最内圈轨道的位置,以使每一片磁盘上存储的字节数最多.

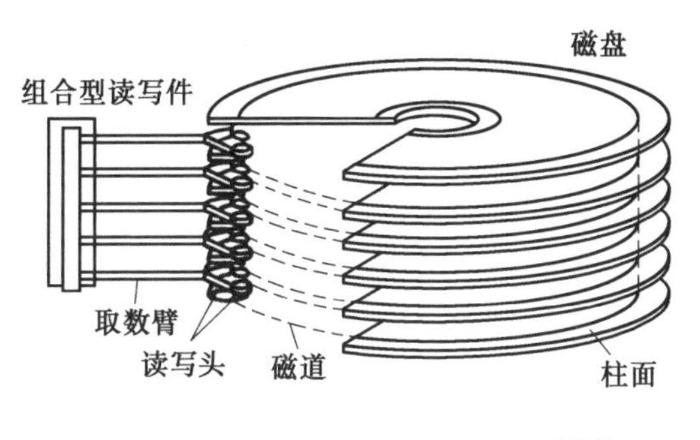

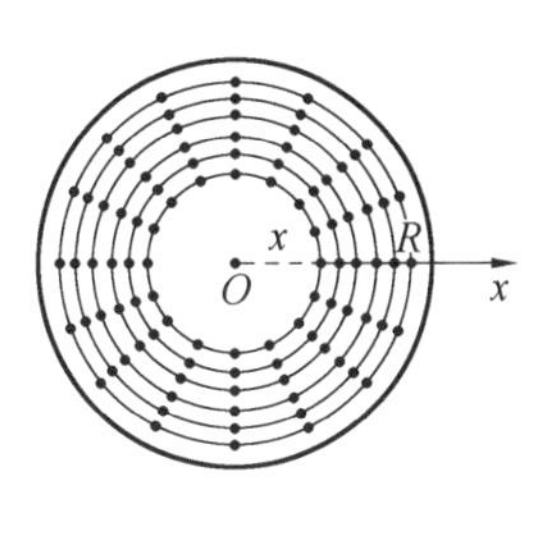

图 1

解 因为每一条轨道上存储的字节数相同,故每片磁盘上存储的字节总数为

$$N = \text{每条轨道上的字节数} \times \text{每片磁盘上的轨道数}$$

由于最内圈轨道的周长为最小,所以最内圈轨道上存储的字节数就是其余每条轨道上存储的字节数. 设最内圈半径为 x cm,则其周长为 $2\pi x$ cm. 若记每厘米存储的字节数为 k,则可得

$$\text{每条轨道上的字节数} = 2\pi kx$$

$$\text{每片磁盘上的轨道数} = p(R - x)$$

由此可得目标函数为

$$N = 2\pi kxp(R - x) = 2\pi kp(Rx - x^2)$$

其定义域为 $0 < x < R$,求导得

$$\frac{\mathrm{d}N}{\mathrm{d}x} = 2\pi kp(R - 2x)$$

令 $\frac{\mathrm{d}N}{\mathrm{d}x} = 0$,得唯一驻点 $x = \frac{R}{2}$,根据问题的实际意义可知,目标函数在定义域 $(0,R)$ 内存在最大值,所以此唯一驻点必是所求之最大值点,即可以确定当内圈半径取为 $\frac{R}{2}$ 时,每一片磁盘上存储的字节数最多.

❖最佳广告策略

某公司通过电视和报纸两种形式做广告,已知销售收入 R(万元)与电视广告费 x(万元)、报纸广告费 y(万元)有如下关系

$$R(x,y) = 13 + 5x + 33y - 8xy - 2x^2 - 10y^2 \text{(万元)}$$

(1) 在广告费用不限的条件下,求最佳广告策略及获取的利润是多少?

(2) 如果提供的广告费用是 2 万元,求相应的最佳广告策略及获取的利润是多少?

分析 此为简单的二元函数极值问题的应用.

解 (1) 利润函数为

$$W=R-(x+y)=13+14x+32y-8xy-2x^2-10y^2(\text{万元})$$

令

$$\begin{cases}\dfrac{\partial W}{\partial x}=14-8y-4x=0\\ \dfrac{\partial W}{\partial y}=32-8x-20y=0\end{cases}$$

求得驻点为$(x_0,y_0)=(1.5,1)$,这是唯一可能的极值点. 因为由问题本身可知最大值一定存在,所以最大值就在这个可能的极值点取得,也就是说,电视广告费为 1.5 万元,报纸广告费为 1 万元时,获取利润最大且最大利润为

$$W(1.5,1)=13+14\times1.5+32\times1-8\times1.5\times1-2\times1.5^2-10\times1^2=39.5(\text{万元})$$

为最佳策略.

(2) 求在广告费用为 2 万元的条件下,最佳广告策略,即求在条件 $x+y=2$ 时,$W(x,y)$ 的最大值.

令

$$F(x,y)=W(x,y)+\lambda\varphi(x)=13+14x+32y-8xy-2x^2-10y^2+\lambda(x+y-2)(\text{万元})$$

解方程组

$$\begin{cases}\dfrac{\partial F}{\partial x}=14-8y-4x+\lambda=0\\ \dfrac{\partial F}{\partial y}=32-8x-20y+\lambda=0\\ x+y-2=0\end{cases}$$

得 $x=0.75,y=1.25$. $(0.75,1.25)$ 是唯一可能的极值点,又由题意利润函数 $W(x,y)$ 在条件 $x+y=2$ 下一定存在最大值,故 $W(0.75,1.25)=39.25$(万元)为最大值.

❖圆锥容器

在一张半径为R的圆形铁皮上,剪去一个圆心角为α的扇形(图1(a)),卷折成一个圆锥形的容器(图1(b)). 试问当α取何值时,该容器有最大容积?

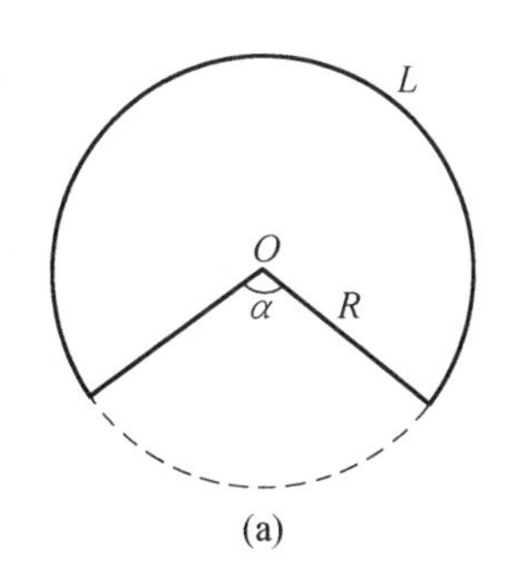

(a)

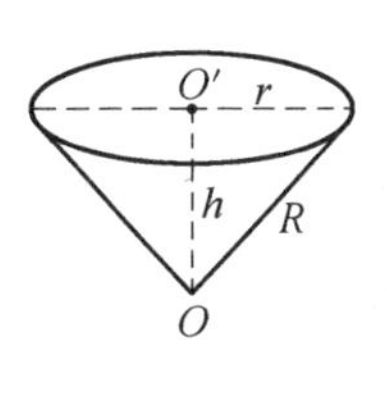

(b)

图1

解 由于剪去一个圆心角为α的扇形后,剩下扇形铁皮的弧长为

$$L=(2\pi-\alpha)R$$

它刚好就是卷折成的圆锥形容器的底圆之周长,所以其半径为

$$r=\frac{L}{2\pi}=\left(1-\frac{\alpha}{2\pi}\right)R$$

其高为

$$h=\sqrt{R^2-r^2}=R\sqrt{\frac{\alpha}{\pi}-\left(\frac{\alpha}{2\pi}\right)^2}$$

若记$\lambda=\frac{\alpha}{2\pi}$,则有$r=(1-\lambda)R$,$h=R\sqrt{2\lambda-\lambda^2}$,这样就可以得到以$\lambda$为自变量的目标函数,即

$$V=\frac{\pi}{3}r^2h=\frac{\pi R^3}{3}(1-\lambda)^2\sqrt{2\lambda-\lambda^2}$$

其定义域为$0<\lambda<1$,对目标函数求导得

$$\frac{\mathrm{d}V}{\mathrm{d}\lambda}=\frac{\pi R^3(1-\lambda)}{3\sqrt{2\lambda-\lambda^2}}(3\lambda^2-6\lambda+1)$$

令$\frac{\mathrm{d}V}{\mathrm{d}\lambda}=0$,可得目标函数在定义域内的唯一驻点,即

$$\lambda=1-\sqrt{\frac{2}{3}}$$

由于目标函数在定义域内可微，驻点唯一，且根据问题的实际意义可知最大值存在，所以所得之驻点就是最大值点，此时对应的圆心角为

$$\alpha = 2\pi\left(1 - \sqrt{\frac{2}{3}}\right)$$

注 在习惯上，我们总是直接以 α 为自变量来建立目标函数，但这样做似乎就显得有点麻烦，这里用 $\lambda = \frac{\alpha}{2\pi}$ 为自变量来解题，显得稍稍方便一些，如果我们以

$$\mu = 1 - \frac{\alpha}{2\pi}$$

为自变量来建立目标函数，那么目标函数为 $V = \frac{\pi R^3}{3}\mu^2\sqrt{1-\mu^2}$，可能会更方便些.

在仔细研究推敲后还会发现，最为简便的方法是以 h 为自变量来建立目标函数，即

$$V = \frac{\pi}{3}(R^2 - h^2)h,\quad 0 < h < R$$

求得其最大值点 $h = \frac{R}{\sqrt{3}}$，于是对应有 $r = \sqrt{\frac{2}{3}}R$，从而推得同样的结果

$$\alpha = 2\pi\left(1 - \sqrt{\frac{2}{3}}\right)$$

❖乘积最大

从已知 $\triangle ABC$ 的内部的点 P 向三边作三条垂线，求使这三条垂线长的乘积为最大的点 P 的位置.

解 设三边的长分别为 a,b,c，从 P 所作的垂线长分别为 x,y,z，$\triangle ABC$ 的面积为 S，于是令

$$f(x,y,z) = xyz,\quad ax + by + cz = 2S$$

设 $F(x,y,z) = xyz + \lambda(ax + by + cz - 2S)$，令

$$\begin{cases} F'_x = yz + \lambda a = 0 \\ F'_y = xz + \lambda b = 0 \\ F'_z = xy + \lambda c = 0 \\ ax + by + cz = 2S \end{cases}$$

解得 $x = \frac{2S}{3a}, y = \frac{2S}{3b}, z = \frac{2S}{3c}$. 由问题的实际意义，$f(x,y,z)$ 确有最大值，故当 P 到

长为 a,b,c 的边的距离分别为 $x=\frac{2S}{3a},y=\frac{2S}{3b},z=\frac{2S}{3c}$ 时，三条垂线长的乘积达到最大.

❖轨道内彗星

彗星在地球的轨道内最多能停留多少天？

注 我们假定地球的轨道是圆形的，而彗星的轨道为抛物线，并且假定地球与彗星的轨道平面相重合.

解 我们选择地球轨道的长半轴作为单位长度，以平均太阳日作为单位时间，并且把抛物线的参数记作 $4k$，在地球轨道内的抛物线截面的基线记作 $2y$，抛物线截面的高记作 x，地球轨道内由彗星焦半径形成的扇形面积记作 S，最后并把扫过该扇形所需的时间记作 t. 于是按照抛物线状态方程，得

$$y^2=4kx \tag{①}$$

按照圆的方程得

$$(x-k)^2+y^2=1 \tag{②}$$

按照抛物线截面的面积公式，就有 $S=S_{抛物线截面}-S_{三角形}=\frac{4}{3}xy-(x-k)y$，得

$$3S=y(x+3k) \tag{③}$$

如果 $2p$ 表示一个质量为 μ 的天体绕太阳旋转的轨道参数（把太阳的质量考虑为单位质量），t 为任一时间，S 为该时间内天体所描绘的扇形，我们就可以使用高斯公式，得

$$\frac{2S}{t\sqrt{p}\sqrt{1+\mu}}=G$$

式中，G（引力常数的平方根）是高斯常数，对于所假设的单位来说，其数值为 0.017 202 1.

因为相对于太阳的质量，彗星的质量可忽略不计，所以高斯公式就可变换成

$$S=Ct\sqrt{k} \tag{④}$$

在我们的题目里，$C=\frac{G}{\sqrt{2}}$.

从式 ① 和式 ② 中我们求得

$$x+k=1,\quad y=2\sqrt{k(1-k)}$$

利用这些数值,我们可以从式 ③ 得

$$3S=2\sqrt{k(1-k)}(1+2k)$$

我们将式 ④ 中 S 值代入上式,得

$$t=C(1+2k)\sqrt{1-k} \tag{5}$$

其中 $C=\frac{\sqrt{8}}{3G}$.

因为 t 为最大值,所以表达式 $(1+2k)\sqrt{1-k}$ 必须尽可能地大. 因此还要用这样的方式来选择 k,使这个表达式或它的平方或四次方,即

$$P=(1+2k)(1+2k)(4-4k)$$

成为最大值. 但因 P 是和为常数的若干因子的积,所以当这些因子都相等时,它达到最大值,即

$$1+2k=4-4k$$

这就得出 $k=\frac{1}{2}$,于是作为式 ⑤ 的结果,得 $t=78$.

故所求最多能停留的时间是 78 天.

❖唯一极值

设 $f(x,y)=3x+4y-ax^2-2ay^2-2bxy$,试问:参数 a,b 满足什么条件时,$f(x,y)$ 有唯一的极大值? $f(x,y)$ 有唯一的极小值?

分析 利用多元函数极值的必要条件及充分条件.

解 由极值的必要条件,得方程组

$$\begin{cases}\frac{\partial f}{\partial x}=3-2ax-2by=0\\ \frac{\partial f}{\partial y}=4-4ay-2bx=0\end{cases}$$

即

$$\begin{cases}2ax+2by=3\\ 2bx+4ay=4\end{cases}$$

当 $8a^2-4b^2\neq 0$ 时,$f(x,y)$ 有唯一的驻点

$$x_0 = \frac{3a - 2b}{2a^2 - b^2}, \quad y_0 = \frac{4a - 3b}{2(2a^2 - b^2)}$$

记 $A = \frac{\partial^2 f}{\partial x^2} = -2a, B = \frac{\partial^2 f}{\partial x \partial y} = -2b, C = \frac{\partial^2 f}{\partial y^2} = -4a$. 当 $AC - B^2 = 8a^2 - 4b^2 > 0$，即 $2a^2 - b^2 > 0$ 时，$f(x, y)$ 有极值：

当 $A = -2a > 0$，即 $a < 0$ 时，有极小值；

当 $A = -2a < 0$，即 $a > 0$ 时，有极大值.

综上所述，得：

当 $2a^2 - b^2 > 0$ 且 $a < 0$ 时，有唯一的极小值；

当 $2a^2 - b^2 > 0$ 且 $a > 0$ 时，有唯一的极大值.

❖弓形弦长

点 M 在锐角 $\triangle ABC$ 的边 AC 上，作 $\triangle ABM$ 和 $\triangle CBM$ 的外接圆. 求当点 M 在什么位置时，两外接圆公共部分的面积最小.

解 如图1，设 O, O_1 分别是 $\triangle ABM$ 和 $\triangle CBM$ 外接圆的圆心. 两外接圆的公共部分的面积是两个以 BM 为公共弦的弓形面积之和.

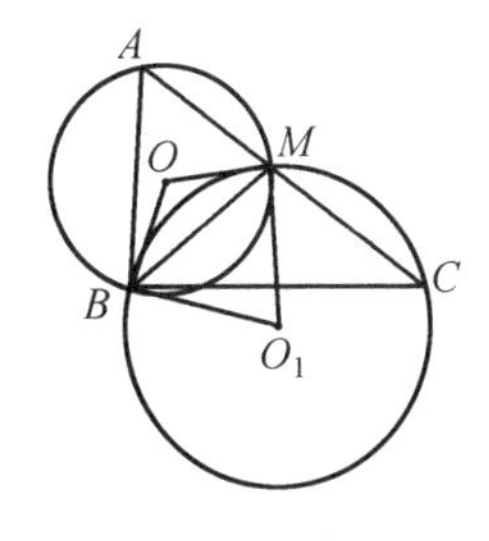

图 1

由于 $\angle BOM = 2\angle BAM =$ 常数，且 $\angle BO_1M = 2\angle BCM =$ 常数，因此，我们研究当弓形弧所对的圆心角固定时，弓形面积与弓形弦的关系.

设圆心角为 α，弓形弦长为 b，则弓形面积为

$$S = \frac{b^2(\alpha - \sin \alpha)}{4 - 4\cos \alpha}$$

可见，若 BM 越小，则每个弓形的面积越小，所以当 BM 是 $\triangle ABC$ 的高，即 $BM \perp AC$ 时，此时 M 为垂足，两外接圆公共部分的面积最小.

❖利润最大化

设某工厂生产甲、乙两种产品，产量分别为 x 件和 y 件，利润函数为

$$L(x, y) = 6x - x^2 + 16y - 4y^2 - 2(\text{万元})$$

已知生产这两种产品时，每件产品均需消耗某种原料 2 000 kg. 现有该原料

12 000 kg，问：两种产品各生产多少件时总利润最大？最大利润为多少？（限用高等数学的方法）

分析　求最大利润可转化为求条件极值问题.

解　求函数 $L(x,y)=6x-x^2+16y-4y^2-2$ 在 $0<x+y\leqslant 6$ 下的最大值，解出 $L(x,y)$ 的唯一驻点为 $(3,2)$，且 $0<3+2<6$.

设 $F(x,y,\lambda)=6x-x^2+16y-4y^2-2+\lambda(x+y-6)$，令 $F_x=F_y=0$，解得唯一可能的极值点为 $\left(\frac{19}{5},\frac{11}{5}\right)$.

由题意，x,y 只能取正整数，故考察点 $(4,2)$，$(3,3)$，$(3,2)$，则有

$L(4,2)=22$（万元），　$L(3,3)=19$（万元），　$L(3,2)=23$（万元）

故最大利润是在甲、乙两种产品分别生产 3 件和 2 件时产生的，最大利润为 23（万元）.

❖对面不相识

设 n 个新生中，任意 3 个人中有 2 个人互相认识，任意 4 个人中有 2 个人互相不认识. 试求 n 的最大值.

解　所求 n 的最大值为 8.

当 $n=8$ 满足要求时，其中 $A_1,A_2,\cdots,A_8$ 表示 8 个学生，A_i 与 A_j 的连线表示 A_i 与 A_j 认识，否则为不认识，如图 1 所示.

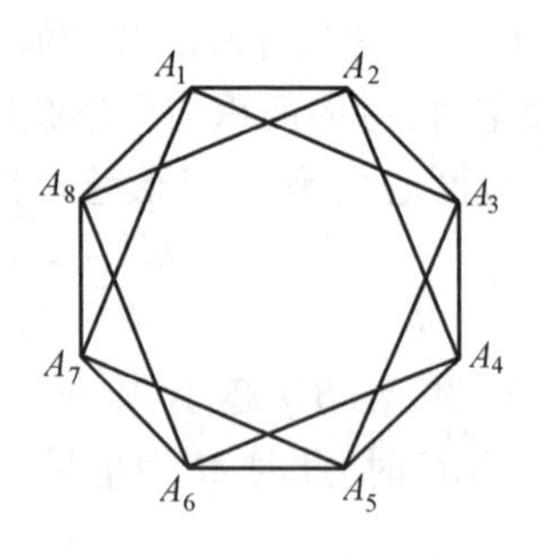

图 1

下设 n 个学生满足题设要求，我们先来证明 $n\leqslant 8$. 为此，我们先来证明如下两种情况不可能出现.

(1) 若 A 至少认识 6 个人，设为 $B_1,\cdots,B_6$，由拉姆赛（Ramsay）定理，这 6 个人中存在 3 个人互不相识（这与已知任 3 个人中有 2 个人相识矛盾），或存在 3 个人互相认识，这时 A 与这 3 个人共 4 人两两互相认识，亦与已知矛盾.

(2) 若 A 至多认识 $n-5$ 个人，则剩下至少 4 个人均与 A 不相识，从而这 4 个人两两相识，与已知矛盾.

其次，当 $n\geqslant 10$ 时，(1) 与 (2) 必有一种情况出现，故此时 n 不满足要求；当

$n=9$ 时,要使情况(1)与(2)均不出现,此时每个人恰好认识其他5个人,于是这时9个人产生的朋友对(相互认识的对子)的数目为$\frac{9\times 5}{2}\notin \mathbf{N}^*$,矛盾!

由上可知,满足要求的只有 $n\leqslant 8$. 综上,所求 n 的最大值为8.

❖投入最少

设生产某种产品必须投入三种要素,x,y,z 分别为三要素的投入量,Q 为产量. 已知生产函数为 $Q=x^{\alpha}y^{\beta}z^{\gamma}$,其中 α,β,γ 为正数,且 $\alpha+\beta+\gamma=1$. 若三要素的价格分别为 P_1,P_2 和 P_3,当产量一定时,三要素的适当投入可使总费用 P 最小. 证明:最小投入总费用 P 与产量 Q 之比为常数,并求出此常量.

分析 用拉格朗日乘数法讨论多元函数的条件极值.

解 由题意知求 $P=P_1x+P_2y+P_3z$ 在条件 $x^{\alpha}y^{\beta}z^{\gamma}=Q$ 下的最小值.

记拉格朗日函数为 $L=P_1x+P_2y+P_3z+\lambda(x^{\alpha}y^{\beta}z^{\gamma}-Q)$,令其对 x,y,z 的偏导数为零,即

$$\begin{cases}P_1+\lambda\alpha x^{\alpha-1}y^{\beta}z^{\gamma}=0\\P_2+\lambda\beta x^{\alpha}y^{\beta-1}z^{\gamma}=0\\P_3+\lambda\gamma x^{\alpha}y^{\beta}z^{\gamma-1}=0\end{cases}$$

且 $x^{\alpha}y^{\beta}z^{\gamma}=Q$,解得 $P+\lambda(\alpha+\beta+\gamma)Q=0$,即 $P=-\lambda Q,\frac{P}{Q}=-\lambda$.

下面证明 λ 是常数,并求 λ.

将 $P_1x=-\lambda\alpha Q,P_2y=-\lambda\beta Q,P_3z=-\lambda\gamma Q$ 代入 $x^{\alpha}y^{\beta}z^{\gamma}=Q$ 中得

$$-\lambda\alpha^{\alpha}\beta^{\beta}\gamma^{\gamma}Q=P_1^{\alpha}P_2^{\beta}P_3^{\gamma}Q$$

则知 λ 为常数且

$$\lambda=-\left(\frac{P_1}{\alpha}\right)^{\alpha}\left(\frac{P_2}{\beta}\right)^{\beta}\left(\frac{P_3}{\gamma}\right)^{\gamma}$$

❖灯柱高度

在半径为 R 的圆形广场中央 O,竖立一顶端 P 装有弧光灯的灯柱 OP,已知地面上某点 Q 处的照度 I 与光线投射角(PQ 与地面在点 Q 处法线的夹角等于

$\angle OPQ$,如图 1)的余弦成正比,与该处到光源的距离平方成反比. 为使广场边缘的圆形道路有最大的照度,灯柱的高度应取多高?

解　如图 1 所示,设灯柱高为 h,则光线在广场边缘的距离为

$$l=\sqrt{R^2+h^2}$$

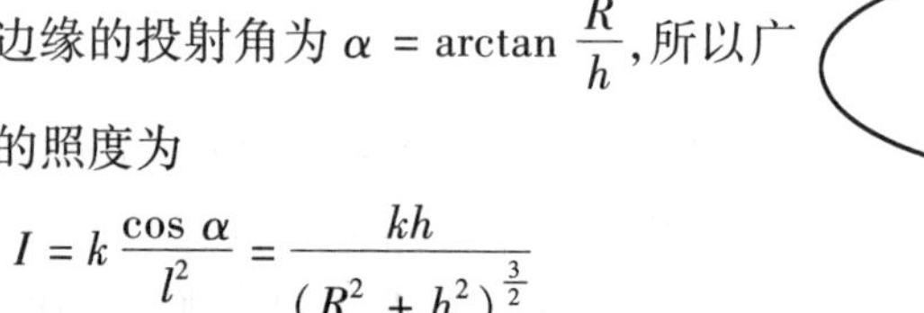

光线在广场边缘的投射角为 $\alpha=\arctan\dfrac{R}{h}$,所以广场边缘得到的照度为

$$I=k\frac{\cos\alpha}{l^2}=\frac{kh}{(R^2+h^2)^{\frac{3}{2}}}$$

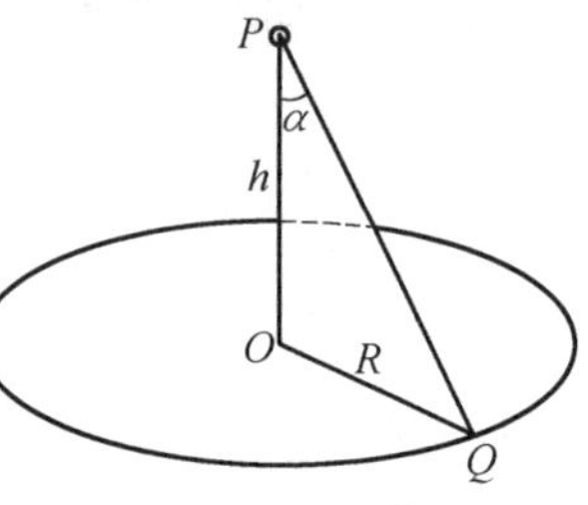

图 1

这就是以 h 为自变量的目标函数(其中 k 是一个与光源强度有关的正常数),它是一个在定义域$(0,+\infty)$上的可导函数,其导数为

$$\frac{\mathrm{d}I}{\mathrm{d}h}=\frac{k(R^2-2h^2)}{(R^2+h^2)^{\frac{5}{2}}}$$

令$\dfrac{\mathrm{d}I}{\mathrm{d}h}=0$,可得目标函数在定义域上的唯一驻点 $h=\dfrac{R}{\sqrt{2}}$.

由于目标函数在定义域上可导,且驻点唯一,根据实际意义可知最大值确实存在,所以所得的驻点就是最大值点,也就是说灯柱的最佳高度为 $h=\dfrac{R}{\sqrt{2}}$.

❖最近距离

设曲面 S 的方程是 $z=\sqrt{4+x^2+4y^2}$,平面 π 的方程是

$$x+2y+2z=2$$

试在曲面 S 上求一点的坐标,使该点与平面 π 的距离为最近,并求此最近距离.

分析　此题可以在 S 上任取一点,求出它与平面距离,然后用求极值的方法,求出极值点;也可以在 S 上求出一点 P_0,使过点 P_0 的切平面平行于平面 π.

解　在 S 上任取一点 $P(x,y,\sqrt{4+x^2+4y^2})$,与平面 π 的距离为

$$d=\frac{1}{3}(x+2y+2\sqrt{4+x^2+4y^2}-2)$$

从

$$\frac{\partial d}{\partial x}=\frac{1}{3}\left(1+\frac{2x}{\sqrt{4+x^2+4y^2}}\right)=0$$

$$\frac{\partial d}{\partial y}=\frac{2}{3}\left(1+\frac{4y}{\sqrt{4+x^2+4y^2}}\right)=0$$

解得唯一驻点 $x=-\sqrt{2},y=-\frac{\sqrt{2}}{2},z=2\sqrt{2}$. 其最近距离为

$$d_{\min}=\frac{2}{3}(\sqrt{2}-1)$$

或求 S 上的点 $P_0(x_0,y_0,z_0)$,使点 P_0 处切平面与 π 平行,得

$$\{-2x_0,-8y_0,2z_0\}=t\{1,2,2\}$$

$$z_0=\sqrt{4+x_0^2+4y_0^2}$$

解得 $x_0=-\sqrt{2},y_0=-\frac{\sqrt{2}}{2},z_0=2\sqrt{2},t=\sqrt{2}$,点 P_0 与 π 的距离是 S 与 π 的最近距离,即

$$d_{\min}=\frac{2}{3}(\sqrt{2}-1)$$

❖月牙形面积

在以 AB 为直径的半圆上取一点 C,以线段 AC 和 BC 为直径在 $\triangle ABC$ 外作半圆. 如何取点 C,才能使所得到的月牙形的面积之和最大?

解 如图1,设以 AB 为直径的半圆面积为 S_c,以 BC,CA 为直径的半圆面积分别为 S_a,S_b.

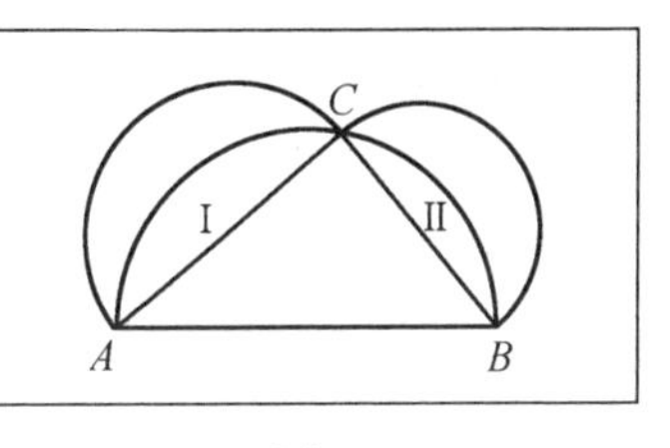

图1

两个月牙形的面积之和为 S,AC 边上的弓形面积为 S_{I},BC 边上的弓形面积为 S_{II},则

$$S=S_b+S_a-S_{\mathrm{I}}-S_{\mathrm{II}}=S_c-(S_{\mathrm{I}}+S_{\mathrm{II}})=$$
$$S_c-(S_c-S_{\triangle ABC})=S_{\triangle ABC}$$

今欲使 S 最大,即 $S_{\triangle ABC}$ 最大,由于 AB 固定,只要高最长,取 $\overset{\frown}{AB}$ 上的中点 C 即可.

❖两直线最短距离

求两直线 $L_1:\begin{cases}y=2x\\z=x+1\end{cases}$ 与 $L_2:\begin{cases}y=x+3\\z=x\end{cases}$ 之间的最短距离.

解法1　过直线 L_2 作平面 π 平行于直线 L_1，则 L_1 上的点到 π 的距离 d 即为所求. 又

$$L_1:\begin{cases}2x-y=0\\x-z+1=0\end{cases},\quad L_2:\begin{cases}x-y+3=0\\x-z=0\end{cases}$$

设过 L_2 的平面 π 的方程为

$$x-z+\lambda(x-y+3)=0$$

即

$$(1+\lambda)x-\lambda y-z+3\lambda=0$$

它的法向量

$$\boldsymbol{n}=\{1+\lambda,-\lambda,-1\}$$

L_1 的方向向量

$$\boldsymbol{s}_1=\begin{vmatrix}\boldsymbol{i}&\boldsymbol{j}&\boldsymbol{k}\\2&-1&0\\1&0&-1\end{vmatrix}=\{1,2,1\}$$

令 $L_1 /\!/ \pi$，则应有 $\boldsymbol{s}_1\cdot\boldsymbol{n}=0$，即

$$1+\lambda-2\lambda-1=0\Rightarrow\lambda=0$$

所以平面 π 的方程为

$$x-z=0$$

又点 $(0,0,1)$ 是直线 L_1 上的点，故此点到平面 π 的距离即为所求的 d，即

$$d=\frac{|-1|}{\sqrt{2}}=\frac{1}{\sqrt{2}}=\frac{\sqrt{2}}{2}$$

解法2　直线 L_1 上的点到直线 L_2 上的点的距离的最小值即为所求.

设 (x_1,y_1,z_1)，(x_2,y_2,z_2) 分别为 L_1 和 L_2 上的点，则两点之间的距离为

$$d=\sqrt{(x_2-x_1)^2+(y_2-y_1)^2+(z_2-z_1)^2}$$

设 $u=d^2=(x_2-x_1)^2+(y_2-y_1)^2+(z_2-z_1)^2$，即

$$u=(x_2-x_1)^2+(3+x_2-2x_1)^2+(x_2-x_1-1)^2$$

令

$$\begin{cases}u'_{x_1}=12x_1-8x_2-10=0\\u'_{x_2}=-8x_1+6x_2+4=0\end{cases}$$

即

$$\begin{cases}6x_1-4x_2-5=0\\-4x_1+3x_2+2=0\end{cases}$$

解得

$$x_1=\frac{7}{2},\quad x_2=4$$

因为 $A=u''_{x_1x_1}\Big|_{(\frac{7}{2},4)}=12,B=u''_{x_1x_2}\Big|_{(\frac{7}{2},4)}=-8,C=u''_{x_2x_2}\Big|_{(\frac{7}{2},4)}=6,B^2-AC<0,A>0$,所以当 $x_1=\frac{7}{2},x_2=4$ 时,d 取极小值,即最小值

$$d_{\min}=\sqrt{\left(4-\frac{7}{2}\right)^2+\left(3+4-\frac{14}{2}\right)^2+\left(4-\frac{7}{2}-1\right)^2}=\frac{\sqrt{2}}{2}$$

❖函数最值

已知函数 $f(x)=ax^2+bx+c$,对任何 $x\in[-1,1]$ 都有 $|f(x)|\leqslant 1$,设 $g(x)=|acx^4+b(a+c)x^3+(a^2+b^2+c^2)x^2+b(a+c)x+ac|,x\in[-1,1]$.试求函数 $g(x)$ 可能取得的最大值.

解 显然 $g(x)=|ax^2+bx+c||cx^2+bx+a|$.令

$$h(x)=cx^2+bx+a,\quad x\in[-1,1]$$

则

$$|h(1)|=|c+b+a|=|f(1)|\leqslant 1$$
$$|h(-1)|=|c-b+a|=|f(-1)|\leqslant 1$$

若 $h(x)$ 在 $[-1,1]$ 上是严格单调函数,则由 $|h(1)|\leqslant 1,|h(-1)|\leqslant 1$ 知,对一切 $x\in[-1,1]$,有 $|h(x)|\leqslant 1$,故

$$g(x)=|f(x)|\cdot|h(x)|\leqslant 1\times 1=1$$

若 $h(x)$ 在 $[-1,1]$ 上不是严格单调函数,我们可分两种情形:

(1)$h(x)=a$(常数),此时 $b=c=0$,从而

$$|f(1)|=|a|\leqslant 1$$
$$g(x)=|a^2x^2|=a^2x^2\leqslant 1$$

(2)$h(x)$ 为二次函数,即 $c \neq 0$,如果扩展 $h(x)$ 为定义在 $\mathbf{R}$ 上的函数,设 $h(x)=cx^2+bx+a$ 的顶点为$(x_0,h(x_0))$,则当 $h(x)$ 在$[-1,1]$上不单调时,$x_0 \in (-1,1)$. 不妨设 $x_0 \in (-1,0]$,于是

$$h(x)=c(x-x_0)^2+h(x_0), \quad -1 \leqslant x \leqslant 1$$

故

$$h(-1)=c(-1-x_0)^2+h(x_0)$$

从而

$$|h(x_0)|=|h(-1)-c(-1-x_0)^2| \leqslant |h(-1)|+|c|(1+x_0)^2$$

由于 $x_0 \in (-1,0]$,故

$$0<1+x_0 \leqslant 1$$

$$(1+x_0)^2 \leqslant 1$$

可见

$$|h(x_0)| \leqslant |h(-1)|+|c|(1+x_0)^2 \leqslant 1+1=2$$

注意到 $h(x)=cx^2+bx+a(-1 \leqslant x \leqslant 1)$ 的最值只能在 $h(1)$,$h(-1)$ 和 $h(x_0)$ 三点处达到,故由 $|h(1)| \leqslant 1$,$|h(-1)| \leqslant 1$,$|h(x_0)| \leqslant 2$ 知,当 $-1 \leqslant x \leqslant 1$ 时,均有 $|h(x)| \leqslant 2$,所以

$$g(x)=|f(x)||h(x)| \leqslant 1 \times 2=2$$

事实上,如果我们取

$$f(x)=2x^2-1, \quad -1 \leqslant x \leqslant 1$$

$$h(x)=-x^2+2, \quad -1 \leqslant x \leqslant 1$$

则

$$g(x)=|-2x^4+5x^2-2|, \quad -1 \leqslant x \leqslant 1$$

容易得到 $g(0)=2$,故 $g(x)$ 可能取得的最大值为 2.

❖弓形面积

抛物线 $y=4-x^2$ 与直线 $y=1-2x$ 交于 A,B 两点,M 是抛物线上的动点. 求弦 MA,MB 分别与抛物线上相应弧段$\overparen{MA}$,$\overparen{MB}$ 所围成两弓形面积之和的最小值.

解 由 $4-x^2=1-2x$,求得直线与抛物线的两个交点的坐标 $A(-1,3)$,$B(3,-5)$. 显然所求点 M 应在$\overparen{AB}$上,此弧与弦$\overline{AB}$所围的面积

$$S=\int_{-1}^{3}(4-x^2)-(1-2x)\mathrm{d}x=10\frac{2}{3}$$

是定值. 因此,要使两弓形(图1中阴影部分)面积之和最小,只需$\triangle AMB$的面积最大. 由$\widehat{AMB}$是凸弧知过点M的切线应与弦$\overline{AB}$平行,可解得$M(1,3)$. 这时面积$S_{\triangle AMB}=\frac{1}{2}\times 2\times 8=8$. 所求两弓形面积最小值为$10\frac{2}{3}-8=2\frac{2}{3}$.

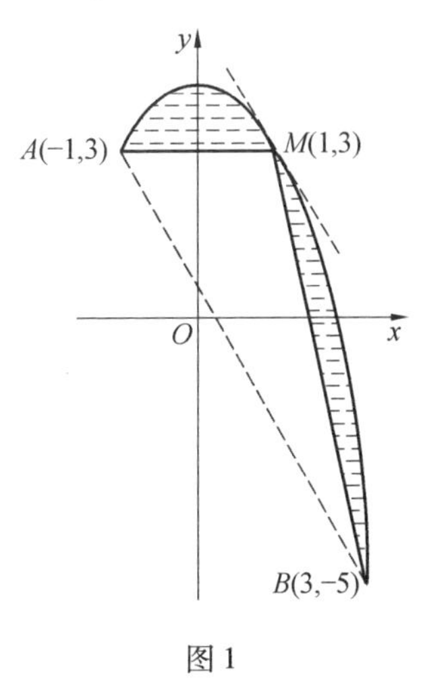

图1

注 $S_{\triangle AMB}=\frac{1}{2}\begin{vmatrix} x & -1 & 3\\ 4-x^2 & 3 & -5\\ 1 & 1 & 1\end{vmatrix}=2(-x^2+2x+3)$, $-1\leqslant x\leqslant 3$,当$x=1$时取最大值8. 或点$M(x,4-x^2)$到直线AB的距离为$\frac{|2x+(4-x^2)-1|}{\sqrt{2^2+1^2}}$,当$x=1$时达到最大值.

❖三圆相套

如图1,平面上已知三个圆$C_i(i=1,2,3)$, C_1的直径$AB=1$, C_2与C_1同心,C_2的直径k满足$1<k<3$. C_3以A为圆心,直径为$2k$,k为定值,考虑所有直线段XY,一端X在C_2上,一端Y在C_3上,并且XY含有点B. 求$\frac{XB}{BY}$为何值时,线段XY的长度最小?

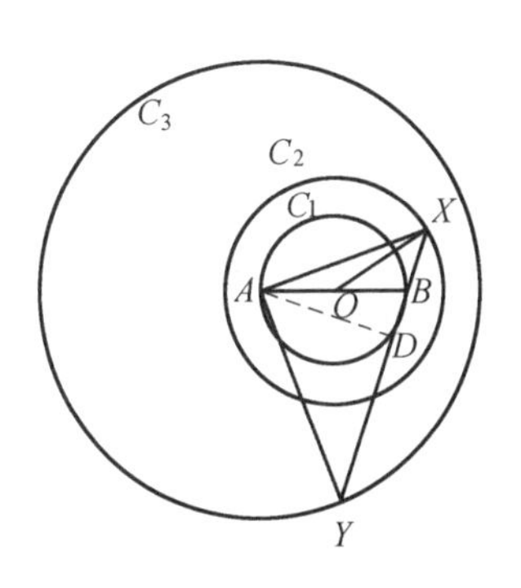

图1

解法1 由题设,显然有

$$OB=\frac{1}{2},\quad OX=\frac{1}{2}k,\quad AY=k$$

又设$\angle ABX=\alpha$, $\angle AYB=\beta$, $\angle BXO=\gamma$,在$\triangle ABY$和$\triangle OBX$中,由正弦定理得

$$\frac{k}{\sin\alpha}=\frac{1}{\sin\beta}$$

即

$$\frac{\frac{1}{2}}{\sin\gamma}=\frac{\frac{k}{2}}{\sin\alpha}$$

有

$$\frac{1}{\sin\beta}=\frac{1}{\sin\gamma} \quad ①$$

于是$\beta=\gamma$. 又由正弦定理及$\beta=\gamma$得

$$\frac{XB}{\sin(\alpha+\gamma)}=\frac{\frac{1}{2}}{\sin\gamma}$$

及

$$\frac{BY}{\sin(\alpha-\gamma)}=\frac{1}{\sin\gamma}$$

从而

$$XB+BY=XY=\frac{\sin(\alpha+\gamma)+2\sin(\alpha-\gamma)}{2\sin\gamma}=\frac{3\sin\alpha\cos\gamma-\cos\alpha\sin\gamma}{2\sin\gamma}$$

把式①代入上式得

$$XY=\frac{1}{2}(3k\cos\gamma-\cos\alpha) \quad ②$$

过点A作$AD\perp BY$于点D,则$YD=k\cos\gamma$,$AD=AB\sin\alpha=\sin\alpha$.

由勾股定理有

$$k^2\cos^2\gamma=AY^2-AD^2=k^2-\sin^2\alpha \quad ③$$

为方便讨论,我们设

$$\sin^2\alpha=x \quad ④$$

由式②③④得

$$XY=\frac{1}{2}(3\sqrt{k^2-x}-\sqrt{1-x})$$

令$u=3\sqrt{k^2-x}-\sqrt{1-x}$,等式两边平方并整理得

$$64x^2-4(36k^2-5u^2-4)x+(9k^2+1-u^2)^2-36k^2=0$$

因为x是实数,所以该方程的根的判别式$\Delta\geqslant 0$,即有

$$\Delta=16(36k^2-5u^2-4)^2-4\times 64[(9k^2+1-u^2)^2-36k^2]\geqslant 0$$

解得

$$u^2\geqslant 8(k^2-1)$$

即

$$u \geqslant 2\sqrt{2} \cdot \sqrt{k^2 - 1}$$

所以 $XY \geqslant \sqrt{2} \cdot \sqrt{k^2 - 1}$，当 $x = \frac{9 - k^2}{8}$ 时等号成立. 又因为当 $x = 1$ 时，$XY = \frac{3}{2}\sqrt{k^2 - 1}$，而

$$\frac{3}{2}\sqrt{k^2 - 1} > \sqrt{2} \cdot \sqrt{k^2 - 1}$$

于是当 $x = \frac{9 - k^2}{8}$ 时，XY 有最小值 $\sqrt{2} \cdot \sqrt{k^2 - 1}$.

由于 $\frac{\sin \alpha}{\sin \gamma} = k, x = \sin^2 \alpha$，则

$$x = \sin^2 \alpha = \frac{9 - k^2}{8} = \frac{9 - \frac{\sin^2 \alpha}{\sin^2 \gamma}}{8}$$

由此可求得 $\frac{\cos \gamma}{\cos \alpha} = \frac{3}{k}$. 于是有

$$\frac{XB}{BY} = \frac{\sin(\alpha + \gamma)}{2\sin(\alpha - \gamma)} = \frac{\sin \alpha \cos \gamma + \cos \alpha \sin \gamma}{2(\sin \alpha \cos \gamma - \cos \alpha \sin \gamma)} =$$

$$\frac{\frac{\sin \alpha}{\sin \gamma} \cdot \frac{\cos \gamma}{\cos \alpha} + 1}{2\left(\frac{\sin \alpha}{\sin \gamma} \cdot \frac{\cos \gamma}{\cos \alpha} - 1\right)} = \frac{k \cdot \frac{3}{k} + 1}{2\left(k \cdot \frac{3}{k} - 1\right)} = 1$$

即当 $\frac{XB}{BY} = 1$ 时，XY 的长度最小.

解法2　如图2，记 XY 与圆 C_2 的另一交点为 M，直线 AB 交圆 C_2 于点 E, F，交圆 C_3 于点 G, H. 于是

$$BE = \frac{k - 1}{2} = \frac{1}{2}BG$$

$$BF = \frac{k + 1}{2} = \frac{1}{2}BH$$

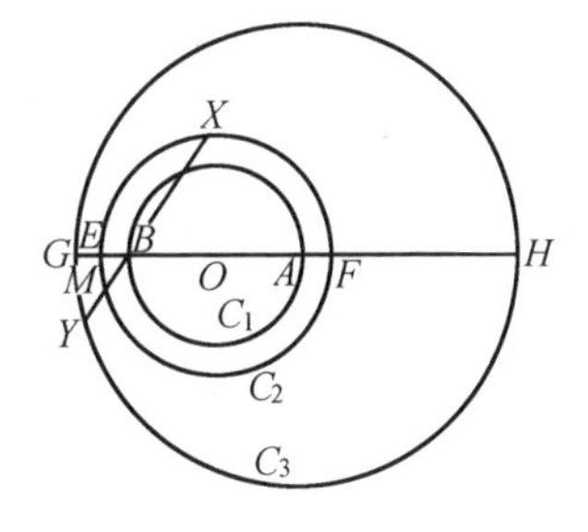

图2

可见，B 为圆 C_2 与 C_3 的位似中心，且位似比为 $\frac{1}{2}$，所以有 $BM = \frac{1}{2}BY$. 由相交弦定理有

$$BX \cdot BM = BE \cdot BF = \frac{k^2 - 1}{4}$$

从而可知 $BX \cdot BY = \frac{k^2-1}{2}$ 为常数.

故当 $BX = BY$ 时,线段 XY 的长度取最小值.

此外,当 XY 变为 EH 时,$BX < BY$;当 XY 变为 FG 时

$$BY = k - 1 = \frac{k+1}{2} + \frac{k-3}{2} = BF - \frac{3-k}{2} < BF = BX$$

由连续函数介值定理知 $BX = BY$ 确实能实现.

故知当 $BX = BY$,即二者比值为 1 时,XY 的长度取最小值.

❖点与平面

已知点 $P(1,0,-1)$ 与 $Q(3,1,2)$,在平面 $x-2y+z=12$ 上求一点 M,使得 $|PM|+|MQ|$ 最小.

解法 1 设 P_1 是与点 P 关于已知平面对称的点,则直线 P_1Q 与该平面的交点即为所求之点 M. 故过点 P 作垂直于已知平面的直线 L

$$x = 1 + t,\quad y = -2t,\quad z = -1 + t$$

设其与平面的交点为 P_0,则可求得 P_0 的坐标

$$1 + t + 4t - 1 + t = 12,\quad t_0 = 2$$

从而 $x=3$,$y=-4$,$z=1$,即 P_0 为 $(3,-4,1)$. 由此得到 P_1 的坐标为 $(5,-8,3)$.

直线 P_1Q 的方程为

$$x = 3 + 2t,\quad y = 1 - 9t,\quad z = 2 + t$$

求它与平面的交点 M 的坐标:代入平面方程得

$$3 + 2t - 2 + 18t + 2 + t = 12,\quad t = \frac{3}{7}$$

所以 $x=\frac{27}{7}$,$y=-\frac{20}{7}$,$z=\frac{17}{7}$,即点 M 的坐标为 $\left(\frac{27}{7},-\frac{20}{7},\frac{17}{7}\right)$.

解法 2 设点 M 的坐标为 (x,y,z),则

$$|PM|+|MQ| = \sqrt{(x-1)^2+y^2+(z+1)^2} + \sqrt{(x-3)^2+(y-1)^2+(z-2)^2}$$

且满足 $x-2y+z=12$,用代入法.

设

$$F(x,y,z) = \sqrt{(2y-z+11)^2+y^2+(z+1)^2} +$$

$$\sqrt{(2y-z+9)^2+(y-1)^2+(z-2)^2}$$

令

$$\frac{\partial F}{\partial y}=\frac{5y-2z+22}{\sqrt{5y^2+2z^2-4yz+44y-20z+122}}+\frac{5y-2z+17}{\sqrt{5y^2+2z^2-4yz+34y-22z+86}}=0$$

$$\frac{\partial F}{\partial z}=\frac{-2y+2z-10}{\sqrt{5y^2+2z^2-4yz+44y-20z+122}}+\frac{-2y+2z-11}{\sqrt{5y^2+2z^2-4yz+34y-22z+86}}=0$$

解得 $y_1=-\frac{20}{7}$,$z_1=\frac{17}{7}$,从而 $x_1=\frac{27}{7}$;$y_2=4$,$z_2=11$(不合题意).

❖探测路线

一个战士想要查遍一个正三角形(包括边)区域内或边界上有无地雷,他的探测器的有效度等于正三角形高的一半.这个战士从三角形的一个顶点开始探测,问他寻怎样的探测路线才能使查遍整个区域的路程最短.

解 如图1,设战士从顶点 A 出发探测正三角形区域 ABC,$\triangle ABC$ 的高为 $2d$. 以点 B 为圆心、d 为半径作圆与 AB,BC 分别交于 M,N. 以 C 为圆心、d 为半径作圆与 AC,BC 分别交于点 P,Q.

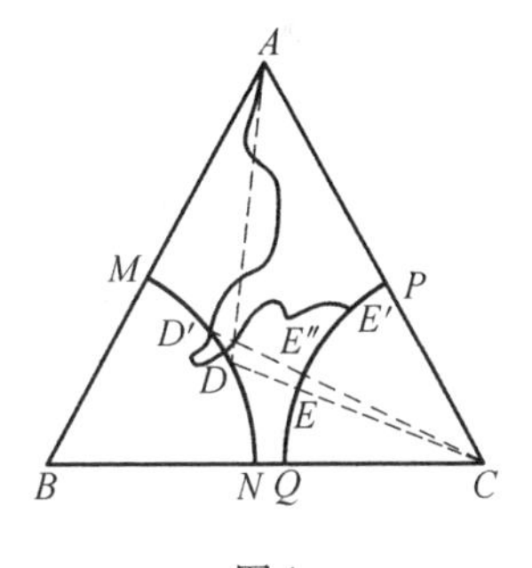

图1

由题设,战士到达 $\overset{\frown}{MN}$ 上和 $\overset{\frown}{PQ}$ 上都至少一次,不妨设他先到达 $\overset{\frown}{MN}$ 上的点 D',后到达 $\overset{\frown}{PQ}$ 上的点 E'. 设 D 为 $\overset{\frown}{MN}$ 的中点. 联结 AD,CD,CD' 分别与 $\overset{\frown}{PQ}$ 交于点 E,E''. 不难看出战士走过的路不短于 $AD'+D'E'\geqslant AD'+D'E''\geqslant AD+DE$,后一个不等式是由于 $AD+DC\leqslant AD'+D'C$. 同时,由于 D 与 AC 的距离为 d,可见战士沿路线 ADE 就可以完成搜索任务,因此 ADE 就是

最短路径,还有一条最短路径是先到$\overset{\frown}{PQ}$后到$\overset{\frown}{MN}$,最短路径的长度不难算出,为$\left(\frac{\sqrt{7}}{2}-\frac{\sqrt{3}}{4}\right)AB$.

❖函数最值

求函数$f(x,y,z)=\frac{x^2+yz}{x^2+y^2+z^2}$在$D=\{(x,y,z)\mid 1\leqslant x^2+y^2+z^2\leqslant 4\}$的最大值与最小值.

解　$f(x,y,z)$在D的最大、最小值,即为$g(x,y,z)=x^2+yz$在$D'=\{(x,y,z)\mid x^2+y^2+z^2=1\}$的最大、最小值.

$x^2+yz\leqslant x^2+\frac{y^2+z^2}{2}=\frac{x^2}{2}+\frac{1}{2}\leqslant 1$,而$g(1,0,0)=1$,即最大值为1.

$x^2+yz\geqslant x^2-\frac{y^2+z^2}{2}=\frac{3x^2}{2}-\frac{1}{2}\geqslant-\frac{1}{2}$,而$g\left(0,-\frac{\sqrt{2}}{2},\frac{\sqrt{2}}{2}\right)=-\frac{1}{2}$,即最小值为$-\frac{1}{2}$.

❖长途汽车站

图1是一个工厂区的地图,一条公路(粗线)通过这个地区,七个工厂$A_1,A_2,\cdots,A_7$分布在公路两侧由一些小路(细线)与公路相连.现在要在公路上设一个长途汽车站,车站到各工厂(沿公路、小路走)的距离总和越小越好.

(1)这个车站设在什么地方最好?

(2)证明你的结论.

(3)如果在P处又建立了一个工厂,并且沿着图上的虚线修了一条小路,那么这时车站设在什么地方好?

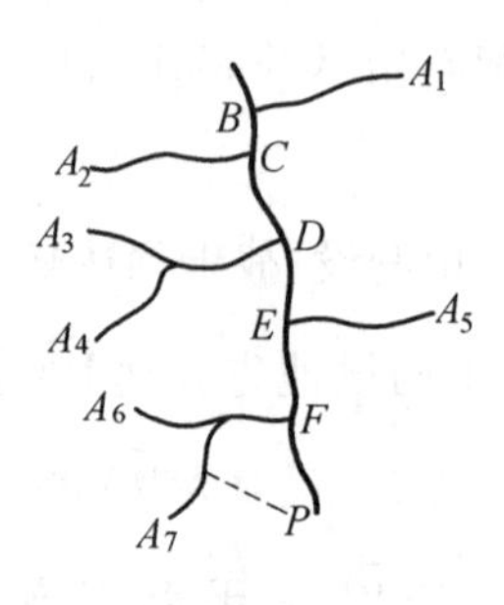

图1

解　设 B,C,D,E,F 是各小路连通公路的道口.

(1) 车站设在点 D 最好.

(2) 用 $u_1,u_2,\cdots,u_7$ 分别表示 D 到工厂 $A_1,A_2,\cdots,A_7$ 的路程. 若车站设在点 D 以北公路上的点 S,设 S 到 D 的路程为 $d(d>0)$,S 到各厂的路程分别为 u'_1,$u'_2,\cdots,u'_7$,则

$$u'_1 \geqslant u_1-d,\ u'_2 \geqslant u_2-d,\ u'_3 \geqslant u_3+d,\ u'_4 \geqslant u_4+d,\ \cdots,\ u'_7 \geqslant u_7+d$$

所以

$$u'_1+u'_2+\cdots+u'_7 \geqslant u_1+u_2+\cdots+u_7+3d > u_1+u_2+\cdots+u_7$$

这说明车站设在点 D 以北都不如设在点 D 好. 同样可以证明,车站设在点 D 以南都不如设在点 D 好.

故车站设在点 D 最好.

(3) 车站设在点 D,E 或点 D 与点 E 之间的任何一个地方都可以.

❖内部最值

设二元函数 $F(x,y)$ 在 $\mathbf{R}^2$ 上具有二阶连续偏导数,$F(x,y)=0$ 的解集形成一条不自交的封闭曲线 C. 记 C 所围成的区域为 D. 证明:

(1) $F(x,y)$ 必在区域 D 的内部取到最值.

(2) 若对于任意 $(x,y)\in D^\circ$(D 的内部),$F''_{xx}+F''_{yy}>0$,则 $F(x,y)$ 在 D° 上恒小于 0.

证明　(1) 由于 $F(x,y)$ 在 $\mathbf{R}^2$ 上具有二阶连续偏导数,所以 $F(x,y)$ 在 D 上连续. 又因为 D 是有界闭区域,所以 $F(x,y)$ 必在区域 D 上取到最大值或最小值. 注意到 $F(x,y)$ 的所有零点恰好形成区域 D 的边界,故 $F(x,y)$ 在区域 D 的内部 D° 上恒大于 0 或恒小于 0. 所以 $F(x,y)$ 必在区域 D 的内部取到最值.

(2) 用反证法:假设存在 $(x',y')\in D^\circ$ 使 $F(x,y)\geqslant 0$,则 $F(x,y)$ 在 D° 上恒大于 0,从而存在 $M_0=(x_0,y_0)\in D^\circ$ 使 $F(M_0)$ 是 $F(x,y)$ 在 D 上的最大值,于是 M_0 是 $F(x,y)$ 的极大值点,故

$$F'_x(M_0)=F'_y(M_0)=0$$

在 D° 上使用泰勒(Taylor)公式有

$$0 \geqslant F(x_0+h,y_0)-F(x_0,y_0)=\frac{h^2}{2}F''_{xx}(M_0)+o(h^2)$$

$$0 \geqslant F(x_0,y_0+h)-F(x_0,y_0)=\frac{h^2}{2}F''_{yy}(M_0)+o(h^2)$$

两式相加有

$$(F''_{xx}(M_0)+F''_{yy}(M_0))+o(1)\leqslant 0$$

令 $h\to 0$,则有 $F''_{xx}(M_0)+F''_{yy}(M_0)\leqslant 0$,此与题设条件矛盾,故命题得证.

❖爆竹升空

一个质量为 $m=1$ kg 的炮仗(也称爆竹),以初速度 $v_0=21$ m/s 沿竖直向上飞向高空.已知在上升的过程中,空气对它的阻力与它运动速度 v 的平方成正比,比例系数为 $k=0.025$ kg/m.求该炮仗能够到达的最高高度.

解 设在时刻 t,物体的高度为 x,则根据牛顿第二运动定律可得微分方程为

$$m\frac{\mathrm{d}^2x}{\mathrm{d}t^2}=-mg-k\left(\frac{\mathrm{d}x}{\mathrm{d}t}\right)^2$$

这是一个不显含 x 的二阶特殊型方程.以 $v=\frac{\mathrm{d}x}{\mathrm{d}t}$ 为新的未知函数,仍以 t 为自变量,原方程可化为

$$m\frac{\mathrm{d}v}{\mathrm{d}t}=-mg-kv^2$$

这是一个可分离变量方程,分离变量,再积分得

$$v=\sqrt{\frac{mg}{k}}\tan\left(C-\sqrt{\frac{kg}{m}}t\right)$$

由 $v(0)=v_0$,可得到 $C=\arctan\left(\sqrt{\frac{k}{mg}}v_0\right)$,即有

$$v=\sqrt{\frac{mg}{k}}\tan\left[\arctan\left(\sqrt{\frac{k}{mg}}v_0\right)-\sqrt{\frac{kg}{m}}t\right]$$

到达最高点时,有 $v(t)=0$,可解得

$$t=\sqrt{\frac{m}{kg}}\arctan\left(\sqrt{\frac{k}{mg}}v_0\right)$$

从而可得此炮仗最高能到达的高度为

$$h=\int_0^{\sqrt{\frac{m}{kg}}\arctan\left(\sqrt{\frac{k}{mg}}v_0\right)}\sqrt{\frac{mg}{k}}\tan\left[\arctan\left(\sqrt{\frac{k}{mg}}v_0\right)-\sqrt{\frac{kg}{m}}t\right]\mathrm{d}t=$$

$$\frac{m}{k}\left\{\ln\cos\left[\arctan\left(\sqrt{\frac{k}{mg}}v_0\right)-\sqrt{\frac{kg}{m}}t\right]\right\}\Bigg|_0^{\sqrt{\frac{m}{kg}}\arctan\left(\sqrt{\frac{k}{mg}}v_0\right)}=$$

$$\frac{m}{2k}\ln\left(1+\frac{k}{mg}v_0^2\right)$$

将具体数据代入得

$$h=\frac{1}{2\times 0.025}\ln\left(1+\frac{0.025}{1\times 9.81}\times 21^2\right)=20\ln 2.124\approx 15.1\ (\mathrm{m})$$

❖约束条件

证明函数 $f(x,y)=Ax^2+2Bxy+Cy^2$ 在约束条件

$$g(x,y)=1-\frac{x^2}{a^2}-\frac{y^2}{b^2}=0$$

下有最大值和最小值,且它们是方程

$$k^2-(Aa^2+Cb^2)k+(AC-B^2)a^2b^2=0$$

的根.

证明 因二元函数 $f(x,y)$ 在全平面连续,$1-\frac{x^2}{a^2}-\frac{y^2}{b^2}=0$ 是有界闭集,若 $f(x,y)$ 在此约束条件下,必有最大值和最小值.

设 (x_1,y_1) 和 (x_2,y_2) 为最大值点和最小值点.

令 $L(x,y,\lambda)=Ax^2+2Bxy+Cy^2+\lambda\left(1-\frac{x^2}{a^2}-\frac{y^2}{b^2}\right)$,则 (x_1,y_1) 和 (x_2,y_2) 应满足方程组

$$\frac{\partial L}{\partial x}=2\left[\left(A-\frac{\lambda}{a^2}\right)x+By\right]=0 \quad ①$$

$$\frac{\partial L}{\partial y}=2\left[Bx+\left(C-\frac{\lambda}{b^2}\right)y\right]=0 \quad ②$$

$$\frac{\partial L}{\partial \lambda}=1-\frac{x^2}{a^2}-\frac{y^2}{b^2}=0 \quad ③$$

记相应的乘子为 λ_1,λ_2,则 (x_1,y_1,λ_1) 满足

$$\left(A-\frac{\lambda_1}{a^2}\right)x_1+By_1=0$$

$$Bx_1+\left(c-\frac{\lambda_1}{b^2}\right)y_1=0$$

解得

$$\lambda_1=Ax_1^2+2Bx_1y_1+Cy_1^2$$

同理可得

$$\lambda_2 = Ax_2^2 + 2Bx_2y_2 + Cy_2^2$$

即 λ_1, λ_2 是 $f(x, y)$ 在椭圆 $\frac{x^2}{a^2} + \frac{y^2}{b^2} = 1$ 的最大值和最小值.

又由方程组 ①② 有非零解,得

$$\left(A - \frac{\lambda}{a^2}\right)\left(C - \frac{\lambda}{b^2}\right) - B^2 = 0$$

λ_1, λ_2 是此方程的根,即 λ_1, λ_2 是方程

$$\lambda^2 - (Aa^2 + Cb^2)\lambda + (AC - B^2)a^2b^2 = 0$$

的根.

❖最长边的最小值

40

在 $\triangle ABC$ 中,$\angle C = 90°$,$\angle A = 30°$,$BC = 1$. 求 $\triangle ABC$ 的内接三角形(三顶点分别在三边上的三角形)的最长边的最小值.

解 首先在 $\triangle ABC$ 的内接正三角形的范围内,求最长边的最小值.

如图 1,在 BC 上任取一点 D,记 $BD = x$. 然后,分别在 CA,AB 上取点 E,F,使 $CE = \frac{\sqrt{3}}{2}x$,$BF = 1 - \frac{x}{2}$.

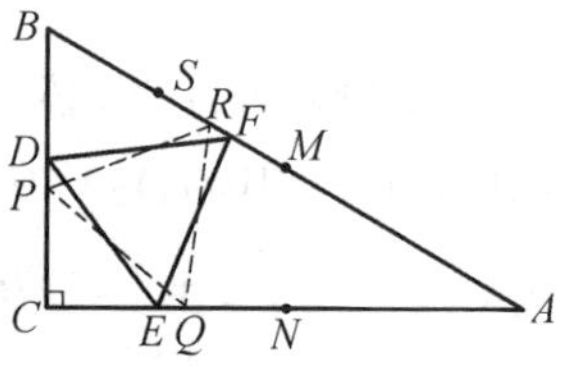

图 1

由余弦定理,有

$$DF^2 = BD^2 + BF^2 - 2BD \cdot BF \cdot \cos 60° = x^2 + \left(1 - \frac{x}{2}\right)^2 - 2x\left(1 - \frac{x}{2}\right) \cdot \frac{1}{2} = \frac{7}{4}x^2 - 2x + 1$$

$$EF^2 = AF^2 + AE^2 - 2AF \cdot AE \cdot \cos 30° = \left(\sqrt{3} - \frac{\sqrt{3}}{2}x\right)^2 + \left(1 + \frac{x}{2}\right)^2 - 2\sqrt{3}\left(1 - \frac{x}{2}\right)\left(1 + \frac{x}{2}\right)\cos 30° = \frac{7}{4}x^2 - 2x + 1$$

由勾股定理,有

$$DE^2=(1-x)^2+\left(\frac{\sqrt{3}}{2}x\right)^2=\frac{7}{4}x^2-2x+1$$

于是 $DF=EF=DE$，即 $\triangle DEF$ 是正三角形.

这表明，对于 BC 上任一点 D，都可以作出一个内接正三角形.

记 CA，AB 的中点分别为 N，M，BM 的中点为 S，则当点 D 从点 B 变到点 C 时，点 E 从点 C 变到点 N，点 F 从点 M 变到点 S.

记 $\triangle DEF$ 的边长为 a，则

$$a^2=\frac{7}{4}x^2-2x+1=\frac{7}{4}\left(x-\frac{4}{7}\right)^2+\frac{3}{7}$$

于是当 $x=\frac{4}{7}$ 时，边长 a 取得最小值 $\sqrt{\frac{3}{7}}$，如图1中点 P，Q，R 的位置.

下面证明，任何内接三角形的最长边的边长都不小于 $\sqrt{\frac{3}{7}}$.

为方便计算，引入以 C 为原点、CA 为 x 轴正半轴的直角坐标系.

设 $\triangle XYZ$ 为 $\triangle ABC$ 的任一内接三角形，其中点 X，Y，Z 分别位于 BC，CA，AB 上. 在 BM 上取点 R_1，使 $MR_1=\frac{1}{3}MB$，取点 R_2，使 $MR_2=\frac{3}{14}MB$，于是

$$AR_1=\frac{2}{3}AB,\quad BR_2=\frac{11}{14}BM$$

从而有

$$y_{R_1}=\frac{2}{3}>\sqrt{\frac{3}{7}}$$

$$x_{R_2}=\frac{11}{14}\times\frac{\sqrt{3}}{2}>\frac{10}{13}\times\frac{\sqrt{3}}{2}>\sqrt{\frac{3}{7}}$$

(1) 若点 Z 位于线段 BR_1 上，则

$$y_Z\geqslant y_{R_1}>\sqrt{\frac{3}{7}}$$

若点 Z 位于线段 R_2A 上，则

$$x_Z\geqslant x_{R_2}>\sqrt{\frac{3}{7}}$$

可见，这时 $\triangle XYZ$ 的最长边的边长大于 $\sqrt{\frac{3}{7}}$.

(2) 若点 Z 位于线段 R_1R_2 的内部，则将点 Z 作为点 F，作正 $\triangle DEF$，不难验证，$x_E<x_F$，$y_D<y_F$. 因而，若点 X 位于线段 DC 上，则 $ZX\geqslant ZD=FD$；若点 Y 位于线段 CE 上，则 $ZY\geqslant ZE=FE$；若点 X 位于线段 BD 上，且点 Y 位于线段 EA 上，

则由勾股定理知 $XY \geqslant DE$,所以 $\triangle XYZ$ 的最长边的边长不小于 $\triangle DEF$ 的边长,从而不小于$\sqrt{\frac{3}{7}}$.

综上所述,所求最长边的最小值为$\sqrt{\frac{3}{7}}$.

❖曲率最大值

求曲线 $y=\mathrm{e}^x$ 的曲率的最大值.

解 要求 $y=\mathrm{e}^x$ 的曲率的最大值,只要求 $y=\ln x$ 的曲率的最大值,由曲率 K 的表达式

$$\frac{1}{K}=\frac{(1+y'^2)^{\frac{3}{2}}}{|y''|}=x^2(1+x^{-2})^{\frac{3}{2}}=$$

$$\left(x^{\frac{4}{3}}+\frac{1}{2}x^{-\frac{2}{3}}+\frac{1}{2}x^{-\frac{3}{2}}\right)^{\frac{2}{3}}\geqslant$$

$$\left(3\sqrt[3]{\frac{1}{2}\cdot\frac{1}{2}}\right)^{\frac{3}{2}}=\frac{3\sqrt{3}}{2}$$

从而得 K 的最大值为$\frac{2\sqrt{3}}{9}$.

❖面积最大

若四边形四条边长 a,b,c,d 为定值,试用拉格朗日乘数法证明:当该四边形为圆内接四边形时,其面积有最大值.

证明 画出其图形如图1所示,设 $AB=a,BC=b,CD=c,DA=d$,并设 $\angle ABC=x$,$\angle CDA=y$,则可得四边形的面积(目标函数)为

$$S=\frac{1}{2}ab\sin x+\frac{1}{2}cd\sin y$$

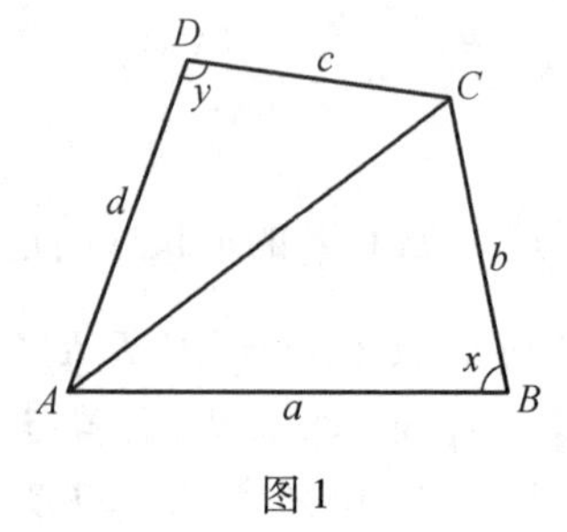

图1

其中$0 < x < \pi, 0 < y < \pi$.

根据$\triangle ABC$和$\triangle CDA$有公共边AC的情况,利用余弦定理可得约束条件为

$$a^2 + b^2 - 2ab\cos x = c^2 + d^2 - 2cd\cos y$$

建立拉格朗日函数

$$L = \frac{1}{2}ab\sin x + \frac{1}{2}cd\sin y + \lambda[(a^2 + b^2 - 2ab\cos x) - (c^2 + d^2 - 2cd\cos y)]$$

可得

$$\frac{\partial L}{\partial x} = \frac{1}{2}ab\cos x + 2\lambda ab\sin x$$

$$\frac{\partial L}{\partial y} = \frac{1}{2}cd\cos y - 2\lambda cd\sin y$$

根据拉格朗日乘数法可知,四边形$ABCD$的面积S有最大值的必要条件为

$$\frac{\partial L}{\partial x} = 0, \quad \frac{\partial L}{\partial y} = 0$$

即可得$\tan x + \tan y = -\frac{1}{4\lambda} + \frac{1}{4\lambda} = 0$. 在$0 < x < \pi, 0 < y < \pi$的条件下,必有$x + y = \pi$,从而可知当该四边形为圆内接四边形时,其面积有最大值.

将$y = \pi - x$代入约束条件,便可得$\cos x = \frac{a^2 + b^2 - c^2 - d^2}{2(ab + cd)}$,因此可得

$$\sin x = \sin y = \sqrt{1 - \left[\frac{a^2 + b^2 - c^2 - d^2}{2(ab + cd)}\right]^2}$$

所以有

$$S_{\max} = \frac{1}{2}(ab + cd)\sqrt{1 - \left[\frac{a^2 + b^2 - c^2 - d^2}{2(ab + cd)}\right]^2} = \frac{1}{4}\sqrt{4(ab + cd)^2 - (a^2 + b^2 - c^2 - d^2)^2}$$

❖最大之数

求数列$1, \sqrt{2}, \sqrt[3]{3}, \sqrt[4]{4}, \cdots, \sqrt[n]{n}, \cdots$中最大的一个数.

解 考虑函数$f(x) = x^{\frac{1}{x}} (x > 0)$,令

$$y = \ln f(x) = \frac{1}{x}\ln x$$

则y的最大值也是$f(x)$的最大值.

令 $y'=\frac{1-\ln x}{x^2}=0$，得 $x=\mathrm{e}$ 为唯一驻点，且 $x=\mathrm{e}$ 为极大点，也是最大点，故 $y(\mathrm{e})$ 也是最大值.

又 $2<\mathrm{e}<3, \sqrt{2}<\sqrt[3]{3}$，所以$\sqrt[3]{3}$ 是最大的一个数.

❖距离之和

设 $\triangle ABC$ 是边长为6的正三角形，过顶点 A 作直线 l，顶点 B, C 到 l 的距离分别记为 d_1, d_2. 求 d_1+d_2 的最大值.

解 如图1，延长 BA 到点 B'，使 $AB'=AB$. 联结 $B'C$，则过顶点 A 的直线 l 或者与 BC 相交，或者与 $B'C$ 相交.

(1) 若 l 与 BC 相交于点 D，则

$$\frac{1}{2}(d_1+d_2)\cdot AD=S_{\triangle ABD}+S_{\triangle ADC}=$$

$$S_{\triangle ABC}=\frac{\sqrt{3}}{4}\times 36=9\sqrt{3}$$

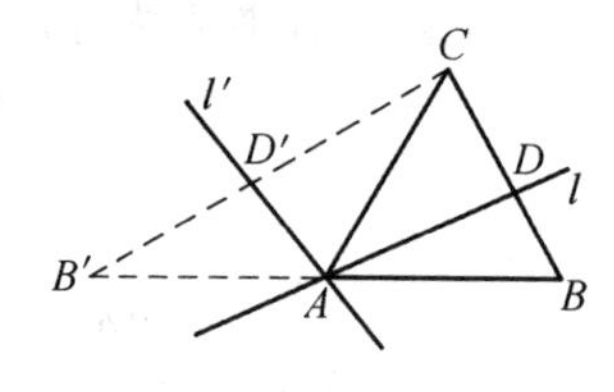

图 1

且 $d_1+d_2=\frac{18\sqrt{3}}{AD}\leqslant\frac{18\sqrt{3}}{3\sqrt{3}}=6$，当且仅当 $l\perp BC$ 时取等号.

(2) 若 l' 与 $B'C$ 相交于点 D'，则

$$\frac{1}{2}(d_1+d_2)\cdot AD'=S_{\triangle B'D'A}+S_{\triangle ACD'}=$$

$$S_{\triangle AB'C}=S_{\triangle ABC}=\frac{\sqrt{3}}{4}\times 36$$

且 $d_1+d_2=\frac{18\sqrt{3}}{AD'}\leqslant\frac{18\sqrt{3}}{3}=6\sqrt{3}$，当且仅当 $l'\perp B'C$ 时取等号.

综上所述，d_1+d_2 的最大值是 $6\sqrt{3}$.

❖何时最小

求函数

$$z=\sqrt{x^2+y^2-2x-4y+9}+\sqrt{x^2+y^2-6x+2y+11}$$

的最小值.

解 因

$$\sqrt{x^2+y^2-2x-4y+9}=\sqrt{(x-1)^2+(y-2)^2+4}$$

是点 $P(x,y,0)$ 与点 $A(1,2,2)$ 的距离,又

$$\sqrt{x^2+y^2-6x+2y+11}=\sqrt{(x-3)^2+(y+1)^2+1}$$

是点 $P(x,y,0)$ 与点 $B(3,-1,-1)$ 的距离,由于 $|AB|\leqslant|PA|+|PB|$,故 z 的最小值为 $|AB|=\sqrt{22}$.

❖相互接触

如图1,在平面上固定一个单位正方形 S. 与该单位正方形相接触又不与之相交的彼此不重叠的单位正方形最多有多少个?

解 一个 3×3 棋盘模型提供了8个互相接触的单位正方形(图2).

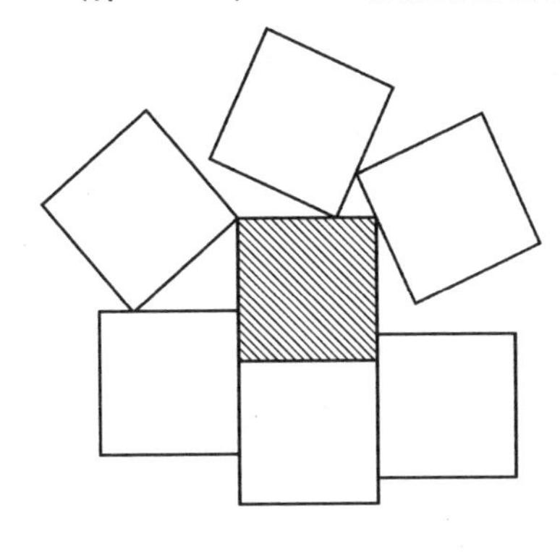

图1

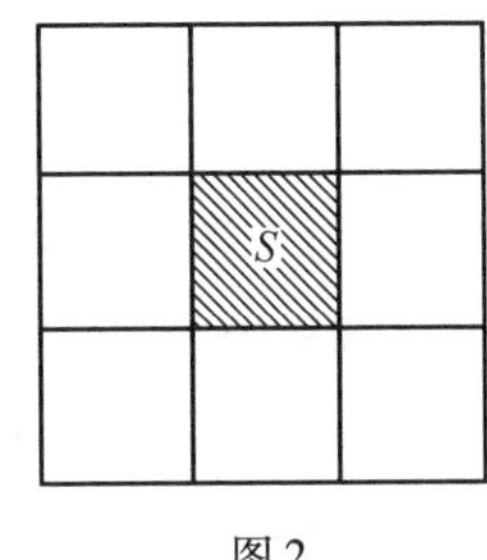

图2

从图3可得出如下明显的关系:

(1) 两个互相不重叠的单位正方形的中心之间的距离大于或等于1.(图3(a)中,$PV\geqslant\frac{1}{2}$,$WR\geqslant\frac{1}{2}$,因此 $PR\geqslant1$.)

(2) 互相接触的两个单位正方形中心点间的距离不大于$\sqrt{2}$.(图3(b)中,至少有一个接触点 R,$PQ\leqslant PR+RQ\leqslant\frac{\sqrt{2}}{2}+\frac{\sqrt{2}}{2}=\sqrt{2}$,其中$\frac{\sqrt{2}}{2}$是对角线长的一半.)

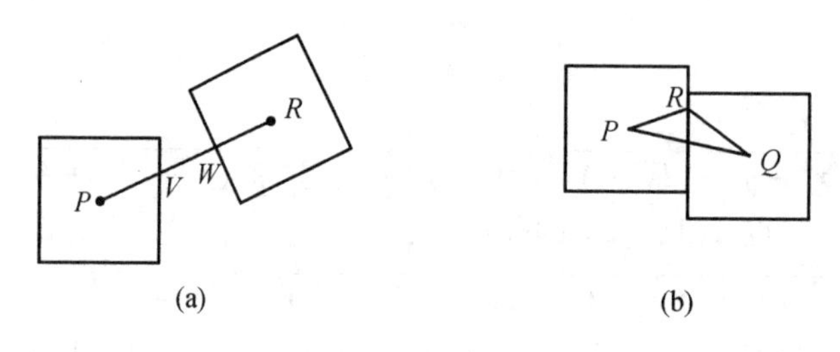

图 3

如图4,假设点A,B为两个与固定正方形S相接触的正方形的中心,点O为S的中心.此外,设$OA=x$,$OB=y$,$AB=t$.由(1)和(2)得知:$x,y,t\geqslant 1$,$x,y\leqslant\sqrt{2}$.

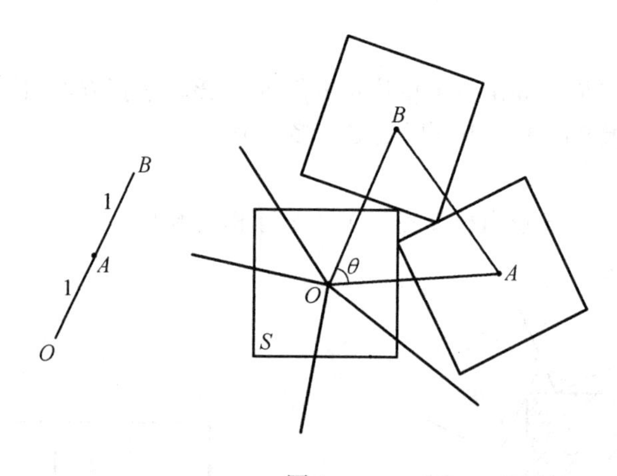

图 4

然而,在中心为A和B的两个正方形之间可能有空隙,因此,t也可能大于$\sqrt{2}$.由于不存在重叠,因而$t\geqslant 1$.

如果点A和点B(假设按此顺序)位于从点O引出的一条射线上,则从点O到点B这一线段的长度$y=OB$至少为2,因而大于上述的界限$\sqrt{2}$.所以,点A和点B位于从点O引出的不同的射线上.把所有与S接触的正方形的中点与点O联结起来,则得到一个由通过点O的不同方向的线段构成的扇形,而且,对每个正方形均有一条通过点O的线段与它相对应.

现在,设OA和OB为扇形中两条相邻的线段.令θ为OA和OB在点O确定的夹角.对$\triangle OAB$利用余弦定理,则得

$$t^2=x^2+y^2-2xy\cos\theta$$

即

$$\cos \theta = \frac{x^2 + y^2 - t^2}{2xy}$$

由 $t \geqslant 1$ 得

$$\cos \theta \leqslant \frac{x^2 + y^2 - 1}{2xy}$$

将其右侧以 $f(x,y)$ 表示. 由于 $1 \leqslant x, y \leqslant \sqrt{2}$,因此,$f(x,y)$ 必为正数. 现在我们希望证明,对 $x, y(1 \leqslant x, y \leqslant \sqrt{2})$,$f(x,y)$ 不大于$\frac{3}{4}$.(不相信求偏导数方法的读者,可在注中发现一个详细的初等证明.)

求偏导数有

$$f_x = \frac{2xy \cdot 2x - 2y(x^2 + y^2 - 1)}{(2xy)^2} = \frac{x^2 - y^2 + 1}{2x^2 y}$$

类似的,有

$$f_y = \frac{-x^2 + y^2 - 1}{2xy^2}$$

很显然,f_x,f_y 在区域 $1 \leqslant x, y \leqslant \sqrt{2}$ 中非负,所以 f 的值不随 x, y 的增大而减小. 这就表明,$f(\sqrt{2}, \sqrt{2}) \geqslant f(x,y)$ 对一切所研究的 x, y 的值成立. 因此

$$f(x,y) \leqslant f(\sqrt{2}, \sqrt{2}) = \frac{2 + 2 - 1}{2 \times \sqrt{2} \times \sqrt{2}} = \frac{3}{4}$$

即 OA 和 OB 的夹角 θ 满足 $\cos \theta \leqslant \frac{3}{4}$.

查表得 $\cos 40° = 0.766\ 04$,因此,$\cos \theta < \cos 40°$,这说明 $\theta > 40°$. 但是,这表明在由点 O 引出的射线扇形 $360°$ 的范围内,没有 9 个这样的 θ 角存在. 因此,相接触的正方形最多必定是 8 个.

犹太大学(Yeshiva University) 的 D. J. 纽曼(D. J. Newman) 和 W. E. 韦斯布鲁姆(W. E. Weissblum) 在《美国数学月刊》(AMM)(1962 年,808 页) 中提出了另一个类似但非常简单的问题:

在平面上给出 6 个圆,每个圆都不包含其他圆的中心点. 试证明:它们没有公共点.

现在给出证明. 假设 O 为位于6个圆上的一个点,把点 O 与6个圆的圆心联结起来,从而,得到一个以 O 为中心的扇形. 若两个圆心 A 和 B 位于通过点 O 的一条公共射线上,则由于点 O 位于每个圆上,因此有一个圆包含其他一个圆的圆心,这与假设矛盾. 故这个扇形由 6 条不同的线段构成(图 5).

此外,设 A 和 B 表示两个圆心,对这两个圆心而言,OA 和 OB 是这个扇形上的两条邻接的线段. 设 r 为以 A,B 为圆心的两个圆的半径之大者(或者是半径

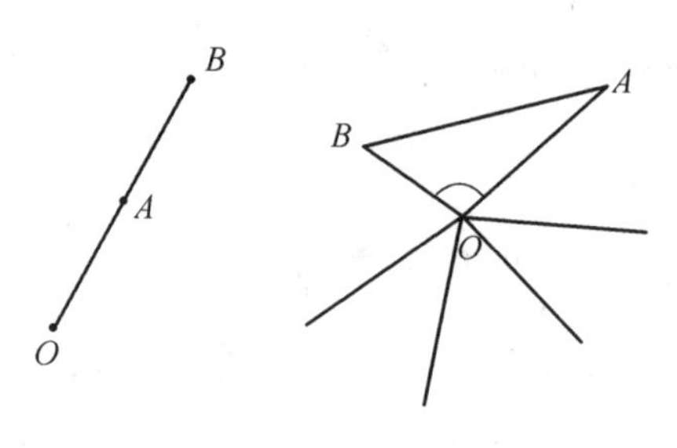

图 5

的公共值,如果它们相等),因为每个圆都不包含另一个圆的圆心,所以$AB>r$. 但是,因为圆心为A和B的两个圆均包含点O,所以,OA和OB不大于r. 因此,在$\triangle AOB$中,AB是三条边中最大者,故$\angle AOB$大于三角形的另外两个角. 这就表明,$\angle AOB>60°$. 这说明,由这6条线段构成的扇形,就要大于$6\times 60°=360°$的角,这是不可能的.

注 在三维空间中,函数$z=f(x,y)=\dfrac{x^2+y^2-1}{2xy}$的图像是一个曲面(图6). 我们感兴趣的,只是该曲面位于xOy平面中正方形$1\leqslant x,y\leqslant\sqrt{2}$上方的部分$G$. 假设$K(a,b)$为这个正方形上的任一点,$P(a,b,z)$为$G$在$K$上方的点. 假设$L$为该正方形内的一条线段,它的点与$K$在$y$轴上具有相同的坐标. 平面$\pi$通过线段$L$,垂直于$xOy$平面,且沿曲线$C$与$G$相交. 由于曲线$C$的点位于$G$上,因此,其坐标满足方程

$$z=\frac{x^2+y^2-1}{2xy}$$

因为这些点也属于平面π,因此,其在y轴上的坐标为$y=b$. 所以,对于曲线C上的点,有

$$z=\frac{x^2+b^2-1}{2xb}$$

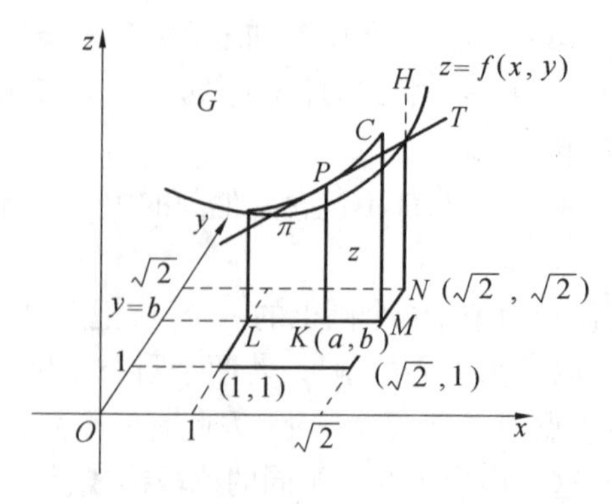

图 6

这仅仅是变量 x 的函数,很显然,曲线 C 在点 P 的斜率就是$\frac{\mathrm{d}z}{\mathrm{d}x}$在该点的值.经过化简,得

$$\frac{\mathrm{d}z}{\mathrm{d}x}=\frac{x^2-b^2+1}{2bx^2}$$

由于 $x\geqslant 1$,所以 $x^2+1\geqslant 2$ 成立.又由于 $b\leqslant\sqrt{2}$,所以分子 x^2-b^2+1 为非负.因为分母为正数,所以曲线 C 在各点处的切线斜率为非负.这就说明,当向 x 值增加方向沿曲线 C 运动时,z 值不变小.因此,L 的端点 M 对应着 G 上的一个点,它在 xOy 平面上方的距离不小于 G 位于 L 上方的每个其他点距 xOy 平面的距离.

如果线段 L 和平面 π 平行于 y 轴,我们则以类似的方式得到曲线 C,它由

$$z=\frac{a^2+y^2-1}{2ay}$$

给定.

对于点 C',成立

$$\frac{\mathrm{d}z}{\mathrm{d}y}=\frac{-a^2+y^2+1}{2ay^2}$$

这对所考虑的 y 值和 a 值来说,同样是非负的.因此,如果人沿着 G 运动,保持 x 值不变,使 y 值增加,则人在 xOy 平面上方之距离至少保持同样的高度.由此得出,如果人从正方形的任一点 $K(a,b)$ 上方的点 P 出发,在 G 上沿着 L 向 M 运动,再从 M 沿正方形的边运动到点 N,则人始终不会走下坡路.所以,G 的任一点都不比 N 上方的点 H 离开 xOy 平面的距离大.因此点 $N(\sqrt{2},\sqrt{2})$ 为 $f(x,y)$ 提供了在所研究的正方形中的最大值,这个最大值为

$$\frac{2+2-1}{2\times\sqrt{2}\times\sqrt{2}}=\frac{3}{4}$$

❖旋转体积

如图 1 所示,两个相互外切的小圆同时内切于半径为 R 的大圆,三个圆的圆心均在 y 轴上,大圆圆心到 x 轴的距离为 $2R$,求阴影部分图形绕 x 轴旋转所得体积当两小圆半径为何时达到最大?

解 圆 $x^2+(y-\rho)^2=a^2$ 绕 x 轴体积为

$$V_\rho=\pi\int_{-a}^{a}[(\rho+\sqrt{a^2-x^2})^2-(\rho-\sqrt{a^2-x^2})^2]\mathrm{d}x=$$

$$8\pi\rho\int_0^a\sqrt{a^2-x^2}\,\mathrm{d}x=2\pi^2a^2\rho$$

设小圆半径为 r,则另一小圆半径为 $R-r$,从而三个圆的半径依次为 $R,r,R-r$.三个圆心分别依次在 y 轴上的坐标为

$$2R,r+R,2R+r$$

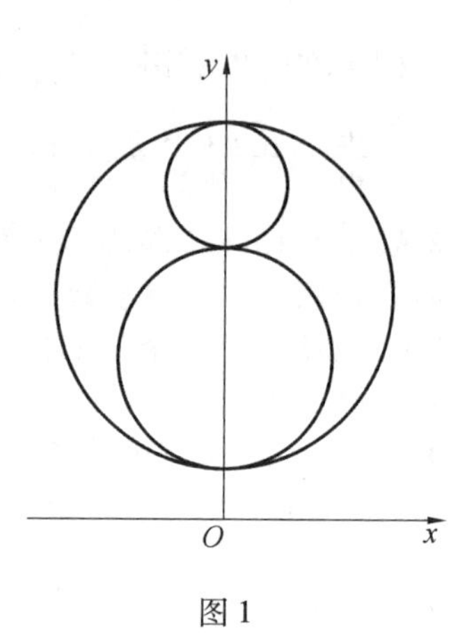

图 1

所述旋转体的体积为

$$V=2\pi^2(2R)R^2-2\pi^2(R+r)r^2-2\pi^2(2R+r)(R-r)^2=$$
$$2\pi^2(-2r^3-Rr^2+3R^2r),\quad 0<r<R$$
$$\frac{\mathrm{d}V}{\mathrm{d}r}=2\pi^2(-6r^2-2Rr+3R^2)$$

❖平面定点

由平面上的给定点 P 到某个等边 $\triangle ABC$ 的两个顶点 A 和 B 的距离分别是 $AP=2$, $BP=3$. 试确定线段 PC 的长度的最大可能值.

解 引射线 BM,使得 $\angle CBM=\angle ABP$,在 BM 上截取 $BP'=BP$,如图 1,则

$$\angle PBM=\angle PBA+\angle ABM=$$
$$\angle CBM+\angle ABM=$$
$$\angle ABC=60°$$

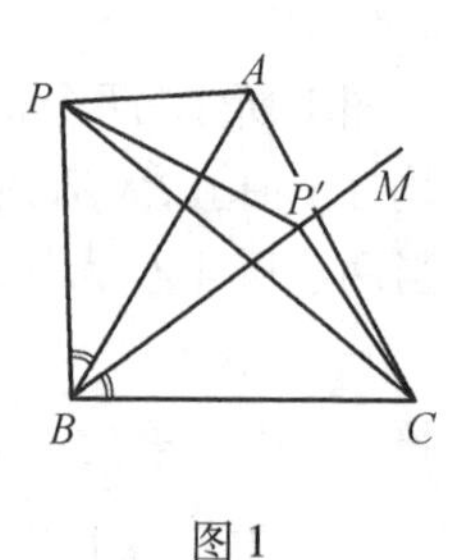

图 1

所以 $\triangle BPP'$ 是等边三角形,即

$$PB=P'B=PP'$$

又因为

$$\angle ABP=\angle CBP'$$

即

$$AB=BC$$

所以

$$\triangle ABP \cong \triangle CBP'$$

有

$$P'C = PA$$

$$PA + PB = PP' + P'C \geqslant PC$$

再令点 P' 在 PC 上,则 PC 可取得最大值为5.

❖最近与最远

已知两平面曲线$f(x,y)=0$,$\varphi(x,y)=0$,又(α,β)和(ζ,η)分别为两曲线上的点,试证:如果这两点是这两条曲线上相距最近或最远的点,则下列关系式必成立:$\frac{\alpha-\zeta}{\beta-\eta}=\frac{f_x(\alpha,\beta)}{f_y(\alpha,\beta)}=\frac{\varphi_x(\zeta,\eta)}{\varphi_y(\zeta,\eta)}$.

证明 问题为求 $u=d_0^2=(x_1-x_2)^2+(y_1-y_2)^2$ 在条件$f(x_1,y_1)=0$及$\varphi(x_2,y_2)=0$下的最值.

令 $F=d_0^2+\lambda_1 f(x_1,y_1)+\lambda_2\varphi(x_2,y_2)$,则由

$$\begin{cases}F_{x_1}=2(x_1-x_2)+\lambda_1 f_{x_1}=0\\F_{y_1}=2(y_1-y_2)+\lambda_1 f_{y_1}=0\\F_{x_2}=-2(x_1-x_2)+\lambda_2\varphi_{x_2}=0\\F_{y_2}=-2(y_1-y_2)+\lambda_2\varphi_{y_2}=0\end{cases}$$

得$\frac{x_1-x_2}{y_1-y_2}=\frac{f_{x_1}(x_1,y_1)}{f_{y_1}(x_1,y_1)}=\frac{\varphi_{x_2}(x_2,y_2)}{\varphi_{y_2}(x_2,y_2)}$.若 $u=d_0^2$ 在 $x_1=\alpha,y_1=\beta,x_2=\zeta,y_2=\eta$ 处达到最值,其中$f(\alpha,\beta)=0,\varphi(\zeta,\eta)=0$,则必有$\frac{\alpha-\zeta}{\beta-\eta}=\frac{f_{x_1}(\alpha,\beta)}{f_{y_1}(\alpha,\beta)}=\frac{\varphi_{x_2}(\zeta,\eta)}{\varphi_{y_2}(\zeta,\eta)}$,即$\frac{\alpha-\zeta}{\beta-\eta}=\frac{f_x(\alpha,\beta)}{f_y(\alpha,\beta)}=\frac{\varphi_x(\zeta,\eta)}{\varphi_y(\zeta,\eta)}$,证毕.

❖滑行距离

汽艇以27 km/h的速度,在静止的海面上行驶,现在突然关闭其动力系统,它就在静止的海面上做直线滑行.已知水对汽艇运动的阻力与汽艇运动的速度成正比,并在关闭其动力后20 s汽艇的速度降为10.8 km/h.试问:汽艇最多能

滑行多远?

解 设汽艇的质量为 m kg,关闭动力后 t s,汽艇滑行了 x m,根据牛顿第二运动定律,有

$$m\frac{\mathrm{d}^2x}{\mathrm{d}t^2}=-k\frac{\mathrm{d}x}{\mathrm{d}t}$$

即

$$x''+\mu x'=0$$

其中 $\mu=\frac{k}{m}$. 上述方程是二阶常系数线性齐次方程,其通解为

$$x=C_1+C_2\mathrm{e}^{-\mu t}$$

根据初始条件 $x(0)=0, x'(0)=\frac{27\ 000}{3\ 600}=7.5$,可确定出 $C_1=\frac{7.5}{\mu}, C_2=-\frac{7.5}{\mu}$,从而可得方程的特解,即汽艇的运动方程为

$$x=\frac{7.5}{\mu}(1-\mathrm{e}^{-\mu t})$$

根据条件 $x'(20)=\frac{10\ 800}{3\ 600}=3$,即 $3=7.5\mathrm{e}^{-20\mu}$,可确定此特解中的另一个待定常数为

$$\mu=\frac{\ln 2.5}{20}$$

对应的,有

$$x=\frac{150}{\ln 2.5}(1-\mathrm{e}^{\frac{\ln 2.5}{-20}t})$$

由于在任何时刻都有

$$\frac{\mathrm{d}x}{\mathrm{d}t}=7.5\mathrm{e}^{\frac{\ln 2.5}{-20}t}>0$$

从理论上说,这艘汽艇是永远也不会停下来的,但是由于

$$\lim_{t\to+\infty}\frac{150}{\ln 2.5}(1-\mathrm{e}^{-\mu t})=\frac{150}{\ln 2.5}\approx 163.7$$

所以,可得最大滑行距离为 163.7 m.

❖最小长度

在 $\triangle ABC$ 中,$BC=5, AC=12, AB=13$. 在边 AB, AC 上分别取点 D, E,使线

段 DE 将 $\triangle ABC$ 分成面积相等的两部分. 试求:这样线段的最小长度.

解 由 $5^2+12^2=13^2$ 知 $\triangle ABC$ 是直角三角形,故

$$S_{\triangle ABC}=\frac{1}{2}\times 5\times 12=30$$

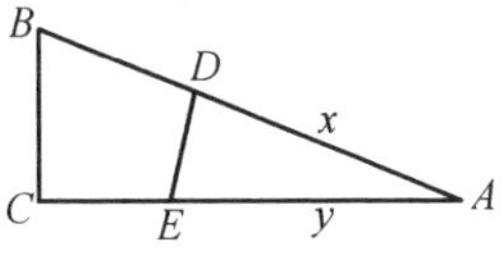

图 1

设 $AD=x, AE=y$. 由于

$$S_{\triangle ADE}=\frac{1}{2}xy\sin A=15$$

$$\sin A=\frac{5}{13}$$

所以

$$xy=78$$

由余弦定理知

$$DE^2=x^2+y^2-2xy\cos A=(x-y)^2+2xy(1-\cos A)=$$
$$(x-y)^2+2\times 78\times\left(1-\frac{12}{13}\right)=(x-y)^2+12\geqslant 12$$

当 $x=y$ 时,等号成立,此时 $DE=\sqrt{12}=2\sqrt{3}$ 达到最小值.

❖图像最高点

设 $f(x)$ 是定义在 $[-1,1]$ 上的偶函数, $g(x)$ 与 $f(x)$ 的图像关于直线 $x-1=0$ 对称,当 $x\in[2,3]$ 时, $g(x)=2t(x-2)-4(x-2)^3$(t 为常数).

(1) 求 $f(x)$ 的表达式.

(2) 当 $t\in(2,6]$ 时,求 $f(x)$ 在 $[0,1]$ 上取最大值时对应 x 的值;猜想 $f(x)$ 在 $[0,1]$ 上的单调递增区间,并给予证明.

(3) 当 $t>6$ 时,是否存在 t 使 $f(x)$ 的图像的最高点落在直线 $y=12$ 上?若存在,求 t 的值;若不存在,请说明理由.

解 (1) 设 (x_0,y_0) 是 $f(x)$ 的图像上一点,则 $y_0=f(x_0)$. 点 (x_0,y_0) 关于直线 $x-1=0$ 对称的点为 $(2-x_0,y_0)$,所以 $(2-x_0,y_0)$ 在 $g(x)$ 上,所以 $y_0=g(2-x_0)$. 而 $f(x_0)=g(2-x_0)$,所以 $f(x)=g(2-x)$.

设 $x\in[-1,0]$,则 $2-x\in[2,3]$. 所以 $f(x)=g(2-x)=-2tx+4x^3(x\in[-1,0])$, $f(x)$ 为偶函数. 当 $x\in[0,1]$ 时, $f(x)=2tx-4x^3$,所以

$$f(x)=\begin{cases}-2tx+4x^3, & x\in[-1,0]\\2tx-4x^3, & x\in[0,1]\end{cases}$$

(2) $t\in(2,6]$，$0\leqslant x\leqslant 1$，所以 $t-2x^2>0$，所以

$$f(x)=2x(t-2x^2)=\sqrt{4x^2(t-2x^2)(t-2x^3)}\leqslant$$
$$\sqrt{\left[\frac{4x^2+(t-2x^2)+(t-2x^2)}{3}\right]^3}=\frac{2t}{9}\sqrt{6t}$$

当且仅当 $4x^2=t-2x^2$，即 $x=\dfrac{\sqrt{6t}}{6}$，$x\in[0,1]$ 时取等号.

因为 $f(0)=0$，$f\left(\dfrac{\sqrt{6t}}{6}\right)$ 为最大值，猜想 $f(x)(0\leqslant x\leqslant 1)$ 的单调递增区间为 $\left(0,\dfrac{\sqrt{6t}}{6}\right)$.

下面证明：设 $0\leqslant x_1<x_2\leqslant\dfrac{\sqrt{6t}}{6}$，则

$$f(x_1)-f(x_2)=2t(x_1-x_2)-4(x_1^3-x_2^3)=$$
$$(x_1-x_2)[2t-4(x_1^2+x_1x_2+x_2^2)]$$

因为 $0\leqslant x_1^2<\dfrac{t}{6}$，$0<x_2^2<\dfrac{t}{6}$，$0<x_1x_2<\dfrac{t}{6}$，所以

$$0<x_1^2+x_1x_2+x_2^2<\frac{t}{2}$$

所以

$$2t-4(x_1^2+x_1x_2+x_2^2)>0$$

因为 $x_1-x_2<0$，所以 $f(x_1)-f(x_2)<0$，即 $f(x)$ 在 $\left[0,\dfrac{\sqrt{6t}}{6}\right]$ 上递增.

(3) 因为 $f(x)$ 为偶函数，故只需讨论 $x\in[0,1]$ 的情况即可.

当 $t>6$ 时，则 $\dfrac{\sqrt{6t}}{6}>1$，由(2)知 $f(x)$ 在 $\left[0,\dfrac{\sqrt{6t}}{6}\right]$ 上递增，故在 $[0,1]$ 上递增. 此时，$f(x)_{\max}=f(1)=2t-4$. 最高点落在 $y=12$ 上，即 $f(x)_{\max}=2t-4=12$，所以 $t=8$. 故存在 $t=8$ 满足条件.

❖正射影最小

在 $\triangle ABC$ 中，BC 上一点 M 到 AC，AB 的正射影分别为 B'，C'. 求点 M，使 $B'C'$ 为最小.

解 如图1,由于 $MB' \perp AC, MC' \perp AB$,则 A, C', M, B' 四点共圆,且 AM 为该圆的直径.

由正弦定理可得

$$B'C' = AM \cdot \sin A$$

由于 $\angle BAC$ 是定角,则当 AM 最小时,$B'C'$ 最小.因此 $AM \perp BC$ 时,$B'C'$ 最小.

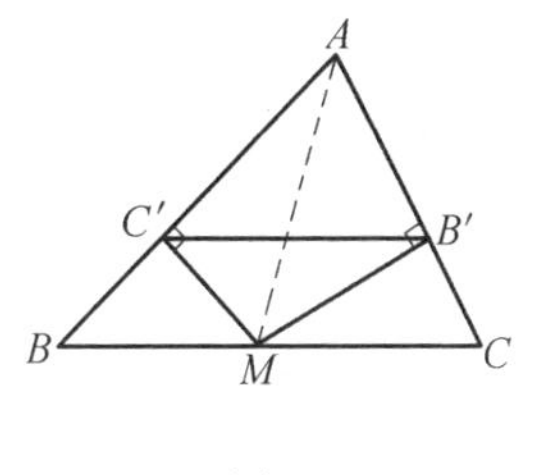

图 1

❖梯形水槽

将一宽为 L cm 的长方形铁皮的两边折起,做一个断面为等腰梯形的水槽(图 1). 求此水槽的最大过水面积(断面等腰梯形的面积)?

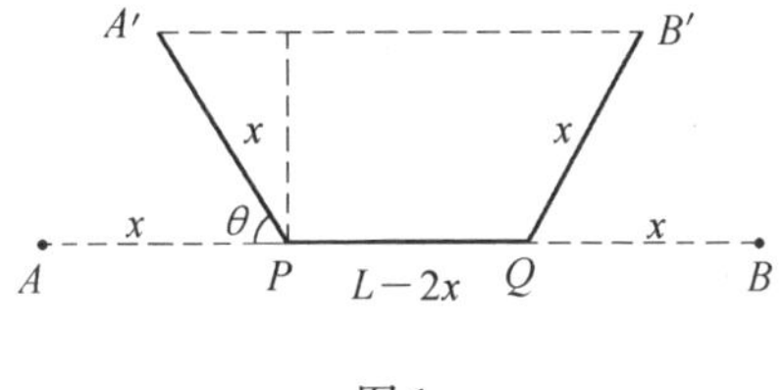

图 1

解 这是一个"在润周确定的条件下,求过水面积的最大值"问题. 设两边各折起 x cm,等腰梯形的腰与下底边的夹角为 θ,则该等腰梯形的下底、上底和高分别为

$$L-2x,\quad L-2x+2x\cos\theta,\quad x\sin\theta$$

于是得到目标函数

$$S(x,\theta)=\frac{1}{2}[(L-2x)+(L-2x+2x\cos\theta)]x\sin\theta=$$

$$(L-2x+x\cos\theta)x\sin\theta$$

它在定义域 $D=\left\{(x,\theta)\mid 0<x<\dfrac{L}{2},0<\theta<\pi\right\}$ 内可微,且有

$$\frac{\partial S}{\partial x}=(L-4x+2x\cos\theta)\sin\theta$$

$$\frac{\partial S}{\partial \theta}=Lx\cos\theta+x^2(\cos^2\theta-\sin^2\theta-2\cos\theta)$$

令$\frac{\partial S}{\partial x}=0,\frac{\partial S}{\partial \theta}=0$,可得

$$2x(2-\cos\theta)=L$$
$$x(1+2\cos\theta-2\cos^2\theta)=L\cos\theta$$

解之得目标函数在定义域内的唯一驻点$(x,\theta)=\left(\frac{L}{3},\frac{\pi}{3}\right)$. 根据问题的实际意义可知,最大过水面积一定存在,所以上述驻点就是所求的最大值点,此时

$$S_{\max}=\frac{\sqrt{13}}{12}L^2$$

注 截面为等腰梯形的水槽或渠道,其过水面积S和润周L之间有关系式$S\leqslant\frac{\sqrt{13}}{12}L^2$.

❖三角形位置

两个等边$\triangle ABC$和$\triangle KLM$的边长分别是1和$\frac{1}{4}$. 又因为$\triangle KLM$在$\triangle ABC$的内部,记$\sum$表示A到直线KL,KM,MR的距离之和. 试求:当$\sum$取得最大值时,$\triangle KLM$的位置.

解 首先平移$\triangle KLM$,使得点K在边AB上,点L在边BC上,这样新的$\sum$的值将大于原来的$\sum$值. 由于

$$\angle BLK=120^\circ-\angle BKL=\angle AKM$$

记$\angle BLK=\alpha$,考虑下面两种情况.

(1)$60^\circ\leqslant\alpha\leqslant120^\circ$.

这时,点A位于$\angle KLM$的内部,如图1,设AP,AQ,AR分别为A到$\triangle KLM$三边的距离,则

$$S_{\triangle AKL}=\frac{1}{2}KL\cdot AP=\frac{1}{8}AP$$

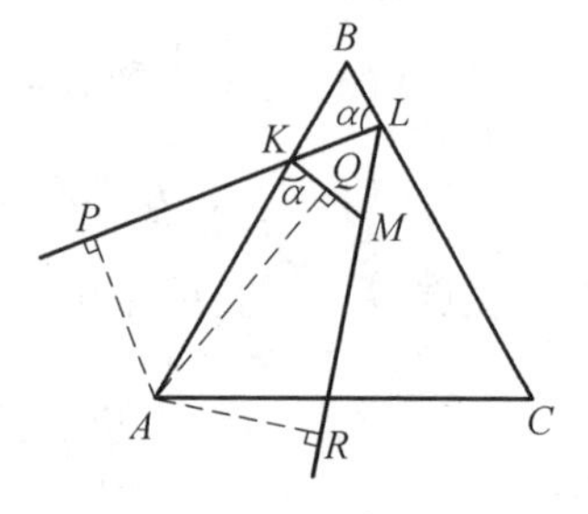

图1

故

$$AP=8S_{\triangle AKL}$$

同样

$$AQ=8S_{\triangle AKM}$$
$$AR=8S_{\triangle ALM}$$

所以

$$\sum = 8(S_{\triangle AKL} + S_{\triangle ALM} + S_{\triangle AKM}) = 8(S_{\triangle KLM} + 2S_{\triangle AKM})$$

因为 $S_{\triangle KLM}$ 的值固定,所以当且仅当 $S_{\triangle AKM}$ 取得最大值时,$\sum$ 取得最大值. $S_{\triangle AKM}$ 的面积为

$$S_{\triangle AKM} = \frac{1}{2} \cdot AK \cdot \frac{1}{4}\sin\alpha = \frac{1}{8}AK\sin\alpha$$

又

$$BK = \frac{KL\sin\alpha}{\sin B} = \frac{2}{\sqrt{3}}KL\sin\alpha = \frac{\sin\alpha}{2\sqrt{3}}$$

且

$$AK = 1 - BK = 1 - \frac{\sin\alpha}{2\sqrt{3}}$$

注意到

$$S_{\triangle AKM} = f(\alpha) = \frac{1}{8}\left(1 - \frac{\sin\alpha}{2\sqrt{3}}\right)\sin\alpha, \quad 60^\circ \leqslant \alpha \leqslant 120^\circ$$

在 $\sin\alpha = 1$,即 $\alpha = 90^\circ$ 时取得最大值.

所以,$\sum$ 在 KM 与 AB 垂直时取得最大值.

(2)$0^\circ \leqslant \alpha < 60^\circ$.

这时,点 A 位于 $\angle KLM$ 的外部.

如图2,设 N 是点 K 关于直线 LM 的对称点,因为 $\alpha < 60^\circ$,所以

$$BL < KL\sin 60^\circ < \frac{1}{2} \leqslant LC$$

因此点 N 在 $\triangle ABC$ 的内部.

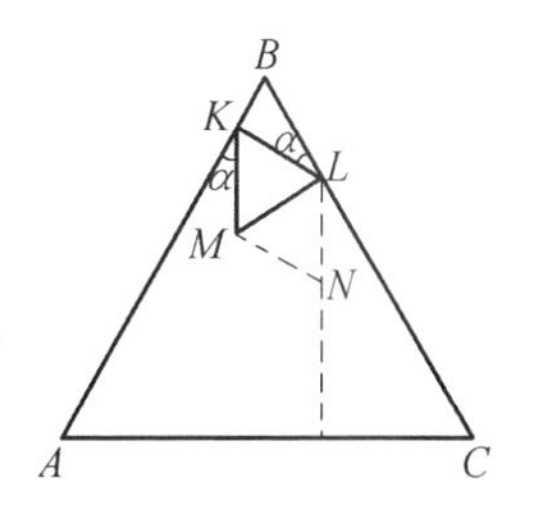

图2

两个三角形 $\triangle KLM$ 与 $\triangle NLM$ 的 $\sum$ 值显然相同,而 $\angle MLB \geqslant 60^\circ$,这时点 A 在 $\angle MLN$ 的内部,问题归结为(1),因此仍为当 $\triangle KML$ 的一边与 $\triangle ABC$ 的一边垂直时,$\sum$ 取得最大值.

❖最大亮度

在什么位置金星有最大亮度?

解 设太阳、地球和金星的中心为 S,E,V，地球及金星的轨道（假定为圆形）半径为 $SE=a$ 与 $SV=b$，地球到金星的可变距离为 $EV=r$，金星的半径为 h. 从 S 与 E 所引金星的切线分别沿着圆 Ⅰ、圆 Ⅱ 和金星相切，这两个圆在平面 SEV 上的直径为 AB 与 CD（图1）. 因为 $AB\perp SV$，$CD\perp EV$，所以这两个圆面之间的角等于它们的法线 VS 和 VE 之间的角 $\varphi=\angle SVE$. 被太阳照亮着的并且在圆 Ⅱ 的面上可以从地球看见的金星的部分的投影是由中心半径为 VC、面积为 $\frac{\pi}{2}h^2$ 的半圆与中心半径为 VB 的半圆的具有面积为 $\frac{\pi}{2}h^2\cos\varphi$ 的投影组成（表平面在一个平面上的投影的面积等于表面面积与这两个面之间夹角的余弦之积）. 从金星到地球的辐射正好与在点 V 垂直于射线的表面的辐射相同，面积为

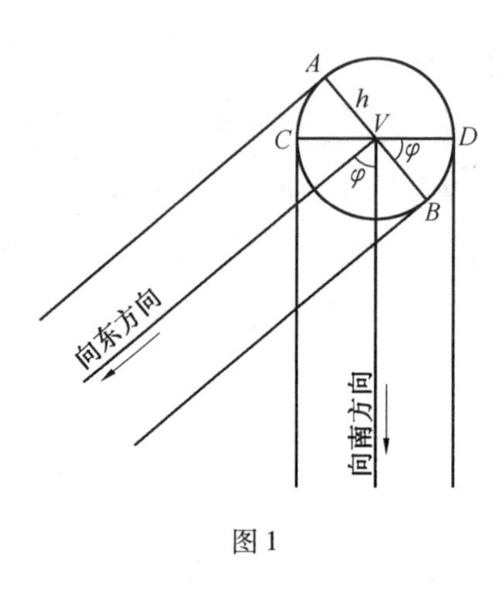

图 1

$$J=\frac{1}{2}\pi h^2(1+\cos\varphi)$$

如果距离为 1 的 1 cm^2 的表面上照度为 c，那么整个表面所产生的照度为 cJ，并且在距离为 $VE=r$ 时照度为

$$B=\frac{cJ}{r^2}=\frac{c\pi h^2}{2}\cdot\frac{1+\cos\varphi}{r^2}$$

因此，当因子

$$f=\frac{1+\cos\varphi}{r^2}$$

达到峰值时，照度就达到极大值.

现在把余弦定律应用于 $\triangle SEV$，即

$$\cos\varphi=\frac{r^2+b^2-a^2}{2br}$$

于是

$$f=\frac{1}{2br}+\frac{1}{r^2}-\frac{a^2-b^2}{2br^3}$$

这个式子有以下形式

$$f=Ax+Bx^2-Cx^3$$

其中

$$A=\frac{1}{2b},\quad B=1,\quad C=\frac{a^2-b^2}{2b}$$

均是常数,而 $x=\frac{1}{r}$ 是变数.我们现在来合理地选取 x 的值,使 x 的函数 f 尽可能地大.由函数曲线表明,f 最初随 $x(x>0)$ 的增大而增大,在某点 $x=a$,函数得到它的最大值,然后下降.因此,对于每一个(正值)$x\neq\alpha$,总有

$$Ax+Bx^2-Cx^3<A\alpha+B\alpha^2-C\alpha^3$$

按照 $x\neq\alpha$,我们将这个不等式写作

$$C(\alpha^3-x^3)<A(\alpha-x)+B(\alpha^2-x^2)$$

或

$$C(x^3-\alpha^3)>A(x-\alpha)+B(x^2-\alpha^2)$$

并且把两边分别除以 $\alpha-x$ 和 $x-\alpha$.由此我们求得:当 $x<\alpha$ 时,函数 $C(\alpha^2+\alpha x+x^2)$ 小于函数 $A+B(\alpha+x)$;当 $x>\alpha$ 时,函数 $C(\alpha^2+\alpha x+x^2)$ 大于函数 $A+B(\alpha+x)$.因为这两个连接函数是递增定态的,所以在 $x=\alpha$ 时它们必须有相等的值,于是

$$C(\alpha^2+\alpha^2+\alpha^2)=A+B(\alpha+\alpha)$$

由这个方程得

$$\alpha=\frac{B+\sqrt{B^2+3CA}}{3C}$$

如果我们在这里把 A,B,C 的值代入上式,那么对于所要求的距离 $r\left(r=\frac{1}{\alpha}\right)$,我们求得

$$r=\sqrt{3a^2+b^2}-2b$$

现在,$\triangle SEV$ 在最佳位置的三边($a:b:r=1:0.723\ 3:0.430\ 4$)都为已知,从而求得金星离太阳的角距($\angle SEV$)为 $39°43'5''$.

❖截取线段

如图1,在 $\angle AOB$ 的两边上分别自点 O 开始截取线段 OA 和 OB,使 $OA>OB$.在线段 OA 上取点 M,在 OB 上取点 N,使得 $AM=BN=x$.试求:x 为何值时,线段 MN 的长度最短.

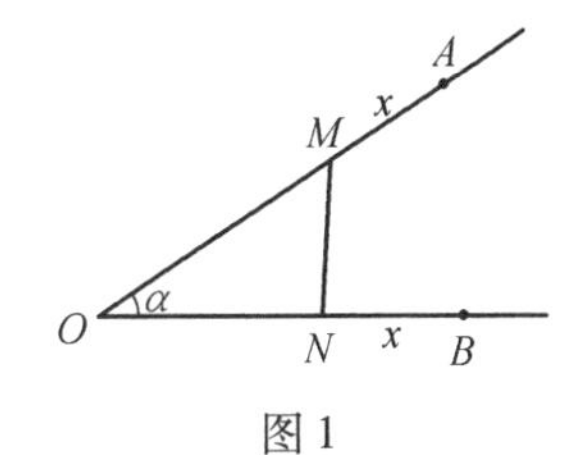

图1

解 显然点 M,N 分别在 OA,OB 内才能最小. 设 $OA=a,OB=b$,则

$$MN^2=OM^2+ON^2-2\cdot OM\cdot ON\cos\alpha=$$
$$(a-x)^2+(b-x)^2-2(a-x)(b-x)\cos\alpha=$$
$$a^2-2ax+x^2+b^2-2bx+x^2+2\cos\alpha(ab-ax-bx+x^2)=$$
$$a^2+b^2+2ab\cos\alpha+2[x^2-(a+b)x](1+\cos\alpha)$$

欲使 MN 最小,只要 $y=x^2-(a+b)x$ 最小即可.

即当 $x=\frac{1}{2}(a+b)$ 时,MN 的值最小.

❖重叠正方形

在边长为 10 的正 $\triangle ABC$ 中,以如图 1 的方式内接两个正方形(甲、乙两个正方形有一边相重叠,并且都有一边落在 BC 上,甲有一顶点在 AB 上,乙有一顶点在 AC 上). 求这样内接的两个正方形面积和的最小值.

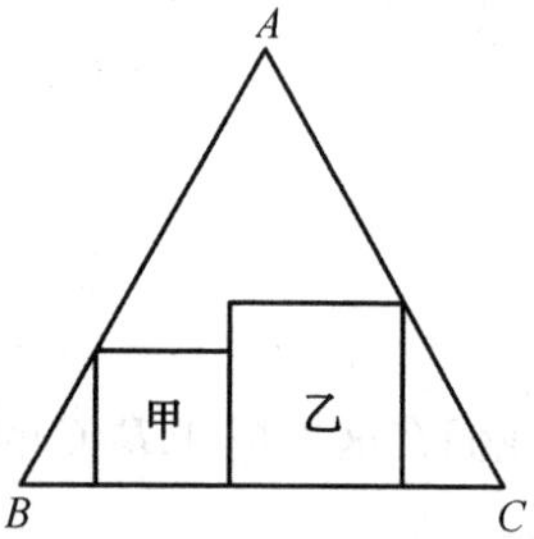

图 1

解 设甲、乙两正方形的边长分别为 x,y,易知边 BC 上的四条线段之和为

$$\left(1+\frac{\sqrt{3}}{3}\right)x+\left(1+\frac{\sqrt{3}}{3}\right)y=10$$

记 $1+\frac{\sqrt{3}}{3}=k$,则 $y=\frac{10}{k}-x$.

设甲、乙两正方形面积之和为 S,则有

$$S=x^2+\left(\frac{10}{k}-x\right)^2=2\left(x-\frac{5}{k}\right)^2+\frac{50}{k^2}$$

当 $x=\frac{5}{k}=\frac{5}{1+\frac{\sqrt{3}}{3}}=\frac{5}{2}(3-\sqrt{3})=y$ 时,S 取得最小值,即

$$S=\frac{50}{k^2}=\frac{450}{(3+\sqrt{3})^2}=\frac{25}{2}(3-\sqrt{3})^2$$

❖分布两侧

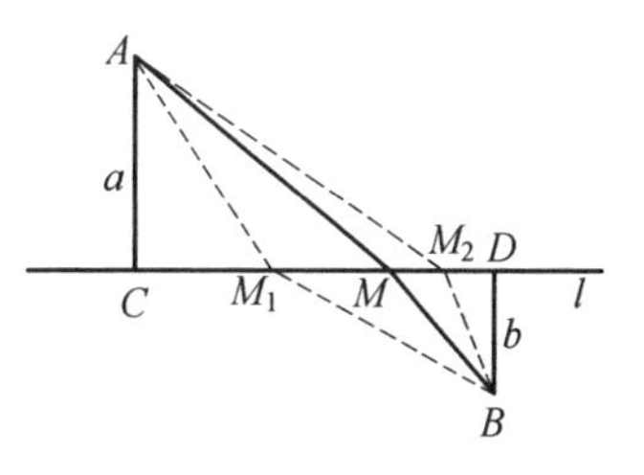

图1

如图1,定点A和B分别在定直线l的两侧,$AC\perp l,BD\perp l$,点C,D是垂足,M是CD内的点,p和q是已知的正数.试证:当$p\cdot AM+q\cdot BM$最小时,有$p\sin\angle MAC=q\sin\angle DBM$.

证法1 若$t=p\cdot AM+q\cdot BM$最小,则点M在l上向左右邻近移动时,相应的t值也连续增大,对于左邻每一点M_1,都可在右邻找到点M_2,使相应的t值相等,即

$$p\cdot AM_1+q\cdot BM_1=p\cdot AM_2+q\cdot BM_2$$

令

$$\angle M_1AC=\alpha_1,\quad \angle M_1BD=\beta_1,\quad \angle M_2AC=\alpha_2,\quad \angle M_2BD=\beta_2$$
$$AC=a,\quad BD=b$$

则有

$$pa\sec\alpha_1+qb\sec\beta_1=pa\sec\alpha_2+qb\sec\beta_2$$

即

$$qb(\sec\beta_1-\sec\beta_2)=pa(\sec\alpha_2-\sec\alpha_1)$$

或

$$\frac{qb(\cos\beta_2-\cos\beta_1)}{\cos\beta_1\cos\beta_2}=\frac{pa(\cos\alpha_1-\cos\alpha_2)}{\cos\alpha_2\cos\alpha_1}$$

有

$$\frac{qb\sin\frac{\beta_1+\beta_2}{2}\sin\frac{\beta_1-\beta_2}{2}}{\cos\beta_1\cos\beta_2}=\frac{pa\sin\frac{\alpha_2+\alpha_1}{2}\sin\frac{\alpha_2-\alpha_1}{2}}{\cos\alpha_2\cos\alpha_1}\qquad ①$$

又

$$a\tan\alpha_1+b\tan\beta_1=a\tan\alpha_2+b\tan\beta_2$$

即

$$b(\tan\beta_1-\tan\beta_2)=a(\tan\alpha_2-\tan\alpha_1)$$

有

$$b\frac{\sin\beta_1\cos\beta_2-\cos\beta_1\sin\beta_2}{\cos\beta_1\cos\beta_2}=a\frac{\sin\alpha_2\cos\alpha_1-\cos\alpha_2\sin\alpha_1}{\cos\alpha_2\cos\alpha_1}$$

故

$$\frac{b\sin(\beta_1-\beta_2)}{\cos\beta_1\cos\beta_2}=\frac{a\sin(\alpha_2-\alpha_1)}{\cos\alpha_2\cos\alpha_1} \quad ②$$

式①÷②得

$$\frac{q\sin\frac{\beta_1+\beta_2}{2}}{\cos\frac{\beta_1-\beta_2}{2}}=\frac{p\sin\frac{\alpha_2+\alpha_1}{2}}{\cos\frac{\alpha_2-\alpha_1}{2}} \quad ③$$

当 $M_1\to M$ 时,$M_2\to M,\alpha_1\to\angle MAC,\alpha_2\to\angle MAC,\angle\beta_1\to\angle MBD$, $\angle\beta_2\to\angle MBD$.

式③变为

$$q\sin\angle MBD=p\sin\angle MAC$$

证法2 仿证法1得

$$p\cdot AM_1+q\cdot BM_1=p\cdot AM_2+q\cdot BM_2$$

即

$$p(AM_2-AM_1)=q(BM_1-BM_2)$$

令

$$CM_1=x_1,\quad CM_2=x_2,\quad CD=c$$

则有

$$p(\sqrt{x_2^2+a^2}-\sqrt{x_1^2+a^2})=q[\sqrt{(c-x_1)^2+b^2}-\sqrt{(c-x_2)^2+b^2}]$$

故

$$\frac{p(x_2^2-x_1^2)}{\sqrt{x_2^2+a^2}+\sqrt{x_1^2+a^2}}=\frac{q[(c-x_1)^2-(c-x_2)^2]}{\sqrt{(c-x_1)^2+b^2}+\sqrt{(c-x_2)^2+b^2}}$$

或

$$\frac{p(x_2+x_1)}{\sqrt{x_2^2+a^2}+\sqrt{x_1^2+a^2}}=\frac{q(2c-x_1-x_2)}{\sqrt{(c-x_1)^2+b^2}+\sqrt{(c-x_2)^2+b^2}}$$

当 $M_1\to M$ 时,$M_2\to M,x_1,x_2\to x=CM$,上式两边取极限得

$$\frac{2px}{2\sqrt{x^2+a^2}}=\frac{2q(c-x)}{2\sqrt{(c-x)^2+b^2}}$$

即

$$\frac{p\cdot CM}{AM}=\frac{q\cdot DM}{BM}$$

亦即

$$p\sin\angle MAC=q\sin\angle DBM$$

证法3 由证法1得

$$p\cdot AM_1+q\cdot BM_1=p\cdot AM_2+q\cdot BM_2 \qquad ④$$

$$p(AM_2-AM_1)=q(BM_1-BM_2) \qquad ⑤$$

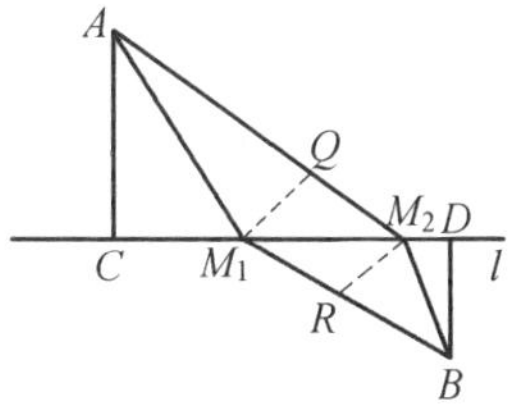

如图2,在 AM_2 上截取 $AQ=AM_1$,在 BM_1 上截取 $BR=BM_2$,则由式④和式⑤可得

$$p\cdot QM_2=q\cdot RM_1 \qquad ⑥$$

图2

当 $M_1\to M$ 时,$M_2\to M$,$\angle AM_2C\to\angle AMC$,$\angle BM_1D\to\angle BMD$,$\angle M_1QM_2$ 和 $\angle M_1RM_2$ 都趋近于直角,所以

$$QM_2:RM_1=\frac{QM_2}{M_1M_2}:\frac{RM_1}{M_1M_2}\to\frac{\cos\angle AMC}{\cos\angle BMD}=\frac{\sin\angle CAM}{\sin\angle DBM} \qquad ⑦$$

将式⑦代入式⑥得

$$p\sin\angle MAC=q\sin\angle DBM$$

❖利润最大

已知某商品的需求函数为

$$Q=Q_0\mathrm{e}^{-\lambda P}$$

其中 Q_0 为市场饱和需求量,当每件价格 P 为8元时,需求量为 $\frac{Q_0}{4}$ 件,这种商品的进货价为每件5元.试问:应如何定价可使其利润最大?

解 因为当 $P=8$ 时,有 $Q=\frac{Q_0}{4}$,可得 $\lambda=\frac{\ln 4}{8}$,即

$$Q=Q_0\mathrm{e}^{-\frac{\ln 4}{8}P}$$

所以有目标函数

$$L=R-C=PQ-5Q=(P-5)Q_0\mathrm{e}^{-\frac{\ln 4}{8}P}$$

其导数为

$$\frac{\mathrm{d}L}{\mathrm{d}P}=\left(1+\frac{5}{8}\ln 4-\frac{\ln 4}{8}P\right)Q_0\mathrm{e}^{-\frac{\ln 4}{8}P}$$

令 $\frac{\mathrm{d}L}{\mathrm{d}P}=0$,可得唯一驻点

$$P=\frac{8}{\ln 4}\left(1+\frac{5}{8}\ln 4\right)=5+\frac{8}{\ln 4}$$

因为,当 $0 < P < 5 + \dfrac{8}{\ln 4}$ 时,有 $\dfrac{\mathrm{d}L}{\mathrm{d}P} > 0$;而当 $P > 5 + \dfrac{8}{\ln 4}$ 时,有 $\dfrac{\mathrm{d}L}{\mathrm{d}P} < 0$,所以 $P = 5 + \dfrac{8}{\ln 4}$ 就是目标函数的最大值点,即当定价为 $P = 5 + \dfrac{8}{\ln 4} \approx 10.77$ (元/件)时,可望有最大利润.

❖怎样选点

在平面上给定一条直线和两个点 A 和 B,应该在这条直线上怎样选取点 P,才能使 $\max\{AP,BP\}$ 有最小值?

解 设点 A 到给定直线 e 的距离不小于点 B 到直线 e 的距离,并设点 A 到 e 的射影为 A_1,点 B 到 e 的射影为 B_1(图1),即设 $AA_1 \geqslant BB_1$.

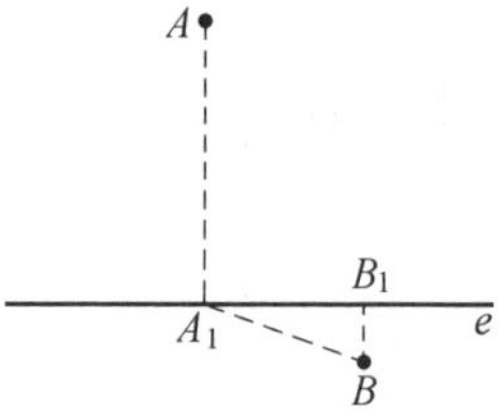

图1

(1) 若 $AA_1 \geqslant A_1B$,则 A_1 就是所要求的点 P.

事实上,当点 P 与点 A_1 重合时

$$\max\{AP,BP\} = AA_1$$

而直线 e 上任何其他点 P',都有

$$\max\{AP',BP'\} = AP' > AA_1 = \max\{AP,BP\}$$

(2) 若 $AA_1 < A_1B$,则作线段 AB 的中垂线 f.

若某一点到点 A 的距离小于这点到点 B 的距离,则该点属于以直线 f 为边界且包含点 A 的半平面. 同样,若某一点到点 B 的距离小于这点到点 A 的距离,则该点属于以直线 f 为边界且包含点 B 的半平面.

因为

$$AA_1 < A_1B, \quad BB_1 \leqslant AA_1 < AB_1$$

所以点 A_1 和点 B_1 分别属于直线 f 所分成的不同的半平面,因此,线段 A_1B_1 与直线 f 交于一点 C.

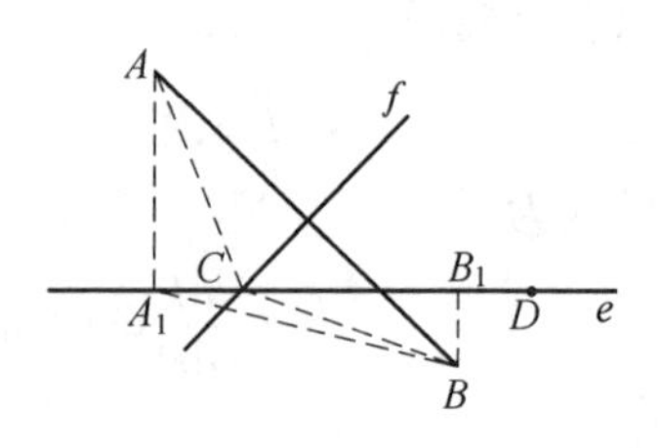

图2

我们证明:点 C 就是所要求的点.

事实上,有 $\max\{AC,BC\} = AC = BC$.

如图2,如果在直线 e 上取一个异于 C 的点 D,并设点 D,B_1 在点 C 的同一侧,于是 $AD > AC$,所以

$$\max\{AD,BD\} > \max\{AC,BC\}$$

因此点 C 为所求.

❖乘积最大值

在等腰 Rt$\triangle ABC$ 中,$CA=CB=1$,点 P 是 $\triangle ABC$ 边界上任意一点. 求 $PA\cdot PB\cdot PC$ 的最大值.

解法1 首先证明取到最大值只有当$P\in AB$ 时,才可能取到.

(1) 如图1,当 $P\in AC$ 时,有

$$PA\cdot PC\leqslant\frac{1}{4},\quad PB\leqslant\sqrt{2}$$

故

$$PA\cdot PB\cdot PC\leqslant\frac{\sqrt{2}}{4}$$

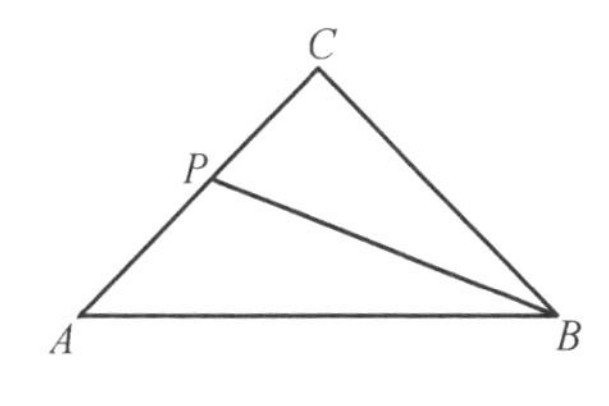

图1

其中等号不成立(因为两个等号不可能同时成立),即

$$PA\cdot PB\cdot PC<\frac{\sqrt{2}}{4}$$

(2) 如图2,当 $P\in AB$ 时,设 $AP=x\in[0,\sqrt{2}]$,则

$$f(x)=PA^2\cdot PB^2\cdot PC^2=x^2(\sqrt{2}-x)^2(1+x^2-\sqrt{2}x)$$

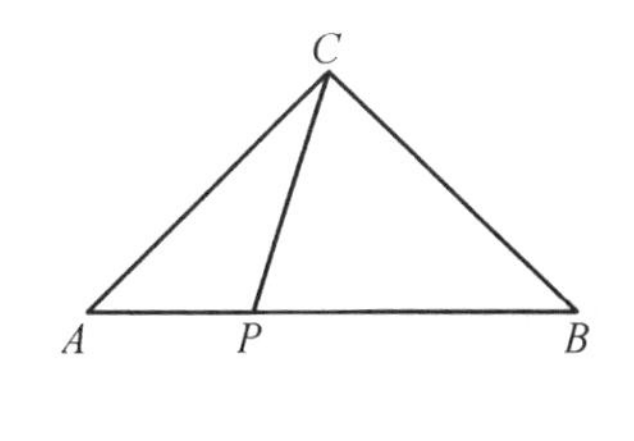

图2

令 $t=x(\sqrt{2}-x)$,则 $t\in\left[0,\frac{1}{2}\right]$,$f(x)=g(t)=t^2(1-t)$. 注意到 $g'(t)=2t-3t^2=t(2-3t)$,故 $g(t)$ 在$\left[0,\frac{2}{3}\right]$ 上递增,所以$f(x)\leqslant g\left(\frac{1}{2}\right)=\frac{1}{8}$,故 $PA\cdot PB\cdot PC\leqslant\frac{1}{2\sqrt{2}}=\frac{\sqrt{2}}{4}$. 当且仅当 $t=\frac{1}{2}$,$x=\frac{\sqrt{2}}{2}$ 时等号成立,即点 P 为 AB 的中点时取等号.

解法2 (1) 如图3,当点 P 在线段 AB 上时,过点 C 作 $CD\perp AB$ 于点 D. 设 $PD=a$,则

$$PA\cdot PB=\frac{1}{2}-a^2$$

$$PC=\sqrt{\frac{1}{2}+a^2}$$

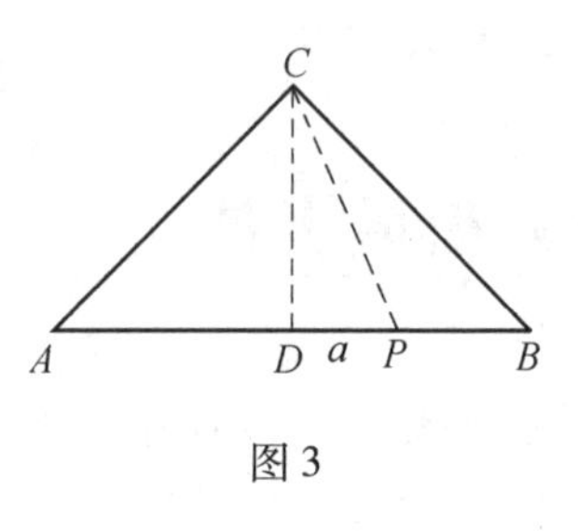

图 3

所以

$$PA \cdot PB \cdot PC=$$

$$\left(\frac{1}{2}-a^2\right)\sqrt{\frac{1}{2}+a^2}\leqslant$$

$$\sqrt{\frac{1}{2}}\cdot\sqrt{\frac{1}{2}-a^2}\cdot\sqrt{\frac{1}{2}+a^2}\leqslant$$

$$\frac{\sqrt{2}}{2}\cdot\sqrt{\frac{1}{4}}=\frac{\sqrt{2}}{4}$$

当 $a=0$ 时,取等号.

(2) 如图 4,当点 P 在直角边上时,不妨设点 P 在 BC 上,记 $PC=b$,则

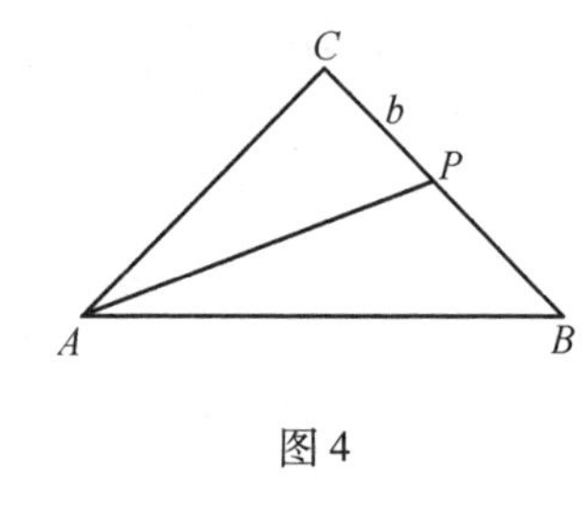

图 4

$$PA \cdot PB \cdot PC=b(1-b)\sqrt{1+b^2}\leqslant$$

$$\left(\frac{b+1-b}{2}\right)^2\sqrt{1+b^2}=$$

$$\frac{1}{4}\sqrt{1+b^2}\leqslant\frac{1}{4}\sqrt{1+1^2}=\frac{\sqrt{2}}{4}$$

上式显然不能取等号.

因此,$PA \cdot PB \cdot PC$ 的最大值为$\frac{\sqrt{2}}{4}$,当点 P 在 AB 中点时取等号.

❖中心转动

一个矩形内接于一个较大的矩形(每条边上一个顶点),如果能够在较大的矩形的限制范围内,将小矩形围绕它的中心转动(即使稍微动一点),那么称这个小矩形为未钉住的. 在能够钉住的内接于 6×8 的矩形的全部小矩形中,周长的最小值可表示为$\sqrt{N}$,其中 N 为一正整数,求 N 的值.

解 如图 1,内接矩形的中心一定与 6×8 的矩形的中心重合,设这个中心为 O. 由于

$$\angle ACE=\angle ABC=\angle CDE=90^\circ$$

易得

$$\triangle ABC \backsim \triangle CDE$$

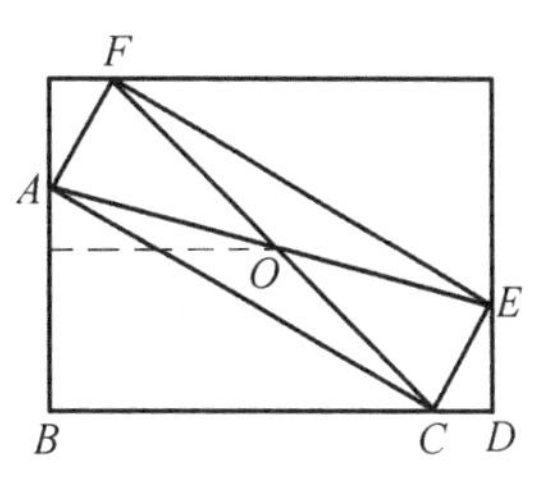

图 1

则

$$\frac{BC}{AB}=\frac{ED}{CD}=k$$

又

$$AC+CE=\sqrt{AB^2+BC^2}+\sqrt{CD^2+DE^2}=$$
$$(AB+CD)\sqrt{k^2+1}$$
$$\begin{cases}kAB+CD=8\\AB+kCD=6\end{cases}$$

所以

$$AB+CD=\frac{14}{k+1}$$

$$2(AC+CE)=\frac{28}{k+1}\cdot\sqrt{k^2+1}=28\sqrt{2\left(\frac{1}{k+1}-\frac{1}{2}\right)^2+\frac{1}{2}}$$

设小矩形的对角线之半 $OC=x$,易知 $x\geqslant 4$,所以

$$BC=4+\sqrt{x^2-9}$$
$$AB=3-\sqrt{x^2-16}$$

所以

$$k=\frac{BC}{AB}=\frac{4+\sqrt{x^2-9}}{3-\sqrt{x^2-16}}$$

由 $x\geqslant 4$ 可得

$$k=\frac{4+\sqrt{x^2-9}}{3-\sqrt{x^2-16}}\geqslant\frac{\sqrt{7}+4}{3}$$

所以

$$k+1\geqslant\frac{7+\sqrt{7}}{3}$$

即

$$\frac{1}{k+1}\leqslant\frac{3}{7+\sqrt{7}}=\frac{7-\sqrt{7}}{14}<\frac{1}{2}$$

由于函数 $f\left(\frac{1}{k+1}\right)=\sqrt{2\left(\frac{1}{k+1}-\frac{1}{2}\right)^2+\frac{1}{2}}$ 在 $\frac{1}{k+1}<\frac{1}{2}$ 时为减函数,则

$$2(AC+CE)\geqslant 28\sqrt{2\left(\frac{7-\sqrt{7}}{14}-\frac{1}{2}\right)^2+\frac{1}{2}}=\sqrt{448}$$

所以

$$N = 448$$

❖内接四边形

如图1,$ABCD$是一个圆内接四边形,其对角线交于点X. P,Q,R和S分别为由点X引向四边形四边的垂线之垂足. 试证明:在四个顶点分别位于四边形$ABCD$的四条边上的四边形中,四边形$PQRS$的周长最小.

证明 我们首先证明,PS和PQ与AB之交角相等(图1),即

$$\angle APS = \angle BPQ$$

为此,只需证明对应的余角相等,即

$$\angle SPX = \angle QPX$$

由于$\angle XPB = \angle XQB = 90°$,因而四边形$PBQX$一定是一个圆内接四边形,从而得知$\angle QPX = \angle QBX$. 同样,四边形$APXS$也是一个圆内接四边形. 这就是说,$\angle SPX = \angle SAX$在给定的圆内,有$\angle CBD = \angle CAD$. 从而得出$\angle QPX = \angle SPX$. 这正如所断定的那样,对四边形$PQRS$亦然有:这个四边形的边与四边形$ABCD$的相应的边相交成等角.

如图2,把四边形$PQRS$相对于四边形$ABCD$的一条边取镜像,则与镜像直线AB相交的一条边SP与另一条边PQ的镜像PQ_1构成直线段(因为$\angle APB$是平角,所以$2y + \angle SPQ = 180°$. 镜像使$\angle BPQ = \angle BPQ_1 = y$,因此得出$\angle Q_1PS = 2y + \angle SPQ = 180°$).

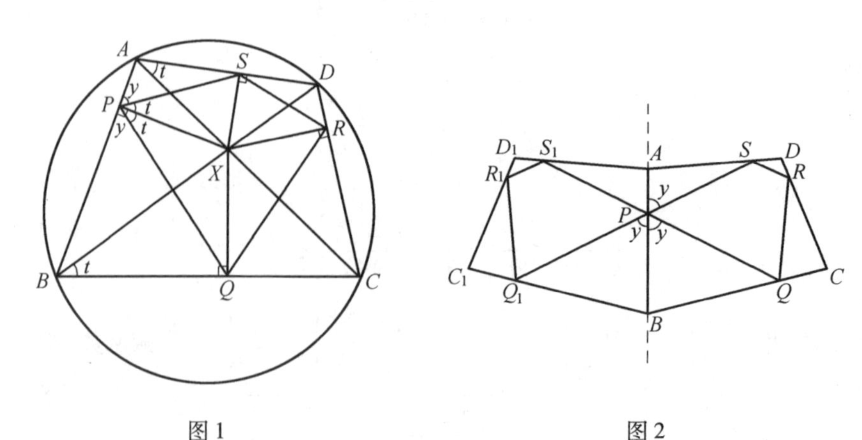

图1 图2

因此，可以把四边形 $PQRS$ 的周长通过三个镜像即 Ⅰ，Ⅱ，Ⅲ 来展开，如图 3. 此时，得到四个相互接触又相互全等的四边形 $PQRS$ 的镜像，四边形 $PQRS$ 位于四边形 $ABCD$ 之内. 从而 $A_2S_3=AS$. 内错角 $\angle D_2S_3R_2$ 和 $\angle ASP$ 相等（均等于 $\angle DSR$），因此，它们是平行的，故 A_2ASS_3 是一个平行四边形. 所以，重叠在一条直线上的 $PQRS$ 的周长 SS_3 与 AA_2 相等.

通过这种镜像，可以把每个顶点均在 $ABCD$ 的一条边上的四边形的周长展开. 如果 Y 是这类四边形位于 AD 上的一个顶点，Y_3 是这个顶点在 A_2D_2 上的镜像，则可知，四边形 A_2AYY_3 也是一个平行四边形，因为 A_2Y_3 和 AY 相等且平行（图 4）. 因此，$YY_3=AA_2$，被展开的周长在 Y 和 Y_3 之间.

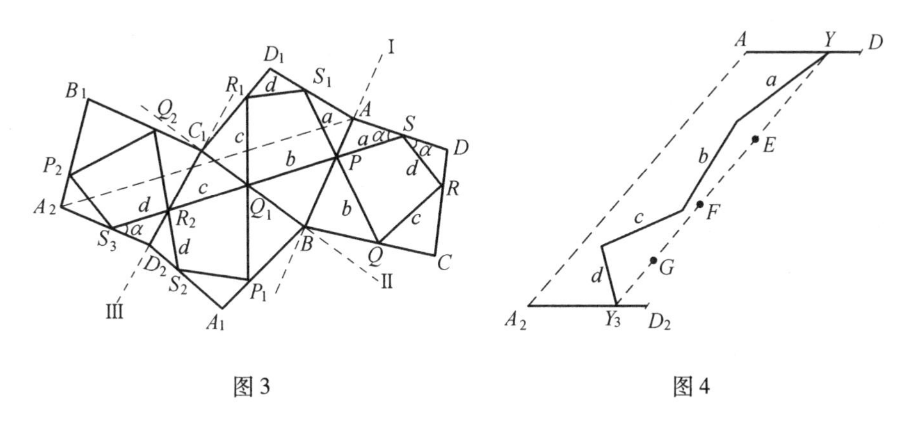

图 3　　　　图 4

如果展开的周长是一折线，那么它的长度大于 YY_3 的长度，其最小值等于 YY_3，后者又等于 AA_2，即等于四边形 $PQRS$ 的周长. 因此，四边形 $PQRS$ 具有最小的周长.

请注意下述事实：如果 E，F 和 G 是 YY_3 上的点，且是 YY_3 与 AB，BC_1 和 C_1D_2 的交点，则每个点均对应于位于四边形 $ABCD$ 其他三边上的对应的确定内接四边形 T 的点，从 T 的这一展开得知，很显然，YY_3 为 T 的周长. 因此，对于 AD 上的每个点 Y，均存在一个内接于四边形 $ABCD$ 的四边形，以点 Y 为一个顶点，其周长最小.

❖最短路线

在矩形的边界上取一点 M. 求一条最短的路线，它的起点和终点都是点 M，并且它与矩形各边都有公共点.

证明 设点 M 位于矩形 $ABCD$ 的边 AB 上.

按下述方法在边 BC,CD,DA 上取点 N,P,Q. 如果点 M 不与顶点 A 或 B 重合,则作 $MN \parallel AC,NP \parallel BD,PQ \parallel AC$(图1). 连 MQ,可以证明 $MQ \parallel BD$.

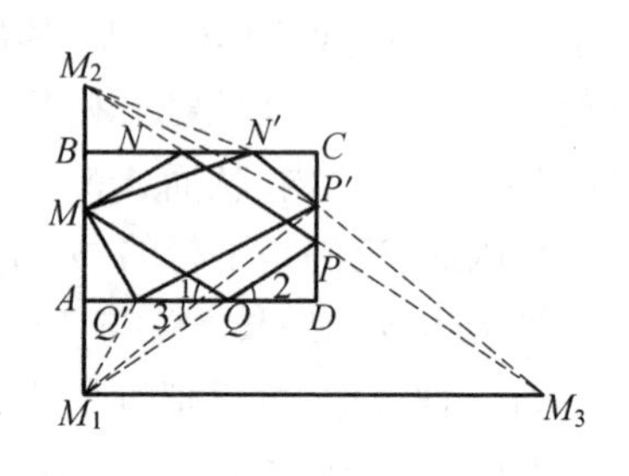

图1

这样我们得到的路线 $MNPQM$ 是一个平行四边形的周界.

如果点 M 与矩形顶点 A 重合,那么点 Q 也与顶点 A 重合,而点 P 和点 N 与顶点 C 重合,此时路线 $MNPQM$ 退化为对角线 AC,但应通过两次. 类似的,如果点 M 与点 B 重合,那么路线 $MNPQM$ 退化为对角线 BD,但也应通过两次.

我们下面证明:用上述方法作出的路线 $MNPQM$ 是所有路线中最短的.

记路线 $MNPQM$ 的长度为 λ,我们证明 λ 比任一条顶点 N',P',Q' 分别在矩形的边 BC,CD,DA 上的折线的长度要短.

设点 M_1 是点 M 关于直线 AD 的对称点,点 M_2 是点 M 关于直线 BC 的对称点. 由于 $\angle 1=\angle 2,\angle 1=\angle 3$,所以 $\angle 2=\angle 3$,从而点 P,Q,M_1 在一条直线上. 同理点 P,N,M_2 也在同一条直线上.

因为 $MN=M_2N,MQ=M_1Q$,则 $M_1P=M_2P$,所以 $\triangle M_1PM_2$ 是等腰三角形.

因此路线 $MNPQM$ 的长度等于线段 M_1P 与 M_2P 之和.

路线 $MN'P'Q'M$ 的长 λ' 等于路线 $M_2N'P'Q'M_1$ 的长度.

因为

$$M_1Q'+Q'P' \geqslant M_1P'$$
$$M_2N'+N'P' \geqslant M_2P'$$

所以

$$\lambda' \geqslant M_1P'+M_2P'$$

如果点 M_3 与点 M_1 关于直线 CD 对称,那么点 M_2,P,M_3 在一条直线上,并且

$$M_1P'+M_2P'=M_3P'+M_2P' \geqslant M_3P+M_2P=M_1P+M_2P$$

所以

$$\lambda' \geqslant \lambda$$

当且仅当点 N',P',Q' 分别与点 N,P,Q 重合时等号成立.

现在证明,如图2,顶点 P',N',Q' 在矩形的边 CD,BC,DA 上的任何折线 $MP'N'Q'M$ 都比 λ 长.

设 S 是线段 MP' 与 $N'Q'$ 的交点,则

$$MS + SN' > MN'$$
$$P'S + SQ' > P'Q'$$

所以

$$MP' + N'Q' > MN' + P'Q'$$
$$MP' + P'N' + N'Q' + Q'M >$$
$$MN' + N'P' + P'Q' + Q'M$$

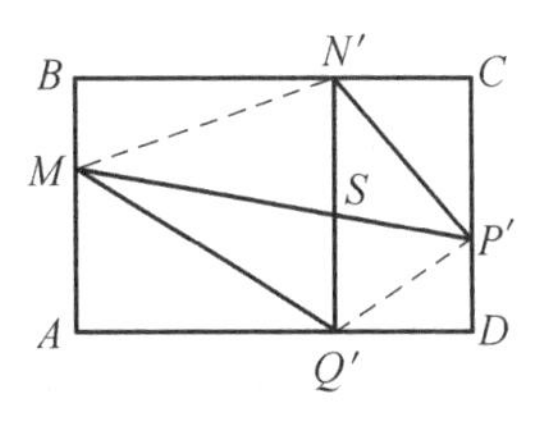

图 2

即折线 $MP'N'Q'M$ 比折线 $MN'P'Q'M$ 长,因而比 λ 长.

类似的,可以证明,折线 $MN'Q'P'M$ 的长度大于 λ.

下面再证明,路线 $MNPQM$ 的长度 λ 小于任何其他以点 M 为起点和终点,而且与矩形各边有公共点的折线的长度.

事实上,这样的路线可以写作

$$M\cdots K_1\cdots K_2\cdots K_3\cdots M$$

其中 K_1,K_2,K_3 落在矩形的三条不同的边上(不包括边 AB).

显然有

$$\text{路线 } M\cdots K_1\cdots K_2\cdots K_3\cdots M \text{ 的长度} \geqslant$$
$$MK_1K_2K_3M \text{ 的长度} \geqslant MNPQM \text{ 的长度} = \lambda$$

当且仅当点 K_1,K_2,K_3 与点 N,P,Q 或与点 Q,P,N 重合时,等号才成立.

综上,路线 $MNPQM$ 的长度最短.

❖垂直悬杆

在地球表面的什么部位,一根垂直的悬杆呈现最长(即在什么部位,可见角为最大)?

注 这个问题是数学家 J. 谬勒(Johannes Müller) 于 1471 年向 C. 诺德尔(Christion Roder) 教授提出的,以后在他的出生地哥尼斯堡(现加里宁格勒) 把该问题以雷琼蒙塔努斯(Regiomontanus) 命名. 此问题本身并不难,然而作为载入古代数学史的第一个极值问题是值得特别注意的.

A. 罗斯(A. Lorsch) 是下面这个简明解法的作者.

设 A 为杆的上端点,B 为杆的下端点,点 F 为从点 A(或点 B) 到地球表面的垂线的基点,于是线段 $FA = a$,$FB = b$ 均为已知. 因为杆对于以 F 为中心在地球表面画出的圆上的所有点来说都呈现为等长,所以可充分做到:在点 F 任作一条垂直于 FA 的垂线 g 并在这条水平地沿着地球表面的线上找出这样的点 O,使得在这点的可见角 $\omega = \angle AOB$ 为最大.

首先罗斯指出:$\triangle ABO$ 的外接圆 $\mathscr{R}$ 必与垂线 g 相切于点 O. 确实这样,如果垂线 g 不是

与外接圆 $\mathscr{R}$ 相切的话，那么除点 O 外 $\mathscr{R}$ 与 g 就还要有另外一个公共点 Q；对于 O 与 Q 之间的每个中间点 Z 来说，$\angle AZB$ 将大于外接圆 $\mathscr{R}$ 中弦 AB 所对的圆周，因而它也就要大于 ω，然而 ω 却是被假设为最大值的.

因此让我们来画出通过 A 和 B 两点且与垂线 g 相切的圆 $\mathscr{R}$，切点 O 就是杆的观察角达到最大值 ω 的位置. 实际上，如果 P 是垂线 g 上任何一个不同于 O 的点，则 $\angle APB$ 小于圆 $\mathscr{R}$ 中弦 AB 所对的圆周角，因而也就小于 ω.

罗斯还指明了作出这个圆 $\mathscr{R}$ 以及其中心 M 与半径 r 的最方便与最迅速的方法. 首先中心点 M 位于 AB 的垂直平分线上，而 AB 的垂直平分线平行于垂线 g 并通过 AB 的中点 N. 现在，在矩形 $MOFN$ 中，边 FN 等于对边 MO，从而也等于 r，所以为了得到所要的中心 M，就必须在 AB 的垂直平分线上标出这样的点，使得从点 B(或点 A) 到它的距离等于 FN，这个所得的点就是所要求的中心 M.

如果想通过计算来确定点 O 的位置(要用到点 F 到它的距离 t)，这只要按照切割线定理记住 $FO^2 = FA \cdot FB$ 就行了. 由这个式子我们立即得到 $t = \sqrt{ab}$.

雷琼蒙塔努斯问题的一个有趣的类似问题是土星问题，它可能是名题选集的作者 H. 马突斯首先提出的：

在土星哪个纬度圈上，环显得最宽？

假定土星是一个半径为56 900 km的球，环是在土星赤道平面上内径为88 500 km、外径为138 800 km的一个圆环.

解 在图1中，设弧 m 表示一个子午圈，M 表示土星的中心，AB 为环的宽度，$MA = a$ 为环的外半径，$MB = b$ 为环的内半径，并设 $MC = r$ 是 MA 上土星赤道的半径. 设 O 为位于纬度 $\varphi = \angle CMO$ 的点，在此纬度上，环宽度呈现为最大，于是 $\angle AOB = \psi$ 是一个最大值.

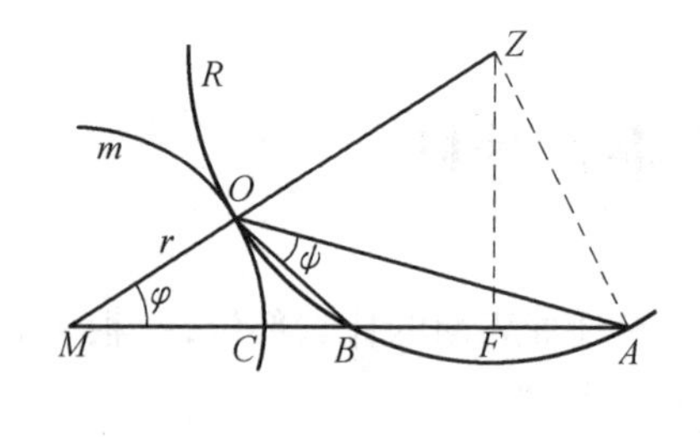

图1

现在我们把罗斯的设想应用到该图上，就直接得到以下的解法. 我们画出通过点 A 和点 B 并与子午圈 m 相切的圆 $\mathscr{R}$，切点 O 是环宽呈现为最大的位置.

为了计算 O 的纬度 φ 与极大值 ψ，我们验算 Rt$\triangle MZF$ 和 Rt$\triangle AZF$，在这些三角形中 Z 是圆 $\mathscr{R}$ 的中心，F 为 AB 的中点. 已知 ρ 为 $\mathscr{R}$ 的半径，从这些三角形我们得

$$\cos\varphi = \frac{MF}{MZ} = \frac{a+b}{2(r+\rho)} \quad ①$$

$$\sin\psi = \frac{AF}{AZ} = \frac{a-b}{2\rho} \quad ②$$

但未知数 ρ 符合割线定理,根据该定理有

$$MA \cdot MB = MZ^2 - \rho^2$$

或

$$ab = (r+\rho)^2 - \rho^2 = r^2 + 2r\rho$$

因而

$$\rho = \frac{ab - r^2}{2r}$$

如果我们将此式代入式 ① 与式 ②,得

$$\cos\varphi = \frac{(a+b)r}{ab+r^2}$$

$$\sin\psi = \frac{(a-b)r}{ab-r^2}$$

并由此求得

$$\varphi = 33.5^\circ,\quad \psi = 18.5^\circ$$

❖四边形周长

在凸四边形中,有两条边的长度为 1,而其余的边和两条对角线的长都不超过 1. 试求:四边形周长的最大可能值?

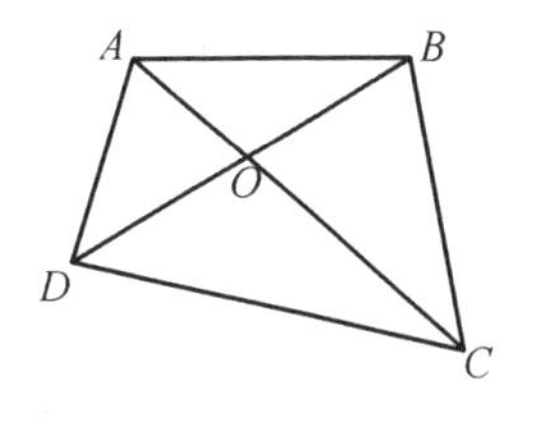

图 1

解 设对角线相交于点 O,如图 1,有

$$AC + BD = (AO + OC) + (BO + OD) = (AO + OB) + (CO + OD) > AB + CD$$

即两对角线长度之和大于一组对边之和,故相对的边不能都等于 1,否则,将有

$$AC + BD > 2$$

导致某一条对角线的长度大于 1.

设 $AB = BC = 1$,由于 $AC \leqslant 1$,所以 $ABC \leqslant 60^\circ$. 点 D 在以点 B 为圆心、以 1 为半径的 $\odot B$ 内(上),且在 $\angle ABC$ 内,欲四边形 $ABCD$ 的周长 p 最大,只要 $DA + DC$ 最大.

故点 D 在 $\odot B$ 上,当 $\angle ABC = 60^\circ$,$DA = DC$ 时 p 最大,即

$$p = AB + BC + CD + DA = 1 + 1 + 2DA =$$

$$2 + 2\sqrt{1^2 + 1^2 - 2\cos 30^\circ} = 2 + 2\sqrt{2(1 - \cos 30^\circ)} =$$

$$2+2\sqrt{4\sin^2 15^\circ}=2+4\sin 15^\circ$$

❖偏差平方

对某件物品的长度,进行 n 次测量,得到 n 个不完全相同的测量数据

$$x_1,x_2,x_3,\cdots,x_n$$

试问:用怎样的数据 $\bar{x}$ 来表示该物品的长度,才能使偏差之平方和

$$I(\bar{x})=\sum_{k=1}^{n}(x_k-\bar{x})^2=(x_1-\bar{x})^2+(x_2-\bar{x})^2+\cdots+(x_n-\bar{x})^2$$

为最小?

解 因为

$$I'(\bar{x})=-2\sum_{k=1}^{n}(x_k-\bar{x})=2[n\bar{x}-(x_1+x_2+\cdots+x_n)]$$

令 $I'(\bar{x})=0$,得到函数 $I(\bar{x})$ 的唯一驻点

$$\bar{x}=\frac{1}{n}(x_1+x_2+\cdots+x_n)$$

由于恒有 $I''(\bar{x})=2n>0$,所以这个驻点就是所求的使偏差之平方和取最小值的点,它恰好为 n 个测量数据的算术平均值.

❖一点到四边

已知在平面四边形 $ABCD$ 中,$AB=1,BC=\frac{\sqrt{10}}{2},CD=\frac{3\sqrt{2}}{2},DA=\sqrt{3}$,$\angle D=75^\circ$. 求四边形 $ABCD$ 内一点到四条边各中点的距离之和的最小值.

解 设对角线 AC 和 BD 交于点 O,又设 $\angle AOD=\theta,\angle ADO=\alpha$,如图 1. 由

$$AB^2+CD^2=AD^2+BC^2=\frac{11}{2}$$

即

$$AB^2-AD^2=BC^2-CD^2$$

则

$$AC \perp BD, \quad \angle AOD = \theta = 90^\circ$$

从而

$$OD = \sqrt{3}\cos\alpha = \frac{3\sqrt{2}}{2}\cos(75^\circ - \alpha) \qquad ①$$

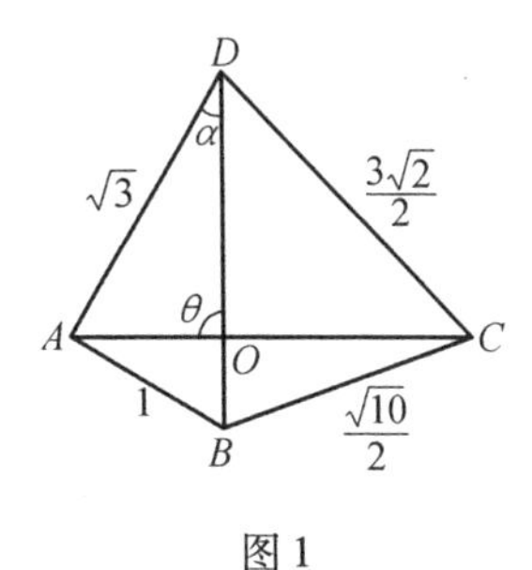

图1

由式①及

$$\sin 75^\circ = \frac{\sqrt{6}+\sqrt{2}}{4}$$

$$\cos 75^\circ = \frac{\sqrt{6}-\sqrt{2}}{4}$$

得

$$\tan\alpha = \frac{\sqrt{3}}{3}$$

所以

$$\alpha = 30^\circ$$

于是可求出

$$OD = \frac{3}{2}, \quad OA = \frac{\sqrt{3}}{2}, \quad OC = \frac{3}{2}$$

$$OB = \sqrt{BC^2 - OC^2} = \frac{1}{2}$$

$$AC = AO + OC = \frac{3+\sqrt{3}}{2}$$

$$BD = BO + OD = \frac{1}{2} + \frac{3}{2} = 2$$

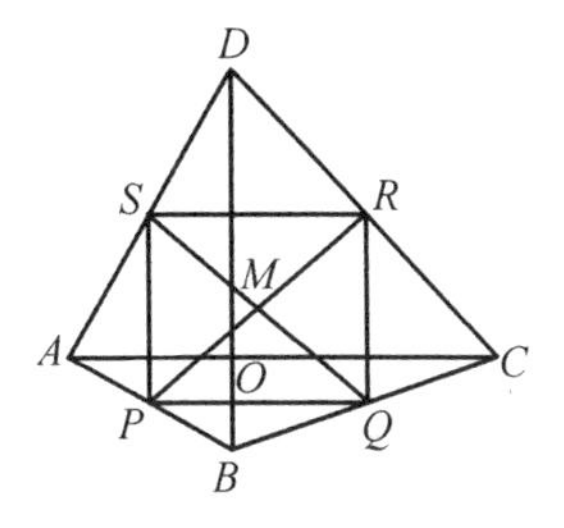

图2

设 AB, BC, CD, DA 的中点分别为 P, Q, R, S，PR 与 QS 相交于点 M，显然点 M 即为到 P, Q, R, S 连线之和最短之点（图2）.

由于 $AC \perp BD$，则四边形 $PQRS$ 为矩形，于是所求的最小值为

$$MP + MQ + MR + MS = PR + QS = 2PR =$$

$$2\sqrt{PQ^2 + QR^2} = \sqrt{AC^2 = DB^2} = \frac{1}{2}\sqrt{28 + 6\sqrt{3}}$$

❖面积最大值

函数 $f(x)$ 是偶函数，且是周期为2的周期函数. 当 $x \in [2,3]$ 时，$f(x) = x - 1$，在 $y = f(x)$ 的图像上有两点 A, B，它们的纵坐标相等（点 A 在点 B 的左侧）. 横坐标都在区间 $[1,3]$ 上，定点 C 的坐标为 $(0, a)$，其中 $a > 2$. 求 $\triangle ABC$ 的

面积的最大值.

解 因为$f(x)$是以2为周期的周期函数,且

$$f(x)=x-1,\quad 2\leqslant x\leqslant 3$$

所以当$0\leqslant x\leqslant 1$时,有

$$f(x)=f(x+2)=x+2-1=x+1$$

又因为$f(x)$是偶函数,所以当$-1\leqslant x\leqslant 0$时,有

$$f(x)=f(-x)=-x+1$$

所以当$1\leqslant x\leqslant 2$时,有

$$f(x)=f(x-2)=-(x-2)+1=-x+3$$

设A,B的坐标分别为$(x_A,y_A),(x_B,y_B)$,其中$1<x_A<x_B\leqslant 3$,则

$$y_A=-x_A+3,\quad y_B=x_B-1$$

因为$y_A=y_B$,所以$-x_A+3=x_B-1$,即$x_B=4-x_A$,所以

$$|AB|=x_B-x_A=4-2x_A$$

设点C到直线AB的距离为d,则

$$d=a-y_A=a+x_A-3$$

$$S_{\triangle ABC}=\frac{1}{2}|AB|\cdot d=(2-x_A)(a+x_A-3)=$$

$$-\left(x_A-\frac{5-a}{2}\right)^2+\frac{a^2-2a+1}{4}$$

其中$1\leqslant x_A\leqslant 2$.

若当$2\leqslant a\leqslant 3$时,$1\leqslant\frac{5-a}{2}\leqslant\frac{3}{2}$,则当$x_A=\frac{5-a}{2}$时,$S_{\triangle ABC}$有最大值,最大值为

$$S_{\max}=\frac{a^2-2a+1}{4}$$

若当$a>3$时,$\frac{5-a}{2}<1$,则当$x_A=1$时,$S_{\triangle ABC}$有最大值,最大值为

$$S_{\max}=a-2$$

❖面积一定

在面积一定的平行四边形中,求出长对角线最短的平行四边形.

解 在 $\square ABCD$ 中,设 $AC=d_1$,$BD=d_2$,且 $d_1\geqslant d_2$,又 AC 与 BD 的夹角为 α. 再设 $S=S'_{\square ABCD}$,因为

$$S=\frac{1}{2}d_1d_2\sin\alpha$$

所以

$$2S\leqslant d_1d_2\leqslant d_1^2$$

于是 $d_1\geqslant\sqrt{2S}$. 当 $\sin\alpha=1$ 且 $d_1=d_2$ 时等号成立,此时平行四边形变为正方形.

❖菱形对角线

边长为 5 的菱形,它的一条对角线的长不大于 6,另一条不小于 6,求这个菱形两条对角线长度之和的最大值.

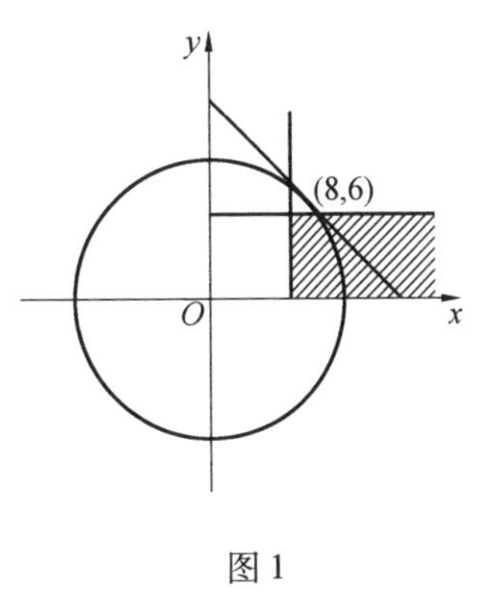

图 1

解 设菱形的两条对角线长分别为 x 及 y,则由已知

$$\begin{cases}x^2+y^2=100\\x\geqslant 6\\y\leqslant 6\end{cases}$$

考虑平行直线族 $x+y=c$. 如图 1,当直线过点 $(8,6)$ 时,得 $x+y$ 的最大值为 14.

❖内切圆圆心

求证:在三个顶点与一已知点 P 相距分别为 3,5,7 的所有三角形中,周长最大的一个以点 P 为内切圆圆心.

证明 设 $\triangle ABC$ 的三个顶点分别在以点 P 为圆心、以 3,5,7 为半径的圆周 S_1,S_2,S_3 上,并令 $\triangle ABC$ 为这样的三角形中周长最大的一个(图 1).

我们证明:点 P 必在 $\angle BAC$ 的平分线上,这样同理可得点 P 也必在 $\angle ABC$,$\angle BCA$ 的平分线上,从而点 P 为 $\triangle ABC$ 的内心.

为此,只要证明 $\angle BAC$ 的外角平分线 l_A 与圆 S_1 相切(用反证法).

若 l_A 不与圆 S_1 相切,则 l_A 与圆 S_1 还有一个公共点 A'.

因为点 B,C 在 l_A 的同侧,且点 C 关于 l_A 的对称点 C' 一定与 B,A 共线,于是有

$$BA' + A'C = BA' + A'C' > BC' = BA + AC' = AB + AC$$

即
$$BA' + A'C + BC > AB + AC + BC$$

从而 $\triangle A'BC$ 的周长大于 $\triangle ABC$ 的周长,矛盾.

因此 $\angle BAC$ 的外角平分线与圆 S_1 相切,即 PA 为 $\angle BAC$ 的内角平分线.

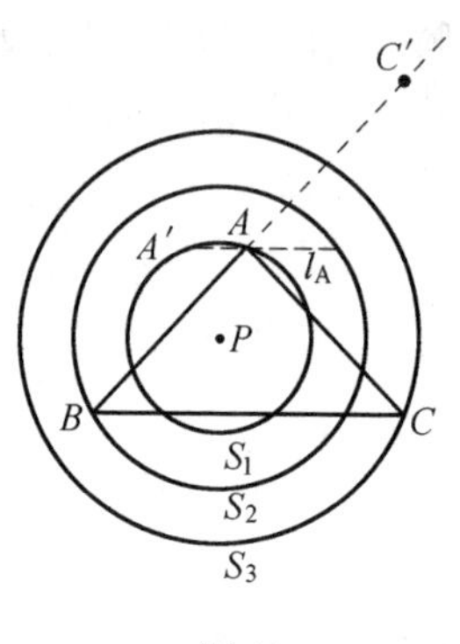

图 1

78 ❖最大效益

某厂生产一种精密仪器,已知在生产过程中该产品会有一定数量的次品,其次品率 y 与日产量 x(台) 的函数为

$$y = \begin{cases} \dfrac{1}{100 - x}, & 0 \leqslant x < 100 \\ 1, & x \geqslant 100 \end{cases}$$

其中 x 为正整数. 已知这种合格仪器每台售价为 36 万元,而每生产这种仪器一台,所需要花费的成本为 11 万元. 为使该厂在这一产品上能获取最大经济效益,试确定其最佳日产量,并求出此时的最大效益值.

解 设日产量为 x 台,显然应该有 $x < 99$,否则将全是次品,所以可得到目标函数(即效益函数) 为

$$L = R - C = 36x(1 - y) - 11x = 25x - \frac{36x}{100 - x}$$

为便于讨论,我们将 x 看作连续变量,所以上述目标函数的定义域应该为

$$1 \leqslant x \leqslant 98$$

对目标函数求导,可得

$$\frac{dL}{dx} = 25 - \frac{3\ 600}{(100 - x)^2}$$

令 $\frac{dL}{dx} = 0$,在区间 $[1,98]$ 上得唯一驻点 $x = 88$. 由于

$$\left.\frac{d^2L}{dx^2}\right|_{x=88}=-\frac{25}{6}<0$$

故 $x=88$ 是 L 的最大值点,即当日产量为 88 台时,可获取最大效益为

$$L_{\max}=1\ 936$$

❖定角定半径

有定角为 $\angle A$ 和定半径为 r 的内切圆的一切三角形中,试确定哪一个三角形有最小的周长.

解法1 设周长为 p,则

$$p=2r\left(\cot\frac{A}{2}+\cot\frac{B}{2}+\cot\frac{C}{2}\right)$$

由于 r 和 A 为定值,所以需要考虑 $\cot\frac{B}{2}+\cot\frac{C}{2}$ 的最小值. 又

$$\cot\frac{B}{2}+\cot\frac{C}{2}=\frac{\cos\frac{B}{2}\sin\frac{C}{2}+\sin\frac{B}{2}\cos\frac{C}{2}}{\sin\frac{B}{2}\sin\frac{C}{2}}=$$

$$\frac{\sin\frac{B+C}{2}}{\sin\frac{B}{2}\sin\frac{C}{2}}=\frac{2\cos\frac{A}{2}}{\cos\frac{B-C}{2}-\cos\frac{B+C}{2}}=$$

$$\frac{2\cos\frac{A}{2}}{\cos\frac{B-C}{2}-\sin\frac{A}{2}}$$

当 $\cos\frac{B-C}{2}$ 最大时,$\cot\frac{B}{2}+\cot\frac{C}{2}$ 最小,此时有 $\angle B=\angle C$.

于是,周长最小的三角形在以 $\angle A$ 为顶角的等腰三角形时出现.

解法2 作半径为 r 的圆的外切等腰 $\triangle AB_0C_0$ 和任意 $\triangle ABC$,且使顶角 $\angle A$ 为已知定角,如图 1.

设 B_0C_0 与 BC 交于点 D.

不妨假定 $B_0D>DC_0$. 过点 B_0 作 AC_0 的平行线,交 BD 于点 E,则点 E 在 BD 的内部,所以

$$\triangle B_0DE \backsim \triangle C_0DC$$

因为

$$B_0D > DC_0$$

所以

$$S_{\triangle B_0DE} > S_{\triangle C_0DC}$$

又

$$S_{\triangle B_0DB} > S_{\triangle B_0DE}$$

所以

$$S_{\triangle B_0DB} > S_{\triangle C_0DC}$$

从而

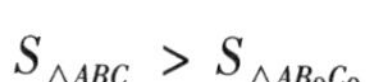
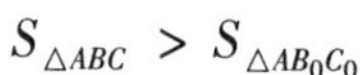

$$S_{\triangle ABC} > S_{\triangle AB_0C_0}$$

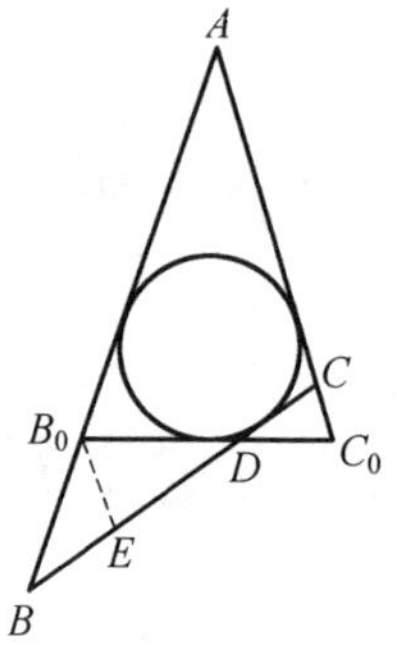

图 1

即

$$\frac{r}{2}(AB + BC + CA) > \frac{r}{2}(AB_0 + B_0C_0 + C_0A)$$

即

$$AB + BC + CA > AB_0 + B_0C_0 + C_0A$$

所以 $\triangle AB_0C_0$ 的周长最小,即顶角为 $\angle A$ 的等腰三角形周长最小.

❖最小好数

设正整数 $n \geqslant 3$,如果在平面上有 n 个格点 $P_1, P_2, \cdots, P_n$,满足当 $|P_iP_j|$ 为有理数时,存在 P_k,使得 $|P_iP_k|$ 和 $|P_jP_k|$ 均为无理数;当 $|P_iP_j|$ 为无理数时,存在 P_k,使得 $|P_iP_k|$ 和 $|P_jP_k|$ 均为有理数,那么称 n 是"好数".

(1) 求最小的好数.

(2) 问 2 005 是否为好数?

解 我们断言最小的好数为 5,且 2 005 是好数.

在三点组(P_i, P_j, P_k)中,若 $|P_iP_j|$ 为有理数(或无理数),$|P_iP_k|$ 和 $|P_jP_k|$ 为无理数(或有理数),则我们称(P_i, P_j, P_k)为一个好组.

(1)$n=3$ 显然不是好数,$n=4$ 也不是好数. 若不然,假设 P_1, P_2, P_3, P_4 满足条件,不妨设 $|P_1P_2|$ 为有理数及(P_1, P_2, P_3)为一个好组,则(P_2, P_3, P_4)为一个好组. 显然(P_2, P_4, P_1)和(P_2, P_4, P_3)均不是好组,所以 P_1, P_2, P_3, P_4 不能满足条件,矛盾!(图 1)

$n=5$ 是好数,以下五个格点满足条件(图2)

$$A_5=\{(0,0),(1,0),(5,3),(8,7),(0,7)\}$$

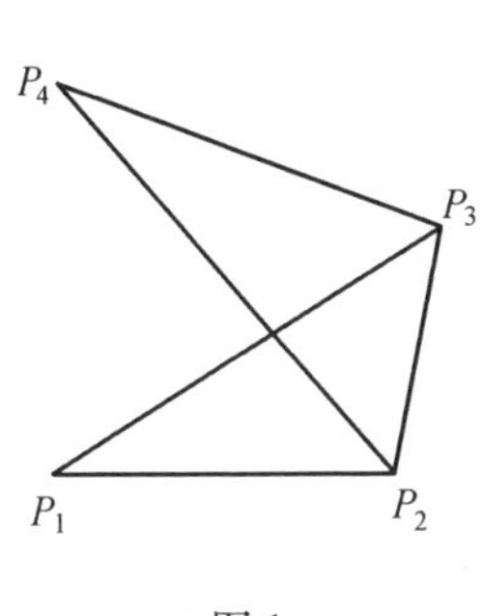

图1

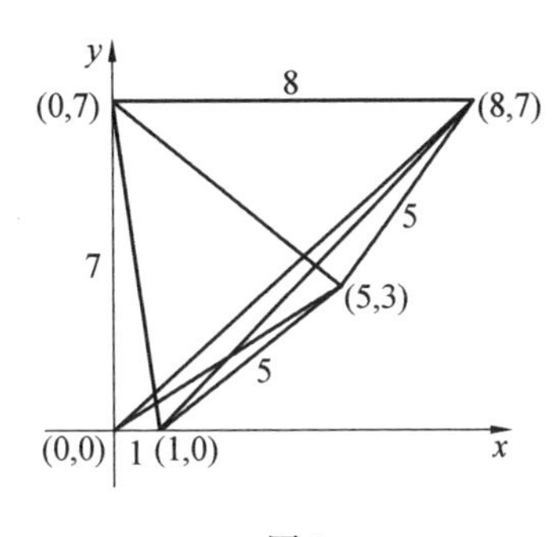

图2

(2) 设

$$A=\{(1,0),(2,0),\cdots,(669,0)\}$$
$$B=\{(1,1),(2,1),\cdots,(668,1)\}$$
$$C=\{(1,2),(2,2),\cdots,(668,2)\}$$
$$S_{2\,005}=A\cup B\cup C$$

对任意正整数 n,易证 n^2+1 和 n^2+4 不是完全平方数. 不难证明,对于集合 $S_{2\,005}$ 中任意两点 P_i,P_j,$|P_iP_j|$ 为有理数,当且仅当 P_iP_j 与某一坐标轴平行. 所以,2 005 是好数.

注 当 $n=6$ 时,有

$$A_6=A_5\cup\{(-24,0)\}$$

当 $n=7$ 时,有

$$A_7=A_6\cup\{(-24,7)\}$$

则可验证 $n=6$ 和 7 均为好数.

当 $n\geqslant 8$ 时,可像 $n=2\,005$ 那样排成三行,表明当 $n\geqslant 8$ 时,所有的 n 都是好数.

❖最大值点

对给定的 $\triangle ABC$ 中的点 T,$m(T)$ 表示线段 TA,TB,TC 的长度的最小值. 求 $\triangle ABC$ 中所有使 $m(T)$ 取最大值的点.

解 (1) 设 $\triangle ABC$ 为非钝角三角形(图1). 我们证明,所求的点 T 是 $\triangle ABC$ 外接圆的圆心.

设 $\triangle ABC$ 外接圆的圆心为 O，半径为 R. 过点 O 作 $OH_1 \perp AB$ 于点 H_1，$OH_2 \perp BC$ 于点 H_2，$OH_3 \perp AC$ 于点 H_3，这时 $\triangle ABC$ 被分为三个四边形：四边形 OH_1AH_3，四边形 OH_1BH_2，四边形 OH_2CH_3.

若 T 不与 O 重合，则点 T 在上述的某个四边形中，不妨设在四边形 OH_1AH_3 中.

由于 $\angle OH_1A = \angle OH_3A = 90°$，所以四边形 OH_1AH_3 内接于直径为 AO 的圆，于是点 T 落在该圆内，所以有

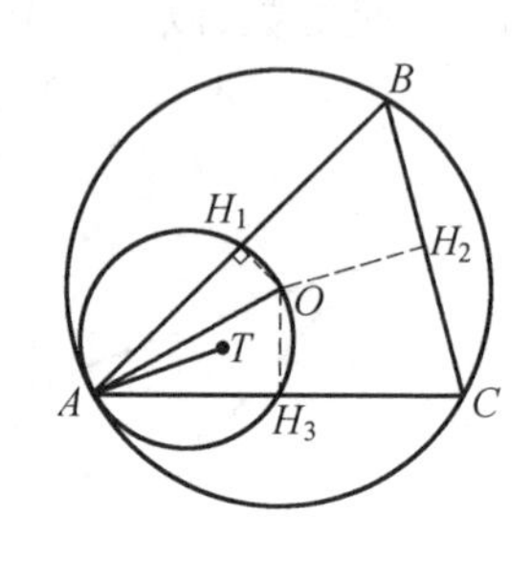

图 1

$$m(T) \leqslant AT < AO = R = m(O)$$

这表明，当 T 与 O 重合时，$m(T)$ 取最大值.

(2) 设 $\triangle ABC$ 为钝角三角形，$\angle A$ 是钝角，设 $\angle C \leqslant \angle B$(图 2).

分别过 AB 与 AC 的中点 D 与 E 且垂直于该边的垂线分别与边 BC 交于点 F 与点 G.

记 $BF = b$，$CG = c$，可以证明 $b \leqslant c$. 当且仅当 $\angle C = \angle B$ 时，$b = c$.

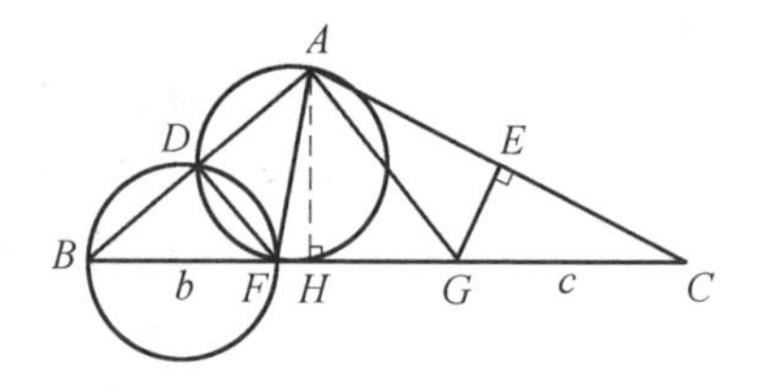

图 2

事实上，由正弦定理，对 $\triangle BDF$，$\triangle CEG$ 与 $\triangle ABC$，有

$$\frac{b}{c} = \frac{BD}{\cos B} \cdot \frac{\cos C}{CE} = \frac{AB\cos C}{AC\cos B} =$$

$$\frac{\sin C\cos C}{\sin B\cos B} = \frac{\sin 2C}{\sin 2B} \leqslant 1$$

因为

$$AG = GC$$

所以

$$\angle CAG = \angle C$$

由

$$\angle B + \angle C < 90° < \angle BAC$$

得

$$\angle B < \angle BAC - \angle C = \angle BAC - \angle CAG = \angle BAG$$

于是

$$BG > AG = GC = c$$

同样有

$$FC > b$$

作 $\triangle ABC$ 的高 AH,则 AH 把 $\triangle ABC$ 分为两个三角形,即 $\triangle ABH$ 和 $\triangle ACH$.

如果点 T 不与 F 重合,且在 $\triangle ABH$ 内,则点 T 或者在以 BF 为直径的圆内,或者在以 AF 为直径的圆内,从而有

$$m(T) < m(F) = b$$

同理,如果点 T 不与 G 重合,且在 $\triangle ACH$ 内,则

$$m(T) < m(G) = c$$

于是,若 $\triangle ABC$ 是等腰钝角三角形,则点 F 与点 G 均为所求;若 $\triangle ABC$ 是非等腰钝角三角形,则 $m(F) < m(G)$,即所求的点为点 G.

❖一个不等式组

不等式组 $k < x^k < k+1(k=1,2,3,\cdots,n)$,即

$$1 < x < 2$$

$$2 < x^2 < 3$$

$$3 < x^3 < 4$$

$$4 < x^4 < 5$$

$$\vdots$$

有一个解. 试求自然数 n 的最大值?

解 最大值可能是4. 如果 x 满足这个不等式组的前5个不等式,则从第3个不等式得出

$$3 < x^3$$

从第5个不等式得出

$$x^5 < 6$$

从而得出 $3^5 < x^{15} < 6^3$,即 $243 < 216$,矛盾. 因此,n 不能大于4.

由于 $\sqrt[4]{4} = \sqrt{2}$,因此,在 $\sqrt[3]{3}$ 与 $\sqrt[4]{5}$ 之间的每个 x 均满足前四个不等式.

❖钝角三角形

在钝角 $\triangle ABC$($\angle C$ 为钝角)的边 BC 上选取点 D(异于点 B,C),过线段 BC(异于点 D)的内点 M 作直线 AM,交 $\triangle ABC$ 的外接圆 S 于点 N,经过点 M,D 和 N 作圆,交圆 S 于点 N 及另一点 P. 问:点 M 在何位置时,线段 MP 的长度最

短.

解 过点A作直线AK,使$AK /\!/ CB$,交圆S于点K,延长KD,交圆S于点P_0,现证明:P_0就是题设中的点P.

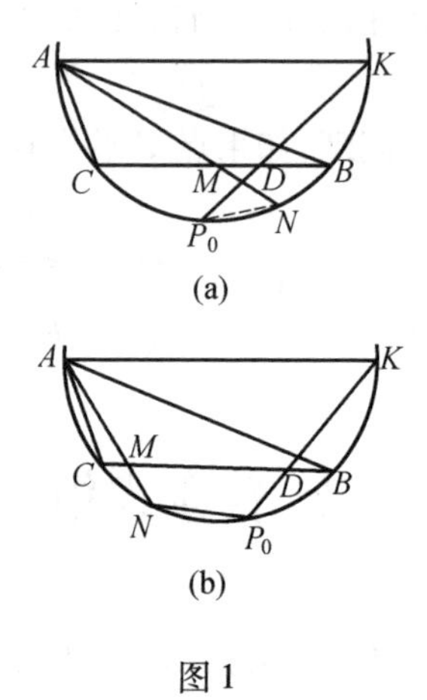

图 1

(1) 当点N不与P_0重合时,设点N在$\overset{\frown}{P_0B}$(或$\overset{\frown}{CP_0}$)内(图1).

因为A,K,N,P_0共圆,所以$\angle ANP_0$与$\angle AKP_0$相等(或相补).因为$CB /\!/ AK$,$\angle MDP_0 = \angle AKP_0$,所以$\angle MNP_0$与$\angle MDP_0$相等(或相补).

因此,点M,D,N,P_0共圆,P与P_0重合.

(2) 当点N与P_0重合时,以点P_0为位似中心,将点K变换为点D,直线AP_0变换为自身.由于$CB /\!/ AK$,所以线段AK变换为线段MD,即点A变换为点M.

于是圆S就变换为$\triangle NMD$的外接圆.因为P_0是位似中心,所以这两圆只有一个公共点,即P与P_0重合.

所以,所要求的点M的位置应是点P_0在BC上的射影.

因为$\angle A$是锐角,所以该射影在线段BC内.又因为$\angle KDC > \angle KBC = \angle ACB$,所以$\angle KDC$是钝角,故点$P_0$在$BC$上的射影不会与点$D$重合.

❖蜂巢形状

蜂巢的外形为正六棱柱(图1),其一端被正六边形$arbpcq$所封闭,而它的另一端则是用由三个全等的菱形$PBSC$,$QASC$与$RBSA$所组成的顶盖来封闭的,这三个菱形彼此斜倚着,并与棱柱的轴成等角.因此,棱柱的侧面就都是全等的梯形(如梯形$AarR$、梯形$RrbB$等).在每一个这样的梯形中,其最长的一边(指平行边)要较之底面$arbpcq$的内切圆直径的两倍略为长些.作为这些菱形有规律配置的结果,从顶盖的顶点S引出的三条菱形的对角线(SP,SQ,SR)与棱柱的轴,都同这些菱形的平面与棱柱的轴一样,形成相同的夹角,而且两个平面ABC与平面PQR都垂直于棱柱的倒棱.因为菱形的钝角顶点彼此相毗连于S,所以上述的对角线都是菱形的短对角线.

自然科学工作者如马拉尔蒂、雷阿乌姆尔及其他人(在18世纪)都认为蜂巢的这种奇特的结构乃是蜜蜂在尽量节省建筑材料(即蜡)而选择的设计.关

于这一点雷阿乌姆尔向瑞士数学家科尼希(Koenigs) 提出了以下问题.

试采用由三个全等的菱形做成的顶盖来封闭一个正六棱柱,使所得的这一个立体有预定的容积,且其表面积为最小.

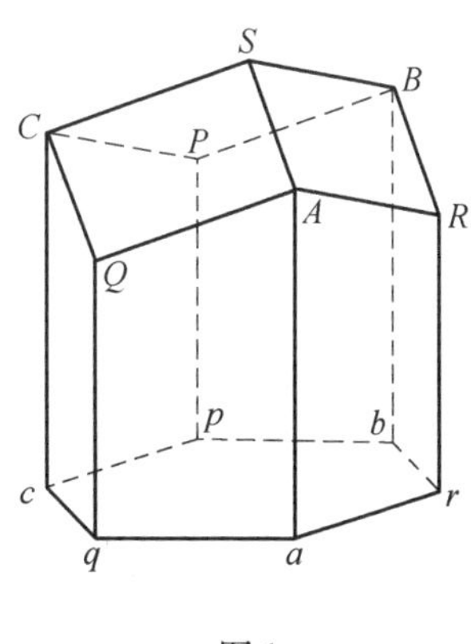

图 1

解 设这个棱柱的横截面正六边形(如正六边形 $arbpcq$) 的边为 $2e$,于是其较短的对角线 $ab = bc = ca = 2d = 2e\sqrt{3}$,同时也有 $AB = BC = CA = 2d = 2e\sqrt{3}$. 设平面 PQR 以及顶盖顶点 S 到平面 ABC 的距离为 x,而菱形的短对角线($SP = SQ = SR$) 为 $2y$.

因为 SR 在棱柱的轴上的投影为 $2x$,在平面 PQR 的投影为 $2e$,我们得到方程

$$y^2 = e^2 + x^2 \qquad ①$$

如果 P',Q',R' 是通过 P,Q,R 的棱柱倒棱与平面 ABC 相交的点,则 $AR'BP'CQ'$ 就是边为 $2e$ 的正六边形.

首先,当选用上述屋顶似的封闭盖来代替封闭平面 $AR'BP'CQ'$ 时,显而易见,六棱柱的容积是不会有变化的,这因为在平面 ABC 的一侧所增加的空间(棱锥 $S - ABC$) 与在其另一侧所减少的空间(三个棱锥 $P - BCP',Q - CAQ',R - ABR'$) 是同样大的. 只是表面随着结构的改变而改变;表面减少了六角形 $AR'BP'CQ'$ 的面积, 即 $6e^2\sqrt{3}$, 以及六个 $\mathrm{Rt}\triangle PP'B,\mathrm{Rt}\triangle PP'C,\mathrm{Rt}\triangle QQ'C,\mathrm{Rt}\triangle QQ'A,\mathrm{Rt}\triangle RR'A,\mathrm{Rt}\triangle RR'B$ 的面积,即 $6ex$,但在同时表面增加了三个菱形 $PBSC,QCSA,RASB$ 的总面积,即 $6dy = 6e\sqrt{3}y$. 从而表面积节省了

$$6e^2\sqrt{3} + 6ex - 6e\sqrt{3}y$$

或

$$6e^2\sqrt{3} - 6e(y\sqrt{3} - x)$$

于是现在剩下的是为了求式中的括号

$$u = y\sqrt{3} - x$$

的极小值而适当选取 x 的问题.

如果用 v 表示有类似结构的表达式 $x\sqrt{3} - y$,则作为式 ① 的结果,就有

$$u^2 - v^2 = 2(y^2 - x^2) = 2e^2$$

或

$$u^2 = 2e^2 + v^2$$

由此推知当 $v=0$ 时,即当

$$y=x\sqrt{3} \qquad ②$$

时,u 取得极小值(具体地说,$e\sqrt{2}$). 从式 ① 和式 ②,我们得到

$$x=e\sqrt{\frac{1}{2}} \quad 及 \quad y=e\sqrt{\frac{3}{2}}$$

从而对角线 $SR=2y=e\sqrt{6}$ 短于对角线 $AB=2d=2e\sqrt{3}=e\sqrt{12}$,所以在点 S 彼此毗连的三个菱形的角都是钝角. 如果我们以 2φ 表示菱形的锐角 $\angle SAR$,那么根据 $\tan\varphi=\frac{y}{d}=\frac{1}{\sqrt{2}}$ 与 $\tan 2\varphi=\frac{2\tan\varphi}{1-\tan^2\varphi}$,就可推得 $\tan 2\varphi=\sqrt{8}$,$\cos 2\varphi=\frac{1}{3}$,$2\varphi=70°32'$,于是菱形的钝角为 $109°28'$.

对于菱形的对角线 SP,SQ,SR 与棱柱的轴线所构成的角 μ,我们得到关系式 $\tan\mu=\frac{2e}{2x}=\sqrt{2}$,从而

$$\mu=90°-\varphi=54°44'$$

最后,关于菱形的面与棱柱横截面构成角 v,有

$$v=90°-\mu=\varphi=35°16'$$

因为梯形的锐角正切值为$\frac{2e}{x}\sqrt{8}=\tan 2\varphi$,所以梯形的锐角和钝角分别对应于菱形的锐角和钝角.

特别有趣的要算棱柱每两个交界面之间的二面角. 这些角是容易确定的.

首先,因为以 S,P,Q,R 为顶点的三面角都是全等的正三面角(每个面角为 2φ),属于这些三面角各棱的二面角的平面角均彼此相等. 因为以 A,B,C 为顶点的四面角也都是全等的正四面角(每个面角为 2φ),在这些四面角各棱的二面角也都有相同的平面角. 现在以 Pp 为棱的二面角有平面角 $\angle bpc=120°$,而以 Aa 为棱的二面角也有平面角 $\angle qar=120°$.

于是,棱柱的所有二面角为 $120°$(自然要把与底面构成的那些直二面角除外).

我们刚才计算出的这些角事实上已由对蜂巢的实际测量所证明(在观察误差范围内). 特别有趣的是每两个相毗连的蜡面皆围成一个 $120°$ 的角是这一值得注意的事实.

❖内切圆半径

在给定底边 AB 及顶角 C 的所有三角形中，求具有最大内切圆半径的三角形.

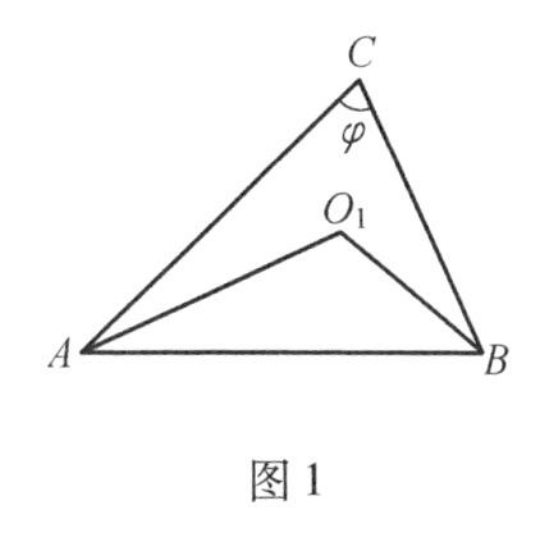

图 1

解 如图 1，设 $\angle C=\varphi$，以 γ 为半径的圆 O_1 为 $\triangle ABC$ 的内切圆可知

$$\angle AO_1B=180^\circ-\frac{1}{2}(\angle A+\angle B)=$$

$$180^\circ-\frac{1}{2}(180^\circ-\angle C)=$$

$$90^\circ+\frac{1}{2}\angle C=90^\circ+\frac{1}{2}\varphi$$

故点 O_1 的轨迹是以 AB 为弦，对 AB 所张的角为 $90^\circ+\frac{1}{2}\varphi$ 的圆弧.

故当 $AC=BC$ 时，γ 最大.

❖最近距离

某处立交桥上、下是两条互相垂直的公路，一条是东西走向，一条是南北走向. 现在有辆汽车在桥下南方 100 m 处，以 20 m/s 的速度向北行驶；而另一辆汽车在桥上西方 150 m 处，同样以 20 m/s 的速度向东行驶. 已知桥高为 10 m，问经过多长时间两辆汽车之间距离为最小？并求它们之间的最小距离.

解 容易求得，在时刻 t s 两辆汽车之间的距离为

$$s=\sqrt{(100-20t)^2+10^2+(150-20t)^2}=$$

$$\sqrt{32\ 600-10\ 000t+800t^2}$$

这就是目标函数，其定义域为 $t\geqslant 0$. 对上式求导得

$$\frac{\mathrm{d}s}{\mathrm{d}t}=\frac{-5\ 000+800t}{\sqrt{32\ 600-10\ 000t+800t^2}}$$

令 $\frac{\mathrm{d}s}{\mathrm{d}t}=0$，可得到唯一驻点 $t=6.25$. 由于：

(1) 当 $0 \leqslant t < 6.25$ 时，$\frac{ds}{dt} < 0$；

(2) 当 $t > 6.25$ 时，$\frac{ds}{dt} > 0$.

所以经过 6.25 s，两辆汽车之间有最小距离为

$$s_{\min} = \sqrt{32\,600 - 10\,000 \times 6.25 + 800 \times 6.25^2} = 240$$

注 为了运算的方便，我们以

$$y = s^2 = 32\,600 - 10\,000t + 800t^2$$

为目标函数，这是因为当 $s > 0$ 时，s 和 s^2 同时有最大值或最小值，而这里新的目标函数 y 是一个二次函数，从而也可用初等数学的方法求出其最小值.

❖等腰三角形

试证：在底边与面积给定的三角形中，等腰三角形有最小的周长.

证明 设底边 $AB = a$，且 $\triangle ABC$ 的面积为 S. 这些三角形的顶点 C 在直线 MN 上，$MN \parallel AB$ 且距离为 $\frac{2S}{AB}$，如图 1.

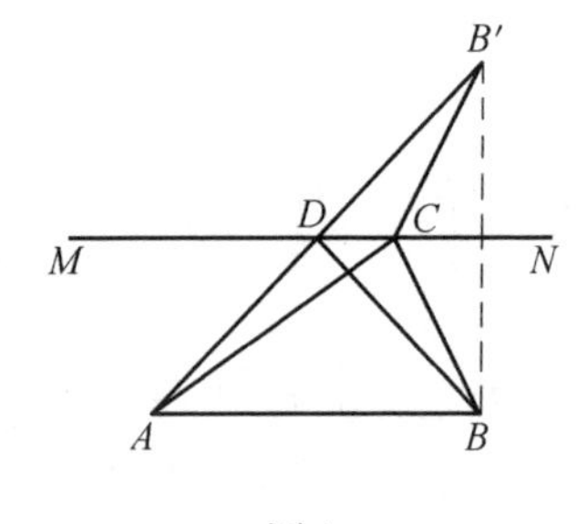

图 1

设点 B' 为点 B 关于 MN 的对称点.

设 AB' 与 MN 交于点 D，则点 D 即为所求之点.

首先 $AC = CB' = CB$，又因为 D 是 MN 上任一点，则

$$AC + CB = AC + CB' > AB' = AD + DB' = AD + DB$$

❖差的最值

已知函数 $f(x) = \frac{4x - a}{x^2 + 1}$ 在区间 $[\alpha, \beta]$ 上为增函数，且 $f(\alpha) \cdot f(\beta) = -4$.

(1) 求 $f(\beta) - f(\alpha)$ 的最小值及取到最小值时 a 的值.

(2) 求 α, β 的值（用 a 表示）.

解 (1) 因为$f(x)$在$[\alpha,\beta]$上为增函数,且$f(\alpha)\cdot f(\beta)=-4<0$,所以$f(\beta)>0>f(\alpha)$,即

$$f(\beta)-f(\alpha)=f(\beta)+[-f(\alpha)]\geqslant 2\sqrt{-f(\alpha)\cdot f(\beta)}=4$$

当且仅当取"="时成立,有$f(\beta)=-f(\alpha)=2$.

由$f(\beta)=2$,得$\frac{4\beta-a}{\beta^2+1}=2$,所以$-a=2(\beta-1)^2\geqslant 0$,所以$a\leqslant 0$;由$f(\alpha)=-2$,得$\frac{4\alpha-a}{\alpha^2+1}=-2$,所以$a=2(\alpha+1)^2\geqslant 0$,所以$a\geqslant 0$,则$f(\beta)-f(\alpha)$取最小值时$a=0$.

(2) 首先,求$f(x)=\frac{4x-a}{x^2+1}$在$x\in\mathbf{R}$上的单调递增区间. 因为

$$f'(x)=\left(\frac{4x-a}{x^2+1}\right)'=\frac{(4x-a)'(x^2+1)-(4x-a)(x^2+1)'}{(x^2+1)^2}=$$

$$\frac{4(x^2+1)-2x(4x-a)}{(x^2+1)^2}=\frac{-2(2x^2-ax-2)}{(x^2+1)^2}$$

由$f'(x)>0$,可得$2x^2-ax-2<0$,解得

$$\frac{a-\sqrt{a^2+16}}{4}<x<\frac{a+\sqrt{a^2+16}}{4}$$

所以$f(x)$在$x\in\mathbf{R}$上的单调递增区间为$\left[\frac{a-\sqrt{a^2+16}}{4},\frac{a+\sqrt{a^2+16}}{4}\right]$.

由题意有

$$\frac{a-\sqrt{a^2+16}}{4}\leqslant\alpha<\beta\leqslant\frac{a+\sqrt{a^2+16}}{4}$$

所以有

$$f\left(\frac{a-\sqrt{a^2+16}}{4}\right)\leqslant f(\alpha)<0,\quad 0<f(\beta)\leqslant f\left(\frac{a+\sqrt{a^2+16}}{4}\right) \qquad ①$$

所以

$$f(\alpha)\cdot f(\beta)\geqslant f\left(\frac{a-\sqrt{a^2+16}}{4}\right)\cdot f\left(\frac{a+\sqrt{a^2+16}}{4}\right)$$

且式①中"="成立时有

$$f(\alpha)=f\left(\frac{a-\sqrt{a^2+16}}{4}\right)$$

$$f(\beta)=f\left(\frac{a+\sqrt{a^2+16}}{4}\right)$$

而且

$$f\left(\frac{a-\sqrt{a^2+16}}{4}\right)=\frac{4\cdot\frac{a-\sqrt{a^2+16}}{4}-a}{\left(\frac{a-\sqrt{a^2+16}}{4}\right)^2+1}=$$

$$\frac{-16\sqrt{a^2+16}}{a^2+a^2+16-2a\sqrt{a^2+16}+16}=\frac{-8}{\sqrt{a^2+16}-a}$$

同理

$$f\left(\frac{a+\sqrt{a^2+16}}{4}\right)=\frac{8}{\sqrt{a^2+16}+a}$$

所以

$$f\left(\frac{a+\sqrt{a^2+16}}{4}\right)\cdot f\left(\frac{a-\sqrt{a^2+16}}{4}\right)=\frac{-64}{16}=-4$$

则有

$$f(\alpha)\cdot f(\beta)=f\left(\frac{a-\sqrt{a^2+16}}{4}\right)\cdot f\left(\frac{a+\sqrt{a^2+16}}{4}\right)=-4$$

由式 ① 及“=” 成立的条件知

$$f(\alpha)=f\left(\frac{a-\sqrt{a^2+16}}{4}\right)$$

$$f(\beta)=f\left(\frac{a+\sqrt{a^2+16}}{4}\right)$$

因为$f(x)$ 在$\left[\frac{a-\sqrt{a^2+16}}{4},\frac{a+\sqrt{a^2+16}}{4}\right]$上为增函数,所以有

$$\alpha=\frac{a-\sqrt{a^2+16}}{4},\quad \beta=\frac{a+\sqrt{a^2+16}}{4}$$

❖一一搭配

如图1,已知 $\angle AOB=30°$,自 O 沿边 OA 顺次取 A_1,A_2,A_3,A_4,A_5 五个点. 沿边 OB 顺次取 B_1,B_2,B_3,B_4,B_5,选某个 A_i 与 $B_j(i,j=1,2,3,4,5)$ 相连,形成 $\triangle A_iOB_j$,这样一一搭配形成5个三角形. 试问:边 OA 上的点与边 OB 上的点如何一一搭配,才能使形成的5个三角形面积最大? 并证明你的结论.

解 由题设知 $OA_1<OA_2<OA_3<OA_4<OA_5$,且 $OB_1<OB_2<OB_3<$

$OB_4 < OB_5$.

当 A_i 与 B_j 相同序号一一搭配时,所形成的 5 个三角形面积和 S 最大

$$S = S_{\triangle A_1OB_1} + S_{\triangle A_2OB_2} + \cdots + S_{\triangle A_5OB_5}$$

下面证明上述结论.

若 A_i 与 B_j 不是完全同序号一一搭配,那么总可以找到某个 $m(m = 1,2,3,4)$,对于 $i < m$ 时,A_i 与 B_i 一一搭配,而当 $i = m$ 时,A_m 与 B_m 不搭配.

不妨设 A_m 与 B_n 搭配,A_t 与 B_m 搭配($m < n, t \leqslant 5$),形成 $\triangle A_mOB_n$ 与 $\triangle A_tOB_m$,诸线段长如图 2. 因为

$$S_{\triangle A_mOB_n} + S_{\triangle A_tOB_m} = \frac{1}{2}a(b + q)\sin 30^\circ + \frac{1}{2}b(a + p)\sin 30^\circ = \frac{1}{4}(2ab + aq + bp)$$

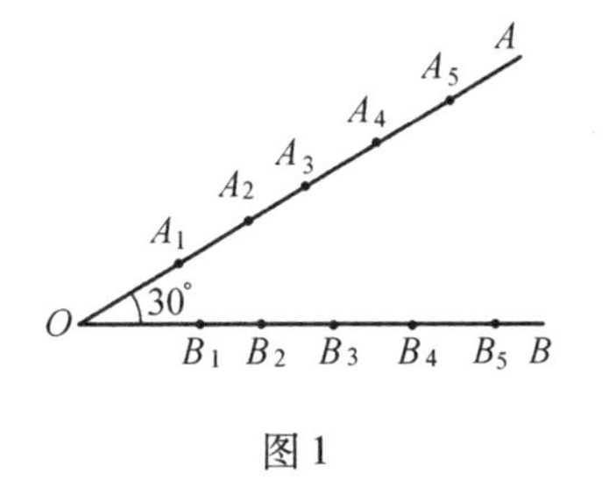

图 1

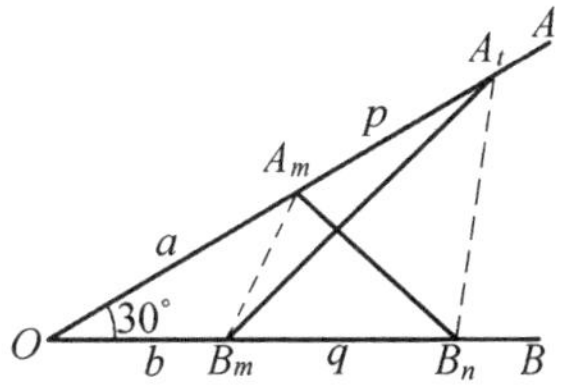

图 2

连 A_mB_m,A_tB_n,则有

$$S_{\triangle A_mOB_m} + S_{\triangle A_tOB_n} = \frac{1}{2}ab\sin 30^\circ + \frac{1}{2}(a + p)(b + q)\sin 30^\circ = \frac{1}{4}(2ab + aq + bp + pq)$$

比较上两式显然有

$$S_{\triangle A_mOB_m} + S_{\triangle A_tOB_n} > S_{\triangle A_mOB_n} + S_{\triangle A_tOB_m}$$

因而 A_i 与 B_j 不是完全同序号一一搭配,形成的 5 个三角形面积总和小于 S,即 A_i 与 B_j 同序号一一搭配形成的 5 个三角形面积和最大.

注 结论可推广到一般角 α 和点数为 n 的情形. 显然,上述情形是排序不等式的特例.

❖面积平方和

如图 1,在正方形 $ABCD$ 的边 AB,BC 上分别取点 P,Q,联结 DP,DQ,PQ,记

$\triangle DPQ$, $\triangle DAP$, $\triangle DQC$ 和 $\triangle PBQ$ 的面积分别为 S_1, S_2, S_3, S_4. 如何选取点 P, Q, 使 $S_1^2 + S_2^2 + S_3^2 + S_4^2$ 取最小值?

解 不妨设正方形的边长为1,如图1,建立坐标系. 设 $P(0,b)$ 与 $Q(a,0)$,于是

$$S_2 = \frac{1}{2}(1-b)$$

$$S_3 = \frac{1}{2}(1-a)$$

$$S_4 = \frac{1}{2}ab$$

$$S_1 = 1 - S_2 - S_3 - S_4 = \frac{1}{2}(a + b - ab)$$

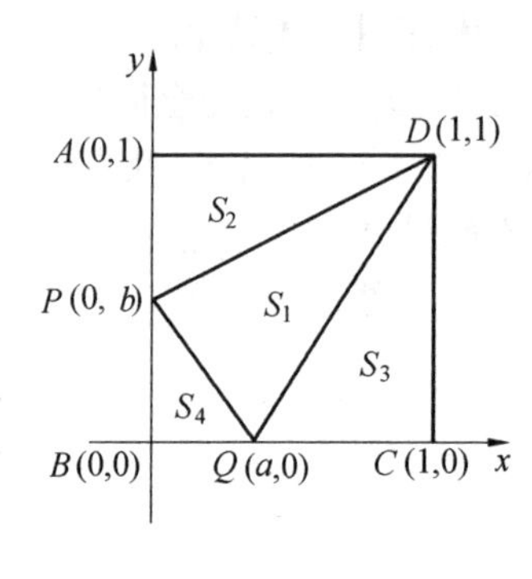

图1

从而

$$\begin{aligned} S_1^2 + S_2^2 + S_3^2 + S_4^2 &= \frac{1}{2}(a^2 + b^2 - a - b + 1 + \\ &\quad ab - a^2b - ab^2 + a^2b^2) = \\ &\frac{1}{2}[(b^2 - b + 1)a^2 - (b^2 - b + 1)a + (b^2 - b + 1)] = \\ &\frac{1}{2}(a^2 - a + 1)(b^2 - b + 1) = \\ &\frac{1}{2}\left[\left(a - \frac{1}{2}\right)^2 + \frac{3}{4}\right]\left[\left(b - \frac{1}{2}\right)^2 + \frac{3}{4}\right] \end{aligned} \quad ①$$

显然,当 $a = \frac{1}{2}, b = \frac{1}{2}$ 时,式 ① 右端取最小值为 $\frac{9}{32}$,即点 P, Q 分别选为线段 AB, BC 的中点时, $S_1^2 + S_2^2 + S_3^2 + S_4^2$ 取最小值为 $\frac{9}{32}$.

❖直角内求点

如图1,设有一直角 $\angle QOP$,试在边 OP 上求一点 A,在边 OQ 上求一点 B,在直角内求一点 C,使 $BC + CA$ 等于定长 l,且使四边形 $ACBO$ 的面积最大.

解 (1) 因同底等周长的三角形的顶点在以底边两端点为焦点的椭圆上,而当两腰相等时,它的高最大,故在同底等周长的三角形中,等腰三角形的面积

最大.

（2）因同底等顶角的三角形的顶点在以底边为弦的圆弧上，而当两腰相等时，它的高最大，故在同底等顶角的三角形中，等腰三角形的面积最大.

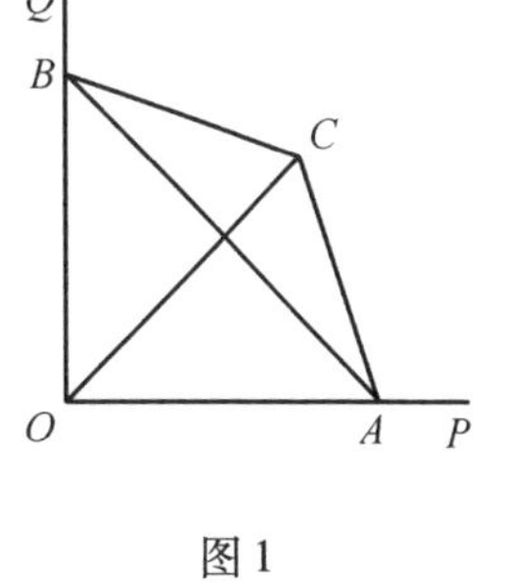

图1

要使四边形 $ACBO$ 面积最大，显然点 O 和点 C 必须在 AB 连线的两侧，且 $\triangle AOB$，$\triangle ABC$ 为等腰三角形. 于是

$$AC = BC,\quad AO = BO,\quad CO = CO$$

所以

$$\triangle AOC \cong \triangle BOC$$

则

$$\angle AOC = \angle BOC = 45^\circ$$

而 $AC = CB = \dfrac{l}{2}$，这样，$\triangle AOC$ 又是底边为 $\dfrac{l}{2}$，顶角为 45° 的三角形. 根据（2）可知，当 $AO = CO$ 时，$\triangle AOC$ 的面积最大. 此时

$$OA = OC = \frac{\frac{1}{2}AC}{\sin 22.5^\circ} = \frac{l}{4\sin 22.5^\circ}$$

这样，就确定了点 A,B,C 的位置.

❖广告支出

某产品出厂价为10元/件，生产成本为3.75元/件，而销售收入 R（元）与广告费支出 A（元）之间的关系为

$$R = 800\sqrt{A} + 30\ 000$$

求为使利润最大的最优广告支出.

解 由于销售量为

$$Q = \frac{R}{10}$$

所以总成本为

$$C = 3.75Q + A = 0.375R + A$$

所得利润函数为

$$L = R - C = 500\sqrt{A} - A + 18\,750, \quad A > 0$$

其导数为

$$\frac{\mathrm{d}L}{\mathrm{d}A} = \frac{250}{\sqrt{A}} - 1$$

令$\frac{\mathrm{d}L}{\mathrm{d}A} = 0$,可得唯一驻点 $A = 62\,500$. 由于

$$\left.\frac{\mathrm{d}^2L}{\mathrm{d}A^2}\right|_{A=62\,500} = -\left.\frac{250}{2A\sqrt{A}}\right|_{A=62\,500} = -\frac{1}{125\,000} < 0$$

所以$A = 62\,500$是目标函数的最大值点. 即当投入62 500元做广告时,可望取得最大利润.

❖两条平行线

如图1,在两条平行线AB和CD上各取一定点M和N. 在AB上截取线段ME,在线段MN上任取定一点K,联结EK并延长交CD于点F. 试确定点K的位置,使$\triangle EKM$和$\triangle FKN$的面积和最小.

解 设AB,CD间的距离为l,$ME = a$,且l,a为定值.

又设点K到AB的距离为x,则点K到CD的距离为$l - x$. 于是,$\triangle EKM$和$\triangle FKN$的面积和为

$$S = S_{\triangle KME} + S_{\triangle KNF} = \frac{1}{2}ax + \frac{1}{2}NF(l - x)$$

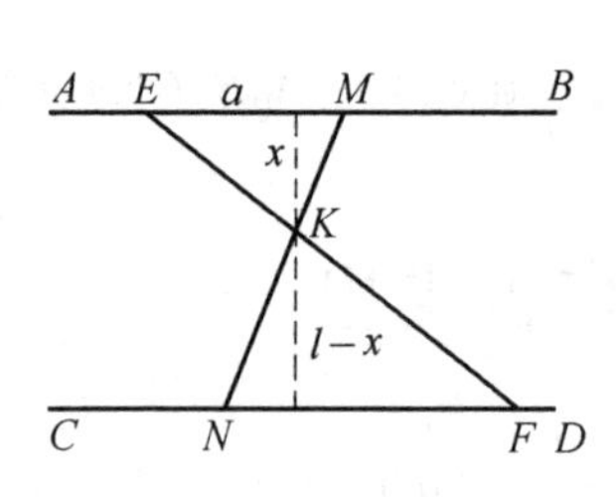

图1

由于

$$\frac{x}{l - x} = \frac{a}{NF}$$

所以

$$NF = \frac{a(l - x)}{x}$$

故

$$S = \frac{1}{2}ax + \frac{1}{2} \cdot \frac{a(l - x)^2}{x} = \frac{1}{2}a\left(2x + \frac{l^2}{x} - 2l\right) =$$

$$\frac{1}{2}a\left(2x+\frac{l^2}{x}\right)-al$$

因为 $2x\cdot\frac{l^2}{x}=2l^2$ 为定值,所以当 $2x=\frac{l^2}{x}$ 时,即当 $x=\frac{\sqrt{2}}{2}l$ 时,S 有极小值. 因此点 K 应取在线段 MN 上,使 $MK=\frac{\sqrt{2}}{2}MN$.

❖见风转舵

帆船如何能顶着北风以最快的速度向正北航行?

解 设船行的航线为 $O\gamma N$,帆面与朝北方向构成锐角 α,与航行方向构成角 β.

首先,让我们来解预备题:设帆船在迎风航行中帆面处于最佳位置时的最大速度为 c n mile/h. 当帆面与风向所成的角为 α,与船轴线所成的角为 β 时,帆船的航速是多大?

设帆面与风向垂直时由风施加在帆面上的压力为 P,如果帆面与风向形成的角为 α 而不是 $90°$ 时,则风压 P'(它垂直于帆面)较小. 因而假定风压仅等于 $P\sin\alpha$ 是合理的,于是 $P'=P\sin\alpha$. 但这个由吕斯尔(Lössl)设想的公式只是近似的.

我们把 P' 分解成两个分力:一个分力为 $p=P'\sin\beta$,沿着帆船轴线的方向;另一个分力为 $q=P'\cos\beta$,垂直于帆船的轴线(图 1). 在这些分力中,p 是唯一与帆船向前运动有关的一个力. 因此,由风施加在船上沿着航行方向的压力有

$$p=P\sin\alpha\sin\beta$$

帆船的速度 c 与这个压力成正比例,即

$$c=kp=kP\sin\alpha\sin\beta$$

式中 k 表示比例常数.

当 $\alpha=\beta=90°$ 时,这个公式变为

$$c_{\max}=C=kP$$

因此在公式中,我们能以 C 代替 kP. 这样,我们的预备题得如下解

$$c=C\sin\alpha\sin\beta$$

本题的解法就以上式为基础. 当帆船向正南航行且帆面与风向垂直时,C 在这里就是北风给予帆船的速度. 如果在已知时间内,帆船尽可能地向北航行,那么帆船速度 c 的向北分速 c' 必为最大值. 但此分速为

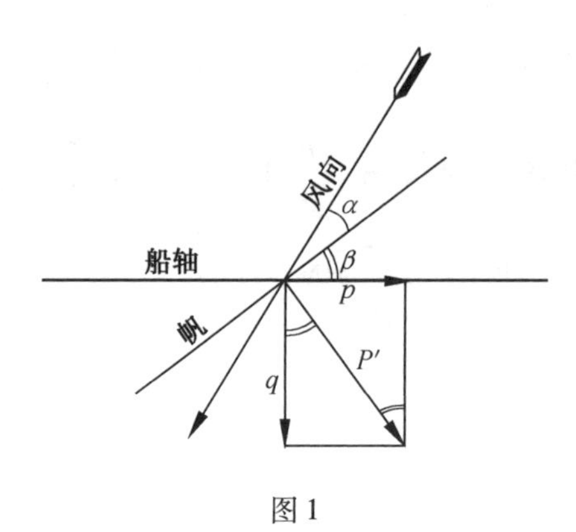

图 1

$$c' = c\sin\gamma = C\sin\alpha\sin\beta\sin\gamma$$

因此选取这样的三个角 α,β,γ，要使其和为 $90°$，而积 $\sin\alpha\sin\beta\sin\gamma$ 为最大就是必要的.

这样把我们的工作化简成以下问题：

凹和为常数的三个角，在什么时候，其正弦之积为最大？

这个解法建立在以下定理上：在凹和相等的两对角中，其正弦之积较大的那一对角就是其角差较小的那对.

注意：根据公式

$$2\sin X\sin Y = \cos(X-Y) - \cos(X+Y) \quad ①$$

$$2\sin x\sin y = \cos(x-y) - \cos(x+y) \quad ②$$

式中 X,Y 及 x,y 表示有相同和数的两对角，即

$$X+Y = x+y \leqslant 180°$$

因为式 ①② 中右边的减数是同样大小的，所以较大的右边就是具有较大被减数的那一个，也就是在这种情形下，在较大的右边中，被减数里出现较小的角差.

设三个可变角 α,β,γ 的和为常数 $3\psi(3\psi\leqslant 180°)$，现在如果 α,β,γ 是这样的一组角，其中没有一个角等于 ψ，那么至少有一个角，比如说 α，必然大于 ψ；而且有另一个角比如说 β，必然小于 ψ. 我们作一组新的角 α',β',γ'，使 $\alpha'=\psi$，且两对角 α',β' 与 α,β 有相等的和，以及 $\gamma'=\gamma$. 根据上述定理可知

$$\sin\alpha'\sin\beta' > \sin\alpha\sin\beta$$

因而

$$\sin\alpha'\sin\beta'\sin\gamma' > \sin\alpha\sin\beta\sin\gamma$$

或

$$\sin\psi\sin\beta'\sin\gamma' > \sin\alpha\sin\beta\sin\gamma \quad ③$$

因为 $\beta'+\gamma'=2\psi$，按同一定理得

$$\sin\psi\sin\psi \geqslant \sin\beta'\sin\gamma' \tag{4}$$

将式 ③ 和式 ④ 合并,得

$$\sin\psi\sin\psi\sin\psi \geqslant \sin\alpha\sin\beta\sin\gamma$$

当凹和为常数的三个角相等时,这三个角的正弦之积为最大.

这样一来,我们的帆船问题的解可写作 $\alpha = \beta = \gamma = 30°$. 这就意味着:帆船的轴线必与朝北方向成 $60°$ 角,帆面必须二等分由风向和帆船轴线所夹的角.

在这些最佳位置上,向北运动正好等于最大向南运动的 $\frac{1}{8}$.

❖内接半圆

设四边形 $ABCD$ 内接于以 AB 为直径的半圆,其中 $BC = a, CD = 2a, DA = \frac{3\sqrt{5}-1}{2}a$. 点 M 在以 AB 为直径且不含 C, D 的半圆上变动. 点 M 到 BC, CD, DA 的距离分别为 h_1, h_2, h_3. 求 $h_1 + h_2 + h_3$ 的最大值.

解 如图1,设 O 为圆心,$OA = 1$. 首先求 a 的值. 令

$$\angle BOC = \alpha, \quad \angle COD = \beta, \quad \angle AOD = \gamma$$

则

$$\sin\frac{\alpha}{2} = \frac{a}{2}, \quad \sin\frac{\beta}{2} = a$$

且

$$\sin\frac{\gamma}{2} = \frac{3\sqrt{5}-1}{4}a$$

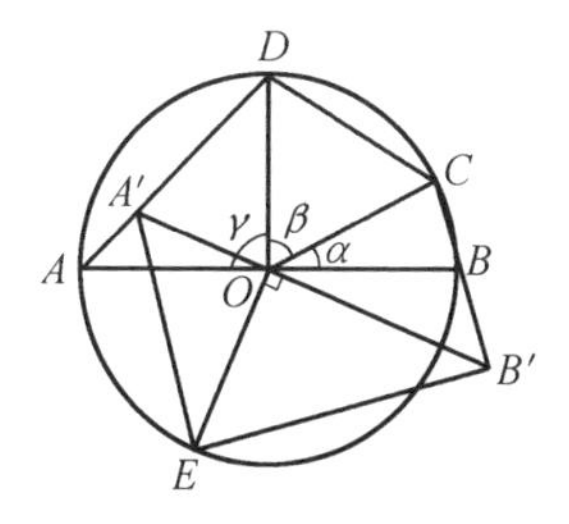

图 1

又因为

$$\frac{\gamma}{2} = \frac{\pi}{2} - \left(\frac{\alpha}{2} + \frac{\beta}{2}\right)$$

所以

$$\frac{3\sqrt{5}-1}{4}a = \sin\frac{\gamma}{2} = \cos\left(\frac{\alpha}{2} + \frac{\beta}{2}\right) =$$

$$\cos\frac{\alpha}{2}\cos\frac{\beta}{2} - \sin\frac{\alpha}{2}\sin\frac{\beta}{2}$$

即

$$\frac{3\sqrt{5}-1}{4}a=\sqrt{1-\frac{a^2}{4}}\cdot\sqrt{1-a^2}-\frac{a^2}{2}$$

即

$$\frac{a^2}{2}+\frac{3\sqrt{5}-1}{4}a=\sqrt{1-\frac{a^2}{4}}\cdot\sqrt{1-a^2} \qquad ①$$

当 $a\in(0,1]$ 时，式①左边是 a 的增函数，右边是 a 的减函数，所以等式当且仅当 $a=\frac{1}{2}$ 时成立，这时等式两边均等于 $\frac{3\sqrt{5}}{8}$.

在 AD 上取点 A'，使 $DA'=1$. 在 CB 的延长线上取点 B'，使 $CB'=1$，我们证明 A',O,B' 三点共线.

由于 $CD=2a=1=OC=OD$，所以 $\triangle ODC$ 是正三角形，$\triangle A'DO$ 与 $\triangle OCB'$ 都是等腰三角形，则 $\angle COD=\frac{\pi}{3}$，且

$$\angle A'OD=\frac{\pi}{2}-\frac{1}{2}\angle ADO=\frac{\pi}{2}-\frac{1}{2}\angle A$$

又

$$\angle COB'=\frac{\pi}{2}-\frac{1}{2}\angle OCB=\frac{\pi}{2}-\frac{1}{2}\angle B$$

所以

$$\angle A'OD+\angle DOC+\angle COB=\frac{4}{3}\pi-\frac{1}{2}(\angle A+\angle B)=$$
$$\frac{4}{3}\pi-\frac{1}{4}\left(2\pi-\frac{\pi}{3}-\frac{\pi}{3}\right)=\pi$$

即点 A',O,B' 共线.

设 S_1,S_2,S_3,S_4,S 分别为 $\triangle MB'C,\triangle MCD,\triangle MDA',\triangle MA'B'$ 及四边形 $A'B'CD$ 的面积，则

$$S_1=\frac{1}{2}h_1,\quad S_2=\frac{1}{2}h_2,\quad S_3=\frac{1}{2}h_3$$

并且

$$h_1+h_2+h_3=2(S_1+S_2+S_3)=2(S+S_4)$$

过点 O 作 $A'B'$ 的垂线交不含点 C 的半圆于点 E，当 M 与 E 重合时，S_4 的值最大，这时 $h_1+h_2+h_3$ 的值也最大.

下面计算最大值 $2(S+S_4)$. 因为

$$S_{\triangle OB'C}=2S_{\triangle OBC}=S_{\triangle ABC}=\frac{\sqrt{15}}{8}$$

且

$$S_{\triangle OCD}=\frac{\sqrt{3}}{4}$$

又

$$S_{\triangle ODA'}=\frac{1}{2}\cdot OD\cdot A'D\cdot\sin A=\frac{\sqrt{18+6\sqrt{5}}}{16}=\frac{\sqrt{3}+\sqrt{15}}{16}$$

所以

$$S=\frac{\sqrt{15}}{8}+\frac{\sqrt{3}}{4}+\frac{\sqrt{3}+\sqrt{15}}{16}=\frac{3\sqrt{15}+5\sqrt{3}}{16}$$

又因为

$$OB'=\sqrt{2OB^2+\frac{1}{2}B'C^2-OC^2}=\frac{\sqrt{6}}{2}$$

$$OA'=\sqrt{OD^2+A'D^2-2A'D\cdot OD\cdot\cos A}=\sqrt{\frac{9-3\sqrt{5}}{4}}=\frac{\sqrt{6}(\sqrt{5}-1)}{4}$$

所以

$$S_4=\frac{1}{2}(OA'+OB')\cdot OE=\frac{\sqrt{6}(\sqrt{5}+1)}{4}$$

$$(h_1+h_2+h_3)_{\max}=2(S+S_4)=\frac{3\sqrt{15}+5\sqrt{3}+\sqrt{30}+\sqrt{6}}{8}$$

❖窖藏老酒

设某酒厂有一批新酿的好酒，如果现在马上就出售($t=0$)，总收入为 R_0 元，如果窖藏起来，待来日按陈酒价格出售，t 年末总收入为 $R=R_0e^{\frac{2}{5}\sqrt{t}}$(元). 现假定银行的年利率为 r，且以连续复利计算. 试问应该窖藏多少年后出售，才可以使总收入的现值为最大，并在 $r=5\%$ 时，求 t 的值.

解 设 t 年末出售，则总收入现值(即目标函数)为

$$R=R_0e^{\frac{2}{5}\sqrt{t}}\cdot e^{-rt}=R_0e^{\frac{2}{5}\sqrt{t}-rt}$$

其导数为

$$\frac{dR}{dt}=R_0e^{\frac{2}{5}\sqrt{t}-rt}\left(\frac{1}{5\sqrt{t}}-r\right)$$

令$\frac{dR}{dt}=0$，得唯一驻点 $t=\frac{1}{25r^2}$. 由于目标函数可微，驻点唯一，且实际问题确有

最大值，故 $t=\frac{1}{25r^2}$ 就是所求的最大值点，即窖藏$\frac{1}{25r^2}$年后再出售可以使总收入现值最大. 代入具体数值，可知当 $r=5\%$ 时，应窖藏的年数为

$$t=\frac{1}{25\times 0.05^2}=16$$

即 16 年后再出售为宜.

❖外切于圆

求证：外切于已知圆的所有四边形中，正方形的周长最短.

证明　由于外切于已知圆的多边形，其面积与周长成正比，所以本题等价于证明：外切于已知圆的所有四边形中，正方形的面积最小（图 1）.

设 Q 是已知圆 k 的外切正方形，$ABCD$ 为已知圆 k 的任意外切四边形，但 $ABCD$ 不是正方形. 又设 k' 是正方形 Q 的外接圆.

正方形 Q 的各边从圆 k' 中截出四个相等的弓形，设 S 是每个弓形的面积，则

$$S_Q=S_{k'}-4S$$

如图 2，直线 AB，BC，CD 和 DA 也从圆 k' 中截出四个面积均为 S 的弓形，但是因为 $ABCD$ 不是正方形，必有一内角大于 $90°$，所以至少有一顶点落在圆 k' 内部. 所以这四个弓形中至少有两个互相重叠，所以面积 $S_{k'}-4S'$ 小于四边形 $ABCD$ 落在圆 k' 内部的那部分面积，因而更小于四边形 $ABCD$ 的面积，即

$$S_{四边形ABCD}>S_{k'}-4S'$$

从而有

$$S_{四边形ABCD}>S_Q$$

即所有圆外切四边形中以正方形的面积最小，从而正方形的周长最短.

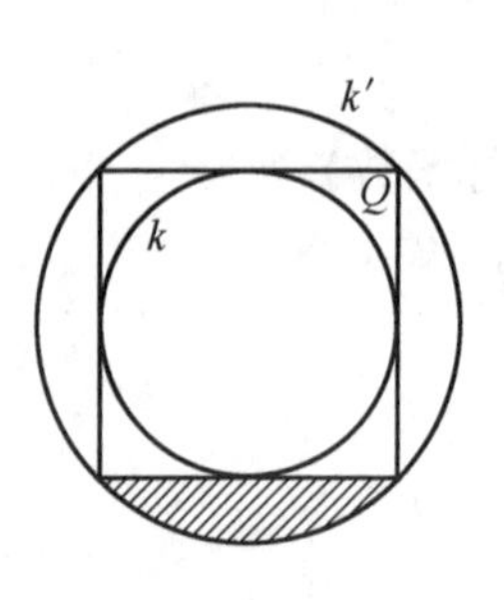

图 1

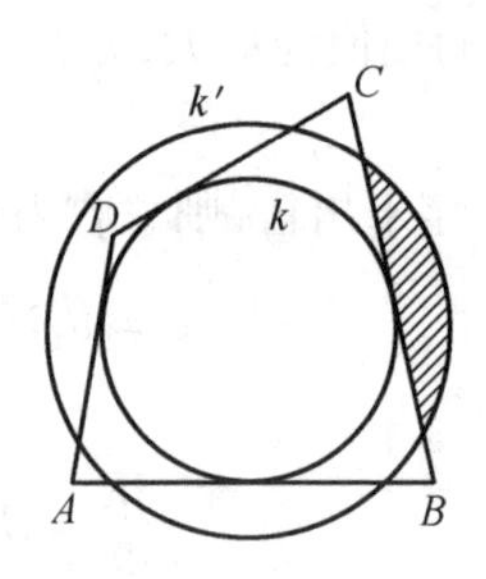

图 2

❖积之最值

设 $0 < \theta \leqslant 2, x_1, x_2, \cdots, x_n > 0$，且 $x_1 + x_2 + \cdots + x_n = \theta$，$\theta$ 为常数. 求 $z = r(x_1) \cdot r(x_2) \cdot \cdots \cdot r(x_n)$ 的最小值，其中 $r(t) = t + \frac{1}{t}$.

解 只要两个 x_i 不相等，如 $x_1 \neq x_2$，那么当我们用 $\bar{x} = \frac{x_1 + x_2}{2}$ 代替 x_1 和 x_2 时，z 的值要变小. 由此我们可以猜想：当 $x_1 = x_2 = \cdots = x_n$ 时，z 达到最小值 $r^n \cdot \frac{\theta}{n}$.

为了证明上述猜想，我们只需证明：

当 $x_1, x_2, \cdots, x_n$ 不全相等时，必有

$$z = r(x_1) \cdot r(x_2) \cdot \cdots \cdot r(x_n) > r^n \cdot \frac{\theta}{n} \qquad ①$$

事实上，当 $x_1, x_2, \cdots, x_n$ 不全相等时，必有 x_{i_1} 和 x_{i_2}，使 $x_{i_1} < \frac{\theta}{n} < x_{i_2}$.

下面我们分两种情形讨论：

若 $x_{i_2} - \frac{\theta}{n} > \frac{\theta}{n} - x_{i_1}$，当我们以 $\frac{\theta}{n}$ 代 x_{i_1}，而以 $x_{i_1} + x_{i_2} - \frac{\theta}{n}$ 代 x_{i_2} 后，z 的值将变小，而 x_i 的总和不变.

若 $x_{i_2} - \frac{\theta}{n} < \frac{\theta}{n} - x_{i_1}$，当我们以 $\frac{\theta}{n}$ 代 x_{i_2}，而以 $x_{i_1} + x_{i_2} - \frac{\theta}{n}$ 代 x_{i_1} 后，z 的值将变小，而 x_i 的总和不变.

经过这样一次代换后，z 的自变量中增加了一个等于 $\frac{\theta}{n}$ 的变量，而 z 的值变小，从而经过有限次这样的代换后，所有 x_i 都等于 $\frac{\theta}{n}$，z 的值变小. 因此式 ① 成立.

❖凸五边形

一个凸五边形 P，其顶点 A, B, C, D, E 按顺序标记，它内接于半径为 1 的圆.

求以 AC 垂直于 BD 为条件的 P 的面积的最大值.

解 如图1,设五边形 $ABCDE$ 的外接圆圆心为 O,连 OA,OB. 设 $\angle AOB=\theta$.

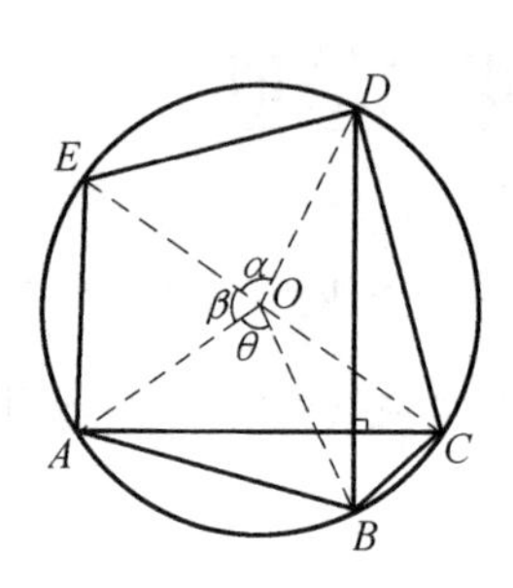

图1

因为 $AC\perp BD$,则 $\overset{\frown}{AB}$ 与 $\overset{\frown}{CD}$ 所对的圆心角的和为 π,所以

$$\angle COD=\pi-\theta$$

又设

$$\angle DOE=\alpha,\quad \angle EOA=\beta$$

所以

$$\angle BOC=\pi-\alpha-\beta$$

则 P 的面积为

$$S_P=S_{\triangle AOB}+S_{\triangle BOC}+S_{\triangle COD}+S_{\triangle DOE}+S_{\triangle EOA}=$$

$$\frac{1}{2}\sin\theta+\frac{1}{2}\sin(\pi-\alpha-\beta)+\frac{1}{2}\sin(\pi-\theta)+\frac{1}{2}\sin\alpha+\frac{1}{2}\sin\beta=$$

$$\sin\theta+\frac{1}{2}[\sin\alpha+\sin\beta+\sin(\pi-\alpha-\beta)]$$

由于当 $\theta=\frac{\pi}{2}$ 时,$\sin\theta$ 的最大值为1.

又由于 $\alpha+\beta+\pi-\alpha-\beta=\pi$,则有

$$\frac{\sin\alpha+\sin\beta+\sin(\pi-\alpha-\beta)}{3}\leqslant\sin\frac{\alpha+\beta+\pi-\alpha-\beta}{3}=\frac{\sqrt{3}}{2}$$

从而,当且仅当 $\alpha=\beta=\pi-\alpha-\beta=\frac{\pi}{3}$ 时,$\sin\alpha+\sin\beta+\sin(\pi-\alpha-\beta)$ 的值最大,最大值为$\frac{3\sqrt{3}}{2}$.

于是当 $\angle AOB=\angle COD=\frac{\pi}{2}$,$\angle BOC=\angle DOE=\angle EOA=\frac{\pi}{3}$ 时,五边形的面积最大,最大值为$\frac{4+3\sqrt{3}}{4}$.

❖乘积极小值

已知边长为4的正 $\triangle ABC$,D,E,F 分别是 BC,CA,AB 上的点,且 $|AE|=$

$|BF|=|CD|=1$,联结 AD,BE,CF 交成 $\triangle RQS$,点 P 在 $\triangle RQS$ 内及其边上移动,点 P 到 $\triangle ABC$ 三边的距离分别记作 x,y,z.

(1) 求证:当点 P 在 $\triangle RQS$ 的顶点位置时,乘积 xyz 有极小值.

(2) 求上述乘积的极小值.

证明 (1) 如图 1,第一步,先固定 x,考虑 yz 的最小值. 即过点 P 作直线 $l\parallel BC$,当点 P 在 l 上变化时,yz 何时最小?

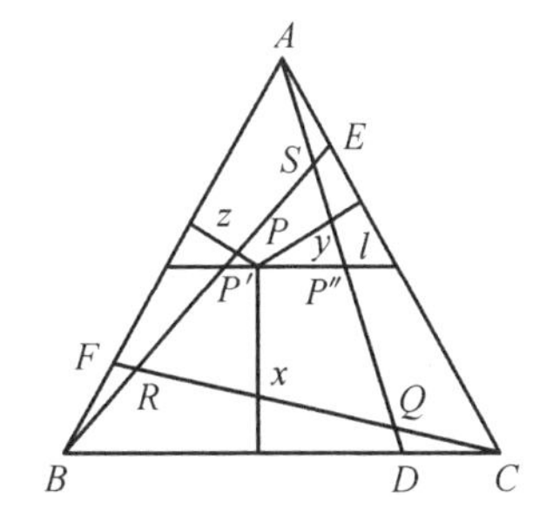

图 1

第二步,证明两个引理.

引理 1 若 $x+y+z$ 为定值,则这个定值就是 $\triangle ABC$ 的高.

引理 2 设 $y\in[\alpha,\beta]$,y 的二次函数 $y(a-y)$ 在$[\alpha,\beta]$ 的一个端点处取最小值.

这两个引理很容易证明. 由此不难得到结论:如果点 P',P'' 为 l 上的两点,那么当点 P 在区间$[P',P'']$ 上变动时,xyz 在端点 P' 或 P'' 处取最小值.

第三步,扩大点 P 的变化区域.

根据上面所述,当点 P 在 l 上变动时,xyz 的值在 P' 或 P'' 处为最小,这里 P',P'' 是 l 与 $\triangle RQS$ 边界的交点,但 $\triangle RQS$ 各边不与 $\triangle ABC$ 各边平行,因而在点 P 移到 $\triangle RQS$ 的边界后,不能搬用上述方法再将点 P' 或点 P'' 调整为 $\triangle RQS$ 的顶点.

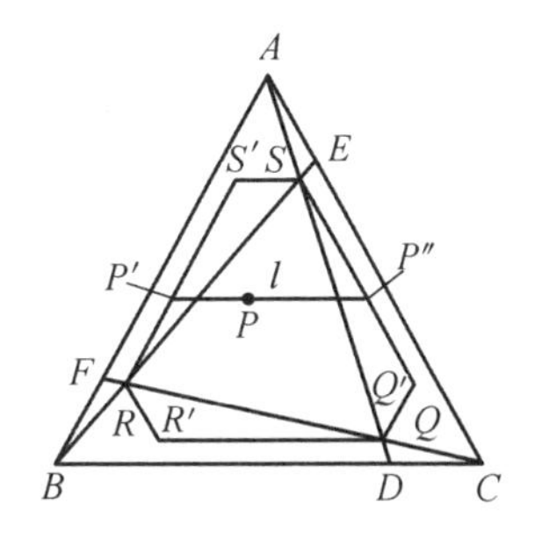

图 2

但是我们可以把点 P' 的变化区域由 $\triangle PQR$ 扩大为如图 2 所示的六边形 $RR'QQ'SS'$,其中 $RR'\parallel Q'S\parallel CA$,$R'Q\parallel SS'\parallel BC$,$QQ'\parallel RS'\parallel AB$. 也就是说,$R'$ 与 R 关于 $\angle ABC$ 的角平分线对称;S' 与 R 关于 $\angle ACB$ 的角平分线为对称,等.

过点 P 作平行于 BC 的直线 l,将点 P 调整为 l 与六边形 $RR'QQ'SS'$ 的边界的交点 P'(或点 P''),再将点 P' 调整为顶点 R 或 S',每一次调整都使 xyz 的值减小.

由于对称,xyz 在六个顶点 R,R',Q,Q',S,S' 处的值显然相等,因而命题成立.

(2) 由题易知,$\triangle ABE\cong\triangle BCF\cong\triangle CAD$,从而 $\triangle AER\cong\triangle BFQ\cong$

$\triangle CDS$,$\triangle RQS$ 是正三角形.

由于 $\triangle ARE \backsim \triangle ADC$,故 $|AR|:|RE| = 4:1$.

由于 $\triangle AFS \backsim \triangle ABD$,故 $|AS|:|SF| = 4:3$.

所以 $|AR|:|RS|:|SD| = 4:8:1$,又由于 $\triangle ABC$ 的高 $h=\sqrt{12}$,故可求得

$$x=\frac{1}{13}h,\quad y=\frac{9}{13}h,\quad z=\frac{3}{13}h$$

$$xyz=\frac{1}{13}\times\frac{9}{13}\times\frac{3}{13}\times(\sqrt{12})^3=\frac{648\sqrt{3}}{2\ 197}$$

❖两个同心圆

设两个同心圆的半径分别为 r 和 R,一个矩形有两个相邻的顶点在其中的一个圆上,其他的两个顶点在另一个圆上.求当该矩形面积最大时,边的长度.

解　不妨设 $r\leqslant R$,且四边形 $ABCD$ 为所求的矩形(图1).因为

$$S_{\triangle BOC}=\frac{1}{4}S_{\text{矩形}ABCD}$$

又

$$S_{\triangle BOC}=\frac{1}{2}Rr\sin\angle BOC\leqslant\frac{1}{2}Rr$$

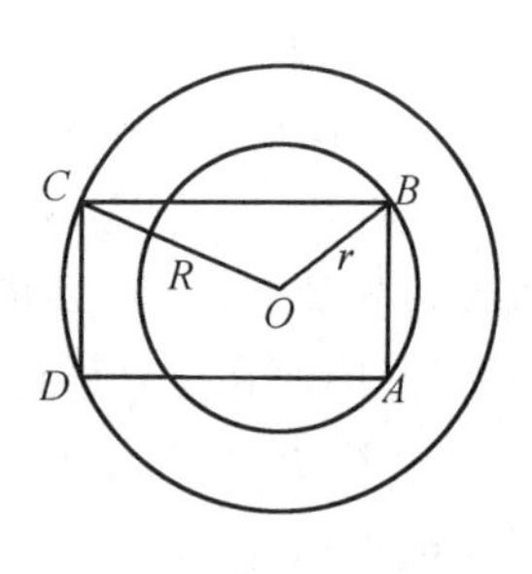

图1

所以矩形 $ABCD$ 的面积不大于 $2Rr$.

当 $CO\perp OB$ 时,矩形 $ABCD$ 有最大面积 $2Rr$.

这时矩形的边长分别为 $\sqrt{R^2+r^2}$ 和 $\frac{2Rr}{\sqrt{R^2+r^2}}$.

❖边际成本

某工厂生产某产品第 Q 百件时,边际成本(单位:万元/百件)为 $C_M=1-\frac{1}{2Q+1}$,边际收入(单位:万元/百件)为 $R_M=7-\frac{31}{10}Q$.每个生产周期必须投入的固定成本为0.8万元.求每个生产周期的最大利润、生产水平及平均成本.

解　因为取得最大利润的必要条件是

$$\frac{\mathrm{d}L}{\mathrm{d}Q}=0$$

也就是 $R_M=C_M$,由此可得

$$7-\frac{31}{10}Q=1-\frac{1}{2Q+1}$$

即

$$(Q-2)(62Q+35)=0$$

解此方程,得目标函数 $L(Q)$ 的唯一正数值驻点 $Q=2$,由于此时

$$\left.\frac{\mathrm{d}^2L}{\mathrm{d}Q^2}\right|_{Q=2}=\left.\frac{\mathrm{d}R_M}{\mathrm{d}Q}-\frac{\mathrm{d}C_M}{\mathrm{d}Q}\right|_{Q=2}=-\frac{31}{10}+\left.\frac{2}{(2Q+1)^2}\right|_{Q=2}=-\frac{151}{50}<0$$

可知 $Q=2$ 是 L 的极大值点,也必是最大值点.

而当生产水平为 $Q=2$ 时,总收入为

$$R=\int_0^2 R_M\mathrm{d}Q=\int_0^2\left(7-\frac{31}{10}Q\right)\mathrm{d}Q=7.8$$

总成本为

$$C=C_0+\int_0^2 C_M\mathrm{d}Q=0.8+\int_0^2\left(1-\frac{1}{2Q+1}\right)\mathrm{d}Q=2.8-\frac{1}{2}\ln 5$$

此时有最大利润为

$$L_{\max}=R-C=7.8-\left(2.8-\frac{1}{2}\ln 5\right)\approx 5.804\ 7$$

而平均成本为

$$\bar{C}=\frac{C}{Q}=\frac{1}{2}\left(2.8-\frac{1}{2}\ln 5\right)=0.997\ 64$$

❖乘积之和

设 $a_1,a_2,\cdots,a_6$ 和 $b_1,b_2,\cdots,b_6$,以及 $c_1,c_2,\cdots,c_6$ 都是 $1,2,\cdots,6$ 的排列. 求 $\sum\limits_{i=1}^{6}a_ib_ic_i$ 的最小值.

解　记 $S=\sum\limits_{i=1}^{6}a_ib_ic_i$,由平均不等式得

$$S \geqslant 6\sqrt[6]{\prod_{i=1}^{6} a_i b_i c_i} = 6\sqrt[6]{(6!)^3} = 6\sqrt{6!} = 72\sqrt{5} > 160$$

下证 $S \geqslant 162$.

因为 $a_1b_1c_1, a_2b_2c_2, \cdots, a_6b_6c_6$ 这 6 个数的几何平均数为 $12\sqrt{5}$，而 $26 < 12\sqrt{5} < 27$，所以 $a_1b_1c_1, a_2b_2c_2, \cdots, a_6b_6c_6$ 中必有一个数不小于 27，也必有一个数不大于 26. 而 26 不是 1,2,3,4,5,6 中某三个(可以重复)的积，所以，必有一个数不大于 25. 不妨设 $a_1b_1c_1 \geqslant 27, a_2b_2c_2 \leqslant 25$，于是

$$\begin{aligned} S = &(\sqrt{a_1b_1c_1} - \sqrt{a_2b_2c_2})^2 + 2\sqrt{a_1b_1c_1a_2b_2c_2} + \\ &a_3b_3c_3 + a_4b_4c_4 + a_5b_5c_5 + a_6b_6c_6 \geqslant \\ &(\sqrt{27} - \sqrt{25})^2 + 2\sqrt{a_1b_1c_1a_2b_2c_2} + \\ &2\sqrt{a_3b_3c_3a_4b_4c_4} + 2\sqrt{a_5b_5c_5a_6b_6c_6} \geqslant \\ &(3\sqrt{3} - 5)^2 + 2 \times 3\sqrt[6]{\prod_{i=1}^{6} a_i b_i c_i} = \\ &(3\sqrt{3} - 5)^2 + 72\sqrt{5} > 161 \end{aligned}$$

所以，$S \geqslant 162$.

又当 $a_1, a_2, \cdots, a_6$ 和 $b_1, b_2, \cdots, b_6$，以及 $c_1, c_2, \cdots, c_6$ 分别为 1,2,3,4,5,6 和 5,4,3,6,1,2，以及 5,4,3,1,6,2 时，有

$$\begin{aligned} S = &1 \times 5 \times 5 + 2 \times 4 \times 4 + 3 \times 3 \times 3 + \\ &4 \times 6 \times 1 + 5 \times 1 \times 6 + 6 \times 2 \times 2 = 162 \end{aligned}$$

所以，S 的最小值为 162.

❖定圆直径

如图 1，E 是某定圆直径 AC 上的定点. 求作过点 E 引弦 BD，使四边形 $ABCD$ 的面积为最大.

解 设 O 为圆心，R 为半径. $OE = a$，易知

$$S_{\triangle OED} : S_{\triangle ACD} = a : 2R$$

$$S_{\triangle OED} : S_{\triangle ABC} = a : 2R$$

$$S_{\triangle OBD} = \frac{a}{2R} S_{\text{四边形}ABCD}$$

因而，问题可归结为求

$$\max\{S_{\triangle OBD}\} = \max\left\{\frac{1}{2}R^2\sin\varphi\right\}$$

其中 $\varphi = \angle BOD$.

角 φ 越小,弦 BD 也越小,而相应的这个弦的弦心距就越大.

在 $\text{Rt}\triangle OHE$ 中,$OH \leqslant OE = a$. 所以,最小值 $\varphi = \varphi_0$ 对应的 OH 与 OE 重合,亦即 $BD \perp AC$. 这时,$\cos\frac{\varphi_0}{2} = \frac{a}{R}$.

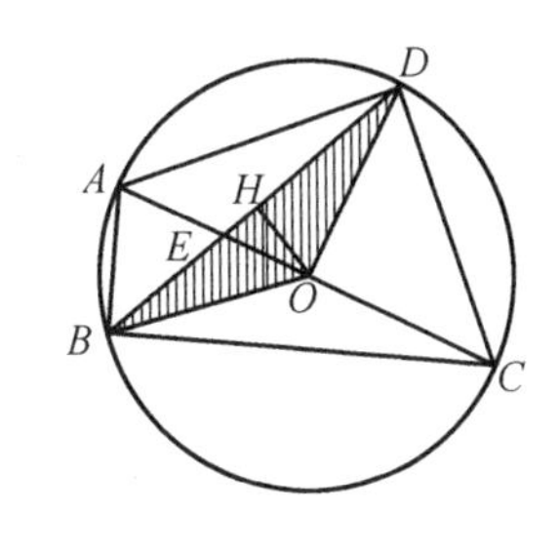

图 1

于是只需求 $\varphi_0 \leqslant \varphi < \pi$ 时,函数 $\sin\varphi$ 的最大值.

(1) 如果 $\varphi_0 \leqslant \frac{\pi}{2}$,那么 $\max\{\sin\varphi\}$ 在 $\varphi = \frac{\pi}{2}$ 时达到,此时

$$\frac{a}{k} = \cos\frac{\varphi_0}{2} \geqslant \cos\frac{\pi}{4} = \frac{\sqrt{2}}{2}, \quad a \geqslant \frac{R}{\sqrt{2}}$$

而所求的含于90°弧的弦 BD 与圆心相距 $\frac{R}{\sqrt{2}}$,即与以 O 为圆心、$\frac{R}{\sqrt{2}}$ 为半径的圆相切.

(2) 如果 $\varphi_0 > \frac{\pi}{2}$,则 $a < \frac{R}{\sqrt{2}}$,那么 $\max\{\sin\varphi\}$ 在 $\varphi = \frac{2\pi}{3}$ 时达到所求的弦 BD 应与直径 AC 相垂直.

❖费马问题

试求一点,使它到已知三角形的三顶点距离之和为最小.

注 这个著名问题是由法国数学家费马(1601—1665)向伽利略的著名学生意大利物理学家托里拆利(1608—1647)提出的,并且被托里拆利用几种方法解决.

最简单的解是应用以下定理获得的.

维维阿尼定理 在等边三角形中,一点到这个三角形三边的距离之和为一个与该点的位置无关的定值.

此值等于这个三角形的高.

维维阿尼(Viviani,1622—1703)系意大利数学家和物理学家,是伽利略和托里拆利的学生.

在维维阿尼定理中,一点到三角形一边的距离,当该点在三角形内时被认为是正的,当

该点在三角形外时被认为是负的.

维维阿尼定理的证明 设等边三角形顶点为P,Q与R,边为g,高为h及面积为J(图1),如果x,y,z是从边QR,RP,PQ到任意一点O的距离,则

$$s=x+y+z$$

为所研究的和.

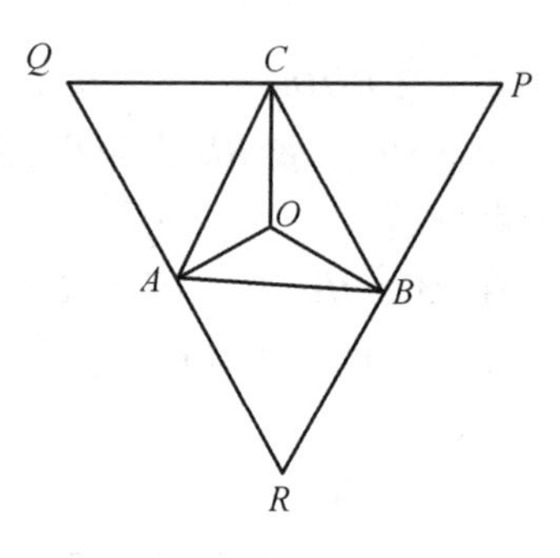

图1

因为$\triangle PQR$的面积是由$\triangle OQR$,$\triangle ORP$,$\triangle OPQ$三个三角形组成(相加或相减),所以无论点O在什么位置我们总可得到方程

$$\frac{1}{2}gx+\frac{1}{2}gy+\frac{1}{2}gz=J$$

由此直接得

$$s=x+y+z=\frac{2J}{g}=h$$

因此辅助定理证明完毕.

解 现在设$\triangle ABC$为已知,我们选择点O,以便在A,B,C所作垂直于AO,BO,CO的三条垂线构成一个等边$\triangle PQR$. 设O'为任何另外一点,如果$O'A'$,$O'B'$,$O'C'$是从点O'向QR,RP,PQ所引的垂线,我们就有

$$A'O'\leqslant AO',\quad B'O'\leqslant BO',\quad C'O'\leqslant CO'$$

但这三个式子不能都取等号,进而可由此推得

$$A'O'+B'O'+C'O'<AO'+BO'+CO' \qquad ①$$

但是根据应用于等边$\triangle PQR$的辅助定理,有

$$AO+BO+CO\leqslant A'O'+B'O'+C'O' \qquad ②$$

这里当点O'在$\triangle PQR$内时用等号,点O'在该三角形外时用小于号. 从式②和①,我们得到

$$AO+BO+CO<AO'+BO'+CO'$$

于是$AO+BO+CO$为可能最小的距离总和.

因为四边形$OBPC$,$OCQA$,$OARB$都是内接于圆的四边形,所以

$$\angle BOC=\angle COA=\angle AOB=120^\circ$$

于是我们所求的点就是以BC,CA,AB为弦,所含圆周角为120°的三个圆弧的公共点.

当一个三角形的角,如$\angle ACB=\gamma$达到或超过120°时,这样的点在作图时是不可能存在的. 如果是那样的话,点C本身就是我们所求的点O. 特别是在这种情况下,无论点U在什么位置,总有

$$AC+BC<AU+BU+CU$$

我们引入 $\angle ACU=\psi$ 及 $\angle BCU=\varphi$. 如果点 U 位于 $\angle ACB=\gamma$ 所包围的空间内,则 ψ 与 φ 之和等于 γ;如果 U 位于 γ 的邻角所包围的空间内,则这两角之差等于 γ;如果 U 位于 γ 的对顶角所围的空间内,则

$$\psi+\varphi=360^\circ-\gamma$$

设从点 U 向 AC 与 BC 所引的垂线的基点为点 F 与点 G,它们与点 C 的距离为

$$x=CU\cos\psi,\quad y=CU\cos\varphi$$

以距离 x 为例,这里当 $\cos\psi$ 为正时,x 为正;当 $\cos\psi$ 为负时,x 为负. 在每一种情况下,我们总有

$$AC=AF+x,\quad BC=BG+y$$

于是

$$AC+BC=AF+BG+x+y$$

现在

$$x+y=CU\cos\psi+CU\cos\varphi=CU(\cos\psi+\cos\varphi)=$$
$$2CU\cos\frac{\psi+\varphi}{2}\cos\frac{\psi-\varphi}{2}$$

根据上面所述,由于此方程右边的两个余弦中总有一个值为 $\cos\frac{\gamma}{2}$,而且此值 $\left(\frac{\gamma}{2}\geqslant 60^\circ\right)$ 小于$\frac{1}{2}$,所以右边以 CU 为最大值. 这就得到

$$AC+BC\leqslant AF+BG+CU$$

因为 Rt$\triangle AUF$ 与 Rt$\triangle BUG$ 的直角边 AF 与 BG 小于斜边 AU 与 BU,所以

$$AC+BC<AU+BU+CU$$

当然是正确的.

❖梯形面积

设等腰梯形的最大边长为13,周长为28.

(1) 设梯形的面积为27,求它的边长.

(2) 这种梯形的面积能否等于27.001?

解 (1) 如图1,设 AD 是较长的底边,BH 是已知等腰梯形 $ABCD$ 的高.

如果 $AB=CD=13$,则

$$AD+BC=28-2\times 13=2$$

又

$$S_{梯形ABCD}=\frac{AD+BC}{2}\cdot BH=BH<13<27$$

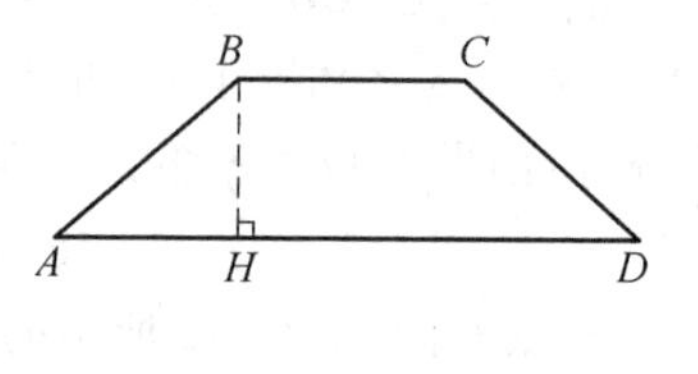

图 1

与已知矛盾，故最大边长 13 不是腰长，因此 $AD=13$.

设 $AB=x$，则

$$BC=28-13-2x=15-2x$$

$$AH=\frac{13-(15-2x)}{2}=x-1$$

$$BH=\sqrt{AB^2-AH^2}=\sqrt{x^2-(x-1)^2}=\sqrt{2x-1}$$

由平均值不等式得

$$S_{梯形ABCD}=\frac{(28-2x)\sqrt{2x-1}}{2}=\sqrt{(2x-1)(14-x)^2}\leqslant$$

$$\sqrt{\frac{2x-1+14-x+14-x}{3}}=27$$

当且仅当 $2x-1=14-x$，即 $x=5$ 时，等腰梯形 $ABCD$ 的最大面积为 27. 亦即梯形面积为 27 时，$AD=13$，$AB=BC=CD=5$.

(2) 由于 27 是梯形面积的最大值，所以面积为 27.001 的符合题设条件的等腰梯形不存在.

❖停止生产

某公司投资 12 百万元建成一条生产线，投产后为使收益率保持为 24 百万元/年，必须在时间 t 追加投入

$$\Phi(t)=8+2t^{\frac{3}{4}}$$

试确定该生产线在何时停产，可使企业获最大利润？并求最大利润.

解　设最佳方案是该生产线在经过 T 年后停产，下面我们利用元素法来求时间段$[0,T]$内的总利润. 取$[t,t+\mathrm{d}t]\subset[0,T]$，在这一局部时间段内，收益元素为 $\mathrm{d}R=24\mathrm{d}t$，而需要追加的投入元素为 $\mathrm{d}C=\Phi(t)\mathrm{d}t=(8+2t^{\frac{3}{4}})\mathrm{d}t$，则在停产前的$[0,T]$时段内总利润为

$$L=R-C=24T-\left[12+\int_0^T(8+2t^{\frac{3}{4}})\mathrm{d}t\right]=16T-\frac{8}{7}T^{\frac{7}{4}}-12$$

这就是目标函数,其导数为$\frac{dL}{dT}=16-2T^{\frac{3}{4}}$,令$\frac{dL}{dT}=0$,可得唯一驻点 $T=16$,而 $\frac{d^2L}{dT^2}=-\frac{3}{2}T^{-\frac{1}{4}}<0$,可知 $T=16$ 为最大值点,即在经过16年后,不再追加新的投入而立即停产,可得最大利润为 $L_{\max}=L(16)=97.71$(百万元).

注 (1) 本题也可以不用计算积分而直接根据必要条件$\frac{dL}{dT}=0$,即$\frac{dR}{dT}=\frac{dC}{dT}$(也就是收益关于时间的边际等于成本关于时间的边际)求出唯一有可能取得最大值的点.

(2) 由于题意中没有提出考虑投资收益的现值要求,也就是说假定有前提条件“银行的年利率为 $r=0$”,所以问题似乎就显得较为简单.

若题意中增加条件“设银行年利率为 $r(r>0)$,并以连续复利计息”,而目标改为“试确定该生产线在何时停产,可使企业利润的现值为最大”,问题就显得较为复杂.

由于在计算时间段$[0,T]$内的总利润现值时,必须同时求出收益的现值和追加投入的现值,所以可得到目标函数$A=\int_0^T 24e^{-rt}dt-\int_0^T(8+2t^{\frac{3}{4}})e^{-rt}dt-12$,虽然这个积分是“积不出来的”,但可根据变上限定积分函数的求导公式,可得到其导数为$\frac{dA}{dT}=24e^{-rT}-(8+2T^{\frac{3}{4}})e^{-rT}$. 令$\frac{dA}{dT}=0$,可得目标函数的唯一驻点 $T=16$,而

$$\frac{d^2A}{dT^2}=-r\cdot 24e^{-rT}-\frac{3}{2}T^{-\frac{1}{4}}e^{-rT}+r(8+2T^{\frac{3}{4}})e^{-rT}$$

$$\left.\frac{d^2A}{dT^2}\right|_{T=16}=-\frac{3}{4}e^{-16r}<0$$

可知无论银行年利率 $r(r\geqslant 0)$ 为多大,$T=16$ 总是利润现值 A 的最大值点.

❖定点与动点

在梯形 $ABCD$ 的下底 AB 上有两定点 M 和 N,上底 CD 上有一个动点 P. $DN\cap AP=E$,$DN\cap MC=F$,$MC\cap PB=G$,$DP=\lambda DC$. 求当 λ 为何值时,四边形 $PEFG$ 的面积最大?

解 不妨设 $DC=1$,于是 $DP=\lambda$,$PC=1-\lambda$. 设 $AM=a$,$MN=b$,$NB=c$,梯形的高为 h.

过点 C 作 PB 的平行线交 AB 的延长线于点 Q(图1),于是四边形 $PBQC$ 为平行四边形,所以 $BQ=PC=1-\lambda$,所以

$$\frac{S_{\triangle MGB}}{S_{\triangle MCQ}}=\left(\frac{MB}{MQ}\right)^2=\frac{(b+c)^2}{(b+c+1-\lambda)^2}$$

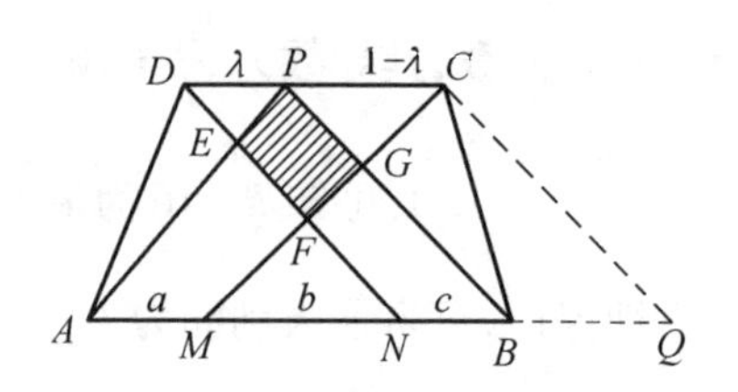

图 1

因为

$$S_{\triangle MCQ}=\frac{1}{2}h(b+c+1-\lambda)$$

所以

$$S_{\triangle MGB}=\frac{h(b+c)^2}{2(b+c+1-\lambda)} \qquad ①$$

同理

$$S_{\triangle AEN}=\frac{h(a+b)^2}{2(a+b+\lambda)} \qquad ②$$

显然,$S_{\triangle APB}$ 和 $S_{\triangle FMN}$ 都是定值,从而由

$$S_{四边形PEFG}=S_{\triangle APB}-(S_{\triangle MGB}+S_{\triangle AEN})+S_{\triangle FMN}$$

知,当 $S_{\triangle MGB}+S_{\triangle AEN}$ 取最小值时,$S_{四边形PEFG}$ 取得最大值. 由式 ① 和 ② 有

$$S_{\triangle MGB}+S_{\triangle AEN}=\frac{h}{2}\left[\frac{(b+c)^2}{b+c+1-\lambda}+\frac{(a+b)^2}{a+b+\lambda}\right] \qquad ③$$

由柯西不等式有

$$\left[\frac{(b+c)^2}{b+c+1-\lambda}+\frac{(a+b)^2}{a+b+\lambda}\right][(b+c+1-\lambda)+(a+b+\lambda)]\geqslant$$
$$[(b+c)+(a+b)]^2=(a+2b+c)^2 \qquad ④$$

其中等号当且仅当

$$\frac{(a+b)^2}{(a+b+\lambda)^2}=\frac{(b+c)^2}{(b+c+1-\lambda)^2}$$

即当且仅当 $\lambda=\frac{a+b}{a+2b+c}=\frac{AN}{AN+MB}$ 时成立.

从而由式 ③ 和式 ④ 得

$$S_{\triangle MGB}+S_{\triangle AEN}\geqslant\frac{h}{2}\cdot\frac{(a+2b+c)^2}{a+2b+c+1}$$

且当且仅当 $\lambda=\frac{AN}{AN+MB}$ 时等号成立,即取得最小值. 此时 $S_{四边形PEFG}$ 取最大值.

❖三次方程

有实数 a,b,c 和正数 λ,使得 $f(x)=x^3+ax^2+bx+c$ 有三个实根 x_1,x_2,x_3,

且满足(1) $x_2-x_1=\lambda$;(2) $x_3>\frac{1}{2}(x_1+x_2)$. 求$\frac{2a^3+27c-9ab}{\lambda^3}$的最大值.

解 由于$f(x)=f(x)-f(x_3)=(x-x_3)[x^2+(a+x_3)x+x_3^2+ax_3+b]$,所以 x_1,x_2 是方程 $x^2+(a+x_3)x+x_3^2+ax_3+b=0$ 的两个根. 由(1)可得

$$(a+x_3)^2-4(x_3^2+ax_3+b)=\lambda^2$$

即

$$3x_3^2+2ax_3+\lambda^2+4b-a^2=0$$

再由(2)可得

$$x_3=\frac{1}{3}(-a+\sqrt{4a^2-12b-3\lambda^2}) \quad ①$$

且

$$4a^2-12b-3\lambda^2\geqslant 0 \quad ②$$

易知

$$f(x)=x^3+ax^2+bx+c=\left(x+\frac{a}{3}\right)^3-\left(\frac{a^2}{3}-b\right)\left(x+\frac{a}{3}\right)+\frac{2}{27}a^3+c-\frac{1}{3}ab$$

由$f(x)=0$,得

$$\frac{1}{3}ab-\frac{2}{27}a^3-c=\left(x_3+\frac{a}{3}\right)^3-\left(\frac{a^2}{3}-b\right)\left(x_3+\frac{a}{3}\right) \quad ③$$

由式①,得

$$x_3+\frac{a}{3}=\frac{1}{3}\sqrt{4a^2-12b-3\lambda^2}=\frac{2\sqrt{3}}{3}\sqrt{\frac{a^2}{3}-b-\frac{\lambda^2}{4}}$$

记$p=\frac{a^2}{3}-b$,由式②和式③可知$p\geqslant\frac{\lambda^2}{4}$,且

$$\frac{1}{3}ab-\frac{2}{27}a^3-c=\frac{2\sqrt{3}}{9}\sqrt{p-\frac{\lambda^2}{4}}(p-\lambda^2)$$

令$y=\sqrt{p-\frac{\lambda^2}{4}}$,则$y\geqslant 0$,且

$$\frac{1}{3}ab-\frac{2}{27}a^3-c=\frac{2\sqrt{3}}{9}y\left(y^2-\frac{3}{4}\lambda^2\right)$$

由于

$$y^3-\frac{3\lambda^2}{4}y+\frac{\lambda^3}{4}=y^3-\frac{3\lambda^2}{4}y-\left(\frac{\lambda}{2}\right)^3+\frac{3\lambda^2}{4}\cdot\frac{\lambda}{2}=$$

$$\left(y-\frac{\lambda}{2}\right)\left(y^2+\frac{\lambda}{2}y+\frac{\lambda^2}{4}-\frac{3\lambda^2}{4}\right)=$$

$$\left(y-\frac{\lambda}{2}\right)^2(y+\lambda)\geqslant 0$$

所以

$$\frac{1}{3}ab-\frac{2}{27}a^3-c\geqslant-\frac{\sqrt{3}}{18}\lambda^3$$

于是

$$2a^3+27c-9ab\leqslant\frac{3\sqrt{3}}{2}\lambda^3$$

由此得

$$\frac{2a^3+27c-9ab}{\lambda^3}\leqslant\frac{3\sqrt{3}}{2}$$

取 $a=2\sqrt{3},b=2,c=0,\lambda=2$,则 $f(x)=x^3+2\sqrt{3}x^2+2x$ 有根 $-\sqrt{3}-1,-\sqrt{3}+1,0$.

显然假设条件成立,且

$$\frac{2a^3+27c-9ab}{\lambda^3}=\frac{1}{8}(48\sqrt{3}-36\sqrt{3})=\frac{3\sqrt{3}}{2}$$

❖甲乙博弈

在纸上把 1,2,…,20 写成一行. 甲、乙二人轮流把符号"+"或"-"放到其中一个数之前(不得重复填写). 甲力求在放完 20 个符号后使所得和的绝对值尽可能小. 求乙能使得到的和的绝对值达到的最大值.

解 把 20 个数分成 10 对:(1,2),(3,4),…,(19,20). 甲每次填符号之后,如果他是在前 9 对中的某数之前填号,则乙就在同对的另一数前填写相反的符号;如果甲是在最后一对的某数前填号,则乙就在同对的另一数前填写相同的符号. 这时,最后所得和的绝对值不小于

$$19+20-1-1-1-1-1-1-1-1-1=30$$

可见,所能达到的和的绝对值的最大值不小于 30.

另一方面,我们指出,只要甲每次填符号时,总是在剩下诸数中的最大数之前放上与现有之和的符号相反的符号(若和等于 0,则放正号),那么乙就无法得到大于 30 的和.

考察甲、乙二人填符号一局的全过程. 设甲填符号使和改变符号的最后一次是甲第 k 次填号(包括使和由 0 变为正的情形). 显然,甲在第 k 次填符号后(乙已经填了 $k-1$ 次),数 $20,19,18,\cdots,20-(k-1)$ 之前已填了符号,乙第 k

次填写所能用的最大数为 $20-k$. 于是此时和的绝对值不超过 $20-(k-1)+20-k=41-2k$. 接下来两人还要各填号 $10-k$ 次,由于已不再发生变号,故在两人各填号一次之后,至少要使和的绝对值减小 1,于是和的绝对值不大于

$$41-2k-(10-k)=31-k\leqslant 30$$

综上可知,乙使和的绝对值所能达到的最大值为 30.

❖最小腰长

已知两个半径分别为 R 和 r 的圆,作出一些不同的梯形 $ABCD$,使得每个圆与梯形的两条腰及一条底边相切,求出腰 AB 可取的最小长度.

解 当半径为 R 的 $\odot O_1$ 与半径为 r 的 $\odot O_2$ 外离、外切或相交时,才有符合题意的梯形存在. 不妨设两圆外切于点 T,梯形 $ABCD$ 的一腰 AB 分别切 $\odot O_1$ 与 $\odot O_2$ 于点 E,F,如图 1,过点 T 作这两圆的公切线交 EF 于点 P,延长梯形的两腰交于点 O,则

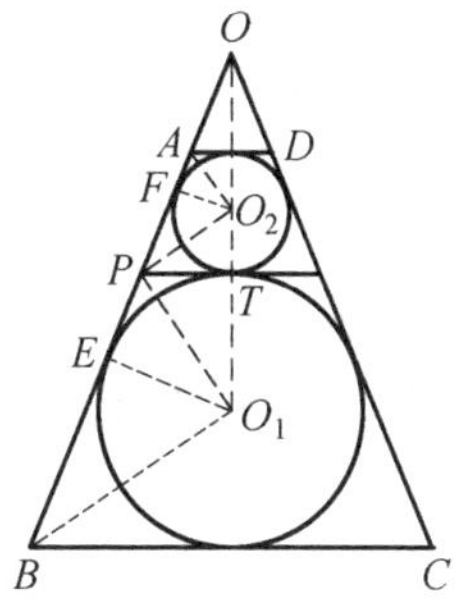

$$\triangle O_1PE\backsim\triangle PO_2F$$

$$\triangle BO_1E\backsim\triangle O_2AF$$

图 1

于是

$$PE\cdot PF=Rr$$

$$BE\cdot AF=Rr$$

又

$$PT=PE=PF=\sqrt{Rr}$$

$$BE+AF\geqslant 2\sqrt{BE\cdot AF}=2\sqrt{Rr}$$

所以,梯形的腰长为

$$AB=BE+PE+PF+AF\geqslant 4\sqrt{Rr}$$

可见,当且仅当 $BE=AF=\sqrt{Rr}$(即点 A 位于点 O,F 之间)时,梯形的腰的最小长度为 $4\sqrt{Rr}$. 但如果 $AF\geqslant OF$(即点 A 位于点 O 及 FO 的延长线上),也就是 $\sqrt{Rr}\geqslant\sqrt{Rr}\cdot\dfrac{2r}{R-r}$,即当 $R\geqslant 3r$ 时,梯形不存在. 因此,为使本题有解还要有 $R<3r$ 这一附加条件,这样,就不难画出符合题意的梯形 $ABCD$ 了.

❖正确策略

在400张卡片上分别写有自然数1,2,3,…,400. A和B二人进行如下的游戏:第1步,A任取200张卡片给自己. B则从留下的200张和A手中的200张中各取100张给自己,余下的200张留给A. 下一步时,A再从两人手中的卡片中各取100张给自己,余下的200张留给B. 这样继续下去,直到B进行完第200步之后,就分别计算出两人手中的卡片上的数之和C_A,C_B,然后A付给B差额C_B-C_A. 问在双方都以正确策略游戏时,B所能得到的最大差数是多少?

解 设在最后一次B选取卡片前,A手中的200张卡片上的数为$x_1>x_2>x_3>\cdots>x_{200}$,B手中的200张卡片上的数为$y_1>y_2>y_3>\cdots>y_{200}$,于是B执步时可以选取$x_1,x_2,\cdots,x_{100}$和$y_1,y_2,\cdots,y_{100}$,于是

$$C_B-C_A=\sum_{i=1}^{100}[(x_i-x_{100+i})+(y_i-y_{100+i})]\geqslant 20\ 000$$

另一方面,A在第1步选取数1,2,…,200给自己,把201,202,…,400给B,并且每次执步时都把这些数选回原样,则B执步后所能得到的最大差额恰为20 000.

❖最佳时间

设某机器的最初成本(购进价)为A万元,在任何时刻t,机器产生的效益率为

$$v(t)=\frac{2A}{73}\mathrm{e}^{-\frac{t}{365}}$$

而在时刻t转售出去的售价为

$$r(t)=\frac{10A}{11}\mathrm{e}^{-\frac{t}{730}}$$

试问:(1)在何时售出可望总收益最好?

(2)若银行存款的年利率为5%,且以连续复利计算,则在何时售出可望总收益的现值最大?

解 (1)设使用了T天后,将此机器转售出去,任取$[t,t+\mathrm{d}t]\subset[0,T]$,在

这一小段时间内,机器产生的效益元素为

$$\mathrm{d}R = v(t)\,\mathrm{d}t = \frac{2A}{73}\mathrm{e}^{-\frac{t}{365}}\mathrm{d}t$$

所以在$[0,T]$时间段内,机器产生的总效益为

$$R_1(T) = \int_0^T \frac{2A}{73}\mathrm{e}^{-\frac{t}{365}}\mathrm{d}t = 10A(1 - \mathrm{e}^{-\frac{T}{365}})$$

再加上售出价,可得总收益目标函数为

$$R(T) = R_1(T) = r(T) = 10A(1 - \mathrm{e}^{-\frac{T}{365}}) + \frac{10A}{11}\mathrm{e}^{-\frac{T}{730}}$$

显然函数 $R(T)$ 可导,且有

$$\frac{\mathrm{d}R}{\mathrm{d}T} = \frac{2A}{73}\mathrm{e}^{-\frac{T}{365}} - \frac{A}{803}\mathrm{e}^{-\frac{T}{730}} = \frac{A}{803}\mathrm{e}^{-\frac{T}{365}}(22 - \mathrm{e}^{\frac{T}{730}})$$

令$\frac{\mathrm{d}R}{\mathrm{d}T} = 0$,得唯一驻点

$$T = 730\ln 22$$

当$0 < T < 730\ln 22$时,$\frac{\mathrm{d}R}{\mathrm{d}T} > 0$;当$T > 730\ln 22$时,$\frac{\mathrm{d}R}{\mathrm{d}T} < 0$.

可知在$T = 730\ln 22 \approx 2\ 256$(天)以后转售出去,可望得到的最大总收益为

$$R_{\max} = R \cdot 730\ln 22 \approx 10.02A$$

(2)设使用了T天后,将此机器转售出去,任取$[t,t+\mathrm{d}t] \subset [0,T]$,在这一小段时间内,机器产生效益的现值元素为

$$\mathrm{d}P = \mathrm{e}^{-\frac{0.05t}{365}}\mathrm{d}R = \mathrm{e}^{-\frac{0.05}{365}t}\left(\frac{2A}{73}\mathrm{e}^{-\frac{t}{365}}\mathrm{d}t\right) = \frac{2A}{73}\mathrm{e}^{-\frac{21t}{7\ 300}}\mathrm{d}t$$

所以在$[0,T]$时间段内,机器产生的总效益现值为

$$P(T) = \int_0^T \frac{2A}{73}\mathrm{e}^{-\frac{21t}{7\ 300}}\mathrm{d}t = \frac{200}{21}A(1 - \mathrm{e}^{-\frac{21T}{7\ 300}})$$

再加上售出价现值

$$Q(T) = \mathrm{e}^{-\frac{0.05T}{365}}\left(\frac{10A}{11}\mathrm{e}^{-\frac{T}{730}}\right) = \frac{10A}{11}\mathrm{e}^{-\frac{11T}{7\ 300}}$$

可得总收益现值的目标函数为

$$R_0(T) = P(T) + Q(T) = \frac{200}{21}A(1 - \mathrm{e}^{-\frac{21T}{7\ 300}}) + \frac{10A}{11}\mathrm{e}^{-\frac{11T}{7\ 300}}$$

这里目标函数可导,且有

$$\frac{\mathrm{d}R_0}{\mathrm{d}T} = \frac{2A}{73}\mathrm{e}^{-\frac{21T}{7\ 300}} - \frac{A}{730}\mathrm{e}^{-\frac{11T}{7\ 300}} = \frac{A}{730}\mathrm{e}^{-\frac{21T}{7\ 300}}(20 - \mathrm{e}^{\frac{T}{730}})$$

令$\frac{dR_0}{dT}=0$,可得唯一驻点

$$T=730\ln 20$$

当$0<T<730\ln 20$时,$\frac{dR_0}{dT}>0$;当$T>730\ln 20$时,$\frac{dR_0}{dT}<0$.

可知在$T=730\ln 20\approx 2\ 187$(天)以后转售出去,可望得到最大的总收益现值为

$$(R_0)_{\max}=9.54A$$

❖最大体积

在6条棱长分别为2,3,3,4,5,5的所有四面体中,最大的体积是多少?说明理由.

解 以2为一边长的三角形有四种可能:(1)2,3,3,(2)2,3,4,(3)2,4,5;(4)2,5,5. 在四面体的四个面中,恰有两个面以长为2的棱为一边. 按这两个面来分类,有三种可能情形:(1)与(3),(1)与(4),(2)与(4). 与第一、第三两种情形对应的图形各有两种,但因两个四面体的体积相同,故只需各考虑一种即可.

先看图1(b),其中$\angle ABC=\angle ABD=90°$,所以,$AB\perp$平面$BCD$. 故得

$$V_2=\frac{1}{3}\times 4\times S_{\triangle BCD}=\frac{8}{3}\sqrt{2}$$

再看图1(a)和(c),对于V_1和V_3,我们有

$$V_1=\frac{1}{3}h_1S_{\triangle BCD}<\frac{4}{3}S_{\triangle BCD}=V_2$$

$$V_3=\frac{1}{3}h_2S_{\triangle ABC}<\frac{2}{3}S_{\triangle ABC}=\frac{2}{3}\sqrt{5.5\times 0.5\times 2.5^2}=$$

$$\frac{5}{6}\sqrt{11}<\frac{8}{3}\sqrt{2}=V_2$$

故知所求的体积V的最大值为$\frac{8}{3}\sqrt{2}$.

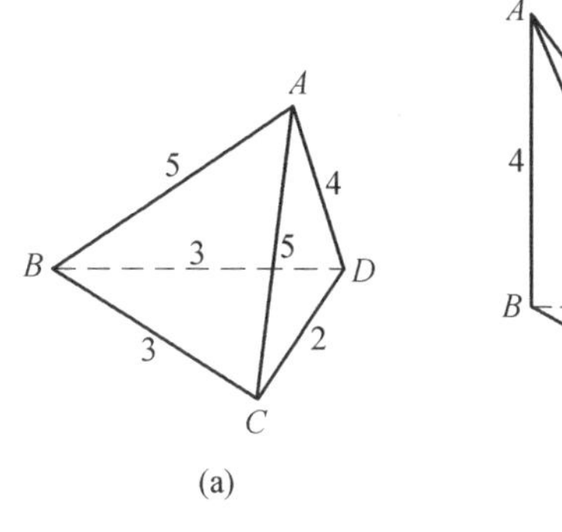

(a)

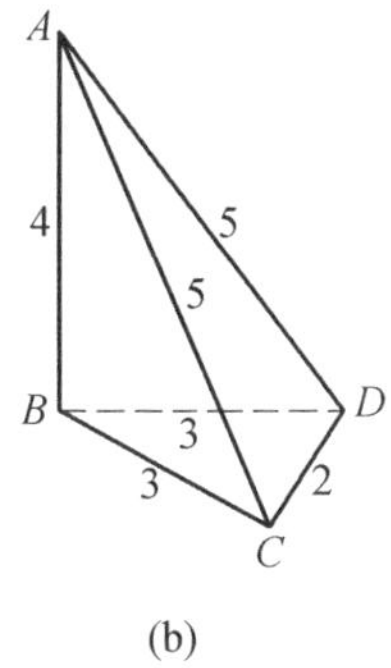

(b)

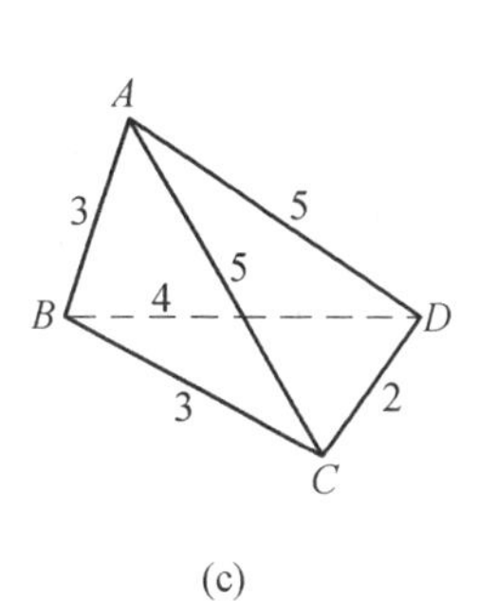

(c)

图 1

❖好子集元素

n 为正整数,$S_n=\{(a_1,a_2,\cdots,a_{2^n})\mid a_i=0$ 或 $1,1\leqslant i\leqslant 2^n\}$,对 S_n 中任意两个元素 $a=(a_1,a_2,\cdots,a_{2^n})$ 和 $b=(b_1,b_2,\cdots,b_{2^n})$,令

$$d(a,b)=\sum_{i=1}^{2^n}\mid a_i-b_i\mid$$

若 $A\subseteq S_n$,满足对 A 中任何两个不同的元素 a,b,都有 $d(a,b)\geqslant 2^{n-1}$,则称 A 为好子集. 求 S_n 的好子集的元素个数的最大值.

解 如果 $a_i\neq b_i$,就称 a 和 b 在第 i 个位置上有一个不同分量. 易知 $d(a,b)$ 为 a 和 b 所含的不同分量对的个数. 如果 $A\subseteq S_n$,A 中任意两个不同元素所含的不同分量对不少于 2^{n-1} 个,就称 A 是 n 级好的.

先证明:若 A 是 n 级好的,则 $\mid A\mid\leqslant 2^{n+1}$.

事实上,若 $\mid A\mid\geqslant 2^{n+1}+1$,则 A 至少有 2^n+1 个元素的最后一位相同. 不妨设 $B\subseteq A$,$\mid B\mid=2^n+1$,且 B 中每个元素的最后一位都为 0.

考察 B 中所有元素两两之间不同分量对的总数 N.

一方面,由于 B 中任意两个不同元素的不同分量对不少于 2^{n-1} 个,故

$$N\geqslant 2^{n-1}\cdot \mathrm{C}_{2^n+1}^2=2^{n-1}\cdot 2^{n-1}\cdot(2^n+1)$$

另一方面,对 B 中元素的第 i 个分量$(1\leqslant i\leqslant 2^n-1)$,设有 x_i 个 $0,2^n+1-x_i$ 个 1,则

$$N=\sum_{i=1}^{2^n-1}x_i(2^n+1-x_i)\leqslant\sum_{i=1}^{2^n-1}2^{n-1}(2^{n-1}+1)=$$
$$2^{n-1}(2^{n-1}+1)(2^n-1)$$

所以有

$$2^{n-1}(2^{n-1}+1)(2^n-1)\geqslant 2^{n-1}\cdot 2^{n-1}\cdot(2^n+1)$$

故 $0\leqslant -1$,矛盾!

再递归构造 n 级好子集 A_n,使得 $|A_n|=2^{n+1}$.

当 $n=1$ 时,取 $A_1=\{(0,0),(0,1),(1,0),(1,1)\}$ 即可.

设 A_n 是 n 级好子集,且 $|A_n|=2^{n+1}$,对 $a\in S_n,a=(a_1,a_2,\cdots,a_{2^n})$,定义 $a'=(1-a_1,1-a_2,\cdots,1-a_{2^n})$,令 $A_{n+1}=\{(a,a)$ 或 $(a,a')\mid a\in A_n\}\subseteq S_{n+1}$,显然

$$|A_{n+1}|=2|A_n|=2^{n+2}$$

对 A_n 中不同元素 a,b,易知

$$d((b,b),(a,a'))=2^n$$

$$d((a,a),(b,b))=2d(a,b)\geqslant 2\cdot 2^{n-1}=2^n$$

$$d((a,a),(b,b'))=2^n$$

$$d((a,a'),(b,b'))=2d(a,b)\geqslant 2\cdot 2^{n-1}=2^n$$

所以 A_{n+1} 是 $n+1$ 级好的.

因此,$|A|$ 的最大值是 2^{n+1}.

❖全部变号

如图 1,写有正负号的方格表允许进行如下操作:将某一行或某一列中的符号全都变成与原来相反的符号,且在每次操作后都记下表格中两种符号的个数之差的绝对值. 试求出所有这样的绝对值中的最小值.

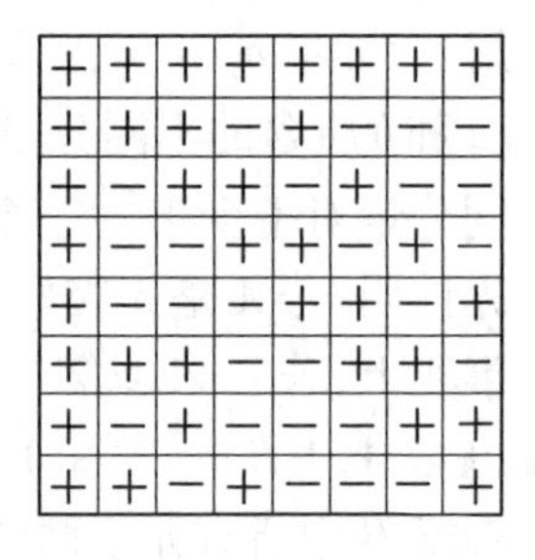

+	+	+	+	+	+	+	+
+	+	+	−	+	−	−	−
+	−	+	+	−	+	−	−
+	−	−	+	+	−	+	−
+	−	−	−	+	+	−	+
+	+	+	−	−	+	+	−
+	−	+	−	−	−	+	+
+	+	−	+	−	−	−	+

图 1

解 因为在每次操作之下,该行或列中正号的个数都改变偶数个,所以在操作过程中,方格表中的正号个数的奇偶性不变. 又因表中原有 37 个正号,所以表中总有奇数个正号. 因此,表中两种符号的个数之差为非零偶数,其绝对值当然不小于 2.

另一方面,当第 1 次操作将上面第 1 行变号,第 2 次操作将右面第 1 列变号后,表中有 31 个正号与 33 个负号,其个数之差的绝对值为 2.

可见,所求的最小值为 2.

❖高的基点

在已知锐角三角形中,作周长最小的内接三角形.

解 设已知 $\triangle ABC$,$\triangle XYZ$ 内接于 $\triangle ABC$,X,Y 与 Z 分别在 BC,CA 与 AB 上(图1).我们先认为,Z 是 AB 上的任意一点,对于 BC 与 CA 分别画出 Z 的镜像 H 与 K,并确定连线 HK 与 BC 和 CA 的交点 X 与 Y.就固定的点 Z 来说,这样作成的 $\triangle XYZ$ 是所有内接三角形中周长最小的三角形.事实上,设 X' 与 Y' 为 BC 与 CA 上的其他两点,因为 ZX' 与 HX' 为镜像,ZY' 与 KY' 也为镜像,而且 ZX 与 HX 以及 ZY 与 KY 自然也是镜像,比较这两个内接三角形的周长,可以写出

$$l_{\triangle XYZ}=HX+XY+YK=HK$$

$$l_{\triangle X'Y'Z}=HX'+X'Y'+Y'K=HX'Y'K$$

但因从 H 到 K 的直线比迂回线 $HX'Y'K$ 短,所以第一个三角形比第二个三角形有较小的周长.

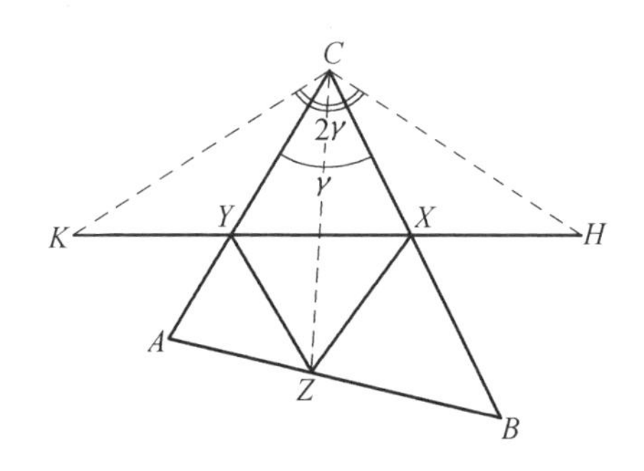

图1

现在只是还需选取好这样的点 Z,以使所得出的线段 HK 尽可能小(该线段表示 $\triangle XYZ$ 的周长).这时,CZ 是 CH 的镜像,也是 CK 的镜像.同样地,$\angle ZCB=\angle HCB$,$\angle ZCA=\angle KCA$,因而 $\angle HCK=2\gamma$.于是线段 HK 是顶角为定角 2γ 及腰为可变边 $s=CZ$ 的等腰 $\triangle HKC$ 的底边;当 CZ 为最小值,即 CZ 垂直于 AB 时,HK 也为最小值.

我们可以容易地像对 Z 那样来对 X 或 Y 进行研究,从而又有 AX 垂直于 BC,BY 垂直于 CA.因此,点 X,Y,Z 是 $\triangle ABC$ 的高的基点.

结论 在内接于一个已知锐角三角形的所有三角形中,周长最小的是各边上的高的基点构成的三角形.

❖相邻元素

设 $S=(x_1,x_2,\cdots,x_n)$ 是自然数 $1,2,\cdots,n$ 的一个排列. $f(S)$ 为 S 中每两个相邻元素的差的绝对值的最小值. 求 $f(S)$ 的最大值.

解 $f(S)$ 的最大值为$\left[\frac{n}{2}\right]$①. 下面分两种情况来证明.

(1) 当 $n=2k$ 时, k 与其相邻数之差的绝对值不大于 k, 所以 $f(S)\leqslant k=\left[\frac{n}{2}\right]$. 另一方面, 令 $S=(k+1,k+2,2,\cdots,2k,k)$, 则有 $f(S)=k$.

(2) 当 $n=2k+1$ 时, $k+1$ 与其相邻数之差的绝对值不大于 k, 从而 $f(S)\leqslant k=\left[\frac{n}{2}\right]$. 而在排列 $S=(k+1,1,k+2,2,\cdots,2k,k,2k+1)$ 中, $f(S)=k$, 所以仍有 $f(S)=k=\left[\frac{n}{2}\right]$.

❖要素投入

设在生产某种产品时, 必须投入两种要素, x_1 和 x_2 分别为两种要素的投入量, 若生产函数为 $Q=2x_1^{\alpha}x_1^{\beta}$, 其中常数 α,β 都是正数, 且满足关系式 $\alpha+\beta=1$.

已知两种要素的价格分别为 p_1 和 p_2, 现根据市场需求及实际生产能力, 确定产出量为 $Q=12$, 求此时两要素应该各投入多少, 才可以使投入总费用最少?

解 目标函数为 $f(x_1,x_2)=p_1x_1+p_2x_2$, 约束条件为 $12=2x_1^{\alpha}x_1^{\beta}$, 为运算方便, 可将约束条件改写为 $\ln 6-\alpha\ln x_1-\beta\ln x_2=0$, 于是可得到拉格朗日函数

$$L(x_1,x_2,\lambda)=p_1x_1+p_2x_2+\lambda(\ln 6-\alpha\ln x_1-\beta\ln x_2)$$

令 $\operatorname{grad} L=0$, 即

① “【x】”表示取不大于 x 的最大整数.

$$\begin{cases}\dfrac{\partial L}{\partial x_1}=p_1-\dfrac{\lambda\alpha}{x_1}=0 & ①\\ \dfrac{\partial L}{\partial x_2}=p_2-\dfrac{\lambda\beta}{x_2}=0 & ②\\ \dfrac{\partial L}{\partial \lambda}=\ln 6-\alpha\ln x_1-\beta\ln x_2=0 & ③\end{cases}$$

由式①、式②得 $x_2=\dfrac{p_1}{\alpha}\cdot\dfrac{\beta}{p_2}\cdot x_1$,代入式③得

$$x_1=6\left(\frac{p_2\alpha}{p_1\beta}\right)^{\beta},\quad x_2=6\left(\frac{p_1\beta}{p_2\alpha}\right)^{\alpha}$$

因为拉格朗日函数可微,驻点唯一,且实际问题存在最小值,故所得驻点必是最小值点.

❖表中选数

已知下列一个 5 × 5 的数表

$$\begin{pmatrix}11 & 17 & 25 & 19 & 16\\ 24 & 10 & 13 & 15 & 3\\ 12 & 5 & 14 & 2 & 18\\ 23 & 4 & 1 & 8 & 22\\ 6 & 20 & 7 & 21 & 9\end{pmatrix}$$

试从这个数表中选出 5 个元素,使得它们任何两个都不位于相同的行或列,并使其中最小的一个有尽可能大的值,证明你所选答案的正确性.

解 因为这个数表的边线只有 4 条,所以依题意从边界上最多只能选 4 个元素,所以在除去四边之后,中心的 3 × 3 数表中还应至少选取一个元素,易见这个元素的最大值是 15.

再从数表的 4 条边上选取比 15 大的 4 个数 25,18,23,20 即可.

事实上,当 15 选定以后,在第三列必须选取 25,在第三行必须选取 18,在第四行、第五行必须选取 23 与 20,这样选取的 5 个元素是符合本题要求的唯一解.

❖闭区间最值

已知函数$f(x)=\dfrac{1}{1+a\cdot 2^{bx}}$,若$f(1)=\dfrac{4}{5}$,且$f(x)$在$[0,1]$上的最小值为$\dfrac{1}{2}$.求证:$f(1)+f(2)+\cdots+f(n)>n+\dfrac{1}{2^{n+1}}-\dfrac{1}{2}(n\in\mathbf{N}^*)$.

证明 已知$f(1)=\dfrac{1}{1+a\cdot 2^b}=\dfrac{4}{5}$,解得$a=2^{-(2+b)}>0$.当$b=0$时,$f(x)=\dfrac{4}{5}$,与已知矛盾,故$b\neq 0$,且$f(x)$单调.又$f(1)=\dfrac{4}{5}$,$f(x)$在区间$[0,1]$上的最小值为$\dfrac{1}{2}$,所以$b\neq 0$,且$f(x)$是增函数.从而知$f(0)=\dfrac{1}{2}$,即$\dfrac{1}{1+a}=\dfrac{1}{2}$,解得$a=1,b=-2$,即

$$f(x)=\frac{1}{1+2^{-2x}}=\frac{4^x}{1+4^x}$$

由

$$f(x)=\frac{4^x}{1+4^x}=1-\frac{1}{1+4^x}>1-\frac{1}{2\times 2^x}$$

知

$$f(1)+f(2)+\cdots+f(n)>\left(1-\frac{1}{2\times 2}\right)+\left(1-\frac{1}{2\times 2^2}\right)+\cdots+\left(1-\frac{1}{2\times 2^n}\right)=$$

$$n-\frac{1}{4}\left(1+\frac{1}{2}+\frac{1}{2^2}+\cdots+\frac{1}{2^{n-1}}\right)=n-\frac{1}{4}\times\frac{1-\frac{1}{2^n}}{1-\frac{1}{2}}=n+\frac{1}{2^{n+1}}-\frac{1}{2}$$

❖机器人爬楼梯

设a和b是给定的正整数,现有一个机器人沿着一个共有n级的楼梯上下升降.机器人每上升一次,恰好上升a级楼梯;每下降一次,恰好下降b级楼梯.为使机器人经若干步升降后,可以从地面到达楼梯顶端,然后再返回地面.问n的最小值是多少?证明你的结论.

解 我们称地面为楼梯的0级并从下往上计数楼梯的级数. 当我们把上和下颠倒过来看时,即 a 和 b 互换,故不妨设 $a \geqslant b$.

若 $b \mid a$,则可设 $a = sb, s \in \mathbf{N}$. 若取 $n = a$,则机器人上升1次,再下降 s 次,就可以从地面上到楼梯顶端再下降而返回地面. 显然,若 $n < a$,机器人就无法上升. 可见,n 的最小值为 a.

再考虑 $b \nmid a$ 且 $(a,b) = 1$ 的情形. 为使 n 的值尽可能小,机器人上升1次后就应下降. 设上升1次后再下降,可以达到的最低位置是楼梯的第 r_1 级. 显然,r_1 就是 a 除以 b 时的余数,即

$$a = bs_1 + r_1, \quad 1 \leqslant r_1 \leqslant b - 1 \tag{①}$$

因为 $r_1 < b$,所以机器人不能从 r_1 级楼梯再下降,而只能上升到 $a + r_1$ 级的位置. 为使上升成为可能,必须有 $n \geqslant a + r_1$. 然后,机器人下降后所能到达的最低位置是第 r_2 级,这里 r_2 是 $a + r_1$ 除以 b 时的余数,即

$$a + r_1 = bs_2 + r_2, \quad 0 \leqslant r_2 \leqslant b - 1$$

接着机器人继续升降,一般的,对已给的 r_i,存在整数 r_{i+1}, s_{i+1},使得

$$a + r_i = bs_{i+1} + r_{i+1}, \quad 0 \leqslant r_{i+1} \leqslant b - 1 \tag{②}$$

显然,要使上述升降过程得以进行,必须 $n \geqslant a + r_i, i = 1,2,\cdots$,而且每个 r_i 都满足 $0 \leqslant r_i \leqslant b - 1$.

由式①知 $a \equiv r_1 \pmod b$,再由式②可依次证明 $r_i \equiv ir_1 \pmod b, i = 1, 2,\cdots$. 由于 $(r_1, b) = (a,b) = 1$,故当 i 依次取值 $1,2,\cdots,b$ 时,r_i 将通过模 b 的完全剩余系. 注意到 $0 \leqslant r_i \leqslant b - 1$,便知 $r_1, r_2, \cdots, r_b$ 是 $0,1,\cdots,b-1$ 的某个排列. 特别的,由 $r_b \equiv br_1 \equiv 0 \pmod b$ 可得 $r_b = 0$. 此外,存在唯一的整数 $j < b$,使得 $r_j = b - 1$,于是得到 $n \geqslant a + r_j = a + b - 1$.

若 $n = a + b - 1$,则由 r_i 的意义可知,机器人在升降过程中,可依次到达第 $r_1, r_2, \cdots, r_b$ 级的位置,尤其可以到达 r_j 级的位置,于是再上升1次即到达楼梯的顶端. 机器人继续下降和上升,又可以到达第 r_b 级的位置. 由 $r_b = 0$ 知机器人这时返回到地面. 可见,当 $(a,b) = 1$ 时,n 的最小值是 $a + b - 1$.

对于 $b \nmid a, (a,b) = d > 1$ 的情形,可设 $a = a_1 d, b = b_1 d$,于是 $(a_1, b_1) = 1$. 对 a_1 和 b_1 做与前相同的讨论,即可得知这时 n 的最小值为

$$d(a_1 + b_1 - 1) = a + b - (a,b) \tag{③}$$

显然,这一结果与前两种情形的结果是一致的,故知所求的 n 的最小值为 $a + b - (a,b)$.

❖小鸟啄食

地面上有10只小鸟在啄食,其中任何5只鸟中至少有4只在一个圆上,问

有鸟最多的一个圆上最少有几只鸟?

解法1　用10个点来表示10只小鸟,如果10点中的任何4点都共圆,则10点全在同一个圆上. 以下设A,B,C,D这4点不共圆. 这时,过4点中不共线的3点可以作一个圆,最多可作出4个不同的圆S_1,S_2,S_3,S_4,最少可作出3个不同的圆. 对于这两种情形,下面的论证完全一致,我们仅就4个不同的圆的情形来证明.

从其余6点P_1,P_2,P_3,P_4,P_5,P_6中任取一点P_i与A,B,C,D组成五点组,按已知,其中必有4点共圆. 所以,点P_i必在S_1,S_2,S_3,S_4之一上. 由P_i的任意性知,后6点中每点都必落在4圆之一上. 由抽屉原理知其中必有两点落在同一个圆上,即10点中必有5点共圆.

设A_1,A_2,A_3,A_4,A_5在同一个圆C_1上,P和Q两点不在C_1上.

(1) 考察五点组$\{A_1,A_2,A_3,P,Q\}$,其中必有4点共圆C_2. C_2至少含P和Q中之一,故$C_2\neq C_1$,因而A_1,A_2,A_3不能全在C_2上,否则C_2与C_1重合. 不妨设$A_1,A_2,P,Q\in C_2$,于是$A_3,A_4,A_5\notin C_2$.

(2) 考察五点组$\{A_3,A_4,A_5,P,Q\}$,其中必有4点共圆C_3. 显然,$C_3\neq C_1$,因而可设$A_3,A_4,P,Q\in C_3$,于是$A_1,A_2,A_5\notin C_3$. 可见$C_3\neq C_2$.

(3) 考察五点组$\{A_1,A_3,A_5,P,Q\}$,其中必有4点共圆$C_4\neq C_1$. 因而A_1,A_3,A_5不能全在C_4上,故有$P,Q\in C_4$且A_1与A_3中至少有一点属于C_4.

若$A_1\in C_4$,则C_4重合于C_2. 但因$A_3,A_5\notin C_2$,而二者之一属于C_4,矛盾. 若$A_3\in C_4$,则C_4重合于C_3. 但因$A_1,A_5\notin C_3$,故亦不属于C_4,此不可能.

综上所述,我们证明了圆C_1之外至多有10点中的1点,即C_1上至少有9点. 另一方面,10个已知点中的9点共圆,另外1点不在此圆上的情形显然满足题中要求,故知有鸟最多的一个圆上最少有9只鸟.

解法2　我们用10个点来代表10只鸟并先来证明10点中必有5点共圆. 若不然,则10点中的任何5点都不共圆,但其中必有4点共圆,下面称之为四点圆. 10个已知点共可构成$C_{10}^5=252$个五点组,每组都可作出一个四点圆,共有252个四点圆(包括重复计数). 每个四点圆恰属于6个不同的五点组,因而共有42个不同的四点圆.

42个四点圆上共有168个已知点,而不同的已知点共有10个,故由抽屉原理知有一点A,使得过点A的四点圆至少有17个.

过点A的17个四点圆上,除点A之外每圆还有3个已知点,共有51个已知点. 这51个点都是除A之外的另外9个已知点,于是由抽屉原理知又有一点

$B\neq A$,使得上述17个四点圆中至少有6个过点B.这就是说,过A,B两点的四点圆至少有6个.

这6个四点圆中的每个圆上除点A和B之外还有两个已知点,共12个点,它们都是除A,B之外的另外8个点.由抽屉原理知又有一点C,使上述6圆中至少有两个圆过点C.于是,这两个不同的四点圆有3个公共点A,B,C.从而两个圆重合,这导致5点共圆,与反证假设矛盾.这就证明了10点中必有5点共圆.

以下证明同解法1.

解法3 设10个已知点中的A,B,C,D四点共圆.以点A为中心进行反演变换,于是B,C,D这3点的象点B',C',D'在一条直线上且连同其余6点的象点的9点中,任何4点或共圆或其中有3点共线.

为简单计算,我们将$B,C,D,\cdots,I,J$的反演象点仍记为原字母.若有两点E,F在直线BC之外,则考察3个四点组$\{E,F,B,C\}$,$\{E,F,B,D\}$,$\{E,F,C,D\}$.显然,其中恰有一组四点共圆.不妨设E,F,C,D四点共圆.于是B,E,F,三点共线.考察B,C,F及第7点的象点G,则点G在圆BCF上或在$\triangle BCF$的某条边所在的直线上.

(1)若点G在直线BC上,则G,D,E,F 4点既不共圆,其中任何3点也不共线,矛盾.故知点G不在直线BC上.同理,点G也不在直线BF上.

(2)若点G在直线CF上,则点G不在圆DEF上,故点G只能在直线DE上,即点G为直线CF与DE的交点.显然,这样的交点至多1个(图1).

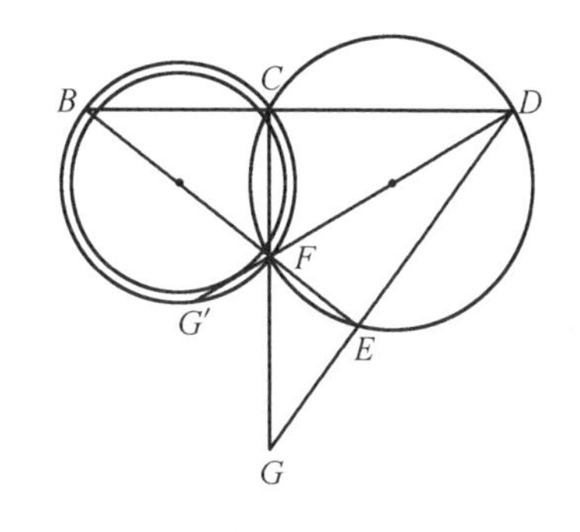

图1

(3)若点G在圆BCF上,则点G不在圆CDF上,也不在直线CD或CF上,故点G必在直线DF上.从而点G为直线DF与圆BCF的另一个交点,即图1中的点G'.这样的交点也是最多1个.

上面关于点G的推导对于后4点的象点G,H,I,J完全一样,所以这4点都必须是上述两种交点之一,这不可能.这就证明了直线BC之外至多有1个象点,从而知原来的圆$ABCD$上至少有9个已知点.

另一方面,因为10个已知点中9点共圆,而第10点不在此圆上的情形显然满足题中要求,所以,有鸟最多的一个圆上最少有9只鸟.

❖最优广告投入

某商品的销售价为28元/件，成本价为12元/件，当报纸和电视广告费分别为x,y万元时，年销售量为

$$Q = 15 - \frac{9}{x+4} - \frac{4}{y+1}$$

(1) 在广告费投入没有限制条件时，求最优广告策略.

(2) 在广告费投入限定为10万元时，求最优广告策略.

解 (1) 利润函数为

$$L = (28-12)\left(15 - \frac{9}{x+4} - \frac{4}{y+1}\right) - (x+y) =$$

$$240 - \frac{144}{x+4} - \frac{64}{y+1} - x - y$$

对此目标函数求偏导数，得

$$\frac{\partial L}{\partial x} = \frac{144}{(x+4)^2} - 1$$

$$\frac{\partial L}{\partial y} = \frac{64}{(y+1)^2} - 1$$

令$\frac{\partial L}{\partial x} = \frac{\partial L}{\partial y} = 0$，解得唯一驻点$x = 8, y = 7$.

由于目标函数可微，驻点唯一，且实际问题确有最大值，故此驻点必有最大值点，即当报纸和电视广告费投入分别为8万元和7万元时，可使利润最大.

(2) 问题化为求利润函数L在约束条件$x + y = 10$下的最大值问题，一般可用拉格朗日乘数法来计算，这里约束条件较为简单，可利用降元法，直接把$y = 10 - x$解出来，再代入利润函数L中，得到一元函数目标函数

$$L = 240 - \frac{144}{x+4} - \frac{64}{11-x} - 10$$

这是一个可导函数，求导得

$$\frac{dL}{dx} = \frac{144}{(x+4)^2} - \frac{64}{(11-x)^2}$$

令$\frac{dL}{dx} = 0$，可解得驻点$x = 5$，对应地有$y = 5$.

由于目标函数可微，驻点唯一，且实际问题确有最大值，故此驻点必是最大

值点,因此可分别将 5 万元投入于报纸广告费,另外 5 万元投入于电视广告费,可使利润最大.

❖互相可见

已知 155 只鸟停在一个圆 C 上. 如果 $\overset{\frown}{P_iP_j}$ 所对的圆心角小于或等于 $10°$,则称鸟 P_i 与 P_j 是互相可见的. 求互相可见的鸟对的最小数目(可以假定一个位置同时有多只鸟).

解 设鸟 α 和 β 分别停在圆 C 的点 A 和点 B 上,且鸟 α 和 β 是互相可见的. 设从点 B 可见而从点 A 不可见的鸟的个数为 k,从点 A 可见而从点 B 不可见的鸟的个数为 h. 不妨设 $k \geqslant h$. 易见,如果把停在点 B 的鸟全都移到点 A,则鸟的可见对的数目不会增加. 但这样一来,停鸟的点处减少 1 个. 重复这个过程,直到凡是可见的鸟都停在同一点为止. 这时,停有鸟的位置至多 35 个. 若不然,至少有 36 个位置停有鸟,则其中必有两点间所夹的弧长所对的圆心角不超过 $10°$,从而两点所停的鸟是互相可见的,矛盾. 另一方面,设 $A_1, A_2, \cdots, A_{35}$ 是圆 C 的内接正 35 边形的顶点,则停在 A_i 与 $A_j(i \neq j)$ 的各一只鸟是不可见的. 若上述的停鸟点数 $n \leqslant 34$,则可将 n 个点分别移动 $A_1, A_2, \cdots, A_n$. 由于 $n \leqslant 34$,故点 A_{35} 处没有鸟. 若 A_i 处至少有两只鸟,则当把其中 1 只移到点 A_{35} 时,可见对减少了. 这样继续下去,总可以使停鸟点处恰为 35 个,且就是 $A_1, A_2, \cdots, A_{35}$.

若存在点 A_i 和 $A_j(i \neq j)$,停鸟数分别为 x_i 和 x_j,且 $x_i \geqslant x_j + 2$,则可将 A_i 处的鸟移到 A_j 一只,这使鸟的可见对至少减少 1 对. 继续下去,可使 $x_1, x_2, \cdots, x_{35}$ 中任何两数之差都不超过 1. 可见,当这 35 个数中有 20 个 4 和 15 个 5 时,可见鸟对的数目取得最小值 $20\mathrm{C}_4^2 + 15\mathrm{C}_5^2 = 270$.

❖周长最值

如图 1,圆内接四边形 $ABCD$ 的四条边 AB, BC, CD, DA 的长均为正整数,$DA = 2\,005$,$\angle ABC = \angle ADC = 90°$,且 $\max\{AB, BC, CD\} < 2\,005$. 求四边形 $ABCD$ 的周长的最大值和最小值.

解 设 $AB = a, BC = b, CD = c$,则

$$a^2+b^2=AC^2=c^2+2\,005^2$$

所以

$$a^2+b^2-c^2=2\,005^2$$

其中 $a,b,c\in\{1,2,\cdots,2\,004\}$.

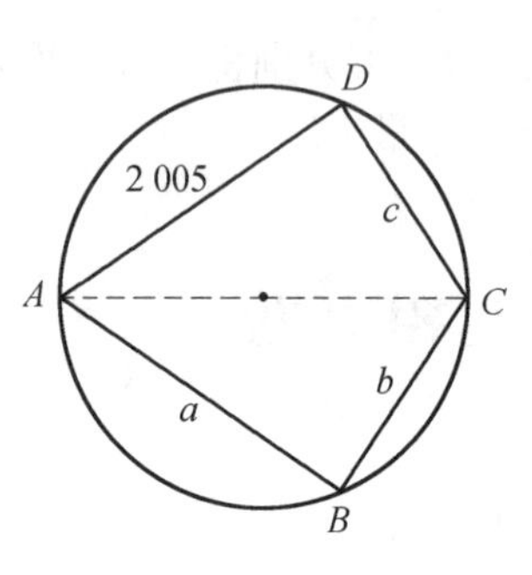

图 1

不妨设 $a\geqslant b$,则由 $a^2+b^2>2\,005^2$,得

$$a>\frac{2\,005}{\sqrt{2}}>1\,411$$

$$(b+c)(b-c)=(2\,005+a)(2\,005-a)$$

令 $a_1=2\,005-a$,则 $1\leqslant a_1<2\,005-1\,411=594$,于是

$$(b+c)(b-c)=a_1(4\,010-a_1) \qquad ①$$

故

$$b+c>\sqrt{a_1(4\,010-a_1)}$$

当 $a_1=1$ 时,则 $a=2\,004$,$(b+c)(b-c)=4\,009=19\times 211$,所以

$$b+c\geqslant 211,\quad a+b+c\geqslant 2\,004+211=2\,215$$

当 $a_1=2$ 时,则 $a=2\,003$,$(b+c)(b-c)=2^4\times 3\times 167$,而 $b+c$ 与 $b-c$ 同奇偶,所以

$$b+c\geqslant 2\times 167,\quad a+b+c>2\,215$$

当 $a_1=3$ 时,则 $a=2\,002$,$(b+c)(b-c)=3\times 4\,007$,所以

$$b+c\geqslant 4\,007,\quad a+b+c>2\,215$$

当 $a_1=4$ 时,则 $a=2\,001$,$(b+c)(b-c)=2^3\times 2\,003$,所以

$$b+c\geqslant 2\times 2\,003,\quad a+b+c>2\,215$$

当 $a_1=5$ 时,则 $a=2\,000$,$(b+c)(b-c)=89\times 225$,所以

$$b+c\geqslant 225,\quad a+b+c\geqslant 2\,000+225>2\,215$$

当 $a_1=6$ 时,则 $a=1\,999$,$(b+c)(b-c)=6\times 4\,004=156\times 154$,所以

$$b+c\geqslant 156,\quad a+b+c\geqslant 1\,999+156=2\,155$$

当 $a_1\geqslant 7$ 时,因为 $b+c>\sqrt{a_1(4\,010-a_1)}$,所以

$$a+b+c>\sqrt{a_1(4\,010-a_1)}+2\,005-a_1$$

而当 $7\leqslant a_1<594$ 时,有

$$\sqrt{a_1(4\,010-a_1)}+2\,005-a_1>2\,155\Leftrightarrow$$

$$\sqrt{a_1(4\,010-a_1)}>150+a_1\Leftrightarrow$$

$$-a_1^2+4\,010a_1>a_1^2+300a_1+150^2\Leftrightarrow$$

$$a_1^2-1\,855a_1+11\,250<0$$

当 $a_1=7$ 时,有

$$a_1^2-1\,855a_1+11\,250<0$$

从而在 $7<a_1<594<\frac{1\,855}{2}$ 时,有

$$a_1^2-1\,855a_1+11\,250<0$$

综上所述,$AB+BC+CD+DA\geqslant 2\,155+2\,005=4\,160$,当 $AB=1\,999$,$BC=155$,$CD=1$ 时等号成立. 所以,四边形 $ABCD$ 的周长的最小值为 4 160.

下面求四边形 $ABCD$ 的周长的最大值.

因为 $a\geqslant b$,$c<2\,005$,所以 $b+c<a+2\,005=4\,010-a_1$,所以由式①知

$$a_1<b-c<b+c<4\,010-a_1$$

由于 a_1 与 $b-c$ 同奇偶,所以 $b-c\geqslant a_1+2$,于是

$$b+c=\frac{a_1(4\,010-a_1)}{b-c}\leqslant\frac{a_1(4\,010-a_1)}{a_1+2}$$

当 $b-c=a_1+2$ 时,有

$$a+b+c=2\,005-a_1+\frac{a_1(4\,010-a_1)}{a_1+2}=$$

$$6\,021-2\left(a_1+2+\frac{4\,012}{a_1+2}\right)$$

❖最少操作

设正八边形的每边都涂有蓝黄两色之一. 允许进行如下操作:将各边的着色同时修改,若某边的两邻边异色,则将该边改为蓝色;若两邻边同色,则将该边涂成黄色. 求证:经过若干步操作后,8 条边都将变成黄色,并问对所有可能的初始染色,达到全部黄色所需要的最少操作次数是多少?

证明 将蓝边和黄边分别对应于数 -1 和 1,于是题中允许的操作就是将每边上的数改为它的两条邻边上的数之积. 设开始时 8 条边上的数依次为 a_1,a_2,$\cdots$,a_8,则操作 1 次后变为

$$a_8a_2,a_1a_3,a_2a_4,a_3a_5,a_4a_6,a_5a_7,a_6a_8,a_7a_1$$

操作 2 次后变为

$$a_7a_3,a_8a_4,a_1a_5,a_2a_6,a_3a_7,a_4a_8,a_5a_1,a_6a_2$$

操作 3 次后,奇数号码的边为 a_2,a_4,a_6,a_8,偶数号码的边为 a_1,a_3,a_5,a_7. 从而第 4 次操作后各边对应的数均为 1,即均为黄色.

如果令 $a_1=-1,a_2=a_3=\cdots=a_8=1$,则由上述操作过程可知,第3次操作后,8边对应的数依次为1, -1,1, -1,1, -1,1, -1. 可见,所求的最少次数为4.

❖欧拉数问题

如果 x 为正变数,则 x 取何值时,根式 $\sqrt[x]{x}$ 为最大?

解 根据指数函数不等式

$$e^{\frac{x-e}{e}}\geqslant 1+\frac{x-e}{e}$$

式中当且仅当 $x=e$ 时使用等号,将不等式简化成

$$e^{\frac{x}{e}}\cdot\frac{1}{e}\geqslant\frac{x}{e}\quad 或\quad e^{\frac{x}{e}}\geqslant x$$

这里我们开 x 次方,得

$$\sqrt[e]{e}\geqslant\sqrt[x]{x}$$

用文字表示:欧拉数 e 是 x 为正变数时使根式 $\sqrt[x]{x}$ 产生最大可能值的数.

❖数学游戏

两人做数学游戏,甲选出一组1位整数 $x_1,x_2,\cdots,x_n$ 作为谜底,这些整数可正可负. 乙则可以提问:和数 $a_1x_1+a_2x_2+\cdots+a_nx_n$ 是多少? 其中 $a_1,a_2,\cdots,a_n$ 可以是任何数组. 求乙为了猜出谜底而需要提问的最少次数.

解 当取

$$a_j=100^{j-1},\quad j=1,2,\cdots,n$$

时,只要提问一次就可定出 $x_1,x_2,\cdots,x_n$.

❖最大产量

已知某产品的生产函数为

$$f(x,y)=100x^{\frac{3}{4}}y^{\frac{1}{4}}$$

式中 x 是劳动力数量,y 为资本股份数. 已知每个劳动力与每份资本的成本分别为600元和1 000元,生产该产品的总预算为200 000元. 试问应如何分配这笔钱于雇用劳力和资本投入,以使生产量最大?

解 目标函数为 $f(x,y)=100x^{\frac{3}{4}}y^{\frac{1}{4}}$,约束条件是

$$600x+1\,000y=200\,000$$

据此可建立拉格朗日函数

$$L=100x^{\frac{3}{4}}y^{\frac{1}{4}}+\lambda(600x+1\,000y-200\,000)$$

令 grad $L=0$,即

$$\begin{cases}\dfrac{\partial L}{\partial x}=75x^{-\frac{1}{4}}y^{\frac{1}{4}}+600\lambda=0 & ①\\ \dfrac{\partial L}{\partial y}=25x^{\frac{3}{4}}y^{-\frac{3}{4}}+1\,000\lambda=0 & ②\\ \dfrac{\partial L}{\partial \lambda}=600x+1\,000y-200\,000=0 & ③\end{cases}$$

由式①、式②得 $x=5y$,代入式③得 $y=50$,$x=250$.

根据实际意义产量的最大值确实存在,而这里拉格朗日函数可微,且驻点唯一,故此驻点确是最大值点,即当该企业应雇用250个劳动力而把预算的其余部分作为50份资本投入时,可望得到最大产量为

$$f_{\max}=f(250,50)=16\,718.5$$

❖通过走廊

直角形的平坦走廊的宽度为1 m,且在两边方向上都是无限的. 已知一根坚硬的不能弯曲的金属丝(不一定是直的),能够被拖拽着通过整个走廊. 求金属丝两个端点之间的最大距离是多少?

解 若取以 $r=2+\sqrt{2}$ 为半径的圆周的 $\frac{1}{4}$,则以这 $90°$ 圆心角所对的弧构成的弓形的高恰好为1. 易见,当这段弧到达拐角时,只要沿着图1中圆心 O 转过去,即可顺利通过拐角. 这段弧的两个端点间的距离为 $d=2+2\sqrt{2}$,故知所求的最大值不小于 $2+2\sqrt{2}$.

设金属丝 l 的两个端点间的距离大于 $2+2\sqrt{2}$. 如图2,过联结 l 两端点的线

段 $A'B'$ 的中点 M' 作 $M'C' \perp A'B'$ 交 l 于点 C'. 如果 l 能被拖拽通过整个走廊，则 $C'M' \leqslant 1$.

考察 l 通过拐角时 C' 落在角分线上的情形. 显然当 A', B' 分别处于走廊外边上时，点 C' 离点 P 最近. 这时，$PM' = \frac{1}{2}A'B' > 1 + \sqrt{2}$，从而 $PC' > \sqrt{2}$. 这说明 l 无法通过弯道.

综上可知，所求的最大值为 $2 + 2\sqrt{2}$.

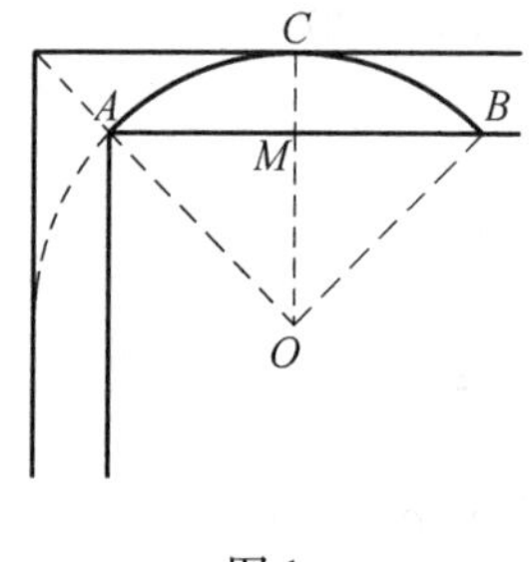

图 1

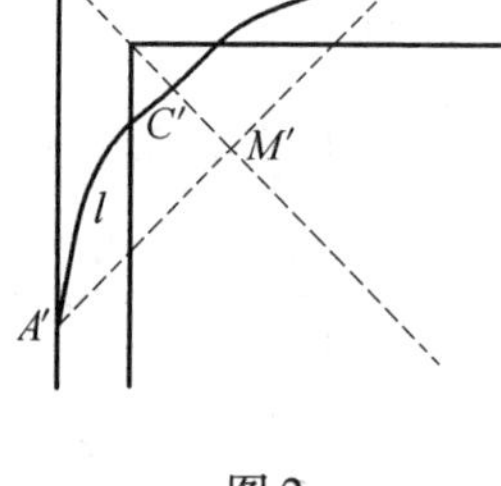

图 2

❖斯坦纳的球问题

求证：(1) 在表面积相等的所有立体中，球具有最大体积.

(2) 在体积相等的所有立体中，球具有最小的表面积.

证明 我们首先来证明第(2)问.

当然，我们只要考虑凸的立体，也就是联结立体上两个任意点的线段完全属于该立体的那些立体.

斯坦纳的证明是根据对称原理和下述定理：

定理 在平行的侧棱 AA', BB', CC' 各有既定长 h, k, l，并且分别位于三条给定直线上的所有三棱柱中，有对称平面直交于侧棱的棱柱具有最小的底面和 $S_{\triangle ABC} + S_{\triangle A'B'C'}$.

我们以 a, b, c 表示侧棱的相互距离（图 1），于是

$$S_{梯形BB'CC'} = \frac{1}{2}a(k + l), \quad S_{梯形AA'CC'} = \frac{1}{2}b(l + h), \quad S_{梯形AA'BB'} = \frac{1}{2}c(h + k)$$

是三个侧面梯形的面积，这些面积也就都是已知的. 我们延长 CB 与 $C'B'$ 相交

于点 P,延长 CA 与 $C'A'$ 相交于点 Q,得到了四面体 $CC'PQ$. 在这个四面体中,为简便起见,我们把 $CC'P$ 与 $CC'Q$ 称为侧面,而 CPQ 与 $C'PQ$ 称为顶面.

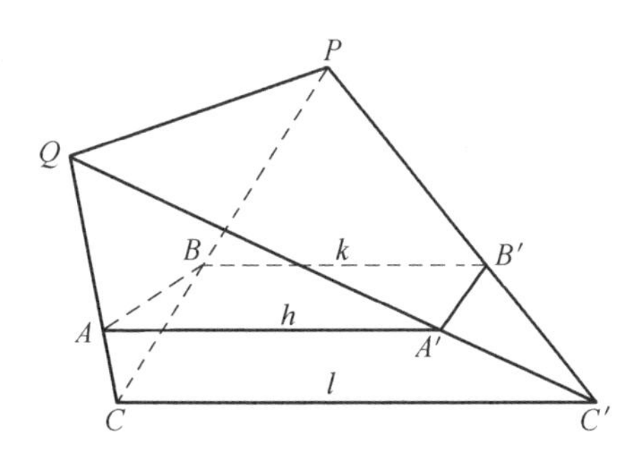

图 1

一方面,我们确定四面体的界面 $CPQ,C'PQ,CC'P,CC'Q$ 的面积 J,J',$S_{\triangle CC'P}$,$S_{\triangle CC'Q}$ 之间的关系;另一方面,确定棱柱的界面 $ABC,A'B'C',BB'C'C$,$CC'A'A,AA'B'B$ 的面积 Δ,Δ',$S_{梯形BB'C'C}$,$S_{梯形AA'C'C}$,$S_{梯形AA'B'B}$ 之间的关系.

由射线定理可得

$$\frac{CP}{CB}=\frac{C'P}{C'B'}=\frac{l}{\lambda} \quad 与 \quad \frac{CQ}{CA}=\frac{C'Q}{C'A'}=\frac{l}{\mu} \tag{①}$$

式中,λ 是 l 与 k 之间的差,μ 是 l 与 h 之间的差. 现在因为相似三角形的面积之比与对应边的平方之比相等,我们得到关系式

$$\frac{S_{\triangle PCC'}}{S_{\triangle PCC'}-S_{梯形BB'C'C}}=\frac{l^2}{k^2} \quad 与 \quad \frac{S_{\triangle CC'Q}}{S_{\triangle CC'Q}-S_{梯形AA'C'C}}=\frac{l^2}{h^2}$$

由此我们得到

$$S_{\triangle PCC'}=\alpha S_{梯形BB'C'C},\quad S_{\triangle CC'Q}=\beta S_{梯形AA'C'C} \tag{②}$$

其中

$$\alpha=\frac{l^2}{l^2-k^2} \quad 与 \quad \beta=\frac{l^2}{l^2-h^2}$$

又因有公共角的两个三角形的面积之比等于这个角的两邻边乘积之比,得

$$\frac{J}{\Delta}=\frac{CP\cdot CQ}{CA\cdot CB} \quad 与 \quad \frac{J'}{\Delta'}=\frac{C'P\cdot C'Q}{C'A'\cdot C'B'}$$

因而作为式 ① 的结果,得

$$J=x\Delta \quad 和 \quad J'=x\Delta' \tag{③}$$

式中,x 是常数$\frac{l^2}{\lambda\mu}$.

从式 ② 可得,无论棱柱的侧棱 AA',BB',CC' 处于何位置,四面体的侧面面积总是常数. 而且由式 ③ 可推知,四面体的顶面面积 J 与 J' 的和 S 是棱柱底面

面积Δ与Δ'之和$\sum$的x倍

$$S = x\sum \tag{④}$$

辅助定理 具有两个固定顶点C,C'及两个位于平行于CC'的固定直线Ⅰ和Ⅱ上的可变顶点P,Q的所有四面体中,P,Q位于CC'的垂直平分面上的四面体是一个顶面CPQ与$C'PQ$的面积之和S为最小的四面体.

辅助定理的证明 这里要讨论的四面体都具有相同的体积V(底面$CC'P$有恒定面积,其相应顶点Q位于一条平行于平面$CC'P$的固定直线Ⅱ上).

通过CC'的中点M画垂直于CC'的平面E,并且把它和直线Ⅰ,Ⅱ的交点分别记作p,q.设P与Q是在Ⅰ与Ⅱ上任取的两点.

我们现在先用四面体$CC'pq$,然后用四面体$CC'PQ$来表达这个四面体的体积V.

为此,我们在顶面Cpq与$C'pq$的C与C'向这些面的内侧[①]画垂线,并且把它们在E上的交点记作O.

我们将选择两条垂线的公共长作为单位长度.把从O到顶面CPQ与$C'PQ$以及到平面Ⅰ·CC'与Ⅱ·CC'的垂线记作x,x',m,n,侧面$CC'p$与$CC'P$的公共面积记作R,最后,顶面$Cpq,C'pq,CPQ,C'PQ$的面积记作i,i',J,J'.然后分别求得四面体$CC'pq$与$CC'PQ$的体积公式

$$3V = i + i' + mS_{\triangle CC'P} + nR \quad 与 \quad 3V = xJ + x'J' + mS_{\triangle CC'P} + nR$$

随着点O分别位于界面$CPQ,C'PQ$,Ⅰ·CC'与Ⅱ·CC'的内侧或外侧,式中的x,x',m与n分别为正或负.由此得到

$$xJ + x'J' = i + i'$$

如果我们考虑从O到平面$CPQ(C'PQ)$的垂线$x(x')$短于斜线$OC(O'C')$,看出x与x'是真分数.因此上面等式的左边比$J+J'$小,从而有

$$i + i' < J + J'$$

这就证明了辅助定理.

现在回到式④.当P与Q位于E上时,根据辅助定理,S成为极小值.并且作为式④的结果,$\sum$与S同时达到最小值,由此可见,当棱柱的界面ABC与$A'B'C'$关于E为对称时,$\sum$得到极小值.证毕.

注 上述证明假设了一个棱柱的棱(l)与其他两棱不同.这个限制并不重要,很显然,在$h=k=l$的情况下,定理是真实的.

---

① 四面体分界表面的内侧是指有四面体的一边.

设 H 为有已知体积 V 且有最小表面积的立体,设表面积为 O.

我们选取一个任意平面 E,并且用 E 的若干垂线把 H 划分成若干个三棱柱 $ABCA'B'C'$,假定它是狭窄的,以至附属于 H 表面的边界三角形 ABC 与 $A'B'C'$ 可以看成是平面三角形. 从垂线 $\cdots,AA',BB',CC',\cdots$ 与 E 的交点,我们在 E 的两侧的垂线上截取等于线段 $\cdots,AA',BB',CC',\cdots$ 之 $\frac{1}{2}$ 长,结果得到点 $\cdots,a,a',b,b',c,c',\cdots$,新棱柱 $abca'b'c'$ 具有垂直于棱的对称平面 E,而且按照上面讲过的棱柱定理还具有一个比 $ABCA'B'C'$ 小的底面和,即

$$S_{\triangle abc}+S_{\triangle a'b'c'}\leqslant S_{\triangle ABC}+S_{\triangle A'B'C'} \quad ⑤$$

在这个式子中,仅在棱柱 $ABCA'B'C'$ 也具有垂直于棱的对称平面时使用等号.

借助我们的做法,就可以从 H 得出一个具有对称平面 E 的新立体 H',它与 H 有相同的体积 V,而且所得的表面不能比 O 小. 因此式⑤中的等号必然是经常使用的. 设所有的棱柱 $ABCA'B'C'$ 都具有垂直于侧棱的对称平面,即 AA' 的垂直平分面.

可见,有最小表面积的立体 H 一定具有和它的每个平面都平行的对称平面.

这样的一个立体,必然是一个球!

下面证明第(1)问. 设Ⅰ,Ⅱ,Ⅲ为 H 的三个对称平面,它们相互正交,M 为它们的交点. 设 H 的任意一点 P 对于Ⅰ的镜像为 P_1,又设 P_1 对于Ⅱ的镜像为 P_{12},设 P_{12} 对于Ⅲ的镜像为 $P_{123}\equiv P'$,则 PMP' 是一条直线,且

$$MP'=MP$$

即点 M 为 H 的中心.

现在还可证得 H 仅能有一个中点. 于是可以由此推断,M 必须位于 H 的每个对称平面上.

实际上,如果 M 不属于 H 的对称平面 Δ,则我们能画出 M 关于 Δ 的镜像 m 与这个立体上的任意一点 P 关于 Δ 的镜像 p,按 pM 自身的长把它延长到这个立体的点 P',并画出 p' 关于 Δ 的镜像 p''. 现在因为 p'' 是 H 上的一点,Pmp'' 是一条直线,且 $mp''=mP$,这样一来,就要推得 m 为 H 的第二个中心,然而这是不可能的.

因此,所有对称平面相交于 M.

现在设 F 为一个固定点,P 为在 H 表面上的任意一点. FP 的垂直平分面是 H 的对称平面,它穿过 M. 因此

$$MP=MF$$

亦即在 H 表面上所有的点都是与 M 等距的,立体 H 是一个球.

在所有体积相等的立体中,球有最小的表面积.

反之:在所有表面积相等的立体中,球有最大的体积.

设有一个不是一个球的任意立体 H,它的表面积 O 等于球体 t 的表面 o. 设 H 的体积为 V,t 的体积为 v.

让我们假定 $V \geqslant v$,然后考虑与面积 $v' = V$ 和表面 o' 的球 t 同心的球 t',因为 t 在 t' 上,所以

$$o' \geqslant o \qquad ⑥$$

但因立体 t' 与 H 有同样的体积,按照前面证过的问题,得到

$$o' < O \quad 或 \quad o' < o \qquad ⑦$$

不等式⑥和式⑦相互矛盾. 因此,$V \geqslant v$ 的假定必是不成立的,正如我们要断言的,$v > V$.

❖剪口长度

将一个单位正方形剪裁后,拼成一条对角线长度为 100 的矩形. 试求剪口总长度的最小值,要求误差不超过 2.

解　设剪口总长度的最小值为 L,所拼成的矩形的长和宽分别为 a 和 b,且 $a \geqslant b$. 于是有

$$a^2 + b^2 = 100, \quad ab = 1$$

因此有

$$a + b = \sqrt{a^2 + b^2 + 2ab} = \sqrt{100^2 + 2} > 100$$

矩形的周界 $2(a+b)$ 应由原正方形的周界及剪口构成,且每段剪口至多给出本身长度的两倍,从而有

$$2L + 4 \geqslant 2(a + b)$$

$$L \geqslant a + b - 2 \geqslant 98 \qquad ①$$

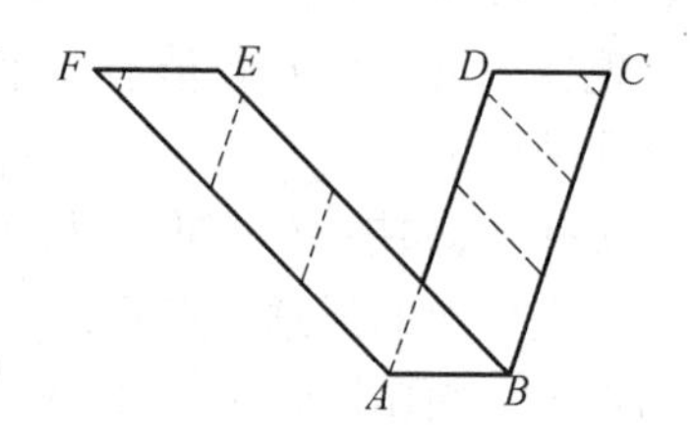

图 1

另一方面,任意两个同底等高的平行四边形可按图 1 所示的方式剪拼. 取 $ABCD$ 为单位正方形,$BE = a$,按上述过程可将正方形剪拼为一个边长为 a,高为 b 的平行四边形 $ABEF$. 然后沿点 E 作 FA 的垂线再剪一刀,剪口长为 b,便可拼得所要求的矩形. 这时剪口总长为 $a + b$,故有

$$L \leqslant a + b < 100.01 \qquad ②$$

由式①和式②即得 $L \approx 99$,误差不超过 1.01.

❖几何体内接

在半径为 R 的球内,求一侧面积最大的内接圆柱体.

解 如图 1,设内接圆柱体的底面直径为 $2x$,高为 $2y$,则侧面积 S 为

$$S=4\pi xy \quad ①$$

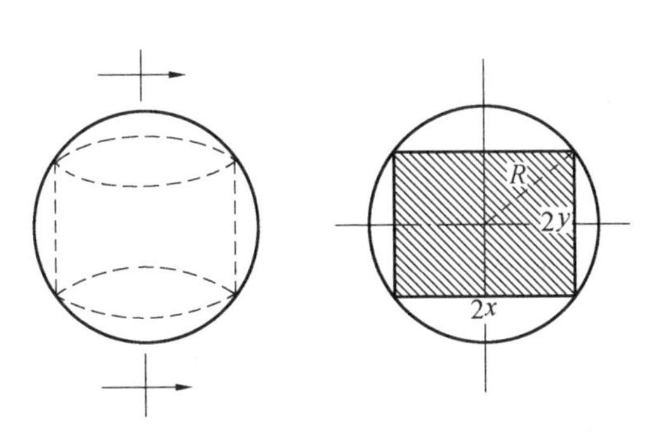

图 1

又

$$x^2+y^2=R^2$$

将 y 表示成 x 的函数,并考虑到 y 为正值,有

$$y=\sqrt{R^2-x^2} \quad ②$$

将式 ② 代入式 ①,得

$$S=4\pi x\sqrt{R^2-x^2}$$

两边平方,得

$$S^2=16\pi^2x^2(R^2-x^2)$$

由于 $16\pi^2$ 为常量,且

$$x^2+(R^2-x^2)=R^2$$

为定值,所以,当

$$x^2=R^2-x^2 \quad ③$$

时,S^2 达最大值.

解式 ③,并取正值,得

$$x=\frac{\sqrt{2}}{2}R$$

将 x 的值代入式②,得

$$y=\frac{\sqrt{2}}{2}R$$

由于 S 与 S^2 同时达到最大值,因此,在半径为 R 的球内,当内接圆柱体的底面直径和高相等时,其侧面积最大.

❖带子宽度

为了能从一条无限长的带子上剪出任何面积为1的三角形,带子的宽度最小为多少?

解 首先,面积为1的等边三角形的边长 $a=\frac{2}{\sqrt[4]{3}}$,高 $h=\sqrt[4]{3}$. 显然,它不能从窄于 $h=\sqrt[4]{3}$ 的带子中剪出. 故知带子的宽至少应为 h.

另一方面,我们来证明,任何面积为1的其他三角形都可从宽为 h 的带子中剪出. 若不然,设有1个面积为1的三角形不能从中剪出,则它的3条高均应大于 h,从而任何一条边都小于 a. 于是该三角形的面积应小于 $\frac{1}{2}a^2\sin\alpha$,其中 α 为该三角形的任一内角. 但三角形的3个内角中总有1个不大于60°,故知三角形的面积小于1,矛盾.

综上可知,带子宽度的最小值是 $\sqrt[4]{3}$.

❖两两乘积

设 $x_1,x_2,\cdots,x_n(n\geqslant 2)$ 的绝对值都不超过1. 试求所有可能的两两乘积之和 S 的最小值.

解 记 $S=S(x_1,x_2,\cdots,x_n)=x_1x_2+x_1x_3+\cdots+x_1x_n+x_2x_3+\cdots+x_2x_n+\cdots+x_{n-1}x_n$,固定 $x_2,x_3,\cdots,x_n$,仅让 x_1 变动,那么 S 是 x_1 的一次函数,因此

$$S\geqslant\min\{S(1,x_2,\cdots,x_n),S(-1,x_2,\cdots,x_n)\}$$

同理

$$S(1,x_2,\cdots,x_n)\geqslant\min\{S(1,1,x_3,\cdots,x_n),S(1,-1,x_3,\cdots,x_n)\}$$

$$S(-1,x_2,\cdots,x_n) \geqslant \min\{S(-1,1,x_3,\cdots,x_n),S(-1,-1,x_3,\cdots,x_n)\}$$

依此类推,我们可以看出,S 的最大值必定被某一组取值 ±1 的 $x_1,x_2,\cdots,x_n$ 所达到. 用数学式子来表示,我们有

$$S \geqslant \min_{\substack{x_k=\pm1\\k=1,2,\cdots,n}} S(x_1,x_2,\cdots,x_n)$$

当 $x_k=\pm1(k=1,2,\cdots,n)$ 时,可以把 S 化为

$$S=\frac{1}{2}[(x_1+x_2+\cdots+x_n)^2-x_1^2-x_2^2-\cdots-x_n^2]=$$

$$\frac{1}{2}(x_1+x_2+\cdots+x_n)^2-\frac{n}{2} \qquad ①$$

假定 n 为偶数,那么从上式导出 $S\geqslant-\frac{n}{2}$;另一方面,若取

$$x_1=x_2=\cdots=x_{\frac{n}{2}}=1,\quad x_{\frac{n}{2}+1}=x_{\frac{n}{2}+2}=\cdots=x_n=-1$$

则

$$S=-\frac{n}{2}$$

故

$$S_{\min}=-\frac{1}{2}n$$

假定 n 为奇数,那么式 ① 中

$$|x_1+x_2+\cdots+x_n|\geqslant1$$

故

$$S\geqslant-\frac{1}{2}(n-1)$$

另一方面,若取

$$x_1=x_2=\cdots=x_{\frac{n-1}{2}}=1,\quad x_{\frac{n-1}{2}+1}=2,\quad x_{\frac{n-1}{2}+2}=\cdots=x_n=-1$$

那么

$$S=-\frac{1}{2}(n-1)$$

因此

$$S_{\min}=-\frac{1}{2}(n-1)$$

❖最小边长

求一个具有最小边长的正方形,使得其中能安放5个半径为1的圆,并且任

何两个圆都没有公共内点.

解　设 $ABCD$ 是以点 O 为中心且边长为 a 的正方形,其中含有5个互不相交的半径为1的圆,则这些圆的圆心落在以点 O 为中心且边长为 $a-2$ 的正方形 $A_1B_1C_1D_1$ 中,其中 $A_1B_1 /\!/ AB$(图1). 联结正方形 $A_1B_1C_1D_1$ 对边中点的连线把它分为4个小正方形. 由抽屉原理知,5个圆心中总有2个含在1个小正方形中,且两者之间的距离不超过小正方形的对角线长,同时又不小于2. 因此有

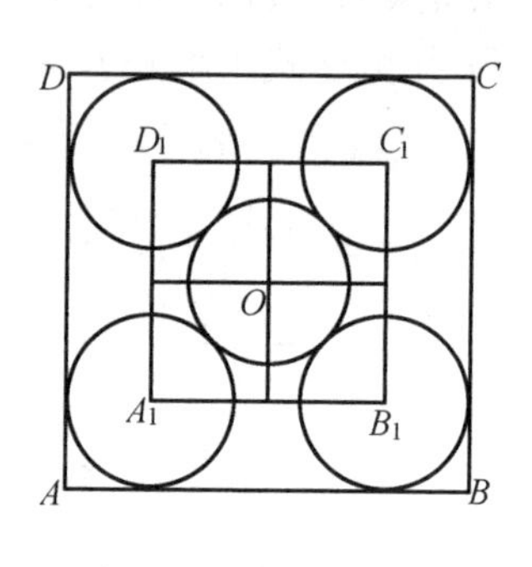

图1

$$2 \leqslant OA_1 = \frac{A_1B_1}{2}\sqrt{2} = \frac{\sqrt{2}}{2}(a-2)$$

由此即得 $a \geqslant 2\sqrt{2}+2$.

另一方面,当 $a \geqslant 2\sqrt{2}+2$ 时,可安放5个半径为1的圆的圆心分别位于 O, A_1, B_1, C_1, D_1,则任何两圆都没有公共内点. 故知所求的正方形的最小边长为 $2\sqrt{2}+2$.

❖公共部分

已知 $\triangle ABC$ 的面积为1,设 A_1, B_1 和 C_1 分别是边 BC, CA 和 AB 的中点,如果点 K, L 和 M 分别位于线段 AB_1, CA_1 和 BC_1 上,那么 $\triangle A_1B_1C_1$ 和 $\triangle KLM$ 的公共部分的最小面积是多少?

解　设 $\triangle A_1B_1C_1$ 的三边与 $\triangle KLM$ 的三边的交点为 D, D_1, E, E_1, F, F_1,如图1,它们的公共部分的面积记为 S. 因为 $A_1B_1 /\!/ BA$,点 D 在 B_1D_1 上,所以

$$\frac{A_1D_1}{D_1D} \leqslant \frac{BM}{MA} \leqslant \frac{BC_1}{C_1A} = 1$$

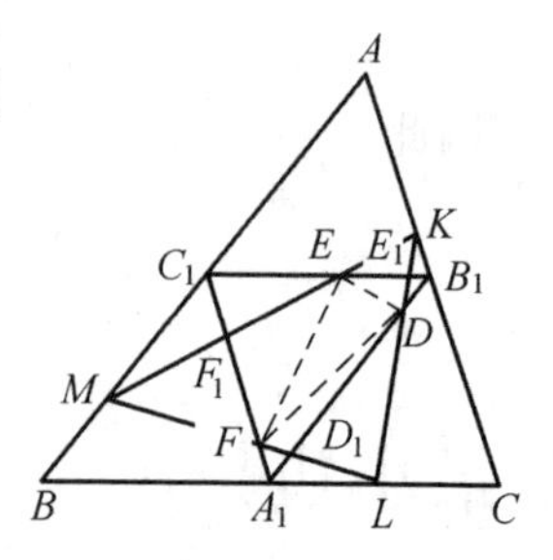

图1

于是 $A_1D_1 \leqslant D_1D$,因此

$$S_{\triangle A_1D_1F} \leqslant S_{\triangle D_1DF}$$

同理

$$S_{\triangle B_1E_1D} \leqslant S_{\triangle E_1ED}$$

$$S_{\triangle C_1F_1E} \leqslant S_{\triangle F_1FE}$$

所以

$$S_{\triangle A_1B_1C_1} - S \leqslant S_{\triangle D_1DF} + S_{\triangle E_1ED} + S_{\triangle F_1FE} = S - S_{\triangle DEF} \leqslant S$$

即

$$2S \geqslant S_{\triangle A_1B_1C_1} = \frac{1}{4}$$

亦即 $S \geqslant \frac{1}{8}$. 当点 M 和点 C_1 重合,点 L 和点 C 重合,点 K 和点 A 重合时,S 取最小值$\frac{1}{8}$.

❖最大直径

一个图形的直径是指这个图中任意两点间距离的最大值. 给定一个边长为 1 的正三角形,试指出如何用直线把它截成两部分,使得重新把这两部分拼成一个图后具有最大直径.

(1) 如果此图形必须是凸图形.

(2) 其他情形.

解 (1) 直径的最大值为$\frac{\sqrt{13}}{2}$.

若截线过正三角形的一个顶点,并且不过对边中点,则有如图 1 所示的三种情形.

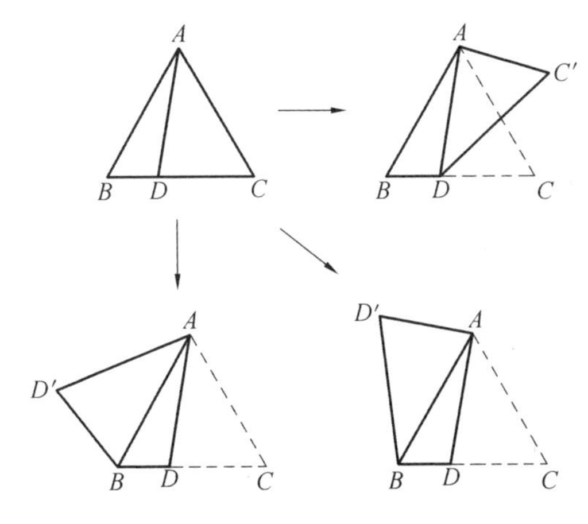

图 1

由于直径是由两个端点的距离产生的，所以这三个图形中只有 BC' 和 DD' 是新产生的长度，由于

$$BC' \leqslant \frac{1}{2}(BD + DC' + BA + AC') = \frac{3}{2} < \frac{\sqrt{13}}{2}$$

$$DD' \leqslant \frac{1}{2}(AD + BD + AD' + BD') = \frac{3}{2} < \frac{\sqrt{13}}{2}$$

若截线过一顶点且过对边中点，则还有如图 2 所示的两种情形.

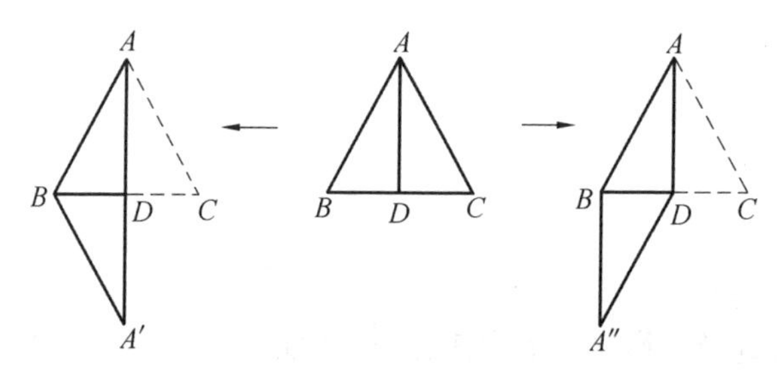

图 2

这时可求得

$$AA' = \sqrt{3} < \frac{\sqrt{13}}{2}$$

$$AA'' = \frac{\sqrt{13}}{2}$$

若截线不过任一顶点，不妨设它与 AC，BC 交于点 E，D. 若点 D 为 BC 的中点，则有如图 3 所示的两种情形. 此时有

$$AE' \leqslant \frac{\sqrt{13}}{2}$$

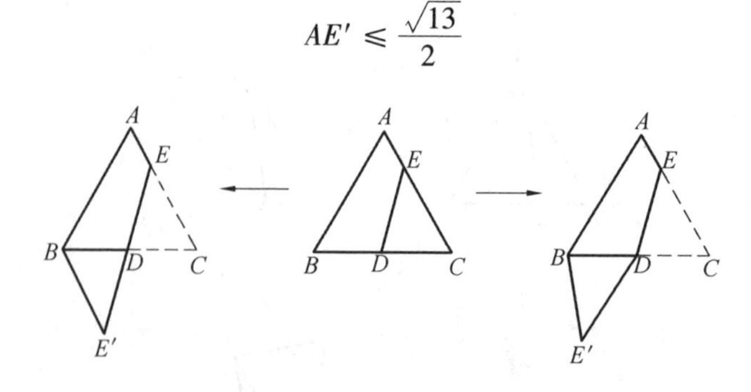

图 3

若点 D，E 不是中点，如图 4 所示，$AE = DC$，$BD = EC$，不妨设 $AE < \frac{1}{2}$，则 $\angle EDC + \angle AED > 180°$，$\angle ECD + \angle AED > 180°$，则 $\triangle EDC$ 不能接在四边形

$AEDB$ 的边 AE 上,因为此时得到的不是凸图形,所以 $\triangle EDC$ 只能接在边 BD 上. 这时有

$$\max\{AC', EC'\} \leqslant \frac{1}{2}(AB + BC' + C'D + DE + AE) =$$

$$\frac{1}{2}(AB + BC + CA) = \frac{3}{2} < \frac{\sqrt{13}}{2}$$

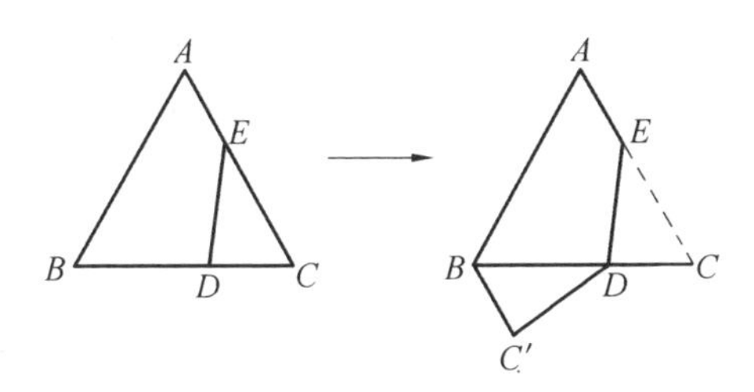

图 4

综上所述,拼成的凸图形的直径的最大值为$\frac{\sqrt{13}}{2}$.

(2) 直径的最大值是 2.

设一直线把 $\triangle ABC$ 截成两部分 M, N,令点 P 是拼接起来之后的两部分的公共点,对任意的 $X \in M, Y \in M$,有

$$XY \leqslant XP + PY \leqslant 1 + 1 = 2$$

所以此时的直径不超过 2.

如图 5,可以构造出直径为 2 的拼图.

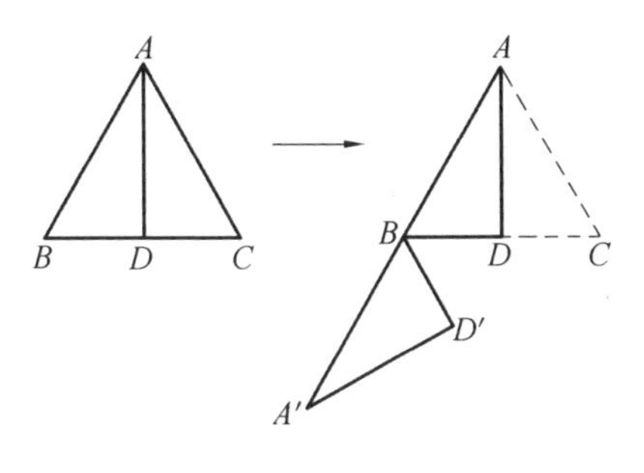

图 5

❖最佳射门点

一足球运动员,沿边线推进,然后发力射门.试确定其最佳射门点.

解 设球门宽为 L m,球场宽为 $2H+L$ m(图1),则当该足球运动员推进到离底线 x m 处的射门效果可以用该足球运动员对球门的水平张角 θ 来表示,由此得到目标函数

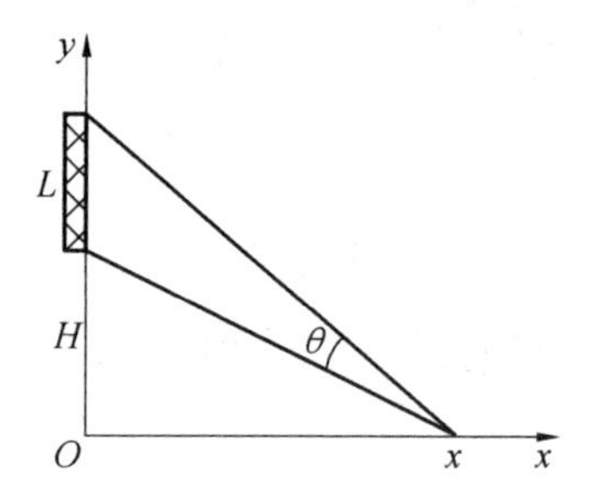

图1

$$\theta=\operatorname{arccot}\frac{x}{H+L}-\operatorname{arccot}\frac{x}{H}$$

$$\frac{d\theta}{dx}=-\frac{\frac{1}{H+L}}{1+\left(\frac{x}{H+L}\right)^2}+\frac{\frac{1}{H}}{1+\left(\frac{x}{H}\right)^2}=\frac{HL(H+L)-Lx^2}{[(L+H)^2+x^2](H^2+x^2)}$$

当 $0<x<\sqrt{H(H+L)}$ 时,$\frac{d\theta}{dx}>0$,$\theta(x)$ 是单调递增函数;当 $x>\sqrt{H(H+L)}$ 时,$\frac{d\theta}{dx}<0$,$\theta(x)$ 是单调递减函数.

可知当 $x=\sqrt{H(H+L)}$ 时,该足球运动员对球门的水平张角 θ 有最大值,所以该点即为所求之最佳射门点.

❖互不重叠

给定一个边长依次为 $1,\frac{1}{2},\frac{1}{3},\cdots,\frac{1}{n},\cdots$ 的正方形的无穷序列.试证:存在

一个正方形，使得可以把序列中所有正方形互不重叠地摆放在这个正方形内，并求能将所有正方形容纳下的最小正方形的边长是多少?

证明 首先，我们用构造法来证明这些正方形可以互不重叠地摆放在边长为1.5的正方形内.

先将边长分别为1，$\frac{1}{2}$和$\frac{1}{3}$的前3个正方形摆放在大正方形中(图1). 然后注意，对于任意$n\geqslant 2$，边长依次为$\frac{1}{2^n}, \frac{1}{2^n+1}, \cdots, \frac{1}{2^{n+1}-1}$的$2^n$个正方形的边长之和小于1，从而可以互不重叠地摆放在一个$1\times\frac{1}{2^n}$的矩形中. 而当n从2开始一直变到无穷时，所有这些矩形可拼成一个$1\times\frac{1}{2}$的矩形. 换句话说，除了前3个正方形外的所有其他正方形，可以互不重叠地摆放在$1\times\frac{1}{2}$的矩形中，即摆放在图1中左上角的矩形中.

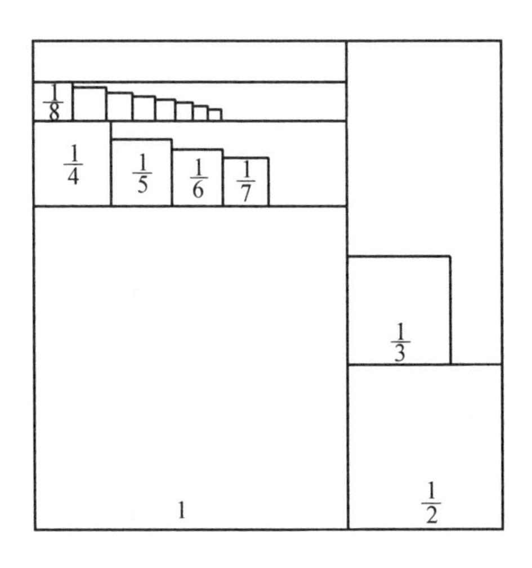

图1

然后我们来证明，任何一个其内能够互不重叠地摆放下边长为1和$\frac{1}{2}$的两个正方形的大正方形的边长都不小于1.5.

我们把边长为1的正方形N_1和边长为$\frac{1}{2}$的正方形N_2放在一个大正方形N中，使二者没有公共点. 这时，当然可以作一条直线l将正方形N_1和N_2隔开. 如

果直线 l 平行于正方形 N 的一条边，则 l 将正方形 N 分成两个矩形，于是正方形 N_1 和 N_2 的边长分别不大于它所在的矩形的短边长，即正方形 N 的边长不小于 1.5.

如果直线 l 与正方形 N 的边不平行，则 l 与正方形 N 的两条边相交且与另两边的延长线相交，构成两个直角三角形 H_1 和 H_2，二者各含有一个正方形（图2）.

为完成这种情形下的证明，我们先证如下的引理.

引理 含在给定的直角三角形中的所有正方形中，以直角的平分线为对角线的正方形最大.

将正方形平移并在必要时作位似放大，总可以使它的两个顶点分别在两条直角边上而第3个顶点在斜边上（图3）. 联结 KM 并分别作 $\triangle AKM$ 和 $\triangle BNM$ 的外接圆. 延长 KL 和 KN，分别交两圆于点 D 和点 E，则 D,M,E 三点共线，即联结 DE 过点 M. 易见 $\triangle DEK \backsim \triangle ABC$. 又因 $S_{\triangle DKM} \leqslant S_{\triangle AKM}, S_{\triangle EMN} \leqslant S_{\triangle BMN}$，所以有 $S_{\triangle DEK} < S_{\triangle ABC}$. 因此，正方形 $KLMN$ 的面积小于以 $\triangle ABC$ 中直角平分线为对角线的正方形的面积. 引理证毕.

由引理知，正方形 N_1 和 N_2 分别不大于以 H_1 和 H_2 的直角平分线为对角线的正方形，而后两个正方形的对角线长之和恰为正方形 N 的对角线，从而 N 的边长不小于 N_1 与 N_2 的边长之和 1.5.

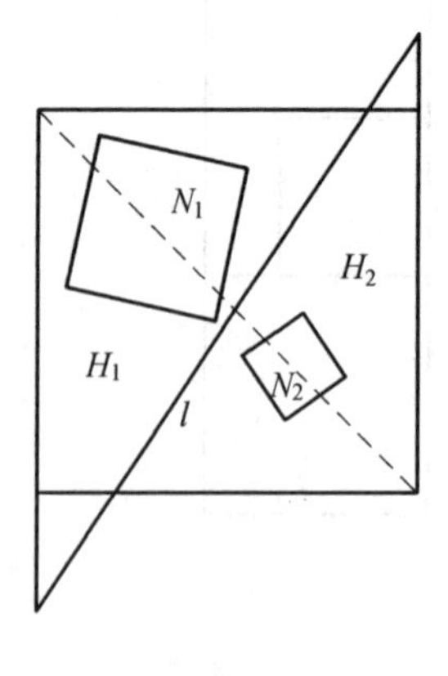

图2

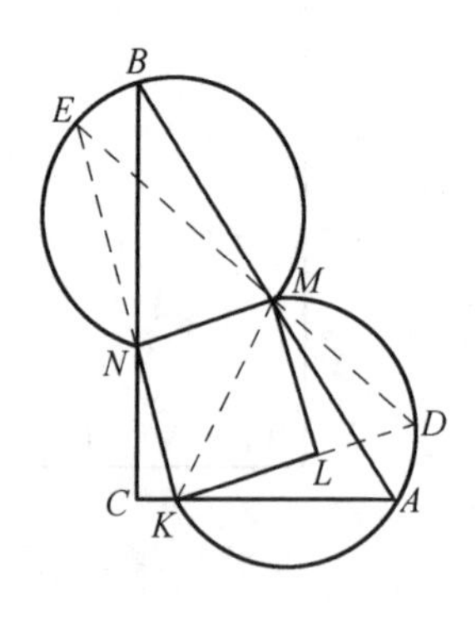

图3

❖椭圆问题

在所有能外接（内切）于一个已知三角形的椭圆中，哪一个椭圆有最小（最

大）的面积?

解 在一个平面上,作内接或外切于椭圆的有最大或最小面积的多边形的问题并不困难. 只需用投影的方法把椭圆变换成圆,从而这个问题就简化成一个众所周知的初等几何问题.

这个问题的解法建立在下面这两条辅助定理的基础上.

辅助定理 1 在所有内接于圆的三角形中,具有最大面积的三角形是等边三角形.

辅助定理 2 在所有外切于圆的三角形中,具有最小面积的三角形是等边三角形.

辅助定理 1 的证明 我们称圆的直径为 d,内接三角形的边和角分别为 p,q,r 与 α,β,γ,三角形面积为 J. 因此

$$J=\frac{1}{2}pq\sin\gamma$$

且

$$p=d\sin\alpha,\quad q=d\sin\beta$$

从而

$$J=\frac{1}{2}d^2\sin\alpha\sin\beta\sin\gamma$$

当 $\alpha=\beta=\gamma=60°$ 时,和为常数（$180°$）的这三个角 α,β,γ 的正弦之积 $\sin\alpha\sin\beta\sin\gamma$ 为最大,亦即当三角形为等边三角形时,这个最大三角形的面积为 $\frac{3}{16}\sqrt{3}d^2$,即为圆面积的 $\frac{\sqrt{27}}{4\pi}$.

辅助定理 2 的证明 如果我们把一个任意外切 $\triangle PQR$ 的边记为 p,q,r,那么从顶点 P,Q,R 到圆的切线之长为 $x=s-p$,$y=s-q$,$z=s-r$. 式中,s 表示三角形周长的 $\frac{1}{2}$,即

$$s=\frac{p+q+r}{2}=x+y+z$$

三角形的面积 J 及内切圆的半径 ρ 可用我们熟悉的公式

$$J=\rho s,\quad J=\sqrt{xyzs}$$

来求,得

$$s\rho^2=xyz$$

利用公式 $J=\rho s$,我们把上面这个等式用下列两种方式写为

$$\frac{1}{yz}+\frac{1}{zx}+\frac{1}{xy}=\frac{1}{\rho^2} \quad ①$$

$$\frac{1}{yz}\cdot\frac{1}{zx}\cdot\frac{1}{xy}=\frac{1}{J^2\rho^2} \quad ②$$

我们现在引入新的未知数

$$u=\frac{1}{yz},\quad v=\frac{1}{zx},\quad w=\frac{1}{xy}$$

得

$$u+v+w=\frac{1}{\rho^2},\quad uvw=\frac{1}{J^2\rho^2}$$

当 J 被认为是一个最小值,而 ρ 是常数时,uvw 必达到一个最大值.

然而和为常数的这些数 $u,v,w(u+v+w=$ 常数$)$,在它们彼此相等,即 $u=v=w$ 时,它们的乘积 uvw 达到最大值. 由此可见,当 $yz=zx=xy$,即 $x=y=z$,亦即 $p=q=r$ 时,外切三角形的面积变为最小,这就证明了辅助定理 2.

我们发现最小外切三角形的面积为最大内接三角形面积的 4 倍,即 $\sqrt{27}\rho^2$,从而得到这个外切三角形的面积与圆的面积之比为假分数$\frac{\sqrt{27}}{\pi}$.

现在来解椭圆的问题! 假设 G 为外接(内切)于已知 $\triangle abc$ 的任一椭圆,f 为它的面积,δ 为 $\triangle abc$ 的面积. 我们设想 G 为一个圆 H 的正投影,它的面积为 F. 对应于椭圆的内接(外切)$\triangle abc$,在此投影中,圆的内接(外切)$\triangle ABC$ 的面积为Δ. 如果u表示圆面与椭圆面之间的角的余弦,那么位于圆平面上的每块面积的正投影都为这块面积的 μ 倍,我们得到公式

$$f=\mu F,\quad \delta=\mu\Delta$$

因为 δ 为常数,所以在商$\frac{f}{\delta}$ 或者与它相等的商$\frac{F}{\Delta}$ 达到最小(最大) 时,f 得到一个最小值(最大值). 当 $\triangle ABC$ 为等边三角形时,根据辅助定理1,2,商$\frac{F}{\Delta}$ 达到它的最小(最大) 值$\frac{\pi}{\sqrt{27}}(\frac{4\pi}{\sqrt{27}})$.

为了在此条件下更精确地作出椭圆,我们应用正投影的特性:① 经过投影,平行性是保持不变的;② 在投影中,平行线段之间的比保持不变. 特别,同一直线上的两条线段之比是不变的.

现在圆心 M 为等边 $\triangle ABC$ 的中线的交点,并且通过 C 的直径等分与 AB 平行的弦. 因此 $\triangle abc$ 的中线的交点就是所求椭圆的中心 m,而且通过 C 的椭圆直径等分椭圆中平行于边 ab 的弦,所以 ab 与 mc 为椭圆的共轭方向. 现在因为圆半径 MK 平行于圆的弦(切线)AB 且等于 AB 的$\frac{1}{\sqrt{3}}(\frac{\sqrt{3}}{6})$,所以椭圆的半径 mk 也

平行于椭圆的弦(切线)ab,而且等于ab的$\frac{1}{\sqrt{3}}\left(\frac{\sqrt{3}}{6}\right)$.

结论 在所有能外接(内切)于一个已知$\triangle abc$的椭圆中,有最小(最大)面积的椭圆是这样的椭圆,它的中心m为$\triangle abc$中线的交点,从此点引至点C(ab的中点)的椭圆半径和平行于ab的椭圆半径$mk=\frac{ab}{\sqrt{3}}\left(\frac{ab}{2\sqrt{3}}\right)$为共轭半径.具有这种特性的椭圆——所谓斯坦纳椭圆的面积为三角形面积的

$$\frac{4\pi}{\sqrt{27}}\left(\frac{\pi}{\sqrt{27}}\right)$$

因此椭圆可以简便地作出.

❖号码之差

在一条纸带上印着号码从000000到999999的公共汽车票,然后把凡是号码的偶位数字之和与奇位数字之和相等的车票涂上蓝色.求两张相邻蓝票的号码差的最大值.

解 相邻蓝票的号码差的最大值为990.

首先证明,号码差为990的两张蓝票908919与909909之间没有蓝票.若不然,设有蓝票$\overline{abcdef}$在二者之间,即有

$$908919<\overline{abcdef}<909909 \quad ①$$

则显然有$a=9,b=0,8\leqslant c\leqslant 9$,且$a+c+e=b+d+f$.若$c=9$,则$d+f\geqslant 18$.因而有$\overline{abcdef}=909909$,此与式①矛盾.若$c=8$,则$d=9$,于是$f-e=8$.因为$e>1,f\leqslant 9$,故有$f-e\leqslant 7$,矛盾.这表明蓝票908919与909909之间没有蓝票,故所求的最大值不小于990.

另一方面,考察号码形如$\overline{abcabc}$的所有车票.显然,这样的票都是蓝票且它们构成一个公差为1 001的等差数列.又因蓝票的号码都是11的倍数,故知为证任何两张相邻蓝票的号码差都不超过990,只需再证下面的引理.

引理 对于任何一张蓝票的号码$\overline{abcabc}<999999$,在号码$\overline{abcabc}$和$\overline{abcabc}+1\ 001$之间都至少有1个号码是蓝票的号码.

引理的证明 分四种情形来讨论.

(1)若$c\neq 9,b\neq 9$,则$\overline{abcabc}+11$为蓝票;

(2) 若 $c=9,b=9$,则 $a\neq 9$,从而$\overline{abcabc}+11$ 为蓝票;

(3) 若 $c=9,b\neq 9$,则$\overline{abcabc}+110$ 为蓝票;

(4) 若 $c\neq 9,b=9$,则$\overline{abcabc}+1\ 001-11$ 为蓝票.

综上可知,两张相邻蓝票的号码差的最大值为 990.

❖内接圆锥体

在半径为 R 的球内,求一侧面积最大的内接圆锥体.

解 如图 1,设球心到内接圆锥体底面的距离为 x,底面半径为 y,母线长为 l,则侧面积为

$$S=\pi yl \quad ①$$

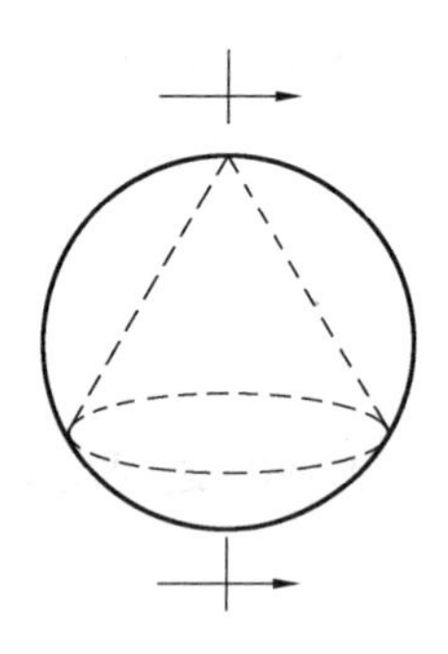

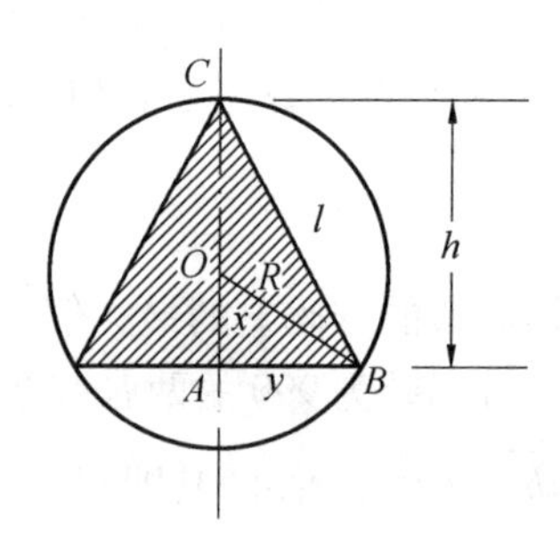

图 1

在 Rt$\triangle AOB$ 中,有

$$x^2+y^2=R^2$$

将 y 表示为 x 的函数,并取正值,得

$$y=\sqrt{R^2-x^2} \quad ②$$

又在 Rt$\triangle ABC$ 中,有

$$l^2=(R+x)^2+y^2=(R+x)^2+(R^2-x^2)$$

将上式开方,并取正值,得

$$l=\sqrt{(R+x)^2+(R^2-x^2)} \quad ③$$

将式 ② 及式 ③ 代入式 ①,整理得

$$S=\sqrt{2R}\pi(R+x)\sqrt{R-x}$$

或

$$S=\sqrt{2R}\pi(R+x)\cdot(R-x)^{\frac{1}{2}}$$

其中$\sqrt{2R}\pi$为常量,并由于

$$(R+x)+(R-x)=2R$$

为定值,所以当

$$\frac{R+x}{1}=\frac{R-x}{\frac{1}{2}} \quad ④$$

时,S达到最大值.

解式④得

$$x=\frac{1}{3}R$$

将x的值代入式②和式③,得

$$y=\frac{2\sqrt{2}}{3}R,\quad l=\frac{2\sqrt{6}}{3}R$$

因此,在半径为R的球内,当内接圆锥体的底面半径为$\frac{2\sqrt{2}}{3}R$,母线长为$\frac{2\sqrt{6}}{3}R$时,侧面积最大.

❖排列个数

对于$1,2,\cdots,10$的每一排列$\tau=(x_1,x_2,\cdots,x_{10})$,定义

$$S(\tau)=\sum_{k=1}^{10}|2x_k-3x_{k+1}| \quad ①$$

并约定$x_{11}=x_1$. 试求:

(1)$S(\tau)$的最大值与最小值.

(2)使$S(\tau)$达到最大值的所有排列τ的个数.

(3)使$S(\tau)$达到最小值的所有排列τ的个数.

解 (1)将$1,2,\cdots,10$的2倍与3倍共20个数写出如下

$$20,18,16,14,12,10,8,6,4,2$$
$$30,27,24,21,18,15,12,9,6,3 \quad ②$$

其中的较大10个数之和与较小10个数之和的差为$203-72=131$. 所以

$S(\tau)\leqslant 131$. 对于排列

$$\tau_0=(1,5,6,7,2,8,3,9,4,10)$$

容易算出 $S(\tau_0)=131$,所以 $S(\tau)$ 的最大值为 131.

为估计 $S(\tau)$ 的最小值,应从式② 中的 20 个数中选尽可能大的 10 个数作减数. 显然,30,27,24 和 21 无法选入,而 3 和 2 又不能不选入. 故能选入的最大数为 20 和 18 且两个 18 只能选入 1 个. 随后能选入的最大数为 16,这又导致 15 不能选入. 依此类推,可知尽可能大的 10 个减数为 20,18,16,14,12,10,8,6,3,2. 由此可知 $S(\tau)\geqslant 57$. 对于排列

$$\tau_1=(10,9,8,7,6,5,4,3,2,1)$$

容易算出 $S(\tau_1)=57$. 所以 $S(\tau)$ 的最小值为 57.

(2) 将 $2x_k$ 与 $3x_{k+1}$ 中较小的一个数称为小数,另一个称为大数. 由于 1,2,3,4 所产生的 8 个数都要作小数,而 10,9,8,7 所产生的 8 个数都要作大数,所以在使 $S(\tau)$ 取最大值的排列中,1,2,3,4 互不相邻,7,8,9,10 也互不相邻. 5 和 6 则既不能紧排在 7,8,9,10 之一的后面,又不能紧排在 1,2,3,4 之一的前面.

设 $x_1=1$,并参照下面的符号排列

1△○□△○□△○□△○

其中 2,3,4 任意填入 3 个“□”中,有 6 种不同填法;7,8,9,10 任意填入 4 个“○”中,共有 24 种不同填法;5 填入 4 个“△”之一中,有 4 种不同填法;6 填入 4 个“△”之一中,且当与 5 在同一个“△”中时,既可在 5 之前,又可在 5 之后,共有 5 种不同填法. 总结起来,当 $x_1=1$ 时,使 $S(\tau)$ 取最大值的不同排列的个数为

$$6\times 24\times 4\times 5=2\ 880$$

从而由轮换性知,使 $S(\tau)$ 取最大值的所有不同排列的个数为 28 800.

(3) 在(1) 的讨论中已知为使 $S(\tau)$ 取最小值,10 个大数应为 30,27,24,21,18,15,12,9,6,4. 为使 4 为大数,2 应排在 1 前;为使 6 为大数,3 应排在 2 前;为使 9 为大数,4 应排在 3 前;为使 12 为大数,4 之前只能为 5 或 6. 所以最小排列中,必有连续 5 项为 5,4,3,2,1 或 6,4,3,2,1. 以下称使 $S(\tau)$ 取最小值的排列为最小排列.

设 $x_1=10$,并考察含有连续 5 项为 5,4,3,2,1 的最小排列. 为使 15 和 18 为大数,5 和 6 不能紧随在 10 之后,即 x_2 只能为 7,8,9 之一. 6,7,8,9 这 4 个数中有 1 个为 x_2,另 3 个数在 x_2 后可任意排列,每种情形下都有 6 种,共有 18 种排列. 这时 5,4,3,2,1 这连续 5 项可以排在 6 或 7 之后,于是共有 36 种不同排列.

再考察含有连续 5 项为 6,4,3,2,1 的最小排列. 这时余下的 4 个数为 5,7,8,9. 它们共有 24 种不同排列,其中 5 开头的 6 种排列不满足要求;其中 5 在 9 之

后与5在8之后的各6种排列中只能将6,4,3,2,1排在5之前,而将不能相邻的9,8与5隔开,共12种排列,余下6种排列都是5在7之后相邻.这时6,4,3,2,1可以排在4个数中任何一数之后,共有24种排列.所以,含6,4,3,2,1的最小排列共有36种.

总结起来,$x_1=10$的最小排列共72种.再由轮换性知,使$S(\tau)$取最小值的最小排列共有720种.

❖二次问题

关于x的一元二次方程$2x^2-tx-2=0$的两个实根为$\alpha,\beta(\alpha<\beta)$.

(1)若x_1,x_2为区间$[\alpha,\beta]$上的两个不同的点,求证

$$4x_1x_2-t(x_1+x_2)-4<0$$

(2)设$f(x)=\frac{4x-t}{x^2+1}$,$f(x)$在区间$[\alpha,\beta]$上的最大值和最小值分别为$f_{\max}$和$f_{\min}$,且$g(t)=f_{\max}-f_{\min}$.求$g(t)$的最小值.

证明 (1)因为$x_1,x_2\in[\alpha,\beta]$,所以由抛物线$y=2x^2-tx-2$的开口向上,可知$f(x_1)\leqslant 0$且$f(x_2)\leqslant 0$,即

$$2x_1^2-tx_1-2\leqslant 0$$

$$2x_2^2-tx_2-2\leqslant 0$$

两式相加得

$$2(x_1^2+x_2^2)-t(x_1+x_2)-4\leqslant 0$$

故由平均值不等式可得

$$4x_1x_2-t(x_1+x_2)-4<0$$

(2)依题意

$$\alpha=\frac{t-\sqrt{t^2+16}}{4},\quad \beta=\frac{t+\sqrt{t^2+16}}{4}$$

所以

$$f(\alpha)=\frac{4\cdot\frac{t-\sqrt{t^2+16}}{4}-t}{\left(\frac{t-\sqrt{t^2+16}}{4}\right)^2+1}=\frac{-16\sqrt{t^2+16}}{t^2+t^2+16-2t\sqrt{t^2+16}+16}=$$

$$\frac{-8}{\sqrt{t^2+16}-t}$$

$$f(\beta)=\frac{8}{\sqrt{t^2+16}+t}$$

由$\sqrt{t^2+16}\geqslant|t|$,知$f(\beta)>0>f(\alpha)$.

另一方面,设$\alpha\leqslant x_1<x_2\leqslant\beta$,则

$$f(x_1)\cdot f(x_2)=\frac{[4+t(x_1+x_2)-4x_1x_2]}{(x_1^2+1)(x_2^2+1)}(x_1-x_2)$$

由(1)的结论可知$f(x_1)<f(x_2)$,从而$f(x)$在区间$[\alpha,\beta]$上是增函数.所以

$$g(t)=f_{\max}-f_{\min}=f(\beta)-f(\alpha)=$$

$$\frac{8}{\sqrt{t^2+16}+t}-\frac{-8}{\sqrt{t^2+16}-t}=\sqrt{t^2+16}\geqslant 4$$

等号在$t=0$时取得.

❖分装药片

有A,B,C三个药瓶,A瓶中装有1 997片药片,B瓶和C瓶都是空的,装满时可分别装97和19片药.每片药含100个单位有效成分,每开瓶一次该瓶内每片药都损失1个单位有效成分.某人每天开瓶一次,吃一片药,他可以利用这次开瓶的机会将药片装入别的瓶中以减少以后的损失,处理后将瓶盖都盖好.当他将药片全部吃完时,最少要损失多少个单位有效成分?

引理 当只有B和C两个瓶且B瓶装满药片而C瓶空着时,吃完全部药片的最小损失是903个单位有效成分.

引理的证明 从简单入手来考察损失最小值的变化规律.以下用三数组$(a,b,1)$表示为B瓶装有$a+b+1$片药片时,打开瓶吃1片并趁机将b片药片装入C瓶中,而三数组括号外,前面的数字是药片总数,后面的数字表示总损失的最小值.易见,当B瓶药片总数依次为1,2,3,4,5,6时,情况如下

1(0,0,1)1, 4(1,2,1)8

2(0,1,1)3, 5(2,2,1)11

3(1,1,1)5, 6(3,2,1)14

当B瓶开始时共有7片药时,即再增加1片药时,增加的1片应放入B瓶还是C瓶?若放入C瓶,则变为(3,3,1),总损失为18;若放入B瓶,则变为(4,2,1),总损失也是18.故知总损失的最小值为18,增加的1片放入B瓶和放入C瓶的效果是一样的.接着,从(3,3,1)出发,再增加1片药时,放入C瓶损失增加

5,而放入B瓶损失增加4,当然要放在B瓶中.当B瓶分得的药片数依次为4,5,6,而C瓶药片数不动时,总损失每次都增加4.故当药片总数依次为8,9,10时,每次增加的1片都应放在B瓶中.若从(4,2,1)开始,则也可以依次增加1片药,共3次,其中1次将药片放在C瓶中,而另两次放在B瓶中,使得总损失的最小值每次都增加4.这就是说,从(3,2,1)出发,C瓶药片数可从2增加到3,B瓶药片数可从3增加到6,每增加1片药都使损失的最小值增加4,于是有

$$7(3,3,1)18,\quad 9(5,3,1)26$$
$$8(4,3,1)22,\quad 10(6,3,1)30$$

当B瓶药片总数再增加时,无论将新增加的1片放入哪个瓶中,都将使损失的最小值至少增加5而无法更少,并且为保证每次增加5,C瓶药片数可由3增加到4,即只有1次增加机会;B瓶药片数可由6增加到10,即有4次增加机会.所以共有5次增加机会,例如可以写成11(6,4,1)35,14(9,4,1)50,12(7,4,1)40,15(10,4,1)55,13(8,4,1)45.

这样一来,当药片总数从0开始每增加1片时,损失的最小值增加1的有1次,增加2的有2次,增加3的有3次,增加4的有4次.一般的,增加k的有k次.因为$\frac{1}{2}\times 14\times 13=91$,所以有

$$91(78,12,1)819,\quad 95(81,13,1)875$$
$$92(78,13,1)833,\quad 96(82,13,1)889$$
$$93(79,13,1)847,\quad 97(83,13,1)903$$
$$94(80,13,1)861$$

至此引理得证.

解 考察3个瓶的情形.这时用四数组来表示第1次打开A瓶吃1片后,3个瓶中药片的分布状态:括号前的数表示开始时A瓶中药片总数,括号中前3个数依次表示A,B,C瓶中的药片数,括号后的数仍然表示总损失的最小值.于是有

$$1(0,0,0,1)1,\quad 13(4,5,3,1)37$$
$$2(0,0,1,1)3,\quad 14(4,6,3,1)41$$
$$3(0,1,1,1)5,\quad 15(5,6,3,1)45$$
$$4(1,1,1,1)7,\quad 16(6,6,3,1)49$$
$$5(1,1,2,1)10,\quad 17(7,6,3,1)53$$
$$6(1,2,2,1)13,\quad 18(8,6,3,1)57$$
$$7(1,3,2,1)16,\quad 19(9,6,3,1)61$$
$$8(2,3,2,1)19,\quad 20(10,6,3,1)65$$
$$9(3,3,2,1)22,\quad 21(10,6,4,1)70$$

10(4,3,2,1)25,　22(10,7,4,1)75

11(4,3,3,1)29,　23(10,8,4,1)80

12(4,4,3,1)33,　24(10,9,4,1)85

可见,当A瓶中的药片总数从0算起每增加1片时,损失的最小值增加1的有1次,增加2的有3次,增加3的有6次,增加4的有10次,而且B,C两瓶的变化规律与引理中相同.这样一来,若把损失增加n的次数记为a_n,则当增加n的a_n次排完之后,总数每增加1片时总损失的最小值都增加$n+1$.这时,C瓶中药片数可从$n-1$增加到n,只有1次机会;B瓶中药片数像引理中一样,有n次机会;A瓶中则有a_n个增加值,故有

$$a_{n+1}=a_n+n+1$$

递推可得

$$a_n=n+(n-1)+\cdots+1=\frac{1}{2}n(n+1)$$

但是,当C瓶增加到19或B瓶增加到97时,将无法再增加,a_n的表达式也将随之发生变化.为了搞清这种情形,将引理证明中的变化规律继续,则有

98(84,13,1),　106(91,14,1)

99(85,13,1),　107(92,14,1)

100(86,13,1),　108(93,14,1)

101(87,13,1),　109(94,14,1)

102(88,13,1),　110(95,14,1)

103(89,13,1),　111(96,14,1)

104(90,13,1),　112(97,14,1)

105(91,13,1)

让我们来计算一下,后3个数为(91,13,1)时,开始时A瓶药片总数是多少?注意,第3个数为13时,对应的是a_{14},于是有

$$\sum_{n=1}^{14}a_n=\sum_{n=1}^{14}\frac{1}{2}n(n+1)=\frac{1}{2}\sum_{n=1}^{14}n^2+\frac{1}{2}\sum_{n=1}^{14}n=$$

$$\frac{1}{12}\times 14\times 15\times 29+\frac{1}{4}\times 14\times 15=560$$

即A瓶药片总数为560时,对应的四数组及随后的9个四数组为

560(455,91,13,1),　565(455,95,14,1)

561(455,91,14,1),　566(455,96,14,1)

562(455,92,14,1),　567(455,97,14,1)

563(455,93,14,1),　568(456,97,14,1)

564(455,94,14,1),　569(457,97,14,1)

从而有

$$a_{15} = a_{14} + 7 = 112$$

接着,C 瓶每次可增加 1 片,B 瓶已经无法增加,所以有

$$a_{16} = a_{15} + 1 = 113, \quad a_{17} = a_{16} + 1 = 114$$

$$a_{18} = 115, \quad a_{19} = 116, \quad a_{20} = 117$$

$$a_1 + a_2 + \cdots + a_{20} = 560 + 687 = 1\ 247$$

这表明当 A 瓶药片总数为 1 247 时,B 和 C 两瓶均满,故当 $n \geqslant 20$ 时,$a_n = 117$. 由于 $1\ 997 - 1\ 247 = 750 = 117 \times 6 + 48$,所以 $a_{21} = a_{22} = \cdots = a_{26} = 117$,$a_{27} = 48$. 由此即得所求的损失总数的最小值为

$$\sum_{n=1}^{27} na_n = \sum_{n=1}^{14} \frac{1}{2}n^2(n+1) + \sum_{k=1}^{6}(111+k)(14+k) + \sum_{j=1}^{6} 117 \times (20+j) + 48 \times 27 = 35\ 853$$

❖底与高之和

在已知圆内求作内接等腰三角形,使这个等腰三角形的底与其底上的高的和为极大.

解 如图 1,任作一圆内接等腰 $\triangle ABC$,并作高 AD,延长 AD 至点 E,使 $DE = BC$,则 AE 为底与底上的高的和. 联结 EC,由 $DC : DE = 1 : 2$ 知 EC 的方向确定,在与 EC 平行的各直线中,能使 AE 最大,且与圆有公共点时应为圆的切线.

因此,作与 EC 平行的切线切圆于点 H. 连 AH 并在圆上取点 I,使 $AI = AH$,则 $\triangle AIH$ 即为所求.

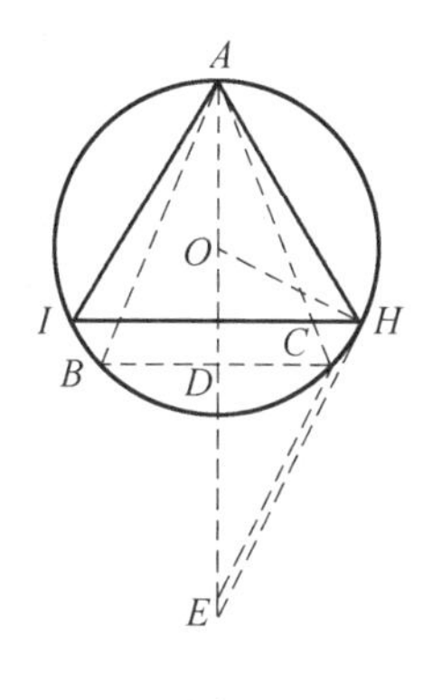

图 1

❖太空城市

MO 太空城由 99 个空间站组成. 任何两个空间站之间都有一条管形通道相连. 规定其中 99 条通道为双向通行的主干道,其余通道严格单向通行. 如果某 4 个空间站可以经由它们之间的通道从其中任一站走到另外任一站,则称这 4 个站的集合为一个互通四站组. 试为 MO 太空城设计一个方案,使得互通四站组

的数目最大,具体算出该最大数并证明你的结论.

解 将不能互通的四站组称之为坏四站组,于是坏四站组有三种可能情形:

(1) 站 A 引出的 3 条通道 AB,AC,AD 全都离开 A;

(2) 站 A 引出的 3 条通道全都走进 A;

(3) 站 A 与 B,C 与 D 之间都是双行干道,但通道 AC,AD 都离开 A,通道 BC,BD 都离开 B.

将第 1 种的所有坏四站组的集合记为 S,其他坏四站组的集合记为 T. 让我们来计算 $|S|$. 因为,太空城中共有

$$C_{99}^2-99=\frac{1}{2}\times 99\times 98-99=99\times 48$$

条单行通道. 设第 i 站走出的通道数为 S_i,于是

$$\sum_{i=1}^{99} S_i=99\times 48$$

这时从站 A_i 引出 3 条走出通道的 1 类坏四站组的个数为 $C_{S_i}^3$,从而有

$$|S|=\sum_{i=1}^{99} C_{S_i}^3\geqslant 99\times C_{48}^3=99\times 8\times 47\times 46$$

又因所有四站组的总数为

$$C_{99}^4=4\times 99\times 98\times 97$$

所以互通四站组的个数不多于

$$C_{99}^4-|S|\leqslant 4\times 99\times 98\times 97-8\times 99\times 47\times 46=$$
$$8\times 99(49\times 97-47\times 46)=2\ 052\ 072$$

下面构造一个例子,使得互通四站组的个数恰为 2 052 072. 为此,必须使从每个站 A_i 走出的通道的条数都是48. 从而走入的通道也是48 条,且每站都恰有两条双行通道,同时要保证只有 S 类坏四站组,没有 T 类坏四站组.

将99 个空间站写在一个圆内接正99 边形的99 个顶点上. 规定正99 边形的最长的对角线为双行通道. 于是每点都恰有两条双行通道. 对于站 A_i,按顺时针顺序接下去的 48 个站与 A_i 的单行通道都是从 A_i 走出的;按逆时针顺序接下去的 48 个站,通道都是走向 A_i 的. 下面我们来验证,在此规定之下,只有 S 类坏四站组,而没有 T 类坏四站组.

设$\{A,B,C,D\}$ 为任一四站组.

(i) 若 4 站之间有两条双行道,则显然是互通的.

(ii) 若 4 站之间有唯一双行道 AC,则站 B 和站 D 分别与站 A、站 C 形成一个环路,从而也是互通的.

（iii）由（i）和（ii）可知，坏四站组之间没有双行道，故只能是（1）和（2）两种情形之一. 若为（2），不妨设站 A 的 3 条通道全是走向 A 的，于是站 B、站 C、站 D 都从 A 算起，逆时针方向的 48 个站内的. 设其中站 D 离站 A 最远，从而通道 AD，BD，CD 都走出站 D. 这表明坏四站组都是 S 类的.

综上可知，互通四站组的个数的最大值为 2 052 072.

❖投射角问题

有一个斜抛物体（质点），其初速度为 v_0，投射角为 $\alpha\left(0<\alpha<\frac{\pi}{2}\right)$，当投射角 α 为多大时，物体着地时有最大的水平距离？

解 在时刻 t，质点的位置为

$$x=(v_0\cos\alpha)t,\quad y=(v_0\sin\alpha)t-\frac{1}{2}gt^2$$

设着地点为 P，则 $y_P=0$，从而可求得着地所花的时间为

$$t=\frac{2v_0\sin\alpha}{g}$$

此时的水平距离为

$$x=f(\alpha)=\frac{2v_0^2}{g}\sin\alpha\cos\alpha$$

令 $f'(\alpha)=0$，得 $\cos^2\alpha-\sin^2\alpha=0$，可知函数 $f(\alpha)$ 在 $\left(0,\frac{\pi}{2}\right)$ 上有唯一驻点 $\alpha=\frac{\pi}{4}$，此即为所求的最佳投射角.

注 本问题最后的目标函数也可表示为 $x=f(\alpha)=\frac{v_0^2}{g}\sin 2\alpha$，由初等数学基本知识即可知

$$x_{\max}=f\left(\frac{\pi}{4}\right)=\frac{v_0^2}{g}$$

❖标定方格

设 n 为正偶数，考察一块 $n\times n$ 的方格板. 如果两个不同方格有 1 条公共边，

则称它们是相邻的. 在这块方格板上标定 m 个方格,使得板上的每个方格都至少与1个标定方格相邻. 求标定方格个数 m 的最小值.

解 将方格板像国际象棋棋盘那样黑白相间地染色,并考虑所有的黑格. 显然,黑格的邻格都是白格. 故只需考虑为使每个黑格都至少有1个标定方格相邻,最少要标定多少个白格?

设 $n=2k, k\in\mathbf{N}$. 将方格板斜放,并取图1(a)中画有圆圈的方格为标定方格. 易见,方格板上每个黑格都恰与1个标定方格相邻. 当 k 为偶数时,标定方格的个数为

$$2+4+\cdots+k+(k-1)+\cdots+3+1=\frac{1}{2}k(k+1)$$

当 k 为奇数时,标定方格的个数为

$$2+4+\cdots+(k-1)+k+\cdots+3+1=\frac{1}{2}k(k+1)$$

这表明取 $\frac{1}{2}k(k+1)$ 个标定白格时,可以使每个黑格都至少与1个标定方格相邻. 同理,取 $\frac{1}{2}k(k+1)$ 个标定黑格时,也可以使每个白格都至少与1个标定方格相邻,故知所求标定方格个数 m 的最小值不大于 $k(k+1)$.

另一方面,考察图1(b)中画"×"的 $\frac{1}{2}k(k+1)$ 个黑格. 易见,它们两两之间没有公共的邻格. 换句话说,每个白格只能与这些画"×"的黑格中的一个相邻. 故为满足题中要求,至少应标定 $\frac{1}{2}k(k+1)$ 个白格. 同理,也至少要标定

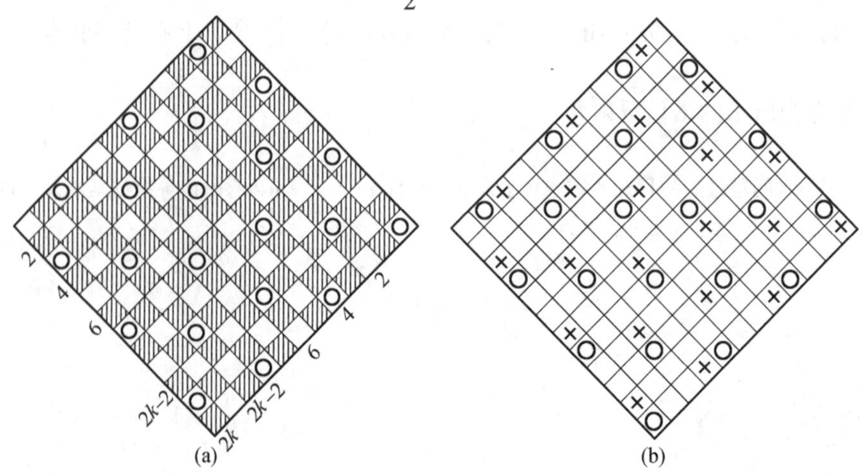

图1

$\frac{1}{2}k(k+1)$ 个黑格. 所以,为满足题中要求,至少要标定 $k(k+1)$ 个方格.

综上可知,标定方格的个数 m 的最小值为 $k(k+1)=\frac{1}{4}n(n+2)$.

❖圆的问题

在所有等周的(即有相等周长的)平面图形中,圆有最大的面积. 反之,在有相等面积的所有平面图形中,圆有最小的周长.

注 这个双重基本定理是由J. 斯坦纳首先证明的,他还提出了好几种证法. 这里我们仅考虑建立在斯坦纳对称原理基础上的一种证法.

证明 首先我们来证明问题的后半段.

显然只要限于考虑凸的平面图形就足够了,也就是联结它任意两点的线段都完全属于这个图形所围的部分平面.

定理 在有公共底边和高的所有梯形中,等腰梯形的两侧边之和为最小.

定理的证明 设梯形 $ABCD$ 为底边 BC 与 AD,及侧边 AB 与 CD 的任意梯形. 设点 B 对于 AD 的垂直平分线的镜像为点 B',CB' 的中点为点 C_0. 在 CB 的延长线上,我们取 $BB_0=CC_0$,得出等腰梯形 AB_0C_0D,它与已知梯形有公共底边和高,因而也有相同的面积(图1).

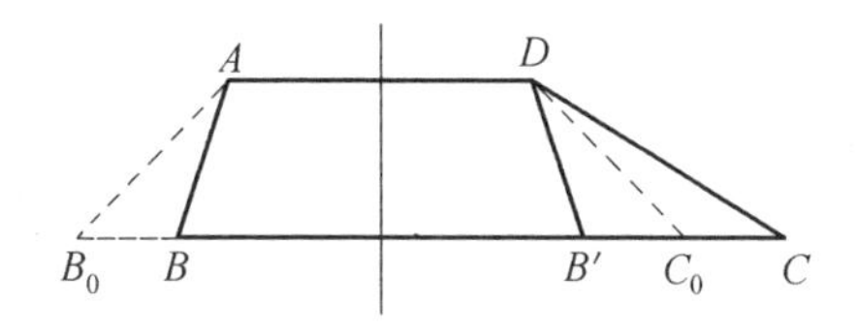

图1

如按 DC_0 本身的长将 DC_0 延长到 H,我们就得出平行四边形 $DCHB'$. 在这个四边形中,对角线 DH 短于边 DC 与 CH 之和,即

$$DH<DC+CH$$

然而,由于 $DH=2\cdot DC_0=DC_0+AB_0$,而 $CH=DB'=AB$,得

$$AB_0+DC_0<AB+DC$$

于是等腰梯形的侧边之和最短.

现在设 G 为有已知的面积 J 而周长最短的平面图形,设周长为 u.

我们画一条任意直线 g,并用 g 的若干垂线把 G 划分成若干个梯形 $ABCD$,我们选择所作的这些梯形要很狭窄,以至它们的弧形侧边 AB 与 CD 可以当作是直线的. 我们在 g 的两侧,从这些分画线 $\cdots AD, BC\cdots$ 与 g 的交点出发,在分画线上截取等于弦 $\cdots AD, BC\cdots$ 的 $\frac{1}{2}$ 长. 作为这样截取的结果,我们得出点 $\cdots A', D', B', C', \cdots$ 及梯形 $\cdots, A'B'C'D', \cdots$. 新的梯形 $A'B'C'D'$ 为等腰的,并且与 $ABCD$ 具有相等的底边和高,所以它们的面积也相等. 于是得出

$$A'B' + C'D' \leqslant AB + CD \qquad ①$$

其中等号只用于当梯形 $ABCD$ 也为等腰梯形时.

我们的方法使 G 得到一个有对称轴 g 的新的平面图形 G',G' 与 G 有相同的面积,并且它的周长也因而不能比 u 小. 这样一来,式①中的等号就必然经常应用. 因此所有梯形 $ABCD$ 都是等腰梯形,并且 BC 的垂直平分线就是 G 的一条对称轴线.

所以,最短周长的平面图形 G 在任何方向都有对称轴线. 这样的平面图形肯定是个圆.

现在我们来证问题的前半部分.

设 Ⅰ 与 Ⅱ 为 G 的两条互相垂直的对称轴线,M 为它们的交点. 设 G 的任意一点 P 对于 Ⅰ 的镜像为 P_1,又设 P_1 对于 Ⅱ 的镜像为 $P' \equiv P_{12}$. 于是 PMP' 为直线,且

$$MP' = MP$$

即点 M 是这个平面图形的一个中心.

现在来证 G 仅能有一个中心. 实际上,如果 N 是第二个中心,那么我们按 PM 本身的长将 PM 延长至点 P';接着按 $P'N$ 本身的长来延长 $P'N$ 就达到 G 上的一个新点 P'';然后我们按 $P''M$ 本身的长将 $P''M$ 延长至 G 的点 P''';按 $P'''N$ 本身的长将 $P'''N$ 延长到 G 的又一个另外的点,如此等等. 如果把这些操作用图来表示就可以看到,照这样下去最后总是要超出纸外(指 G 所在的图纸)的,这当然是不合理的. 所以 G 只有一个中心点 M.

由此进一步得到:M 必在 G 的每一条对称轴线上.

实际上,如果 M 不在 G 的对称轴线 a 上,则我们能画出 M 与图形上任意的点 P 对于 a 的镜像 m 与 p,把 pM 按它本身的长延长到图形上的点 p',并画出 p' 对于 a 的镜像 p''. 现在,由于 p'' 是 G 的一点,所以 Pmp'' 是一条直线,且 $mp''=mP$. 这就意味着 G 有第二个中心 m,而这个点是不存在的.

这样一来,所有对称轴线交于点 M.

现在设 F 为 G 的一个固定边界点,P 为 G 的一个任意边界点. 因为 FP 的垂直平分线为 G 的对称轴线,它通过点 M. 因此

$$MP = MF$$

即 G 的所有边界点是与点 M 等距离,故平面图形 G 为一个圆.

因此,在所有等面积的平面图形中,圆的周长是最短的.

逆定理叙述如下:

在所有等周的平面图形中,圆的面积是最大的.

设不为圆的任意平面图形 G 的周长 f 等于圆 H 的周长 k. 设 G 的面积为 F, H 的面积为 K.

现在假定 $F \geqslant K$,我们来考虑面积为 $K' = F$ 且与 H 同心的圆 H',设它的周长为 k'. 因为 H' 覆盖 H,所以

$$k' \geqslant k \quad ②$$

但根据上面证过的定理,因平面图形 H' 与 G 有相同的面积,得到 $k' < f$ 或

$$k' < k \quad ③$$

然而不等式 ② 和 ③ 彼此矛盾. 这样一来,$F \geqslant K$ 的假定必是错误的. 因此,$F < K$. 证毕.

❖最大元数

设 $S = \{1,2,\cdots,n\}$,A 是由集合 S 的若干个子集所组成的集合,使得 A 中的任何两个元素作为 S 的两个子集都互不包含. 求集合 A 的元数 $|A|$ 的最大值.

解 对于任何一个这样的集合 A,设 A 中共有 f_k 个 S 的 k 元子集,$k = 1, 2,\cdots,n$,于是 f_k 都是非负整数且

$$|A| = \sum_{k=1}^{n} f_k \quad ①$$

当 f_k 为正整数时,对于每个属于 A 的 S 的 k 元子集 $\{a_1,a_2,\cdots,a_k\}$,以 $a_1, a_2,\cdots,a_k$ 为前 k 个元素的 S 的所有排列的个数为 $k!\ (n-k)!$. 由于 A 中的任何两个元素作为 S 的子集互不包含,所以由 A 中子集所导出的上述排列互不相同. 于是有

$$\sum_{k=1}^{n} f_k k!\ (n-k)!\ \leqslant n! \quad ②$$

又因当正整数 n 固定时,组合数 $\{C_n^0, C_n^1,\cdots,C_n^n\}$ 中以 $C_n^{[\frac{n}{2}]}$ 为最大. 因而由式 ① 和式 ② 有

$$|A| = \sum_{k=1}^{n} f_k \leqslant C_n^{[\frac{n}{2}]} \sum_{k=1}^{n} \frac{f_k}{C_n^k} =$$

$$C_n^{[\frac{n}{2}]}\frac{1}{n!}\sum_{k=1}^{n}f_k k!\ (n-k)!\ \leqslant C_n^{[\frac{n}{2}]}$$

另一方面,当 A_0 为 S 的所有$[\frac{n}{2}]$元子集所组成的集合时,恰有

$$|A_0|=C_n^{[\frac{n}{2}]}$$

综上可知,满足题中要求的集 A 的元数的最大值为 $C_n^{[\frac{n}{2}]}$.

❖最小项数

设 $S=\{1,2,3,4\}$,n 项数列 $a_1,a_2,\cdots,a_n$ 具有下列性质:对于 S 的任何一个非空子集 B(集合 B 的元数记为 $|B|$),在该数列中都有相邻的 $|B|$ 项恰好组成集合 B. 求项数 n 的最小值.

解 对于每个 $i\in S$,都可以与 S 中的另外 3 个元素各组成一个二元子集,即共有 3 个含 i 的二元子集. 若 i 在数列中仅出现 1 次,则含 i 的相邻两项组至多两个. 所以 i 在数列中至少出现两次. 由于 1,2,3,4 都至少出现两次,故数列至少有 8 项,即 $n\geqslant 8$.

另一方面,容易验证,8 项数列 3,1,2,3,4,1,2,4 满足题中条件.

综上可知,数列项数 n 的最小值为 8.

❖整数数对

求所有的正整数对(x,y),使得函数 $f(x,y)=\frac{x^4}{y^4}+\frac{y^4}{x^4}-\frac{x^2}{y^2}-\frac{y^2}{x^2}+\frac{x}{y}+\frac{y}{x}$ 在(x,y)处达到最小,并求这个最小值.

解 对 $f(x,y)$ 进行变形得

$$\begin{aligned}f(x,y)=&\left(\frac{x^4}{y^4}-2\cdot\frac{x^2}{y^2}+1\right)+\left(\frac{y^4}{x^4}-2\cdot\frac{y^2}{x^2}+1\right)+\\&\left(\frac{x^2}{y^2}-2+\frac{y^2}{x^2}\right)+\left(\frac{x}{y}-2+\frac{y}{x}\right)+2=\\&\left(\frac{x^2}{y^2}-1\right)^2+\left(\frac{y^2}{x^2}-1\right)^2+\left(\frac{x}{y}-\frac{y}{x}\right)^2+\left(\sqrt{\frac{x}{y}}-\sqrt{\frac{y}{x}}\right)^2+2\geqslant 2\end{aligned}$$

当且仅当 $x=y$ 时上述等号成立,故当 $x=y$ 为正整数时

$$f_{\min}=2$$

❖变换次数

给定一个由 n 个数组成的数列 $a_1,a_2,\cdots,a_n$,然后对它们进行如下的变换,使数列变为

$$|a_1-a|,|a_2-a|,|a_3-a|,\cdots,|a_n-a|$$

其中 a 为任意取定的一个数. 这样的变换可进行多次,每次所取的 a 可互不相同.

(1) 试证可经过若干次这样的变换,使数列中的 n 个数全都变为零.

(2) 求使上述目标对于任何初值都能实现所需要的变换次数的最小值.

解 设 $a_1^{(k)},a_2^{(k)},\cdots,a_n^{(k)}$ 是在对数列 $a_1,a_2,\cdots,a_n$ 作了 k 次变换之后所得到的数列,而 a_k 是在作第 k 次变换时所取的减数 a 之值.

如果取 $a_1=\frac{1}{2}(a_1+a_2)$,则在作了第 1 次变换后所得到的数列 $a_1^{(1)}$,$a_2^{(1)},\cdots,a_n^{(1)}$ 中有

$$a_1^{(1)}=a_2^{(1)}=\frac{1}{2}|a_1-a_2|$$

即前两项相等. 如果再取 $a_2=\frac{1}{2}(a_2^{(1)}+a_3^{(1)})$,则在 $a_1^{(2)},a_2^{(2)},\cdots,a_n^{(2)}$ 中又有

$$a_1^{(2)}=a_2^{(2)}=a_3^{(2)}=\frac{1}{2}|a_2^{(1)}-a_3^{(1)}|$$

依此类推,在第 i 次变换中,令 $a_i=\frac{1}{2}(a_i^{(i-1)}+a_{i+1}^{(i-1)})$,则在数列 $a_1^{(i)},a_2^{(i)},\cdots$,$a_n^{(i)}$ 中,前 $i+1$ 项都相等. 特别当 $i=n-1$ 时,数列中的 n 项都相等. 于是只要再取 $a_n=a_n^{(n-1)}$,则再作一次变换,数列中的 n 项就都变成零了. 可见,进行了上述的 n 次变换后,数列中的所有项全都变成零了.

下面来证明,对于数列 $1!,2!,\cdots,n!$,必须经过 n 次变换,才能使它的所有项全都变为零.

注意,如果在将某个数列变为全零数列的过程中的某一步中所取的减数 α 小于此时数中各项的最小值,则变换的次数可以减少. 因为若下一步减数为 β,则两次变换可以合并为一次来进行,只要取减数为 $\alpha+\beta$ 就可以了. 类似的,如

果某次变换所取的减数 α 大于数列各项的最大值，则变换的次数也可以减少. 由此可知，如果一个数列是在经过了最少次数的变换后变为全零数列的，那么在变换过程的每一步所取的减数都介于当时数列中各项的最小值与最大值之间.

现在用数学归纳法来证明，至少要经过 n 次变换，才能将数列 $1!,2!,\cdots,n!$ 变为全零数列.

当 $n=2$ 时命题成立，因为 1 次变换不可能使两个不等的项同时变为零. 设命题于 $n=k$ 时成立. 当 $n=k+1$ 时，如果经 k 次变换将数列 $1!,2!,\cdots,k!,(k+1)!$ 变成了全零数列，当然也将它的前 k 项全变为零. 从而由归纳假设及前面的讨论可知，k 次变换中所取的减数 $a_1,a_2,\cdots,a_k$ 都满足 $1\leqslant a_j\leqslant k!,j=1,2,\cdots,k$. 这样一来，在 k 次变换之后必有

$$a_{k+1}^{(k)}\geqslant a_{k+1}^{(k-1)}-k!\geqslant(k+1)!-k\cdot k!=k!>0$$

这与反证假设矛盾，从而证明了要将数列 $1!,2!,\cdots,n!$ 变为全零数列，至少要经过 n 次变换.

综上可知，所求的变换次数的最小值为 n.

❖正四面体

正四面体 Γ 的六条棱与水平面所成的角中，最大的角为 θ. 若 Γ 可在空间任意转动，求 θ 的最小值.

解　不妨设 Γ 的棱长为 1，Γ 的各棱在水平面上的正投影中最短的长度为 x，则 $\cos\theta=x$.

设 Γ 的四个顶点为 A,B,C,D，在水平面上的正投影分别为 A',B',C',D'. Γ 的正投影为三角形或四边形.

当 Γ 的正投影是 $\triangle A'B'C'$ 时，点 D' 被 $\triangle A'B'C'$ 所包含. 若点 D' 在 $\triangle A'B'C'$ 的边界（如 $A'B'$）上，则 $A'D'+D'B'=A'B'\leqslant 1$，所以 $A'D'$ 或 $D'B'$ 不超过 $\frac{1}{2}$. 若点 D' 在 $\triangle A'B'C'$ 的内部，则 $\triangle A'D'B',\triangle B'D'C',\triangle C'D'A'$ 至少有一个为钝角三角形. 不妨设 $\triangle A'D'B'$ 为钝角三角形，则 $A'D'^2+B'D'^2\leqslant A'B'^2\leqslant 1$，从而 $A'D'$ 或 $D'B'$ 不超过 $\frac{\sqrt{2}}{2}$.

当 Γ 的正投影为凸四边形 $A'B'C'D'$ 时. 四边形内角至少有一个不小于 $90°$，不妨设 $\angle A'\geqslant 90°$，则 $A'B'^2+A'D'^2\leqslant B'D'^2\leqslant 1$，从而 $A'B'$ 或 $A'D'$ 不超

过$\frac{\sqrt{2}}{2}$.

另一方面,当Γ的一对对棱均与水平平面平行时,Γ在水平面上的投影是边长为$\frac{\sqrt{2}}{2}$的正方形,此时$x=\frac{\sqrt{2}}{2}$.

综上所述,x的最大值为$\frac{\sqrt{2}}{2}$,因而θ的最小值为45°.

❖数列项数

设$S=\{1,2,3,4\}$,$a_1,a_2,\cdots,a_k$是由S中的数所组成的数列,且它包含S的所有不以1结尾的排列,即对于S中4个数的任何排列(b_1,b_2,b_3,b_4),$b_4\neq 1$,都有i_1,i_2,i_3,i_4,使得

$$a_{i_j}=b_j,\quad j=1,2,3,4\text{ 且 }1\leqslant i_1<i_2<i_3<i_4\leqslant k$$

求数列项数k的最小值.

解 (1)由1,2,3组成的数列,如果包含$\{1,2,3\}$的所有排列,则至少有7项.

设在1,2,3中3最后出现,则第1个3至少是第3项.为了包含排列(3,2,1)和(3,1,2),3的后面应有2,1,2或1,2,1.如果后面还有一个3,则共有7项;如果后面不再有3,则唯一的3的前面也要有3项,共有7项.

(2)由1,2,3,4组成的数列,如果包含$\{1,2,3,4\}$的所有排列,则至少有12项.

由对称性知,可设数列中值为4的项最少.若其中只有1项是4,则由前段证明知,它的左方和右方至少各有7项,从而数列至少有15项.设数列中有两个4,分别记为$4^{(1)}$,$4^{(2)}$,其中$4^{(1)}$在$4^{(2)}$的左方.于是数列T可表示为

$$T=a4^{(1)}b4^{(2)}c$$

其中a,b,c是原数列被两个4分成的3段,记其项数分别为$l(a)$,$l(b)$,$l(c)$.由(1)知

$$l(a)+l(b)\geqslant 7,\quad l(b)+l(c)\geqslant 7$$

若$l(a)\geqslant 3$或$l(c)\geqslant 3$,则显然有$l(T)\geqslant 12$.若$l(a)\leqslant 2$,即$4^{(1)}$之前至多有2项,不妨设为1,2,于是排列(2,1,4,3),(3,1,4,2),(3,2,4,1)中的4都只能是$4^{(2)}$,从而c中至少有1,2,3各1个,即$l(c)\geqslant 3$.这就证明了$l(T)\geqslant 12$.

(3) 由对称性知,可设(2) 中的数列的最后1项为1,从而把1去掉时,便得到满足题中要求的数列,反之亦然. 故知这样的数列至少有 11 项.

数列

$$1,2,3,4,1,3,2,1,4,2,3$$

满足题中要求且恰有 11 项.

综上可知,满足题中要求的数列最少有 11 项.

❖最短折痕

如图 1,有一张长方形纸条 $ABCD$,宽 $AB=4$ cm,而 BC 充分长. 现在要将纸条沿折痕 PQ 翻折,使点 B 落在边 AD 上. 求折痕 PQ 的最短长度.

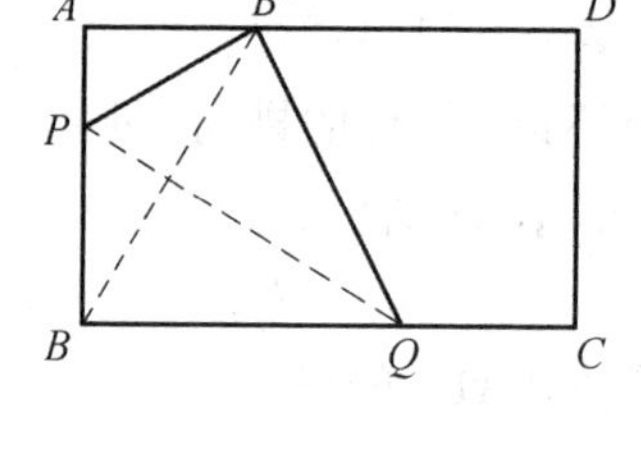

图 1

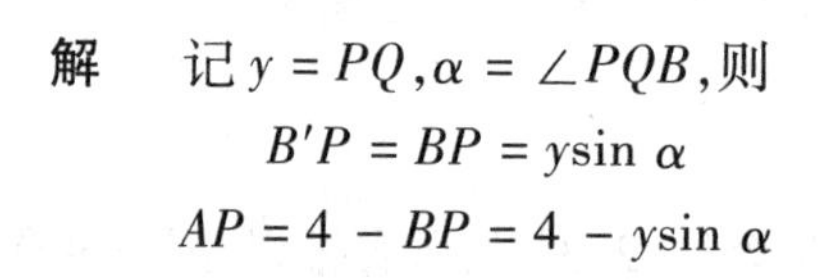

解 记 $y=PQ,\alpha=\angle PQB$,则

$$B'P=BP=y\sin\alpha$$

$$AP=4-BP=4-y\sin\alpha$$

$$\angle B'PA=2\alpha$$

由

$$\frac{AP}{B'P}=\cos\ \angle B'PA$$

即

$$\frac{4-y\sin\alpha}{y\sin\alpha}=\cos 2\alpha=2\cos^2\alpha-1$$

可建立目标函数

$$y=\frac{2}{\cos^2\alpha\sin\alpha}$$

其定义域为 $0<\alpha\leqslant\frac{\pi}{4}$. 为运算方便,改变一下目标函数的形式

$$u=\frac{2}{y}=\cos^2\alpha\sin\alpha$$

求导得

$$\frac{\mathrm{d}u}{\mathrm{d}\alpha}=\cos^3\alpha-2\cos\alpha\sin^2\alpha=\cos^3\alpha(1-2\tan^2\alpha)$$

令$\frac{du}{d\alpha}=0$,解得目标函数在定义域上的唯一驻点

$$\alpha=\arctan\frac{1}{\sqrt{2}}$$

由于目标函数 u 在定义域上可微,驻点唯一,且根据实际意义可知 u 的最大值(即y的最小值)存在,所以这个驻点就是u的最大值点,也就是y的最小值点.

因为 $\cos\alpha=\sqrt{\frac{2}{3}}$,$\sin\alpha=\frac{1}{\sqrt{3}}$,所以

$$y_{\min}=\frac{2}{u_{\max}}=\frac{2}{\left(\sqrt{\frac{2}{3}}\right)^2\times\left(\frac{1}{\sqrt{3}}\right)}=3\sqrt{3}$$

❖负中有正

在一个有限的实数数列中,任何连续7项之和都是负数而任何连续11项之和都是正数.试问这样一个数列最多有多少项?

解 如果数列有 17 项,则可排列如下

$$\begin{matrix} a_1, & a_2, & a_3, & \cdots, & a_{10}, & a_{11} \\ a_2, & a_3, & a_4, & \cdots, & a_{11}, & a_{12} \\ a_3, & a_4, & a_5, & \cdots, & a_{12}, & a_{13} \\ \vdots & \vdots & \vdots & & \vdots & \vdots \\ a_7, & a_8, & a_9, & \cdots, & a_{16}, & a_{17} \end{matrix}$$

由已知,其中每行数之和为正,从而表中所有数之和为正;另一方面,表中每列数之和为负,从而表中所有数之和为负,矛盾.这说明满足要求的数列至多有16 项.

考察如下的数列

$$5,5,-13,5,5,5,-13,5,5,-13,5,5,5,-13,5,5$$

其中任何连续7项中都有5个5和两个 -13,其和为 -1;任何连续11项中都有8个5和3个 -13,其和为1.可见,这个数列满足题中要求且有16项.故知满足题中要求的数列最多有16项.

❖晨昏蒙影

在已知纬度的地方,一年之中的哪一天晨昏蒙影最短?

注 这个问题是1542年由P. 纽尼斯(Portuguese Nunes)在他的著作中提出但未解决的. J. 伯努利和德·达朗贝尔用微分学的方法解决了这个问题,但得到的结果并不简易. 第一个初等解法起源于斯道尔(Stoll),下面这个非常简单的解法是来自勃留诺(Brünnow)的.

解 晨昏蒙影在民用和天文方面是有差别的. 民用晨昏蒙影在太阳中心低于水平线6.5°时结束. 大约就在这样的时间,为了继续工作,人们必须开灯. 天文晨昏蒙影在太阳的中心低于水平线18°时结束. 大约在这样的时间,天文学家才能开始进行观察.

选取太阳中心与地平线相遇的瞬间为晨昏蒙影的开始是方便的.

设观测点的纬度为φ,太阳的极距为p.

晨昏蒙影的时间是用角d测算的,这个角d是在由太阳确定的航海三角形用来表示晨昏蒙影开始与结束的双时圆弧形成的. 如果我们用这样的方法将这些三角形中的一个重叠到另一个三角形上,使两个极距重合,两个纬度的余弦b(公有天体的极点P)之间的角就表示晨昏蒙影的持续时间角d(图1). 在此位置,设三角形为$\triangle PCX$与$\triangle PCY$,其中$PC=p$,$PX=PY=b=90°-\psi$,$CX=90°$,$CY=90°+h$(h表示晨昏蒙影结束时太阳低于水平线的深度),且$\angle XPY=d$. 此外,又设$XY=u$与$\angle XCY=\psi$.

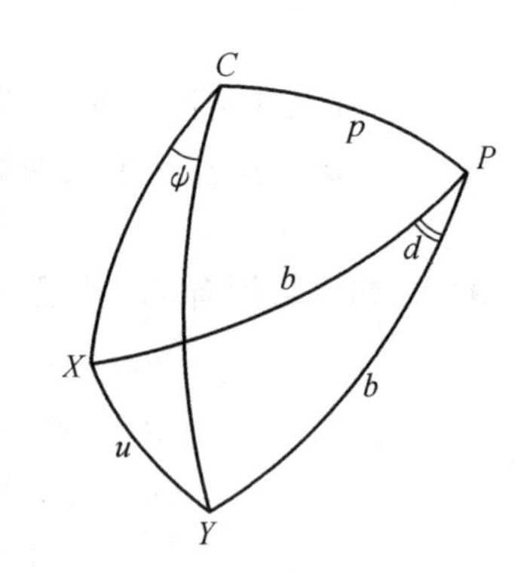

图1

在等腰$\triangle PXY$中,根据余弦定律,得

$$\cos d=\frac{\cos u-\sin^2\varphi}{\cos^2\varphi} \quad ①$$

因此,当$\cos u$为极大值时,d为一个极小值或$\cos d$为极大值.

但在$\triangle CXY$中,有

$$\cos u=\cos CX\cos CY+\sin CX\sin CY\cos\psi$$

或因$\cos CX=0$,$\sin CX=1$,$\sin CY=\cos h$,而

$$\cos u=\cos h\cos\psi$$

这样一来,当$\cos\psi$为极大值时,即当$\psi=0$时,$\cos u$达到最大可能值.在晨昏蒙影最短的这天,点X相应地落在边CY上,等腰$\triangle PXY$的底边$XY(XY=u)$为h.同时,我们从式①求得晨昏蒙影的最小持续时δ为

$$\cos\delta=\frac{\cos h-\sin^2\varphi}{\cos^2\varphi}$$

或根据下列公式

$$\cos\delta=1-2\sin^2\frac{\delta}{2},\ \cos h=1-2\sin^2\frac{2}{h}$$

得

$$\sin\frac{\delta}{2}=\frac{\sin\frac{h}{2}}{\cos\varphi} \tag{②}$$

为求得太阳的相应的倾角δ,根据余弦定理,我们用角$\omega=\angle PCX=\angle PCY$两倍的余弦来表达,并规定其结果彼此相等.

从$\triangle PCX$(因$\cos CX=0,\sin CX=1$)得出

$$\cos\omega=\frac{\sin\varphi}{\sin p}$$

又从$\triangle PCY$(因$\cos CY=-\sin h,\sin CY=\cos h$)得

$$\cos\omega=\frac{\sin\varphi+\cos p\sin h}{\sin p\cos h}$$

由于以上两式相等,我们得到

$$\sin\varphi\cos h=\sin\varphi+\cos p\sin h$$

或

$$-\cos p\sin h=\sin\varphi(1-\cos h)$$

或

$$-\cos p\cdot 2\cdot\sin\frac{h}{2}\cdot\cos\frac{h}{2}=\sin\varphi\cdot 2\cdot\sin^2\frac{h}{2}$$

最后

$$\cos p=-\sin\varphi\tan\frac{h}{2}$$

由于符号为负,所以极距p是北纬的钝角,太阳的倾角δ是朝南的,而且

$$\sin\delta=\sin\varphi\tan\frac{h}{2} \tag{③}$$

最短晨昏蒙影持续时间是由式②确定的,白天的太阳向南倾斜,此时出现的晨昏蒙影由式③得出.

根据倾角,所要求的那一天就可用航海年鉴来求得.如果使用常见的公式

$$\sin\delta = \sin\varepsilon\sin l \tag{4}$$

也可求得有足够精度的数据. 这里,δ 表示太阳的倾角,l 表示秋分点或春分点对太阳的角距,ε 表示黄道的倾角($23°27'$). 因为以上述的角距平均每天按 $m = 59.1'$ 变化,所以所求的数据是从 9 月 23 日或从 3 月 21 日,按 $n = \frac{l}{m}$ 天变化的.

例如,对于莱比锡($\varphi = 50°20'6''$),我们从式 ③ 求得 $\delta = 7°6'12''$,然后再从式 ④ 求得 $l = 18°6'18''$,进而又得 $n = 18.4$. 所以在莱比锡晨昏蒙影在 10 月 11 日和 3 月 3 日最短.

❖托尔斯泰全集

托尔斯泰全集共 100 卷杂乱无序地摆放在书架上,每次允许将其中任意具有不同奇偶性卷号的两卷交换位置. 问最少要进行多少次这样的交换,才能保证它们按照卷号的顺序摆放?

解 用 100 个点 $x_1, x_2, \cdots, x_{100}$ 来代表书架上的 100 个位置. 当第 i 个位置放着第 j 卷书时($i \neq j$),就在点 x_i 与 x_j 间连一条线并标上指向 x_j 的箭头. 全部标好之后,我们得到一个有向图,其中每点的度数都为 2 或 0,而在度数为 2 的顶点,恰有 1 个箭头指向它和 1 个箭头离开它. 注意,顶点 x_i 度数为 0 意味着第 i 个位置已经放着第 i 卷书.

去掉这些度数为0的孤立顶点,便得到一个每点度数皆为2的有向图. 由图论定理知,它可分解为若干个两两没有公共顶点的圈. 当将两本书进行交换时,如果交换位置的两本书处于两个不同的圈中,则交换后两个圈变为 1 个圈,我们称之为"接合";如果被交换的两本书处于同一个圈中且对应两点相邻,则一个圈变成了两个圈(当然可能出现退化为孤立点的情形),我们称之为"分解".

现在假定在长度大于1的圈(即至少有两个顶点的圈)中,有 a 个圈仅由偶数号的顶点组成,有 b 个圈仅由奇数号的顶点组成. 显然有 $a \leqslant 25$, $b \leqslant 25$. 不妨设 $0 < b \leqslant a$. 于是,至多经过 a 次"接合",便可使得所有圈中都既有奇数号顶点又有偶数号顶点. 这样一来,只要再作"分解"就可以了. 实际上,每次分解都可对一对相邻顶点进行,从而使其中至少 1 点成为孤立点,且当圈中奇(偶)数号顶点多时,就让奇(偶)数号顶点成为孤立点,于是分解可进行到底,即全部化成孤立点. 显然,这样的分解至多要99次. 从而整个交换过程至多有124次交换.

另一方面,当50个偶数号顶点组成1个圈而50个奇数号顶点每两个组成1

个圈共25个圈时,为了消灭奇数号的圈,至少要进行25次接合交换. 此外,设在整个交换过程中共有 k 个既有偶顶点又有奇顶点的圈,则原来唯一的有偶顶点的圈至少要先进行 $k-1$ 次分解. 设这 k 个圈中顶点个数分别为 $n_1,n_2,\cdots,n_k$. 由于有 n_j 个顶点的圈要变成 n_j 个孤立点至少要进行 n_j-1 次分解,故总共要进行的分解次数至少为

$$(n_1-1)+(n_2-1)+\cdots+(n_k-1)+(k-1)=99$$

这表明至少要进行 $25+99=124$ 次交换.

综上可知,所求的交换次数的最小值为124.

❖百科全书

一套5卷百科全书按递增顺序摆放在书架上,即自左至右由第1卷依次排至第5卷. 现想把它们改换为按递降顺序摆放,即改为自左至右由第5卷依次排至第1卷,但每次只许交换相邻摆放的两卷的位置,问最少要进行多少次这种交换才能达到目的?

解 依次将第1卷与第2卷、第3卷、第4卷、第5卷交换位置,可将第1卷调至最右边的位置. 再将第2卷依次与第3,4,5卷交换位置,可得到5卷书的排位为(3,4,5,2,1). 然后再作下列交换:{3,4},{3,5},{4,5},即得排位为(5,4,3,2,1),共进行了10次交换.

另一方面,将5卷书从排位(1,2,3,4,5)改为(5,4,3,2,1),任何两卷书 A 和 B 的左右顺序都要改变,而这只有在两卷书变为相邻时进行交换才能实现. 因此,任何两卷书都至少交换1次,总共至少交换10次.

综上可知,最少要交换10次才能实现题中的要求.

❖域内最值

已知函数 $f(x)=\dfrac{x}{\sqrt{4+x^2}}+\dfrac{x}{\sqrt{4-x^2}}$ 的定义域是 $\left[-\dfrac{3}{2},\dfrac{3}{2}\right]$,$f(x)$ 在 $\left[-\dfrac{3}{2},\dfrac{3}{2}\right]$ 上是否有最大值或最小值?如果有,请求出最大值或最小值;如果没有,请说明理由.

解 在$\left[-\frac{3}{2},\frac{3}{2}\right]$上,由于

$$f(-x)=\frac{-x}{\sqrt{4+(-x)^2}}+\frac{-x}{\sqrt{4-(-x)^2}}=-\left(\frac{x}{\sqrt{4+x^2}}+\frac{x}{\sqrt{4-x^2}}\right)=-f(x)$$

故$f(x)$是奇函数.

当$0<x\leqslant\frac{3}{2}$时,有

$$g(x)=\frac{x}{\sqrt{4+x^2}}=\frac{1}{\sqrt{\frac{4}{x^2}+1}},\quad h(x)=\frac{x}{\sqrt{4-x^2}}=\frac{1}{\sqrt{\frac{4}{x^2}-1}}$$

因此,$g(x)$和$h(x)$在$0<x\leqslant\frac{3}{2}$时都是增函数,所以$f(x)=g(x)+h(x)$在$0<x\leqslant\frac{3}{2}$时也是增函数,且

$$f(x)_{\max}=f\left(\frac{3}{2}\right)=\frac{21+15\sqrt{7}}{35}$$

由于函数$f(x)$在$\left[-\frac{3}{2},\frac{3}{2}\right]$上是奇函数,所以$f(x)$也有最小值,且

$$f(x)_{\min}=f\left(-\frac{3}{2}\right)=-\frac{21+15\sqrt{7}}{35}$$

❖区分覆盖

设$S=\{1,2,\cdots,n\}$,其中$n\geqslant 2$,$F=\{A_1,A_2,\cdots,A_t\}$,其中$A_i\subset S$,$i=1,2,\cdots,t$. 如果对任何$x,y\in S$都有$A_i\in F$,使得$|A_i\cap\{x,y\}|=1$,则称F是区分S的. 如果$S\subset\bigcup\limits_{i=1}^{t}A_i$,则称$F$是覆盖$S$的. 已知$F$既区分又覆盖$S$,求$t$的最小值$f(n)$.

解法1 设$n=2^r$并令

$A_1=\{1,2,\cdots,2^{r-1}\}$

$A_2=\{1,2,\cdots,2^{r-2},2^{r-1}+1,2^{r-1}+2,\cdots,2^{r-1}+2^{r-2}\}$

$A_3=\{1,2,\cdots,2^{r-3},2^{r-2}+1,2^{r-2}+2,\cdots,2^{r-2}+2^{r-3},2^{r-1}+1,2^{r-1}+2,\cdots,2^{r-1}+2^{r-3},2^{r-1}+2^{r-2}+1,2^{r-1}+2^{r-2}+2,\cdots,2^{r-1}+2^{r-2}+2^{r-3}\}$

⋮

$A_{r-1}=\{1,2,5,6,9,10,\cdots,2^t-3,2^t-2\}$

$A_r=\{1,3,5,7,\cdots,2^t-3,2^t-1\}$

易见 $F=\{A_1,A_2,\cdots,A_r\}$ 区分 S 且 $\bigcup_{i=1}^{r}A_i=\{1,2,\cdots,2^r-1\}=\{1,2,\cdots,n-1\}$. 显然,将 F 只要再加1个集合 $A_0=\{n\}$ 即可覆盖 S. 从而有

$$f(n)\leqslant r+1=【\log_2 n】+1 \tag{①}$$

而当 $2^{r-1}+1\leqslant n\leqslant 2^r-1$ 时,F 本身(必要时与 S 取交)就是既区分又覆盖 S 的,故这时式①仍然成立.

另一方面,我们用数学归纳法来证明式①的反向不等式,即

$$f(n)\geqslant r+1,\quad 2^r\leqslant n\leqslant 2^{r+1}-1 \tag{②}$$

由 $f(2)=f(3)=2$ 知当 $r=1$ 时,式②成立. 设当 $r=k$ 时成立. 当 $r=k+1$ 时,设 $F=\{A_0,A_1,\cdots,A_t\}$ 既区分又覆盖 S. 记 $A'_0=S-A_0$,于是 $|A_0|+|A'_0|=n$,不妨设 $|A_0|\geqslant【\frac{n}{2}】$. 这时 $\{A_1\cap A_0,A_2\cap A_0,\cdots,A_t\cap A_0\}$ 既区分又覆盖 A_0. 于是由归纳假设知 $t\geqslant f\left(【\frac{n}{2}】\right)\geqslant k+1$. 从而得知式②于 $r=k+1$ 时也成立.

综上可知,$f(n)=【\log_2 n】+1$.

解法2 设 $F=\{A_1,A_2,\cdots,A_t\}$ 既区分又覆盖 S. 考察 S 的子集 A_i 与元素的关系表:

元素 \ 子集	A_1	A_2	$\cdots$	A_t
1	x_{11}	x_{12}	$\cdots$	x_{1t}
2	x_{21}	x_{22}	$\cdots$	x_{2t}
$\vdots$	$\vdots$	$\vdots$	$\cdots$	$\vdots$
n	x_{n1}	x_{n2}	$\cdots$	x_{nt}

其中

$$x_{ij}=\begin{cases}1, & 当\ i\in A_j\\ 0, & 当\ i\notin A_j\end{cases}$$

其中 $i=1,2,\cdots,n,j=1,2,\cdots,t$. 由于 F 是覆盖的,所以每个元素 i 至少属于1个 A_j,即表中每行数都不全为0;由于 F 是区分的,所以表中每两行数都不完全相同. 由于由 t 个分量组成,每个分量都是0或1的不同非0向量共有 2^t-1 个,故得

$$n\leqslant 2^t-1$$

从而得到

$$f(n) \geqslant 【\log_2 n】 + 1 \qquad ③$$

另一方面,对于 $n \in \mathbf{N}$,取 $t \in \mathbf{N}$,使得 $2^{t-1} \leqslant n \leqslant 2^t - 1$,并取 n 个不同的非零 t_- 向量

$$(x_{i1}, x_{i2}, \cdots, x_{it}), \quad i = 1, 2, \cdots, n$$

其中 x_{ij} 为0或1.定义子集 $A_j \subset S$ 如下:对每个 $i \in S$,当且仅当 $x_{ij} = 1$ 时 $i \in A_j$,$j = 1, 2, \cdots, t$.容易验证,$F = \{A_1, A_2, \cdots, A_t\}$ 既区分又覆盖 $S = \{1, 2, \cdots, n\}$,故得

$$f(n) \leqslant t = 【\log_2 n】 + 1 \qquad ④$$

由式③和式④得

$$f(n) = 【\log_2 n】 + 1$$

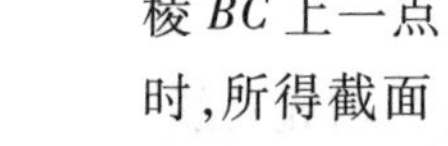

❖截面面积

如图1,棱锥 $S - ABCD$ 的底面是中心为 O 的矩形 $ABCD$,$AB = 4$,$AD = 12$,$SA = 3$,$SB = 5$,$SO = 7$,过顶点 S、底面中心 O 和棱 BC 上一点 N 作棱锥的截面.求当 BN 为何值时,所得截面 $\triangle SMN$ 的面积取得最小值?这个截面 $\triangle SMN$ 的面积的最小值是多少?

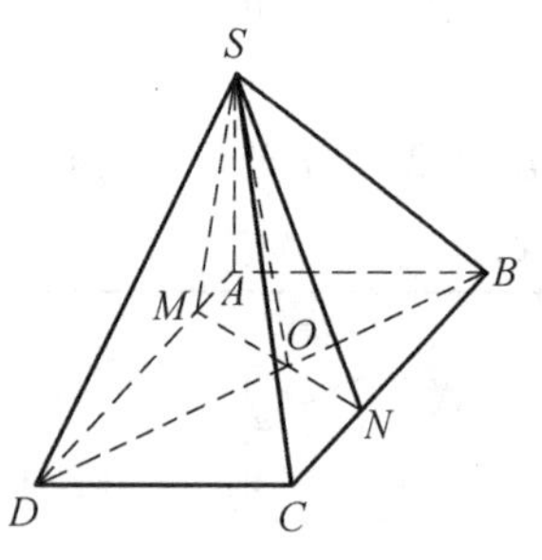

图1

解 由已知

$$SA^2 + AB^2 = SB^2$$
$$SA^2 + AO^2 = SO^2$$

所以

$$\angle SAB = 90°, \quad \angle SAO = 90°$$
$$SA \perp 底面ABCD$$

又

$$CB \perp AB$$

从而

$$CB \perp 面SAB$$

设 $BN = x$,则

$$AM = CN = BC - BN = 12 - x$$
$$SN = \sqrt{SB^2 + BN^2} = \sqrt{25 + x^2}$$
$$SM = \sqrt{SA^2 + AM^2} = \sqrt{x^2 - 24x + 153}$$

$$MN=\sqrt{AB^2+(AM-BN)^2}=2\sqrt{x^2-12x+40}$$

因为

$$S_{三角形}=\frac{1}{2}bc\sin A=\frac{1}{2}bc\sqrt{1-\cos^2A}=$$

$$\frac{1}{2}bc\sqrt{1-\left(\frac{b^2+c^2-a^2}{2bc}\right)^2}=$$

$$\frac{1}{4}\sqrt{4b^2c^2-(b^2+c^2-a^2)^2}$$

所以

$$S_{截面\triangle SMN}=\frac{1}{4}\sqrt{4(x^2-24x+153)(25+x^2)-(2x^2-24x-18)^2}=$$

$$\frac{1}{2}\sqrt{52x^2-816x+3\ 744}=\sqrt{13\left(x-\frac{102}{13}\right)^2+\frac{1\ 764}{13}}$$

所以当 $BN=\frac{102}{13}$ 时,截面面积取得最小值 $\sqrt{\frac{1\ 764}{13}}=\frac{42\sqrt{13}}{13}$.

❖城堡按钮

城堡里有3个分别编号为1,2,3的按钮,打开城堡的密码是一个3位数.为了一定能够打开城堡,最少需要按多少次按钮?(当且仅当连续地且正确地依次按出密码的3位数字,城堡才能被打开)

解 因为由1,2,3这3个数字所组成的不同的3位数共有27个,故只要按出一长串数字,使其中含有全部27个3位数即可.显然,除了所按的前两个数字之外,从第3个数字开始的每1个数字都是1个3位数的个位数字(如23132中含有3个3位数:231,313和132,它们的个位数字分别是5个数字中的后3个数字).可见,为了按出全部27个3位数,至少要按29次按钮.

另一方面,当按29次按钮次序如下时

11123222133313121223113233211

27个3位数各出现1次,故能打开城堡.

综上可知,为了打开城堡,最少要按29次按钮.

❖版面安排

现在要出版一本书每页纸张的面积为 600 cm^2,要求上下各留 3 cm,左右各留 2 cm 的空白. 试确定纸张的宽和高,使每页纸面能安排印刷最多的内容.

解 设纸张的宽为 x,则高为$\frac{600}{x}$,从而可得目标函数

$$S=(x-4)\left(\frac{600}{x}-6\right)=624-6x-\frac{2\ 400}{x},\quad 4<x<100$$

求导得

$$\frac{\mathrm{d}S}{\mathrm{d}x}=\frac{2\ 400}{x^2}-6$$

令$\frac{\mathrm{d}S}{\mathrm{d}x}=0$,得目标函数在定义域内的唯一驻点

$$x=20$$

由于目标函数在定义域上可导,驻点唯一,且根据问题的实际意义可知其最大值一定存在,所以所得的驻点就是最大值点. 这时书本纸张的页面为宽和高分别为 20 cm 和 30 cm 的长方形.

❖保险柜锁

已知一个保险柜上的锁由 3 个旋钮组成,每个旋钮都有 8 种不同的位置. 由于年久失修,现在 3 个旋钮中只要有两个位置正确即可打开柜门. 问最少要试验多少种组合,才能保证必能打开柜门?

解 每个旋钮的 8 种不同位置分别记为 $1,2,\cdots,8$,每种组合记为(i,j,k),其中 $1\leqslant i,j,k\leqslant 8$. 下面用字典排列法写出 $1\leqslant i,j,k\leqslant 4$ 的任何两个三数组至多有一个数相同的三数组 16 个,将其中每个三数组的分量都同时加上 4 得到另外的 16 个三数组,共有 32 个三数组如下

$$(1,1,1),(2,1,2),(3,1,3),(4,1,4)$$
$$(1,2,2),(2,2,1),(3,2,4),(4,2,3)$$
$$(1,3,3),(2,3,4),(3,3,1),(4,3,2)$$

$$(1,4,4),(2,4,3),(3,4,2),(4,4,1)$$
$$(5,5,5),(6,5,6),(7,5,7),(8,5,8)$$
$$(5,6,6),(6,6,5),(7,6,8),(8,6,7)$$
$$(5,7,7),(6,7,8),(7,7,5),(8,7,6)$$
$$(5,8,8),(6,8,7),(7,8,6),(8,8,5)$$

对于 3 个旋钮位置的任一组合(i,j,k),由对称性知,可设$1 \leqslant i,j \leqslant 4$. 易见,$(i,j)$ 必在前 16 个三元组的某一组中的前两个分量中出现,所以只要试验这 32 次必能打开柜门.

另一方面,试验 31 次时,不能保证必能打开柜门.

设 K 为这 31 个三元组所组成的集合. 如果两个三元组至少有两个分量相同,我们就说其中一个覆盖了另一个. 试验这 31 次保证打开柜门等价于 K 中的 31 个三元组覆盖了所有可能的三元组.

我们把每个三元组看成三维空间的一个整点,则所有可能的 8^3 个三元组恰对应于一个边长为7的正方体内和表面上的所有整点(i,j,k),$1 \leqslant i,j,k \leqslant 8$. 显然,每个整点都覆盖与它有两个坐标相同的共 21 个整点,即为过点(a,b,c)所作的分别平行于 3 条坐标轴的 3 条直线上的各 7 个整点.

将 K 中的整点涂成红点,则 31 个红点分布在 8 个平面上:$z=1,2,\cdots,8$. 由抽屉原理知其中必有一个平面,其上至多有 3 个红点. 不妨设这个平面是 $z=1$,而 3 个红点是$(1,1,1)$,$(2,2,1)$ 和$(3,3,1)$(其他情形在平面上覆盖的点都不多于这种情形). 于是有 25 个点

$$(i,j,k), \quad 4 \leqslant i,j \leqslant 8, \quad k=1$$

未被这 3 个红点覆盖,从而这 25 个点都只能用其他平面上的红点来覆盖. 由于这时一个红点只能覆盖25个点中的一点,故需25个红点才能把它们全都覆盖. 除了这 25 个红点之外 K 中还有 6 个红点,因此,满足条件 $1 \leqslant a,b \leqslant 3$ 的红点(a,b,c) 至多有 6 个. 而下列 8 个集合

$$P_k=\{(i,j,k) \mid 1 \leqslant i,j \leqslant 3\}, \quad k=1,2,\cdots,8$$

中总有一个集合中不含红点,因而其中的9个整点要用9个红点来覆盖,这不可能.

综上可知,最少要试验 32 次,才能保证打开柜门.

❖等腰三角形

在半径为 R 的圆内,求一面积最大的内接等腰三角形.

解 设内接等腰 $\triangle ABC$ 的高 CD 为 h,底 AB 之半长为 y,则面积为

$$S = yh \tag{①}$$

将圆心 O 至 AB 的距离记为 x,则有

$$h = R + x \tag{②}$$

又由 $\mathrm{Rt}\triangle BOD$ 得

$$y^2 = R^2 - x^2 \tag{③}$$

将式 ① 平方,然后将式 ② 和式 ③ 代入,得

$$S^2 = (R^2 - x^2)(R + x)^2 = (R - x)(R + x)(R + x)(R + x)$$

等式两边均用"3" 乘之,得

$$3S^2 = 3(R - x)(R + x)(R + x)(R + x)$$

即

$$3S^2 = (3R - 3x)(R + x)(R + x)(R + x)$$

由于式中各因数的和

$$(3R - 3x) + (R + x) + (R + x) + (R + x) = 6R$$

为定值,所以当

$$3R - 3x = R + x \tag{④}$$

时,$3S^2$ 达最大值.

考虑到 S 与 $3S^2$ 同时达到最大值,故解式 ④,得到 S 为最大时的 x 值

$$x = \frac{1}{2}R$$

将 x 值代入式 ② 和式 ③,得

$$h = \frac{3}{2}R,\quad y = \frac{\sqrt{3}}{2}R$$

因此,在半径为 R 的圆内,当内接等腰三角形的底边为 $\sqrt{3}R$,高为 $\frac{3}{2}R$ 时,其面积最大. 并且不难证明,该等腰三角形为等边三角形.

❖海战游戏

在海战游戏中,敌舰潜伏在有 7×7 个方格的正方形海域,岸上炮台每射击一次击中一个方格. 已知敌舰的形状是:

(1)4 连格的条形(图 1(a));

(2) 非正方形的 4 连格形(图 1(a),(b),(c),(d)).

问为了保证击中敌舰,最少应射击多少次?

解 (1) 因为 7×7 方格正方形上可以互不重叠地放置 12 个 4×1 的条形，故为了击中敌舰，至少应射击 12 次.

图 1 中(e) 或(f) 表明，只要射击 12 次，就一定能击中敌舰. 故知这时射击的最少次数为 12 次.

(2) 图 1 中(g) 或(h) 表明，只要射击 20 次，就一定能击中. 下面证明 20 就是射击的最少次数.

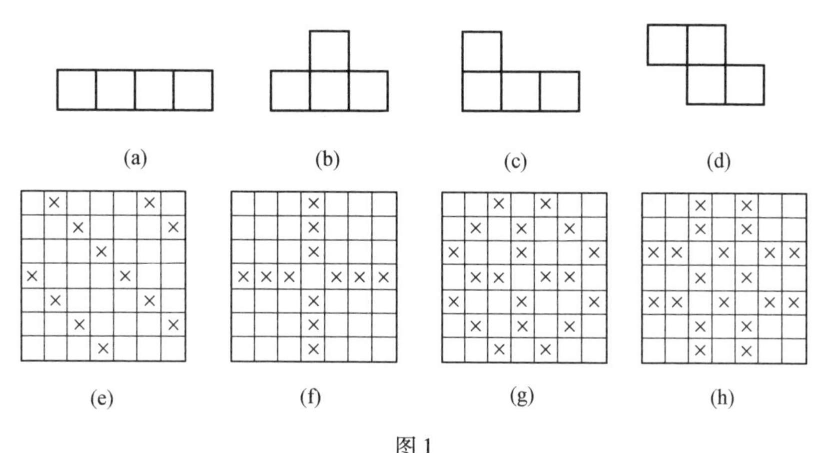

图 1

从 7×7 方格板中，可以分划出 4 个互不重叠的 3×4 矩形. 如果射击不超过 19 次，总有一个 3×4 矩形至多被击中 4 次. 为使击中敌舰，每列 3 格应被击中一次. 而任何一行至多被击中两次. 考察图 2 中的 a 和 b 两个方格. 若 a 没有被击中，则考察以 a 为中心的 3×3 正方形. 其中的 9 个方格被击中 3 个，每行每列各一个. 不妨设为 1,3,6. 但这时 8,7,a,b 四格可藏敌舰. 故知 a,b 两格必被击中. 这样一来，1,3,4,5,6,7 格未被击中. 但这时 4 个角格总有一个未被击中，假如是 2 格，于是 1,2,3,4 可藏 1 艘敌舰. 这说明为了保证 3×4 矩形中的敌舰被击中，至少要射击 5 次，从而 7×7 矩形至少要射击 20 次. 故知射击的最少次数为 20 次.

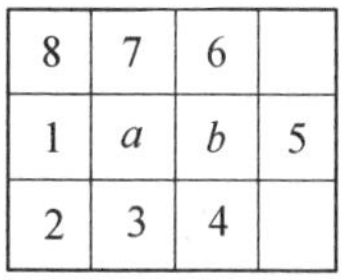

8	7	6	
1	a	b	5
2	3	4	

图 2

❖锥内套柱

在高为 h，底面半径为 r 的正圆锥体内，求一体积最大的内接圆柱体.

解　设内接圆柱体的半径为 x,高为 y,则体积为

$$V = \pi x^2 y \tag{①}$$

如图 1,因为

$$\triangle BDC \backsim \triangle BOA$$

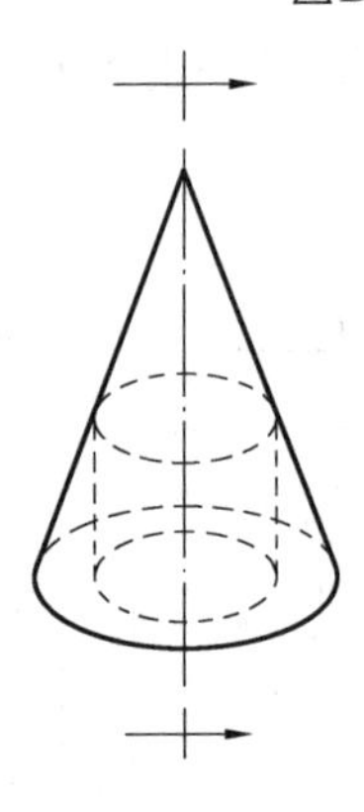

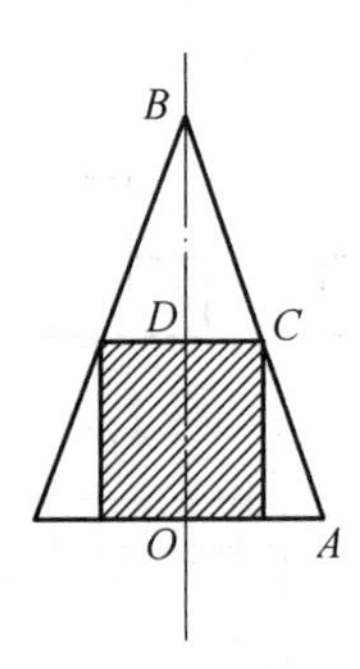

图 1

所以

$$\frac{DC}{OA} = \frac{BD}{BO} \tag{②}$$

其中 $DC = x, OA = r, BD = h - y, BO = h$. 所以

$$y = h\left(1 - \frac{x}{r}\right) \tag{③}$$

将式 ③ 代入式 ①,得

$$V = \frac{\pi h}{r} x^2 (r - x)$$

式中,$\frac{\pi h}{r}$ 为常量,且由于

$$x + (r - x) = r$$

为定值,当

$$\frac{x}{2} = \frac{r - x}{1} \tag{④}$$

时,V 达最大值.

解式 ④ 得

$$x = \frac{2}{3} r$$

将 x 值代入式 ③,求出

$$y=\frac{1}{3}h$$

因此,在已知正圆锥内,当内接圆柱体的半径为$\frac{2}{3}r$、高为$\frac{1}{3}h$时,其体积最大.

❖最少跳步

在线段[0,1]的两个端点各有一只跳蚤,在线段之内标定某些点.每只跳蚤都可以沿着线段跳过标定点,使得跳跃前后的位置关于该标定点对称,且不得超出线段[0,1]的范围.每只跳蚤相互独立地跳一次或是留在原地算做一步.问要使两只跳蚤总能跳到由标定点将[0,1]分成的同一小线段之中,最少要跳多少步?

解 把线段[0,1]被标定点所分成的小线段称为线节.易证,如取3个标定点$\frac{9}{23}$,$\frac{17}{23}$和$\frac{19}{23}$,则两只跳蚤各跳一步后不可能落在同一线节之中(图1).由此可知,所求的最少步数必大于1.

下面证明,不论取多少个标定点和怎样将它们放置在线段[0,1]上,总可设法使两只跳蚤在跳两步之后,都跳到最长的一个线节之中(如果这样的线节不止一个,则可任选其中之一).由对称性知,只需对处于0点的一只跳蚤来证明上述论断.

如图2,设选定的最长线节的长度为s,其左端点为α.如果$\alpha<s$,则跳蚤超过标定点α跳一步就落到所选线节$[\alpha,\alpha+s]$中了(如果$\alpha=0$,则跳蚤已在所选线节,连一步也不必跳了).如果$\alpha\geqslant s$,考察区间$\left[\frac{\alpha-s}{2},\frac{\alpha+s}{2}\right]$,其长为$s$.因此这个区间上至少含有一个标定点,记为$\beta$.否则,包括这一区间的线节的长度将大于$s$,此不可能.超过$\beta$跳一步,跳蚤将落在点$2\beta\in[\alpha-s,\alpha+s]$.

如果$2\beta\notin[\alpha,\alpha+s]$,则越过点$\alpha$再跳一次,跳蚤必落入选定的线节$[\alpha,\alpha+s]$之中.

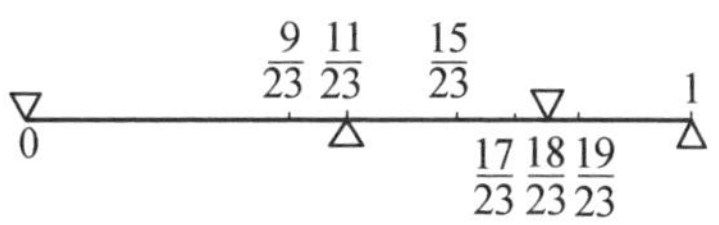

图 1

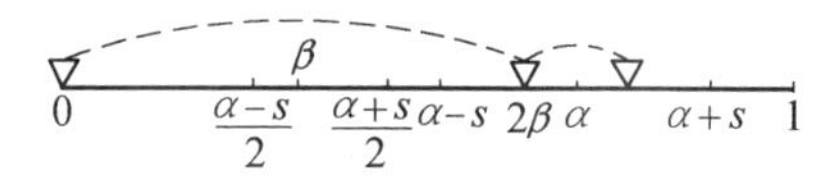

图 2

❖分段函数

设

$$f(x)=\begin{cases}1 & ,1\leqslant x\leqslant 2\\ x-1 & ,2<x\leqslant 3\end{cases}$$

对任意的实数 a,记

$$v(a)=\max\{f(x)-ax \mid x\in[1,3]\}-\min\{f(x)-ax \mid x\in[1,3]\}$$

求 $v(a)$ 的最小值.

解　如图 1,当 $a\leqslant 0$ 时,$y=-ax$ 与 $y=f(x)$ 都不是减函数,这时

$$\max\{f(x)-ax \mid x\in[1,3]\}=2-3a$$

$$\min\{f(x)-ax \mid x\in[1,3]\}=1-a$$

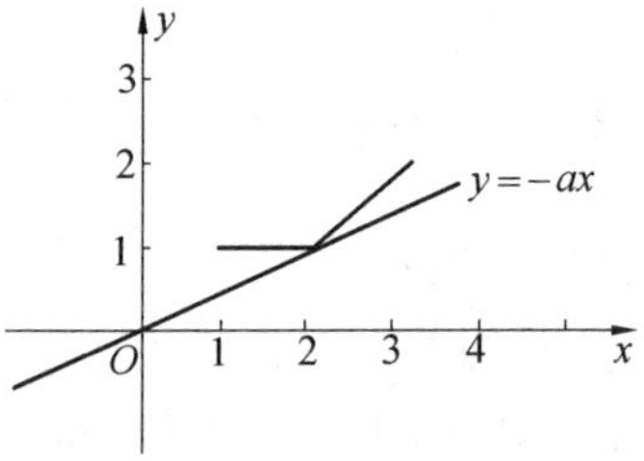

当 $a>0$ 时,由于 $f(x)$ 的图像在点$(2,1)$起了本质变化,分两种情况考虑:

图 1

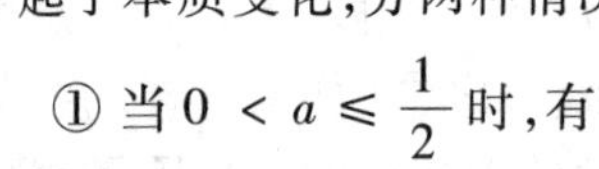

① 当 $0<a\leqslant\frac{1}{2}$ 时,有

$$\max\{f(x)-ax \mid x\in[1,3]\}=2-3a$$

$$\min\{f(x)-ax \mid x\in[1,3]\}=1-2a$$

② 当 $a>\frac{1}{2}$ 时,有

$$\max\{f(x)-ax \mid x\in[1,3]\}=1-a$$

$$\min\{f(x)-ax \mid x\in[1,3]\}=1-2a$$

综上所述,$v(a)=\begin{cases}1-2a,a\leqslant 0\\ 1-a,0<a\leqslant\frac{1}{2}\\ a,a>\frac{1}{2}\end{cases}$,进而可求得 $v(a)_{\min}=\frac{1}{2}$.

❖垒成一摞

设在国际象棋棋盘的方格 $h8$(即右上角的方格) 中有垒成一摞的 n 枚棋子. 允许自摞中依次取出棋子使之沿着棋盘每次向下或向左移动一格,但在到达方格 $a1$(即左下角的方格) 之前,任何棋子都不能摞在别的棋子上. 求最大自然数 n,使得可以由方格 $h8$ 中的一摞 n 枚棋子出发,而在方格 $a1$ 中可使这 n 枚棋子按任意指定的次序垒成一摞.

解 首先考察方格 $h8$ 中一摞棋子最下面的一枚棋子 A 走到 $a1$ 中仍在最下面的情形. 对于棋子 A 行棋过程中的每个位置,我们把以棋子 A 所在方格和 $h8$ 为一对角格的矩形称为 A 的左上矩形. 易见,当棋子 A 不动时,左上矩形外的棋子不能走入矩形内,而每当 A 走一步时,A 原来所在的方格就成为空格. 因此,A 每走一步,它的左上矩形中的空格就至少增加 1 个. A 由 $h8$ 走到 $a1$,共走 14 步,所以棋盘上至少有 14 个空格,即棋子至多 50 枚.

下面证明当 $h8$ 中的一摞棋子枚数不超过 50 枚时,可以按题中要求行棋,使它们在到达方格 $a1$ 时按预先任意指定的顺序垒成一摞. 将棋子按照它们在 $a1$ 中的顺序自下而上编号为 $1,2,\cdots,m(m\leqslant 50)$. 然后,对除了 1 号棋子之外的其余所有棋子均按如下规则移动:对于第 k 号棋子,取非负整数 m,使 $2+7m\leqslant k\leqslant 8+7m$, 并将它先沿着第 h 列(最右面一列) 往下走到第 $m+2$ 行,再沿着该行走到该行中最左的空格. 将一枚棋子按上述程序走完之后,再从 $h8$ 的摞中走出下一枚棋子. 因此,每当从摞中要走出一枚新棋子时,第 h 列方格中除 $h8$ 之外都是空的,而且第 1 行的 8 个方格也都是空的. 对于 1 号棋子,无论它何时走出,总可以沿着第 h 列走到 $h1$,然后再沿第 1 行走到 $a1$. 全部 m 枚棋子都各就各位之后,第 2 ~ 8 号棋子按某种顺序排在第 2 行中,第 9 ~ 15 号棋子排在第 3 行中……第 44 ~ 50 号棋中排在第 8 行中. 这样一来,可按号将棋子逐一走到第 1 行,再走到方格 $a1$ 中. 显然,最后得到的一摞棋子恰好是按指定顺序垒起来的.

综上可知,所求的棋子数的最大值为 50.

❖最大球半径

设棱锥 $M-ABCD$ 的底面是正方形,且 $MA=MD$,$MA\perp AB$. 如果 $\triangle AMD$ 的

面积为 1,试求能放入这个棱锥的最大球的半径.

解 由于 $AB \perp AD, AB \perp AM$,所以 $AB \perp$ 平面 MAD,从而平面 $ABCD \perp$ 平面 MAD. 作截面 $MEF \perp AD$(图 1),则 $\triangle MEF$ 为直角三角形,其面积为

$$\frac{1}{2}EF \cdot EM = \frac{1}{2}AD \cdot EM = 1$$

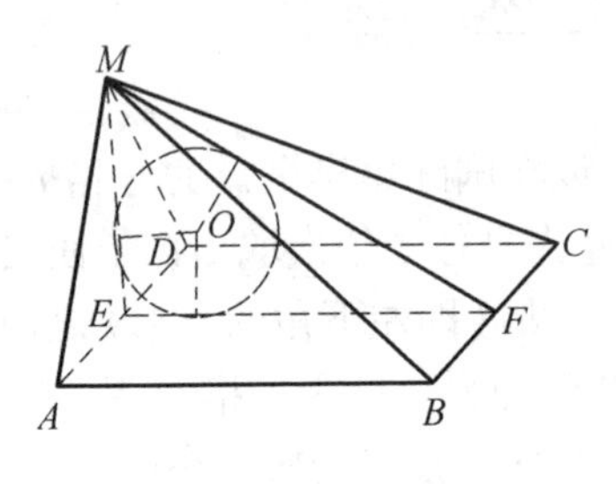

图 1

易知当 $EF = EM$ 时,$\triangle MEF$ 有最大内切圆,这时 $EF = EM = \sqrt{2}$,$MF = 2$,内切圆半径为

$$r = \frac{1}{2}(EF + EM - MF) = \sqrt{2} - 1$$

设圆心 O 到侧面 MAB,MDC 的距离为 d,则

$$V_{M-ABCD} = \frac{1}{3}r(S_{\triangle MAD} + S_{\text{正方形}ABCD} + S_{\triangle MBC}) + \frac{2}{3}dS_{\triangle MAB} = \frac{1}{3}S_{\text{正方形}ABCD} \cdot EM$$

即

$$(\sqrt{2} - 1)(1 + 2 + \sqrt{2}) + \sqrt{5}d = 2\sqrt{2}$$

解得

$$d = \frac{1}{\sqrt{5}} > \sqrt{2} - 1 = r$$

故以 O 为圆心,$\sqrt{2} - 1$ 为半径的球在棱锥内部,与锥体的三面相切,显然是能放入最大球.

❖国际象棋

在 3 × 3 个方格的国际象棋棋盘的 4 个角格中各放了一枚马,上面两角放的是白马,下面两角放的是黑马. 要求把白马走到下面两角,把黑马走到上面两角. 每一步都可以走任何一枚马,但必须按照国际象棋的规则,且只能走到空格里. 求证:为此最少要走 16 步.

证明 按照马在棋盘上的绕行顺序将棋盘上的方格编号如图1 所示. 由于马永远走不到中央方格,故它不必编号. 开始时,白马在1,3 两格,黑马在5,7 两

格中.

1	6	3
4		8
7	2	5

图1

如图2,我们将方格按编号排列在一个圆周上,圆圈对应着白马,黑点对应着黑马.每步只能将一枚棋子移向圆周上的相邻空位.由于不能有两枚棋子走入同一方格,故圆周上的棋子不能互相越过.所以要想把处在1,3位置的两枚白马走到5,7位,而将5,7位的两枚黑马走到1,3位,只能同向绕圈行走,当然每枚马至少走4步方能到位.而且只要按圆周所示的号码在棋盘上每枚马走4步,确实能走到所要求的位置,故知最少要走16步.

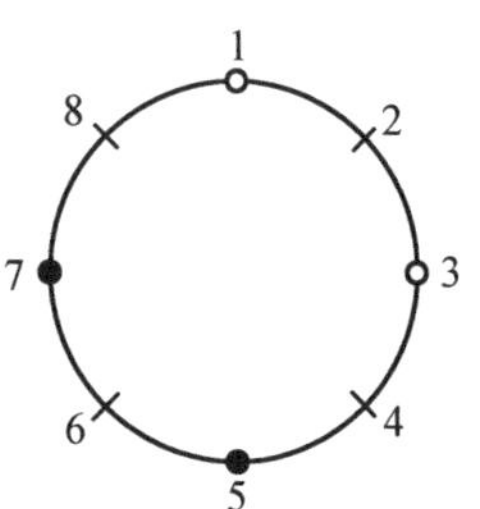

图2

❖最小润周

有一个过水渠道其断面 $ABCD$ 为等腰梯形(图1).在过水面积 S 及底角 $\alpha=\frac{2\pi}{3}$ 为确定的情况下,试求其最小润周,即求 $L=AB+BC+CD$ 的最小值.

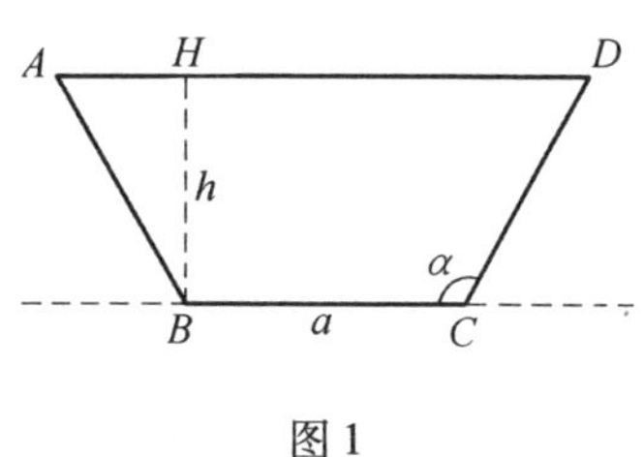

图1

解 设断面等腰梯形底边 BC 之长为 a,高 BH 之长为 h,则该过水渠道断面面积为一个长方形与两个直角三角形面积之和,即

$$S=ah+\frac{1}{\sqrt{3}}h^2$$

从中可以解得 $BC=a=\frac{S}{h}-\frac{h}{\sqrt{3}}$,又由于 $AB=CD=\frac{2}{\sqrt{3}}h$,便可得目标函数为

$$L=AB+BC+CD=\sqrt{3}h+\frac{S}{h}$$

其定义域为 $0<h<3^{\frac{1}{4}}\sqrt{S}$.求导得

$$\frac{\mathrm{d}L}{\mathrm{d}h}=\sqrt{3}-\frac{S}{h^2}$$

令 $\frac{\mathrm{d}L}{\mathrm{d}h}=0$,可得到目标函数在其定义域内的唯一驻点

$$h = \frac{\sqrt{S}}{\sqrt[4]{3}}$$

由于目标函数在其定义域内可导,驻点唯一,且根据实际意义可知最小润周存在,所以所得之驻点就是目标函数的最小值点,此时最小润周为

$$L = 2\sqrt[4]{3}\sqrt{S}$$

注 本问题中的条件 $a = \frac{2\pi}{3}$,实际上是用不着事先给出的,但这样本问题的难度就会大大提高,其解法会更复杂.

❖转弯次数

国际象棋中的车应当怎样在 8×8 的方格棋盘中走动,才能恰好经过每个方格一次,而使转弯的次数最少?

解 图 1 所示的两种走法都是恰好经过每个方格一次,且转弯次数都是 14 次.

另一方面,如果车在行进过程中始终未沿第 j 列行走,则第 j 列的 8 个方格都是车在沿行动时通过的. 换句话说,这种情形下车必在 8 行中的每一行中走过. 这意味着对于任何一种满足要求的走法,车或者在 8 行中的每行都横向走过,或者在 8 列中的每列都竖向走过,或者二者兼有之. 不妨设为前者,这时,当车从一行走到另一行时,至少要转弯两次,从而在整个过程中,至少转弯 14 次.

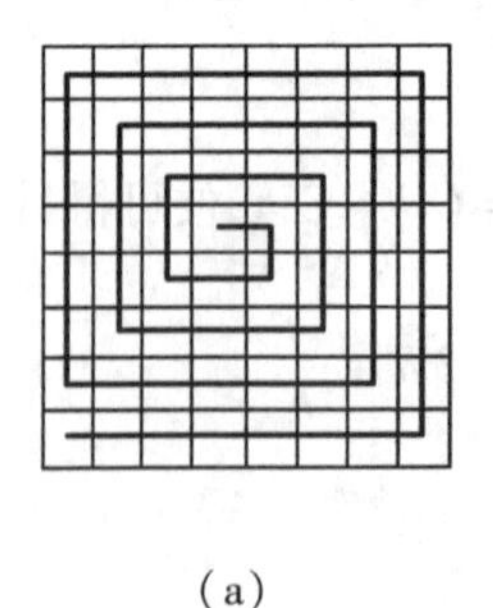

(a)

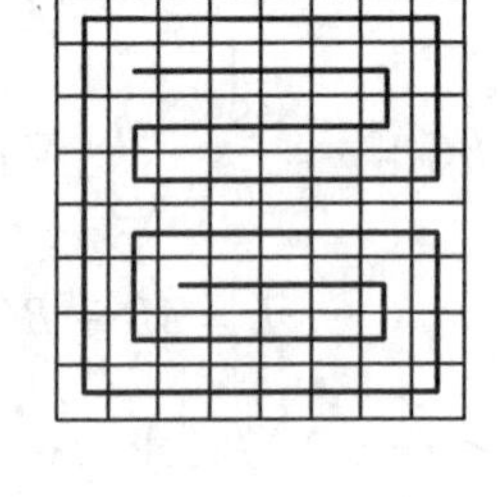

(b)

图 1

综上,我们证明了最少要转弯 14 次. 车行走的原则是:选择行(或列)为基准,使在 8 行中的始行与终行各转弯一次,而中间 6 行各转弯两次,于是共转弯 14 次.

❖内接正方形

在边长为 a 的正方形内,作一面积最小的内接正方形.

解 设 $ABCD$ 为已知正方形,因此

$$AB = BC = CD = DA = a$$

又设 $EFGH$ 为内接正方形,并设其顶点为 E, F, G, H,把已知正方形 $ABCD$ 的各边分割成 x, y 两部分,故有

$$x + y = a$$

$$y = a - x \quad ①$$

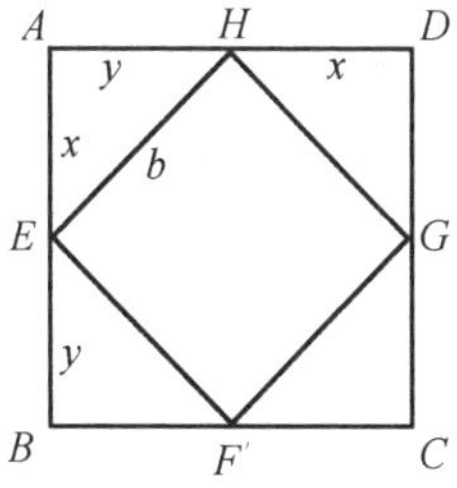

图 1

设内接正方形 $EFGH$ 的边长为 b,则由 $\mathrm{Rt}\triangle AEH$ 得

$$b^2 = x^2 + y^2$$

将式 ① 代入上式,得

$$b^2 = x^2 + (a - x)^2$$

若将内接正方形的面积用 S 表示,则

$$S = b^2 = x^2 + (a - x)^2 = 2\left(x^2 - ax + \frac{a^2}{2}\right) =$$

$$2\left[x^2 - ax + \left(\frac{a}{2}\right)^2 - \left(\frac{a}{2}\right)^2 + \frac{a^2}{2}\right] =$$

$$2\left[\left(x - \frac{a}{2}\right)^2 + \frac{a^2}{4}\right] =$$

$$2\left(x - \frac{a}{2}\right)^2 + \frac{a^2}{2}$$

因此

$$S - \frac{a^2}{2} = 2\left(x - \frac{a}{2}\right)^2 \quad ②$$

不难看到,由式 ② 表示的抛物线的顶点坐标为 $\left(\frac{a}{2}, \frac{a^2}{2}\right)$.

考虑到 $2 > 0$,故当 $x = \frac{a}{2}$ 时,S 取到最小值,所以

$$S_{\min} = \frac{a^2}{2}$$

因此,欲作面积最小的内接正方形,只要把已知正方形各边的中点联结起来即可.

❖最少操作

现有1 990堆石头,各堆中石头的块数依次为1,2,…,1 990. 允许进行如下操作:每次可以选定任意多堆并从其中每堆都拿走同样数目的石块. 问要把所有石头都拿走,最少要操作多少次?

解 在每步操作之后,我们都把石块数相同的堆结合成一组. 无论何时,当把没有石头的堆也算一组时,总认为是有 n 组. 如果我们在下一次操作中将属于 k 个不同组的所有堆都拿掉同样多块石头,则因原属于不同组的石头堆在操作时拿走石块后堆中的石头数仍然不同,故这些堆仍然属于 k 个不同的组. 其余未动的堆有 $n-k$ 组,当然操作后还是 $n-k$ 个不同的组. 所以,操作之后不同组数至少为 $\max\{k,n-k\}$.

因而,在每次操作之后,互不相同的组数 n 减少的数不超过一半. 由此可知,各次操作之后的组数依次不少于

$$995,498,249,125,63,32,16,8,4,2,1$$

最后剩一堆时,当然是石块数为0的一堆,即这时所有石块全部拿光. 这说明至少要操作11次方可完成.

事实上,如果我们依次取上述数列中的数为 k,保持石块数为 $0,1,2,\cdots,k-1$(第1次操作例外,应保持石块数为 $1,2,\cdots,995$)的堆不动,而将其余各堆石块中每堆拿走 k 块. 显然,这样只要操作11次即可完成. 所以,最少要操作11次.

❖内接三角形

设有一边长为1的正方形. 试在这个正方形的内接正三角形中找出一个面积最大的和一个面积最小的,并求出这两个面积. 证明你的论断.

解 如图1,设 $\triangle EFG$ 为正方形 $ABCD$ 内的任一内接正三角形,因为正三角形的三个顶点至少必落在正方形的三边上,所以假定其中 F,G 位于正方形的

一组对边上.

作 $\triangle EFG$ 的边 FG 的高 EK,由于

$$\angle EKG=\angle EDG=90^\circ$$

所以,四边形 $GDEK$ 的四个顶点共圆.

连 DK,则有

$$\angle KDE=\angle EGK=60^\circ$$

同理,连 AK. 由于四边形 $AEKF$ 的四个顶点亦共圆,故有

$$\angle KAE=\angle EFK=60^\circ$$

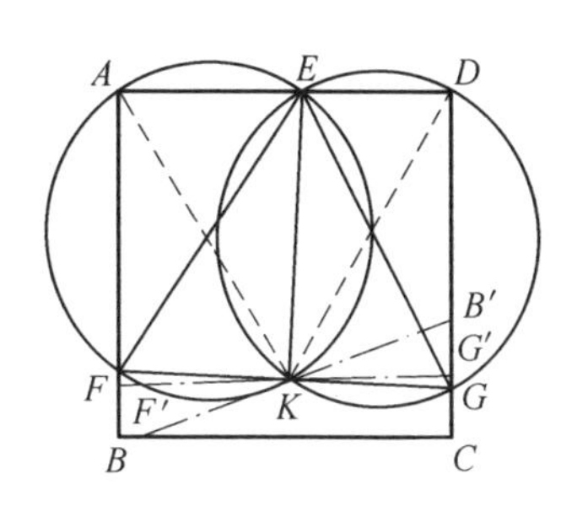

图 1

因此,$\triangle ADK$ 为正三角形,而 K 是它的一个顶点. 由此可知,内接正 $\triangle EFG$ 的边 FG 的中点,必是不动点 K.

又正三角形的面积由边长决定,所以只要找到边长最短的内接正三角形,及边长最长的内接正三角形,就能得到本题的解答.

以点 K 为中心,转动 FG. 当 $FG \parallel BC$ 时,在图 2 上取 $F'G'$ 位置,此时

$$F'G'=BC=1$$

内接正三角形的边长最小,面积也最小,所以

$$S_{\min}=\frac{\sqrt{3}}{4}$$

当 FG 转至 BB' 位置时(图 3),内接正三角形的边长最大,面积也最大.

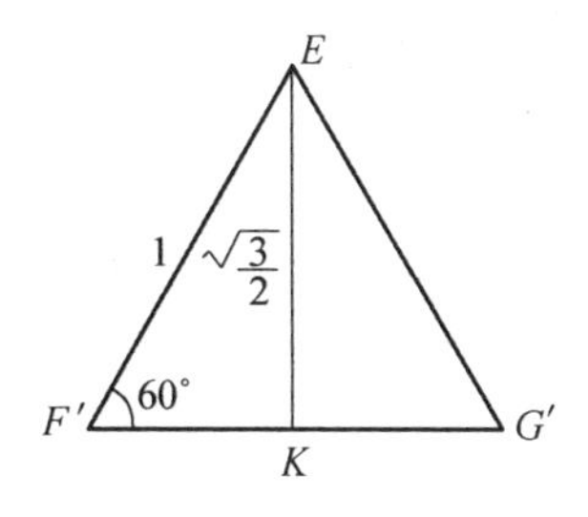

图 2

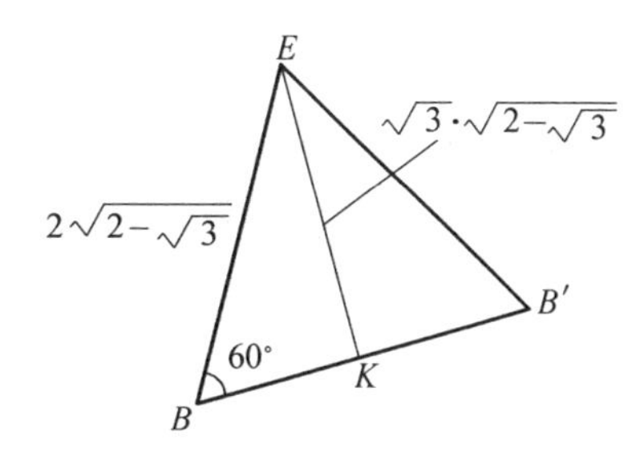

图 3

在 $\text{Rt}\triangle AF'K$ 中,有

$$F'K=\frac{1}{2},\quad \angle KAF'=30^\circ$$

所以

$$AF'=\frac{\sqrt{3}}{2}$$

因此

$$BF' = 1 - AF' = 1 - \frac{\sqrt{3}}{2}$$

由 Rt$\triangle BF'K$ 得

$$BK = \sqrt{F'K^2 + BF'^2} = \sqrt{2 - \sqrt{3}}$$

所以

$$BB' = 2BK = 2\sqrt{2 - \sqrt{3}}$$

因而

$$S_{\max} = 2\sqrt{3} - 3$$

❖重建次数

一个凸 n 边形被互不相交的对角线剖分成若干个三角形. 如果两个三角形 $\triangle ABD$ 与 $\triangle BCD$ 有一条公共边,则可将它们换成 $\triangle ABC$ 与 $\triangle ACD$,这种操作称为"重建". 用 $p(n)$ 表示将任一种剖分变为另一种剖分所需要的重建的最小次数,求证:

(1)$p(n) \geqslant n - 3$.

(2)$p(n) \leqslant 2n - 7$.

(3) 若 $n \geqslant 13$,则 $p(n) \leqslant 2n - 10$.

证明 (1) 考察将某个在点 A 处没有对角线的剖分变为在点 A 处引出 $n - 3$ 条对角线的剖分. 这时,每次重建,都可以将点 A 处的对角线增加 1 条且只能增加 1 条. 因此最少需要 $n - 3$ 次重建,所以 $p(n) \geqslant n - 3$.

(2) 设要将任一剖分 P 变成另一剖分 Q. 选取多边形的一个顶点 A,使剖分 P 在点 A 至少有 1 条对角线. 于是将剖分 P 化成由点 A 引出 $n - 3$ 条对角线的剖分只要 $n - 4$ 次重建. 然后再把它变成剖分 Q,至多需要 $n - 3$ 次重建. 故知将剖分 P 变成 Q,至多要 $2n - 7$ 次重建. 可见 $p(n) \leqslant 2n - 7$.

(3) 当 $n \geqslant 13$ 时,由于剖分 P 和 Q 中各有 $n - 3$ 条对角线,而$4(n - 3) > 3n$. 故由抽屉原理知多边形中必有一个顶点 A 在两次剖分中引出的对角线条数之和不小于4. 先将剖分 P 变成在点 A 引出 $n - 3$ 条对角线的剖分,再将它变成剖分 Q,有 $2n - 10$ 次重建就够了.

❖分式函数

求函数 $y=\frac{x^4+4x^3+17x^2+26x+106}{x^2+2x+7}$ 的值域,其中 $|x|\leqslant 1$.

解

$$y=(x^2+2x+7)+\frac{64}{x^2+2x+7}-1$$

设 $u=x^2+2x+7=(x+1)^2+6$,由 $|x|\leqslant 1$ 知 $6\leqslant u\leqslant 10$. 于是有

$$y=f(u)=u+\frac{64}{u}-1$$

容易验证在区间[6,8]上,$f(u)$ 是减函数;而在[8,10]上,$f(u)$ 是增函数,故有 $f(8)\leqslant f(u)\leqslant f(6)$,$f(8)\leqslant f(u)\leqslant f(10)$.

因 $f(6)\geqslant f(10)$,故

$$15=f(8)\leqslant y=f(u)\leqslant f(6)=15\frac{2}{3}$$

❖巧提问题

在每张卡片上都写有一个数:1 或 -1,可以指着 3 张卡片提问题:“这 3 张卡片上的数的乘积是多少?”(不告诉卡片上写的是什么数)

(1) 当共有 30 张卡片时,最少要提多少个问题才能知道所有卡片上的数的乘积?

(2) 对于 31 张卡片,回答与(1) 同样的问题.

(3) 对于 32 张卡片,回答与(1) 同样的问题.

(4) 在一个圆周上写着 50 个数:1 或 -1. 如果提一个问题能知道接连摆着的 3 数之积,则最少要提多少个问题才能知道全部 50 个数的乘积?

解 (1) 把 30 个分成 10 组,每组 3 个数并对每组的 3 个数问明它们的乘积即可. 提少于 10 个问题是不行的,因为每个数必须在一个三数组中.

(2) 把 $a_1a_2a_3$,$a_1a_4a_5$ 和 $a_1a_6a_7$ 连乘即得前 7 个数的乘积. 然后再把其余 24 个数像(1) 中那样分成 8 个三数组,便知提 11 个问题就可得到所有数的乘积. 容易看出,只提 10 个问题是不够的.

(3) 把 $a_1a_2a_3, a_1a_2a_4$ 和 $a_1a_2a_5$ 连乘即得前5个数的乘积. 然后再把其余27个数分成9个三数组,便知提12个问题便能得到所求的答案.

因为任何数都应在三数组中,故当提11个问题时,恰有一个数包含在两个三数组中. 因而当把11个3数之积连乘时,积中别的数都出现一次,只有这一个数出现两次,所以得不到所要求的乘积.

(4) 用50个问题问明 $a_1a_2a_3, a_2a_3a_4, \cdots, a_{50}a_1a_2$ 的乘积,再连乘即得所要求的乘积.

只提少于50个的问题是不够的. 这时上面的50个乘积至少有一个不知道,不妨设为 $a_1a_2a_3$. 这时,我们可取如下两组数:第一组中,令 $a_1 = a_3 = a_6 = a_9 = \cdots = a_{48} = 1$,其余数都等于 -1;第二组全为1. 则在这两组数中,除 $a_1a_2a_3$ 不同外,其余的49个乘积完全相同. 由此可见,提49个问题是不够的,即最少要提50个问题.

❖立方体表面积

试在棱长为1的立方体表面上取三点 P,Q,R,使 $\triangle PQR$ 的面积达到最大值. 求出此最大面积并说明理由.

解 设立方体的侧面与 $\triangle PQR$ 所在平面的夹角分别为 α,β,γ,不难证明

$$\cos^2\alpha + \cos^2\beta + \cos^2\gamma = 1$$

从而可设 $\cos^2\alpha \geqslant \frac{1}{3}$,$\alpha$ 是平面 PQR 与平面 $ABCD$ 的夹角. 设 $\triangle PQR$ 在正方形 $ABCD$ 上的投影为 $\triangle P'Q'R'$,则

$$S_{\triangle P'Q'R'} = S_{\triangle PQR} \mid \cos \alpha \mid \geqslant \frac{\sqrt{3}}{3} \cdot S_{\triangle PQR}$$

又正方形 $ABCD$ 内任一个三角形的面积不大于该正方形面积之半,即 $S_{\triangle P'Q'R'} \leqslant \frac{1}{2}$,所以 $S_{\triangle PQR} \leqslant \frac{\sqrt{3}}{2}$.

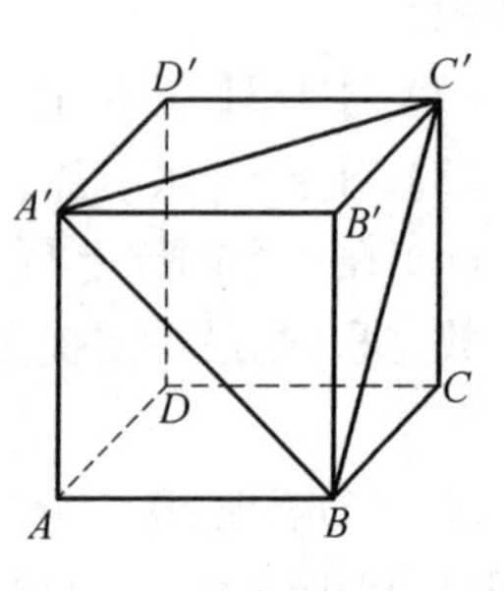

图1

另一方面,如图1易知 $\triangle A'BC'$ 的面积等于 $\frac{\sqrt{3}}{2}$,所以 $\triangle PQR$ 面积的最大值为 $\frac{\sqrt{3}}{2}$.

❖切正方形

一张正方形纸被沿直线切成两部分,其中之一再被沿直线切成两部分,再把3块之一切成两部分,如此等等. 为了能得到73个30边形,最少要切多少次?

解 每切一次,多边形就增加1个. 因此,切k次后,就得到$k+1$个多边形. 另一方面,每切一次,多边形的内角和就增加2π. 切k次后,所得的$k+1$个多边形的内角和为$2\pi(k+1)$.

在所有的30边形中,内角和为$73\times 28\pi$. 其余的多边形的个数为$k+1-73=k-72$,它们的内角和不小于$(k-72)\pi$. 由此得到

$$73\times 28\pi+(k-72)\pi\leqslant(k+1)2\pi$$

解得$k\geqslant 73\times 27-1=1\ 970$,即至少要切1 970次.

这1 970次可以这样来切:先用72次把正方形切成73个矩形. 然后对每个矩形用切角法切26次得到30边形,恰好共切$72+73\times 26=1\ 970$(次)而得到73个30边形.

综上可知,最少切1 970次.

❖筷子问题

在一半径为a的半球形碗内,放一长为$l(2a<l<4a)$的筷子,筷子一端在碗内无摩擦地自由滑动. 求筷子的平衡位置. 这里假定筷子粗细一样,即质量均匀.

分析 从物理常识可知筷子PQ的平衡位置应使其质心即中点C的水平高度最小,也就是点C到碗口水平线AB的距离CD最大(图1).

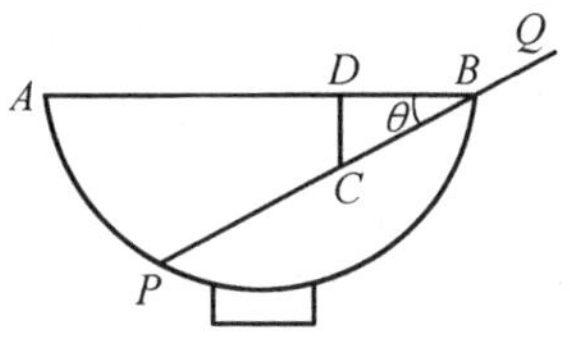

A D B Q θ C P

图1

解 设筷子PQ与水平线的夹角为θ,则

$$PB=2a\cos\theta,\quad BC=2a\cos\theta-\frac{l}{2}$$

于是可得目标函数为

$$y = CD = BC\sin\theta = \left(2a\cos\theta - \frac{l}{2}\right)\sin\theta = a\sin 2\theta - \frac{l}{2}\sin\theta$$

其定义域为 $0 \leqslant \theta < \frac{\pi}{2}$,求导得

$$\frac{dy}{d\theta} = 2a\cos 2\theta - \frac{l}{2}\cos\theta = 4a\cos^2\theta - \frac{l}{2}\cos\theta - 2a$$

令 $\frac{dy}{d\theta} = 0$,可得

$$\cos\theta = \frac{1}{16a}(l + \sqrt{l^2 + 128a^2})$$

即

$$\theta = \arccos\left[\frac{1}{16a}(l + \sqrt{l^2 + 128a^2})\right]$$

由于目标函数 $y(\theta)$ 可微,在 $\left(0, \frac{\pi}{2}\right)$ 上驻点唯一,而问题中 $y(\theta)$ 的最大值确实存在,所以这唯一的驻点就是 $y(\theta)$ 的最大值点,说明当筷子与水平线夹角为

$$\theta = \arccos\left[\frac{1}{16a}(l + \sqrt{l^2 + 128a^2})\right]$$

时,能处于稳定的平衡状态.

❖拼正方形

用规格为 $1 \times 1, 2 \times 2, 3 \times 3$ 的正方形拼成一个 23×23 的正方形,最少需用多少个 1×1 的正方形?

解 规格为 23×23 的正方形除去中央的一个方格后可对称地分成 4 个 11×12 的矩形. 每一个矩形又可分成 8×12 和 3×12 的两个矩形,前者可用 24 个 2×2 的正方形拼成,后者可用 4 个 3×3 的正方形拼成. 可见,只用 1 个 1×1 的正方形,其余的均用 2×2 和 3×3 的正方形即可拼成 23×23 的正方形.

将 23×23 的正方形的行从上到下编号并将号码为 $1,4,7,\cdots,22$ 的 8 行方格染成黑色,而其余方格染成白色. 于是任何一个 2×2 或 3×3 的正方形中都有偶数个白格,但白格总数为奇数,故全用 $2 \times 2, 3 \times 3$ 的正方形拼成 23×23 的正方形是不可能的. 所以,最少需用一个 1×1 的正方形.

❖巧围三角形

已知直线 $l_1:y=4x$ 和点 $P(6,4)$，在直线 l_1 上求一点 Q，使过 PQ 的直线与直线 l_1，以及 x 轴在第一象限内围成的三角形的面积最小.

解 如图1，设点 Q 的坐标为 (x_1,y_1)，由直线 l_1 的方程得

$$y_1=4x_1 \quad ①$$

直线 PQ 的方程，由点 $P(6,4)$ 和点 $Q(x_1,4x_1)$ 写出

$$\frac{y-4}{4x_1-4}=\frac{x-6}{x_1-6} \quad ②$$

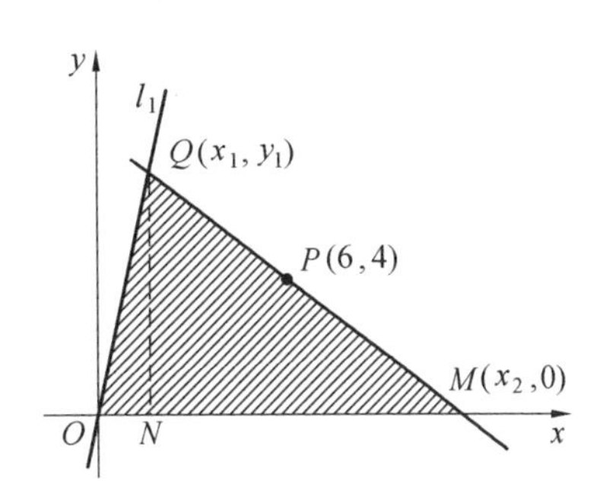

图1

又设直线 PQ 交 x 轴于点 $M(x_2,0)$，则由式②得

$$\frac{-4}{4(x_1-1)}=\frac{x_2-6}{x_1-6}$$

解之得

$$x_2=\frac{5x_1}{x_1-1}$$

$\triangle OMQ$ 的面积为

$$S=\frac{1}{2}OM\cdot QN$$

而

$$OM=x_2=\frac{5x_1}{x_1-1}$$

$$QN=y_1=4x_1$$

所以

$$S=\frac{10x_1}{x_1-1}$$

即

$$10x_1^2-Sx_1+S=0$$

$$x_1=\frac{S\pm\sqrt{S^2-40S}}{20} \quad ③$$

欲得到实数解,必须有

$$S^2 - 40S \geqslant 0$$

$$S(S - 40) \geqslant 0$$

由于 $S > 0$,故有

$$S - 40 \geqslant 0$$

$$S \geqslant 40$$

所以

$$S_{\min} = 40$$

将 $S_{\min}$ 代入式 ③,得

$$x_1 = 2$$

由式 ① 得

$$y_1 = 8$$

因此,当点 Q 的坐标为(2,8)时,直线 PQ 与直线 l_1,以及 x 轴在第一象限内围成的三角形面积最小.

❖甲虫听哨

在9×9的方格表的每个小方格中都有1只甲虫.听到哨声后,每一只甲虫都沿对角线的方向迁移到一个相邻方格中(图1).这样一来,有些方格中就可能有好几只甲虫,而另一些方格中则没有甲虫.求没有甲虫的空格的最小可能个数.

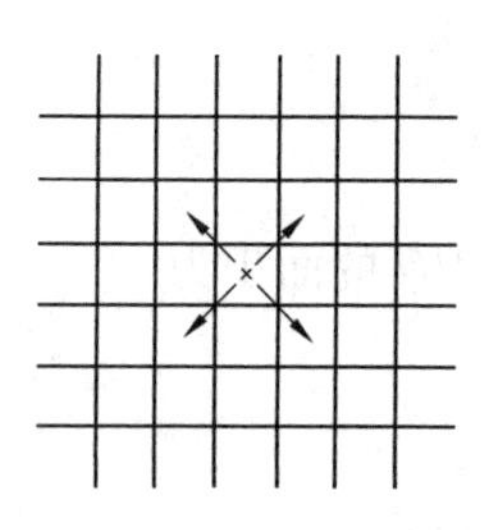

图1

解 将9列方格交替地涂上黑色与白色,使得每列方格同色,每相邻两列方格异色.于是在迁移过程中,白格中的甲虫进入黑格,而黑格的甲虫进入白格.但表格上有36个白格和45个黑格,故知迁移之后至少有9个黑格中没有甲虫,即至少有9个空格.

另一方面,若甲虫的迁移按图2中所示的情形进行.显然,表格中恰有9个空格,即画有对号的9个方格.

综上可知,表格中最少有9个空格.

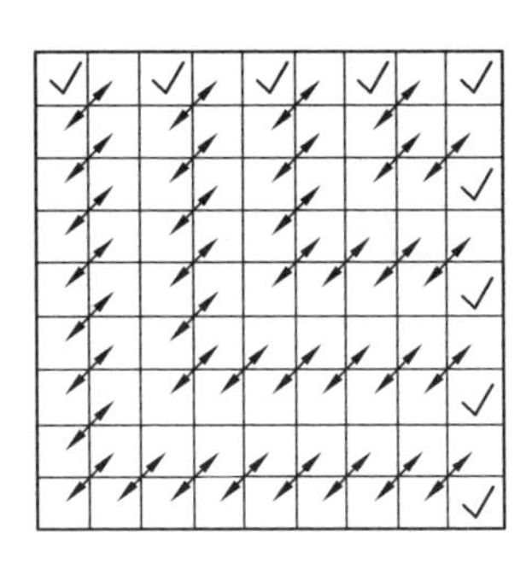

图 2

❖焦点直线

若过抛物线的焦点任作一直线交抛物线于 A,B 两点，其顶点为 O，则 $\angle AOB$ 的最大值为多少？

解 设抛物线方程为 $y^2=2px(p>0)$，则焦点为 $F\left(\frac{p}{2},0\right)$.

若直线 AB 的斜率不存在，此时易得 $\angle AOB=\pi-\arctan\frac{4}{3}$.

当直线 AB 的斜率存在时记为 k，由对称性不妨设 $k>0$，则直线 AB 的方程为

$$y=k(x-\frac{p}{2})$$

代入抛物线方程消去 x 得

$$y^2-\frac{2p}{k}y-p^2=0$$

设 $A(x_1,y_1),B(x_2,y_2)(y_1>0,y_2<0)$，则

$$y_1+y_2=\frac{2p}{k},\quad y_1y_2=-p^2$$

因为

$$k_{OA}=\frac{y_1}{x_1}=\frac{y_1}{\frac{y_1^2}{2p}}=\frac{2p}{y_1},\quad k_{OB}=\frac{2p}{y^2}$$

所以

$$\tan\angle AOB=\frac{\frac{2p}{y_1}-\frac{2p}{y_2}}{1+\frac{2p}{y_1}\cdot\frac{2p}{y_2}}=\frac{2(y_2-y_1)}{3p}$$

因为

$$(y_2-y_1)^2=(y_2+y_1)^2-4y_1y_2=\frac{4p^2}{k^2}+4p^2>4p^2$$

且 $y_2<0<y_1$,所以 $y_2-y_1<-2p$,故

$$\tan\angle AOB=\frac{2(y_2-y_1)}{3p}<-\frac{4}{3}$$

得

$$\angle AOB<\pi-\arctan\frac{4}{3}$$

从而

$$(\angle AOB)_{\max}=\pi-\arctan\frac{4}{3}$$

❖平面分割

试证:对任意一个大于某个数 n_0 的 $n(n\in\mathbf{N})$,都可以用一些直线将平面分成 n 个区域,而且这些直线中一定有相交的,并求 n_0 的最小值.

解 按已知,使用的直线中至少有两条相交,它们把平面分成4个区域. 再任作1条直线,至少还要增加2个区域,所以恰有5个区域的分法是不可能的. 因此有 $n_0\geqslant5$.

另一方面,任意 $n>5$ 个区域的分法都是可以实现的. 对于 $n=2k,4k+3,4k+5$ 的情形,可按图1所示的方法来划分.

可见,最小的 $n_0=5$.

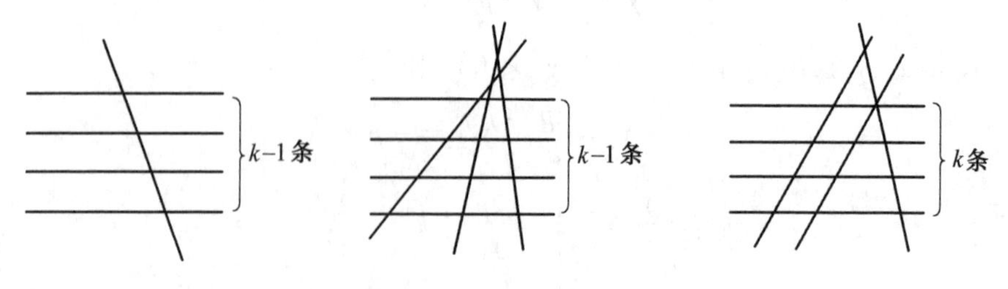

图1

❖正四棱锥

正四棱锥内接于半径为 R 的球且外切于半径为 r 的球. 求证：$\frac{R}{r} \geqslant \sqrt{2}+1$.

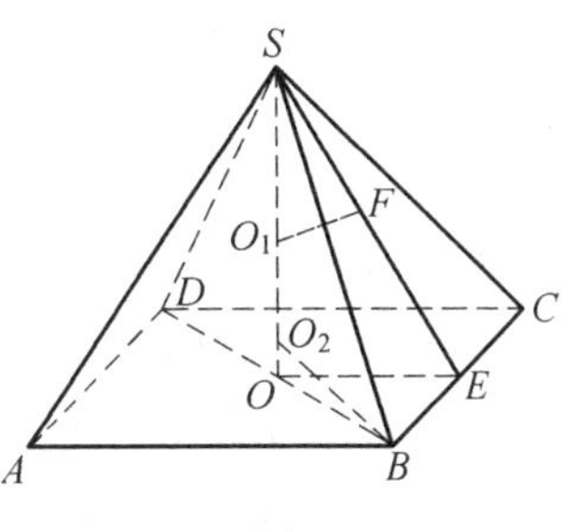

图1

证明 如图1，设正四棱锥 $S-ABCD$ 的底面中心为 O，底面边长为 a，它的外接球球心为 O_2，内切球球心为 O_1，由对称性知 O_1，O_2 必在 SO 上，且 $SO\perp$ 底面 $ABCD$.

作 $O_1F\perp$ 平面 SBC 于点 F，直线 SF 必过 BC 中点 E. 记 $SO=h$，$\angle SEO=a$，顶点为 D，矩形 $PBDC$ 的中心为 E，则由中线公式有

$$OP^2+OD^2=\frac{1}{2}(PD^2+4\cdot OE^2)=OB^2+OC^2 \quad ①$$

同样

$$OP^2+OQ^2=OA^2+OD^2 \quad ②$$

由式①、式②得

$$OQ=\sqrt{OA^2+OB^2+OC^2-2\cdot OP^2}=\sqrt{3R^2-2r^2}$$

所以点 Q 在以 O 为球心，$\sqrt{3R^2-2r^2}$ 为半径的球面上.

反之，对上述大球上任意一点 Q，以 PQ 为直径作球交小球 O 于一圆，在此圆上任取一点 A，作矩形 $PAQD$，则

$$OD^2+OA^2=OP^2+OQ^2$$

于是

$$OD^2=OP^2+OQ^2-OA^2=2R^2-r^2>R^2$$

因而点 D 在小球 O 外，过点 P 作 PA 的垂面 M. 平面 M 过点 D，与小球 O 交于圆 K，点 P 在圆 K 内，点 D 在圆 K 外，在平面 M 上以 PD 为直径作圆与点 K 交于点 B，再作矩形 $PBDC'$，则

$$OC^2=OP^2+OD^2-OB^2=R^2$$

因此，点 C' 也在小球 O 上，这表明大球上的点 Q 均合乎题中条件.

综上所述，所求的轨迹是以 O 为球心，以 $\sqrt{3R^2-2r^2}$ 为半径的球面.

❖直角顶点

已知平面上的 n 个点，其中任何3点都是直角三角形的3个顶点. 求 n 的最大值.

解 显然，矩形的4个顶点中的任何3点都是一个直角三角形的3个顶点. 故知所求 n 的最大值不小于4.

若有5点满足要求，设5点中两两之间距离最大的两点是 A 和 B，则其余3点都在以 AB 为直径的圆上. 由抽屉原理知，3点中总有两点在同一半圆上，设为点 C 和点 D，于是 $\triangle ACD$ 不能是直角三角形，矛盾.

综上可知，所求 n 的最大值为4.

❖大街小巷

宽为 a m的大街和宽为 b m的小巷互相垂直，形成一个"T"形通道. 求能水平地从大街上 $90°$ 直角拐弯，进入小巷的直钢管长度的最大值.（这里将钢管的粗细忽略不计）

解 作图1，问题可转化为求过拐角 P 点的截在街面 OM，ON 之间的直线段 AB 长度 L 的最小值.

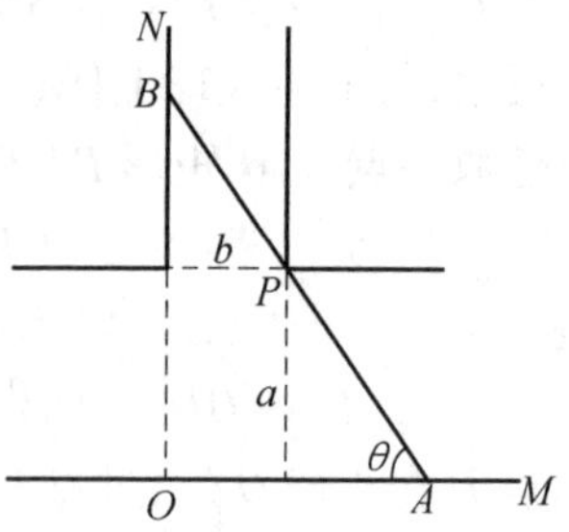

图1

由于 AB 之长度 L 与其倾斜程度有关，故可把钢管的倾斜角 θ 取为自变量，从而得到目标函数

$$L(\theta)=AP+PB=a\csc\theta+b\sec\theta$$

其定义域为 $0<\theta<\frac{\pi}{2}$. 对目标函数求导，可得

$$L'(\theta)=-a\csc\theta\cot\theta+b\sec\theta\tan\theta=(b\tan^3\theta-a)\csc\theta\cot\theta$$

得目标函数在 $\left(0,\frac{\pi}{2}\right)$ 上的唯一驻点 $\theta=\arctan\sqrt[3]{\frac{a}{b}}$，且当 $0<\theta<\arctan\sqrt[3]{\frac{a}{b}}$ 时，$L'(\theta)<0$，函数 $L(\theta)$ 是单调递减函数；当 $\arctan\sqrt[3]{\frac{a}{b}}<\theta<\frac{\pi}{2}$ 时，

$L'(\theta)>0$,函数 $L(\theta)$ 是单调递增函数. 所以有

$$L_{\min}=L\left(\arctan\sqrt[3]{\frac{a}{b}}\right)=a\sqrt{1+\left(\frac{b}{a}\right)^{\frac{2}{3}}}+b\sqrt{1+\left(\frac{a}{b}\right)^{\frac{2}{3}}}=(a^{\frac{2}{3}}+b^{\frac{2}{3}})^{\frac{3}{2}}$$

所以此值即为能够通过的钢管长度之最大值.

注 显然,当钢管之长度超过此值时,会因在拐角处被卡住,而无法从此"T" 形通道中顺利通过.

❖球面置点

在单位球面上放置若干个点,使得其中任意两点的距离:

(1) 至少为$\sqrt{2}$;

(2) 大于$\sqrt{2}$.

试求点的个数的最大值,并证明你的结论.

解 (1) 点数的最大值为 6.

若 A 为其中一点,设 A 在球面的位置为北极,则剩下的点必须全部在赤道或南半球上.

若南极也有点 B,则其余的点全在赤道上,此时至多有 $2+4=6$(个) 点.

若没有点在南极,可以证明此时点的个数不超过 5.

若不然,则至少有 5 个点 $A_1,A_2,\cdots,A_5$ 在南半球上(包括赤道). 设 A' 为南极,圆弧$\widehat{A'A_i}(i=1,2,3,4,5)$ 交赤道于 A'_i,则 $\angle A_iA'A_j(1\leqslant i\neq j\leqslant 5)$ 中,至少有一个角不大于 72°.

不妨设 $\angle A_1A'A_2\leqslant 72°$,则在球面 $\triangle A_1A'A_2$ 中任意两点的距离小于$\sqrt{2}$,出现矛盾.

所以球面上至多有 6 个点.

(2) 点的个数的最大值为 4,证明参照(1).

❖昔日高考题

在图 1 中,$ABCD$ 是正方形,其边长为 1. 在正方形内,圆 O_1 与圆 O_2 互相外切，且圆 O_1 与 AB，DA 两边相切，圆 O_2 与 BC，CD 两边相切.

(1) 求这两圆的半径之和.

(2) 当两圆的半径为多长时，两圆的面积之和最小？当两圆的半径为多长时，两圆的面积之和最大？

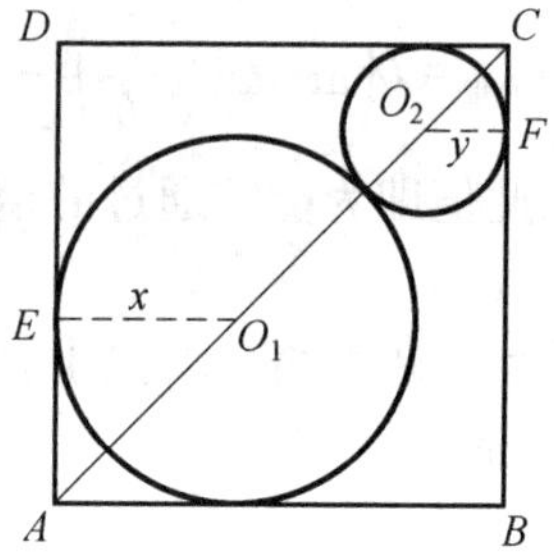

图1

解 (1) 设圆 O_1 的半径为 x，圆 O_2 的半径为 y，则由 $\mathrm{Rt}\triangle AO_1E$ 和 $\mathrm{Rt}\triangle CO_2F$ 得

$$AO_1=\sqrt{2}x,\quad CO_2=\sqrt{2}y$$

又在 $\mathrm{Rt}\triangle ABC$ 中

$$AB=BC=1$$

所以

$$AC=\sqrt{2}$$

据题意有

$$O_1O_2=x+y$$

由图2知

$$AO_1+O_1O_2+CO_2=AC$$

将上列各式代入

$$\sqrt{2}x+(x+y)+\sqrt{2}y=\sqrt{2}$$

所以

$$x+y=\frac{\sqrt{2}}{1+\sqrt{2}}=2-\sqrt{2}$$

$$y=2-\sqrt{2}-x \qquad ①$$

(2) 将两圆面积之和用 S 表示，则

$$S=\pi x^2+\pi y^2=\pi(x^2+y^2)$$

将式 ① 代入上式，得

$$S=2\pi\left[x^2-(2-\sqrt{2})x+\frac{(2-\sqrt{2})^2}{2}\right]$$

配方

$$S=2\pi\left[x^2-(2-\sqrt{2})x+\left(\frac{2-\sqrt{2}}{2}\right)^2-\left(\frac{2-\sqrt{2}}{2}\right)^2+\frac{(2-\sqrt{2})^2}{2}\right]=$$

$$2\pi\left[\left(x-\frac{2-\sqrt{2}}{2}\right)^2+\left(\frac{2-\sqrt{2}}{2}\right)^2\right]$$

即

$$\frac{S}{2\pi}=\left(x-\frac{2-\sqrt{2}}{2}\right)^2+\left(\frac{2-\sqrt{2}}{2}\right)^2 \qquad ②$$

因为任何实数的平方都不是负数,所以欲使式②的值最小,必令

$$x-\frac{2-\sqrt{2}}{2}=0 \qquad ③$$

才能达到.

考虑到 2π 为常量,故当$\frac{S}{2\pi}$最小时,S 亦达最小. 解式③和式①,得到两圆面积之和为最小时的两圆半径为

$$x=y=1-\frac{\sqrt{2}}{2}$$

又由式②看到,等于右边的第二个加数为常量,欲使S达到最大,必令第一个加数中的 x 值,达到所可能出现的最大值,才能实现.

由图 3 知,x 不大于$\frac{1}{2}$,最大等于$\frac{1}{2}$,即

$$x_{\max}=\frac{1}{2}$$

将 $x_{\max}$ 值代入式①,得

$$y_{\min}=\frac{3}{2}-\sqrt{2}$$

因此,两圆面积之和为最大时的两圆半径,分别等于$\frac{1}{2}$和$\frac{3}{2}-\sqrt{2}$.

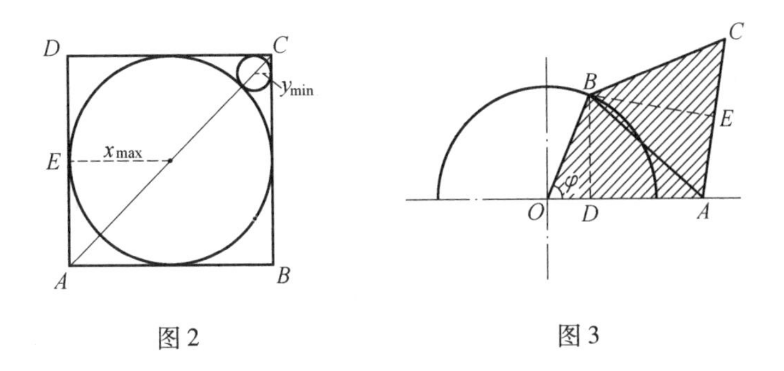

图 2　　图 3

❖封闭折线

已知一条闭折线是沿着方格纸上的网格线绘制的,共由 14 段组成且每条

网格线上至多有折线的 1 条边. 求这条折线最多有多少个自交点?

解　因为折线是沿着网格线绘制的,所以它的横边和竖边是交替排列的,故 14 条边中必有 7 条水平边和 7 条竖直边. 将水平边从上到下自 1 至 7 编号. 容易看出,第 1 条水平边上没有自交点,第 2 条水平边上至多有两个自交点,第3条水平边上至多有4个自交点. 同理,第7,6,5 条水平边上也分别至多有0,2,4 个自交点. 对于第 4 条水平边,两端各连有一条竖直边,故至多有 5 个自交点. 从而整条折线至多有 17 个自交点.

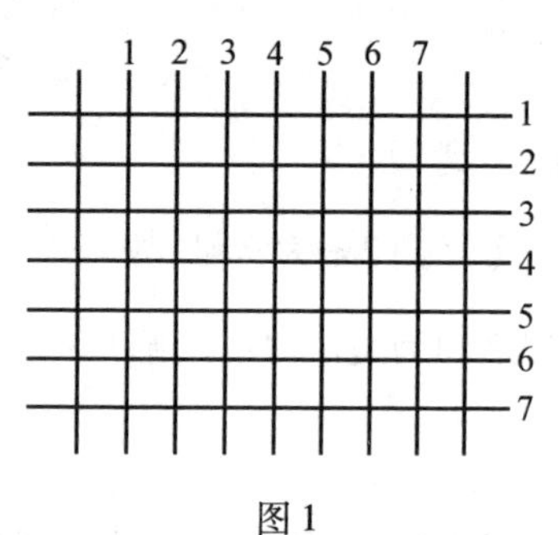

图 1

另一方面,图1中的折线共有14条边,每边各在一条网格线上且共有 17 个自交点.

综上可知,这条折线最多有 17 个自交点.

❖动点移动

设一动点 M 在 x 轴正半轴上,过动点 M 与定点 $P(2,1)$ 的直线 l 交 $y=x(x>0)$ 于点 Q. 动点 M 在什么位置时,$\frac{1}{|PM|}+\frac{1}{|PQ|}$ 有最大值,并求这个最大值.

解　设直线 l 的方程为 $y=k(x-2)+1$,要使它与 $y=x(x>0)$ 相交,则 $k>1$ 或 $k<0$.

令 $y=0$,得 $M\left(2-\frac{1}{k},0\right)$,令 $y=x$,得 $Q\left(\frac{2k-1}{k-1},\frac{2k-1}{k-1}\right)$,则

$$|MP|=\sqrt{\frac{1+k^2}{k^2}},\quad |PQ|=\sqrt{\frac{1+k^2}{(1-k)^2}}$$

所以

$$u=\frac{1}{|PM|}+\frac{1}{|PQ|}=\frac{|k|+|k-1|}{\sqrt{1+k^2}}=\begin{cases}\frac{1-2k}{\sqrt{1+k^2}}, & k<0\\ \frac{2k-1}{\sqrt{1+k^2}}, & k>1\end{cases}$$

于是

$$u^2=\frac{(1-2k)^2}{1+k^2}\Rightarrow(u^2-4)k^2+4k+u^2-1=0$$

因为 k 有实数解,所以 $\Delta\geqslant 0$,可得

$$u^2(u^2-5)\leqslant 0\Rightarrow 0\leqslant u^2\leqslant 5$$

所以 $u\leqslant\sqrt{5}$. 而当直线 l 的斜率不存在时,易得

$$u=\frac{1}{|PM|}+\frac{1}{|PQ|}=2<\sqrt{5}$$

所以 $u_{\max}=\sqrt{5}$,对应的 $k=-2$,进而求得 $M\left(\frac{5}{2},0\right)$.

❖集中点数

$\mathbf{R}^n$ 为 n 维欧几里得空间,如果 $\mathbf{R}^n$ 中的一个点集使 $\mathbf{R}^n$ 中的每一点至少与这集中一个点的距离为无理数,试求这个点集中点数的最小值 $g(n)$.

解 若 $n=1$,显然 $g(1)=2$.

若 $n\geqslant 2$,我们来证明 $g(n)=3$.

首先证明 $g(n)>2$.

对于 $\mathbf{R}^n$ 空间内任意两点 A,B,则可作 AB 的垂直平分线(面)π,显然总存在有理数 $r>\frac{1}{2}AB$,以点 A 为圆心、r 为半径作圆弧(球面)与 π 总有交点,取一交点 P,则

$$PA=PB=r$$

是有理数.

在 $\mathbf{R}^n$ 空间内取同在一条直线上的三点 A,B,C,且使 $AB=1,BC=\sqrt[3]{2}$. 现在来证明,对 $\mathbf{R}^n$ 空间上的任一点 P,PA,PB,PC 的长至少有一个无理数.

若 PB 为无理数,命题显然成立.

若 PB 为有理数,记 $PB=r$,设 $\angle PBC=\alpha$. 由余弦定理有

$$PA^2=PB^2+AB^2-2PB\cdot AB\cos(\pi-\alpha)=r^2+1+2r\cos\alpha$$

$$PC^2=PB^2+BC^2-2PB\cdot BC\cos\alpha=r^2+\sqrt[3]{4}+2\sqrt[3]{2}r\cos\alpha$$

如果 $\cos\alpha=\frac{\sqrt[3]{2}}{2r}-\frac{k}{\sqrt[3]{2}}$(其中 k 为有理数),则 PA 是无理数.

如果 $\cos\alpha \neq \frac{\sqrt[3]{2}}{2r} - \frac{k}{\sqrt[3]{2}}$(其中 k 为有理数),则 PC 是无理数.

综上可证得,当 $n \geqslant 2$ 时,$g(n)=3$.

❖空间五点

P,A,B,C,D 是空间中不同的五点,使得 $\angle APB = \angle BPC = \angle CPD = \angle DPA = \theta$,$\theta$ 是一给定的锐角. 试确定 $\angle APC + \angle BPD$ 的最大值和最小值.

解 由于三面角中两个面角之和总大于第三面角,有

$$\angle APC + \angle BPD < \angle APB + \angle BPC + \angle BPS + \angle CPD = 4\theta$$

如图 1,作 $\angle APC$ 的平分线 PO,则三面角 $P-ABO$ 与三面角 $P-CBO$ 对称. 因此,二面角 $A-PO-B=C-PO-B=90°$. 同理二面角 $A-PO-D=C-PO-D=90°$. 故平面 $PBD\perp$ 平面 PAC,且 PO 也平分 $\angle BPD$.

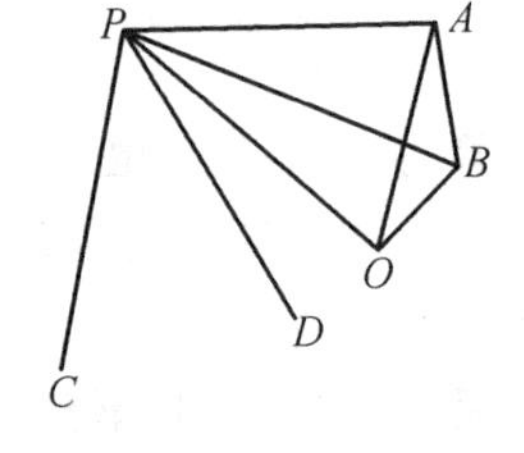

图 1

现取 $PB=1$,作 $BO\perp PO$,$AO\perp PA$. 令 $\angle APO=\alpha$,$\angle BPO=\beta$,在四面体 $P-ABO$ 中

$$PO = PB\cos\beta$$

$$PA = \cos\alpha\cdot PO = PB\cos\beta\cdot\cos\alpha = \cos\alpha\cos\beta$$

但又因 $BO\perp PO$,即有 $BO\perp$ 平面 APC,$BO\perp PA$. 加之 $AO\perp PA$,由三垂线定理知 $PA\perp BA$. 因此

$$PA = PB\cos\theta = \cos\theta$$

即

$$\cos\alpha\cos\beta = \cos\theta$$

于是

$$\cos(\alpha+\beta) = 2\cos\theta - \cos(\alpha-\beta)$$

由于 $\cos(\alpha+\beta)(0<\alpha+\beta<2\theta<180°)$ 随 $\alpha+\beta$ 的增加而减小,故当 $\alpha=\beta$ 时,$\cos(\alpha+\beta)$ 取极小值 $2\cos\theta-1$,而 $\alpha+\beta$ 取极大值 $\arccos(2\cos\theta-1)$. 亦即 $\angle APC+\angle BPD$ 取最大值 $2\arccos(2\cos\theta-1)$.

又 $\alpha+\beta>\theta$,故 $\angle APC+\angle BPD>2\theta$,但可任意接近 2θ. 因此它有下界而无极小值.

❖梯子长度

有一幢楼房 AB 的后面有一个大花园,在花园的边上有一个紧靠着楼房的温室,温室宽为 2 m,高为 3 m(图 1). 现在希望把一架长为 7 m 的梯子搁靠在地面和墙面之间,试问能不能使梯子不碰上温室的篷顶?

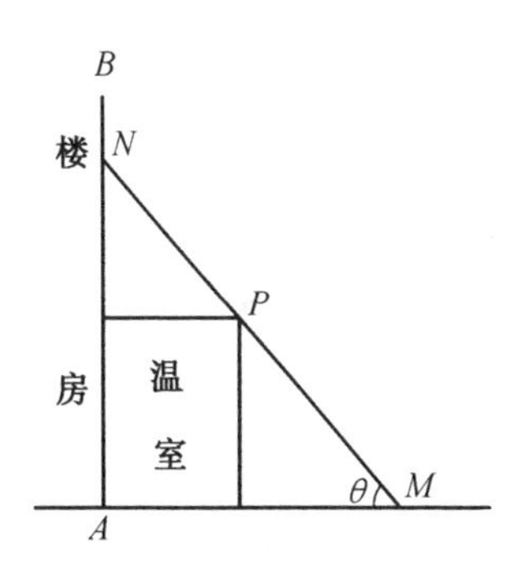

图 1

解 假设梯子与地面的夹角为 θ,则问题的目标为求函数

$$L = 3\csc\theta + 2\sec\theta$$

在$\left(0,\frac{\pi}{2}\right)$上的最小值.

由上题结论可知,当$\theta = \arctan\sqrt[3]{\frac{2}{3}}$时,$L$有最小值为

$$L_{\min} = (3^{\frac{2}{3}} + 2^{\frac{2}{3}})^{\frac{3}{2}} \approx 7.023\cdots$$

因为所给定的梯子仅 7 m 长,要搁靠在地面与墙面之间,不可避免地会碰坏温室的篷顶. 要使梯子不碰上温室的篷顶,梯子的长度必须不小于 7.023 m.

❖线段中点

在直线上分布着 100 个点,我们来标出以这些点为端点的一切可能的线段的中点. 问最少可以得到多少个这样的中点?

解 考察左边第 1 点依次和左数第 2,3,…,100 点所成的 99 条线段的 99 个中点,显然它们互不相同. 同理,从右边考虑也可得到 99 个互不相同的中点. 显然,这两组中点中恰有 1 个是重复的,即左边第 1 点与右边第 1 点所成线段的中点. 故知至少有 197 个中点.

另一方面,当这 100 个点中每相邻两点间的距离都彼此相等时,任何一条以这些点为端点的线段的中点或者是这 100 个点中的点,或者是某相邻两点间的小线段的中点. 所以这样的中点至多有 197 个. 综上可知,这样线段的中点最少有 197 个.

❖选多少个点

在周长为1 956的圆周上最少应选取多少个点,才能使得对其中的每一个点,都恰有1个距离为1的点,也恰好有1个距离为2的点(两点间的距离按弧长计算)?

解 将圆周用1 956个分点等分为1 956段,则每两个相邻分点间的距离为1.将这些分点按逆时针顺序依次编号为1,2,…,1 956.然后把号码为3的倍数的点擦去,则余下1 304个点,它们显然满足题中要求.故知所求的最少点数不超过1 304.

另一方面,设S是任一满足要求的点集,点$A\in S$,则存在点$B,C\in S$,使$\widehat{AB}$长为1,$\widehat{AC}$长为2.易让B,C两点在点A的异侧,否则将导致B与A,C两点的距离都为1,矛盾.不妨设点B在前,点C在后.对于点$B\in S$,已有点A与它距离为1,故在前方又有点$D\in S$,使$\widehat{DB}$长为2.如此继续下去,我们找出一串点都属于S且相邻两点间的距离交替地为1和2,并直到取得一点在C后面且与C距离为1为止.这样共得到S中的1 304个点.这意味着满足要求的集合至少有1 304个点.

综上可知,满足要求的点集最少有1 304个点.

❖椭圆动弦

在椭圆$x^2+4y^2=8$中,AB是长为$\frac{5}{2}$的动弦,O为坐标原点.求$\triangle AOB$面积的最大值与最小值.

解 当直线AB的斜率存在时,设$A(x_1,y_1)$,$B(x_2,y_2)$,直线AB的方程为$y=kx+b$,代入椭圆方程整理得

$$(4k^2+1)x^2+8kbx+4(b^2-2)=0$$

故

$$x_1+x_2=-\frac{8kb}{4k^2+1},\quad x_1x_2=\frac{4(b^2-2)}{4k^2+1}$$

由

$$\frac{25}{4}=|AB|^2=(1+k^2)[(x_1+x_2)^2-4x_1x_2]=$$

$$\frac{16(1+k^2)}{(4k^2+1)^2}[2(4k^2+1)-b^2]$$

得

$$b^2=2(4k^2+1)-\frac{25(4k^2+1)^2}{64(k^2+1)}$$

又原点 O 到 AB 的距离为$\frac{|b|}{\sqrt{k^2+1}}$，$S_{\triangle AOB}=\frac{5}{4}\cdot\frac{|b|}{\sqrt{k^2+1}}$，记 $u=\frac{4k^2+1}{k^2+1}$，则有

$$S^2_{\triangle AOB}=-\frac{625}{1\ 024}\left(u^2-\frac{128}{25}u\right)=4-\frac{625}{1\ 024}\left(u-\frac{64}{25}\right)^2$$

因为 $u=\frac{4k^2+1}{k^2+1}=4-\frac{3}{k^2+1}\in[1,4)$，所以 $S_{\triangle AOB}\in\left[\frac{5\sqrt{103}}{32},2\right]$.

当直线 AB 的斜率不存在时，易得 $S_{\triangle AOB}=\frac{5\sqrt{7}}{8}\in\left[\frac{5\sqrt{103}}{32},2\right]$.

$S_{\triangle AOB}$ 的最大值为 2，此时 $u=\frac{64}{25}$，即 $k=\pm\frac{\sqrt{39}}{6}$.

$S_{\triangle AOB}$ 的最小值为$\frac{5\sqrt{103}}{32}$，此时 $u=1$，即 $k=0$.

❖至少一点

在 n 边形内分布着 k 个点，使得在由 n 边形的任意3个顶点所构成的三角形内都至少有1个点. 求 k 的最小值.

解 由 n 边形的顶点 A 引出所有对角线，它们把 n 边形分成 $n-2$ 个互不相交的三角形. 每个三角形内至少有1个点，总共至少有 $n-2$ 个点.

另一方面，取定 n 边形的一条边 AB，并考察以 n 边形的3个顶点为顶点，以 AB 为一边的所有三角形. 显然，这样的三角形共有 $n-2$ 个. 每个这样的三角形被其他对角线分成若干部分，我们在包含第3个顶点的部分中取1点，共得到 $n-2$ 个点. 对

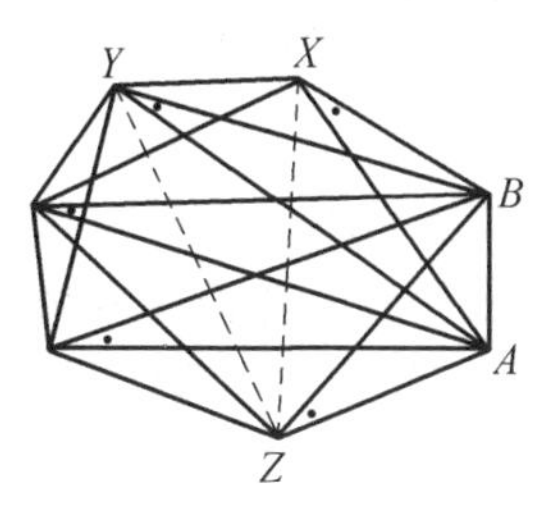

图 1

于任一个以 n 边形的 3 个顶点为顶点的 $\triangle XYZ$，$\angle AXB$，$\angle AYB$，$\angle AZB$ 中总有 1 个含于 $\triangle XYZ$ 的内角中. 例如，图 1 中的 $\angle AYB$ 含于 $\angle XYZ$ 之中，从而含于 $\angle AYB$ 中的点将含于 $\triangle XYZ$ 之中，可见，这 $n-2$ 个点满足题中要求.

综上可知，所求的 k 的最小值为 $n-2$.

❖正三棱锥

在一个边长为 1 的正三棱锥内有 13 个点，其中任意三点不共线，任意四点不共面. 试证：在以这些点中的四个点为顶点的三棱锥中，至少有一个的体积

$$V<\frac{\sqrt{2}}{48}$$

证明　如图 1，将底面正 $\triangle ABC$ 的任一边（如 AB 边）四等分，即

$$AD=DE=EF=FB$$

于是平面 SCD、平面 SCE、平面 SCF 将正三棱锥分为四个等体积的小三棱锥，每个小三棱锥的体积为

$$V=\frac{1}{4}\left(\frac{1}{3}\times\frac{\sqrt{3}}{4}\times\sqrt{\frac{2}{3}}\right)=\frac{\sqrt{2}}{48}$$

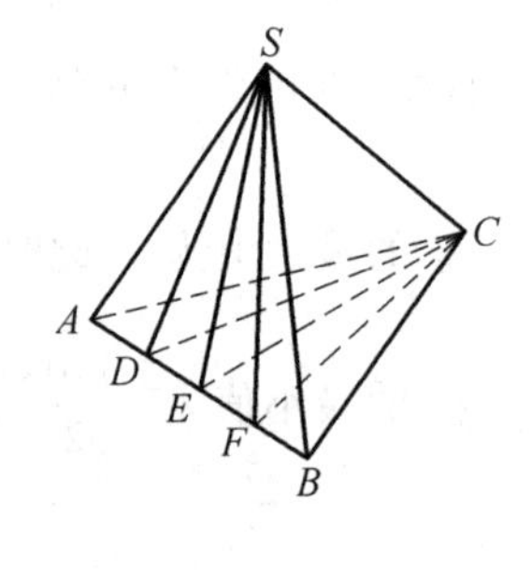

图 1

由于$\frac{13}{4}>3$，所以有一个小三棱锥内至少含有四个已知点，以这四点为顶点的三棱锥的体积小于$\frac{\sqrt{2}}{48}$.

❖盖住结点

在方格纸上放置一张正方形纸片，纸片的面积是一个方格面积的 4 倍. 求这张纸片最少能盖住方格纸上的多少个结点？（如果结点落在正方形纸片的边界上，也认为是盖住了）

解　首先注意，正方形纸片的内接圆至少盖住两个结点（图 1）. 设内接圆的圆心落在某方格被它自己的两条对角线所分成的四个三角形之一中（包括

边界和顶点). 因圆的半径为 1,故它必盖住作为这个三角形顶点的两个结点. 可见,正方形纸片所盖住的结点数至少为 2.

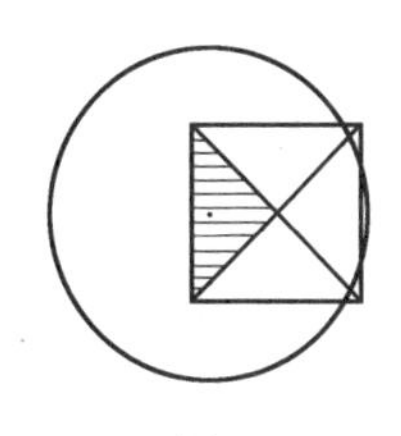

图 1

另一方面,我们将正方形的中心放在方格一边的中点上,并使正方形纸片的边平行于方格的对角线. 显然,正方形纸片盖住了两个结点 P 和 Q. 设 MN 是正方形纸片的一条中位线(图 2). 易见,结点 A 与 MN 的距离为 $\frac{3}{4}\sqrt{2} > 1$,故知结点 A 未被盖住. 结点 B 未被盖住是显然的,故这时纸片恰好盖住两个结点.

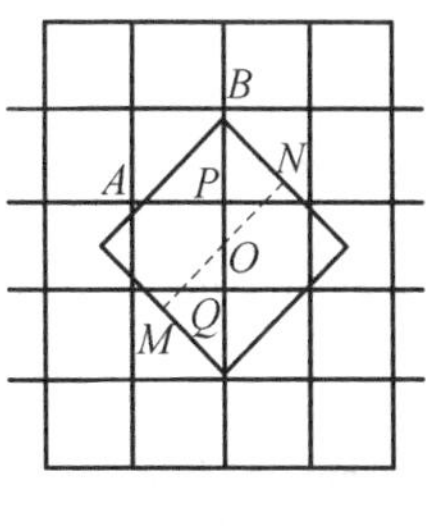

图 2

综上可知,正方形纸片最少盖住两个结点.

❖内接矩形

求内接于椭圆

$$\frac{x^2}{a^2} + \frac{y^2}{b^2} = 1 \qquad ①$$

内的面积最大的内接矩形.

解 如图 1,设内接矩形两边之半长为 x 和 y,则面积为

$$S = 4xy \qquad ②$$

应用椭圆方程 ①,将 y 表示为 x 的函数,并考虑到 y 为正值,有

$$y = \frac{b}{a}\sqrt{a^2 - x^2} \qquad ③$$

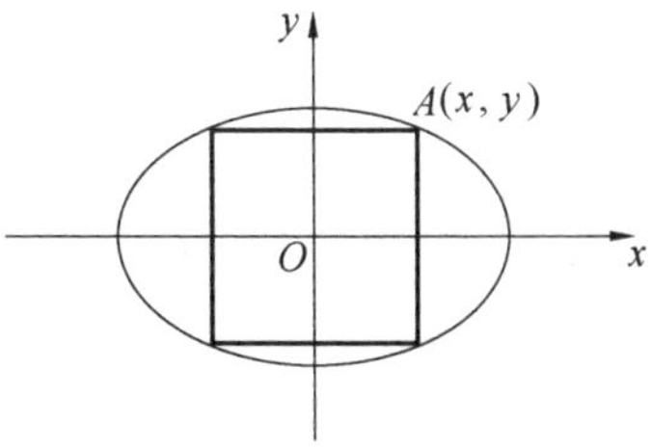

图 1

将式 ③ 代入式 ②,得

$$S = \frac{4b}{a}x\sqrt{a^2 - x^2}$$

所以

$$S^2 = \frac{16b^2}{a^2}x^2(a^2 - x^2)$$

由于 $\frac{16b^2}{a^2}$ 为常量,故 S^2 取决于因数 x^2 和 $a^2 - x^2$ 的乘积. 考虑到

$$x^2+(a^2-x^2)=a^2$$

为定值,当

$$x^2=a^2-x^2 \qquad ④$$

时,S^2 达最大值.

解式④,并考虑到 x 为正值,得

$$x=\frac{\sqrt{2}}{2}a$$

将 x 的值代入式③,得

$$y=\frac{\sqrt{2}}{2}b$$

由于 S 与 S^2 同时达到最大值,因此椭圆内面积最大的内接矩形,两边长分别为$\sqrt{2}a$ 和$\sqrt{2}b$.

❖最少点数

用 $A(n)$ 表示具有如下性质的平面点集 S 的最少点数:对于每个 $k\in\{1,2,\cdots,n\}$ 至少存在一条直线,它恰好包含 S 的 k 个点. 求证

$$A(n)=\left[\frac{n+1}{2}\right]\cdot\left[\frac{n+2}{2}\right]$$

证明 图1为 $n=7$ 的情形. 若把最下面一排7个黑点擦掉,并加上画有"○"号的3点,则变为 $n=6$ 的情形,二者可分别代表 n 为奇数与偶数的情形. 显然,图中所示的点集满足题中要求且当 $n=2m-1$ 时,点数为

$$(2m-1)+\cdots+m-C_m^2=m^2$$

当 $n=2m$ 时,点数为

$$2m+\cdots+(m+1)-C_m^2=m(m+1)$$

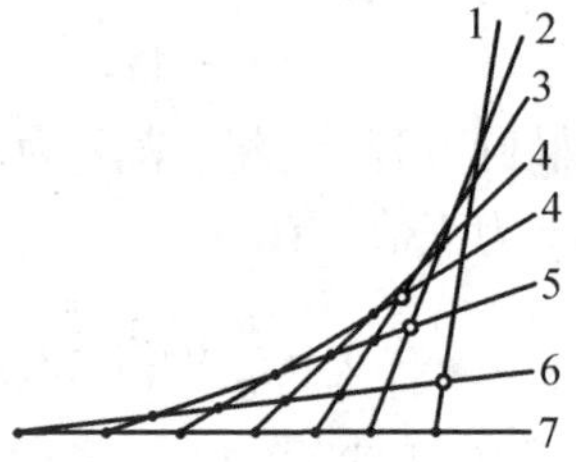

图1

这意味着

$$A(n)\leqslant\left[\frac{n+1}{2}\right]\cdot\left[\frac{n+2}{2}\right]$$

另一方面,对于满足要求的任一点集 S,按已知,必有 m 条直线,其直线上分别有 $n,n-1,\cdots,n-m+1$ 个点,而且它们中任何两条线至多有一个交点,故

又有 $A(n) \geqslant \left[\frac{n+1}{2}\right] \cdot \left[\frac{n+2}{2}\right]$. 综上便知本题结论成立.

❖两个动点

设 A 是椭圆 $\frac{x^2}{a^2}+\frac{y^2}{b^2}=1$ 上的一个定点, P, Q 是此椭圆上的两个动点, 且 $AP \perp AQ$. 试求点 A 到线段 PQ 距离的最大值.

解 令定点 $A(x_0, y_0)$, 直线 AP 的参数方程为

$$\begin{cases} x = x_0 + t\cos\alpha \\ y = y_0 + t\sin\alpha \end{cases}$$

则直线 AQ 的参数方程为

$$\begin{cases} x = x_0 + t\cos\left(\alpha+\frac{\pi}{2}\right) \\ y = y_0 + t\sin\left(\alpha+\frac{\pi}{2}\right) \end{cases}$$

将直线 AP 的参数方程代入椭圆方程, 并注意到 $b^2x_0^2 + a^2y_0^2 = a^2b^2$, 整理得

$$(b^2\cos^2\alpha + a^2\sin^2\alpha)t^2 + 2(b^2x_0\cos\alpha + a^2y_0\sin\alpha)t = 0$$

由参数 t 的几何意义可知

$$|AP| = \frac{2|b^2x_0\cos\alpha + a^2y_0\sin\alpha|}{b^2\cos^2\alpha + a^2\sin^2\alpha}$$

同理可得

$$|AQ| = \frac{2|b^2x_0\sin\alpha - a^2y_0\cos\alpha|}{b^2\sin^2\alpha + a^2\cos^2\alpha}$$

所以

$$\frac{4}{|AP|^2} + \frac{4}{|AQ|^2} = \frac{(b^2\cos^2\alpha + a^2\sin^2\alpha)^2}{(b^2x_0\cos\alpha + a^2y_0\sin\alpha)^2} + \frac{(b^2\sin^2\alpha + a^2\cos^2\alpha)^2}{(b^2x_0\sin\alpha - a^2y_0\cos\alpha)^2} \geqslant$$

$$\frac{(a^2+b^2)^2}{(b^2x_0\cos\alpha + a^2y_0\sin\alpha)^2 + (b^2x_0\sin\alpha - a^2y_0\cos\alpha)^2} = \frac{(a^2+b^2)^2}{b^4x_0^2 + a^4y_0^2}$$

这里我们利用了不等式

$$(x^2+y^2)\left(\frac{m^2}{x^2}+\frac{n^2}{y^2}\right) \geqslant (m+n)^2$$

令点 A 到线段 PQ 之距离为 d, 则有

$$\frac{1}{d^2}=\frac{1}{|AP|^2+|AQ|^2}\geqslant\frac{(a^2+b^2)^2}{4(b^4x_0^2+a^4y_0^2)}$$

所以

$$d\leqslant\frac{2\sqrt{b^4x_0^2+a^4y_0^2}}{a^2+b^2}$$

所以

$$d_{\max}=\frac{2\sqrt{b^4x_0^2+a^4y_0^2}}{a^2+b^2}$$

❖彩色穗带

阿丽丝和鲍勃来到一家五金店,店里出售彩色穗带,可以把它们系在钥匙上,将不同的钥匙区别开. 下面是他们两人的一段对话.

阿丽丝:你打算买一些彩色穗带系在你的钥匙上吗?

鲍勃:我很想这样做,但穗带只有 7 种不同的颜色,而我却有 8 把钥匙.

阿丽丝:这没有关系,因为即使有两把钥匙都系上红色穗带,但你只要注意它们是与系绿色穗带的钥匙相邻,还是与系蓝色穗带相邻,就可以把它们区分开.

鲍勃:你当然知道我的全部钥匙都套在一个钥匙圈上,而钥匙圈是可以翻来翻去,转来转去的,所以在说到"相邻"或者"前面有三把钥匙"这一类话时一定要注意.

阿丽丝:即使是这样,你也不需要 8 种颜色的穗带.

试问:为了区分 n 把套在同一个钥匙圈上的钥匙,最少需要多少种颜色的穗带?

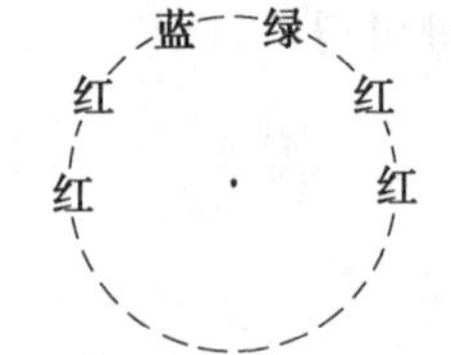

图 1

解 (1)当 $n=1$ 时,需要 1 种颜色的穗带.

(2)当 $n=2$ 时,需要 2 种颜色的穗带.

(3)当 $n\geqslant 3$ 时,只需要 3 种颜色的穗带即可. 如图 1,使系上蓝色和系上绿色穗带的钥匙相邻,其余均系上红色穗带,我们只要记住按顺时针方向距绿色穗带第几把或按逆时针距蓝色穗带第几把钥匙即可.

❖投影面积

证明:对任意四面体,存在两个平面,使四面体在两个平面上投影的面积之比不小于$\sqrt{2}$.

证明 设对棱$AB=a$,$CD=b$的公垂线为h,过h作平面Q,则四面体$ABCD$在Q上的投影为梯形,底a',b'分别为a,b在Q上的投影,高为h. 因此,投影的面积为$\frac{h}{2}(a'+b')$.

不妨设$a \geqslant b$,向量$\overrightarrow{AB}=\boldsymbol{a}$,$\overrightarrow{CD}=\boldsymbol{b}$之间的夹角为$\alpha(\alpha \leqslant 90°)$,当$Q \perp AB$时,$a'+b'=0+b\sin\alpha=b\sin\alpha$. 当$Q$与$\boldsymbol{a}+\boldsymbol{b}$平行(在$h$上任取一点$H$,将$\boldsymbol{a}$,$\boldsymbol{b}$平移,使$H$为它们的始点,然后由平行四边形法则作出$\overrightarrow{HE}=\boldsymbol{a}+\boldsymbol{b}$,再过$h$与$E$作平面$Q$)时,$a'+b'=|\boldsymbol{a}+\boldsymbol{b}|$. 而

$$|\boldsymbol{a}+\boldsymbol{b}|^2=a^2+b^2+2ab\cos\alpha \geqslant a^2+b^2 \geqslant 2b^2 \geqslant 2b^2\sin\gamma$$

所以对四面体在这两个平面的投影,面积之比不小于$\sqrt{2}$.

❖平面点集

设集合M是由整个平面去掉三个不同的点A,B,C后的所有点构成. 求凸集的最小个数,使得它们的并集等于M.

解 先设点A,B,C共线l,则它们把直线l分成4个区间,并且不同区间中的点不能属于同一个凸集,故至少要有4个凸集. 另一方面,当取l为x轴且A,B,C的坐标分别为$(x_1,0)$,$(x_2,0)$,$(x_3,0)(x_1<x_2<x_3)$时,令

$$M_1=\{(x,y)\mid y>0\}\cup\{(x,0)\mid x<x_1\}$$

$$M_2=\{(x,y)\mid y<0\}\cup\{(x,0)\mid x>x_3\}$$

$$M_3=\{(x,0)\mid x_1<x<x_2\}$$

$$M_4=\{(x,0)\mid x_2<x<x_3\}$$

容易验证,它们都是凸集且并集为M. 所以这时所求凸集个数的最小值为4.

再设A,B,C三点不共线,则点B和C把直线BC分成三个区间,并且不同区间中的点应该属于不同的凸集. 因此至少要有三个凸集. 另一方面,将M分成

图 1 所示的三个凸集 M_1,M_2,M_3 时便满足要求，其中 M_1 包含不带端点的线段 AC,BC，M_2 包含它的除了线段 AC 的所有边界点，M_3 是包含从点 B 向左发出的射线（不含点 B）的下半平面. 可见，这时所求的凸集个数的最小值为 3.

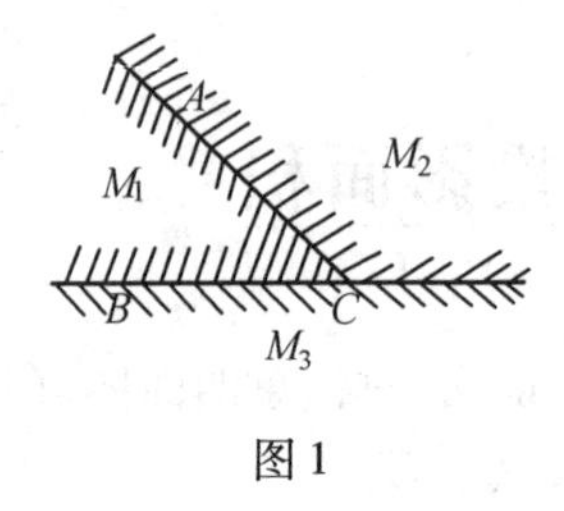

图 1

❖外圆内方

设圆的半径为 R. 求圆面积最大的内接矩形.

解　设内接矩形两边之半长为 x 和 y，则面积 S 为

$$S=4xy \quad ①$$

由图 1 得

$$\begin{cases}x=R\cos\varphi\\y=R\sin\varphi\end{cases} \quad ②$$

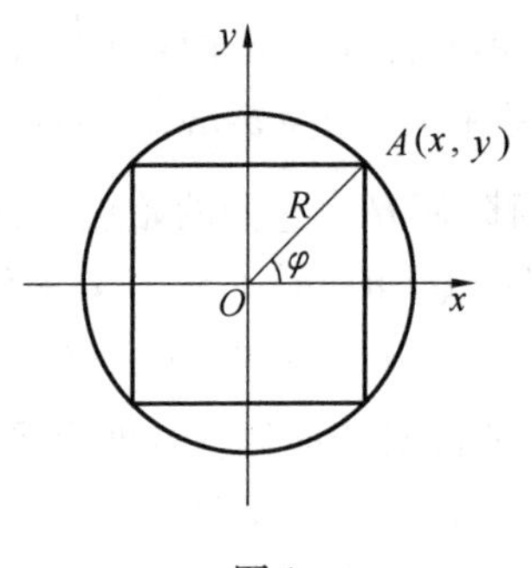

图 1

所以

$$S=4R^2\sin\varphi\cos\varphi=2R^2\sin 2\varphi$$

由于 R 为常数，故当 $\sin 2\varphi$ 最大时，S 达最大值.

因为

$$\sin 2\varphi|_{\max}=1$$

所以

$$S_{\max}=2R^2$$

又因为角 φ 符合

$$0°<\varphi<90°$$

的条件，所以 2φ 满足不等式

$$0°<2\varphi<180°$$

而当 $\sin 2\varphi=1$ 时，有

$$2\varphi=90°$$

$$\varphi=45°$$

将 φ 的值代入方程组 ②，得

$$x=y=\frac{\sqrt{2}}{2}R$$

因此,圆内面积最大的内接矩形为边长等于$\sqrt{2}R$ 的正方形.

❖子集个数

设 $S=\{1,2,\cdots,10\}$,$A_1,A_2,\cdots,A_k$ 都是 S 的子集且满足:

(1) $|A_i|=5,i=1,2,\cdots,k$;

(2) $|A_i\cap A_j|\leqslant 2,1\leqslant i<j\leqslant k$.

求 k 的最大值.

解法 1　下列 6 个子集

$$\{1,2,3,4,5\},\{1,2,6,7,8\},\{1,3,6,9,10\}$$
$$\{2,4,7,9,10\},\{3,5,7,8,9\},\{4,5,6,8,10\}$$

满足条件(1) 和(2),故知所求的 k 的最大值不小于 6.

若有7个子集$A_1,A_2,\cdots,A_7$满足条件(1) 和(2),则7个子集中共有35个元素.由抽屉原理知,有 S 中的一个元素至少属于上述 7 个子集中的 4 个,不妨设 $1\in A_i,i=1,2,3,4$. 这时令

$$A_i^*=A_i-\{1\},\quad i=1,2,3,4$$

于是 $|A_i^*|=4$ 且 $|A_i^*\cap A_j^*|\leqslant 1,1\leqslant i<j\leqslant 4$. 这表明 A_1^*,A_2^*,A_3^*,A_4^* 中共 16 个元素中至多有 6 对重复,从而其中至少有 10 个不同元素. 再加上 1,至少有 11 个不同元素,此不可能.

综上可知,所求的子集数 k 的最大值为 6.

解法 2　设有 k 个子集满足题中条件(1) 和(2),并设 i 属于这 k 个子集中的 x_i 个集合,$i=1,2,\cdots,10$. 若 $i\in A_j,i\in A_k,j\neq k$,则称 i 为一个重复数对. 于是由数 i 导致的重复数对有 $C_{x_i}^2$ 个. 由 S 中的10个元素所导致的重复数对的总数为 $C_{x_1}^2+C_{x_2}^2+\cdots+C_{x_{10}}^2$,$x_1+x_2+\cdots+x_{10}=5k$.

另一方面,每两个子集间至多有两个重复数对,所以 k 个子集之间至多有 $2C_k^2$ 个重复数对. 因而有

$$C_{x_1}^2+C_{x_2}^2+\cdots+C_{x_{10}}^2\leqslant 2C_k^2 \qquad ①$$

由柯西不等式有

$$C_{x_1}^2+C_{x_2}^2+\cdots+C_{x_{10}}^2=\frac{1}{2}\{x_1(x_1-1)+x_2(x_2-1)+\cdots+x_{10}(x_{10}-1)\}=$$
$$\frac{1}{2}\{x_1^2+x_2^2+\cdots+x_{10}^2\}-\frac{1}{2}(x_1+x_2+\cdots+x_{10})=$$

$$\frac{1}{2}(x_1^2+x_2^2+\cdots+x_{10}^2)-\frac{5}{2}k\geqslant$$

$$\frac{1}{20}(5k)^2-\frac{5}{2}k=\frac{5}{4}k(k-2) \quad ②$$

由式 ① 和式 ② 得

$$\frac{5}{4}(k-2)\leqslant k-1 \quad ③$$

由式 ③ 解得 $k\leqslant 6$. 这表明至多有 6 个子集.

所以,所求的 k 的最大值为 6.

❖抛物线问题

已知抛物线方程为 $y=-\frac{x^2}{2}+h(h>0)$,点 $P(2,4)$ 在抛物线上,直线 AB 在 y 轴上的截距大于 0,且与抛物线交于 A,B 两点,直线 PA 与 PB 的倾斜角互补. 求 $\triangle PAB$ 面积的最大值.

解 由点 $P(2,4)$ 在 $y=-\frac{x^2}{2}+h$ 上,得 $h=6$.

设直线 PA 与 PB 的方程分别为

$$y-4=-k(x-2),\quad y-4=k(x-2)$$

将 $y-4=k(x-2)$ 代入 $y=-\frac{x^2}{2}+6$,可得

$$x^2+2kx-4k-4=0$$

所以 $x_A=2k-2$,同理可得 $x_B=-2k-2$,进而

$$y_A=-k(x_A-2)+4,\quad y_B=k(x_B-2)+4$$

由此可得

$$k_{AB}=\frac{y_A-y_B}{x_A-x_B}=2$$

设直线 AB 的方程为 $y=2x+m(m>0)$,代入 $y=-\frac{x^2}{2}+6$,得

$$x^2+4x+2m-12=0$$

由

$$\Delta=16-4(2m-12)>0$$

得

$$0<m<8$$

因为

$$|AB|^2=5(x_A-x_B)^2=40(8-m)$$

且点 P 到直线 AB 的距离为

$$d=\frac{|2\times2-4+m|}{\sqrt{5}}=\frac{m}{\sqrt{5}}$$

所以

$$S_{\triangle PAB}^2=\frac{1}{4}\cdot\frac{m^2}{5}\cdot40(8-m)=8\cdot\frac{m}{2}\cdot\frac{m}{2}\cdot(8-m)\leqslant8\times\left(\frac{8}{3}\right)^3$$

因为 $0<m<8$,即 $S_{\triangle PAB}\leqslant\frac{64\sqrt{3}}{9}$,因此 $\triangle PAB$ 的面积的最大值为$\frac{64\sqrt{3}}{9}$.

❖交集非空

给定 11 个集合 $M_1,M_2,\cdots,M_{11}$,其中每个集合都恰有 5 个元素且对所有的 $i,j,1\leqslant i<j\leqslant11$,均有 $M_i\cap M_j\neq\varnothing$. 求这些集合中交集非空的最大集合数的最小可能值.

解 考察如下 11 个集合

$$\{1,2,3,4,5\},\{1,6,7,8,9\},\{2,6,10,11,12\},\{3,7,10,13,14\}$$
$$\{4,8,11,13,15\},\{5,9,12,14,15\},\{1,10,15,16,17\},\{2,8,14,16,18\}$$
$$\{3,9,11,17,18\},\{4,7,12,16,18\},\{5,6,13,17,18\}$$

可知它们满足题中的要求且除 18 出现 4 次之外,每个数都恰好出现 3 次,故知所求的最小可能值不大于 4.

另一方面,11 个集合共有 55 个元素. 若其中不同元素的个数不大于 18,则由抽屉原理知必有一个元素至少属于 4 个集合,从而所求的最小可能值至少为 4. 若 11 个集合中所含不同元素的个数至少为 19,则由抽屉原理又知必有一个元素至多属于两个集合. 不妨设为$\{1,2,3,4,5\}$ 和$\{1,\times,\times,\times,\times\}$,而其他集合均不含 1. 于是另 9 个集合都必须至少含$\{2,3,4,5\}$ 之一. 从而由抽屉原理又知至少有 3 个集合含有$\{2,3,4,5\}$ 的同一个元素,而这又导致所求的最小可能值至少为 4.

综上可知,所求的交集非空的最大集合数的最小可能值为 4.

❖六棱长度

设一个有三个直角的四面体 $PABC$(即 $\angle APB=\angle BPC=\angle CPA=90°$)的六棱长度之和是 S. 试求(并加以证明)它的极大体积.

解 如图1,设三条互相垂直的棱为 $PA=a$, $PB=b$, $PC=c$,由已知得

$$S=\sqrt{a^2+b^2}+\sqrt{b^2+c^2}+\sqrt{c^2+a^2}+a+b+c\geqslant$$
$$\sqrt{2ab}+\sqrt{2bc}+\sqrt{2ca}+3\sqrt[3]{abc}\geqslant$$
$$3\sqrt{2}\sqrt[3]{abc}+3\sqrt[3]{abc}=$$
$$3(\sqrt{2}+1)\sqrt[3]{6V}$$

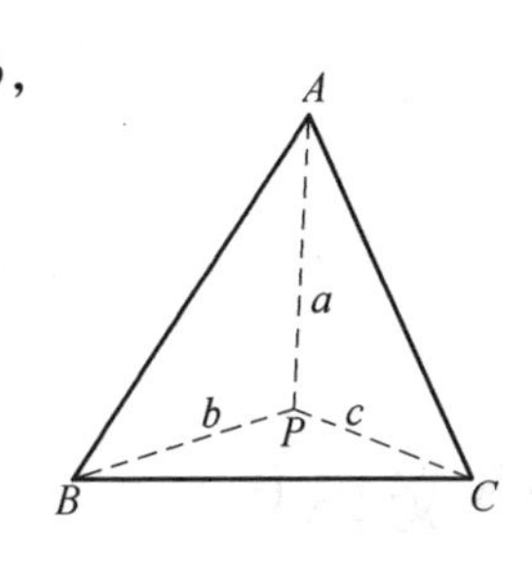

图1

其中 V 为四面体的体积. 于是

$$V\leqslant\frac{(5\sqrt{2}-7)S^3}{162}$$

当 $a=b=c$ 时,等号成立. 因此,V 的极大值为$\frac{5\sqrt{2}-7}{162}S^3$.

❖不可分辨

设 $k\in\mathbf{N}$, $S_k=\{(a,b)\mid a,b=1,2,\cdots,k\}$. 对于 S_k 中两个元素 (a,b) 和 (c,d),如果

$$a-c\equiv 0 \text{ 或 } \pm 1(\bmod k),\quad b-d\equiv 0 \text{ 或 } \pm 1(\bmod k)$$

则称 (a,b) 与 (c,d) 在 S_k 中是不可分辨的(例如,$(1,1)$ 与 $(2,5)$ 在 S_5 中是不可分辨的),否则就称为可分辨的.

考虑 S_k 的具有下列性质的子集 A:A 中所有元素在 S_k 中两两可分辨. 这种子集的元数的最大值记为 r_k.

(1) 求 r_5 并说明理由.

(2) 求 r_7 并说明理由.

(3) 对一般的 k,r_k 是多少(不必说明理由)?

解 我们用 $k\times k$ 个方格来代表 S_k 中的 k^2 个元素,自然以第 i 行第 j 列的

方格代表(i,j). 这样,S_k 中的两元素(a,b),(c,d) 不可分辨相当于它们所对应的两个方格相邻(包括有公共边的相邻或有公共顶点的相邻),这里的相邻是广义的,即第1行(列)与第k行(列)相邻. 显然,每一个方格恰与周围8个方格相邻$(k \geqslant 3)$.

对于任何 2×2 方格,其中4个方格两两都相邻,从而它们对应的 S_k 中的4个元素是两两不可分辨的. 所以,任何 2×2 的4个方格中至多包含A中的一个元素.

考察方格表中任何相邻的两行. 我们在 $2 \times k$ 方格表旁再接上一个 $2 \times k$ 方格表,这样得到一个 $2 \times 2k$ 的方格表,其中有 k 个互不相重的 2×2 正方形(图1).

既然任何 2×2 个方格中至多有一个在A中,所以 $2 \times 2k$ 个方格中至多有 k 个在A中(注意广义相邻). 但对原来的 $2 \times k$ 个方格,每个方格在 $2 \times 2k$ 个方格中都恰好被用了两次,从而 $2 \times k$ 个方格中至多有$\left[\frac{k}{2}\right]$个在A中,即任何相邻两行中至多有$\left[\frac{k}{2}\right]$个方格在A中.

利用同样的技巧,我们可以证明在k行中至多有$\left[\frac{k}{2}\left[\frac{k}{2}\right]\right]$个方格在$A$中,所以有

$$r_k \leqslant \left[\frac{k}{2}\left[\frac{k}{2}\right]\right]$$

下面我们来证明上式中等号成立. 按题中要求,我们只就 $k=5$ 和 $k=7$ 的情形来举例说明. 为此,我们只需给出一个互不相邻的方格集,使其恰有 r_k 个元素. 注意 $r_5=5$,$r_7=10$,所选的方格集如图2.

对于一般的k,也有 $r_k=\left[\frac{k}{2}\left[\frac{k}{2}\right]\right]$.

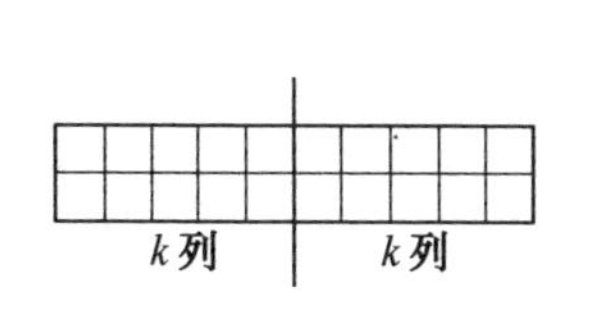

图1

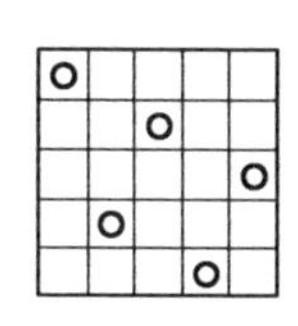

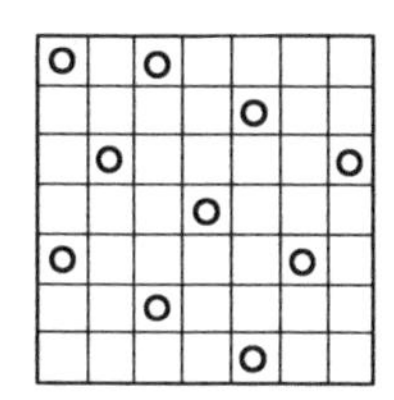

图2

❖折射定律

光线在穿过两种不同的介质时会发生折射现象.假定其界面是一个平面,在图1中用直线 MN 表示.又设光线在直线 MN 上方区域前进的速度为 v_1,下方区域前进的速度为 v_2.

光线自上方区域内点 A 穿过界面上点 P 到达下方区域内点 B,称入射光线 AP 与界面在点 P 处法线 UV 的夹角 θ_1 为入射角,折射光线 PB 与界面在点 P 处法线 UV 的夹角 θ_2 为折射角.

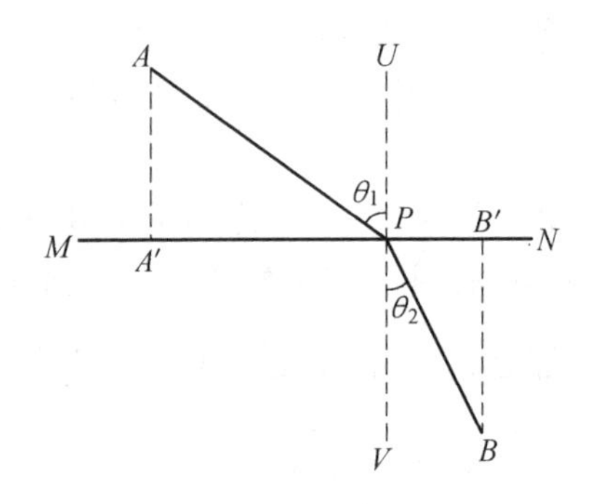

图 1

试根据点 P 的位置能符合使光线从 A 到 B 所用总时间为最小的原则,来证明费马折射定律

$$\frac{\sin\theta_1}{\sin\theta_2}=\frac{v_1}{v_2}$$

证明 对一些已知数据我们用字母来表示,记

$$AA'=a,BB'=b,A'B'=l$$

并设 $A'P=x$,则所用总时间

$$t=\frac{AP}{v_1}+\frac{PB}{v_2}=\frac{\sqrt{a^2+x^2}}{v_1}+\frac{\sqrt{b^2+(l-x)^2}}{v_2}$$

就是目标函数,其定义域为 $0\leqslant x\leqslant l$,目标函数取得最小值的必要条件为 $\frac{\mathrm{d}t}{\mathrm{d}x}=0$,即

$$\frac{1}{v_1}\cdot\frac{x}{\sqrt{a^2+x^2}}-\frac{1}{v_2}\cdot\frac{l-x}{\sqrt{b^2+(l-x)^2}}=0$$

利用几何关系 $\sin\theta_1=\frac{x}{\sqrt{a^2+x^2}}$ 和 $\sin\theta_2=\frac{l-x}{\sqrt{b^2+(l-x)^2}}$ 即可证得费马折射定律

$$\frac{\sin\theta_1}{\sin\theta_2}=\frac{v_1}{v_2}$$

注 本题的模型适合于一大类问题:如煤气管道的敷设,由于不同的地质情况,每千米

敷设费用并不一样，若在图 1 中的上方区域为 k_1 元/km，下方区域为 k_2 元/km，则敷设费用最省的方案应满足

$$\frac{\sin\theta_1}{\sin\theta_2}=\frac{k_2}{k_1}$$

又如，我们在很多书中看到的越野赛问题，把光线改为运动员，两种不同的介质改为陆地和湖泊，就是该问题最简单的移植.

❖棋子放置

把棋子放在国际象棋棋盘的方格上，要求在每一行、每一列以及每一斜线上都刚好有偶数枚棋子，试问最多可以放置多少枚棋子？

解 最多可以放置 48 枚棋子.

由于国际象棋棋盘上一共有 16 条包含有奇数个方格的对角线而它们之间又没有公共的方格. 从而棋子的枚数不能多于 64 - 16 = 48.

事实上只要在除去两条主对角线上的 16 个小方格之外的每一个方格各放上一枚棋子(图 1)，就得到满足条件的 48 枚棋子的一种放法.

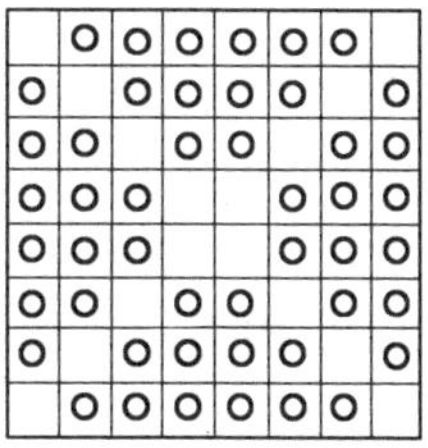

	o	o	o	o	o	o	
o		o	o	o	o		o
o	o		o	o		o	o
o	o	o			o	o	o
o	o	o			o	o	o
o	o		o	o		o	o
o		o	o	o	o		o
	o	o	o	o	o	o	

图 1

❖控制小格

游戏盘的形状是一个含有 60° 角的菱形. 将它的每条边都分成 9 等分，并过每个分点都分别作平行于边和较短对角线的两条直线，将菱形分成许多正三角形的小格. 如果在某个小格中放上一枚棋子，则过该小格中心引 3 条分别平行于三角形三边的直线，并称这 3 条直线穿过的所有小格都已被棋子所控制. 问为了控制游戏盘上的所有小格，最少要放多少枚棋子？

解 图 1 中阴影线所示的 6 个小格中各放 1 枚棋子，整个游戏盘上的所有小格都被控制，故知所求的最小值不大于 6.

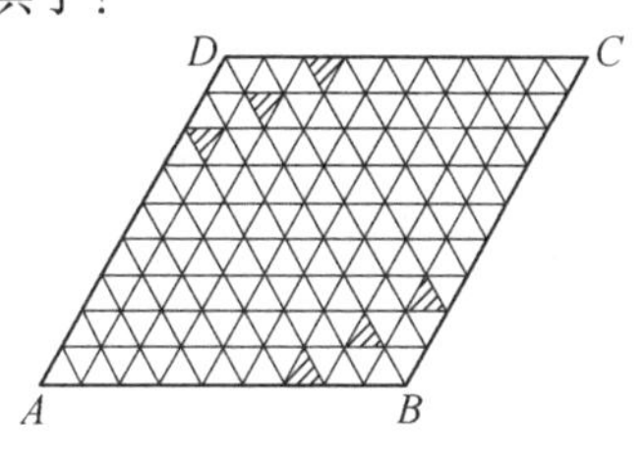

图 1

另一方面，设游戏盘上所放的棋子至多 5 枚，不妨设恰放 5 枚. 这时，在被平行于 AB 的 8

条直线把游戏盘分成的 9 个带状平行四边形中,至少有 4 个没有棋子. 同理,在被平行于 AD 的 8 条直线所分成的 9 个带状平行四边形中,至少也有 4 个没有棋子. 考察这两组没有棋子的各 4 个平行四边形的点,易见,其中的三角形小格分别属于 8 个被平行于短对角线的直线所分成的带状梯形. 注意,每枚棋子只能控制 1 个带状梯形,从而至少有 3 个小格未被控制.

综上可知,最少要放 6 枚棋子.

❖最长对角线

已知正 $n(n>5)$ 边形的最长对角线与最短对角线的差等于边长,求 n 的值.

解 设 a_n 是边,D_n 和 d_n 是最长和最短的对角线.

当 $n=6$ 和 $n=7$ 时,由三角形两边之差小于第三边,即得 $D_n-d_n<a_n$.

当 $n=8$ 时(图 1(a)),从最短对角线 BD 的端点向最长的对角线 AE 作垂线 BK 和 DL. 因为 $\angle ABK=90^\circ-\angle BAK=22.5^\circ<30^\circ$,所以

$$AB=a_8>2AK=D_8-d_8$$

当 $n=9$ 时(图 1(b)),同理有 $\angle ABK=30^\circ$,所以

$$AB=a_9=2AK=D_9-d_9$$

当 $n>9$ 时,考虑半径为 1 的圆的内接正 n 边形. 显然,$D_n\geqslant D_9$,$d_n<d_9$,$a_n<a_9$,因此,$D_n-d_n>D_9-d_9=a_9>a_n$.

综上所述,$n=9$.

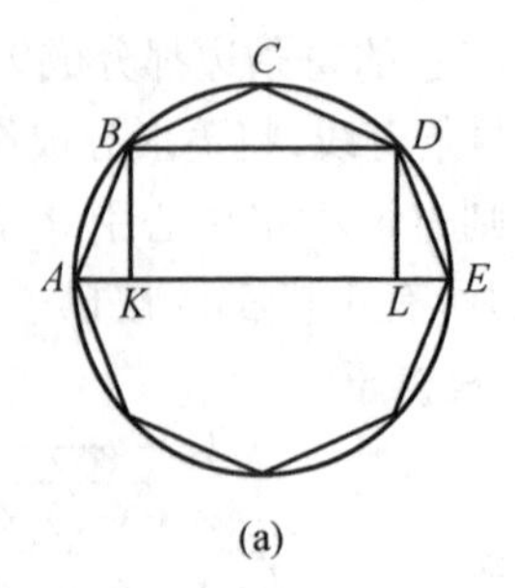

(a)

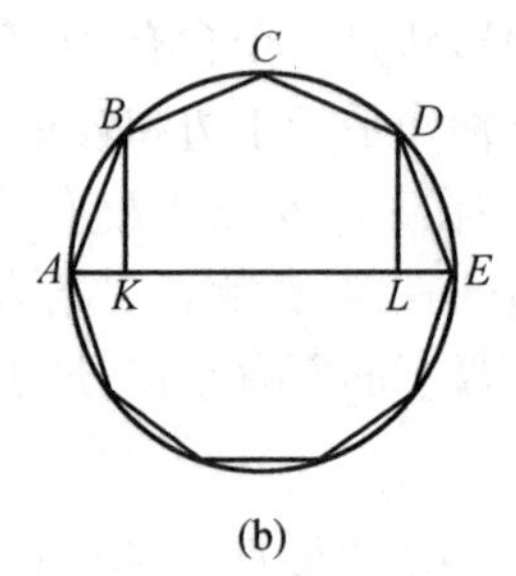

(b)

图 1

❖转运站问题

在 A 地有一种产品,要源源不断地运到铁路线上的 B 地,现在希望铺设一段公路 AP,再利用一段铁路 PB(图 1). 若铁路运输速度是公路运输速度的两倍. 现以最短的时间通过汽车运输转铁路运输,求转运站 P 的最佳位置,使该产品运到 B 地.

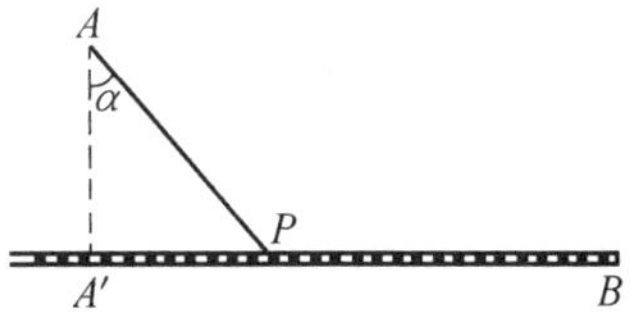

已知:A 到铁路线的垂直距离为 $AA' = a$,而 $A'B = L, L > \frac{a}{\sqrt{3}}$.

图 1

解法 1(待定角法)　设公路运输速度和铁路运输速度分别是 v 和 $2v$,以 $\angle A'AP = \alpha$ 为自变量,建立目标函数

$$T(\alpha) = \frac{1}{v}(a\sec\alpha) + \frac{1}{2v}(L - a\tan\alpha)$$

其定义域为 $\left[0, \arctan\frac{L}{a}\right]$,显然函数 $T(\alpha)$ 在定义域上可微,且有

$$\frac{\mathrm{d}T}{\mathrm{d}\alpha} = \frac{a}{v}\left(\sin\alpha - \frac{1}{2}\right)\sec^2\alpha$$

令 $\frac{\mathrm{d}T}{\mathrm{d}\alpha} = 0$,可得到目标函数在定义域上的唯一驻点 $\alpha = \frac{\pi}{6}$.

由于目标函数 $T(\alpha)$ 在定义域上可微,且在定义域上有唯一驻点,根据实际意义可知最佳转运站的位置确实存在,所以与 $\alpha = \frac{\pi}{6}$ 相对应的 P, Q 就是最佳转运站的位置,此时对应地有

$$A'P = \frac{a}{\sqrt{3}}$$

解法 2(待定边法)　以 $x = A'P$ 为自变量,建立目标函数

$$T(x) = \frac{1}{v}\sqrt{a^2 + x^2} + \frac{1}{2v}(L - x)$$

其定义域为 $0 \leqslant x \leqslant L$. 求其导数为

$$\frac{\mathrm{d}T}{\mathrm{d}x} = \frac{1}{2}\left(\frac{x}{\sqrt{a^2 + x^2}} - \frac{1}{2}\right)$$

再令$\frac{dT}{dx}=0$,一样地可以解得$x=\frac{a}{\sqrt{3}}$.

注　对于目标函数与倾斜程度(或方向)有关的问题,待定角法是一种值得尝试的方法.

❖多少条边

在凸十三边形中作出所有对角线,它们将十三边形划分为一些多边形. 问其中边数最多的多边形最多能有多少条边?

解　设多边形M是边数最多的一个. 对于凸十三边形的每一个顶点,多边形M的所有边中至多有两条位于从该顶点所引出的边或对角线上,故多边形M的边不多于 26 条(包括重复计数). 但多边形M的每条边所在的边或对角线都恰被重叠的两个端点计数两次,所以多边形M至多有 13 条边.

当凸十三边形为正十三边形时,被它的所有对角线分成的小多边形中,包含正多边形中心的小多边形有 13 条边. 故知边数最多的小多边形最多能有 13 条边.

❖斜边最短

在所有周长为定值的直角三角形中,哪一个斜边最短?

解　如图 1,Rt$\triangle ABC$的周长为

$$l=a+b+c$$

式中

$$a=c\cos\varphi,\quad b=c\sin\varphi$$

所以

$$l=c\cos\varphi+c\sin\varphi+c=c(\cos\varphi+\sin\varphi+1)$$

$$c=\frac{l}{\cos\varphi+\sin\varphi+1}$$

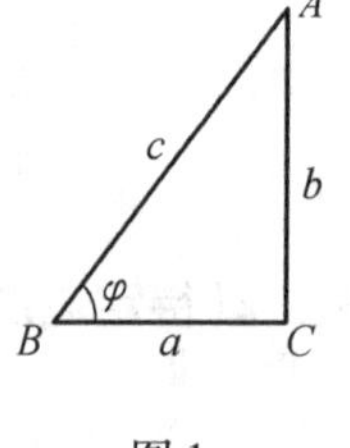

图 1

其中l为常数,故当

$$f(\varphi)=\cos\varphi+\sin\varphi \tag{①}$$

最大时，c 最小.

将式 ① 改写成如下形式

$$f(\varphi)=\sqrt{2}\left(\frac{1}{\sqrt{2}}\cos\varphi+\frac{1}{\sqrt{2}}\sin\varphi\right)$$

考虑到

$$\sin 45^\circ=\cos 45^\circ=\frac{1}{\sqrt{2}}$$

所以

$$f(\varphi)=\sqrt{2}(\sin 45^\circ\cos\varphi+\cos 45^\circ\sin\varphi)=\sqrt{2}\sin(\varphi+45^\circ)$$

由于 $0^\circ<\varphi<90^\circ$，故当

$$\sin(\varphi+45^\circ)|_{\max}=1$$

即

$$\varphi+45^\circ=90^\circ$$

$$\varphi=45^\circ$$

时，$f(\varphi)$ 达最大值，与此同时，c 达最小值.

因此，在所有周长为定值的直角三角形中，等腰直角三角形的斜边最短.

❖最远顶点

已知一条折线的所有顶点全都位于某个以 2 为棱长的正方体的表面上，它的每条边的长度都是 3，且两个端点刚好是该正方体的两个距离最远的顶点，求这条折线最少有多少条边？

解 设 P,Q,R 分别为由点 B_3 发出的三条棱的中点. 显然，$A_1P=A_1Q=A_1R=3$. 于是在正方体表面上与 A_1 距离为 3 的点的集合是以 B_3 为顶点的 3 个侧面上分别过 P,Q,R 的三条弧(图 1). 由对称性知，我们只需讨论 $\overset{\frown}{PR}$ 的情形.

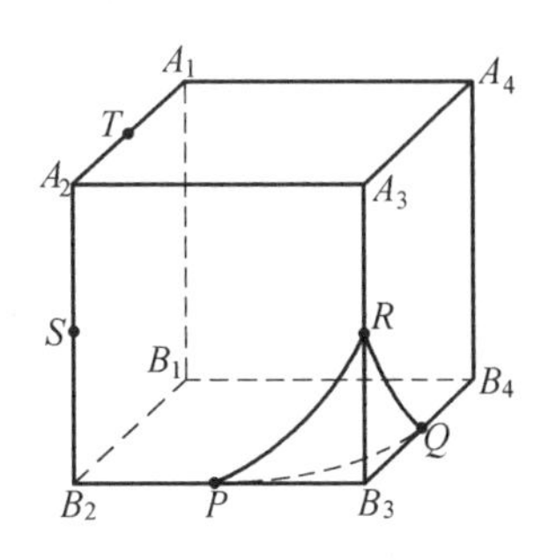

图 1

容易看出，除端点 P,Q 之外，$\overset{\frown}{PR}$ 上的其余各点除与 A_1 距离为 3 之外，与正方体表面上的其余点的距离均小于 3. 因此，若 A_1 为折线的起点，且第一条边的另一个端点在 $\overset{\frown}{PR}$ 上时，只能

为 P,R 两点之一(否则,无法画出长为 3 且端点在正方体表面的第二条边). 不妨设第一条边为 A_1P. 于是第二条边只能是 PA_4. 这表明折线经过两条线段后,恰由一条棱的一个端点走到另一个端点. 由于从 A_1 到 B_3 要经过三条棱,故折线至少要有 6 条边.

将图中的点 A_1,P,A_4,S,B_4,T,B_3 依次联结起来,得到一条有 6 条边且满足题中要求的折线. 所以,满足要求的折线最少有 6 条边.

❖长短轴和

若椭圆 $\frac{x^2}{m^2}+\frac{y^2}{n^2}=1(m>0,n>0)$ 经过定点 $P(a,b)$(a,b 为给定实数,且 $ab\neq 0,|a|\neq|b|$). 求 $m+n$ 的最小值.

解 由已知得 $\frac{a^2}{m^2}+\frac{b^2}{n^2}=1$. 因为 $ab\neq 0$,由椭圆的对称性,不妨设 $a,b\in \mathbf{R}^*$. 又 $m,n>0$,故可设 $\begin{cases}\frac{a}{m}=\cos\alpha\\ \frac{b}{n}=\sin\alpha\end{cases}$,即 $\begin{cases}m=\frac{a}{\cos\alpha}\\ n=\frac{b}{\sin\alpha}\end{cases}$($\alpha$ 为锐角),所以

$$m+n=\frac{a}{\cos\alpha}+\frac{b}{\sin\alpha}$$

因为

$$(m+n)^2=\left(\frac{a}{\cos\alpha}+\frac{b}{\sin\alpha}\right)^2=$$
$$a^2(1+\tan^2\alpha)+b^2(1+\cot^2\alpha)+\frac{2ab(1+\tan^2\alpha)}{\tan\alpha}$$

令

$$t=\tan\alpha,\quad t>0$$

则

$$(m+n)^2=a\left(at^2+\frac{b}{t}+\frac{b}{t}\right)+b\left(\frac{b}{t^2}+at+at\right)+a^2+b^2\geqslant$$
$$a\cdot 3a^{\frac{1}{3}}\cdot b^{\frac{2}{3}}+b\cdot 3a^{\frac{2}{3}}\cdot b^{\frac{1}{3}}+a^2+b^2=(a^{\frac{2}{3}}+b^{\frac{2}{3}})^3$$

当且仅当 $\begin{cases}at^2=\frac{b}{t}\\ \frac{b}{t^2}=at\end{cases}$,即 $t=\left(\frac{b}{a}\right)^{\frac{1}{3}}$ 时,上述不等式取等号,所以

$$(m+n)_{\min}=(a^{\frac{2}{3}}+b^{\frac{2}{3}})^{\frac{3}{2}}$$

❖几条对称轴

设空间中给定 3 条直线,其中任何两条都既不平行也不重合. 问这个图形中最多能有多少条对称轴?

解 最多有 9 条对称轴.

考察空间直角坐标系中 3 条对称轴的 3 条直线. 这时,每条直线本身都是 1 条对称轴. 此外,每两条直线的交角的两条平分线也都是对称轴,故知共有 9 条对称轴.

另一方面,设 3 条给定直线为 l_1,l_2,l_3,则图形的对称轴可分为下列两类.

(1) 有两条直线关于对称轴互相对称,而第 3 条直线关于对称轴与自身对称. 因为空间中既不平行也不重合的两条直线的对称轴只有两条,故这一类对称轴至多有 6 条.

(2)3 条直线都关于对称轴与自身对称. 因为一条直线关于对称轴与自身对称时,它必与对称轴垂直或重合,而任两条不平行直线恰有 1 条公垂线,所以这类对称轴至多有 3 条. 这时,每条直线都是另两条直线的公垂线.

若 3 条直线有 1 条公垂线,则这 3 条直线不可能再有其他的对称轴.

综上可知,这个空间图形最多有 9 条对称轴.

❖无穷条最短

一个四面体 $ABCD$ 的各面都是锐角三角形,我们考察所有的闭合折线 $XYZTX$,其中 X,Y,Z,T 分别是棱 AB,BC,CD,DA 上的内点. 证明:

(1) 若 $\angle DAB+\angle BCD\neq\angle ABC+\angle CDA$,则这些闭合折线中没有最短的.

(2) 若 $\angle DAB+\angle BCD=\angle ABC+\angle CDA$,则这些闭合折线中有无穷多条最短的,而且其长度为

$$2AC\cdot\sin\frac{\alpha}{2}$$

其中 $\alpha=\angle BAC+\angle CAD+\angle DAB$.

证明 (1) 将四面体 $ABCD$ 展开铺平(如图1,其中 C 和 C', D 和 D' 都是由同一点铺开成的两点). 若 $CD \parallel C'D'$,则显然 $ZYXTZ'$ 的长不小于 $ZZ' = CC'$. 设 ZZ' 与 BC, AB, AD 分别交于 Y', X', T',则 $ZY'X'T'Z'$ 显然就是一条最短折线.

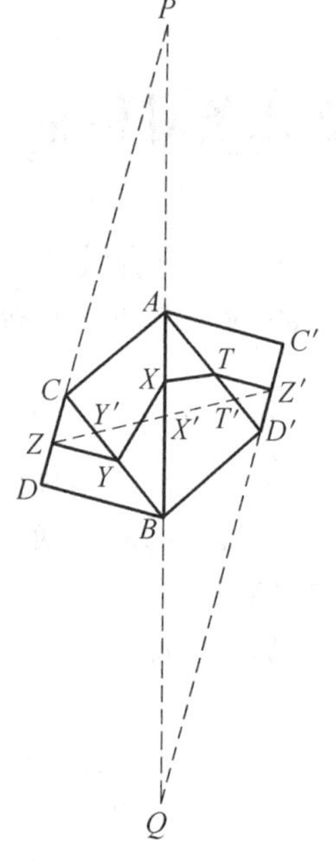

图1

若 CD 与 $C'D'$ 不平行,则

$$ZZ' > CC'$$

或

$$ZZ' > DD'$$

此时最小值仅在 Z 与 C 或 D 重合时达到. 由于已假定 Z 是内点,所以 $ZYXTZ'$ 没有最小值.

(2) $CD \parallel C'D'$ 的充要条件是 $\angle P = \angle Q$,且

$$\angle P = \angle BCD - \angle CBA$$

$$\angle Q = \angle ADC - \angle BAD$$

即

$$\angle DAB + \angle BCD = \angle ABC + \angle CDA$$

为了计算 CC',注意 $CA = AC'$,故由正弦定理得

$$CC' = \frac{AC \cdot \sin \angle CAC'}{\sin \frac{180° - \angle CAC'}{2}} = AC \cdot \frac{\sin \angle CAC'}{\cos \frac{\angle CAC'}{2}} =$$

$$2AC \cdot \sin \frac{\angle CAC'}{2} = 2AC \cdot \sin \frac{\alpha}{2}$$

其中

$$\alpha = \angle BAC + \angle CAD + \angle DAB$$

❖7 点连线

在平面上给定7点,问最少要在它们之间联结多少条线段,才能使得任意3点之中都有两点间连有一条线段?试给出一个符合要求的连线图.

解法1 图1中点间连有9条线段且满足题中要求,故知所求的最小值不大于9.

下面证明在满足要求的连线图中,至少要有9条线段.

(1) 如果存在一点 A 至多引出1条线段,则不与 A 相连的5点中,每两点之间都有连线,共有10条线段.

(2) 如果每点至少引出两条线段且点 A 恰引出两条线段 AB,AC,则不与 A 相连的 4 点之间应有 6 条连线段. 点 B 至少要另外引出 1 条线段,总共至少有 9 条线段.

(3) 若每点至少有 3 条线段,则 7 点共引出至少 21 条线段. 这时每条线段恰被计数两次,所以连线图中至少有 11 条线段.

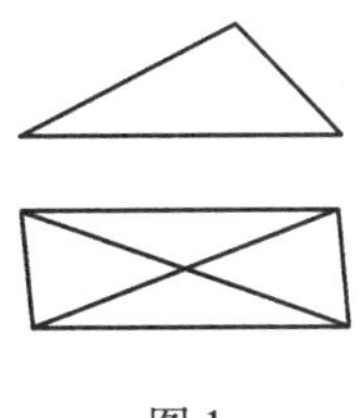

图 1

综上可知,最少要连 9 条线段.

解法 2 只证任何满足要求的连线图中至少有 9 条线段.

设点 A 与 B 之间无线,则 C,D,E,F,G 五点中每点都至少与 A,B 之一有连线,至少有 5 条线段. 后 5 点共可组成 10 个不同的三点组,每组 3 点之间至少有 1 条线段,至少共有 10 条线段. 在这个计数过程中,每条线段恰被计数 3 次,故知 5 点间至少有 4 条不同线段. 从而图中至少有 9 条线段.

解法 3 设 7 点中点 A 引出线段条数最少,共引出 k 条线段 $AB_j, j=1,2,\cdots,k$,则其余 $6-k$ 个点与点 A 均无连线,故其中每两点之间都有连线. 从而图中连线总数为

$$S \geqslant \frac{1}{2}[k(k+1)+(6-k)(5-k)]=\frac{1}{2}(2k^2-10k+30)=$$

$$k^2-5k+15=\left(k-\frac{5}{2}\right)^2+\frac{35}{4} \geqslant 8\frac{3}{4}$$

即至少有 9 条连线.

另一方面,解法 1 中给出的连线图表明 9 条线是可以达到的,故知所求的连线条数的最小值为 9.

❖学校选址

设位于坐标系(图 1) 中的点 $A=(0,h), B=(-l,0), C=(l,0)$ 处有三个新建居民点,预计这三个居民点上分别有 300 个、250 个和 250 个小学生,现在要为这三个居民点建造一所小学校,问应建造在何处为宜?

解 这是一个规划问题,最佳方案位置 P 应该使所有小学生所走之路程的总和

$$300\,\overline{PA}+250\,\overline{PB}+250\,\overline{PC}$$

为最小.

注意到本题具有一定的对称性这一具体情况,点 P 应取在位于 y 轴上的线段 OA 上的某点 $(0,y)$ 处,于是可得目标函数为

$$s=f(y)=300(h-y)+500\sqrt{l^2+y^2},\quad 0\leqslant y\leqslant h$$

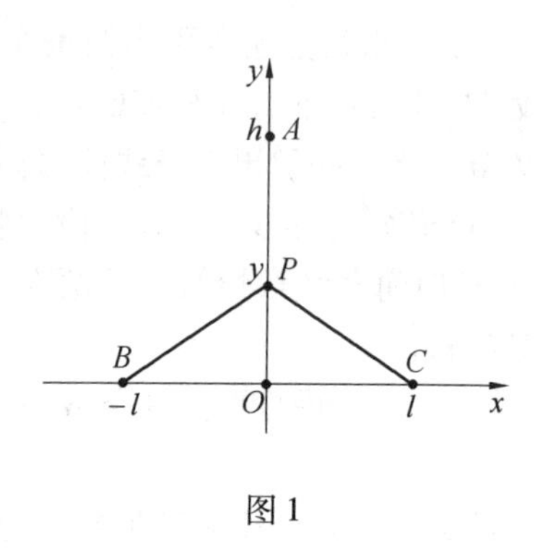

图 1

这里 $0\leqslant y\leqslant h$ 是目标函数的实际定义域,它是目标函数自然定义域 $(-\infty,+\infty)$ 的一个子集. 显然 $f(y)$ 在 $[0,h]$ 上连续,在 $(0,h)$ 内可微,且

$$f'(y)=\frac{100}{\sqrt{l^2+y^2}}(5y-3\sqrt{l^2+y^2})$$

令 $f'(y)=0$,得目标函数 $f(y)$ 的唯一驻点 $y=\frac{3}{4}l$. 这里根据问题的实际意义可知最优方案肯定存在,目标函数也是可微的,但是唯一的驻点是否在定义域内还得看 h 与 l 之间的比例关系. 现按如下两种不同情况进行分析讨论.

(1) 当 $h>\frac{3}{4}l$ 时,唯一驻点 $y=\frac{3}{4}l$ 在定义域 $[0,h]$ 内,可知小学校应建造在 $P=\left(0,\frac{3}{4}l\right)$ 点处;

(2) 当 $h\leqslant\frac{3}{4}l$ 时,由于 $f(y)$ 在定义域 $[0,h]$ 上单调减少,所以所求之最小值点就是 $y=h$,也就是说应该把小学校建造在居民点 A 处.

注 此题可以从费马折射定律的特殊情况 $\theta_2=\frac{\pi}{2}$ 得到解释,题中 B,C 两个居民点上的学生数,可理解为集中在其中某一点上.

❖规则直线

平面上平行于 x 轴、y 轴或象限角的平分线的直线称为规则直线. 联结平面上 6 点的所有直线中,最多有多少条规则直线?

解 因为规则直线只有四种:水平、竖直、左斜和右斜,所以过每个点至多有 4 条规则直线. 因而,过 6 个给定点的规则直线至多有 24 条. 但在这个计数过程中,每条直线至少被计数两次,所以至多有 12 条不同的规则直线. 如果恰有 12 条规则直线,则过每点都恰有 4 条,每条规则直线上都恰有两个给定点.

考察 6 个给定点的凸包多边形 M. 显然,过两个给定点的每条规则直线都过 M 的内部或 M 的一条边. 这样一来,在 M 的每个顶点处的内角都不小于 135°. 另一方面,凸六边形的内角和为 720°,凸五边形的内角和为 540°,凸四边形的内角和为 360°,三角形的内角和为 180°,无论哪种情形,其最小内角都小于 135°,矛盾. 由此可知,联结 6 点间的直线中,至多有 11 条规则直线.

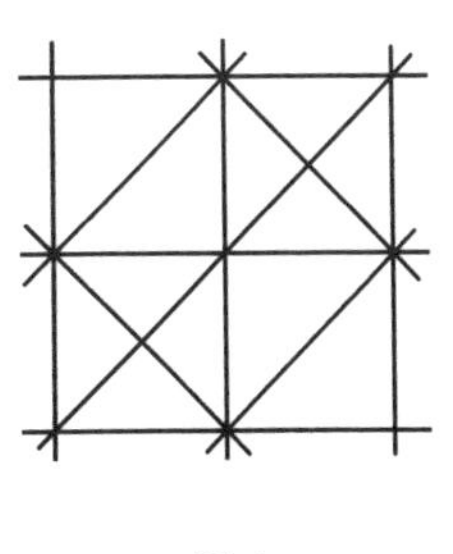

图 1

所以,图 1 中 6 点间最多可以连出 11 条规则直线.

❖最短距离

求抛物线 $y = x^2$ 到直线 $x - y - 2 = 0$ 之间的最短距离.

解 如图 1,设抛物线上一点 $M(x_1, y_1)$,则根据抛物线方程有

$$y_1 = x_1^2 \quad ①$$

设直线上一点 $N(x_2, y_2)$,则根据直线方程得

$$y_2 = x_2 - 2 \quad ②$$

按题目要求,应使 $M(x_1, y_1)$ 和 $N(x_2, y_2)$ 之间的距离

$$l = \sqrt{(x_1 - x_2)^2 + (y_1 - y_2)^2} \quad ③$$

为最小.

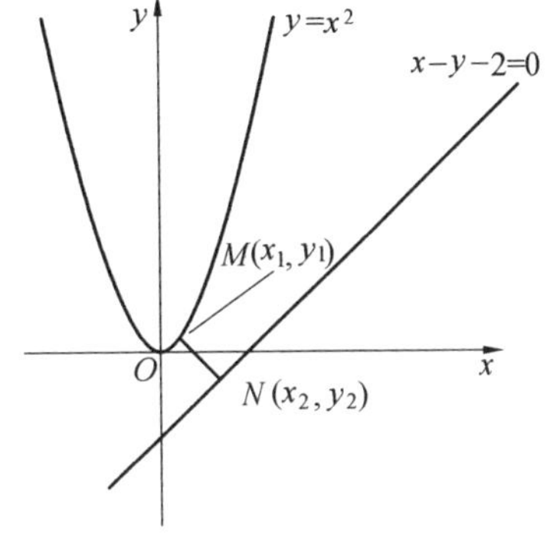

图 1

把式 ①、式 ② 代入式 ③,得

$$l = \sqrt{(x_1 - x_2)^2 + (x_1^2 - x_2 + 2)^2}$$

令 $l^2 = f(x_1, x_2)$,则

$$f(x_1, x_2) = (x_1 - x_2)^2 + (x_1^2 - x_2 + 2)^2$$

由于 l 与 l^2 同时达到最小,故本题归结为求出 $f(x_1, x_2)$ 的最小值.

用偏导数求解得

$$f'_{x_1}(x_1,x_2)=2(x_1-x_2)+4x_1(x_1^2-x_2+2)$$
$$f'_{x_2}(x_1,x_2)=-2(x_1-x_2)-2(x_1^2-x_2+2)$$

令 $f'_{x_1}(x_1,x_2)=0$, $f'_{x_2}(x_1,x_2)=0$,则有

$$\begin{cases}2(x_1-x_2)+4x_1(x_1^2-x_2+2)=0\\-2(x_1-x_2)-2(x_1^2-x_2+2)=0\end{cases} \quad ④$$

解方程组 ④,得

$$x_1=\frac{1}{2},\quad x_2=\frac{11}{8}$$

将 x_1,x_2 的值分别代入式 ① 和式 ②,得

$$y_1=\frac{1}{4},\quad y_2=-\frac{5}{8}$$

用二阶偏导数容易证明,点 $M\left(\frac{1}{2},\frac{1}{4}\right)$ 和点 $N\left(\frac{11}{8},-\frac{5}{8}\right)$ 间的连线 MN,为欲求之最短距离,即

$$f''_{x_1,x_1}(x_1,x_2)=2+4(3x_1^2-x_2+2)$$

所以

$$A=f_{x_1,x_2}\left(\frac{1}{2},\frac{11}{8}\right)=\frac{15}{2}$$
$$f''_{x_1,x_2}(x_1,x_2)=-2-4x_1$$

所以

$$B=f_{x_1,x_2}\left(\frac{1}{2},\frac{11}{8}\right)=-4$$
$$f''_{x_2,x_2}(x_1,x_2)=4$$

即

$$C=f_{x_2,x_2}\left(\frac{1}{2},\frac{11}{8}\right)=4$$

因为

$$B^2-AC=(-4)^2-\frac{15}{2}\times 4=-14<0$$

并且

$$A>0$$

所以 $f\left(\frac{1}{2},\frac{11}{8}\right)$ 为极小值. 故将 x_1,y_1,x_2,y_2 代入式 ③,即可求得抛物线到直线的最短距离为

$$l_{\min}=\sqrt{\left(\frac{1}{2}-\frac{11}{8}\right)^2+\left(\frac{1}{4}+\frac{5}{8}\right)^2}=\frac{7}{8}\sqrt{2}$$

❖n条线段

设在空间内给定n条线段,其中任何3条都不平行于同一平面,而且其中任何两条线段的中点连线都是这两条线段的公垂线.求线段条数n的最大可能值.

解 n的最大可能值为2.

若有3条线段满足题中要求,设三者的中点分别为M_1,M_2,M_3,并设M_1,M_2,M_3所决定的平面为Σ.这时,3条线段中的每条都垂直于3条直线M_1M_2,M_2M_3,M_3M_1中的两条,从而都垂直于平面Σ.这导致3条线段平行于同一平面,矛盾.这表明线段条数n至多为2.而$n=2$当然是可以实现的,故知所求的n的最大值为2.

❖条件最值

$\triangle ABC$的顶点$C(x,y)$的坐标满足不等式$x^2+y^2\leqslant 8+2y$,其中$y\geqslant 3$,边AB在x轴上,已知点$Q(0,1)$与直线AC和BC的距离均为1,求$\triangle ABC$面积的最小值.

解 由$x^2+y^2\leqslant 8+2y$,知$x^2+(y-1)^2\leqslant 9$.又因为$y\geqslant 3$,故点C在以$Q(0,1)$为圆心,半径为3的圆的弓形区域内.同时以Q为圆心,半径为1的圆是$\triangle ABC$的内切圆.

设$A(a_1,0),B(a_2,0),C(x_0,y_0)$,直线$AC$的方程为

$$(x-a_1)y_0-y(x_0-a_1)=0$$

点$(0,1)$到直线AC的距离为1,即0,化简得

$$(y_0-2)a_1^2+2x_0a_1-y_0=0$$

同理

$$(y_0-2)a_2^2+2x_0a_2-y_0=0$$

从而a_1,a_2为方程$(y_0-2)a^2+2x_0a-y_0=0$的两不等根,由韦达定理得

$$|AB|^2=|a_1-a_2|^2=(a_1+a_2)^2-4a_1a_2=\frac{4[x_0^2-y_0(y_0-2)]}{(y_0-2)^2}$$

这里 $y_0 \in [3,4]$.

当 y_0 确定时,要使 $|AB|$ 最大,当且仅当 x_0^2 取最大值 $9-(y_0-1)^2$,因此当 $y_0 \in [3,4]$ 且为某一确定值时,点 C 应位于弓形弧上,使得 $|AB|$ 取最大值,从而 $\triangle ABC$ 的面积也获得最大值.

当 y_0 在弓形弧上时,有

$$x_0^2+y_0(y_0-2)=9-(y_0-1)^2+y_0(y_0-2)=8$$

于是 $|AB|=\dfrac{4\sqrt{2}}{y_0-2}$,所以

$$S_{\triangle ABC}=\frac{1}{2}y_0\cdot\frac{4\sqrt{2}}{y_0-2}=2\sqrt{2}\left(1+\frac{2}{y_0-2}\right)$$

显见,当 $y_0=3$ 时,$\triangle ABC$ 的面积取最大值 $6\sqrt{2}$,此时点 C 位于弓形上弦的端点处.

❖简单折线图

在平面上依次画出首尾相接的 n 条线段,其中第 n 条线段的终端恰与第 1 条线段的始端重合,其中每一条线段都叫一个"线节".若一个线节的始端恰是另一个线节的终端,则称这两个线节是相邻的.我们规定:相邻的两个线节不能画在同一直线上,不相邻的任两个线节都不相交.满足上述条件的图形我们称作"简单折线图".如图 1,我们画的简单折线图的 10 个线节恰分布在 5 条直线上.

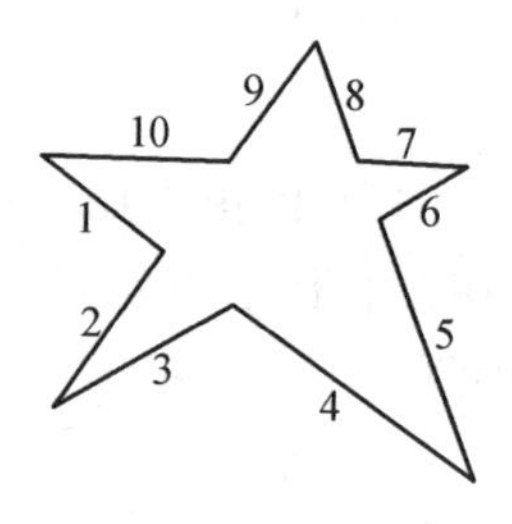

图 1

若一个简单折线图的全部 n 个线节恰分布在 6 条直线上,试求 n 的最大值,并说明理由.

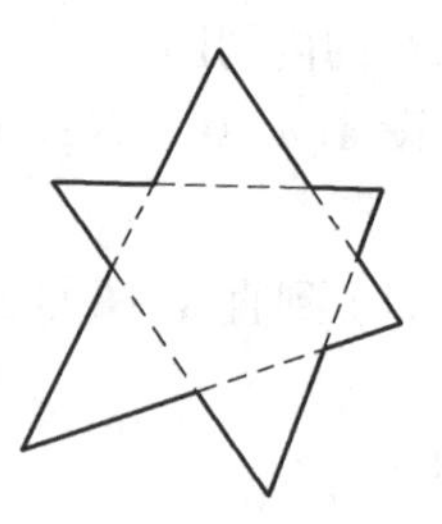
图 2

解 我们证明 n 的最大值为 12.

首先可以画一个 $n=12$ 的满足要求的简单折线图(图 2).

若 $n>12$,因为 n 个线节分布在 6 条直线上,按抽屉原理,至少有一条直线 l 含有至少三个线节.这至少三个线节按规定彼此不相邻,所以至少有 6 个端点在直线 l 上,这 6 个端点是至少 6 个不同的线节与直线 l 的交点,这至少有 6 条不同直线,连同 l 至少有 7 条

直线,矛盾.

所以 n 的最大值为12.

❖平面三点

在平面上有三个不同的点 A,B,C. 构造一条过点 C 的直线 m,使得 A,B 两点到 m 的距离的积最大. 对于每组点 A,B,C,这样的 m 是否唯一?

解 如图1,设 $BC=a,AC=b,\angle BCA=\alpha$,若点 A,B 在直线 m 的同侧,令 θ 是直线 m 与 CA 的夹角,则直线 m 与 CB 的夹角是 $\pi-\alpha-\theta$. A,B 两点到 m 的距离之积为

$$ab\sin\theta\sin(\pi-\alpha-\theta)=\frac{ab}{2}[\cos\alpha-\cos(\alpha+2\theta)]$$

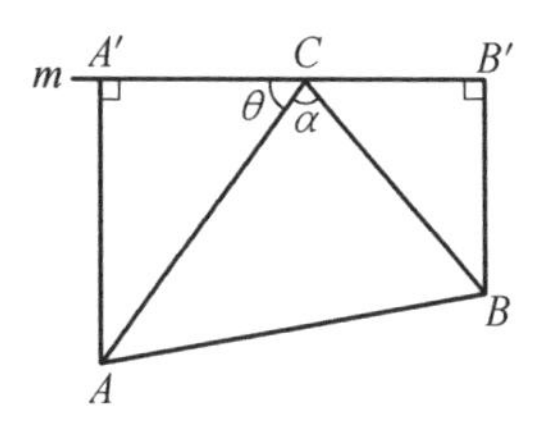

图1

最大值为 $\frac{ab}{2}(\cos\alpha+1)$,在 $\theta=\frac{\pi-\alpha}{2}$,即 m 是 $\angle ACB$ 的外角平分线时取得最大值. 同理,若 A,B 两点分居直线 m 两侧,则最大值为 $\frac{ab}{2}(\cos\alpha-1)$,这时 m 是 $\angle ACB$ 的平分线. 因为

$$\cos\alpha+1>1-\cos\alpha\Leftrightarrow\alpha<\frac{\pi}{2}$$

所以,若 α 是锐角,则直线 m 是 $\angle ACB$ 的外角平分线;若 α 是钝角,则直线 m 是 $\angle ACB$ 的平分线;若 α 是直角,则直线 m 是 $\angle ACB$ 的平分线或外角平分线,此时直线 m 不唯一.

❖要有红点

有 5×5 的正方形方格棋盘,共由25个 1×1 的单位正方形方格组成,在每个单位正方形方格的中心处染上一个红点,请在棋盘上找出若干条不通过红点的直线,分棋盘为若干块(形状、大小未必一样),使得每一小块中至多有一个红点,问最少要画几条直线?试举出一种画法,并证明你的结论.

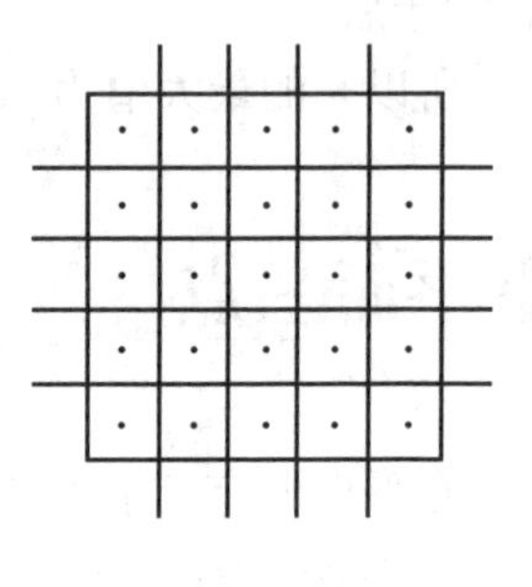
图 1

解 如图 1 所画的 8 条直线分棋盘为若干块后，每一小块中至少有一个红点.

下面用反证法证明不可能有更少的直线满足题中要求.

假设所画直线不超过 7 条，并且满足题中要求.

这时，我们把边缘的 16 个红点依次用单位长的线段联结成一个边长为 4 的正方形. 由于所画 7 条直线至多与 14 条小线段相交，即至少有两条单位长的小线段不与这 7 条直线中的一条相交，它必定整个落入被这些直线分划成的某个小区域内，它的两个端点(红点) 也包括在内，与题设要求矛盾. 所以最少有 8 条直线.

❖耕牛饮水

耕牛在地点 A 工作完毕后要回到棚舍 B，途中必须到河流 PQ 边 M 处饮水. 根据图 1 所示的数据，求出饮水点 M 的最佳位置，使这头牛走过路程的总和最短.

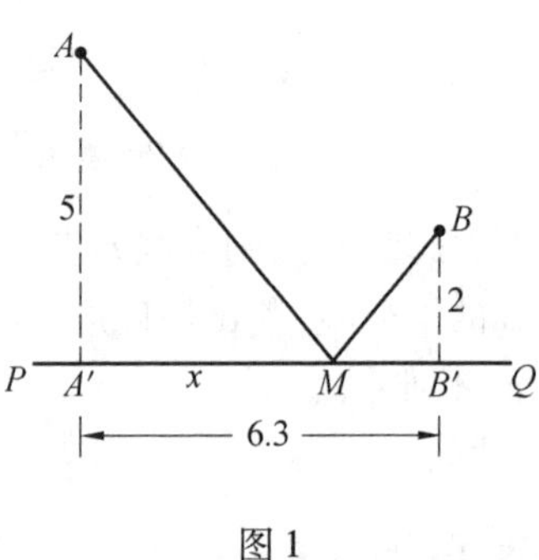

图 1

解 设 $A'M=x$，则总路程为 $AM+MB$，即目标函数为

$$y=\sqrt{5^2+x^2}+\sqrt{2^2+(6.3-x)^2}=\sqrt{25+x^2}+\sqrt{43.69-12.6x+x^2}$$

其定义域为 $0\leqslant x\leqslant 6.3$，这里目标函数在区间 $[0,6.3]$ 上连续且可导，其导数为

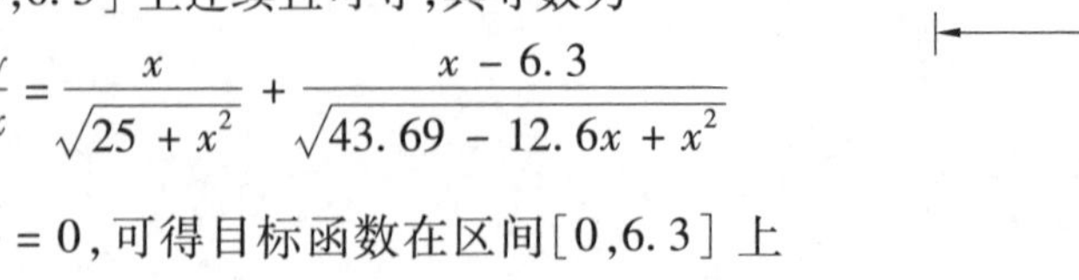

$$\frac{\mathrm{d}y}{\mathrm{d}x}=\frac{x}{\sqrt{25+x^2}}+\frac{x-6.3}{\sqrt{43.69-12.6x+x^2}}$$

令 $\frac{\mathrm{d}y}{\mathrm{d}x}=0$，可得目标函数在区间 $[0,6.3]$ 上唯一的驻点 $x=4.5$.

因为目标函数在 $[0,6.3]$ 上可导，驻点唯一，从实际意义上看目标函数的最小值确实在区间 $[0,6.3]$ 上，所以唯一的驻点 $x=4.5$ 就是目标函数的最小值点. 从而可得结论：耕牛饮水点 M 的位置应取在 $A'B'$ 上的 $A'M=4.5$ 处.

注　这也是一个非常典型的模型,本问题除了被称为耕牛饮水问题外,也被称为斯诺克问题,注意到这里有

$$\sin\theta_1 = \frac{x}{\sqrt{25+x^2}}$$

$$\sin\theta_2 = \frac{6.3-x}{\sqrt{43.69-12.6x+x^2}}$$

将具体结论 $x=4.5$ 代入,有

$$\sin\theta_1 = \frac{9}{\sqrt{181}} = \sin\theta_2$$

它完全符合光学上入射角等于反射角的反射原理,也可以利用初等数学的平面几何知识(图2)得到证明.

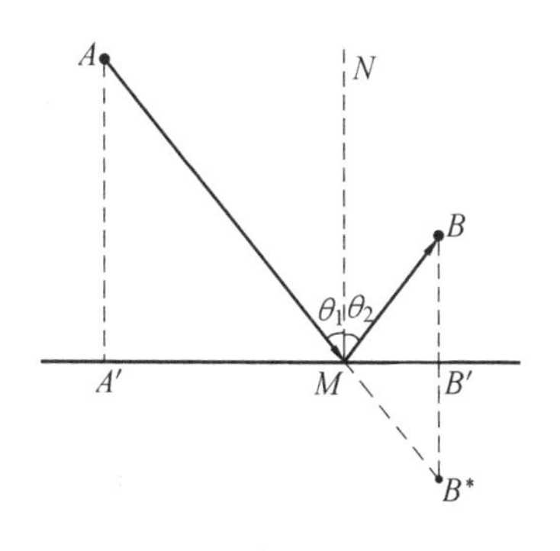

图2

❖剩余棋子

在方格棋盘上有若干枚棋子.规定每一步可将某枚棋子跳过位于邻格(指有公共边的方格)中的棋子而进入随后的空格中,同时将被其他棋子跳过的棋子从棋盘上拿掉.如果最初棋子摆成 $m\times n$ 矩形的形状,且在此矩形的周围都是空格,那么最后在棋盘上最少可剩几枚棋子?

解　不妨设 $m\geqslant n$.若 $n=1$,则每一步都只能往这一行的两端空格中跳,且跳过1步之后的棋子不再相邻.因此棋盘上最少要剩下 $m-【\frac{m}{2}】$ 枚棋子,以下设 $n\geqslant 2$.

若 $3\mid mn$,则最少剩下2枚棋子;否则最少剩下1枚棋子.为证此,首先证明如下引理:

引理　若在图1所示的5个方格中,画"×"的方格是空格而其他4个格中各放1枚棋子,则可经过3次操作而使得连成一排的3枚棋子全部拿掉,另1枚棋子恰好回到原处.

只要按图1(b)所示的操作即可实现引理的要求.

利用引理,可以把由 $m\times n(m\geqslant 4,n\geqslant 2)$ 枚棋子排成的矩形化为 $(m-3)\times n$ 的矩形.事实上,当 $n\geqslant 3$ 时,可如图1(c)中所示,按箭头所示的次序去掉 n 个 3×1 矩形中的棋子.当 $n=2$ 时,可用下述操作来去掉6枚棋子(图1(d)):$a1:b1,a2:b2,c1:c2,a4:a3,c3:b3,a2:a3$(其中的 $a1:b1$ 表示将空格 $a1$ 中的棋子跳过方格 $b1$ 中的棋子而落入方格 $c1$ 的操作,其余类同).

这样一来,任何 $m\times n(m\geqslant 2,n\geqslant 2)$ 的矩形都可化为下列六种情形之一:

$1\times2,2\times2,4\times4,1\times3,2\times3,3\times3$. 易见,对于前两种矩形,可化为只剩1枚棋子的情形;对于后三种矩形,由引理知可化为只余2枚棋子的情形;对于4×4的矩形,可按图1(e)3×1矩形中所标的号码顺序依次用引理操作,最后只余1枚棋子. 这就证明了当$m\geqslant n\geqslant2$时,棋盘上最后所剩棋子的最少枚数不多于2,且当$3\nmid mn$时,所余棋子的最少枚数为1.

下面证明,当$3\mid mn$时,棋盘上至少剩下两枚棋子. 将棋盘上的每个方格都按图1(f)所示的方式涂上红、黄、蓝三色之一. 由于$3\mid mm$,故开始时3种颜色的方格中的棋子数相同,当然具有相同的奇偶性. 又因任何3×1矩形中的3个方格的颜色都各不相同,而在每一步操作中,都有两种颜色方格的棋子各减少1枚而第3种颜色方格中的棋子数增加1,所以若操作前3种棋子数的奇偶性相同,则操作后亦然. 因而在连续操作的过程中,3种棋子数的奇偶性始终相同. 如果棋盘上只剩1枚棋子,则这一性质不再成立,所以至少剩下两枚棋子.

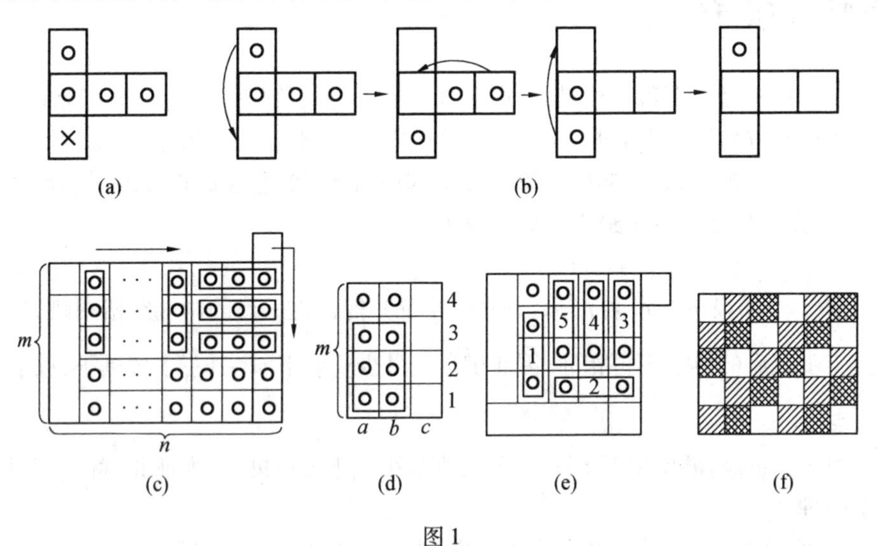

图1

❖怎样矩形

已知矩形$ABCD$的对角线长为c. 求矩形的长、宽各为多少时,才有最大周长?

解 如图1,设矩形的一边长为x,另一边长为y,则周长为

$$l=2(x+y) \quad ①$$

又

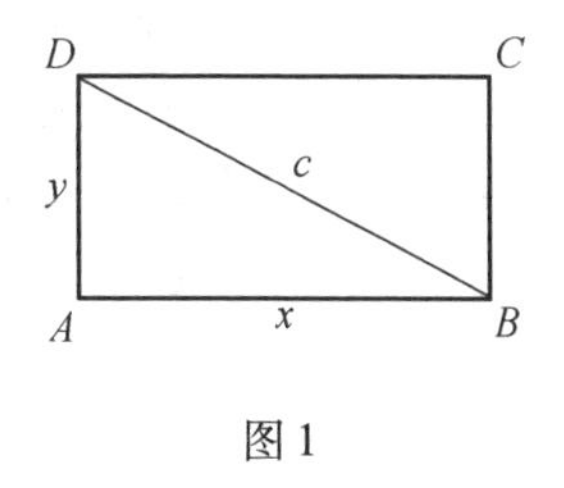

图1

$$x^2+y^2=c^2$$

$$y=\sqrt{c^2-x^2} \quad ②$$

将式②代入式①,并展开为二次方程式的形式为

$$8x^2-4lx+(l^2-4c^2)=0$$

利用求根公式,得

$$x=\frac{l\pm\sqrt{l^2-2(l^2-4c^2)}}{4} \quad ③$$

因为x为实数,所以必有

$$l^2-2(l^2-4c^2)\geqslant 0$$

解之得

$$l\leqslant 2\sqrt{2}c$$

即

$$l_{\max}=2\sqrt{2}c$$

将$l_{\max}$代入式③,得

$$x=\frac{\sqrt{2}}{2}c$$

将x的值代入式③,得

$$y=\frac{\sqrt{2}}{2}c$$

这就是说,当$x=y=\frac{\sqrt{2}}{2}c$,即呈正方形时,其周长最长.

❖剖分图形

用互不相交的对角线将正1 000边形剖分成若干个三角形.问图形中最少有多少种长度互不相同的对角线?说明理由.

解 将正1 000边形的外接圆作出来,相邻两个顶点间的弧长记为1,并用弦所对的弧的长度来表示弦长.于是正1 000边形的边长为1,而圆的直径为500.

将正1 000边形中每相邻两个奇数号顶点间连一条对角线,得到正500边

形. 再把正 500 边形的每相邻两个奇数号顶点间连一条对角线,得到正 250 边形. 再用长为 8 的对角线连成正 125 边形. 然后每隔 4 点连一条长为 40 的对角线,得到正 25 边形. 再于其中连 5 条长为 200 的对角线得到正五边形. 最后从正五边形的一个顶点引出两条长为 400 的对角线,将正五边形分成 3 个三角形. 对于由 1 条长为 40,5 条长为 8 的对角线围成的凸六边形,如图 1 所示分成 4 个三角形. 对于由 1 条长为 200,5 条长为 40 的对角线围成的凸六边形也照此办理. 至此,就将正 1 000 边形剖分成了 998 个三角形. 其中所有对角线只有 10 种不同长度:2,4,8,16,24,40,80,120,200 和 400. 由此可见,所求的最小值不超过 10.

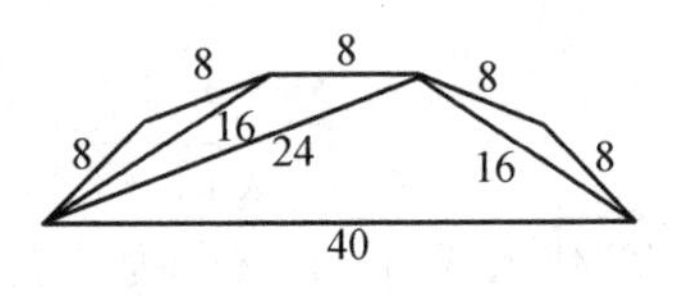

图 1

下面我们来证明,在任何三角剖分中,所用到的长度不同的对角线至少有 10 种. 若不然,设有某种剖分中至多用到 9 种长度不同的对角线. 为导出矛盾,我们先来给出两个引理.

引理 1 若剖分中有一条对角线的长度为 $d > 2^k$,则存在 k 条长度互不相同的对角线,长度分别为 $l_k, l_{k-1}, \cdots, l_1$,使得 $d > l_k > l_{k-1} > \cdots > l_1 \geqslant 2$.

这个引理很容易用数学归纳法来证明,这里从略.

引理 2 若有一条对角线 $d > 5$ 和一个以 d 为最大边的不等边三角形,则又存在两条对角线 d_1 和 d_2,使得 $d > d_1 > d_2 \geqslant \frac{d}{3}$.

引理的证明 设不等边三角形的另两边为 d_1 和 b,其中 $d_1 > b$. 若 $b \geqslant \frac{d}{3}$,则 $d_2 = b$;若 $b < \frac{d}{3}$,则 $d_1 > \frac{2d}{3}$. 从而以 d_1 为最长边的三角形中第 2 长边的长度 $d_2 \geqslant \frac{d}{3}$,即为所求.

回到原题的证明,考察外接圆圆心所在的三角形. 显然,它的最长边 l_1 满足不等式 $334 \leqslant l_1 \leqslant 500$. 若 $l_1 \leqslant 400$,则此三角形的最短边 $l_2 \geqslant 200$;若 $l_1 > 400$,则以 l_1 为一边且不含圆心的三角形中,第 2 长边的长度 $l_2 > 200$(若圆心在 l_1 上,结论也成立),即总有 $499 \geqslant l_2 \geqslant 200$.

若 $l_2 \geqslant 257$,则由引理 1 知这时有 10 条长度互不相同的对角线,矛盾. 故有 $200 \leqslant l_2 \leqslant 256$. 若 $l_2 \leqslant 255$,则考察以 l_2 为最长边的三角形. 若它为不等边三角形,则由引理 2 知存在 $l_3 > l_4 \geqslant 67$,再由引理 1 知必有 10 条长度互不相同的对角线,矛盾. 若为等腰三角形,则有 $100 \leqslant l_3 \leqslant 127$. 类似地推理可得,$50 \leqslant l_4 \leqslant$

$63, 25 \leqslant l_5 \leqslant 31, 13 \leqslant l_6 \leqslant 15, l_7 = 7$. 再由引理 2 得 $l_7 > l_8 > l_9 \geqslant 3$. 从而又可得 $l_{10} \geqslant 2$,矛盾.

设 $l_2 = 256$. 由前段论证知,若某一步出现不等边三角形,立即可导出矛盾. 故在推导中用到的三角形均为等腰三角形. 于是有 $l_3 = 128, l_4 = 64, l_5 = 32, l_6 = 16, l_7 = 8, l_8 = 4, l_9 = 2$.

考察含有中心的三角形,它的周长为 1 000. 因为 $256 + 128 < 500$,所以这个三角形不能是不等边三角形. 从而必为等腰三角形. 若底大于腰,则腰为 $l_2 = 256$,底为 $l_1 = 488$;若底为 $l_2 = 256$,则 $l_1 = 372$;若底为 $l_3, \cdots, l_9$ 之一,则 $500 > l_1 \geqslant 436$. 无论哪种情形,以 l_1 为一边且不含中心的三角形中都必有一条边的长度与 $l_1, l_2, \cdots, l_9$ 都不相同,矛盾.

综上可知,图形中最少有 10 种长度互不相同的对角线.

❖单位圆内

在单位圆内,扇形 AOB 的顶角在 $\left(0, \frac{\pi}{2}\right)$ 内变动,$PQRS$ 是该扇形的内接正方形(图 1). 试求 OS 的最小值.

解 设 $\angle AOB = \theta, OS = l$, 则各点坐标为 $P(l\cos\theta, 0), S(l\cos\theta, l\sin\theta), R(\sqrt{1 - l^2\sin^2\theta}, l\sin\theta), Q(1 - l^2\sin^2\theta, 0)$.

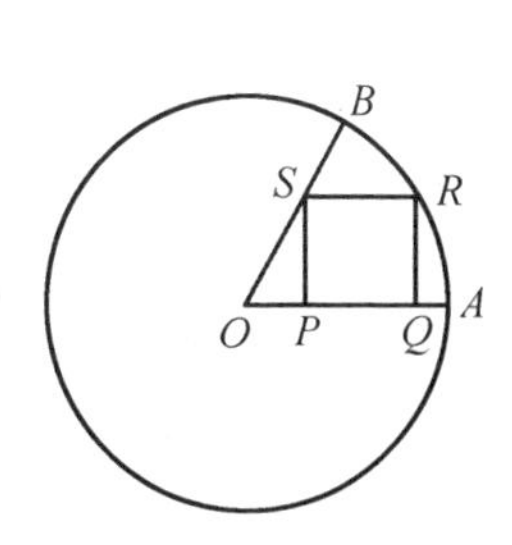

图 1

因 $PS = SR$,所以

$$l\sin\theta = \sqrt{1 - l^2\sin^2\theta} - l\cos\theta$$

从而有

$$1 - l^2\sin^2\theta = l^2(\sin\theta + \cos\theta)^2 = l^2(1 + \sin 2\theta)$$

故

$$l^2 = \left(\frac{3}{2} + \sin 2\theta - \frac{1}{2}\cos 2\theta\right)^{-1}$$

$$f(\theta) = \frac{3}{2} + \sin 2\theta - \frac{1}{2}\cos 2\theta = \frac{3}{2} + \frac{\sqrt{5}}{2}\sin(2\theta - \varphi)$$

其中,$\cos\varphi = \frac{2}{\sqrt{5}}, \sin\varphi = \frac{1}{\sqrt{5}}$.

当 $\sin(2\theta - \varphi) = 1$ 时,$f(\theta)$ 为最大,这时 $f(\theta) = \frac{3}{2} + \frac{\sqrt{5}}{2}$,从而 l 的最小值

为

$$\left(\frac{3}{2}+\frac{\sqrt{5}}{2}\right)^{-\frac{1}{2}}=\left(\frac{1+\sqrt{5}}{2}\right)^{-1}=\frac{\sqrt{5}-1}{2}$$

❖对称红点

求具有如下性质的最小自然数 n:把正 n 边形 S 的任何 5 个顶点涂成红色时,总有 S 的一条对称轴 l,使每个红点关于 l 的对称点都不是红点.

解法 1 对于正十三边形,当将 A_1, A_2, A_4, A_6, A_7 这 5 个顶点涂红时,13 条对称轴中的任何 1 条都不满足题中要求(图 1). 对于正十二、十一、十边形,当取上述 5 个顶点为红点时,题中的结论也不成立. 而当边数不大于 9 时,结论显然也不成立. 可见,所求的最小自然数 $n \geqslant 14$.

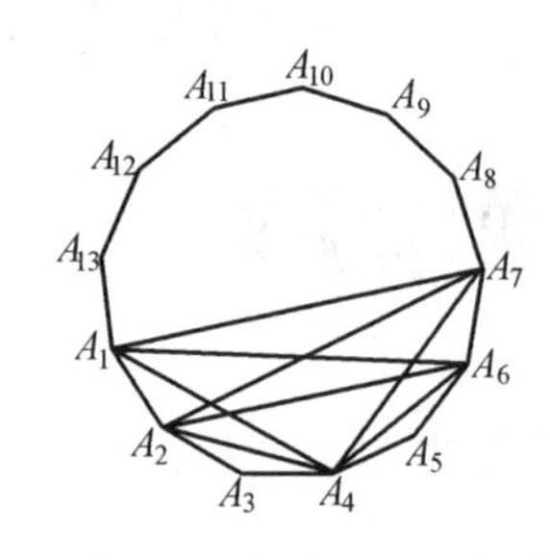

图 1

画出一个正十四边形及其所有对角线,则这些线段可以分成 14 组,每组中的所有线段互相平行且各有 1 条对称轴. 这 14 条对称轴中有 7 条各过正十四边形的一组相对顶点,另 7 条中的每条都平分正十四边形的一组对边. 前 7 组平行线中每组有 6 条线,另有两个顶点在对称轴上,可视为退化平行线段,称为该组平行线的奇点. 后 7 组平行线中每组有 7 条线段,没有奇点. 5 个红顶点间可以连 10 条线,称之为红线段. 于是问题归结为能否找出一组平行线,其中既无红线也无红奇点. 将红奇点和红线统称为红元素,于是问题在于能否证明这 15 个红元素至多落于 13 组平行组中.

在正十四边形中,所有边和对角线只有 7 种不同长度. 于是由抽屉原理知至少有两条红线长度相等.

(1) 设有 3 条红线长度相等,则 3 条中总有两条没有公共端点,从而以它们的 4 个端点为顶点的四边形是等腰梯形或矩形. 若为矩形,则两组对边各属于一组平行线,因此有一组平行线中没有红元素. 若为等腰梯形,则上、下两底的红线属于同一组平行线. 此外,3 条等长线段有 6 个端点,而红点只有 5 个,故必有两条等长红线有 1 个公共端点. 显然,这个公共端点恰为另两个端点连线所在的一组平行线的奇点. 这又导致有一组平行线中没有红元素.

(2) 设 10 条红线中长度相等的线段至多有两条,于是至少有 3 对红线分别

等长.

① 设有一对等长红线没有公共端点,则二者的 4 个端点构成矩形或等腰梯形. 这两种情形在(1) 中都已讨论过. 这里只需指出,当为等腰梯形时,梯形的两腰和两条对角线各为1组等长线段. 由于至少有3对等长红线,故还有一组等长红线,其4个端点异于梯形的4个顶点. 由此还可得出两个红元素属于同一组平行线.

② 任何一对等长红线都有公共端点,则每点至多引出一对等长红线,否则能找到一组没有公共端点的等长红线. 每对有公共端点的等长线段都导致两个红元素属于同一组平行线.

综上可知,无论哪种情形,都有一组平行线中没有红元素. 故知所求的最小自然数 $n = 14$.

解法2 对于 $n \leqslant 13$ 的正 n 边形都不满足题中要求的证明,同解法1. 下面证明正十四边形具有题中所要求的性质.

正十四边形 $A_1A_2\cdots A_{14}$ 中有 7 条对称轴是不通过顶点而各平分一组对边的. 我们按 A_i 的下标 i 的奇偶性而把 A_i 称为奇顶点或偶顶点. 显然,在以上述7条对称轴之一为对称轴时,每组对称顶点的奇偶性互异.

设5个红顶点中有 m 个奇顶点,$0 \leqslant m \leqslant 5$,于是有 $5 - m$ 个偶顶点. 于是染红色的奇顶点与染红色的偶顶点间的连线条数为

$$m(5 - m) \leqslant 6$$

从而这些连线的中垂线至多有6条. 因此,上述7条对称轴中至少有1条不垂直平分这6条连线中的任何一条,这条对称轴即为所求.

综上可知,所求的边数 n 的最小值为14.

❖炮弹装药

在一个半径为 R 的圆柱形炮弹内,放置三个椭圆形柱体的弹药筒,当椭圆长短半轴各为多大时,可使炮弹内所装的弹药量最多?

解 图1是弹药筒最紧密的安排方式,它们各占据一个中心角为 $120°$ 的扇形.

这样问题就转化成为在如图1所示的扇形中,作一个以扇形对称轴为对称轴的椭圆,使其面积为最大.

设这个椭圆中心坐标为$A=(0,t)$，并设两条半轴之长分别为a,b.

根据椭圆$\frac{x^2}{a^2}+\frac{(y-t)^2}{b^2}=1$与直线$x=\sqrt{3}y$相切的条件，可知关于未知量$y$的二次方程

$$(a^2+3b^2)y^2-2a^2ty+a^2t^2-a^2b^2=0$$

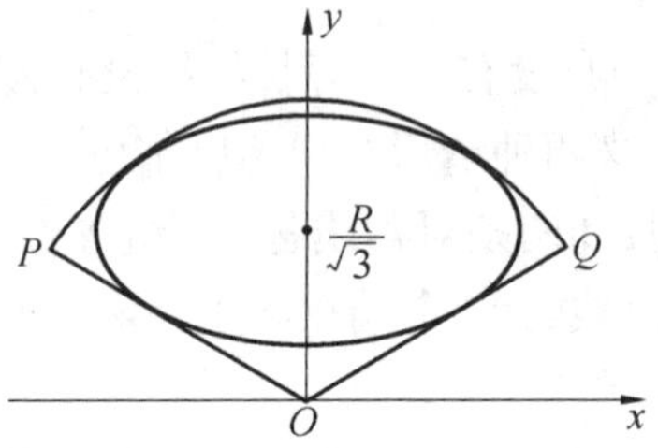

有两个相等的实根，此时应该有

$$(-2a^2t)^2=4(a^2+3b^2)(a^2t^2-a^2b^2)$$

图1

由此式可解得

$$t^2=b^2+\frac{1}{3}a^2 \qquad ①$$

类似的，根据椭圆$\frac{x^2}{a^2}+\frac{(y-t)^2}{b^2}=1$与圆$x^2+y^2=R^2$相切的条件，可知下述关于未知量$y$的二次方程

$$(a^2-b^2)y^2-2a^2ty+a^2t^2+b^2R^2-a^2b^2=0$$

有两个相等的实根，此时应该有

$$(-2a^2t)^2=4(a^2-b^2)(a^2t^2+b^2R^2-a^2b^2) \qquad ②$$

将式①代入式②，得

$$b^2=a^2-\frac{4a^4}{3R^2}$$

因为炮弹内所装的弹药量与弹药筒截面积成正比，所以目标函数就是椭圆面积，即

$$A=\pi ab=\pi a^2\sqrt{1-\frac{4a^2}{3R^2}}$$

为了能使求导运算比较方便，我们可以把目标函数改造得更简单一些，即

$$f(a)=\frac{3R^2A^2}{\pi^2}=3R^2a^4-4a^6,\quad 0<a<\frac{\sqrt{3}}{2}R$$

在定义域上$f(a)$可导，且有

$$f'(a)=12R^2a^3-24a^5$$

令$f'(a)=0$，可得定义域上的唯一驻点$a=\frac{1}{\sqrt{2}}R$，根据实际意义可知这就是所求的最大值点．也就是说，当椭圆形柱体弹药筒的截面椭圆长半轴和短半轴分别取$a=\frac{1}{\sqrt{2}}R$和$b=\frac{1}{\sqrt{6}}R$时，可使炮弹内所装的弹药量最多.

❖非中心点

求过正十二边形内部一个非中心点，最多能作几条不同的对角线？

解 在图 1 中，点 M 既是 $\triangle A_5A_{11}A_3$ 的内心，又是 $\triangle A_2A_4A_8$ 的内心，所以 4 条对角线 $A_1A_5, A_2A_6, A_3A_8, A_4A_{11}$ 交于点 M. 这表明所求的最大值不小于 4.

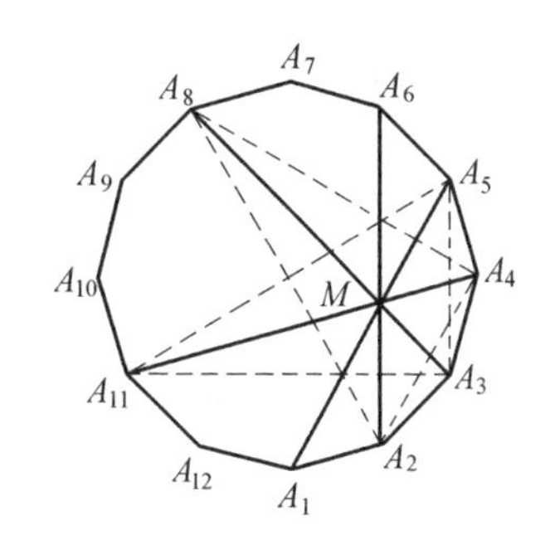

图 1

为方便计算，我们用弧长来表示弧所对的弦长，且当弧长为圆周长的 $\frac{k}{12}$ 时，称弦长为 k，其中 $k \leqslant 6$. 如果有 5 条对角线交于多边形内一个非中心点，则每条弦长都不小于 5，且其中至多有 1 条长度为 6. 因为长为 6 的弦就是直径，若有两条长为 6 的对角线交于一点，交点即为圆心. 由此可知，交于一点的 5 条对角线中至少有 4 条长为 5. 为证不可能有 5 条对角线交于形内非中心点，只需再证如下的引理.

引理 任何 3 条长为 5 的对角线不能交于同一点.

引理的证明 如图 2，显然，两条长为 5 的弦相交，只有如下四种不同情形：$\{A_1A_6, A_2A_9\}$，$\{A_1A_6, A_2A_7\}$，$\{A_1A_6, A_3A_{10}\}$，$\{A_1A_6, A_3A_8\}$. 记它们的交点分别为 M_1, M_2, M_3, M_4，则这 4 点既不相同，也不关于线段 A_1A_6 的中点对称.

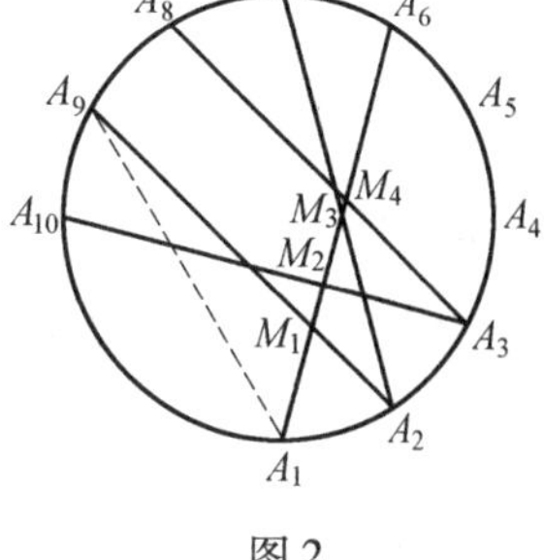

图 2

事实上，由正弦定理知

$$A_1M_1 : M_1A_6 = A_1M_1 : M_1A_9 = \sin A_9 : \sin A_1 = \sin\alpha : \sin 3\alpha$$

其中 $\alpha = 15°$. 同理

$$A_1M_2 : M_2A_6 = \sin 6\alpha : \sin 4\alpha$$
$$A_1M_3 : M_3A_6 = \sin 2\alpha : \sin 4\alpha$$
$$A_1M_4 : M_4A_6 = \sin 5\alpha : \sin 3\alpha$$

不难验证，这 4 个比值中的任何两个都不相等，也没有任何一个与另一个的倒数相等，这就证明了引理.

综上可知，题中所求的最大值为 4.

❖最大扇形

在周界为 $2l$ 的一切扇形中,面积最大的扇形其半径为多少?

解　如图1,设扇形 OAB 的半径为 x,张角为 φ,则面积为

$$S=\frac{\pi\varphi}{360}x^2 \quad ①$$

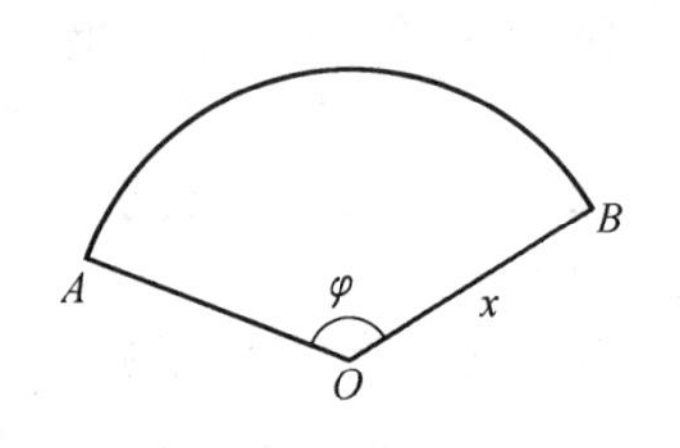

图1

又据题意,有

$$2x+\frac{\varphi}{360}\cdot 2\pi x=2l$$

所以

$$\frac{\pi\varphi}{360}=\frac{l}{x}-1 \quad ②$$

将式②代入式①,得

$$S=x(l-x)$$

因为式中

$$x+(l-x)=l$$

为定值,所以当

$$x=l-x \quad ③$$

时,S 有最大值.

解式③,得 $x=\frac{l}{2}$. 因此,半径为$\frac{l}{2}$的扇形面积最大.

❖线段条数

平面上有 $n+4$ 个标定点,其中4个点是一个正方形的顶点,其余 n 个点都在这个正方形的内部. 任何两个标定点之间都可以连一条线段,但是已联结的线段除端点外不含其他标定点,且任何两条已联结的线段除端点外没有公共点. 求这样所能联结的线段条数的最大值.

解　设对给定的 $n+4$ 个点已经联结出某个线段网络 Q,它满足题中要求

且不能再添加一条线段而使题中的要求仍被满足(这样的网络称为极大的. 因为所有可能的连线数不超过 C_{n+4}^2,所以这样的极大网络一定存在). 如果一个多边形的顶点都是给定点,边都是网络中的线段(允许两条边的夹角是平角),则称它为网式多边形. 由已知,正方形 K 的 4 个顶点都是标定点,其他 n 个标定点都在正方形 K 的内部. 显然,正方形 K 的 4 条边属于任何一个极大网络. 因此 K 是网式四边形. 我们断言,极大网络 Q 把正方形 K 分成若干个网式三角形且每个标定点都是网络 Q 的结点. 为证此,考察正方形 K 中任意一点 O. 设 m 边形 M 是所有包含点 O 的网式多边形中面积最小的一个(允许点 O 在多边形边上). 因为多边形 M 的内角和为 $(m-2)180°$,故它必有一个内角小于 $180°$,设这个内角顶点为 A. 在 $\angle A$ 的两边各取最接近点 A 的标定点,得到点 B 和 C(图1). 如果在 $\triangle ABC$ 内还有标定点,则在其内的标定点中选取一点 D,使 $\angle ABD$ 最小(如果这样的点多于 1 个,则取离点 B 最近的一点). 于是在 $\triangle ABD$ 中(包括周界)除3个顶点外不含标定点. 从而由网络 Q 的极大性知 BD,AD 都属于网络 Q,于是 $\triangle ABD$ 是网式的. 如果 $\triangle ABC$ 内没有标定点,则 $\triangle ABC$ 就相当于上面的 $\triangle ABD$. 如果 $\triangle ABD$ 不与 M 重合,则它把多边形 M 分成 $\triangle ABD$ 及另一个网式多边形. 这两个网式多边形中至少有 1 个含有点 O 且它的面积显然小于 M 的面积,矛盾. 故知 M 为三角形,且其中除3个顶点外没有其他标定点.

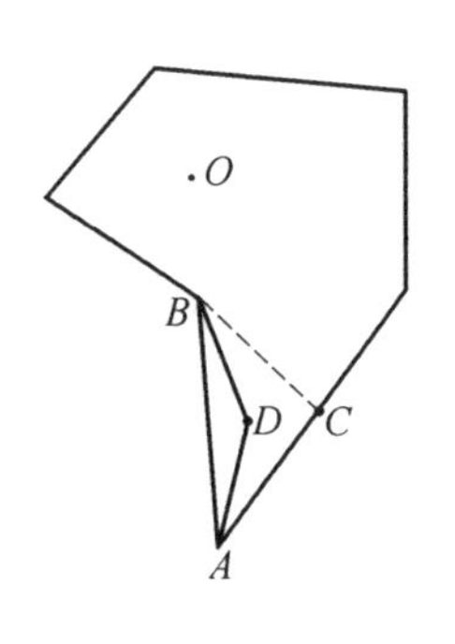

图1

下面计算极大网络中线段的条数 k. 设网络 Q 将正方形 K 分成 l 个三角形,则所有三角形的内角和为 $l \cdot 180°$. 另一方面,正方形的每个顶点对内角和的贡献是 $90°$;内部每个标定点对内角和的贡献是 $360°$. 从而 l 个三角形的内角和又应为 $(n+1) \cdot 360°$. 于是有

$$l \cdot 180° = (n+1) \cdot 360°$$

由此解得 $l = 2(n+1)$. 最后,因为正方形的每条边都是某个三角形的一条边,而正方形内的每条网络线段都是两个三角形的公共边,故知网络中线段条数的最大值为

$$4 + \frac{1}{2}(3l - 4) = \frac{3}{2}l + 2 = 3n + 5$$

❖在何位置

如图1(a),边长为1的正方形$ABCD$的一组对边AB,CD上各取一点M,N,AN,DM交于点E,BN,CM交于点F.试求四边形$EMFN$的最大面积,并指出点M,N在何位置时可取此最大值.

解 首先考察图1(b)中直角梯形$XYZU$,其上、下底分别为m,n,直角梯形腰长为1.显然$\triangle XYO$与$\triangle UZO$等面积.令其面积为t,过O的高长为h,该高将XY分为长为a,b的两段,则$\frac{h}{m}=b$,$\frac{h}{n}=a$,所以$\frac{h}{m}+\frac{h}{n}=1$,从而$h=\frac{mn}{m+n}$,

$t=\frac{mn}{2(m+n)}$.

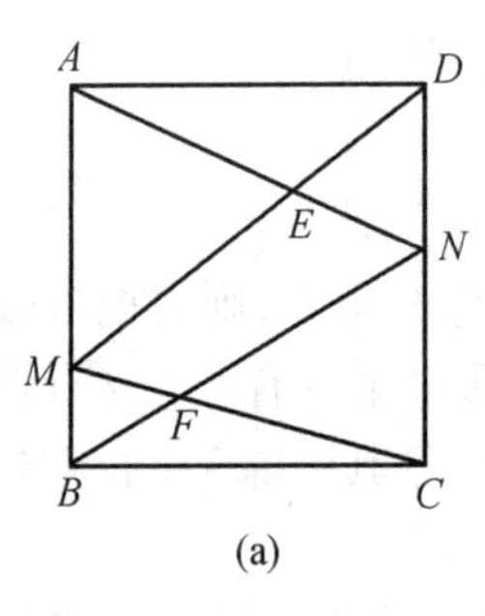

(a)

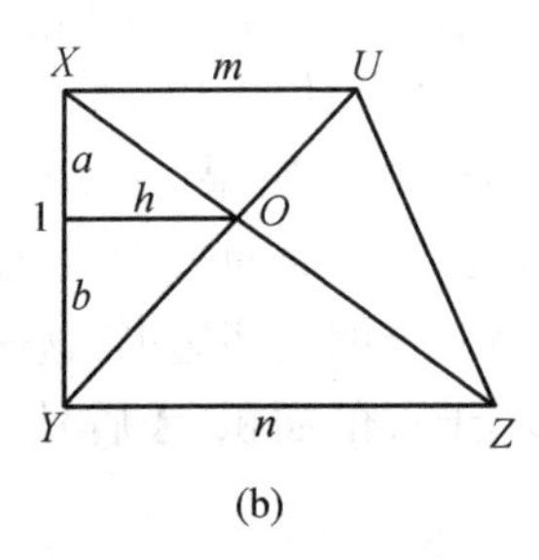

(b)

图1

现令$AM=x$,$CN=y$,则$MB=1-x$,$DN=1-y$.根据对直角梯形的考察可得

$$S_{\triangle MEN}=\frac{x(1-y)}{2(1+x-y)}$$

$$S_{\triangle MFN}=\frac{y(1-x)}{2(1+y-x)}$$

故

$$S_{\text{四边形}MFNE}=\frac{x(1-y)}{2(1+x-y)}+\frac{y(1-x)}{2(1+y-x)}=\frac{x(1-x)+y(1-y)}{2[1-(x-y)^2]}$$

因为

$$2[x(1-x)+y(1-y)]\leqslant 1-(x-y)^2\Leftrightarrow(x+y-1)^2\geqslant 0$$

所以

$$\frac{x(1-x)+y(1-y)}{2[1-(x-y)^2]} \leqslant \frac{1}{4}$$

即四边形 $MFNE$ 面积的最大值为$\frac{1}{4}$. 当 $x+y=1$ 时(即 M,N 连线平行于正方形的底边时)达到最大值.

❖凸四边形

在平面上给定 7 点 $A_1, A_2, \cdots, A_7$,其中任何 3 点都不共线且它们的凸包是 $\triangle A_1A_2A_3$. 问以它们中的 4 个点为顶点构造凸四边形,最多能构造多少个?

解 我们按 $\{A_4, A_5, A_6, A_7\}$ 的凸包为三角形还是四边形,分两种情形来讨论. 为方便计算,我们把前 3 点称为外点,后 4 点称为内点.

(1) 设 4 个内点的凸包是 $\triangle A_4A_5A_6$. 这时,4 个内点可以组成 6 个不同的两点组,每组两点决定一条直线,它恰与 $\triangle A_1A_2A_3$ 的两条边相交. 于是直线上的两个内点及与直线不相交的边的两个端点合起来,4 点就构成一个凸四边形. 由此可知,两个内点和两个外点构成的凸四边形共有 6 个(图 1).

下面来统计由 3 个内点和 1 个外点构成的凸四边形的个数. 为此,我们引入"角的容量"的概念. 将三角形一个内角的两条边延长,如果在由两边的延长线和三角形第 3 边所界的区域 F 中有一个给定点,则这个点和三角形的 3 个顶点一起可作为凸四边形的 4 个顶点. 所以,我们把区域 F 内给定点的个数称为该角的容量. 这样一来,每个角的容量恰为三角形的 3 个顶点和这个角内,三角形之外的点构成的凸四边形的个数.

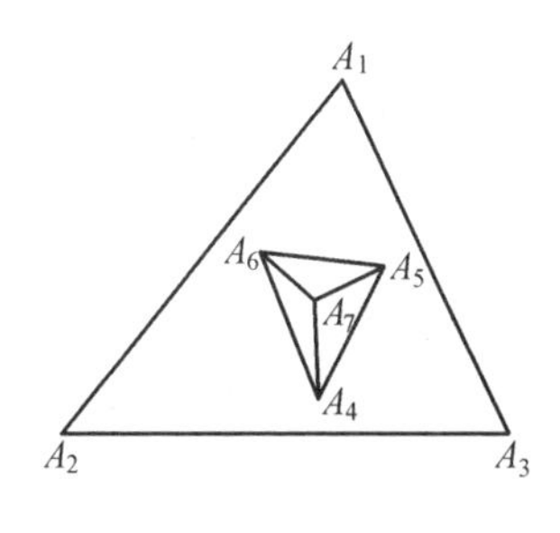

图 1

4 个内点构成 4 个三角形,共有 12 个内角. 容易验证,它们的容量之和至多为 9,所以由 3 个内点和 1 个外点构成的凸四边形至多有 9 个. 故当 4 个内点凸包为三角形时,至多有 15 个凸四边形.

(2) 设四边形 $A_4A_5A_6A_7$ 为凸四边形. 我们先给出一个引理:

引理 在四边形 $A_4A_5A_6A_7$ 中:

(i) 若有一对邻角的容量同时为 2,则另两角的容量均为零;

(ii) 对角的容量不能同时为 2.

引理的证明很容易,这里略去. 根据这个引理可知,四边形 $A_4A_5A_6A_7$ 的 4 个内角的容量之和不大于 5. 在图 2 所示的图中, 四边形 $A_4A_5A_6A_7$ 的 4 个内角的容量之和恰好为 5. 所以,由3个内点和1个外点构成的凸四边形最多有 10 个. 由(1) 可知,由两个内点和两个外点构成的凸四边形总有 6 个, 再加上四边形 $A_4A_5A_6A_7$,共有 17 个凸四边形.

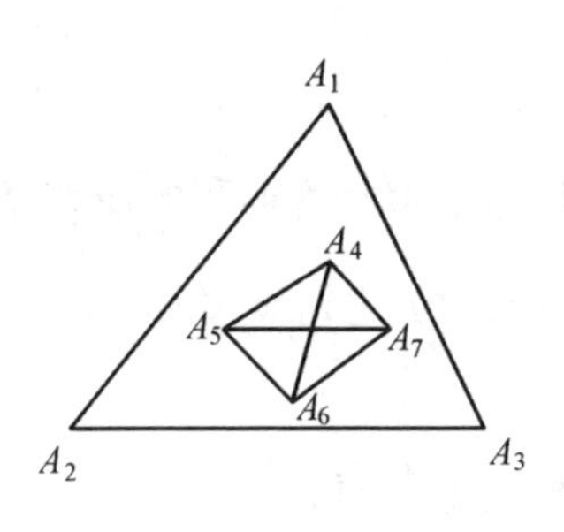

图 2

综上可知,最多有 17 个凸四边形.

两车间距

高速公路上行驶的汽车,要保持一定的车距,以防止追尾撞车等重大事故的发生;但又要保持一定高的速度,以提高车流量,使道路畅通.

在建立数学模型时,我们可以做适当的删繁就简,认为汽车是在只能通过一辆车的单行道上行驶的,并做某些合理的假设,认为汽车是在做匀速运动.

根据有关规定,每相邻的前、后两辆车之间保持车距 L m 与车速 v m/s 之间必须有关系式

$$L = 12 + 2v + \frac{v^2}{27}$$

试确定能使车流量为最大的车速,及此时在某个定点处每小时能通过多少辆车?(说明:车距指相邻两车车头之间的距离,已包含车身长度在内)

注 为使车流量最大,应求出每辆车走过 L m 车距所需时间的最小值.

解 设第一辆车通过该定点后,经 t s 后通过第二辆车,这样就得到以 v 为自变量的目标函数

$$t = \frac{L}{v} = \frac{12}{v} + 2 + \frac{v}{27}, \quad v > 0$$

求导得

$$\frac{dt}{dv} = \frac{1}{27} - \frac{12}{v^2}$$

令 $\frac{dt}{dv} = 0$,可得唯一正数驻点 $v = 18$. 由于

$$\left.\frac{\mathrm{d}^2t}{\mathrm{d}v^2}\right|_{v=18}=\frac{1}{243}>0$$

可知 $v=18$ 是目标函数的极小值点,也一定是最小值点. 此时有

$$t_{\min}=\frac{10}{3}$$

在这样的速度下,车流量为

$$N_{\max}=\frac{3\ 600}{t_{\min}}=1\ 080$$

❖总数最大

空间中有 1 989 个点,其中任何 3 点都不共线. 把它们分成点数各不相同的 30 组,在任何 3 个不同的组中各取一点为顶点作三角形. 试问为使这种三角形的总数最大,各组的点数应分别为多少?

解 当把这 1 989 个给定的点分成 30 组,点数分别为 $n_1,n_2,\cdots,n_{30}$ 时,满足题中要求的三角形总数为

$$S=\sum_{3\leqslant i<j<k\leqslant 30}n_in_jn_k \qquad ①$$

由于把 1 989 个点分成 30 组的不同分组只有有限多种,故必有一种分法使 S 达到最大值.

设 $n_1<n_2<\cdots<n_{30}$ 为使 S 达到最大值的分法的各组点数,于是有 $n_1+n_2+\cdots+n_{30}=1\ 989$,且它们具有如下特点.

(1)$n_{i+1}-n_i\leqslant 2,i=1,2,\cdots,29$. 若不然,必有某个 i,使得 $n_{i+1}-n_i\geqslant 3$. 不妨设 $i=1$. 这时我们将式 ① 改写为

$$S=n_1n_2\sum_{k=3}^{30}n_k+(n_1+n_2)\sum_{3\leqslant j<k\leqslant 30}n_jn_k+\sum_{3\leqslant i<j<k\leqslant 30}n_in_jn_k \qquad ②$$

令 $n'_1=n_1+1,n'_2=n_2-1$,于是

$$n'_1+n'_2=n_1+n_2,\quad n'_1<n'_2,\quad n'_1n'_2>n_1n_2$$

由式 ② 不难看出,当用 n'_1,n'_2 代替 n_1,n_2 时,S 的值变大,矛盾.

(2) 使 $n_{i+1}-n_i=2$,i 值不能多于 1 个. 若有 i 和 j,$1\leqslant i<j\leqslant 29$,使得 $n_{i+1}-n_i=2,n_{j+1}-n_j=2$,则当用 $n'_i=n_i+1,n'_{j+1}=n_{j+1}-1$ 代替 n_i 和 n_{j+1} 时,S 的值将变大,矛盾.

(3) 若 30 组的点数从小到大每相邻两组都差 1,则可设它们分别为 $k-14$,$k-13,\cdots,k,k+1,\cdots,k+15$. 这时有

$$(k-14)+(k-13)+\cdots+k+(k+1)+\cdots+(k+15)=30k+15$$

即点数之和为5的倍数,不可能是1 989. 由此及(2)便知,相邻两组点数之差恰有1个为2,其余的都是1.

(4) 由(3)知,可设

$$\begin{cases}n_j=m+j-1, & j=1,\cdots,i\\ n_j=m+j, & j=i+1,\cdots,30\end{cases}$$

于是有

$$\sum_{j=1}^{i}(m+j-1)+\sum_{j=i+1}^{30}(m+j)=1\ 989$$

$$30m-i=1\ 524 \qquad ③$$

其中$1\leqslant i\leqslant 29$. 由式③解得$m=51, i=6$. 由此可知使S取得最大值的30组的点数分别为51,52,…,57,58,59,…,81.

❖上底与下底

等腰梯形的周长为60 cm,底角为60°,问这个梯形的上底、下底和腰各为多少时,面积最大?

解 梯形各部分尺寸的符号如图1所示,并设$\frac{b-a}{2}$为x cm,故有

$$h=x\tan 60^\circ=\sqrt{3}x \qquad ①$$

$$c=\frac{x}{\cos 60^\circ}=2x \qquad ②$$

$$b=a+2x \qquad ③$$

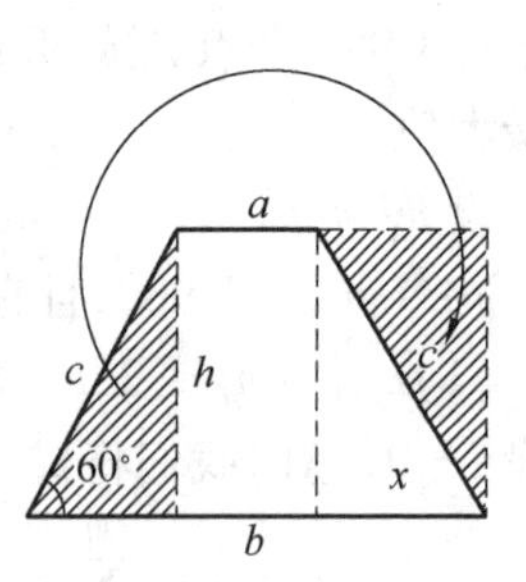

图1

又据题意有

$$a+b+2c=60$$

将式②、式③代入上式,得

$$a=30-3x \qquad ④$$

梯形的面积为

$$S=(a+x)h$$

将式①、式④代入上式,得

$$S=2\sqrt{3}x(15-x)$$

其中 $2\sqrt{3}$ 为常数,且由于

$$x + (15 - x) = 15$$

为定值,所以当 $x = 15 - x$ 时,S 达最大值. 所以x =7.5. 将 x 的值代入式④、式③、式②,得到面积最大的等腰梯形的尺寸为

$$a = 7.5\ \text{cm},\quad b = 22.5\ \text{cm},\quad c = 15.0\ \text{cm}$$

❖三角形之交

求最小自然数 n,使得每个凸 100 边形都可以表示成 n 个三角形的交.

解 从凸 100 边形的顶点中每隔 1 点选出 1 点,共选定 50 个顶点. 以这些顶点中的每点作为三角形的 1 个顶点,以由这个顶点引出的凸 100 边形的相邻两边所在的直线作为三角形两边所在的直线,并在两条直线上各取 1 点作为三角形的另两个顶点,使三角形包含凸多边形在自己的内部或边上. 显然,凸 100 边形恰为这 50 个三角形的交(图 1).

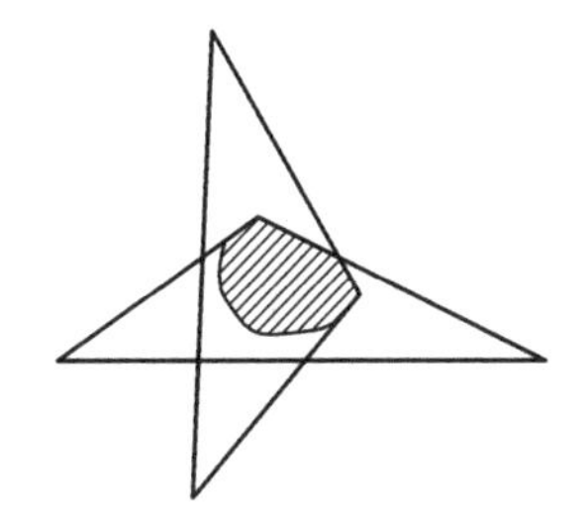

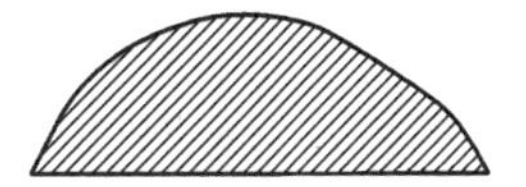

图 1

另一方面,当凸 100 边形中有 1 条边很长而其他边都很短时,如取弓形的内接 100 边形,使其他 99 条边都相等时,将它表示为若干个三角形之交时,任何一个三角形都至多截出多边形的两条短边. 从而至少需要 50 个三角形才能截出凸 100 边形.

综上可知,所求的最小自然数 $n = 50$.

❖最大可能

在 $\triangle ABC$ 中,$AB=9$,$BC:CA=40:41$. 三角形可能有的最大面积是多少?

解法1 设 $AB=c$,$AC=rb$,$BC=ra(a<b,r>0)$,AB 上按 $\lambda=\frac{a}{b}$ 内外分点分别为点 E,F. 那么,点 C 的轨迹是以 EF 为直径的圆(阿波罗尼(Apollonius)圆). 因此,当该圆半径为 $\triangle ABC$ 的高时,它有最大面积.

若 $\lambda=\frac{40}{41}$,该圆半径为

$$R=\frac{\lambda c}{\lambda^2-1}=\frac{9\times\frac{40}{41}}{\frac{40^2}{41}-1}=\frac{1\ 640}{9}$$

因此

$$(S_{\triangle ABC})_{\max}=\frac{1}{2}R\cdot c=820$$

解法2 设 $BC=40k$,$AC=41k$,$AB=9$,则

$$S=\frac{1}{4}\sqrt{(81k+9)(81k-9)(9-k)(9+k)}=$$
$$\frac{1}{4}\sqrt{81(81k^2-1)(81-k^2)}=$$
$$\frac{1}{4}\sqrt{(81k^2-1)(81^2-81k^2)}\leqslant$$
$$\frac{1}{4}\cdot\frac{1}{2}(81k^2-1+81^2-81k^2)=$$
$$\frac{1}{8}(81^2-1)=820$$

当 $k=1$ 时,$\triangle ABC$ 的面积达到最大值.

❖含给定点

在正方形中分布着 $k(k>2)$ 个点. 试问最少应当将正方形划分为多少个

三角形,才能使每个三角形中至多有 1 个给定点?

解 我们先来证明如下的命题:如果在一个三角形中给定 k 个点,则总可以把这个三角形划分为 k 个三角形,使每个三角形中恰有一个给定点.

当 $k=1$ 时命题显然成立. 对于 $h\geqslant 2$,设当 $k<h$ 时命题成立. 当 $k=h$ 时,总可以经三角形的某顶点引一条线直到对边,将三角形一分为二,且使分成的两个三角形中,每个内部都有给定点. 于是由归纳假设即得所欲证.

对于正方形,如果有一条对角线上没有给定点,则可用这条对角线把它分成两个三角形. 如果两条对角线上都有给定点,则可在某条边上选一点,使它与不在它所在边上的两个顶点的连线上没有给定点且所分成的 3 个三角形中至少有两个中含有给定点. 由上述命题即知,至多把正方形分成 $k+1$ 个三角形,即可使得每个三角形中至多有 1 个给定点.

另一方面,当 k 个给定点都位于从中心开始的某半条对角线上时,无论怎样划分,至少有一个三角形中没有给定点,故至少要划分成 $k+1$ 个三角形才能满足要求.

综上可知,最少应将正方形划分为 $k+1$ 个三角形.

❖航行速度

已知轮船在航行时的燃料费与其航行速度的立方成正比,当轮船以速度 $v=10$ km/h 航行时,燃料费为每小时 80 元. 又知航行途中其他开销为每小时 540 元. 试问当轮船以多大速度航行最为经济.

注 在研究本问题时,当然应该有一个航程是常数的前提,这个常数在题意中虽然没有具体给出,但是我们总可以假定它为 S.

解 设轮船的航程为 S,若轮船以速度 v 航行,则所需要的时间就是 $t=\frac{S}{v}$,从而可得到以速度 v 为自变量的目标函数(航行的总费用)

$$y=(kv^3+540)t=\left(\frac{80}{10^3}v^3+540\right)\frac{S}{v}=\left(\frac{2}{25}v^2+\frac{540}{v}\right)S,\quad v>0$$

其导数为

$$\frac{\mathrm{d}y}{\mathrm{d}v}=\left(\frac{4}{25}v-\frac{540}{v^2}\right)S$$

令$\frac{dy}{dv}=0$,可得唯一驻点 $v=15$.

由于目标函数在定义域上可导,驻点唯一,而且目标函数的最小值一定存在,由此可知 $v=15$ km/h 为最经济的航行速度.

❖切厚纸板

沿某条直线将一块1 000边形(不一定是凸边形)的厚纸板切割一次,将它分成了若干个新多边形. 求其中最多有多少个三角形?

解 将图1中的1 000边形沿虚线切开,可得501个三角形.

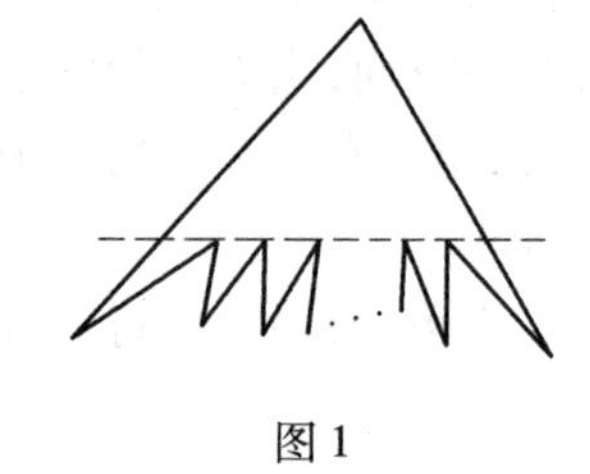
图1

注意:在切得的每个三角形中,有一边是切口,另两边是从原多边形的相邻两边上切下来的. 而且位于切口两侧的所有三角形,它们的边除切口外,都来自原多边形不同的边;位于切口两侧的两个三角形,仅当它们同为最左或最右的三角形时,才可能各有1条边原是多边形的同一条边切成的. 因此,多边形至多能被切出501个三角形.

综上可知,1 000边形最多可切出501个三角形.

❖六面体骨架

用长为 l 的金属丝作一底面为正方形的直平行六面体的骨架,要使这个六面体的全面积最大,其尺寸应为多少?

解 如图1,设这个直平行六面体的底面边长为 x,高为 y,则

$$8x+4y=l$$

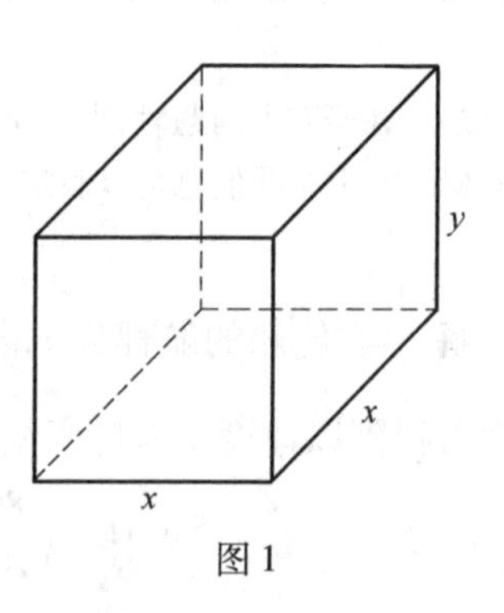

图1

所以

$$y=\frac{l-8x}{4} \qquad ①$$

六面体的全面积为

$$S = 2x^2 + 4xy \qquad ②$$

将式①代入式②,得

$$S = -6\left(x^2 - \frac{l}{6}x\right) = -6\left[x^2 - \frac{l}{6}x + \left(\frac{l}{12}\right)^2 - \left(\frac{l}{12}\right)^2\right] =$$

$$\frac{l^2}{24} - 6\left(x - \frac{l}{12}\right)^2$$

因此

$$S - \frac{l^2}{24} = -6\left(x - \frac{l}{12}\right)^2 \qquad ③$$

显然,由式③表示的抛物线的顶点坐标为$\left(\frac{l}{12},\frac{l^2}{24}\right)$,且由于$x^2$的系数$-6 < 0$,故当

$$x = \frac{l}{12}$$

时,S达最大值

$$S_{\max} = \frac{l^2}{24}$$

将x的值代入式①,得

$$y = \frac{l}{12} = x$$

因此,当直平行六面体的各边相等,即成正六面体时,全面积最大.

❖参观城堡

(1)一座城堡设计成边长为100 m的等边三角形,它被分成100个等边三角形的厅,厅的每面墙长10 m,且在厅之间的每面墙的中部都装有门. 试证:如果一个人想尽量参观整个城堡但进入每个厅至多一次,那么他能参观到的厅不多于91个.

(2)把正三角形的每边都k等分,经过分点分别作平行于另两边的直线,结果三角形被分成k^2个小三角形. 把一串小三角形称为"链",如果每一个小三角形与它前面的小三角形都有公共边,而且每个小三角形不出现两次,问一条链中最多能有多少个小三角形?

证明 我们把每个小三角形都涂上黑白两色之一,如图1所示. 结果是黑

三角形比白三角形多 k 个. 因此,所有白三角形和黑三角形的个数分别为$\frac{1}{2}(k^2-k)$和$\frac{1}{2}(k^2+k)$. 显然,在三角形链中,黑白三角形相间排列,因此黑三角形至多比白三角形多一个. 故知所有三角形的个数至多为 k^2-k+1 个. 图 1 即为一个恰有 k^2-k+1 个三角形的链. 综上可知,三角形链中最多有 k^2-k+1 个三角形. 特别当 $k=10$ 时,$k^2-k+1=91$.

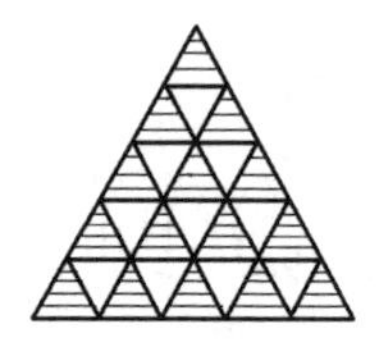
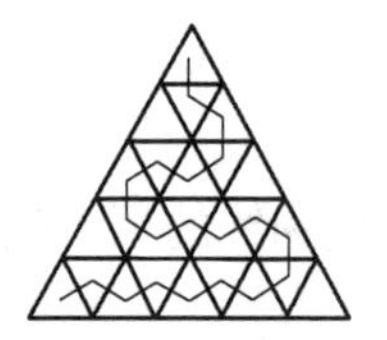

图 1

❖固定底边

考虑所有底 AB 固定,点 C 引出的高为常数的 $\triangle ABC$,问何时它的高的乘积为最大?

解 由 $h_a a=h_b b=hc$,得

$$h_a h_b h=\frac{h^3c^2}{ab}$$

欲使 $h_a h_b h$ 最大,只要 ab 最小.

当 $a=b$ 时,$\triangle ABC$ 为等腰三角形. 记这时的 C 为 C_0(图 1),且不妨设 C_0 与 C 在 AB 的同侧. 由 CC_0 确定的直线 $l /\!/ AB$,两者距离为 h,显然点 C 的轨迹为直线 l,这时 $\triangle ABC$ 的外接圆 O 在 C_0 处的切线即为 l,而点 C 在 $\odot O$ 外,因此,$\angle ACB<\angle AC_0B$,于是

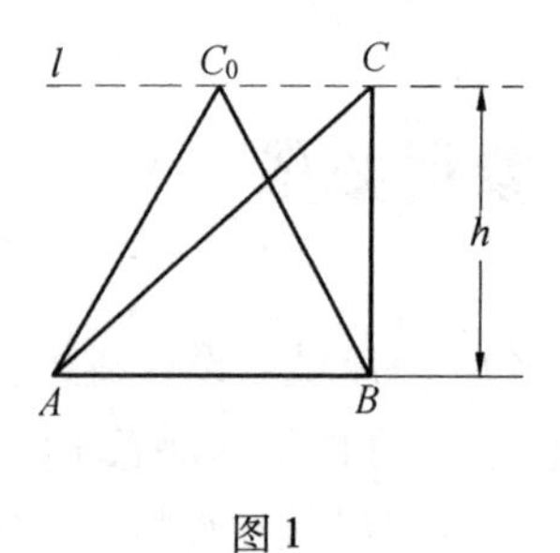

图 1

$$CA\cdot CB=\frac{ch}{\sin\angle ACB}>\frac{ch}{\sin\angle AC_0B}=C_0A\cdot C_0B$$

即当点 C 与 C_0 重合时,ab 最小,此时高的乘积最大.

❖蓝白正方形

有一个大矩形由 8 × 9 个相等的小正方形组成，要把它沿着图中实线剪成若干个小矩形，使得组成每个矩形的小正方形都是完整的，分别将每个小矩形中的所有小正方形涂上蓝色或白色，使其中两种颜色的小正方形数正好相等. 设这些小矩形中蓝色的小正方形数分别是 $a_1,a_2,\cdots,a_p$，且 $0 < a_1 < a_2 < \cdots < a_p$. 试求 p 的最大值，并在图中画出 p 的最大值的一种剪法.

解 因为每个矩形中两种颜色的小正方形的个数相等，所以在任何一种剪法中，蓝色的小正方形数总共有 36 个，即

$$a_1 + a_2 + \cdots + a_p = 36$$

由于 $0 < a_1 < a_2 < \cdots < a_p$，则

$$a_1 \geqslant 1,\quad a_2 \geqslant 2,\quad \cdots,\quad a_p \geqslant p$$

于是有

$$36 = a_1 + a_2 + \cdots + a_p \geqslant 1 + 2 + \cdots + p = \frac{p(p+1)}{2}$$

解得

$$p \leqslant 8$$

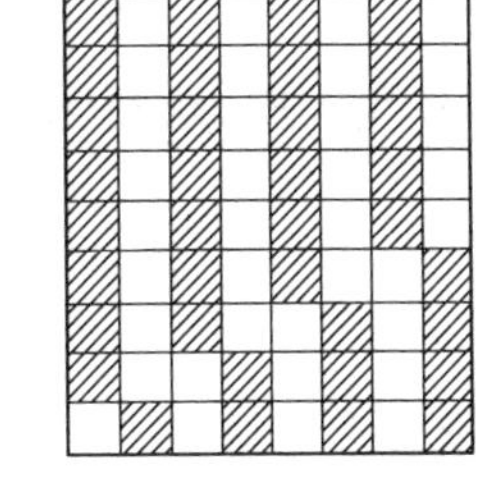

图 1

图 1 可以得到 $p = 8$ 的一种剪法，所以 p 的最大值是 8.

❖直线相交

在 $m \times n$ 个方格的矩形方格纸上作 1 条直线，求与这条直线相交的方格数的最大值.

解 这张方格纸除了周界之外，内部有 $m + n - 2$ 条网格线. 在方格纸上任意作一条直线，至多与每条内部网格线交于一点，至多被这些网格线分成 $m + n - 1$ 段. 由于每个相交方格中恰有直线的一段，故一条直线至多与 $m + n - 1$ 个方格相交.

另一方面，矩形的对角线（当 $m = n$ 时，可将对角线略动一点）恰与 $m + n - 1$ 个方格相交. 故知与一条直线相交的方格数的最大值为 $m + n - 1$.

❖体积最大

某长方体的表面积为 S^2. 求长、宽、高各为多少时，体积最大？

解　如图 1，设六面体的长、宽、高分别为 x,y,z，则表面积为

$$S^2=2(xy+yz+zx)$$

所以

$$z=\frac{S^2-2xy}{2(x+y)} \qquad ①$$

长方体的体积为

$$V=xyz \qquad ②$$

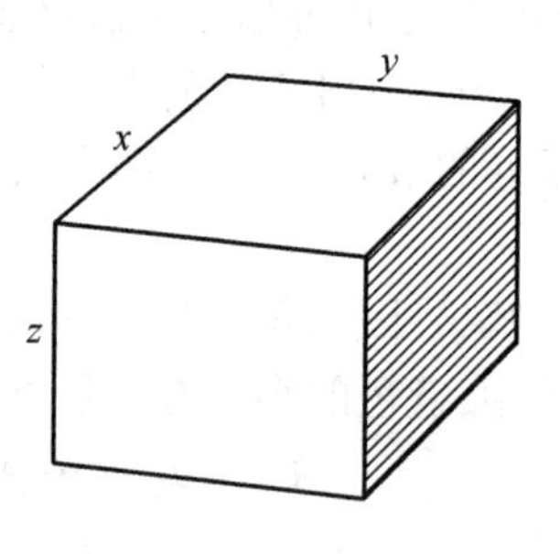

图 1

将式 ① 代入式 ②，得到以 x,y 为自变量的二元函数

$$V(x,y)=\frac{S^2xy-2x^2y^2}{2(x+y)}$$

用偏导数求解得

$$V'_x(x,y)=\frac{2S^2y^2-8xy^3-4x^2y^2}{4(x+y)^2}$$

$$V'_y(x,y)=\frac{2S^2x^2-8x^3y-4x^2y^2}{4(x+y)^2}$$

令 $V'_x(x,y)=0, V'_y(x,y)=0$，则有

$$\frac{2S^2y^2-8xy^3-4x^2y^2}{4(x+y)^2}=0$$

$$\frac{2S^2x^2-8x^3y-4x^2y^2}{4(x+y)^2}=0$$

解得

$$x=y=\frac{S}{\sqrt{6}}$$

将其代入式 ①，得

$$z=\frac{S}{\sqrt{6}}$$

用二阶偏导数不难证明，当 x,y,z 取上述数值时，函数 V 达极大值.

在一阶偏导数的基础上，求得二阶偏导数分别为

$$V''_{x,x}(x,y)=-\frac{2y^4+S^2y^2}{(x+y)^3}$$

所以

$$V''_{x,y}(x,y)=\frac{S^2xy-6x^2y^2-2x^3y-2xy^3}{(x+y)^3}$$

$$V''_{y,y}(x,y)=-\frac{2x^4+S^2x^2}{(x+y)^3}$$

所以

$$A=V''_{x,x}\left(\frac{S}{\sqrt{6}},\frac{S}{\sqrt{6}}\right)=-\frac{\sqrt{6}}{6}S$$

$$B=V''_{x,y}\left(\frac{S}{\sqrt{6}},\frac{S}{\sqrt{6}}\right)=-\frac{\sqrt{6}}{12}S$$

$$C=V''_{y,y}\left(\frac{S}{\sqrt{6}},\frac{S}{\sqrt{6}}\right)=-\frac{\sqrt{6}}{6}S$$

因为

$$B^2-AC=\left(-\frac{\sqrt{6}}{12}S\right)^2-\left(-\frac{\sqrt{6}}{6}S\right)\left(-\frac{\sqrt{6}}{6}S\right)=-\frac{1}{8}S<0$$

并且

$$A<0$$

由此可知，$V\left(-\frac{S}{\sqrt{6}},\frac{S}{\sqrt{6}}\right)$ 为极大值.这就是说，当长、宽、高均相等，即成正六面体时，体积最大.

❖多少锐角

在平面上不自交的 n 边形的所有内角中，最多有多少个锐角？

解 设 n 边形中共有 k 个锐角，于是有

$$k\cdot 90^\circ+(n-k)360^\circ>(n-2)\cdot 180^\circ$$

化简得到不等式

$$3k<2n+4 \quad ①$$

因为式①两端都是整数，故有

$$3k \leqslant 2n + 3$$

由此可见,n 边形的内角中锐角的个数不多于$\left[\frac{2n}{3}\right]+1$.

下面我们用构造法来说明$\left[\frac{2n}{3}\right]+1$是可以达到的.首先看 n 是3的倍数的情形:当 $n=3r$,于是$\left[\frac{2n}{3}\right]+1=2r+1$.取一个顶角为$60°$的扇形,记其顶点为$P$,弧的两个端点分别为$A$和$B$.用分点$C_1,C_2,\cdots,C_{2r-2}$将$\widehat{AB}$分成$2r-1$等分.用$S_i$来记$\triangle C_{2i-2}PC_{2i}$的重心,$i=1,2,\cdots,r-1$.过每个点$S_i$分别作半径$PC_{2i-1}$和$PC_{2i}$的平行线,分别交弦$C_{2i-2}C_{2i-1}$和弦$C_{2i+1}C_{2i}$的延长线于点$D_{2i-1}$和点$D_{2i}$.这样,我们得到$n$边形$\Sigma$为$PAD_1S_1D_2D_3\cdots D_{2i-1}S_iD_{2i}\cdots D_{2r-2}B$(图1).这个$n$边形中有$2r+1$个锐角,它们的顶点分别为$P,A,D_1,D_2,\cdots,D_{2r-2},B$.

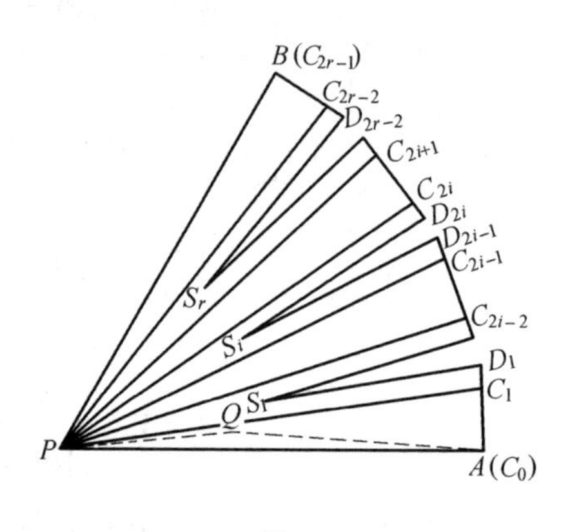

图1

当 n 被3除余1时,$n=3r+1$,$\left[\frac{2n}{3}\right]+1=2r+1$.这时,只要将图1中的多边形$\Sigma$的边$PA$改用折线$PQA$来代替就可以了(如图1中虚线所示).

当$n=3r+2$时,只要于图2中以点P为顶点在扇形内作一个边长为半径的$\frac{1}{4}$的正$\triangle PQ_1Q_2$.然后以边Q_1Q_2为轴,作$\triangle PQ_1Q_2$的对称图形$\triangle P_1Q_1Q_2$.将多边形Σ的边BP,AP上的线段Q_2P和Q_1P去掉并代之以线段Q_2P_1,Q_1P_1,则得到一个$3r+2$边形,且它的内角中有$2r+2=\left[\frac{2n}{3}\right]+1$个锐角.

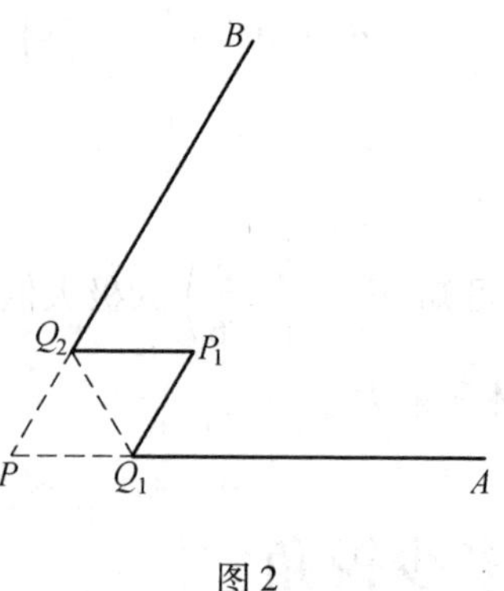

图2

综上可知,n 边形的内角中最多有$\left[\frac{2n}{3}\right]+1$个锐角.

❖划分正方体

已知 n 个平面将一个正方体划分为300部分，求 n 的最小值.

解 首先注意，容易用数学归纳法证明，n 条直线至多把平面分成

$$p_n=\frac{1}{2}n(n+1)+1 \quad ①$$

个部分，当且仅当 n 条直线处于正常位置，即其中任意两条不平行，任意3条不共点时，n 条直线恰好将平面分成 p_n 个部分.

其次，用数学归纳法来证明，n 个平面至多能把空间分为

$$q_n=\frac{1}{6}(n^3+5n+6) \quad ②$$

个部分，当且仅当 n 个平面处于正常位置，即其中任何两个平面与第3个平面的两条交线不平行，任何4个平面不共点时，恰好将空间分成 q_n 个部分.

当 $n=0$ 时，$q_0=1$，即命题于 $n=0$ 时成立. 设命题于 $n=k$ 时成立. 当 $n=k+1$ 时，由归纳假设知前 k 个平面至多把空间分成 q_k 个部分，当且仅当 k 个平面处于正常位置时，恰将空间分成 q_k 个部分. 现在添加1个平面，它与前 k 个平面有 k 条交线. 这 k 条交线把第 $k+1$ 个平面至多分成 p_k 个部分，当且仅当 k 条直线处于正常位置时，恰好分成 p_k 个部分. 这至多 p_k 个平面区域中的每一个都把它所在的立体区域一分为二，即使所分成的立体个数至多增加 p_k 个，于是有

$$q_{k+1}\leqslant q_k+p_k=\frac{1}{6}(k^3+5k+6)+\frac{1}{2}k(k+1)+1=$$

$$\frac{1}{6}[(k+1)^3+5(k+1)+6] \quad ③$$

当且仅当 $k+1$ 个平面处于正常位置时式③等号成立.

由式②有

$$q_{12}=299<300<378=q_{13}$$

故知要把正方体分成300个部分，用12个平面是不够的，至少要用13个平面.

用12个处于正常位置的平面将空间分成299个部分，然后取一个足够大的正方体，使它将 C_{12}^3 个3个平面的交点全都包含于正方体之内，且使正方体的顶点 A 不在这12个平面的任何一个之上. 于是这12个平面将正方体分成299个部分. 设在顶点 A 所在的多面体部分中，由点 A 沿正方体的棱截取得到的3条棱中最短的1条长度为 a. 在正方体从点 A 发出的3条棱上分别取点 P,Q,R，使

$AP = AQ = AR = \frac{a}{2}$，则平面 PQR 把点 A 所在的多面体部分一分为二而与其他部分均不相交. 从而这 13 个平面恰好将正方体分成 300 个部分.

综上可知，所求的平面数 n 的最小值为 13.

❖旋转体体积

一等腰三角形绕底边旋转，形成一几何体. 若该等腰三角形的周长为 $2l$，当各边长为多少时，旋转体的体积最大？

解 设等腰 $\triangle ABC$ 的腰为 x，底为 y，则

$$2x + y = 2l$$

所以

$$y = 2(l - x) \quad ①$$

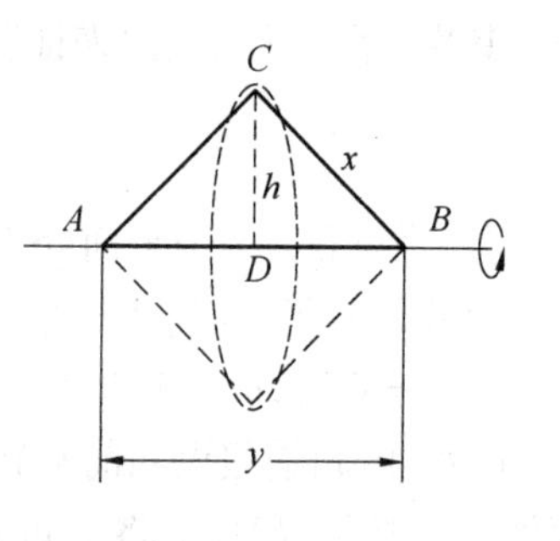

图 1

等腰三角形绕底边旋转形成的几何体，是两个具有共同底面的正圆锥体，其底面半径是等腰三角形底边的高；每一个圆锥体的高是等腰三角形底边的半长，因此旋转体的体积为

$$V = 2 \cdot \frac{1}{3}\pi h^2 \cdot \frac{y}{2} = \frac{1}{3}\pi h^2 y$$

由 $\triangle BCD$ 得

$$h^2 = x^2 - \left(\frac{y}{2}\right)^2$$

所以

$$V = \frac{\pi}{3}\left(x^2 - \frac{y^2}{4}\right) y \quad ②$$

将式 ① 代入式 ②，化简得

$$V = \frac{\pi l}{3}(2x - l)(2l - 2x)$$

其中，$\frac{\pi l}{3}$ 为常量，并由于

$$(2x - l) + (2l - 2x) = l$$

为定值，所以当

$$2x - l = 2l - 2x \quad ③$$

时，V 达最大值.

解式 ②、式 ①,得

$$x=\frac{3l}{4},\quad y=\frac{l}{2}$$

因此,当等腰三角形的腰为$\frac{3l}{4}$,底为$\frac{l}{2}$时,旋转体的体积最大.

❖部分区域

n 个平面最多可以将空间分成多少个部分区域?

解 为求这个最大值,我们先证如下引理.

引理 平面上的 n 条直线,最多可以把平面分成 C_{n+1}^2+1 个部分.

引理的证明 显然,当这 n 条直线两两相交且任何三条都不共点时,把平面分成的部分最多.

设平面被 k 条直线分成的部分数的最大值为 m_k. 然后加入第 $k+1$ 条直线,它与前 k 条直线中的每一条都相交,共得到 k 个交点,这 k 个点将第 $k+1$ 条直线分成 $k+1$ 段,其中每一段都把它所穿过的区域一分为二. 故知由于第 $k+1$ 条直线的加入而新增加的小区域数与第 $k+1$ 条直线被交点分成的小段数相同,即为 $k+1$. 这样,我们得到递推公式

$$m_{k+1}=m_k+k+1$$

由此递推即得

$$\begin{aligned}m_n&=m_{n-1}+n=n+n-1+m_{n-2}=\cdots=\\&n+n-1+\cdots+2+m_1=n+n-1+\cdots+2+1+1=\\&C_{n+1}^2+1\end{aligned}$$

这就完成了引理的证明,下面利用引理来解原题.

现设空间中的k个平面最多能把空间分成v_k个区域,然后考察当第$k+1$个平面加入时,新增加的小区域的个数. 这时,第$k+1$个平面与前k个平面中的每个平面都交于一条直线,在第$k+1$个平面上共得到k条直线. 由引理知,这k条直线最多能把平面分成 C_{k+1}^2+1 个部分,其中每部分都把它所穿过的区域一分为二,故得递推关系式

$$v_{k+1}=v_k+m_k$$

由此递推即得

$$\begin{aligned}v_n&=m_{n-1}+m_{n-2}+\cdots+m_1+v_1=\\&C_n^2+C_{n-1}^2+\cdots+C_2^2+(n-1)+2=\end{aligned}$$

$$C_{n+1}^3+n+1$$

即空间中的n个平面最多可以把空间分成C_{n+1}^3+n+1个部分,这个最大值当任何3个平面都共点,任何4个平面都不共点时取得.

❖点K位置

点K在平面$3x+4y-z=26$上什么位置时,距坐标原点最近?

解 设点K的坐标为(x,y,z),则它到坐标原点O的距离为

$$l=\sqrt{x^2+y^2+z^2} \quad ①$$

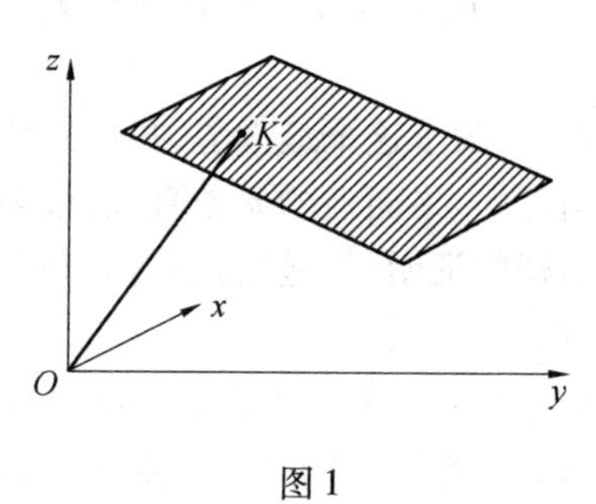

图1

由于点K在平面$3x+4y-z=26$上,故有

$$z=3x+4y-26 \quad ②$$

将式②代入式①,得

$$l=\sqrt{x^2+y^2+(3x+4y-26)^2}$$

令$l^2=f(x,y)$,则

$$f(x,y)=x^2+y^2+(3x+4y-26)^2$$

考虑到l与l^2同时达到最小,故本题归结为求出$f(x,y)$的最小值.

由于$f(x,y)$是以x和y为自变量的二元函数,因此用偏导数求解,得

$$f'_x(x,y)=2x+6(3x+4y-26)$$
$$f'_y(x,y)=2y+8(3x+4y-26)$$

令$f'_x(x,y)=0,f'_y(x,y)=0$,则有

$$\begin{cases}2x+6(3x+4y-26)=0\\2y+8(3x+4y-26)=0\end{cases} \quad ③$$

解方程组③,得

$$x=3,\quad y=4$$

将x,y的值代入式②,得

$$z=-1$$

用二阶偏导数不难证明,当点K在$(3,4,-1)$的位置时,距原点O最近.于是

$$A=f''_{xx}(x,y)=20$$
$$B=f''_{xy}(x,y)=24$$

$$C=f''_{yy}(x,y)=34$$

因为

$$B^2-AC=24^2-20\times 34=-104<0$$

所以$f(x,y)$有极值,且由于$A>0$,故$f(3,4)$为极小值,因而得证.

❖勾掉正方体

棱长为n的正方体分为n^3个单位(边长为1)正方体.挑选若干个小正方体并经过每一个选中的小正方体的中心作平行于棱的3条直线.问最少要挑选多少个小正方体,才能用通过它们中心所作的直线勾掉所有的小正方体?

(1)对于$n=2,3,4$,回答上述问题.

(2)试求$n=10$的答案.

(3)解一般问题.如果不能找出准确的答案,可以对小正方体的个数给出一个估计不等式,并加以证明.

解 图1中画出了四种规格的正方体的底面,其中所填的数字指出了该方格上方所选小正方体所在层的号码.这就意味着对于棱长为2,3,4,5的正方体,分别选取2,5,8,13个小正方体就够了.而且可以证明,上述个数不能再减少.因而我们可以猜测,对一般的n,挑选小正方体个数的最小值为

$$A_n=\begin{cases}\dfrac{n^2}{2}, & \text{当}\ n\ \text{为偶数}\\ \dfrac{n^2+1}{2}, & \text{当}\ n\ \text{为奇数}\end{cases} \quad ①$$

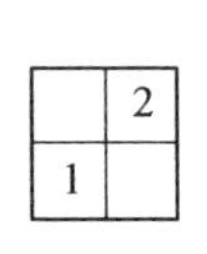

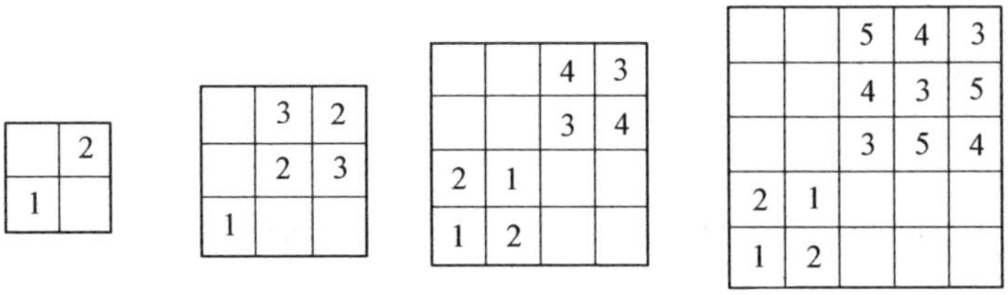

	3	2
	2	3
1		

		4	3
		3	4
2	1		
1	2		

		5	4	3
		4	3	5
		3	5	4
2	1			
1	2			

图1

为了证明这个结论,我们先来给出下面的引理.

引理 在$n\times n$方格表的每格都填写一个非负整数,对于表格中的任意一个数0,如果它所在的那一行一列中其余$2n-2$个数之和不小于n,则表格中所

有数之和不小于$\frac{n^2}{2}$.

引理的证明 对数表中每行与每列数求和,并记这 $2n$ 个和数的最小值为 m. 若 $m \geqslant \frac{n}{2}$,则数表中所有数之和 $S \geqslant \frac{n^2}{2}$. 以下设 $m < \frac{n}{2}$.

这时,不妨设第 1 行数之和为 m,且其中前面 q 个元素异于 0,后面 $n-q$ 个元素为 0. 易见 $q \leqslant m < \frac{n}{2}$. 按已知,表中后 $n-q$ 列中每列数之和都不小于 $n-m$,而前 q 列中每列数之和都不小于 m,故有

$$S \geqslant qm + (n-q)(n-m) = \frac{n^2}{2} + \frac{1}{2}(n-2q)(n-2m) \geqslant \frac{n^2}{2}$$

下面我们就来证明结论. 设满足题中要求的一组正方体已经选好,现在将大正方体的底面的 $n \times n$ 方格表的每个方格中都填写一个非负整数,它的值表示这个方格上方的 n 个小正方体中被选中的个数. 这时,如果有某个方格中的数是0,意味着此格上方的 n 个正方体一个也未选中. 因此它们中的每一个都要靠同层中与它同行或同列的某个小正方体被选中而勾掉. 由此可知,在底面的 $n \times n$ 数表中,写有0的方格所在的一行一列中其余的 $2n-2$ 个数之和不小于 n. 于是由引理便知,数表中所有数之和不小于$\frac{n^2}{2}$,亦即所选的这组小正方体的个数不小于 A_n.

对于一般的 n,也可与开头所举的例子一样地构造选取 A_n 个小立方体且满足要求的例子.

综上可知,对于每个 $n \geqslant 2$,最少要挑选 A_n 个小正方体才能满足题中要求,这里的 A_n 由式 ① 给出.

特别地有,$A_2 = 2, A_3 = 5, A_4 = 8, A_{10} = 50$.

❖筷子问题

如图 1,长度为 $2l$ 的直杆(筷子)PQ,其两端分别在半直线 $y = x\tan\alpha$ 和 $y = -x\tan\beta\left(0 < \alpha, \beta < \frac{\pi}{2}, y > 0\right)$ 上滑动. 当 PQ 的倾角 $\theta(-\beta \leqslant \theta \leqslant \alpha)$ 为多大时,直杆能稳定下来,即直杆之中点 C 的纵坐标为最小?

解 根据平面几何的基本知识,有

$$\angle OPQ = \alpha - \theta$$

$$\angle OQP = \beta + \theta$$
$$\angle POQ = \pi - (\alpha + \beta)$$

再利用正弦定理,又可得

$$OP = \frac{2l\sin(\beta + \theta)}{\sin(\alpha + \beta)}$$
$$OQ = \frac{2l\sin(\alpha - \theta)}{\sin(\alpha + \beta)}$$

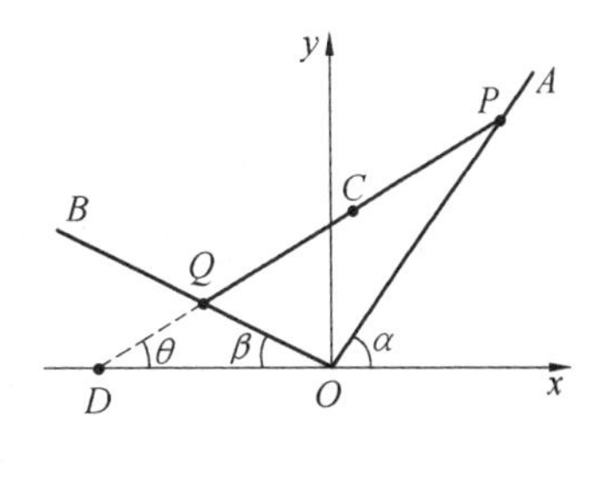

图 1

所以 P,Q 两点的纵坐标分别为

$$y_P = OP\sin\alpha = \frac{2l\sin(\beta + \theta)}{\sin(\alpha + \beta)}\sin\alpha$$
$$y_Q = OQ\sin\beta = \frac{2l\sin(\alpha - \theta)}{\sin(\alpha + \beta)}\sin\beta$$

从而得到目标函数

$$y_C = \frac{1}{2}(y_P + y_Q) = \frac{l[\sin(\beta + \theta)\sin\alpha + \sin(\alpha - \theta)\sin\beta]}{\sin(\alpha + \beta)}, \quad -\beta \leqslant \theta \leqslant \alpha$$

其导数为

$$\frac{\mathrm{d}y_C}{\mathrm{d}\theta} = \frac{l[\cos(\beta + \theta)\sin\alpha - \cos(\alpha - \theta)\sin\beta]}{\sin(\alpha + \beta)} =$$
$$\frac{l[\sin(\alpha - \beta)\cos\theta - 2\sin\alpha\sin\beta\sin\theta]}{\sin(\alpha + \beta)} =$$
$$\frac{2l\sin\alpha\sin\beta\cos\theta}{\sin(\alpha + \beta)}\left[\frac{\sin(\alpha - \beta)}{2\sin\alpha\sin\beta} - \tan\theta\right]$$

必须分如下三种情况加以讨论:

(1) 当 $\frac{\sin(\alpha - \beta)}{2\sin\alpha\sin\beta} > \tan\alpha$ 时, $\frac{\mathrm{d}y_C}{\mathrm{d}\theta} < 0$,最小值点为 $\theta = \alpha$;

(2) 当 $\frac{\sin(\alpha - \beta)}{2\sin\alpha\sin\beta} < -\tan\beta$ 时, $\frac{\mathrm{d}y_C}{\mathrm{d}\theta} > 0$,最小值点为 $\theta = -\beta$;

(3) 当 $-\tan\beta \leqslant \frac{\sin(\alpha - \beta)}{2\sin\alpha\sin\beta} \leqslant \tan\alpha$ 时,唯一驻点为

$$\theta = \arctan\left[\frac{\sin(\alpha - \beta)}{2\sin\alpha\sin\beta}\right]$$

根据实际意义可知它就是最小值点.

❖凸子多边形

对于两个凸多边形 S 和 T,如果 S 的顶点都是 T 的顶点,则称 S 是 T 的凸子

多边形.

(1) 求证:当n是奇数时($n \geqslant 5$),对于凸n边形,存在m个无公共边的凸子多边形,使得原多边形的每条边及每条对角线都是这m个凸子多边形的边.

(2) 求出上述m的最小值,并给出证明.

证明 (1) 设$n = 2k + 1$,多边形为$A_0A_1\cdots A_{2k}$.用顶点的下标集合$(i,j,\cdots,k)$来记以$(A_i,A_j,\cdots,A_k)$为顶点的凸子多边形.考察下列一组子多边形

$$(o,i,k+1),\quad i=1,2,\cdots,k$$

$$(i,i+j,i+k,i+j+k),\quad j=1,2,\cdots,k-1,\quad i=1,2,\cdots,k-j$$

显然,这一组子多边形共有$k+\frac{1}{2}k(k-1)=\frac{1}{2}k(k+1)$个.前$k$个三角形的边或者是从点$A_0$引出的,或者是形如$A_iA_{k+i}$,而后者恰为后面的四边形的对角线,因而与四边形的边不同.另一方面,后面的$\frac{1}{2}k(k-1)$个四边形中的任何两个不同的四边形,两者所对应的数对(i_1,j_1),(i_2,j_2)不同.因此不等式$i_1 \neq i_2$,$j_1 \neq j_2$至少有一个成立.但不论哪个成立,都导致两个四边形有一组相对顶点不同,从而两个四边形没有公共边.这样一来,组中的$\frac{1}{2}k(k+1)$个子多边形中的任何两个都没有公共边,这些子多边形的边数之和为

$$3k+4\times\frac{1}{2}k(k-1)=3k+2k^2-2k=k(2k+1)=C_{2k+1}^2$$

即等于凸n边形的边和对角线的总数.从而知每条边和对角线都是这些凸子多边形的边.

(2) 由(1)知所求的m的最小值不超过$\frac{1}{2}k(k+1)$.另一方面,用一条直线把凸n边形分成两半,使得直线两侧的凸n边形的顶点数分别为k和$k+1$.于是凸n边形的边和对角线中共有$k(k+1)$条线段与此直线相交.但因每个凸子多边形至多有两条边与这条直线相交,故任何一组满足(1)中要求的凸子多边形的个数都不少于$\frac{1}{2}k(k+1)$.所以,所求的m的最小值为$\frac{1}{2}k(k+1)$.

❖内接矩形

在$\triangle ABC$中,已知$BC=m$,$AD=h$.求面积最大的内接矩形.

解 如图 1,将 EH 记为 x,EF 记为 y,则内接矩形 $EFGH$ 的面积为

$$S = xy \quad ①$$

由 $\triangle ABC \backsim \triangle AFG$,求得

$$y = \frac{h}{m}(m - x) \quad ②$$

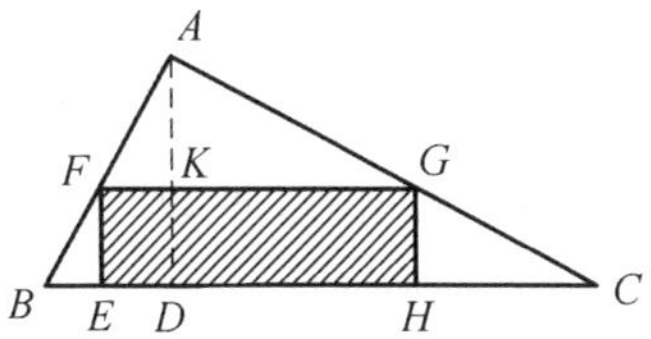

将式 ② 代入式 ①,得

$$S = \frac{h}{m}x(m - x)$$

图 1

因为 $\frac{h}{m}$ 为常量,且

$$x + (m - x) = m$$

为定值,所以当

$$x = m - x \quad ③$$

时,S 取到最大值.

解式 ③ 和式 ②,得到面积最大的内接矩形的边长分别为

$$x = \frac{m}{2}, \quad y = \frac{h}{2}$$

❖恰当放置

平面上一组有限多个多边形,如果对其中的任何两个都有一条过原点的直线与二者相交,则称这组多边形是恰当放置的.

求最小自然数 m,对任意一组恰当放置的多边形,均可作 m 条过原点的直线,使得这组多边形中的任何一个都至少与 m 条直线中的一条相交.

解 如图 1,有 3 个多边形的情况下,任何一条过原点的直线都至多与其中的两个多边形相交,故知 $m \geqslant 2$.

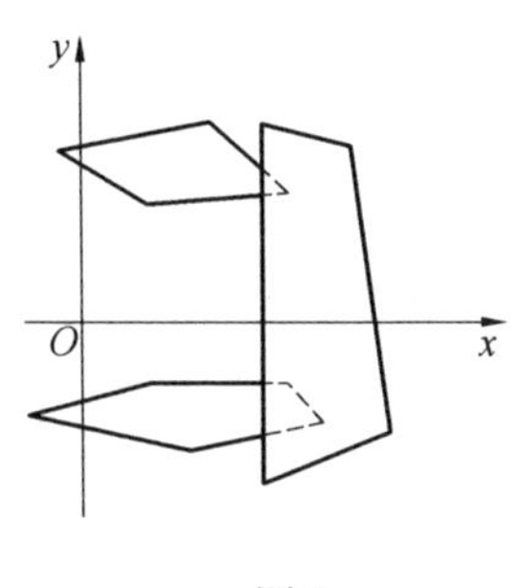

图 1

因为多边形只有有限多个,故其中必有一个多边形对原点的张角最小,记这个多边形为 M,并记 M 对原点张角 α 的两边所在的两条直线分别为 l_1 和 l_2,则组中任一多边形都至少与这两条直线中的一条相交. 事实上,设 M' 是异于 M 的任一多边形. 由已知,应有一条过原点

的直线 l 与 M,M' 都相交. 从而直线 l 在 l_1 与 l_2 之间(即 l 与 $\angle\alpha$ 内部相交) 或与 l_1,l_2 之一重合. 若为后者,则问题已经解决. 若 l 确在 l_1 与 l_2 之间,则由于多边形 M' 对原点的张角 β 不小于 α,故必有一条过原点的直线 l' 与 M' 相交,但不与 $\angle\alpha$ 的内部相交. 若 l' 与 l_1,l_2 之一重合,则问题解决. 若 l' 在 $\angle\alpha$ 之外,这恰好意味着 l_1,l_2 中至少有一条在 l 与 l' 之间的 $\angle\beta$ 内,不妨设为 l_1. 于是多边形 M 和 M' 都与直线 l_1 相交. 所以,所求的最小自然数 $m=2$.

❖分针与时针

分针与时针在 0 点相重合后,两针尖间距离逐渐由小变大,再由大变小,要经过 $\frac{12}{11}$ h 后再次相重. 设时针之长为 a,分针之长为 $2a$. 试求两针尖间相离速度何时最大?

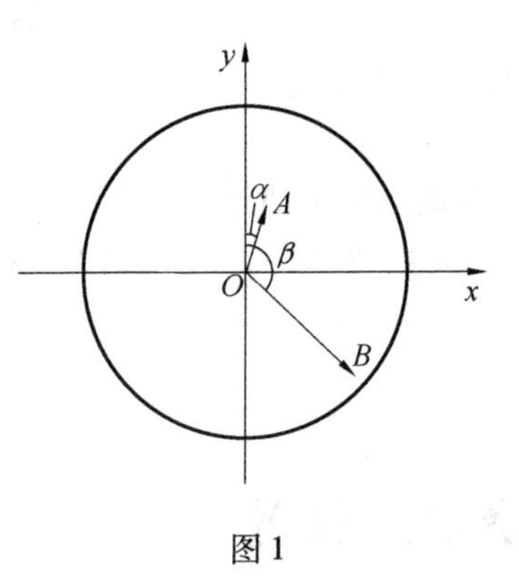

图 1

解 建立如图 1 所示的坐标系.

由于时针转动的角速度为 $\omega_1=\frac{\pi}{6}$ rad/h,分针转动的角速度为 $\omega_2=2\pi$ rad/h,所以在时刻 $t\in\left[0,\frac{6}{11}\right]$,时针和分针与 y 轴的夹角分别为 $\alpha=\frac{\pi}{6}t$ 和 $\beta=2\pi t$,于是可知时针和分针针尖的位置分别为

$$A=\left(a\sin\frac{\pi}{6}t,a\cos\frac{\pi}{6}t\right),\quad B=(2a\sin 2\pi t,2a\cos 2\pi t)$$

它们之间的距离为

$$s(t)=\sqrt{\left(2a\sin 2\pi t-a\sin\frac{\pi}{6}t\right)^2+\left(2a\cos 2\pi t-a\cos\frac{\pi}{6}t\right)^2}=a\sqrt{5-4\cos\frac{11\pi}{6}t}$$

本问题的目标函数为它们之间分离的速度,即

$$v=s'(t)=\frac{11\pi a}{3}\cdot\frac{\sin\frac{11\pi}{6}t}{\sqrt{5-4\cos\frac{11\pi}{6}t}},\quad 0\leqslant t\leqslant\frac{6}{11}$$

其导数为

$$v' = -\frac{121\pi a}{18}\cdot\frac{2\cos^2\frac{11\pi}{6}t - 5\cos\frac{11\pi}{6}t + 2}{\left(5 - 4\cos\frac{11\pi}{6}t\right)^{\frac{3}{2}}}$$

令 $v' = 0$,可解得唯一驻点 $t = \frac{2}{11}$,根据实际意义可知这就是所求的最大值点,即在经过$\frac{2}{11}$ h 后的0点10分54.55秒时,两针尖间相离速度为最大.

❖正方形黑板

用水平和竖直的直线网把一块正方形黑板分成边长为1的 n^2 个小方格,试求最大自然数 n,一定可以选出 n 个小方格,使得任意面积不小于 n 的矩形中都至少包含有上面选出的一个小方格(矩形的边都在网格线上)?

解 $n = 7$.

显然,如果选出 n 个小方格满足问题的条件,那么在每一行和每一列都恰有一个选定的小方格(我们规定 $n \geqslant 3$,显然 $n = 2$ 不会是最大的).

我们取定 A 行,其中第一个方格是选定的. 和 A 相邻的 B 行,另外再取 C 行(C 行的选取满足它或者与 A 相邻但不与 B 重合,或者与 B 相邻但不与 A 重合).

假设 b 是 B 行中的选定方格的位置(即第 b 个方格是选定的).

如果 $b \leqslant n - \left[\frac{n}{2}\right]$ 或 $b > \left[\frac{n}{2}\right] + 1$,则在 A,B 两行中就可以找到一个面积不小于 n,但其中已不包含选定小方格的矩形,所以必定有

$$n - \left[\frac{n}{2}\right] < b < \left[\frac{n}{2}\right] + 2$$

我们考虑 A,B,C 三行与第 $2,3,\cdots,n - \left[\frac{n}{2}\right]$ 列,以及第 $\left[\frac{n}{2}\right] + 2,\cdots,n$ 列所构成的两个矩形. 在这两个矩形中都不含有 A,B 两行中已选定的小方格.

这时,如果 $n > 7$,则两个矩形的面积都不小于 n,但是 C 行中只能有一个选定的小方格,即这两个矩形中必定有一个是不包含有选定的小方格的,与题设要求矛盾. 因而 $n \leqslant 7$.

图1中给出了 $n = 7$ 且满足题设要求的例子.

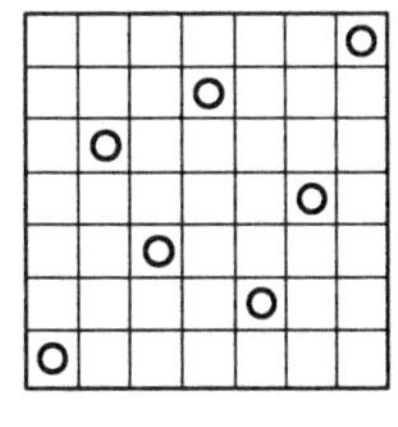

图1

❖平行线选点

如图1,已知两平行直线 l_1 和 l_2 上各有一点 M 和 N,在 l_1 上取 $MP=a$,过点 P 作直线 l_3,分别交 MN 和 l_2 于点 K 和点 Q. 问点 K 在什么位置时,$\triangle MPK$ 与 $\triangle QKN$ 的面积之和为最小?

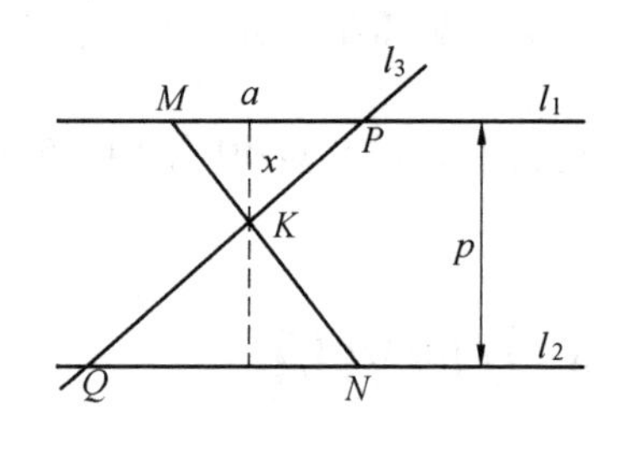

图1

解 设 l_1,l_2 两直线的距离为 p,点 K 到直线 l_1 的距离为 x,则点 K 到直线 l_2 的距离为 $p-x$.

由 $\triangle MPK \backsim \triangle QKN$ 得

$$QN=\frac{a(p-x)}{x}$$

所以

$$S=S_{\triangle MPK}+S_{\triangle QKN}=\frac{1}{2}ax+\frac{1}{2}\frac{a(p-x)}{x}(p-x)=$$

$$a\left(x+\frac{p^2}{2x}\right)-ap$$

考虑到 a,p 为常数,且由于

$$x\cdot\frac{p^2}{2x}=\frac{p^2}{2}$$

为定值,当

$$x=\frac{p^2}{2x} \tag{①}$$

时,S 取到最小值.

解式①,并取正值,得到点 K 处于 $x=\frac{\sqrt{2}}{2}p$ 的位置时,$\triangle MPK$ 与 $\triangle QKN$ 的面积之和最小.

❖完全分割

(1) 在 8×8 个方格的正方形方格板上,最少要放置多少块形如"⊞"的"角形",使得再放上一个角形时,必然产生重叠?

(2) 在 $1\ 987\times 1\ 987$ 个方格的正方形纸板上,随意剪去一个方格. 求证:余下部分总可以完全分割成若干个角形"⊞".

解 (1) 为了满足要求,每个 2×2 的正方形至少要被盖住两个方格,从而整个方格板至少要被盖住 32 个方格,故知至少要用 11 个角形.

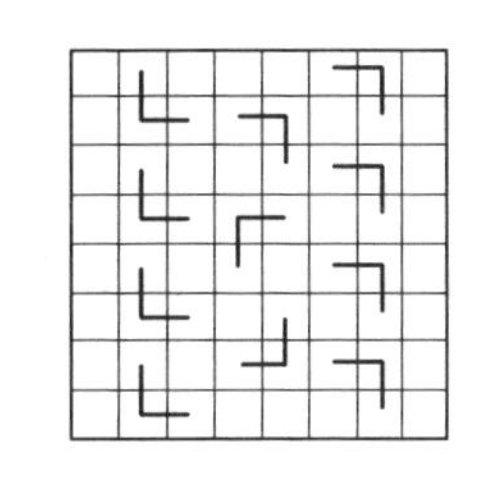

图 1

图 1 所示的方格板上放了 11 个角形,如再放角形必产生重叠. 故知所求的最小值为 11.

(2) 我们用数学归纳法来证明结论对 $(6n+1)\times(6n+1)$ 的正方形方格板成立.

首先,对于 $n=1$,即 7×7 的正方形,由对称性知,可设去掉的一个方格位于左上角及对角线及其上方的 10 个方格中,于是只需分别考察下列三种情形:

① 设去掉的方格在左上角的 2×2 正方形中,这时可分割如图 2(a) 所示.

② 设去掉的方格在上方左数第 2 个 2×2 的正方形中,这时可分割如图 2(b) 所示.

③ 设去掉的方格位于第 3,4 行与第 3,4 列相交的 2×2 的正方形中,这时可分割如图 2(c) 所示.

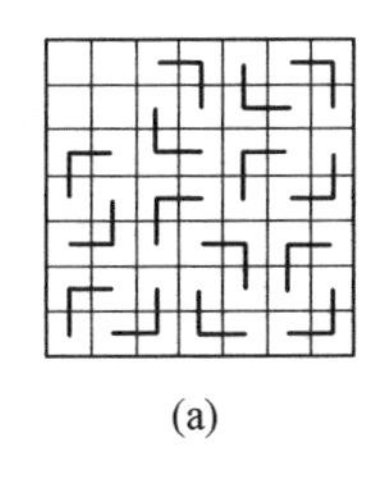

(a)

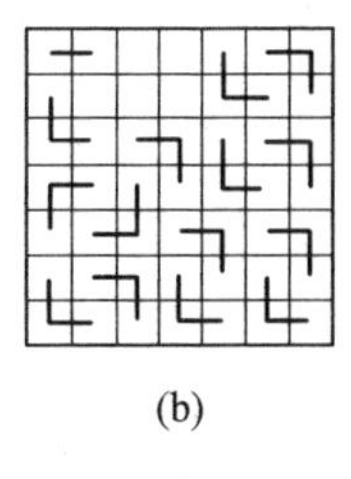

(b)

(c)

图 2

综上可知,当 $n=1$ 时结论成立.

设当 $n=k$ 时成立,则当 $n=k+1$ 时,$(6k+7)\times(6k+7)$ 的正方形可以分解为 4 块 $(6k+1)\times(6k+1)$ 的正方形,两块 $6k\times 6$ 的矩形及一块 7×7 但少

去角上一格的缺角正方形.由对称性知,可设去掉的一格在第一块之中,于是由归纳假设便知结论成立.

特别的,当 $n=331$ 时,$6n+1=1\ 987$.故知原题中结论成立.

❖项数最大

(1)讨论关于 x 的方程 $|x+1|+|x+2|+|x+3|=a$ 的根的个数.

(2)设 $a_1,a_2,\cdots,a_n$ 为等差数列,且

$$|a_1|+|a_2|+\cdots+|a_n|=|a_1+1|+|a_2+1|+\cdots+|a_n+1|=|a_1-2|+|a_2-2|+\cdots+|a_n-2|=507$$

求项数 n 的最大值.

解 (1)根据函数 $y=|x+1|+|x+2|+|x+3|=a$ 的图像可知:

当 $a<2$ 时,方程无解;

当 $a=2$ 时,方程有一个根;

当 $a>2$ 时,方程有两个根.

(2)因为方程 $|x|=|x+1|=|x-2|$ 无解,故 $n\geqslant 2$ 且公差不为0.不妨设数列的各项为 $a-kd(1\leqslant k\leqslant n,d>0)$.设函数为

$$f(x)=\sum_{k=1}^{n}|x-kd|$$

本题条件等价于 $f(x)=507$ 至少有三个不同的根 $a,a+1,a-2$,此条件又等价于函数 $y=f(x)$ 的图像与水平直线 $y=507$ 至少有三个不同的公共点.

由于 $y=f(x)$ 的图像是关于直线 $y=\dfrac{(n+1)d}{2}$ 左右对称的 $n+1$ 段的下凸折线,它与水平直线 L 有三个公共点,当且仅当折线有一水平段在 L 上,当且仅当 $n=2m$ 且 $a,a+1,a-2\in[md,(m+1)d]$,$f(md)=507$,即 $d\geqslant 3$ 且 $m^2d=507$.

由此得 $m^2\leqslant\dfrac{507}{3}$,$m\leqslant 13$.

显然,当 $m=13$ 时,取 $d=3$,$a=4$ 满足本题条件.因此,n 的最大值为26.

❖球面分割

n 个圆周最多能把球面分割成多少部分?

解 显然，当这 n 个圆两两相交且任何 3 个圆不共点时，它们把球面分成的部分数最多. 下面我们用递推法来计算这个最大值.

设球面被 k 个圆分成诸部分的最大块数为 m_k. 考察第 $k+1$ 个圆 C_{k+1}，它与前 k 个圆中的每一个都交于两点，共有 $2k$ 个交点. 这些交点将圆周 C_{k+1} 分成 $2k$ 段弧，而这些弧中的每一段都恰好将它所穿过的那个部分区域一分为二. 所以，圆 C_{k+1} 的加入使得球面被分成的诸部分总数增加了 $2k$，因而有

$$m_{k+1}=m_k+2k$$

注意 $m_1=2$，由上式递推便得

$$m_n=2(n-1)+2(n-2)+\cdots+4+2+2=n^2-n+2$$

即 n 个圆最多能把球面分成 n^2-n+2 个部分.

❖击落飞机

一架飞机在 H m 的高空飞行，用一门倾角为 α 的高射炮轰击，如炮弹初速为 v_0，问能否击中它?

解 若以 t 表示炮弹的飞行时间，则炮弹在某一时刻的飞升高度为

$$h=k+v_{0h}t-\frac{1}{2}gt^2 \quad ①$$

式中，k 为炮口至地面的距离，g 为重力加速度. 二者均为常数.

如图 1，速度 v_0 分解为两个分量，其中

$$v_{0t}=v_0\cos\alpha,\quad v_{0h}=v_0\sin\alpha \quad ②$$

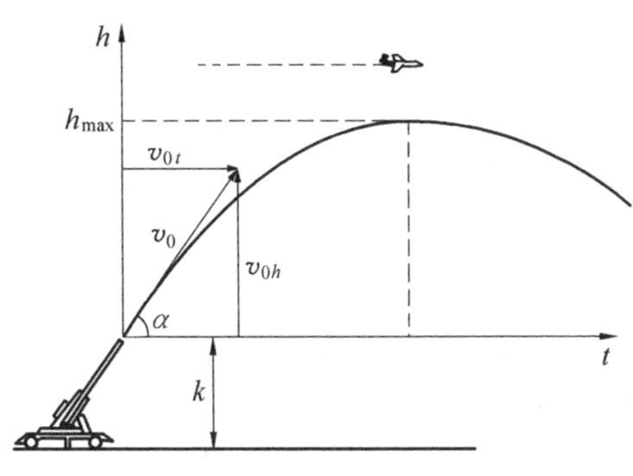

图 1

v_{0h} 使炮弹垂直上升,而 v_{0t} 仅使炮弹水平运动. 故将式 ② 代入式 ①,得

$$h = k + v_0 t\sin\alpha - \frac{1}{2}gt^2$$

即

$$h = k - \frac{g}{2}\left(t^2 - \frac{2v_0\sin\alpha}{g}t\right) =$$

$$k - \frac{g}{2}\left[t^2 - \frac{2v_0\sin\alpha}{g}t + \left(\frac{v_0\sin\alpha}{g}\right)^2 - \left(\frac{v_0\sin\alpha}{g}\right)^2\right] =$$

$$k + \frac{v_0^2\sin^2\alpha}{2g} - \frac{g}{2}\left(t - \frac{v_0\sin\alpha}{g}\right)^2$$

因此

$$h - \left(k + \frac{v_0^2\sin^2\alpha}{2g}\right) = -\frac{g}{2}\left(t - \frac{v_0\sin\alpha}{g}\right)^2 \quad ③$$

不难看出,式 ③ 表示的抛物线的顶点坐标为$\left(\frac{v_0\sin\alpha}{g}, k + \frac{v_0^2\sin^2\alpha}{2g}\right)$.

考虑到 $-\frac{g}{2} < 0$,故当 $t = \frac{v_0\sin\alpha}{g}$ 时,h 达最大值

$$h_{\max} = k + \frac{v_0^2\sin^2\alpha}{2g}$$

即当炮弹发射出去$\frac{v_0\sin\alpha}{g}$ s,则达到最大高度 $k + \frac{v_0^2\sin^2\alpha}{2g}$ m. 若

$$k + \frac{v_0^2\sin^2\alpha}{2g} \geqslant H$$

则能将高空飞机打下来. 否则,就无法击中飞机.

❖黑白相等

把一块8×8个方格的国际象棋棋盘划分成p个矩形,使所分成的矩形满足下列条件:

(1) 每个矩形的边都是棋盘的网格线;

(2) 在每个矩形中,白格与黑格个数相等;

(3) 如果第 i 个矩形中白格数为 a_i,则有 $a_1 < a_2 < \cdots < a_p$.

试在所有可能的分法中,求出p的最大值,并且对这个最大值p列出所有可能的数列 $a_1, a_2, \cdots, a_p$.

解 由已知,有

$$a_1 + a_2 + \cdots + a_p = 32 \quad ①$$

由(3) 又有 $a_i \geqslant i, i = 1,2,\cdots,p$,于是由(1) 有

$$1 + 2 + \cdots + p \leqslant 32 \quad ②$$

由(2) 解得 $p \leqslant 7$.

因为 $1 + 2 + 3 + 4 + 5 + 6 + 7 = 28$,与 32 之差为 4,故只需将 4 分配到各项中去且保持数列的递增性. 因而得到所有可能的数列为:

①1,2,3,4,5,6,11;

②1,2,3,4,5,7,10;

③1,2,3,4,5,8,9;

④1,2,3,4,6,7,9;

⑤1,2,3,5,6,7,8.

因划分成的 7 个矩形中不会出现有 22 个格子的矩形,故(1) 不能实现. 其他四种情形均可实现,如图 1.

故知 7 是 p 的最大值,② ~ ⑤ 是满足题中要求的所有可能的数列.

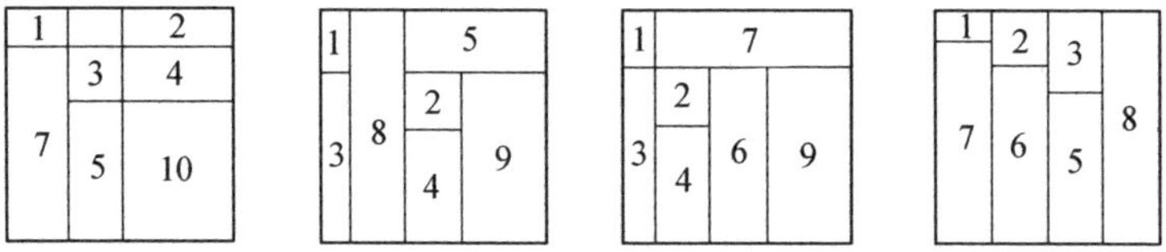

图 1

❖化验方案

某城市流行丝虫病,患者约占 10%. 为开展防治工作,要对全市居民进行验血,现有两种方案:① 逐个化验;② 将 4 个人并为一组,混合化验. 如果合格,则 4 个人只要化验一次;若发现有问题再对这组 4 个人各化验一次. 共化验 5 次. 问这两种方案哪一种为好?

分析 所谓方案好坏,在这里指的是化验次数的多少. 这个问题可以用概率论的方法,也可以不用概率论的方法. 下面我们用两种方法来做,然后比较哪一种方法好. 为方便计算,设该城市居民有 n 人,其中患者共 $\frac{n}{10}$ 人. 对于方案 ①,化验次数显然为 n,因此下面只考虑方案 ② 的化验次数即可.

解法1 我们可以这样来设想,即从最坏处着想.在分组时,每一组至多仅分有一个患者,于是 n 个人共分为$\frac{n}{4}$个组.每组化验一次,共需化验$\frac{n}{4}$次,但其中有$\frac{n}{10}$组正好各有一个患者,因此每组要多化验4次,共需多化验$4\cdot\frac{n}{10}$次,故总的化验次数为

$$\frac{n}{4}+4\cdot\frac{n}{10}=0.65n<n$$

即方案②至多化验 $0.65n$ 次,而方案①的化验次数为 n,故方案②为佳.

解法2 用概率论来解决方案②的化验次数问题,既不是从最坏处着想,也不是从最好处考虑,而是从平均次数着眼,也就是考虑化验次数的数学期望.因此,首先要提出一个随机变量 X 来描述这个问题.

设 X 为化验次数,由于我们是在对哪个居民是否患病无先验信息的情况下进行随机分组的,所以对每个组的情况可以认为都是一样的,于是设每个组的化验次数为 $X_i(i=1,2,\cdots,\frac{n}{4})$,则总的化验次数为

$$X=X_1+X_2+\cdots+X_{\frac{n}{4}}$$

根据上面分析,可以认为 X_i 是同分布的.由于当 n 很大时,可近似认为任意一个人患丝虫病的概率为 $p=0.1$,不患丝虫病的概率为 $p=0.9$,所以某组4个人中均无患者的概率近似地为

$$p^4=0.9^4=0.656\ 1$$

而此时只要化验一次,故 $X_i=1$.

若此组化验不合格,表明4人中间至少有一个是患者,其概率为

$$1-p^4=0.343\ 9$$

此时再逐个化验,共需化验5次,即 $X_i=5$.

于是 $X_i(i=1,2,\cdots,\frac{n}{4})$ 的概率分布为:

X_i	1	5
p	0.656 1	0.343 9

从而每组化验次数的数学期望为

$$EX_i=1\times0.656\ 1+5\times0.343\ 9=2.375\ 6$$

于是对方案②,化验次数的数学期望为

$$EX = EX_1 + EX_2 + \cdots + EX_{\frac{n}{4}} = 2.375\ 6 \cdot \frac{n}{4} = 0.593\ 9n < n$$

可见方案 ② 优于方案 ①. 平均地看,方案 ② 的化验次数仅约为方案 ① 的 60%.

注 以上给出的方案 ② 还可以改进,因为若混合 4 人的血液经过化验后是阳性(即有问题),就采用逐个化验. 但若进行逐个化验时,前 3 个人都为阴性(即没有患病),那么第 4 个人就不必再化验了(显然第 4 个人必定有病).

因而每组需要化验的次数 $X_i(i = 1,2,\cdots,\frac{n}{4})$ 的概率分布为:

X_i	1	4	5
p	$0.9^4 = 0.656\ 1$	$0.9^3 \times 0.1 = 0.072\ 9$	$1 - 0.9^4 - 0.9^3 \times 0.1 = 0.271\ 0$

故

$$EX_i = 1 \times 0.656\ 1 + 4 \times 0.072\ 9 + 5 \times 0.271\ 0 = 2.302\ 7$$

于是

$$EX = \frac{n}{4} \cdot EX_i = 0.575\ 675n < 0.593\ 9n$$

即做这样的改进后,比方案 ② 所用的化验次数又减少了 $0.018\ 2n$ 次,若 n 很大时这个改进也是很有意义的.

❖吃格游戏

在一个游戏中,甲、乙两人轮流从一个 5×7 的方格棋盘中移“吃格”. 为了吃格,游戏者选定一个没被吃掉的格子,然后移子到该格之中,于是由这个格建立的“第一象限”(由这个方格的左下角顶点向上和向右分别引射线所构成的直角形区域)中的所有格子都被吃掉. 例如,图 1 中是把子移到阴影格中,于是 4 个画“×”的方格和阴影方格都被吃掉,其中虚线表示的方格是在此之前吃掉的. 游戏的目的是让对手吃最后 1 格. 图 1 是游戏过程中出现的一种情况. 问游戏过程中最多可能出现多少种不同的情况?

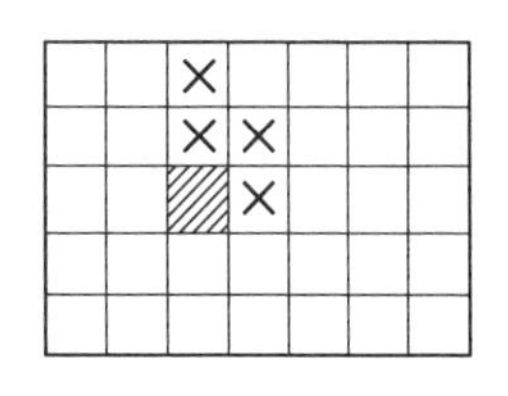

图 1

解 按规定,如果在游戏过程中棋盘上的某个方格被吃掉了,那么位于它上方、右方以及右上方的所有方格也都被吃掉. 所以,对于每一个可能出现的图形,从左往右看时,图形的高度是不增的. 反之,对于任何一个满足这一条件的图形,都可对棋盘经若干次吃格而得到. 因此,我们只需计算所有这种图形的数目.

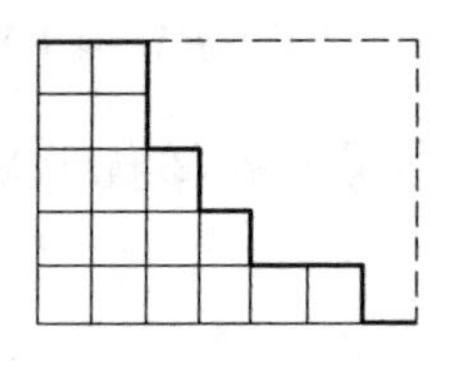

图 2

对于每个这样的图形,它的形状被作为它的尚存部分和吃掉部分的边界折线所唯一确定(即图 2 中粗实线所示的折线). 这条折线由 12 段组成,每段恰为某方格的一条边,其中恰有 7 个是水平段,5 个是竖直段. 显然,这条折线又被它的 7 个水平段的位置所唯一确定. 因为 7 个水平的位置共有 $C_{12}^{7}=C_{12}^{5}=792$(种)不同情形,所以在游戏过程中最多可能出现 792 种不同情况.

❖巧引浪风绳

某风力发电机的塔架高 H m,现用长 l m 的浪风绳去拉住它. 欲使效果最好,浪风绳应结在塔架的什么高度上?

解 如图 1,作 $OC\perp AB$,则有

$$\angle ABO=\angle AOC=\varphi$$

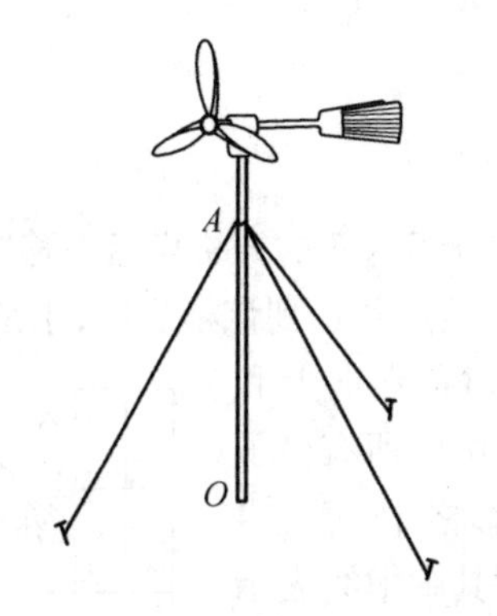

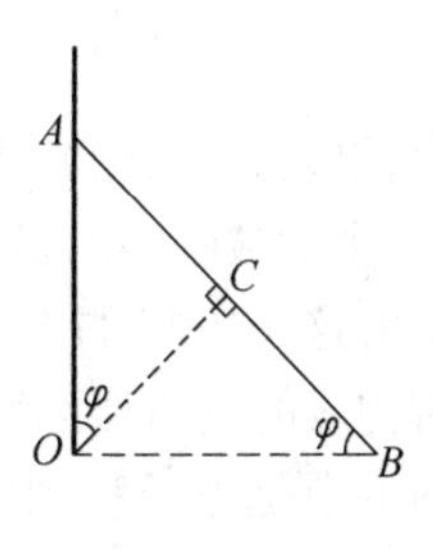

图 1

设浪风绳结点 A 位于塔架上高度为 h m 的地方,即

$$AO=h$$

又设

$$OC=m$$

则由 $\mathrm{Rt}\triangle AOC$ 知

$$AC = AO\sin\varphi = h\sin\varphi$$

$$OC = AO\cos\varphi$$

即

$$m = h\cos\varphi \qquad ①$$

又

$$BC = AB - AC$$

因为

$$AB = l$$

所以

$$BC = l - h\sin\varphi$$

又在 Rt$\triangle BOC$ 中,有

$$OC = BC\tan\varphi$$

即

$$m = (l - h\sin\varphi)\tan\varphi = \left(l - h\sin\varphi \cdot \frac{\cos\varphi}{\cos\varphi}\right)\tan\varphi =$$

$$(l - h\cos\varphi\tan\varphi)\tan\varphi \qquad ②$$

将式①代入式②,得

$$m = l\tan\varphi - m\tan^2\varphi$$

所以

$$m = \frac{l\tan\varphi}{1+\tan^2\varphi} = \frac{l\frac{\sin\varphi}{\cos\varphi}}{1+\frac{\sin^2\varphi}{\cos^2\varphi}} =$$

$$\frac{l\sin\varphi\cos\varphi}{\sin^2\varphi+\cos^2\varphi} = \frac{l}{2}\sin 2\varphi \qquad ③$$

欲使浪风绳拉持效果最好,必须使力矩

$$M = mp \qquad ④$$

达到最大.

在式④中,p 为浪风绳的张力,可假定其大小不变. 另外,由于 m 是塔架底脚 O 到浪风绳 AB 的距离,故称为力臂.

将式③代入式④,得

$$M = \frac{pl}{2}\sin 2\varphi$$

由于 $\frac{pl}{2}$ 为常量,故当 $\sin 2\varphi$ 最大时,M 达最大值.

因为

$$\sin 2\varphi \mid_{\max} = 1 \qquad ⑤$$

所以

$$M_{\max} = \frac{pl}{2}$$

由于在本例中,角 φ 不会大于 $90°$,因此式⑤仅在 $2\varphi = 90°$ 时成立,即 $\varphi = 45°$.

故当 $\varphi = 45°$ 时,力矩 M 达极大值.

由 $\mathrm{Rt}\triangle AOB$,求出效果最好的浪风绳的结点高度为

$$h = l\sin 45° = \frac{\sqrt{2}}{2}l$$

❖剪出矩阵

欲从规格为 $2n \times 2n$ 的正方形中剪出规格为 $1 \times (n+1)$ 的矩形,求最多能剪出多少个?

解 根据图1所示剪出 $1 \times (n+1)$ 的矩形,每组都有 $n-1$ 个矩形,共有 $4(n-1)$ 个矩形. 余下的部分面积为4,当 $n \geqslant 4$ 时,已不够一个矩形的面积. 故当 $n \geqslant 4$ 时,最多能剪出 $4n-4$ 个矩形.

当 $n=1$ 时,最多剪出2个;当 $n=2$ 时,最多剪出5个.

当 $n=3$ 时,将 6×6 的正方形分成36个方格,并根据图2所示填入数字1,2,3,4,则剪出的每个 1×4 的矩形中,都恰好有1,2,3,4各1个. 但是,表中共有9个1,10个2,9个3和8个4,故不可能剪成9个矩形. 从而知这时最多能剪出8个矩形.

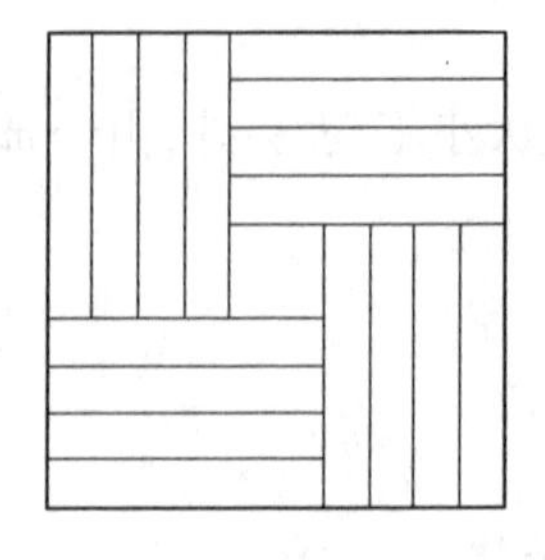

图1

1	2	3	4	1	2
2	3	4	1	2	3
3	4	1	2	3	4
4	1	2	3	4	1
1	2	3	4	1	2
2	3	4	1	2	3

图2

综上可知,当 $n=1$ 时,最多可剪出2个矩形;当 $n=2$ 时,最多可剪出5个矩形;当 $n\geqslant 3$ 时,最多可剪出 $4n-4$ 个矩形.

❖无偏估计

设有 n 台仪器,已知用第 i 台仪器测量时,测定值总体的标准差为 $\sigma_i(i=1,2,\cdots,n)$. 用这些仪器独立地对某一物理量 θ 各观察一次,分别得到 $X_1,X_2,\cdots,X_n$. 设仪器都没有系统误差,即 $E(X_i)=\theta(i=1,2,\cdots,n)$. 求 $k_1,k_2,\cdots,k_n$ 应取何值,才能在使用 $\hat{\theta}=\sum\limits_{i=1}^{n}k_iX_i$ 估计 θ 时,$\hat{\theta}$ 无偏,并且 $D(\hat{\theta})$ 最小?

解 由于 $E(X_i)=\theta(i=1,2,\cdots,n)$,则 $\hat{\theta}=\sum\limits_{i=1}^{n}k_iX_i$ 的无偏性要求是 $\sum\limits_{i=1}^{n}k_i=1$. 这就是约束条件,而目标函数为

$$D(\hat{\theta})=\sum_{i=1}^{n}k_i^2X_i^2$$

可用拉格朗日乘数法来解,作函数

$$f(k_1,k_2,\cdots,k_n)=\sum_{i=1}^{n}k_i^2X_i^2+\lambda\left(1-\sum_{i=1}^{n}k_i\right)$$

由 $\frac{\partial f}{\partial k_i}=0(i=1,2,\cdots,n)$ 得方程组

$$\begin{cases}2k_i\sigma_i^2-\lambda=0, & i=1,2,\cdots,n\\ \sum\limits_{i=1}^{n}k_i=1\end{cases}$$

解得

$$k_i=\frac{1}{\sigma_i^2}\left(\sum_{i=1}^{n}\frac{1}{\sigma_i^2}\right)^{-1}$$

所以,当 $k_i=\frac{1}{\sigma_i^2}\left(\sum\limits_{i=1}^{n}\frac{1}{\sigma_i^2}\right)^{-1}(i=1,2,\cdots,n)$ 时,$\hat{\theta}$ 的方差最小.

❖一族集合

已知一族集合 $\{A_1,A_2,\cdots,A_n\}$ 满足下列条件:

(1) 每个集合 A_i 都恰含 30 个元素;

(2) 对任意 $1 \leqslant i < j \leqslant n, A_i \cap A_j$ 都恰含 1 个元素;

(3) $A_1 \cap A_2 \cap \cdots \cap A_n = \varnothing$.

求这族集合个数 n 的最大值.

解 记 $A_1 = \{a_1, a_2, \cdots, a_{30}\}$,我们指出,每个 a_i 至多属于这族集合中的 30 个. 若不然,不妨设 $a_1 \in A_j, j = 1, 2, \cdots, 31$. 由(2) 知,31 个集合

$$A_j - \{a_1\}, \quad j = 1, 2, \cdots, 31 \qquad ①$$

中所含的 29×31 个元素互不相同. 由(3) 又知存在集合 B,使 $a_1 \notin B$. 于是由(2) 知 B 与(1) 中的 31 个集合各有 1 个公共元素,从而 $|B| = 31$,矛盾. 这样,每个 a_i 都至多属于 30 个集合,除了 A_1 还有 29 个集合. 所以这族集合的个数不超过 $30 \times 29 + 1 = 871$.

另一方面,我们来构造 871 个集合满足题中要求. 令

$$A = \{a_0, a_1, \cdots, a_{29}\}$$

$$B_i = \{a_0, a_{i1}, a_{i2}, \cdots, a_{i29}\}, \quad 1 \leqslant i \leqslant 29$$

$$C_{ij} = \{a_i\} \cup \{a_{kj+(k-1)(i-1)} \mid k = 1, 2, \cdots, 29\}, \quad 1 \leqslant i, j \leqslant 29$$

其中的不同记号代表不同元素,但 $a_{k,h}$ 与 $a_{k,s+29}$ 为同一元素. 这 871 个集合即满足题中要求.

事实上,我们有

$$A \cap B_i = B_i \cap B_j = \{a_0\}, \quad 1 \leqslant i < j \leqslant 29$$

$$A \cap C_{ij} = \{a_i\}, \quad 1 \leqslant i, j \leqslant 29$$

$$B_s \cap C_{ij} = \{a_{sj+(s-1)(i-1)}\}, \quad 1 \leqslant s, i, j \leqslant 29$$

$$C_{ij} \cap C_{ik} = \{a_i\}, \quad 1 \leqslant i, j, k \leqslant 29, j \neq k$$

$$C_{ij} \cap C_{kj} = \{a_{1j}\}, \quad 1 \leqslant i, j, k \leqslant 29, i \neq k$$

$$C_{ij} \cap C_{kh} = \{a_{sj+(s-1)(i-1)}\}, \quad i \neq k, j \neq h$$

其中下标 s 为同余方程 $(s-1)(k-i) \equiv j - h \pmod{29}$ 的唯一解.

❖高灯下亮

设某圆桌半径为 r,求在圆桌中心上面多高处安置电灯,才能使桌子边缘上的照度最大?

解 如图 1,根据光学上的定律,电灯 A 到圆桌边缘 B 的照度 i,与距离 l 的

平方成反比,与倾角 φ 的正弦成正比,即

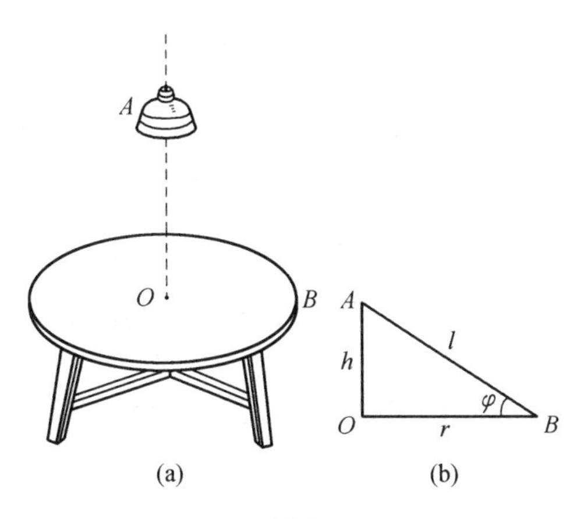

图 1

$$i = k\frac{\sin\varphi}{l^2} \quad ①$$

式中,k 为电灯的发光强度. 并且,倾角 φ 满足不等式

$$0° < \varphi < 90° \quad ②$$

由 Rt$\triangle AOB$ 知

$$l = \frac{r}{\cos\varphi}$$

将 l 的值代入式 ①,得

$$i = \frac{k}{r^2}\sin\varphi\cos^2\varphi$$

两边平方,得

$$i^2 = \frac{k^2}{r^4}\sin^2\varphi\cos^4\varphi = \frac{k^2}{r^4}\sin^2\varphi(\cos^2\varphi)^2 \quad ③$$

由于$\frac{k^2}{r^4}$为常量,故 i^2 仅取决于 $\sin^2\varphi$ 和$(\cos^2\varphi)^2$ 乘积的大小. 因为

$$\sin^2\varphi + \cos^2\varphi = 1$$

为定值,当$\frac{\sin^2\varphi}{1} = \frac{\cos^2\varphi}{2}$时,$i^2$ 达最大值,即 $\tan\varphi = \pm\frac{\sqrt{2}}{2}$.

由式 ② 知,φ 为第一象限的角,故仅有解

$$\tan\varphi = \frac{\sqrt{2}}{2}$$

因 i 与 i^2 同时达到最大值,所以当 $\tan\varphi = \frac{\sqrt{2}}{2}$ 时,圆桌边缘的照度最大. 此时,电

灯距桌面的高度为

$$h = r\tan\varphi = \frac{\sqrt{2}}{2}r$$

由此可见,欲使圆桌边缘有最大的照度,电灯不能吊得过高,也不能放得太低. 电灯位置太低,光线倾斜得太厉害;位置太高,虽然可以射得正一点,但电灯距圆桌边缘越来越远了. 欲使圆桌边缘最亮,电灯必须吊在距桌面$\frac{\sqrt{2}}{2}r$ 的地方.

这个问题的答案,可直接用于同类型的问题中. 例如,某生产队为了及早将收割后的小麦收仓存储,因此夜间在场上加班进行脱粒,若场的直径为 50 尺,问汽灯挂在场中心什么位置上,才能使场的周围照得最亮? 应用上例的答案,汽灯应挂在场中心距地面

$$h = \frac{\sqrt{2}}{2} \times 25 = 17.68 \text{(尺)}$$

的高度上.

❖公共元素

集合 S 由 n 个元素组成. 问 S 最多有多少个这样的三元子集,使得其中任何两个三元子集都恰有 1 个公共元素?

解 将所求的三元子集数的最大值记为 k_n. 设有 S 的 k_n 个三元子集,其中每两个三元子集都恰有 1 个公共元素. 考察属于这些子集中的子集数最多的元素 $a \in S$.

(1) a 属于 2 个三元子集,且 $\{a,b,c\}$ 是其中之一. 于是 a,b,c 至多还各属于另一个三元子集,从而有 $k_n \leqslant 4$.

(2) a 属于 3 个三元子集,且 $\{a,b,c\}$ 是其中之一. 于是 b 和 c 至多各属于 3 个三元子集,从而有 $k_n \leqslant 7$.

(3) a 属于 4 个三元子集: $\{a,b,c\}$, $\{a,d,e\}$, $\{a,f,g\}$, $\{a,h,i\}$,则除 a 之外的另外 8 个元素互不相同. 当 $k_n \geqslant 5$ 时,另外的任何一个三元子集要和前 4 个三元子集各恰有 1 个公共元素,必须包含 a. 因此有 $2k_n + 1 \leqslant n$, $k_n \leqslant 【\frac{n-1}{2}】$.

当 $n = 1,2,3,4,5$ 时,显然有 $k_1 = k_2 = 0$, $k_3 = k_4 = 1$, $k_5 = 2$. 当 $n = 6$ 时,集合 S 中的每个元素至多属于两个三元子集,否则 S 中至少有 7 个元素. 于是由 (1) 知 $k_6 \leqslant 4$. 另一方面,4 个三元子集 $\{a,b,c\}$, $\{a,d,e\}$, $\{b,d,f\}$, $\{c,e,f\}$ 满

足题中要求,故知 $k_6=4$.

当$7\leqslant n\leqslant 16$时,可出现上述的情形(2)和(3),但两种情形均导致$k_n\leqslant 7$.另一方面,当$n=7$时,7个三元子集$\{a,b,c\}$,$\{a,d,e\}$,$\{a,f,g\}$,$\{b,d,f\}$,$\{b,e,g\}$,$\{c,d,g\}$,$\{c,e,f\}$满足题中要求,因此有$k_n=7$.

当$n\geqslant 17$时,由(1)~(3)知$k_n\leqslant\left[\frac{n-1}{2}\right]$. 设$S$的$n$个元素为$a_1,a_2,\cdots,a_n$,则如下的$\left[\frac{n-1}{2}\right]$个三元子集

$$\{a_n,a_i,a_{n-i}\},\quad i=1,2,\cdots,\left[\frac{n-1}{2}\right]$$

满足题中要求. 故知$k_n=\left[\frac{n-1}{2}\right]$.

❖销售策略

某企业在国内、国外两个市场上出售同一种产品,两个市场的需求函数分别是

$$P_1=18-2Q_1,\quad P_2=12-Q_2$$

其中P_1,P_2分别表示该产品在两个不同市场上不同的销售价格,Q_1和Q_2分别表示该产品在两个市场上的销售量. 若生产这种产品所需要的固定成本为5万元,而可变成本为2万元/t.

(1) 若该企业实行价格有差别的销售策略,试问应如何定价,可使该企业获得最大利润?

(2) 若该企业实行价格无差别的销售策略,试问应如何定价,可使该企业获得最大利润?

解 (1) 由题意可得

$$R=P_1Q_1+P_2Q_2=18Q_1+12Q_2-2Q_1^2-Q_2^2$$

$$C=2(Q_1+Q_2)+5$$

从而得到目标函数为

$$L=R-C=16Q_1+10Q_2-2Q_1^2-Q_2^2-5$$

这是一个可微函数,求其偏导数可得

$$\frac{\partial L}{\partial Q_1}=16-4Q_1,\quad \frac{\partial L}{\partial Q_2}=10-2Q_2$$

令$\frac{\partial L}{\partial Q_1}=0,\frac{\partial L}{\partial Q_2}=0$,可解得目标函数的唯一驻点 $Q_1=4,Q_2=5$. 对应地有$P_1=10$(万元/t),$P_2=7$(万元/t).

由于目标函数可微,驻点唯一,且实际问题确有最大值,故此驻点必是最大值点,此时

$$L_{\max}=52$$

(2) 若该企业实行价格无差别的销售策略,则有 $P_1=P_2$,从而可得 $Q_2=2Q_1-6$,对应地可得目标函数为

$$L=60Q_1-6Q_1^2-101$$

这是一个一元可微函数,其导数为

$$\frac{\mathrm{d}L}{\mathrm{d}Q_1}=60-12Q_1$$

令$\frac{\mathrm{d}L}{\mathrm{d}Q_1}=0$,可得目标函数的唯一驻点 $Q_1=5$,对应地有 $Q_2=4$ 及 $P_1=P_2=8$(万元/t),由于

$$\frac{\mathrm{d}^2L}{\mathrm{d}Q_1^2}=-12<0$$

所以,所求驻点必是最大值点,从而有

$$L_{\max}=49$$

注 ①本题可将第(1)小题的目标函数作为第(2)小题的目标函数,而以 $Q_2=2Q_1-6$ 为约束条件,建立拉格朗日函数,即

$$L(Q_1,Q_2,\lambda)=16Q_1+10Q_2-2Q_1^2-Q_2^2-5+\lambda(Q_2-2Q_1+6)$$

利用拉格朗日乘数法来求解.

②经比较可明显看出在两个独立市场上销售同一种产品,实行价格有差别的销售策略,可使利润最大化.

❖选出三点组

从 1 955 个给定点中最多可以选出多少个三点组,使得每两个三点组都有 1 个公共点?

解 设点 A 是给定点,并考察所有含点 A 的三点组的集合 M. 因为 M 中任何两个三点组都有公共点 A,故集合 M 满足题中要求且 $|M|=\mathrm{C}_{1\,954}^2$. 由此可知,所求的最大值不小于 $\mathrm{C}_{1\,954}^2$.

另一方面,设有三点组的集合S满足题中要求且$|S|>C_{1\,954}^2$.设三点组$\{A,B,C\}\in S$,于是S中任一个三点组都至少含有A,B,C三点之一.不妨设含有点A的三点组最多.记S中所有含点A的三点组所构成的子集为S_A,则

$$|S_A|\geqslant\frac{1}{3}C_{1\,954}^2=977\times651>325\times1\,953$$

在S_A中,含有A,B两点的三点组的个数不超过1 953,含有A,C两点的三点组的个数也不超过1 953.从而S_A中还有不含B,C的三点组,不妨设$\{A,D,E\}$是其中之一.用类似的计数法可以证明,S_A中还存在着不含B,C,D,E的三点组$\{A,F,G\}$和$\{A,H,I\}$,且$\{F,G\}\cap\{H,I\}=\varnothing$.这样一来,我们得到了四个三点组,即

$$\{A,B,C\},\{A,D,E\},\{A,F,G\},\{A,H,I\}$$

且B,C,D,E,F,G,H,I互不相同.若有三点组$\{X,Y,Z\}\in S-S_A$,则三点组$\{X,Y,Z\}$与4对点$\{B,C\},\{D,E\},\{F,G\},\{H,I\}$中的每一对都有公共点,这不可能.这意味着$S=S_A$,即$S$中所有三点组中都有点$A$.从而$S\subset M$,$|S|<C_{1\,954}^2$,这与反证假设矛盾.

综上可知,最多可以选出$C_{1\,954}^2$个三点组满足题中要求.

❖巧裁板材

设半圆的半径为R,求周长最大的内接矩形.

解 设内接矩形的短边长为x,长边长为y,则周长l为

$$l=2(x+y) \quad ①$$

由Rt△AOB得

$$OB=\frac{y}{2}=\sqrt{R^2-x^2}$$

所以

$$y=2\sqrt{R^2-x^2} \quad ②$$

将式②代入式①,整理得

$$5x^2-lx+\frac{l^2}{4}-4R^2=0$$

所以

$$x=\frac{l\pm\sqrt{l^2-20\left(\frac{l^2}{4}-4R^2\right)}}{10} \quad ③$$

由于 x 为实数,必然有

$$l^2-20\left(\frac{l^2}{4}-4R^2\right)\geqslant 0$$

解之得

$$l\leqslant 2\sqrt{5}R$$

即

$$l_{\max}=2\sqrt{5}R \quad ④$$

将式 ④ 代入式 ③,得

$$x=\frac{\sqrt{5}}{5}R \quad ⑤$$

将式 ⑤ 代入式 ②,得

$$y=\frac{4\sqrt{5}}{5}R$$

因此,半圆内周长最大的内接矩形的两边分别为$\frac{\sqrt{5}}{5}R$ 和$\frac{4\sqrt{5}}{5}R$.

❖非空子集

设集合$A=\{0,1,2,\cdots,9\}$,$\{B_1,B_2,\cdots,B_k\}$是A的一族非空子集,当$i\neq j$时,$B_i\cap B_j$ 至多有两个元素. 求 k 的最大值.

解　首先,易见A至多含3个元素的所有子集所构成的子集族满足题中要求,其中子集的个数为

$$C_{10}^1+C_{10}^2+C_{10}^3=175$$

由此可知,k 的最大值不小于 175.

另一方面,设有一个子集族C满足题中要求且有A的子集$B\in C$,B中至少有 4 个元素. 设 $a\in B$,并令 $B'=B-\{a\}$. 因为 $B\cap B'$ 至少有 3 个元素,故 $B'\notin C$. 于是当用B'代替C中的B时,C中的子集数不减且仍然满足题中要求. 重复这个过程,总可使C中每个子集的元素都不多于3个,而且C中子集数没有减少. 由此可见,C 中的子集数不多于 175.

综上可知,k 的最大值为 175.

❖差异产品

在同一个市场上销售两种性能有差异的同一类电子产品 A,B. 设 Q_A,Q_B 分别是它们的需求量,P_A,P_B 分别为其价格,生产这两种电子产品每件所需之成本分别为

$$\bar{C}_A = 4.5, \quad \bar{C}_B = 2$$

已知需求函数为

$$Q_A = 9.5 - P_A + 2P_B, \quad Q_B = 7 + 2P_A - 5P_B$$

试确定其价格,以使利润最大.

解 由题意可得总利润函数为

$$\begin{aligned} L = R - C = (P_A Q_A + P_B Q_B) - (\bar{C}_A Q_A + \bar{C}_B Q_B) = \\ (P_A - 4.5)(9.5 - P_A + 2P_B) + (P_B - 2)(7 + 2P_A - 5P_B) = \\ 10P_A + 8P_B - P_A^2 - 5P_B^2 + 4P_A P_B - 42.75 - 14 \end{aligned}$$

这是一个可微函数,其偏导数为

$$\frac{\partial L}{\partial P_A} = 10 - 2P_A + 4P_B$$

$$\frac{\partial L}{\partial P_B} = 8 + 4P_A - 10P_B$$

令$\frac{\partial L}{\partial P_A} = 0$,$\frac{\partial L}{\partial P_B} = 0$,可得目标函数的唯一驻点 $P_A = 33$,$P_B = 14$. 又因为

$$A = \frac{\partial^2 L}{\partial P_A^2} = -2, \quad B = \frac{\partial^2 L}{\partial P_A \partial P_B} = 4, \quad C = \frac{\partial^2 L}{\partial P_B^2} = -10$$

$$D = \begin{vmatrix} A & B \\ B & C \end{vmatrix} = 4 > 0$$

可知这个唯一的驻点就是利润函数 L 的极大值点,也必是最大值点,即可确定当两种电子产品的价格分别为 $P_A = 33$ 百元/件,$P_B = 14$ 百元/件时,可使利润取得最大值

$$L_{\max} = L(33, 14) = 164.25$$

❖三元数组

从$\{1,2,\cdots,n\}$ 中选出三元数组(a,b,c),$a < b < c$,并且选出的每两个三

元数组(a,b,c)与(a',b',c')中,等式$a=a',b=b',c=c'$至多有1个成立.问最多能选出多少个满足条件的三元数组?

解 设H为满足条件的三元数组的集合.对于每个$1<k<n$,令H_k为H的子集,其中的每个三元数组的中间数为k,即$b=k$.显然

$$|H_k|\leqslant\min\{k-1,n-k\}$$

求和得

$$|H|=\sum_{k=2}^{n-1}|H_k|\leqslant\sum_{k=2}^{n-1}\min\{k-1,n-k\}=\begin{cases}\dfrac{n(n-2)}{4}, & n\text{ 为偶数}\\ \left(\dfrac{n-1}{2}\right)^2, & n\text{ 为奇数}\end{cases}$$

当取$\{1,2,\cdots,n\}$中的所有成等差数列的三元数组时,个数恰为上式右端的数.所以它就是所求个数的最大值.

❖有无捷径

设想一只小虫,在立方体的一个顶点A上,沿表面爬到另一个相对的顶点B上去.问有没有捷径可循?一共又有几条?捷径的长为多少?

解 从可能性上讲,从A到B的路径有无限多条,因而其中必存在最短的所谓捷径.

如图1,设立方体的边长为a.取K为边EF的中点,连AK,BK.可以证明$A\to K\to B$为捷径.

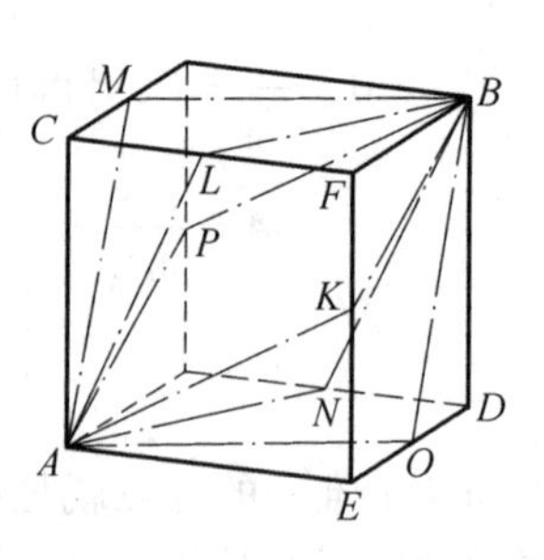

图1

因为

$$AE=BF=a$$

$$EK=FK=\frac{a}{2}$$

$$\angle AEK=\angle BFK=90^\circ$$

所以

$$\triangle AEK\cong\triangle BFK$$

因此

$$\angle AKE=\angle BKF$$

所以,折线AKB为两相邻平面$AEFC$和$BFED$从点A到点B的短程线.这就是说,$A\to K\to B$是捷径.

考虑到立方体各边相等,因此这样的捷径共有六条. 其他五条为 $A\to L\to B$, $A\to M\to B$, $A\to N\to B$, $A\to O\to B$, $A\to P\to B$. 其中 L,M,N,O,P 均为相应各边的中点.

由 Rt△AEK 和 Rt△BFK 得

$$AK=KB=\frac{\sqrt{5}}{2}a$$

因而捷径的长度为

$$l=AK+KB=\sqrt{5}a$$

❖有限数列

设 $a_1,a_2,\cdots,a_k$ 是以不超过 n 的正整数为项的有限数列,其中任一项的两个相邻项都不同且不存在任何四个指标 $p<q<r<s$,使得

$$a_p=a_r\neq a_q=a_s$$

求项数 k 的最大值.

解 容易看出,下面的数列 $n,n,n-1,n-1,\cdots,2,2,1,1,2,2,\cdots,n-1,n-1,n,n$ 满足题目要求.

这个数列有项数 $k=4n-2$,所以所求项数 k 的最大值不小于 $4n-2$.

显然,在满足要求的任一数列中,任何连续三项不能为同一个数,而且若某一项的两个邻项(或首项、末项的一个邻项)都与该项的数不同,则当在该项之旁添加一个数值相同的项时,新数列仍然满足要求,但项数增加 1. 因此,我们求项数最大值时,只需考虑这种连续两项为同一数值的数列的项数. 为此,我们又只需考虑任何连续两项都不同的数列的项数. 因为后者项数的 2 倍即为前者的项数.

下面我们用数学归纳法证明:如果数列 $a_1,a_2,\cdots,a_k$ 中任何连续两项的值都不同,且

$$a_j\in\{1,2,\cdots,n\},\quad j=1,2,\cdots,k$$

同时不存在这样的四个指标 $p<q<r<s$,使得 $a_p=a_r\neq a_q=a_s$,则 $k\leqslant 2n-1$.

当 $n=2$ 时,命题显然成立.

设当 $n\leqslant m$ 时,命题成立.

当 $n=m+1$ 时,$a_k\in\{1,2,\cdots,m+1\}$.

记 $a_k = l, 1 \leqslant l \leqslant m+1$.

若 $a_1, \cdots, a_{k-1}$ 中任何一项的值都不是 l,可在 a_1 之前添加一项 l,于是新数列仍然满足要求且项数增加1,故只需考虑 $a_1, \cdots, a_{k-1}$ 中还有值为 l 的项的情形,令

$$v = \max\{j \mid a_j = l, j < k\}$$

于是 $v < k-1$. 所以连续两项之值不同,若 $v=1$,则 $a_2, \cdots, a_{k-1}$ 中没有值为 l 的项,当将 a_1 和 a_k 去掉时,数列 $a_2, \cdots, a_{k-1}$ 中每一项都取值于 $\{1,2,\cdots,m+1\} - \{l\}$,且满足命题的要求,故由归纳假设知

$$k-2 \leqslant 2m-1$$

即

$$k \leqslant 2(m+1)-1$$

若 $v > 1$,则两组项

$$A = \{a_1, a_2, \cdots, a_v\}$$

$$B = \{a_{v+1}, \cdots, a_{k-1}\}$$

中没有数相同的项,因此若记 A 中的项的所有不同值的数目为 s,B 中的项所有不同值的数目为 t,则有

$$s+t \leqslant m+1$$

因此,由 A,B 两组分别排成两个数列都满足题目要求,且

$$s \leqslant m, \quad t \leqslant m$$

于是由归纳假设知,这两个数列的项数为

$$v \leqslant 2s-1$$

$$k-v-1 \leqslant 2t-1$$

从而有

$$k \leqslant 2t+v \leqslant 2t+2s-1 = 2(t+s)-1 \leqslant 2(m+1)-1$$

从而完成了归纳证明.

综上可知,所求的项数 k 的最大值为 $4n-2$.

❖鱼苗投放

某鱼塘饲养两种鱼,若甲种鱼苗放养 x 万尾,乙种鱼苗放养 y 万尾,收获时两种鱼每条质量(单位:kg) 分别为

$$3-\alpha x-\beta y \text{ 和 } 4-\beta x-2\alpha y$$

其中常数 α,β 满足关系式 $\alpha > \beta > 0$. 为使鱼塘产鱼总量为最大,两种鱼苗各应

放养多少?

解 以产鱼总量 Z 为目标,建立目标函数

$$Z=(3-\alpha x-\beta y)x+(4-\beta x-2\alpha y)y=$$
$$3x+4y-\alpha x^2-2\beta xy-2\alpha y^2$$

这是一个可微函数,其偏导数为

$$\frac{\partial Z}{\partial x}=3-2\alpha x-2\beta y$$

$$\frac{\partial Z}{\partial y}=4-4\alpha y-2\beta x$$

令 $\frac{\partial Z}{\partial x}=0,\frac{\partial Z}{\partial y}=0$,解得唯一驻点

$$P_0=(x_0,y_0)=\left(\frac{3\alpha-2\beta}{2\alpha^2-\beta^2},\frac{4\alpha-3\beta}{2(2\alpha^2-\beta^2)}\right)$$

由于在点 P_0 处有

$$A=\frac{\partial^2 Z}{\partial x^2}=-2\alpha<0$$

$$B=\frac{\partial^2 Z}{\partial x\partial y}=-2\beta$$

$$C=\frac{\partial^2 Z}{\partial Y^2}=-4\alpha$$

和

$$D=\begin{vmatrix}A & B\\ B & C\end{vmatrix}=4(2\alpha^2-\beta^2)>0$$

因此 Z 在 $P_0=(x_0,y_0)$ 处有极大值,即最大值.

也就是说,当两种鱼苗分别放养 $\frac{3\alpha-2\beta}{2\alpha^2-\beta^2}$ 万尾和 $\frac{4\alpha-3\beta}{2(2\alpha^2-\beta^2)}$ 万尾时,可使鱼塘总产量为最大.

注 在 $\alpha>\beta>0$ 的条件下,显然有 $x_0>0,y_0>0$,且

$$3-\alpha x_0-\beta y_0=\frac{3}{2}>0,\quad 4-\beta x_0-2\alpha x_0=2>0$$

❖元素距离

设 $S=\{A=(a_1,a_2,\cdots,a_8)\mid a_i=0\text{ 或 }1,i=1,2,\cdots,8\}$. 对于 S 中任何两个

元素 A 和 B,定义

$$d(A,B)=\sum_{i=1}^{8}|a_i-b_i|$$

并称之为 A 与 B 之间的距离.问 S 中最多能取出多少个元素,使它们之中任何两个的距离都不小于5?

解法1　下列4个8项数列

$$(0,0,0,0,0,0,0,0),(0,0,0,1,1,1,1,1)$$
$$(1,1,1,1,1,0,0,0),(1,1,1,0,0,1,1,1)$$

满足题中要求,故知所求的元素数的最大值不小于4.

另一方面,若有5个数列 A,B,C,D,E 两两之间的距离均不小于5,则不妨设 A 的8项均为0,从而 B,C,D,E 中每个数列都至少有5项为1.

若 B,C,D,E 中有两个数列与 A 的距离都不小于6,即8项中至少有6项为1,则两者之间的距离不大于4,矛盾.

若 B,C,D,E 中有两个数列与 A 的距离都是5,则两者之间的距离必为6.不妨设

$$B=(1,1,1,1,1,0,0,0)$$
$$C=(1,1,0,0,0,1,1,1)$$

因为 B 与 C 的后6项均不同,故任何8项数列的后6项总与 B,C 中至少1个数列的后6项至多3项不同.所以前两项必须为0,即 D 和 E 的前两项都是0.为使与 A 的距离不小于5,D 和 E 的后6项至少有5个1.从而 $d(D,E)\leqslant 2$,矛盾.

综上可知,最多可取出4个数列使它们两两之间的距离都不小于5.

解法2　若有5个数列,使它们两两之间的距离都不小于5,则由抽屉原理知,其中有总有3个数列的第8项相同.不妨设 A,B,C 的第8项都是0.由对称性知,可设 $A=(0,0,0,0,0,0,0,0)$.于是 B 和 C 的前7项中都至少有5项为1.从而有 $d(B,C)\leqslant 4$,矛盾.

综上可知,最多可取出4个数列使它们两两之间的距离都不小于5.

解法3　若有5个数列,两两之间的距离都不小于5,则将它们写成 5×8 的数阵

$$a_1,a_2,a_3,a_4,a_5,a_6,a_7,a_8$$
$$b_1,b_2,b_3,b_4,b_5,b_6,b_7,b_8$$
$$c_1,c_2,c_3,c_4,c_5,c_6,c_7,c_8$$
$$d_1,d_2,d_3,d_4,d_5,d_6,d_7,d_8$$
$$e_1,e_2,e_3,e_4,e_5,e_6,e_7,e_8$$

数阵中每列的5个数 a_i,b_i,c_i,d_i,e_i 共可组成10个数对. 因为每个数都是0或1,故10个数对中至多有6个互异数对,即为(0,1)或(1,0). 所以,8列数中至多共有48个互异数对.

另一方面,由于任何两个数列的距离都不小于5,所以任何两个数列的对应项所成的数对中至少有5个互异对. 于是5个数列共可构成至少50个互异数对,矛盾.

综上可知,最多可取出4个数列,使它们两两之间的距离都不小于5.

❖坐在哪里

发电厂主控制室的表盘,高 m m. 表盘底边距地面 n m. 求值班人员坐在什么位置,看得最清楚?

解 如图1,值班人员坐在椅子上眼睛距地面的高度,一般为1.2 m,则

$$CD = n - 1.2$$

欲将表盘看得最清楚,人眼 A 距盘面的水平距离 AD,应使视角 φ 达到最大. 如图1,有

$$\tan\varphi = \tan(\alpha - \beta) = \frac{\tan\alpha - \tan\beta}{1 + \tan\alpha \cdot \tan\beta} \quad ①$$

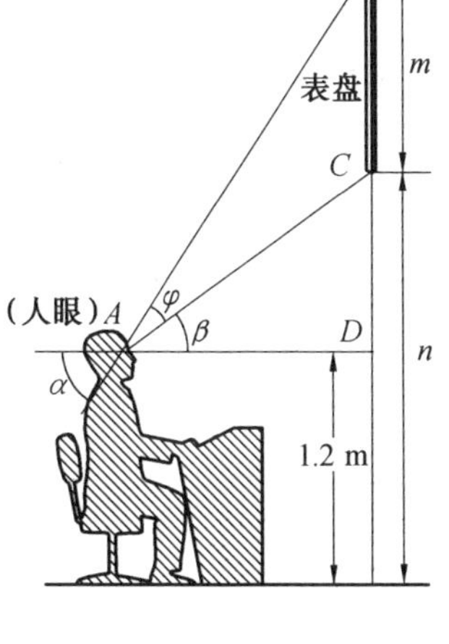

图1

为简化计算,令所求距离

$$AD = x$$

$$CD = p$$

由 Rt△ABD 得

$$\tan\alpha = \frac{BD}{AD} = \frac{BC + CD}{AD} = \frac{m + p}{x} \quad ②$$

由 Rt△ACD 得

$$\tan\beta = \frac{CD}{AD} = \frac{p}{x} \quad ③$$

将式②和式③代入式①,运算整理得

$$\tan\varphi = \frac{m}{x + \dfrac{p(m + p)}{x}} \quad ④$$

式中,分子为常数,$\tan\varphi$ 的值取决于分母 $x+\frac{p(m+p)}{x}$. 由于分母越小,分数值越大,故在本题的情况下,应使分母达最小值,$\tan\varphi$ 才能达最大值. 因为

$$x\cdot\frac{p(m+p)}{x}=p(m+p)$$

为定值,所以当

$$x=\frac{p(m+p)}{x} \quad ⑤$$

时,式 ④ 之分母达最小值.

解式 ⑤ 得

$$x=\pm\sqrt{p(m+p)}$$

考虑到 x 代表距离,必为正值,故弃去负根,从而

$$x=\sqrt{p(m+p)} \quad ⑥$$

另外,由于角 φ 必满足不等式

$$0^\circ<\varphi<90^\circ$$

故当 $\tan\varphi$ 最大时,φ 亦达最大. 将 p 值代入式 ⑥,得到值班人员看得最清楚的位置为

$$x=\sqrt{(n-1.2)(m+n-1.2)}$$

❖最多元素

给定自然数 $n\geqslant 2$. 设 M 是集合 $\{(i,k)\mid i,k\in\mathbf{N},i<k\leqslant n\}$ 的一个子集. 已知若数对 (i,k),$i<k$,属于集合 M,则任何数对 (k,m),$k<m$,都不属于 M. 求集合 M 中元素数的最大值.

解 令

$$A=\{i\mid (i,k)\in M\}$$
$$B=\{k\mid (i,k)\in M\}$$

按已知,B 中的任何元素都不在 A 中,即 $A\cap B=\varnothing$. 记 $|A|=a$,$|B|=b$,于是有 $a+b\leqslant n$,并且集合 M 的数对中较小数共有 a 种不同取法,较大数共有 b 种不同取法. 因此,M 中元素的个数至多为

$$ab\leqslant a(n-a)\leqslant\left(\frac{a+n-a}{2}\right)^2=\frac{n^2}{4}$$

因为 $ab \in \mathbf{N}$,故有 $ab \leqslant \left[\frac{n^2}{4}\right]$.

另一方面,当 n 为偶数时,令

$$M_0 = \{(i,j) \mid i \leqslant \frac{n}{2} < j \leqslant n\}$$

则 $|M_0| = \frac{n^2}{4}$ 且 M_0 满足题中要求.

当 n 为奇数时,令

$$M_0 = \{(i,j) \mid i < \frac{n}{2} < j \leqslant n\}$$

则 $|M_0| = \left[\frac{n^2}{4}\right]$ 且 M_0 满足题中要求.

综上可知,M 中元素数的最大值为$\left[\frac{n^2}{4}\right]$.

❖最佳位置

在 A 地有一种产品,希望通过公路段 AP、铁路段 PQ 及公路段 QB,以最短的时间运到 B 地.

已知 A 地到铁路线的垂直距离为 $AA' = a$,B 地到铁路线的垂直距离为 $BB' = b$,$A'B' = L\left(L > \frac{a+b}{\sqrt{3}}\right)$(图1),铁路运输速度是公路运输速度的两倍.求转运站 P 及 Q 的最佳位置(使总的运输时间 T 取得最小值,这里不考虑转运时装卸所需要的时间).

图1

解法1(待定角法) 设公路运输速度和铁路运输速度分别是 v 和 $2v$,并记 $\angle A'AP = \alpha$,$\angle B'BQ = \beta$,以 α,β 为自变量,建立目标函数

$$T(\alpha,\beta) = \frac{1}{v}(a\sec\alpha + b\sec\beta) + \frac{1}{2v}(L - a\tan\alpha - b\tan\beta)$$

其定义域为

$$D=\left\{(\alpha,\beta)\mid 0\leqslant\alpha\leqslant\arctan\frac{L}{a},0\leqslant\beta\leqslant\arctan\frac{L}{b},a\tan\alpha+b\tan\beta<L\right\}$$

显然函数 $T(\alpha,\beta)$ 在 D 区间上可微,且有

$$\frac{\partial T}{\partial\alpha}=\frac{a}{v}\left(\sin\alpha-\frac{1}{2}\right)\sec^2\alpha$$

$$\frac{\partial T}{\partial\beta}=\frac{b}{v}\left(\sin\beta-\frac{1}{2}\right)\sec^2\beta$$

令$\frac{\partial T}{\partial\alpha}=0,\frac{\partial T}{\partial\beta}=0$,可得到目标函数在定义域上的唯一驻点 $\alpha=\beta=\frac{\pi}{6}$.

显然目标函数 $T(\alpha,\beta)$ 在 D 区间上可微,且在定义域上有唯一驻点,根据实际意义可知最佳转运站的位置确实存在,所以与 $\alpha=\beta=\frac{\pi}{6}$ 相对应的 P,Q 就是最佳转运站的位置,此时对应地有

$$A'P=\frac{a}{\sqrt{3}},\quad B'Q=\frac{b}{\sqrt{3}}$$

解法 2(待定边法) 以 $x=A'P,y=QB'$ 为自变量,建立目标函数

$$T(x,y)=\frac{1}{v}(\sqrt{x^2+a^2}+\sqrt{y^2+b^2})+\frac{1}{2v}(L-x-y)$$

其定义域为

$$D=\{(x,y)\mid x\geqslant 0,y\geqslant 0,x+y\leqslant L\}$$

由于函数 $T(x,y)$ 在 D 区间上可微,且有

$$\frac{\partial T}{\partial x}=\frac{1}{v}\left(\frac{x}{\sqrt{x^2+a^2}}-\frac{1}{2}\right)$$

$$\frac{\partial T}{\partial y}=\frac{1}{v}\left(\frac{y}{\sqrt{y^2+a^2}}-\frac{1}{2}\right)$$

令$\frac{\partial T}{\partial x}=0,\frac{\partial T}{\partial y}=0$,可得到目标函数在定义域上的唯一驻点$(x,y)=\left(\frac{a}{\sqrt{3}},\frac{b}{\sqrt{3}}\right)$.

显然目标函数 $T(x,y)$ 在 D 区间上可微,且在定义域上有唯一驻点,根据实际意义可知最佳转运站的位置确实存在,所以与$(x,y)=\left(\frac{a}{\sqrt{3}},\frac{b}{\sqrt{3}}\right)$ 相对应的点 P,Q 就是最佳转运站的位置,此时对应地有

$$A'P=\frac{a}{\sqrt{3}},\quad B'Q=\frac{b}{\sqrt{3}}$$

注 当然,这里还要满足

$$T_{\min}=\frac{1}{\sqrt{3}v}(a+b)+\frac{1}{2v}\left(L-\frac{a+b}{\sqrt{3}}\right)<\frac{1}{v}\sqrt{L^2+(b-a)^2}$$

的条件,否则 AB 之间直接通过公路运输更省时省力.

❖子集元素

对集合 $S=\{(a_1,a_2,a_3,a_4,a_5)\mid a_i=0$ 或 $1,i=1,2,3,4,5\}$ 中的任意两个元素 $(\bar{a}_1,\bar{a}_2,\bar{a}_3,\bar{a}_4,\bar{a}_5)$ 和 $(\bar{b}_1,\bar{b}_2,\bar{b}_3,\bar{b}_4,\bar{b}_5)$,定义它们之间的距离为 $|\bar{a}_1-\bar{b}_1|+|\bar{a}_2-\bar{b}_2|+|\bar{a}_3-\bar{b}_3|+|\bar{a}_4-\bar{b}_4|+|\bar{a}_5-\bar{b}_5|$. 取 S 的一个子集,使此子集中任意两个元素之间的距离大于 2,这个子集中最多含有多少个元素?证明你的结论.

解 这个子集最多含有 4 个元素.

为方便计算,在集合 S 中,我们称 $a_i(i=1,2,3,4,5)$ 为元素 $A(a_1,a_2,a_3,a_4,a_5)$ 的第 i 个分量. 显然,集合 S 中任意两个距离大于 2 的元素,至多有 2 个同序号的分量相同.

首先,我们可以构造一个 S 的 4 个元素的子集 $S'=\{A_1,A_2,A_3,A_4\}$,其中 $A_1=(1,1,0,0,0),A_2=(0,0,0,1,1),A_3=(1,0,1,0,1),A_4=(0,1,1,1,0)$.

显然 S' 中任意两个元素间的距离大于 2.

下面我们证明:在 S 的子集中,欲使任意两个元素间的距离都大于 2,所含元素不得超过 4 个.

假设有 S 的五元子集 $\{B_1,B_2,B_3,B_4,B_5\}$,使得任意两个元素间的距离大于 2.

由于有 5 个元素,而每个分量只能是 0 或 1,由抽屉原理知,至少有三个元素的第一分量相同,不妨设 B_1,B_2,B_3 的第一分量都是 1.

又因为 B_1,B_2,B_3 中至少有两个元素的第二分量相同,不妨设 B_1,B_2 的第二个分量都是 1.

此时对 B_1,B_2 若还有一个分量相同,则与至多有 2 个同序号分量相同的结论矛盾. 于是必然有

	a_1	a_2	a_3	a_4	a_5
B_1	1	1	1	0	1
B_2	1	1	0	1	0
B_3	1				

此时考虑 B_3,B_3 的第三、四、五分量必然与 B_1 或 B_2 有两对同序号分量相同,这就导致至少有三个同序号分量相同,从而导致矛盾.

因此,在 S 的子集中,欲使任意两个元素间的距离大于 2,所含元素不得超过 4 个.

❖光线的反射

光线的反射定律是众所周知的. 如图 1,入射光线 AD,投射到平面 mm 后,反射到点 B. 根据反射定律,入射角 i 等于反射角 i_1,因此光线沿 ADB 路线传播. 这是一条什么样的路线呢？用最佳点的几何方法可以证明,这是一条短程线!

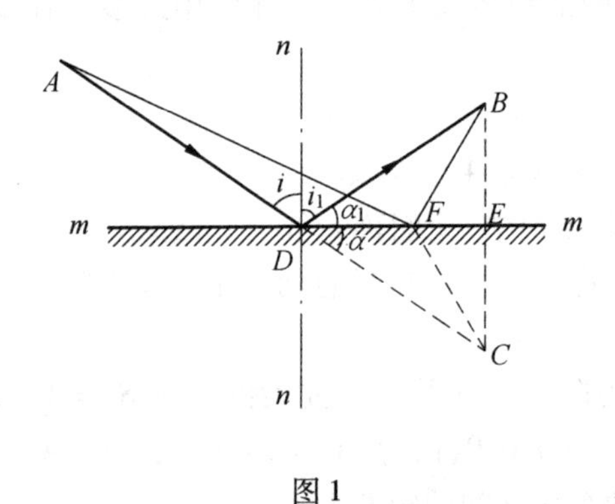

图 1

解　由点 B 对平面 mm 作垂线 BE,并在其延长线上截取 $EC=BE$. 连 DC,构成两个直角三角形,其中 DE 为公共边,所以

$$\triangle BDE \cong \triangle CDE$$

故有

$$DB = DC$$

$$\angle\alpha = \angle\alpha_1$$

因此,光线所走的路线可以写为

$$AD + DB = AD + DC = ADC$$

又

$$\angle ADC = i + i_1 + \alpha + \alpha_1 = 2i_1 + 2\alpha_1 = 2(i_1 + \alpha_1)$$

因为 nn 为平面 mm 的法线,因而

$$i_1 + \alpha_1 = 90^\circ$$

所以

$$\angle ADC = 180^\circ$$

这就是说,ADC 是一条直线. 由于平面上两点间的所有连线中,以直线最短,因此光线经平面反射后,沿着短程线传播.

为了证明这一结论,我们不妨在平面 mm 上任取一点 F.

连 AF,FB 和 FC. 因为

$$FB = FC$$

所以

$$AF + FB = AF + FC$$

由图 1 可知,ACF 为三角形,且 AF 与 FC 为 $\triangle ACF$ 的两个边. 根据不等量定理知,一个三角形的任意两边之和大于第三边,因此有

$$AF + FC > AC$$

即

$$AF + FB > AD + DB$$

所以,在所有可能的反射路线中,遵守反射定律的路线是最短的路线.

其实,不仅光线的反射沿短程线传播,声音、无线电波的反射,也是循着短程线传播. 正如水的流动,总是沿着阻力最小的路径前进一样. 由于在均匀介质中,距离最短的路线,传播阻力最小,光、声、电选择短程线前进,这也是十分自然的事. 利用这一特性,人们可以测量出用普通尺子无法量出的距离,例如地球和月亮的距离,地球与宇宙星体间的距离等.

像在测量地球与月球距离时,在地球上对准月亮发出一个雷达信号,然后等候雷达波从月亮表面反射回来,并记录信号往返所需的时间,这一时间为 2.6 s. 由于雷达波是一种电磁波,而所有的电磁波都有同样的速度,即每秒钟前进 300 000 km. 由此可以算出,雷达波往返一次的路程是

$$2.6 \times 300\ 000 = 780\ 000\ (\text{km})$$

这样我们便知道了地球到月球的距离大约为 400 000 km,即等于雷达波的一个单程.

这样一个十分新颖而简便的方法,显然是基于上面证明了的一个原理:光线的反射路线是一条短程线!

❖有限点集

设 M 为平面上的有限点集，对于 M 中的任意两点 A 和 B，都存在第三点 C，使 $\triangle ABC$ 为正三角形. 求 M 中元素个数的最大值.

解 考虑 M 中每两点的距离，记 AB 为距离最大的两点间的连线.

由题设，存在点 C，使 $\triangle ABC$ 为正三角形.

分别以 A,B,C 为圆心，AB 为半径作弧，则得图 1 中的曲边三角形，M 中的点都在这个曲边三角形中.

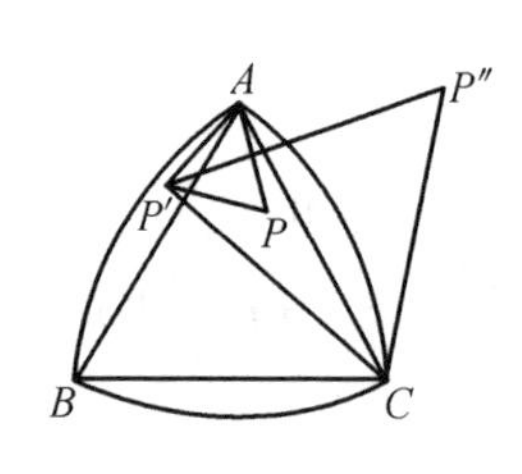

图 1

如果 M 还有不同于 A,B,C 的点 P，考虑点 P 的位置.

(1) 如果点 P 在 $\triangle ABC$ 的内部或边界上，则对 A,P 还有第三点 P'，使 $\triangle APP'$ 为正三角形. 此时点 P' 不可能在 $\triangle ABC$ 的内部，只能在某一个弓形弧的内部或边界上.

联结 CP'，则还存在第三点 P''，使 $\triangle CP'P''$ 是正三角形.

若点 P'' 与点 A 均在直线 CP' 的同侧，则由

$$\angle P''AC = \angle P'BC > 60^\circ$$

此时点 P'' 在曲边三角形的外部.

若点 P'' 与点 B 均在直线 CP' 的同侧，则同理可证点 P'' 在曲边三角形之外.

从而引出矛盾.

(2) 若点 P 在弓形弧的内部或边界上，由(1) 知，点 P' 即在曲边三角形之外，也可引出矛盾.

由(1) 和(2) 可知，M 中元素个数的最大值是 3.

❖变压器铁芯

某种型号的变压器的铁芯截面为面积等于$4\sqrt{5}\ \text{cm}^2$ 的正十字形. 应该如何设计其 x 和 y 的尺寸，才能使如图 1 所示的外接圆面积最小.

解 以外接圆的面积为目标，其目标函数为

$$S=\pi r^2=\pi\left(\frac{\sqrt{x^2+y^2}}{2}\right)^2=\frac{\pi}{4}(x^2+y^2)$$

其中 x,y 必须满足

$$y^2-4\left(\frac{y-x}{2}\right)^2=4\sqrt{5}$$

即

$$y=\frac{2\sqrt{5}}{x}+\frac{x}{2},\quad 0<x<2\sqrt[4]{5}$$

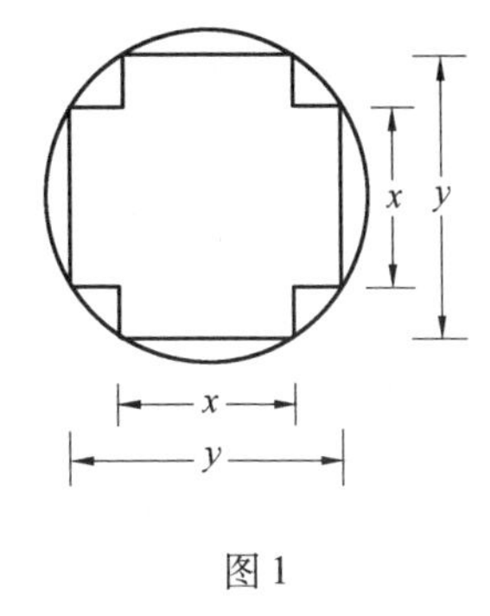

图 1

于是得到目标函数为

$$S=\frac{\pi}{4}\left[x^2+\left(\frac{2\sqrt{5}}{x}+\frac{x}{2}\right)^2\right]=\frac{\pi}{4}\left(\frac{5}{4}x^2+2\sqrt{5}+\frac{20}{x^2}\right)$$

在定义域 $0<x<2\sqrt[4]{5}$ 上显然可导,且有

$$\frac{\mathrm{d}S}{\mathrm{d}x}=\frac{\pi}{4}\left(\frac{5}{2}x-\frac{40}{x^3}\right)$$

令 $\frac{\mathrm{d}S}{\mathrm{d}x}=0$,则可得定义域 $0<x<2\sqrt[4]{5}$ 上的唯一驻点 $x=2$.

由于目标函数可导,在定义域上有唯一驻点,且目标函数在定义域上确有最小值,所以 $x=2$ 就是目标函数在定义域上的最小值点,此时 $y=\sqrt{5}+1$. 所以应该将铁芯的尺寸设计为 $x=2$ cm,$y=\sqrt{5}+1\approx 3.236$ cm,才能使该变压器铁芯的外接圆面积最小.

❖纸片涂色

桌上互不重叠地放有 1 989 个大小相等的圆形纸片. 问最少要用几种不同颜色,才能保证无论这些纸片位置如何,总能给每张纸片涂上一种颜色,使得任何两个相切的圆形纸片都涂有不同的颜色?

解 考察图 1 中的 11 个圆形纸片的情形. 设其中左边 6 个圆片已涂好颜色. 显然,A,B,E 3 个圆片只能涂 1 或 3 两种颜色,而且 A 为一种,B 和 E 为另一种颜色. 若只有 3 种颜色,则 C 和 D 无论涂上何种颜色都无法满足要求. 所以,为了给这 11 个圆片涂色并使之满足题中要求,至

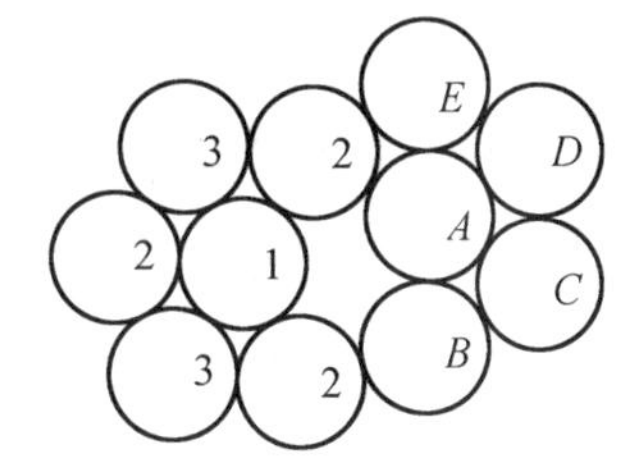

图 1

少要有 4 种不同颜色.

下面用数学归纳法证明,只要有 4 种不同颜色,就可以按题中要求进行涂色.

设当 $n=k$ 时结论成立. 当 $n=k+1$ 时,考虑这 $k+1$ 个圆片的圆心的凸包. 设 A 是此凸多边的一个顶点. 显然,以 A 为圆心的圆至多与另外 3 个圆相切. 按归纳假设,除以 A 为圆心的圆片之外的其余 k 个圆片可用 4 种颜色按要求涂色. 涂好之后,与圆片 A 相切的圆片至多有 3 个,当然至多涂有 3 种不同颜色. 于是只要给圆片 A 涂上第 4 种颜色即可.

❖大炮放在哪

设某山坡的倾角为 θ. 敌军大炮阵地在点 A 处,我军在控制山头后,将向山下发起进攻. 若敌我双方的炮弹都具有相同的初速度 v_0. 问我军大炮应放在何处,才能既打击敌军大炮,而又不致被敌军大炮击中(不计空气阻力)?

解　先求敌军大炮在山坡上方的最大射程.

设敌军大炮的发射角为 α,如图 1 所示,则炮弹垂直于山坡的分速度等于 $v_0\sin(\alpha-\theta)$,垂直于山坡的分加速度等于 $-g\cos\theta$(g 为重力加速度,其值为常量).

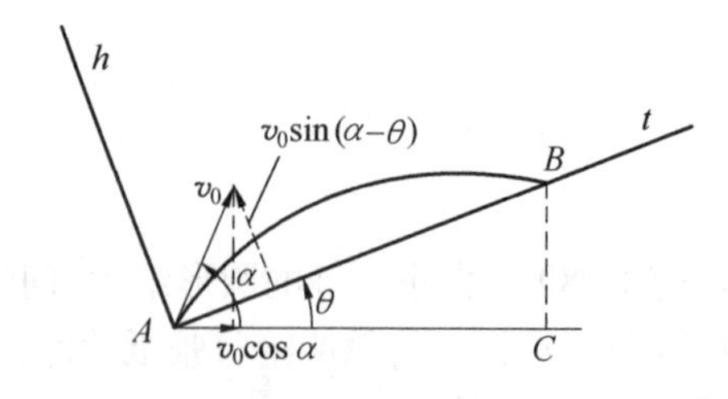

图 1

以山坡的坡面为基准,则 A,B 处于同一基准面上,故高差为“0”. 若将炮弹从 A 飞行到 B 的时间记为 t,则有

$$v_0\cdot\sin(\alpha-\theta)\cdot t-\frac{1}{2}g\cdot\cos\theta\cdot t^2=0$$

解得

$$t=\frac{2v_0}{g}\cdot\frac{\sin(\alpha-\theta)}{\cos\theta} \tag{①}$$

又炮弹在水平方向的分速度等于 $v_0\cos\alpha$，则

$$AC = v_0 \cdot t \cdot \cos\alpha \qquad ②$$

由 Rt$\triangle ABC$ 得到敌军大炮的射程 l 为

$$l = AB = \frac{AC}{\cos\theta} \qquad ③$$

将式 ① 与式 ② 代入式 ③，得

$$l = \frac{2v_0^2}{g\cos^2\theta} \cdot \cos\alpha\sin(\alpha - \theta)$$

因为

$$2\cos\alpha\sin(\alpha - \theta) = \sin(2\alpha - \theta) - \sin\theta$$

所以

$$l = \frac{v_0^2}{g\cos^2\theta}[\sin(2\alpha - \theta) - \sin\theta]$$

式中，v_0, g, θ 均为常量，故当

$$\sin(2\alpha - \theta) = 1$$

时，l 达最大值，即

$$l_{\max} = \frac{v_0^2}{g\cos^2\theta}(1 - \sin\theta) \qquad ④$$

再求我军大炮在山坡下方的最大射程.

设我军大炮的发射角为 β，如图 2 所示，分析方法同上，求得我军大炮的最大射程为

$$L_{\max} = \frac{v_0^2}{g\cos^2\theta}(1 + \sin\theta) \qquad ⑤$$

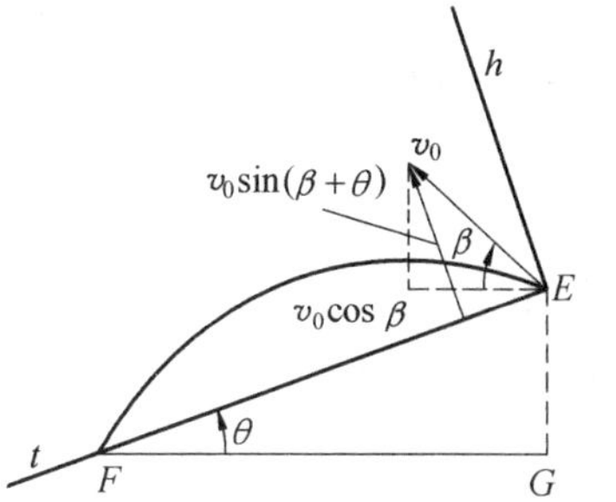

图2

因为

$$L_{\max} - l_{\max} = \frac{2v_0^2\sin\theta}{g\cos^2\theta} > 0$$

即

$$L_{\max} > l_{\max}$$

这就是说，我军大炮最大射程大于敌军大炮最大射程，只要将我军大炮布置在距敌军大炮所在地点 A

$$l_{\max} < S \leqslant L_{\max}$$

的范围内（S 表示我军大炮至敌军大炮的距离），则既能打击敌军大炮，又不会被敌军大炮击中.

❖不同的圆

平面上任意 7 点，过其中共圆的 4 点作圆. 求最多能作几个不同的圆？

解 设 AD,BE,CF 为锐角 $\triangle ABC$ 的三条高，H 为垂心，则过 A,B,C,D,E,F,H 7 点中的 4 点作圆，共可作 6 个不同的圆：(A,F,H,E)，(B,D,H,F)，(C,E,H,D)，(A,B,D,E)，(B,C,E,F)，(C,A,F,D).

下面用反证法证明所求的最大值就是 6. 如果能作 7 个不同的圆，则 7 点中的每点都恰在 4 个圆上. 理由如下：

(1) 过两个固定点的圆至多两个. 若有 3 个，则两两之间没有其他公共点. 但除了两个公共点外每个圆上还有两个已知点，这样一来，就有 8 个不同的已知点.

(2) 过一个固定点的圆至多有 4 个. 若有 5 个，则因每两圆至多还有一个交点，且由(1) 知 5 个圆中的任何 3 个圆不能再交于另一点. 这样，至少有 9 个不同的已知点.

(3) 每个圆上有 4 个已知点，7 个圆上共有 28 个已知点(包括重复计数). 但由(2) 知每点至多在 4 个圆上，从而 7 点中每点都恰在 4 个圆上.

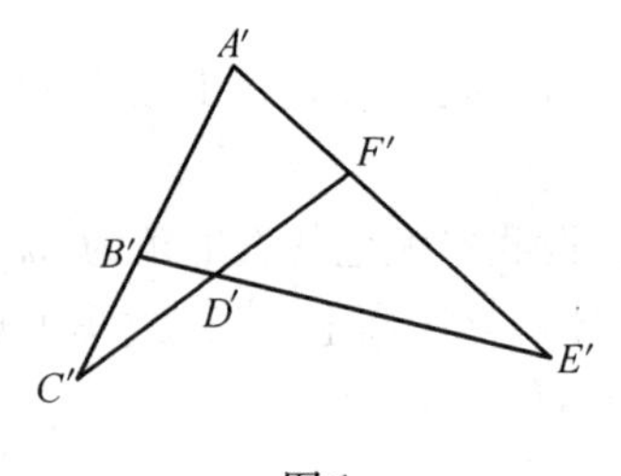

图 1

设 7 点为 A,B,C,D,E,F,G，并以 G 为中心进行反演变换，则过点 G 的 4 个圆变为 4 条彼此相交的直线，另外 3 个圆仍然变为圆. 设象点依次为 A',B',C',D',E',F'(图 1). 显然，这 6 点中的某 4 点要共圆，则其中任何 3 点不能共线. 因而其中的 3 个四点圆只能是(A',B',D',F')，(B',C',E',F')，(A',C',D',E'). 但因 D' 在 $\triangle A'C'E'$ 之内，这 4 点当然不能共圆，矛盾. 从而证明了所求的最大值为 6.

❖最短法线弦

在抛物线 $x^2=2py(p>0)$ 上找一点 $P=(\alpha,\beta)(\alpha>0)$，使抛物线在点 P 的法线被抛物线截下之弦 PN 最短.

解 在图 1 中设 $P=(\alpha,\beta)$，为方便起见，记 $\alpha=2pt$，则 $\beta=2pt^2$，即 $P=(\alpha,\beta)=(2pt,2pt^2)$. 类似的，设 $N=(u,v)=(2ps,2ps^2)$，所以 $k_{PN}=\dfrac{v-\beta}{u-\alpha}=s+t$，而抛物线在点 P 的切线斜率为 $\dfrac{\mathrm{d}y}{\mathrm{d}x}\Big|_{x=2pt}=2t$.

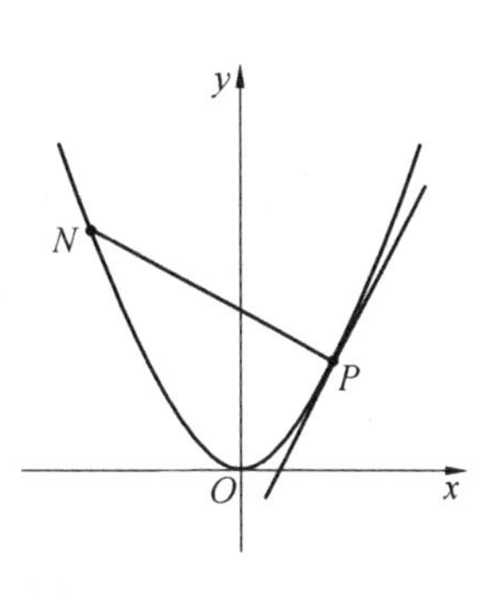

图 1

根据法线与切线正交的特点可知，应该有 $2t(s+t)=-1$，即 $s=-t-\dfrac{1}{2t}$. 于是可得 PN 之弦长，即以 t 为自变量的目标函数

$$L=\sqrt{(u-\alpha)^2+(v-\beta)^2}=2p\sqrt{(s-t)^2+(s^2-t^2)^2}=$$
$$2p\sqrt{\left[\left(-t-\frac{1}{2t}\right)-t\right]^2+\left[\left(-t-\frac{1}{2t}\right)^2-t^2\right]^2}=$$
$$\frac{p}{2}(4t^{\frac{2}{3}}+t^{-\frac{4}{3}})^{\frac{3}{2}}$$

其定义域为 $(0,+\infty)$，求导得

$$\frac{\mathrm{d}L}{\mathrm{d}t}=p(4t^{\frac{2}{3}}+t^{-\frac{4}{3}})^{\frac{3}{2}}(2t^2-1)$$

令 $\dfrac{\mathrm{d}L}{\mathrm{d}t}=0$，得目标函数在定义域上的唯一驻点 $t=\dfrac{1}{\sqrt{2}}$.

由于目标函数在定义域上可导，驻点唯一，且 $\lim\limits_{t\to0^+}=+\infty$，$\lim\limits_{t\to+\infty}=+\infty$，说明目标函数在定义域上存在最小值，所以此驻点就是所求的最小值点，此时 $P=(\sqrt{2}p,p)$，$L_{\min}=3\sqrt{3}p$.

❖完全盖住圆

设小圆半径为 $\dfrac{r}{2}$，大圆半径为 r. 最少要用多少个小圆片才能将大圆面完全盖住？

解 半径为 r 的圆面可用半径为 $\dfrac{r}{2}$ 的 7 个小圆片盖住. 作大圆 O 的内接正六边形，并分别以正六边形每边中点及点 O 为圆心，$\dfrac{r}{2}$ 为半径作 7 个小圆，则它们就盖住了大圆面(图1).

实际上,联结 OA,OB,OC,并记 OB,OC 的中点为 M,L,则 $OB=OC=r,OM=MB=OL=LC=\frac{r}{2}$. 联结 HM,MG,则 $\triangle BHM$ 和 $\triangle BMG$ 都是正三角形,所以 $HM=MG=\frac{r}{2}$,即点 M 恰是圆 H,G 和小圆 O 的交点. 同理,点 L 为圆 H,I 和小圆 O 的交点. 由此可见,扇形 OBC 被圆片 H 和 O 盖住. 从而大圆面被7个小圆片所完全盖住.

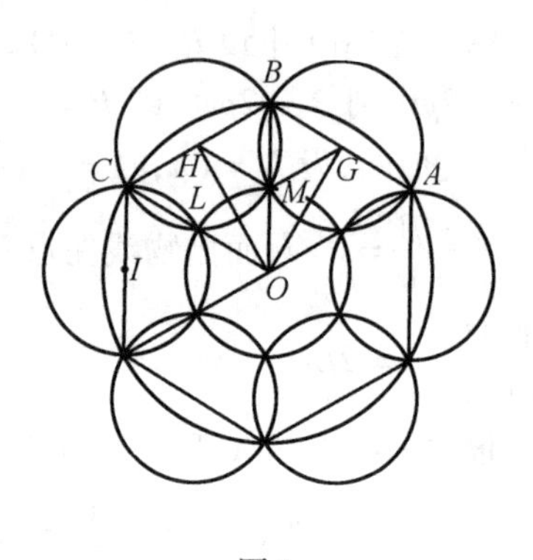

图1

证明任何6个半径为$\frac{r}{2}$的小圆片都无法完全盖住半径为 r 的大圆面.

将大圆的圆周48等分,得到48个分点. 考虑这48个分点及圆心 O 共49个点. 显然,当两个分点间夹有8段弧时,两点间距离为 r. 因此,用一个半径为$\frac{r}{2}$的小圆片至多能盖住48个分点中的9个分点. 此外,圆心 O 与分点的距离为 r,故盖住点 O 的小圆片至多能盖住1个分点. 由此可见,无论将半径为$\frac{r}{2}$的6个小圆片如何摆放,都无法将49个点全部盖住.

综上可知,最少要用7个小圆片才能将大圆面完全盖住.

❖截口选在哪

用平行于四面体 $ABCD$ 一组对棱的平面 Q 截此四面体. 欲获得最大的截口面积,平面 Q 的位置应在何处?

解法1 如图1,平面 Q 与四面体 $ABCD$ 的相交面 $KLMN$ 为截口.

依题意,平面 $Q\parallel AC\parallel BD$,因此得

$$NM\parallel AC\parallel KL$$
$$KN\parallel BD\parallel LM$$

所以截口 $KLMN$ 为平行四边形. 若用 S 表示其面积,则有

$$S=KL\cdot PN$$

因为

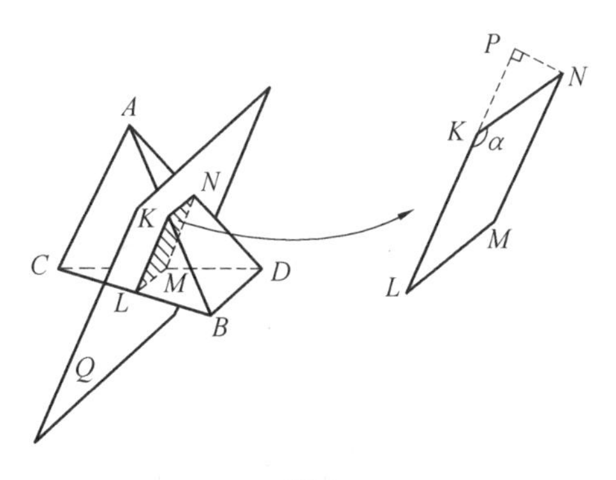

图 1

$$PN = KN \cdot \sin(180° - \alpha) = KN \cdot \sin \alpha$$

所以

$$S = KL \cdot KN \cdot \sin \alpha$$

由于α等于四面体$ABCD$的一组对棱AC和BD的夹角,故为定值. 因此S的值由 $KL \cdot KN$ 决定. 因为

$$\triangle AKN \backsim \triangle ABD$$

所以

$$\frac{KN}{BD} = \frac{AK}{AB} \quad ①$$

又

$$\triangle BKL \backsim \triangle BAC$$

所以

$$\frac{KL}{AC} = \frac{BK}{AB} \quad ②$$

式 ① 乘式 ②,得

$$\frac{KL \cdot KN}{AC \cdot BD} = \frac{BK \cdot AK}{AB \cdot AB}$$

其中,AC,BD,AB 为四面体 $ABCD$ 的三条棱,都是定值. 故 $KL \cdot KN$ 的值取决于 $BK \cdot AK$. 由于

$$BK + AK = AB$$

为定值,故当 $BK = AK$ 时,其积 $BK \cdot AK$ 最大. 这就是说,当平面 Q 过棱 AB 的中点将四面体截断,截口面积最大.

❖互不相交

将圆心在多边形 M 内部的互不相交的直径为 1 的圆的最多个数记为 n,将能够盖住整个多边形 M 的半径为 1 的圆的最少个数记为 m. 求 n 和 m 哪一个大?

解　设有 n 个直径均为 1 的互不相交的圆,其圆心 $O_1,O_2,\cdots,O_n$ 均在多边形 M 的内部. 分别以 $O_1,O_2,\cdots,O_n$ 为圆心作半径为 1 的圆,则这 n 个圆必能盖住整个多边形 M.

若不然,则必有 M 的一个内点 A,没有被这 n 个半径为 1 的圆盖住. 于是以 A 为圆心,1 为直径的圆与原来的 n 个直径为 1 的圆互不相交,此与 n 的最大性矛盾. 这就证明了 $m \leqslant n$.

在图 1 所示的多边形中,可取 O_1,O_2,O_3 三点并分别作以它们为中心,以 1 为直径的 3 个圆互不相交,故知 $n \geqslant 3$. 但 $\triangle ABC$ 和 $\triangle ACD$ 的外接圆半径都小于 1,从而 $m \leqslant 2 < n$. 再看对角线小于 1 的正方形,显然,这时 $m = n = 1$.

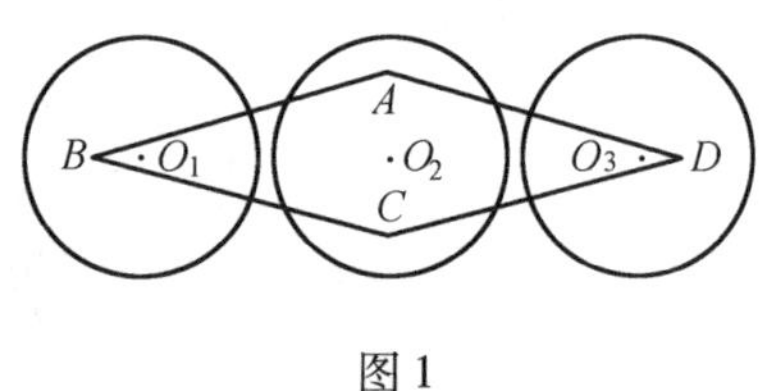

图 1

综上可知,$m \leqslant n$ 能实现.

❖完全盖住多边形

将可以把给定的多边形 M 完全盖住的半径为 1 的圆的最少个数记作 n,将圆心在多边形 M 内部的互不相交的半径为 1 的圆的最多个数记为 m. 求 n 和 m 哪一个大?

解　因为两类圆半径相同,故每个第一类圆的内部,至多有一个第二类圆的圆心. 另一方面,每个第二类圆的圆心都在多边形 M 的内部,从而也都在某个第一类圆的内部. 由此可知,$n \geqslant m$.

考察外接圆半径为 1.1 的正三角形. 显然,用一个半径为 1 的圆无法盖住它. 而如图1所示的两个半径为1的圆 D 和圆 E 则可将它盖住. 故知 $n=2$. 此外,

$\triangle ABC$ 中两点间的距离不超过三角形的边长,而边长 $AB=1.1\times\sqrt{3}<1.1\times1.8=1.98<2$. 故知以 $\triangle ABC$ 中任何两点为圆心所作的两个半径为 1 的圆必相交,故得 $m=1<n$. 另一方面,当 M 为边长为1的正方形时,$m=n=1$.

综上可知,$n\geqslant m$ 能成立.

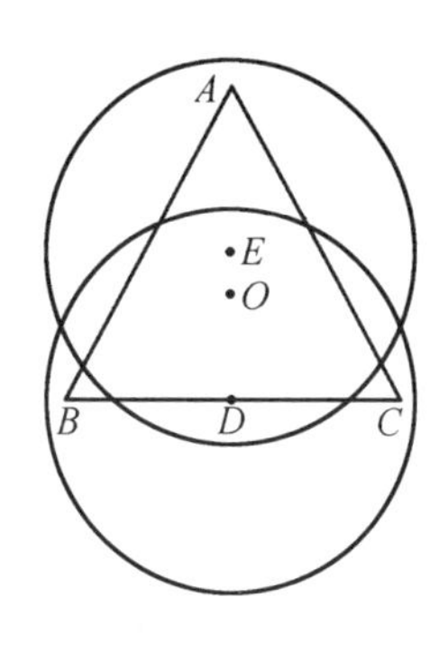

图 1

❖树干木材

一棵树从幼苗破土到长大成材的过程中,始终保持圆锥体形状. 在时刻 t,其高度和底直径分别为

$$H(t)=H_{\infty}(1-e^{-\lambda t})$$

$$D(t)=D_{\infty}(1-e^{-\mu t})$$

其中 H_{∞},D_{∞},λ 和 μ 都是正的常数. 已知在任何时刻树干高度的增长率,总是底半径增长率的 30 倍,试证明下列各问题.

(1) 树干的高度和底半径都是单调递增函数,常数 H_{∞} 和 D_{∞} 分别是树干的极限高度和极限底直径.

(2) $\lambda=\mu$.

(3) 当树干高度和底直径的增长率最快时,树干木材的增长率最小.

(4) 当树干高度为 $\frac{2}{3}H_{\infty}$ 时,树干木材的增长率最大.

解 (1) 因为在时刻 t,树干高度的增长率和底半径的增长率分别为

$$H'(t)=\lambda H_{\infty}e^{-\lambda t},\quad D'(t)=\mu D_{\infty}e^{-\mu t} \qquad ①$$

且都是正数,所以树干的高度和底半径都是单调递增函数.

又由于

$$\lim_{t\to+\infty}H(t)=\lim_{t\to+\infty}H_{\infty}(1-e^{-\lambda t})=H_{\infty}$$

$$\lim_{t\to+\infty}D(t)=\lim_{t\to+\infty}D_{\infty}(1-e^{-\mu t})=D_{\infty}$$

所以常数 H_{∞} 和 D_{∞} 分别是树干的极限高度和极限底直径.

(2) 由式 ① 可得

$$\frac{H'(t)}{D'(t)}=\frac{\lambda H_{\infty}}{\mu D_{\infty}}e^{-(\lambda-\mu)t}$$

因为有$\frac{H'(t)}{D'(t)} \equiv 30$,所以必有$\frac{\mathrm{d}\left(\frac{H'(t)}{D'(t)}\right)}{\mathrm{d}t}=0$,即

$$-(\lambda-\mu)\frac{\lambda H_{\infty}}{\mu D_{\infty}}\mathrm{e}^{-(\lambda-\mu)t}=0$$

于是得到所需要证明的结论 $\lambda=\mu$.

(3) 由式 ① 可知,当 $t=0$ 时,树干高度的增长率和底半径的增长率同时取得最大值.

由于在时刻 t,树干的木材量即体积为

$$V(t)=\frac{1}{12}\pi D^2(t)H(t)=\frac{1}{12}\pi D_{\infty}^2 H_{\infty}(1-\mathrm{e}^{-\lambda t})^3$$

所以其木材增长率为

$$V'(t)=\frac{1}{4}\lambda\pi D_{\infty}^2 H_{\infty}(1-\mathrm{e}^{-\lambda t})^2\mathrm{e}^{-\lambda t}\geqslant 0 \qquad ②$$

但由式 ② 可知,在树干高度的增长率和底半径的增长率同时取最大值,即 $t=0$ 时,木材的增长率为 $V'(0)=0$,是树干木材增长率的最小值.

(4) 为求树干木材增长率的最大值,必须以树干木材增长率 $V'(t)$ 为目标函数,其导数为

$$V''(t)=-\frac{1}{4}\lambda^2\pi D_{\infty}^2 H_{\infty}(1-\mathrm{e}^{-\lambda t})(1-3\mathrm{e}^{-\lambda t})\mathrm{e}^{-\lambda t}$$

令 $V''(t)=0$,得到在区间$(0,+\infty)$内目标函数 $V'(t)$ 的唯一驻点 $t=\frac{\ln 3}{\lambda}$. 因为$V'(0)=0$,$V'(+\infty)=0$,而在$(0,+\infty)$上总有 $V'(t)>0$,所以该驻点必为目标函数 $V'(t)$ 的最大值点,而此时 $H\left(\frac{\ln 3}{\lambda}\right)=\frac{2}{3}H_{\infty}$,由此可知,当树干高度为$\frac{2}{3}H_{\infty}$ 时,树干木材的增长率最大.

❖涵洞截面

某铁路的穿山隧道,上部为半圆形,下部为矩形. 开凿费与隧道截面的周长成正比. 现开凿费已经给定,欲使隧道的截面面积最大,应有怎样的尺寸关系?

解 如图 1,设半圆的半径为 x,矩形的高为 y,则隧道截面的周长为

$$l=\pi x+2x+2y=(\pi+2)x+2y$$

所以

$$y = \frac{l - (\pi + 2)x}{2} \quad ①$$

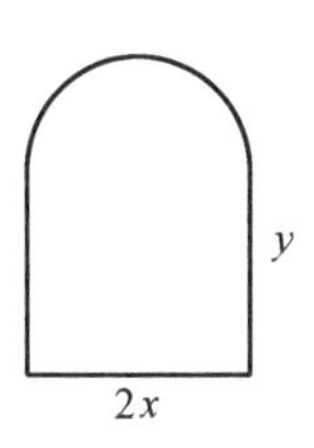

图1

由于开凿费与隧道的截面周长成正比，并且开凿费已经给定，故周长 l 为定值. 因此本题归结为：在保证周长为一定的条件下，设计具有最大截面积的隧道.

隧道截面积是半圆面积与矩形面积的和，即

$$S = \frac{1}{2}\pi x^2 + 2xy \quad ②$$

将式 ① 代入式 ②，整理得

$$S = -\frac{\pi + 4}{2}x^2 + lx = -\frac{\pi + 4}{2}\left(x^2 - \frac{2l}{\pi + 4}x\right) =$$

$$-\frac{\pi + 4}{2}\left[x^2 - \frac{2l}{\pi + 4}x + \left(\frac{l}{\pi + 4}\right)^2 - \left(\frac{l}{\pi + 4}\right)^2\right] =$$

$$\frac{l^2}{2(\pi + 4)} - \frac{\pi + 4}{2}\left(x - \frac{l}{\pi + 4}\right)^2$$

因此有

$$S - \frac{l^2}{2(\pi + 4)} = -\frac{\pi + 4}{2}\left(x - \frac{l}{\pi + 4}\right)^2 \quad ③$$

显然，这个以式 ③ 表示的抛物线的顶点坐标为$\left(\frac{l}{\pi + 4}, \frac{l^2}{2(\pi + 4)}\right)$. 由于

$$-\frac{\pi + 4}{2} < 0$$

故当 $x = \frac{l}{\pi + 4}$ 时，S 达最大值，即

$$S_{\max} = \frac{l^2}{2(\pi + 4)}$$

将 x 的值代入式①,得

$$y=\frac{1}{\pi+4}=x$$

因此,当半圆的半径等于矩形的高时,隧道的截面面积最大.

❖三层楼高

有1 988个相同的单位正方体,用它们(全部或一部分)拼成边长分别为 a, b, c $(a\leqslant b\leqslant c)$ 的三个"正方形"A,B,C(即尺寸为 $a\times a\times 1$, $b\times b\times 1$, $c\times c\times 1$ 的三个一层高的长方体),现将正方形C摆在平面上,然后将B摆在C的上面,使B的每个小块都恰好位于C的某个小块上,但B的周界的每个面都不与C的侧面对齐.最后将A按同样原则摆在B上,于是得到一个"三层楼".求当 a, b, c 取何值时,能使摆出这样的不同"三层楼"的个数最多?

解 因为当 $a\leqslant b-2$ 时,A放在B上且周界不对齐的不同放法共有 $(b-a-1)^2$ 种,故本题等价于在条件

$$1\leqslant a\leqslant b-2\leqslant c-4,\quad a^2+b^2+c^2\leqslant 1\ 988,\quad a,b,c\in\mathbf{N}$$

之下求 $(b-a-1)^2\cdot(c-b-1)^2$ 的最大值.显然,这个最大值在 $a=1$ 时达到,故只要在条件

$$3\leqslant b\leqslant c-2,\quad b,b^2+c^2\leqslant 1\ 987,\quad c\in\mathbf{N}$$

之下求 $(b-2)(c-b-1)$ 的最大值.

对每个固定的 c,两个因子之和一定,故 b 的值使两个因子 $b-2$ 和 $c-b-1$ 的差越小时乘积越大.由于 $c^2\leqslant 1\ 987-3^2=1\ 978$,故知 $c\leqslant 44$.

(1) $c=44$, $b^2\leqslant 1\ 987-44^2=51$, $3\leqslant b\leqslant 7$, $(43-b)\cdot(b-2)$ 在 $b=7$ 时取最大值180;

(2) $c=43$, $b^2\leqslant 1\ 987-43^2=138$, $3\leqslant b\leqslant 11$, $(42-b)\cdot(b-2)$ 在 $b=11$ 时取最大值279;

(3) $c=42$, $b\leqslant 14$, $(41-b)(b-2)$ 在 $b=14$ 时取最大值324;

(4) $c=41$, $b\leqslant 17$, $(40-b)(b-2)$ 在 $b=17$ 时取最大值345;

(5) $c=40$, $b\leqslant 19$, $(39-b)(b-2)$ 在 $b=19$ 时取最大值340;

(6) $c\leqslant 39$, $(b-2)(c-b-1)\leqslant\left(\frac{c-3}{2}\right)^2\leqslant 18^2=324$.

由此可见,当 $a=1$, $b=17$, $c=40$ 时拼成的"三层楼"的个数最多(共有 345^2 种).

❖抛物线弓形

过抛物线 $y^2 = 4ax(a > 0)$ 的焦点 $F = (a, 0)$ 作一条弦 AB,使该弦与抛物线围成的“抛物线弓形”(图 1) 面积最小.

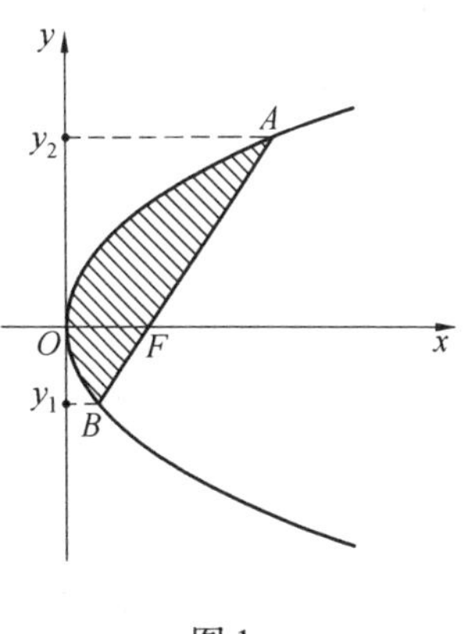

图 1

解法 1(利用直角坐标系中的积分方法)

这个问题不可避免地要遇到积分的计算,如放在直角坐标系中来解,则要化成对 y 的定积分,我们把直线方程和抛物线方程都表示成 x 是 y 的函数.

设此弦关于 y 轴的斜率为 k,根据对称性,不妨设 $k \geqslant 0$,于是可得弦的方程为 $x = ky + a$.为求它与抛物线的交点坐标,将该直线方程代入抛物线方程,得

$$y^2 - 4aky - 4a^2 = 0$$

解得

$$y_{1,2} = 2a(k \pm \sqrt{k^2 + 1})$$

所以抛物线弓形的面积为

$$S = \int_{2a(k-\sqrt{k^2+1})}^{2a(k+\sqrt{k^2+1})} \left[(ky + a) - \frac{y^2}{4a}\right] \mathrm{d}y$$

令 $y = 2ka + 2at$,则

$$S = 2a^2 \int_{-\sqrt{k^2+1}}^{\sqrt{k^2+1}} (k^2 + 1 - t^2)\mathrm{d}t = \frac{8}{3}a^2(k^2 + 1)^{\frac{3}{2}}$$

通过求导的方法或直接观察的方法,都能容易地得到如下结论:仅当 $k = 0$ 时,面积 S 才有最小值$\frac{8}{3}a^2$. 也就是说,所求直线平行于 y 轴,其方程为 $x = a$.

解法 2(利用极坐标系中的积分方法)

放在极坐标系中来解本题,首先取焦点 F 为极点,x 轴为极轴,建立极坐标系如图 2 所示.

与原直角坐标系比较,相当于作换元,即

$$x = a + \rho\cos\theta, \quad y = \rho\sin\theta$$

于是可将给定的抛物线方程化为

$$\rho = \frac{2a}{1 - \cos \theta}$$

设射线 FA 所对应的极角为 α，则射线 FB 所对应的极角为 $\pi + \alpha$，所以在极坐标系下抛物线弓形的面积为

$$S(\alpha) = \frac{1}{2}\int_{\alpha}^{\pi+\alpha} \frac{4a^2}{(1 - \cos \theta)^2}\mathrm{d}\theta, \quad 0 < \alpha \leqslant \frac{\pi}{2}$$

求导得

$$\frac{\mathrm{d}S}{\mathrm{d}\alpha} = 2a^2\left[\frac{1}{(1 + \cos \alpha)^2} - \frac{1}{(1 - \cos \alpha)^2}\right]$$

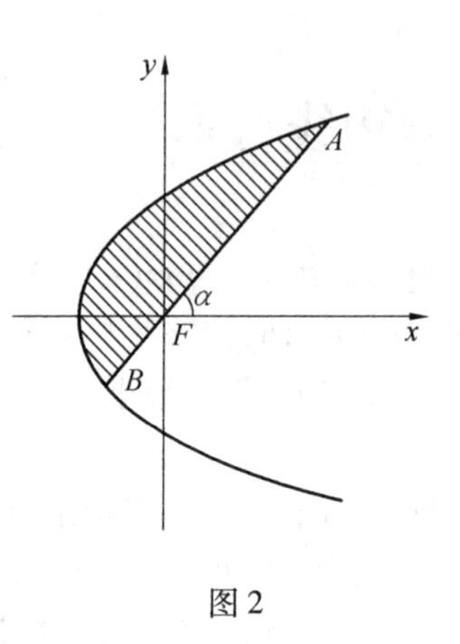

图 2

当 $0 < \alpha \leqslant \frac{\pi}{2}$ 时，有 $\frac{\mathrm{d}S}{\mathrm{d}\alpha} \leqslant 0$，$S(\alpha)$ 是单调递减函数，所以当 $\alpha = \frac{\pi}{2}$ 时，$S(\alpha)$ 有最小值，即所求之弦垂直于对称轴.

❖吊装要求

某施工队有一台臂长 l m、底座高 m m的吊车. 能否把图 1 中的屋架吊起平放到 H m 高的柱子顶上?

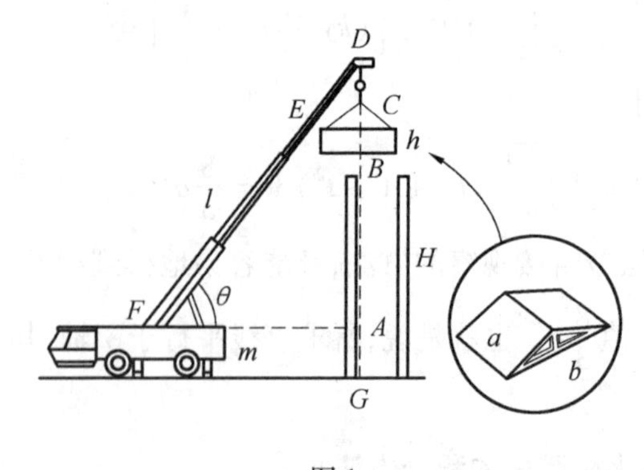

图 1

解 吊车吊起屋架的高度 BG，取决于吊臂的张角 θ. θ 角太小，吊不高；θ 角太大，也吊不高. 因此必有某一个特定的 θ 角，才能达到最大的起吊高度. 如这个最大的起吊高度，大于柱高 H，则该吊车能把屋架吊放到柱子顶上.

令 

$$GB = z$$

则

$$z = AB + m \quad ①$$

因为

$$AB = AD - (BC + CD)$$

$$AD = FD \cdot \sin\theta = l\sin\theta$$

$$CD = CE \cdot \tan\theta = \frac{a}{2}\tan\theta$$

所以

$$AB = l\sin\theta - \left(h + \frac{a}{2}\tan\theta\right) \quad ②$$

将式 ② 代入式 ①,得

$$z = l\sin\theta - \frac{a}{2}\tan\theta + m - h \quad ③$$

式中,θ 角必满足

$$0^\circ < \theta < 90^\circ \quad ④$$

将 z 对 θ 求导,得

$$z' = l\cos\theta - \frac{a}{2\cos^2\theta}$$

令 $z' = 0$,则有

$$l\cos\theta - \frac{a}{2\cos^2\theta} = 0$$

解得

$$\theta = \arccos\sqrt[3]{\frac{a}{2l}} \quad ⑤$$

利用二阶导数可以证明,当等式 ⑤ 成立时,z 得到最大值. 因为

$$z'' = -l\sin\theta - \frac{a\sin\theta}{\cos^3\theta}$$

由式 ④ 知,θ 角位于第一象限内,因此 $\sin\theta$,$\cos\theta$ 均为正值,故有

$$z'' < 0$$

因此,当 $\theta = \arccos\sqrt[3]{\frac{a}{2l}}$ 时,z 达最大值,将 θ 值代入式 ③,即得到 z_{max}.

若 $z_{max} \geqslant H$,则吊车能满足安装要求,否则不能把屋架吊放到柱子顶上.

在具体问题中,吊车和吊件的尺寸都是已知的,因此可以根据式 ③ 和式 ⑤ 求出 z_{max}.

❖货物分装

已知 13.5 t 货物分装在一批箱子里,箱子的自重忽略不计,每个箱子所装货物的质量都不超过350 kg. 求证:可以用11辆载重量为1.5 t的卡车一次运走这批货物.

证明 将所有货箱任意排定顺序,首先将货箱依次装上第一辆卡车并直到再装一个就超过载重量为止,并将这最后不能装上的箱子放在第一辆汽车之旁. 然后按同样办法装第二辆、第三辆 …… 直到第八辆车装完并在车旁放了一个货箱为止. 显然,前八辆车中每辆车所装货箱及车旁所放一箱的质量和超过 1.5 t. 故所余货箱的质量和不足 1.5 t,可以全部装入第九辆卡车. 然后把前八辆卡车旁所放的各一箱货物分别装入后两辆卡车,每车 4 箱,显然不超载. 这样装车就可用 11 辆卡车一次运走全部货物.

❖过河问题

某人要从河岸边点 A 驾船驶往对岸再步行到点 B,如图 1. 设船速为 v_1,步行的速度为 v_2. 假定河宽忽略不计,登岸点 C 选在何处才能最快到达点 B?

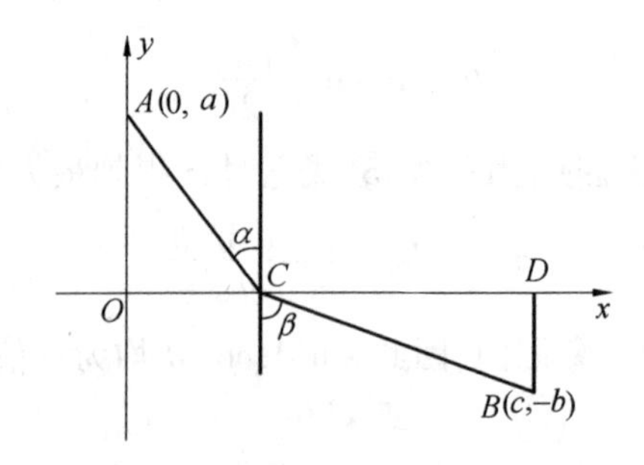

图 1

解 建立如图 1 所示的直角坐标系,设 $OC=x$,那么,从点 A 到点 B 的总时间可以表达为

$$t=\frac{1}{v_1}\sqrt{a^2+x^2}+\frac{1}{v_2}\sqrt{b^2+(c-x)^2}$$

对 x 求导,得

$$\frac{\mathrm{d}t}{\mathrm{d}x}=\frac{1}{v_1}\cdot\frac{x}{\sqrt{a^2+x^2}}-\frac{1}{v_2}\cdot\frac{c-x}{\sqrt{b^2+(c-x)^2}}$$

$$\frac{\mathrm{d}^2t}{\mathrm{d}x^2}=\frac{1}{v_1}\cdot\frac{a^2}{\sqrt{(a^2+x^2)^3}}+\frac{1}{v_2}\cdot\frac{b^2}{\sqrt{[b^2+(c-x)^2]^3}}>0$$

由于 $\frac{\mathrm{d}^2t}{\mathrm{d}x^2}>0$,令 $\frac{\mathrm{d}t}{\mathrm{d}x}=0$,得到方程

$$\frac{1}{v_1}\cdot\frac{x}{\sqrt{a^2+x^2}}=\frac{1}{v_2}\cdot\frac{c-x}{\sqrt{b^2+(c-x)^2}} \quad ①$$

满足方程的解为最小值. 此时有

$$\frac{v_2}{v_1}=\frac{\sin\alpha}{\sin\beta} \quad ②$$

注 (1) 如果把此人的行进路线代之以光线在两种介质中的传播,则式 ② 表达的便是著名的折射定律. 如果换成光线的反射,这个例子说明入射角等于反射角.

(2) 如果换成运费问题,这个问题就是一个运费最少的问题.

上例只是存在性,真正要求出最小值点,还需用近似计算方法. 如果 v_1,v_2 相等,那么点 C 在 AB 的连线上,此时,从方程 ① 中,可解得 $x=\frac{ac}{a+b}$ 为最小值点. 最小值就是 AB 的长的倍数.

传统河边洗手的问题

某人从农田劳动后,从点 A 到河边洗手,再返回住处点 B(图2),问如何走使他行走的路线最短?

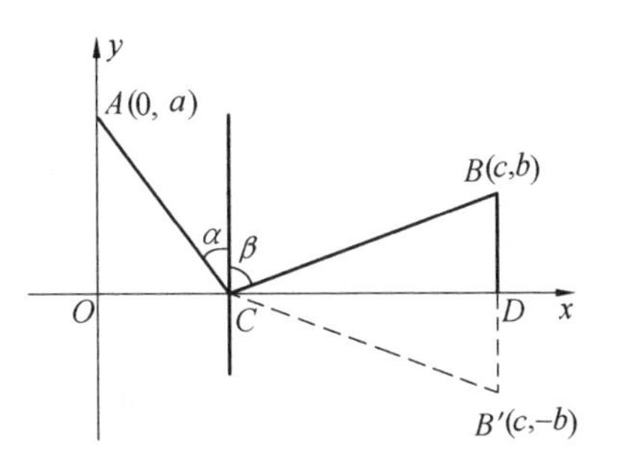

图2

假定该人行走的速度没有变化,我们可以把这个问题化为上面的问题,只要选取点 B 关于 x 轴对称点 $B'(c,-b)$,考虑该人走过折线 ACB' 的最少时间问题. 于是我们得到的解为 $\sin\alpha=\sin\beta$,这个解说明,点 C 在 AB' 所在的直线上. 这与我们用平面几何的解法是一致的,最小值为 AB 除以速度.

过河问题的演变

例 1 求 $f(x)=\sqrt{x^2-2x+5}+\sqrt{x^2-4x+13}$ 的最小值.

解 由于 $f(x)=\sqrt{(x-1)^2+4}+\sqrt{(x-2)^2+9}$ 的几何意义:x 轴上的点 $(x,0)$ 到点 $(1,2)$ 和 $(2,-3)$ 的距离的和. 这恰好是一个过河问题. 它的最小值就是两定点之间的距离. 因此,$f(x)$ 的最小值应为 $\sqrt{1^2+5^2}=\sqrt{26}$.

过河问题的推广

例2 设两个工厂分别位于河岸同侧的点 P 和点 Q 处. 现欲求点 R,使得从点 R 修向两个工厂和河岸边的输水管总长度

$$L = RP + RQ + RS$$

为最小,其中 RS 为点 R 到河岸的距离.

解 不失一般性,我们建立如图3所示的坐标系,设 $b > 0, 0 \leqslant c < a$,固定点 R 中的 y 值,那么当 $y > c$ 时,$PR + RQ > PQ, RS > c$,故点 R 应在点 Q 的位置. 此时

$$L = \sqrt{(c-a)^2 + b^2} + c$$

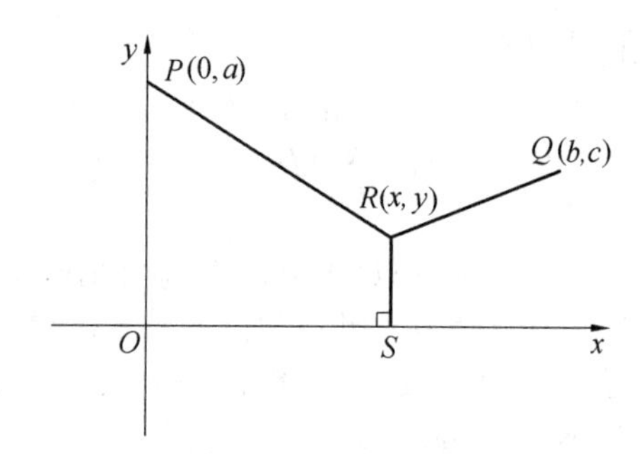

图3

当 $y < c$ 时,由上面对过河问题的讨论,x 的位置应取在

$$x = \frac{(a-y)b}{(a-y)+(c-y)}$$

处,此时

$$PR + RQ = \sqrt{(a+c-2y)^2 + b^2}$$

于是

$$L = \sqrt{(a+c-2y)^2 + b^2} + y$$

令 $t = \frac{a+c}{2} - y$, 那么 $L = \sqrt{4t^2 + b^2} + \frac{a+c}{2} - t, t \in \left[\frac{a-c}{2}, \frac{a+c}{2}\right]$; 令 $L' = 0$, 则 $\frac{4t - \sqrt{4t^2 + b^2}}{\sqrt{4t^2 + b^2}} = 0$,解得 $t = \frac{b}{2\sqrt{3}}$;由 $L'' = \frac{4b^2}{\sqrt{(4t^2 + b^2)^3}} > 0$,如果 $\frac{a-c}{2} \leqslant \frac{b}{2\sqrt{3}} \leqslant \frac{a+c}{2}$,那么 $t = \frac{b}{2\sqrt{3}}$ 是 L 的最小值点. 此时

$$L = \frac{2}{\sqrt{3}}b + \frac{a+c}{2} - \frac{b}{2\sqrt{3}} = \frac{\sqrt{3}}{2}b + \frac{a+c}{2}$$

如果 $t = \frac{b}{2\sqrt{3}} \geqslant \frac{a+c}{2}$,那么在 $\left[\frac{a-c}{2}, \frac{a+c}{2}\right]$ 上,$L' < 0$,于是,$t = \frac{a+c}{2}$ 是最小值点. 此时,$L = \sqrt{(a+c)^2 + b^2}$. 如果 $t = \frac{b}{2\sqrt{3}} \leqslant \frac{a-c}{2}$,那么在 $\left[\frac{a-c}{2}, \frac{a+c}{2}\right]$ 上,$L' > 0$,知 $t = \frac{a-c}{2}$

是最小值点. 此时

$$L = \sqrt{(a-c)^2 + b^2} + c$$

总结起来就是

$$L = \begin{cases} \sqrt{(c-a)^2 + b^2} + c & , y > c \\ \dfrac{\sqrt{3}}{2}b + \dfrac{a+c}{2}, & \dfrac{a-c}{2} \leqslant \dfrac{b}{2\sqrt{3}} \leqslant \dfrac{a+c}{2}, \quad y = \dfrac{a+c}{2} - \dfrac{b}{2\sqrt{3}} \\ \sqrt{(c+a)^2 + b^2}, & \dfrac{b}{2\sqrt{3}} \geqslant \dfrac{a+c}{2} \\ \sqrt{(c-a)^2 + b^2} + c, & \dfrac{b}{2\sqrt{3}} \leqslant \dfrac{a-c}{2} \end{cases}$$

❖列车信号

一些信号灯依次编号为 $1,2,\cdots,m(m \geqslant 2)$,沿单线铁路等距离分布. 按照安全规定,当有火车在一个信号灯与下一个信号灯之间行驶时,其他火车不允许通过这个信号灯. 但火车可以在一个信号灯处,一辆接一辆地停着不动(火车的长度认为是0).

现有 n 辆列车需从信号灯1驶到信号灯 m,n 辆列车的速度互不相同,但每辆列车在行驶过程中总是匀速的. 试证:不论列车运行的顺序如何安排,从第一辆列车驶离信号灯1到第 k 辆列车到达信号灯 m 所需的最短时间总是相等的.

证明 设第 i 辆列车从一个信号灯驶到下一个信号灯所用的时间为 t_i,$i = 1,2,\cdots,n$. 不妨设 $t_1 < t_2 < \cdots < t_n$. 如果列车按照 $1,2,\cdots,n$ 的次序开出,且为使总时间最短,每辆车都是在按规则允许时即时开出,于是所用的总时间为

$$t_1 + t_2 + \cdots + t_{n-1} + (m-1)t_n \quad ①$$

下面用数学归纳法来证明,不论列车行驶的顺序如何,所用的最短总时间均为结论 ①.

当 $n=1$ 时,结论显然成立. 设结论①对 $n=k$ 成立. 当 $n=k+1$ 时,如果 $k+1$ 辆列车按速度从大到小依次开出,则结论 ① 仍成立. 故只需再证按任意顺序开出所用的时间都是结论 ①.

设最先开出的是列车 i_1,然后是列车 i_2. 如果 $i_1 < i_2$,则列车 i_1 对整个行驶过程的影响仅在于列车 i_2 在它驶出 t_{i_1} 之后启动. 由归纳假设知,后面 k 辆列车所用最短时间为

$$t_1 + t_2 + \cdots + t_{n-1} + (m-1)t_n - t_{i_1}$$

故知所用总时间仍为结论①,其中 $n=k+1$. 如果 $i_1>i_2$,我们将列车 i_1 与 i_2 的速度对调,看看对总时间产生什么影响. 在1号灯至2号灯这一段,列车 i_2 原来需等待 t_{i_1},行驶用时 t_{i_2},距列车1开出时共用 $t_{i_1}+t_{i_2}$. 速度对调后,等待时间为 t_{i_2},行驶时间为 t_{i_1},其和仍为 $t_{i_1}+t_{i_2}$. 自2号灯亮起,在每两个相邻信号灯之间,列车 i_2 原来需等待 $t_{i_1}-t_{i_2}$,行驶时间要用 t_{i_2},共用 t_{i_1}. 对调后,不用等待,而行驶要用时 t_{i_1},仍与对调前相同. 可见,前两辆车的速度对调后,对于列车 i_2 在每段行驶所用的时间没有影响. 因此,对于 i_2 后面的列车的行驶也没有影响,即总时间保持不变. 于是由前一种情形的讨论即知这时仍有结论①成立.

❖漏斗下料

用一块半径为 R 的镀锌薄钢板做一个漏斗. 欲将薄钢板利用得最充分,应如何下料?

解 设下料时需要切割出如图1所示的圆心角为 α 的扇形部分. 漏斗则用圆心角为 β 的大扇形卷起来,因此漏斗的母线长为 R. 若漏斗底面的半径为 x,则

$$2\pi x=\frac{\beta}{360}2\pi R$$

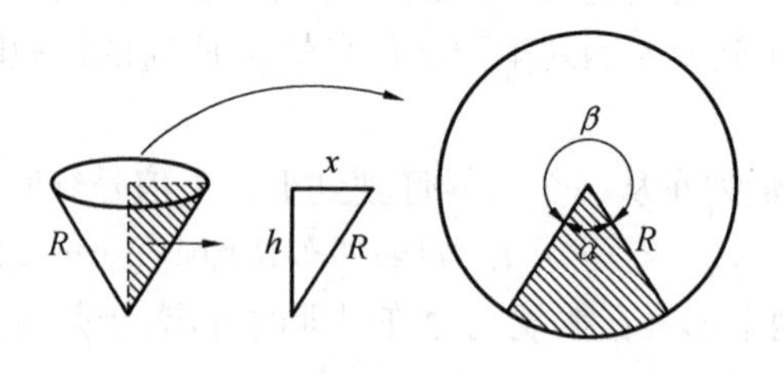

图1

所以

$$\beta=\frac{360x}{R} \quad ①$$

以 V 表示漏斗的容积,有

$$V=\frac{\pi}{3}hx^2$$

由于

$$h=\sqrt{R^2-x^2}$$

所以

$$V=\frac{\pi}{3}x^2\sqrt{R^2-x^2}=\frac{\pi}{3}(x^2)^1(R^2-x^2)^{\frac{1}{2}}$$

因为$\frac{\pi}{3}$为常数，所以 V 值的大小取决于后两个因数的乘积. 然而

$$x^2+(R^2-x^2)=R^2$$

为定值. 所以，当

$$\frac{x^2}{1}=\frac{R^2-x^2}{\frac{1}{2}} \tag{②}$$

时，V 达最大值.

解式 ② 得 $x=\pm\frac{\sqrt{6}}{3}R$.

由于 x 为漏斗底面半径的长度，必为正数，故弃去负根，所以 $x=\frac{\sqrt{6}}{3}R$. 将 x 的值代入式 ① 得

$$\beta=120\sqrt{6}\approx 293°56'$$

显然，欲最充分地利用薄钢板，应使做成的漏斗容积最大. 此时，下料时，应切割的扇形具有

$$\alpha=360°-\beta=66°4'$$

的圆心角.

❖沙漠机器人

一块沙漠形如半平面，将此半平面分割成规格为 1×1 的许多小方格，距边界 15 个小方格的沙漠中有一个能量 $E=59$ 的机器人，每个小方格的“耗能”为不大于5的自然数，而任意一个规格为 5×5 的沙漠正方形的“耗能”为88，机器人可以进入与它相邻的四个小方格中的任一个中去（有公共边的小方格称为相邻的小方格），每进入一格，机器人的能量会减少一个它所进入的方格的“耗能”数. 问机器人能否走出沙漠？

解 如图 1 所示，用带箭头的路线表示机器人 5 条不同的行动路线（“※”号表示机器人所在的位置）.

这 5 条路线所经过的小方格的耗能总和不超过

$$3\times88+2\times10+2\times5=294$$

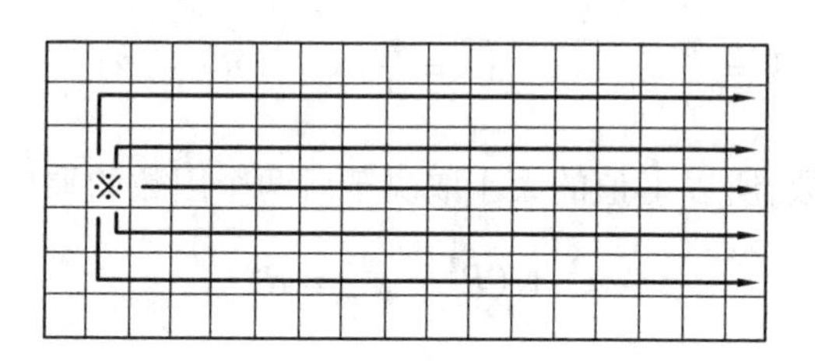

图 1

上述 5 条路线共经过 3 个 5×5 的正方形每格 1 次,经过机器人所在方格的上下两个相邻方格各两次,经过机器人所在方格的上下两方格 1 格的方格各 1 次. 由于

$$294<5\times59$$

因此在这 5 条不同的路线中至少有一条所经过的所有小方格的"耗能"之和小于 59,因此机器人沿这条路线移动就可以走出沙漠.

❖最大截面

某学校实验室,需用镀锌薄钢板制作一条截面为等腰梯形的水槽. 已知镀锌薄钢板的宽度为 b. 由于水槽的截面越大,汇流的水越多,因此希望截面尽可能的大. 问怎样利用镀锌薄钢板现有的宽度,来满足水槽具有最大截面的要求?

解 由图 1 知,由于镀锌薄钢板的宽度为 b,故有

$$2x+y=b \qquad ①$$

若 AE 用 h 表示,BE 用 z 表示,则由 $\mathrm{Rt}\triangle ABE$ 得

$$h=\sqrt{x^2-z^2}$$

因此,梯形 $ABCD$ 的面积为

$$S=\frac{AD+BC}{2}\cdot AE=(y+z)\sqrt{x^2-z^2}$$

或

$$S^2=(y+z)^2(x^2-z^2)=(y+z)(y+z)(x+z)(x-z) \qquad ②$$

在等式 ② 的两边各乘以 3,则

$$3S^2=3(y+z)(y+z)(x+z)(x-z)=$$
$$(y+z)(y+z)(x+z)(3x-3z) \qquad ③$$

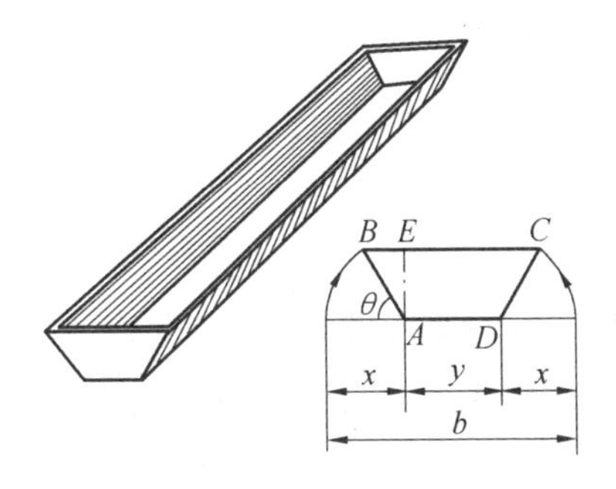

图1

因为

$$(y+z)+(y+z)+(x+z)+(3x-3z)=4x+2y=2(2x+y)$$

由式①知 $2x+y=b$,而 b 为常数,所以

$$(y+z)+(y+z)+(x+z)+(3x-3z)=2b$$

即式③中,各因数的和为定值,所以当

$$y+z=x+z \quad ④$$

及

$$x+z=3x-3z \quad ⑤$$

时,$3S^2$ 达最大值.

由解式④及式⑤得

$$x=y \quad ⑥$$

$$z=\frac{x}{2} \quad ⑦$$

将式①⑥⑦联立求解,得

$$x=y=\frac{b}{3}$$

$$z=\frac{b}{6}$$

又

$$\cos\theta=\frac{z}{x}=\frac{1}{2}$$

所以

$$\theta=60^\circ$$

因此,当 $x=y=\frac{b}{3}$,$\theta=60^\circ$ 时,$3S^2$ 达最大值.由于 $3S^2$ 是仅仅取决于 S 的一元函数,所以两者同时达到最大值.即按此条件下料,水槽的截面最大,也就是

说对镀锌薄钢板的利用最充分.

❖追击问题

一小船A从原点出发,以匀速v_0沿y轴正向行驶,另一小船B从x轴上的点$(x_0,0)(x_0<0)$出发,向小船A追去,其速度方向始终指向小船A,其速度大小为v_1.

(1) 求船的运动方程.

(2) 如果$v_1>v_0$,小船B需要多少时间才能追上小船A?

解　设小船B的运动轨迹为$y=y(x)$. 因为小船B的速度方向指向船A,故

$$\frac{\mathrm{d}y}{\mathrm{d}x}=\frac{v_0t-y}{-x}$$

即

$$-x\frac{\mathrm{d}y}{\mathrm{d}x}=v_0t-y \tag{①}$$

将式①两边对x求导,得

$$-\frac{\mathrm{d}y}{\mathrm{d}x}-x\frac{\mathrm{d}^2y}{\mathrm{d}x^2}=v_0\frac{\mathrm{d}t}{\mathrm{d}x}-\frac{\mathrm{d}y}{\mathrm{d}x} \tag{②}$$

从而

$$\frac{\mathrm{d}t}{\mathrm{d}x}=-\frac{x}{v_0}\frac{\mathrm{d}^2y}{\mathrm{d}x^2} \tag{③}$$

又因小船B的速度为v_1,故

$$v_1=\sqrt{\left(\frac{\mathrm{d}x}{\mathrm{d}t}\right)^2+\left(\frac{\mathrm{d}y}{\mathrm{d}t}\right)^2}=\sqrt{1+\left(\frac{\mathrm{d}y}{\mathrm{d}x}\right)^2}\frac{\mathrm{d}x}{\mathrm{d}t} \tag{④}$$

把式④代入式③,得

$$x\frac{\mathrm{d}^2y}{\mathrm{d}x^2}+\frac{v_0}{v_1}\sqrt{1+\left(\frac{\mathrm{d}y}{\mathrm{d}x}\right)^2}=0 \tag{⑤}$$

以及初始条件

$$y\Big|_{x=x_0}=\frac{\mathrm{d}y}{\mathrm{d}x}\Big|_{x=x_0}=0 \tag{⑥}$$

令$p(x)=\frac{\mathrm{d}y}{\mathrm{d}x},k=\frac{v_0}{v_1}>0$,得

$$\begin{cases} x\dfrac{\mathrm{d}p}{\mathrm{d}x}+k\sqrt{1+p^2}=0 \\ p(x_0)=0 \end{cases} \quad ⑦$$

解此初始问题,得

$$\ln(p+\sqrt{1+p^2})=\ln\frac{x_0^k}{x^k}$$

解之得

$$\frac{\mathrm{d}y}{\mathrm{d}x}=\frac{1}{2}\left(\frac{x_0^k}{x^k}-\frac{x^k}{x_0^k}\right)$$

当 $k\neq1$ 时,有

$$y(x)=-\frac{x_0}{2}\left[\frac{1}{k-1}\left(\frac{x_0}{x}\right)^{k-1}+\frac{1}{k+1}\left(\frac{x}{x_0}\right)^{k+1}-\frac{2k}{k^2-1}\right]$$

当 $k=1$ 时,有

$$y(x)=-\frac{x_0}{2}\left[\ln\frac{x_0}{x}+\frac{1}{2}\left(\frac{x_0}{x}\right)^2-\frac{1}{2}\right]$$

只有当 $k<1$ 时,小船 B 才能追上小船 A;而当小船 B 追上小船 A 时,其横坐标为 0,故要求出

$$\lim_{x\to0^-}y(x)=\lim_{x\to0^-}-\frac{x_0}{2}\left[\frac{1}{k-1}\left(\frac{x_0}{x}\right)^{k-1}+\frac{1}{k+1}\left(\frac{x}{x_0}\right)^{k+1}-\frac{2k}{k^2-1}\right]=-\frac{x_0}{2}\cdot\frac{2k}{k^2-1}$$

即此时小船 B 的纵坐标为 $-\frac{x_0}{2}\cdot\frac{2k}{k^2-1}$,代入式①,得

$$v_0T=-\frac{x_0}{2}\cdot\frac{2k}{k^2-1}$$

故 $T=-\frac{x_0}{2v_0}\cdot\frac{2k}{k^2-1}$. 因为直线追击的时间是

$$T_1=\frac{-x_0}{\sqrt{v_1^2-v_0^2}},\quad \frac{T}{T_1}=\frac{v_1}{\sqrt{v_1^2-v_0^2}}>1$$

因此沿着直线追击的时间花得少一些. 这说明如果盯着目标追,要比有事先的预见性超前追所用的时间要多一些.

❖利用旧墙

某旧屋基上,残留一堵长 l m 的旧墙. 现在要在该屋基上,重建一栋占地 S m^2 的新屋. 从节约的角度出发,要求最大限度地利用这堵旧墙. 已知条件为:

(1) 修理 1 m 旧墙的费用,相当于用新料砌 1 m 新墙费用的$\frac{1}{4}$;

(2) 拆去 1 m 旧墙,以所得的旧材料,再建 1 m 新墙的费用,相当于用新料造 1 m 新墙费用的$\frac{1}{2}$.

在这两个条件下,用何种方式利用这面旧墙才最合理?

解 设用新料砌每米新墙的费用为 p 元,则修理每米旧墙的费用为$\frac{p}{4}$元,利用旧料建每米新墙的费用为$\frac{p}{2}$元.

如图 1 所示,设旧墙保留 x m,作为新屋之北墙. 另$(l-x)$ m,拆下后用于东墙,则各墙的费用分别是:

北墙	$\frac{p}{4}x$
东墙	$\frac{p}{2}(l-x)+p[y-(l-x)]$
南墙	px
西墙	py

各墙的总费用为

$$w=\frac{p}{4}x+\frac{p}{2}(l-x)+p[y-(l-x)]+px+py=\frac{p}{4}(7x+8y)-\frac{p}{2}l \quad ①$$

在式 ① 中,p,l 为常数,所以当 $7x+8y$ 最小时,w 达最小值. 令

$$j=7x+8y \quad ②$$

又根据题意有

$$xy=S$$

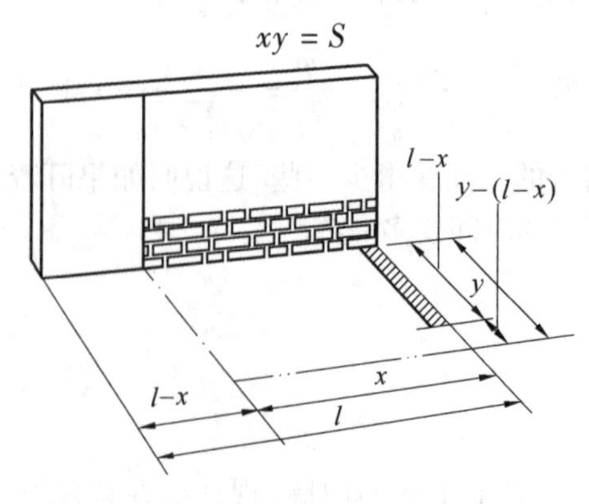

图 1

所以

$$y = \frac{S}{x} \tag{③}$$

将式 ③ 代入式 ②,得

$$j = 7x + \frac{8S}{x} \tag{④}$$

因为式 ④ 中,两加数的乘积

$$7x \cdot \frac{8S}{x} = 56S$$

为定值,所以当

$$7x = \frac{8S}{x} \tag{⑤}$$

时,j 达最小值.

解式 ⑤ 得

$$x = \pm \frac{2}{7}\sqrt{14S}$$

由于 x 为墙的实长,必为正数,故弃负根,因而有

$$x = \frac{2}{7}\sqrt{14S}$$

将 x 值代入式 ③,得

$$y = \frac{1}{4}\sqrt{14S}$$

因此把旧墙保留$\frac{2}{7}\sqrt{14S}$ m,其余部分拆除加以利用,并使另一面墙长$\frac{1}{4}\sqrt{14S}$ m,整个工程费用最小. 故为利用旧墙最合理的方式.

❖最速下降

旋轮线的定义:圆上一个定点,当圆在一直线上滚动时所形成的轨迹.

旋轮线的一般方程:$\begin{cases} x = R(\theta - \sin\theta) \\ y = R(1 - \cos\theta) \end{cases}$,如图 1. 旋轮线是最速下降曲线. 在沿直平面,一质点在仅受重力作用的情况下,由一点下落到另一点所需要的时间最少的路线,不是直线而是旋轮线. 这一结论可用变分法的理论严格证明. 因这一问题归结为一个泛函极值问题,这里不再作介绍. 但我们可以比较一下沿直线和沿旋轮线所需的时间,看看是不是沿旋轮线用时最少.

先看质点沿直线下落的情况. 为简单起见,选坐标原点在开始下降的点,x 轴水平,y 轴沿垂直向下,如图 2.

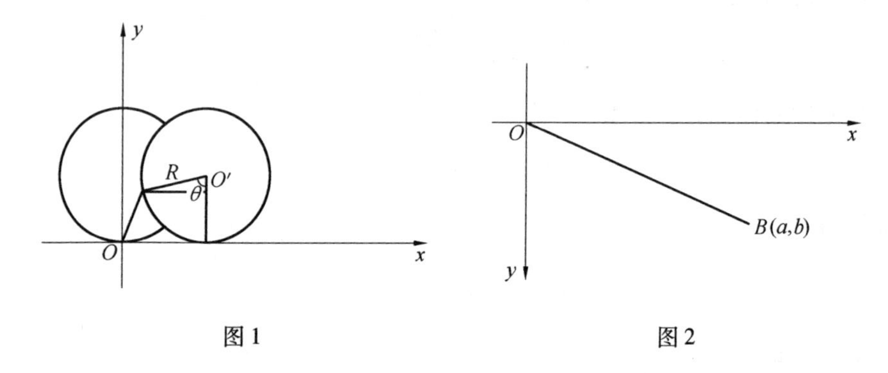

图 1　　图 2

解　设质点沿原点 O,沿直线路径下落到点 A,直线 OA 的方程是 $y=\frac{b}{a}x$ $(a\neq 0)$.

质点从点 O 沿轨道 OA,从静止状态仅受重力作用下下降到点 A,其下降速度 $V=\frac{\mathrm{d}s}{\mathrm{d}t}$,而 $\mathrm{d}s=\sqrt{1+\frac{a^2}{b^2}}\mathrm{d}y$. 由能量守恒定律 $mgy=\frac{1}{2}mV^2$,基中 m 为质点的质量,g 是重力加速度,从而有 $V=\sqrt{2gy}$,于是 $\mathrm{d}t=\frac{\mathrm{d}s}{\sqrt{2gy}}$,故由点 O 下降到点 B 所需的时间为

$$T_1=\int_0^b\frac{\sqrt{1+\left(\frac{a}{b}\right)^2}}{\sqrt{2gy}}\mathrm{d}y=\sqrt{\frac{2(a^2+b^2)}{gb}}$$

再看质点沿旋轮线下降到 $B(a,b)$ 所需要的时间. 设旋轮线方程为

$$\begin{cases}x=R(\theta-\sin\theta)\\y=R(1-\cos\theta)\end{cases}$$

设点 B 对应的 θ 值为 θ_0,则有关系式

$$a=R(\theta_0-\sin\theta_0),\quad b=R(1-\cos\theta_0)$$

旋轮线的弧长的微分为

$$\mathrm{d}s=\sqrt{x'^2(\theta)+y'^2(\theta)}\,\mathrm{d}\theta=R\sqrt{2(1-\cos\theta)}\,\mathrm{d}\theta$$

故沿旋轮线所需的时间为

$$T_2=\int_0^{\theta_0}\frac{R\sqrt{2(1-\cos\theta)}}{\sqrt{2gR(1-\cos\theta)}}\mathrm{d}\theta=\sqrt{\frac{R}{g}}\theta_0$$

我们下面来证明 $T_1 \geqslant T_2$. 将点 B 的坐标代入 $T_1=\sqrt{\dfrac{2(a^2+b^2)}{gb}}$ 中,得

$$T_1=\sqrt{\frac{2(a^2+b^2)}{gb}}=\sqrt{\frac{2R^2[(\theta_0-\sin\theta_0)^2+(1-\cos\theta_0)^2]}{gR(1-\cos\theta_0)}}=$$

$$\sqrt{\frac{R}{g}}\sqrt{\frac{2[(\theta_0-\sin\theta_0)^2+(1-\cos\theta_0)^2]}{g(1-\cos\theta_0)}},\quad 0<\theta_0<2\pi$$

$$T_1^2-T_2^2=\frac{R}{g}\left\{\frac{2[(\theta_0-\sin\theta_0)^2+(1-\cos\theta_0)^2]}{g(1-\cos\theta_0)}-\theta_0^2\right\}=$$

$$\frac{R}{g}\cdot\frac{2[(\theta_0-\sin\theta_0)^2+(1-\cos\theta_0)^2]-\theta_0^2(1-\cos\theta_0)}{(1-\cos\theta_0)}$$

由

$$2[(\theta_0-\sin\theta_0)^2+(1-\cos\theta_0)^2]-\theta_0^2(1-\cos\theta_0)=$$

$$\theta_0^2(1+\cos\theta_0)-4\theta_0\sin\theta_0+4(1-\cos\theta_0)=$$

$$2\left(\theta_0^2\cos^2\frac{\theta_2}{2}-4\theta_0\sin\frac{\theta_2}{2}\cos\frac{\theta_0}{2}+4\sin^2\frac{\theta_0}{2}\right)=$$

$$2\left(\theta_0\cos\frac{\theta_0}{2}-2\sin\frac{\theta_0}{2}\right)^2=2\left(\theta_0\cos\frac{\theta_0}{2}-2\sin\frac{\theta_0}{2}\right)^2$$

设 $f(\theta)=2\sin\dfrac{\theta}{2}-\theta\cos\dfrac{\theta}{2}$,那么 $f'(\theta)=\dfrac{\theta}{2}\sin\dfrac{\theta}{2}>0$,其中 $0<\theta<2\pi$,而 $f(0)=0$, 因此 $f(\theta)>0,0<\theta<2\pi$. 从而 $T_1^2-T_2^2>0$,即有 $T_1>T_2$.

❖一目了然

假设点 P 是弦 AB 确定的圆弧上的动点. 试证明一个直观明了的性质:如果点 P 位于圆弧 AB 的中点,则 $AP+PB$ 最大.

证明 以弧$\overset{\frown}{AB}$的中点 O 为圆心,由点 A 至点 B 画出另外一条弧$\overset{\frown}{AB}$. AP,AO 的延长线交此弧于点 Q 和点 C(图 1).

弦 AB 在点 O 所张之圆周角 $\angle AOB$ 等于在新弧$\overset{\frown}{AB}$上点 C 所张之圆周角的 2 倍. 在点 P 的 $\angle APB$ 等于在点 O 的 $\angle AOB$. 同理,在点 Q 的 $\angle AQB$ 等于在点 C 的 $\angle ACB$. 从而

$$\angle APB=2\angle AQB$$

在 $\triangle PQB$ 中,$\angle APB=\angle PQB+\angle QBP$,所以

$$2\angle PQB = 2\angle AQB = \angle APB = \angle PQB + \angle QBP$$

因此 $\angle PQB = \angle QBP$

故 $\triangle PQB$ 为等腰三角形,从而得知,$AP + PB = AP + PQ = AQ$,其中 AQ 是跨在外弧$\overset{\frown}{AB}$上的一条弦.若此弦最大,则它必是圆的直径,这恰好是 P 与 O 重合的情形.证毕.

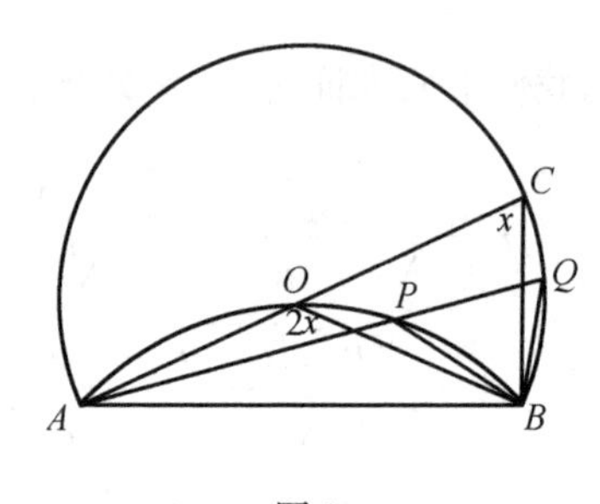

图 1

这个结论,也可以通过研究一组以 A,B 为焦点的不断向外扩展的椭圆得出.从对称原理得知,这些椭圆与圆弧的最后一次相交,恰好发生在这个圆弧的中点.最后与圆弧相交的椭圆,是与该圆弧相交的椭圆中最大的一个,其焦距之和最大.从而得证.

❖圆上一点

给定一圆及圆上两点 A,B,求圆上一点 C,使得 $AC^2 + BC^2$ 达到最大值.

解 由余弦定理知

$$AC^2 + BC^2 = AB^2 + 2AC \cdot BC \cdot \cos\angle ACB = AB^2 + 4\left(\frac{1}{2}AC \cdot BC \cdot \sin\angle ACB\right) \cdot \cot\angle ACB = AB^2 + 4S \cdot \cot\angle ACB$$

这里 S 是 $\triangle ABC$ 的面积.

作 AB 的垂直平分线,即 $\odot O$ 的直径 CD,如图 1,则显见图中点 C 即为所求.

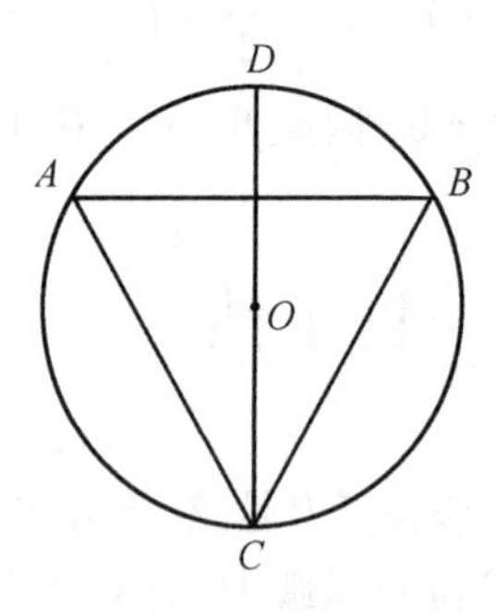

图 1

这是因为此时 S 达到最大,且 $\angle ACB < 90°$,$\cot\angle ACB$ 为非负.

❖最值三角形

我们考虑的椭圆的方程为$\frac{x^2}{a^2} + \frac{y^2}{b^2} = 1(a > b > 0)$,利用一个很有技巧性的

不等式估计即下文中的引理 2,我们证明一个很有意思的结果(见定理).

先引入下面的定义.

定义 在上述的椭圆中我们作其内接 $\triangle ABC$,如果这个三角形的一边与其对角的切线平行,则称该三角形为最值三角形.

定理 在上述的条件下,设给定的面积 $S \leqslant ab$,那么面积为 S 的椭圆内最值 $\triangle ABC$ 中,周长最小的是一个一边与 y 轴平行的等腰三角形.

定理的结论是很直观的,但是证明起来的确是不容易的. 从文中最后的叙述可以看到还有很多的问题并没有解决.

预备知识

作仿射变换$\begin{cases} x' = x \\ y' = \dfrac{a}{b}y \end{cases}$,记 $k = \dfrac{b}{a} < 1$. 在新的坐标系下,椭圆变成了一个圆 $x'^2 + y'^2 = a^2$. 记三角形的三个顶点为 $A(x_1, y_1), B(x_2, y_2), C(x_3, y_3)$,则周长 L 表示为

$$L = \sqrt{(x_1 - x_2)^2 + (y_1 - y_2)^2} + \sqrt{(x_1 - x_3)^2 + (y_1 - y_3)^2} + \sqrt{(x_3 - x_2)^2 + (y_3 - y_2)^2}$$

在新的坐标系下,三个顶点的坐标可以表示为 $A_1(x'_1, y'_1), B_1(x'_2, y'_2), C_3(x'_3, y'_3)$. L 在新的坐标系下可以表示为

$$L = \sqrt{(x'_1 - x'_2)^2 + k(y'_1 - y'_2)^2} + \sqrt{(x'_1 - x'_3)^2 + k(y'_1 - y'_3)^2} + \sqrt{(x'_3 - x'_2)^2 + k(y'_3 - y'_2)^2}$$

于是,我们的问题转变成:在圆 $x'^2 + y'^2 = a^2$ 内,内接最值 $\triangle A_1B_1C_1$,在面积不变的条件下求 L 的最小值. 由最值性知 $\triangle A_1B_1C_1$ 为等腰三角形. 为了表示方便,我们设 $a = 1$. $\triangle A_1B_1C_1$ 如图 1 所示.

A_1 的坐标为$(\cos(\alpha + \theta), \sin(\alpha + \theta))$;

B_1 的坐标为$(\cos\theta, -\sin\theta)$;

C_1 的坐标为$(\cos(\theta - \alpha), -\sin(\theta - \alpha))$.

于是此三角形的面积 S 可以表示为

$$S = \frac{1}{2} \cdot 4\sin\alpha\sin\frac{\alpha}{2}\sin\frac{\alpha}{2}$$

根据面积的不变性,由题意设 $S \leqslant 1$,因为考虑的是周长最短,我们可取定值 α 的取值范围是 $0 < \alpha \leqslant \dfrac{\pi}{2}$.

在椭圆的坐标系中,三角形的周长可表示为

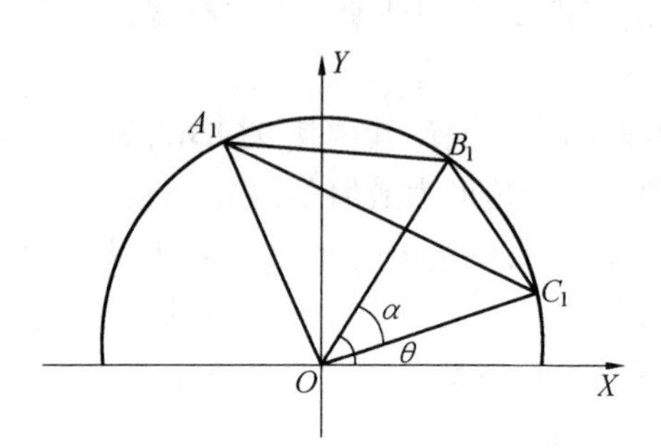

图 1

$$L=\sqrt{[\cos(\alpha+\theta)-\cos\theta]^2+k[\sin(\alpha+\theta)-\sin\theta]^2}+\sqrt{[\cos(\theta-\alpha)-\cos\theta]^2+k[\sin(\theta-\alpha)-\sin\theta]^2}+\sqrt{[\cos(\alpha+\theta)-\cos(\alpha-\theta)]^2+k[\sin(\alpha+\theta)-\sin(\theta-\alpha)]^2}=$$

$$2\sin\frac{\alpha}{2}\sqrt{\sin^2\left(\theta+\frac{\alpha}{2}\right)+k\cos^2\left(\theta+\frac{\alpha}{2}\right)}+2\sin\frac{\alpha}{2}\sqrt{\sin^2\left(\theta-\frac{\alpha}{2}\right)+k\cos^2\left(\theta-\frac{\alpha}{2}\right)}+2\sin\alpha\sqrt{\sin^2\theta+k\cos^2\theta}$$

对 L 求导,得

$$L'=2(1-k)\sin\frac{\alpha}{2}\left[\frac{\sin\left(\theta+\frac{\alpha}{2}\right)\cos\left(\theta+\frac{\alpha}{2}\right)}{\sqrt{\sin^2\left(\theta+\frac{\alpha}{2}\right)+k\cos^2\left(\theta+\frac{\alpha}{2}\right)}}+\frac{\sin\left(\theta-\frac{\alpha}{2}\right)\cos\left(\theta-\frac{\alpha}{2}\right)}{\sqrt{\sin^2\left(\theta-\frac{\alpha}{2}\right)+k\cos^2\left(\theta-\frac{\alpha}{2}\right)}}+2\cos\frac{\alpha}{2}\frac{\sin\theta\cos\theta}{\sqrt{\sin^2\theta+k\cos^2\theta}}\right]=$$

$$2(L_1+L_2+L_3)(1-k)\sin\frac{\alpha}{2}$$

引理 1 $\dfrac{\sin\theta}{\sqrt{\sin^2\theta+k\cos^2\theta}}$ 关于 θ 是单调递增函数,$\dfrac{\cos\theta}{\sqrt{\sin^2\theta+k\cos^2\theta}}$ 关于 θ 是单调递减函数,其中 $0<\theta<\frac{\pi}{2}$,$k>0$ 且为常数.

引理 1 的证明 当 $k=1$ 时,结论是显然的,因此,我们只需考虑 $k\neq1$ 时的情况,此时

$$\frac{\sin\theta}{\sqrt{\sin^2\theta+k\cos^2\theta}}=\sqrt{\frac{\sin^2\theta}{\sin^2\theta+k\cos^2\theta}}=\sqrt{\frac{\sin^2\theta}{k+(1-k)\sin^2\theta}}=$$

$$\sqrt{\frac{1}{1-k}-\frac{k}{1-k}\cdot\frac{1}{k+(1-k)\sin^2\theta}}$$

由于$\frac{1}{1-k}\cdot\frac{k}{k+(1-k)\sin^2\theta}$是单调递减的,因此$\frac{\sin\theta}{\sqrt{\sin^2\theta+k\cos^2\theta}}$是单调递增的.而

$$\frac{\cos\theta}{\sqrt{\sin^2\theta+k\cos^2\theta}}=\frac{\sin\left(\frac{\pi}{2}-\theta\right)}{\sqrt{\sin^2\left(\frac{\pi}{2}-\theta\right)+k\cos^2\left(\frac{\pi}{2}-\theta\right)}}$$

所以是单调递减的,证毕.

引理2 在区间$[0,\frac{\pi}{2}]$上,$L'\geqslant 0$.

引理2的证明 先对$0<\alpha\leqslant\frac{\pi}{2}$进行证明.我们将区间$[0,\frac{\pi}{2}]$上分成四段来进行证明.

(1)当$0\leqslant\theta\leqslant\frac{\alpha}{4}$时,$\theta\leqslant\frac{\alpha}{2}-\theta\leqslant\theta+\frac{\alpha}{2}$,于是,有

$$L_1=\frac{\sin\left(\theta+\frac{\alpha}{2}\right)}{\sqrt{\sin^2\left(\theta+\frac{\alpha}{2}\right)+k\cos^2\left(\theta+\frac{\alpha}{2}\right)}}\cos\left(\theta+\frac{\alpha}{2}\right)>\frac{\sin\left(\frac{\alpha}{2}-\theta\right)\cos\left(\theta+\frac{\alpha}{2}\right)}{\sqrt{\sin^2\left(\theta-\frac{\alpha}{2}\right)+k\cos^2\left(\theta-\frac{\alpha}{2}\right)}}$$

$$L_3=2\cos\frac{\alpha}{2}\frac{\cos\theta}{\sqrt{\sin^2\theta+k\cos^2\theta}}\sin\theta>2\cos\frac{\alpha}{2}\frac{\cos\left(\frac{\alpha}{2}-\theta\right)\sin\theta}{\sqrt{\sin^2\left(\theta-\frac{\alpha}{2}\right)+k\cos^2\left(\theta-\frac{\alpha}{2}\right)}}$$

于是

$$L_1+L_2+L_3=\frac{\sin\left(\frac{\alpha}{2}-\theta\right)\cos\left(\theta+\frac{\alpha}{2}\right)-\sin\left(\frac{\alpha}{2}-\theta\right)\cos\left(\frac{\alpha}{2}-\theta\right)+2\cos\frac{\alpha}{2}\cos\left(\frac{\alpha}{2}-\theta\right)\sin\theta}{\sqrt{\sin^2\left(\theta-\frac{\alpha}{2}\right)+k\cos^2\left(\theta-\frac{\alpha}{2}\right)}}=$$

$$\frac{\sin\left(\frac{\alpha}{2}-\theta\right)\left[\cos\left(\theta+\frac{\alpha}{2}\right)-\cos\left(\frac{\alpha}{2}-\theta\right)\right]+2\cos\frac{\alpha}{2}\cos\left(\frac{\alpha}{2}-\theta\right)\sin\theta}{\sqrt{\sin^2\left(\theta-\frac{\alpha}{2}\right)+k\cos^2\left(\theta-\frac{\alpha}{2}\right)}}=$$

$$\frac{-2\sin\left(\frac{\alpha}{2}-\theta\right)\sin\frac{\alpha}{2}\sin\theta+2\cos\frac{\alpha}{2}\cos\left(\frac{\alpha}{2}-\theta\right)\sin\theta}{\sqrt{\sin^2\left(\theta-\frac{\alpha}{2}\right)+k\cos^2\left(\theta-\frac{\alpha}{2}\right)}}=$$

$$\frac{2\sin\theta\left[-\sin\left(\frac{\alpha}{2}-\theta\right)\sin\frac{\alpha}{2}+\cos\frac{\alpha}{2}\cos\left(\frac{\alpha}{2}-\theta\right)\right]}{\sqrt{\sin^2\left(\theta-\frac{\alpha}{2}\right)+k\cos^2\left(\theta-\frac{\alpha}{2}\right)}}=$$

$$\frac{2\sin\theta\cos(\alpha-\theta)}{\sqrt{\sin^2\left(\theta-\frac{\alpha}{2}\right)+k\cos^2\left(\theta-\frac{\alpha}{2}\right)}}>0$$

从而 $L'=2(L_1+L_2+L_3)(1-k)\sin\frac{\alpha}{2}>0$.

(2) 当 $\frac{\alpha}{4}<\theta\leqslant\frac{\alpha}{2}$ 时, $\frac{\alpha}{2}-\theta<\theta<\theta+\frac{\alpha}{2}$, 于是有

$$L_1=\frac{\sin\left(\theta+\frac{\alpha}{2}\right)}{\sqrt{\sin^2\left(\theta+\frac{\alpha}{2}\right)+k\cos^2\left(\theta+\frac{\alpha}{2}\right)}}\cos\left(\theta+\frac{\alpha}{2}\right)>\frac{\sin\theta\cos\left(\theta+\frac{\alpha}{2}\right)}{\sqrt{\sin^2\theta+k\cos^2\theta}}$$

由引理 1 可知

$$\frac{\sin\left(\frac{\alpha}{2}-\theta\right)}{\sqrt{\sin^2\left(\theta-\frac{\alpha}{2}\right)+k\cos^2\left(\theta-\frac{\alpha}{2}\right)}}<\frac{\sin\theta}{\sqrt{\sin^2\theta+k\cos^2\theta}}$$

从而

$$L_2=\frac{-\sin\left(\frac{\alpha}{2}-\theta\right)\cos\left(\theta-\frac{\alpha}{2}\right)}{\sqrt{\sin^2\left(\theta-\frac{\alpha}{2}\right)+k\cos^2\left(\theta-\frac{\alpha}{2}\right)}}>\frac{-\sin\theta\cos\left(\theta-\frac{\alpha}{2}\right)}{\sqrt{\sin^2\theta+k\cos^2\theta}}$$

$$L_1+L_2+L_3=\frac{\sin\theta\cos\left(\theta+\frac{\alpha}{2}\right)-\sin\theta\cos\left(\theta-\frac{\alpha}{2}\right)+2\cos\frac{\alpha}{2}\sin\theta\cos\theta}{\sqrt{\sin^2\theta+k\cos^2\theta}}=$$

$$\frac{\sin\theta\left[\cos\left(\theta+\frac{\alpha}{2}\right)-\cos\left(\theta-\frac{\alpha}{2}\right)\right]+2\cos\frac{\alpha}{2}\sin\theta\cos\theta}{\sqrt{\sin^2\theta+k\cos^2\theta}}=$$

$$\frac{-2\sin\theta\sin\theta\sin\frac{\alpha}{2}+2\cos\frac{\alpha}{2}\sin\theta\cos\theta}{\sqrt{\sin^2\theta+k\cos^2\theta}}=$$

$$2\sin\theta\frac{-\sin\theta\sin\frac{\alpha}{2}+\cos\frac{\alpha}{2}\cos\theta}{\sqrt{\sin^2\theta+k\cos^2\theta}}=$$

$$2\sin\theta\frac{\cos\left(\frac{\alpha}{2}+\theta\right)}{\sqrt{\sin^2\theta+k\cos^2\theta}}\geqslant 0$$

从而

$$L'=2(L_1+L_2+L_3)(1-k)\sin\frac{\alpha}{2}>0$$

(3) 在$\frac{\alpha}{2}<\theta\leqslant\frac{\pi}{2}-\frac{\alpha}{2}$内,此时,由于$L_1,L_2,L_3$的每一项都大于0,故$L'>0$.

(4) 在$\frac{\pi}{2}-\frac{\alpha}{2}<\theta\leqslant\frac{\pi}{2}$内,我们来看,$L'$的符号的情况:由$\frac{\pi}{2}-\frac{\alpha}{2}<\theta\leqslant\frac{\pi}{4}$,我们得到$0<\frac{\pi}{2}-\theta<\frac{\alpha}{2}$,令$\theta=\frac{\pi}{2}-t$代入$L'$的表达式,此时$L'$的表达式可表示为

$$L'=2(1-k)\sin\frac{\alpha}{2}\left[\frac{\sin\left(\frac{\pi}{2}-t+\frac{\alpha}{2}\right)\cos\left(\frac{\pi}{2}-t+\frac{\alpha}{2}\right)}{\sqrt{\sin^2\left(\frac{\pi}{2}-t+\frac{\alpha}{2}\right)+k\cos^2\left(\frac{\pi}{2}-t+\frac{\alpha}{2}\right)}}+\right.$$

$$\frac{\sin\left(\frac{\pi}{2}-t-\frac{\alpha}{2}\right)\cos\left(\frac{\pi}{2}-t-\frac{\alpha}{2}\right)}{\sqrt{\sin^2\left(\frac{\pi}{2}-t-\frac{\alpha}{2}\right)+k\cos^2\left(\frac{\pi}{2}-t-\frac{\alpha}{2}\right)}}+$$

$$\left.2\cos\frac{\alpha}{2}\frac{\sin\left(\frac{\pi}{2}-t\right)\cos\left(\frac{\pi}{2}-t\right)}{\sqrt{\sin^2\left(\frac{\pi}{2}-t\right)+k\cos^2\left(\frac{\pi}{2}-t\right)}}\right]=$$

$$2(1-k)\sin\frac{\alpha}{2}\left[\frac{\cos\left(t-\frac{\alpha}{2}\right)\sin\left(t-\frac{\alpha}{2}\right)}{\sqrt{\cos^2\left(t-\frac{\alpha}{2}\right)+k\sin^2\left(t-\frac{\alpha}{2}\right)}}+\right.$$

$$\left.\frac{\cos\left(t+\frac{\alpha}{2}\right)\sin\left(t+\frac{\alpha}{2}\right)}{\sqrt{\cos^2\left(t+\frac{\alpha}{2}\right)+k\sin^2\left(t+\frac{\alpha}{2}\right)}}+2\cos\frac{\alpha}{2}\frac{\cos t\sin t}{\sqrt{\cos^2t+k\sin^2t}}\right]=$$

$$\frac{2(1-k)}{\sqrt{k}}\sin\frac{\alpha}{2}\left[\frac{\cos\left(t-\frac{\alpha}{2}\right)\sin\left(t-\frac{\alpha}{2}\right)}{\sqrt{\sin^2\left(t-\frac{\alpha}{2}\right)+\frac{1}{k}\cos^2\left(t-\frac{\alpha}{2}\right)}}+\right.$$

$$\frac{\cos\left(t+\frac{\alpha}{2}\right)\sin\left(t+\frac{\alpha}{2}\right)}{\sqrt{\sin^2\left(t+\frac{\alpha}{2}\right)+\frac{1}{k}\cos^2\left(t+\frac{\alpha}{2}\right)}}+$$

$$\left.2\cos\frac{\alpha}{2}\frac{\cos t\sin t}{\sqrt{\sin^2 t+\frac{1}{k}\cos^2 t}}\right],\quad 0\leqslant t\leqslant\frac{\alpha}{2}$$

由于引理1与正常数 k 的选取无关,所以我们把证明化成对(1)(2)的证明,故仍有 $L'\geqslant 0$. 总结前面四段有,对于 α,在区间 $\left[0,\frac{\pi}{2}\right]$ 上 $L'\geqslant 0$. 从而引理2成立.

定理的证明 由引理2,最值等面积内接三角形的周长 L 是关于 θ 的单调递增函数. 再由椭圆的对称性知,$L(0)$ 最小. 此时,最值三角形是一个底边与 y 轴平行的三角形. 证毕.

推论 在椭圆的内接最值三角形中,对于定面积 S(不再限制 $S\leqslant ab$)的条件下,最长周长的三角形一定不是一边与 y 轴平行的三角形.

推论是引理1证明中(1)的直接结果. 不再重述.

注 如果 $S>ab$,问题相对应上面引理2的不等式还没有找到好的估计方法,看来也不是一个简单的问题.

❖锐角三角形

求出并证明:如图1,锐角 $\triangle ABC$ 内的点 P,使得对于这个三角形,$BL^2+CM^2+AN^2$ 最小,其中 L,M,N 分别是点 P 到 BC,CA,AB 的垂足.

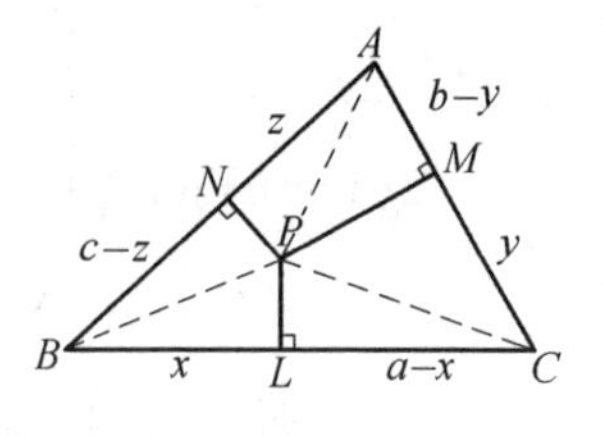

图1

解 设 $BC=a,AC=b,AB=c,BL=x$,$CM=y,AN=z$.

由勾股定理得

$$PC^2 - PB^2 = (a - x)^2 - x^2$$
$$PA^2 - PC^2 = (b - y)^2 - y^2$$
$$PB^2 - PA^2 = (c - z)^2 - z^2$$

将以上三式相加,得

$$(a - x)^2 + (b - y)^2 + (c - z)^2 = x^2 + y^2 + z^2 \quad ①$$

若点 P 是 $\triangle ABC$ 各边垂直平分线的交点,则

$$x^2 + y^2 + z^2 = \left(\frac{a}{2}\right)^2 + \left(\frac{b}{2}\right)^2 + \left(\frac{c}{2}\right)^2 = \frac{1}{4}(a^2 + b^2 + c^2)$$

令 $x \leqslant \frac{a}{2}$,设 $x = \frac{a}{2} - \varepsilon_1(\varepsilon_1 \geqslant 0)$,则有

$$x^2 + (a - x)^2 = \left(\frac{a}{2} - \varepsilon_1\right)^2 + \left(\frac{a}{2} + \varepsilon_1\right)^2 = \frac{a^2}{2} + 2\varepsilon_1^2$$

同理可得

$$y^2 + (b - y)^2 = \frac{b^2}{2} + 2\varepsilon_2^2$$

$$z^2 + (c - z)^2 = \frac{c^2}{2} + 2\varepsilon_3^2$$

将以上三式相加并由式 ① 可得

$$2(x^2 + y^2 + z^2) = \frac{1}{2}(a^2 + b^2 + c^2) + 2(\varepsilon_1^2 + \varepsilon_2^2 + \varepsilon_3^2)$$

即

$$x^2 + y^2 + z^2 = \frac{1}{4}(a^2 + b^2 + c^2) + (\varepsilon_1^2 + \varepsilon_2^2 + \varepsilon_3^2) \geqslant \frac{1}{4}(a^2 + b^2 + c^2)$$

当且仅当 $\varepsilon_1^2 + \varepsilon_2^2 + \varepsilon_3^2 = 0$,即当 $\varepsilon_1 = \varepsilon_2 = \varepsilon_3 = 0$ 时,不等式的等号成立.

此时点 P 为各边垂直平分线的交点,即当点 P 为 $\triangle ABC$ 的外心时,有

$$x^2 + y^2 + z^2 = BL^2 + CM^2 + AN^2$$

达到最小值 $\frac{1}{4}(a^2 + b^2 + c^2)$.

❖平行移动

如图 1 所示,我们要考虑在椭圆 $\frac{x^2}{a^2} + \frac{y^2}{b^2} = 1$ 上固定点 $A(x_0, y_0)$,选取斜率为 k 的直线与椭圆相交于点 B 与点 C,BC 所在的直线方程为 $y = kx + m$. 当 BC 平行移动时,求当 $\triangle ABC$ 的面积最大时,BC 所在的直线方程.

定理 由已知得直线的方程为

$$y=kx+\frac{|y_0-kx_0|-\sqrt{(y_0-kx_0)^2+8[b^2+(ak)^2]}\operatorname{sgn}(y_0-kx_0)}{4}$$

此时的最大面积为

$$S_{\max}=ab\sqrt{1-\left\{\frac{|y_0-kx_0|-\sqrt{(y_0-kx_0)^2+8[b^2+(ak)^2]}}{4\sqrt{b^2+(ak)^2}}\right\}^2}\cdot$$

$$\left\{\frac{3|y_0-kx_0|+\sqrt{(y_0-kx_0)^2+8[b^2+(ak)^2]}}{4\sqrt{b^2+(ak)^2}}\right\}$$

引理1 如图2,在半径为R的圆中,$A(x,h)$是圆上的一个定点.BC是平行于x轴的直线,我们平行移动BC,当$\triangle ABC$的面积最大时,BC的方程为

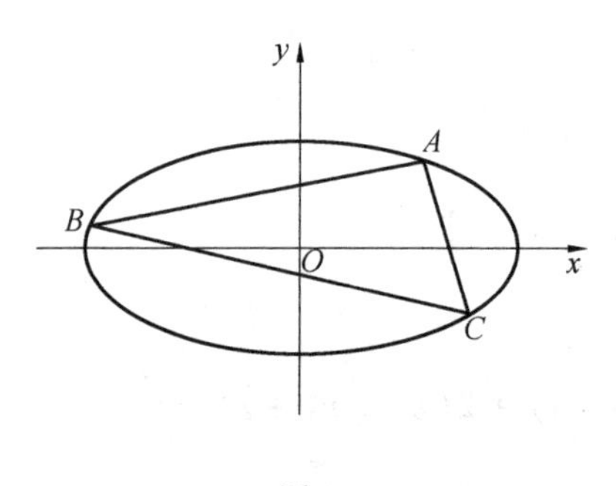

图1

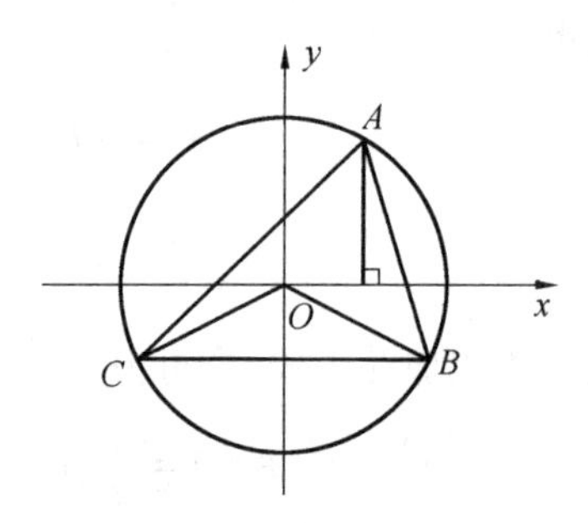

图2

$$y=\frac{h-\sqrt{h^2+8R^2}\operatorname{sgn}h}{4}$$

其中

$$\operatorname{sgn}h=\begin{cases}1, & h\geqslant 0\\ -1, & h<0\end{cases}$$

$$S_{\max}=R\sqrt{1-\left(\frac{|h|-\sqrt{h^2+8R^2}}{4R}\right)^2}\left(\frac{3|h|+\sqrt{h^2+8R^2}}{4}\right)\qquad ①$$

引理1的证明 先考虑$h>0$的情况,记$\angle COB=2\theta$,$\triangle ABC$的面积S可以表示为

$$S=R\sin\theta(R\cos\theta+h)$$

$$S'=R\cos\theta(R\cos\theta+h)-(R\sin\theta)^2$$

令$S'=0$,有

$$2R\cos^2\theta+h\cos\theta-R=0$$

所以

$$\cos\theta=\frac{-h+\sqrt{h^2+8R^2}}{4R} \quad ②$$

代入 S 的表达式,有

$$S=R\sqrt{1-\left(\frac{-h+\sqrt{h^2+8R^2}}{4R}\right)^2}\left(\frac{3h+\sqrt{h^2+8R^2}}{4}\right)$$

BC 的方程为

$$y=-R\cos\theta=\frac{h-\sqrt{h^2+8R^2}}{4} \quad ③$$

当 $h<0$ 时,如图3. 把图形关于 x 轴对称就得到了当 $h>0$ 时的情况. 于是进行类似于当 $h>0$ 时的讨论. 当 $\triangle ABC$ 的面积 S 最大时,有

$$\cos\theta=\frac{-(-h)+\sqrt{h^2+8R^2}}{4R} \quad ④$$

从而此时的最大面积为

$$S_{\max}=R\sqrt{1-\left(\frac{h+\sqrt{h^2+8R^2}}{4R}\right)^2}\left(\frac{-3h+\sqrt{h^2+8R^2}}{4}\right) \quad ⑤$$

BC 的方程为

$$y=R\cos\theta=\frac{h+\sqrt{h^2+8R^2}}{4} \quad ⑥$$

由式 ③ 与式 ⑥ 得,当 $\triangle ABC$ 的面积 S 最大时,BC 的方程为

$$y=\frac{h-\sqrt{h^2+8R^2}\operatorname{sgn} h}{4}$$

再由式 ② 与式 ⑤ 知式 ① 成立,从而结论成立. 证毕.

推论1 $S_{\max}$ 是关于 $|h|$ 的单调递增函数. $S_{\max}=\frac{3\sqrt{3}}{4}R^2$.

引理2 如图4,在半径为 R 的圆中,$A(x_0,y_0)$ 是圆上的一个定点. BC 的方程为 $y=kx+m$,我们平行移动 BC,当 $\triangle ABC$ 的面积最大时,BC 所在的位置为

$$y=kx+\frac{(y_0-kx_0)-\sqrt{(y_0-kx_0)^2+8R^2(1+k^2)}\operatorname{sgn}(y_0-kx_0)}{4}$$

最大面积为

$$S_{\max}=R\sqrt{1-\left[\frac{|y_0-kx_0|-\sqrt{(y_0-kx_0)^2+8R^2(1+k^2)}}{4R\sqrt{1+k^2}}\right]^2}\cdot\left[\frac{3|y_0-kx_0|+\sqrt{(y_0-kx_0)^2+8R^2(1+k^2)}}{4\sqrt{1+k^2}}\right]$$

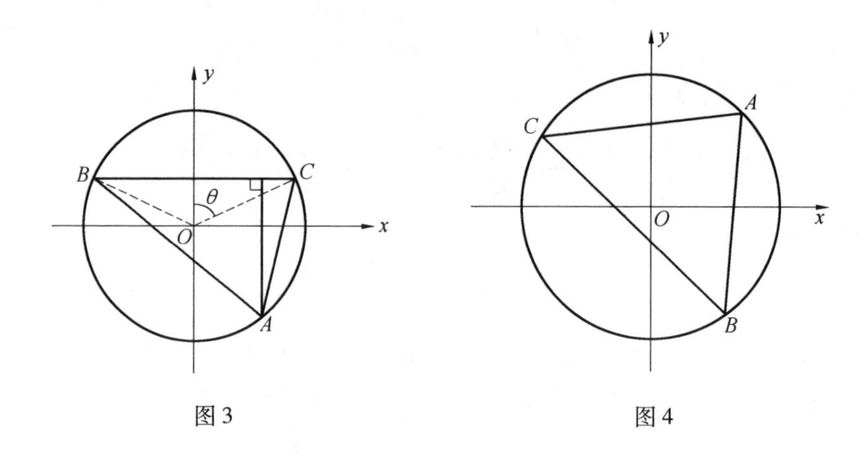

图 3　　图 4

引理 2 的证明　我们可以把这个图形视为引理 1 中的图形经过旋转而成的(图 4). 那么,点 A 到 BC 的距离位置为

$$h=\frac{y_0-kx_0}{\sqrt{1+k^2}}$$

由引理 1 知,最大面积所对的直线方程为

$$y=kx+\frac{h-\sqrt{h^2+8R^2}\operatorname{sgn} h}{4}\sqrt{1+k^2}=$$

$$kx+\frac{(y_0-kx_0)-\sqrt{(y_0-kx_0)^2+8R^2(1+k^2)}\operatorname{sgn}(y_0-kx_0)}{4}$$

将 $|h|=\dfrac{|y_0-kx_0|}{\sqrt{1+k^2}}$ 代入式 ① 得到此时的最大面积为

$$S_{\max}=R\sqrt{1-\left[\frac{|y_0-kx_0|-\sqrt{(y_0-kx_0)^2+8R^2(1+k^2)}}{4R\sqrt{1+k^2}}\right]^2}\cdot$$

$$\left[\frac{3|y_0-kx_0|+\sqrt{(y_0-kx_0)^2+8R^2(1+k^2)}}{4\sqrt{1+k^2}}\right]$$

推论2　当 $x_0\neq 0$ 时,如果 $k\dfrac{y_0}{x_0}=-1$,即 BC 与 OA 所在的直线垂直;当 $x_0=0$ 时,即 BC 的方程为 $x=c$ 时,有 $h=R$. 此时,$S_{\max}=\dfrac{3\sqrt{3}}{4}R^2$ 是所有最大值中最大的.

定理的证明　我们作坐标变换$\begin{cases}x_1=x\\ y_1=\dfrac{a}{b}y\end{cases}$,那么,在新的坐标系下,椭圆变成了半径为 a 的圆. A 的新坐标为 $A\left(x_0,\dfrac{a}{b}y_0\right)$,$BC$ 的方程变成

$$y_1=\left(\frac{a}{b}k\right)x_1+\frac{a}{b}m$$

由引理2知,所求的直线方程为

$$y_1=\frac{a}{b}kx_1+\frac{\left(\frac{a}{b}y_0-\frac{a}{b}kx_0\right)-\sqrt{\left(\frac{a}{b}y_0-\frac{a}{b}kx_0\right)^2+8a^2\left[1+\left(\frac{a}{b}k\right)^2\right]}\operatorname{sgn}(y_0-kx_0)}{4}$$

换回原坐标系为

$$y=kx+\frac{(y_0-kx_0)-\sqrt{(y_0-kx_0)^2+8[b^2+(ak)^2]}\operatorname{sgn}(y_0-kx_0)}{4}$$

此时,所对应的最大面积为

$$S_{\max}=ab\sqrt{1-\left[\frac{|y_0-kx_0|-\sqrt{(y_0-kx_0)^2+8[b^2+(ak)^2]}}{4\sqrt{b^2+(ak)^2}}\right]^2}\cdot$$

$$\left[\frac{3|y_0-kx_0|+\sqrt{(y_0-kx_0)^2+8[b^2+(ak)^2]}}{4\sqrt{b^2+(ak)^2}}\right]$$

证毕.

❖三边垂线

如图1,设 P 为 $\triangle ABC$ 内一点,点 D,E,F 分别为点 P 到 BC,CA,AB 三边所引垂线的垂足. 求使得表达式$\dfrac{BC}{PD}+\dfrac{CA}{PE}+\dfrac{AB}{PF}$取最大值的所有点 P.

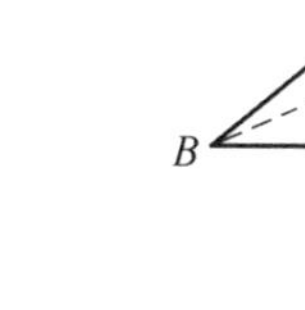

图1

解　设 $\triangle ABC$ 的周长为 L,面积为 S,则

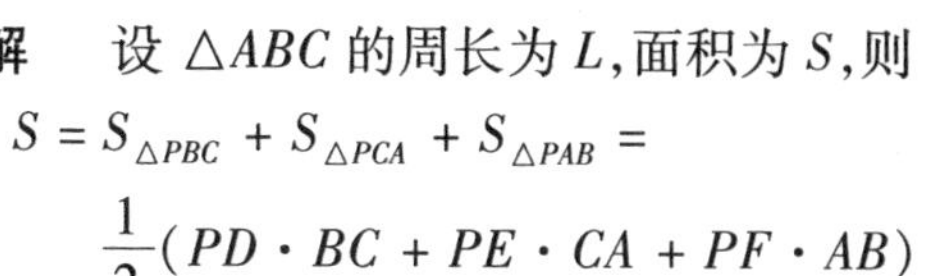

$$S=S_{\triangle PBC}+S_{\triangle PCA}+S_{\triangle PAB}=\frac{1}{2}(PD\cdot BC+PE\cdot CA+PF\cdot AB)$$

由柯西不等式得

$$\left(\frac{BC}{PD}+\frac{CA}{PE}+\frac{AB}{PF}\right)(BC\cdot PD+CA\cdot PE+AB\cdot PF)\geqslant \qquad ①$$
$$(BC+CA+AB)^2+L^2$$

于是有

$$\frac{BC}{PD}+\frac{CA}{PE}+\frac{AB}{PF}\geqslant\frac{L^2}{2S} \qquad ②$$

由于$\frac{L^2}{2S}$是定值,故若式②中等式成立,即式①中等号成立,则$\frac{BC}{PD}+\frac{CA}{PE}+\frac{AB}{PF}$就取得最小值.

又式①等号成立的充分必要条件是

$$\frac{\frac{BC}{PD}}{BC\cdot PD}=\frac{\frac{CA}{PE}}{CA\cdot PE}=\frac{\frac{AB}{PF}}{AB\cdot PF}$$

即

$$PD=PE=PF$$

此时点P为$\triangle ABC$的内心,因此所求的取最小值的点只有一点,即$\triangle ABC$的内心P.

❖书刊版面

出版社出版一本科普读物,每页的文字部分所占的面积为S cm^2. 上部和下部边缘各留a cm和b cm的空白,左边和右边各留m cm和n cm的空白. 从节约的角度出发,这本书最经济的版面尺寸为多少?

解 设文字部分的尺寸,一边为p cm,一边为q cm. 依题意有

$$pq=S$$

所以

$$p=\frac{S}{q}$$

因此

$$x=m+n+q \qquad ①$$

$$y=a+b+\frac{S}{q} \qquad ②$$

则该书版面面积为

$$A=xy=(m+n+q)\left(a+b+\frac{S}{q}\right)=$$

$$\frac{(m+n)S}{q}+(a+b)q+(m+n)(a+b)+S$$

因为等式右边第三项和第四项为常量,所以版面面积 A 的值仅取决于第一项及第二项的和.

然而

$$\frac{(m+n)S}{q}\cdot(a+b)q=(m+n)(a+b)S$$

为定值,因此当

$$\frac{(m+n)S}{q}=(a+b)q \qquad ③$$

时,A 达最小值.

解式 ③ 得

$$q=\pm\sqrt{\frac{m+n}{a+b}S}$$

由于 q 为文字部分的横向尺寸,必为正值,故

$$q=\sqrt{\frac{m+n}{a+b}S}$$

将 q 值代入式 ① 及式 ②,求得这册书最经济的版面尺寸为

$$x=m+n+\sqrt{\frac{m+n}{a+b}S}$$

$$y=a+b+\sqrt{\frac{a+b}{m+n}S}$$

❖中点重合

求证:在一个正 n 边形的所有内接正 n 边形中($n>3$),当内接正 n 边形的各顶点与原 n 边形各边中点重合时,面积最小.

证明 设面积为 S_B 的正 n 边形 $B_1B_2\cdots B_n$ 内接于面积为 S_A 的正 n 边形 $A_1A_2\cdots A_n$(图 1).

当这两个正 n 边形不重合时,每一边 A_iA_{i+1} 上恰好有一顶点 B_i,其中 $i=1,2,\cdots,n$,且 $A_{n+1}=A_1$.

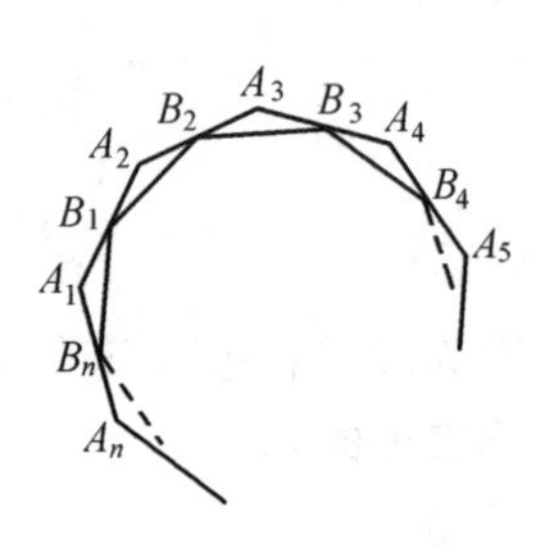

图 1

首先证明:$A_1B_1 = A_2B_2 = \cdots = A_nB_n$.

事实上,由于

$$\angle B_1A_2B_2 = \angle B_2A_3B_3 = \angle B_1B_2B_3 = 180 \cdot \frac{n-2}{n}$$

$$\angle A_2B_1B_2 = 180° - \angle B_1A_2B_2 - \angle A_2B_2B_1 = 180° - \angle B_1B_2B_3 - \angle A_2B_2B_1 = \angle A_3B_2B_3$$

又

$$B_1B_2 = B_2B_3$$

所以

$$\triangle B_1A_2B_2 \cong \triangle B_2A_3B_3$$

所以

$$A_2B_2 = A_3B_3$$

同理可证

$$A_1B_1 = A_2B_2 = \cdots = A_nB_n$$

显然有

$$S_B = S_A - S_{\triangle B_1A_2B_2} - S_{\triangle B_2A_3B_3} - \cdots - S_{\triangle B_nA_1B_1} = S_A - nS_{\triangle B_1A_2B_2}$$

于是,当 $\triangle B_1A_2B_2$ 的面积达到最大时,S_B 取得最小值. 设

$$A_1A_2 = a, \quad A_1B_2 = x$$

则

$$S_{\triangle B_1A_2B_2} = \frac{1}{2}B_1A_2 \cdot A_2B_2 \cdot \sin \angle B_1A_2B_2 = \frac{1}{2}(a-x)x\sin \angle B_1A_2B_2 = \frac{1}{2}\left[\frac{a^2}{4} - \left(x - \frac{a}{2}\right)^2\right] \sin \angle B_1A_2B_2$$

当且仅当 $x = \frac{a}{2}$,即内接正 n 边形各顶点与原 n 边形各边中点重合时,$S_{\triangle B_1A_2B_2}$ 最大,从而 S_B 最小.

❖移动重物

地面上有一质量为 G 的物体,已知摩擦系数为 μ. 如要将物体移动,最省力的角度是多少?

解 如图 1,设移动物体的作用力为 F,它与地面的夹角为 φ. 按平行四边形法则,F 分解成两个分力:垂直方向的分力 A 和水平方向的分力 B. 前者方向朝上,后者方向向右. 其值分别为

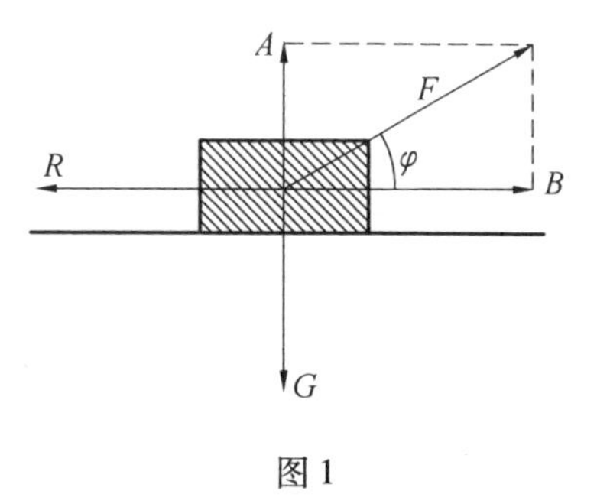

图 1

$$A = F\sin\varphi$$

$$B = F\cos\varphi$$

物体对地面的正压力为

$$w = G - A = G - F\sin\varphi$$

由于地面阻止物体移动的摩擦力 R 在大小上与正压力 w 成正比,故有

$$R = \mu w = \mu(G - F\sin\varphi) \quad ①$$

式中,μ 为摩擦系数.

R 的方向与物体移动的方向相反,沿水平方向作用指向左边. 欲使物体移动,作用力在水平方向的分力 B 应能克服摩擦力的影响,即

$$B \geqslant R$$

这就是说,使物体得以移动的水平力至少应等于摩擦力

$$B_{\min} = R$$

即

$$R = F\cos\varphi \quad ②$$

因此,式 ① 与式 ② 建立了下述等式

$$\mu(G - F\sin\varphi) = F\cos\varphi$$

解之得

$$F = \frac{\mu G}{\mu\sin\varphi + \cos\varphi} \quad ③$$

在式 ③ 中,分子为常数,故 F 值仅取决于分母的大小. 当分母最大时,F 才达最小值. 因此本问题归结为求分母的最大值问题. 令

$$y = \mu\sin\varphi + \cos\varphi$$

故有

$$y = \sqrt{1+\mu^2}\left(\frac{\mu}{\sqrt{1+\mu^2}}\sin\varphi + \frac{1}{\sqrt{1+\mu^2}}\cos\varphi\right)$$

又令

$$\sin\theta = \frac{\mu}{\sqrt{1+\mu^2}} \quad ④$$

$$\cos\theta = \frac{\mu}{\sqrt{1+\mu^2}} \quad ⑤$$

则

$$y=\sqrt{1+\mu^2}(\sin\theta\cdot\sin\varphi+\cos\theta\cdot\cos\varphi)=\sqrt{1+\mu^2}\cos(\varphi-\theta)$$

由于因数$\sqrt{1+\mu^2}$为常数,故 y 随 $\cos(\varphi-\theta)$ 而变化.因为

$$\cos(\varphi-\theta)\mid_{\max}=1 \tag{6}$$

所以

$$y_{\max}=\sqrt{1+\mu^2}$$

考虑到 $\varphi-\theta$ 为第一象限的角,所以当式⑥成立时,有

$$\varphi-\theta=0°$$

所以

$$\varphi=\theta \tag{7}$$

又由式④与式⑤得

$$\tan\theta=\mu$$

所以

$$\theta=\arctan\mu$$

因此有

$$\varphi=\arctan\mu$$

故此为最省力的角度.在这个角度下,移动物体的作用力最小.

由这个角度的表达式还可以得到,它与物体的质量无关.即不管物体的质量有多大,移动重物最省力的角度,总是只与摩擦系数有关.

❖环形公路

设某环形公路上有 n 个汽车站,每一站存有汽油若干桶(其中有的站可以不存),n 个站的总存油量足够一辆汽车沿此公路行驶一周,现在使一辆原来没油的汽车依逆时针方向沿公路行驶,每到一站即把该站的存油全部带上(出发站也如此).试证 n 站之中至少有一站可以使汽车从这站出发环行一周,不致在中途因缺油而停车.

证法1 设绕此环形公路行驶一周共需汽油 a 桶,又将此 n 个站按逆时针方向依次记为 $A_1,A_2,\cdots,A_n$.设 $A_i(i=1,2,\cdots,n)$ 站上存有汽油 k_i 桶.

我们用数学归纳法证明该命题.

若不为0的 k_i 只有一个,不妨设为 k_1,则 $k_1\geqslant a$,于是汽车只需从 A_1 站开出即可.

设不为0的k_i的个数为$s(s \geqslant 2)$,则必存在两个站A_l和A_m,$l < m$,使得$k_l > 0$,$k_m > 0$,$k_{l+1},\cdots,k_{m-1}$皆为0,而且从A_l出发,用k_l桶汽油足够将汽车开到A_m,A_l和A_m的存在可由$k_1 + k_2 + \cdots + k_n \geqslant a$得出.

于是,汽车若从A_l动身,它就可开到A_m,我们现把A_m站的汽油k_m桶全部挪到A_l,因此,不为0的k_i就有$s-1$个.

由归纳假设,存在一个站A_j,若车从该站出发,则可依逆时针方向绕行一周. 由于$k_{l+1},\cdots,k_{m-1}$都为0,故$j \neq l+1,\cdots,m-1,m$. 由于汽车必先经过A_l,然后再到A_m,因A_l原来所存在的k_l桶汽油已足够开到A_m,故若不挪动A_m的汽油,汽车同样也可从A_l开到A_m,即依照原来存放的汽油桶数,汽车总可绕此环形公路行驶一周,因而对任意n个汽车站命题都成立.

证法2 我们将n个站依逆时针方向顺次记为$A_1,A_2,\cdots,A_n$.

假定汽车从A_1出发,不能依逆时针方向绕公路一周,因此汽车一定要停在某两站A_{k_1}与A_{k_1+1}之间,这表明,$A_1,A_2,\cdots,A_{k_1}$这些站的汽油总量不够汽车从A_1到A_{k_1+1}之用. 设缺油量为h_1. 由于n个站的汽油总量足够汽车环行公路一周,所以$k_1 < n$.

假定汽车从A_{k_1+1}出发不能到达A_1,它一定停在某两站A_{k_2}与A_{k_2+1}之间,这表明$A_{k_1+1},\cdots,A_{k_2}$这些站的存油量不够汽车从A_{k_1+1}到A_{k_2+1}之间,设缺油量为h_2,且$k_2 < n$.

这样继续下去,我们把公路分成了$r+1$段,其中r段上的缺油总量为$h_1 + h_2 + \cdots + h_r$. 最后一段是从A_{k_r+1}到$A_1(k_r < n)$,由于n个站的存油总量足够汽车环行公路一周,所以在最后一段,汽车可以从A_{k_r+1}开到A_1,并且汽车上所剩的油不少于$h_1 + \cdots + h_r$,因此,汽车从A_{k_r+1}出发就可以环行公路一周,不致因缺油而停车.

❖内接多边形

我们考虑的椭圆方程为$\frac{x^2}{a^2} + \frac{y^2}{b^2} = 1(a > b > 0)$,在高等数学中,一个典型的问题:如果有一个内接矩形,其底边与x轴平行,求其面积的最大值. 我们要考虑的问题是:这个面积的最大值是不是椭圆内接任意四边形的面积的最大值呢?(图1).

引理 设$\triangle ABC$是平面上的一个三角形,其坐标分别为$A(x_1,y_1)$,$B(x_2,$

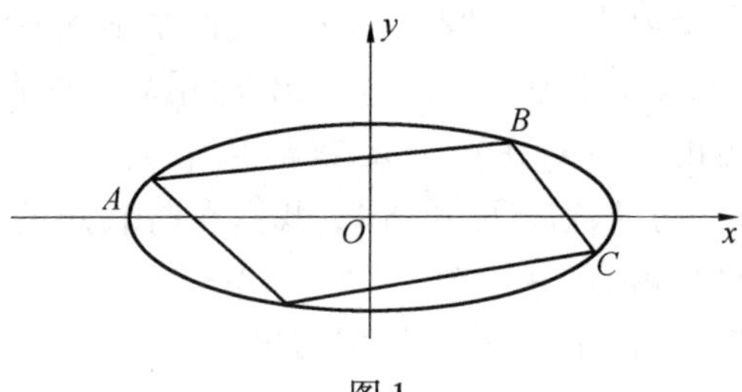

图 1

y_2), $C(x_3, y_3)$,那么其面积 S 可表示成

$$S=\left|\frac{1}{2}\begin{vmatrix}1 & 1 & 1\\ x_1 & x_2 & x_3\\ y_1 & y_2 & y_3\end{vmatrix}\right|$$

如果我们用椭圆的参数方程$\begin{cases}x=a\cos\theta\\ y=b\sin\theta\end{cases}(0\leqslant\theta\leqslant 2\pi)$,那么 $\triangle ABC$ 的面积可表示成

$$S=\left|\frac{1}{2}\begin{vmatrix}1 & 1 & 1\\ x_1 & x_2 & x_3\\ y_1 & y_2 & y_3\end{vmatrix}\right|=ab\left|\frac{1}{2}\begin{vmatrix}1 & 1 & 1\\ \cos\theta_1 & \cos\theta_2 & \cos\theta_3\\ \sin\theta_1 & \sin\theta_2 & \sin\theta_3\end{vmatrix}\right|=abS'$$

其中$\begin{cases}x_i=a\cos\theta_i\\ y_i=b\sin\theta_i\end{cases}$, $i=1,2,3$; S' 是对应单位圆内的三角形的面积,如图 2.

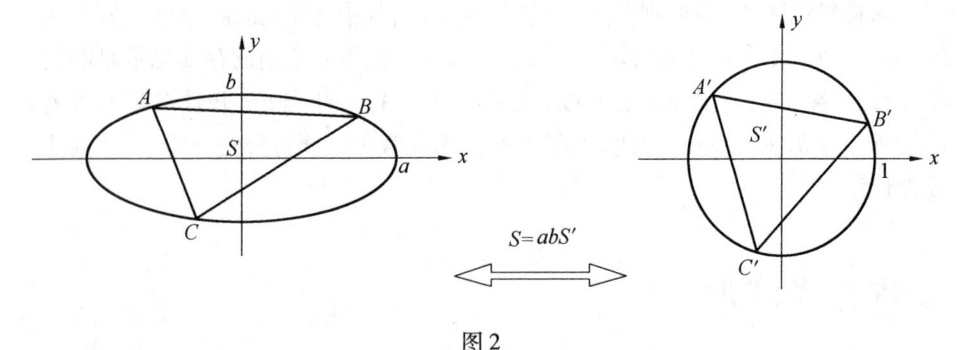

图 2

定理　设椭圆内接多边形 P_n,其面积为最大时,所对应在单位圆的多边形面积有最大值,其最大值为 $S(P_n)_{\max}=ab\,\frac{n}{2}\sin\frac{2\pi}{n}$.

定理的证明　由于 P_n 可以分成 $n-2$ 个椭圆内接三角形,设其面积为 S_1, S_2, $\cdots$, S_{n-2},由面积的可加性可知

$$S(P_n)=S_1+S_2+\cdots+S_{n-2}=ab(S'_1+S'_2+\cdots+S'_{n-2})=abS(P'_n)$$

其中,S'_k 为 S_k 所对应单位圆的面积,$S(P'_n)$ 为多边形 P_n 所对应的单位圆内接多边形 P'_n 的面积. 而圆内接 n 边形面积的最大值为$\frac{n}{2}\sin\frac{2\pi}{n}$,故椭圆内接 n 边形面积的最大值为 $S(P_n)_{\max}=ab\frac{n}{2}\sin\frac{2\pi}{n}$. 证毕.

回到我们开始的例子,平行于 x 轴的矩形面积的最大值为 $S=2ab$. 根据定理,当 $n=4$ 时面积的最大值也是 $2ab$. 因此,矩形的最大面积就是椭圆内接任意四边形的最大面积.

我们知道面积最大的圆内接 n 边形是正多边形,那么达到最大值的椭圆内接 n 边形的形状是什么样的呢? 作坐标变换$\begin{cases}x'=\frac{x}{a}\\y'=\frac{y}{b}\end{cases}$,椭圆就变成了一个单位圆. 在这个新的坐标系下,显然,原来的直线还是一条直线,平行的直线还是保持平行的,交点仍然是交点,切线仍然是切线. 按照这一说法,我们得到推论.

推论 椭圆内接n边形其面积达到最大时,任何相邻的三个顶点所组成的三角形的底边与所对应顶点的切线平行.

未解决的问题 椭圆内接三角形,如果达到了面积的最大值,那么在面积相同的椭圆内接三角形中,达到周长为最短的可以是一个等腰三角形吗? 还没有明确的结果.

❖运油率最大

现在要把产油地 A 的汽油运往 B 地,已知运油车最大载油量恰等于运油车往返 A,B 两地所需耗油量(运油车要求回到 A 地),因此不直接将油运往 B 地. 如果在 A,B 之间设一转运站 C,那么:

(1) 当 C 设在离 A 地$\frac{1}{3}AB$ 处时,怎样以最经济的方法,将 A 地汽油运往 B 地,使 B 地收汽油最多? 此时运油率$\left(\frac{B\text{ 地收到的汽油量}}{A\text{ 地运出的汽油量}}\right)$为多少?

(2) 转运站设在何处,运油率最大? 此时运油率是多少?

解 (1) 若 $AC=\frac{1}{3}AB$,则 $CB=\frac{2}{3}AB$.

设运油车的最大载油量为 a.

因为往返 AB 之耗油量为 a,所以单程 AB 之耗油量为$\frac{a}{2}$.

单程 AC 之耗油量为$\frac{1}{3}\cdot\frac{a}{2}=\frac{a}{6}$.

单程 CB 之耗油量为$\frac{2}{3}\cdot\frac{a}{2}=\frac{a}{3}$.

往返 CB 之耗油量为$2\cdot\frac{a}{3}=\frac{2a}{3}$.

所以若在 C 处满载油 a 到 B 最多可卸下油$\frac{a}{3}$. 因此下述方法是最经济的方法:

第一次由 A 载油 a 至 C,剩油$\frac{5a}{6}$,卸下$\frac{2a}{3}$,余油$\frac{a}{6}$,车返 A 地油恰好用完.$\left(此时 C 储油\frac{2}{3}a\right)$

第二次由 A 载油 a 至 C,剩油$\frac{5a}{6}$,再装上油$\frac{a}{6}$,继续开到 B,用油$\frac{a}{3}$,剩油$\frac{2a}{3}$,卸下$\frac{a}{3}$,余油$\frac{a}{3}$,返 C,车上的油恰好用完,再装油$\frac{a}{6}$,返 A,车上的油恰好用完.$\left(此时 C 储油\frac{a}{3}, B 储油\frac{a}{3}\right)$

第三次同第二次,则 C 处油用完,B 储油$\frac{2a}{3}$. 此时运油率为

$$\frac{\frac{2a}{3}}{3a}\cdot 100\%=\frac{2}{9}\cdot 100\%\approx 22.2\%$$

(2)① 如图 1,设 $AD=\frac{2}{3}AB$,则由(1),也有最佳方案车运三次,B 储油$\frac{2}{3}a$,运油率也为 22.2%.

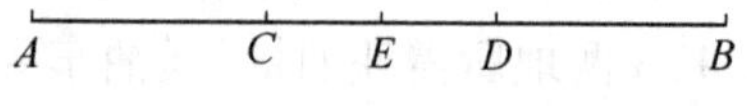

A C E D B

图 1

② 由对称性,考虑在 AB 中点 E 设储油站,则可得最佳方案:车运两次,B 储油$\frac{a}{2}$,此时运油率为

$$\frac{\frac{a}{2}}{2a}\cdot 100\%=\frac{1}{4}\cdot 100\%=25\%$$

所以储油站设在中点 E 处,运油率最大为 25%.

❖最大视角

如图1,$\angle AOB$的值在区间$(0,\pi)$内,C,D为OB上的两个定点.求点P在什么位置,可使$\angle CPD$为最大.

解 设$OC=a$,$CD=b$,$\angle AOB=\theta$,建立如图2所示的直角坐标系.设点P的坐标为$P(x,y)$,$\angle CPD=\alpha$,于是有

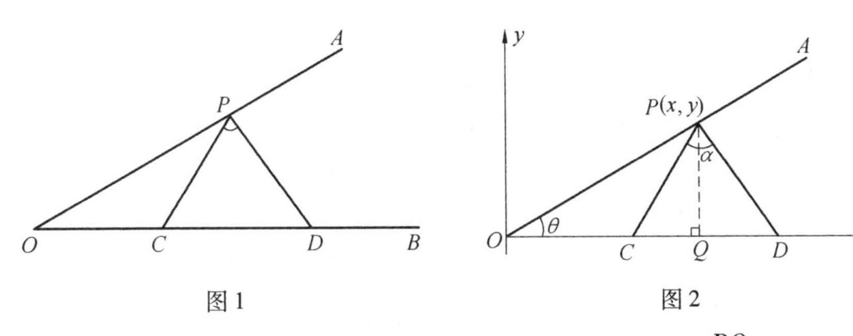

图1 图2

$$\tan\angle PDx=\tan(\pi-\angle PDQ)=-\tan\angle PDQ=-\frac{PQ}{QD}=$$

$$-\frac{a+b-x}{y}\tan\angle PCD=\frac{PQ}{CQ}=\frac{x-a}{y}$$

于是

$$\cot\alpha=\cot(\angle PDx-\angle PCD)=\frac{1+\frac{x-a-b}{y}\cdot\frac{x-a}{y}}{\frac{x-a}{y}-\frac{x-a-b}{y}}=$$

$$\frac{(x-a-b)(x-a)+y^2}{by},\quad y>0 \qquad ①$$

由假设$0<\theta<\pi$,那么x可以表示为$x=y\cot\theta$,于是

$$\cot\alpha=\frac{y^2\csc^2\theta+a(a+b)-(2a+b)y\cot\theta}{by}=$$

$$\frac{1}{b}\left[y\csc^2\theta+\frac{a(a+b)}{y}-(2a+b)\cot\theta\right],\quad y>0 \qquad ②$$

因为θ可以看成是固定的,变量α的变化范围是$0<\alpha<\pi$,由于在这个区间内,$\cot\alpha$是关于α单调递减的,因此,要使α最大,就是要使$y\csc^2\theta+\frac{a(a+b)}{y}$最小.

令$f(y)= y\csc^2\theta+\dfrac{a(a+b)}{y}$,那么$f'(y)= \csc^2\theta-\dfrac{a(a+b)}{y^2}$;令$f'(y)=0$,那么$y=\sqrt{a(a+b)}\sin\theta$. 由于$f''(y)=\dfrac{2a(a+b)}{y^3}>0$,所以$y=\sqrt{a(a+b)}\sin\theta$是最小值点.于是$\alpha$在$y=\sqrt{a(a+b)}\sin\theta$时达到最大.此时,$x=\sqrt{a(a+b)}\cos\theta$,从而,$OP=\sqrt{x^2+y^2}=\sqrt{a(a+b)}$,即在射线$OA$上,取点$P$距点$O$的距离为$\sqrt{a(a+b)}$时,$\alpha$的视角为最大.变化$\theta$时,我们还发现点$P$的轨迹是一个以点$O$为圆心、$\sqrt{a(a+b)}$为半径的半圆弧.解毕.

最大视角的几何解法　过P,C,D三点可以作一个圆,如果这个圆与OA只有一个交点,即点P是该圆的切点时,视角最大.

如图3,在切点以外的任何点T,$\angle CTD$都比$\angle CPD$小.

再由切线的性质有$OP=\sqrt{a(a+b)}$.解毕.

最大视角在日常生活中的应用　由式②可知,如果CD固定且θ值小,最大视角也会增大.这就是在商场上摆放货物时,要有一个向上的斜角的原因.

进一步讨论　如图4,设$OC=a\geqslant 0$,$CD=b>0$,$\angle POD=\theta$,如果点P沿着圆的曲线$\begin{cases}x=R\cos\theta\\y=R\sin\theta\end{cases}$运动,我们来看点$P$在什么位置时,视角$\alpha$最大.

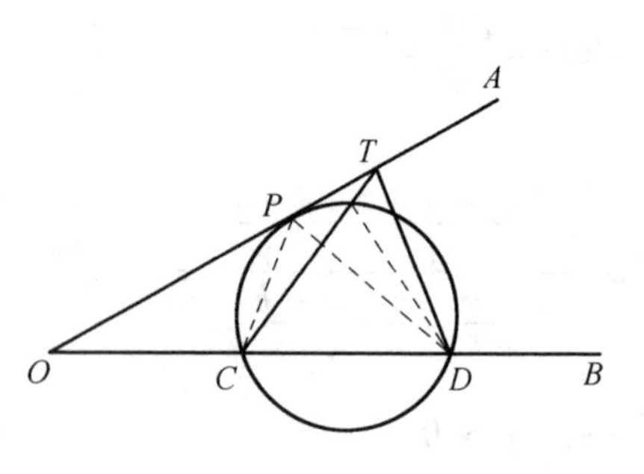

图3

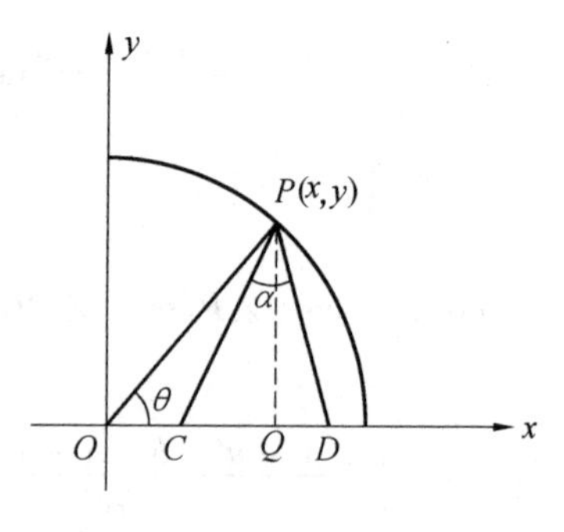

图4

定理　根据以上条件,以下结果成立:

(1)当$OC=a>0$,$R\geqslant a+b$或$R\leqslant a$时,取

$$\theta=\arccos\left[\frac{(2a+b)R}{R^2+a(a+b)}\right] \tag{③}$$

α有最大值.此时,点P的坐标为

$$P\left(\frac{(2a+b)R^2}{R^2+a(a+b)},\frac{\sqrt{(R^2-a^2)[R^2-(a+b)^2]}}{R^2+a(a+b)}R\right) \tag{④}$$

当 $a < R < a + b$ 时,圆周已与线段相交.此时最大视角无意义.

(2) 当 $a < 0, R \geqslant \max\{|a + b|, |a|\}, 2a + b = 0, \theta = \frac{\pi}{2}$ 时,α 有最大值;当 $2a + b \neq 0, \theta = \arccos\left[\frac{(2a + b)R}{R^2 + a(a + b)}\right]$,$\alpha$ 有最大值.此时,点 P 的坐标如式④所示.当 $|a + b| < R < |a|$ 时,圆周已与线段相交.此时最大视角无意义.

定理的证明 (1) 如图4,有

$$\tan\angle PDQ = \frac{PQ}{QD} = \frac{x - (a + b)}{y}$$

$$\tan\angle PCD = \frac{PQ}{CQ} = \frac{x - a}{y}$$

于是

$$\cot \alpha = \cot(\angle PDx - \angle PCD) = \frac{1 + \frac{x - a - b}{y} \cdot \frac{x - a}{y}}{\frac{x - a}{y} - \frac{x - a - b}{y}} =$$

$$\frac{(x - a - b)(x - a) + y^2}{by}, \quad y > 0 \tag{⑤}$$

将表达式$\begin{cases} x = R\cos\theta \\ y = R\sin\theta \end{cases}$代入式⑤,得

$$\cot \alpha = \frac{1}{b}\left[\frac{R^2\cos^2\theta - (2a + b)R\cos\theta + a(a + b) + R^2\sin^2\theta}{R\sin\theta}\right] =$$

$$\frac{1}{b}\left[\frac{R^2 + a(a + b) - (2a + b)R\cos\theta}{R\sin\theta}\right], \quad 0 < \theta < \pi \tag{⑥}$$

对 θ 求导,得

$$(\cot \alpha)' = \frac{1}{b}\left\{\frac{(2a + b)(R\sin\theta)^2 - R\cos\theta[R^2 + a(a + b) - (2a + b)R\cos\theta]}{(R\sin\theta)^2}\right\} =$$

$$\frac{1}{b}\left\{\frac{(2a + b)R^2 - [R^2 + a(a + b)]R\cos\theta}{(R\sin\theta)^2}\right\} =$$

$$\frac{[R^2 + a(a + b)]R}{b(R\sin\theta)^2}\left\{\frac{(2a + b)R}{R^2 + a(a + b)} - \cos\theta\right\} \tag{⑦}$$

当 $R \geqslant a + b$ 或 $R \leqslant a$ 时,由于 $(R - a)[R - (a + b)] \geqslant 0$,可解得

$$\frac{(2a + b)R}{R^2 + a(a + b)} \leqslant 1$$

从而令 $(\cot \alpha)' = 0$,得

$$(2a + b)R - [R^2 + a(a + b)]\cos\theta = 0, \quad \cos\theta_0 = \frac{(2a + b)R}{R^2 + a(a + b)} \tag{⑧}$$

在式⑦中,由于 $\cos\theta$ 是单调递减函数,所以当 $\frac{(2a+b)R}{[R^2+a(a+b)]}-\cos\theta$ 单调递增时,$(\cot\alpha)'$ 从负到正只改变一次符号. 故由式⑧所确定的 θ_0 可使得视角 α 最大. 进一步,由式⑧可以推出

$$\sin\theta_0=\frac{\sqrt{(R^2-a^2)[R^2-(a+b)^2]}}{R^2+a(a+b)} \quad ⑨$$

于是,点 P 的坐标为

$$P\left(\frac{(2a+b)R^2}{R^2+a(a+b)},\frac{\sqrt{(R^2-a^2)[R^2-(a+b)^2]}}{R^2+a(a+b)}R\right) \quad ⑩$$

即为所求.

(2) 当 $a<0$ 时,我们取 $R\geqslant\max\{|a+b|,|a|\}$,由

$$R\geqslant\frac{|a+b|+|a|}{2}\geqslant\sqrt{|a(a+b)|}$$

得

$$R^2\geqslant|a(a+b)|\geqslant-a(a+b)$$
$$R^2+a(a+b)\geqslant 0$$

当 $2a+b=0$ 时

$$\cot\alpha=\frac{1}{b}\cdot\frac{R^2+a(a+b)}{R\sin\theta}$$

显然,当取 $\theta=\frac{\pi}{2}$ 时,α 有最大值;当 $2a+b\neq 0$ 时,此时,$R^2+a(a+b)>0$,再由

$$(R-a)[R-(a+b)]\geqslant 0$$

得

$$\frac{(2a+b)R}{R^2+a(a+b)}\leqslant 1 \quad ⑪$$

进一步,再由 $(R+a)[R+(a+b)]\geqslant 0$,推出

$$\frac{-(2a+b)R}{R^2+a(a+b)}\leqslant 1 \quad ⑫$$

从而,令 $\cos\theta_0=\frac{(2a+b)R}{R^2+a(a+b)}$ 仍有意义.

仿(1)的讨论,式⑦ ~ ⑨仍然成立. 因此,当 $\theta=\theta_0$ 时,视角 α 最大,从而式⑧成立. 证毕.

实际意义($a>0$) (1) 当 $R\geqslant a+b$ 时,此时点 P 的实际意义是当在地球表面的断面选择一个点,使得所探得在 x 轴上一线段,比如宝藏,看得最清楚的

位置.

(2) 当 $R \leqslant a$ 时,在地球上,看挂在天空的画,该画在地球的某个轴线上,那么 P 就是使看得该画最清楚的位置.

几何解释　当 $R \geqslant a+b$ 时,过 C,D,P 三点的圆称之小圆如图 5 所示. 其中点 P 是大圆和小圆的公共切点.

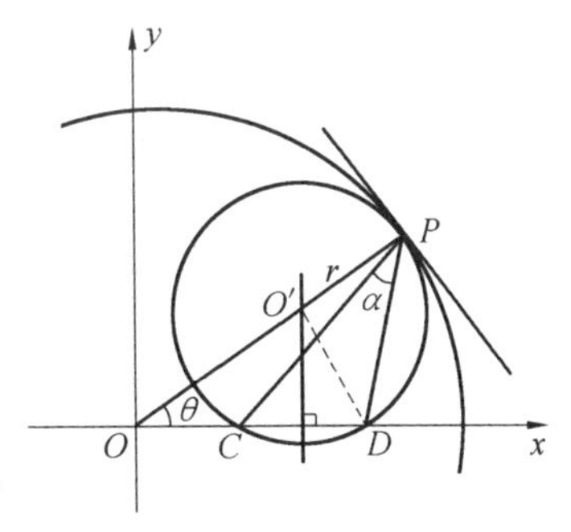

图 5

也可以从这里出发推出式 ③. 事实上,小圆的圆心在 OP 上,并且小圆的圆心在直线 $x=a+\frac{b}{2}$ 上.

于是,我们就得到了如下的等式

$$R-\left(a+\frac{b}{2}\right)\sec\theta=\sqrt{\left(\frac{b}{2}\right)^2+\left(a+\frac{b}{2}\right)^2\tan^2\theta} \quad ⑬$$

解之得

$$\cos\theta=\frac{(2a+b)R}{R^2+a(a+b)} \quad ⑭$$

式 ⑭ 与式 ③ 一致,故点 P 即为所求.

根据几何的知识,小圆的半径为 $r=\frac{R^2-a(a+b)}{2R}$,即同时得到小圆的画法.

❖半径之比

求内切圆与外接圆的半径之比为最大的直角三角形的两个锐角的大小.

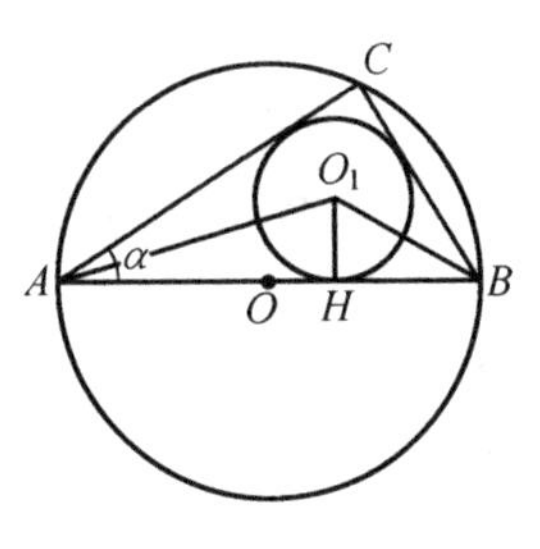

图 1

解法 1　在 $\triangle ABC$ 中,$\angle ACB=90^\circ$,设 $\angle CAB=\alpha$,则 $\angle ABC=90^\circ-\alpha$.

设 $\odot O(R)$,$\odot O_1(r)$ 分别表示 $\triangle ABC$ 的外接圆与内切圆. H 是 $\odot O_1$ 与 AB 的切点(图 1). 由

$$2R=AB=AH+HB=r\left[\cot\frac{\alpha}{2}+\cot\left(45^\circ-\frac{\alpha}{2}\right)\right]$$

则

$$\frac{r}{R}=\frac{2}{\cot\frac{\alpha}{2}+\cot\left(45^\circ-\frac{\alpha}{2}\right)}=\frac{2\sin\frac{\alpha}{2}\sin\left(45^\circ-\frac{\alpha}{2}\right)}{\sin 45^\circ}=$$

$$\frac{\cos(\alpha-45^\circ)-\cos 45^\circ}{\sin 45^\circ}=\sqrt{2}\cos(\alpha-45^\circ)-1$$

当 $\cos(\alpha-45^\circ)=1$ 时,$\frac{r}{R}$ 取最大值,由于$0^\circ<\alpha<90^\circ$,故当 $\alpha=45^\circ$ 时,$\frac{r}{R}$ 取最大值.

解法2 设 $\mathrm{Rt}\triangle ABC$ 的斜边为 c,两条直角边为 a,b,外接圆半径为 R,内切圆半径为 r. 显然

$$R=c,\quad r=\frac{a+b-c}{2}$$

由熟知的不等式有

$$(a+b)^2\leqslant 2(a^2+b^2)$$

于是 $a+b\leqslant\sqrt{2}c$,当且仅当 $a=b$ 时成立等号. 因此有

$$\frac{r}{R}=\frac{\frac{a+b-c}{2}}{c}=\frac{a+b-c}{2c}\leqslant\frac{\sqrt{2}c-c}{2c}=\frac{\sqrt{2}-1}{2}$$

当且仅当 $a=b$ 时,$\frac{r}{R}$ 有最大值$\frac{\sqrt{2}-1}{2}$,此时直角三角形的两个锐角均为45°.

❖锅炉余热

某工厂为了利用锅炉余热,需制作一个体积为 V 的带盖水箱,箱底的两边成1∶2 的关系. 问各边的长为多少,才能使所用的材料最省?

解 如图1,设箱底的一边为 x,则另一边为 $2x$. 若以 y 表示箱高,则水箱的体积为

$$V=2x^2y$$

所以

$$y=\frac{V}{2x^2}\qquad ①$$

因此,水箱的全表面积 S 可以表示为 x 的函数

$$S = 2(2x \cdot x + x \cdot y + 2x \cdot y) = 2(2x^2 + 3xy) = 4x^2 + 6xy$$

将式 ① 代入上式,得

$$S = 4x^2 + \frac{3V}{x} \quad ②$$

由于 S 最小,水箱所用的材料才最省. 然而 S 又随 x 变化,因此本题需要先求出使 S 达最小值时的 x 值.

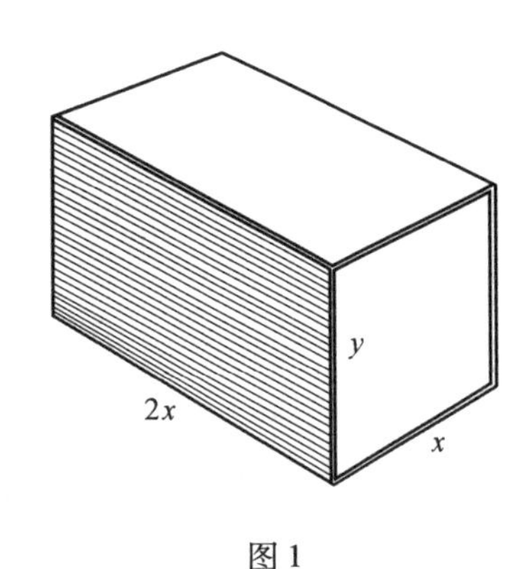

图 1

因为在式 ② 中,乘积

$$(4x^2)^1 \cdot \left(\frac{3V}{x}\right)^2 = 36V^2$$

为定值,所以当

$$\frac{4x^2}{1} = \frac{\frac{3V}{x}}{2} \quad ③$$

时,S 达最小值.

解式 ③ 得

$$x = \frac{1}{2}\sqrt[3]{3V}$$

将 x 值代入式 ①,化简得

$$y = \frac{2}{3}\sqrt[3]{3V}$$

因此,当水箱的三边分别为$\frac{1}{2}\sqrt[3]{3V}$,$\sqrt[3]{3V}$,$\frac{2}{3}\sqrt[3]{3V}$,或者说三边成$1:2:\frac{4}{3}$的比例时,所用的材料最省.

❖正多边形

P_1 是正 r 边形,P_2 是正 s 边形($r \geqslant s \geqslant 3$),且 P_1 的每一个内角都是 P_2 的每一个内角的$\frac{59}{58}$. 试求 s 的最大值.

解 由凸多边形内角和公式且依题意有

$$\frac{(r-2)\pi}{r}=\frac{(s-2)\pi}{s}\cdot\frac{59}{58}$$

即

$$sr-118r+116s=0$$

所以

$$s=\frac{118r}{r+116}=118-\frac{118\times116}{r+116}$$

为求 s 的最大值,需要求正整数$\frac{118\times116}{r+116}$的最小值,显然,当 $r=117\times116$ 时,$\frac{118\times116}{r+116}$的最小值等于 1.

所以 s 的最大值为 117.

❖确定点位

设 A,B 为抛物线 $y=x^2$ 上的两个动点,且弦 AB 的长为常数 l. 若点 C 是抛物线在 A,B 间的一段弧$\overset{\frown}{AB}$上的任一点,求使 $\triangle ABC$ 的面积最大的点 A,B,C 的位置.

解　根据题意,点 C 的坐标应选在使过该点的切线与 l 平行. 故点 C 的坐标为 $C\left(\frac{1}{2}\tan\alpha,\frac{1}{4}\tan^2\alpha\right)$. 点 C 到直线 l 的距离为

$$\frac{\left|\frac{\tan^2\alpha}{4}-x_1^2-\tan\alpha\left(\frac{\tan\alpha}{2}-x_1\right)\right|}{\sqrt{1+\tan^2\alpha}}$$

因此,$\triangle ABC$ 的面积 S 可以表示为

$$S=\frac{l}{2}\cdot\frac{\left|\frac{\tan^2\alpha}{4}-x_1^2-\tan\alpha\left(\frac{\tan\alpha}{2}-x_1\right)\right|}{\sqrt{1+\tan^2\alpha}}=\frac{l}{2}\cdot\frac{\left|\frac{\tan^2\alpha}{4}+x_1^2-x_1\tan\alpha\right|}{\sqrt{1+\tan^2\alpha}}=$$

$$\frac{l}{2}\cdot\frac{\left(\frac{\tan\alpha}{2}-x_1\right)^2}{\sqrt{1+\tan^2\alpha}}=\frac{l}{2}\left(\frac{\tan\alpha}{2}-x_1\right)^2\cos\alpha$$

将上面 $x_1=\frac{\tan\alpha-l\cos\alpha}{2}$ 代入 S 的表达式,得

$$S=\frac{l}{2}\left[\frac{\tan\alpha}{2}-\frac{1}{2}(\tan\alpha-l\cos\alpha)\right]^{2}\cos\alpha=\frac{l}{2}\left(\frac{1}{2}l\cos\alpha\right)^{2}\cos\alpha$$

易见,S 在 $\alpha=0$ 时达到最大值,此时 $S=\frac{l^3}{8}$. 三个点的坐标分别为 $A(-\frac{l}{2},0)$,$B(\frac{l}{2},0)$,$C(0,0)$. 解毕.

❖剪去一块

设 n 是大于 1 的自然数,从 $n\times n$ 的正方形的一个角上剪去一个 1×1 的方块,将这个图形分成 k 个面积都相等的三角形. 试求 k 的最小值.

解 如图 1,在同一折线 ABC 有公共点的这些等积三角形中,必有一个三角形的一条边是 AB(或 AC)的一部分,这条边的长度不大于 1,而且这条边上的高不大于 $n-1$,所以,该三角形的面积不超过$\frac{n-1}{2}$.

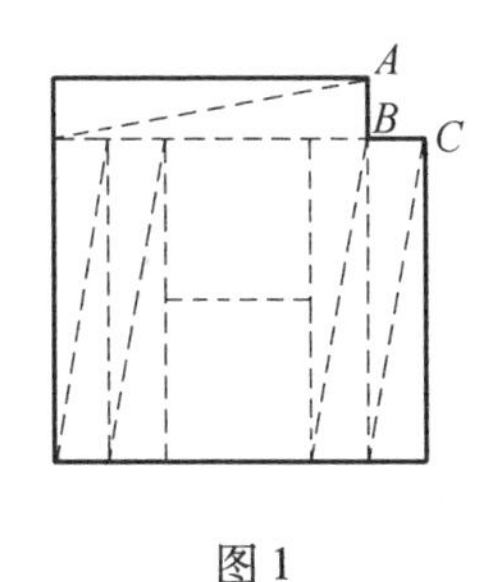

图 1

另一方面,该三角形的面积等于$\frac{n^2-1}{k}$,故$\frac{n^2-1}{k}\leqslant\frac{n-1}{2}$,有 $k\geqslant 2n+2$.

图中给出了等号成立的情形.

综上所述,k 的最小值是 $2n+2$.

❖借用旧墙

某房修队要盖一间面积为 S m^2 的工具间,一面借用旧墙,三面砌新墙. 欲使材料最省,长、宽应各为多少?

解 如图 1,设平行于旧墙的新墙长 x m,垂直于旧墙的新墙长 y m,则工具间的面积为

$$xy=S$$

其中,S 为已知常数. 所以

$$y=\frac{S}{x} \quad ①$$

欲使其材料最省,应使新墙的总长最小. 如图 1 所示,新墙的总长为

$$l=x+2y$$

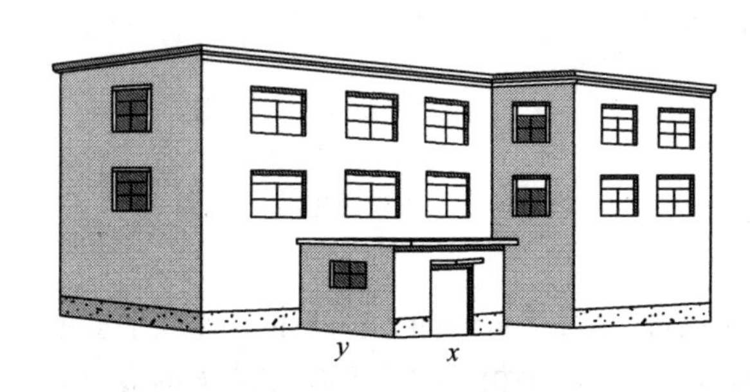

图 1

将式 ① 代入上式,得

$$l=x+\frac{2S}{x} \quad ②$$

因为式 ② 中,两加数的乘积

$$x\cdot\frac{2S}{x}=2S$$

为定值,所以当

$$x=\frac{2S}{x} \quad ③$$

时,l 达最小值. 解式 ③,得

$$x=\pm\sqrt{2S}$$

由于 x 系墙的长度,必为正数,故弃去负根,仅有

$$x=\sqrt{2S}$$

将 x 的值代入式 ①,得

$$y=\frac{1}{2}\sqrt{2S}$$

因此,当新墙长为 $\sqrt{2S}$ m,宽为 $\frac{1}{2}\sqrt{2S}$ m 时,建造工具间的材料最省.

❖乘积最小

已知,边长为 4 的正 $\triangle ABC$,D,E,F 分别是 BC,CA,AB 上的点,且 $|AE|=$

$|BF|=|CD|=1$,联结 AD,BE,CF 交成 $\triangle RQS$,点 P 在 $\triangle RQS$ 内及其边上移动,点 P 到 $\triangle ABC$ 的距离分别是 x,y,z.

(1) 求证:点 P 在 $\triangle RQS$ 的顶点位置时,乘积 xyz 有极小值.

(2) 求上述乘积的极小值.

证明 (1) 如图 1,由假设有 $AB=BC=CA=4,AE=CD=BF=1$.

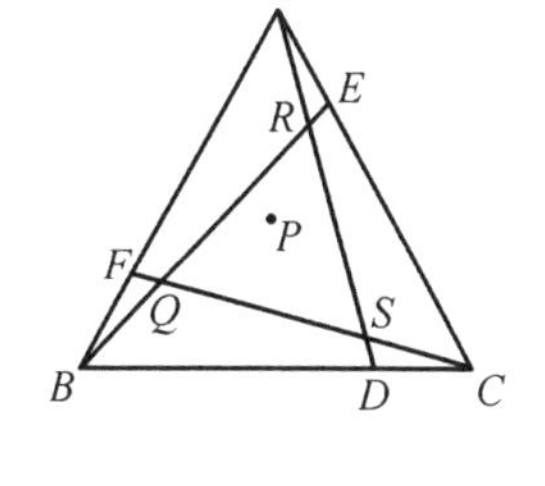

图 1

又因为

$$\angle BAC=\angle CBA=\angle ACB$$

所以

$$\triangle ABE\cong\triangle BCF\cong\triangle CAD$$

故

$$\triangle AER\cong\triangle BFQ\cong\triangle CDS$$

从而 $\triangle RQS$ 是正三角形.

当动点 P 在 $\triangle RQS$ 的内部及边界上变动时,我们将证明:

① 当点 P 在 $\triangle RQS$ 内时,xyz 不是最小值;

② 当点 P 在线段 QS 内(不包括 Q,S 两点),xyz 也不是最小值.

如果以上两条得证,再由与 R,Q,S 三点相应的 x,y,z 相同,即知这三点的 xyz 是最小的,从而(1) 得证.

结论 ① 的证明:设点 P_0 在 $\triangle RQS$ 之内,过点 P_0 作 $MN\parallel BC$,且设 MN 与 RS 交于点 N,与 RQ(或 QS) 交于点 M(图 2).

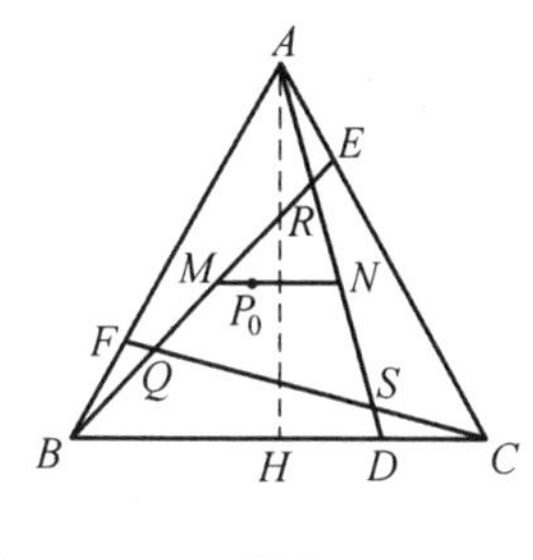

图 2

此时,MN 上每点 P 的 x 恒为 x_0(我们用 x_0,y_0,z_0 表示 P_0 到三边的距离).

从而 $y+z=2\sqrt{3}-x_0$ 是常数(这里用到正三角形内及边界上任一点到三边的距离和为定值高的长,即 $x+y+z=\sqrt{3}$).

注意到 $y=\left(\frac{y+z}{2}\right)^2-\left(\frac{y-z}{2}\right)^2$,若 $|y-z|$ 越大,则 yz 越小.

现在 M,N 中总有一点的 $|y-z|$ 比 P_0 的 $|y_0-z_0|$ 大,因此这点的 $yz<y_0z_0$,即 $xyz<x_0y_0z_0$.

可见 $\triangle RQS$ 内的任一点 P_0 的 $x_0y_0z_0$ 不是最小值.

结论 ② 的证明:考虑线段 QS 内的点 P_0. 设 H 为 BC 中点,$BG=IC=1$,FC 分别与 AG,AH 的交点为 L,K,BI 也通过 K 且与 AD 交于 T(图 3).

当点 P_0 在 KS 上(不取 S),作 $P_0J /\!/ BC$,P_0J 交 AD 于点 J,此时 P_0 与 J 的 x 相等,而点 J 的 $z-y > z_0-y_0>0$(因为 J 比 P_0 离中垂线 AH 更远),由于 P_0J 上每点的 $y+z=2\sqrt{3}-x_0$ 是常数,所以点 J 的 $yz<y_0z_0$,即 $xyz<x_0y_0z_0$,因此 P_0 的 $x_0y_0z_0$ 不是最小.

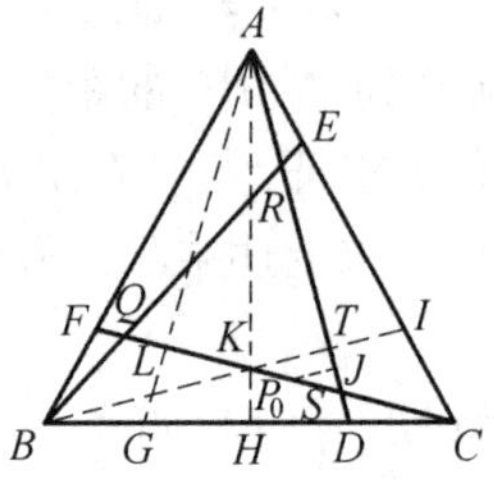

图3

当点 P_0 在 LK 之内,它关于 AH 的对称点必在 KT 之内,点 P_0 与其对称点的 xyz 都相同,但此对称点已落在 $\triangle RSQ$ 内,已证明其 xyz 不是最小,所以 P_0 的 $x_0y_0z_0$ 也不是最小.

当点 P_0 落在 QL 上(但不取点 Q),则过点 P_0 作 $P_0V /\!/ AC$,设 P_0V 与 BE 交于点 V,因为直线 BL 垂直平分 AC,V 比 P_0 离 BL 更远.

所以 V 的 $x-z>x_0-z_0$,而 $y=y_0$,因此 $xz<x_0z_0$,即 V 的 $xyz<x_0y_0z_0$,知 P_0 的 $x_0y_0z_0$ 也不是最小,所以,只有 S,Q,R 有可能取最小 xyz.

(2)最后,来计算最小值 xyz.因为

$$\triangle ARE \backsim \triangle ACD$$

$$\angle ARE=\angle C=60^\circ$$

所以

$$AR_1 : RE=4:1$$

即

$$AR : SD=4:1$$

又因为

$$\triangle ASF \backsim \triangle ABD$$

$$\angle ASF=\angle B$$

所以

$$AS : SF=4:3$$

设 $SD=l$,则 $AR=4l$,$FQ=l$,所以

$$\frac{4}{3}=\frac{AS}{SF}=\frac{AR+RS}{QS+QF}=\frac{4l+RS}{RS+l}$$

解得 $RS=8l$.取

$$|AR|:|RS|:|SD|=4:8:1$$

作 $RR'\perp BC$,$QQ'\perp BC$,$SS'\perp BC$,垂足分别为点 R',Q',S'(图4),则

$$\frac{RR'}{QQ'}=\frac{BR}{BQ}=\frac{AS}{AR}=3$$

$$\frac{QQ'}{SS'}=\frac{QC}{SC}=\frac{AS}{AR}=3$$

即

$$RR'=9SS',\quad QQ'=3SS'$$

但

$$RR'+QQ'+SS'=2\sqrt{3}$$

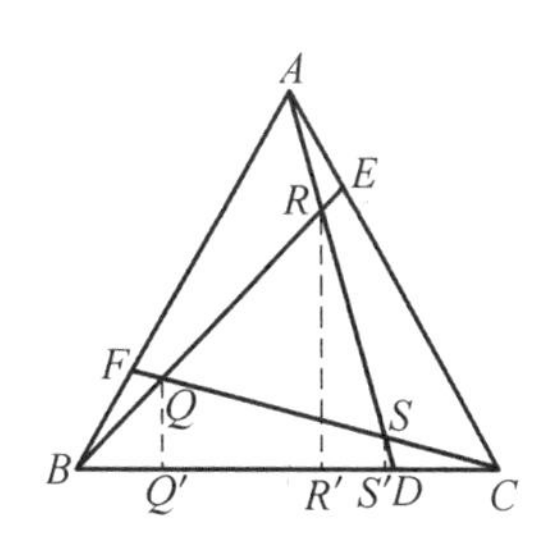

图4

所以点 R 的坐标为

$$x_1=RR'=\frac{9}{13}\times 2\sqrt{3}$$

$$y_1=SS'=\frac{1}{13}\times 2\sqrt{3}$$

$$z_1=QQ'=\frac{3}{13}\times 2\sqrt{3}$$

因此,xyz 的最小值为 $x_1y_1z_1=\frac{648}{2\ 197}\sqrt{3}$.

❖细棒中点

容器形状为截面下的旋转抛物面,其轴截面与容器交线的方程为 $y=x^2$,现将长为 l 的细棒放入容器中,求细棒中点的最低位置.

解 引入辅助角 α. 令 AB 与 x 轴的夹角为 α. 不妨设 $0\leqslant\alpha<\frac{\pi}{2}$ 的情形,如图1. 棒两端及棒中点为 $A(x_1,x_1^2)$,$B(x_2,x_2^2)$,$M(x,y)$. 于是,有 $x_2^2-x_1^2=l\sin\alpha$,$x_2-x_1=l\cos\alpha$,从而 $x_2+x_1=\tan\alpha$. 解这个二元二次方程得

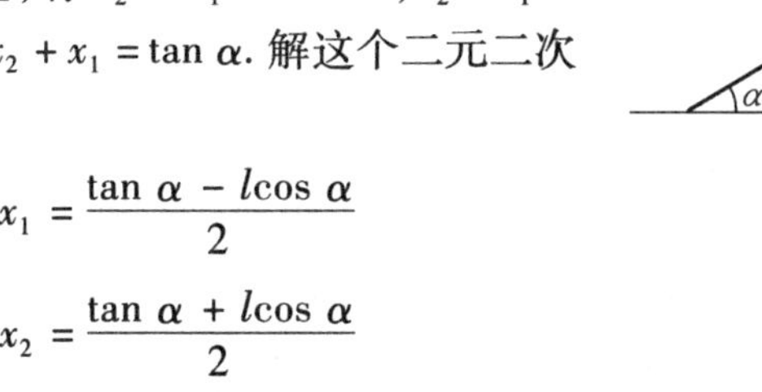

$$\begin{cases}x_1=\dfrac{\tan\alpha-l\cos\alpha}{2}\\x_2=\dfrac{\tan\alpha+l\cos\alpha}{2}\end{cases}$$

图1

于是

$$y=\frac{x_1^2+x_2^2}{2}=\frac{1}{2}\left[\left(\frac{\tan\alpha-l\cos\alpha}{2}\right)^2+\left(\frac{\tan\alpha+l\cos\alpha}{2}\right)^2\right]=$$

$\frac{1}{4}(\tan^2\alpha + l^2\cos^2\alpha)$

函数 y 对 α 求导,得

$$\frac{dy}{d\alpha} = \frac{1}{4}(2\tan\alpha\sec^2\alpha - l^2 2\cos\alpha\sin\alpha) = \frac{\sin\alpha}{2}\left(\frac{1 - l^2\cos^4\alpha}{\cos^3\alpha}\right)$$

令 $\frac{dy}{d\alpha} = 0$,得 $\sin\alpha = 0$,或者 $\cos^2\alpha = \frac{1}{l}(l \geqslant 1)$. 当 $l \leqslant 1$ 时,由 $\frac{dy}{d\alpha} \geqslant 0$,而 $\alpha = 0$ 是其唯一的驻点,因此 $\alpha = 0$ 是 y 的最小值点. 此时 $y = \frac{l^2}{4}$. 当 $l > 1$,$\cos^2\alpha = \frac{1}{l}$ 时,$y = \frac{1}{4}(2l - 1) < \frac{l^2}{4}$,故 $y = \frac{1}{4}(2l - 1)$ 是最小值. 解毕.

在本问题中,如果我们考虑的点不是中点,而是 l 上的一个定点,它的最低点应在什么地方呢? 由假设有正常数 $\lambda_1,\lambda_2,\lambda_1 + \lambda_2 = 1$,使该固定点的坐标 $y = \frac{\lambda_1 x_1^2 + \lambda_2 x_2^2}{2}$,由上面的表示得

$$y = \frac{1}{2}(\lambda_1\tan^2\alpha + l^2\lambda_2\cos^2\alpha)$$

函数 y 对 α 求导,得

$$\frac{dy}{d\alpha} = \lambda_1\tan\alpha\sec^2\alpha - l^2\lambda_2\cos\alpha\sin\alpha = \sin\alpha\left(\frac{\lambda_1 - l^2\lambda_2\cos^4\alpha}{\cos^3\alpha}\right)$$

同样可得当 $l\sqrt{\lambda_2\lambda_1^{-1}} \leqslant 1$ 时,$y = \frac{1}{2}l^2\lambda_2$ 最低. 当 $l\sqrt{\lambda_2\lambda_1^{-1}} > 1$ 时,

$$y = \frac{\lambda_1}{2}(2l\sqrt{\lambda_2\lambda_1^{-1}} - 1)$$

最低.

❖平方和最大

在给定的圆中,怎样的圆内接多边形其边的平方和最大?

解 (1) 注意到在钝角三角形中,钝角所对的边的平方大于其他两边的平方和,所以,如果在圆内接多边形中,有一个角是钝角,那么当去掉这个钝角之后得到一个顶点数少 1 的多边形,它的边的平方和将增大. 因此,我们可以在所研究的圆内接多边形中,去掉所有钝角的顶点,而使边数减少,边的平方和变大.

因为 n 边形的内角和满足

$$(n-2)180°=[n+(n-4)]90°$$

所以在任何一个五边形和非矩形的四边形中,都至少有一个钝角. 因此,边长平方和最大的圆内接多边形应从圆内接矩形和圆内接三角形中寻找.

(2) 设给定圆的半径为 r,则圆内接矩形的各边平方和为 $8r^2$.

(3) 设 $\triangle ABC$ 内接于半径为 r 的圆,三边的平方和为 T,则

$$T=4r^2(\sin^2A+\sin^2B+\sin^2C)$$

下面考察 $\sin^2A+\sin^2B+\sin^2C$ 的最大值

$$\begin{aligned}\sin^2A+\sin^2B+\sin^2C&=1-\cos^2A+\frac{1-\cos^2B}{2}+\frac{1-\cos^2C}{2}=\\&2-\cos^2A-\cos(B+C)\cos(B-C)=\\&2-\cos^2A+\cos A\cos(B-C)=\\&2-\left[\cos A-\frac{1}{2}\cos(B-C)\right]^2+\frac{1}{4}\cos^2(B-C)\end{aligned}$$

所以当且仅当$\begin{cases}\cos A=\frac{1}{2}\cos(B-C)\\\cos(B-C)=1\end{cases}$时,$\sin^2A+\sin^2B+\sin^2C$ 的最大值是$\frac{9}{4}$.

此时 $B=C,A=60°$,即

$$A=B=C=60°,\quad T=4r^2\cdot\frac{9}{4}=9r^2$$

所以,在圆内接三角形中,正三角形的平方和最大,最大值为 $9r^2$.

由于圆内接矩形的多边平方和 $8r^2<9r^2$,因此在所有内接于给定的圆内接多边形中,正三角形的各边的平方和最大.

❖公路定位

如图1,某公社离河岸 m km. 为取得位于河边的某化肥厂的化肥,需由公社向河岸修筑一条公路. 沿河流方向计算,公社距化肥厂 l km. 若水路运费是公路运费的一半,欲使运费最低廉,这条公路应如何定位?

解 设筑公路 AC,则由 Rt$\triangle ACD$ 得

$$AC=\sqrt{m^2+x^2}$$

由化肥厂 B,运输化肥的水路 BC 长为

$$BC=l-x$$

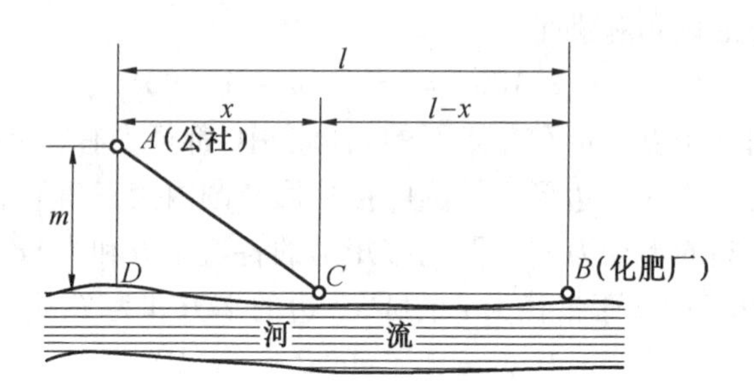

图 1

设水路运输的单位里程价格为 p 元,则公路运输的单位里程价格为 $2p$ 元,因此,公路运输的总费用为

$$S_{AC}=2p\sqrt{m^2+x^2}$$

水路运输的总费用为

$$S_{BC}=p(l-x)$$

由化肥厂把化肥运到公社的总费用为

$$S=S_{AC}+S_{BC}=2p\sqrt{m^2+x^2}+p(l-x)=p(2\sqrt{m^2+x^2}+l-x)$$

所以

$$\frac{S}{p}=2\sqrt{m^2+x^2}+l-x$$

$$\frac{S}{p}-l+x=2\sqrt{m^2+x^2}$$

令

$$w=\frac{S}{p}-l \qquad ①$$

则

$$w+x=2\sqrt{m^2+x^2}$$

两边平方,整理得到一个二次方程式,得

$$3x^2-2wx+(4m^2-w^2)=0 \qquad ②$$

所以

$$x=\frac{2w\pm\sqrt{4w^2-12(4m^2-w^2)}}{6}=\frac{w\pm\sqrt{w^2-3(4m^2-w^2)}}{3} \qquad ③$$

由于 x 表示的是两点间的距离,故必为实数,因此在方程 ③ 中

$$w^2-3(4m^2-w^2)\geqslant 0$$

所以

$$4w^2-12m^2\geqslant 0$$

$$w \geqslant \sqrt{3}m$$

即 w 不小于 $\sqrt{3}m$，最少是等于 $\sqrt{3}m$，这就是说

$$w_{\min} = \sqrt{3}m \tag{④}$$

又因为 l 和 p 为常数，故由式 ① 知，当 w 达最小时，S 亦达最小.

将式 ④ 代入式 ③，得到 S 为最小值时的 x 值，即

$$x = \frac{\sqrt{3}}{3}m$$

因此在距点 D 为 $\frac{\sqrt{3}}{3}m$ km 的河岸，直接向公社筑一条公路，化肥的运费最低廉.

❖造价最低

某公社建造一个长方体的化粪池，已知池壁每平方米的造价为池底每平方米造价的 $\frac{3}{4}$. 欲使化粪池的造价最低，它的长、宽、高应成怎样的比例?

解 如图 1，设化粪池长为 x m，宽为 y m，高为 z m，则容积为

$$V = xyz$$

所以

$$z = \frac{V}{xy} \tag{①}$$

又设化粪池的池底每平方米的造价为 p 元，则池壁每平方米的造价为 $\frac{3}{4}p$ 元，因此化粪池的总造价为

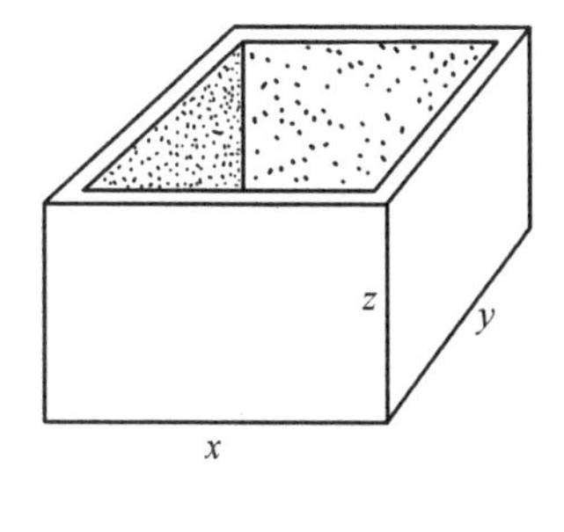

图 1

$$w = pxy + \frac{3}{4}p(2yz + 2xz) = p\left[xy + \frac{3}{2}(yz + xz)\right]$$

将式 ① 代入上式，整理得

$$w = p\left[xy + \frac{3}{2}V\left(\frac{1}{x} + \frac{1}{y}\right)\right] \tag{②}$$

显然，w 是以 x 和 y 为自变量的二元函数，欲求最小值，需用偏导数来解决.

先用式 ② 求一阶偏导数，得

$$w'_x = p\left(y - \frac{3V}{2x^2}\right) \tag{③}$$

$$w'_y = p\left(x - \frac{3V}{2y^2}\right) \tag{④}$$

使 $w'_x = 0, w'_y = 0$,得联立方程式

$$\begin{cases} y - \dfrac{3V}{2x^2} = 0 \\ x - \dfrac{3V}{2y^2} = 0 \end{cases}$$

解之得

$$x = y = \sqrt[3]{\frac{3}{2}V}$$

将上式代入式 ①,得

$$z = \sqrt[3]{\frac{4}{9}V}$$

由此可以求出化粪池长、宽、高的比例关系为

$$x : y : z = 1 : 1 : \frac{2}{3}$$

利用二阶偏导数不难证明,当 x,y,z 具有上述比例时,w 得到极小值.

在式 ③ 和式 ④ 的基础上,求得二阶偏导数分别为

$$A = w''_{xx} = \frac{3pV}{x^3}$$

$$B = w''_{xy} = p$$

$$C = w''_{yy} = \frac{3pV}{y^3}$$

$$B^2 - A \cdot C = p^2 - \frac{3pV}{x^3} \cdot \frac{3pV}{y^3} = p^2\left(1 - \frac{9V^2}{x^3y^3}\right)$$

将 $x = y = \sqrt[3]{\frac{3}{2}V}$ 代入上式,化简得

$$B^2 - A \cdot C = -3p^2$$

因为

$$p > 0$$

所以

$$B^2 - AC < 0$$

因此,w 有极值.

又由于 x,y 必为正数,故有

$$A > 0,\quad C > 0$$

所以,当 $x = y = \sqrt[3]{\frac{3}{2}V}$,$z = \sqrt[3]{\frac{4}{9}V}$ 时,w 达极小值. 即化粪池的长、宽、高成 $1:1:\frac{2}{3}$ 比例时,其造价最低.

❖面积之比

如果一个等腰直角三角形的三个顶点在另一个等腰直角三角形的三条不同的边上. 求这两个等腰直角三角形面积之比的最小值.

解 分两种情况考虑.

(1) 较小三角形的直角顶点在大直角三角形的斜边上,易知 C,A_1,C_1,B_1 四点共圆,如图1(a). 又

$$A_1C_1 = B_1C_1$$

所以

$$\overset{\frown}{A_1C_1} = \overset{\frown}{B_1C_1}$$

所以

$$\angle ACC_1 = \angle BCC_1 = 45°$$

即 C_1 为 AB 中点,有$\frac{CC_1}{AC} \geqslant \frac{1}{2}$.

所以小等腰直角三角形面积与大等腰直角三角形面积之比不小于$\frac{1}{4}$.

(2) 较小等腰直角三角形直角顶点在大等腰直角三角形一直角边上,如图1(b),易知 $x^2 + y^2 = a^2$. 大等腰直角三角形直角边为 $2x + y$,而

$$(2x + y)^2 \leqslant (2^2 + 1^2)(x^2 + y^2) = 5a^2$$

则

$$2x + y \leqslant \sqrt{5}a$$

所以小等腰直角三角形面积与大等腰直角三角形面积之比不小于$\frac{1}{5}$.

综合(1)(2) 可知:小等腰直角三角形与大等腰直角三角形面积之比的最小值是$\frac{1}{5}$.

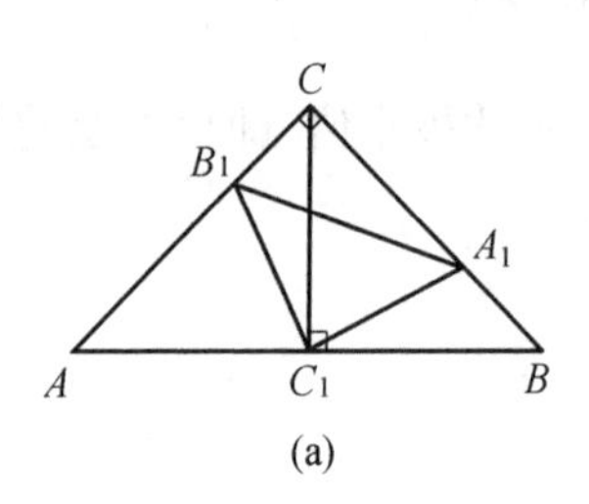

(a)

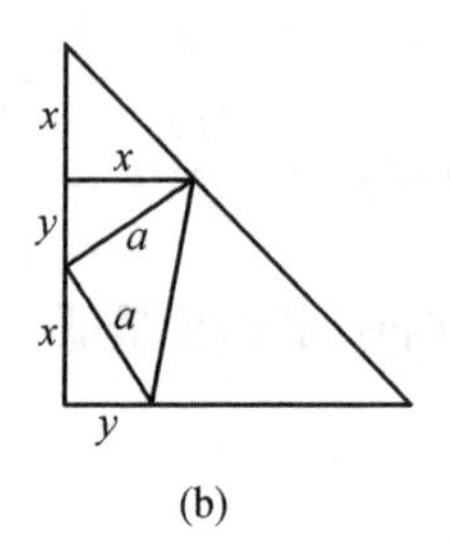

(b)

图 1

❖圆内三角形

众所周知,圆内接三角形的面积达到最大值时,其形状为等边三角形.当圆内接三角形的周长为定值时,什么形状的三角形面积最大?此时,面积和周长的关系如何?

定理 设在半径为 R 的圆内接三角形的周长为定值 l,等腰三角形的面积取最大值时,且最大面积可以表示为

$$S_{\max}=4R^2t^2\left(\frac{a}{2}-t\right)$$

$$t=\frac{1}{2\sqrt{3}A^{\frac{1}{6}}}\left[\sqrt{3A^{\frac{2}{3}}+a^2}+\sqrt{\sqrt{6}a^2\sqrt{\frac{9+\sqrt{3(27-4a^2)}}{3A^{\frac{2}{3}}+a^2}}-3A^{\frac{2}{3}}-a^2}\right]$$

其中

$$A=\frac{1}{2}a^2+\frac{\sqrt{3}}{18}a^2\sqrt{27-4a^2}$$

$$a=\frac{l}{2R}$$

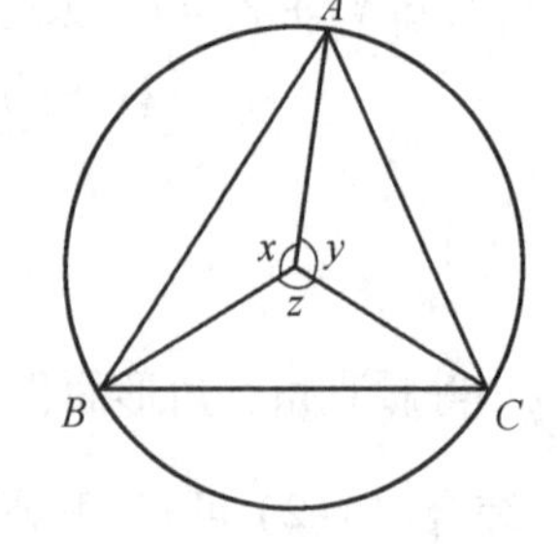

图 1

定理的证明 如图 1,$\triangle ABC$ 是半径为 R 的圆内接三角形,其周长为 l. 三条边所对应的圆心角分别为 x,y,z. 设 $\triangle ABC$ 的面积为 S,那么,我们的问题可表示如下:在条件

$$2R\left(\sin\frac{x}{2}+\sin\frac{y}{2}+\sin\frac{z}{2}\right)=l \qquad ①$$

$$x+y+z=2\pi \qquad ②$$

下求

$$S=\frac{1}{2}R^2(\sin x+\sin y+\sin z) \qquad ③$$

的极大值. 运用拉格朗日乘子法,令

$$F=\frac{1}{2}R^2(\sin x+\sin y+\sin z)+\lambda\left[2R\left(\sin\frac{x}{2}+\sin\frac{y}{2}+\sin\frac{z}{2}\right)-l\right] \qquad ④$$

将 $z=2\pi-x-y$ 代入式 ④ 得

$$F=\frac{1}{2}R^2[\sin x+\sin y-\sin(x+y)]+\lambda\left[2R\left(\sin\frac{x}{2}+\sin\frac{y}{2}+\sin\frac{x+y}{2}\right)-l\right]$$

对 x,y 分别求偏导,得

$$F_x=\frac{1}{2}R^2[\cos x-\cos(x+y)]+\lambda R\left(\cos\frac{x}{2}+\cos\frac{x+y}{2}\right)$$

$$F_y=\frac{1}{2}R^2[\cos y-\cos(x+y)]+\lambda R\left(\cos\frac{y}{2}+\cos\frac{x+y}{2}\right)$$

令 $F_x=0,F_y=0$,得

$$\frac{1}{2}R^2[\cos x-\cos(x+y)]+\lambda R\left(\cos\frac{x}{2}+\cos\frac{x+y}{2}\right)=0 \qquad ⑤$$

$$\frac{1}{2}R^2[\cos y-\cos(x+y)]+\lambda R\left(\cos\frac{y}{2}+\cos\frac{x+y}{2}\right)=0 \qquad ⑥$$

式 ⑤ 减式 ⑥,得

$$\frac{1}{2}R^2(\cos x-\cos y)+\lambda R\left(\cos\frac{x}{2}-\cos\frac{y}{2}\right)=0 \qquad ⑦$$

因式分解得

$$\cos\frac{x}{2}-\cos\frac{y}{2}=0 \text{ 或 } R\left(\cos\frac{x}{2}+\cos\frac{y}{2}\right)+\lambda=0$$

如果 $\cos\frac{x}{2}-\cos\frac{y}{2}=0$,可得 $x=y$. 若不然,有 $R\left(\cos\frac{x}{2}+\cos\frac{y}{2}\right)+\lambda=0$. 将此式代入式 ⑤ 化简,得

$$\left(\cos\frac{x}{2}+\cos\frac{x+y}{2}\right)\left(\cos\frac{y}{2}+\cos\frac{x+y}{2}\right)=0$$

如果 $\cos\frac{x}{2}+\cos\frac{x+y}{2}=0$,我们得到 $x+\frac{y}{2}=\pi$. 将其代入式 ② 得 $z+\frac{y}{2}=\pi$. 从而 $x=z$. 如果 $\cos\frac{x}{2}+\cos\frac{x+y}{2}=0$,同理可得 $y=z$. 因此,$\triangle ABC$ 为等腰三角形. 不失一般性,我们设 $x=y$,由式 ① 和式 ③ 得

$$S_{\max}=\frac{1}{2}R^2(2\sin x-\sin 2x)$$

其中

$$2\sin\frac{x}{2}+\sin x=\frac{l}{2R} \quad ⑧$$

令 $t=\sin\frac{x}{2}, a=\frac{l}{2R}$ 得

$$S_{\max}=4R^2t^2\left(\frac{a}{2}-t\right)$$

其中 t 满足

$$4t^4-4at+a^2=0$$

进一步,记 $A=\frac{1}{2}a^2+\frac{\sqrt{3}}{18}a^2\sqrt{27-4a^2}$,解此一元四次方程,得

$$t=\frac{1}{2\sqrt{3}A^{\frac{1}{6}}}\left[\sqrt{3A^{\frac{2}{3}}+a^2}+\sqrt{\sqrt{6}a^2\sqrt{\frac{9+\sqrt{3(27-4a^2)}}{3A^{\frac{2}{3}}+a^2}}-3A^{\frac{2}{3}}-a^2}\right]$$

证毕.

由定理的证明不难得到下面的推论.

推论1 半径为 R 的圆内接三角形最大周长为 $l=3\sqrt{3}R$,所对应的面积最大值为 $S_{\max}=\frac{3\sqrt{3}}{4}R^2$,此时的三角形为等边三角形.

推论2 设半径为 R 的圆内接三角形周长为 $l=2R(1+\sqrt{2})$,那么当内接三角形为等腰直角三角形时,所对应的面积最大,其最大值为 $S_{\max}=R^2$.

推论3 设半径为 R 的圆内接三角形周长为 l,$S_{\max}$ 为 l 所对应的面积的最大值,那么,$S_{\max}\leqslant\frac{1}{4}Rl$,等号当且仅当 $l=3\sqrt{3}R$ 时成立.

证明 由式⑧,得

$$\frac{S_{\max}}{l}=\frac{R}{4}\cdot 4\cos\frac{x}{2}\left(1-\cos\frac{x}{2}\right), \quad 0<\cos\frac{x}{2}<1$$

由算术 - 几何平均值不等式得

$$\cos\frac{x}{2}\left(1-\cos\frac{x}{2}\right)\leqslant\frac{1}{4}$$

等号当且仅当 $\cos\frac{x}{2}=\frac{1}{2}$ 时成立. 由此,$x=\frac{2\pi}{3}$. 因为 $S_{\max}$ 所对应的为等腰三角形,且 x 为其一底角的2倍,所以 $S_{\max}$ 所对应的三角形为等边三角形. 由推论1知 $l=3\sqrt{3}R$, 证毕.

❖两人游戏

给定面积为 1 的 $\triangle ABC$,两个人做以下游戏. 第一个人在 AB 边上选取一点 X,第二个人在 BC 边上选取一点 Y,然后第一个人再在 AC 边上选取一点 Z,第一个人的目的是得到最大面积的 $\triangle XYZ$,而第二个人的目的是得到最小面积的三角形. 求第一个人能确保的最大面积是多少?

解　第一个人能确保的最大面积是$\frac{1}{4}$.

因为第二个人能达到 $S_{\triangle XYZ} \leqslant \frac{1}{4}$ 而不依赖于第一个人如何游戏.

为此他只要选择 Y,使 $XY /\!/ AC$(图 1),那么对于底边 AC 上的任意点 Z,将有

$$\frac{S_{\triangle XYZ}}{S_{\triangle ABC}} = \frac{XY}{AC} \cdot \frac{H-h}{H} = \frac{h(H-h)}{H^2} \leqslant \frac{1}{4}$$

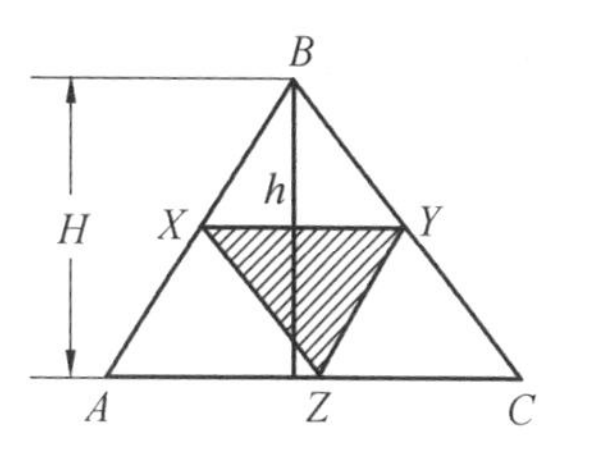

图 1

另一方面,第一个人取 AB,AC 的中点 X,Z 后,就能保证自己有 $S_{\triangle XYZ} = \frac{1}{4}$,而不依赖于第二个人的选择.

❖有盖圆桶

某工厂需生产一批容积为 V 的有盖圆桶. 若桶壁厚度一定,底和高具有怎样的尺寸关系,所用的材料最省?

解　如图 1,设圆桶的底面半径为 x,高为 y,则容积为

$$V = \pi x^2 y$$

所以

$$y = \frac{V}{\pi x^2} \quad ①$$

又圆桶的全表面积为

$$S = 2\pi x^2 + 2\pi xy = 2(\pi x^2 + \pi xy)$$

将式 ① 代入上式，得

$$S = 2\left(\pi x^2 + \frac{V}{x}\right) \qquad ②$$

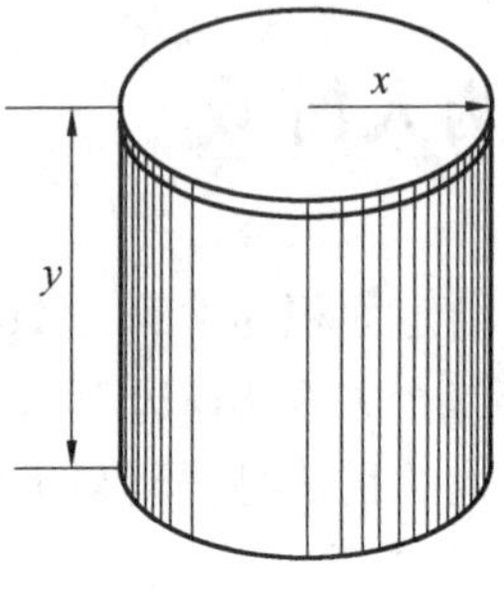

在桶壁厚度一定的条件下，容积为定值 V 的圆桶，全表面积 S 最小，则用的材料最少. 因此求解本题的目的，在于找出全表面积最小时，圆桶的直径和高的关系.

图 1

由于在式 ② 中，第一个因数 2 为常量，故 S 值取决于第二个因数 $\pi x^2 + \frac{V}{x}$ 的大小.

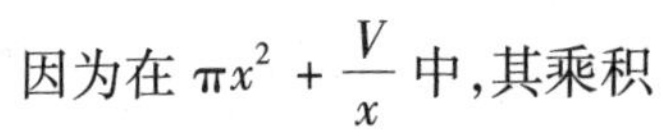

因为在 $\pi x^2 + \frac{V}{x}$ 中，其乘积

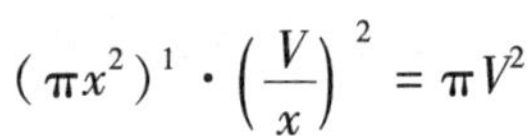

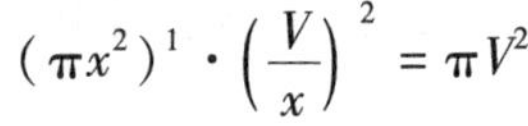

$$(\pi x^2)^1 \cdot \left(\frac{V}{x}\right)^2 = \pi V^2$$

为定值，所以当

$$\frac{\pi x^2}{1} = \frac{\frac{V}{x}}{2} \qquad ③$$

时，式 ② 达最小值.

解式 ③ 得

$$x = \sqrt[3]{\frac{V}{2\pi}} \qquad ④$$

将 x 的值代入式 ①，得

$$y = 2\sqrt[3]{\frac{V}{2\pi}} \qquad ⑤$$

由式 ④ 与式 ⑤，得

$$y = 2x$$

这就是说，当圆桶的高等于底面的直径时，所用的材料最省. 我们常见的罐头盒、茶缸及汽油桶等，都是按这个比例设计的.

❖比为定值

在 $\triangle ABC$ 中，$AB = 9$，$\frac{BC}{CA} = \frac{40}{41}$. 求这个三角形面积的最大值.

解 如图1,以 A 为坐标原点,以 AB 所在直线为 x 轴,B 在 x 轴正方向上,建立平面直角坐标系,并设 $A(0,0)$,$B(c,0)$,$C(x,y)$.

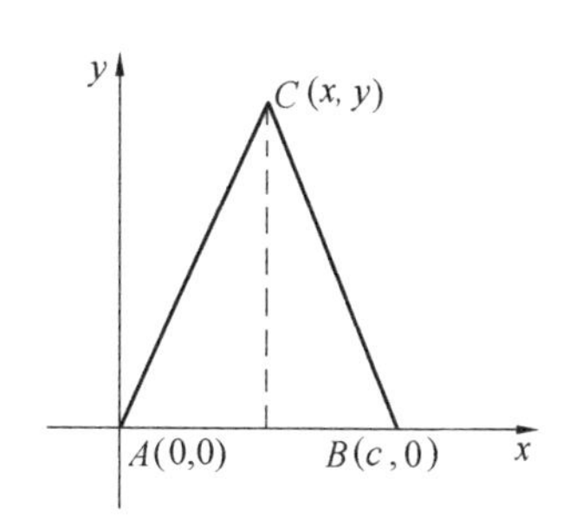

图1

又设 $\frac{BC}{CA}=\frac{a}{b}$. 于是有

$$\frac{\sqrt{(x-c)^2+y^2}}{\sqrt{x^2+y^2}}=\frac{a}{b}$$

则

$$(b^2-a^2)x^2-2b^2cx+(b^2-a^2)y^2=-b^2c^2$$

有

$$\left(x-\frac{b^2c}{b^2-a^2}\right)^2+y^2=\frac{a^2b^2c^2}{(b^2-a^2)^2}$$

所以顶点 C 的轨迹是以 $\left(\frac{b^2c}{b^2-a^2},0\right)$ 为圆心,$\frac{abc}{b^2-a^2}$ 为半径的圆.

当 $\frac{a}{b}=\frac{40}{41}$,$c=9$ 时,此圆为

$$\left(x-\frac{41}{9}\right)^2+y^2=\frac{41^2\times 40^2}{81}$$

于是当三角形的高为该圆的半径,即半径为 $\frac{41\times 40}{9}$ 时,$\triangle ABC$ 的面积最大,最大值为

$$S=\frac{1}{2}\times 9\times\frac{41\times 40}{9}=820$$

❖弓形面积

设 $y=f(x)$ 是 $(-\infty,+\infty)$ 内的一光滑凸函数,(x_0,y_0) 是曲线上方的一个固定点. 试求在过 (x_0,y_0) 与曲线 $y=f(x)$ 相交的诸弦中,与曲线所围成弓形面积最小的弦的位置.

解 如图1,设过 (x_0,y_0) 的弦的方程为 $y=kx+b$,其中 $b=y_0-kx_0$,它与曲线 $y=f(x)$ 的两个交点的横坐标为

$$x_1=x_1(k),\quad x_2=x_2(k)$$

不妨设 $x_1<x_2$. 于是该弦所对应的弓形的面积为

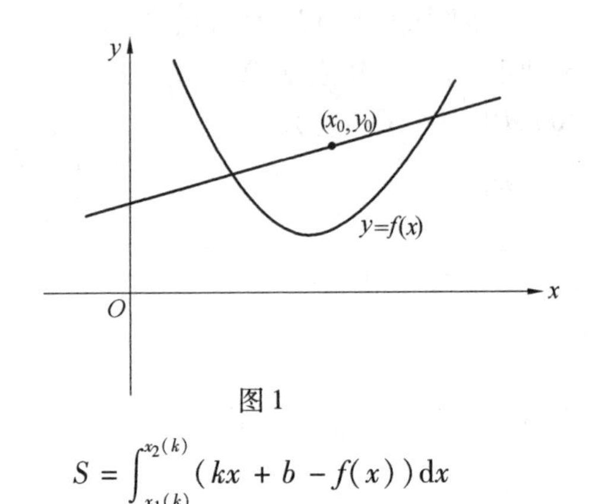

图 1

$$S=\int_{x_1(k)}^{x_2(k)}(kx+b-f(x))\mathrm{d}x$$

因为

$$\frac{\mathrm{d}S}{\mathrm{d}k}=\int_{x_1(k)}^{x_2(k)}\frac{\partial(kx+b-f(x))}{\partial k}\mathrm{d}x+(kx_2+b-f(x_2))-(kx_1+b-f(x_1))$$

又因为 $f(x_2)=kx_2+b, f(x_1)=kx_1+b$ 为交点的纵坐标,其中 $b=y_0-kx_0$,因此

$$\frac{\mathrm{d}S}{\mathrm{d}k}=\int_{x_1(k)}^{x_2(k)}(x-x_0)\mathrm{d}x=\frac{1}{2}[(x_2(k)-x_0)^2-(x_1(k)-x_0)^2]$$

令 $\frac{\mathrm{d}S}{\mathrm{d}k}=0$,我们得到 $x_2(k)-x_0=\pm(x_1(k)-x_0)$,于是,$x_0=\frac{x_2(k)+x_1(k)}{2}$ 即为所求. 也就是说,当 (x_0, y_0) 为弦的中点时,所围成弓形的面积为最小. 解毕.

❖怎样分布

设平面上有 $n(n\geqslant 3)$ 个点 $A_1, A_2, \cdots, A_n$,其中任意三个点不共线. 用 α 表示所有的角 $\angle A_iA_jA_k$ 的最小值,其中 A_i, A_j, A_k 是三个不同的给定的点. 对每个 n,求 α 的最大值,并确定当这些点怎样分布时,取最大值.

解 α 的最大值为 $\frac{180^\circ}{n}$.

设平面上有 n 个点,使得 α 取得最大值.

考虑过其中两点 A'_1 与 A'_2 的直线,使得所有其他给定点都在直线 $A'_1A'_2$ 的同侧.

取点 A'_3,使得 $\angle A'_1A'_2A'_3$ 取得最大值,则所有其他的点都在这个角的内部,它们与 A'_2 的连线把 $\angle A'_1A'_2A'_3$ 分成 $n-2$ 个角,而且每一个角都不小于 α,所以有

$$\angle A'_1A'_2A'_3 \geqslant (n-2)\alpha$$

其中,取一点 A'_4,使得 $\angle A'_2A'_3A'_4$ 是最大的,则 $A'_1, A'_5, A'_6, \cdots, A'_n$ 都在这个角的内部,并且

$$\angle A'_2A'_3A'_4 \geqslant (n-2)\alpha$$

若 $A'_4 \neq A'_1, A'_4 \neq A'_2$,则同样可以取一点 A'_5,如此继续.

因为点的个数为 n,所以点到 $A'_1, A'_2, A'_3, \cdots$ 一定从某项起回复到原来第一个点. 设在取到点 $A'_k, \cdots$ 后回复,即 $\angle A'_{k-1}A'_kA_j$ 对某个点 $A_j = A'_i \in \{A'_1, \cdots, A'_{k-2}\}$, $\angle A'_{k-1}A'_kA'_i$ 是最大的,

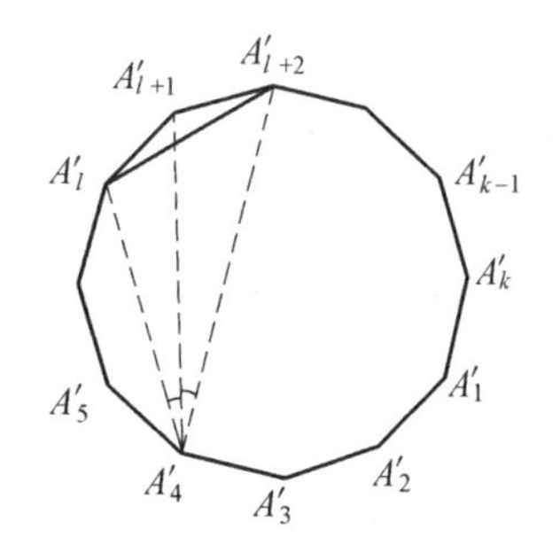

图 1

于是,如果 $i \neq 1$,则点 A'_1 在 $\angle A'_{k-1}A'_1A'_i$ 的内部,即在凸多边形 $A'_iA'_{i+1}\cdots A'_{k-1}A'_k$ 的内部,与它的取法矛盾. 因此 $i=1$,并且凸 k 边形 $A'_1A'_2\cdots A'_k$ 的内角和为

$$180° \cdot (k-1) \geqslant k \cdot (n-2)\alpha$$

由此得到

$$\alpha \leqslant \frac{180° \cdot (k-2)}{(n-2)k} = \frac{180°}{n-2}\left(1-\frac{2}{k}\right) \leqslant \frac{180°}{n-2}\left(1-\frac{2}{n}\right) = \frac{180°}{n}$$

要使等式 $\alpha = \frac{180°}{n}$ 成立,只有当 $k=n$,即

$$\angle A'_1A'_2A'_3 = \angle A'_2A'_3A'_4 = \cdots = \angle A'_kA'_1A'_2 = (n-2)\alpha$$

并且以 n 边形 $A'_1A'_2\cdots A'_n$ 的任意一个角引出的所有对角线将该角分为等角 α 时才可能.

这样的 n 边形 $A'_1A'_2\cdots A'_n$ 一定是正 n 边形,这是因为对任意 $l=1,2,\cdots,n$,有

$$\angle A'_lA'_{l+2}A'_{l+1} = \angle A'_{l+2}A'_lA'_{l+1}$$

故

$$A'_lA'_{l+1} = A'_{l+1}A'_{l+2}$$

其中约定

$$A'_{n+1} = A'_1, \quad A'_{n+2} = A'_2$$

因此该多边形为正 n 边形.

最后,正 n 边形的 n 个顶点的确满足 $\alpha = \frac{180°}{n}$. 这是因为如果作正 n 边形的外接圆,则从它的任意一个顶点引出的对角线中,任意两相邻对角线的夹角都等于 $\frac{1}{2} \cdot \frac{360°}{n} = \frac{180°}{n}$.

❖锥形漏斗

某校实验室需制作一批容积为 V 的锥形漏斗. 欲使其用料最省,问漏斗高与漏斗底面半径应具有怎样的比例?

解　如图 1,由 Rt$\triangle AOB$ 得

$$\frac{h}{r}=\tan x$$

$$\frac{r}{l}=\cos x$$

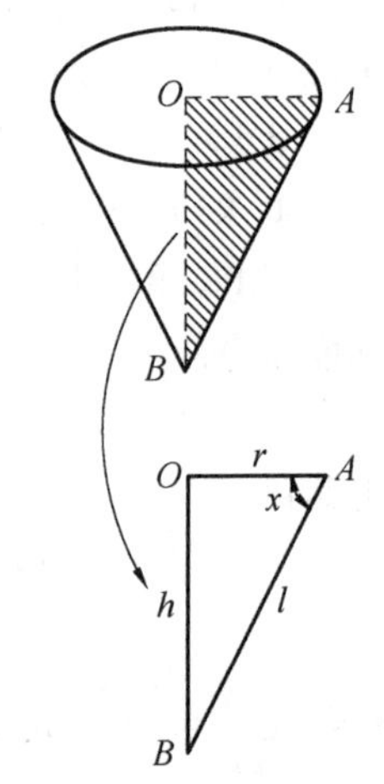

图 1

因此有

$$h=r\tan x \qquad ①$$

$$l=\frac{r}{\cos x} \qquad ②$$

其中,x 必符合条件

$$0<x<90^\circ \qquad ③$$

漏斗的容积为

$$V=\frac{1}{3}\pi r^2 h$$

将式 ① 代入上式,得

$$V=\frac{1}{3}\pi r^3\tan x$$

所以

$$r=\sqrt[3]{\frac{3V}{\pi\tan x}} \qquad ④$$

设漏斗的表面积为 S,则有

$$S=2\pi rl$$

将式 ② 和式 ④ 代入上式,得

$$S=2\sqrt[3]{9\pi V^2}\cdot\sqrt[3]{\frac{1}{\sin^2 x\cos x}} \qquad ⑤$$

由于漏斗的表面积 S 越小,所用的材料越少. 而在式 ⑤ 中,$2\sqrt[3]{9\pi V^2}$ 为常数,故当 $\sin^2 x\cos x$ 最大时,S 最小.

将 $\cos x$ 改写成 $(\cos^2 x)^{\frac{1}{2}}$ 的形式,因此

$$\sin^2 x\cos x = (\sin^2 x)^1(\cos^2 x)^{\frac{1}{2}}$$

由于

$$\sin^2 x + \cos^2 x = 1$$

为定值,所以当

$$\frac{\sin^2 x}{1} = \frac{\cos^2 x}{\frac{1}{2}} \quad ⑥$$

时,$\sin^2 x\cos x$ 达最大值.

解式⑥得

$$\tan x = \pm\sqrt{2}$$

由式③知,应舍去负根,故

$$\tan x = \sqrt{2}$$

将 $\tan x$ 的值代入式①,得

$$\frac{h}{r} = \sqrt{2}$$

因此,在漏斗容积一定的情况下,漏斗高与底面半径之比等于$\sqrt{2}$时,用料最省.

❖圆周选点

设 O 是圆心,A 是圆内不同于 O 的某个定点,确定圆周上所有的点 P,使 $\angle OPA$ 极大.

解法1 由正弦定理得

$$\frac{\sin\angle OPA}{OA} = \frac{\sin\angle PAO}{OP}$$

所以

$$\sin\angle OPA = \frac{OA}{OP}\sin\angle PAO$$

因为 OA,OP 均为定长,并且 $0° < \angle OPA < 90°$,所以当 $\sin\angle PAO$ 极大时,$\sin\angle OPA$ 极大,从而 $\angle OPA$ 极大.

而当 $\angle PAO = 90°$ 时,$\sin\angle PAO$ 极大,即过点 A 作垂直于 OA 的弦,则弦的端点即为所求的点(图1).

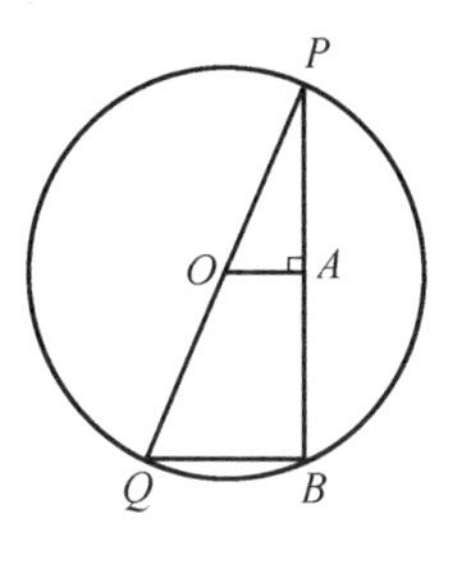

图1

解法2 延长 PO 成直径 PQ，延长 PA 成弦 PB，则 $\angle PBQ = 90°$.

因此，当 $\angle PQB$ 极小时，$\angle OPA$ 极大.

而当弦 PB 极小时，当且仅当 $OA \perp PB$，因此过点 A 与 OA 垂直的弦的端点为所求的点 P.

❖偏心驱动

图1表示的是一个偏心驱动机构，已知偏心圆半径为 r，偏心距为 $e(0 < e < r)$，当圆心 C 绕偏心 O 以匀角速度 ω 旋转时，平底从动杆 P 会做上下往复运动. 求从动杆 P 上升速度的最大值.

注 本题首先必须求出从动杆底部到偏心 O 的距离 h 与时间 t 之间的函数关系 $h = h(t)$.

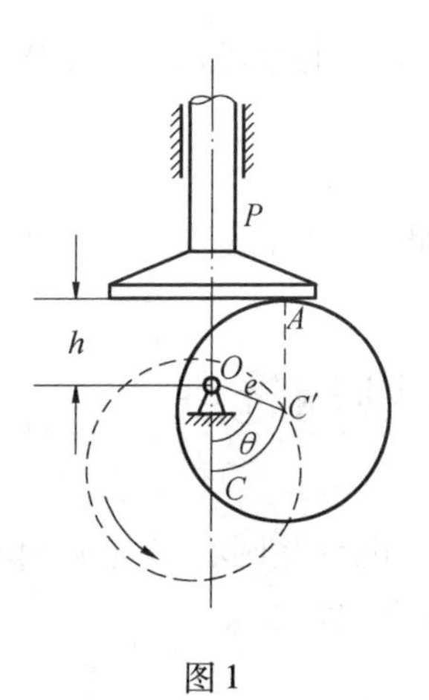

图1

解 设时刻 t 转动角为 θ，则 $\theta = \omega t$. 所以可求出从动杆 P 的位移 h 与时间 t 之间的函数关系

$$h = C'A - OC'\cos\theta = r - e\cos\omega t$$

求导，可得从动杆 P 上升速度为

$$\frac{\mathrm{d}h}{\mathrm{d}t} = e\omega\sin\omega t$$

当 $t = \frac{\pi}{2\omega}$，即 $\theta = \frac{\pi}{2}$ 时，从动杆 P 上升速度的最大值为

$$\left(\frac{\mathrm{d}h}{\mathrm{d}t}\right)_{\max} = e\omega$$

❖圆上动点

给定半径为 r 的圆上定点 P 的切线 l，由此圆上动点 R 引 PQ 垂直于 l，交直线 l 于点 Q. 试确定面积最大的 $\triangle PQR$.

解 如图1，过点 R 作 $RS \parallel PQ$ 交圆 O 于点 S. 连 PO 并延长交 RS 于点 M，则 $PM \perp RS$，$RM = MS = PQ$. 连 PS，则

$$S_{\triangle PQR}=\frac{1}{2}\cdot PQ\cdot QR$$

$$S_{\triangle PRS}=\frac{1}{2}\cdot RS\cdot PM$$

所以

$$S_{\triangle PQR}=\frac{1}{2}S_{\triangle PRS}$$

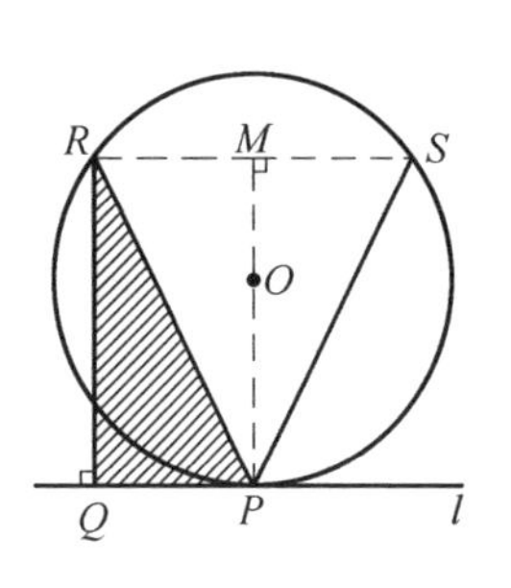

图 1

于是,当且仅当 $\triangle PRS$ 的面积最大时,$\triangle PQR$ 的面积最大.

由于 $\triangle PRS$ 是圆内接三角形,所以当它为等边三角形时面积最大,面积的最大值为$\frac{3\sqrt{3}}{4}r^2$. 所以 $\triangle PQR$ 的最大面积为$\frac{3\sqrt{3}}{8}r^2$.

于是,当 $\angle PRS=\frac{\pi}{3}$,即当 $\angle PRQ=\frac{\pi}{6}$ 时,$\triangle PQR$ 的面积最大,最大值为$\frac{3\sqrt{3}}{8}r^2$.

❖最大强度

把一根直径为 d 的圆木加工成矩形截面的横梁. 怎样砍削,横梁才有最大的强度?

解 设横梁的一边为 x,另一边为 y,则由图 1 知

$$x^2+y^2=d^2 \quad ①$$

由于横梁的强度 p 正比于宽度的一次方及高度的二次方,因此有

$$p=kxy^2 \quad ②$$

式中,k 为强度系数,可视为常数.

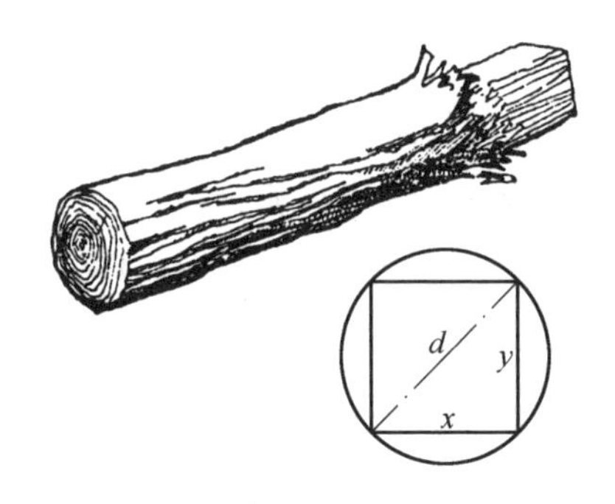

图 1

将式 ② 改写成下列形式

$$p=k(x^2)^{\frac{1}{2}}y^2$$

由式 ① 知,x^2 与 y^2 之和为定值,故当

$$\frac{x^2}{\frac{1}{2}}=\frac{y^2}{1} \quad ③$$

时,p 达最大值.

解式③得

$$2x^2 = y^2 \tag{④}$$

由式①和式④,得

$$x = \pm\frac{\sqrt{3}}{3}d$$

考虑到 x 必须满足不等式

$$0 < x < d$$

故弃去负根,因此

$$x = \frac{\sqrt{3}}{3}d$$

将 x 的值代入式④,得

$$y = \frac{\sqrt{6}}{3}d$$

因此,当把圆木砍削成宽$\frac{\sqrt{3}}{3}d$、高$\frac{\sqrt{6}}{3}d$ 的横梁时,强度最大.

❖劣弧一点

如图1,在半径为 r,$AB=\sqrt{2}r$ 的弓形 ABC 中,C 为劣弧$\overset{\frown}{AB}$ 上一点,且 $CD \perp AB$ 于点 D. 求使 $S_{\triangle ACD}$ 最大的点 C 及 $S_{\triangle ACD}$ 的最大值.

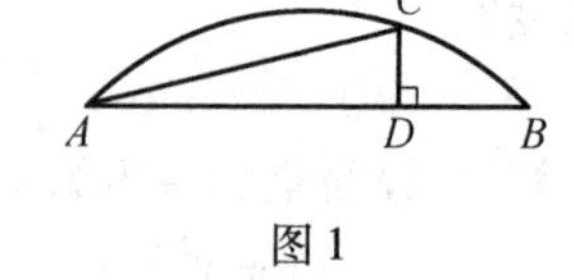

图 1

解 如图2,过点 A 作直径 AE,连 AE,BE,CE,则 $\angle BAE = 45°$.

又设 $\angle CAB = \theta$,则

$$AC = 2r\cos(45° + \theta)$$

所以

$$S_{\triangle ACD} = \frac{1}{2} \cdot 2r\cos(45° + \theta) \cdot 2r\cos(45° + \theta)\cos\theta\sin\theta = r^2\cos^2(45° + \theta)\sin 2\theta = \frac{r^2}{2}[1 + \cos 2(45° + \theta)]\sin^2\theta =$$

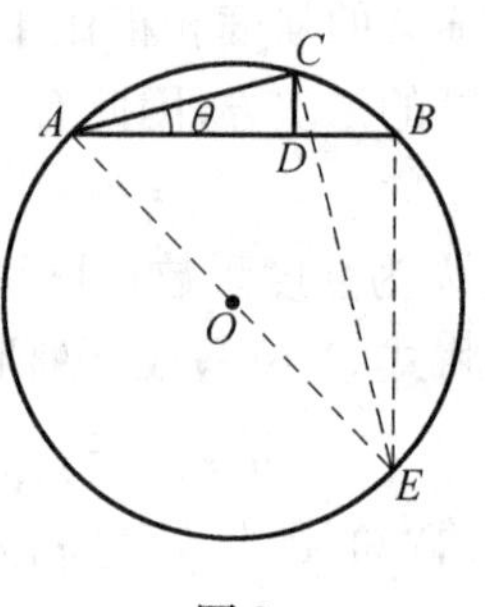

图 2

$$\frac{r^2}{2}(1-\sin 2\theta)\sin 2\theta=$$

$$\frac{r^2}{2}\left[\frac{1}{4}-\left(\frac{1}{2}-\sin 2\theta\right)^2\right]$$

所以当$\frac{1}{2}-\sin 2\theta=0$,即$\theta=15°$时,$S$最大,且$S_{\max}=\frac{r^2}{8}$.

❖在哪上岸

有一个士兵P,在一个半径为R的圆形游泳池$x^2+y^2\leqslant R^2$内游泳(图1). 当他位于点$\left(-\frac{R}{2},0\right)$时,听到紧急集合号,于是得马上赶回位于$A(2R,0)$处的营房去. 设该士兵在水中游泳的速度为$v_1$,在陆地上跑步的速度为$v_2$.

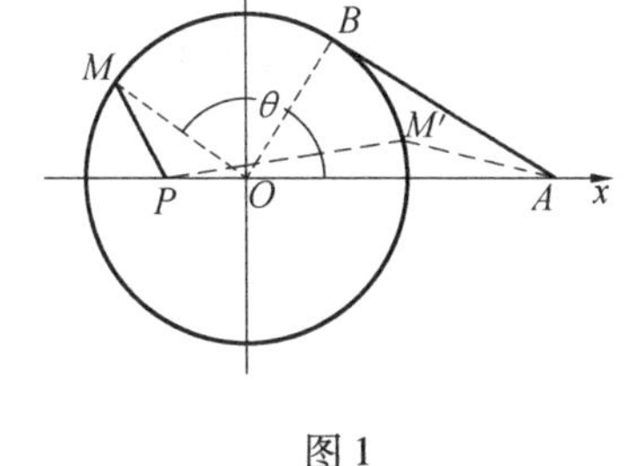

图1

(1) 求赶回营房所需的时间t与上岸点M位置的函数关系.

(2) 当$v_2=4v_1$时,求最佳上岸点M的坐标.

解 (1) 这里需要求的是时间t与上岸点M位置的函数关系,所以一定要先把上岸点M的位置数字化,根据题意,设

$$M=(R\cos\theta,R\sin\theta)$$

其中θ为M的周向坐标(即极坐标系中的极角),于是本题就成为求函数关系$t=f(\theta)$的问题. 由对称性我们可只讨论在上半圆周上岸的情况,即先确定函数$t=f(\theta)$的定义域为$0\leqslant\theta\leqslant\pi$.

该士兵在水中游泳所花的时间为

$$t_1=\frac{\overline{PM}}{v_1}=\frac{1}{v_1}\sqrt{\left(R\cos\theta+\frac{R}{2}\right)^2+R^2\sin^2\theta}=\frac{R}{2v_1}\sqrt{5+4\cos\theta}$$

而在陆地上跑步所需的时间,则需对上岸点两种不同的位置情况分别进行讨论.

① 当$0\leqslant\theta\leqslant\frac{\pi}{3}$时,有

$$t_2=\frac{\overline{M'A}}{v_2}=\frac{R}{v_2}\sqrt{5-4\cos\theta}$$

② 当$\frac{\pi}{3}<\theta\leqslant\pi$时,要先跑一段圆弧$\widehat{MB}$,再跑一段切线段$\overline{BA}$,所以

$$t_2=\frac{1}{v_2}(\widehat{MB}+\overline{BA})=\frac{R}{v_2}\left(\theta-\frac{\pi}{3}+\sqrt{3}\right)$$

综上所述,可得

$$t=\begin{cases}\dfrac{R}{2v_1}\sqrt{5+4\cos\theta}+\dfrac{R}{v_2}\sqrt{5-4\cos\theta}, & 0\leqslant\theta\leqslant\dfrac{\pi}{3}\\ \dfrac{R}{2v_1}\sqrt{5+4\cos\theta}+\dfrac{R}{v_2}\left(\theta-\dfrac{\pi}{3}+\sqrt{3}\right), & \dfrac{\pi}{3}<\theta\leqslant\pi\end{cases}$$

(2) 把 $v_2=4v_1$ 代入上式,得

$$t=\begin{cases}\dfrac{R}{4v_1}(2\sqrt{5+4\cos\theta}+\sqrt{5-4\cos\theta}), & 0\leqslant\theta\leqslant\dfrac{\pi}{3}\\ \dfrac{R}{4v_1}\left(2\sqrt{5+4\cos\theta}+\theta-\dfrac{\pi}{3}+\sqrt{3}\right), & \dfrac{\pi}{3}<\theta\leqslant\pi\end{cases}$$

显然,函数 $t=f(\theta)$ 在$[0,\pi]$上连续,在$\left(0,\frac{\pi}{3}\right)$和$\left(\frac{\pi}{3},\pi\right)$内可导,且由

$$\frac{\mathrm{d}t}{\mathrm{d}\theta}=\begin{cases}\dfrac{R\sin\theta}{2v_1}\left(\dfrac{1}{\sqrt{5-4\cos\theta}}-\dfrac{2}{\sqrt{5+4\cos\theta}}\right), & 0<\theta\leqslant\dfrac{\pi}{3}\\ \dfrac{R}{4v_1}\left(1-\dfrac{4\sin\theta}{\sqrt{5+4\cos\theta}}\right), & \dfrac{\pi}{3}<\theta<\pi\end{cases}$$

可知在区间$\left[0,\frac{\pi}{3}\right]$上 $t=f(\theta)$ 是单调递减函数,而在区间$\left(\frac{\pi}{3},\pi\right)$上有唯一驻点

$$\theta=\arccos\frac{-1-3\sqrt{5}}{8}$$

也一定存在两条关于 x 轴的倾角为 $\theta+\frac{\pi}{2}$ 的直线与曲线 L 相切,并把曲线图形夹起来(图2).从而证得一定存在一个以 θ 值为特征的长方形 $ABCD$ 外切于曲线 L.

我们只要限定这个外接矩形按其"特征值"θ 在$\left[0,\frac{\pi}{2}\right]$范围作转动,就可得到一切可能出现的形状.

当 $\theta=0$ 时,这个外切矩形为如图2所示的一个特殊的形式 $A_0B_0C_0D_0$,其两

组对边分别平行于 x 轴和 y 轴；而当 θ 从 $\theta=0$ 变到 $\theta=\frac{\pi}{2}$ 时，这个外切矩形的图形由 $A_0B_0C_0D_0$ 变成了 $B_0C_0D_0A_0$. 将它和矩形 $A_0B_0C_0D_0$ 作比较，可以看出这两个矩形只是两组对边的名称、位置、边长互换了一下，其图形没有任何实质性的改变.

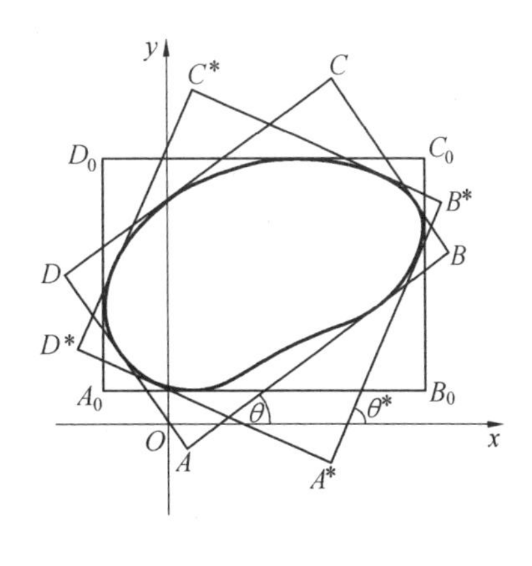

图 2

现在设 $f(\theta)=AB, g(\theta)=BC$，则有

$$f(0)=A_0B_0=g\left(\frac{\pi}{2}\right)$$

$$g(0)=B_0C_0=f\left(\frac{\pi}{2}\right)$$

设 $\lambda(\theta)=f(\theta)-g(\theta)$，则 $\lambda(\theta)$ 在 $\left[0,\frac{\pi}{2}\right]$ 上连续，且

$$\lambda(0)=f(0)-g(0)=g\left(\frac{\pi}{2}\right)-f\left(\frac{\pi}{2}\right)=-\lambda\left(\frac{\pi}{2}\right)$$

即

$$\lambda(0)\lambda\left(\frac{\pi}{2}\right)=-[f(0)-g(0)]^2\leqslant 0$$

根据闭区间上连续函数的零值点定理，可知必存在 $\xi\in\left[0,\frac{\pi}{2}\right]$，使 $\lambda(\xi)=0$，即 $f(\xi)=g(\xi)$. 此时对应的外切矩形恰为一个正方形.

注 这里对于“函数 $\lambda(\theta)$ 在区间 $\left[0,\frac{\pi}{2}\right]$ 上连续”的结论，我们在曲线为光滑的条件下只给出了直观的定性说明，我们认为数学的和谐不仅仅在于其严密.

我们摒弃的是极端的严格，但是直观也不能是粗糙马虎的. 例如，对于本题来说如果缺少“光滑”的条件，则结论未必成立. 这可举底角小于 45° 的等腰三角形区域为反例.

❖商之最大

在 $\triangle ABC$ 中，已知 $6(a+b+c)r^2=abc$（r 为内切圆的半径），考虑内切圆上的点 M 在 BC,AC,AB 上的射影分别为点 D,E,F. 用 S,S_1 分别表示 $\triangle ABC$ 与

$\triangle DEF$ 的面积. 求商$\frac{S_1}{S}$的最大值与最小值.

解 由面积公式$S=\frac{r(a+b+c)}{2}$及$abc=4RS$,其中S为$\triangle ABC$的外接圆半径,可得

$$6\times 2Sr=4RS$$

则

$$R=3r$$

设O,I分别为$\triangle ABC$的外心与内心,由欧拉公式得

$$IO^2=R(R-2r)$$

从而有

$$IO=\sqrt{3}r>r$$

因此外心在外切圆的外面.

设K,L为直线IO与内切圆的两个交点,点K在点I,O之间,则

$$OK\leqslant OM\leqslant OL<R$$

由关于垂足三角形的面积公式,有

$$\frac{S_1}{S}=\frac{|R^2-OM^2|}{4R^2}$$

所以

$$\frac{R^2-OL^2}{4R^2}\leqslant\frac{S_1}{S}\leqslant\frac{R^2-OK^2}{4R^2}$$

由$OL=\sqrt{3}r+r,OK=\sqrt{3}r-r,R=3r$,所以

$$\frac{5-2\sqrt{3}}{26}\leqslant\frac{S_1}{S}\leqslant\frac{5+2\sqrt{3}}{36}$$

故$\frac{S_1}{S}$的最大值为$\frac{5+2\sqrt{3}}{26}$,最小值为$\frac{5-2\sqrt{3}}{26}$.

❖最大价值

某工厂生产A,B两种产品,生产每吨产品所需的劳动力和煤、电消耗如下表:

产品品种	劳动力 (个,按工作日计算)	煤 /t	电 /kW · h
A 产品	3	9	4
B 产品	10	4	5

已知生产每吨 A 产品的经济价值是 7 万元,生产每吨 B 产品的经济价值是 12 万元. 现因某种条件的限制,该厂仅有劳动力 300 个、煤 360 t,并且供电局只供电 200 kW · h. 试问该厂生产 A 产品和 B 产品各多少吨,才能创造最大的经济价值?

解 设该厂生产 A 产品 x t,生产 B 产品 y t. 依题目条件,煤、电、劳动力必须满足下列各式:

煤

$$9x+4y\leqslant 360 \quad ①$$

电

$$4x+5y\leqslant 200 \quad ②$$

劳动力

$$3x+10y\leqslant 300 \quad ③$$

该厂创造的经济价值,可用目标函数 S 表示为

$$S=7x+12y \quad ④$$

在上述各式中,x,y 必须满足

$$x\geqslant 0,\quad y\geqslant 0 \quad ⑤$$

的条件.

因此,问题成为:求出一组 x 值和 y 值,使之不仅能满足式①、式②、式③和式⑤的约束条件,而且要使式④的目标函数 S 达到最大.

如果我们没有线性规划方面的知识,用图形分析法也能求得解答.

在直角坐标系 xOy 上,用横轴 x 代表 A 产品的产量,用纵轴 y 代表 B 产品的产量.

根据条件式⑤,满足式① ~ ④的点,必在 x 轴的上方、y 轴的右边,即在第一象限内.

在图 1 的坐标系上,分别以直线方程

$$9x+4y=360$$

$$4x+5y=200$$

$$3x+10y=300$$

作直线 A_1A_2,B_1B_2,C_1C_2.

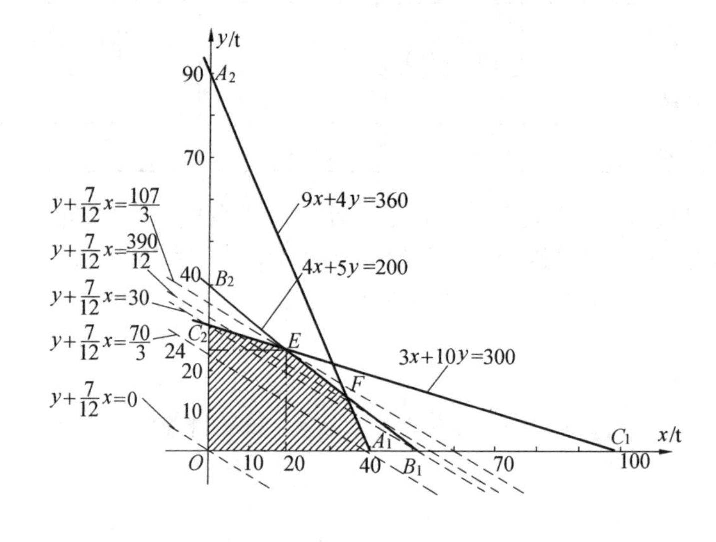

图 1

按条件式①②③,欲求之点必在五边形 OA_1FEC_2 内(图示阴影部分). 五边形 OA_1FEC_2 五个顶点的坐标分别为 $O(0,0)$,$A_1(40,0)$,$F(34.5,12.4)$,$E(20,24)$,$C_2(0,30)$. 在式④中,令

$$7x+12y=12k \tag{6}$$

则

$$S=12k \tag{7}$$

由式⑥得

$$y+\frac{7}{12}x=k \tag{8}$$

式中 k 为任意实数. 因此式⑧表示一组以 $-\frac{7}{12}$ 为斜率的平行直线. 在这一束平行直线中,经过五边形 OA_1FEC_2 五个顶点的五条直线的方程分别为:

经过点 O 的直线

$$y+\frac{7}{12}x=0$$

经过点 A_1 的直线

$$y+\frac{7}{12}x=\frac{70}{3}$$

经过点 F 的直线

$$y+\frac{7}{12}x=\frac{390}{12}$$

经过点 E 的直线

$$y+\frac{7}{12}x=\frac{107}{3}$$

经过点 C_2 的直线

$$y+\frac{7}{12}x=30$$

由图1可知，五边形 OA_1FEC_2 在直线 $y+\frac{7}{12}x=0$ 的上方及直线 $y+\frac{7}{12}x=\frac{107}{3}$ 的下方，其他直线均从五边形的内部穿过. 因此 S 在直线 $y+\frac{7}{12}x=\frac{107}{3}$ 经过的点 $E(20,24)$ 处取得最大值. 即

$$x=20,\quad y=24$$

因此，该工厂生产 A 产品 20 t，生产 B 产品 24 t，所创造的经济价值最大.

由 $y+\frac{7}{12}x=\frac{107}{3}$ 知

$$k=\frac{107}{3}$$

代入式 ⑦ 得

$$S=428$$

本例中 S 的最大值是在五边形 OA_1FEC_2 的顶点上取得的，这并非偶然. 因为经过多边形的一系列平行直线中，最下方的一条和最上方的一条，必定经过多边形的顶点. 所以如要求出函数的最大值和最小值，只需要把这个函数在相应的多边形的每一个顶点的数值算出来. 其中最大的就是函数的最大值，最小的也就是函数的最小值.

这一题目，如采用线性规划的常用解法 —— 单纯形法来求解，那会十分麻烦，至少要增加一倍的工作量才能求解出来. 应用上面的图形分析法，却能很方便地得到，而且答案也很准确.

❖面积不同

如图1，点 E 在凸四边形 $ABCD$ 的内部，又 $\triangle EAB$，$\triangle EBC$，$\triangle ECD$ 的边长都是整数，且周长和面积在数值上相等，但它们的面积互不相同. 求 $\triangle EDA$ 的面积的最大值是多少？

解 设 $\triangle ABE$，$\triangle BEC$，$\triangle ECD$ 的其中一个的边长为正整数 a,b,c，四边形

$ABCD$ 的周长为

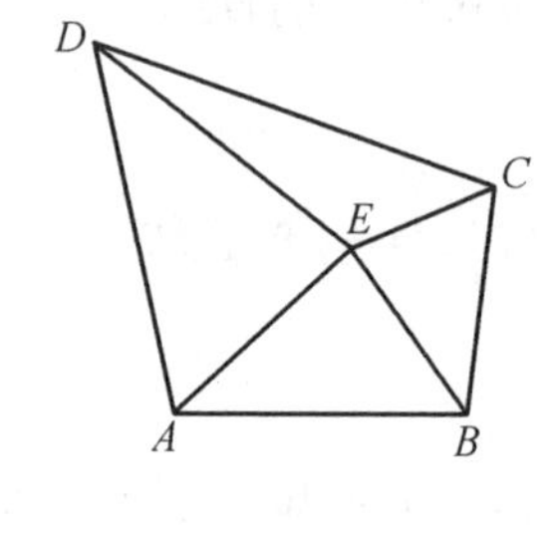

图 1

$$s=\frac{a+b+c}{2}$$

由于三角形的面积和周长相等,则有

$$\sqrt{s(s-a)(s-b)(s-c)}=2s \qquad ①$$

即

$$(s-a)(s-b)(s-c)=4s \qquad ②$$

且

$$(2s-2a)(2s-2b)(2s-2c)=32s \qquad ③$$

式 ③ 的左边的三个因式的奇偶性相同,而右边为偶数,所以左边三个因式均为偶数,从而 s 为整数,令正整数

$$x=s-a,\quad y=s-b,\quad z=s-c \qquad ④$$

则由式 ② 得

$$xyz=4(x+y+z) \qquad ⑤$$

不妨设 $x\geqslant y\geqslant z$,于是由式 ⑤ 得

$$4x<xyz\leqslant 12x$$

从而

$$4<yz\leqslant 12 \qquad ⑥$$

由式 ⑥ 及式 ⑤ 可得到 x,y,z 的各种可能的组合有以下 5 种:

x	10	6	24	14	9
y	3	4	5	6	8
z	2	2	1	1	1

由式 ④ 得

$$a=y+z,\quad b=z+x,\quad c=x+y \qquad ⑦$$

所以式 ① 的解为:

a	12	8	25	15	10
b	5	6	6	7	9
c	13	10	29	20	17

由于 $\triangle EAB,\triangle EBC,\triangle ECD$ 的面积互不相同,所以表中的每组解至多出现一次.

又由于在 $\triangle EAB,\triangle EBC,\triangle ECD$ 中,EB 和 EC 都是两个三角形的公共边,而上表中只有 6 和 10 出现两次,它们分布在表中的第二、三、五组,因此只有 6 和 10 可以作为公共边,并且 $\triangle BEC$ 的三边应为 6,8,10,$BC=8$.

不妨设 $EB=6, EC=10$. 此时有两种配置方法.

第一种:$AB=29, AE=25, DE=9, EC=10, CD=17$.

第二种:$AB=29, AE=25, DE=17, EC=10, CD=9$.

对第一种,由余弦定理有

$$\cos\angle AEB=\frac{AE^2+BE^2-AB^2}{2\cdot AE\cdot BE}=\frac{25^2+6^2-29^2}{2\times 25\times 6}=-\frac{3}{5}$$

又

$$\cos\angle BEC=\frac{BE}{EC}=\frac{6}{10}=\frac{3}{5}$$

因此点 E 在 AC 上(图2),同理又可求出 $\cos\angle DEC=-\frac{3}{5}$,因而点 E 又在 BD 上,此时 E 是 AC 与 BD 的交点,有

$$S_{\triangle EDA}=\frac{1}{2}AE\cdot ED\cdot\sin\angle AED=\frac{1}{2}\times 25\times 9\times\sqrt{1-\left(\frac{3}{5}\right)^2}=90$$

对第二种,同样有

$$\cos\angle AEB=-\cos\angle BEC=-\frac{3}{5}$$

即点 E 在 AC 上(图3). 又

$$\cos\angle DEC=\frac{10^2+17^2-9^2}{2\times 10\times 17}=\frac{77}{85}$$

$$S_{\triangle EDA}=\frac{1}{2}\cdot AE\cdot ED\cdot\sin\angle AED=\frac{1}{2}\times 25\times 17\times\sqrt{1-\left(\frac{77}{85}\right)^2}=$$

$$\frac{1}{2}\times 25\times 17\times\frac{36}{85}=90$$

即在这两种情况下,$\triangle EDA$ 有相同的面积.

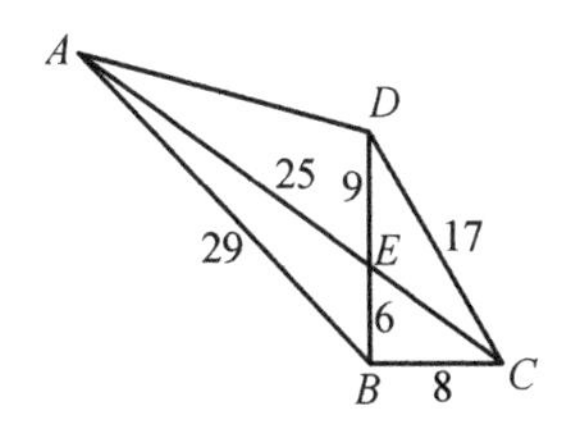

图2

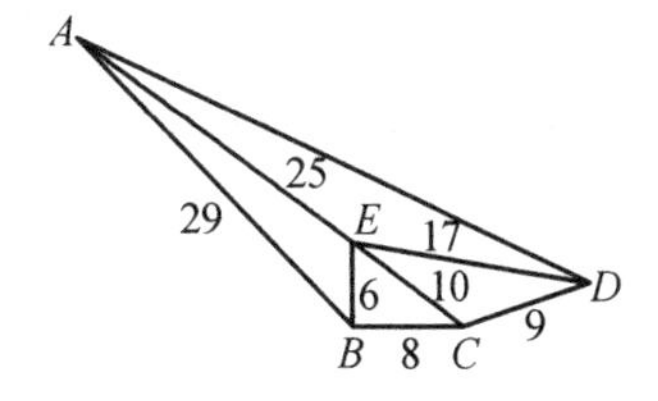

图3

❖牛头刨床

图1是某种型号牛头刨床的驱动机构示意图,滑套 A 绕点 P 按顺时针方向做匀角速度 ω 旋转,带动从动杆 QL 做往复摆动,随之固定在 MN 的滑套 x 使 MN 做来回往复平动.若 $PA=r,QO=h_1,QP=h_2(h_2>r,h_1>h_2+r)$,并设 $t=0$ 时点 A 在正上方,即 $x=0$.求 x 与 t 之间的函数关系 $x=f(t)$,并求位移 x 的最大值.

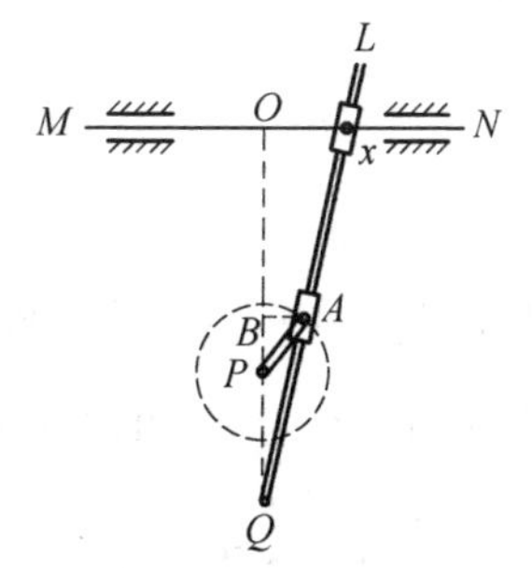

图1

解 设在时刻 t 旋转角为 $\angle OPA=\theta$,则 $\theta=\omega t$.又设点 B 为点 A 在 QO 上的投影,则

$$QB=QP+PB=h_2+r\cos\omega t$$

$$AB=r\sin\omega t$$

根据相似三角形对应边成比例可知

$$\frac{x}{AB}=\frac{QO}{QB}$$

从而可以得到在一个周期内

$$x=f(t)=\frac{h_1 r\sin\omega t}{h_2+r\cos\omega t},\quad 0\leqslant t\leqslant\frac{2\pi}{\omega}$$

由于 $\frac{\mathrm{d}x}{\mathrm{d}t}=\frac{h_1 r\omega(r+h_2\cos\omega t)}{(h_2+r\cos\omega t)^2}$,在 x 为正数的半个周期 $0\leqslant\theta\leqslant\frac{\pi}{\omega}$ 内,函数 $x=f(t)$ 有唯一驻点

$$t=\frac{1}{\omega}\arccos\left(-\frac{r}{h_2}\right)$$

根据实际意义可知,此时位移 x 有最大值,即

$$x_{\max}=f\left(\frac{1}{\omega}\arccos\left(-\frac{r}{h_2}\right)\right)=\frac{h_1 r}{\sqrt{h_2^2-r^2}}$$

❖纸片重叠

边长分别为 $\frac{3}{2},\frac{\sqrt{5}}{2},\sqrt{2}$ 的三角形纸片沿垂直于长度为 $\frac{3}{2}$ 的边的方向折叠.

求重叠部分面积的最大值.

解 不妨设 $a=\frac{3}{2}, b=\frac{\sqrt{5}}{2}, c=\sqrt{2}$,并设 BC 中点为点 D,AE 为高,沿 MN 折叠时重合部分的面积取得最大值.

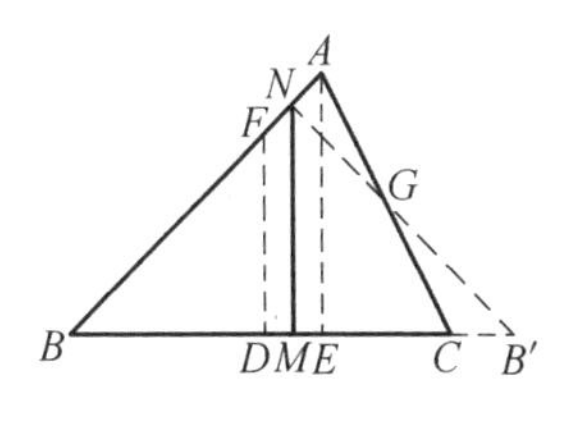

图1

如图1,易知点 M 在点 D 和点 E 之间. 设点 B 关于 MN 的对称点为 B',$NB'\cap AC=G$.

设 $DM=x$,于是 $CB'=2x$. 在 $\triangle ABC$ 中应用余弦定理有

$$\cos\angle ACB=\frac{a^2+b^2-c^2}{2ab}=\frac{\frac{9}{4}+\frac{5}{4}-2}{\frac{3\sqrt{5}}{2}}=\frac{1}{\sqrt{5}}$$

$$\cos B=\frac{a^2+c^2-b^2}{2ac}=\frac{\frac{9}{4}+2-\frac{5}{4}}{3\sqrt{2}}=\frac{1}{\sqrt{2}}$$

所以

$$\angle B=45^\circ,\quad \sin\angle ACB=\frac{2}{\sqrt{5}}$$

因为

$$\sin\angle CGB'=\sin(\angle ACB-\angle B')=\sin(\angle ACB-\angle B)=$$
$$\sin\angle ACB\cos B-\cos B\sin B=$$
$$\frac{2}{\sqrt{5}}\times\frac{1}{\sqrt{2}}-\frac{1}{\sqrt{5}}\times\frac{1}{\sqrt{2}}=\frac{1}{\sqrt{10}}$$

所以

$$B'G=\frac{CB'\sin\angle ACB}{\sin\angle CGB'}=4\sqrt{2}x$$

所以

$$S_{\triangle GCB'}=\frac{1}{2}CB'\cdot B'G\cdot\sin B'=4x^2$$

因为

$$S_{\triangle B'MN}=S_{\triangle BMN}=\frac{1}{2}\left(\frac{a}{2}+x\right)^2$$

所以

$$S_{矩形NMCG}=S_{\triangle NMB'}-S_{\triangle GCB'}=\frac{1}{2}\left(\frac{a}{2}+x\right)^2-4x^2=$$

$$-\frac{7}{2}\left(x-\frac{a}{14}\right)^2+\frac{a^2}{7}\leqslant\frac{a^2}{7}$$

可见,当 $x=\frac{a}{14}=\frac{3}{28}$ 时,重叠部分的面积 $S_{矩形NMCG}$ 取最大值 $\frac{9}{28}$. 下面验证当 $x=\frac{3}{28}$ 时,点 M 确在点 D 和点 E 之间. 这时因为

$$AE=AB\cdot\sin B=\sqrt{2}\sin 45^\circ=1$$

所以

$$DE=BE-BD=1-\frac{3}{4}=\frac{1}{4}>\frac{3}{28}$$

所以点 M 在点 D 与点 E 之间.

故知当 $DM=\frac{3}{28}$ 时,重叠部分的面积取得最大值 $\frac{9}{28}$.

❖阳光热水器

某阳光热水器的圆柱形热水箱,以每平方米计算上、下底的造价为周壁的 2 倍. 热水箱的底面半径和箱高应具有怎样的关系,才能使造价最低?

解 如图 1,设上、下底的半径为 x,箱高为 y,则热水箱的容积为

$$V=\pi x^2y$$

所以

$$y=\frac{V}{\pi x^2} \quad ①$$

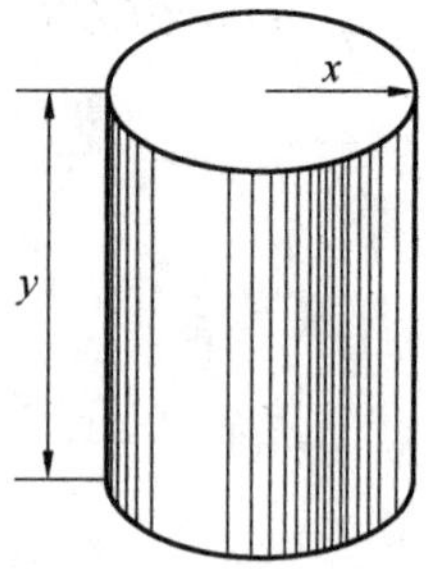

又热水箱上、下底的面积总和为

$$S_d=2\pi x^2 \quad ②$$

图 1

热水箱的周壁面积为

$$S_z=2\pi xy$$

将式 ① 代入,得

$$S_z=\frac{2V}{x} \quad ③$$

若设周壁每平方米的造价为 p 元,则上、下底的造价为 $2p$ 元,因此,热水箱的总造价为

$$w = 2pS_d + pS_z$$

将式 ② 和式 ③ 代入上式，化简得

$$w = 2p\left(2\pi x^2 + \frac{V}{x}\right) \quad ④$$

由于式中 $2p$ 为常量，故 w 的值取决于因数 $2\pi x^2 + \frac{V}{x}$ 的大小.

因为在 $2\pi x^2 + \frac{V}{x}$ 中，乘积

$$(2\pi x^2)^1 \cdot \left(\frac{V}{x}\right)^2 = 2\pi V^2$$

为定值，因此当

$$\frac{2\pi x^2}{1} = \frac{\frac{V}{x}}{2} \quad ⑤$$

时，w 达最小值.

解式 ⑤ 得

$$x = \sqrt[3]{\frac{V}{4\pi}} \quad ⑥$$

将 x 的值代入式 ①，得

$$y = 4\sqrt[3]{\frac{V}{4\pi}} \quad ⑦$$

将式 ⑥ 代入式 ⑦，建立 y 与 x 间的关系

$$y = 4x$$

因此，当圆柱形热水箱的高等于底面半径的 4 倍时，其造价最低.

❖两个相似形

点 X,Y,Z 分别在 $\triangle ABC$ 的边 BC,CA 与 AB 上，并且 $\triangle ABC \backsim \triangle XYZ$，$\angle ZAY = \angle ZXY$，$\angle B = \angle ZYX$，$\angle C = \angle XZY$. 求当 X,Y,Z 为何位置时，$\triangle XYZ$ 的面积最小.

解 由于 $\angle ZAY = \angle ZXY$，所以 $\triangle AZY$ 与 $\triangle XYZ$ 的外接圆的半径相等，同理，$\triangle BXZ$，$\triangle CXY$ 的外接圆半径也都与 $\triangle XYZ$ 的外接圆半径相等.

设 $\triangle ABC$ 的外接圆半径为 1，$\triangle XYZ$ 的外接圆半径为 r，则 r 也是 $\triangle XYZ$ 与 $\triangle ABC$ 的相似比.

如图1,连AX,则β与γ是$\triangle AZX$与$\triangle AYX$的外角,则$\beta+\gamma=2\alpha$.令

$$\beta=\alpha+x,\quad \gamma=\alpha-x$$

由正弦定理及$BC=BX+XC$得

$$\begin{aligned}2\sin\alpha=&2r(\sin\beta+\sin\gamma)=\\&2r[\sin(\alpha+x)+\sin(\alpha-x)]=\\&4r\cos x\cdot\sin\alpha\end{aligned}$$

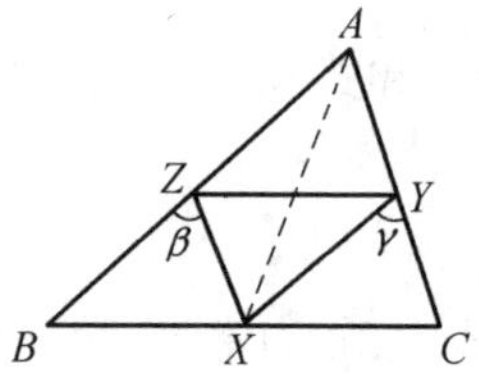

图1

所以

$$2r\cos x=1$$

即

$$r=\frac{1}{2\cos x}\geqslant\frac{1}{2}$$

所以r的最小值为$\frac{1}{2}$,即相似比的最小值为$\frac{1}{2}$,此时$\triangle XYZ$的面积最小,点X,Y,Z为BC,AC,AB的中点.

❖最小拉力

已知一质量为m kg的物体放在水平的地面上,物体与地面之间的摩擦系数为μ,设有一与水平线夹角为$\alpha\left(0<\alpha<\frac{\pi}{2}\right)$的向斜上方的拉力$F$,能使物体从静止状态沿水平方向移动(图1).求拉力F与夹角α之间的函数关系,并求F的最小值.

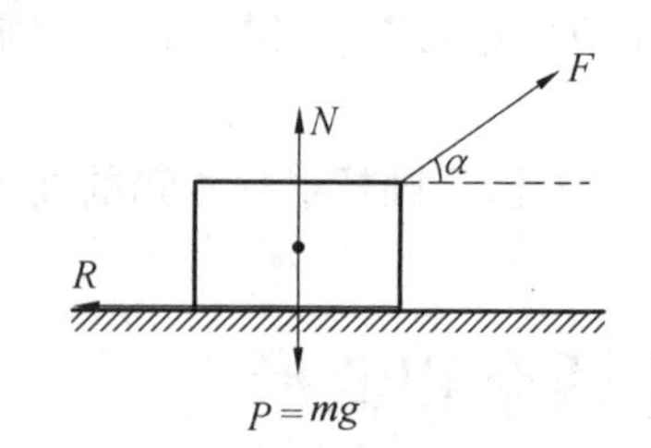

图1

解 由于F沿直线向上的分力为$F\sin\alpha$,水平方向的分力为$F\cos\alpha$,这时物体对地面的正压力为$mg-F\sin\alpha$,所以物体与地面之间的摩擦力为$\mu(mg-F\sin\alpha)$.

能使物体从静止状态沿水平方向移动的条件是

$$F\cos\alpha\geqslant\mu(mg-F\sin\alpha)$$

即

$$F\geqslant\frac{\mu mg}{\cos\alpha+\mu\sin\alpha}$$

其临界值 $F=\dfrac{\mu mg}{\cos\alpha+\mu\sin\alpha}$ 就是所求的函数关系.

为使 F 取得最小值,必须使分母 $\cos\alpha+\mu\sin\alpha=\sqrt{1+\mu^2}\cos(\alpha-\arctan\mu)$ 取得最大值,其条件是十分显然的,就是 $\alpha-\arctan\mu=0$,所以当 $\alpha=\arctan\mu$ 时,F 取最小值,即

$$F_{\min}=\frac{\mu mg}{\sqrt{1+\mu^2}}$$

注 本题中最小值的问题,当然也可以用求导的方法来解决.

❖单位三角形

$\triangle ABC$ 的面积为1,D,E 分别是边 AB,AC 上的点,BE 和 CD 相交于点 P(图1),并且四边形 $BCED$ 的面积是 $\triangle PBC$ 的面积的2倍. 求 $\triangle PDE$ 面积的最大值.

解 设 $\dfrac{AD}{AB}=x,\dfrac{AE}{AC}=y$,则

$$\frac{S_{\triangle ADE}}{S_{\triangle ABC}}=\frac{\frac{1}{2}AD\cdot AE\cdot\sin\angle BAC}{\frac{1}{2}AB\cdot AC\cdot\sin\angle BAC}=xy$$

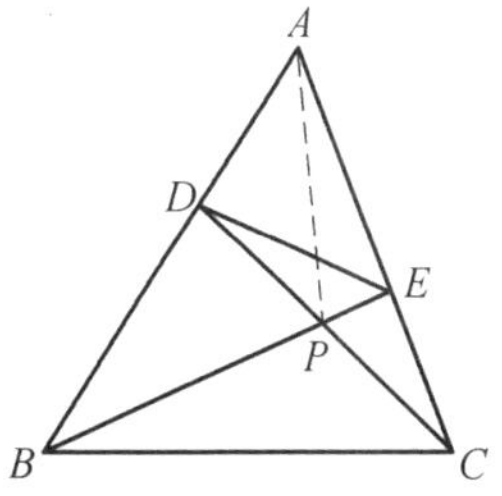

图 1

于是

$$S_{\triangle ADE}=xy$$

$$S_{四边形BCED}=1-xy,\quad S_{\triangle PBC}=\frac{1}{2}(1-xy)$$

$$\frac{S_{\triangle PDE}}{S_{\triangle PBC}}=\frac{\frac{1}{2}PD\cdot PE\cdot\sin\angle DPE}{\frac{1}{2}PB\cdot PC\cdot\sin\angle BPC}=\frac{PD\cdot PE}{PB\cdot PC}=\frac{S_{\triangle APE}}{S_{\triangle APE}}\cdot\frac{S_{\triangle APD}}{S_{\triangle APB}}=$$

$$\frac{AE}{AC}\cdot\frac{AD}{AB}=xy$$

所以

$$S_{\triangle PDE}=\frac{1}{2}xy(1-xy) \tag{①}$$

由梅涅劳斯定理有

$$\frac{BP}{PE}\cdot\frac{EC}{CA}\cdot\frac{AD}{DB}=1$$

所以

$$\frac{BP}{PE}=\frac{1-x}{x(1-y)}$$

即

$$\frac{BP}{BE}=\frac{1-x}{x(1-y)+(1-x)}=\frac{1-x}{1-xy}$$

又

$$S_{\triangle BPC}=\frac{BP}{BE}\cdot S_{\triangle BCE}=\frac{BP}{BE}\cdot\frac{EC}{AC}\cdot S_{\triangle ABC}=\frac{(1-x)(1-y)}{1-xy}$$

于是有

$$\frac{1}{2}(1-xy)=\frac{(1-x)(1-y)}{1-xy} \qquad ②$$

这样，问题就转化为在条件②下求式①的最大值．为此令 $u=xy$. 由 $0<x<1$，$0<y<1$，可得 $0<xy<1$，则式②化为

$$\frac{1}{2}(1-u)^2=1+u-(x+y)\leqslant 1+u-2\sqrt{xy}$$

即

$$\frac{1}{2}(1-u)^2\leqslant 1+u-2\sqrt{u}=(1-\sqrt{u})^2$$

所以

$$1-u\leqslant\sqrt{2}(1-\sqrt{u})$$

故

$$(1-\sqrt{u})(1+\sqrt{u})\leqslant\sqrt{2}(1-\sqrt{u})$$

即

$$(\sqrt{u}-1)(\sqrt{u}-\sqrt{2}+1)\geqslant 0$$

从而

$$0<\sqrt{u}\leqslant\sqrt{2}-1$$

或

$$0<u\leqslant 3-2\sqrt{2}$$

由于二次函数 $f(u)=\frac{1}{2}u(1-u)$ 在开区间 $(0,3-2\sqrt{2})$ 内的最大值为 $f(3-2\sqrt{2})$，而 $f(3-2\sqrt{2})=5\sqrt{2}-7$. 故当 $x=y=\sqrt{2}-1$（此时 $u=xy=3-2\sqrt{2}$）时，$S_{\triangle PDE}$ 的面积最大，最大值为 $5\sqrt{2}-7$.

❖高压线最短

甲、乙两生产队合用一个变压器. 如图1,两生产队位于高压输电线的同一侧. 甲队距高压线 m km,乙队距高压线 n km. 若两队在平行高压线方向的距离为 l km,试问变压器装于何处,所用的高压线最短?

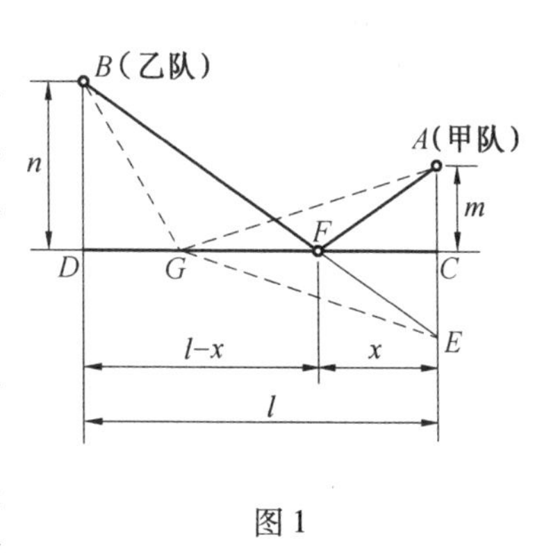

图 1

解 从点 A 向高压线作垂线 AC,并延长,截取 CE,使之等于 AC.

连 BE,与高压线交于点 F. 变压器安装于此点,架到甲、乙两队的高压线最短. 这个结论可以用短程线原理来证明.

如图1,变压器位于点 F 时,到甲、乙两生产队的高压线总长为 $AF+FB$. 因为 $AC=CE$,CF 为公共边,所以

$$\angle ACF=\angle ECF=90^\circ$$

所以

$$\triangle ACF\cong\triangle ECF$$

故有

$$AF=EF$$

因此,输电线总长为

$$AF+FB=EF+FB=EB$$

这就是说,高压线的总长等于直线 EB. 根据平面上的短程线原理知道,在变压器所有可能的位置中,点 F 是最节省高压线的方案. 这个结论还可以用下面的方法证明.

在点 F 的左侧,任选一点 G 作为安装变压器的另一地点. 连 AG 和 GB,当变压器安装在点 G 的位置时,到甲、乙两生产队高压线的总长为 $AG+GB$.

连 EG,用与上面相同的方法可以证明

$$\triangle ACG\cong\triangle ECG$$

所以

$$AG=EG$$

因此

$$AG + GB = EG + GB$$

由于“一个三角形的任意两边之和大于第三边”,故在 $\triangle BEG$ 中,有

$$EG + GB > EB$$

用同样的方法能够证明:若在点 F 的右侧,任取一点作为安装变压器的位置,则该点到甲、乙两队高压线的总长亦大于 EB. 因此点 F 就是我们需要寻找安装变压器的最好位置,其定位尺寸 x 用相似三角形的比例关系求出.

因为

$$\triangle EFC \backsim \triangle BFD$$

所以

$$\frac{CE}{BD} = \frac{CF}{FD}$$

将图示尺寸代入,得

$$\frac{m}{n} = \frac{x}{l - x}$$

解之得

$$x = \frac{m}{m + n}l$$

❖截去一角

如图 1,在矩形 $ABCD$ 中,AD,AB 的长分别为 a,b,截去一个 $\triangle CEF$,CF,CE 的长分别为 a_1,b_1. 在余下部分内再作一矩形 $AB'C'D'$,要求一个顶点仍为 A,AB',AD' 分别在 AB,AD 上,且点 C' 在线段 EF 上(不包括端点 E,F). 问点 C' 在什么位置能使所得新的矩形 $AB'C'D'$ 的面积最大,并求出点 C' 在线段 EF 内的条件.

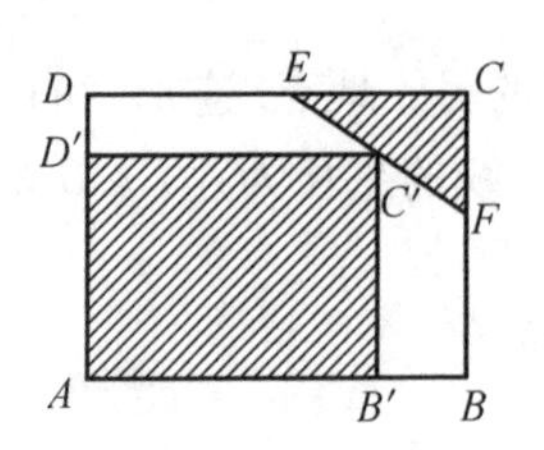

图 1

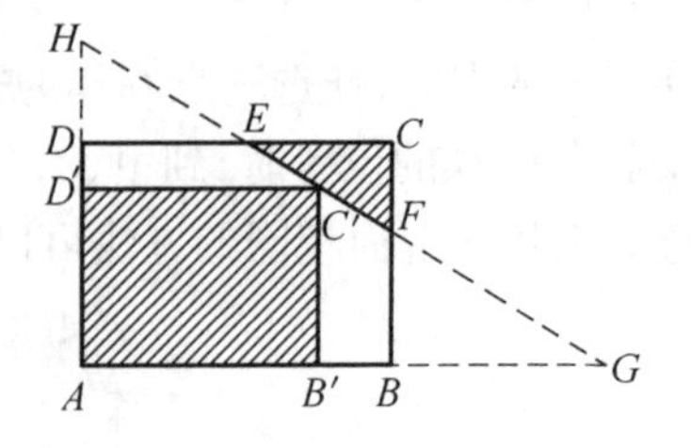

图 2

解 延长 EF 分别与 AB,AD 的延长线交于点 G,H(图2).

因为

$$\triangle AGH \backsim \triangle B'GC'$$

所以

$$\frac{AH}{AG}=\frac{B'C'}{B'G}$$

令 $C'D'=x$,且设 $AH=m,AG=n$,则

$$B'C'=\frac{m}{n}(n-x)$$

所以

$$S_{矩形AB'C'D'}=\frac{m}{n}(n-x)x=\frac{m}{n}\left[-\left(x-\frac{n}{2}\right)^2+\frac{n^2}{4}\right]$$

所以当 $x=\frac{n}{2}$ 时,$S_{矩形AB'C'D'}$ 有最大值. 而 n 的值可由 a,b,a_1,b_1 给出.

因为

$$\triangle CEF \backsim \triangle BGF$$

所以

$$\frac{CF}{CE}=\frac{BF}{BG}$$

即

$$\frac{a_1}{b_1}=\frac{a-a_1}{n-b}$$

解得

$$n=b+\frac{b_1}{a_1}(a-a_1)$$

所以

$$x=\frac{n}{2}=\frac{b}{2}+\frac{b_1}{2a_1}(a-a_1)$$

即当 $C'D'$ 的长为$\frac{b}{2}+\frac{b_1}{2a_1}(a-a_1)$ 时,即可用平移找到点 C' 的位置.

而点 C' 在线段 EF 内的条件,必须满足

$$b-b_1<\frac{b}{2}+\frac{b_1}{2a_1}(a-a_1)<b$$

即

$$\begin{cases}\dfrac{b}{2}+\dfrac{b_1}{2a_1}(a-a_1)<b & ①\\[2ex] \dfrac{b}{2}+\dfrac{b_1}{2a_1}(a-a_1)>b-b_1 & ②\end{cases}$$

由式①得

$$b+\frac{b_1}{a_1}(a-a_1)<2b$$

即

$$b_1a-a_1b<a_1b_1$$

两边除以 a_1b_1,得

$$\frac{a}{a_1}-\frac{b}{b_1}<1$$

由式②同样可得

$$-1<\frac{a}{a_1}-\frac{b}{b_1}$$

所以点 C' 在线段 EF 上(端点 E,F 除外)必须满足的条件为

$$-1<\frac{a}{a_1}-\frac{b}{b_1}<1$$

❖洗衣淘米

一个人在日常生活中离不开水,节约用水必须从每一件小事做起,这里我们来讨论一下洗衣淘米的问题.

在规定用水量的条件下,为把衣服(或米)洗得尽可能干净,我们可以将这些水分成若干次使用.理论上可以证明将这些水分用的次数越多效果越好,实际上,这当然是不可能的.所以在有限次使用时,我们要研究使洗涤效果最好的每次用水量,是先多后少,还是先少后多或每次都一样?

解 设三次的用水量分别为 x,y,z,则第一次清洗后残液浓度为

$$c_1=\frac{ac_0}{a+x}$$

第二次清洗后残液浓度为

$$c_2=\frac{ac_1}{a+y}=\frac{a^2c_0}{(a+x)(a+y)}$$

第三次清洗后残液浓度为

$$c_3=\frac{ac_2}{a+z}=\frac{a^3c_0}{(a+x)(a+y)(a+z)}$$

该问题就变成了求目标函数 $c_3=\frac{a^3c_0}{(a+x)(a+y)(a+z)}$ 在约束条件 $x+y+z=b$ 下的最小值. 为了运算方便,我们可以将它化为求目标函数 $u=(a+x)(a+y)(a+z)$ 在约束条件 $x+y+z=b$ 下的最大值问题.

建立拉格朗日函数

$$L=(a+x)(a+y)(a+z)+\lambda(x+y+z-b)$$

令$\frac{\partial L}{\partial x}=0,\frac{\partial L}{\partial y}=0,\frac{\partial L}{\partial z}=0,\frac{\partial L}{\partial \lambda}=0$,即

$$\begin{cases}(a+y)(a+z)+\lambda=0\\(a+x)(a+z)+\lambda=0\\(a+x)(a+y)+\lambda=0\\x+y+z-b=0\end{cases}$$

可得 $x=y=z=\frac{b}{3}$,即当三次用水量相等时,有最好的洗涤效果,此时

$$(c_3)_{\min}=\frac{c_0}{\left(1+\frac{b}{3a}\right)^3}$$

注 (1) 可以证明,当用水量 b 为常数时,若分 n 次漂洗,则在每次用水量都为$\frac{b}{n}$ 的情况下,有最佳的洗涤效果,即

$$(c_n)_{\min}=\frac{c_0}{\left(1+\frac{b}{na}\right)^n}$$

由于$\left(1+\frac{b}{na}\right)^n$ 关于 n 单调增加,可知$(c_n)_{\min}$ 关于 n 单调减少,其极限为 $c_0\mathrm{e}^{-\frac{b}{a}}$.

(2) 由于这样的问题普遍存在,可以将它归结为一个数学模型. 下面我们改变一下问题的提法,举一个工业用水问题.

在化工厂的生产过程中,反应罐内液体化工原料排出后,在罐壁上留有a kg 含有该化工原料浓度 c_0 的残液,现在用 b kg 清水去清洗,拟分三次进行,每次清洗后总还在罐壁上留有 a kg 含该化工原料的残液,但浓度由 c_0 变为 c_1,再变为 c_2,最后变为 c_3. 试问应该如何分配三次的用水量,使最终浓度 c_3 为最小?

❖大小并存

设有一边长为 1 的正方形,试在这个正方形中找出一个面积最大的和一个面积最小的内接正三角形,并求出这两个面积(证明你的结论).

解 如图1,假设$\triangle FGE$为正方形$ABCD$的任一内接正三角形,由于正三角形的三个顶点至少必落在正方形的三边上,所以不妨设其中的F,G是在正方形的一组对边上.

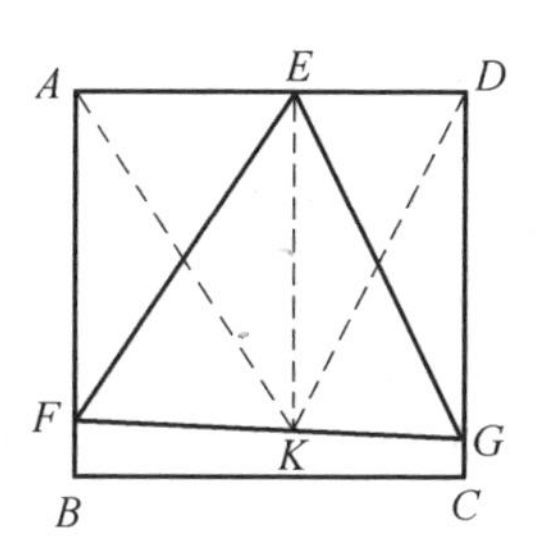

图1

作$\triangle EFG$边FG上的高EK,则E,K,G,D四点共圆,连KD,则有

$$\angle KDE = \angle KGE = 60^\circ$$

同理有

$$\angle KAE = \angle KFE = 60^\circ$$

所以$\triangle KDA$为正三角形,而K是它的一个顶点,故知内接正$\triangle EFG$的边FG的中点必是不动点K.

而正三角形的面积由边长决定. 当$KF /\!/ BC$时,边长最小,面积$S=\frac{\sqrt{3}}{4}$也最小;当KF通过点B(即点F与点B重合)时,边长最大,此时

$$边长 = \frac{1}{\cos 15^\circ} = 2\sqrt{2-\sqrt{3}}$$

面积$S=2\sqrt{3}-3$也最大.

❖火车发电厂

电力设计院要在某地区选择一个火车发电厂的厂址. 电厂燃煤由A,B,C三煤矿供给. 若三煤矿提供一样多的煤,问厂址选在何处最理想?

注 从煤的运输角度来说,厂址应这样选定:使电厂到三煤矿的距离之和为最小. 这样不仅有利于缩短煤在路途中的运输时间,也可以使运费达到最低.

解法1 如图1,选点S作为厂址,并设此点对$\triangle ABC$各边所张之角相等,即

$$\angle ASB = \angle BSC = \angle CSA = 120^\circ$$

过 B,S,C 三点作圆,连 AS,并延长与圆周交于点 D,连 BD,CD.

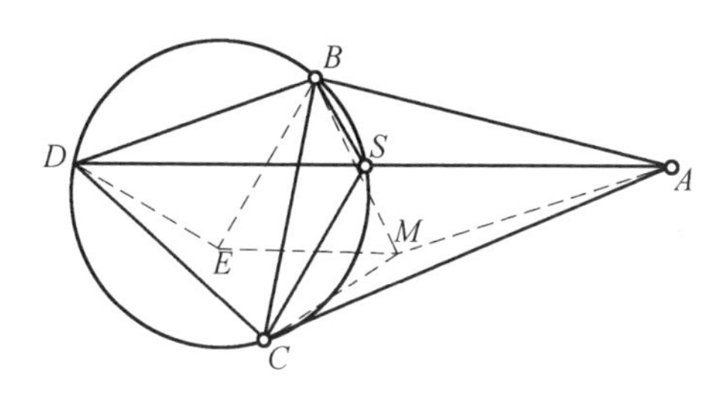

图 1

由于 $\angle BSD$ 与 $\angle BCD$ 均为同一圆弧$\overset{\frown}{BD}$ 所对之角,故有

$$\angle BSD = \angle BCD$$

又

$$\angle BSD = 180^\circ - \angle ASB = 180^\circ - 120^\circ = 60^\circ$$

所以

$$\angle BCD = 60^\circ$$

同样由于 $\angle CSD$ 与 $\angle CBD$ 均为同一圆弧$\overset{\frown}{CD}$ 所对之角,故亦有

$$\angle CSD = \angle CBD$$

因为

$$\angle CSD = 180^\circ - \angle CSA = 180^\circ - 120^\circ = 60^\circ$$

所以

$$\angle CBD = 60^\circ$$

由于 $\triangle BCD$ 中的 $\angle CBD = \angle BCD = 60^\circ$,所以 $\angle BDC$ 必为 60°,因此 $\triangle BCD$ 为等边三角形.

根据几何学定理:等边三角形外接圆上一点到三角形一个顶点的距离等于从该点到三角形其他两个顶点的距离总和. 因此有

$$SD = SB + SC$$

所以

$$SA + SB + SC = SA + SD = AD$$

这就是说,从点 S 到 $\triangle ABC$ 三顶点的距离之和 $SA + SB + SC$ 等于直线 AD 的长度. 根据短程线原理知道,厂址建在点 S 的位置是最理想的.

这个结论也可以用下面的方法,即另选一个厂址方案作比较得到.

解法 2 在 $\triangle ABC$ 内任选一点 M 作为厂址. 该点到三顶点的距离分别为

MA,MB,MC.

作 $DE = MC, BE = BM$. 由于 $\triangle BCD$ 为等边三角形,故 $BD = BC$,所以

$$\triangle BMC \cong \triangle BED$$

所以

$$\angle DBE = \angle CBM \qquad ①$$

在 $\triangle BME$ 中,有

$$\angle EBM + \angle BME + \angle MEB = 180^\circ \qquad ②$$

由于

$$BE = BM$$

因此

$$\angle BME = \angle MEB \qquad ③$$

又

$$\angle EBM = \angle CBM + \angle EBC$$

将式①代入上式,得

$$\angle EBM = \angle DBE + \angle EBC = \angle CBD = 60^\circ \qquad ④$$

把式③及式④代入式②,得

$$\angle BME = \angle MEB = 60^\circ$$

因而 $\triangle BME$ 为等边三角形,故有

$$MB = ME$$

所以

$$MA + MB + MC = MA + ME + DE$$

由于任意四边形的三边之和必大于第四边,故恒有

$$AD < MA + ME + DE$$

即

$$SA + SB + SC < MA + MB + MC$$

因此,从运煤的角度来说,把火车发电厂建在点 S 的地方,最理想.

从这里得到的一般结论为:若某一点对三角形三边所张之角相等,则该点到三顶点的距离之和最短.

❖凸四边形

一个凸四边形的面积为 S,在它的内部作平行四边形,使其各边平行于凸四边形的对角线,且顶点在凸四边形的各边上,求此平行四边形面积的最大值.

解 如图1,设对角线 AC,BD 相交于点 O,$\angle BOC=\alpha$.

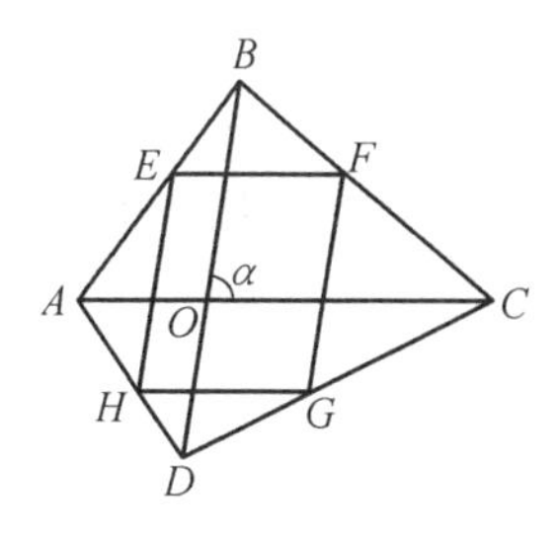

图1

由 $EF\parallel AC\parallel HG,EH\parallel BD\parallel FG$,可得

$$\angle EFG=\angle BOC=\alpha$$

又设

$$AE=x\cdot AB,\quad 0<x<1$$

则

$$BE=(1-x)AB$$

由

$$\triangle AEH\backsim\triangle ABD$$

得

$$EH=x\cdot BD$$

同理可得

$$EF=(1-x)AC$$

$$S_{\square EFGH}=EF\cdot EH\cdot\sin\alpha=x(1-x)AC\cdot BD\cdot\sin\alpha$$

又

$$S_{\text{四边形}ABCD}=S=\frac{1}{2}AC\cdot BD\cdot\sin\alpha$$

且 $x>0,1-x>0$,所以

$$S_{\square EFGH}=x(1-x)\cdot 2S\leqslant 2\cdot\left(\frac{x+1-x}{2}\right)^2S=\frac{1}{2}S$$

当且仅当 $x=1-x$,即 $x=\frac{1}{2}$,也就是平行四边形的各顶点为凸边形的各边中点时,面积最大,最大值为 $\frac{1}{2}S$.

❖开凿运河

为了沟通海洋 A 和海洋 B 之间的海上航运,使航程能大幅度地缩短,需要在两海洋之间所夹的地峡 D 上开凿出一条运河 PQ. 设地峡两侧的海岸曲线方程为

$$L_1:\varphi(x,y)=0,\quad L_2:\psi(x,y)=0$$

试证明:当运河 PQ 之长为最短时,直线 PQ 必分别是 L_1 和 L_2 在 P 和 Q 点处的法线(图1).

证明 设$P=(\alpha,\beta)$,$Q=(u,v)$,则我们可得如下一个条件极值问题. 求目标函数

$$F=(u-\alpha)^2+(v-\beta)^2$$

在约束条件

$$\varphi(\alpha,\beta)=0,\quad \psi(u,v)=0$$

下的最小值问题.

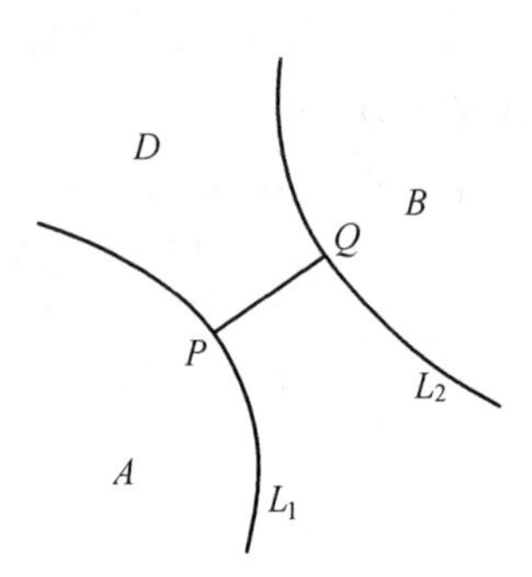

图 1

建立拉格朗日函数,即

$$L=(u-\alpha)^2+(v-\beta)^2+\lambda_1\varphi(\alpha,\beta)+\lambda_2\psi(u,v)$$

令$\frac{\partial L}{\partial \alpha}=0,\frac{\partial L}{\partial \beta}=0,\frac{\partial L}{\partial u}=0,\frac{\partial L}{\partial v}=0$,即得

$$-2(u-\alpha)+\lambda_1\frac{\partial \varphi}{\partial \alpha}=0 \quad ①$$

$$-2(v-\beta)+\lambda_1\frac{\partial \varphi}{\partial \beta}=0 \quad ②$$

$$2(u-\alpha)+\lambda_2\frac{\partial \psi}{\partial u}=0 \quad ③$$

$$2(v-\beta)+\lambda_2\frac{\partial \psi}{\partial v}=0 \quad ④$$

由式 ①、式 ② 可得

$$\{u-\alpha,v-\beta\}=\frac{\lambda_1}{2}\left\{\frac{\partial \varphi}{\partial \alpha},\frac{\partial \varphi}{\partial \beta}\right\}$$

即$\overrightarrow{PQ}\mathbin{/\!/}\left\{\frac{\partial \varphi}{\partial \alpha},\frac{\partial \varphi}{\partial \beta}\right\}$. 因为$\left\{\frac{\partial \varphi}{\partial \alpha},\frac{\partial \varphi}{\partial \beta}\right\}$就是曲线$L_1:\varphi(\alpha,\beta)=0$在点$P$处的法向量,所以直线$PQ$就是$L_1$在点$P$处的法线.

类似的,由式 ③、式 ④ 可得直线PQ必是L_2在点Q处的法线.

❖对角线最小

l表示所有内接于三角形的长方形的对角线中最小的长,设三角形的面积为T. 对所有的三角形,试确定$\frac{l^2}{T}$的最大值.

解 如图 1,设内接矩形$EFGH$的边EF在BC上,$EF=u$,$FG=v$,$AH=x$,

$AB=c, AC=b, BC=a$,则$u=\frac{ax}{c}, v=\frac{h_a(c-x)}{c}$.

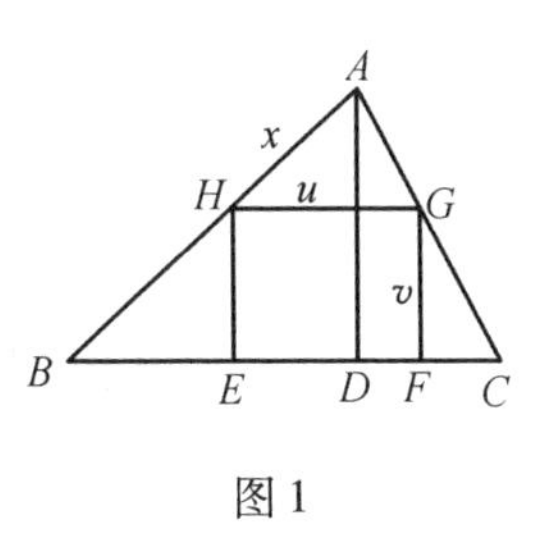

图 1

设一边在 BC 上的内接矩形的对角线为 l_a,同理设 l_b, l_c,则

$$l_a^2=u^2+v^2=\left(\frac{ax}{c}\right)^2+\left[\frac{h_a(c-x)}{c}\right]^2=$$

$$\left(\frac{a^2+h_a^2}{c^2}\right)x^2-\frac{2h_a^2}{c}x+h_a^2$$

其最小值为

$$(l_a^2)_{\min}=\frac{a^2h_a^2}{a^2+h_a^2}=\frac{4T^2}{a^2+4T^2a^{-2}}$$

同理有

$$(l_b^2)_{\min}=\frac{4T^2}{b^2+4T^2b^{-2}}$$

注意到,当 $a\geqslant b$ 时,有 $ab\geqslant 2T$,且

$$(a^2+4T^2a^{-2})-(b^2+4T^2b^{-2})=(a^2-b^2)(1-4T^2a^{-2}b^{-2})\geqslant 0$$

所以 l 是矩形的边 EF 在三角形最大边上时达到最小值.

不失一般性,假定 a 边最大,且 $\angle B$ 或 $\angle C$ 有一角不大于 $60°$. 设 $\angle B\leqslant 60°$,则

$$\frac{h_a}{a}=\frac{c\sin B}{a}\leqslant \sin B\leqslant \frac{\sqrt{3}}{2}$$

所以

$$\frac{2T}{a^2}\leqslant \frac{\sqrt{3}}{2},\quad a^2\geqslant \frac{4T}{\sqrt{3}}$$

由于 $x+\frac{1}{x}$ 在 $x>1$ 时是增函数,所以

$$a^2+4T^2a^{-2}\geqslant \frac{4T}{\sqrt{3}}+4T^2\cdot\frac{\sqrt{3}}{4T}=\frac{7\sqrt{3}}{3}T$$

$$l^2\leqslant \frac{4T^2}{\frac{7\sqrt{3}}{3}T}=\frac{12}{7\sqrt{3}}T=\frac{4\sqrt{3}}{7}T$$

从而$\frac{l^2}{T}\leqslant \frac{4\sqrt{3}}{7}$,即$\frac{l^2}{T}$ 的最大值为$\frac{4\sqrt{3}}{7}$.

❖联合碾米厂

甲、乙两生产队相距 l km. 甲队每年生产粮食 g t，乙队每年生产 q t. 现在两队决定建立一个联合碾米厂. 试求厂址选在什么地方花费运粮的时间最少？

解 设碾米厂建在距甲队 x km，距乙队 y km 的地方，则有

$$x+y=l$$

$$y=l-x \quad ①$$

若每天的运输力为 m，则自甲队运粮到碾米厂所需的时间是 $\frac{g}{m}x$ 天，自乙队运粮到碾米厂所需的时间是 $\frac{q}{m}y$ 天. 因此，甲、乙两队运粮到碾米厂的总时间为

$$t=\frac{g}{m}x+\frac{q}{m}y$$

将式 ① 代入上式，整理得

$$t=\frac{1}{m}[(g-q)x+ql] \quad ②$$

式中，x 满足不等式

$$0 \leqslant x \leqslant l \quad ③$$

由于 x 不是负数，所以 $(g-q)x$ 的符号取决于 g 与 q 的大小.

当 $g>q$ 时，总有

$$(g-q)x \geqslant 0 \quad ④$$

由式 ② 知，仅当式 ④ 取等号时，t 才有最小值. 此时

$$x=0$$

$$t_{\min}=\frac{q}{m}l$$

当 $g<q$ 时，总有

$$(g-q)x \leqslant 0 \quad ⑤$$

由式 ② 知，仅当式 ⑤ 取最小值时，t 才有最小值.

由于 $g-q$ 为负数，故欲使式 ⑤ 的值最小，必令 x 取最大值. 由式 ③ 知

$$x_{\max}=l$$

将其代入式 ②，得

$$t_{\min}=\frac{q}{m}l$$

因此,当甲队生产的粮食多于乙队时,碾米厂建在甲队;当乙队生产的粮食多于甲队时,碾米厂建在乙队,花在运粮的时间最少.

❖剪出方形

从一个已知三角形剪出一个面积最大的矩形.

解 首先考虑矩形的所有顶点都在三角形的边界上的情形.

如图 1,设矩形 $MNPQ$ 的四个顶点在 $\triangle ABC$ 的边上,且设点 M,N 在 AB 边上,点 P 在 BC 边上,点 Q 在 AC 边上.

又设矩形的长 $MN=y$,宽 $NP=x$,面积为 S. 在 $\triangle ABC$ 中,$AB=c$,AB 边上的高 CD 为 h,面积为 T.

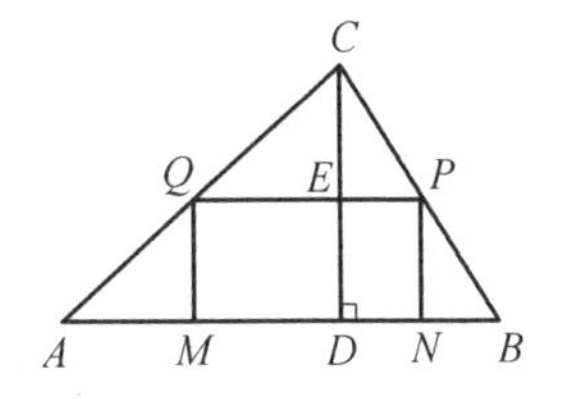

图 1

由 $\triangle CPQ \backsim \triangle CBA$ 及相似三角形对应高的比等于相似比可得

$$\frac{CE}{CD}=\frac{PQ}{AB}$$

即$\frac{h-x}{h}=\frac{y}{c}$ 或 $ch=yh=cx$,由平均不等式得

$$yh=cx \geqslant 2\sqrt{chxy}=2\sqrt{chS}$$

从而有 $ch \geqslant 2\sqrt{chS}$,即

$$S \leqslant \frac{1}{4}ch=\frac{1}{2}T$$

当且仅当 $yh=cx=\frac{1}{2}ch$,即 $y=\frac{1}{2}c$ 时,矩形有最大面积,其最大值为已知三角形面积的$\frac{1}{2}$,此时矩形的两个顶点恰为三角形两边的中点.

下面再考虑矩形的顶点不全在三角形边界上的情形. 这时我们证明 $S<\frac{1}{2}T$.

(1) 矩形的两条对边平行于三角形的一条边.

设矩形 $MNPQ$ 的边 $MN /\!/ PQ /\!/ AB$,且 MN 和 AB 位于 PQ 的同一侧. 设直线 MN 与 AC 交于点 D,与 BC 交于点 E(图 2).

因为射线 DQ 与线段 EC 有公共点,射线 EP 与线段 DC 有公共点,所以这两条射线交于 $\triangle DEC$ 内的点 F,于是矩形 $MNPQ$ 的顶点在 $\triangle DEF$ 的边上. 由上面

的证明可知

$$S \leqslant \frac{1}{2} S_{\triangle DEF}$$

又

$$S_{\triangle DEF} < S_{\triangle ABC} = T$$

所以

$$S < \frac{1}{2} T$$

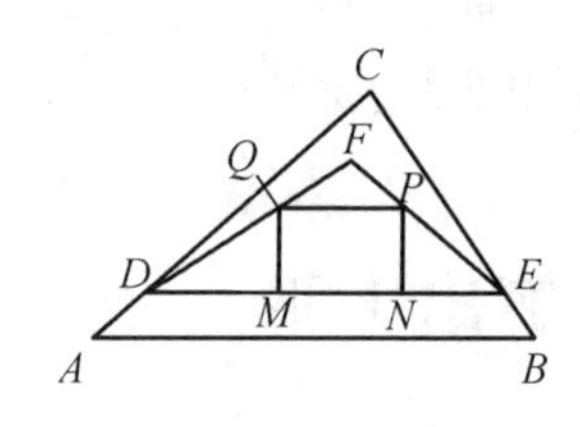

图 2

(2) 矩形的任何一边都不与三角形的边平行.

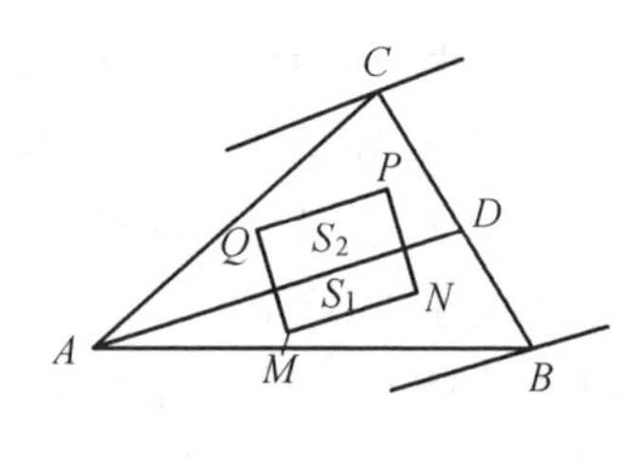

图 3

如图 3,我们过 $\triangle ABC$ 的顶点 A,B,C 作直线与矩形的边 MN 平行,由假设这些直线中任两条都不重合,因此必有一条介于另两条之间.设过顶点 A 所作的平行线介于另两条平行线之间,并设这条平行线交 BC 于点 D,则 $\triangle ABC$ 被 AD 分为 $\triangle ABD$ 和 $\triangle ACD$.

如果矩形 $MNPQ$ 落在这两个三角形之一的内部,如落在 $\triangle ADB$ 的内部,则由上面的证明有

$$S \leqslant \frac{1}{2} S_{\triangle ADB} < \frac{1}{2} T$$

如果 AD 把矩形 $MNPQ$ 划分为面积为 S_1 和 S_2 的两个矩形,则有

$$S_1 \leqslant \frac{1}{2} S_{\triangle ABD}, \quad S_2 \leqslant \frac{1}{2} S_{\triangle ADC}$$

但是不等式中至少有一个等号不成立,这是因为 M,N,P,Q 不可能都在 $\triangle ABC$ 的边上. 故

$$S = S_1 + S_2 < \frac{1}{2} S_{\triangle ABC} = \frac{1}{2} T$$

由以上可知:从一个三角形剪成的矩形,其面积不超过原三角形面积的一半,当且仅当矩形的两个顶点重合于三角形两边的中点,而另两顶点在三角形的第三边上.

因此,对锐角三角形有三种方法剪出最大矩形,直角三角形只有两种剪法,钝角三角形只有一种剪法.

❖三个海岛

三个海岛 A,B,C 之间要开辟一条三角形的环形航线 PQR(图1). 试证明总航程最短的必要条件是,三条海岸曲线在 P,Q,R 处的法线都经过 $\triangle PQR$ 的内心 I(三角形三个内角的角平分线的交点).

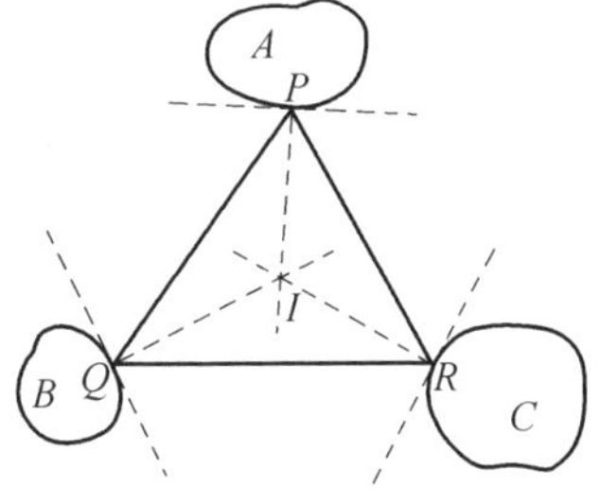

图 1

证明 设三个海岛的海岸曲线方程分别是

$$f(x,y)=0,\quad g(x,y)=0,\quad h(x,y)=0$$

P,Q,R 三点的坐标分别是

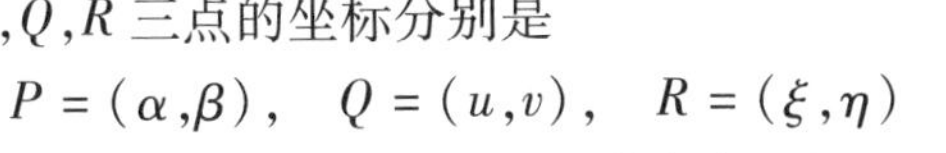

$$P=(\alpha,\beta),\quad Q=(u,v),\quad R=(\xi,\eta)$$

则我们所要研究的就是在约束条件

$$f(\alpha,\beta)=0,\quad g(u,v)=0,\quad h(\xi,\eta)=0$$

下,求目标函数

$$\varphi(\alpha,\beta,u,v,\xi,\eta)=$$

$$\sqrt{(u-\alpha)^2+(v-\beta)^2}+\sqrt{(\xi-u)^2+(\eta-v)^2}+\sqrt{(\alpha-\xi)^2+(\beta-\eta)^2}$$

的最小值问题.

利用拉格朗日乘数法,令

$$L(\alpha,\beta,u,v,\xi,\eta,\lambda_1,\lambda_2,\lambda_3)=$$

$$\sqrt{(u-\alpha)^2+(v-\beta)^2}+\sqrt{(\xi-u)^2+(\eta-v)^2}+\sqrt{(\alpha-\xi)^2+(\beta-\eta)^2}+$$

$$\lambda_1 f(\alpha,\beta)+\lambda_2 g(u,v)+\lambda_3 h(\xi,\eta)$$

根据条件极值必要条件,得

$$\frac{\partial L}{\partial\alpha}=0,\quad \frac{\partial L}{\partial\beta}=0$$

即

$$-\frac{u-\alpha}{\sqrt{(u-\alpha)^2+(v-\beta)^2}}+\frac{\alpha-\xi}{\sqrt{(\alpha-\xi)^2+(\beta-\eta)^2}}+\lambda_1\frac{\partial f}{\partial\alpha}=0 \qquad ①$$

$$-\frac{v-\beta}{\sqrt{(u-\alpha)^2+(v-\beta)^2}}+\frac{\beta-\eta}{\sqrt{(\alpha-\xi)^2+(\beta-\eta)^2}}+\lambda_1\frac{\partial f}{\partial\beta}=0 \qquad ②$$

由于 $\boldsymbol{n}_1=\left\{\frac{\partial f}{\partial\alpha},\frac{\partial f}{\partial\beta}\right\}$ 是曲线 $f(x,y)=0$ 在点 P 处的法向量,现在利用式①和式②

来证明 $\boldsymbol{n}_1$ 与$\overrightarrow{PQ}$及$\overrightarrow{PR}$的夹角相等,为此先考察 $\boldsymbol{n}_1$ 在$\overrightarrow{PQ}$上的投影量

$$\frac{\left\{\frac{\partial f}{\partial\alpha},\frac{\partial f}{\partial\beta}\right\}\cdot\overrightarrow{PQ}}{|\overrightarrow{PQ}|}=\frac{(u-\alpha)\frac{\partial f}{\partial\alpha}+(v-\beta)\frac{\partial f}{\partial\beta}}{\sqrt{(u-\alpha)^2+(v-\beta)^2}}=$$

$$\frac{\frac{(u-\alpha)^2}{\sqrt{(u-\alpha)^2+(v-\beta)^2}}-\frac{(u-\alpha)(\alpha-\xi)}{\sqrt{(\alpha-\xi)^2+(\beta-\eta)^2}}}{\lambda_1\sqrt{(u-\alpha)^2+(v-\beta)^2}}+$$

$$\frac{\frac{(v-\beta)^2}{\sqrt{(u-\alpha)^2+(v-\beta)^2}}-\frac{(v-\beta)(\beta-\eta)}{\sqrt{(\alpha-\xi)^2+(\beta-\eta)^2}}}{\lambda_1\sqrt{(u-\alpha)^2+(v-\beta)^2}}=$$

$$\frac{1}{\lambda_1}-\frac{(u-\alpha)(\alpha-\xi)+(v-\beta)(\beta-\eta)}{\lambda_1\sqrt{(u-\alpha)^2+(v-\beta)^2}\sqrt{(\alpha-\xi)^2+(\beta-\eta)^2}}$$

再考察 $\boldsymbol{n}_1$ 在$\overrightarrow{PR}$上的投影量,可类似地得到

$$\frac{\left\{\frac{\partial f}{\partial\alpha},\frac{\partial f}{\partial\beta}\right\}\cdot\overrightarrow{PR}}{|\overrightarrow{PR}|}=\frac{(\xi-\alpha)\frac{\partial f}{\partial\alpha}+(\eta-\beta)\frac{\partial f}{\partial\beta}}{\sqrt{(\xi-\alpha)^2+(\eta-\beta)^2}}=$$

$$\frac{1}{\lambda_1}-\frac{(u-\alpha)(\alpha-\xi)+(v-\beta)(\beta-\eta)}{\lambda_1\sqrt{(u-\alpha)^2+(v-\beta)^2}\sqrt{(\alpha-\xi)^2+(\beta-\eta)^2}}$$

由此可知 $\boldsymbol{n}_1$ 在$\overrightarrow{PQ}$上的投影量与 $\boldsymbol{n}_1$ 在$\overrightarrow{PR}$上的投影量相等,所以 $\boldsymbol{n}_1=\left\{\frac{\partial f}{\partial\alpha},\frac{\partial f}{\partial\beta}\right\}$ 与 $\angle QPR$ 的角平分线共线.

利用同样的方法,根据拉格朗日乘数法的另几个必要条件

$$\frac{\partial L}{\partial u}=0,\quad\frac{\partial L}{\partial v}=0,\quad\frac{\partial L}{\partial\xi}=0,\quad\frac{\partial L}{\partial\eta}=0$$

可以证明:曲线 $g(x,y)=0$ 在点 Q 处的法向量 $\boldsymbol{n}_2=\left\{\frac{\partial g}{\partial u},\frac{\partial g}{\partial v}\right\}$ 与 $\angle PQR$ 的角平分线共线,曲线 $h(x,y)=0$ 在点 R 处的法向量 $\boldsymbol{n}_3=\left\{\frac{\partial h}{\partial\xi},\frac{\partial h}{\partial\eta}\right\}$ 与 $\angle PRQ$ 的角平分线共线.这样就得到了命题的结论.

❖内接矩形

在 Rt$\triangle ABC$ 中有内接矩形 $DEFG$,且点 D 与点 E 在斜边 AB 上,点 F 与点 G 分别在 BC 和 AC 上.若 $AC=b,BC=a$,则矩形的长和宽分别是多少时,$S_{矩形DEFG}$

有最大值,并求出这个最大值.

解 如图1,设矩形的长和宽分别为n,m.在$\triangle ABC$中,斜边AB为c,斜边上的高为$HC=h$,$AG=x$,则由面积公式,得

$$hc=ab \quad ①$$

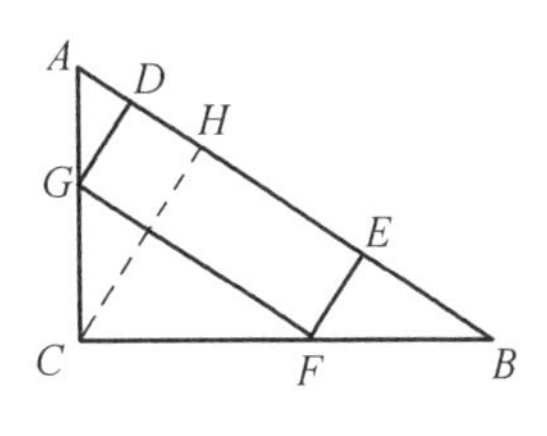

图1

由$\triangle AGD\backsim\triangle ACH$,得

$$\frac{n}{h}=\frac{x}{b} \quad ②$$

由$\triangle CFG\backsim\triangle CBA$,得

$$\frac{m}{c}=\frac{b-x}{b} \quad ③$$

由式①、式②、式③,得

$$S_{矩形DEFG}=\frac{hx}{b}\cdot\frac{c(b-x)}{b}=-\frac{ch}{b^2}x^2+\frac{ch}{b}x=-\frac{a}{b}x^2+ax$$

当$x=-\dfrac{a}{-\dfrac{2a}{b}}=\dfrac{ab}{2a}=\dfrac{b}{2}$时

$$S_{\max}=\frac{-a^2}{-\dfrac{4a}{b}}=\frac{ab}{4}$$

此时

$$m=\frac{hx}{b}=\frac{ab}{2\sqrt{a^2+b^2}}=\frac{ab\sqrt{a^2+b^2}}{2(a^2+b^2)}$$

$$n=\frac{c(b-x)}{b}=\frac{\sqrt{a^2+b^2}}{2}$$

即当矩形的长为$\dfrac{\sqrt{a^2+b^2}}{2}$,宽为$\dfrac{ab\sqrt{a^2+b^2}}{2(a^2+b^2)}$时,$S_{矩形DEFG}$有最大值,最大值是$\dfrac{ab}{4}$.

❖最危险处

一单跨有悬臂的简支梁,承受均布荷载q t/m.问最危险的断面在哪里?

解 根据材料力学知识,最危险的断面在弯矩最大的地方出现.

如图1,任一断面 $X-X$ 的弯矩为

$$M=R_Ax-\frac{q}{2}x^2 \quad ①$$

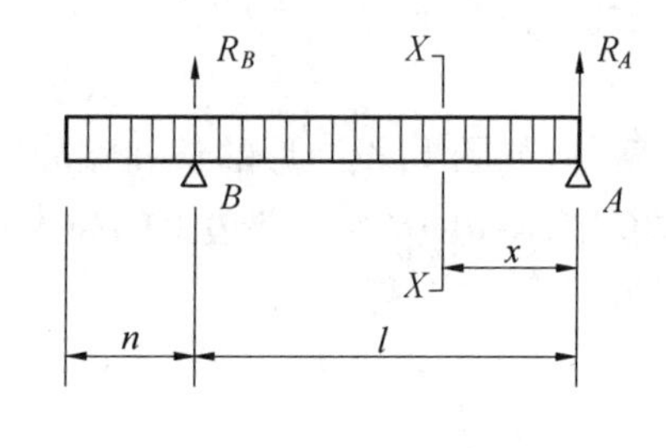

图1

式中 R_A 为端点 A 的反力,它由端点 B 的力矩平衡方程式求出. 因为

$$\sum M_B=0$$

所以

$$\frac{q}{2}n^2+R_Al-\frac{q}{2}l^2=0$$

解之得

$$R_A=\frac{l^2-n^2}{2l}q$$

将 R_A 值代入式①,整理得

$$\begin{aligned}M&=-\frac{q}{2}\left(x^2-\frac{l^2-m^2}{l}x\right)=\\&-\frac{q}{2}\left[x^2-\frac{l^2-n^2}{l}x+\left(\frac{l^2-n^2}{2l}\right)^2-\left(\frac{l^2-n^2}{2l}\right)^2\right]=\\&-\frac{q}{2}\left(x-\frac{l^2-n^2}{2l}\right)^2+\frac{(l^2-n^2)^2}{8l^2}q\end{aligned}$$

即

$$M-\frac{(l^2-n^2)^2}{8l^2}q=-\frac{q}{2}\left(x-\frac{l^2-n^2}{2l}\right)^2 \quad ②$$

因此,式②所描绘的抛物线图像的顶点坐标为$\left(\frac{l^2-n^2}{2l},\frac{(l^2-n^2)^2}{8l^2}q\right)$.

考虑到

$$-\frac{q}{2}<0$$

故当

$$x=\frac{l^2-n^2}{2l}$$

时,M 达最大值,即

$$M_{\max}=\frac{(l^2-n^2)^2}{8l^2}q$$

这就是说,最危险的断面发生在距端点 A 为$\frac{l^2-n^2}{2l}$的地方.

❖一分两半

直径 AB 把圆分成两个半圆,在其中的一个半圆上选取 n 个点 $P_1,P_2,\cdots,P_n$,使点 P_1 落在点 A 与点 P_2 之间,点 P_2 落在点 P_1 与点 P_3 之间,……,点 P_n 落在点 P_{n-1} 与点 B 之间(图1). 在另一个半圆上应怎样选取点 C,使 $\triangle CP_1P_2,\triangle CP_2P_3,\triangle CP_3P_4,\cdots,\triangle CP_{n-1}P_n$ 的面积之和最大?

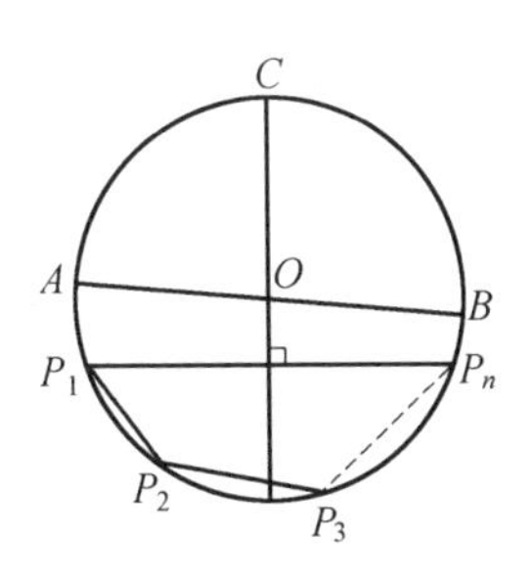

图1

解 由于

$$\sum_{i=1}^{n-1} S_{\triangle CP_iP_{i+1}} = S_{多边形P_1P_2\cdots P_n} + S_{\triangle CP_1P_n}$$

因为 $S_{多边形P_1P_2\cdots P_n}$ 为定值,则当且仅当 $S_{\triangle CP_1P_n}$ 的面积最大时,$\sum\limits_{i=1}^{n-1} S_{\triangle CP_1P_n}$ 最大.

由于圆上与弦 P_1P_n 距离最大的点位于弦 P_1P_n 的垂直平分线上,因此作 P_1P_2 的垂直平分线交另一个半圆于 C,则此时 $S_{\triangle CP_1P_2}$ 最大,即 $\sum\limits_{i=1}^{n-1} S_{\triangle CP_iP_{i+1}}$ 最大.

❖惠更斯问题

在 a 和 b 两个正数之间插入 n 个数 $x_1,x_2,\cdots,x_n$,使得分数值

$$u=\frac{x_1x_2\cdots x_n}{(a+x_1)(x_1+x_2)\cdots(x_n+b)}$$

是最大的.

解 记

$$w=\frac{1}{u}=(a+x_1)\left(1+\frac{x_2}{x_1}\right)\left(1+\frac{x_3}{x_2}\right)\cdots\left(1+\frac{b}{x_n}\right)$$

设

$$y_1=\frac{x_2}{x_1},\quad y_2=\frac{x_3}{x_2},\quad \cdots,\quad y_n=\frac{b}{x_n}$$

$$A=y_1y_2\cdots y_n$$

则有

$$x_1=\frac{b}{y_1y_2\cdots y_n}=\frac{b}{A}$$

$$w=\left(a+\frac{b}{A}\right)(1+y_1)(1+y_2)\cdots(1+y_n)$$

又记

$$m=a+\frac{b}{A}$$

则有

$$\mathrm{d}w=\sum_{k=1}^{n}\frac{w}{1+y_k}\mathrm{d}y_k-\frac{wb}{mA}\sum_{k=1}^{n}\frac{\mathrm{d}y_k}{y_k}=w\sum_{k=1}^{n}\left(\frac{y_k}{1+y_k}-\frac{b}{mA}\right)\frac{\mathrm{d}y_k}{y_k}$$

令$\frac{\partial w}{\partial y_k}=0$,则有方程组

$$\frac{y_k}{1+y_k}=\frac{b}{mA},\quad k=1,2,\cdots,n$$

解方程组有驻点 $P_0(y_1,y_2,\cdots,y_n)$,其中

$$y_1=y_2=\cdots=y_n=\left(\frac{b}{a}\right)^{\frac{1}{n+1}}=y_0$$

在点 P_0 处有

$$\mathrm{d}^2w\Big|_{P=P_0}=w\sum_{k=1}^{n}\mathrm{d}\left(\frac{y_k}{1+y_k}-\frac{b}{mA}\right)\frac{\mathrm{d}y_k}{y_k}\Big|_{P=P_0}=$$

$$w\sum_{k=1}^{n}\mathrm{d}\left(\frac{y_k}{1+y_k}\right)\left(\frac{\mathrm{d}y_k}{y_0}\right)\Big|_{P=P_0}-w\sum_{k=1}^{n}\frac{\mathrm{d}y_k}{y_0}\left[\mathrm{d}\left(\frac{1}{1+\frac{a}{b}A}\right)\right]\Big|_{P=P_0}=$$

$$\frac{w(P_0)}{y_0(1+y_0^2)}\sum_{k=1}^{n}\mathrm{d}y_k^2+\frac{w(P_0)}{y_0(1+\frac{a}{b}A)^2_{P=P_0}}\cdot$$

$$\sum_{k=1}^{n}\left[\mathrm{d}y_k\cdot\left(\sum_{k=1}^{n}\frac{aA}{by_k}\mathrm{d}y_k\right)\right]\Big|_{P=P_0}=$$

$$\frac{w(P_0)}{y_0(1+y_0)^2}\left[\sum_{k=1}^{n}\mathrm{d}y_k^2+\left(\sum_{k=1}^{n}\mathrm{d}y_k\right)^2\right]>0$$

当$\sum_{k=1}^{n}\mathrm{d}y_k^2\neq 0$时,于是函数 w 在点 P_0 取得极小值,从而函数 u 在

$$\begin{cases}x_1=\dfrac{b}{A}=\dfrac{b}{y_0^n}=\dfrac{b}{a}\cdot ay_0^{-n}=ay_0^{n+1}\cdot y_0^{-n}=ay_0\\x_2=x_1y_1=ay_0^2\\x_3=x_2y_2=ay_0^3\\\qquad\vdots\\x_n=\dfrac{b}{y_n}=\dfrac{b}{a}ay_0^{-1}=ay_0^{n+1}y_0^{-1}=ay_0^n\end{cases}$$

也就是$a,x_1,x_2,\cdots,x_n,b$构成有公比为$y_0=\left(\dfrac{b}{a}\right)^{\frac{1}{n+1}}$的几何级数时，其值最大，且$u$的最大值为

$$u=\frac{1}{a(1+y_0)^{n+1}}=(a^{\frac{1}{n+1}}+b^{\frac{1}{n+1}})^{-(n+1)}$$

❖内接多边形

在半径为R的圆板上截出一个面积最大的n边形. 试证明该n边形一定是正n边形，并求此正n边形的周长及面积.

证明 首先证明若截出的n边形面积最大，则该圆板的圆心不可能在这个n边形所围成的(闭)区域之外. 用反证法来证明这一结论.

假如该圆板的圆心O落在这个n边形$A_1A_2A_3\cdots A_{n-1}A_n$所围成的(闭)区域之外，那么这个$n$边形的$n$个顶点就一定全部落在某个半圆弧上，如图1(a). 设A_1B是过A_1的直径，这样我们就得到了一个新的n边形$A_1A_2A_3\cdots A_{n-1}B$. 为了比较这两个n边形的面积之大小，我们只要比较$\triangle A_1A_nA_{n-1}$与$\triangle A_1BA_{n-1}$面积之间的大小就可以了.

由于

$$S_{\triangle A_1A_nA_{n-1}}=\frac{1}{2}A_1A_n\cdot A_1A_{n-1}\sin\angle A_nA_1A_{n-1}$$

$$S_{\triangle A_1BA_{n-1}}=\frac{1}{2}A_1B\cdot A_1A_{n-1}\sin\angle BA_1A_{n-1}$$

其中

$$A_1A_n<A_1B$$

$$0<\angle A_nA_1A_{n-1}<\angle BA_1A_{n-1}<\frac{\pi}{2}$$

即

$$\sin \angle A_nA_1A_{n-1} < \sin \angle BA_1A_{n-1}$$

所以必有

$$S_{\triangle A_1A_nA_{n-1}} < S_{\triangle A_1BA_{n-1}}$$

可见当该圆板的圆心 O 落在这个 n 边形 $A_1A_2A_3\cdots A_{n-1}A_n$ 所围区域之外时，这个多边形的面积不可能取得最大值. 从而证明了若截出的 n 边形面积最大，则该圆板的圆心不可能在这个 n 边形所围区域之外(图 1(b)). 设

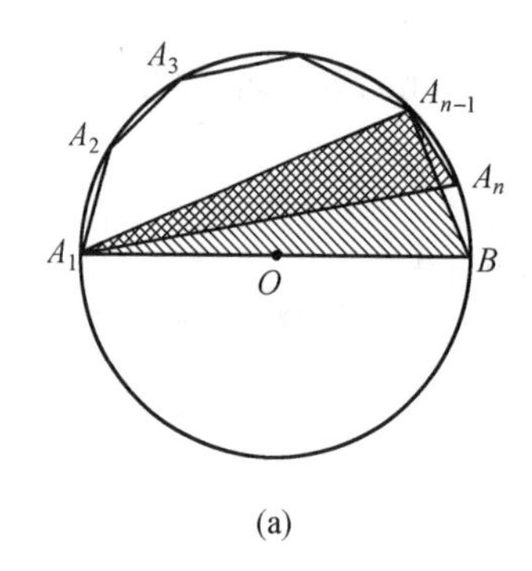

(a)

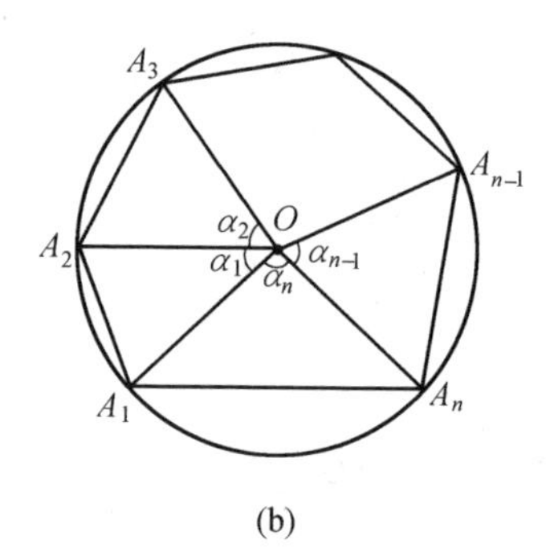

(b)

图 1

$$\alpha_1 = \angle A_1OA_2,\quad \alpha_2 = \angle A_2OA_3,\quad \alpha_3 = \angle A_3OA_4,\quad \cdots,$$
$$\alpha_{n-1} = \angle A_{n-1}OA_n,\quad \alpha_n = \angle A_nOA_1$$

由于圆板的圆心不在这个 n 边形所围区域之外，所以有

$$0 < \alpha_1, \alpha_2, \cdots, \alpha_n \leqslant \pi$$

而

$$S_{\triangle OA_1A_2} = \frac{1}{2}R^2\sin \alpha_1,\quad S_{\triangle OA_2A_3} = \frac{1}{2}R^2\sin \alpha_2,\quad \cdots,\quad S_{\triangle OA_nA_1} = \frac{1}{2}R^2\sin \alpha_n$$

这样就形成了一个条件极值问题，即在约束条件

$$\alpha_1 + \alpha_2 + \cdots + \alpha_n = 2\pi$$

下，目标函数

$$S = \frac{1}{2}R^2(\sin \alpha_1 + \sin \alpha_2 + \cdots + \sin \alpha_n)$$

的最大值. 设

$$L = \sin \alpha_1 + \sin \alpha_2 + \cdots + \sin \alpha_n + \lambda(\alpha_1 + \alpha_2 + \cdots + \alpha_n - 2\pi)$$

令

$$\frac{\partial L}{\partial \alpha_1} = 0,\quad \frac{\partial L}{\partial \alpha_2} = 0,\quad \cdots,\quad \frac{\partial L}{\partial \alpha_n} = 0$$

即可得

$$\cos \alpha_1 = \cos \alpha_2 = \cdots = \cos \alpha_n = -\lambda$$

所以

$$\alpha_1 = \alpha_2 = \cdots = \alpha_n = \frac{2\pi}{n}$$

根据实际意义可知,这就是最大值点,从而证明了圆内接 n 边形中,以正 n 边形的面积为最大,这时每一边之长为

$$A_1A_2 = A_2A_3 = \cdots = A_{n-1}A_n = A_nA_1 = 2R\sin \frac{\pi}{n}$$

其周长为

$$A_1A_2 + A_2A_3 + \cdots + A_{n-1}A_n + A_nA_1 = 2nR\sin \frac{\pi}{n}$$

其面积为

$$S_{\max} = \frac{n}{2}R^2 \sin \frac{2\pi}{n}$$

❖赫尔德不等式

证明赫尔德不等式

$$\sum_{i=1}^{n} a_i x_i = \left(\sum_{i=1}^{n} a_i^k\right)^{\frac{t}{k}} \left(\sum_{i=1}^{n} x_i^{k'}\right)^{\frac{t}{k'}}$$

$$\left(a_i \geqslant 0, x_i \geqslant 0, i = 1,2,\cdots,n; k > 1, \frac{1}{k} + \frac{1}{k'} = 1\right)$$

提示:在条件 $\sum\limits_{i=1}^{n} a_i x_i = A$ 下,求解函数 $a\left(\sum\limits_{i=1}^{n} a_i^k\right)^{\frac{1}{k}}\left(\sum\limits_{i=1}^{n} x_i^{k'}\right)^{\frac{1}{k'}}$ 的最小值.

证明　首先证明函数

$$u = \left(\sum_{i=1}^{m} a_i^k\right)^{\frac{1}{k}} \left(\sum_{i=1}^{n} x_i^{k'}\right)^{\frac{1}{k'}}$$

在条件 $\sum\limits_{i=1}^{n} a_i x_i = A(A > 0)$ 下的最小值是 A,用数学归纳法,当 $n = 1$ 时,显然有

$$(a_1^k)^{\frac{1}{k}}(x_1^{k'})^{\frac{1}{k'}} = a_1 x_1 = A$$

设当 $n = m$ 时,命题成立,于是对任意 m 个数 $a_1, a_2, \cdots, a_m (a_i \geqslant 0)$ 当 $\sum\limits_{i=1}^{m} a_i x_i = A(x_1 \geqslant 0, \cdots, x_m \geqslant 0)$ 时,必有

$$A \leqslant \left(\sum_{i=1}^{m} a_i^k\right)^{\frac{1}{k}}\left(\sum_{i=1}^{m} x_i^{k'}\right)^{\frac{1}{k'}}$$

下面证明当 $n=m+1$ 时命题也成立.

设 $\sum_{i=1}^{m+1} a_i x_i = A, u = \alpha^{\frac{1}{k}}\left(\sum_{i=1}^{m+1} x_i^{k'}\right)^{\frac{1}{k'}}$,其中 $\alpha = \sum_{i=1}^{m+1} a_i^k$.

求 u 的最小值,令

$$F(x_1,x_2,\cdots,x_{m+1}) = u(x_1,x_2,\cdots,x_{m+1}) - \lambda\left(\sum_{i=1}^{m+1} a_i x_i - A\right)$$

解方程组

$$\begin{cases}\dfrac{\partial F}{\partial x_i} = \dfrac{\alpha^{\frac{1}{k}}}{k'}\left(\sum\limits_{i=1}^{m+1} x_i^{k'}\right)^{\frac{1}{k'}-1}(k' x_i^{k'-1}) - \lambda a_i = 0, \quad i=1,2,\cdots,m+1 \\ \sum\limits_{i=1}^{m+1} a_i x_i = A, \quad i=1,2,\cdots,m+1\end{cases}$$

于是

$$\frac{x_i^{k'-1}}{a_i} = \frac{\lambda}{\alpha^{\frac{1}{k}}}\left(\sum_{i=1}^{m+1} x_i^{k'}\right)^{\frac{1}{k}} = \mu^{k'-1}, \quad i=1,2,\cdots,m+1$$

即

$$x_i = (a_i \mu^{k'-1})^{\frac{1}{k'-1}} = a_i^{\frac{1}{k'-1}}\mu = \mu a_i^{k-1}$$

从而有

$$\mu\sum_{i=1}^{m+1} a_i a_i^{k-1} = \mu\sum_{i=1}^{m+1} a_i^k = \mu\alpha = A$$

$$\mu = \frac{A}{\alpha}$$

于是得满足极值必要条件的唯一解

$$x_i^0 = \frac{A}{\alpha}a_i^{k-1}, \quad i=1,2,\cdots,m+1$$

对应的函数值为

$$u_0 = u(x_1^0,x_2^0,\cdots,x_{m+1}^0) = \alpha^{\frac{1}{k}}\left[\sum_{i=1}^{m+1}\left(\frac{A}{\alpha}a_i^{k-1}\right)^{k'}\right]^{\frac{1}{k'}} =$$

$$\alpha^{\frac{1}{k}}\frac{A}{\alpha}\left[\sum_{i=1}^{m+1} a_i^{(k-1)k'}\right]^{\frac{1}{k'}} = \alpha^{\frac{1}{k}-1}A\left(\sum_{i=1}^{m+1} a_i^k\right)^{\frac{1}{k'}} =$$

$$A\alpha^{\frac{1}{k}-1}\alpha^{\frac{1}{k'}} = A$$

所研究的区域 $\sum_{i=1}^{m+1} a_i x_i = A, x_i \geqslant 0, i=1,2,\cdots,m+1$ 是 $m+1$ 维空间中一个 m 维平面在第一卦限的部分,其边界由 $m+1$ 个 $m-1$ 维平面(一部分)所组成:$x_i =$

$0,\sum\limits_{j=1}^{m+1}a_jx_j=A(a_j\geqslant 0,x_j\geqslant 0,i=1,2,\cdots,m+1)$，在这些边界面上，求

$$u(x_1,x_2,\cdots,x_{m+1})=u(x_1,x_2,\cdots,x_{i-1},0,x_{i+1},\cdots,x_{m+1})=$$
$$\alpha^{\frac{1}{k}}\left(\sum_{j=1}^{i-1}x_j^{k'}+\sum_{j=i+1}^{m+1}x_j^{k'}\right)^{\frac{1}{k'}}$$

的最小值变为求 m 个变量的最小值，以估计 $x_{m+1}=0,\sum\limits_{i=1}^{m}a_ix_i=A$ 的最小值为例，由归纳法假设，又

$$\alpha=\sum_{i=1}^{m+1}a_j^k\geqslant\sum_{i=1}^{m}a_i^k$$

有

$$u(x_1,x_2,\cdots,x_n,0)=\alpha^{\frac{1}{k}}\left(\sum_{i=1}^{m}x_i^{k'}\right)^{\frac{1}{k'}}\geqslant$$
$$\left(\sum_{i=1}^{m}a_i^k\right)^{\frac{1}{k}}\cdot\left(\sum_{i=1}^{m}x_i^{k'}\right)^{\frac{1}{k'}}\geqslant\sum_{i=1}^{m}a_ix_i=A$$

因此，u 在边界面上的最小值不小于 A，由此知，u 在区域上的最小值为 $u(x_1^0,x_2^0,\cdots,x_{m+1}^0)=A$，于是命题当 $n=m+1$ 时也成立，故由归纳法知

$$\left(\sum_{i=1}^{m}a_i^k\right)^{\frac{1}{k}}\left(\sum_{i=1}^{n}x_i^{k'}\right)^{\frac{1}{k'}}\geqslant A \qquad ①$$
$$\sum_{i=1}^{n}a_ix_i=A,\quad x_i\geqslant 0,\quad i=1,2,3,\cdots,n$$

下面证明赫尔德不等式

$$\sum_{i=1}^{n}a_ix_i\leqslant\left(\sum_{i=1}^{n}a_i^k\right)^{\frac{i}{k}}\left(\sum_{i=1}^{n}x_i^{k'}\right)^{\frac{1}{k'}},\quad a_i\geqslant 0,\quad x_i\geqslant 0 \qquad ②$$

成立，事实上，若 $\sum\limits_{i=1}^{n}a_ix_i=0$，式 ② 显然成立. 若 $\sum\limits_{i=1}^{n}a_ix_i>0$，令 $\sum\limits_{i=1}^{n}a_ix_i=A$，则 $A>0$，于是，根据不等式 ① 知

$$\left(\sum_{i=1}^{n}a_i^k\right)^{\frac{1}{k}}\left(\sum_{i=1}^{n}x_i^{k'}\right)^{\frac{1}{k'}}\geqslant A=\sum_{i=1}^{n}a_ix_i$$

于是不等式 ② 成立，证毕.

❖透明立方体

沿着透明立方体的棱有两只蜘蛛和一只苍蝇在爬行. 若苍蝇和蜘蛛的爬行速度一样且在整个过程中彼此都能看见,则蜘蛛能否抓住苍蝇.

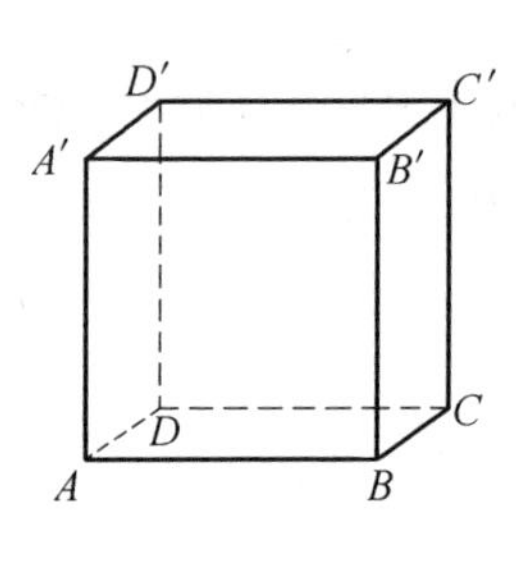

图 1

解 可以抓住. 如图1,一只蜘蛛占住顶点A并守住B,D,A'三点. 另一只蜘蛛从点C'出发. 不妨设苍蝇在棱BC上. 这时第二只蜘蛛从点C'出发沿棱$C'C$追击苍蝇. 苍蝇跑过顶点B后自然沿棱BB'爬行,蜘蛛在后追,一直追到苍蝇越过顶点B'. 如果苍蝇进入$B'A'$,则位于点A的第一只蜘蛛沿AA'去堵截;如果苍蝇进入棱$B'C'$,则第一只蜘蛛不动,仍由第二只去追,一直追到苍蝇越过C'. 不妨设苍蝇进入$C'C$并接着越过顶点C进入CB,这时蜘蛛从点A启动去堵截即可捉住苍蝇.

❖阿达玛不等式

对于n阶行列式$|\boldsymbol{A}|=|(a_{ij})|$,证明阿达玛不等式

$$|\boldsymbol{A}^2|\leqslant\prod_{i=1}^{n}(\sum_{j=1}^{n}a_{ij}^2)$$

提示:在存在下列关系式

$$\sum_{i=1}^{n}a_{ij}^2=S_i,\quad i=1,2,\cdots,n$$

时,研究行列式$|\boldsymbol{A}|=|(a_{ij})|$的极值.

证明 设

$$\boldsymbol{A}=(a_{ij}),\quad |\boldsymbol{A}|=|(a_{ij})|$$

考虑函数

$$u=|\boldsymbol{A}|=|(a_{ij})|$$

在条件$\sum_{j=1}^{n}a_{ij}^2=S_i,i=1,2,\cdots,n$下的极值问题,其中$S_i>0,i=1,2,\cdots,n$.

由于上述n个条件限制下的n^2之点集是有界闭集,故连续函数u必在其上

取得最大值和最小值,下面求函数 u 满足条件极值的必要条件,设

$$F=u-\sum_{i=1}^{n}\lambda_i\left(\sum_{j=1}^{n}a_{ij}^2-S_i\right)$$

由于函数 u 是多项式,当按第 i 行展开时,有

$$u=|\boldsymbol{A}|=\sum_{j=1}^{n}a_{ij}A_{ij}$$

其中 A_{ij} 是 a_{ij} 的代数余子式,解方程组

$$\frac{\partial F}{\partial a_{ij}}=A_{ij}-2\lambda_i a_{ij}=0,\quad i,j=1,2,\cdots,n$$

得

$$a_{ij}=\frac{A_{ij}}{2\lambda_i}$$

当 $i\neq k$ 时,有

$$\sum_{j=1}^{n}a_{ij}a_{kj}=\sum_{j=1}^{n}\frac{A_{ij}a_{ij}}{2\lambda_i}=\frac{1}{2\lambda_i}\sum_{j=1}^{n}A_{ij}a_{ij}=0$$

于是当函数 u 满足极值的必要条件时,行列式不同的两行所对应的向量必直交,各以 $\boldsymbol{A}^{\mathrm{T}}$ 表示 $\boldsymbol{A}$ 的转置矩阵,则由行列式的乘法有

$$u^2=|\boldsymbol{A}^{\mathrm{T}}|\cdot|\boldsymbol{A}|=\begin{vmatrix}S_1 & 0 & \cdots & 0\\ 0 & S_2 & \cdots & 0\\ \vdots & \vdots & & \vdots\\ 0 & 0 & \cdots & S_n\end{vmatrix}=\prod_{i=1}^{n}S_i$$

因此,函数 u 满足极值的必要条件时,必有

$$u=\pm\sqrt{\prod_{i=1}^{n}S_i}$$

由于 u 在条件 $\sum\limits_{j=1}^{n}a_{ij}^2=S_i,i=1,2,\cdots,n$ 下不恒为常数,于是

$$u_{\max}=\sqrt{\prod_{i=1}^{n}S_i},\quad u_{\min}=-\sqrt{\prod_{i=1}^{n}S_i}$$

从而

$$|\boldsymbol{A}|^2\leqslant\prod_{i=1}^{n}S_i$$

$$\sum_{j=1}^{n}a_{ij}^2=S_i,\quad i=1,2,\cdots,n \tag{①}$$

下面证明

$$|\boldsymbol{A}|^2\leqslant\prod_{i=1}^{n}\left(\sum_{j=1}^{n}a_{ij}^2\right) \tag{②}$$

若至少有一个 i，使 $\sum_{j=1}^{n} a_{ij}^2=0$，则 $a_{ij}=0, j=1,2,\cdots,n$. 从而 $|\boldsymbol{A}|=0$，于是不等式 ② 显然成立，若对一切 $i, i=1,2,\cdots,n$，都有 $\sum_{j=1}^{n} a_{ij}^2 \neq 0$，令 $s_i=\sum_{j=1}^{n} a_{ij}^2$，则 $s_i>0, i=1,2,\cdots,n$，于是，由不等式 ① 有

$$|\boldsymbol{A}|^2 \leqslant \prod_{i=1}^{n} S_i=\prod_{i=1}^{n}\left(\sum_{j=1}^{n} a_{ij}^2\right)$$

故不等式 ② 成立，证毕.

❖运费低廉

如图 1，工厂 A 位于铁路线一侧 m km 的地方，原料从铁路线旁的 B 地运来. 因此需要兴建一个火车站，以便卸下原料，再用汽车运进工厂. 若工厂 A 与 B 地沿铁路方向的距离为 l km，且铁路每千米的运价与公路每千米的运价之比是 3 : 5. 欲使运费最低廉，应将火车站建在哪里？

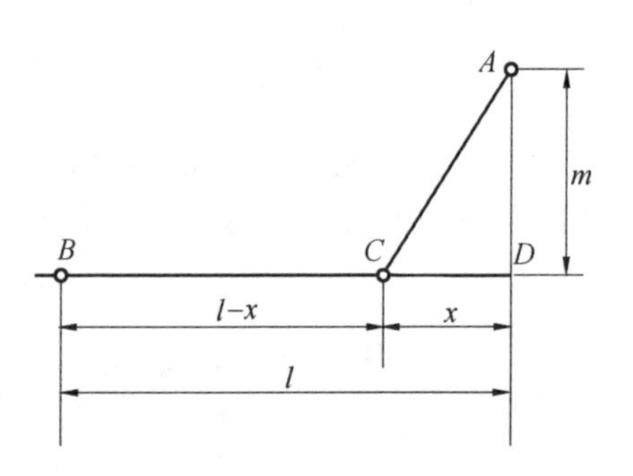

图 1

解　设火车站建在点 C. 原料从 B 地用火车运到这里卸下，然后装上汽车，沿公路 AC 运到工厂 A 去.

由 Rt△ACD 得

$$AC=\sqrt{m^2+x^2}$$
$$BC=l-x$$

若设铁路每千米的运价为 $3p$ 元，则公路每千米的运价为 $5p$ 元. 因此，铁路运输的总费用为

$$S_{BC}=3p(l-x)$$

公路运输的总费用为

$$S_{AC}=5p\sqrt{m^2+x^2}$$

由 B 地运原料到工厂 A 的总费用为

$$S=S_{BC}+S_{AC}=3p(l-x)+5p\sqrt{m^2+x^2}=$$
$$p\left[3(l-x)+5\sqrt{m^2+x^2}\right]$$

所以

$$\frac{S}{p}=3(l-x)+5\sqrt{m^2+x^2}$$

$$\frac{S}{p}-3l+3x=5\sqrt{m^2+x^2}$$

令

$$w=\frac{S}{p}-3l \qquad ①$$

则

$$w+3x=5\sqrt{m^2+x^2}$$

两边平方,整理得到一个关于 x 的一元二次方程式

$$16x^2-6wx+(25m^2-w^2)=0 \qquad ②$$

所以

$$x=\frac{6w\pm\sqrt{36w^2-64(25m^2-w^2)}}{32} \qquad ③$$

由于 x 表示的是两点间的距离,故必为实数,因此在方程 ③ 中

$$36w^2-64(25m^2-w^2)\geqslant 0$$

解之得

$$w\geqslant 4m$$

因此,w 不小于 $4m$,最少是等于 $4m$,这也就是说

$$w_{\min}=4m \qquad ④$$

又因为 l 和 p 均为常数,故由式 ① 知,当 w 达最小时,S 亦达最小.

将式 ④ 代入式 ③,得到 S 为最小值时的 x 值,即

$$x=\frac{3}{4}m$$

因此把火车站建在距点 D 为 $\frac{3}{4}m$ km 的地方,原料的运费最低廉.

❖函数的最值

在指定域内确定以下函数的最大值(sup)和最小值(inf)

$$z=x-2y-3,\quad 0\leqslant x\leqslant 1,0\leqslant y\leqslant 1,0\leqslant x+y\leqslant 1$$

解 设

$$D = \{(x,y) \mid 0 \leqslant x \leqslant 1, 0 \leqslant y \leqslant 1, 0 \leqslant x + y \leqslant 1\}$$

它是闭三角形,即为一个有界闭区域,故连续函数 z 在其上必有最大值和最小值.由于 z 是 x,y 的线性函数,于是不存在驻点,因此,最大值与最小值都在 D 的边界上达到,D 的边界为三条直线段:$y = 0(0 \leqslant x \leqslant 1)$,$x = 0(0 \leqslant y \leqslant 1)$,$x + y = 1(0 \leqslant x \leqslant 1)$,在其上 z 分别变成一元函数:$z = x - 3(0 \leqslant x \leqslant 1)$,$z = -2y - 3(0 \leqslant y \leqslant 1)$,$z = 3x - 5(0 \leqslant x \leqslant 1)$.由于这些函数都是一元线性函数,故也无驻点,其最大值与最小值必在此三线段的端点(即点 $(0,0)$,点 $(1,0)$,点 $(0,1)$)达到,由此可知,z 在 D 上的最大值与最小值必在此三点 $(0,0)$,$(1,0)$,$(0,1)$ 达到,由于 $z(0,0) = -3$,$z(1,0) = -2$,$z(0,1) = -5$,于是 $\sup z = -2$,$\inf z = -5$.

❖一只蜗牛

一只蜗牛在桌面上以固定的速度爬行,它每隔 15 min 便折转 90°,在每两次折转之间都沿着直线前进.求证:只有经过整数个小时的爬行,蜗牛才可能回到出发点.

证明　显然,蜗牛爬行的路线是一条折线,当蜗牛回到出发点时,折线就是封闭的.蜗牛每 15 min 所爬过的直线段是折线的一条边.把蜗牛开始 15 min 所爬过的线取为横轴,第 2 个 15 min 爬行所在的直线取为纵轴.因为折线是封闭的,故蜗牛横向爬行时,向右爬行和向左爬行的边数同样多,故知它在其上横向爬行的边数是偶数.又因蜗牛每次折转 90°,故它横向爬行和纵向爬行的边数同样多,所以,折线的边数是 4 的倍数,因此总共要用整数个小时.

❖逢线必有

函数 $f(x,y)$ 在点 $M_0(x_0,y_0)$ 上有最小值是否意味着这个函数在沿着经过点 M_0 的每一条直线都有最小值?研究例题 $f(x,y) = (x-y)^2(2x-y^2)$.

解　对于每一条通过原点的直线

$$y = kx, \quad -\infty < x < +\infty$$

皆有

$$f(x,kx)=(x-k^2x^2)(2x-k^2x^2)=$$
$$x^2(1-k^2x)(2-k^2x)$$

当 $0<|x|<\dfrac{1}{k^2}$ 时,$f(x,kx)>0$,但 $f(0,0)=0$,因此,函数 $f(x,y)$ 在直线 $y=kx$ 上的原点取得极小值零.

对于通过原点的另一条直线:$x=0$,有 $f(0,y)=y^4$,于是在原点也取得极小值零.

因此,函数 $f(x,y)$ 在一切通过原点的直线上皆有极小值,但

$$f(a,\sqrt{1.5a})=-0.25a^2<0,\quad a>0$$

因此,函数 $f(x,y)$ 在点 $(0,0)$ 不取极小值,此例说明:尽管 $f(x,y)$ 在沿着过点 M_0 的每一条直线上在 M_0 均有极小值,但却不能保证 $f(x,y)$ 作为二元函数在点 M_0 一定有极小值.

❖野生动物乐园

现在有全长为 L m的铁丝网,想用它围成一个 $n(n\geqslant 3)$ 边形 $A_1A_2A_3\cdots A_{n-1}A_n$ 的多边形野生动物乐园(图1). 为节省开支,可充分利用一段直线河岸 A_1A_n 为自然边界. 试确定该野生动物乐园的形状,以使其总面积为最大,并求其总面积之最大值.

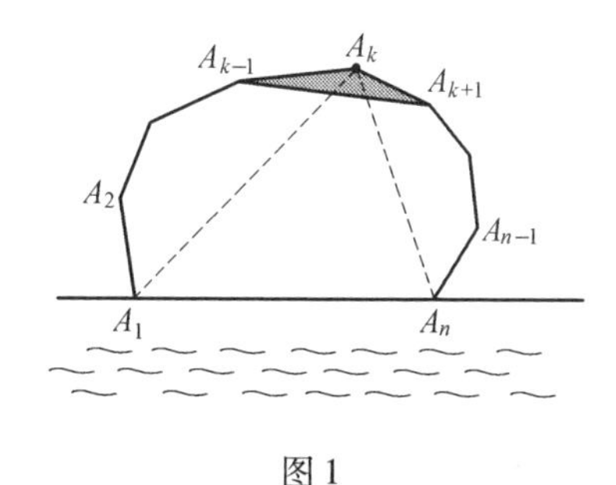

图1

解 我们分两个方面来解决这个问题.

(1) 当这个 n 边形中除了 A_k 外的其他 $n-1$ 个顶点 $A_1,A_2,\cdots,A_{k-1},A_{k+1},\cdots,A_n$ 的位置都已经确定时,其中

$$A_1A_2+A_2A_3+\cdots+A_{k-1}A_{k+1}+\cdots+A_{n-1}A_n=L-2l<L$$
$$A_{k-1}A_{k+1}<2l$$

那么顶点 $A_k(k=2,3,\cdots,n-1)$ 应取在何处?

从图1中可以看出,由于点 A_k 到点 A_{k-1} 和点 A_{k+1} 距离之和为定值 $2l$,所以点 A_k 在以点 A_{k-1} 和点 A_{k+1} 为焦点的椭圆上,当取此椭圆在多边形 $A_1A_2\cdots A_{k-1}A_{k+1}\cdots A_n$ 外的一个顶点为 A_k 时,即 $A_kA_{k-1}=A_kA_{k+1}=l$ 时,$\triangle A_{k-1}A_kA_{k+1}$ 为最大. 下面用拉格朗日乘数法来严格证明这个结论. 设

$$A_{k-1}A_{k+1}=a,\quad A_{k-1}A_k=x,\quad A_kA_{k+1}=y$$

则有

$$p=\frac{1}{2}(A_{k-1}A_{k+1}+A_{k-1}A_k+A_kA_{k+1})=\frac{1}{2}(a+x+y)=\frac{1}{2}a+l$$

所以

$$S_{\triangle A_{k-1}A_kA_{k+1}}=\sqrt{p(p-a)(p-x)(p-y)}=$$
$$\sqrt{\left(l+\frac{1}{2}a\right)\left(l-\frac{1}{2}a\right)\left(\frac{1}{2}a+l-x\right)\left(\frac{1}{2}a+l-y\right)}$$

则问题就成了在约束条件

$$x+y=2l$$

下,求目标函数

$$f=\left(l+\frac{1}{2}a\right)\left(l-\frac{1}{2}a\right)\left(\frac{1}{2}a+l-x\right)\left(\frac{1}{2}a+l-y\right)$$

的最大值. 作拉格朗日函数

$$u=\left(l+\frac{1}{2}a\right)\left(l-\frac{1}{2}a\right)\left(\frac{1}{2}a+l-y\right)\left(\frac{1}{2}a+l-y\right)+\lambda(x+y-2l)$$

令$\frac{\partial u}{\partial x}=0,\frac{\partial u}{\partial y}=0$,则有

$$-\left(l+\frac{1}{2}a\right)\left(l-\frac{1}{2}a\right)\left(\frac{1}{2}a+l-y\right)+\lambda=0 \quad ①$$

$$-\left(l+\frac{1}{2}a\right)\left(l-\frac{1}{2}a\right)\left(\frac{1}{2}a+l-x\right)+\lambda=0 \quad ②$$

$$x+y-2l=0 \quad ③$$

由式 ①、式 ② 可得 $x=y$,再由式 ③ 可得 $x=y=l$.

这就告诉我们要使多边形野生动物乐园的总面积为最大,除去一段以河流为自然边界的 A_1A_n 外,每一条边的长度都应该相等.

(2) 若在用铁丝网所圈的地皮中,左右两个 k 边多边形 $A_1A_2\cdots A_k$ 及 $n-k$ 边多边形 $A_kA_{k+1}\cdots A_n$ 的形状大小已经确定(对于 $k=2$ 或 $k=n-1$ 时,上述多边形中前者为一段线段 A_1A_2 或后者为一段线段 $A_{n-1}A_n$). 也就是说,此时边长 A_1A_k 和 A_kA_n 为确定,那么野生动物乐园的总面积就只与 $\triangle A_1A_kA_n$ 的面积有关了. 因此要使野生动物乐园的总面积为最大,必须有

$$\angle A_1A_kA_n=\frac{\pi}{2},\quad k=2,3,\cdots,n-1$$

这样,点 $A_k(k=2,3,\cdots,n-1)$ 就全在以 A_1A_n 为直径的一个半圆上.

综上所述,点 $A_k(k=2,3,\cdots,n-1)$ 就恰好将以 A_1A_n 为直径的一个半圆分成 $n-1$ 段相等的小圆弧. 若设 A_1A_n 的中点,即半圆的圆心为 O,则有

$$A_1A_2 = A_2A_3 = \cdots = A_{n-1}A_n = \frac{L}{n-1}$$

及

$$\angle A_1OA_2 = \angle A_2OA_3 = \cdots = \angle A_{n-1}OA_n = \frac{\pi}{n-1}$$

所以该圆的半径为

$$R = \frac{L}{2(n-1)\sin\frac{\pi}{2(n-1)}}$$

此时 n 边形野生动物乐园的最大总面积,即

$$S_{\max} = (n-1)\left(\frac{R^2}{2}\sin\frac{\pi}{n-1}\right) = \frac{L^2}{4(n-1)}\cot\frac{\pi}{2(n-1)}$$

注 容易验证 $S_{\max}$ 关于 n 是单调递增的,所以当 $n\to\infty$,即当野生动物乐园为半圆形时,取得面积的上界值为$\frac{L^2}{2\pi}$.

❖倒数之和

把指定的正数 a 分解成 n 个正余因子,使它们的倒数的和是最小值.

解 由题意,我们考虑 $u = \sum_{i=1}^{n}\frac{1}{x_i}$ 在条件 $a = \prod_{i=1}^{n} x_i$ 或 $\ln a = \ln x_i(a > 0, x_i > 0)$ 下的极值,设

$$F(x_1, x_2, \cdots, x_n) = u + \lambda\left(\sum_{i=1}^{n}\ln x_i - \ln a\right)$$

解方程组

$$\begin{cases}\dfrac{\partial F}{\partial x_i} = -\dfrac{1}{x_i^2} + \dfrac{\lambda}{x_i} = 0, \quad i = 1, 2, \cdots, n \\ a = \prod\limits_{i=1}^{n} x_i\end{cases}$$

有

$$x_i = \frac{1}{\lambda}, \quad i = 1, 2, \cdots, n$$

从而有 $x_1^0 = x_2^0 = \cdots = x_n^0 = a^{\frac{1}{n}}, u(x_1^0, x_2^0, x_n^0) = na^{-\frac{1}{n}}$.

当点 $P(x_1,x_2,\cdots,x_n)$ 趋向于边界时,至少有一个 $x_i\to 0$,即 $\frac{1}{x_i}\to+\infty$,而 $u>\frac{1}{x_i}$,故 $u\to+\infty$,因此,函数 u 必在区域内部取得最小值,于是,将正数 a 分为 n 个相等的正的因数 $a^{\frac{1}{n}}$ 时,其倒数和 $na^{-\frac{1}{n}}$ 最小.

❖猴子脱笼

动物园里共有6条道路,恰好构成一个等边三角形和它的3条中位线.两位值班人员正在追赶一只从笼中跑出的猴子.假定猴子奔跑的速度是人的3倍且都只能沿道路奔跑.若在奔跑过程中互相都能看见,则这两个值班人员能抓住猴子吗?

解 可以抓住.如图1,开始时,两位值班人员甲和乙可以分站 E,F 两点.显然,这时猴子若在 $\triangle AFE$ 的边上,则很快便被抓住.故可设猴子在 $\triangle BDF$ 的边上.于是乙可沿 FD 去追猴子,猴子不能跑入 $\triangle CDE$,只能沿 $\triangle BDF$ 的周界跑.这时甲可移到点 $G(GF=2GE)$ 看守点 E 和点 F.一旦猴子从点 D 进入 $\triangle DCE$ 或从点 F 进入 $\triangle FAE$,则乙在后追,甲赶到点 E 堵截,便可抓住猴子.当猴子沿着 $\triangle BFD$ 顺时针跑时,一跑过点 D,甲便从点 G 赶到点 F 堵截,而乙在后追,也必可抓住猴子.

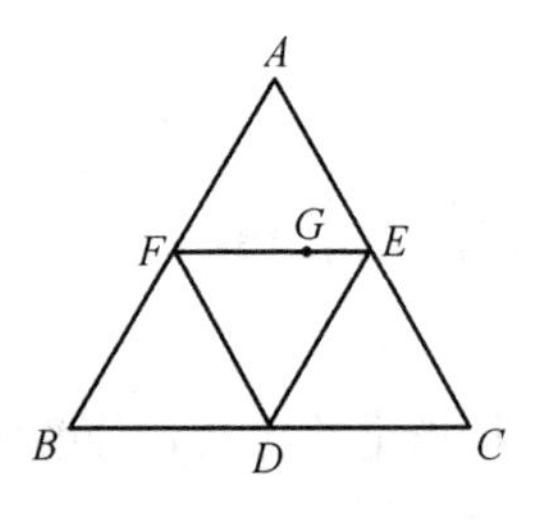

图1

❖n 个被加数

把指定的正数 a 分解成 n 个被加数,使它们的平方和是最小值.

解 考虑函数 $u=\sum_{i=1}^{n}x_i^2$ 在条件 $a=\sum_{i=1}^{n}x_i(a>0)$ 下的极值,设 $F(x_1,x_2,\cdots,x_n)=u+\lambda\left(\sum_{i=1}^{n}x_i-a\right)$,解方程组

$$\begin{cases}\dfrac{\partial F}{\partial x_i}=2x_i+\lambda=0, \quad i=1,2,\cdots,n\\ \sum\limits_{i=1}^{n}=a\end{cases}$$

有

$$x_1^0=x_2^0=\cdots=x_n^0=\frac{a}{n}$$

$$u(x_1^0,x_2^0,\cdots,x_n^0)=\frac{a^2}{n}$$

当 n 个相加数中有若干个相加数趋于 $+\infty$ 时,平方和趋于 $+\infty$,因此,函数 u 必在有限区域内取得最小值,于是,把正数 a 分解为 n 个相等的相加数 $\frac{a}{n}$ 时,其平方和 $\frac{a^2}{n}$ 最小.

❖n 个正余因子

把指定的正数 a 分解成 n 个正余因子,使它们指定的正数幂之和是最小值.

解 考虑函数

$$u=\sum_{i=1}^{n}x_i^{\alpha_i}, \quad \alpha_i>0$$

在条件

$$\ln a=\sum_{i=1}^{n}\ln x_i, \quad a>0,x_i>0$$

下的极值,设

$$F=u-\lambda\left(\sum_{j=1}^{n}\ln x_i-\ln a\right)$$

解方程组

$$\begin{cases}\dfrac{\partial F}{\partial x_i}=\alpha_i x_i^{\alpha_i-1}-\dfrac{\lambda}{x_i}=0, \quad i=1,2,\cdots,n & ①\\ \sum\limits_{i=1}^{n}\ln x_i=\ln a & ②\end{cases}$$

由 ① 有

$$x_i = \left(\frac{\lambda}{\alpha_i}\right)^{\frac{1}{\alpha_i}}$$

代入②有

$$\ln a + \sum_{i=1}^{n} \frac{\ln \alpha_i}{\alpha_i} = \ln \lambda \sum_{i=1}^{n} \frac{1}{\alpha_i}$$

令

$$\beta = \sum_{i=1}^{n} \frac{1}{\alpha_i}$$

则有

$$\lambda = a^{\frac{1}{\beta}} \prod_{i=1}^{n} \alpha_i^{\frac{1}{\beta \alpha_i}} = \left(a \prod_{i=1}^{n} \alpha_i^{\frac{1}{\alpha_i}}\right)^{\frac{1}{\beta}}$$

$$x_0 = \frac{\left(a \prod_{i=1}^{n} \alpha_i^{\frac{1}{\alpha_i}}\right)^{\frac{\frac{1}{\alpha_i}}{\sum_{i=1}^{n} \frac{1}{\alpha_i}}}}{(\alpha_i)^{\frac{1}{\alpha_i}}}, \quad i = 1, 2, \cdots, n$$

$$u = \sum_{i=1}^{n} \frac{\lambda}{\alpha_i} = \beta \lambda = \left(\sum_{i=1}^{n} \frac{1}{\alpha_i}\right) \left(a \prod_{i=1}^{n} \alpha_i^{\frac{1}{\alpha_i}}\right)^{\frac{1}{\prod_{i=1}^{n} \frac{1}{\alpha_i}}}$$

显然,函数 u 在区域内部达到最小值,于是,所求得的 u 即为最小值.

❖供应粮食

某公社 A,位于铁路线一边 m km 的地方. 为了向城市 B 供应粮食,需要筹建一个火车站. 公社的粮食,先用汽车沿公路运到火车站,然后用火车经铁路运到城市里去. 已知公社 A 与城市 B,沿铁路方向的距离为 l km. 若汽车的时速为 u km/h,火车的时速为 v km/h,欲使运粮的时间最短,火车站应建在何处?

解 设火车站建在图 1 中点 C 的地方,则运粮的路线为公路 AC 和铁路 CB. 令

$$CD = x$$

则由 Rt$\triangle ACD$ 得

$$AC = \sqrt{m^2 + x^2}$$

汽车在公路上行驶的时间为

$$t_{AC} = \frac{AC}{u} = \frac{\sqrt{m^2 + x^2}}{u} \quad ①$$

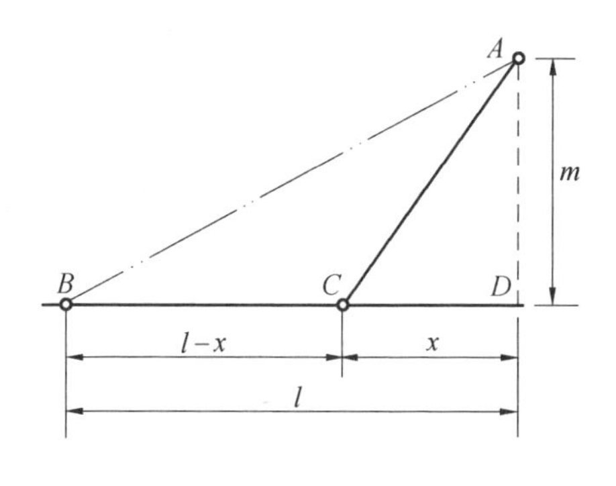

图 1

又

$$CB = l - x$$

火车在铁路上行驶的时间为

$$t_{CB} = \frac{CB}{v} = \frac{l - x}{v} \qquad ②$$

因此,从公社 A 运粮到城市 B 的总时间为

$$t = t_{AC} + t_{CB}$$

将式 ① 和式 ② 代入上式,得

$$t = \frac{\sqrt{m^2 + x^2}}{u} + \frac{l - x}{v} = \frac{l}{v} + \frac{\sqrt{m^2 + x^2}}{u} - \frac{x}{v} \qquad ③$$

式中 x,u 及 v 必须满足条件

$$0 < x < l \qquad ④$$

$$u < v \qquad ⑤$$

函数 t 的最小值,虽然可以将式 ③ 化成二次方程式,然后用判别式求解,但较麻烦,因此我们应用微分法来求.

求 t 对 x 的导数,得

$$t' = \frac{x}{u\sqrt{m^2 + x^2}} - \frac{1}{v} \qquad ⑥$$

令 $t' = 0$,则有

$$\frac{x}{u\sqrt{m^2 + x^2}} - \frac{1}{v} = 0$$

解之得

$$x^2 = \frac{u^2 m^2}{v^2 - u^2}$$

$$x = \pm \frac{um}{\sqrt{v^2 - u^2}}$$

由不等式④知,x总是正数,故弃去负根,所以仅有

$$x=\frac{um}{\sqrt{v^2-u^2}} \tag{7}$$

利用二阶导数不难证明,当等式⑦成立时,t得到最小值. 因为

$$t''=\frac{m^2}{u\sqrt{(m^2+x^2)^3}}$$

且m,u,x均为正数,故

$$t''>0$$

因此,当$x=\frac{um}{\sqrt{v^2-u^2}}$时,从公社$A$运粮到城市$B$,所用的时间最短.

研究式⑦发现,该式不含有l. 这就是说,火车站的位置与距离l无关. 因此不管l有多长,火车站都应设在距点D为$\frac{um}{\sqrt{v^2-u^2}}$的地方.

由此可见,在时间上最经济的运粮路线,不是短路程AB,而是折线ACB. 因此,我们称ACB为最速降线. 为了具有说服力,下面用具体的数字来证实.

如图1所示,设$l=m=20$ km,$u=0.2$ km/min,$v=0.8$ km/min,将其代入式⑦,得

$$x=5.16$$

将x值代入式③,得

$$t=121.82$$

又由Rt△ABD,得

$$AB=\sqrt{l^2+m^2}=28.28$$

从公社A直接开车到城市B所用的时间为

$$t_{AB}=\frac{AB}{v}=\frac{28.28}{0.2}=141.40$$

比较t和t_{AB},得

$$t<t_{AB}$$

因此,虽然

$$AC+CB>AB$$

但沿ACB路线运粮,所用的时间要少很多. 这是因为运粮中有一段路线是在铁路上,以较快的速度通过. 因而,在有几种运动速度的情况下,唯有最速降线才具有高效省时的功用.

❖n个质点

在平面上给出 n 个质点 $P_1(x_1,y_1),P_2(x_2,y_2),\cdots,P_n(x_n,y_n)$,其质量相应地等于 $m_1,m_2,\cdots,m_n$.

问:在点 $P(x,y)$ 的什么位置系统的惯性力矩对这个点是最小的?

解 设$f(x,y)=\sum_{i=1}^{n}m_i[(x-x_i)^2+(y-y_i)^2]$,解方程组

$$\begin{cases}\dfrac{\partial f}{\partial x}=2\sum_{i=1}^{n}m_i(x-x_i)=0\\\dfrac{\partial f}{\partial y}=2\sum_{i=1}^{n}m_i(y-y_i)=0\end{cases}$$

有

$$x_0=\frac{1}{M}\sum_{i=1}^{n}m_ix_i,\quad y_0=\frac{1}{M}\sum_{i=1}^{n}m_iy_i$$

其中

$$M=\sum_{i=1}^{n}m_i$$

当 $x\to\infty$ 或 $y\to\infty$ 时,$f\to+\infty$,因此,点 $P(x_0,y_0)$ 即为所求.

❖松鼠跳格

已知松鼠在坐标平面的第一象限($x\geqslant0,y\geqslant0$)内按以下方式跳动:它可以由点(x,y)跳到点$(x-5,y+7)$或者跳到点$(x+1,y-1)$,但不能跳出第一象限去.问松鼠从哪些初始点(x,y)不能跳到与坐标原点距离大于1 000的点上?画出所有这样点的集合并求出其面积.

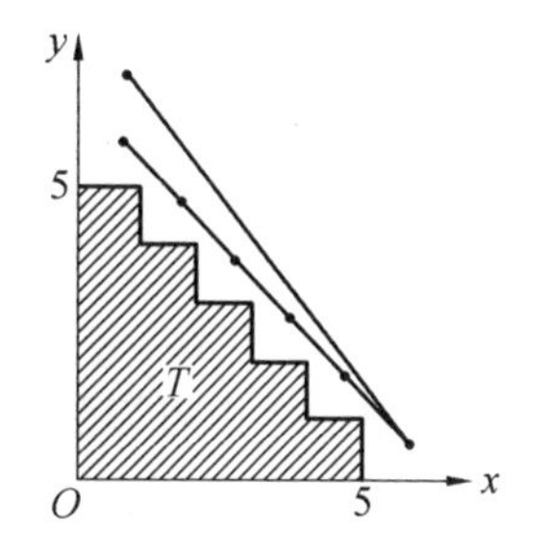

图1

解 不能从它出发跳到无穷远的那些点的集合是一个阶梯形,即图1中标有斜线的图形.但阶梯形的边界$\{(0,y)\mid 0\leqslant y<0\}$,$\{(x,0)\mid 0\leqslant x<5\}$包括在内而另外部分不在内.

从阶梯形 T 之外的任何点均可利用若干步 $(1,-1)$ 而到达 $x\geqslant 5$ 的区域中,然后再按 $(-5,7)+5(1,-1)=(0,2)$ 的方式跳,即可跳到足够远处.

❖矩形浴缸

在什么样的尺寸下给定容积 V 的开敞式矩形浴缸面积是最小的?

解　设浴缸长、宽、高分别为 x,y,h,则考虑函数

$$S=2(x+y)h+xy$$

在条件

$$V=xyh,\quad x>0,y>0,h>0$$

下的极值.设

$$F(x,y,h)=S-\lambda(xyh-V)$$

解方程组

$$\begin{cases}\dfrac{\partial F}{\partial x}=y+2h-\lambda yh=0 & ①\\ \dfrac{\partial F}{\partial y}=x+2h-\lambda xh=0 & ②\\ \dfrac{\partial F}{\partial h}=2(x+y)-\lambda xy=0 & ③\\ xyh=V\end{cases}$$

由式①②③有

$$\frac{1}{n}+\frac{2}{y}=\lambda=\frac{1}{n}+\frac{2}{x}=\frac{2}{x}+\frac{2}{y}$$

于是

$$x_0=y_0=2h_0=\sqrt[3]{2V}$$

$$h_0=\frac{1}{2}\sqrt[3]{2V}=\sqrt[3]{\frac{V}{4}}$$

从实际问题的常识可以断定,一定在某一处达到最小,因此,当长、宽均为 $\sqrt[3]{2V}$,高为 $\sqrt[3]{\dfrac{V}{2}}$ 时,浴缸的表面积最小,且最小表面积为 $S=3\sqrt[3]{4V^2}$.

事实上,当 x,y,h 中有任一个趋于0,如 $h\to 0^+$,则由 $V=xyh$ 即可断定 $xy\to+\infty$,但 $S>xy$,于是 $S\to+\infty$,当 x,y,h 中有任一个趋于 $+\infty$ 时,一定引起至少有另一个趋于0,重复上面的讨论知 $S\to+\infty$,因此,连续函数 S 必在区域内

部取得最小值.

❖两条线段乘积

点 P 是射线 OA,OB 所夹的角域内的一个已知点,在射线 OA 和 OB 上分别找一点 X 和 Y,使点 P 在线段 XY 上. 求$\overline{PX}\cdot\overline{PY}$的最小值.

解 如图 1,将问题中的所给条件记为$\overline{OP}=l$,$\angle AOP=\alpha$,$\angle BOP=\beta$,并以$\angle PXO=x$,$\angle PYO=y$为自变量来表示目标函数

$$f(x,y)=\overline{PX}\cdot\overline{PY}=\frac{l\sin\alpha}{\sin x}\cdot\frac{l\sin\beta}{\sin y}$$

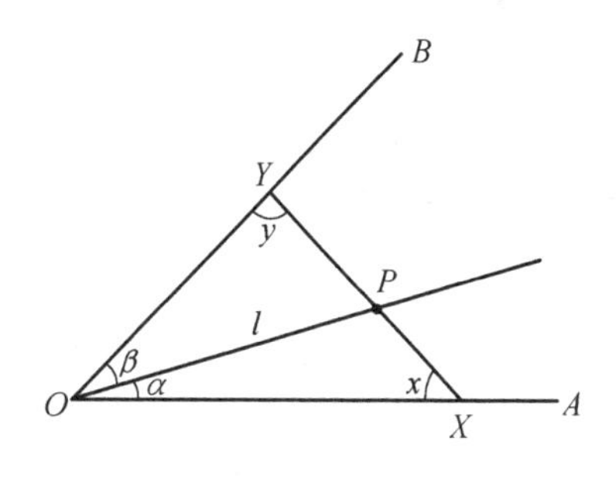

图 1

根据三角形内角之和为 π 的基本原理,得到变量 x 和 y 之间应满足的约束条件为

$$\alpha+\beta+x+y=\pi$$

为使问题变得较为简单,可将目标函数改写为

$$g(x,y)=\sin x\sin y$$

利用拉格朗日乘数法,作拉格朗日函数

$$L=\sin x\sin y-\lambda(\alpha+\beta+x+y-\pi)$$

令$\frac{\partial L}{\partial x}=0$,$\frac{\partial L}{\partial y}=0$,解方程组得

$$\frac{\partial L}{\partial x}=\cos x\sin y-\lambda=0$$

$$\frac{\partial L}{\partial y}=\sin x\cos y-\lambda=0$$

$$x+y=\pi-\alpha-\beta$$

得驻点

$$(x,y)=\left(\frac{1}{2}(\pi-\alpha-\beta),\frac{1}{2}(\pi-\alpha-\beta)\right)$$

根据具体背景可断定,这就是使乘积$\overline{PX}\cdot\overline{PY}$取得最小值的点,这时 $\triangle OXY$

为等腰三角形. 也就是说,当$\overline{OX}=\overline{OY}=\dfrac{l\cos\dfrac{\alpha-\beta}{2}}{\cos\dfrac{\alpha+\beta}{2}}$时,$\overline{PX}\cdot\overline{PY}$有最小值,最小值为$\dfrac{l^2\sin\alpha\sin\beta}{\cos^2\dfrac{\alpha+\beta}{2}}$.

❖圆柱浴缸

半圆形横断面的开敞式圆柱浴缸的表面积等于S,在什么样的尺寸下该浴缸具有最大容积?

解 设圆柱半径为r,高为h,则考虑函数$V=\frac{1}{2}\pi r^2h$在条件

$$S=\pi(r^2+rh),\quad r>0,h>0$$

下的极值,简单记,忽略系数$\frac{1}{2}\pi$. 设

$$F=r^2h-\lambda\left(r^2+rh-\frac{S}{\pi}\right)$$

解方程组

$$\begin{cases}\dfrac{\partial F}{\partial r}=2rh-\lambda(2r+h)=0\\ \dfrac{\partial F}{\partial h}=r^2-\lambda r=0\\ r^2+rh=\dfrac{S}{\pi}\end{cases}$$

有

$$r_0=\sqrt{\frac{S}{3\pi}},\quad h_0=2\sqrt{\frac{S}{3\pi}}$$

从而有

$$V_0=\frac{1}{2}\pi r_0^2h_0=\sqrt{\frac{S^3}{27\pi^3}}$$

由实际情况知,V一定达到最大体积,因此,当$h_0=2r_0=2\sqrt{\frac{S}{3\pi}}$时,体积

$V_0=\sqrt{\dfrac{S^3}{27\pi^3}}$ 最大.

事实上,由 $r^2+rh=\dfrac{S}{\pi}$ 知 r^2 和 rh 恒有界,当 $r\to 0^+$ 或 $h\to 0^+$ 时必有 $V\to 0$;当 $h\to+\infty$ 时,由 rh 有界可推出 $r\to 0^+$,因而 $V\to 0$(显然不可能 $r\to+\infty$),于是,体积 V 必在区域内部达到最大值.

❖最远爬行

蜗牛非匀速地向前爬行(不向后退),若干个人依次在 6 min 的时间内观察了它的爬行,每个人都在前一人尚未结束时即已开始观察,而且都恰好观察 1 min. 已知每个人在自己观察的 1 min 内都发现蜗牛爬行了 1 m. 求证蜗牛在这6 min 时间内所爬行的距离不超过 10 m.

证明　设 α_1 为第1个观察者,α_2 是在 α_1 停止观察之前即已开始观察的人中最后一个开始观察的人,α_3 是在 α_2 停止观察之前即已开始观察的人中最后一个开始观察的人. 如此下去,直到取完为止. 于是,奇数号观察者 $\alpha_1,\alpha_3,\alpha_5,\cdots$ 的观察区间互不相交,偶数号观察者的观察区间也互不相交,这是由 $\alpha_1,\alpha_2,\alpha_3,\cdots$ 的选法所保证的. 由于每个观察区间都是 1 min,而所有观察者的全部观察时间为 6 min,所以无论是偶数号观察者还是奇数号观察者的观察总时间都不超过 5 min,因此选定的观察者的人数不超过 10 人. 从而蜗牛爬行的距离不超过 10 m.(它在如下情形下恰好爬行 10 m:共可选出 10 人,当且仅当只有一个人观察时,它即爬行 1 m,而在有两人观察时,它即停止不动)

❖球面一点

在 $x^2+y^2+z^2=1$ 的球面上求出一个点,这一点离指定的 n 个点 $M_i(x_i,y_i,z_i)(i=1,2,\cdots,n)$ 的距离平方和是最小的.

解　考虑函数

$$u=\sum_{i=1}^{n}\left[(x-x_i)^2+(y-y_i)^2+(z-z_i)^2\right]$$

在条件

$$x^2+y^2+z^2=1$$

下的极值,设

$$F(x,y,z)=u-\lambda(x^2+y^2+z^2-1)$$

解方程组

$$\begin{cases}\dfrac{\partial F}{\partial x}=2\left[\sum\limits_{i=1}^{n}(x-x_i)-\lambda x\right]=2\left[(n-\lambda)x-\sum\limits_{i=1}^{n}x_i\right]=0 & ①\\ \dfrac{\partial F}{\partial y}=2\left[(n-\lambda)y-\sum\limits_{i=1}^{n}y_i\right]=0 & ②\\ \dfrac{\partial F}{\partial z}=2\left[(n-\lambda)z-\sum\limits_{i=1}^{n}z_i\right]=0 & ③\\ x^2+y^2+z^2=1 & ④\end{cases}$$

由式①②③有

$$x=\frac{1}{n-\lambda}\sum_{i=1}^{n}x_i,\quad y=\frac{1}{n-\lambda}\sum_{i=1}^{n}y_i$$

$$z=\frac{1}{n-\lambda}\sum_{i=1}^{n}z_i$$

代入式④有

$$(n-\lambda)^2=\left(\sum_{i=1}^{n}x_i\right)^2+\left(\sum_{i=1}^{n}y_i\right)^2+\left(\sum_{i=1}^{n}z_i\right)^2=N^2,\quad N>0$$

于是有

$$x'=\frac{1}{N}\sum_{i=1}^{n}x_i,\quad y'=\frac{1}{N}\sum_{i=1}^{n}y_i,\quad z'=\frac{1}{N}\sum_{i=1}^{n}z_i$$

及

$$x''=-\frac{1}{N}\sum_{i=1}^{n}x_i,\quad y''=-\frac{1}{N}\sum_{i=1}^{n}y_i,\quad z''=-\frac{1}{N}\sum_{i=1}^{n}z_i$$

从而

$$\begin{aligned}u(x',y',z')=&\sum_{i=1}^{n}\left[(x'-x_i)^2+(y'-y_i)^2+(z'-z_i)^2\right]=\\&n(x'^2+y'^2+z'^2)-2x'\sum_{i=1}^{n}x_i-2y'\sum_{i=1}^{n}y_i-\\&2z'\sum_{i=1}^{n}z_i+\sum_{i=1}^{n}(x_i^2+y_i^2+z_i^2)=\\&n-\frac{2}{N}\left[\left(\sum_{i=1}^{n}x_i\right)^2+\left(\sum_{i=1}^{n}y_i\right)^2+\left(\sum_{i=1}^{n}z_i\right)^2\right]+\end{aligned}$$

$$\sum_{i=1}^{n}(x_i^2+y_i^2+z_i^2)=$$

$$n-2N+\sum_{i=1}^{n}(x_i^2+y_i^2+z_i^2)$$

同理有

$$u(x'',y'',z'')=n+2N+\sum_{i=1}^{n}(x_i^2+y_i^2+z_i^2)>$$

$$u(x',y',z')$$

由函数 u 在闭球面 $x^2+y^2+z^2=1$ 上连续，于是必取得最大值及最小值，从而当 $x=x',y=y',z=z'$ 时，u 最小，同时也说明当 $x=x'',y=y'',z=z''$ 时，u 最大.

❖桥架何处

某火力发电厂位于大河一侧点 A 的位置，职工生活区布置在河对岸点 B 的位置. 现在计划建一座桥，并使桥面垂直河岸. 试问将这座桥建于何处，职工上下班的路程最近？

解 如图1，由点 B 向河岸作垂线，并截取 BE，使之等于大河的宽度. 连 AE，交另一岸边于点 C. 自点 C 建桥 CD. 由题目的条件知道，CD 亦垂直河岸. 因此 $CD \mathrel{\underline{\parallel}} BE$. 连 DB，则 $CDBE$ 构成一平行四边形，故有

$$DB=CE$$

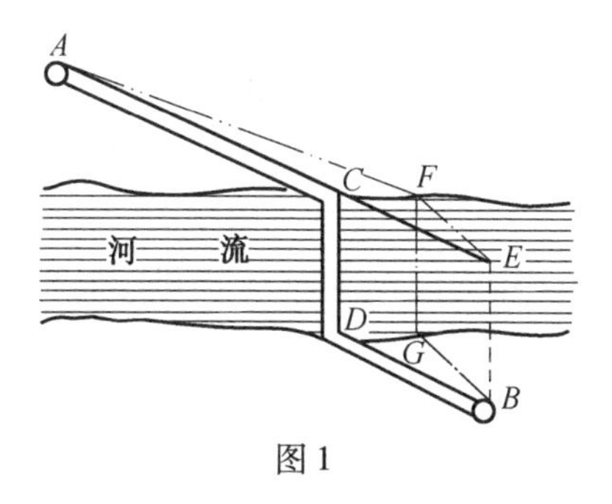

图1

职工上下班，经过桥 CD 所走的路线是 $ACDB$. 若一个单程的长度用 s 表示，则

$$s=AC+CD+DB$$

用 CE 代替 DB，得

$$s=AC+CD+CE \qquad ①$$

此即职工上下班的最近路程.

为了证明这一点,在发电厂一侧的河岸上任取一点 F,架桥 FG. 连 FE 和 GB,则 $BEFG$ 构成一个平行四边形. 因此有

$$GB = FE$$

职工上下班,经过桥 FG 所走的路线是 $AFGB$. 将一个单程的长度用 l 表示,则

$$l = AF + FG + GB$$

用 FE 代替 GB,得

$$l = AF + FG + FE \quad ②$$

由于桥的长度均等于河宽,故有

$$CD = FG$$

在式 ① 中,有

$$AC + CE = AE$$

所以

$$s = AE + CD \quad ③$$

用式 ② 减去式 ③,并考虑到 $CD = FG$,得

$$l - s = AF + FE - AE \quad ④$$

因为直线 AE 是点 A 和点 E 间的短程线,故折线 AFE 的长度必大于 AE,即

$$AF + FE > AE$$

所以

$$AF + FE - AE > 0$$

将其代入式 ④,则有

$$l - s > 0$$

所以

$$l > s$$

这就是说,将桥架于点 C 的位置,职工上下班的路程最短.

❖直圆筒制作

由直圆筒制作并用直圆锥结顶的物体,该物体给定的总体表面积等于 Q,求其最大的体积是多少?

解 设圆柱部分的底半径为 R,高为 h,圆锥部分的母线与底面的夹角为 α,则有 $\pi R^2+2\pi Rh+\frac{\pi R^2}{\cos\alpha}=Q$ 为常数,其中 $R>0,h>0,0\leqslant\alpha<\frac{\pi}{2}$,考虑函数

$$V(\alpha,h,R)=\pi R^2h+\frac{1}{3}\pi R^3\tan\alpha$$

在上述条件下的极值,设

$$F(\alpha,h,R)=3R^2h+R^3\tan\alpha-\lambda\left(R^2+2Rh+\frac{R^2}{\cos\alpha}-\frac{Q}{\pi}\right)$$

解方程组

$$\begin{cases}\dfrac{\partial F}{\partial\alpha}=\dfrac{R^3}{\cos^2\alpha}-\dfrac{\lambda R^2\sin\alpha}{\cos^2\alpha}=0 & ①\\ \dfrac{\partial F}{\partial h}=3R^2-2R\lambda=0 & ②\\ \dfrac{\partial F}{\partial R}=6Rh+3R^2\tan\alpha-(2R+2h+\dfrac{2R}{\cos\alpha})\lambda=0 & ③\\ R^2+2Rh+\dfrac{R^2}{\cos\alpha}=\dfrac{Q}{\pi} & ④\end{cases}$$

由式 ② 有

$$\lambda=\frac{3}{2}R$$

代入式 ①,得

$$\sin\alpha=\frac{2}{3}$$

由于 $0\leqslant\alpha<\frac{\pi}{2}$,于是由

$$\sin\alpha=\frac{2}{3}$$

有

$$\cos\alpha=\frac{\sqrt{5}}{3},\quad\tan\alpha=\frac{2}{\sqrt{5}}$$

代入式 ③ 得

$$6Rh+\frac{6}{\sqrt{5}}R^2=3R^2+3Rh+\frac{9}{\sqrt{5}}R^2$$

即

$$Rh=R^2+\frac{R^2}{\sqrt{5}}$$

或

$$h=\left(1+\frac{1}{\sqrt{5}}\right)R$$

代入式④有

$$R^2+\left(2+\frac{2}{\sqrt{5}}\right)R^2+\frac{3}{\sqrt{5}}R^2=\frac{Q}{\pi}$$

从而

$$R=\frac{\sqrt{2}(\sqrt{5}-1)}{4}\sqrt{\frac{Q}{\pi}}$$

相应的,有

$$V_0=\pi R^2h+\frac{1}{3}\pi R^3\tan\alpha=$$

$$\left(1+\frac{1}{\sqrt{5}}+\frac{2}{3\sqrt{5}}\right)\pi R^3=\left(1+\frac{5}{3\sqrt{5}}\right)\pi R^2\cdot R=$$

$$\frac{3+\sqrt{5}}{3}\pi\cdot\frac{3-\sqrt{5}}{4}\cdot\frac{Q}{\pi}\cdot\frac{\sqrt{2}(\sqrt{5}-1)}{4}\sqrt{\frac{Q}{\pi}}=$$

$$\frac{\sqrt{2}(\sqrt{5}-1)}{12}\sqrt{\frac{Q^3}{\pi}}$$

现考虑边界情形,由式④知 R^2,Rh 及$\frac{R^2}{\cos\alpha}$皆为正的有界量.

(1)当 $R\to0^+$ 时,由 Rh 及$\frac{R^2}{\cos\alpha}$有界可知

$$V=\pi(Rh)R+\frac{\pi}{3}\left(\frac{R^2}{\cos\alpha}\right)\sin\alpha\cdot R\to0$$

(2)当 $h\to0^+$ 时,需要有当圆锥全面积 $\pi R^2+\frac{\pi R^2}{\cos\alpha}=Q$(常数)时,圆锥体积 $V=\frac{1}{3}\pi R^3\tan\alpha$ 的最大值,用 l 表示圆锥的斜高,即

$$l=\frac{R}{\cos\alpha}$$

$$R\tan\alpha=\sqrt{\frac{R^2}{\cos^2\alpha}-R^2}=\sqrt{l^2-R^2}$$

于是

$$l=\frac{Q-\pi R^2}{\pi R},\quad V=\frac{1}{3}\pi R^2\sqrt{l^2-R^2}$$

故

$$V^2=\frac{1}{9}QR^2(Q-2\pi R^2),\quad R\in\left(0,\sqrt{\frac{Q}{\pi}}\right)$$

于是易知 V^2 当 $R^2=\frac{Q}{4\pi}$(即 $R=\frac{1}{2}\cdot\sqrt{\frac{Q}{\pi}}$) 时达到最大值,且最大体积

$$V_1=\frac{1}{6\sqrt{2}}\sqrt{\frac{Q^3}{\pi}}$$

易验证 $V_1<V_0$.

(3) 当 $h\to+\infty$ 时,由 Rh 有界知 $R\to 0^+$,由(1) 知 $V\to 0$.

(4) 当 $\alpha\to\frac{\pi}{2}^-$ 时,由$\frac{R^2}{\cos\alpha}$有界可知 $R\to 0^+$,由(1) 知 $V\to 0$.

(5) 当 $\alpha\to 0^+$ 时,可以求得

$$h=2R$$

及

$$Q=\sqrt[3]{54\pi V_2^2}$$

即最大体积为

$$V_2=\sqrt{\frac{Q^3}{54\pi}}=\frac{\sqrt{6}}{18}\sqrt{\frac{Q^3}{\pi}}$$

易证 $V_2<V_0$.

综上所述,我们有当 $R=\frac{\sqrt{2}(\sqrt{5}-1)}{4}\sqrt{\frac{Q}{\pi}}$,$\alpha=\arcsin\frac{2}{3}$ 时,所研究的体积 V 达到最大值

$$V_0=\frac{\sqrt{2}(\sqrt{5}-1)}{12}\sqrt{\frac{Q^3}{\pi}}$$

❖砍去多去

在一块地上植有10 000棵树,每行100棵,共100行,形成整齐的方格网. 试问最多可以砍去多少棵树,可以保证站在每个树墩上,都看不见树后面的任何一个树墩? 这里可以认为树足够细.

解 将行和列都依次编号为1,2,…,100. 将所有行和列的号码均为奇数的树砍掉,则共砍掉2 500棵树. 易证,这种砍法满足题中要求,故知所求的最大值不小于2 500. 另一方面,这些树恰好处于 99×99 的方格表的结点位置. 将行

和列的号码均为奇数的方格取出,共有 2 500 个方格(图 1),它们的 10 000 个顶点互不相重,恰为 99 × 99 的方格表的 10 000 个结点. 当砍掉 2 501 棵树,也就是选 2 501 个结点时,由抽屉原理知,总有两点是某个选取的方格的顶点. 这两棵树都砍掉不满足要求.

综上可知,最多砍掉 2 500 棵树.

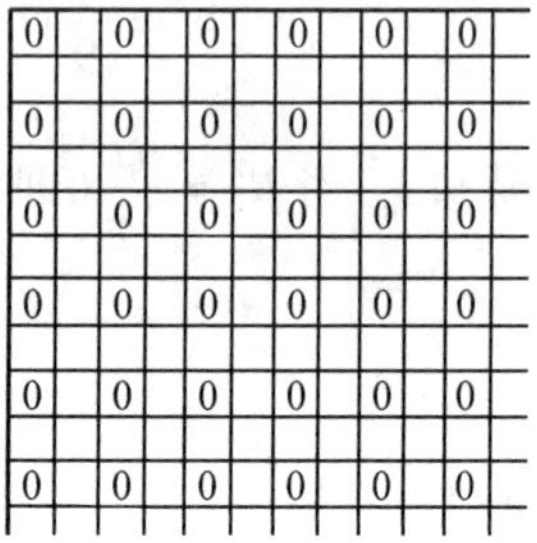

图 1

❖角锥侧面

物体的体积等于 V,该物体是个直角平行六面体,其上、下底是用同样的正四角锥做成的. 在角锥侧面与它的底成什么样的倾角使物体的总表面积是最小的?

解 设长方体两底(正方形)边长为 a,高为 h,棱锥侧面与底面的夹角为 α,则

$$V = a^2h + \frac{1}{3}a^3\tan\alpha$$

考虑函数

$$S = 4ah + \frac{2a^2}{\cos\alpha}$$

在上述条件下的极值,设

$$F = S - \lambda\left(a^2h + \frac{1}{3}a^3\tan\alpha - V\right)$$

解方程组

$$\begin{cases}\dfrac{\partial F}{\partial a} = 4h + \dfrac{4a}{\cos\alpha} - 2\lambda ah - \lambda a^2\tan\alpha = 0 & ①\\ \dfrac{\partial F}{\partial h} = 4a - \lambda a^2 = 0 & ②\\ \dfrac{\partial F}{\partial\alpha} = \dfrac{2a^2\sin\alpha}{\cos^2\alpha} - \dfrac{\lambda a^3}{3\cos^2\alpha} = 0 & ③\\ a^2h + \dfrac{1}{3}a^3\tan\alpha = V & ④\end{cases}$$

由式②③有 $\alpha = \arcsin\dfrac{2}{3}$.

由前文中直圆筒制作一题的方法进一步可求出 a 和 h.

类似前文中矩形浴缸一题的讨论,当 $a\to0^+,a\to+\infty,h\to+\infty,\alpha\to\dfrac{\pi}{2}^-$ 等情形皆能证明 $S\to+\infty$,对于边界为 $\alpha=0$ 及 $h=0$ 这两种退化情况,类似前文中直圆筒制作一题的方法,可证明,此时的全表面积比 $\alpha=\arcsin\dfrac{2}{3}$ 时的全表面积要大,于是,当 $\alpha=\arcsin\dfrac{2}{3}$ 时,物体的全表面积最小.

最小润周

有一个过水渠道,其断面 $ABCD$ 为等腰梯形(图 1),在过水断面面积为常数 S 的条件下,求润周 $L=AB+BC+CD$ 的最小值.

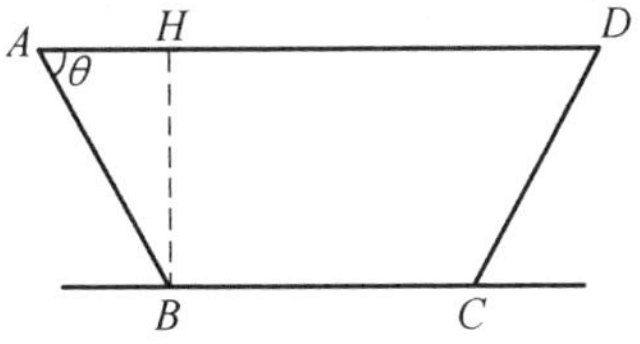

图 1

解 这是一个带有约束条件的最值问题.

设断面等腰梯形底边 BC 为 a,高 BH 为 h,$\angle BAH=\theta$,则该过水渠道的润周为

$$L=AB+BC+CD=a+2h\csc\theta$$

这就是目标函数,而约束条件为

$$S=ah+h^2\cot\theta$$

利用拉格朗日乘数法,设

$$U=a+2h\csc\theta+\lambda(S-ah-h^2\cot\theta)$$

令

$$\frac{\partial U}{\partial a}=1-\lambda h=0 \quad ①$$

$$\frac{\partial U}{\partial h}=2\csc\theta-\lambda a-2\lambda h\cot\theta=0 \quad ②$$

$$\frac{\partial U}{\partial \theta}=\lambda h^2\csc^2\theta-2h\csc\theta\cot\theta=0 \quad ③$$

$$\frac{\partial U}{\partial \lambda}=S-ah-h^2\cot\theta=0 \quad ④$$

从式 ①、式 ③ 中可解得

$$\theta=\frac{\pi}{3}$$

再由其他两式又可解得

$$a=\frac{2\sqrt{S}}{\sqrt[4]{27}},\quad h=\frac{\sqrt{S}}{\sqrt[4]{3}}$$

根据实际意义可知，这时有最小润周为

$$L_{\min}=2\sqrt[4]{3}\sqrt{S}$$

❖侧面旋转

矩形的给定周长为$2P$，求它围绕自己的一个侧面旋转形成最小体积的物体.

解 设矩形的边长分别为x和y，考虑函数$V=\pi y^2x$在条件$x+y=p$下的极值，设

$$F=V-\lambda(x+y-p)$$

解方程组

$$\begin{cases}\dfrac{\partial F}{\partial x}=\pi y^2-\lambda=0\\ \dfrac{\partial F}{\partial y}=2\pi xy-\lambda=0\\ x+y=p\end{cases}$$

有

$$x=\frac{p}{3},\quad y=\frac{2p}{3}$$

由于在边界上，一边为0，一边为p，有$V=0$，于是，当矩形的两边分别为$\frac{p}{3}$，$\frac{2p}{3}$时，旋转体的体积最大.

❖几个小匣子

设有1 000张号码分别为000，001，…，999的卡片和100个号码为00，01，…，99的小匣子. 如果小匣子的号码能由一张卡片的号码中删去其中的一

位数字而得到，那么这张卡片就可以放到这个小匣子中去.

(1) 求证：可以把所有卡片分别放到50个小匣子中去.

(2) 求证：不可能把所有卡片分放到少于40个小匣子中去.

(3) 求证：不可能把所有卡片分放到少于50个小匣子中去.

(4) 对于 k 位号码的卡片($k=4,5,6,\cdots$)，最少需要多少个小匣子才能把它们按要求分放进去？

(5) 如果卡片的号码是4位数，从0000直到9999，且当小匣子的号码能由卡片的号码删去两位数字而得到时，卡片就可以放到这个小匣子中去. 求证：能把所有4位数字的卡片分放到34个小匣子中去.

证明 (1) 将10个数字分成两组：$\{0,1,2,3,4\}$ 和 $\{5,6,7,8,9\}$，并选用号码中的两个数字属于同一组的匣子. 因为从5个元素中任取两个的有重复排列数为25，故知共选用了50个小匣子. 又因每张卡片号码中的3个数字中，总有两个属于同一组，故它必然可放到这50个小匣子之一中去.

(2) 显然，号码分别为00，11，…，99的10个匣子是一定要用的. 但是，号码中的3位数字互不相同的卡片共有 $C_{10}^3=720$(张)，而它们中的任何一张都不能放到上述10个匣子中去. 每一个号码中两位数字不同的匣子，如号码为 $\overline{pq}$($p\neq q$)，其中至多能放入24张卡片(即号码为 $\overline{rpq},\overline{prq},\overline{pqr}$ 的卡片，$r\neq p,r\neq q,0\leqslant r\leqslant q$). 可见，为装下720张卡片，至少还需要30个匣子.

(3) 把被选用的匣子按其号码的首位数字分成10组，每组的首位数字相同，并设匣子数最少的一组有 x 个匣子. 不妨设这组匣子的首位数字是9，而 x 个匣子的号码分别为99，98，…，$\overline{9y}$，其中 $y=10-x$. 于是任何号码为 $\overline{9pq}$($p<y$，$q<y$) 的卡片都不能放入上面的 x 个匣子内. 因而为了放置卡片 $\overline{9pq}$，必须选用号码为 $\overline{pq}$ 的匣子，而这样的匣子共有 y^2 个，它们的两位数字均从0到 $y-1$. 又因首位从 y 到9的 x 组中每组至少有 x 个匣子且与上述 y^2 个匣子不重复，故知选用的匣子总数不少于

$$x^2+y^2=x^2+(10-x)^2\geqslant 50$$

(4) 对于自然数 k 和 s，用 $F(k,s)$ 表示函数 $x_1^2+x_2^2+\cdots+x_k^2$ 在条件 x_1，$x_2,\cdots,x_k$ 都是非负整数且 $x_1+x_2+\cdots+x_k=s$ 下的最小值. 易见，可以用 k 和 s 来表示 $F(k,s)$：如果 $s=kq+r,0\leqslant r<k,q\geqslant 0$，则有

$$F(k,s)=(k-r)q^2+r(q+1)^2=kq^2+r(2q+1)$$

对于号码为 k 位数，每位数都可以从0到 $s-1$ 这 s 个数字中取值的所有卡片(共 s^k 张)，我们要证明当放卡片的规则是从卡片号码中删掉 $s-2$ 位数字而

只余两位数字为$\overline{pq}$时,可以放入号码为$\overline{pq}$的匣子中,这时所需要匣子的最少个数$M(k,s)=F(k-1,s)$.

记$s=(k-1)q+r$,把s个数字分成$k-1$组,前$k-1-r$组每组有q个数字,而后r组每组有$q+1$个数字.然后把号码中两位数字属于同一组的所有匣子都取出来,共有$F(k-1,s)$个.对于任意一张有k个号码的卡片,其上的k个数字中必有两个属于同一组,于是就可以把这张卡片放入相应的匣子中去.这说明$M(k,s)\leqslant F(k-1,s)$.

另一方面,我们关于$k+s$用数学归纳法来证明反向的不等式.而这又只要注意到

$$M(k,s)\geqslant \min_{1\leqslant x\leqslant s} M\{(k-1,s-x)+x^2\}$$

即可.

(5) 问题(5) 是问题(4) 的一个特殊情况.

为了给出具体结果,列表如下:

k	3	4	5	6	7	8	9	10	11	…	…	n	…
$M(k,10)$	50	34	26	20	18	16	14	12	10	…	…	10	…

特别当$k=4$时,最少要34个匣子.

❖绕边旋转

已知三角形的周长为$2p$,求出这样的三角形,当它绕着自己的一边旋转所构成的体积最大.

解 如图1所示,以AC为轴旋转的参数高h及两个角α,β,考虑函数

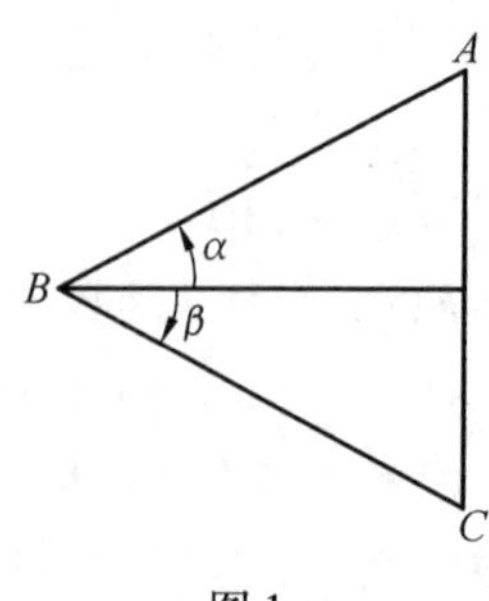

图1

$$V = \frac{1}{3}\pi h^3(\tan\alpha + \tan\beta)$$

在条件

$$\frac{h}{\cos\alpha} + \frac{h}{\cos\beta} + h(\tan\alpha + \tan\beta) = 2p$$

下的极值,简单记,略去常数$\frac{1}{3}\pi$,设

$$F = h^3(\tan\alpha + \tan\beta) - \lambda\left(\frac{h}{\cos\alpha} + \frac{h}{\cos\beta + h} + h\tan\alpha + h\tan\beta - 2p\right)$$

解方程组

$$\begin{cases}\dfrac{\partial F}{\partial h} = 3h^2(\tan\alpha + \tan\beta) - \lambda\left(\dfrac{1}{\cos\alpha} + \dfrac{1}{\cos\beta} + \tan\alpha + \tan\beta\right) = 0 & ① \\ \dfrac{\partial F}{\partial\alpha} = \dfrac{h^3}{\cos^2\alpha} - \lambda h\left(\dfrac{\sin\alpha}{\cos^2\beta} + \dfrac{1}{\cos^2\alpha}\right) = 0 & ② \\ \dfrac{\partial F}{\partial\beta} = \dfrac{h^3}{\cos^2\beta} - \lambda h\left(\dfrac{\sin\beta}{\cos^2\beta} + \dfrac{1}{\cos^2\beta}\right) = 0 & ③ \\ h\left(\dfrac{1}{\cos\alpha} + \dfrac{1}{\cos\beta} + \tan\alpha + \tan\beta\right) = 2p & ④\end{cases}$$

由式 ②③ 有

$$\alpha = \beta,\quad \lambda = \frac{h^2}{1 + \sin\alpha} = \frac{h^2}{1 + \sin\beta}$$

代入式 ①,得

$$\sin\alpha = \sin\beta = \frac{1}{3}$$

于是

$$h\tan\alpha = \frac{h}{3\cos\alpha}$$

代入式 ④,有

$$\frac{h}{\cos\alpha} = \frac{3}{4}p$$

从而得三边分别为

$$AB = BC = \frac{3}{4}p,\quad AC = 2h\tan\alpha = \frac{p}{2}$$

讨论边界情形,当 $h \to 0^+$ 或 $h \to p$ 时,显然有 $V \to 0$,对于角 α 及 β 必有大小限制:$0 \leqslant \alpha < \frac{\pi}{2}$, $-\alpha \leqslant \beta \leqslant \alpha$,当 $\alpha \to 0^+$ 或 $\alpha \to \frac{\pi}{2}^-$ 或 $\beta \to -\alpha$ 时,同样

皆有 $V\to 0$,于是,当三角形的三边长分别为$\frac{p}{2},\frac{3p}{4},\frac{3p}{4}$,并绕长为$\frac{p}{2}$的边旋转时,所得的体积最大.

❖内积最值

$\triangle ABC$ 三边长分别为 $AB=3,BC=5,AC=4$,PQ 是以点 A 为中心,$R=2$ 为半径的球面上的直径(图1).求$\overrightarrow{BP}\cdot\overrightarrow{CQ}$的最大值与最小值.

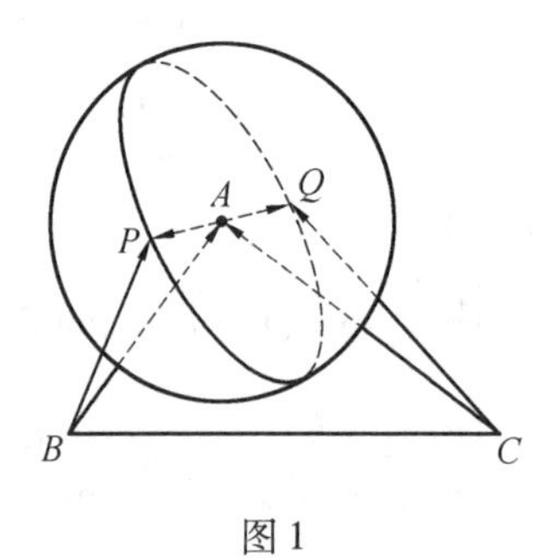

图1

解 根据所给三角形三条边长的特点,可知 $AB\perp AC$,即

$$\overrightarrow{BA}\cdot\overrightarrow{CA}=0$$

另一方面,由于 PQ 是球面的直径,所以有$\overrightarrow{AQ}=-\overrightarrow{AP}$,而

$$\overrightarrow{BP}=\overrightarrow{BA}+\overrightarrow{AP}$$

$$\overrightarrow{CQ}=\overrightarrow{CA}+\overrightarrow{AQ}=\overrightarrow{CA}-\overrightarrow{AP}$$

从而有

$$\begin{aligned}\overrightarrow{BP}\cdot\overrightarrow{CQ}=&(\overrightarrow{BA}+\overrightarrow{AP})\cdot(\overrightarrow{CA}-\overrightarrow{AP})=\\&\overrightarrow{BA}\cdot\overrightarrow{CA}+\overrightarrow{AP}\cdot(\overrightarrow{CA}-\overrightarrow{BA})-|\overrightarrow{AP}|^2=\\&0+\overrightarrow{AP}\cdot\overrightarrow{CB}-4=\\&|\overrightarrow{AP}||\overrightarrow{CB}|\cos\theta-4=10\cos\theta-4\end{aligned}$$

其中 θ 为向量$\overrightarrow{AP}$与$\overrightarrow{CB}$的夹角,也就是$\overrightarrow{PQ}$与$\overrightarrow{BC}$的夹角.

可见,当向量$\overrightarrow{PQ}$与$\overrightarrow{BC}$同向,即当 $\theta=0$ 时,$\overrightarrow{BP}\cdot\overrightarrow{CQ}$有最大值6;当向量$\overrightarrow{PQ}$与$\overrightarrow{BC}$反向,即当 $\theta=\pi$ 时,$\overrightarrow{BP}\cdot\overrightarrow{CQ}$有最小值 -14.

❖嵌入半球

在半径为 R 的半球中嵌入最大体积的矩形平行六面体.

解 不失一般性,设此长方体的一个底面与半球所在的底面重合,另外四个顶点在半球球面上,且半球面在直角坐标系下的方程为

$$x^2+y^2+z^2=R^2,\quad z=0$$

又设长方体的长、宽、高分别为 $2x,2y$ 及 $z(x>0,y>0,z>0)$,考虑函数 $V=4xyz$ 在上述条件下的极值,设

$$F=xyz-\lambda(x^2+y^2+z^2-R^2)$$

解方程组

$$\begin{cases}\dfrac{\partial F}{\partial x}=yz-2\lambda x=0\\ \dfrac{\partial F}{\partial y}=xz-2\lambda y=0\\ \dfrac{\partial F}{\partial z}=xy-2\lambda z=0\\ x^2+y^2+z^2=R^2\end{cases}$$

有

$$x=y=z=\frac{R}{\sqrt{3}}$$

由于在边界上(即 $x\to0^+$ 或 $y\to0^+$ 或 $z\to0^+$ 时),显然 $V\to0$,故当直角平行六面体的长、宽、高为 $\dfrac{2R}{\sqrt{3}},\dfrac{2R}{\sqrt{3}}$ 及 $\dfrac{R}{\sqrt{3}}$ 时,其体积最大.

❖车牌号码

某州颁布由6个数字组成的车牌号(由0 ~ 9的数字组成),且规定任何两个车牌号至少有两个数字不同(因此牌号 027592 和 020592 不能同时使用).试求车牌号最多有多少个?

解 我们取所有不同的5位数(包括首位为0在内),共有 10^5 个,然后每个牌号的第6位数字是前5位数字之和的个位数字.容易验证,这 10^5 个号码满足题中要求.

另一方面,任何 10^5+1 个车牌号中,必有两个牌号的前5位数字相同,当然不符合题中要求.所以,车牌号最多有 10^5 个.

❖嵌入圆锥

在给定的直圆锥中嵌入最大体积的矩形平行六面体.

解　不妨设直圆锥的底面半径为 R,高为 H,且长方体的一个面与直圆锥的底面重合,两个边长为 $2x$ 和 $2y$,四个顶点在直圆锥面上,高为 z,过直圆锥的高和长方体底面的对角线作一截面,如图 1 所示.

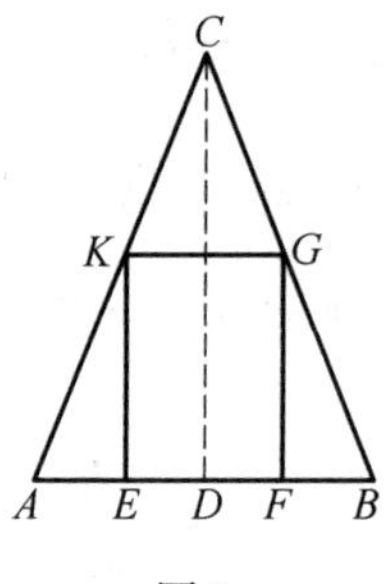

图 1

有 $CD=H,EK=FG=z,AD=R,DE=\sqrt{x^2+y^2},(H-z)R=H\sqrt{x^2+y^2}$,其中 R,H 为常数,考虑函数 $V=4xyz$ 在上述条件下的极值($x>0,y>0,z>0$),为简单,略去常数 4. 设

$$F=xyz-\lambda[H\sqrt{x^2+y^2}-(H-z)R]$$

解方程组

$$\begin{cases}\dfrac{\partial F}{\partial x}=yz-\dfrac{\lambda Hx}{\sqrt{x^2+y^2}}=0 & ①\\ \dfrac{\partial F}{\partial y}=xz-\dfrac{\lambda Hy}{\sqrt{x^2+y^2}}=0 & ②\\ \dfrac{\partial F}{\partial z}=xy-\lambda R=0 & ③\\ (H-z)R=H\sqrt{x^2+y^2} & ④\end{cases}$$

由 ①② 得 $x=y$,代入 ③,有 $x=y=\sqrt{\lambda R}$,又由 ① 可知 $z=\dfrac{\lambda H}{\sqrt{2\lambda R}}$,把 x,y,z 代入 ④ 得

$$H\cdot\frac{\lambda H}{\sqrt{2\lambda R}}=\frac{H}{R}\sqrt{2\lambda R}$$

解之有

$$\lambda=\frac{2}{9}R$$

从而有

$$x=y=\frac{\sqrt{2}}{3}R,\quad z=\frac{1}{3}H,\quad V=\frac{\sqrt{2}}{36}R^2H$$

显然,在所讨论区域的边界上(即 $x\to0^+$ 或 $y\to0^+$ 或 $z\to0^+$)有 $V\to0$,于是当直角平行六面体的高等于$\frac{1}{3}$圆锥的高时,其体积最大.

❖钥匙开锁

有锁若干把,现有六个人各掌握一部分钥匙,已知任意两个人同时去开锁,有且恰有一把锁打不开,而任何三个人都可以把全部锁打开.求最少有多少把锁?

解法1 因为每个两人组都有一把锁打不开,把所有这些锁的总数记为 k,则

$$k\leqslant \mathrm{C}_6^2=15$$

但 $k<\mathrm{C}_6^2$ 不可能,因为若 $k<\mathrm{C}_6^2$,则必有两个不同的两人组打不开同一把锁,而两个不同的两人组至少有三人,这与任意三人都能打开全部的锁矛盾.

所以 $k=\mathrm{C}_6^2=15$,即最少有 15 把锁.

解法2 把任意两人组记作(i,j)(将六人编号为 1,2,3,4,5,6),其中 $i\neq j$,显然$(i,j)=(j,i)$.这样的两人组共有 $\mathrm{C}_6^2=15$(个).

把(i,j) 打不开的锁记作 a_{ij}.

下面我们证明,当$(i,j)\neq(k,l)$ 时,a_{ij} 与 a_{kl} 不同.

若不然,则两人组(i,j) 和(k,l) 有同一把锁打不开,而(i,j) 和(k,l) 至少有三个人,这与任意三人都能把全部锁打开矛盾.

所以两人组打不开的锁的个数与两人组的组数相同,因此 $\mathrm{C}_6^2=15$ 是锁的最少数目.

❖嵌入椭球

在椭球$\frac{x^2}{a^2}+\frac{y^2}{b^2}+\frac{z^2}{c^2}=1$中嵌入最大体积的矩形平行六面体.

解 此直角平行六面体的对称中心为原点,设其一个顶点为(x,y,z),则由题意,考虑函数$V=8xyz$在条件$\frac{x^2}{a^2}+\frac{y^2}{b^2}+\frac{z^2}{c^2}=1(x>0,y>0,z>0)$下的极值,为简便,略去常数8.设

$$F=xyz-\lambda\left(\frac{x^2}{a^2}+\frac{y^2}{b^2}+\frac{z^2}{c^2}-1\right)$$

解方程组

$$\begin{cases}\frac{\partial F}{\partial x}=yz-2\lambda\cdot\frac{x}{a^2}=0\\ \frac{\partial F}{\partial y}=xz-2\lambda\cdot\frac{y}{b^2}=0\\ \frac{\partial F}{\partial z}=xy-2\lambda\cdot\frac{z}{c^2}=0\\ \frac{x^2}{a^2}+\frac{y^2}{b^2}+\frac{z^2}{c^2}=1\end{cases}$$

有

$$x=\frac{a}{\sqrt{3}},\quad y=\frac{b}{\sqrt{3}},\quad z=\frac{c}{\sqrt{3}}$$

这时

$$V=\frac{8}{3\sqrt{3}}\cdot abc>0$$

现讨论边界情形,当$x\to a^-,y\to b^-,z\to c^-$中任一个成立时,则另两个变量皆趋于零.总之,在边界上,恒有$V\to 0$.于是,具有最大体积的直角平行六面体的长、宽、高分别为$\frac{2a}{\sqrt{3}},\frac{2b}{\sqrt{3}},\frac{2c}{\sqrt{3}}$.

❖放电功率

如图 1,设在长为 1 km 的电线上,放电功率为

$$w=i^2r=\frac{t^2}{r}+b \qquad ①$$

式中,i 为电流强度,r 为每千米的电阻,t 和 b 为常量. 当电流强度 i 不变时,最经济的电阻是多少? 并求出最小的放电功率.

解 在式 ① 中,第三项为常量,故放电功率仅随第一项和第二项变化.

由于

$$i^2r\cdot\frac{t^2}{r}=i^2t^2$$

为定值,因此当

$$i^2r=\frac{t^2}{r} \qquad ②$$

时,w 达最小值.

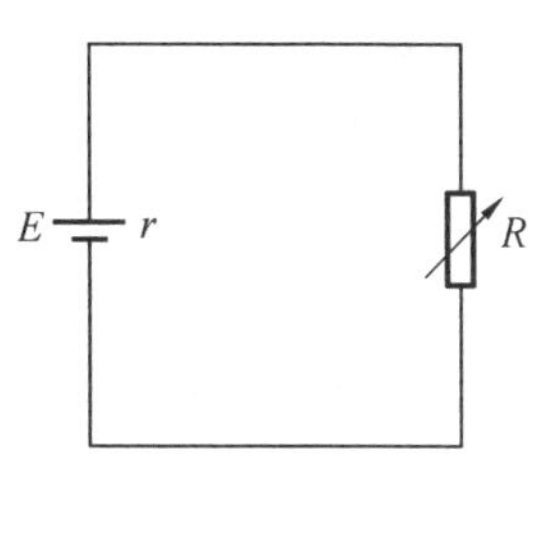

图 1

解式 ②,并考虑到 r 必为正数,故有

$$r=\frac{t}{i} \qquad ③$$

因为放电功率 w 最小时的电阻是最经济的,所以上面求出的$\frac{t}{i}$ 为最经济的电阻.

将式 ③ 代入式 ①,化简后得到最小的放电功率为

$$w_{\min}=2it+b$$

❖矩形六面体

在其母线 l 与底平面成角 α 的直圆锥中嵌入最大总面积的矩形平行六面体.

解 设圆锥的底半径为 R,高为 H,则有 $R=l\cos\alpha,H=l\sin\alpha,\frac{H}{R}=\tan\alpha$,内接长方体的放置方法与前文中嵌入圆锥一题的方法相同. 设底面的两边分别

为 $2d\cos\theta, 2d\sin\theta$，高为 h，则 $0 < d < R, 0 < h < H, 0 < \theta < \frac{\pi}{2}$，且 h,d 由条件 $\frac{H-h}{H}=\frac{d}{R}$ 约束，该条件可改写为

$$d\cdot\cot\alpha + h = H = l\sin\alpha$$

所求的全表面积为

$$S = 4(d^2\sin 2\theta + dh\sin\theta + dh\cos\theta)$$

(1) 固定 d 和 h，考虑 $S=S(\theta)$ 的变化情况，由一元函数极值求法，易知仅有 $S'\left(\frac{\pi}{4}\right)=0$，$S(\theta)$ 在 $\frac{\pi}{4}$ 处达到最大值 $S=4(d^2+\sqrt{2}dh)$，即底面为正方形时，S 才取得最大值. 因此，原问题可化为在条件 $d\cdot\tan\alpha + h = l\sin\alpha\ (d>0, h>0)$ 下，求函数 $S=4(d^2+\sqrt{2}dh)$ 的极值.

(2) 边界值情形. 当 $d\to0^+$（此时 $h\to H^-$）时，显然 $S\to0$，当 $h\to0^+$（这时 $d\to R^-$）时，$S\to4R^2$. 在后一种情形，全表面积退化为上、下两个正方形面积之和.

(3) 在区域内部，设

$$F = 4(d^2+\sqrt{2}dh) - \lambda(d\tan\alpha + h - l\sin\alpha)$$

解方程组

$$\begin{cases}\frac{\partial F}{\partial d} = 8d + 4\sqrt{2}h - \lambda\tan\alpha = 0 & ①\\ \frac{\partial F}{\partial h} = 4\sqrt{2}d - \lambda = 0 & ②\\ d\cdot\tan\alpha + h = l\sin\alpha & ③\end{cases}$$

由式 ② 有 $\lambda = 4\sqrt{2}d$，代入式 ① 得

$$h = (\tan\alpha - \sqrt{2})d \qquad ④$$

由 $h>0, d>0$ 知，当 $\tan\alpha\leqslant\sqrt{2}$ 时，方程组在所研究的区域内无解. 此时，S 的最大值必在边界上达到，即在 $h\to0^+$ 时达到 $4R^2$. 当 $\tan\alpha>\sqrt{2}$ 时，将式 ④ 代入式 ③ 有

$$d=\frac{l\sin\alpha}{2\tan\alpha-\sqrt{2}},\quad h=l\sin\alpha\cdot\frac{\tan\alpha-\sqrt{2}}{2\tan\alpha-\sqrt{2}}$$

此时

$$S=4(d^2+\sqrt{2}dh)=\frac{2l^2\sin^2\alpha}{\sqrt{2}\tan\alpha-1}=\frac{2R^2\tan^2\alpha}{\sqrt{2}\tan\alpha-1}$$

由于 $(\tan\alpha-\sqrt{2})^2=\tan^2\alpha-2(\sqrt{2}\tan\alpha-1)>0$，于是 $\frac{\tan^2\alpha}{\sqrt{2}\tan\alpha-1}>2$.

从而，$S > 4R^2$，即在该点的值大于边界上的值，因此，它为最大值. 于是，当 $\tan\alpha > \sqrt{2}$，长方体底面为正方形，边长为 $2d\sin\frac{\pi}{4} = \frac{l\sin\alpha}{\sqrt{2}\tan\alpha - 1}$，高 $h = l\sin\alpha \cdot \frac{\tan\alpha - \sqrt{2}}{2\tan\alpha - \sqrt{2}}$ 时，全表面积为最大.

❖汽车站点①

图1是一个工厂区的地图，一条公路（粗线）通过这个地区七个工厂 $A_1, A_2, \cdots, A_7$ 分布在公路两侧，由一些小路（细线）与公路相连，现在要在公路上设一个长途汽车站，车站到各工厂（沿公路小路连）的距离总和越小越好.

（1）这个车站设在什么地方最好？

（2）证明你的结论.

（3）如果在 P 处又建立了一个工厂，并且沿着图上的虚线修了一条小路，那么这时车站设在什么地方好？

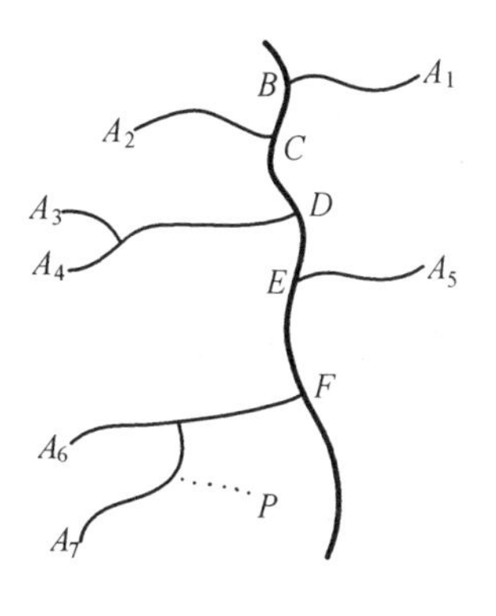

图1

解法1 设 B, C, D, E, F 是各小路连通公路的道口.

（1）车站设在点 D 最好.

（2）如果车站设在公路上 D 以北的某个 S 点. 用 $u_1, u_2, \cdots, u_7$ 表示 S 到各工厂的路程，则总路程为

$$w = u_1 + u_2 + \cdots + u_7$$

当 S 向点 C 移动一段路程时，u_1, u_2 各减少 d，所以 w 就增加 $5d - 2d = 3d$.

当 S 自点 C 再向点 B 移动一段路程 d'，u_1 就减少 d'，$u_2, \cdots, u_7$ 各增加 d'，则 w 就增加 $6d' - d' = 5d'$.

如果 S 自点 B 向北再移动 d'' 时，w 就再增加 $7d''$，这说明 S 在点 D 以北的任何地方都不如点 D 好，同样可以证明 S 在点 D 以南的任何地方都不如在点 D 好.

（3）设在点 D、点 E 或点 D 与点 E 之间的任何地方都可以.

① 进一步讨论见附录(1)和(2).

解法2　首先,车站不该在点 B 以北,否则,每个工厂的人都必须多走点 B 以北这段路. 同理,车站不该设在点 F 之南,所以车站应设在点 B 与点 F 之间.

第二,车站不论设在 B,F 之间的哪一点,A_1 与 A_7 两厂的人在公路上所走的距离之和是常数,总等于从 B 到 F 的路程,既然 A_1 和 A_7 两厂合在一起一定要走这样一段路,就可以不考虑 A_1 和 A_7,于是车站应设在 C,F 之间.

第三,不论车站设在 C,F 之间的这段路的什么地方,A_2,A_6 两厂合起来一定要走 C 与 F 之间的这段路,所以又可以去掉 A_2,A_6. 而只考虑 A_3,A_4,A_5 的人在 DE 之间所走的路.

第四,只要车站在点 D 之南,比如说距 D 为 d(比 DE 短),A_3,A_4,A_5 就必须是 $DE+d$ 那样长的路,所以 $d=0$ 时,即车站设在点 D 最好.

对于增加了工厂 P,结论同解法 1.

❖椭圆抛物面

在椭圆抛物面 $\frac{z}{c}=\frac{x^2}{a^2}+\frac{y^2}{b^2}$,$z=c$ 的一段中嵌入最大体积的矩形平行六面体.

解　设长方体的长、宽、高为 $2x,2y$ 及 $h=c-z$,考虑函数 $V=4xyh=4yx(c-z)$ 在条件 $\frac{x^2}{a^2}+\frac{y^2}{b^2}=\frac{z}{c}(x>0,y>0,c>z>0)$ 下的极值,为简便,略去常数 4. 令

$$F=xy(c-z)-\lambda\left(\frac{x^2}{a^2}+\frac{y^2}{b^2}-\frac{z}{c}\right)$$

解方程组

$$\begin{cases}\frac{\partial F}{\partial x}=y(c-z)-2\lambda\cdot\frac{x}{a^2}=0 & ①\\ \frac{\partial F}{\partial y}=x(c-z)-2\lambda\cdot\frac{y}{b^2} & ②\\ \frac{\partial F}{\partial z}=-xy+\frac{\lambda}{c} & ③\\ \frac{x^2}{a^2}+\frac{y^2}{b^2}=\frac{z}{c} & ④\end{cases}$$

把 ①②③ 三式分别乘以 $x,y,c-z$,比较有

$$\frac{x^2}{a^2}+\frac{y^2}{b^2}=\frac{c-z}{2c}$$

代入式 ④ 得

$$x=\frac{a}{2},\quad y=\frac{b}{2},\quad z=\frac{c}{2}$$

$$h=c-z=\frac{c}{2}$$

由于边界上 V 趋于零,故长方体的最大值必在区域内达到. 于是,当平行六面体的长、宽、高分别为 a,b 及 $\frac{c}{2}$ 时,其体积最大.

❖质点距离

两个做匀速直线运动的质点,在 $t=0$ 时,它们的位置为 $P_i=(\alpha_i,\beta_i,\gamma_i)$,$i=1,2$,其速度为 $\boldsymbol{v}_i=\{a_i,b_i,c_i\}$ $(\boldsymbol{v}_1\neq\boldsymbol{v}_2)$. 求当 t 为何值时,它们之间有最小距离.

解 在时刻 t,它们的位置分别为

$$Q_1=(\alpha_1+a_1t,\beta_1+b_1t,\gamma_1+c_1t)$$
$$Q_2=(\alpha_2+a_2t,\beta_2+b_2t,\gamma_2+c_2t)$$

它们之间的距离为

$$l=\sqrt{[(\alpha_2-a_2t)-(\alpha_1-a_1t)]^2+[(\beta_2-b_2t)-(\beta_1-b_1t)]^2+[(\gamma_2-c_2t)-(\gamma_1-c_1t)]^2}$$

所以

$$\begin{aligned}l^2=&[(a_2-a_1)^2+(b_2-b_1)+(c_2-c_1)^2]t^2-\\&2[(\alpha_2-\alpha_1)(a_2-a_1)+(\beta_2-\beta_1)(b_2-b_1)+\\&(\gamma_2-\gamma_1)(c_2-c_1)]t+(\alpha_2-\alpha_1)^2+\\&(\beta_2-\beta_1)^2+(\gamma_2-\gamma_1)^2\end{aligned}$$

利用求导数或二次三项式配方的方法,都能得到 l 的最小值点为

$$t=\frac{(\alpha_2-\alpha_1)(a_2-a_1)+(\beta_2-\beta_1)(b_2-b_1)+(\gamma_2-\gamma_1)(c_2-c_1)}{(a_2-a_1)^2+(b_2-b_1)^2+(c_2-c_1)^2}$$

注 有些同学把本题当作求两条异面直线之间的最近距离来求解,其实本问题与两个质点的直线轨迹是否为异面直线无关,即使两条直线相交,它们之间的最小距离也未必会等于零,除非两个质点在同一时刻到达它们的交点.

❖点面距离

求点 $M_0(x_0,y_0,z_0)$ 离平面 $Ax+By+Cz+D=0$ 的最短距离.

解　由题意,问题转化为求函数

$$r^2=(x-x_0)^2+(y-y_0)^2+(z-z_0)^2$$

在条件

$$Ax+By+Cz+D=0$$

下的极值. 设

$$F(x,y,z)=r^2+\lambda(Ax+By+Cz+D)$$

解方程组

$$\begin{cases}\dfrac{\partial F}{\partial x}=2(x-x_0)+\lambda A=0 & ①\\ \dfrac{\partial F}{\partial y}=2(y-y_0)+\lambda B=0 & ②\\ \dfrac{\partial F}{\partial z}=2(z-z_0)+\lambda C=0 & ③\\ Ax+By+Cz+D=0 & ④\end{cases}$$

由式①②③有

$$x=x_0-\frac{1}{2}\lambda A,\quad y=y_0-\frac{1}{2}\lambda B$$

$$z=z_0-\frac{1}{2}\lambda C \qquad ⑤$$

代入式④有

$$\lambda=\frac{2(Ax_0+By_0+Cz_0+D)}{A^2+B^2+C^2} \qquad ⑥$$

把式⑤⑥代入

$$r^2=(x-x_0)^2+(y-y_0)^2+(z-z_0)^2$$

有

$$r=\frac{|Ax_0+By_0+Cz_0+D|}{\sqrt{A^2+B^2+C^2}}$$

当 x,y,z 中有任一个趋于无穷时,r 趋于无穷. 因此,在区域内 r 必取最小值. 于是,点 $M_0(x_0,y_0,z_0)$ 至平面 $Ax+By+Cz+D=0$ 的最短距离为

$$r = \frac{|Ax_0 + By_0 + Cz_0 + D|}{\sqrt{A^2 + B^2 + C^2}}$$

❖最省汽油

一辆汽车只能带 C L 汽油，用这些汽油可以行驶 a km. 现在要行驶 d km$(d > a)$ 的路程到某地，途中没有加油的地方，但可以先运些汽油到途中任何地点储存起来，以备后来之用. 假定共有 k 辆汽车，都是同一型号. 问应如何行驶，才能全部到达目的地，并且最省汽油?

解 令 $d_0 = a, d_n = a\left(1 + \frac{1}{k+2} + \frac{1}{k+4} + \cdots + \frac{1}{k+2n}\right)$. 首先用数学归纳法证明，当 $d = d_n$ 时，至少要耗油$(k+n)C$ L.

如图1，其中点 O 为出发点，点 E 为目的地. 在下面的证明过程中，要用到如下的事实：若 P 是途中任意一点，则为到达目的地，汽车一次或多次运过点 P 的汽油总量不能少于汽车驶过 PE 的总耗油量.

O M P E

图 1

当 $n = 0$ 时，命题显然成立. 设命题当 $n = m - 1$ 时成立. 当 $n = m$ 时，取点 M，使得 $ME = d_{m-1}$. 于是由归纳假设知，从点 M 驶到点 E，k 辆汽车至少要耗油$(k + m - 1)C$ L，所以至少要运送这些数量的汽油到点 M. 因此，至少要从点 O 发车 $k + m$ 次，这里规定一辆汽车从某点出发行驶一趟称为一次. 其中的 m 次要返回点 O，故知 k 辆汽车在点 O 与 M 之间往返至少共行驶 $k + 2m$ 次. 因此，在 OM 区间内，k 辆汽车共行驶

$$(k + 2m)OM = (k + 2m)(d_m - d_{m-1}) = a$$

共耗油 C L. 从而从点 O 到点 E 至少要耗油$(k + m)C$ L，这就完成了命题的归纳证明.

当 $d_{n-1} < d < d_n$ 时，仍取点 M，使 $ME = d_{n-1}$. 于是 $OM < \frac{a}{k+2n}$. 由于 $ME = d_{n-1}$，所以仍需运送$(k + n - 1)C$ L 汽油到点 M. 故仍需在点 O 与点 M 之间往返行驶至少 $k + 2n$ 次. 不过因为路近耗油较少，即至少耗油$(k + 2n)\frac{d - d_{n-1}}{a}C$ L. 在 OE 上的总耗油量至少为

$$(k+n-1)C+(k+2n)\frac{d-d_{n-1}}{a}C=(k+n)C-(k+2n)\frac{d_n-d}{a}C$$

下面给出当 $d_{n-1}<d\leqslant d_n$ 时，耗油量达到最小值 $(k+n)C-(k+2n)\cdot\frac{d_n-d}{a}C$ L 的行驶方案.

在 EO 上依次取点 $M_0,M_1,\cdots,M_{n-1}$，使得 $M_jE=d_j,j=0,1,\cdots,n-1$，如图 2.

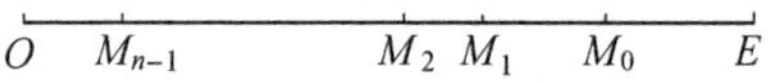

图 2

首先，让一辆汽车每趟带 C L 汽油在点 O 与点 M_{n-1} 之间往返行驶共 $2n$ 次，其中 n 次是由点 O 驶抵点 M_{n-1}，每次存放汽油 $\left(1-\frac{2}{k+2n}\right)C$ L，共存放汽油 $n\left(1-\frac{2}{k+2n}\right)C$ L. 然后 k 辆汽车中的每辆汽车都带 $\left(1-\frac{d_n-d}{a}\right)C$ L 汽油，一起从点 O 行驶到点 M_{n-1}，这一段共耗油 $\frac{d-d_{n-1}}{a}kC$ L，于是在点 M_{n-1} 处，k 辆汽车所剩的总油量加上存放在 M_{n-1} 的汽油量之和为

$$\left(1-\frac{d_n-d}{a}\right)kC-\frac{d-d_{n-1}}{a}kC+n\left(1-\frac{2}{k+2n}\right)C=(k+n-1)C$$

然后在点 $M_{n-2},\cdots,M_1,M_0$ 先后存放汽油，并归纳地安排行驶方案. 设当 k 辆汽车均驶至点 M_j 处时，k 辆汽车中所余的汽油总量与点 M_j 处存放的汽油量之和为 $(k+j)C$ L. 这时先安排一辆汽车每次带 C L 汽油往返 j 次，在点 M_{j-1} 处共存放汽油 $\left(1-\frac{2}{k+2j}\right)jC$ L. 然后每辆汽车都带上 C L汽油，k 辆汽车恰好把点 M_j 处的汽油全部带走. k 辆汽车一起从 M_j 驶到点 M_{j-1}. 这一过程中，$k+2j$ 次共行驶 a km，耗油 C L. 于是，k 辆汽车到达点 M_{j-1} 时，所余汽油总量恰为 $(k+j-1)C$ L. 由归纳法知，k 辆汽车都到达点 M_0 时，所余汽油总量为 kC L，恰好可以使 k 辆汽车驶抵点 E.

综上可知，按上面安排的行驶方案行驶时，可使 k 辆汽车都从点 O 驶抵点 E，且耗油量最小.

❖线线距离

求在空间两直线

$$\frac{x-x_1}{m_1}=\frac{y-y_1}{n_1}=\frac{z-z_1}{p_1}$$

和

$$\frac{x-x_2}{m_2}=\frac{y-y_2}{n_2}=\frac{z-z_2}{p_2}$$

之间的最短距离.

解 当两直线不平行时,直线上一点趋于无穷远处时,与另一直线上各点的距离,都趋于无穷. 因此,不平行的两直线的最短距离必在有限处达到. 令

$$\boldsymbol{r}_1(t)=\boldsymbol{l}_1 t+\boldsymbol{r}_{10}$$

表示直线

$$\frac{x-x_1}{m_1}=\frac{y-y_1}{n_1}=\frac{z-z_1}{p_1} \quad ①$$

$$\boldsymbol{r}_2(s)=\boldsymbol{l}_2 s+\boldsymbol{r}_{20}$$

表示直线

$$\frac{x-x_2}{m_2}=\frac{y-y_2}{n_2}=\frac{z-z_2}{p_2} \quad ②$$

其中 t,s 为参数

$$\boldsymbol{l}_1=\{m_1,n_1,p_1\},\quad \boldsymbol{l}_2=\{m_2,n_2,p_2\}$$

$$\boldsymbol{r}_{10}=\{x_1,y_1,z_1\},\quad \boldsymbol{r}_{20}=\{x_2,y_2,z_2\}$$

又记

$$\boldsymbol{r}_0=\boldsymbol{r}_{10}-\boldsymbol{r}_{20}=\{x_1-x_2,y_1-y_2,z_1-z_2\}$$

始端在直线 ② 上,终端在直线 ① 上的向量为

$$\boldsymbol{u}(t,s)=(\boldsymbol{l}_1 t+\boldsymbol{r}_{10})-(\boldsymbol{l}_2 s+\boldsymbol{r}_{20})=\boldsymbol{l}_1 t-\boldsymbol{l}_2 s+\boldsymbol{r}_0 \quad ③$$

由题意,即要求 $|\boldsymbol{u}(t,s)|$ 的最小值,它必在有限的 t,s 上取得. 令

$$\begin{aligned}w=|\boldsymbol{u}(t,s)|=&|\boldsymbol{l}_1 t-\boldsymbol{l}_2 s+\boldsymbol{r}_0|^2=\\&l_1^2t^2+l_2^2s^2+r_0^2-2(\boldsymbol{l}_1\cdot\boldsymbol{l}_2)st+\\&2(\boldsymbol{l}_1\cdot\boldsymbol{r}_0)t\boldsymbol{r}_0 s-2(\boldsymbol{l}_2\cdot\boldsymbol{r}_0)s\end{aligned}$$

其中

$$l_1^2=\boldsymbol{l}_1\cdot\boldsymbol{l}_1,\quad l_2^2=\boldsymbol{l}_2\cdot\boldsymbol{l}_2,\quad r_0^2=\boldsymbol{r}_0\cdot\boldsymbol{r}_0$$

w 取极值的必要条件为

$$\begin{cases}\dfrac{\partial w}{\partial t}=2[l_1^2t-(\boldsymbol{l}_1\cdot\boldsymbol{l}_2)s+(\boldsymbol{l}_1\cdot\boldsymbol{r}_0)]=0\\[2ex]\dfrac{\partial w}{\partial s}=2[l_2^2s-(\boldsymbol{l}_1\cdot\boldsymbol{l}_2)t-(\boldsymbol{l}_2\cdot\boldsymbol{r}_0)]=0\end{cases}$$

解之得唯一驻点 (t_0,s_0)

$$t_0=-\frac{l_2^2(\boldsymbol{l}_1\cdot\boldsymbol{r}_0)-(\boldsymbol{l}_1\cdot\boldsymbol{l}_2)(\boldsymbol{l}_2\cdot\boldsymbol{r}_0)}{l_1^2l_2^2-(\boldsymbol{l}_1\cdot\boldsymbol{l}_2)^2}$$

$$s_0=\frac{l_1^2(\boldsymbol{l}_2\cdot\boldsymbol{r}_0)-(\boldsymbol{l}_1\cdot\boldsymbol{l}_2)(\boldsymbol{l}_1\cdot\boldsymbol{r}_0)}{l_1^2l_2^2-(\boldsymbol{l}_1\cdot\boldsymbol{l}_2)^2}$$

于是$|\boldsymbol{u}(t_0,s_0)|$即为所求的最短距离.下面计算$|\boldsymbol{u}(t_0,s_0)|$,令

$$A=\sqrt{l_1^2l_2^2-(\boldsymbol{l}_1\cdot\boldsymbol{l}_2)^2}$$

显然有

$$A^2=|\boldsymbol{l}_1|^2\cdot|\boldsymbol{l}_2|^2-[|\boldsymbol{l}_1|\cdot|\boldsymbol{l}_2|\cos(\boldsymbol{l}_1,\boldsymbol{l}_2)]^2=$$
$$|\boldsymbol{l}_1|^2\cdot|\boldsymbol{l}_2|^2\sin^2(\boldsymbol{l}_1,\boldsymbol{l}_2)=|\boldsymbol{l}_1\times\boldsymbol{l}_2|^2$$

即

$$A=|\boldsymbol{l}_1\times\boldsymbol{l}_2|$$

把t_0,s_0代入式③有

$$\boldsymbol{u}(t_0,s_0)=-\frac{1}{A^2}(\boldsymbol{l}_1\cdot\boldsymbol{r}_0)[l_2^2\boldsymbol{l}_1-(\boldsymbol{l}_1\cdot\boldsymbol{l}_2)\boldsymbol{l}_2]-$$
$$\frac{1}{A^2}(\boldsymbol{l}_2\cdot\boldsymbol{r}_0)[l_1^2\boldsymbol{l}_2-(\boldsymbol{l}_1\cdot\boldsymbol{l}_2)\boldsymbol{l}_1]+\boldsymbol{r}_0$$

经计算有

$$\boldsymbol{u}(t_0,s_0)\cdot\boldsymbol{l}_1=-\frac{1}{A^2}(\boldsymbol{l}_1\cdot\boldsymbol{r}_0)[l_2^2l_1^2-(\boldsymbol{l}_1\cdot\boldsymbol{l}_2)^2]-$$
$$\frac{1}{A^2}\cdot(\boldsymbol{l}_2\cdot\boldsymbol{r}_0)[l_1^2(\boldsymbol{l}_1\cdot\boldsymbol{l}_2)-(\boldsymbol{l}_1\cdot\boldsymbol{l}_2)l_1^2]+$$
$$(\boldsymbol{r}_0\cdot\boldsymbol{l}_1)=0$$

因此

$$\boldsymbol{u}(t_0,s_0)\ /\!/\ \boldsymbol{l}_1\times\boldsymbol{l}_2$$

令

$$\boldsymbol{n}_0=\frac{\boldsymbol{l}_1\times\boldsymbol{l}_2}{A}$$

则

$$|\boldsymbol{n}_0|=1$$

$$|\boldsymbol{u}(t_0,s_0)|=|\boldsymbol{u}(t_0,s_0)\cdot\boldsymbol{n}_0|=\frac{|\boldsymbol{r}_0\cdot(\boldsymbol{l}_1\times\boldsymbol{l}_2)|}{A}=$$
$$\pm\frac{1}{A}\begin{vmatrix}x_1-x_2 & y_1-y_2 & z_1-z_2\\ m_1 & n_1 & p_1\\ m_2 & n_2 & p_2\end{vmatrix}$$

其中

$$A=\sqrt{\begin{vmatrix}m_1 & n_1\\ m_2 & n_2\end{vmatrix}^2+\begin{vmatrix}n_1 & p_1\\ n_2 & p_2\end{vmatrix}^2+\begin{vmatrix}p_1 & m_1\\ p_2 & m_2\end{vmatrix}^2}$$

且正负号的选取,保证所得结果为正值.

❖反应速度

设由一氧化氮所组成的气体混合物

$$2NO + O_2 \longrightarrow 2NO_2$$

其反应速度符合

$$v = kxy^2 \tag{①}$$

的关系式.式中,x 为氧的浓度,y 为一氧化氮的浓度,k 为反应常数.求当氧的浓度 x 为多大时,反应速度 v 达最大?

解 将气体浓度用体积百分数表示,则有

$$x + y = 100$$

所以

$$y = 100 - x$$

将 y 值代入式 ①,得

$$v = kx(100 - x)^2$$

因为 k 为常数,且

$$x + (100 - x) = 100$$

为定值,所以当

$$\frac{x}{1} = \frac{100 - x}{2} \tag{②}$$

时,v 达最大值.

解式 ②,得到反应速度为最大时的 x 值为

$$x = \frac{100}{3}$$

❖抛物线与直线

求抛物线 $y = x^2$ 与直线 $x - y - 2 = 0$ 之间的最短距离.

解 设(x_1, y_1)为抛物线 $y = x^2$ 上的任一点,(x_2, y_2)为直线 $x - y - 2 = 0$ 上的任一点,由题意,问题为求函数

$$r^2=(x_2-x_1)^2+(y_2-y_1)^2$$

在条件$y_1-x_1^2=0, x_2-y_2-2=0$下的极值，显然，由几何的知识知：当两点(x_1, y_1)和(x_2, y_2)至少有一点趋向无穷时，r也必趋于无穷大，故r的最小值必在有限处达到. 设

$$F(x_1,x_2,y_1,y_2)=r^2+\lambda_1(y_1-x_1^2)+\lambda_2(x_2-y_2-2)$$

解方程组

$$\begin{cases}\dfrac{\partial F}{\partial x_1}=-2(x_2-x_1)-2\lambda_1x_1=0\\ \dfrac{\partial F}{\partial x_2}=2(x_2-x_1)+\lambda_2=0\\ \dfrac{\partial F}{\partial y_1}=-2(y_2-y_1)+\lambda_1=0\\ \dfrac{\partial F}{\partial y_2}=2(y_2-y_1)-\lambda_2=0\\ y_1=x_1^2\\ x_2-y_2-2=0\end{cases}$$

有唯一的一组解$x_1=\frac{1}{2}, y_1=\frac{1}{4}, x_2=\frac{11}{8}, y_2=-\frac{5}{8}$. 于是，所求的最短距离为

$$r_0=\sqrt{\left(\frac{11}{8}-\frac{1}{2}\right)^2+\left(-\frac{5}{8}-\frac{1}{4}\right)^2}=\frac{7}{8}\sqrt{2}$$

❖途中加油

某卡车只能带C L汽油，用这些油可以行驶a km，现在要行驶$d=\frac{4}{3}a$ km到某地，途中没有加油的地方，但可以运送汽油到路旁任何地点存储起来，准备后来之用. 假定只有一辆卡车，问应如何行驶，才能到达目的地，并且最省汽油？如果到达目的地的距离是$d=\frac{23}{15}a$ km，又应如何？

解 我们运用下面的带一般性的原则：若P是途中任何一点，那么，汽车一次或多次运送过点P的汽油总量决不能少于点P以后汽车行驶的总耗油量.

如图1，设O为出发点，X为目的地，而OX的长为$a+\frac{1}{3}a=\frac{4}{3}a(\text{km})$.

考虑途中距 X 为 a km的点 M. 汽车在 MX 之间至少行驶一次,因此至少耗油 C L. 根据上述原则,至少要运送 C L汽油到点 M.

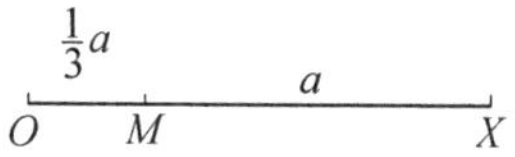

图1

要运送 C L汽油到点 M,只从点 O 取油一次是不够的,因为在路上要消耗一部分,因此至少要取油两次,即汽车至少在 OM 之间往返三次.

由于 $OM=\frac{1}{3}a$,因此在 OM 之间往返三次恰好为 a km,耗油 C L,于是汽车从点 O 出发带 C L汽油到点 M,在点 M 处存下 $\frac{1}{3}C$ L汽油,再返回点 O,再带 C L汽油,从点 O 到点 M 消耗 $\frac{1}{3}C$ L,还剩 $\frac{2}{3}C$ L,再加上点 M 存下的 $\frac{1}{3}C$ L汽油恰为 C L,可到达点 X.

因此共需 $2C$ L汽油,显然这是最少耗油量.

若 $OX=\frac{23}{15}a$ km,由于

$$a+\frac{1}{3}a+\frac{1}{5}a=\frac{23}{15}a$$

可在 OX 上取一点 M_1,使 $M_1X=\frac{4}{3}a$ km,根据上面的讨论,从点 M_1 到点 X 至少要耗油 $2C$ L. 因此,至少要运送 $2C$ L汽油到点 M_1. 显然,从点 O 取油两次是不够的,必须在 OM_1 之间往返五次,因为 $OM_1=\frac{1}{5}a$ km,往返五次共耗油 C L,因此,从点 O 到点 X 至少耗油 $3C$ L.

为此,可在点 M_1 设第一存油站,在距离 X 为 a km的 M 设第二存油站. 三次从点 O 出发,共取油 $3C$ L,在 OM_1 之间往返五次共耗油 C L,因此在 M_1 处可存油 $2C$ L,恰好够从点 M_1 到点 X 使用.

❖曲线半轴

求中心二次曲线的半轴:$Ax^2+2Bxy+Cy^2=1$.

解 设 (x_0,y_0) 为二次曲线 $Ax^2+2Bxy+Cy^2=1$ 上的点,则 $(-x_0,-y_0)$ 也为该曲线上的点. 因此,原点 $(0,0)$ 即为曲线的中心. 由题意,问题求函数 $u=x^2+y^2$ 在条件 $Ax^2+2Bxy+Cy^2=1$ 下的极值,设

$$F = x^2 + y^2 - \lambda(Ax^2 + 2Bxy + Cy^2 - 1)$$

解方程组

$$\begin{cases} -\dfrac{1}{2} \cdot \dfrac{\partial F}{\partial x} = (\lambda A - 1)x + \lambda By = 0 \\ -\dfrac{1}{2} \cdot \dfrac{\partial F}{\partial y} = \lambda Bx + (\lambda c - 1)y = 0 \\ Ax^2 + 2Bxy + Cy^2 = 1 \end{cases}$$

要使方程组有非零解，λ 必须满足二次方程

$$\begin{vmatrix} \lambda A - 1 & \lambda B \\ \lambda B & \lambda C - 1 \end{vmatrix} = 0 \quad ①$$

由题设知二次曲线为有心的，因此 $AC^2 - B^2 \neq 0$，由方程 ① 可求得两根 λ_1 和 $\lambda_2(\lambda_1 \geqslant \lambda_2)$. 将 λ 的值代入方程组，求得对应于 λ_1 的解 (x_1, y_1) 和对应于 λ_2 的解 (x_2, y_2)，相应的，有

$$\begin{aligned} u(x_1, y_1) = x_1^2 + y_1^2 = \\ & x_1(\lambda_1(Ax_1 + By_1)) + y_1(\lambda_1(Bx_1 + Cy_1)) = \\ & \lambda_1(Ax_1^2 + 2Bx_1y_1 + Cy_1^2) = \lambda_1 \end{aligned}$$

同理

$$u(x_2, y_2) = x_2^2 + y_2^2 = \lambda_2$$

(1) 当 $AC - B^2 > 0$ 且 $A + C > 0$(或 $A > 0$) 时，由 ① 解得

$$\lambda_{1,2} = \frac{(A + C) \pm \sqrt{(A + C)^2 - 4(AC - B^2)}}{2(AC - B^2)} > 0$$

即有 $\lambda_1 \geqslant \lambda_2 > 0$，于是 u 的最大值、最小值必在区域内达到，因此，λ_1 和 λ_2 分别为 u 的最大值及最小值. 此时，所对应的曲线为椭圆，长、短半轴的平方分别为 λ_1 及 λ_2，当 $\lambda_1 = \lambda_2(A = C, B = 0)$ 时为圆.

当 $A + C < 0$(或 $A < 0$) 时，两根 λ_1, λ_2 皆为负，相应曲线无轨迹.

(2) 当 $AC - B^2 < 0$ 时，$\lambda_1 > 0, \lambda_2 < 0$，此时只有一个极值 λ_1，对应的曲线为双曲线. λ_1 为实半轴的平方，其中特别当 $B = 0$ 时，曲线退化为一对相交直线.

❖蚂蚁轨迹

如图 1 所示的一个圆锥体，其底面半径为 R，高为 $\sqrt{3}R$. 在其底面圆周上 $A(R, 0, 0)$ 点处有一只蚂蚁，要沿着圆锥面上一条最短路径 C，爬到底面直径的

另一个端点 $B(-R,0,0)$ 处. 求这条路径 C 的曲线方程.

解 首先建立圆锥面的曲面方程

$$z=\sqrt{3}R-\sqrt{3}\sqrt{x^2+y^2}$$

可知母线长为 $2R$,半顶角为$\frac{\pi}{6}$.

由于圆锥面的底面圆周长为 $2\pi R$,母线长为 $2R$,所以圆锥面的平面展开图是一个半圆(图 2).

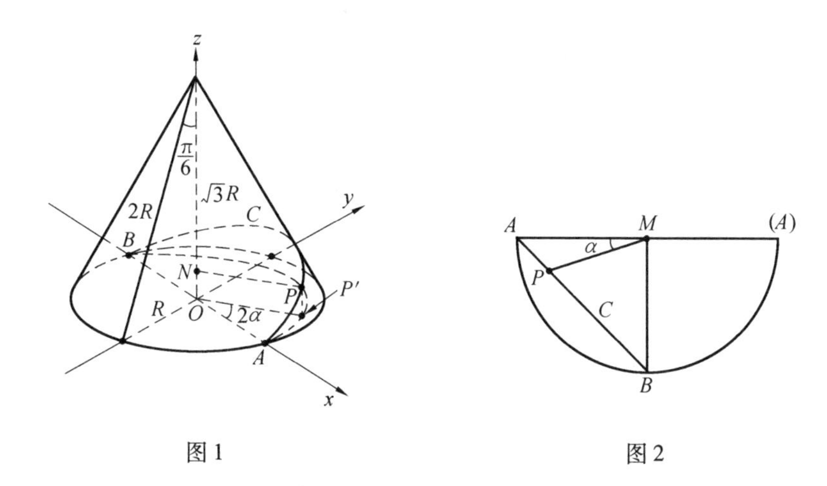

图 1 图 2

所求的这条路径 C 在圆锥面的平面展开图上必是等腰 $\mathrm{Rt}\triangle AMB$ 斜边 AB.

$\forall P=(x,y,z)\in C$,设在平面展开图 $\angle AMP=\alpha\left(0\leqslant\alpha\leqslant\frac{\pi}{2}\right)$,则

$$MP=\frac{MA\sin\angle MAP}{\sin\angle MPA}=\frac{\sqrt{2}R}{\sin\left(\frac{\pi}{4}+\alpha\right)}=\frac{2R}{\cos\alpha+\sin\alpha}$$

设点 P 在坐标 xOy 上的投影为点 P',则点 P' 所对应的圆心角为

$$\angle AOP'=2\pi\times\frac{\alpha}{\pi}=2\alpha$$

点 P' 到圆心 O 的距离为

$$OP'=MP\sin\frac{\pi}{6}=\frac{R}{\cos\alpha+\sin\alpha}$$

所以点 P' 的坐标为

$$P'=(x,y,0)=(OP'\cos 2\alpha,OP'\sin 2\alpha,0)=$$
$$\left(\frac{R\cos 2\alpha}{\cos\alpha+\sin\alpha},\frac{R\sin 2\alpha}{\cos\alpha+\sin\alpha},0\right)$$

又设点 P 在 z 轴上的投影为点 N,则

$$MN = MP\cos\frac{\pi}{6} = \frac{\sqrt{3}R}{\cos\alpha + \sin\alpha}$$

所以

$$z = ON = \sqrt{3}R - \frac{\sqrt{3}R}{\cos\alpha + \sin\alpha}$$

这样就得到了曲线 C(以 α 为参数)的参数方程

$$x = \frac{R\cos 2\alpha}{\cos\alpha + \sin\alpha}$$

$$y = \frac{R\cos 2\alpha}{\cos\alpha + \sin\alpha}$$

$$z = \sqrt{3}R - \frac{\sqrt{3}R}{\cos\alpha + \sin\alpha}$$

其中 $0 \leqslant \alpha \leqslant \frac{\pi}{3}$.

❖曲面半轴

求中心二次曲面的半轴

$$Ax^2 + By^2 + Cz^2 + 2Dxy + 2Eyz + 2Fxz = 1$$

解 由前文曲线半轴一题知,曲面的中心为(0,0,0). 由题意,达到曲面半轴的点(x,y,z)一定是函数 $u(x,y,z) = x^2 + y^2 + z^2$ 在条件

$$Ax^2 + By^2 + Cz^2 + 2Dxy + 2Eyz + 2Fxz = 1$$

下的驻点. 设

$$F = u - \lambda(Ax^2 + By^2 + Cz^2 + 2Dxy + 2Eyz + 2Fxz - 1)$$

解方程组

$$\begin{cases} -\frac{1}{2}\cdot\frac{\partial F}{\partial x} = (\lambda A - 1)x + \lambda Dy + \lambda Fz = 0 \\ -\frac{1}{2}\cdot\frac{\partial F}{\partial y} = \lambda Dx + (\lambda B - 1)y + \lambda Ez = 0 \\ -\frac{1}{2}\cdot\frac{\partial F}{\partial z} = \lambda Fx + \lambda Ey + (\lambda C - 1)z = 0 \\ Ax^2 + By^2 + Cz^2 + 2Dxy + 2Eyz + 2Fxz = 1 \end{cases}$$

上述方程组要有非零解,λ 必须满足三次方程

$$\begin{vmatrix} \lambda A-1 & \lambda D & \lambda F \\ \lambda D & \lambda B-1 & \lambda E \\ \lambda F & \lambda E & \lambda C-1 \end{vmatrix}=0$$

设三个根为 $\lambda_1 \geqslant \lambda_2 \geqslant \lambda_3$,对应于此三个根求出满足方程的驻点,和前文中曲线半轴一题相同,在这些驻点处 $u(x,y,z)$ 的值恰为 $\lambda_i(i=1,2,3)$,即 λ_i 为曲面半轴的平方,与二次曲线的情况类似. 根据 λ_i 的正负可讨论曲面半轴的虚、实等问题.

❖杀死恶狼

一只狼被猎人赶进了一块边长为 100 m 的等边三角形的林间凹地. 已知这位猎人只要在离它不超过 30 m 的距离上就可以杀死它. 求证:只要狼逃不出凹地,那么不论它在凹地中跑得多快,猎人总能杀死它.

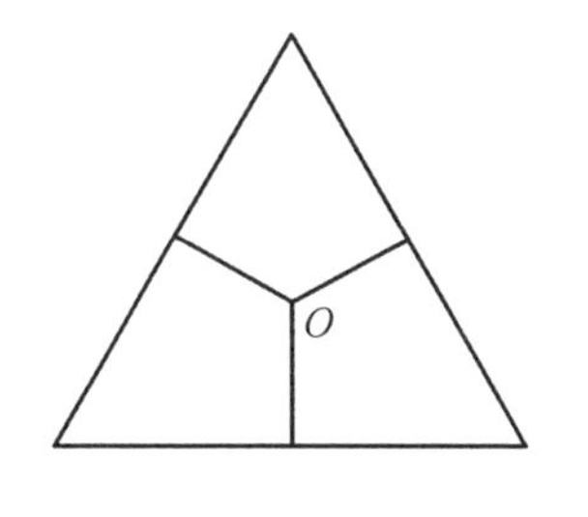

图 1

证明 猎人可以先占据等边三角形的中心 O. 点 O 到每边的距离都不到 30 m,所以狼无法从图 1 所示的一个区域中跑到另一个区域中去. 这样,猎人只要从点 O 出发向着狼所在区域的三角形顶点走去,必能与狼的距离小于 30 m 而杀死狼.

❖交成椭圆

求解圆柱面 $\frac{x^2}{a^2}+\frac{y^2}{b^2}=1$ 与平面 $Ax+By+Cz=0$ 交叉形成的椭圆的面积.

解 只要确定所得椭圆的长、短半轴 $\bar{a}$ 和 $\bar{b}$,即可由公式 $S=\pi\bar{a}\bar{b}$ 求得椭圆的面积.

原点$(0,0,0)$ 在原椭圆柱面的中心轴上,且截平面 $Ax+By+Cz=0$ 又通过它. 因此,原点是截线椭圆的中心,从而长、短半轴 $\bar{a}$ 和 $\bar{b}$ 的平方 $\bar{a}^2,\bar{b}^2$ 分别为函数 $u=x^2+y^2+z^2$ 在条件

$$Ax+By+Cz=0,\quad \frac{x^2}{a^2}+\frac{y^2}{b^2}=1$$

下的最大值和最小值,设

$$F = u + 2\lambda(Ax + By + Cz) - \mu\left(\frac{x^2}{a^2} + \frac{y^2}{b^2} - 1\right)$$

于是,达到最大值、最小值的点的坐标必须满足方程组

$$\begin{cases}\frac{1}{2} \cdot \frac{\partial F}{\partial x} = \left(1 - \frac{\mu}{a^2}\right) x + \lambda A = 0 & ① \\ \frac{1}{2} \cdot \frac{\partial F}{\partial y} = \left(1 - \frac{\mu}{b^2}\right) y + \lambda B = 0 & ② \\ \frac{1}{2} \cdot \frac{\partial F}{\partial z} = z + \lambda C = 0 & ③ \\ Ax + By + Cz = 0 & ④ \\ \frac{x^2}{a^2} + \frac{y^2}{b^2} = 1 & ⑤\end{cases}$$

把①②③三式分别乘以 x, y, z 后,然后相加,有 $x^2 + y^2 + z^2 = \mu$,即从方程组可得 $u(x,y,z) = \mu$. 由式①②③④知,若要 x, y, z 和 λ 不全为零,μ 必须满足下列方程(同时,μ 只要满足下列方程,驻点(x,y,z)也一定有解)

$$\begin{vmatrix} 1 - \frac{\mu}{a^2} & 0 & 0 & A \\ 0 & 1 - \frac{\mu}{b^2} & 0 & B \\ 0 & 0 & 1 & C \\ A & B & C & 0 \end{vmatrix} = 0$$

展开后得

$$\frac{C^2}{a^2 b^2}\mu^2 - \left(\frac{B^2}{a^2} + \frac{A^2}{b^2} + \frac{C^2}{a^2} + \frac{C^2}{b^2}\right)\mu + (A^2 + B^2 + C^2) = 0$$

此方程有两个正根,显然即为最大值和最小值 $\bar{a}^2, \bar{b}^2$,由韦达定理,有

$$\bar{a}^2 \bar{b}^2 = \frac{a^2 b^2 (A^2 + B^2 + C^2)}{C^2}$$

于是椭圆面积

$$\pi \bar{a}\,\bar{b} = \frac{\pi ab\sqrt{A^2 + B^2 + C^2}}{|C|}, \quad C \neq 0$$

当 $C = 0$ 时,平面 $Ax + By = 0$ 过 Oz 轴,显然得不到椭圆截面.

❖耗油最低

如图1,一架直升机,用匀加速度从地面向上垂直飞行到 H m 的高空. 若匀

加速度 a 与每秒耗油量 q 的关系式为

$$q = ma + n,\quad m > 0, n > 0$$

欲使飞机的耗油量最低，应选择多大的匀加速度？并计算最低耗油量.

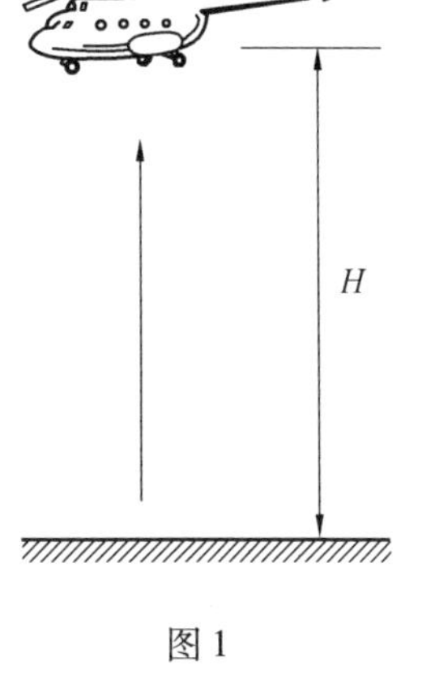

图 1

解 由于直升机从地面垂直向上飞起，故初速为0. 因此飞行到 H m 高度所用的时间为 t. 根据物理学上的公式，有

$$H = \frac{1}{2}at^2$$

得

$$t = \sqrt{\frac{2H}{a}}$$

则飞机在时间 t 内的耗油量 Q 为

$$Q = qt = \sqrt{\frac{2H}{a}}(ma + n) \qquad ①$$

将式 ① 两边平方、展开、简化，得

$$Q^2 = 2H\left(m^2a + \frac{n^2}{a} + 2mn\right)$$

由于 H, m, n 为常数，故 Q^2 取决于 m^2a 与 $\frac{n^2}{a}$ 的和. 因为

$$m^2a \cdot \frac{n^2}{a} = m^2n^2$$

为定值，所以当

$$m^2a = \frac{n^2}{a} \qquad ②$$

时，Q^2 达最小值.

考虑到 a 必为正值，故解式 ②，并取正根得

$$a = \frac{n}{m}$$

由于 Q 与 Q^2 同时达到最小值，因此当匀加速度 $a = \frac{n}{m}$ 时，直升机的耗油量最低.

将 a 值代入式 ①，求得飞升到 H m 高空的最少耗油量为

$$Q_{\min} = 2\sqrt{2nmH}$$

❖截得椭圆

求解椭球面

$$\frac{x^2}{a^2}+\frac{y^2}{b^2}+\frac{z^2}{c^2}=1$$

与平面

$$x\cos\alpha+y\cos\beta+z\cos\gamma=0$$

(式中:$\cos^2\alpha+\cos^2\beta+\cos^2\gamma=1$)相截的面积.

解　截面为一椭圆,我们只要考虑 $u=x^2+y^2+z^2$ 在条件

$$x\cos\alpha+y\cos\beta+z\cos\gamma=0$$

和

$$\frac{x^2}{a^2}+\frac{y^2}{b^2}+\frac{z^2}{c^2}=1$$

下的极值($a>0,b>0,c>0$).设

$$F=u+2\lambda_1(x\cos\alpha+y\cos\beta+z\cos\gamma)-\lambda_2\left(\frac{x^2}{a^2}+\frac{y^2}{b^2}+\frac{z^2}{c^2}-1\right)$$

解方程组

$$\begin{cases}\frac{1}{2}\cdot\frac{\partial F}{\partial x}=\left(1-\frac{\lambda_2}{a^2}\right)x+\lambda_1\cos\alpha=0 & ①\\ \frac{1}{2}\cdot\frac{\partial F}{\partial y}=\left(1-\frac{\lambda_2}{b^2}\right)y+\lambda_1\cos\beta=0 & ②\\ \frac{1}{2}\cdot\frac{\partial F}{\partial z}=\left(1-\frac{\lambda_2}{c^2}\right)z+\lambda_1\cos\gamma=0 & ③\\ x\cos\alpha+y\cos\beta+z\cos\gamma=0 & ④\\ \frac{x^2}{a^2}+\frac{y^2}{b^2}+\frac{z^2}{c^2}=1 & ⑤\end{cases}$$

把①②③三式分别乘以 x,y,z,然后相加,有

$$u=x^2+y^2+z^2=\lambda_2$$

由式①②③④知,若要 x,y,z 和 λ_1 不全为零,λ_2 必须满足下列方程

$$\begin{vmatrix} 1-\frac{\lambda_2}{a^2} & 0 & 0 & \cos\alpha \\ 0 & 1-\frac{\lambda_2}{b^2} & 0 & \cos\beta \\ 0 & 0 & 1-\frac{\lambda_2}{c^2} & \cos\gamma \\ \cos\alpha & \cos\beta & \cos\gamma & 0 \end{vmatrix}=0$$

展开整理有

$$\left(\frac{\cos^2\alpha}{b^2c^2}+\frac{\cos^2\beta}{c^2a^2}+\frac{\cos^2\gamma}{a^2b^2}\right)\lambda_2^2-$$

$$\left(\frac{\cos^2\alpha}{b^2}+\frac{\cos^2\alpha}{c^2}+\frac{\cos^2\beta}{c^2}+\frac{\cos^2\beta}{a^2}+\frac{\cos^2\gamma}{a^2}+\frac{\cos^2\gamma}{b^2}\right)\lambda_2+1=0$$

此方程有两个正根，显然即为椭圆的长、短半轴的平方 $\bar{a}^2,\bar{b}^2$. 由韦达定理知

$$\bar{a}^2\bar{b}^2=\frac{a^2b^2c^2}{a^2\cos^2\alpha+b^2\cos^2\beta+c^2\cos^2\gamma}$$

于是，椭圆的面积为

$$S=\pi\bar{a}\bar{b}=\frac{\pi abc}{\sqrt{a^2\cos^2\alpha+b^2\cos^2\beta+c^2\cos^2\gamma}}$$

❖狼捉兔子

在正方形的中心坐着一只兔子，在四个顶点上各有一只狼. 假定狼只能沿着正方形的周界跑动，且狼的最大速度是兔子最大速度的 1.4 倍，问兔子能否从正方形中逃出去？

解 可以逃出. 设正方形的边长为 1. 兔子应该这样来跑：首先，它选取正方形的一个顶点 A，并以最大速度沿对角线朝 A 跑去(图 1)，且一直跑到离点 A 不足 $\frac{1}{2}(\sqrt{2}-1.4)$ 的地方(例如，可到距点 A 为 0.005 的地方)，然后拐弯 90°，沿着垂直于原对角线的方向(如果点 A 的狼未动，可任意左拐或右拐；如果狼在左边，则右拐)，即可逃出正方形. 因为狼的速度是兔子的 1.4 倍，这时尚未跑到，无法拦截.

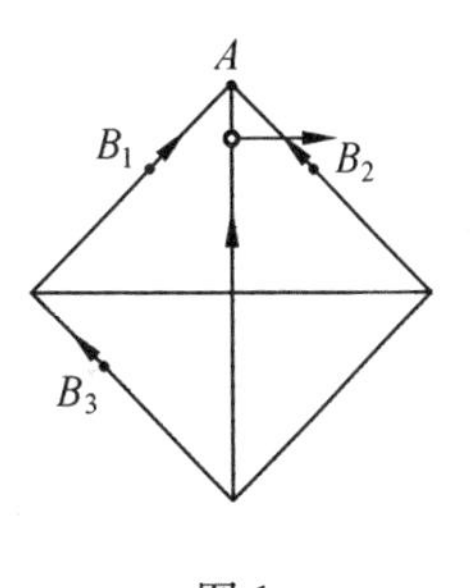

图 1

❖光的折射

根据费马原则,光线从点 A 射出到落入点 B,是沿着需要最短时间的曲线传播的.

假定点 A 和点 B 位于由平面分割的不同光学介质中,并且光的传播速度在第一种介质中等于 v_1,而在第二种介质中等于 v_2,请推导光的折射定律.

解 如图 1 所示,光线从点 A 射出,沿着折线 AMB 到达点 B,由 A,B 作垂直于 l 的直线 AC 及 BD,并与直线 l 交于点 C 及点 D,设 $AC=a$,$BD=b$,$CD=d$,选择角度 α,β 为变量,则

$$AM=\frac{a}{\cos\alpha},\quad BM=\frac{b}{\cos\beta}$$

$$CM=a\tan\alpha,\quad MD=b\tan\beta$$

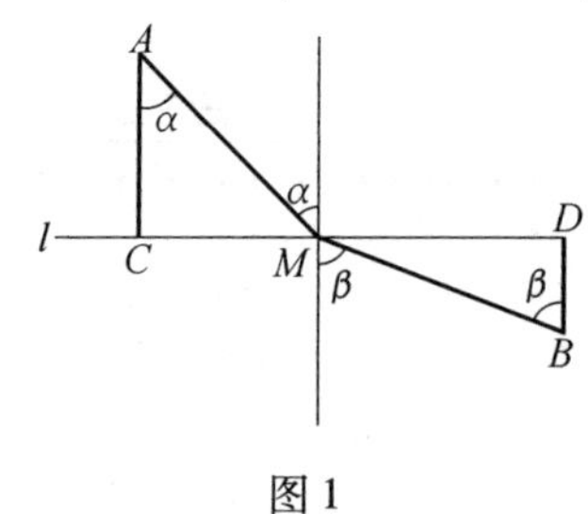

图 1

于是,问题转为求函数

$$f(\alpha,\beta)=\frac{a}{v_1\cos\alpha}+\frac{b}{v_2\cos\beta}$$

在条件 $a\tan\alpha+b\tan\beta=d$ 下的最小值,其中 $-\frac{\pi}{2}<\alpha<\frac{\pi}{2}$, $-\frac{\pi}{2}<\beta<\frac{\pi}{2}$(当 M 在 C 与 D 之间时,$\alpha>0$,$\beta>0$;当 M 在点 C 的左边时,$\alpha<0$,$\beta>0$;当 M 在点 D 的右边时,$\alpha>0$,$\beta<0$),$f(\alpha,\beta)$ 显然是连续函数,又当 $\alpha\to\frac{\pi}{2}^-$ 时,这时点 M 从右边伸向无穷远,$\beta\to-\frac{\pi}{2}^+$,显然 $f(\alpha,\beta)\to+\infty$;当 $\alpha\to-\frac{\pi}{2}^+$ 时,这时点 M 从左边伸向无穷远,$\beta\to\frac{\pi}{2}^-$,显然也有 $f(\alpha,\beta)\to+\infty$,于是 $f(\alpha,\beta)$ 在有限处达到最小值,此处必为驻点. 设

$$F=\frac{a}{v_1\cos\alpha}+\frac{b}{v_2\cos\beta}-\lambda(a\tan\alpha+b\tan\beta-d)$$

又由

$$\begin{cases}\dfrac{\partial F}{\partial\alpha}=\dfrac{a\sin\alpha}{v_1\cos^2\alpha}-\dfrac{\lambda a}{\cos^2\alpha}=0\\[2ex]\dfrac{\partial F}{\partial\beta}=\dfrac{b\sin\beta}{v_2\cos^2\beta}-\dfrac{\lambda b}{\cos^2\beta}=0\end{cases}$$

有

$$\frac{\sin\alpha}{v_1}=\lambda,\quad \frac{\sin\beta}{v_2}=\lambda$$

于是,驻点处满足

$$\frac{\sin\alpha}{\sin\beta}=\frac{v_1}{v_2}$$

由此可知,光的传播路径必满足上面的关系,这就是著名的光线折射定理. 此时,由点 A 到点 B 的光线传播所需要的时间最短.

❖建抽水站

在大江的一侧有甲、乙两个工厂,它们到江边的距离分别为 m km 及 n km. 设两厂沿江面方向的距离为 l km. 现在要在江边建立一个抽水站,把水送到甲、乙两厂去,欲使供水管路最短,抽水站应建在哪里?

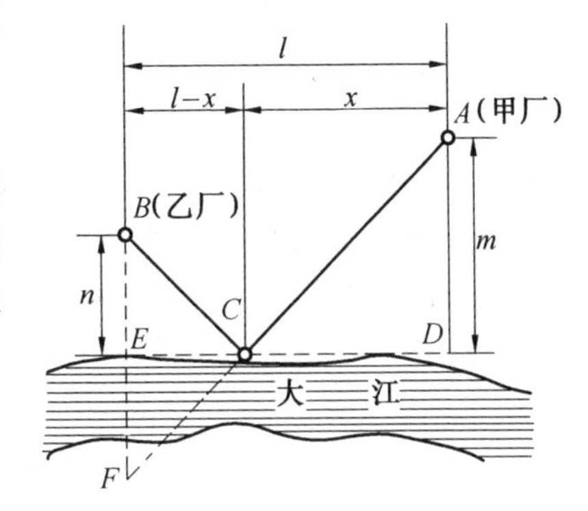

图 1

解 如图 1,从点 B 向江岸作垂线 BE 并延长,截取 EF,使之等于 BE. 连 AF,且与江边交于点 C. 在此点建抽水站,到甲、乙两厂的供水管路最短.

因为 $BE=EF$,EC 为公共边,则

$$\angle BEC=\angle FEC=90^\circ$$

所以

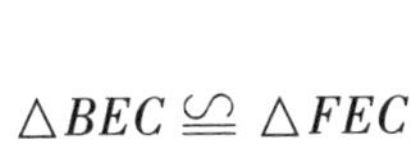

$$\triangle BEC\cong\triangle FEC$$

故有

$$CB=CF$$

供水管路的全长为

$$AC + CB = AC + CF = AF$$

这就是说,供水管路的全长等于直线 AF 的长度.因此根据平面上的短程线原理知道,在抽水站的所有可能的位置中,抽水站建于点 C 是供水管道最短的方案.它的定位尺寸 x,可用相似三角形的比例关系求出.

因为

$$\triangle ACD \backsim \triangle ECF$$

所以

$$\frac{CD}{CE} = \frac{AD}{EF}$$

将图 1 中的标注尺寸代入上式有

$$\frac{x}{l - x} = \frac{m}{n}$$

解之得

$$x = \frac{m}{m + n} l$$

当然,也可以用数学解析的方法来解决这一问题,但远不及上述几何解法简单、明确.

❖棱镜时光线

在什么样的入射角下通过折射角为 α 和折射系数为 n 的棱镜时光线的偏差(亦即投射线与入射线之间的角度)是最小的?求解这个最小的偏差.

解 如图 1 所示,ABC 为棱镜,$\angle BAC = \alpha$ 为棱镜顶角(即棱镜的折射角),DE 为入射光线,折射后从点 F 折射出棱镜,射出线为 FG,IH 和 JH 分别为入射点和射出点的法线,它们相交于 $H(IH \perp AC, JH \perp AB)$. 入射线 DE 的延长线

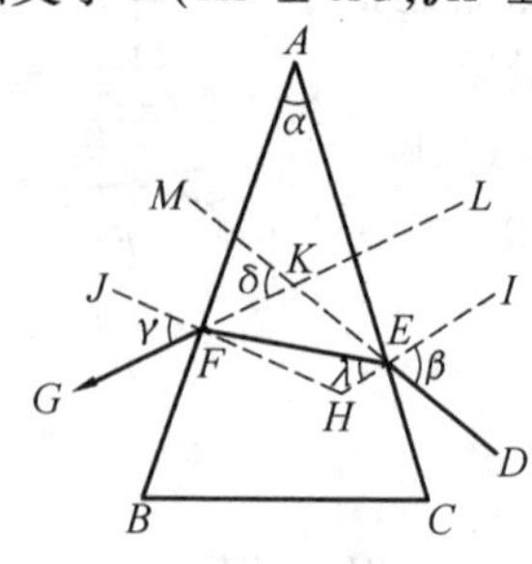

图 1

DM 与射出线反向延长线 FL 交于 K，令 $\angle DEI=\beta,\angle GFJ=\gamma,\angle GKM=\delta$，$\angle HEF=\lambda,\angle EFH=\mu$.

该题的问题是：当 β 在 $\left(0,\frac{\pi}{2}\right)$ 之间的一定范围内变化时，δ 何时达到极小值.

由折射定律知

$$\sin\beta=n\sin\lambda \quad ①$$

$$\sin\gamma=n\sin\mu \quad ②$$

由几何关系不难求出 $\alpha,\beta,\gamma,\delta,\lambda$ 和 μ 之间的关系

$$\lambda+\mu=\alpha \quad ③$$

$$\delta=\beta+\gamma-\alpha \quad ④$$

由于 α 为常数，于是从①②③④四式中消去 λ,μ 和 γ 得 δ 作为 β 的函数，令

$$F(\beta,\gamma,\lambda,\mu)=\beta+\gamma-\alpha+k_1(\sin\beta-n\sin\lambda)+k_2(n\sin\mu-\sin\gamma)+k_3(\lambda+\mu-\alpha)$$

驻点由下列方程组决定

$$\begin{cases}\dfrac{\partial F}{\partial\beta}=1+k_1\cos\beta=0 & ⑤\\ \dfrac{\partial F}{\partial\gamma}=1-k_2\cos\gamma=0 & ⑥\\ \dfrac{\partial F}{\partial\lambda}=-k_1n\cos\lambda+k_3=0 & ⑦\\ \dfrac{\partial F}{\partial\mu}=k_2n\cos\mu+k_3=0 & ⑧\end{cases}$$

由式⑦⑧消去 k_3，得

$$k_1\cos\lambda=-k_2\cos\mu \quad ⑨$$

由式⑤⑥得

$$k_1=-\frac{1}{\cos\beta},\quad k_2=\frac{1}{\cos\gamma}$$

代入⑨，两边平方有

$$\frac{\cos^2\lambda}{\cos^2\beta}=\frac{\cos^2\mu}{\cos^2\gamma}$$

或

$$\frac{1-\sin^2\lambda}{1-\sin^2\beta}=\frac{1-\sin^2\mu}{1-\sin^2\gamma} \quad ⑩$$

把式①②代入式⑩有

$$\frac{1-\sin^2\lambda}{1-n^2\sin^2\beta}=\frac{1-\sin^2\mu}{1-n^2\sin^2\mu}$$

整理有

$$(n^2-1)(\sin^2\lambda-\sin^2\mu)=0$$

由于

$$0<\lambda<\frac{\pi}{2},\quad 0<\mu<\frac{\pi}{2}$$

于是

$$\sin\lambda=\sin\mu$$

或

$$\lambda=\mu$$

代入式③有 $\lambda=\mu=\frac{\alpha}{2}$. 从而

$$\beta=\gamma=\arcsin\left(n\sin\frac{\alpha}{2}\right)$$

于是

$$\delta=\beta+\gamma-\alpha=2\arcsin\left(n\sin\frac{\alpha}{2}\right)-\alpha$$

所求得的 β 即为唯一的驻点,由物理知识,顶角较小的分光棱镜,在区域内确定存在着最小的折射. 于是,当入射角

$$\beta=\arcsin\left(n\sin\frac{\alpha}{2}\right)$$

时,则

$$\delta=2\arcsin\left(n\sin\frac{\alpha}{2}\right)-\alpha$$

应为最小折射,对于用作其他用途的各种棱镜,光线的折射路径不仅与顶角有关,而且都与整个棱镜的构造有关,这不属于本题所考虑的对象.

❖狗不让狼

在形状为正方形的地块中有一只狼,而在正方形的四个顶点各有一只狗. 狼可以在整个地块上跑来跑去,而狗只能沿正方形的边界跑. 已知狼能咬死单独的一只狗,两只狗一起可以咬死狼;每只狗的最大速度是狼的最大速度的1.5倍. 求证:这些狗可以不让狼逃出正方形.

证明 设v为狼的最大速度. 过狼所在的那一点作两条平行于正方形对角线的直线,它们与正方形的周界分别交于C_1,C_2,C_3,C_4四点. 显然,当狼跑动时,这四点就沿着正方形的周界移动,且移动的速度不大于$\sqrt{2}v(<\frac{3}{2}v)$.

由于开始时四只狗恰好在C_1,C_2,C_3,C_4这四点上,所以四只狗只要随着四点一起移动,狼就无法逃出正方形.

❖最大概率值

变量值x和y满足线性方程式$y=ax+b$,需要确定它的系数. 由于一系列的等精确测量,对于x和y获得了数值$x_i,y_i(i=1,2,\cdots,n)$.

利用最小二乘法,求系数a和b的最大概率值.

提示:根据最小二乘法,系数a和b的最大概率值是:它们的误差平方之和$\sum\limits_{i=1}^{n}\Delta_i^2=\sum\limits_{i=1}^{n}(ax_i+b-y_i)^2$是最小的.

解 由最小二乘法,系数a和b的最可靠数值是:对于它们,误差的平方和

$$M=\sum_{i=1}^{n}(ax_i+b-y_i)^2$$

为最小. 因此,上述问题可以通过求方程组

$$\begin{cases}\dfrac{\partial M}{\partial a}=2\sum\limits_{i=1}^{n}(ax_i+b-y_i)x_i=0\\\dfrac{\partial M}{\partial b}=2\sum\limits_{i=1}^{n}(ax_i+b-y_i)=0\end{cases}$$

的解来求解. 记

$$[x,y]=\sum_{i=1}^{n}x_iy_i,\quad [x,x]=\sum_{i=1}^{n}x_i^2$$

$$[x,1]=\sum_{i=1}^{n}x_i,\quad [y,1]=\sum_{i=1}^{n}y_i$$

则上述方程组化为

$$\begin{cases}a[x,x]+b[x,1]=[x,y]\\a[x,1]+bn=[y,1]\end{cases}$$

系数行列式

$$A=\begin{vmatrix}[x,x] & [x,1]\\ [x,1] & n\end{vmatrix}=n\sum_{i=1}^{n}x_i^2-\left(\sum_{i=1}^{n}x_i\right)^2=$$

$$(n-1)\sum_{i=1}^{n}x_i^2-2\sum_{i\neq j}x_ix_j=\sum_{i\neq j}(x_i-x_j)^2$$

当 $A\neq 0$ 时,方程组有唯一的一组解,且

$$a=\frac{\begin{vmatrix}[x,y] & [x,1]\\ [y,1] & n\end{vmatrix}}{\begin{vmatrix}[x,x] & [x,1]\\ [x,1] & n\end{vmatrix}}=\frac{n\sum_{i=1}^{n}x_iy_i-(\sum_{i=1}^{n}x_i)(\sum_{i=1}^{n}y_i)}{\sum_{i\neq j}(x_i-x_j)^2}$$

$$b=\frac{\begin{vmatrix}[x,x] & [x,y]\\ [x,1] & [y,1]\end{vmatrix}}{\begin{vmatrix}[x,x] & [x,1]\\ [x,1] & n\end{vmatrix}}=\frac{(\sum_{i=1}^{n}x_i^2)(\sum_{i=1}^{n}y_i)-(\sum_{i=1}^{n}x_iy_i)(\sum_{i=1}^{n}x_i)}{\sum_{i\neq j}(x_i-x_j)^2}$$

显然,此时 M 为最小,因此,上述 a 和 b 即为所求.

❖转动惯量

在平面直角坐标系中,有一个由 n 个质量分别为 $m_k(k=1,2,\cdots,n)$ 的质点所构成的质点系,它们的坐标分别为 $P_k(x_k,y_k)(k=1,2,\cdots,n)$. 求一点 $P(x,y)$,使给定质点系关于点 P 的转动惯量最小.

解 根据转动惯量的定义可得目标函数

$$I=\sum_{k=1}^{n}m_k\overline{PP_k^2}=\sum_{k=1}^{n}m_k[(x_k-x)^2+(y_k-y)^2]$$

它在整个坐标平面上可微,且其偏导数为

$$\frac{\partial I}{\partial x}=-2\sum_{k=1}^{n}m_k(x_k-x)=2\left(x\sum_{k=1}^{n}m_k-\sum_{k=1}^{n}m_kx_k\right)$$

$$\frac{\partial I}{\partial y}=-2\sum_{k=1}^{n}m_k(y_k-y)=2\left(y\sum_{k=1}^{n}m_k-\sum_{k=1}^{n}m_ky_k\right)$$

令 $\frac{\partial I}{\partial x}=0,\frac{\partial I}{\partial y}=0$,可得到唯一驻点 $P(x,y)$ 的坐标

$$\left(\frac{\sum_{k=1}^{n}m_kx_k}{\sum_{k=1}^{n}m_k},\frac{\sum_{k=1}^{n}m_ky_k}{\sum_{k=1}^{n}m_k}\right)$$

根据实际意义可知转动惯量的最小值存在,所以给定质点系关于此点的转动惯量必取最小值.

注 (1) 对照质点系质心坐标的计算公式,可以发现所求之点就是平面质点系的质心,所以我们可得到结论:平面质点系关于其质心的转动惯量为最小.

(2) 很容易将此平面质点系的结论推广到空间质点系的情况.

❖偏差最小

在平面上已知 n 个点 $M_i(x_i,y_i)(i=1,2,\cdots,n)$. 在直线 $x\cos\alpha+y\sin\alpha-p=0$ 的什么位置上指定点的偏差平方之和离这条直线是最小的?

解 已知点与直线的偏差平方和

$$M(\alpha,p)=\sum_{i=1}^{n}(x_i\cos\alpha+y_i\sin\alpha-p)^2$$

记

$$\bar{x}=\frac{1}{n}\sum_{i=1}^{n}x_i,\quad \bar{y}=\frac{1}{n}\sum_{i=1}^{n}y_i,\quad \overline{xy}=\frac{1}{n}\sum_{i=1}^{n}x_iy_i$$

$$\bar{x}^2=\frac{1}{n}\sum_{i=1}^{n}x_i^2,\quad \bar{y}^2=\frac{1}{n}\sum_{i=1}^{n}y_i^2$$

于是所求直线的参数 α 和 p 应满足方程

$$\begin{aligned}\frac{\partial M}{\partial\alpha}=&2\sum_{i=1}^{n}(x_i\cos\alpha+y_i\sin\alpha-p)(y_i\cos\alpha-x_i\sin\alpha)=\\&2\sum_{i=1}^{n}\left[x_iy_i\cos 2\alpha+(y_i^2-x_i^2)\frac{\sin 2\alpha}{2}-y_ip\cos\alpha+x_ip\sin\alpha\right]=\\&n[2\bar{x}\cdot\bar{y}\cos 2\alpha+(\bar{y}^2-\bar{x}^2)\sin 2\alpha-2p(\bar{y}\cos\alpha-\bar{x}\sin\alpha)]=0\end{aligned}\quad ①$$

$$\begin{aligned}\frac{\partial M}{\partial p}=&-2\sum_{i=1}^{n}(x_i\cos\alpha+y_i\sin\alpha-p)=\\&-2n(\bar{x}\cos\alpha+\bar{y}\sin\alpha-p)=0\end{aligned}\quad ②$$

由式 ②,解得

$$p=\bar{x}\cos\alpha+\bar{y}\sin\alpha\quad ③$$

把式 ③ 代入式 ①,有

$$\tan 2\alpha=\frac{2(\bar{x}\cdot\bar{y}-\overline{xy})}{[\overline{x^2}-(\bar{x})^2][\overline{y^2}-(\bar{y})^2]}\quad ④$$

在 $[0,2\pi]$ 范围内,式 ④ 的解 α 共有四个

$$\alpha_0,\quad \alpha_0+\frac{\pi}{2},\quad \alpha_0+\pi,\quad \alpha_0+\frac{3\pi}{2}$$

其中 $0 \leqslant \alpha_0 < \frac{\pi}{2}$,把这四个解代入式③可求出 p. 由习惯,取 $p \geqslant 0$,于是上述四个 α 只有两个满足 $p \geqslant 0$ 的要求. 记为 $\alpha_1, p_1, \alpha_2, p_2$,这样就得到两条互相垂直的直线

$$\begin{cases} x\cos \alpha_1 + y\sin \alpha_1 - p_1 = 0 & ⑤ \\ x\cos \alpha_2 + y\sin \alpha_2 - p_2 = 0 & ⑥ \end{cases}$$

显然,$M(\alpha, p)$ 一定在 p 为有限值的点上取得最小值. 因此,只要比较 $M(\alpha_1, p_1)$ 和 $M(\alpha_2, p_2)$ 的值,M 较小的那条直线即为所求.

❖绝对偏差

在区间(1,3)用线性函数 $ax + b$ 近似地代替函数 x^2,使得其绝对偏差

$$\Delta = \sup | x^2 - (ax + b) |, \quad 1 \leqslant x \leqslant 3$$

是最小的.

解 考察函数

$$u(a,b) = \Delta^2 = \sup_{1 \leqslant x \leqslant 3} [x^2 - (ax + b)]^2$$

$$f(x,a,b) = x^2 - (ax + b)$$

由于 $\frac{\partial f}{\partial x} = 2x - a$,于是当固定 a, b 时,$f(x,a,b)$ 只在 $x = \frac{a}{2}$ 处达到极值 $f\left(\frac{a}{2}, a, b\right)$. 当限制 $1 \leqslant x \leqslant 3$ 时,只有当 $2 < a < 6$ 时,$f(x,a,b)$ 才可能在 $1 < x < 3$ 内部达到极值. 于是

$$u(a,b) = \begin{cases} \max\left\{ f^2(1,a,b), f^2(3,a,b), f^2\left(\frac{a}{2}, a, b\right) \right\}, & 2 < a < 6 \\ \max\{ f^2(1,a,b), f^2(3,a,b) \}, & a \leqslant 2 \text{ 或 } a \geqslant 6 \end{cases}$$

从上式知,对一切 (a,b) 皆有 $u(a,b) > 0$.

设从上式已解出平面区域 Ω_1, Ω_2 和 Ω_3,使得

$$u(a,b) = \begin{cases} f^2(1,a,b) = (1 - a - b)^2, & (a,b) \in \Omega_1 \\ f^2(3,a,b) = (9 - 3a - b)^2, & (a,b) \in \Omega_2 \\ f^2\left(\frac{a}{2}, a, b\right) = \left(\frac{a^2}{4} + b\right)^2, & (a,b) \in \Omega_3 \\ 2 < a < 6 \end{cases}$$

因 $u(a,b) > 0$,易知 $u(a,b)$ 在区域 $\Omega_i (i = 1,2,3)$ 内部皆无驻点. 再看区

域边界的情况，以 Ω_1 和 Ω_3 的边界为例，由 $u(a,b)$ 的连续性知，在边界上有 $u(a,b)=(1-a-b)^2$，且满足条件

$$(1-a-b)^2=\left(\frac{a^2}{4}+b\right)^2$$

下面求满足条件极值的必要条件的点，设

$$F(a,b)=(1-a-b)^2+\lambda\left[(1-a-b)^2-\left(\frac{a^2}{4}+b\right)^2\right]$$

于是

$$\frac{\partial F}{\partial a}=-2(1+\lambda)(1-a-b)-\lambda a\left(\frac{a^2}{4}+b\right)$$

$$\frac{\partial F}{\partial b}=-2(1+\lambda)(1-a-b)-2\lambda\left(\frac{a^2}{4}+b\right)$$

易验证没有满足 $\frac{\partial F}{\partial a}=0,\frac{\partial F}{\partial b}=0$ 的点，其中

$$1-a-b\neq 0,\quad \frac{a^2}{4}+b\neq 0$$

同理，有 Ω_1,Ω_2 和 Ω_2,Ω_3 的边界上也没有驻点，因此，只能在 $\Omega_1,\Omega_2,\Omega_3$ 的边界交点上取得最小值，即在满足方程

$$(1-a-b)^2=(9-3a-b)^2=\left(\frac{a^2}{4}+b\right)^2 \qquad ①$$

的点 (a,b) 上取得最小值，方程 ① 可转化为下面四组方程

$$\begin{cases}1-a-b=9-3a-b=-\left(\frac{a^2}{4}+b\right) & ②\\ 1-a-b=9-3a-b=\frac{a^2}{4}+b & ③\\ 1-a-b=-(9-3a-b)=-\left(\frac{a^2}{4}+b\right) & ④\\ 1-a-b=-(9-3a-b)=\frac{a^2}{4}+b & ⑤\end{cases}$$

方程 ② 无解.

方程 ③ 的解为 $a=4,b=-\frac{7}{2}$，对应的 $\Delta=\frac{1}{2}$. 方程 ④ 的解为 $a=2,b=1$，对应的 $\Delta=2$. 方程 ⑤ 的解为 $a=6,b=-7$，对应的 $\Delta=2$. 综上所述，在区间 $(1,3)$ 内，用线性函数 $4x-\frac{7}{2}$ 来近似地代替函数 x^2，即可使绝对偏差 Δ 为最小，且 $\Delta_{\min}=\frac{1}{2}$.

❖苍蝇和蜘蛛

沿着透明立方体的棱有3只蜘蛛和1只苍蝇在爬行. 苍蝇的最大速度是蜘蛛的最大速度的3倍. 在开始时,蜘蛛都在立方体的同一个顶点上,苍蝇则位于相对的顶点上. 问蜘蛛能抓住苍蝇吗?(在整个过程中,蜘蛛和苍蝇都能相互看见)

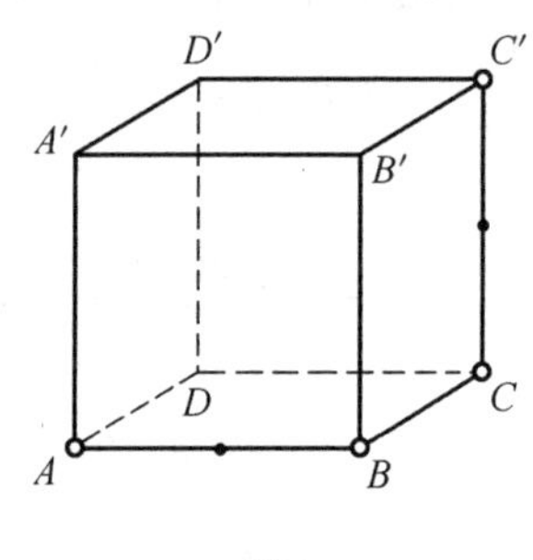

图1

解 可以抓住. 一只蜘蛛守住 AB,另一只蜘蛛守住 CC',并随着苍蝇离自己所在棱的那一个端点近而随时游动. 这样,苍蝇就无法通过这四个顶点. 而去了这四个顶点,正方体上就没有闭合回路了,于是第三只蜘蛛只要在后面追即可.

❖容积最大

如图1,某生产队要建一个底面为正方形,四壁和底面垂直的水池. 在水池的周围和底面,需按技术要求涂上水泥. 现有水泥可以涂 S m^2 的面积. 问如何选择水池的尺寸,才能保证水池有最大的容积?

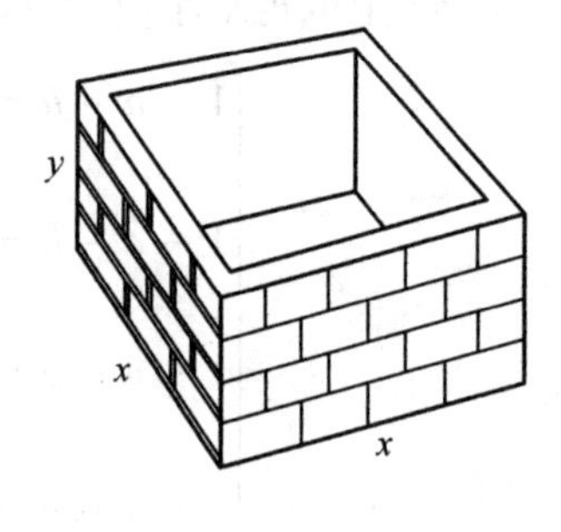

图1

解 设水池的底面边长为 x m,高为 y m. 据题意,应在水池的四壁和底面涂上水泥. 为充分利用现有的水泥,应使

$$4xy+x^2=S$$

所以

$$y=\frac{S-x^2}{4x} \quad ①$$

水池的容积为

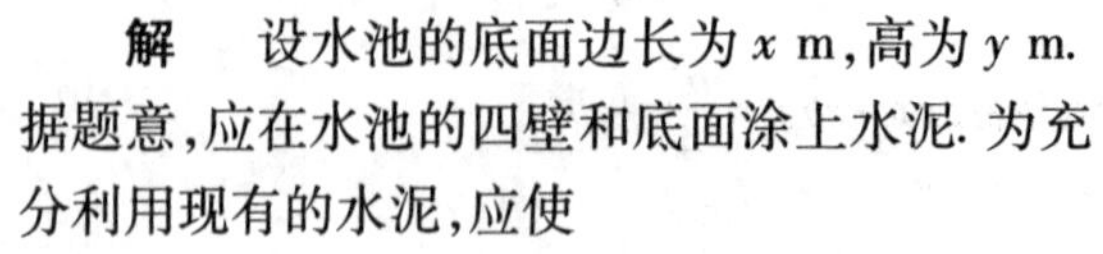

$$V=x^2y=\frac{x(S-x^2)}{4}=\frac{(x^2)^{\frac{1}{2}}(S-x^2)^1}{4}$$

由于“4”为常数,并且

$$x^2+(S-x^2)=S$$

为定值,因此当

$$\frac{x^2}{\frac{1}{2}}=\frac{S-x^2}{1} \qquad ②$$

时,V 达最大值.

解式 ②,并考虑到 x 必为正值,故得

$$x=\sqrt{\frac{S}{3}}$$

将 x 值代入式 ①,得

$$y=\frac{1}{2}\sqrt{\frac{S}{3}}$$

因此,当水池的高度等于底面边长的一半时,其容积最大.

❖梯度的模

在椭球面 $\Sigma:2x^2+2y^2+z^2=1$ 上求一点 $P(x_0,y_0,z_0)(x_0>0,z_0>0)$,使得 Σ 在点 P 处的法向量与向量 $(-1,1,1)$ 垂直,且使函数 $\varphi(x,y,z)=x^2+y^2+z^2$ 在点 P 处的梯度的模为最小.

解 在 Σ 上求使 $|\operatorname{grad}\varphi(x,y,z)|=\sqrt{4x^2+4y^2+9z^4}$ 取最小值点,即为计算函数 $g(x,y,z)=\sqrt{4x^2+4y^2+9z^4}$ 在 $2x^2+2y^2+z^2=1$ 下的最小值,或计算 $f(z)=2-2z^2+9z^4(z>0)$ 在 $2x^2+2y^2+z^2=1$ 下的最小值,有

$$f'(z)=-4z+36z^3=36z\left(z^2-\frac{1}{9}\right)=36z\left(z+\frac{1}{3}\right)\left(z-\frac{1}{3}\right)$$

在 $z>0$ 上,$f'(z)=0$ 仅有根 $z=\frac{1}{3}$,且

$$f'(z)<0,\quad 0<z<\frac{1}{3}$$

$$f'(z)>0,\quad z>\frac{1}{3}$$

所以 $f(z)(z>0)$ 在 $z=\frac{1}{3}$ 处取到最小值.

将 $z=\frac{1}{3}$ 代入约束条件 $2x^2+2y^2+z^2=1$ 得到 $x^2+y^2=\frac{4}{9}$. 于是 $|\operatorname{grad}\varphi(x,y,z)|$ 在半圆 $C:\begin{cases}x^2+y^2=\frac{4}{9}\\ z=\frac{1}{3}\end{cases}(x>0)$ 的每一点处都取到最小值.

设 $(x,y,z)\in C$,且 Σ 在该点处的法向量与 $(-1,1,1)$ 垂直,则 x,y,z 满足

$$\begin{cases}x^2+y^2=\frac{4}{9}\\ z=\frac{1}{3}\\ (4x,4y,2z)\cdot(-1,1,1)=0\end{cases}$$

解得 $x=\frac{\sqrt{31}+1}{12},y=\frac{\sqrt{31}-1}{12},z=\frac{1}{3}$,因此所求的点

$$P(x_0,y_0,z_0)=\left(\frac{\sqrt{31}+1}{12},\frac{\sqrt{31}-1}{12},\frac{1}{3}\right)$$

❖电话接通

设 20 部电话机之间用导线接通,每一根导线连接两部电话机,每一对电话机之间至多连有 1 根导线,自每一部电话机至多连出 3 根导线. 现要给这些导线中的每根涂上 1 种颜色,使得从每部电话机所连出的几条导线的颜色互不相同,最少需要几种不同的颜色?

解 若连线如图 1 所示时,至少要用 4 种不同的颜色.

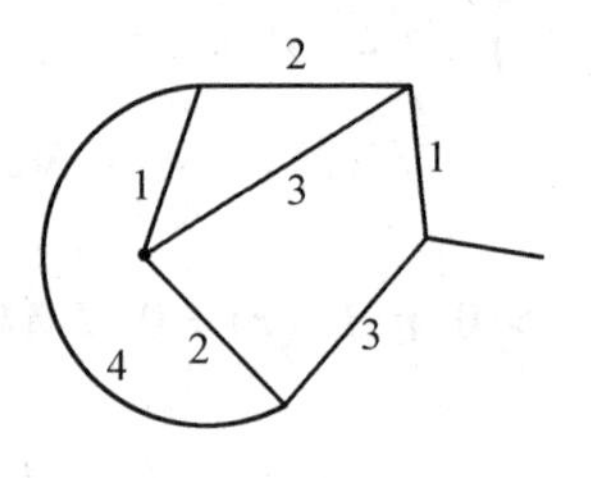

图 1

下面证明使用 4 种不同的颜色是足够的. 将每部电话机用一个点表示,当两部电话机之间有导线连接时,就在相应两点间连一条线段. 于是得到一个图,这个图有 20 个顶点,每个顶点至多连有 3 条边. 图中会有一些圈和一些链,圈和链上所含有的边数叫作它们的长度. 先找出图中最长的圈. 如果它含有偶数条边,则用 1 号色和 2 号色相间地为这些边涂色;如果含有奇数条边,则将其中 1 条边涂上 3 号色,其余的仍用 1 号和 2 号色相间地涂色. 涂色后去

掉这个圈以及由圈上顶点引出的所有的边(这些边尚未涂色).然后再从余下的图中找出最长的圈,并按同样办法涂色,去掉这个圈及其链上的顶点引出的所有的边.如此继续下去,一直进行到图中没有圈为止.这时,再找出余下的图中最长的链,并用1号和2号色相间地为链上的边涂色.然后去掉这条链及由链上的顶点所引出的所有的边.接着再在余下的图中找出最长的链,并继续上述过程,直到图中没有链为止.这时,余下的图是一些孤立点.现在,再来考虑上述过程中去掉的尚未涂色的边的涂色问题.对于那些两端点都是已涂色的圈上的顶点或链上的内顶点(非端点)的边,可一律涂上4号色.对于那些一端为孤立顶点的边,另一端一定是圈上的顶点或链上的内顶点(否则,该孤立顶点应当连到链上),因此每条这样的边的另一端点处,都连有两条已涂色的边.如果一个孤立顶点连有3条边,而它们的另一端点处所连的另两条边都涂有1号和2号色,那么可将其中一个端点处的一条边改涂为3号色(这样做是可以的,因为每个圈上都至多有一条边涂有3号色),而将孤立顶点与该顶点之间的边涂上这条边原来的颜色(1号或2号色),再将由孤立顶点发出的另两边分别涂上3号与4号色即可.如果一个孤立点连有3条边,而它们的另一端点处所连的另两条边都是1号(或2号)和3号色,那么可将一个端点处的3号边与其另一个邻边颜色对调,并将该顶点与孤立顶点间的边涂上3号色,由孤立顶点发出的另两条边分别涂上2号(或1号)和4号色即可.对于其他情况,就更易处理了.对于有一个端点为链的端点的情形,可作类似处理,充其量将链的最后一条边改涂3号色即可.

综上可知,最少需要4种不同的颜色.

❖点到直线的距离

记曲面 $z=x^2+y^2-2x-y$ 在区域 $D:x\geqslant 0,y\geqslant 0,2x+y\leqslant 4$ 上的最低点 P 处的切平面为 π,曲线 $\begin{cases}x^2+y^2+z^2=6\\x+y+z=0\end{cases}$ 在点 $(1,1,-2)$ 处的切线为 l,求点 P 到 l 在 π 上的投影 l' 的距离 d.

解 由 $z'_x=2x-2=0,z'_y=2y-1=0$ 解得驻点为 $\left(1,\frac{1}{2}\right)$.在驻点处

$$A=z''_{xx}=2,\quad B=z''_{xy}=0,\quad C=z''_{yy}=2$$

$\Delta=B^2-AC<0$,且 $A>0$,所以 $z\left(1,\frac{1}{2}\right)=-\frac{5}{4}$ 为极小值,而驻点唯一,故

$z\left(1,\frac{1}{2}\right)=-\frac{5}{4}$ 为最小值,即点 $P\left(1,\frac{1}{2},-\frac{5}{4}\right)$ 为曲面上最低点.

曲面在点 P 处的切平面 π 的方程为 $z=-\frac{5}{4}$.

记 P_0 为 $(1,1,-2)$,曲面 $x^2+y^2+z^2=6$ 在 P_0 的法向量 $\boldsymbol{n}_1$ 与平面 $x+y+z=0$ 在 P_0 的法向量 $\boldsymbol{n}_2$ 分别为

$$\boldsymbol{n}_1=(2,2,-4),\quad \boldsymbol{n}_2=(1,1,1)$$

故其交线在 P_0 的切向量为

$$\boldsymbol{l}=\boldsymbol{n}_1\times\boldsymbol{n}_2=(2,2,-4)\times(1,1,1)=6(1,-1,0)$$

于是切线 l 的方程为

$$\frac{x-1}{1}=\frac{y-1}{-1}=\frac{z+2}{0}$$

写为一般式为 $\begin{cases}x+y-z=0\\z+2=0\end{cases}$,过直线 l 的平面束方程为

$$(x+y-2)+\lambda(z+2)=0$$

其法向量 $\boldsymbol{n}_\lambda=(1,1,\lambda)$,令 $\boldsymbol{n}_\lambda\perp\boldsymbol{\eta}_\pi,\boldsymbol{\eta}_\pi=(0,0,1)$,故 $\lambda=0$,即过 l 的平面 $x+y-2=0$ 与平面 π 垂直,于是 l 在平面 π 内的投影 l' 的方程为

$$\begin{cases}x+y-2=0\\z=-\frac{5}{4}\end{cases}$$

点 $\left(1,\frac{1}{2},-\frac{5}{4}\right)$ 到 l' 的距离为

$$d=\frac{\left|1+\frac{1}{2}-2\right|}{\sqrt{1+1}}=\frac{1}{2\sqrt{2}}=\frac{1}{4}\sqrt{2}$$

❖旋转体积

求 t 的值,使等腰三角形 $D=\{(x,y)\mid 0\leqslant y\leqslant 2,-y\leqslant x\leqslant y\}$ 绕直线 $y=t(0\leqslant t\leqslant 2)$ 旋转时,所得旋转体的体积最小,并求此最小值.

分析 在求目标函数(即体积)时,必须要分 $t<1$ 和 $t\geqslant 1$ 两种情况分别进行讨论. 因为当 $t\leqslant 1$ 时,下面一个三角形旋转出来的旋转体体积全部包含在上面这个梯形旋转出来的旋转体体积内部(图1(a));而当 $t>1$ 时,下面一个三角形旋转出来的旋转体体积,没有被全部包含在上面这个梯形旋转出来的旋

转体体积内部(图 1(b)).

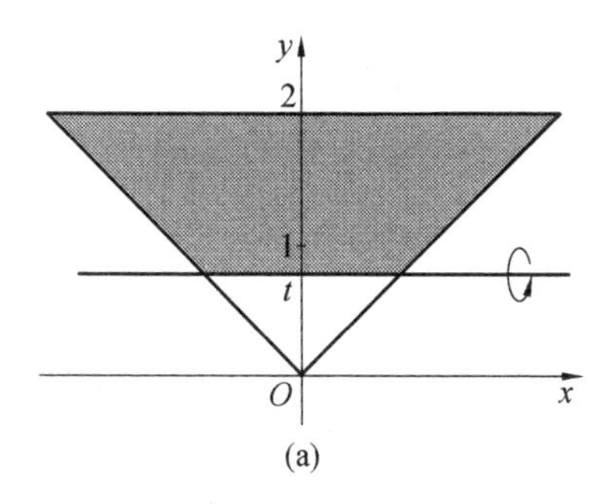

(a)

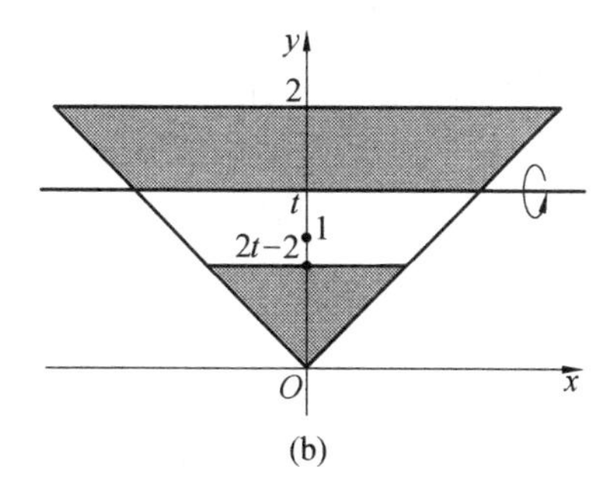

(b)

图 1

解 当 $0 \leqslant t \leqslant 1$ 时,有

$$V(t)=2\pi\int_{t}^{2}(y-t)y\mathrm{d}y=2\pi\left(\frac{8}{3}-2t+\frac{1}{6}t^{3}\right)$$

当 $1<t \leqslant 2$ 时,有

$$V(t)=2\pi\int_{0}^{2t-2}(t-y)y\mathrm{d}y+2\pi\int_{t}^{2}(y-t)y\mathrm{d}y=2\pi\left(\frac{16}{3}-8t+4t^{2}-\frac{1}{2}t^{3}\right)$$

则

$$V'(t)=\begin{cases}2\pi\left(-2+\dfrac{1}{2}t^{2}\right), & 0 \leqslant t \leqslant 1\\ 2\pi\left(-\dfrac{3}{2}t^{2}+8t-8\right), & 1<t \leqslant 2\end{cases}$$

令 $V'(t)=0$,可得目标函数的唯一驻点 $t=\frac{4}{3}$. 由于当 $0<t<\frac{4}{3}$ 时,有 $V'(t)<0$;当 $\frac{4}{3}<t<2$ 时,有 $V'(t)>0$. 所以当 $t=\frac{4}{3}$ 时,旋转体有最小体积,即

$$V_{\min}=V\left(\frac{4}{3}\right)=\frac{32}{27}\pi$$

❖函数的最值

证明函数 $f(x,y)=Ax^{2}+2Bxy+Cy^{2}$ 在约束条件 $\frac{x^{2}}{a^{2}}+\frac{y^{2}}{b^{2}}=1$ 下有最大值和最小值,且它们是方程 $k^{2}-(Aa^{2}+Cb^{2})k+(AC-B^{2})a^{2}b^{2}=0$ 的根.

证明 因为$\frac{x^2}{a^2}+\frac{y^2}{b^2}=1$是$\mathbf{R}^2$中有界闭集,$f(x,y)$是连续函数,所以最大值、最小值存在.令拉格朗日函数

$$L(x,y)=f(x,y)+\lambda\varphi(x,y)$$

这里$\varphi(x,y)=1-\frac{x^2}{a^2}-\frac{y^2}{b^2}$,求导得

$$\begin{cases}\frac{\partial L}{\partial x}=2\left[\left(A-\frac{\lambda}{a^2}\right)x+By\right]=0 & ①\\ \frac{\partial L}{\partial y}=2\left[\left(C-\frac{\lambda}{b^2}\right)y+Bx\right]=0 & ②\\ 1-\frac{x^2}{a^2}-\frac{y^2}{b^2}=0 & ③\end{cases}$$

设λ_1,λ_2分别对应于最大点(x_1,y_1)、最小点(x_2,y_2)的乘子,那么(x_1,y_1,λ_1)和(x_2,y_2,λ_2)满足方程①②③.

因此齐次线性方程组①②有非零解,则对应的系数矩阵奇异,即行列式为零,故

$$\left(A-\frac{\lambda}{a^2}\right)\left(C-\frac{\lambda}{b^2}\right)-B^2=0$$

即

$$\lambda^2-(Aa^2+Cb^2)\lambda+(AC-B^2)a^2b^2=0$$

即λ_1,λ_2是此二次方程的根.

❖方格编号

已知h块(国际象棋的)棋盘中的每块上面的64个方格都从1到64编号,使得其中任何两块棋盘的周界以任一种方式重合时,位置相同的任何两个方格的编号都不相同.求棋盘块数h的最大值.

J	K	L	M	N	O	P	J
P	E	F	G	H	I	E	K
O	I	B	C	D	B	F	L
N	H	D	A	A	C	G	M
M	G	C	A	A	D	H	N
L	F	B	D	C	B	I	O
K	E	I	H	G	F	E	P
J	P	O	N	M	L	K	J

图1

解 将棋盘上的64个方格分成16组,如图1.将1到64这64个自然数依次每4个数为1组分成16组.将这16组数依次填入第1块棋

盘的 $A,B,C,\cdots,P$ 组方格中. 对于第 2 块棋盘,依次将 16 组数填入 $B,C,\cdots,P,A$ 组方格中. 这样轮换下去,最后将这 16 组数依次填入第 16 块棋盘的 $P,A,B,\cdots,O$ 组方格中. 易见,这 16 块棋盘的编号满足题中要求,故所求的 h 的最大值不小于 16.

如果有已编好号码的 17 块棋盘,则这些棋盘上的 A 组方格共有 68 个编号. 于是由抽屉原理知其中必有两个号码相同,且这两个号码相同的 A 组方格不在一块棋盘上. 从而可选择这两块棋盘的位置而使这两个 A 组方格重合. 可见,17 块棋盘的任何编号方式都不满足要求. 所以,所求的 h 的最大值为 16.

❖函数的最大值与最小值

设函数 $f(x,y,z)=\dfrac{x^2+yz}{x^2+y^2+z^2}$,定义在 $D=\{(x,y,z)\mid 1\leqslant x^2+y^2+z^2\leqslant 4\}$ 上.

(1) 证明:函数 $f(x,y,z)$ 在 D 上的最大值和最小值等价于函数 $g(x,y,z)=x^2+yz$ 在约束条件 $x^2+y^2+z^2=1$ 下的最大值和最小值.

(2) 求上述最大值和最小值.

证明 (1) 设 $(x,y,z)\in D$, 那么 $x^2+y^2+z^2=\rho^2$, 且 $1\leqslant\rho\leqslant 2$, 则 $\left(\dfrac{x}{\rho},\dfrac{y}{\rho},\dfrac{z}{\rho}\right)$ 满足 $\left(\dfrac{x}{\rho}\right)^2+\left(\dfrac{y}{\rho}\right)^2+\left(\dfrac{z}{\rho}\right)^2=1$, 于是, 若 $(x_0,y_0,z_0)\in D$ 是 $f(x,y,z)$ 的最大值点,则

$$f(x,y,z)\leqslant f(x_0,y_0,z_0)$$

即

$$g(x',y',z')\leqslant g(x'_0,y'_0,z'_0)$$

这里

$$(x',y',z')=\left(\frac{x}{\rho},\frac{y}{\rho},\frac{z}{\rho}\right)$$

$$(x'_0,y'_0,z'_0)=\left(\frac{x_0}{\rho_0},\frac{y_0}{\rho_0},\frac{z_0}{\rho_0}\right),\quad \rho_0^2=x_0^2+y_0^2+z_0^2$$

因为 $\{(x,y,z)\mid x^2+y^2+z^2=1\}\subset D$,所以 g 在约束条件 $x^2+y^2+z^2=1$ 下达到最大值.

反之,设 g 在约束条件 $(x')^2+(y')^2+(z')^2=1$ 下,在 (x'_0,y'_0,z'_0) 处达到最大值,即

$$g(x',y',z') \leqslant g(x'_0,y'_0,z'_0) = f(x'_0,y'_0,z'_0)$$

那么对 $\forall (x,y,z) \in D$,有 $f(x,y,z) = g(x',y',z')$,故

$$f(x,y,z) \leqslant f(x'_0,y'_0,z'_0)$$

因此 $g(x'_0,y'_0,z'_0)$ 也是 f 在 D 上的最大值,同理可证最小值.

(2) 有

$$g(x,y,z) = x^2 + yz \leqslant x^2 + \frac{1}{2}(y^2 + z^2) \leqslant x^2 + y^2 + z^2 = 1$$

取 $(1,0,0)$ 知 $g(1,0,0) = 1$,故最大值为 1. 因为

$$g(x,y,z) = x^2 + yz \geqslant x^2 - \frac{1}{2}(y^2 + z^2) \geqslant$$

$$-\frac{1}{2}(y^2 + z^2) = -\frac{1}{2}(1 - x^2) =$$

$$-\frac{1}{2} + \frac{1}{2}x^2 \geqslant -\frac{1}{2}$$

取 $\left(0,\frac{\sqrt{2}}{2},\frac{\sqrt{2}}{2}\right)$, $g\left(0,\frac{\sqrt{2}}{2},\frac{\sqrt{2}}{2}\right) = -\frac{1}{2}$,故 $g(x,y,z)$ 的最小值为 $-\frac{1}{2}$.

❖柱形水槽

横断面为半圆形的柱形水槽,当它的表面积(包括两端面积)为一定时(图1),具有怎样的尺寸,才有最大的容积?

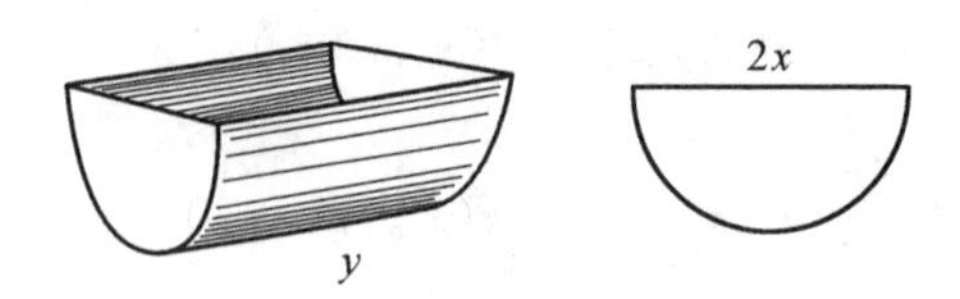

图 1

解 设水槽的横断面半径为 x,水槽长为 y,则水槽的表面积为

$$S = 2 \cdot \frac{1}{2}\pi x^2 + \pi xy = \pi x^2 + \pi xy$$

所以

$$y = \frac{S - \pi x^2}{\pi x} \qquad ①$$

据题意,式中 S 为常数.

又设水槽的容积为 V,则有

$$V=\frac{1}{2}\pi x^2\cdot y=\frac{\pi x^2}{2}\cdot\frac{S-\pi x^2}{\pi x}=$$

$$\frac{\pi}{2}x\left(\frac{S}{\pi}-x^2\right)=\frac{\pi}{2}(x^2)^{\frac{1}{2}}\left(\frac{S}{\pi}-x^2\right)^1$$

由于$\frac{\pi}{2}$为常数,并且

$$x^2+\left(\frac{S}{\pi}-x^2\right)=\frac{S}{\pi}$$

为定值,因此当

$$\frac{x^2}{\frac{1}{2}}=\frac{\frac{S}{\pi}-x^2}{1} \quad ②$$

时,V 达最大值.

解式 ②,并考虑到 x 不为负值,故得

$$x=\sqrt{\frac{S}{3\pi}}$$

将 x 的值代入式 ① 得

$$y=2\sqrt{\frac{S}{3\pi}}=2x$$

因此,当水槽的长度等于水槽横断面的直径时,其容积最大.

❖函数的最值与矩阵的特征值

设 $\boldsymbol{A}=(a_{ij})_{n\times n}$ 是 n 阶实对称矩阵,证明:二次型函数

$$f(x)=f(x_1,x_2,\cdots,x_n)=\boldsymbol{x}^{\mathrm{T}}\boldsymbol{A}\boldsymbol{x}=\sum_{i,j}a_{ij}x_ix_j$$

在单位球面 $\sum_{i=1}^{n}x_i^2=1$ 上的最大(最小)值恰好是矩阵 $\boldsymbol{A}$ 的最大(最小)特征值.

证明 令 $g(x)=\sum_{i=1}^{n}x_i^2-1$,作拉格朗日函数

$$L(x,\lambda)=f(x)+\lambda g(x)$$

由于$f(x)$在$\sum_{i=1}^{n}x_i^2=1$上必达到最大(最小)值.设在$\boldsymbol{x}^0=(x_1^0,x_2^0,\cdots,x_n^0)$处达到最大值,那么满足

$$\begin{cases}\sum_{j=1}^{n}a_{ij}x_j^0-\lambda x_i^0=0, & i=1,2,\cdots,n\\ \sum_{i=1}^{n}(x_i^0)^2=1\end{cases}$$

即

$$\begin{cases}(\boldsymbol{A}-\lambda\boldsymbol{I})\boldsymbol{x}^0=\boldsymbol{0}\\ \sum_{i=1}^{n}(x_i^0)^2=1\end{cases} \quad ①$$

故向量$\boldsymbol{x}^0$不是零向量,即λ是$\boldsymbol{A}$的特征值,进一步,由①得

$$f(\boldsymbol{x}^0)=(\boldsymbol{x}^0)^{\mathrm{T}}\boldsymbol{A}\boldsymbol{x}^0=\lambda\left(\sum_{i=1}^{n}x_i^0\right)^2=\lambda$$

可见$f(x)$在$\sum_{i=1}^{n}x_i^2=1$的条件下达到的最大值是$\boldsymbol{A}$的特征值.反之,设λ_1是$\boldsymbol{A}$的最大特征值,那么有特征向量$\boldsymbol{x}'=(x'_1,x'_2,\cdots,x'_n)$满足$\sum_{i=1}^{n}(x'_i)^2=1$,使

$$(\boldsymbol{A}-\lambda_1\boldsymbol{I})x'=\boldsymbol{0}$$

于是

$$f(\boldsymbol{x}')=(\boldsymbol{x}')^{\mathrm{T}}\boldsymbol{A}\boldsymbol{x}'=\lambda_1$$

故$\lambda_1\leqslant\lambda$.另一方面,$\lambda$是$\boldsymbol{A}$的特征值,那么$\lambda\leqslant\lambda_1$,即$\lambda=\lambda_1$.同理,可证$f(x)$的最小值是矩阵$\boldsymbol{A}$的最小特征值.

❖油漆工人

两个油漆工人为围绕别墅的100段篱笆刷漆,两人隔日交替工作,每人在每一个工作日中各油漆一段篱笆,可随意涂上红色或绿色.第一人是色盲,分不清颜色,但他能记住自己已漆过的地方和颜色,也能看出第二人已漆过的地方,但不知什么颜色.第一位工人希望篱笆上的红绿交替之处越多越好,问他最多能得到多少个红绿交替之处(不论第二人怎样工作)?

解 第一人首先从头开始,把第一段篱笆涂成红色.然后第三天来时,如果第二人已涂了第二段,则第一人就把第三段涂成绿色;如果第二人未涂第二

段,则他就把第二段涂成绿色. 第一人的涂漆原则是从开头不间断地往下涂,遇到第二人涂过的部分,则越过去后接着涂漆,且每次涂漆都与上一次异色. 这样,第一人自己涂的50段篱笆改变了49次颜色,而在他涂的每两段之间无论第二人涂了几段和涂了什么颜色,颜色交替的次数绝不会减少,故至少有49次交替之处.

如果第二人每次都紧挨着第一人涂一段相同的颜色,则颜色交替的次数恰为49次,故知第一人最多能得到49处颜色交替之处(这里是理解篱笆的开头和结尾不是接着的,例如可能隔着门,否则答案应为50).

❖方向导数

在椭球面 $2x^2+2y^2+z^2=1$ 上求一点,使函数 $f(x,y,z)=x^2+y^2+z^2$ 在该点沿方向 $(1,-1,0)$ 处的方向导数最大.

解 函数在椭球面上的一点 (x,y,z) 沿方向 $(1,-1,0)$ 的方向导数为

$$g(x,y,z)=2x-2y$$

问题转化为在约束条件 $2x^2+2y^2+z^2=1$ 下求 $g(x,y,z)$ 的最大值.

构造拉格朗日函数

$$L(x,y,z,\lambda)=2x-2y+\lambda(2x^2+2y^2+z^2-1)$$

则

$$\begin{cases}\dfrac{\partial L}{\partial x}=2+4\lambda x=0\\ \dfrac{\partial L}{\partial y}=-2+4\lambda y=0\\ \dfrac{\partial L}{\partial z}=2\lambda z=0\\ 2x^2+2y^2+z^2-1=0\end{cases}$$

解得 $z=0,x=-y=\pm\dfrac{1}{2}$,得驻点为 $\left(\dfrac{1}{2},-\dfrac{1}{2},0\right)$,$\left(-\dfrac{1}{2},\dfrac{1}{2},0\right)$,计算可知 $g\left(\dfrac{1}{2},-\dfrac{1}{2},0\right)=2$,$g\left(-\dfrac{1}{2},\dfrac{1}{2},0\right)=-2$,因此 g 的最大值为2.

❖伐木工砍树

伐木工在砍树时,首先要在树干上砍出一个"V"形凹槽(图1),假定树干是笔直向上生长的,其形状是半径为 R 的圆柱体.无论树干粗细为多大,要求凹槽两侧两个平面所夹的二面角为定值 $2\alpha\left(0<\alpha<\frac{\pi}{2}\right)$,并要求凹槽深及树干中心,即凹槽上、下两个底面的交线是一条与圆柱体中心轴垂直相交的水平线.

试证明:当凹槽二面角的角平分面是水平面,即凹槽的两个侧面关于水平面对称时,伐木工所砍去的树干木材体积为最小,并求出此最小值.

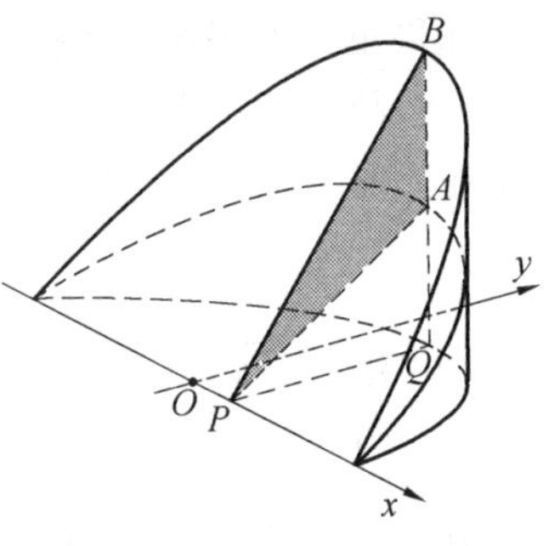

图1

解 我们称被砍去部分的物体为楔形,其上、下底面都是平面,而侧面是圆柱面的一部分,在上、下底面交线的水平面内建立平面直角坐标系,如图1.

设此楔形物体之下底面与水平面的夹角为 $\theta\left(-\frac{\pi}{2}<\theta<\frac{\pi}{2}-2\alpha\right)$,则其上底面与水平面的夹角为 $\theta+2\alpha$.

在 $-R\leqslant x\leqslant R$ 的范围内作垂直于 x 轴的平面,截此楔形体得到截面图形为 $\triangle PAB$,其面积为

$$S_{\triangle PAB}=S_{\triangle PQB}-S_{\triangle PQA}=\frac{1}{2}PQ(QB-QA)=$$

$$\frac{1}{2}y[y\tan(\theta+2\alpha)-y\tan\theta]=$$

$$\frac{1}{2}y^2[\tan(\theta+2\alpha)-\tan\theta]=$$

$$\frac{1}{2}(R^2-x^2)[\tan(\theta+2\alpha)-\tan\theta]$$

所以楔形物体的体积为

$$V(\theta)=\int_{-R}^{R}\frac{1}{2}(R^2-x^2)[\tan(\theta+2\alpha)-\tan\theta]\mathrm{d}x=$$

$$\frac{2}{3}R^3[\tan(\theta+2\alpha)-\tan\theta]$$

这就是目标函数,它在定义域 $-\frac{\pi}{2}<\theta<\frac{\pi}{2}-2\alpha$ 内可导,其导数为

$$V'(\theta)=\frac{2}{3}R^3[\sec^2(\theta+2\alpha)-\sec^2\theta]$$

令 $V'(\theta)=0$,得到唯一驻点 $\theta=-\alpha$,根据实际意义可知目标函数在定义域内最小值一定存在. 所以,此唯一驻点就是最小值点,$\theta=-\alpha$ 和 $\theta+2\alpha=\alpha$ 说明了楔形的底面和顶面关于水平面为对称. 此时,伐木工所砍去树干木材的体积有最小值,最小值为

$$V_{\min}=\frac{4}{3}R^3\tan\alpha$$

❖旋转体的体积

如图 1,$ABCD$ 是等腰梯形,$BC\ /\!/\ AD$,$AB+BC+CD=8$,求 AB,BC,AD 的长,使该梯形绕 AD 旋转一周所得旋转体的体积最大.

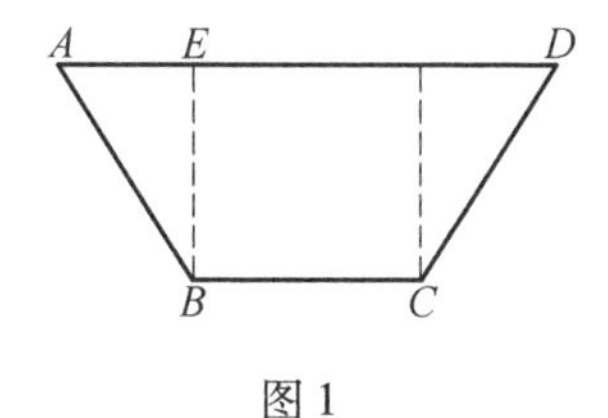

图 1

解 令 $BC=x$,$AD=y(0<x<y<8)$,则 $AB=\frac{8-x}{2}$. 设 $BE\perp AD$,则

$$AE=\frac{y-x}{2}$$

$$BE=\sqrt{AB^2-AE^2}=\sqrt{\left(\frac{8-x}{2}\right)^2-\left(\frac{y-x}{2}\right)^2}$$

$$V=\frac{2}{3}\pi BE^2\cdot AE+\pi BE^2x=\pi BE^2\left(\frac{2}{3}AE+x\right)=$$

$$\pi\left[\left(\frac{8-x}{2}\right)^2-\left(\frac{y-x}{2}\right)^2\right]\left(\frac{2x+y}{3}\right)=$$

$$\frac{\pi}{12}(8-2x+y)(8-y)(2x+y)$$

由

$$\begin{cases}\dfrac{\partial V}{\partial x}=\dfrac{2\pi}{3}(8-y)(2-x)=0\\ \dfrac{\partial V}{\partial y}=\dfrac{\pi}{12}[(8-y)(2x+y)-(8-2x+y)(2x+y)+(8-2x+y)(8-y)]=0\end{cases}$$

解得唯一驻点 $P(2,4)$，由于

$$A=\frac{\partial^2 V}{\partial x^2}\bigg|_P=-\frac{2\pi}{3}(8-y)\bigg|_P=-\frac{8\pi}{3}$$

$$B=\frac{\partial^2 V}{\partial x\partial y}\bigg|_P=\frac{2\pi}{3}(x-2)\bigg|_P=0$$

$$C=\frac{\partial^2 V}{\partial y^2}\bigg|_P=-\frac{\pi}{2}\cdot y\bigg|_P=-2\pi$$

又 $\Delta=B^2-AC=-\dfrac{16}{3}\pi^2<0, A<0$，所以 $x=2,y=4$ 时 V 取最大值，于是 $AB=3,BC=2,AD=4$ 为所求的值.

❖地毯宽度

在长度为 100 m 的走廊内铺设总长为 1 000 m 的 20 块条形地毯. 假设地毯的宽度与走廊的宽度相同，则最多可能有多少块地方未被盖住？

解 如果走廊的每点都被盖住 10 层，那么 1 000 m 长的地毯将恰好将走廊盖满 10 层. 因此，要想有的地方未被盖住，至少有一点要被盖住 11 层. 显然，这 11 块地毯盖住了走廊的某个完整地段. 即使另外 9 块地毯互不相重，也至多盖住 10 块地段，从而未被盖住的地块至多有 11 块.

另一方面，设 20 块地毯中有 11 块各长 90.5 m，其余 9 块各长 0.5 m，则共长 1 000 m. 将前 11 块完全重叠在一起，后 9 块各自单独铺设，则共盖住了走廊地面 95 m. 因而只要将 10 部分所分的 11 块未被盖住的地块长度一致，均为 $\dfrac{5}{11}$ m 就可以了.

综上可知，未被盖住的地块最多有 11 块.

❖函数的最小值

设 $f(x,y)$ 在 $\mathbf{R}^2$ 上连续可微，且

$$\lim_{x^2+y^2\to\infty}\left(x\frac{\partial f}{\partial x}+y\frac{\partial f}{\partial y}\right)\geqslant\alpha>0$$

其中 α 是一常数,证明:$f(x,y)$ 在 $\mathbf{R}^2$ 上达到最小值.

证明　由于 $\lim\limits_{x^2+y^2\to\infty}\left(x\frac{\partial f}{\partial x}+y\frac{\partial f}{\partial y}\right)\geqslant\alpha>0$,那么存在 $M>0$,满足 $x^2+y^2\geqslant M^2$ 时,有

$$x\frac{\partial f}{\partial x}+y\frac{\partial f}{\partial y}\geqslant\frac{\alpha}{2}>0$$

对于任何 $\theta\in[0,2\pi)$ 及 $\rho>M$,由微分中值定理,存在 $\xi\in(M,\rho)$ 满足

$$f(\rho\cos\theta,\rho\sin\theta)-f(M\cos\theta,M\sin\theta)=$$

$$\left[\cos\theta\frac{\partial f}{\partial x}(\xi\cos\theta,\xi\sin\theta)+\sin\theta\frac{\partial f}{\partial y}(\xi\cos\theta,\xi\sin\theta)\right](\rho-M)=$$

$$\frac{1}{\xi}\left[\bar{x}\frac{\partial f}{\partial x}\bigg|_{(\bar{x},\bar{y})}+\bar{y}\frac{\partial f}{\partial y}\bigg|_{(\bar{x},\bar{y})}\right](\rho-M)>0$$

这里 $\bar{x}=\xi\cos\theta,\bar{y}=\xi\sin\theta$,故

$$f(\rho\cos\theta,\rho\sin\theta)>f(M\cos\theta,M\sin\theta)$$

因此,对任何 $x^2+y^2>M^2$,有 $f(x,y)>\min\limits_{x^2+y^2\leqslant M^2}f(x,y)$,故 $f(x,y)$ 在 $x^2+y^2\leqslant M^2$ 内达到最小值.

❖洒满阳光

要在墙上开一个上部为半圆形、下部为矩形的窗户.在窗框为定长的条件下,要使窗户能够透过最多的光线,窗户应具有怎样的尺寸?

解　由于窗户的面积越大,透过的光线越多.因此,根据题目的要求,应是将半圆和矩形组合在一起,在总周长为一定的条件下,具有最大面积的尺寸.

如图 1,设半圆直径为 x,矩形高度为 y,则窗户的周长为

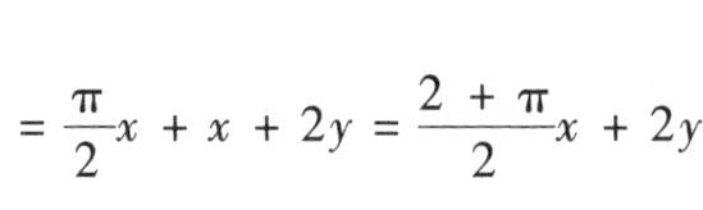

$$l=\frac{\pi}{2}x+x+2y=\frac{2+\pi}{2}x+2y$$

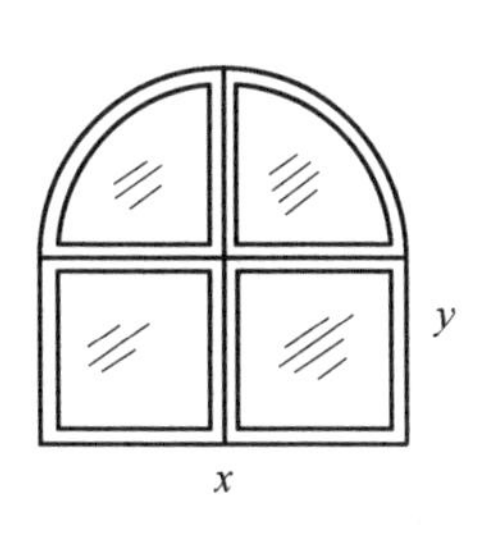

图 1

所以

$$y=\frac{2l-(2+\pi)x}{4} \qquad ①$$

据题意,式中 l 为常数.

窗户的面积 S 是半圆的面积

$$\frac{\pi}{2}\left(\frac{x}{2}\right)^2=\frac{\pi}{8}x^2$$

与矩形的面积

$$xy$$

之和,即

$$S=\frac{\pi}{8}x^2+xy$$

将式 ① 代入上式,整理得

$$S=-\frac{4+\pi}{8}\left(x^2-\frac{4l}{4+\pi}x\right)=$$

$$-\frac{4+\pi}{8}\left[x^2-\frac{4l}{4+\pi}x+\left(\frac{2l}{4+\pi}\right)^2-\left(\frac{2l}{4+\pi}\right)^2\right]=$$

$$\frac{l^2}{2(4+\pi)}-\frac{4+\pi}{8}\left(x-\frac{2l}{4+\pi}\right)^2$$

因此

$$S-\frac{l^2}{2(4+\pi)}=-\frac{4+\pi}{8}\left(x-\frac{2l}{4+\pi}\right)^2 \qquad ②$$

不难知道,由式 ② 表示的抛物线的顶点坐标为$\left(\frac{2l}{4+\pi},\frac{l^2}{2(4+\pi)}\right)$.

考虑到

$$-\frac{4+\pi}{8}<0$$

故当

$$x=\frac{2l}{4+\pi}$$

时,S 达最大值,且最大值为

$$S_{\max}=\frac{l^2}{2(4+\pi)}$$

将 x 的值代入式 ①,得

$$y=\frac{l}{4+\pi}$$

因此,当窗户的半圆直径与矩形高成 2 : 1 的比例时,房屋的光线最充足.

❖函数的最大值

(1) 设函数$f(t)$在$[1,+\infty)$上有连续的二阶导数,$f(1)=0$,$f'(1)=1$,且二元函数$z=(x^2+y^2)f(x^2+y^2)$满足

$$\frac{\partial^2 z}{\partial x^2}+\frac{\partial^2 z}{\partial y^2}=0$$

求$f(t)$在$[1,+\infty)$上的最大值.

(2) 设函数$f(t)$在$(0,+\infty)$上有连续的二阶导数,$f(1)=0$,$f'(1)=1$,又$u=f(\sqrt{x^2+y^2+z^2})$满足

$$\frac{\partial^2 u}{\partial x^2}+\frac{\partial^2 u}{\partial y^2}+\frac{\partial^2 u}{\partial z^2}=0$$

求$f(t)$在$(0,+\infty)$上的表达式.

解 (1) 令$t=x^2+y^2$,则$z=tf(t)$,所以

$$\frac{\partial z}{\partial x}=\frac{\partial t}{\partial x}f(t)+tf'(t)\frac{\partial t}{\partial x}=2x[f(t)+tf'(t)]$$

$$\frac{\partial^2 z}{\partial x^2}=2[f(t)+tf'(t)]+4x^2[2f'(t)+tf''(t)]=$$

$$2f(t)+(8x^2+2t)f'(t)+4x^2tf''(t)$$

同理

$$\frac{\partial^2 z}{\partial y^2}=2f(t)+(8y^2+2t)f'(t)+4y^2tf''(t)$$

于是

$$\frac{\partial^2 z}{\partial x^2}+\frac{\partial^2 z}{\partial y^2}=4t^2f''(t)+12tf'(t)+4f(t)=0 \quad (\text{二阶欧拉方程})$$

令$t=\mathrm{e}^x$,上式化为

$$\frac{\mathrm{d}^2 f}{\mathrm{d}u^2}+2\frac{\mathrm{d}f}{\mathrm{d}u}+f=0$$

它的通解为

$$f(t)=C_1u\mathrm{e}^{-u}+C_2\mathrm{e}^{-u}=\frac{C_1\ln t+C_2}{t}$$

利用$f(1)=0$,$f'(1)=1$得$C_2=0$,$C_1=1$,故

$$f(t)=\frac{\ln t}{t}$$

由$f'(t)=\frac{1-\ln t}{t^2}$,可得$f(t)$在$[1,+\infty)$上的最大值为$f(e)=\frac{1}{e}$.

(2) 记$t=\sqrt{x^2+y^2+z^2}$,则$u=f(t)$,所以

$$\frac{\partial u}{\partial x}=f'(t)\frac{x}{\sqrt{x^2+y^2+z^2}}=f'(t)\frac{x}{t}$$

$$\frac{\partial^2 u}{\partial x^2}=f''(t)\frac{x^2}{t^2}+f'(t)\frac{t^2-x^2}{t^3}$$

同理

$$\frac{\partial^2 u}{\partial y^2}=f''(t)\frac{y^2}{t^2}+f'(t)\frac{t^2-y^2}{t^3}$$

$$\frac{\partial^2 u}{\partial z^2}=f''(t)\frac{z^2}{t^2}+f'(t)\frac{t^2-z^2}{t^3}$$

于是

$$\frac{\partial^2 u}{\partial x^2}+\frac{\partial^2 u}{\partial y^2}+\frac{\partial^2 u}{\partial z^2}=f''(t)+\frac{2}{t}f'(t)=0$$

由此可得

$$f'(t)=\frac{C_1}{t^2}$$

将$f'(1)=1$代入得$C_1=1$,故$f'(t)=\frac{1}{t^2}$,从而

$$f(t)=C_2-\frac{1}{t}$$

将$f(1)=0$代入得$C_2=1$,故$f(t)=1-\frac{1}{t}$.

❖打印卡片

三位数共900个(100,101,…,999),在卡片上打印这些三位数,每张卡片上打印一个三位数. 但是,有些卡片上打印的,倒过来看仍为三位数,如198倒过来看是861;有的卡片则不然,如531倒过来看没有意义. 因此,有些卡片可以一卡两用,便可少打一些卡片. 求最少可以少打多少张卡片?

解 将一个数字倒过来看仍有意义的数字共有五个:0,1,6,8,9. 一个三位数倒过来看仍为三位数,这种数的十位数字便有5种选择. 但因百位和个位

都不能为 0,故只有 4 种选择. 从而这种数的总数为 $5\times4\times4=80$.

在上述倒过来看仍为三位数的所有数中,有的数倒过来看是另外一个三位数,还有的数倒过来看仍然是它自己. 显然,只有前者才能使一卡两用,后一种是不行的.

倒过来看仍是自己的数字只有三个:0,1,8,故后一种数的十位数字只有三种选择. 百位数字可以选取 1,6,8,9. 个位数字则相应的取为 1,9,8,6. 易见,这种数共有 12 个.

综上可知,倒过来看仍有意义但又不等于它自己的三位数共有 68 个,打印卡片时可以一卡两用,省去一半,即最多可少打印 34 张卡片.

❖子弹弹道

有一颗子弹,以初速度 v_0 斜向上方射出枪口,发射角为 $\alpha\left(0<\alpha<\frac{\pi}{2}\right)$. 试证明:若要使子弹下落到枪口水平面时子弹所走过的路程最长,则发射角 α 必须满足

$$\ln(\sec\alpha+\tan\alpha)=\csc\alpha$$

这里假定子弹在运动过程中,除了重力的作用外,没有其他任何作用力.

注 在解应用题时,一定要弄清题意,本题中讲的"路程"与一般情况下讲的"位移"差别好像很小,但是由于这里是曲线运动,所以意思完全不一样. 这里的目标函数是弹道曲线的弧长,而不是水平距离.

证明 以枪口为坐标原点,正前方为 x 轴,正上方为 y 轴,建立坐标系,得到子弹的运行轨迹为

$$x=v_0t\cos\alpha$$

$$y=v_0t\sin\alpha-\frac{1}{2}gt^2$$

令 $y=0$ 可得到子弹重新落到枪口水平面所需要的时间为

$$T=\frac{2v_0\sin\alpha}{g}$$

子弹弹道曲线的长度为

$$L(\alpha)=\int_0^T\sqrt{[x'(t)]^2+[y'(t)]^2}\,\mathrm{d}t=\int_0^T\sqrt{(v_0\cos\alpha)^2+(v_0\sin\alpha-gt)^2}\,\mathrm{d}t$$

$$\frac{v_0\sin\alpha - gt = (v_0\cos\alpha)\tan\theta}{t = \frac{1}{g}[v_0\sin\alpha - (v_0\cos\alpha)\tan\theta]}$$

$$-\frac{1}{g}v_0^2\cos^2\alpha\int_{\alpha}^{-\alpha}\sec^2\theta\mathrm{d}\theta = \frac{2}{g}v_0^2\cos^2\alpha\int_0^{\alpha}\sec^3\theta\mathrm{d}\theta =$$

$$\frac{1}{g}v_0^2[\sec\alpha\tan\alpha + \ln(\tan\alpha + \sec\alpha)]\cos^2\alpha$$

它能取得最大值的必要条件是 $L'(\alpha)=0$,即

$$\frac{2v_0^2\cos\alpha}{g}[1-(\sin\alpha)\ln(\tan\alpha+\sec\alpha)]=0$$

也就是

$$\ln(\sec\alpha+\tan\alpha)=\csc\alpha$$

❖沿途车站

一条公路,沿途有 10 个汽车站 $A_0,A_1,A_2,\cdots,A_9$. 相邻两站间的距离都是 a km,有一汽车从 A_0 站出发,跑遍各站,运送货物. 汽车在各站只停留一次,最后返回始发站 A_0. 由于货运需要,汽车不一定顺次在 $A_1,A_2,A_3,\cdots$ 各站停留(比如,可以由 $A_3\to A_5\to A_7\to\cdots$). 问该汽车可能行驶的最大里程是多少千米? 最小里程又是多少千米? 说明理由.

解 由已知,$A_0,A_1,A_2,\cdots,A_9$ 各站与 A_0 的距离分别为 $0,\alpha,2\alpha,\cdots,9\alpha$.

设汽车运行中,若第 n 次停车时与 A_0 站的距离为 $x_n(x_n\geqslant 0)$,则汽车行驶的总里程是

$$S=|x_0-x_1|+|x_1-x_2|+|x_2-x_3|+\cdots+|x_9-x_0|$$

如果把上式中的绝对值符号去掉,就得到 S 是由 10 个带正号的数与 10 个带负号的数的代数和,显然这个和不大于

$$2(9a+8a+7a+6a+5a)-2(4a+3a+2a+a+0)=50a$$

故汽车行驶的里程不超过 $50a$ km.

当汽车行驶的路线如下时

$$A_0\to A_9\to A_1\to A_8\to A_2\to A_7\to A_3\to A_6\to A_4\to A_5\to A_0$$

$$\begin{aligned}S=&|0-9a|+|9a-a|+|a-8a|+|8a-2a|+|2a-7a|+\\&|7a-3a|+|3a-6a|+|6a-4a|+|4a-5a|+|5a-0|=\\&9a+8a+7a+6a+5a+4a+3a+2a+a+5a=50a\end{aligned}$$

因此,行驶的最大里程是 $50a$ km.

又汽车在 A_0 与 A_9 之间往返,行驶里程至少是 A_0 与 A_9 之间距离的2倍,即

$$S \geqslant 2 \times 9a = 18a$$

当汽车行驶路线如下时

$$A_0 \to A_1 \to A_2 \to A_3 \to A_4 \to A_5 \to A_6 \to A_7 \to A_8 \to A_8 \to A_0$$

$$S = |0 - a| + |a - 2a| + |2a - 3a| + |3a - 4a| + |4a - 5a| + |5a - 6a| + |6a - 7a| + |7a - 8a| + |8a - 9a| + |9a - 0| = 18a$$

因此,汽车行驶的最小路程是 $18a$ km.

附　　录

附录(1)　Chester McMaster 赛场选址问题

1. 引言

问题　(2007 年高考广东(理)卷第 7 题) 图 1 是某汽车维修公司的维修点环形分布图. 公司在年初分配给 A,B,C,D 四个维修点某种配件各 50 件. 在使用前发现需将 A,B,C,D 四个维修点的这批配件分别调整为 40,45,54,61 件,但调整只能在相邻维修点之间进行. 那么要完成上述调整,最少的调动件次(n 件配件从一个维修点调整到相邻维修点的调动件次为 n)为　　(　　)

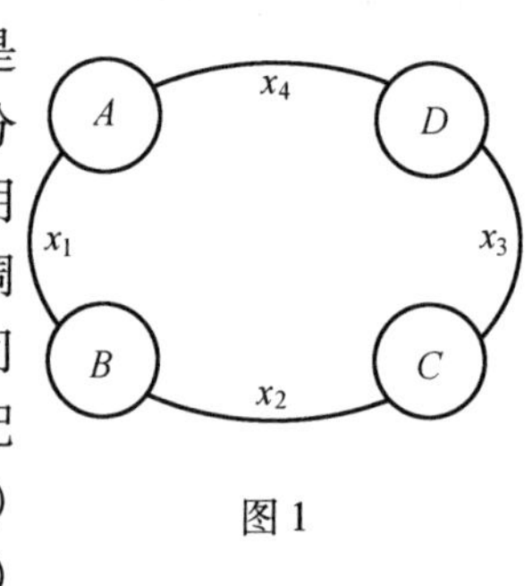

图 1

A. 15　　B. 16　　C. 17　　D. 18

探究　按 A,B,C,D 的顺序顺次向相邻维修点调出 x_1,x_2,x_3,x_4 件配件. $x_1>0$ 表示由 A 调入 B;$x_1<0$ 表示由 B 调入 A;$x_1=0$ 表示 A,B 之间无调入调出. x_2,x_3,x_4 的含义与 x_1 相同,如图 1 所示,则

$$40+x_1-x_4=45+x_4-x_3=54+x_3-x_2=61+x_2-x_1=50$$

即 $x_2=x_1-11,x_3=x_1-15,x_4=x_1-10$.

要调动的件次最少,即求函数

$$y=|x_1|+|x_2|+|x_3|+|x_4|=|x_1|+|x_1-11|+|x_1-15|+|x_1-10|$$

的最小值.

这是一道历史悠久、背景深刻的问题,已有多篇文献给予了关注(文献[1]~[3]). 本文拟在此基础上再做进一步介绍.

2. Chester McMaster 问题

1949 年,在美国创刊的《μ,π,ε》(Pi,Mu,Epsilon) 杂志的 328 页上,刊登了纽约市的 Chester McMaster 提出的一个有趣的初等数学问题(编号为 41 题):

聚集在纽约市的象棋大师多于美国其他地方的象棋大师. 计划组织一次象棋比赛,所有的美国象棋大师均应参赛. 而且,比赛应该在使所有参赛大师旅途总和最小的地方举行. 纽约的象棋大师主张,这次比赛必须在他们所在的城市举行. 而西部地区的象棋大师则认为,赛址应选在位于或邻近所有参赛人的中心城市举行,双方争执不下. 试问,比赛应在什么地方举行为佳?

Chester McMaster 给出了一个绝妙的解答,证明了还是纽约市象棋大师的主张是正确的.

证明 $A=\{A_i \mid 1\leqslant i\leqslant n\}\triangleq$ 纽约的大师;$B=\{B_i \mid 1\leqslant i\leqslant m\}\triangleq$ 其他地区的大师.

由已知 $m=|B|<|A|=n$,建立一个映射

$$f:B_i\to A_i,\quad i=1,2,\cdots,m$$

再用此映射,将 A 划分为 $A=X\cup Y$,有

$$X\triangleq\{A_i \mid f(B_i)=A_i,i=1,2,\cdots,m\}$$

$$Y\triangleq\{A_i \mid \overline{\exists} B_i\in B,使 f(B_i)=A_i\}$$

则 $X\cap Y=\varnothing$,且 $X=\{A_i,\cdots,A_m\}$,$Y=\{A_{m+1},\cdots,A_n\}$.

(1)若 $A_i\in X$,则不论赛址选在哪里,A_i 与 B_i 总要有一段旅途,当然其旅途长之和最小为 A_iB_i,即纽约距 B_i 所在城市的距离.由此,全部参赛大师旅途总和 $S\geqslant\sum_{i=1}^{m}A_iB_i$,等号当且仅当赛址选在纽约市时可取得.

(2)假如赛址选在纽约以外的 O 地,则

$$S=\sum_{i=1}^{n}A_iO+\sum_{i=1}^{m}B_iO=\left(\sum_{X}A_iO+\sum_{i=1}^{m}B_iO\right)+\sum_{Y}A_iO\geqslant$$

$$\sum_{i=1}^{m}A_iB_i+\sum_{Y}A_iO>\sum_{i=1}^{m}A_iB_i$$

由此可见,还是将赛址选在纽约最佳.

3. J. H. Butchart, Leo Moser 问题

1952 年,美国一个专门登载数学概念注释、原理解说及数学史文章的中学教师刊物——《数学文集》(Scripta Mathematica),发表了 J. H. Butchart 和 Leo Moser 的一篇文章,题为《请不要利用微积分》(No Calculus Please).在这篇文章中,他们研究了与赛场选址问题相类似的一个问题.

问题 在数轴上有 n 个点,$x_1<x_2<\cdots<x_n$,现要在数轴上选取一点 x,使此点到以上 n 个点的距离总和最小.

他们的想法是:当 x 位于 x_1 和 x_n 之间时,距离 $|x_1x|+|xx_n|$ 最小.现在,将 n 个点从外向里配对,从而形成一些逐渐向里缩小的区间 (x_1,x_n),(x_2,x_{n-1}),$\cdots$.如果 n 是一个奇数,则在配对时只有标号为【$\frac{n+1}{2}$】的点 $x_{[\frac{n+1}{2}]}$ 无对可配.由于每一对中的两个点至 x 的距离,只有当点 x 位于这两点之间时最小.所以,当 x 位于最里层区间时,同时可使各对点到该点的距离最小.因此,若 n 为偶数,则有

$$S=x_1x+x_2x+\cdots+x_nx\geqslant x_1x_2+x_2x_{n-1}+\cdots$$

当且仅当点 x 位于最内层区间时才取等号. 如果当 n 为奇数时,则取 $x = x_{[\frac{n+1}{2}]}$ 可得到同样的最小值.

4. 几个特例

Butchart 和 Moser 问题实质上就是一类绝对值极值问题.

当 $n = 3$ 时,可表述为:

定理 1 设 a,b,c 为常数,且 $a < b,c$,则

$$y = |x - a| + |x - b| + |x - c|$$

的最小值是当 $x = b$ 时,$y_{\min} = c - a$.

(1985 年上海市初中数学竞赛)

我们可以用另一常用方法加以证明.

证明 首先去掉绝对值,分以下几种情况:

(1) 当 $x \geqslant c$ 时,有

$$y = (x - a) + (x - b) + (x - c) = 3x - (a + b + c)$$

(2) 当 $b \leqslant x < c$ 时,有

$$y = (x - a) + (x - b) - (x - c) = x - (a + b - c)$$

(3) 当 $x \leqslant a$ 时,有

$$y = -(x - a) - (x - b) - (x - c) = -3x + (a + b + c)$$

由此,我们得到函数 $y = |x - a| + |x - b| + |x - c|$ 的图像,如图 2 所示,其中 $A(b,c - a)$,$B(a, -2a + b + c)$,$D(c,2c - a - b)$.

由于图像是折线,所以最小值必定在 A,B,D 这三个折点处取得. 因为

$$c - a < -2a + b + c$$

$$c - a < 2c - a - b$$

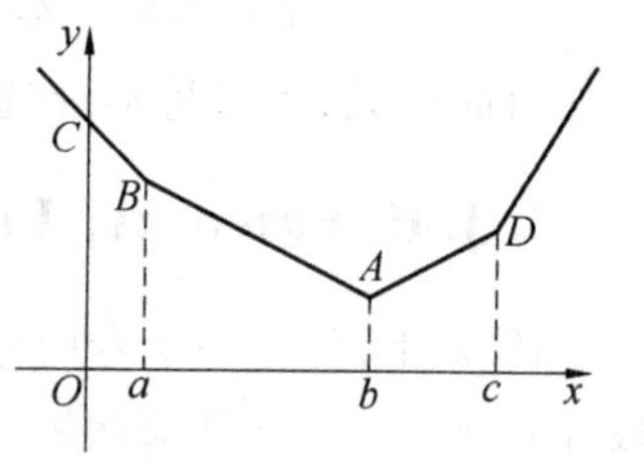

图 2

所以最小值一定在点 A 处取得,即当 $x = b$ 时,$y_{\min} = c - a$.

如果我们取 $a = p, b = 15, c = p + 15$,则可得到 1983 年第 1 届美国数学邀请赛试题.

试题 A 设 $f(x) = |x - p| + |x - 15| + |x - p - 15|$,其中 $0 < p < 15$. 求在区间 $p \leqslant x \leqslant 15$ 上,$f(x)$ 的最小值.

显然有当 $x = 15$ 时,$f(x)_{\min} = 15$.

我们或许还可以想得再复杂一点,有如下试题.

试题 A′ 若 $7 \leqslant p \leqslant 8$,求函数 $y = |x + 15 - p| + |x + 2p - 5| + |x + 3p - 17|$ 的最小值,并求出与函数最小值对应的 p,x 的值.

解 函数可化为

$$y=|x-(p-15)|+|x-(5-2p)|+|x-(17-3p)|$$

因为

$$p\geqslant 7\Rightarrow 3p\geqslant 21\Rightarrow p-15\geqslant 6-2p>5-2p$$
$$p\leqslant 8\Rightarrow 4p\leqslant 32\Rightarrow p-15\leqslant 17-3p$$

所以

$$5-2p<p-15\leqslant 17-3p$$

故求 y 的最小值可转化为定理1.因为 $7\leqslant p\leqslant 8$,从而有 $-8\leqslant p-15<-7$,则当 $x=p-15$ 时,有

$$y_{\min}=(17-3p)-(5-2p)=12-p$$

故当 $p=8$,即 $x=-7$ 时,$y_{\min}=4$.

5.定理1的推广

将定理1推广至一般情况即是下列的定理.

Butchart-Moser 定理 设 $a_1\leqslant a_2\leqslant\cdots\leqslant a_n$,则函数

$$f(x)=|x-a_1|+|x-a_2|+\cdots+|x-a_n|$$

(1)当 $n=2k$ 时,在区间 $[a_k,a_{k+1}]$ 上每点都是 $f(x)$ 的最小值点,且

$$f(x)_{\min}=\sum_{j=k+1}^{n}a_j-\sum_{j=1}^{k}a_j$$

(2)当 $n=2k+1$ 时,最小值点为 a_k,且

$$f(x)_{\min}=\sum_{j=k+1}^{n}a_j-\sum_{j=1}^{k}a_j$$

如果我们将每个绝对值加上权,则可得到更一般的定理.

定理2 若 $a_1<a_2<\cdots<a_n$,其中 $\lambda_1,\lambda_2,\cdots,\lambda_n$ 为正有理数,那么函数

$$f(x)=\lambda_1|x-a_1|+\lambda_2|x-a_2|+\cdots+\lambda_n|x-a_n|$$

存在唯一的极小值.

证明 设 $\lambda_i=\dfrac{\beta_i}{\alpha_i}$,其中 $\alpha_i,\beta_i\in\mathbf{N},i=1,2,\cdots,n$.记 $\alpha=\prod_{j=1}^{n}\alpha_j$,我们将 $f(x)$ 写成

$$f(x)=\frac{1}{2\alpha}\sum_{i=1}^{n}2\alpha\lambda_i|x-a|$$

再记 $\theta=\dfrac{1}{2\alpha},\sigma_i=\alpha\lambda_i$,则 $m_i\in\mathbf{N}$,且

$$f(x)=\theta\sum_{i=1}^{n}2\sigma_i|x-a_i|$$

将下面的$2(\sigma_1+\sigma_2+\cdots+\sigma_n)$个数

$$\underbrace{a_1,\cdots,a_1}_{2\sigma_1个};\underbrace{a_2,\cdots,a_2}_{2\sigma_2个};\cdots;\underbrace{a_n,\cdots,a_n}_{2\sigma_n个}$$

依次记为

$$b_1\leqslant b_2\leqslant\cdots\leqslant b_{2(\sigma_1+\sigma_2+\cdots+\sigma_n)}$$

于是

$$f(x)=\theta\sum_{j=1}^{2(\sigma_1+\sigma_2+\cdots+\sigma_n)}|x-b_j|$$

由 Butchart-Moser 定理知,$f(x)$ 在 $x=b_{\sigma_1+\sigma_2+\cdots+\sigma_n}$ 处取到最小值

$$f_{\min}(x)=f(b_{\sigma_1+\sigma_2+\cdots+\sigma_n})$$

下面我们给出 $b_{\sigma_1+\sigma_2+\cdots+\sigma_n}$ 的求法. 由于当

$$2(\sigma_1+\cdots+\sigma_{s-1})+1\leqslant j\leqslant 2(\sigma_1+\cdots+\sigma_s)$$

时,有 $b_j=a_s$,其中 $s=1,2,\cdots,n$,因此 $b_{\sigma_1+\cdots+\sigma_n}=a_s$,$s$ 必须满足

$$2(\sigma_0+\sigma_1+\cdots+\sigma_{s-1})<\sigma_1+\sigma_2+\cdots+\sigma_n\leqslant 2(\sigma_1+\sigma_2+\cdots+\sigma_s)$$

其中 $\sigma_0=0$,它仅在 $s=1$ 时起作用. 用 $2\alpha=2\prod_{j=1}^{n}\alpha_j$ 除上式各边得

$$\lambda_0+\lambda_1+\cdots+\lambda_{s-1}<\frac{\lambda_1+\cdots+\lambda_n}{2}\leqslant\lambda_1+\cdots+\lambda_s$$

其中0仅在 $s=1$ 时起作用. 利用上面的不等式组可以确定出 s 的值,并且这个值是唯一确定的. 由 s 便可得到 $f_{\min}(x)$ 和最小值点. 需要指出的是,虽然 s 的值是唯一的,但是 $f(x)$ 的最小值点有时可能出现不唯一的情形.

如果允许使用一点极限的知识,那么我们还可以将 λ_j 推广至任意实数的情形.

定理3(施咸亮) 设 $a_1<a_2<\cdots<a_n$,$\lambda_l>0$,其中 $l=1,\cdots,n$,那么函数

$$f(x)=\sum_{i=1}^{n}\lambda_i|x-a_i|$$

对一切 x 满足不等式 $f(x)\geqslant f(a_s)$,即 $f_{\min}(x)=f(a_s)$,其中 $s\in\mathbf{Z}$ 且满足如下不等式组

$$\sum_{i=0}^{s-1}\lambda_i<\frac{1}{2}\sum_{i=1}^{n}\lambda_i\leqslant\sum_{i=1}^{s}\lambda_i \qquad ①$$

证明 先设 s 满足式①中的不等式的严格不等号,那么存在充分小的正数 ε,使得

$$\sum_{i=0}^{s-1}\lambda_i+2n\varepsilon<\frac{1}{2}\sum_{i=1}^{n}\lambda_i<\sum_{i=1}^{s}\lambda_i-2n\varepsilon \qquad ②$$

我们取 $\mathbf{Q}_+$ 中的 n 个序列 $\{\lambda_{1,j}\},\cdots,\{\lambda_{n,j}\}$,使得

$$|\lambda_{l,j}-\lambda_l|<\varepsilon(l=1,\cdots,n;j=1,\cdots,n),\quad \lim_{j\to\infty}\lambda_{l,j}=\lambda_l(l=1,\cdots,n) \quad ③$$

由 Butchart-Moser 定理的证明可知,当 $x\notin[a_1,a_n]$ 时,有

$$f(x)\geqslant\min\{f(a_1),f(a_n)\}$$

因此我们只需在区间 $[a_1,a_n]$ 上考察 $f(x)$. 在此区间上的函数列

$$f(x)\geqslant\sum_{l=1}^{n}\lambda_{l,j}|x-a_l|$$

收敛于 $f(x)$,因此,假如诸函数 $f_j(x)$ 有共同的最小值点 x^*,则 x^* 也必定是 $f(x)$ 的最小值点. 由此可见,我们只需证,当式 ① 成立,且右边不等号也成立时,点 a_s 是所有 $f_j(x)$ 的共同最小值点,那么 a_s 便是 $f(x)$ 的最小值点. 因为 $\lambda_{l,j}\in\mathbf{Q}_+$,所以由定理 2 知,只要证明对每个 j 有

$$\lambda_0+\sum_{l=1}^{s-1}\lambda_{l,j}<\frac{1}{2}\sum_{l=1}^{n}\lambda_{l,j}<\sum_{l=1}^{s}\lambda_{l,j}$$

即可,其中 s 是式 ① 的解(右边成立且严格遵循不等号).

事实上,由式 ② 和式 ③,得

$$\lambda_0+\sum_{l=1}^{s-1}\lambda_{l,j}<\sum_{l=1}^{s-1}\lambda_l+n\varepsilon<\frac{1}{2}\sum_{l=1}^{n}\lambda_l-n\varepsilon<$$

$$\frac{1}{2}\sum_{l=1}^{n}(\lambda_{l,j}+\varepsilon)-n\varepsilon<\frac{1}{2}\sum_{l=1}^{n}\lambda_{l,j}$$

类似的,可以证明

$$\frac{1}{2}\sum_{l=1}^{n}\lambda_{i,j}<\sum_{l=1}^{s}\lambda_{l,j}$$

因此式 ④ 成立,从而 $f(x)\geqslant f(a_s)$ 成立.

再设式 ① 的第二式等号成立,即

$$\sum_{l=1}^{s-1}\lambda_l<\frac{1}{2}\sum_{l=1}^{n}\lambda_{l,j}=\sum_{l=1}^{s}\lambda_l$$

取一个充分小的 ε,使得

$$\sum_{l=1}^{s-1}\lambda_l+2n\varepsilon<\frac{1}{2}\sum_{l=1}^{n}\lambda_l$$

再取 $\mathbf{Q}_+$ 中的序列使得:

(1) $|\lambda_{l,j}-\lambda_l|<\varepsilon$,其中 $l=1,\cdots,n;j=1,2,\cdots$.

(2) 当 $l=1,\cdots,s$ 时,$\lambda_{l,j}>\lambda_l$;当 $l=s+1,\cdots,n$ 时,$\lambda_{l,j}<\lambda_l$.

(3) $\lim\limits_{j\to\infty}\lambda_{l,j}=\lambda_l$,其中 $l=1,\cdots,n$.

这时对于每个 j 都有

$$\lambda_0+\sum_{l=1}^{s-1}\lambda_{l,j}<\sum_{l=1}^{s-1}\lambda_l+n\varepsilon<\frac{1}{2}\sum_{l=1}^{n}\lambda_l-n\varepsilon<\frac{1}{2}\sum_{l=1}^{n}\lambda_{l,j}$$

另一方面有

$$\sum_{l=s+1}^{n}\lambda_{l,j} < \sum_{l=s+1}^{n}\lambda_{l} = \sum_{l=1}^{s}\lambda_{l} < \sum_{l=1}^{s}\lambda_{l,j}$$

由定理2知,a_s 是诸函数$f_j(x)$ 的公共最小值点,因为$f_j(x)$ 收敛于$f(x)$,所以它也是$f(x)$ 的最小值点. 证毕.

由定理2 及定理3(施咸亮) 可立即求得下列函数:

(1)$f(x)=\sum_{k=1}^{6}k\left|x-\frac{1}{2^k}\right|$;

(2)$f(x)=\sum_{k=1}^{100}2^k|x-k|$;

(3)$f(x)=\sum_{k=1}^{n}\pi^k|x-a_k|$,其中 $a_1<a_2<\cdots<a_n$.

的最小值分别为$\frac{45}{32}$,$2^{100}\sum_{k=1}^{99}\frac{k}{2^k}$,$\sum_{k=1}^{n-1}\pi|a_n-a_k|$.

6. 一个类似的问题

在 1961 年12 月2 日举行的第22 届 Putnam 数学竞赛中也出现了一个绝对值和的极值问题,只不过是求极大值,但上述方法仍可借鉴.

试题 B 设有 n 个非负实数 x_k 满足不等式 $0\leqslant x_k\leqslant 1$,其中 $k=1,2,\cdots,n$. 试确定下面 n 元函数的极大值

$$\sum_{1\leqslant i<j\leqslant n}|x_i-x_j|$$

借鉴定理1 的证法,我们可有如下的证法.

证法 1 不妨设 $1\geqslant x_1\geqslant x_2\geqslant\cdots\geqslant x_n\geqslant 0$,则

$$\begin{aligned}\sum_{1\leqslant i<j\leqslant n}|x_i-x_j| = &(n-1)x_1+(n-3)x_2+\cdots+\\&\left(n+1-2\left[\frac{n+1}{2}\right]\right)x_{\left[\frac{n+1}{2}\right]}+\cdots+\\&(3-n)x_{n-1}+(1-n)x_n\end{aligned}$$

其中$\left[\frac{n+1}{2}\right]$表示不超过$\frac{n+1}{2}$的最大整数. 为使 $\sum_{1\leqslant i<j\leqslant n}|x_i-x_j|$ 达到最大,当且仅当上式中,系数为正数的 x_i 取最大值1,系数为负数的 x_i 取最小值0,也就是当且仅当

$$x_1=x_2=\cdots=x_{\left[\frac{n+1}{2}\right]}=1$$

$$x_{\left[\frac{n+1}{2}\right]+1}=\cdots=x_{n-1}=x_n=0$$

故

$$\left(\sum_{1\leqslant i<j\leqslant n}|x_i-x_j|\right)_{\max}=(n-1)+(n-3)+\cdots+\left(n+1-2\left[\frac{n+1}{2}\right]\right)=$$

$$\left[\frac{n+1}{2}\right]\left(n-\left[\frac{n+1}{2}\right]\right)=$$

$$\begin{cases}\dfrac{n^2}{4}(\text{当 } n \text{ 是偶数时})\\ \dfrac{n^2-1}{4}(\text{当 } n \text{ 是奇数时})\end{cases}=\left[\frac{n^2}{4}\right]$$

其中$\left[\frac{n^2}{4}\right]$表示不超过$\frac{n^2}{4}$的最大整数.

如果我们使用凸函数的理论,那么可有如下的证法.

证法2 我们先将x_1视为变量,而固定其余$n-1$个量,易证已知的函数(记$f(x_1)$是下凸的,于是除$f(x_1)=C$,C为常数),我们有

$$f_{\max}(x_1)=\max\{f(0),f(1)\}$$

已知函数在R_n内的定义域是一个有界闭集,故必在某点n数组达到极大值. 由于我们将x_1取0或1,所以得到的两个$n-1$元函数的极大值没有变小. 依此类推,当全部$x_1,x_2,\cdots,x_n$分别取为0或1时,所求函数必定会达到它的极大值.

若诸x_k中有p个取为0,有$n-p$个取为1,则所求函数即化为

$$p(n-p)=\left(\frac{n}{2}\right)^2-\left(\frac{n}{2}-p\right)^2$$

因此当n为偶数时,取$p=\frac{n}{2}$,即得到所求函数的极大值为$\frac{n^2}{4}$;当n为奇数时,取$p=\frac{n\pm1}{2}$,即得所求函数的极大值为$\frac{n^2-1}{4}$.

对于极大值问题,我们还可以得到以下有趣的结果.

定理4 对任意$n\in\mathbf{N}$,设$s_1,s_2,\cdots,s_n$是任意的实数,若$t_1,t_2,\cdots,t_n$满足$t_1+t_2+\cdots+t_n$是任意的实数,则$\sum_{k=1}^{n}\sum_{j=1}^{n}t_kt_j|s_k-s_j|$的极大值为0.

证明 只需证不等式$\sum_{k=1}^{n}\sum_{j=1}^{n}t_kt_j|s_k-s_j|\leqslant 0$恒成立即可.

(1)当$n=2$时,可利用恒等式

$$(t_1+t_2)^2-(t_1-t_2)^2=4t_1t_2$$

再利用$t_1+t_2=0$即可证明.

(2)当$n=3$时,有

$$0=(t_1+t_2+t_3)^2=t_1^2+t_2^2+t_3^2+2t_1t_2+2t_2t_3+2t_3t_1$$

故

$$\begin{aligned}&2t_1t_2|s_1-s_2|+2t_2t_3|s_1-s_2|+2t_3t_1|s_1-s_2|+\\&2t_1t_2|s_2-s_3|+2t_2t_3|s_2-s_3|+2t_3t_1|s_2-s_3|+\\&2t_1t_2|s_3-s_1|+2t_2t_3|s_3-s_1|+2t_3t_1|s_3-s_1|=\\&-(t_1^2+t_2^2+t_3^2)(|s_1-s_2|+|s_2-s_3|+|s_3-s_1|)+\\&2t_3(t_2+t_1)|s_2-s_1|+2t_1(t_2+t_3)|s_2-s_3|+\\&2t_2(t_1+t_3)|s_1-s_3|=\\&-(t_1^2+t_2^2+t_3^2)(|s_1-s_2|+|s_2-s_3|+|s_3-s_1|)+\\&2t_3(s_2-s_1)+2t_1^2|s_2-s_3|+2t_2^2|s_3-s_1|=\\&-t_1^2(|s_2-s_1|+|s_1-s_3|)+t_1^2|s_2-s_3|-\\&t_2^2(|s_1-s_2|+|s_2-s_3|)+t_2^2|s_1-s_3|-\\&t_3^2(|s_2-s_3|+|s_3-s_1|)+t_3^2|s_2-s_1|\end{aligned}$$

再注意到对任意实数 α,β,γ，有

$$|\alpha-\beta|\leqslant|\alpha-\gamma|+|\gamma-\beta|$$

于是，当 $n=3$ 时不等式成立. 一般情况完全可用类似的方法证明.

7. Butchart-Moster 定理与数学奥林匹克

单墫教授指出："奥林匹克数学不是大学数学，因为它的内容并不超出中学生所能接受的范围；它也不是中学数学，因为它有很多高等数学的背景，采用了许多现代数学中的思想方法. 它是一种'中间数学'，起着联系着中学数学与现代数学的桥梁作用. 很多新思想、新方法、新内容通过这座桥梁，源源不断地输入中学，促使中学数学发生一系列改革，从而跟上时代的脚步. "

Butchart-Moser 定理一经提出立刻引起了世界各国竞赛命题专家的注意，并将其引入到本国的竞赛中，而且给出了中学生易于接受的三角不等式证法.

试题 C　对给定的数组 $a_1<a_2<\cdots<a_n$，是否存在点 $x,x\in\mathbf{R}$，使得函数

$$f(x)=\sum_{i=1}^{n}|x-a_j|$$

取到最小值？如果存在，则求出所有这样的点，并求函数 $f(x)$ 的最小值.

（1978 年民主德国数学奥林匹克，1980 年捷克数学奥林匹克）

在中学数学中涉及绝对值不等式时一般都采用三角不等式证法，下面给出的证法仅用到了三角不等式，所以很适合中学生.

证明　首先设 $n=2k$，其中 $k\in\mathbf{N}$. 由三角不等式，有

$$\begin{cases}|x-a_1|+|x-a_2|\geqslant a_n-a_1\\|x-a_2|+|x-a_{n-1}|\geqslant a_{n-1}-a_2\\ \quad\vdots\\|x-a_k|+|x-a_{k+1}|\geqslant a_{n+1}-a_k\end{cases}$$

由此得到

$$f(x)=\sum_{j=1}^{n}|x-a_j|\geqslant\sum_{j=1}^{k}(a_{n-j+1}-a_j)$$

于是,如果 $x\in[a_k,a_{k+1}]$,则

$$f(x)=\sum_{j=1}^{k}(a_{n-j+1}-a_j)$$

另一方面,如果 $x\notin[a_k,a_{k+1}]$,则

$$|x-a_k|+|x-a_{k+1}|>a_{k+1}-a_k$$

从而

$$f(x)>\sum_{j=1}^{k}(a_{n+j+1}-a_j)$$

于是,对任意 $x\notin[a_k,a_{k+1}]$,函数 $f(x)$ 取到最小值

$$f_{\min}(x)=\sum_{j=1}^{k}(a_{n-j+1}-a_j)$$

现设 $n=2k+1$,其中 $k\in\mathbf{N}$,则

$$\begin{cases}|x-a_1|+|x-a_2|\geqslant a_n-a_1\\|x-a_2|+|x-a_{n-1}|\geqslant a_{n-1}-a_2\\ \quad\vdots\\|x-a_{k-1}|+|x-a_{k+1}|\geqslant a_{n+1}-a_{k-1}\\|x-a_1|\geqslant 0\end{cases}$$

由此得到

$$f(x)=\sum_{i=1}^{n}|x-a_i|\geqslant\sum_{j=1}^{k-1}(a_{n-j+1}-a_j)$$

因此,如果 $x=a_k$,则

$$f(x)=\sum_{j=1}^{k-1}(a_{n-j+1}-a_j)$$

如果 $x\neq a_k$,则

$$f(x)\geqslant\sum_{j=1}^{k-1}(a_{n-j+1}-a_j)+|x-a_k|>\sum_{j=1}^{k-1}(a_{n-j+1}-a_j)$$

于是,当 $x=a_k$ 时,有

$$f_{\min}(x)=\sum_{j=1}^{k-1}(a_{n-j+1}-a_j)$$

实际上，以上的证明过程不过是用中学生熟悉的语言证明了Butchart-Moser定理.

当代著名数学大师陈省身教授曾经指出:"一个好的数学家与一个蹩脚的数学家,差别在于前者手中有很多具体的例子,后者则只有抽象的理论."

奥林匹克数学正是给一般的理论提供了很多具体的范例.

例如,在1950年3月25日举行的第10届美国Putnam数学竞赛(The William Lowe Putnam Mathematical Competition)中有一题就是定理2的通俗化描述,并且其解答也摆脱了那种具有专业味道的定理2的证明,显得平易近人.这无疑对数学的普及是十分有益的.

试题D 在一条笔直的大街上,有n座房子,每座房子里有一个或更多个小孩.求他们应在什么地方相会,走的路程之和才能尽可能小?

解 用数轴表示笔直的大街,一座房子分别位于$x_1,x_2,\cdots,x_n$处,设$x_1<x_2<\cdots<x_n$,又设各座房子分别有$a_1,a_2,\cdots,a_n$个小孩,小孩的总数为$m=a_1+a_2+\cdots+a_n$.那么,问题等价于求实数x,使

$$f(x)=a_1|x_1-x|+a_2|x-x_2|+\cdots+a_n|x-x_n|$$

达到最小.

因为当$x<x_1$时,函数

$$f(x)=a_1(x_1-x)+a_2(x-x_2)+\cdots+a_n(x_n-x)>$$
$$a_1(x_1-x_1)+a_2(x_2-x_1)+\cdots+a_n(x_n-x_1)=f(x_1)$$

故最小值不能在$(-\infty,x_1)$中达到.同理可证,也不能在$(x_n,+\infty)$中达到.因为当$x_i\leqslant x\leqslant x_{i+1}$时,函数

$$f(x)=a_1(x-x_1)+\cdots+a_i(x-x_i)+$$
$$a_{i+1}(x_{i+1}-x)+\cdots+a_n(x_n-x)$$

是x的线性函数,即$y=f(x)$在$[x_1,x_n]$中的图像是折线,顶点是$(x_1,f(x_1))$,$(x_2,f(x_2)),\cdots,(x_n,f(x_n))$.又因为

$$f(x_{i+1})-f(x_i)=(x_{i+1}-x_i)[(a_1+a_2+\cdots+a_i)-(a_{i+1}+a_{i+2}+\cdots+a_n)]=$$
$$(x_{i+1}-x_i)[2(a_1+\cdots+a_i)-m]$$

故

$$f(x_{i+1})-f(x_i)\begin{cases}>0, & 若\ a_1+\cdots+a_i>\dfrac{m}{2}\\=0, & 若\ a_1+\cdots+a_i=\dfrac{m}{2}\\<0, & 若\ a_1+\cdots+a_i<\dfrac{m}{2}\end{cases}$$

从而，当存在 i 使 $a_1+a_2+\cdots+a_i=\frac{m}{2}$ 时，相会地点可选择在 $[x_i,x_{i+1}]$ 中的任何一个地方，即第 i 座房子和第 $i+1$ 座房子之间的任何一个地方；如果使 $a_1+a_2+\cdots+a_i=\frac{m}{2}$ 的 i 不存在，则存在 j，使 $a_1+\cdots+a_j<\frac{m}{2}$，$a_1+\cdots+a_j+a_{j+1}>\frac{m}{2}$，这时，相会地点可选择在 x_{j+1} 处，即第 $j+1$ 座房子中.

如果说试题 D 中笔直的大街使人容易联想到数轴，从而建立起符合定理 2 的那种数学模型，那么我国 1978 年北京数学竞赛第二试的第 4 题则更加生活化.

试题 E 图 3 是一个工厂区的地区，一条公路（粗线）通过这个地区，七个工厂 $A_1,A_2,\cdots,A_7$ 分布在公路两侧，由一些小路（细线）与公路相连. 现在要在公路上设一个长途汽车站，车站到各工厂（沿公路、小路走）的距离总和越小越好. 问

（1）这个车站设在什么地方最好？

（2）证明你的结论.

（3）如果在点 P 处又建立了一个工厂，并且沿着图上的虚线修了一条小路，那么这时车站设在什么地方好？

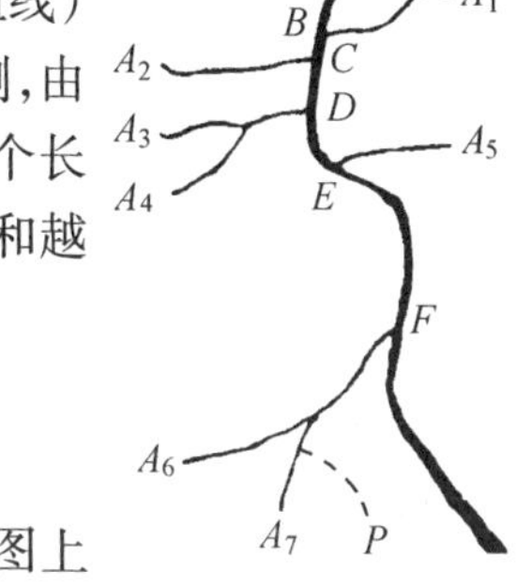

图 3

我们先来看看原命题委员会当年给出的标准答案.

解 设 B,C,D,E,F 是各小路通往公路的道口.

（1）车站设在点 D 最好.

（2）如果车站设在公路上点 D 和点 C 之间的点 S，用 $u_1,u_2,\cdots,u_7$ 表示点 S 到各工厂的路程，$\omega=u_1+u_2+\cdots+u_7$，当点 S 向点 C 移动一段路程 d 时，u_1,u_2 各减少 d，u_3,u_4,u_5,u_6,u_7 各增加 d，所以 ω 增加 $5d-2d=3d$. 当点 S 自点 C 再向点 B 移动一段路程 d' 时，ω 又增加 $5d'-d'=4d'$. 如果点 S 自点 B 向北再移动一段路程 d'' 时，ω 就再增加 $7d''$. 这说明点 S 在点 D 以北的任何地方都不如在点 D 好. 同样，可以证明点 S 在点 D 以南的任何地方都不如在点 D 好.

（3）设在点 D、点 E 或点 D 与点 E 之间的任何地方都可以.

此解答严格地说并没有使我们感到满意，因为它很不够数学化，没能建立起一个数学家所喜闻乐见的函数模型. 下面我们就来弥补这一不足，只需注意以下两点：

① 点 $A_i(1\leqslant i\leqslant 7)$ 与点 P 到公路的距离之和是定值

$$d(A_1B)+d(A_2C)+d(A_3D)+d(A_4D)+d(A_5E)+d(A_6F)+d(A_7F)$$

将其设为 S，加工厂 P 后为 $S+d(PF)$，记为 S_1.

② 可将公路拉直,则 B,C,D,E,F 的位置关系不变,且它们之间的距离不变,即这个拉直变换是既保序又保距的,可将直线视为数轴.

设长途汽车站设在 x 处,则问题变为求

$$f_1(x)=S+|x-a_1|+|x-a_2|+2|x-a_3|+|x-a_4|+|x-a_5|$$

$$f_2(x)=S+|x_1-a_1|+|x-a_2|+2|x-a_3|+|x_1-a_4|+3|x-a_5|$$

的最小值,其中 a_1 是点 B 到坐标原点的距离,a_2 是点 C 到坐标原点的距离,a_3 是点 D 到坐标原点的距离,a_4 是点 E 到坐标原点的距离,a_5 是点 F 到坐标原点的距离.

这样就变成了定理 2 的形式,由定理 2 立即可求得 $f_1(x)$ 和 $f_2(x)$ 的最小值点.

J. W. Tukey 指出:"我们一旦模拟了实际系统并以数学术语表达了这个模拟,它就常常被称作一个数学模型. 我们就能够从中得到指导以解决各种各样的问题."

8. 一个集训队试题

一个好的解题技巧,应该是普适性较强,而不能是专用性极强,前面的技巧正是如此.

试题 F 在 $[-1,1]$ 内取 n 个实数 $x_1,x_2,\cdots,x_n$(n 为正整数且 $n\geqslant 2$),令

$$f_n(x)=(x-x_1)(x-x_2)\cdots(x-x_n)$$

问:是否存在一对实数 a,b,同时满足以下两个条件:

(1) $-1<a<0<b<1$;

(2) $|f_n(a)|\geqslant 1,|f_n(b)|\geqslant 1$.

(1994 年国家数学集训队第一次测验试题)

解 由对称性,不妨设 $x_1\leqslant x_2\leqslant\cdots\leqslant x_n$. 令

$$g(x)=|x-x_1|+|x-x_2|+\cdots+|x-x_n| \quad ①$$

这里 $x\in[-1,1]$,当 x 分别属于区间 $[-1,x_1],[x_1,x_2],\cdots,[x_{[\frac{n}{2}]-1},x_{[\frac{n}{2}]}]$ 时,将上述的 $g(x)$ 表达式中的绝对值符号去掉,从而得到 x 的一次式中 x 项的系数分别为 $-n,-n+2\times 1,\cdots,-n+2\left(\left[\frac{n}{2}\right]-1\right)$,且均为负数;当 $x\in[x_{[\frac{n}{2}]},x_{[\frac{n}{2}]+1}]$ 时,x 项的系数为 $-n+2\left[\frac{n}{2}\right]$,即 -1(当 n 为奇数时)或 0(当 n 为偶数时);当

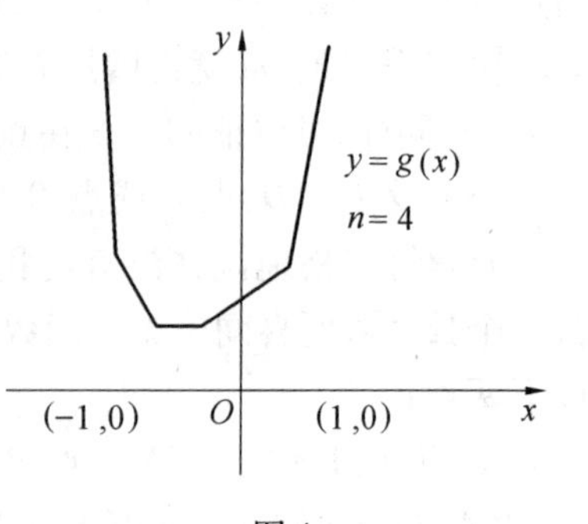

图 4

x 分别属于区间 $[x_{【\frac{n}{2}】+1},x_{【\frac{n}{2}】+2}],\cdots,[x_{n-1},x_n],[x_n,1]$ 时,x 项的系数分别为 $-n+2\left(【\frac{n}{2}】-1\right),\cdots,-n+2(n-1),-n+2n$,且均为正数.

从而,函数 $g(x)$ 在区间 $[-1,x_{【\frac{n}{2}】}]$ 上严格单调递减,在区间 $[x_{【\frac{n}{2}】},x_{【\frac{n}{2}】+1}]$ 上严格单调递减或为常值,在区间 $[x_{【\frac{n}{2}】+1},1]$ 上严格单调递增.

于是,如果

$$-1\leqslant y_1<y_2<y_3\leqslant 1$$

即

$$g(y_2)\leqslant \max\{g(y_1),g(y_3)\}$$

这里 $\max\{g(y_1),g(y_3)\}$ 表示 $g(y_1),g(y_3)$ 中较大的一个. 例如,$\max\{1,3\}=3,\max\left\{-2,\frac{1}{2}\right\}=\frac{1}{2}$ 等. 又

$$g(-1)+g(1)=\sum_{i=1}^{n}|-1-x_i|+\sum_{i=1}^{n}|1-x_i|=\sum_{i=1}^{n}[(1-x_i)+(1-x_i)]=2n \quad ②$$

$$g(0)=\sum_{i=1}^{n}|x_i|\leqslant n \quad ③$$

如果 $g(-1)\leqslant g(1)$,那么由式②可知,$g(-1)\leqslant n,\forall a\in(-1,0)$. 由式②和式③,有

$$g(a)\leqslant \max(g(-1),\quad g(0)\leqslant n \quad ④$$

那么,利用几何平均与算术平均不等式,有

$$|f_n(a)|=|a-x_1||a-x_2|\cdots|a-x_n|\leqslant\left[\frac{1}{n}(|a-x_1|+|a-x_2|+\cdots+|a-x_n|)\right]^n=(\frac{1}{n}g(a))^n\leqslant 1 \quad ⑤$$

下面我们考虑其中等号成立的条件. 第二个不等式为等式,当且仅当 $g(a)=n$ 时等号成立. 再利用式④,可知 $g(0),g(-1)$ 中至少有一个为 n. 若 $g(0)=n$,则由式④可知所有 x_i(注意 $x_i\in[-1,1]$)的绝对值均为1. 又 $g(a)=n$,如果所有 x_i 为1,则

$$g(a)=n(1-a)>n$$

如果所有 x_i 为 -1,则

$$g(a)=n(a+1)<n$$

这是一个矛盾,这表明全部 x_i 中,有一些为1,有一些为 -1. 当 $x_i=1$ 时,有

$$|a-x_i|=1-a>1$$

当 $x_j=-1$ 时,有

$$|a-x_j|=1+a<1$$

这表明式⑤的第一个不等式不可能取等号.若 $g(-1)=n$,由 $|\lambda_{l,j}-\lambda_l|<\varepsilon(l=1,\cdots,n;j=1,\cdots,n)$, $\lim\limits_{j\to\infty}\lambda_{l,j}=\lambda_l(l=1,\cdots,n)$,有 $g(1)=n$,又 $g(a)=n$,利用前面对 $g(x)$ 递减、递增性质的分析(参考图像),可知,$\forall x\in[-1,1]$,有 $g(x)=n$,那么 $g(0)=n$.化为前面的情况,从而有 $|f_n(a)|<1$.

如果 $g(1)\leqslant g(-1)$,由式②有 $g(1)\leqslant n$.完全类似上述证明,可以得到 $\forall b\in(0,1)$,有 $|f_n(b)|<1$.因此,满足题目要求的实数对 (a,b) 不存在.

9.结束语

《全苏数学奥林匹克试题》一书的作者在序言中曾这样评价这类竞赛试题:

"常常有一些题目取自一些游戏,而另一些则取自日常生活,有一些试题是作为一种探讨而提出来的,其目的是为了寻求一种适当的计算方法——最大或最小值的最优估计,这是数学上的一个典型方法……

"这样一来,通过奥林匹克竞赛试题就能使人们了解到真正的数学——古典的和现代的.同样,这些试题也多少反映了最新的数学方法,这些方法正逐年变得时兴起来."

以上我们对此类竞赛试题的研究,从某种意义上讲也是一种数学创造,因为正如《美国数学月刊》前主编 P. R. Halmos 所指出:

"有一种把数学创造分类的方法,它可以是对旧事实的一个新的证明,可以是一个新的事实,或者可以是同时针对几个事实的一个新方法."

(刘培杰)

参考文献

[1] 刘峥嵘.对一道高考题"猜想"解法的思考[J].数学教学研究,2008(1):38.

[2] 甘志国.一个问题的解决[J].数学通讯,2007(11):31.

[3] 丁兴春.绝对值最值问题猜想的修正及证明[J].数学通讯,2008(3):17.

附录(2) 在闭凸集上求 $\min\sum_{i=1}^{n} c_i \| x - a_i \|$ 型最优场址[①]

对于 $\min\sum_{i=1}^{n} c_i \| x - a_i \|$ 型最优场址,早在1937年E. Weiszfeld就给出了一种简单的迭代算法[②],但他对于收敛性的证明是很不严格的,后来波兰应用数学工作者[③]在选择邮局的最优局址时也曾采用过此法,而关于收敛性仍未解决. 近年来,H. W. Kuhn 给出了严格而简单的证明[④]. 于此稍后,在《破与立》(自然科学版中)[⑤] 也证明了该方法的收敛性并进一步估计了收敛速度. 估计的结果表明,这种迭代法(实际上就是一种最速下降法) 不仅计算简单而且收敛速度也相当快.

然而在实际中选择最优场址,总是局限于某一范围. 显而易见,这种带约束的最优场址问题较之上述非约束的情况更切合实际. 在本附录中,我们推广了上述迭代法而用于欧氏空间闭凸集上的 $\min\sum_{i=1}^{n} c_i \| x - a_i \|$ 型最优场址的求解,并进而证明了它的收敛性.

设 R 是 $m(m \geqslant 2)$ 维欧氏空间,R 是 K 中的一个闭凸集. 又设 $a_i(i = 1, 2,\cdots,n)$ 是 K 中的 n 个点,令

$$D(x) = \sum_{i=1}^{n} c_i \| x - a_i \|$$

其中 $c_i > 0(i = 1,2,\cdots,n)$, $\| \cdot \|$ 表示欧氏模. 在 K 中求一点 x^* 使

$$D(x^*) = \min_{x\in K} D(x) \qquad ①$$

问题①就是我们所说的闭凸集上的 $\min\sum_{i=1}^{n} c_i \| x - a_i \|$ 型最优场址问题. 显然,其最优解 x^* 总是存在的.

---

① 1976 年 8 月 2 日收到稿子,1977 年 1 月 31 日收到修改稿.

② WEISZFELD E. Sur le point pour leguel la somme des distances de n points donné's est minimum, Tohoku Math. J. ,1937(43):355-386.

③ LUKASZEWICZ J. 波兰应用数学中若干结果的概述[J]. 数学进展,1963,6(1):1-62.

④ KUHN H W. "Steiner's" Problem revisited, G. B. Dantzig and B. C. Eaves, Studies in optimization[M]. The Mathematical Association of America,1974.

⑤ 曲阜师范学院数学系公社数学组. 用迭代法求道路不固定的最优场址的收敛性及收敛速度的估计[J]. 破与立(自然科学版),1975(2):14 - 25.

函数 $D(x)$ 是一凸函数，它在点 $a_i(i=1,2,\cdots,n)$ 处不可微，今后称点 a_i 为尖点.

当 $a_i(i=1,2,\cdots,n)$ 共线时，此种情况甚易处理. 以下将只考虑 $a_i(i=1,2,\cdots,n)$ 不共线的情况. 易证此时 $D(x)$ 为一严格凸函数，故问题 ① 的最优解 x^* 必唯一存在.

设 x^0 为非尖点，记作

$$\lambda_0=\left(\sum_{i=1}^{n}\frac{c_i}{\| x^0-a^i\|}\right)^{-1}$$

又记 $D(x)$ 在 x^0 处的梯度向量为

$$D_x(x^0)=\sum_{i=1}^{n}\frac{c_i(x^0-a_i)}{\| x^0-a_i\|}$$

迭代程序 设在第 k 步已经得到 $x^{(k)}\in K$，且 $x^{(k)}$ 不为尖点，则在第 $k+1$ 步求

$$\min_{x\in K}\| x-x^{(k)}+\lambda_k D_x(x^{(k)})\|$$

（这是在闭凸集 K 上求到点 $x^{(k)}-\lambda_k D_x(x^{(k)})$ 最小距离的点，这样的点显然存在且唯一）.

设

$$\| x^{(k+1)}-x^{(k)}+\lambda_k D_x(x^{(k)})\|=\min_{x\in K}\| x-x^{(k)}+\lambda_k D_x(x^{(k)})\|$$

若 $x^{(k+1)}=x^{(k)}$，则 $x^{(k)}$ 即为问题 ① 的最优解 x^*；若 $x^{(k+1)}\neq x^{(k)}$，且设 $x^{(k+1)}$ 不为尖点，则以 $x^{(k+1)}$ 代替 $x^{(k)}$ 重复上述第 $k+1$ 步.

当 $K=R$ 时，$x^{(k+1)}=x^{(k)}-\lambda_k D_x(x^{(k)})$，这就是前述由 E. Weiszfeld 给出的迭代法的递推关系式.

又当 K 为一凸多面体时，我们上面给出的迭代算法就是通过每次求出一个特殊、简单的二次规划的最优解来逼近问题 ① 的最优解.

以下证明该方法的收敛性.

引理 1 设 $f(x)$ 是 R 上的凸函数，在点 x^0 处可微，则 x^0 是问题 $\min\limits_{x\in K}f(x)$ 的最优解的充分与必要条件，是它为下述问题的最优解

$$\min_{x\in K}(f_x(x^0),x-x^0)$$

其中 $(\cdot,\cdot)$ 表示欧氏内积，$f_x(x^0)$ 是 $f(x)$ 在点 x^0 的梯度向量.

引理的证明可参看《线性规划的理论及应用》（附录部分）①. 由引理 1 便可立即推出.

① 中国科学院数学研究所运筹室. 线性规划的理论及应用[M]. 北京：人民教育出版社，1959.

引理2 设x^0不为尖点,则x^0是问题①的最优解的充分与必要条件,是它为下述问题的最优解

$$\min_{x\in K}\|x-x^0+\lambda_0D_x(x^0)\|$$

设$x,y\in R$,并设

$$T(x,y)=(D_x(x),y-x)+\frac{1}{2}\lambda_x^{-1}\|x-y\|^2$$

引理3 若x不为尖点,则成立着恒等式

$$D(y)-D(x)=T(x,y)-\frac{1}{2}\sum_{i=1}^{n}\frac{c_i}{\|x-a_i\|}\{\|x-a_i\|-\|y-a_i\|\}^2$$

证明 可知

$$D(y)-D(x)-T(x,y)=$$

$$D(y)-D(x)-(D_x(x),y-x)-\frac{1}{2}\lambda_x^{-1}\|x-y\|^2=$$

$$D(y)-\frac{1}{2}\sum_{i=1}^{n}\frac{c_i}{\|x-a_i\|}\{2\|x-a_i\|^2+2(y-x,x-a_i)+\|x-y\|^2\}=$$

$$D(y)-\frac{1}{2}\sum_{i=1}^{n}\frac{c_i}{\|x-a_i\|}\{\|x-a_i\|^2+\|y-a_i\|^2\}=$$

$$-\frac{1}{2}\sum_{i=1}^{n}\frac{c_i}{\|x-a_i\|}\{\|x-a_i\|-\|y-a_i\|\}^2$$

证毕.

引理4 对任意的$x\in K$,成立着不等式

$$(D_x(x^{(k)}),x^{(k+1)}-x)\leqslant-\lambda_k^{-1}(x^{(k+1)}-x^{(k)},x^{(k+1)}-x)$$

证明 因为$x^{(k+1)}$是问题$\min\limits_{x\in K}\|x-x^{(k)}+\lambda_kD_x(x^{(k)})\|^2$的最优解,故据引理1,对任意的$x\in K$,有

$$2(x^{(k+1)}-x^{(k)}+\lambda_kD_x(x^{(k)}),x-x^{(k+1)})\geqslant0$$

亦即

$$(D_x(x^{(k)}),x^{(k+1)}-x)\leqslant-\lambda_k^{-1}(x^{(k+1)}-x^{(k)},x^{(k+1)}-x)$$

证毕.

引理5 对任意的$x\in K$,成立着不等式

$$D(x^{(k+1)})-D(x)\leqslant\frac{1}{2}\lambda_k^{-1}\{\|x^{(k)}-x\|^2-\|x^{(k+1)}-x\|^2\}$$

证明 由函数$D(x)$的凸性,对任意的$x\in K$,有

$$D(x^{(k)})-D(x)\leqslant-(D_x(x^{(k)}),x-x^{(k)})$$

又由引理3得

$$D(x^{(k+1)})-D(x^{(k)})\leqslant T(x^{(k)},x^{(k+1)})$$

将上面两个不等式相加,并利用引理4便推出对任意的 $x\in K$,有

$$D(x^{(k+1)})-D(x)\leqslant T(x^{(k)},x^{(k+1)})-(D_x(x^{(k)}),x-x^{(k)})=$$

$$\frac{1}{2}\lambda_k^{-1}\|x^{(k+1)}-x^{(k)}\|^2+(D_x(x^{(k)}),x^{(k+1)}-x)\leqslant$$

$$\frac{1}{2}\lambda_k^{-1}\|x^{(k+1)}-x^{(k)}\|^2-\lambda_k^{-1}(x^{(k+1)}-x^{(k)},x^{(k+1)}-x)=$$

$$\frac{1}{2}\lambda_k^{-1}\{\|x^{(k+1)}-x^{(k)}\|^2-2(x^{(k+1)}-x^{(k)},x^{(k+1)}-x)\}=$$

$$\frac{1}{2}\lambda_k^{-1}\{\|x^{(k)}-x\|^2-\|x^{(k+1)}-x\|^2\}$$

证毕.

引理6　对于任意的 $x\in K$,成立着不等式

$$\frac{1}{2}\lambda_k^{-1}\|x^{(k+1)}-x^{(k)}\|^2\leqslant D(x^{(k)})-D(x^{(k+1)})$$

证明　在引理4的不等式中取 $x=x^{(k)}$,得

$$(D_x(x^{(k)}),x^{(k+1)}-x^{(k)})\leqslant-\lambda_k^{-1}\|x^{(k+1)}-x^{(k)}\|^2$$

再结合引理3,得

$$\frac{1}{2}\lambda_k^{-1}\|x^{(k+1)}-x^{(k)}\|^2\leqslant-(D_x(x^{(k)}),x^{(k+1)}-x^{(k)})-$$

$$\frac{1}{2}\lambda_k^{-1}\|x^{(k+1)}-x^{(k)}\|^2=$$

$$-T(x^{(k)},x^{(k+1)})\leqslant D(x^{(k)})-D(x^{(k+1)})$$

证毕.

收敛性定理　设 $\{x^{(k)}\}$ 是由迭代程序产生的序列,$x^{(k)}(k=1,2,\cdots,n)$ 均为非尖点,则成立着:

(1)若存在 $k\geqslant 1$,使 $x^{(k+1)}=x^{(k)}$,则 $x^{(k)}$ 即为问题①的最优解;若不然,则得一无穷序列 $\{x^{(k)}\}$,使得:

(2)$\{\|x^{(k)}-x^*\|\}$,$\{D(x^{(k)})\}$ 单调下降.

(3)$\lim\limits_{k\to\infty}x^{(k)}=x^*$,$\lim\limits_{k\to\infty}D(x^{(k)})=D(x^*)$.

其中 x^* 是问题①的最优解.

证明　(1)可由引理2得出.

(2)在引理5的不等式中,令 $x=x^*$,便知 $\{\|x^{(k)}-x^*\|\}$ 是单调下降的.其次,因为 $x^{(k+1)}\neq x^{(k)}$,故据引理6,又知 $\{D(x^{(k)})\}$ 也是单调下降的.

(3)首先由 $\{\|x^{(k)}-x^*\|\}$ 的单调下降性易知 $\{x^{(k)}\}$ 是有界序列.因此存在正数 M,使 $\|x^{(k)}\|\leqslant M(k=1,2,\cdots,n)$.由此利用引理6便得

$$\frac{1}{2}\sum_{i=1}^{n}\frac{c_i}{M+\|a_i\|}\cdot\overline{\lim_{k\to\infty}}\|x^{(k+1)}-x^{(k)}\|^2\leqslant$$

$$\overline{\lim_{k\to\infty}}\frac{1}{2}\lambda_k^{-1}\|x^{(k+1)}-x^{(k)}\|^2\leqslant$$

$$\lim_{k\to\infty}D(x^{(k)})-\lim_{k\to\infty}D(x^{(k+1)})=0$$

由(2)知$\lim\limits_{k\to\infty}D(x^{(k)})=\lim\limits_{k\to\infty}D(x^{(k+1)})$存在,故得

$$\lim_{k\to\infty}\|x^{(k+1)}-x^{(k)}\|=0 \quad ②$$

现在若能证明$\{x^{(k)}\}$中任一收敛的子序列均收敛于问题 ① 的最优解 x^*,那么再由最优解 x^* 的唯一性、$\{D(x^{(k)})\}$的单调下降性以及$D(x)$的连续性,(3)便可得证.

今设$\{x^{(k_t)}\}$是$\{x^{(k)}\}$中的一收敛子序列:$\lim\limits_{k_t\to\infty}x^{(k_t)}=x^\infty$,显然$x^\infty\in K$,并且由式 ② 可知此时也有

$$\lim_{k\to\infty}x^{(k_t+1)}=x^\infty \quad ③$$

由于$x^{(k_t+1)}$是问题$\min\limits_{x\in K}\|x-x^{(k_t)}+\lambda_{k_t}D_x(x^{(k_t)})\|^2$的最优解,故据引理1,对任意取定的$x\in K$,有

$$(x^{(k_t+1)}-x^{(k_t)}+\lambda_{k_t}D_x(x^{(k_t)}),x-x^{(k_t+1)})\geqslant 0$$

或

$$\left(\sum_{i=1}^{n}\frac{c_i(x^{(k_t+1)}-a_i)}{\|x^{(k_t)}-a_i\|},x-x^{(k_t+1)}\right)\geqslant 0 \quad ④$$

以下分两种情况进行证明.

情况 1:x^∞ 不为尖点.此时将式 ④ 两端取极限后,并由式 ③ 得

$$(D_x(x^\infty),x-x^\infty)\geqslant 0,\quad x\in K$$

再次利用引理 1 便知 $x^\infty=x^*$.

情况 2:x^∞ 为某一尖点 a_{i_*},此时可将式 ④ 左端分为

$$\left(\sum_{i\neq i_*}^{n}\frac{c_i(x^{(k_t+1)}-a_i)}{\|x^{(k_t)}-a_i\|},x-x^{(k_t+1)}\right)+\left(\frac{c_{i_*}(x^{(k_t+1)}-a_{i_*})}{\|x^{(k_t)}-a_{i_*}\|},x-x^{(k_t+1)}\right)\geqslant 0 \quad ⑤$$

另一方面,由式 ③ 和(2)及 $D(x)$ 的连续性得

$$D(a_{i_*})\leqslant D(x^{(k_t+1)})$$

这样在引理 5 的不等式中设 $x=a_{i_*}$,即得出

$$\|x^{(k_t+1)}-a_{i_*}\|\leqslant\|x^{(k_t)}-a_{i_*}\|$$

或者

$$\left\|\frac{x^{(k_t+1)}-a_{i_*}}{\|x^{(k_t)}-a_{i_*}\|}\right\|\leqslant 1 \quad ⑥$$

据式 ⑥ 可从序列$\left\{\dfrac{x^{(k_t+1)}-a_{i_*}}{\|x^{(k_t)}-a_{i_*}\|}\right\}$中选出一收敛的子序列,不失一般性,可设

$$\lim_{k\to\infty}\frac{x^{(k_t+1)}-a_{i_*}}{\|x^{(k_t)}-a_{i_*}\|}=q$$

由式 ⑥ 得

$$\|q\|\leqslant 1 \tag{7}$$

今对不等式 ⑤ 两端取极限,得

$$(D_{i_*x}(a_{i_*}),x-a_{i_*})+c_{i_*}(q,x-a_{i_*})\geqslant 0 \tag{8}$$

其中 $D_{i_*x}(a_{i_*})$ 是函数 $D_{i_*}(x)=\sum\limits_{i\neq i_*}c_i\|x-a_i\|$ 在点 a_{i_*} 处的梯度向量. 由式 ⑦、式 ⑧ 以及函数的凸性得

$$\begin{aligned}0\leqslant &(D_{i_*x}(a_{i_*}),x-a_{i_*})+c_{i_*}(q,x-a_{i_*})\leqslant\\&(D_{i_*x}(a_{i_*}),x-a_{i_*})+c_{i_*}\|x-a_{i_*}\|\leqslant\\&D_{i_*}(x)-D_{i_*}(a_{i_*})+c_{i_*}\|x-a_{i_*}\|=\\&D(x)-D(a_{i_*})\end{aligned}$$

对任意取定的 $x\in K$ 上不等式成立,从而得到 $a_{i_*}=x^*$. 定理证毕.

注 (1) 据引理 5,我们有

$$\begin{aligned}D(x^{(k+1)}-D(x^*))\leqslant&\frac{1}{2}\lambda_k^{-1}\{\|x^{(k)}-x^*\|^2-\|x^{(k+1)}-x^*\|^2\}\leqslant\\&\lambda_k^{-1}\|x^{(k)}-x^*\|\,\|x^{(k+1)}-x^{(k)}\|\end{aligned} \tag{9}$$

若取

$$M=\left(\sum_{i=1}^{n}c_i\right)^{-1}\cdot\left\{D(x^{(1)})+\sum_{i=1}^{n}c_i\|a_i\|\right\}$$

则当 $\|x\|\geqslant M$ 时,有

$$D(x^{(1)})\leqslant\sum_{i=1}^{n}c_i\{\|x\|-\|a_i\|\}\leqslant D(x)$$

故

$$\|x^{(k)}\|\leqslant M(k=1,2,\cdots),\quad \|x^*\|\leqslant M$$

因此由式 ⑨ 得

$$D(x^{(k+1)})-D(x^*)\leqslant 2M\lambda_k^{-1}\|x^{(k+1)}-x^{(k)}\| \tag{10}$$

当预先已知最优解 x^* 为非尖点时,可用式 ⑩ 进行误差估计.

(2) 若在迭代过程中的第 k 步求得的 $x^{(k)}$ 是某一尖点 $a_{i_k}(1\leqslant i_k\leqslant n)$,则易证,尖点 a_{i_k} 是问题 ① 最优解的充要条件,是它为下述问题的最优解

$$\min_{x\to K}T_{i_k}(a_{i_k},x)$$

其中

$$T_{i_k}(a_{i_k},x)=\frac{1}{2}\lambda_{i_k}^{-1}\|a_{i_k}-x\|^2+c_{i_k}\|a_{i_k}-x\|+(D_{i_kx}(a_{i_k}),x-a_{i_k})$$

$$\lambda_{i_k}=\left(\sum_{i\neq i_k}\frac{c_i}{\|a_{i_k}-a_i\|}\right)^{-1}$$

因此若 a_{i_k} 不是问题①的最优解,则可设 $x^{(k+1)}$ 为问题$\min\limits_{x\to K}T_{i_k}(a_{i_k},x)$ 的最优解.因为 $a_{i_k}\in K$,且 $T_{i_k}(a_{i_k},a_{i_k})=0$. 故必有 $T_{i_k}(a_{i_k},x^{(k+1)})<0$. 再将引理 3 用于 $D_{i_k}(x)$ 便知此时 $x^{(k+1)}$ 仍使 $D(x)$ 的值下降.

（王长钰）

附录(3)　带(直线)约束的两点间最短连线

"有甲、乙两个生产队,位于 A 地和 B 地(图1),A 和 B 距输电线路分别为 1 km 和 1.5 km,两队合用一个变压器 P,问变压器 P 设在何处最省电线?"

吉林大学数学系编《数学分析》上册(人民教育出版社,1978)给出的解答是变压器 P 距 A 地 1.2 km,共需输电线 4×3.905 km(图1中虚线为电线敷设方式).但是若按图1中实线设置变压器与敷设电线,仅需输电线 4×3.848 km.可节省电线约 4×57 m,为原长的 1.48%,另外省电杆一根.

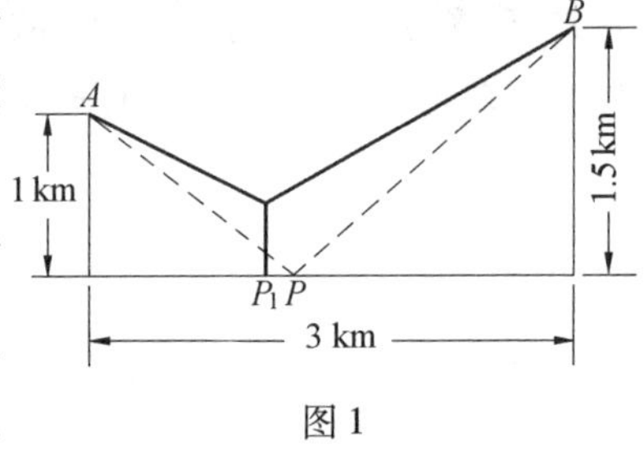

图1

本附录的目的就是给出在有约束(直线)条件时两定点间最短连线的求法.以便改正流行解法的不当,更在设计压力管道、输电线路、公路、铁路、渠道及至电子仪器线路时,有一定的经济价值,值得推广.

1.预备知识

在平面上求一点 $P(x,y)$,使到平面上三个给定点 $P_i(x_i,y_i)(i=1,2,3)$ 的距离总和为最小,即

$$J(P)=\sum_{i=1}^{3}\sqrt{(x-x_i)^2+(y-y_i)^2}$$

最小.这是法国数学家费马向意大利物理学家托里拆利提出的"最优设址问题"(Lokation Problem).后者用初等几何方法解决了这个问题①.当然也可用微积分方法完满地解决该问题②.这里只叙述结果.

定理1　当三点 $P_1(x_1,y_1),P_2(x_2,y_2),P_3(x_3,y_3)$ 组成的三角形的每一内角都小于 $120°$ 时,最优设址点 P_0 与点 P_1,P_2,P_3 连线的夹角都等于 $120°$(满足这个条件的点 P_0,则称为等角结点),最短路线长度为

$$J_{\min}(P)=\sqrt{\left[\frac{x_3+x_2}{2}-\frac{\sqrt{3}}{2}(y_3-y_2)-x_1\right]^2+\left[\frac{\sqrt{3}}{2}(x_3-x_2)+\frac{y_3+y_2}{2}-y_1\right]^2}$$

形状呈

---

① H. Dorrie, 100 Great Problems of Elementary Mathematics, New York, 1965.

② Masanao Aokl, Introduction to Optimization Techniquse, The Macmillan Company, 1971.

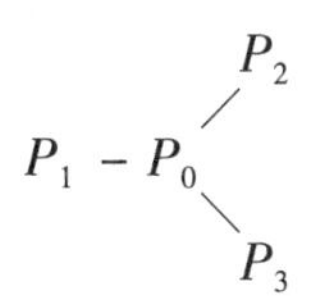

当 $\triangle P_1P_2P_3$ 中有一内角(如 $\angle P_1$)大于或等于 $120°$ 时,最优设址点可取在内角顶点($\angle P_1$)处,最短路线长度总是

$$J_{\min}(P) = P_1P_2 + P_1P_3 = \sqrt{(x_2 - x_1)^2 + (y_2 - y_1)^2} + \sqrt{(x_3 - x_1)^2 + (y_3 - y_1)^2}$$

应该指出,以 P_2P_3 为边在 $\triangle P_1P_2P_3$ 外部的等边 $\triangle P'P_2P_3$ 的顶点 P' 的坐标是

$$x' = \frac{x_3 + x_2}{2} - \frac{\sqrt{3}}{2}(y_3 - y_2)$$

$$y' = \frac{\sqrt{3}}{2}(x_3 - x_2) + \frac{y_3 + y_2}{2}$$

这样在等角结点存在时,$J_{\min}(P) = P_1P'$.

又特别当 $\angle P_1 = 120°$ 时,显然 $P_1P' = P_1P_2 + P_1P_3$.

费马的最优设址问题的解还是三点最短连线问题的解. 最短连线问题(在图论中又叫最小 S - 树问题)是说给定 n 个点 $P_1, P_2, \cdots, P_n$,要求一连通路线通过这 n 个点,并使此路线的长度最短. 由于在平面上,线段长度总不超过(同端点)曲线长度,因此连通路线可限定为折线. 这条折线的顶点中异于给定 n 点者,称为虚点. 相邻顶点连线夹角称为结叉角. 显然,虚点数不超过 1 的 n 点最短连线问题就是费马的 n 点最优设址问题.

定理 2 最短路线的结叉角都不小于 $120°$.

证明 如最短路线 T 中有某结叉角 $\angle A_1XA_2 < 120°$,考虑 $\triangle A_1XA_2$,只可能有以下三种情形.

情形 1:$\triangle A_1A_2X$ 的每一内角都小于 $120°$(图 2). 由定理 1 知,在 $\triangle A_1A_2X$ 中存在等角结点又是三叉的,故 T 至少有点 Y,而且

$$A_1Y + XY + A_2Y < A_1X + A_2X$$

因此在最短路线 T 中,以折线 $X - Y\begin{matrix} A_1 \\ \diagup \\ \\ \diagdown \\ A_2 \end{matrix}$ 代

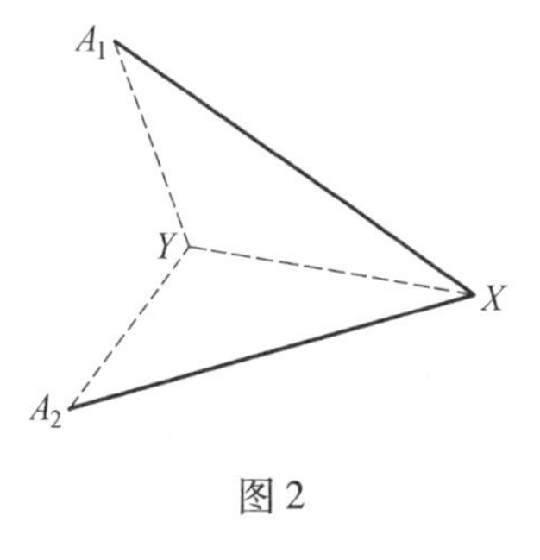

图 2

替 $X\begin{matrix} \diagup A_1 \\ \diagdown A_2 \end{matrix}$，而使 T 中其余不变所得出的路线 T' 当然是连通的，但 T' 的长小于 T 的长，此与 T 的最短性矛盾.

情形 2：如有 $\angle A_2A_1X > 120°$（图 3），则 $A_2A_1 < A_2X$，因此在 T 中以 $A_2 - A_1 - X$ 代替 $A_2 - X - A_1$，而使 T 中其余不变所得出的路线 T' 仍是连通的，而 T' 的长小于 T 的长，此与 T 的最短性矛盾.

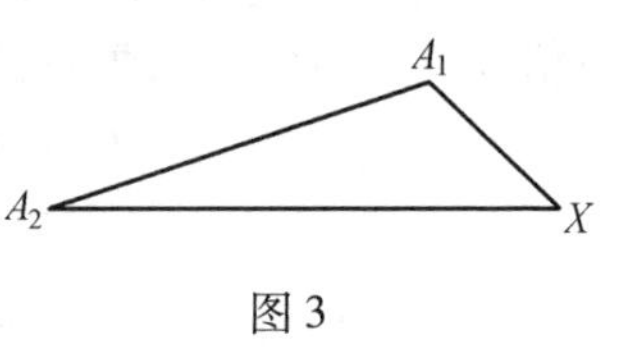

图 3

情形 3：如有 $\angle XA_2A_1 > 120°$，可仿情形 2 得出矛盾.

因此 T 的每一结叉角都不小于 $120°$，即大于等于 $120°$.

推论 1　如 T 是给定 n 点的最短连线，则 T 中每一个顶点的叉数小于等于 3，虚点必为三叉点.

定理 3　如 T 是给定 n 点的最短连线，则 T 中虚点个数小于等于 $n-2$.

证明　设 T 中有 x 个虚点，从而 T 共有 $n+x$ 个顶点，有且仅有 $n+x-1$ 条边.

另一方面，T 中虚点之间的连线，至多有 $x-1$ 条. 虚点又是三叉的，故 T 至少有

$$3x-(x-1)=2x+1$$

条边. 于是

$$2x+1 \leqslant n+x-1$$

所以

$$x \leqslant n-2$$

由定理 3 得出，当 $n=3$ 时，最多有一个虚点. 因此得到推论 2.

推论 2　费马的三点最优设址问题的解就是三点最短连线的解.

另外指出，满足结叉角不小于 $120°$、虚点不超过 $n-2$ 个的连通路线 T，称为可行线. 可行线只是最短连线的必要条件，但在 $n=3$ 的情形，还是充分条件.

2. 两点带直线约束的最优设址问题

现在可以讨论本附录开始时提出的："在定直线 l 上求一点 X（址点），使与两定点 A,B 的连线最短." 当点 A,B 位于 l 异侧时（包括点 A 或点 B 在 l 上），址点 X 显然就是直线 AB 与 l 的交点. 因此只需讨论点 A,B 位于 l 同侧的情形.

以后总约定，点 A,B 到定直线 l 的垂足分别为点 O 与点 C. 如图 4 所示，以 l 为 Ox 轴引入坐标系. 已知点 A,B 的坐标分别记为 $A(0,a)$，$B(c,b)$. 不失一般

性,规定 $b \geqslant a$.

最优设址点 $X(x,0)$ 只需在 $0 \leqslant x \leqslant c$ 寻求,易于理解. A,B,X 三点最短连线长度仍记为 $J(x)$. 易知 $J(x)$ 的表达式,应与 A,B,X 三点的位置有关. 由 $b \geqslant a$ 得 $\angle ABX \leqslant \angle ABC < 90° < 120°$,只需考虑 $\angle BAX$, $\angle AXB$ 的变化.

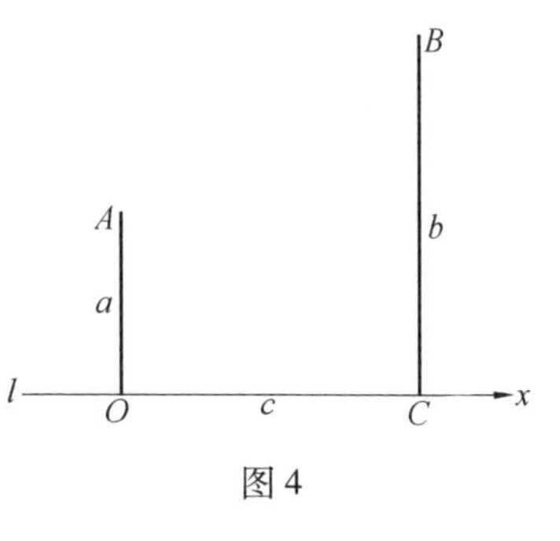

图 4

引理 1 存在 $x \in [0,c]$,使 $\angle BAX \geqslant 120°$ 的充要条件是 $\sqrt{3}(b-a) \geqslant c$. 对于满足 $\angle BAX \geqslant 120°$ 的 X 有

$$J(x) = \sqrt{a^2 + x^2} + \sqrt{c^2 + (b-a)^2} \equiv J_1(x)$$

且总有

$$J_1(x) \geqslant a + \sqrt{c^2 + (b-a)^2} = J_1(a)$$

证明 由图 5 易知,存在 $x \in [0,c]$ 使 $\angle BAX \geqslant 120°$,当且仅当 $\varphi \geqslant 30°$,即

$$\tan \varphi = \frac{b-a}{c} \geqslant \frac{1}{\sqrt{3}}, \quad \sqrt{3}(b-a) \geqslant c$$

由定理 1 与推论 2 知,此时 B,A,X 三点的最短连线呈 $X-A-B$.

$$J(x) = XA + AB = \sqrt{a^2 + x^2} + \sqrt{c^2 + (b-a)^2} \equiv J_1(x)$$

至于

$$J_1(x) \geqslant a + \sqrt{c^2 + (b-a)^2}$$

显然成立.

$\sqrt{3}(b-a) \geqslant c$ 还可用图 5 解释,以 AB 为底,作"外接"等边 $\triangle ABD$,点 D 的坐标由定理知

$$D_x = x' = \frac{c}{2} - \frac{\sqrt{3}}{2}(b-a)$$

可见,$\sqrt{3}(b-a) \geqslant c$ 等价于 $D_x \leqslant 0$,即 $D_x \notin (0,c]$.

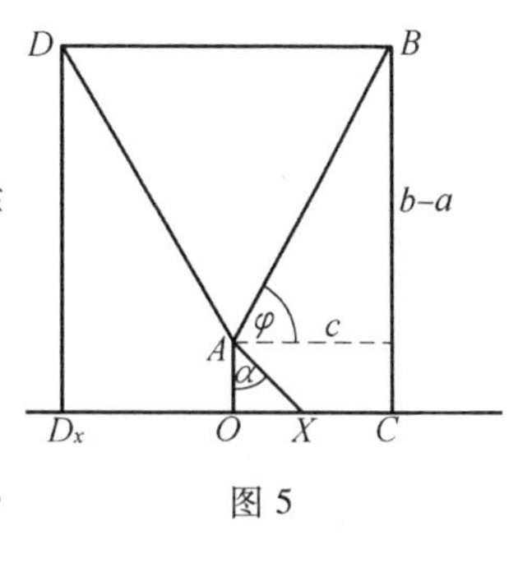

图 5

引理 2

$$J_2(x) = AX + BX = \sqrt{a^2 + x^2} + \sqrt{b^2 + (c-x)^2}$$

在 $R = \dfrac{ac}{a+b}$ 处取得最小值

$$J_2(R) = \sqrt{c^2 + (b+a)^2}$$

这个引理的光学解释就是著名的费马光行最速原理. 此时视 AR 为入射光

线，RB 为反射光线，有入射角等于反射角. 由此结果，结合图6（其中A'是A关于OC线的对称点），有

$$\triangle A'OR \backsim \triangle RCB$$

$$\frac{a}{R} = \frac{b}{c - R}$$

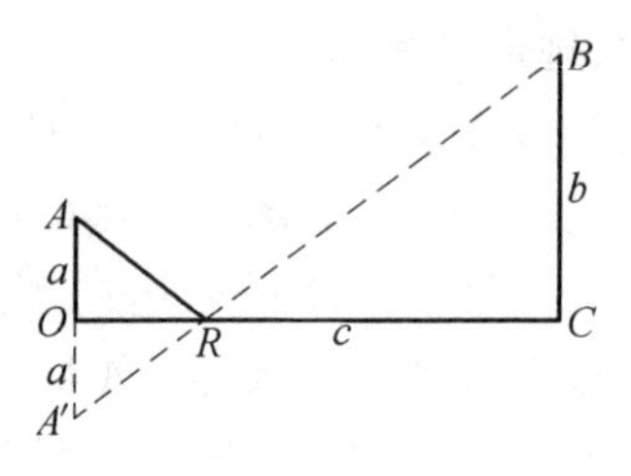

图6

所以

$$R = \frac{ac}{a + b}$$

从而

$$J_2(R) = \sqrt{a^2 + \left(\frac{ac}{a + b}\right)^2} + \sqrt{b^2 + \left(c - \frac{ac}{a + b}\right)^2} = \sqrt{c^2 + (b + a)^2}$$

引理 3 当 $\triangle AXB$ 的每一内角都小于 120° 时，有

$$J(x) \equiv J_3(x) = \sqrt{\left[\frac{c}{2} - \frac{\sqrt{3}}{2}(b - a) - x\right]^2 + \left(\frac{\sqrt{3}}{2}c + \frac{b + a}{2}\right)^2} \geqslant \frac{\sqrt{3}}{2}c + \frac{a + b}{2}$$

这是定理 1 与推论 2 的另一形式.

定理 4 当$\sqrt{3}(b - a) \geqslant c$时，址点应设在 A 的垂足 O 处，最短路线为 $O - A - B$，长度是

$$a + \sqrt{c^2 + (b - a)^2}$$

证明 因为$\sqrt{3}(b-a) \geqslant c$，由引理1知，正$\triangle ABD$ 的顶点 D 的射影 $D_x \notin (0, c]$. 联结 D, A 延长后交 OC 于点 E（图 7）. 当 $X \in OE$ 时，有 $\angle BAX \geqslant 120°$，故

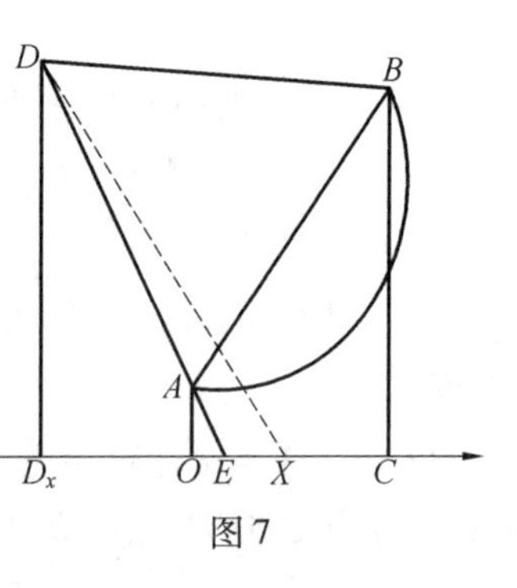

图7

$$J(x) = J_1(x) = XA + AB \geqslant OA + OB = a + \sqrt{c^2 + (b - a)^2}$$

当 $X \notin OE$ 时，$\angle BAX < 120°$. X 的变化可能有两种情形.

情形 1：$\angle AXB < 120°$，由引理 3 知

$$J(x) = J_3(x) = XD > DE = DA + EA > AB + OA$$

情形 2：$\angle AXB \geqslant 120°$，由定理 1、推论 2 和引理 2 知

$$J(x) = AX + XB = J_2(x) \geqslant \sqrt{c^2 + (b + a)^2}$$

但

$$\left[\sqrt{c^2 + (b + a)^2}\right]^2 - \left[a + \sqrt{c^2 + (b - a)^2}\right]^2 =$$

$$4ab - a^2 - 2a\sqrt{c^2 + (b - a)^2} \geqslant$$

$$a\{4b-a-2\sqrt{[\sqrt{3}(b-a)]^2+(b-a)^2}\}=a\cdot 3a>0$$

也有

$$J(x)>a+\sqrt{c^2+(b-a)^2}$$

可见对任何 X,总有

$$J(x)\geqslant a+\sqrt{c^2+(b-a)^2}=J(a)$$

从而址点应设在垂足 O 处,最短路线取 $O-A-B$.

定理 5 当 $c\geqslant\sqrt{3}(b+a)$ 时,址点应设在 $R=\dfrac{ac}{a+b}$ 处,最短路线长度是 $\sqrt{c^2+(b+a)^2}$,形状呈 $A-R-B$.

证明 约定以 $\widehat{BAB}$ 记以 AB 为底,自 l 侧作的含弓形角 $120°$ 的弓形.

首先证明条件 $c\geqslant\sqrt{3}(b+a)$ 等价于

$$D_x=\frac{c}{2}-\frac{\sqrt{3}}{2}(b-a)\in\widehat{ABA}\cap l$$

(即弓形 ABA 与直线 l 的交集).

$$D_x\in\widehat{ABA}\cap l\Leftrightarrow\angle AD_xB\geqslant 120°\Leftrightarrow 0>\tan\angle AD_xB\geqslant-\sqrt{3}\Leftrightarrow$$

$$0<\tan(\angle AD_xO+\angle BD_xC)\leqslant\sqrt{3}$$

$$\tan(\angle AD_xO+\angle BD_xC)=\frac{\dfrac{a}{\dfrac{c-\sqrt{3}(b-a)}{2}}+\dfrac{b}{\dfrac{c+\sqrt{3}(b-a)}{2}}}{1-\dfrac{2a}{c-\sqrt{3}(b-a)}\cdot\dfrac{2b}{c+\sqrt{3}(b-a)}}=$$

$$2\frac{c(a+b)-\sqrt{3}(b-a)^2}{c^2-3(b-a)^2-4ab}$$

但由

$$c(a+b)>\sqrt{3}(b-a)(b+a)>\sqrt{3}(b-a)^2>0$$

可知上不等式组又等价于

$$c^2-3(b-a)^2-4ab>0$$

$$2c(a+b)-2\sqrt{3}(b-a)^2\leqslant\sqrt{3}[c^2-3(b-a)^2-4ab]$$

$$0\leqslant\left(\frac{c}{a+b}\right)^2-\frac{2}{\sqrt{3}}\cdot\frac{c}{a+b}-1$$

因为

$$\frac{c}{a+b}>0$$

所以它的解就是

$$\frac{c}{a+b} \geqslant \sqrt{3}$$

因而 $D_x \in \widehat{ABA} \cap l$ 的充要条件是

$$c \geqslant \sqrt{3}(a+b)$$

现在可以证明定理. 不妨令

$$\widehat{ABA} \cap l = [e,f]$$

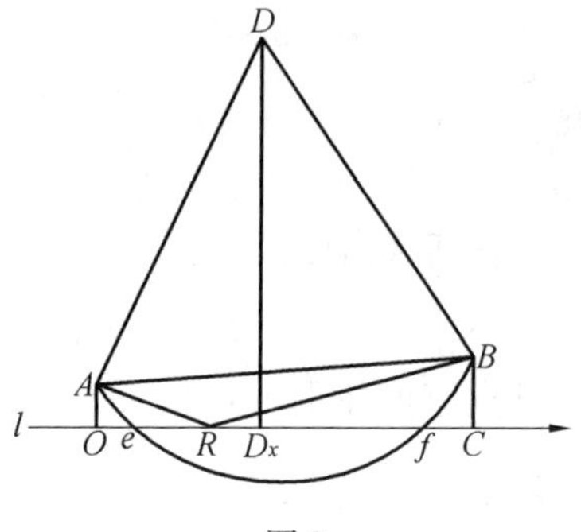

图 8

当 $x \in [0,e]$ 时, $x \notin \widehat{ABA} \cap l$, 所以 $\angle AXB < 120°$. 又因

$$c > \sqrt{3}(b+a) > \sqrt{3}(b-a)$$

由引理 2, $\angle BAX < 120°$, 所以

$$J(x) = J_3(x) = DX \geqslant De$$

$\angle AeB = 120°$, 由定理 1 后的说明有

$$De = eA + eB = J_2(e)$$

今如

$$R = \frac{ac}{a+b} \in [0,e]$$

$$J_3(R) < J_2(R) = RA + RB = \sqrt{c^2 + (b+a)^2} \leqslant J_2(e)$$

这与 $J_2(e) \leqslant J_3(R)$ 矛盾. 故 $R \notin [0,e)$.

同法可证 $R \notin (f,c]$. 所以

$$R \in [e,f] = \widehat{ABA} \cap l$$

由引理 2 知

$$J_2(R) = \sqrt{c^2 + (b+a)^2} \leqslant J_2(x)$$

又由于 $x \notin \widehat{ABA} \cap l$, 所以

$$J_2(R) \leqslant J_2(e) \leqslant J_3(x)$$

因此总有

$$J_2(R) \leqslant J(x)$$

所以址点应设在 $R = \dfrac{ac}{a+b}$ 处, 定理的其余部分已属显然.

定理 6 当 $\sqrt{3}(b-a) < c < \sqrt{3}(b+a)$ 时, 址点应设在

$$D_x = \frac{c}{2} - \frac{\sqrt{3}}{2}(b-a)$$

最短路线长度是$\frac{\sqrt{3}}{2}c+\frac{b+a}{2}$,形状呈 $D_x-P\begin{smallmatrix}/A\\ \backslash B\end{smallmatrix}$,这里 P 是 $\triangle D_xAB$ 的等角结点.

证明 因为$\sqrt{3}(b-a)<c$,由引理1知 $\angle BAX<120°$,所以最短连线不会呈 $B-A-X$ 形状.

又由定理5证明的第一部分知,条件 $c<\sqrt{3}(b+a)$ 等价于 $D_x\notin\widehat{ABA}\cap l$,即 $\angle AD_xB<120°$,从而

$$J(D_x)=J_3(D_x)=DD_x=\frac{\sqrt{3}}{2}c+\frac{b+a}{2}$$

当 $\angle AXB<120°$ 时,有

$$J(x)=J_3(x)\geqslant\frac{\sqrt{3}}{2}c+\frac{b+a}{2}$$

当 $\angle AXB\geqslant120°$ 时,有

$$J(x)=J_2(x)\geqslant\sqrt{c^2+(b+a)^2}$$

但

$$\left[\sqrt{c^2+(b+a)^2}\right]^2-\left(\frac{\sqrt{3}}{2}c+\frac{b+a}{2}\right)^2=\frac{c^2}{4}+\frac{3}{4}(b+a)^2-\frac{\sqrt{3}}{2}c(b+a)=$$

$$\left[\frac{c}{2}-\frac{\sqrt{3}}{2}(b+a)\right]^2>0$$

可见对任意 X,总有

$$J(x)\geqslant\frac{\sqrt{3}}{2}c+\frac{b+a}{2}=J(D_x)$$

故址点应设在 D_x,定理6其余部分已属显然.

定理4 ~ 6可总结如下表.当 $b\geqslant a$ 时,总有:

条　　件	址　　点	最短路线长	形　　状
$\sqrt{3}(b-a)\geqslant c$	A 的垂足 O	$a+\sqrt{c^2+(b-a)^2}$	$O-A-B$
$\sqrt{3}(b-a)<c<\sqrt{3}(b+a)$	$D_x=\frac{c}{2}-\frac{\sqrt{3}}{2}(b-a)$	$\frac{\sqrt{3}}{2}c+\frac{b+a}{2}$	$D_x-P\begin{smallmatrix}/A\\ \backslash B\end{smallmatrix}$
$c\geqslant\sqrt{3}(b+a)$	$R=\frac{ac}{a+b}$	$\sqrt{c^2+(b+a)^2}$	$A-R-B$

可见仅在两点间平距(c)较纵距之和($b+a$)大$\sqrt{3}$倍时,“反射”法的解才相当于最短路线.

回到本附录开始时的例题,由于$a=1,b=1.5,c=3$,所以

$$\sqrt{3}(b-a)=\frac{\sqrt{3}}{2}<c=3<\sqrt{3}(a+b)=\frac{5}{2}\sqrt{3}$$

故变压器应设在

$$D_x=\frac{\sqrt{3}}{2}-\frac{\sqrt{3}}{2}(1.5-1)=\frac{6-\sqrt{3}}{4}\approx 1.067$$

输电线长度是

$$4J(x)=4\left(\frac{3\sqrt{3}}{2}+\frac{1.5+1}{2}\right)=4\times\frac{5+6\sqrt{3}}{4}\approx 4\times 3.848$$

最后还想指出,当约束条件不是直线l,而是曲线弧时,情况变得更复杂,但仍可用这种方法解决.

(陈国光)

附录(4) “追逐问题”研究[1]

1. 引言

在人们生活活动中,普遍存在着追逐现象,例如,军事上的战术问题及其全盘筹划,民用方面的体育运动、捕鱼、打猎、放牧等. 目前,人们经常凭经验进行判断,这样,虽然有一定的根据和准确性,但是比较粗糙. 为人类服务的各类事物都是由粗略判断逐渐发展到理论分析,因为只有通过理论分析才能使人们有计划、有步骤地进行活动并带来更多的利益,所以将追逐问题提到理论上研究不但有实用意义,而且是发展的方向.

2. 二人速度关系的速度圆

定义1 所谓“人”,即一个人或同路行动的一个集团,或其他行动单位(如一辆汽车等).

从一个几何问题开始研究.

设有一动点,距两定点距离之比为已知常数 K,则此动点的轨迹为一圆周.

证明 取平面直角坐标系,设动点 (x,y),定点 (O,O) 及 (x_1,O),由已知条件知

$$\sqrt{x^2+y^2}=K\sqrt{(x-x_1)^2+y^2}$$

上式可写成

$$\left(x+\frac{K^2x_1}{1-K^2}\right)^2+y^2=\left(\frac{Kx_1}{1-K^2}\right)^2$$

这是一个平面圆周的方程,圆心为 $\left(-\frac{K^2x_1}{1-K^2},O\right)$,半径是 $\frac{Kx_1}{1-K^2}$,根据不同的 K,得到一族圆(图1),此族中的每个圆,本附录均称速度圆.

速度圆有如下的性质:如有 b,a 两点,其行动速度 v_b 及 v_a 之比为

$$\frac{v_b}{v_a}=K$$

先设 $K<1$(同理可知 $K\geqslant 1$ 的情况),另有一定点 c,若点 c 在关于 a,b 的速度圆 O 内(图2),则 b 必能较 a 先跑到点 c(双方均跑直线,这是因为在追逐过程中,在没有其他因素的影响下,对自己有利或不利的目标,追逐参与者均尽快

---

① 1964年5月4日收到. 原载《应用数学与计算数学》.

地追到或逃开此目标). 若点 c 在圆外,则 a 必能较 b 先跑到点 c;若点 c 在圆周上,则 a,b 可以同时到达点 c.

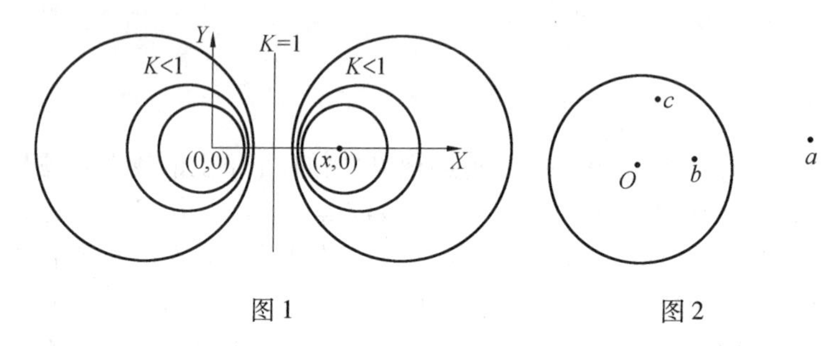

图 1　　　　图 2

定义 2　所谓"追到",即追逐者靠近被追逐者到某个距离,使能达到保护、躲藏或消灭对方的目的.

下面研究的问题,除特别指明外,均假定上述定义中指的距离与全部行走路程相比甚为微小.

现在利用速度圆研究两个例子.

第一个例子:设 a 追 c,b 阻止 a 追 c,亦即如 b 与 a 接触,b 能胜 a,若 b 与 c 接触,则 a 不敢再追 c. 已知 a,b,c 三点的位置和行动速度,要分析 a 能否追上 c 或 b 能否阻止 a 追到 c.

作 a 及 c 的速度圆 O_1,a 及 b 的速度圆 O_2(图 3),当 $v_c < v_a$ 及 $v_b < v_a$ 时,b 及 c 只要向这两个速度圆相交的一块面积(即图 3 中画有斜线部分)中任一约定的点行进,都能使 a 在到达此点之前,c 已在 b 的保护之下;若圆 O_1 及圆 O_2 不相交,b 将不能保护 c. 这个例子还可看成是这样一个问题:O_2 是设有埋伏的某种圈套,c 是诱饵,只要 c 向阴影行进,就可能把 a 引入 O_2 内.

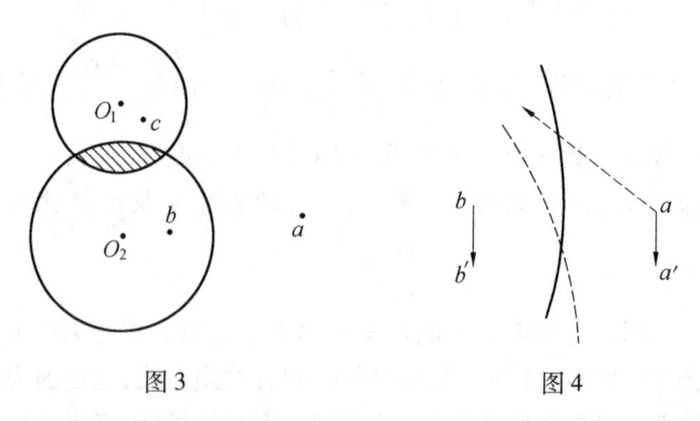

图 3　　　　图 4

另一个例子是解释许多追逐事件中常有的所谓"虚晃"(图 4),即有较快的速度向自己不准备行进的方向晃一下,是在双方速度大小差不多时,进攻者采取的一种策略. 例如,a 由原来位置晃到 a',b 往往跟随其到 b',如果此时 a 又回到原来位置,而 b(未估计到 a 只是虚晃一下)未回到自己原来位置,则原先的速度圆(实线)变成后来的速度圆(虚线),这样,a 就有可能按图 4 中虚线箭头方向入侵到 b 原来的某个防守范围,这实为俗话中的所谓"调虎离山".

3. 单人追逐定理

定理 1 有两人,其中追逐者(行动速度比被追逐者快)始终朝向被追逐者行动方向的延长线与速度圆之交点行进时,无论被追逐者沿什么曲线逃跑,亦跑不出速度圆;又当被追逐者沿直线行进时,追逐者无论沿什么曲线行进,亦不能在速度圆内追到被追逐者.

证明 设 a 追逐 b,a 对准 b 前进方向延长线与速度圆 O 的交点为 D. 当 b 行至 B,a 行至 C 时得速度圆 A,由 $\overline{BC} /\!/ \overline{ba}$ 及前面的速度圆方程知

$$\overline{Ob} = \overline{ab}\,\frac{K^2}{1-K^2}$$

$$\overline{AB} = \overline{BC}\,\frac{K^2}{1-K^2}$$

故 O,A,D 三点成一直线,即 b 行至 B 及 a 行至 C 时之速度圆 A 与原速度圆 O 内切于 D. 如果此时 b 改变行动方向对准 D',而不继续对准 D,则又得第三个速度圆 A' 与圆 A 内切于点 D'(图 5). 双方继续行走,后来的速度圆永远包含在先前的速度圆内部,随时间的变化速度圆半径越来越小(由速度圆方程知其与 a,b 之间的距离成正比,而 a,b 之间的距离越来越小). 最后半径小于任一已知长度,此时 a 追到 b,如果 b 在行动过程中方向不变,则 a 必正好在最初的速度圆周上点 D 追到 b,定理的后半部分是显然的,故定理得证.

引申定理 2,能看出这样的事实:如果 a 的行进方向始终不断地对准 b,当 b 依直线行进时,a 只能在它们的速度圆外追到 b,而 a 的行动路径绝不是直线,而是一条曲线(图 6). 现有的武器在追踪时就是这样的.

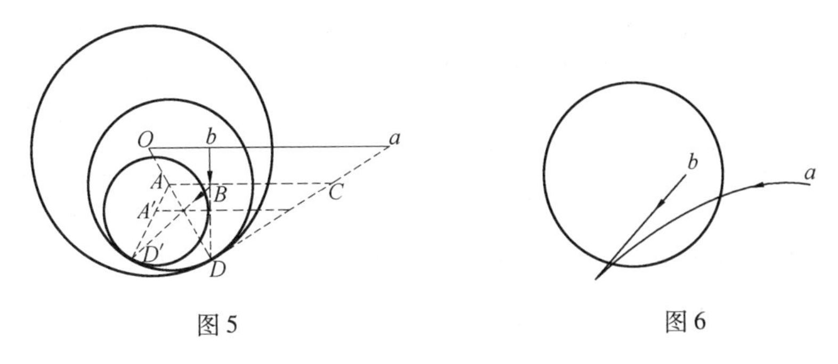

图 5　　图 6

进一步看出,依不同的条件,对 a 有不同的最优路线:

(1) 当被追逐者行进时,并不是随时都能方便地变化行动方向,如飞机、船只、车辆甚至人都是这样,只有继续向前才不会使速度减慢;

(2) 使 b 不跑出一个较小的范围对 a 是比较有利的,例如 b 跑得太远可能会使 b 达到某种别的目的(破坏、躲藏等),则 a 最优的办法是按前面谈的始终对准被追逐者行动方向延长线与速度圆之交点行进.

又当:

(1) 双方不是短兵相接,变化方向所耗时间与整个行动路程时间相比并不多;

(2) 根据无法预测 b 的未来行动方向;

(3) b 跑出速度圆对 a 并没害处,则 a 最优的办法是随时对准 b. 现在证明这种追法对 a 就时间消耗而言是最优的(即消耗的时间最少).

在任一微小时间内,双方行走的路程都是微小的,且均为直线,如果在此时间内,追逐者的走法能使双方距离缩短得最多,则追逐者可在全部追逐过程中均用相同的走法,所走的路线对追逐者就时间而言是最优的. 设经某一微小时间后,因无法知道 b 的行动方向,所以 b 可能在圆 O_1(图 7) 的任一点上,且 b 落在 O_1 上各点的概率是相同的,a 的可能位置亦是一个圆,记为 O_2,联结两圆圆心,此连线与圆 O_2 的交点为点 A. 另选圆 O_2 上任一点 B,因 b 落在圆 O_1 上各点的概率相同及 $\overline{O_1B} > \overline{O_1A}$,所以 a 在点 A 比在点 B 为优. 又因点 B 是圆 O_2 上除点 A 外的任一点,所以对 a 最优的办法是行动方向随时都正对着 b 行进.

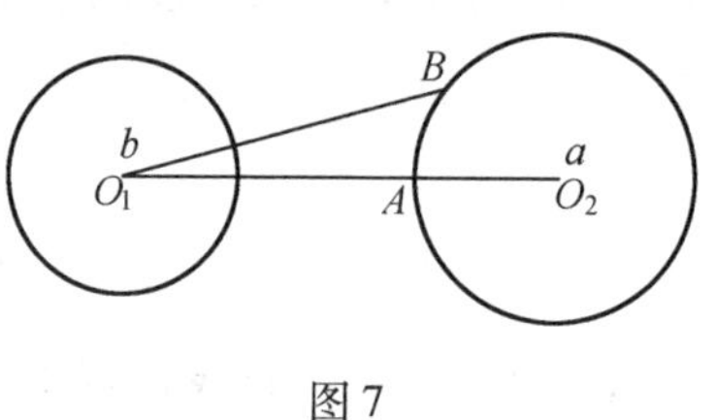

图 7

还要说明的是,单人追逐定理适用于整个平面空间处处均可通行的情况,例如,在海面上或交通十分方便的陆地上均属此类(空中应该是速度球,有类似性质),但是在非处处均可通行,特别是只能在已知道路网上行走时,若 a 追 b,a 只能知 b 的位置而不能知其未来的路径时,对 a 最优的办法是随时按 a,b 两点最近的道路行进,这样 a 追到 b 的时间最多和在平面上处处均可通行时 b 背着 a 行进时 a 追到 b 的时间相同,至于求已知网路中任意两点的最近路径的方法,最简单无过于按已知道路网用细绳编一个网子,要求任两点间的最近路径时,只需将网上此两点拉直就找到了. 其他的方法虽能适用于更多的情形(如能考虑到上坡时跑得比较慢),但不如结网的方法简单,不在此详谈了.

4. 速度曲线,最优绕行曲线

设 a 欲追 c,假设 c 是不动的,b 阻止 a 追到 c(图 8). 如果 a 与 b 是以 c 为终

点的赛跑,由速度圆的性质知一定是 a 先跑到 c,但是现在不是赛跑,当 a 依直线向 c 行进,必须通过关于 a,b 的速度圆的圆周,就可能受到 b 的阻碍,此时 a 必须绕另外一条能追到 c 的道路行走,现在要问此道路是否存在,又其中最优(能避开 b 的阻碍且总长最短)的是哪一条?

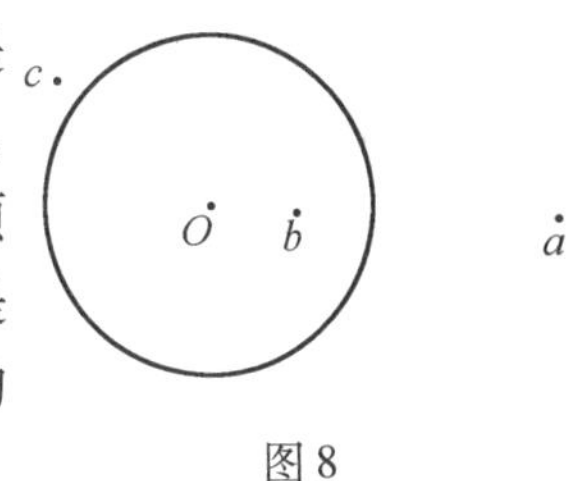

图 8

解 在 a,b 的速度圆上取一点 A,a 到点 A 的距离是 l,一根以 A 为起点的曲线,使在此曲线上任一点 D 均有

$$r = K(l + \overset{\frown}{AD})$$

上式为必须满足的速度关系,以 b 为极坐标原点,上式即

$$r = K\left[\int_{\theta_0}^{\theta}\sqrt{\left(\frac{\mathrm{d}r}{\mathrm{d}\theta}\right)^2 + r^2}\,\mathrm{d}\theta + l\right]$$

对 θ 求导,得

$$\frac{\mathrm{d}r}{\mathrm{d}\theta} = K\sqrt{\left(\frac{\mathrm{d}r}{\mathrm{d}\theta}\right)^2 + r^2}$$

即

$$\frac{\mathrm{d}r}{\mathrm{d}\theta} = \pm r\frac{K}{\sqrt{1 - K^2}}$$

由图 1 知 $K < 1$,此式需取正号方能满足上式,所以

$$\frac{\mathrm{d}r}{\mathrm{d}\theta} = r\frac{K}{\sqrt{1 - K^2}}$$

这个微分方程的解是

$$r = r_0 e^{\frac{K}{\sqrt{1-K^2}}(\theta-\theta_0)}$$

此曲线在此称为速度曲线,同理得图 9 中与其对称的虚线部分.

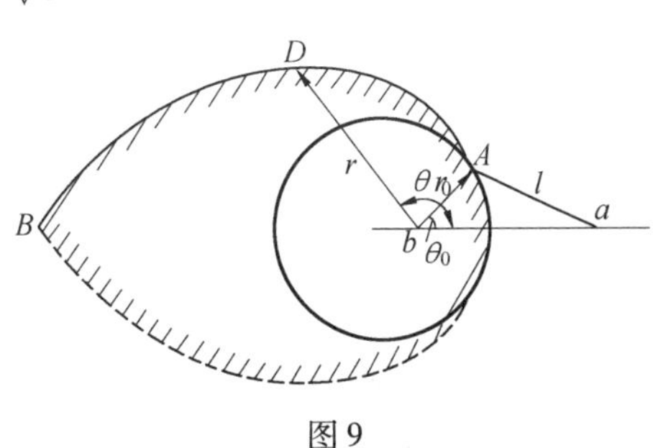

图 9

对 a 来说,最优的绕行曲线是图 10 中的虚线. 此虚线由三部分组成:

(1) 由 a 引的速度圆切线段 l;

(2) 由 l 与圆的切点 A 至由 c 引到速度曲线的切点 E 之间的速度曲线部分;

(3) 由 c 引到速度曲线的切点 E 的切线段 $\overline{cE}$.

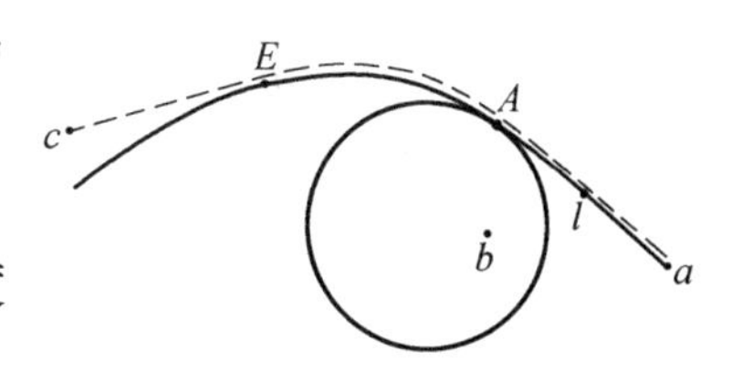

图 10

上面求出的最优绕行曲线适合于 a 不知 b 的行动方向,或具有许多 b 聚在一起的情况. 例如,在点 b 有许多架飞机,a 要袭击 c,若 a 与这些飞机同时起身,则此最优绕行曲线是 a 能避免与任何一架飞机相遇的最短行动曲线(当飞行距离很大,可看成双方行动路线都在同一平面).

5. 防守定理

所谓“守得住的面积”是指防守者在入侵者侵入之前能与入侵者相遇的最大面积.

速度圆的性质,只是说明圆内任一已知定点,防守者 b 必能较追逐者 a 先到达此点,但并不是 b 能守得住的整个面积,关于这个问题有如下的定理.

定理 2 当双方行动方向可随时自由选择时,决定防守是否能成功的因素是速度. 如防守者的行动速度小于欲入侵者的行动速度,则防守者守不住任何一块面积.

猛一看,“守不住任何一块面积”是不可能的,似乎无论跑得怎样慢,将面积缩小一点总能守住,如一个人只守一块 1 平方米大小的面积,当入侵者侵入时,防守者一伸手就能碰到入侵者. 事实上,当防守者一伸手,手的速度比入侵者跑得快,才能碰到入侵者,所以仍是提高了速度的结果,不管防守者用手或身体的其他部分去靠近入侵者,如果其速度比入侵者的速度慢,即使守任何一块小面积,都碰不到入侵者,当然这必须在前面已提过的进行追逐的双方本身大小与全部行动路程相比很小的条件之下,这个定理是将事物更简单化而得出的. 虽然如此,并不能否定它的用处,正如许多数学、力学、工程以及其他许多科学将事物简单化来研究一样,下面是本定理的详细证明.

证明 从 a 作 a,b 速度圆的切线切速度圆于 A,从点 A 起作速度曲线,得速度圆及速度曲线共同包围的面积 f_1+f_2(图 11 画有斜线处),由速度圆几何关系知

$$r_0=\frac{x_1K}{\sqrt{1-K^2}} \quad 及 \quad \theta_0=\frac{\pi}{2}$$

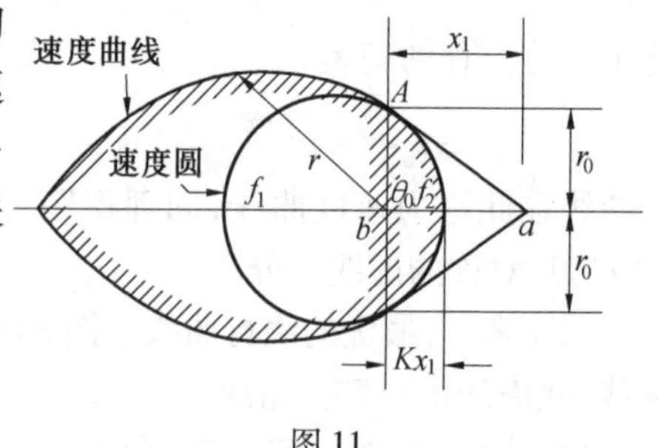

图 11

故速度曲线方程为

$$r=\frac{x_1K}{\sqrt{1-K^2}}e^{\frac{K}{\sqrt{1-K^2}}\left(\theta-\frac{\pi}{2}\right)}$$

所以 f_1 随着 x_1 而相似地变化(扩大或缩小),又不难看出,x_1 随 f_2 相似地变化,知 x_1 随 f_1+f_2 相似地变化.

设 b 欲防守的面积为 F,a 为欲侵入 F 者,且其速度大于 b 的速度,所以 a 可以逐渐接近 b 使其与 b 距离 x_1 越来越小.由上面的研究知 f_1+f_2 亦越来越小,致使 f_1+f_2 无法包含 F.由前面最优绕行曲线的性质知,此时 a 即可完全避免与 b 相遇而进入 F,证毕.

亦可证明 b 亦防守不住任何一个小门(a,b 本身和门宽相比都是更小的).

根据上述结果能看出下面的例子属实:

a 受 $b_1,b_2,\cdots,b_n$ 包围,a 与 $b_1,b_2,\cdots,b_n$(n 有限)之各速度圆是相连的(图 12),a 的行动速度大于 $b_1,b_2,\cdots,b_n$ 各行动速度.因为 $b_1,b_2,\cdots,b_n$ 不能防守住任何一个小门,故 a 一定能跑出包围圈外.但是如果 a 向圈外踢一只球,即使球和 a 跑的速度一样快,球却跑不出包围圈.

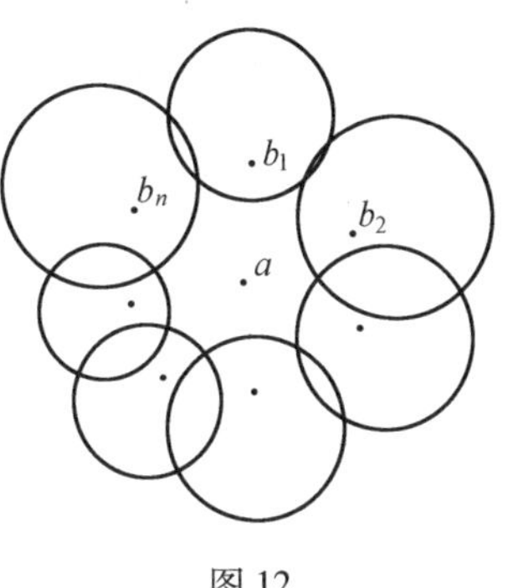

图 12

关于足球守门这件事,欲侵入门者是足球,守门员的行动速度即使比球的速度小,也能按足球进门方向与速度圆交点接住足球,因为球走直线,而不会按最优绕行曲线或速度曲线行走.

再研究一个用枪守门的例子,假定欲进门者为 a,在 b 处架有一支枪,子弹速度虽快,但走的道路是直线(或其他任意已知曲线,总之打出后其方向不能自由变化).因为由门与 a 可连任意多的曲线,当 a 知道子弹发出后,若能立即向任意其他曲线行走,则当 b 只有有限子弹时,无法阻止 a 入门(注意 a 与行程相比是很小的,且设子弹与人速度之比亦有限,图 13).

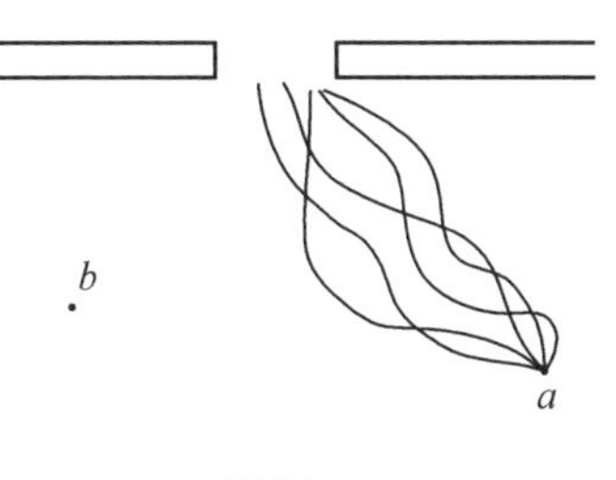

图 13

从以上叙述看来,衡量战斗者优劣的标准应该有三个:

(1) 与敌人相遇时能战胜敌人;(2) 跑得快;(3) 转弯灵活.

古代人作战用战刀,与赤手空拳比起来提高了战斗力,但因刀仍需人带着走,所以其行动速度和人行动的一样.自从发明枪炮后,枪炮的子弹具有上面(1)及(2)两个优点,故比战刀优越多了,可惜子弹还不会转弯,当导弹出现后,因其能按需要调正方向,前面三个优点它都具备,这就是导弹比一般枪炮厉害的原因.

战斗者本身几何尺寸的大小,实际上与第(1)个标准有关,本身太大,就等于提高了敌人的战斗力,战斗者的其他计谋亦是企图使上面三个标准变化.

6. 最优防守位置

有一条长形带,已知进攻者 a 距此带为 L,a,b 连线垂直此带,求 a,b 的距离(图 14 之 x_1),以使 a 完全避免与 b 相遇且 b 能防护该带的最大长度.

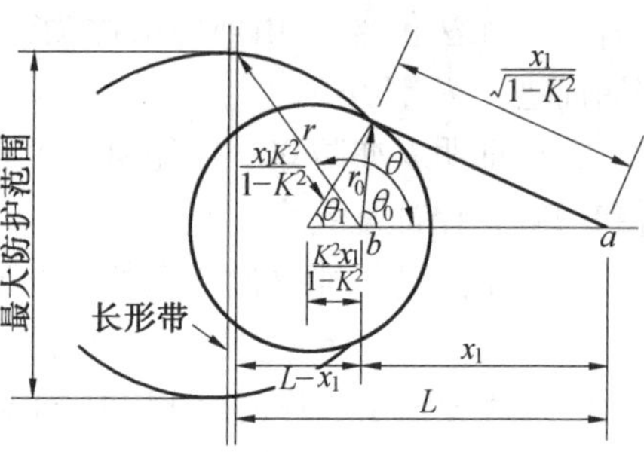

图 14

已知速度曲线的方程为

$$r=r_0\mathrm{e}^{\frac{K}{\sqrt{1-K^2}}(\theta-\theta_0)}$$

又由几何关系知

$$r\cos\theta=-(L-x_1)$$

$$\frac{x_1K}{1-K^2}\cos\theta_1-\frac{x_1K^2}{1-K^2}=r_0\cos\theta_0$$

$$\cos\theta_1=K$$

由上诸式得

$$r\sin\theta=\frac{-L\cdot B\cdot\mathrm{e}^{\frac{K}{\sqrt{1-K^2}}\theta}\cdot\sin\theta}{B\cdot\cos\theta\cdot\mathrm{e}^{\frac{K}{\sqrt{1-K^2}}\theta}-1}$$

其中

$$B=\frac{K}{\sqrt{1-K^2}}\mathrm{e}^{-\frac{\pi}{2}\frac{K}{\sqrt{1-K^2}}}$$

记 $F=r\sin\theta$,求出$\frac{\mathrm{d}F}{\mathrm{d}\theta}$,令其为零后,整理得

$$-\frac{K}{\sqrt{1-K^2}}\sin\theta-\cos\theta+B\mathrm{e}^{\frac{K}{\sqrt{1-K^2}}\theta}=0$$

当$\frac{\pi}{2}\leqslant\theta\leqslant\pi$,上式的解是

$$\theta=\frac{\pi}{2}$$

又不难算出$\left.\frac{\mathrm{d}^2F}{\mathrm{d}\theta^2}\right|_{\theta=\frac{\pi}{2}}$为负,所以$\theta=\frac{\pi}{2}$时,$F=r\sin\theta$ 达到极大值,当$\theta=\frac{\pi}{2}$代入前面的几何关系得 $x_1=L$,即 b 应站在距带为零的位置,其最大防护范围是

$$2r\sin\theta=2r_0\sin\frac{\pi}{2}=2L\frac{K}{\sqrt{1-K^2}}$$

由上述结果知,长形带与速度曲线的交点正好在速度圆上.

又如只考虑速度圆,或者采用纯几何的方法,都不难求得相同结果.

7. 进一步讨论几个问题

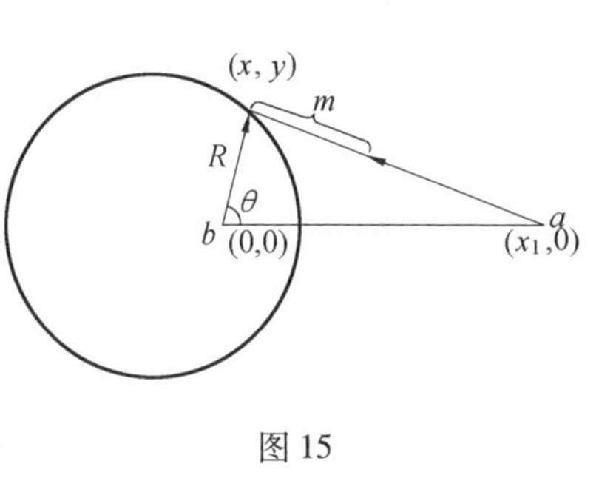

图 15

前面研究的速度圆,是两人以匀速直线行进时,能同时跑到的点的轨迹. 它适用于追逐者与被追逐者距离为任意小或此距离与他们各自全部行动路程相比很小时才算追到的情况. 现在假设追逐者有枪或其他工具,使其距被追逐者为一与全部行动路程相比有不可忽略的距离m 就算追到时(被追逐者以匀速直线行进),求最远能跑到的点的轨迹.

解 设 $v_b < v_a$,a 追 b,$v_b = Kv_a$,$K \leqslant 1$(图 15). 由已知条件得

$$\sqrt{(x - x_1)^2 + y^2} = m + \frac{\sqrt{x^2 + y^2}}{K}$$

当用极坐标时,上式可化为

$$(1 - K^2)R^2 + (2Km + 2K^2 x_1 \cos\theta)R + K^2(m^2 - x_1^2) = 0$$

此即所求轨迹之方程式,定名为速度圈. 因为 a 不必完全靠近 b 而只需距 b 为距离 m 时就算追到 b,可以看出,速度圈必在速度圆内,且速度圆是 $m = 0$ 时速度圈的特殊情况. 亦可证明速度圈与速度圆相似的性质,即 a 追 b 时,b 跑不出速度圈,且当 b 依直线行进时,a 不能在速度圈内追到 b.

“追逐问题” 究竟应包含多少内容,现在很难说,以上诸节提出和研究的问题显然不够多,现在再提出几个有待研究的问题.

以上均未讨论需要考虑“人” 的几何形状的情况,因这时问题变得相当复杂.

前面的讨论都必须知道对方的位置,这些位置可用直接观察、测量及其他方法(如情报工作等) 获知. 但有时不知其具体位置而只知其在某一范围内变动,看来,这个问题应与目前的“对策论” 同时应用来解决.

我们知道“货郎担问题” 是运筹学中的一个未解决的问题,其实它只是一个追逐问题的特殊情况,当许多马向许多不同方向跑时,牧马人应该按怎样的次序和按什么行动曲线行进才能最快地将马全追回来? 货郎担问题是当马的速度为零时的特殊情况,这个问题的实际应用当然决不只限于牧马.

在实际应用追逐理论时,像空战那样来不及计算怎么办? 这并不能说理论是无用的,因为一方面通过理论分析可以得到一些不需计算就便于应用的某些规律,另一方面即使需要经过计算才能得到结果的问题,如果用计算来指导自

己的行动能获得更多的好处,就应设法克服来不及计算的困难,可能需要设计专门的自动化仪器,况且实际问题中不是短兵相接的时候仍很多,例如制订一个战斗计划,仍有追逐性质的问题,其行动并不像空战那样急促,便于进行理论分析.

为了使理论研究更符合实际情况,除了计入速度的非均匀性外,还应考虑交锋时间、行动开始时的准备时间,这些数据的部分应来自多次调查积累,为了便于实际计算工作,可能还需要做出一些规程之类的东西.

追逐问题还将与力学发生联系,如惯性力在短兵相接时有重要作用等. 即使不考虑力的作用,而单从纯几何学上进行研究,在理论力学的运动学中讨论还是可以的,不过现有的力学未考虑行动者的斗争性质罢了.

(裴文瑾)

附录(5) 公共绿地喷浇的节水模型①

1. 引言

随着现代生活质量的提高,美化城市和建设绿色家园成为迫切需要,城市绿化带正在扩大,用水量也随之不断增大.因此,节约城市绿化用水是一个十分重要的问题.那么,对于任意的绿地,喷浇龙头到底以什么方案才能最节约用水呢?对此,文献[1]提出了绿地喷浇设施的节水构想,并且给出了绿地形状为正方形、三角形时有效覆盖率的计算;文献[2]给出了如何找到最佳的覆盖方法及合理的评价准则;文献[3]则研究了当喷淋半径不同时喷灌系统的效率.本文在改进文献[2]的两个模型计算方法的基础上,主要研究了在喷浇方式可变的条件下,绿地区域分别为正六边形、正多边形和矩形的最优圆覆盖率计算问题,并且给出了计算公式.

2. 优化模型问题

我们可以设置多个喷水龙头使得公共绿地的区域被喷出的水所覆盖.根据微积分中的有限覆盖定理,必然存在最小的覆盖面积,这样就为节约用水而建立优化模型提供了理论依据.然而,我们更需要得到的是对实际问题有具体指导的结论.我们现在需要解决的问题是:既要使绿地全部被均匀地浇到,又要达到节约水资源的目的;而只有在被重复浇到的绿地面积达到最小时,才能达到节约用水的目的.我们假设在绿地区内可以放置 n 个龙头,每个龙头最大的喷射半径为 R.设绿地区域面积为 S,第 i 个龙头的喷射半径为 r_i,喷射角度为 α_i,它所形成的区域面积为 S_i,则绿地的受水面积(实际上的圆覆盖)为 $\bar{S}=\sum\limits_{i=1}^{n}S_i$,从而得到如下的优化模型问题

$$\begin{cases}\bar{S}=\min\{\sum\limits_{i=1}^{n}S_i\}\\ \sum\limits_{i=1}^{n}S_i\supseteq S,r_i\leqslant R\end{cases} \quad ①$$

为了简化问题,更能表达"覆盖"的含义,我们以 $K=\dfrac{\bar{S}}{S}(K\geqslant 1)$ 代替文献

① 本课题得到云南师范大学数学学院"数学建模课外实习与科技活动"课程建设项目(2004,2005),云南省引进高层次人才工作经费(2003)和云南师范大学科研启动基金(2002)资助.

[1] 和[2] 中的$\frac{\bar{S}}{S}$来作为有效覆盖率刻画模型的优劣. K 越接近 1,模型就越好,用水也就越节约.

下面我们将针对不同几何形状绿地区域的覆盖进行讨论,从而得到它们的有效覆盖率.

3. 模型的应用与求解分析

(1) 绿地为正方形区域时的最优覆盖率.

如图 1 所示,我们假设绿地区域是边长为 $2a$ 的正方形. 先以正方形中心为圆心,R 为半径作圆,我们称之为大圆. 再分别以四个顶点为圆心,r 为半径,作等半径的$\frac{1}{4}$圆,我们称之为小圆. 我们的目标是使受水面积与绿地面积的比值达到最小. 因此可选择适当的半径 R 与 r,使大圆与小圆的面积之和达到最小. 这样我们得到优化模型为

$$\begin{cases}\bar{S}=\min \pi\{R^2+r^2\} \\ \sqrt{R^2-a^2}+r=a\end{cases} \quad ②$$

这相当于一个二元函数求条件极值的问题,我们得到 $R=\frac{\sqrt{5}}{2}a$,$r=\frac{1}{2}a$. 此时,目标函数 $\bar{S}$ 达到最小值$\frac{3}{2}\pi a^2$. 于是,我们可计算出最小的有效圆覆盖率为

$$K=\frac{\bar{S}}{S}=\frac{\frac{3}{2}\pi a^2}{4a^2}=1.178 \quad ③$$

由于绿地平面可被全等的正方形所覆盖,故在广阔区域的绿地上,喷水龙头可按照交错方式分布(图 2),这时最小有效覆盖率可达 1.178.

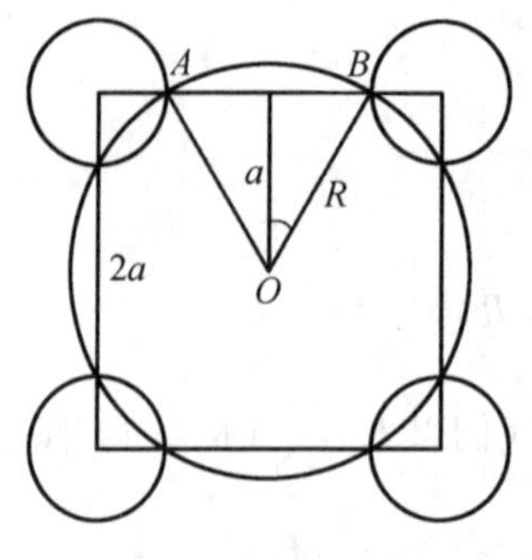

图 1　正方形绿地覆盖示意图

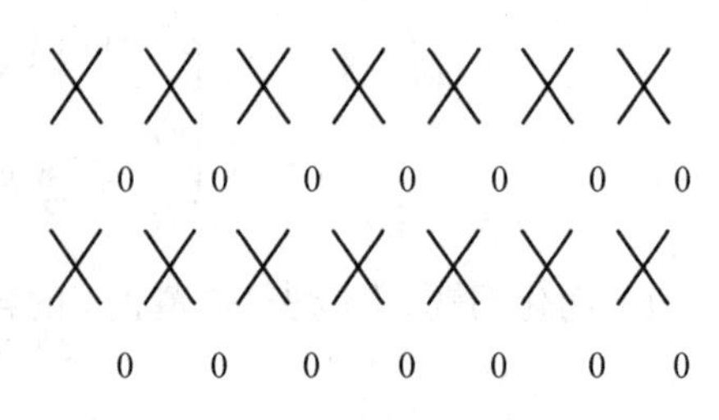

图 2　正方形绿地喷水龙头分布图

(2) 绿地为等腰三角形区域的最优覆盖率.

如图3所示,我们设绿地区域为等腰 $\triangle ABC$,其中 $AB=AC$, $\angle A=\alpha$, $\angle B=\beta$,分别过顶点 A,B,C 作圆. 显然,最优覆盖必须使三个圆交于一点,而且该点在底边 BC 的中垂线 AD 上,设 $AD=d$, $BC=2c$,圆 A 的半径为 r,圆 B、圆 C 的半径为 R. 要使得在有效覆盖率最大的情况下整个三角形区域都被覆盖,就必须使在三角形中的三个扇形面积之和最小,从而得到优化模型

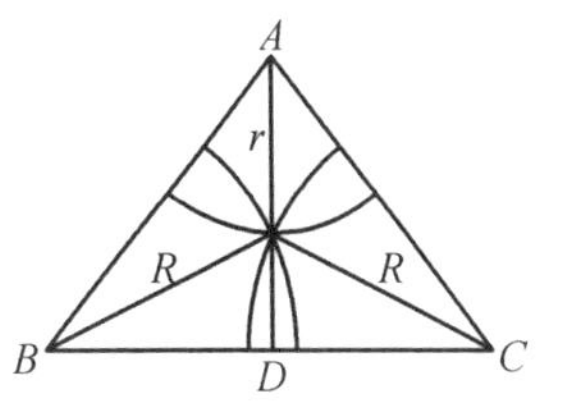

图3 三角形绿地覆盖示意图

$$\begin{cases}\bar{S}=\min\left(\dfrac{\alpha\pi}{360^\circ}r^2+\dfrac{2\beta\pi}{360^\circ}R^2\right)\\(d-r)^2+c^2=R^2\end{cases} \quad ④$$

我们有最小的有效覆盖率为

$$K=\frac{\bar{S}}{S}=\frac{\dfrac{\pi}{360^\circ}(\alpha r^2+2\beta R^2)}{\dfrac{1}{2}\times 2cd}=\frac{2\pi\beta\left(\dfrac{\alpha}{\pi}+\cot^2\beta\right)}{360^\circ\cot\beta} \quad ⑤$$

下面我们进一步分析式③. 因 $\alpha+2\beta=\pi$,故我们对式⑤作恒等变形,取极限后,得到:$\lim K'(\alpha)=\dfrac{\pi}{180^\circ}$;又因为 $0<K(\alpha)\leqslant\dfrac{\pi}{180^\circ}$,故根据罗尔定理,函数 $K(\alpha)$ 在区间 $(0,\pi)$ 内取得最小值. 当 $K'(\alpha)=0$ 时,我们得 $K(\alpha)$ 在区间 $(0,\pi)$ 内有唯一驻点 $\alpha=\dfrac{\pi}{3}$,因此有

$$K(\alpha)\geqslant K\left(\frac{\pi}{3}\right)\approx 1.196 \quad ⑥$$

式⑥表明,在允许使用不同半径的圆的情况下,1.196 为其下界,这就说明可以根据三角形顶角的角度确定不同半径的圆覆盖方式大大优于使用单一的圆覆盖方式.

(3) 绿地为正多边形区域的最优覆盖率.

我们以边长为 a 的正六边形为例来求最优覆盖率. 先考虑一种与正方形绿地喷浇相似的布局方式. 如图4所示,我们先以正六边形中心为圆心,R 为半径作大圆. 再分别以六个顶点为圆心,r 为半径,作等半径的 $\dfrac{1}{3}$ 的小圆. 我们要选择适当的半径 R 与 r,使大圆与小圆面积之和达到最小. 这样我们得到优化模型

$$\begin{cases}\bar{S}=\min\pi\{R^2+2r^2\}\\\sqrt{R^2-\dfrac{3}{4}a^2}+r=\dfrac{a}{2}\end{cases} \quad ⑦$$

这也是一个二元函数求条件极值的问题. 当 $R=\dfrac{\sqrt{31}}{6}a$, $r=\dfrac{1}{6}a$ 时,目标函

数 $\bar{S}$ 达到最小值$\frac{11}{12}\pi a^2$. 于是我们就有最小有效圆覆盖率为

$$K=\frac{\bar{S}}{S}=\frac{\frac{11}{12}\pi a^2}{\frac{3\sqrt{3}}{2}a^2}=1.108 \quad ⑧$$

由于绿地平面可被全等的正六边形所覆盖,故在广阔的绿地区域上,喷水龙头可按交错方式分布,这时最小有效覆盖率达 1.108.

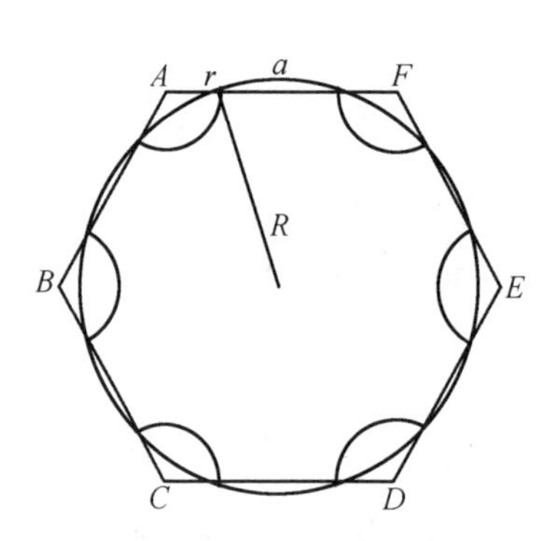

图4　正六边形绿地的第一种覆盖

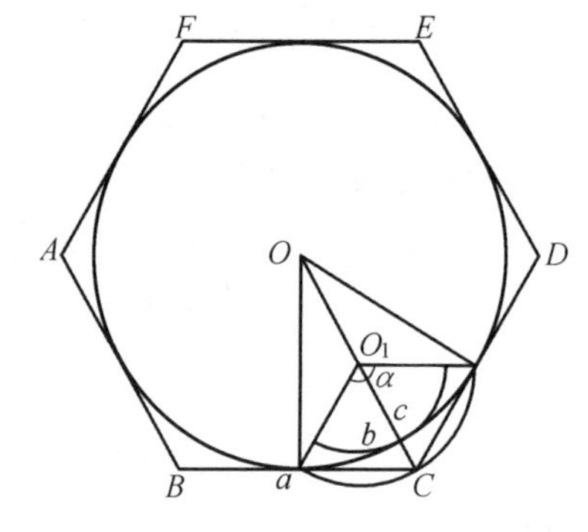

图5　正六边形绿地的第二种覆盖

下面,我们再考虑另外一种布局方式,如图5所示. 作正六边形 $ABCDEF$ 的内切圆,其半径 $R=\frac{\sqrt{3}}{2}a$. 我们看到,正六边形在被内切圆覆盖后,还在各个内角处余留一些空白(未被覆盖)的空间. 对于余下的这小部分面积,我们采用点布局进行间断喷浇. 即采用带压力式的喷浇龙头,使其把水喷射到有一定射程的地方而使在喷射的一段路径内没有被喷浇到. 在 OC 的中点 O_1 处设置压力式喷浇龙头,喷射半径为 b,射程为 c,旋转角度为 α,且 $\angle\alpha=120°$,这时就有 $b=\frac{a}{2}$.

在这些条件下,我们有目标函数

$$\bar{S}=\pi R^2+\frac{120°\pi}{360°}(b^2-c^2)$$

其中$\frac{120°\pi}{360°}(b^2-c^2)$为小扇环的面积.

根据已知条件,我们得到

$$c=\frac{\sqrt{3}-1}{2}a$$

$$\bar{S}=\frac{120°\pi}{360°}b^2-\frac{120°\pi}{360°}c^2=\frac{1}{3}\pi\left[\frac{a^2}{4}-\frac{(\sqrt{3}-1)^2a^2}{4}\right]=\frac{2\sqrt{3}-3}{12}=\pi a^2$$

由此得到有效覆盖率为

$$K=\frac{\bar{S}}{S}=\frac{(4\sqrt{3}-3)\pi a^2}{4\cdot\frac{6\sqrt{3}}{4}a^2}\approx 1.187 \qquad ⑨$$

比较以上两种喷浇方式,我们得到第一种方式的有效覆盖较小.

可以将第二种喷浇方式推广应用到正多边形区域的绿地. 设正 n 边形的边长为 a,则正 n 边形每边所对应的圆心角为 $2\theta=\frac{2\pi}{n}$,其内切圆的半径 $R=\frac{a}{2\tan\theta}$,半径 $r=\frac{a}{2\sin\theta}$,而受水的总面积为

$$\bar{S}=\pi R^2+2\pi\left[\left(\frac{r}{2}\right)^2-\left(R-\frac{r}{2}\right)^2\right]$$

经过整理,得到

$$\bar{S}=\frac{\pi a^2\cos\frac{\pi}{n}}{4\sin^2\frac{\pi}{n}}\left(2-\cos\frac{\pi}{n}\right)$$

由于正 n 边形的面积为

$$S=\frac{na^2}{4\tan\frac{\pi}{n}}$$

故我们得到正多边形绿地的最小有效覆盖率为

$$K(n)=\frac{\bar{S}}{S}=\frac{\pi\left(2-\cos\frac{\pi}{n}\right)}{n\cdot\sin\frac{\pi}{n}} \qquad ⑩$$

对极限情形,我们有

$$k=\lim_{n\to\infty}K(n)=1$$

即当 n 充分大时,最小有效覆盖率几乎达 100%.

4. 矩形的最优覆盖率

如图 6 所示,设矩形的长为 $2a$,宽为 $2b$,设椭圆的长半轴为 a,短半轴为 $b_1>b$,小圆半径为 b. 由于短半轴 b_1 很难精确地得到,故我们可用圆弧去近似椭圆弧,得到近似估计值

$$b_1\approx c=\sqrt{b^2+(a-b)^2}$$

这样我们就得到了优化的喷浇模型问题.

目标函数

$$\bar{S}=\min(\pi ab_1+\pi b^2)$$

而受水面积为

$$\bar{S}\approx(\pi ab_1+\pi b^2)\approx \pi[a\sqrt{b^2+(a-b)^2}+b^2]$$

于是我们得到有效覆盖率为

$$K\approx\frac{\bar{S}}{S}\approx\frac{\pi[a\sqrt{b^2+(a-b)^2}+b^2]}{4ab} \quad ⑪$$

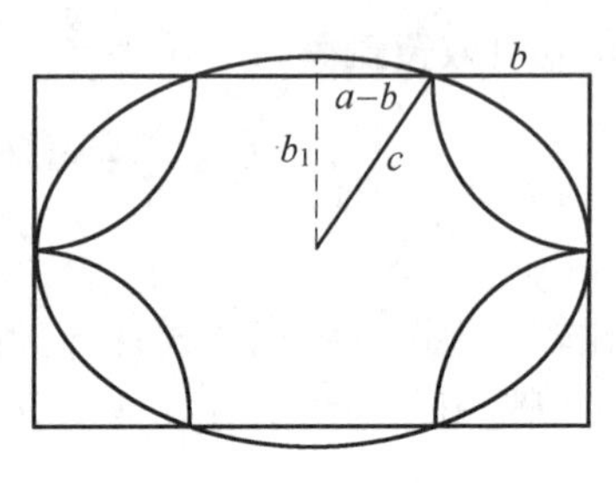

图6　矩形绿地覆盖示意图

进一步,如果令椭圆的长、短半轴的比为$r=\frac{a}{b}$,则式⑨可变为

$$K(r)\approx\frac{\pi}{4}\left[\sqrt{1+(r-1)^2}+\frac{1}{r}\right]$$

现求 $K(r)$ 的最小值.由 $K'(r)=0$,解得 $r=1.498$,故有 $K(r)=1.172$.

说明:在长半轴大约是短半轴的1.5倍时,矩形的有效覆盖率为最小.

参考文献

[1] 王雅玲.绿地喷浇设施的节水构想[J].数学的实践与认识,2003,33(2):13-16.

[2] 焦莹.静园草坪灌溉系统的改进[J].数学的实践与认识,2000(2):150-152.

[3] 杨睿.均匀喷灌的最优策略[J].数学的实践与认识,2003,33(2):15-22.

附录(6)　最小作用量原理

1. 对宇宙合理性的深挚信念

在整个西方文化思想传统中,对知识与信仰(亦即科学与宗教)关系的思考,由来已久. 从古希腊哲学家算起,直到现代,不少西方思想家们都认为对宇宙秩序的敬畏,乃是科学真理的源泉. 这种敬畏感,鼓舞了他们从事哲学和科学研究. 的确,翻开西方科学史,"你很难在造诣较深的科学家中间找到一个没有自己的宗教感的人". [①]比如,在古希腊那些具有哲学头脑、明其道、不计其功的科学家看来,科学只是一系列无穷的阶梯,他们最后的目的,就是通向上帝,指向永恒的宇宙秩序. 在他们看来,数学的作用,就在于它能澄清心灵,荡涤妨碍认识宇宙秩序的思虑.

现代自然科学的先驱,如开普勒、牛顿和莱布尼兹等人都是具有深沉宗教感的科学巨匠. 大家知道,开普勒的一生从外表看确实很悲惨. 他忍受着人世间的贫困潦倒和许多无法逃避的烦恼. 但是就是在这种逆境中,他还始终不渝地从事科学研究. 他的旺盛创造力,全然来自他的宗教信仰:深信在整个造物的后面有一个确定的计划. 正是这种信念,正是渴望能看到宇宙规律,才使他觉得他的长年累月的辛劳是甘之如饴的.

牛顿(Newton,1643—1727)在物理学上的成就同他对宇宙合理性的深挚信念,以及热切地想了解它的愿望,无疑也是分不开的. 在重力 —— 这个司空见惯的自然现象 —— 面前,他竟怀着一种深深敬畏和赞叹的感情:"重力必然是由一个按一定规律行事的主宰所造成,但是这个主宰是物质的还是非物质的,我却留给读者自己去考虑。"[②] 我认为,牛顿心目中的上帝也绝不是一个永远躲在彩云后面操纵人的命运的长须白发老人. 如若不信,请看他的表白:"上帝根本没有身体,也没有一个体形,所以既不能看到,也不能听到或者摸到他;也不应以任何有形物体作为他的代表而加以膜拜 …… 我们只是通过上帝对万物的最聪明和最巧妙的安排,以及最终的原因,才对上帝有所认识 ……"[③] 十分清楚,牛顿心目中的上帝同普通人的上帝是不尽相同的;他的上帝就是宇宙和谐、绝妙的安排;上帝的本性绝不是别的,而是熔铸在他的物理学本身之中,熔

---

① 《爱因斯坦文集》,第 1 卷,第 283 页.

② 1692 年 2 月 25 日牛顿致本特雷先生的书信,载《牛顿自然哲学著作选》,H. S. 塞耶编,上海人民出版社,1974,64 - 65.

③ 《牛顿自然哲学著作选》,H. S. 塞耶编,上海人民出版社,1974,51.

铸在他关于绝对空间、时间和重力的概念之中[①]。

17 世纪,德国伟大数学家兼哲学家莱布尼兹(G. W. Leibniz,1646—1716)也同样是一位笃信宗教、渴望能看到宇宙中"预定和谐"的人,而且他的信仰还对后世产生了深远影响. 在他看来,数学全然不是别的,而是上帝的杰作. 1867 年德国著名数学家库默尔(E. E. Kummer,1810—1893)是这样谈到莱布尼兹的:"…… 他一向把他的渊博知识、他的认识和研究工作同上帝联系在一起;对他来说,对上帝的认识,就是他的工作最高目标."[②] 莱布尼兹认为,上帝按照数学法则建造了整个宇宙,所以上帝是世界上一位最伟大的数学家. 研究数学的道路,就是通向上帝、逼近上帝之路. 250 多年后,另一位德国大数学家康托尔(G. F. L. Cantor,1845—1918)也表达了与莱布尼兹相类似的宗教信仰.

康托尔无疑是一位具有深沉宗教感的伟大数学家. 引进无穷集合这个概念,是康托尔在数学上的重大发现. 所谓集合,就是任意东西的总和:沙粒的集合,太阳系所有行星的集合,全体自然数的集合,以及直线上所有点的集合,等等. 不言而喻,这些集合也可以是无限的,如全体自然数所组成的集合(0,1,2,3,4,5,…)就是无穷集合. 同理,一条直线(比如 1 cm 长)上的所有几何点的个数也是一个无穷集合. 好奇的人们或许会问:这两个无穷大的数有大小之分吗? 从积习的常识眼光来看,提出这样一个问题是毫无意义的. 但是科学的真正精神和伟力,恰在于冲决积习之见的罗网,给司空见惯、理所当然的事物投以新的一瞥. 康托尔正是从这里找到突破口的. 他首先思索了这个问题,并且提出了比较两个无穷大数的方法,证明了从可数无穷集合出发,能够产生无穷的无穷层次的阶梯,从而给现代集合论奠定了科学基础.

康托尔之所以比常人高出一筹,就在于他的哲学思想境界. 因为在他的内心深处,无限数列绝不是别的,而是森严、和谐、永恒宇宙秩序的象征,康托尔对它怀有深深的敬畏. 在他致 P. 耶勒的一封书信中,他透露了这种心思:"所有这些特殊类型的无穷,都是永恒的,它们都具有神性."[③] 康托尔的好友、数学家科瓦列夫斯基在回忆录中也写道:"对于康托尔 …… 这些(连续统)势,是一种神圣的东西,在某种意义上来说,它们是通向无限的皇冠、通向上帝的皇冠的阶梯."[④]

我认为,康托尔心目中的上帝,也是开普勒、牛顿和布莱尼茨的上帝. 对于

---

① 当然,这只是牛顿有关上帝概念的一个方面,他的复杂的宗教观和矛盾的世界观. 笔者将在本文的结束语中有所交代.

② 转引自西德《物理新闻》,1974(8):342.

③ 西德《物理新闻》,1974(8):343.

④ S. 冯克,信仰与知识(德文版),1979 年,第 253 页.

他来说,上帝的本性就熔铸、体现在数学之中.他的所谓宗教尽管有科学僧侣主义和神秘主义的成分,但对无穷、绝对的追示,还是他的基调.这无穷,正如德国伟大数学家 D·希尔伯特所赞叹的:“无穷啊!除你之外,还有什么问题更能如此深深地激动着人的心灵呢!”

随着 20 世纪科学昌盛时代的到来,现代自然科学同宇宙宗教在新的形势下也进入了一种新的结盟阶段.英国著名天文学家爱丁顿(1882—1946)就极坦率地说过:“现代物理学绝不是使我们远离上帝,而是必然地使我们更接近上帝.”①

科学中存在美,这是科学家们的共同感受.在爱因斯坦看来,对于科学的信仰是一种深挚的宇宙宗教感情,没有这种信仰就不可能有科学,“这种信仰是并且永远是一切科学创造的根本动力”.②

就科学的每一条定律来说,它都是在杂多中见出的统一,是人类追求科学美的光辉结晶.在物理学众多的定律和原理之中,就其所具有的普遍性和简单性来说,可能要数最小作用量原理了.它以简洁、优美的形式把物理学的规律总结到一个高度统一的方程之中,因而常常被称作第一原理,受到了历代科学家的盛赞.著名物理学家普朗克认为:“在几个世纪以来的标志物理学成就的一般法则中,就形式和内容而言,最小作用量原理可能是最接近于理论研究的最终目的的.”像这样一件科学美的珍品,不能不唤起我们美的激情,去对其历史和现状做一番认真的考察.追溯这一原理2 000多年的历史,将使我们更深刻地认识美对于发现真的重要意义,先驱者们最初正是借助于美的光辉的照耀去认识真理的.考察这一原理的现状,将给我们带来美的享受,使我们从不同的视角去欣赏这件伟大的科学艺术品的无与伦比的美.

2.追踪上帝创世的秘密

与其他任何一个伟大的、富有成果的思想一样,最小作用原理的产生也不是偶然的.随着人类对自然界认识的不断深入和发展,它经过了从朦胧、模糊的观念到定量化的、具有优美表达形式的物理学基本原理的漫长历史.就美与真的比较而论,与其说这是一个求真的历史,倒不如说这是一个在神学和美学的动力驱使下的求美的历史.

早在两千多年前,“最小”的观念在亚里士多德那里就已经有了.这就是他的名言:“在用很少就可以完成的地方却用了很多是无谓的.”许多世纪以来,

---

① S.冯克,信仰与知识(德文版),1979 年,第 253 页.

② 兰州大学青年教师基金资助项目.

这一观念一直以不同的形式萦绕着历代科学家和哲学家.

在人类历史上,光现象是首先受到注意的自然现象. 约在公元前 300 年,欧几里得(Euclid,约前 330— 前 275) 在他的《反射光学》(Catoptrica) 中已经证明,光线从点 P 到镜面然后到点 Q 所取的路径是使 $\angle 1 = \angle 2$(图 1). 后来亚力山大城的海伦(Heron,生平不详) 证明了光线实际取的路径 PRQ 比任何一个能够想象的路径,譬如 $PR'Q$,都要短. 因为光线取最短的路径,如果在直线 RR' 上方的介质是均匀的,那么光线就以常速行进,从而取化时最少的路径. 海伦把这个最短路径和最少时间原理应用到了凹和凸的球面镜的反射问题上去.

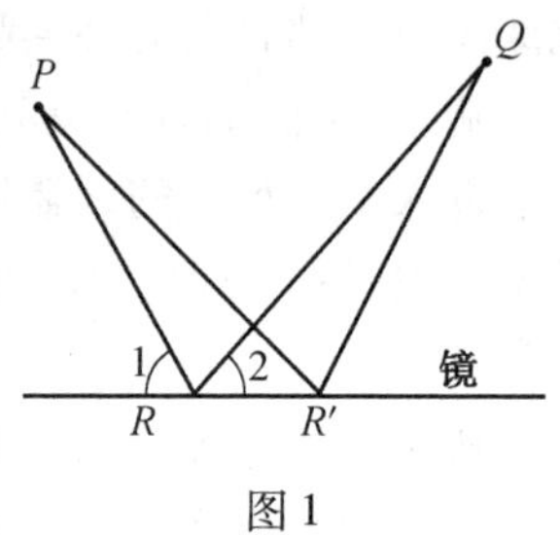

图 1

根据这种反射现象,还根据哲学、神学和审美的原则,在希腊时代以后的哲学家和科学家们提出了一种学说,就是大自然以最短捷的可能途径行动,或者如奥林匹奥德鲁斯(Olympiodorus,6 世纪) 在他的《反射光学》中所说的:“自然不做任何多余的事或者任何不必要的工作.” 达 · 芬奇(Leonardo di ser Piero da Vinci,1452—1519) 说,自然是经济的,并且自然的经济是定量的. 而格罗斯泰斯特罗勃特(Robert Grosseteste,1168—1254) 相信,自然总是以数学上最短和最好可能的方式行动. 在中世纪时代,自然是以这一方式行动的观点是普遍地被人们所接受的.

17 世纪的科学家至少是容易接受这种观念的. 但是,作为科学家,他们企图把这种观念和支持这种观念的现象联系起来. 费马知道反射时光线取需最少的路径,而且相信自然确实是简单而又经济地行动着,在1657 年和1662 年的信件中,他确认了他的最小时间原理. 这个原理说,光线永远取化时最少的路径行进. 1662 年,他把这一原理应用于证明光的折射定律. 这一原理说:光经过两种媒质的界面时,无论是发生反射还是发生折射,在两点之间所走的路径总是以最短的时间通过的那条,其数学表达式为

$$\int_{P_1}^{P_2} \mathrm{d}t = \int_{P_1}^{P_2} \frac{\mathrm{d}l}{u} = \min$$

或利用折射率与相速度之间的关系,并写成变分形式

$$\int_{P_1}^{P_2} n\mathrm{d}t = 0$$

3. 铁铮以《从光行最速原理推导折射定律》为题介绍这一问题

(1) 物理背景和数学表述.

当光射到光学性质不同的两个均匀媒质的分界面时,将分成两个波:透射

波和反射波,透射波进入第二媒质,而反射波传回第一媒质.

由实验可知,光在第一、第二两种均匀媒质中所经过的路径都是直线(叫作入射线和折射线),这两直线段在界面上相衔接,并组成一定的角度,这种现象叫作光的折射.

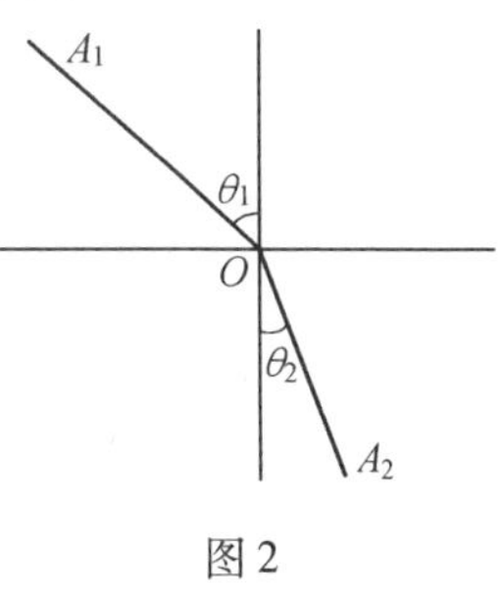

图 2

入射线 A_1O 和折射线 OA_2 与界面法线组成的角,分别叫作入射角和折射角,用 θ_1 和 θ_2 来表示(图 2),入射线和折射线与界面本身组成的角则分别用 φ_1 和 φ_2 来表示,即有

$$\varphi_1 = 90° - \theta_1, \quad \varphi_2 = 90° - \theta_2$$

某种均匀媒质的折射率 n,是指光在真空中速度 c 与光在该媒质中速度 v 之比值,即

$$n = \frac{c}{v}$$

由实验知道,两种均匀媒质中的光速 v_1, v_2 与入射角 θ_1 和折射角 θ_2 之间,有下列定量关系

$$v_1 : v_2 = \sin\theta_1 : \sin\theta_2 = \cos\varphi_1 : \cos\varphi_2$$

这就叫折射定律,是 1621 年由斯内尔(W. Snell,1580—1626)经过多次实验才发现的. 斯内尔于 5 年后逝世,他的手稿还没有来得及发表. 这个定律首先由笛卡儿(R. Descartas,1596—1661)发表在他的《折射光学》一书中. 笛卡儿没有说明该结果是来自斯内尔,虽然都认为他看过斯内尔的手稿.

为了给光的折射定律和反射定律以统一的解释,法国数学家费马(P. Fermat,1601—1665)于 1657 年提出了著名的光行最速原理(或叫作最短光程原理):一条实际光线在任何两点之间的"光程",比联结这两点的任何其他曲线的光程都要短.

什么叫作一条曲线的"光程"呢? 它等于光沿此曲线传播所应该花的时间(这仅仅是一个假定,实际光线不一定沿这条曲线传播)乘以光在真空中的速度 c. 所以"光程最短"和"光行最速"是同一概念.

费马以光行最速原理为出发点,假定光线通过两种"阻力"不同(即折射率不同致使运行速度不同)的媒质,经纯数学推导,得到了折射定律.

从光行最速原理来推折射定律,首先应该弄清楚待证命题的数学表述.

设两种媒质的分界面是一个平面,在图 3 中用直线 l 来表示. 假设 O 和 P 是分界面 l 上的两个点,折线 $A_1 - O - A_2$ 满足斯内尔的条件 $v_1 : v_2 = \cos\varphi_1 : \cos\varphi_2$(如前所述,$v_1, v_2$ 是光在两种不同媒质中的速度,φ_1, φ_2 分别是入射角 θ_1 和折射角 θ_2 的余角),又用 $[A_1OA_2]$ 和 $[A_1PA_2]$ 分别表示折线 $A_1 - O - A_2$ 和折

线 A_1-P-A_2 的光程. 如果我们能证明,对于 l 上异于点 O 的一切点 P,都有

$$[A_1OA_2] < [A_1PA_2]$$

则由光行最速原理,可断言 A_1-O-A_2 是实际光路. 换句话说,满足斯内尔条件的折线是实际光路,这就从理论上证明了折射定律.

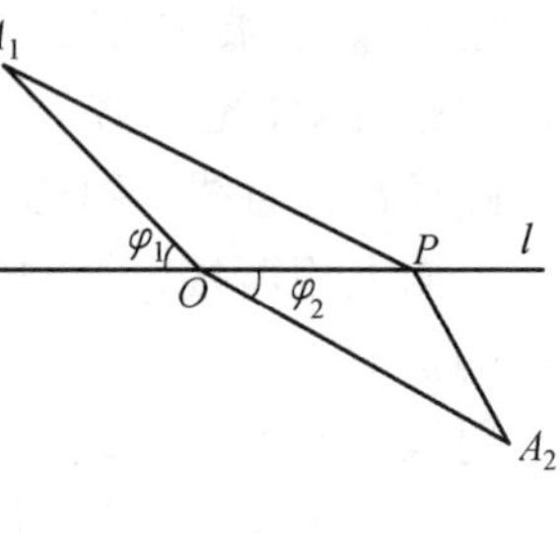

图 3

由光程的定义,可将不等式 $[A_1OA_2] < [A_1PA_2]$ 写成

$$c\cdot\left(\frac{A_1O}{v_1}+\frac{A_2O}{v_2}\right) < c\cdot\left(\frac{A_1P}{v_1}+\frac{A_2P}{v_2}\right)$$

这等价于

$$\frac{A_1O}{\cos\varphi_1}+\frac{A_2O}{\cos\varphi_2} < \frac{A_1P}{\cos\varphi_1}+\frac{A_2P}{\cos\varphi_2} \quad ①$$

或

$$\frac{A_1O}{\sin\theta_1}+\frac{A_2O}{\sin\theta_2} < \frac{A_1P}{\sin\theta_1}+\frac{A_2P}{\sin\theta_2} \quad ②$$

所谓折射定律的数学证明,也就等价于式 ① 或式 ② 两个几何不等式中任一个的数学证明.

证法1 (费马,这里用微分学方法作了改述) 以分界面 l 作 x 轴,以通过点 O 之法线作 y 轴,建立直角坐标系. 设点 A_1,A_2 之坐标为 $(x_1,y_1),(x_2,y_2)$,点 P 的坐标为 $(x,0)$. 令

$$f(x)=\frac{A_1P}{\cos\varphi_1}+\frac{A_2P}{\cos\varphi_2}=\frac{\sqrt{(x_1-x)^2+y_1^2}}{\cos\varphi_1}+\frac{\sqrt{(x_2-x)^2+y_2^2}}{\cos\varphi_2}$$

这里 $\cos\varphi_1,\cos\varphi_2$ 都是常数,且

$$\cos\varphi_1=\frac{-x_1}{\sqrt{x_1^2+y_1^2}},\quad \cos\varphi_2=\frac{x_2}{\sqrt{x_2^2+y_2^2}}$$

对函数 $f(x)$ 求导,得其驻点所应满足的方程

$$\frac{x-x_1}{\cos\varphi_1\cdot\sqrt{(x_1-x)^2+y_1^2}}+\frac{x-x_2}{\cos\varphi_2\cdot\sqrt{(x_2-x)^2+y_2^2}}=0$$

即

$$\frac{x-x_1}{\cos\varphi_1\cdot\sqrt{(x_1-x)^2+y_1^2}}=\frac{x_2-x}{\cos\varphi_2\cdot\sqrt{(x_2-x)^2+y_2^2}}$$

其次,如果用 ψ_1,ψ_2 分别表示 A_1P,A_2P 同 x 轴所成的角,则

$$\cos\psi_1=\frac{x-x_1}{\sqrt{(x_1-x)^2+y_1^2}},\quad \cos\psi_2=\frac{x_2-x}{\sqrt{(x_2-x)^2+y_2^2}}$$

于是函数 $f(x)$ 取极小值的必要条件是

$$\cos\psi_1 : \cos\psi_2 = \cos\varphi_1 : \cos\varphi_2$$

这只有 $\psi_1=\varphi_1,\psi_2=\varphi_2$(即点 P 与点 O 重合)时才能成立.这说明 $f(x)$ 如果有最小值,只可能在 $x=0$ 处取到.

另一方面,易证 $f(x)$ 确能取得最小值.首先因函数的连续性,它在闭区间 $[x_1,x_2]$ 上取到最小值;其次,从几何的角度看,当 $x>x_2$ 时,显然有 $f(x)>f(x_2)$,当 $x<x_1$ 时,显然有 $f(x)>f(x_1)$,故 $f(x)$ 在整个数轴上一定取到最小值.于是不等式 ① 得证.

这一证明的意义是:如果我们承认费马的光行最速原理,那么不需要做实验,就可以运用数学方法推得斯内尔的折射定律.

(2)怎样找到初等证明.

为了作出几何不等式 ① 的初等证明,我们先来加以分析,设法找出一个解决这一问题的自然而有效的思路.我们分析不等式 ① 有

$$\frac{A_1O}{\cos\varphi_1}+\frac{A_2O}{\cos\varphi_2}<\frac{A_1P}{\cos\varphi_1}+\frac{A_2P}{\cos\varphi_2}$$

如果能够实际作出两线段,其中一线段的长度等于不等式左边的量,另一线段的长度等于不等式右边的量,再把两线段摆在适当的位置以便于比较.经过比较,这个不等式(如果它确实成立)不就得出结果了吗?

为了把这个初步设想付诸实现,进一步的问题是:是否容易作出我们所要的两条线段?怎样作?作在什么地方才便于比较?

首先,容易看出,与式 ① 左边相等的线段是不难作出.因为 $\frac{A_1O}{\cos\varphi_1}$ 和 $\frac{A_2O}{\cos\varphi_2}$ 这两项都很容易用线段表示出来(只要用到余弦定义),而且最简单省事的作图法是将它们都作在分界面 l 上.具体步骤是:在图 3 的基础上,过点 A_1,A_2 分别作 A_1O,A_2O 之垂线,分别与分界面相交于点 C_1,C_2(图 4),这时显然有

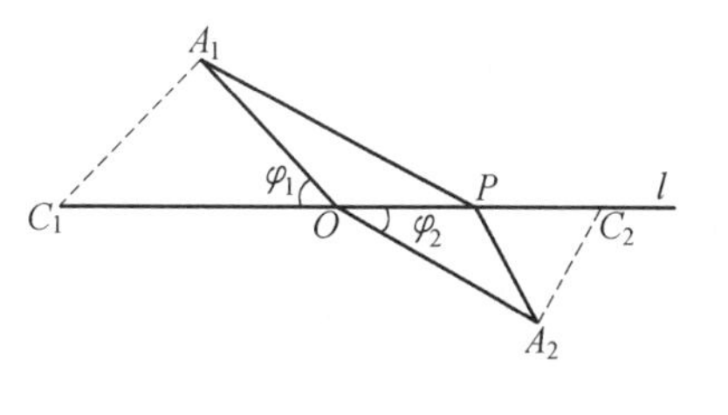

图 4

$$C_1O=\frac{A_1O}{\cos\varphi_1},\quad C_2O=\frac{A_2O}{\cos\varphi_2}$$

于是就作出了与式 ① 左边相等的线段

$$C_1C_2=\frac{A_1O}{\cos\varphi_1}+\frac{A_2O}{\cos\varphi_2}$$

要作出与式 ① 右边相等的线段,要麻烦些,这是因为图 3 中的点 P 和 φ_1,φ_2 无关系.但是,我们可以通过平移,将 φ_1,φ_2 搬到点 P 处,然后仿照作 C_1C_2 的

办法作出第二线段. 具体步骤是:在图 4 的基础上,过点 P 分别作 A_1O,A_2O 之平行线,并在两平行线上截取 $B_1P=A_1P$,$B_2P=A_2P$,且使 B_1 与 A_1 在界面之一侧,B_2 与 A_2 在界面之另一侧. 又过点 B_1 作 B_1P 之垂线,与分界面相交于点 D_1;过点 B_2 作 B_2P 之垂线,与分界面相交于点 D_2(图 5). 这时,显然有

$$D_1P=\frac{B_1P}{\cos\varphi_1}=\frac{A_1P}{\cos\varphi_1}$$

$$D_2P=\frac{B_2P}{\cos\varphi_2}=\frac{A_2P}{\cos\varphi_2}$$

于是,与式 ① 右边相等的线段也就作出了,即

$$D_1D_2=\frac{A_1P}{\cos\varphi_1}+\frac{A_2P}{\cos\varphi_2}$$

然后将 C_1C_2 和 D_1D_2 加以比较. 从图 5 直接看出,前者似乎整个落在后者内部,真要能证明这一点,问题就解决了.

以上思路归结为对不等式 ①(从而对光的折射定律)的下述初等证明.

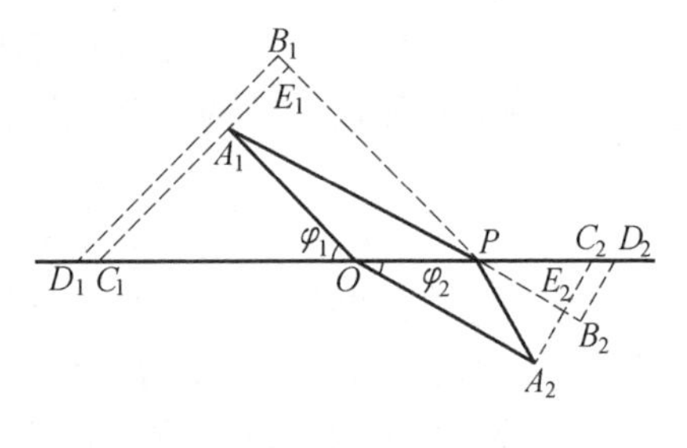

图 5

证法 2 (证法 2 ~ 5 均为杨路给出)按上面的步骤作图. 在图 5 中,令 A_1C_1 与 PB_1 相交于点 E_1,A_2C_2 与 PB_2 相交于点 E_2. 因为 $A_1C_1\perp PB_1$,所以

$$PE_1<PA_1=PB_1$$

即点 B_1 落在 $\triangle PE_1C_1$ 的外部. 又因为 $B_1D_1 /\!/ E_1C_1$,所以点 D_1 落在点 C_1 的左边. 同理,点 D_2 落在点 C_2 的右边. 这就证明了 C_1C_2 落在 D_1D_2 内部. 于是 $C_1C_2<D_1D_2$,即

$$\frac{A_1O}{\cos\varphi_1}+\frac{A_2O}{\cos\varphi_2}<\frac{A_1P}{\cos\varphi_1}+\frac{A_2P}{\cos\varphi_2}$$

这个证法能不能进一步简化呢? 我们知道 D_1D_2 的作图是比较麻烦的,如果我们不作 D_1D_2,只作 C_1C_2. 然后再证

$$C_1C_2<\frac{A_1P}{\cos\varphi_1}+\frac{A_2P}{\cos\varphi_2} \quad ③$$

则可望更为简捷.

证法 3 在图 4 的基础上,过点 P 作 A_1O,A_2O 之平行线,分别与 A_1C_1,A_2C_2 或其延长线相交于点 E_1 和点 E_2(图 6),因为

$$C_1P=\frac{E_1P}{\cos\varphi_1}<\frac{A_1P}{\cos\varphi_1}$$

$$C_2P = \frac{E_2P}{\cos\varphi_2} < \frac{A_2P}{\cos\varphi_2}$$

所以

$$C_1C_2 = C_1P + C_2P < \frac{A_1P}{\cos\varphi_1} + \frac{A_2P}{\cos\varphi_2}$$

证法 3 的基本技巧是,将线段 C_1C_2 在适当的地方重新分成两截,然后再证这两截分别小于不等式右边的两项$\frac{A_1P}{\cos\varphi_1}$和$\frac{A_2P}{\cos\varphi_2}$.

我们知道,C_1C_2 原先就是由 C_1O 和 C_2O 两段在 O 处衔接起来得到的,现在又在另一处(点 P 处)重新断开,这一接一断就是技巧所在. 按照这个"一接一断"的模式,可以想出好多证法,兹举两例.

证法 4 在图 4 的基础上,作 $\triangle PA_1F_1 \backsim \triangle OA_1C_1$,并使点 F_1 和点 C_1 在直线 PA_1 之同侧(图 7). 因为 $\angle A_1C_1O = \angle A_1F_1P$,所以 P,A_1,C_1,F_1 四点共圆. 又 F_1P 为此圆之直径(因 $\angle PA_1F_1 = \angle OA_1C_1 = 90°$),故 $C_1P < F_1P$. 另一方面,由于 $\angle F_1PA_1 = \angle C_1OA_1 = \varphi_1$,则有

$$F_1P = \frac{A_1P}{\cos\varphi_1}$$

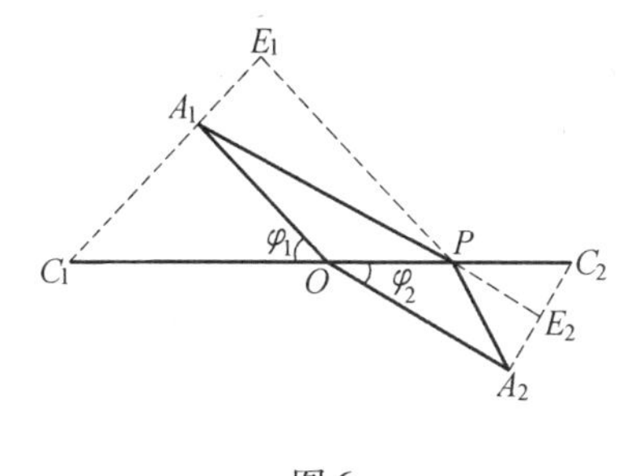

图 6

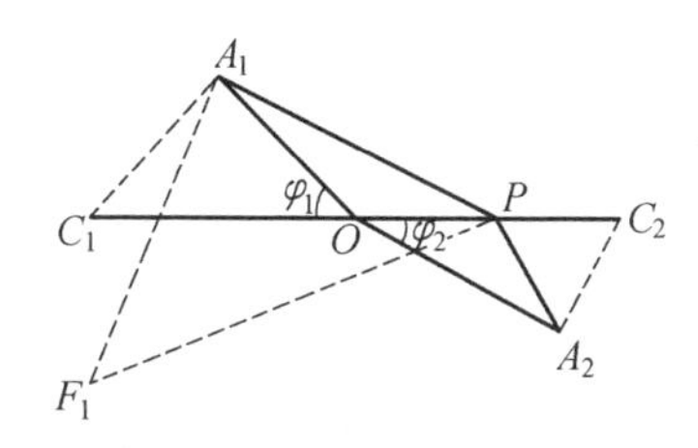

图 7

于是

$$C_1P < \frac{A_1P}{\cos\varphi_1}$$

同理

$$C_2P < \frac{A_2P}{\cos\varphi_2}$$

故

$$C_1C_2 = C_1P + C_2P < \frac{A_1P}{\cos\varphi_1} + \frac{A_2P}{\cos\varphi_2}$$

证法 5 在图 4 的基础上,延长 A_1O 至 G_1,使 $A_1G_1 = AP$. 过 G_1 作 C_1O 之平

行线，与 A_1C_1 之延长线交于 H_1(图8). 因为 $A_1G_1 = A_1P$, 所以 $\angle A_1G_1P < 90°$, 从而 $\angle A_1H_1G_1 + \angle H_1G_1P = \angle A_1C_1O + \varphi_1 + \angle A_1G_1P = 90° + \angle A_1G_1P < 180°$.

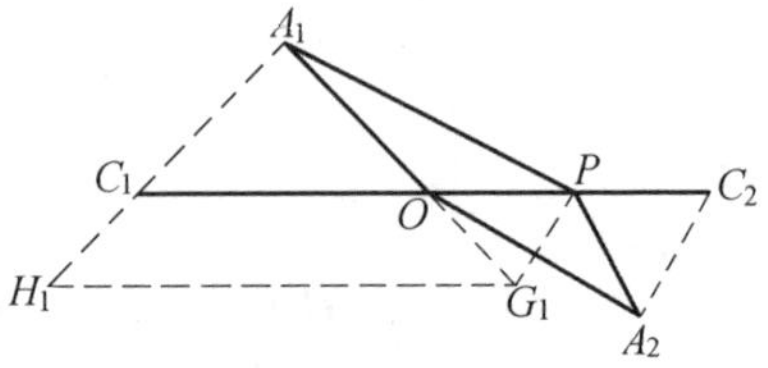

图8

故 H_1A_1 和 G_1P 两者在直线 C_1P 的上方相交，于是 $C_1P < H_1G_1$. 而

$$H_1G_1 = \frac{A_1G_1}{\cos\varphi_1} = \frac{A_1P}{\cos\varphi_1}$$

所以

$$C_1P < \frac{A_1P}{\cos\varphi_1}$$

同理

$$C_2P < \frac{A_2P}{\cos\varphi_2}$$

故

$$C_1C_2 = C_1P + C_2P < \frac{A_1P}{\cos\varphi_1} + \frac{A_2P}{\cos\varphi_2}$$

这样看来，折射定律的初等推导(不求助于微积分)应该说是并不很困难. 不过，一个几何题目在没有找到正确思路以前，很难预见它的难度究竟有多大.

(3) 若干初等证明的例子.

现将作者所见到的几个初等证明辑录于后，供读者参考. 这些证法思路各不相同，不准备一一详加分析. 相信能够提供新颖而有特色的别证者不乏其人.

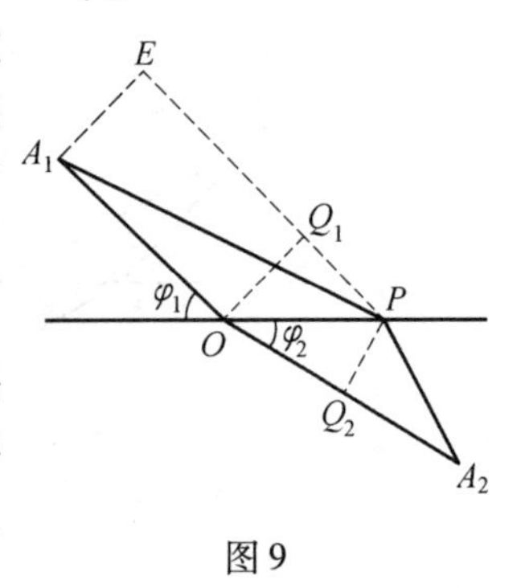

图9

证法6 惠更斯(C. Huygens, 1629—1695)在图4的基础上，过点 P 作 A_1O 之平行线，此线与过 A_1, O 所作 A_1O 之垂线分别相交于点 E, Q_1. 又过点 P 作 OA_2 之垂线，垂足为点 Q_2(图9). 可知

$$\frac{Q_1P}{Q_2O} = \frac{\dfrac{Q_1P}{OP}}{\dfrac{Q_2O}{OP}} = \frac{\cos\varphi_1}{\cos\varphi_2}$$

即

$$\frac{Q_1P}{\cos\varphi_1}=\frac{Q_2O}{\cos\varphi_2}$$

于是

$$\frac{A_1O}{\cos\varphi_1}+\frac{A_2O}{\cos\varphi_2}=\frac{EQ_1}{\cos\varphi_1}+\frac{Q_1P}{\cos\varphi_1}-\frac{Q_2O}{\cos\varphi_2}+\frac{A_2O}{\cos\varphi_2}=$$

$$\frac{EP}{\cos\varphi_1}+\frac{A_2Q_2}{\cos\varphi_2}<\frac{A_1P}{\cos\varphi_1}+\frac{A_2P}{\cos\varphi_2}$$

证法 7 佩多(D. Pedoe,1910—)在图 4 的基础上,过 A_1,O,A_2 三点作一圆. 又过点 O 作 OP 之垂线,设此垂线与圆 A_1OA_2 的另一个交点为点 Q(图 10). 由托勒密(Ptolemy)定理,有

$$A_1A_2\cdot OQ=A_1O\cdot A_2Q+A_2O\cdot A_1Q \qquad ④$$

又由托勒密不等式,有

$$A_1A_2\cdot PQ\leqslant A_1P\cdot A_2Q+A_2P\cdot A_1Q \qquad ⑤$$

根据正弦定理有

$$A_1Q=2R\sin\theta_1,A_2Q=2R\sin\theta_2 \qquad ⑥$$

图 10

将式 ⑥ 代入式 ④、式 ⑤ 中,分别得到

$$A_1A_2\cdot OQ=2R\sin\theta_1\sin\theta_2\left(\frac{A_1O}{\sin\theta_1}+\frac{A_2O}{\sin\theta_2}\right)$$

$$A_1A_2\cdot PQ\leqslant 2R\sin\theta_1\sin\theta_2\left(\frac{A_1P}{\sin\theta_1}+\frac{A_2P}{\sin\theta_2}\right)$$

因为 $OQ<PQ$,从而

$$A_1A_2\cdot OQ<A_1A_2\cdot PQ$$

所以

$$\frac{A_1O}{\sin\theta_1}+\frac{A_2O}{\sin\theta_2}<\frac{A_1P}{\sin\theta_1}+\frac{A_2P}{\sin\theta_2}$$

这个证法虽不见得简单,却独具特色. 佩多教授一向以几何方面的技巧和风格见长.

证法 8 (M. Golomb,1964)在图 10 中,设 OP,OQ 分别为 x 轴、y 轴,建立直角坐标系. 设 A_1,A_2,P 诸点之坐标分别为 $(x_1,y_1),(x_2,y_2),(x,0)$,则有

$$\sin\theta_1=\frac{-x_1}{\sqrt{x_1^2+y_1^2}},\quad \cos\theta_1=\frac{y_1}{\sqrt{x_1^2+y_1^2}}$$

$$\sin\theta_2=\frac{x_2}{\sqrt{x_2^2+y_2^2}},\quad \cos\theta_2=\frac{-y_2}{\sqrt{x_2^2+y_2^2}}$$

利用柯西 - 施瓦兹不等式,有

$$\frac{A_1P}{\sin\theta_1}+\frac{A_2P}{\sin\theta_2}=\frac{\sqrt{(x-x_1)^2+y_1^2}}{\sin\theta_1}+\frac{\sqrt{(x_2-x)^2+y_2^2}}{\sin\theta_2}=$$

$$\frac{\sqrt{(x-x_1)^2+y_1^2}\sqrt{\sin^2\theta_1+\cos^2\theta_1}}{\sin\theta_1}+$$

$$\frac{\sqrt{(x_2-x)^2+y_2^2}\sqrt{\sin^2\theta_2+\cos^2\theta_2}}{\sin\theta_2}\geqslant$$

$$\frac{(x-x_1)\sin\theta_1+y_1\cos\theta_1}{\sin\theta_1}+$$

$$\frac{(x_2-x)\sin\theta_2-y_2\cos\theta_2}{\sin\theta_2}$$

对不等式右边的两项作恒等变形,得

$$\frac{(x-x_1)\sin\theta_1+y_1\cos\theta_1}{\sin\theta_1}=x+\frac{\sqrt{x_1^2+y_1^2}}{\sin\theta_1}=x+\frac{A_1O}{\sin\theta_1}$$

$$\frac{(x_2-x)\sin\theta_2-y_2\cos\theta_2}{\sin\theta_2}=-x+\frac{\sqrt{x_2^2+y_2^2}}{\sin\theta_2}=-x+\frac{A_2O}{\sin\theta_2}$$

于是

$$\frac{A_1P}{\sin\theta_1}+\frac{A_2P}{\sin\theta_2}\geqslant\frac{A_1O}{\sin\theta_1}+\frac{A_2O}{\sin\theta_2}$$

易知等号成立之条件为 $x=0$,即点 P 与点 O 重合,故当点 P 异于点 O 时,必有

$$\frac{A_1O}{\sin\theta_1}+\frac{A_2O}{\sin\theta_2}<\frac{A_1P}{\sin\theta_1}+\frac{A_2P}{\sin\theta_2}$$

证法 9 (马明,1979)坐标系取法同前. 首先,可以证明:对于任意实数 x, x_1,y_1(其中 $y_1\neq 0$),有

$$\sqrt{(x-x_1)^2+y_1^2}\geqslant\sqrt{x_1^2+y_1^2}-\frac{x_1x}{\sqrt{x_1^2+y_1^2}}$$

当且仅当 $x=0$ 时取等号. 于是,当 $y_1\neq 0,y_2\neq 0$ 时,有

$$\frac{\sqrt{(x-x_i)^2+y_i^2}}{\sin\theta_i}\geqslant\frac{\sqrt{x_i^2+y_i^2}}{\sin\theta_i}-\frac{x_ix}{\sin\theta_i\sqrt{x_i^2+y_i^2}},\quad i=1,2$$

当且仅当 $x=0$ 时取等号.

另一方面,由于

$$\sin\theta_1=\frac{-x_1}{\sqrt{x_1^2+y_1^2}},\quad \sin\theta_2=\frac{x_2}{\sqrt{x_2^2+y_2^2}}$$

所以

$$\frac{-x_1x}{\sin\theta_1\sqrt{x_1^2+y_1^2}}=\frac{x_2x}{\sin\theta_2\sqrt{x_2^2+y_2^2}}$$

于是

$$\frac{\sqrt{(x-x_1)^2+y_1^2}}{\sin\theta_1}+\frac{\sqrt{(x-x_2)^2+y_2^2}}{\sin\theta_2}\geqslant\frac{\sqrt{x_1^2+y_1^2}}{\sin\theta_1}+\frac{\sqrt{x_2^2+y_2^2}}{\sin\theta_2}$$

当且仅当 $x=0$ 时取等号,所以

$$\frac{A_1O}{\sin\theta_1}+\frac{A_2O}{\sin\theta_2}<\frac{A_1P}{\sin\theta_1}+\frac{A_2P}{\sin\theta_2}$$

证法10 (井中,1979)在图3的基础上,过点 P 分别作 A_1O,A_2O 之垂线,设垂足为点 Q_1,Q_2(图11).因为

$$A_1Q_1<A_1P$$

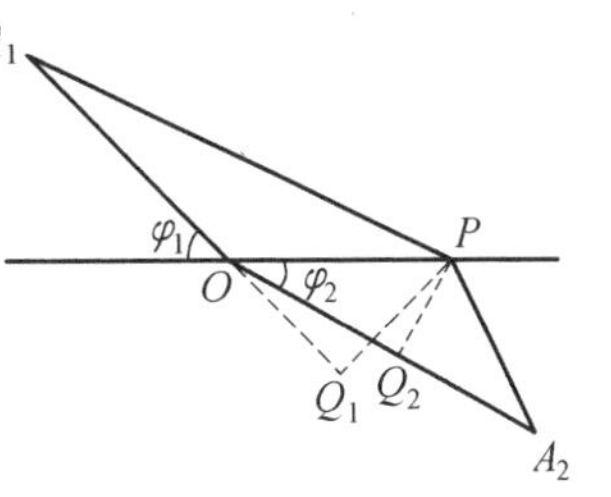

图11

所以

$$A_1P-A_1O>A_1Q_1-A_1O=OQ_1=OP\cdot\cos\varphi_1$$

同理

$$A_2O-A_2P<A_2O-A_2Q_2=OQ_2=OP\cdot\cos\varphi_2$$

于是

$$\frac{A_2O-A_2P}{A_1P-A_1O}<\frac{\cos\varphi_2}{\cos\varphi_1}$$

故

$$\frac{A_2O-A_2P}{\cos\varphi_2}<\frac{A_1P-A_1O}{\cos\varphi_1}$$

即

$$\frac{A_1O}{\cos\varphi_1}+\frac{A_2O}{\cos\varphi_2}<\frac{A_1P}{\cos\varphi_1}+\frac{A_2P}{\cos\varphi_2}$$

下述不作辅助线的初等三角证明,其思想原属井中.作者在征得其同意后,曾经发表于《某些几何不等式》一文中.

证法11 (井中,1979)在图3中,对 $\triangle A_1OP$ 用正弦定理,可得

$$A_1P-A_1O>A_1P\cos A_1-A_1O=$$

$$OP\cdot\left[\frac{\sin\varphi_1\cos A_1-\sin(\varphi_1-A_1)}{\sin A_1}\right]=$$

$$OP\cdot\cos\varphi_1$$

再对 $\triangle A_2OP$ 应用正弦定理,得

$$A_2O-A_2P<A_2O-A_2P\cos A_2=$$

$$OP \cdot \left[\frac{\sin (\varphi_2 + A_2) - \sin \varphi_2 \cos A_2}{\sin A_2}\right] =$$
$$OP \cdot \cos \varphi_2$$

于是

$$\frac{A_2O - A_2P}{\cos \varphi_2} < \frac{A_1P - A_1O}{\cos \varphi_1}$$

即

$$\frac{A_1O}{\cos \varphi_1} + \frac{A_2O}{\cos \varphi_2} < \frac{A_1P}{\cos \varphi_1} + \frac{A_2P}{\cos \varphi_2}$$

证法 12 （傅钟鹏,1980. 这里经过改写）在图 4 的基础上,设 C_1A_1,A_2C_2 两直线交于点 C_0,联结点 C_0O 和 C_0P(图 12). 因为

$$A_1O \cdot C_1C_0 = 2S_{\triangle OC_0C_1}$$
$$A_2O \cdot C_2C_0 = 2S_{\triangle OC_2C_0}$$

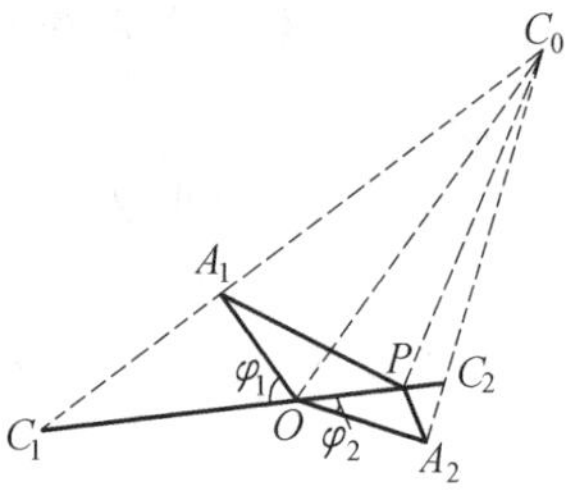

所以

$$A_1O \cdot C_1C_0 + A_2O \cdot C_2C_0 = 2S_{\triangle C_0C_1C_2}$$

图 12

另一方面,三角形顶点到对边所作斜线与对边的乘积总是大于三角形面积的 2 倍,故有

$$A_1P \cdot C_1C_0 > 2S_{\triangle PC_0C_1}$$
$$A_2P \cdot C_2C_0 > 2S_{\triangle PC_2C_0}$$

于是

$$A_1P \cdot C_1C_0 + A_2P \cdot C_2C_0 > 2S_{\triangle C_0C_1C_2}$$

从而

$$A_1O \cdot C_1C_0 + A_2O \cdot C_2C_0 < A_1P \cdot C_1C_0 + A_2P \cdot C_2C_0$$

又由正弦定理得

$$C_1C_0 : C_2C_0 = \sin \angle C_1C_2C_0 : \sin \angle C_0C_1C_2 =$$
$$\cos \varphi_2 : \cos \varphi_1$$

故有

$$A_1O \cdot \cos \varphi_2 + A_2O \cdot \cos \varphi_1 < A_1P \cdot \cos \varphi_2 + A_2P \cdot \cos \varphi_1$$

即

$$\frac{A_1O}{\cos \varphi_1} + \frac{A_2O}{\cos \varphi_2} < \frac{A_1P}{\cos \varphi_1} + \frac{A_2P}{\cos \varphi_2}$$

费马原理作为几何光学的高度概括性原理,使得此前相互独立的光的直进性定律、光的反射定律、光的折射定律和光路可逆性定理得到了简洁、优美的统一表达. 它曾被诺贝尔物理学奖获得者薛定谔誉为波动理论的“精华”,在量子

力学的创立过程中发挥了极为重要的作用.

因为按薛定谔的波动学说,从数学上可以证明,当波长很小时,几何光学是波动光学的一种近似,简单的推导如下.

对于波动方程

$$v_{u}-\frac{c_0^2}{n^2(\boldsymbol{r})}\nabla^2 v=0 \qquad ⑦$$

若令

$$v=u(\boldsymbol{r})\mathrm{e}^{-\mathrm{i}\omega t} \qquad ⑧$$

则知 $u(\boldsymbol{r})$ 满足赫姆霍兹(Helmholtz)方程

$$\nabla^2 u+k^2n^2(\boldsymbol{r})u=0 \qquad ⑨$$

其中 $k=\frac{\omega}{c_0}$ 是入射波的波数;$n(\boldsymbol{r})$ 是与空间中的介质性质有关的函数,亦称折射指数;c_0 是一个参考速度(在电磁波中通常取 c_0 为光速 c).

当 n 是常数时,方程⑨有平面波解,例如沿 x 轴传播的平面波(只需乘上时间因子 $\mathrm{e}^{\pm\mathrm{i}\omega t}$ 即可),有

$$u=A\mathrm{e}^{\mathrm{i}nkx}$$

当 n 不是常数时,可寻求其渐近解.对于 k 是一个大量(即波长 $\lambda=\frac{2\pi}{k}$ 很短时)或 n 是位置的慢变函数的情形,可用几何光学的方法.

现对方程⑨关于大的波数 k 求其渐近解.这时方程⑨是含大参数的方程,我们用指数近似法,令

$$u=\mathrm{e}^{\mathrm{i}ks(\boldsymbol{r})}U(\boldsymbol{r},k),\quad U(\boldsymbol{r},k)=\sum_{m=0}^{\infty}(\mathrm{i}k)^{-m}u_m(\boldsymbol{r}) \qquad ⑩$$

式中 $s(\boldsymbol{r})$ 是光程函数(位相函数).式⑩又称为准经典近似解(薛定谔方程波函数这种形式的解的首次近似,恰好描述了经典力学中粒子运动的理论,解释了经典理论是量子力学理论的一种近似,准经典近似解由此得名).将式⑩代入方程⑨,注意到

$$\nabla u=\mathrm{e}^{\mathrm{i}ks(\boldsymbol{r})}[\mathrm{i}k(\nabla s)U+\nabla U]$$

$$\nabla^2 u=\mathrm{e}^{\mathrm{i}ks(\boldsymbol{r})}[-k^2(\nabla s)^2U+2\mathrm{i}k\nabla s\cdot\nabla U+\mathrm{i}k(\nabla^2 s)U+\nabla^2 U]$$

得递推方程

$$\nabla s\cdot\nabla s=n^2(\boldsymbol{r}) \qquad ⑪$$

$$2\nabla s\cdot\nabla u_0+u_0\nabla^2 s=0 \qquad ⑫$$

$$2\nabla s\cdot\nabla u_m+u_m\nabla^2 s=-\nabla^2 u_{m-1},\quad m\geqslant 1 \qquad ⑬$$

式⑪叫作程函方程(eiconal equation),式⑫叫作传输方程或转移方程(transport equation).

原先我们要解三维空间的二阶线性方程，现在转化为一阶非线性方程 ⑪ 和线性方程 ⑫⑬.

用特征方法可解方程 ⑪. 按一阶偏微分方程的一般理论，一阶偏微分方程为

$$F(\boldsymbol{r},s,\boldsymbol{p})=0 \quad ⑭$$

式中 $\boldsymbol{r}=(x_1,x_2,x_3)$，$s=s(\boldsymbol{r})$，$\boldsymbol{p}=\nabla s=(p_1,p_2,p_3)$，$p_j=\frac{\partial s}{\partial x_j}$，其特征方程为

$$\frac{\mathrm{d}x_j}{F_{p_j}}=\frac{\mathrm{d}p_j}{-F_{x_j}-p_jF_s}=\frac{\mathrm{d}s}{\sum\limits_j p_jF_{p_j}},\quad j=1,2,3 \quad ⑮$$

从而对于程函方程 ⑪(即 $p_1^2+p_2^2+p_3^2-n^2=0$)，有

$$\frac{\mathrm{d}x_j}{2p_j}=\frac{\mathrm{d}p_j}{2nn_{x_j}}=\frac{\mathrm{d}s}{2n^2},\quad j=1,2,3 \quad ⑯$$

令式 ⑯ 等于 $\frac{1}{2}\lambda(\sigma)\mathrm{d}\sigma$，其中 $\lambda(\sigma)$ 为比例函数，σ 是参数，则有

$$\frac{\mathrm{d}\boldsymbol{r}}{\mathrm{d}\sigma}=\lambda\nabla s=\lambda\boldsymbol{p} \quad ⑰$$

$$\frac{\mathrm{d}\boldsymbol{p}}{\mathrm{d}\sigma}=\lambda n\nabla n \quad ⑱$$

$$\frac{\mathrm{d}s}{\mathrm{d}\sigma}=\lambda n^2 \quad ⑲$$

由式 ⑰ 与式 ⑱ 消去 $\boldsymbol{p}$，得

$$\frac{1}{\lambda}\cdot\frac{\mathrm{d}}{\mathrm{d}\sigma}\left(\frac{1}{\lambda}\cdot\frac{\mathrm{d}\boldsymbol{r}}{\mathrm{d}\sigma}\right)=n\nabla n \quad ⑳$$

由式 ⑲ 得

$$s=s_0+\int_{\sigma_0}^{\sigma}\lambda n^2[\boldsymbol{r}(\tau)]\mathrm{d}\tau \quad ㉑$$

其中 $\boldsymbol{r}(\sigma)$ 是式 ⑳ 满足初始条件 $\boldsymbol{r}(\sigma_0)=\boldsymbol{r}_0$ 及 $\frac{\mathrm{d}\boldsymbol{r}(\sigma_0)}{\mathrm{d}\sigma}=\boldsymbol{r}_0$ 的解.

如选取参数 σ 为沿光线的弧长，则有

$$\left|\frac{\mathrm{d}\boldsymbol{r}}{\mathrm{d}\sigma}\right|=1 \quad ㉒$$

从而由方程 ⑪ 与式 ⑰ 得

$$\lambda n=\lambda|\nabla s|=1 \quad ㉓$$

因此式 ⑳、式 ㉑ 则变为

$$\frac{\mathrm{d}}{\mathrm{d}\sigma}\left[n(\boldsymbol{r}(\sigma))\frac{\mathrm{d}\boldsymbol{r}(\sigma)}{\mathrm{d}\sigma}\right]=\nabla n \quad ㉔$$

$$s = s_0 + \int_{\sigma_0}^{\sigma} n[\boldsymbol{r}(\tau)]\mathrm{d}\tau \tag{25}$$

注意到

$$v = \mathrm{e}^{-\mathrm{i}\omega t}u(\boldsymbol{r}) = \mathrm{e}^{-\mathrm{i}\omega t} \cdot \mathrm{e}^{\mathrm{i}ks(\boldsymbol{r})}U(\boldsymbol{r},k) = \mathrm{e}^{\mathrm{i}k(s-c_0t)}U$$

故波是沿弧长增加方向传播的.

由于沿着光线$\frac{\mathrm{d}\boldsymbol{r}}{\mathrm{d}\sigma} /\!/ \nabla s$(式⑰),所以光线垂直于光程函数$s$的等位面——波阵面. 这样,波动方程的准经典近似解完全解释了几何光学的方法,说明了当波长很小时,几何光学是波动光学的一种近似.

由式㉔可以求出光线方程,然后沿光线积分,即可得到光程函数$s = s(\sigma)$. 但实际求解时可以不必求解式㉔,这是因为该方程可由费马原理导出. 事实上,费马原理指出,沿着光线真实路径传播所需时间最短,亦即泛函

$$J = \int_P^Q \frac{|\mathrm{d}\boldsymbol{r}|}{c} = \int_P^Q \frac{n}{c_0}\sqrt{\sum_j\left(\frac{\mathrm{d}x_j}{\mathrm{d}\sigma}\right)^2}\mathrm{d}\sigma \tag{26}$$

取极值,或$\delta J = 0$. 其必要条件是满足相应的欧拉方程,即

$$\frac{\partial n}{\partial x_i}\sqrt{\sum_j\left(\frac{\mathrm{d}x_j}{\mathrm{d}\sigma}\right)^2} - \frac{\mathrm{d}}{\mathrm{d}\sigma}\left[\frac{n\frac{\mathrm{d}x_j}{\mathrm{d}\sigma}}{\sqrt{\sum_j\left(\frac{\mathrm{d}x_j}{\mathrm{d}\sigma}\right)^2}}\right] = 0,\quad j = 1,2,3 \tag{27}$$

由于$\sqrt{\sum_j\left(\frac{\mathrm{d}x_j}{\mathrm{d}\sigma}\right)^2} = \left|\frac{\mathrm{d}\boldsymbol{r}}{\mathrm{d}\sigma}\right| = 1$,所以,式㉗亦即

$$\frac{\partial n}{\partial x_j} - \frac{\mathrm{d}}{\mathrm{d}\sigma}\left(n\frac{\mathrm{d}x_j}{\mathrm{d}\sigma}\right) = 0,\quad j = 1,2,3$$

或者

$$\frac{\mathrm{d}}{\mathrm{d}\sigma}\left(n\frac{\mathrm{d}\boldsymbol{r}}{\mathrm{d}\sigma}\right) = \nabla n$$

此即式㉔,有鉴于此,我们往往不必求解式㉔就能知道路径. 譬如,在均匀媒质中以直线传播,在界面上入射角等于反射角等.

费马原理作为最小作用量原理早期应用中最成功的例子,它的简洁、优美的形式和对光现象的高度概括性解释似乎暗示了某种更普遍的原理存在的可能性. 尽管它的产生有着浓厚的目的论色彩,并受到笛卡儿派和莱布尼兹派的激烈反对,它还是被17世纪以后的许多科学家所公认并在更大的范围内加以推广了.

17世纪末至18世纪初,随着资本主义的发展,经济因素在人们的思想上和行动上受到了越来越多的注意. 这对于促进自然界经济化思想的接受和最小作

用量原理的产生是十分重要的. 正如谢瑞克所说:“最小作用量原理从它的前史(即它的推测性的形式)进入它的历史(指它达到数学化的阶段)是与经济世界向工业主义过渡以及资本主义所导致的经济因素比以往任何时候都更受到人们注意的时代相吻合的.”

1682 年之后,莱布尼兹认真考虑了自然现象中“作用量”的概念,并认为自然界发生的真实过程总是与作用量的极值相联系. 上帝在选择这个真实世界时所利用的形而上学原理 —— 极值原理是“最好的”或“最完美的”. 然而,由于莱布尼兹迷恋于自然守恒的思想,他除了企图发展一个类似于能量守恒的作用量守恒原理之外,并没有利用作用量的思想. 按照作用等于效果的原则,通过同样的努力获得较大的效果或通过较小的努力获得同样的效果在他看来都是不可能的. 虽然他没有明确提出最小作用量原理,但他的近乎神学的客观唯心主义观点对莫佩蒂却产生了深刻影响.

莫佩蒂(Maupertuis,1698—1759)是一个法国数学家、天文学家,是狄德罗常常提到的人物. 莫佩蒂 1698 年 9 月 28 日生于伊尔一维兰省圣马洛,1759 年 7 月 27 日卒于瑞士巴塞尔,年轻时在军队当火枪手,从 1723 年离开军队在法国科学院任数学教师. 此人好争吵,先是就最小作用原理同伏尔泰进行激烈争论,失败后跑到巴塞尔同牛顿一起反对莱布尼兹,这场辩论加速了他的死亡. 他介绍了牛顿在物理学、动力学方面做出的独特贡献. 他把前人的研究资料及对个别的物理现象所制定的原理加以综合,构成一个一般的原理. 在光学方面,费马于 1662 年制定了这样一条原理,即光在反射和折射中的传播采取花费时间最少的过程. 1682 年,莱布尼兹进一步提出了类似的原理,即光采取阻力最小的路程而传播. 1744 年,莫佩蒂概括推广了这两条原理,制定出动力学的最小作用的一般原理,使之应用于各式各样的物理现象. 这个原理的实质是经济原理,意味着反宗教传统的观念,就是说,上帝可以直接掌握天体运动的事务,无须任命天使执行其意志;天使作为中介的等级可以取消,隐含着否定教会的作用.

在这种思想基础和历史条件下,对于信奉自然界经济原理的莫佩蒂来说,有待发现的是物体运动过程中自然界的真正花费. 也就是说,要发现的不是运动物体所遵从的最简单的路线,而是最便宜的路线. 通过对希罗、费马和莱布尼兹等人关于最小作用的思想的研究,他认为时间的花费、克服的阻力都不能似乎有理地被当作自然的花费,它们只是路径的特性,即最短或最容易的,其单独都不适于把真实路径描述为最便宜的一个. 他既要坚持笛卡尔的光粒子说,同时又羡慕费马的优美方法,从而去找到一个符合牛顿力学理论的最小作用量原理.

1744 年 4 月 15 日,在提交给法国科学院的论文 ——《论各种自然定律的一

致》(Accord de différentes loix de la Nature，该文刊载于当年的《论文汇编》(Rccueil) 上) 中，他从光的粒子说出发，通过修改费马原理，提出了一个符合牛顿力学的最小作用量原理："光在空间两点间的运行总是选择作用量为最小的路径." 其中作用量定义为

$$\int V \cdot \mathrm{d}s$$

其中 V 为光速，$\mathrm{d}s$ 为路径元. 由此原理出发，他进一步导出了光的反射定律和折射定律. 1746 年，莫佩蒂在论文《从形而上学原理推导运动和静止定律》中，进一步推广了他的原理. 对于物体的运动，他定义作用量为 mvl(其中 m,v,l 分别为运动物体的质量、速度和通过的路径长度)，并由此导出了弹性体、非弹性体的碰撞定律和杠杆定理.

在碰撞问题的研究中，他发现在完全弹性碰撞中 mv^2 是守恒的，但在非完全弹性碰撞中 mv^2 却不守恒，由此，他认为莱布尼兹的能量守恒定律破产了. 同时，根据笛卡尔的动量守恒定律导出的笛卡尔碰撞定律也与事实相矛盾，所以动量守恒同样也应予以否定. 由此，莫佩蒂更加坚信最小作用量原理的正确性，认为唯有它才是最普遍的原理，它一定能给力学的发展提供一个真正的哲学基础. 在他看来，一个如此简洁、优美的原理乃是最高明的造物主的威力和智慧的显现，它揭示了上帝创世的秘密.

这个被雅可比(Jacobi，1804—1851) 称作"分析力学之母" 的最小作用原理所具有的泛神论色彩和美学价值对以后分析力学的创立者欧拉(Euler，1707—1783)、拉格朗日 (Lagrange，1736—1813)、哈密顿 (Hamilton，1805—1865) 等人产生了重大影响，激励着他们去进一步完善和推广这一原理.

在莫佩蒂提出最小作用原理的同年，欧拉独立地得到最小作用量原理，欧拉关注这一问题是应丹尼尔·伯努利(Daniel Bernoulli，1700—1782) 的要求.

从 17 世纪末开始，所谓等周问题引起人们重视. 这个问题就是如何确定某些特定量取极大或极小值的条件问题. 人们发明了一种适用于研究这种问题的技术，它最初用来求得某些包含极大与极小值的静力学问题的可采纳的解. 丹尼尔·伯努利渴望把这种方法的应用从静力学推广到动力学(例如，在有心力作用下的运动问题). 他于 1741 年及翌年写信给欧拉，要欧拉关注这个问题(Fuss：Correspondance mathématique et physique de quelques célébres géométres du 18 éme siécle，vol. Ⅱ). 欧拉的回信现已无存，但他在 1743 年初显然已找到了某种答案，伯努利为此在当年 4 月 23 日曾致函祝贺. 欧拉的结果最初于 1744 年秋发表在他关于变分法的一本书 *Methodus inveniendi lineas Curvas*，etc.；见 AdditamentumⅡ，Demotu projectorum.

欧拉在 1740 至 1744 年间曾在这一课题方面同莫佩蒂通过信,同意莫佩蒂的观点:上帝一定已经按照某种这样的基本原理构造了宇宙,而这种原理的存在就证实了上帝的安排.

欧拉在 1744 年他的一本书的第二个附录中把最小作用原理作为一个精确的动力学定理作了详细的阐述. 他只限于讨论单个质点沿平面曲线的运动. 此外,他假定速度依赖于位置,或者用现代的术语来说,力可以从位势导出. 然而莫佩蒂写为

$$mvs = \min$$

而欧拉则写为

$$\partial\int v\mathrm{d}s = 0$$

意思是对于路径改变的积分,它的变化率必须为零. 因为 $\mathrm{d}s = v\mathrm{d}t$,欧拉还写下

$$\partial\int v^2\mathrm{d}t = 0$$

这里,欧拉即便应用他的变分法技巧正确地把这个原理用于特殊问题,但是恰恰在积分的变化率是什么意思的问题上他是模糊的. 至少欧拉证明了对于沿着平面曲线的运动,莫佩蒂的作用是最小的.

在相信一切自然现象都是为了使某个函数达到极大或极小,因而基本的物理原理应该表达某个函数被极大化或极小化这一点上,欧拉比莫佩蒂走得更远. 特别是在研究物体在力的推动下的运动的动力学中这种原理应该是正确的. 欧拉离开真理并不太远.

欧拉实际上证明了,该原理对于在有心力场中运动的质点也是成立的.

1750 年,拉格朗日由对“等周问题” 的关心而开始考虑极值问题. 他是变分方法的奠基人之一. 他从欧拉那里接过了最小作用量原理,并把这原理从单个质点推广到一切物体的运动.

但对此莫佩蒂与欧拉略有分歧. 即 1746 年,莫佩蒂向柏林的皇家科学院(当时他是该院院长) 提交了一篇论文,题为《运动规律研究》(Recherche des Loix du Mouvement). 他在文中这样阐明他的 Principe de la moindre quantité d'action(最小作用量原理):“每当自然界中发生什么变化时,为此变化所使用的作用量总是最小可能的”,同时一个物体运动中所包含的作用与质量、速度和行过的距离均成正比. 这样,这条原理被推广而成为一条普遍的自然规律. 莫佩蒂宣称,力学的一切其他法则均可由之推出. 但是,在证明中(或者确切地说在插图中) 提出的进一步讨论只不过是从该原理推演出关于弹性体与非弹性体的碰撞的一些已知定律. 实际上,在莫佩蒂那里,欧拉原理所得到的普遍性是以损失严格性为代价的. 不久,达尔西爵士便指出,莫佩蒂在对他的原理的一些

应用中使之最小化的"作用" 在不同种场合量上并不相等,而且可以举出一些自然过程,其中包含的作用是极大值(Mém. de l'Acad., Paris,1749,1752). 对莫佩蒂的另一攻击来自柯尼希(Koenig,1712—1757),起因于他为莱布尼兹争夺发现这条原理的优先权. 这导致了一场激烈论争,伏尔泰也被卷入.

把作用量 $mv\mathrm{d}s$ 或 $mv^2\mathrm{d}t$ 改写为动能的形式,即 $T\mathrm{d}t$. 因为动能 $T=\frac{1}{2}mv^2$. 于是,这个原理就表述为:对于定常保守系统,作用量 $T\mathrm{d}t$ 的积分的全变分为零,即 $\Delta\int T\mathrm{d}t=0$. 拉格朗日提供了一种崭新而有力的方法,以纯计算就能解决任意类型的力学问题,所要求的只是给定力学体系的动能和势能的解析形式,而无须在物理学或几何学方面作任何更多的考虑. 正因如此,当他在 1788 年出版《分析力学》一书时,物理学界的同行们立即惊呼,这是数学力学光辉的证明. 拉格朗日在该书中把最小作用量原理推广到 N 个自由度的保守系统并给予严格证明,所以这个原理又称为莫佩蒂 - 拉格朗日最小作用量原理.

1834 年,哈密顿建立了以他的名字命名的著名原理. 他的杰出的思想贡献是,他认为,"作用量" 不一定最小,也可以最大. 他说:"事实上,伪装节约的数量却常常浪费地消耗着." 因此,哈密顿是第一个给出最小作用量原理准确而科学表述的人. 哈密顿原理是一条适用于完整系统的十分重要的变分原理,它可以表述为:在 $N+1$ 维空间中,任意两点之间连线上的动势 L(又称拉格朗日函数) 的时间积分,以真实运动路线上的值为驻值,其数学表示为

$$\delta\int_{t_1}^{t_2}L\mathrm{d}t=0$$

这就是著名的哈密顿原理. 无论在保守系统或非保守系统中,它都成立. 动势可以是时间、广义坐标、广义速度的函数. 在欧拉、拉格朗日的原理中,能量守恒是预先假定的条件. 哈密顿原理就把它们作为一种特殊情况或是一个推论而已.

哈密顿原理的数学形式简洁、内容广泛,适当地替换动势 L 的物理内容,就能使它成为其他力学(如电动力学、相对论力学) 的基础. 利用广义坐标并定义哈密顿函数,还可以从哈密顿原理推出哈密顿正则方程. 哈密顿原理如此神奇有效,以至各种动力学定律都可以从一个变分式推出. 这不能不令人惊叹!

雅可比不久就看出了哈密顿方法的重要性,他对积分形式的分析力学也有许多贡献,特别是他给出了与时间无关的最小作用量原理的新表述.

在分析力学的发展中还可以举出的重要原理有:高斯(C. F. Gauss,1777—1855) 的最小约束原理(1829 年),赫兹(H. R. Hertz,1857—1894) 的最小曲率原理(1894 年) 等. 高斯引入了一个定义为"约束函数" 的量,指出力学体系的真实运动的加速度是按照使约束函数取极小值的方式发生的. 它在非完

整约束下也可能得出力学组的运动方程,这是高斯原理的优越性.赫兹的最小曲率原理实际上是牛顿惯性定律的普遍化.此外,泊松(Poisson,1781—1840)于1809年在求解哈密顿正则方程时使用了一种算符,后来称为泊松括号,它相当于得出了正则变换的一般理论.可遗坐标或循环坐标的概念是劳斯(E. J. Routh,1830—1907)于1876年和赫姆霍兹(H. von Helmholtz,1821—1894)在稍后各自独立提出的.此后,又有人在正则变换理论中引用了数学上无穷小变换群的概念.

顺此我们要谈到最小作用量原理对哲学思想的影响.当18世纪出现这一类原理时,曾引起极大轰动.原来,牛顿定理的因果概念已在人们中有了极深的印象,而这些原理的积分形式表明,实际运动的两个时间点之间的积分小于任何其他可以设想的同样两个时间点之间的积分,这种对于在有限时间间隔内的整个运动要一起同时加以考虑的情形,似乎是未来也参与了对现在的确定.因此,恰像一种目的论因素被引进了物理学.某些热心人甚至认为,他们在这里窥见创世主创造世界的计划,他要求在这些原理中出现的量应当尽可能取最小值.这种神学目的论的分析力学观,后来受到哈密顿的评判性的研究和打击.哈密顿原理指出,虽然对于真实运动这些量总是取一个极值,但不总是取极小值.同时,人们也看到,这些变分原理的应用并不纯属力学的微分方程.这样,最小作用量原理和其他变分原理才被放回到它们的适当的位置上.

从约翰第一·伯努利(Johann Ⅰ Bernoulli,1667—1748)到哈密顿再到雅可比的一个多世纪中,牛顿力学的发展以拉格朗日的《分析力学》为标志进入全盛时期,足以使人眼花缭乱的各种原理和方程不断涌现,表现了人们探索科学的智慧和热情.那些原理或方程之间的相互推导,又反映了力学现象的内部规律性.数学的发展、变分方法的创立,为各种积分原理的建立奠定了基础,并使力学变分原理,特别是哈密顿原理成了分析力学的最高花朵.牛顿的《原理》一书为力学制定了规范;而《分析力学》的成果又将牛顿力学推向了又一个高峰.

19世纪中叶以后,分析力学已经发展为一个完整的体系.1866年赫姆霍兹将最小作用量原理应用到整一系列非力学过程中,普朗克又把它看作是自然规律中最概括的一个.分析力学所提供的新思想、新方法,在后来的物理学发展中起了举足轻重的作用.

当代物理学的两大分支即相对论力学和量子力学都与分析力学紧密相关.爱因斯坦(Einstein,1879—1955)的相对论虽然革新了物理学的面貌,但以最小作用量原理为基础的分析力学的方法可以保持原样,仅要求适当修改拉格朗日函数的形式,并且运动微分方程可由最小作用量原理导出的事实依然成立.

实际上,变分原理与任意特殊参照系完全无关的特点,在求得满足广义相对性原理的方程上具有特殊价值,因为广义相对性原理要求自然界的基本场方程对任意坐标变换都保持不变. 难怪爱因斯坦在提出相对论的过程中,曾把分析力学的一些方法应用于研究速度接近光速的相对论力学. 量子力学与分析力学(特别是哈密顿形式) 的关系更为密切. 在量子力学未建立以前,薛定谔、海森伯、狄拉克等人都曾用分析力学研究微观现象的力学问题. 可以说,从哈密顿方法发展了量子力学的方法. 共轭力学变量和正则变换是量子力学的重要的基础部分. 狄拉克考虑了共轭变量的不可对易性;广义坐标和广义动量这两个变量的矩阵性质作为新的特殊被纳入海森伯 - 玻恩 - 约当的量子力学理论中;薛定谔从运算观点出发曾将哈密顿 - 雅可比的偏微分方程化为波动力学的基本方程,即薛定谔方程;由哈密顿加以发展的最小作用量原理,现已成为量子力学和生物体内平衡原理的基础,而旨在表述经典力学的哈密顿 - 雅可比理论却可用于量子力学. 从 1923 年起,量子力学开始建立并逐步完善,这才在微观现象的研究领域中取代了分析力学.

普朗克曾经断定,作为建立统一的世界物理图景之基础的最小作用量原理,是所有可逆过程的普遍原理. 它虽然产生于力学,但应用的范围包括了热力学和电动力学. 因此必须用它来解决理论物理学的共同问题. 19 世纪末,拉莫尔(J. Larmor,1857—1942) 从最小作用量原理导出了麦克斯韦方程组,从而也就导出全部电磁学的基本规律. 在相对论、量子力学和量子场论中,最小作用量原理则得到了深入贯彻. 特别是由于诺特(A. E. Noether,1882—1935) 在 1918 年的工作,使得我们认清了最小作用量原理、对称性、守恒定律三者间的密切关系,使得场论的研究获得了新的、有力的研究方法. 这种方法就是先寻找场的拉格朗日函数(也就是说先找出场的作用量函数 S) 而后作对称性变换(即使作用量取极值,但绝大多数情况是最小值) 获得守恒定律并同时建立了场方程.

由于这一系列的努力,已使得最小作用量原理成了物理学中最具有概括性的原理. 如果以 S 来代表作用量,这一原理可简洁地表达成

$$\sigma S = 0$$

迄今为止物理学的全部基本规律,包括牛顿方程、光学的费马原理、电磁场的麦克斯韦方程组、量子力学的薛定谔方程,克莱因 - 高登方程、狄拉克方程、相对论力学方程、广义相对论的爱因斯坦方程,等等,均可由它表达出来. 甚至目前人们在研究一些未知的物理场时,仍然从这一原理出发,去求得场方程和相应的守恒定律. 它已成为当今粒子物理、固体物理等物理学分支的柱石.

为什么从最小作用量原理出发就可以建立全部物理学的基本规律? 这对今天的物理学家来说虽然已不再具有神学的色彩,但却仍然是一个谜. 正如诺

贝尔物理学奖获得者费曼所说:“今天我们所了解的定律,实际上是二者的结合,换言之,我们用最小作用量原理加上局域性定律.今天我们相信物理定律必须是局域的,也必须服从最小作用量原理,但我们并不确实知道.”这里的“不确实知道”大概是因为这两个基本原理是无法从逻辑上证明的.这正是一门科学的最高原理所具有的特征.

对于历史和现实的考察使我们深刻地认识到:“美对于发现真的重要意义在一切时代都得到了承认和重视.”面对“美是真理的光辉”这一著名的拉丁格言,我们不得不发出由衷的赞叹:它本身就是美的化身,是科学探索的指南.

在爱因斯坦看来,一切科学的伟大目标在于“寻找一个能把观察到的事实联系在一起的思想体系,它将具有更大可能的简单性”.而“从那些看来同直接可见的真理十分不同的各种复杂现象中认识到它们的统一性,那是一种壮丽的感觉”.从古希腊原子论到当代物理学的大统一理论,都试图把整个宇宙统一于一个简单、和谐、对称的科学理论之中.最小作用量原理正是以它的简单、和谐、统一、对称和守恒之美而立足于物理学的最高原理之林.它的发展史就是人类追求科学美的一曲赞歌,而它本身也正是美与真的和谐统一体,是一件闪烁着美的光辉的伟大的科学艺术品.

附录(7)　算术与旧式鞋带

北卡罗来纳州立大学计算机科学系的荷林顿(John H. Halton)刊登于1995年秋季的一期《Mathematical Intelligencer》杂志上的一篇题为“鞋带问题”的文章,为我们提供了一个例子.

至少有三种一般的系鞋带方式(图1),即美式之字形系法、欧式直系法(术语“Straitlaced”(古板的),即源出于此,不过可能是指服装而不是鞋子)以及鞋店式快系法. 对于买鞋子的人来说,各种系鞋带方法的美观程度可能不同,审美心理各有不同,正所谓萝卜、白菜各有所好. 系鞋带所需的时间也不同. 这对于快节奏的现代社会生活来说也是一个必须加以考虑的因素,但在经济社会中最重要的莫过于成本与效益了. 所以对于制鞋厂来说,它们更关心的问题是何种系鞋带方式所需的鞋带最短,因而花费也最少.

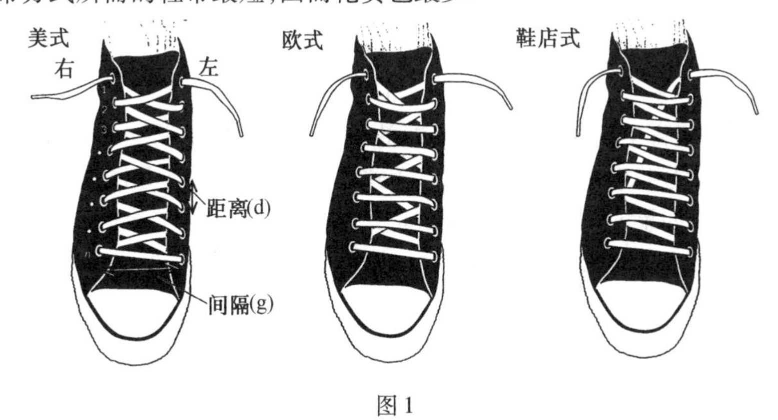

图1

为了求出所需鞋带的量,我们将只考虑直的线段所代表的长度. 把鞋带系成一个蝴蝶结所需的额外鞋带的长度对所有各种系法来说都是一样的,因此可以忽略不计.

我们使用的术语都是指从穿鞋者的角度来看系鞋带. 因此,图1中的“顶上”一行鞋眼靠近脚踝. 同时我将把鞋带理想化为数学上的线,其厚度为0,而鞋眼则理想化为点. 采用硬算的办法,可以根据以下三个参数计算出鞋带的长度:

鞋眼的对数 n;

相邻鞋眼间的距离 d;

对应的左鞋眼与右鞋眼之间的距离 g.

借助勾股定理,不难证明鞋带的长度可用下列公式计算.

美式

$$g+2(n-2)\sqrt{d^2+g^2}$$

欧式

$$(n-1)g+2\sqrt{d^2+g^2}+(n-2)\sqrt{4d^2+g^2}$$

鞋店式

$$(n-1)g+(n-1)\sqrt{d^2+g^2}+\sqrt{(n-1)^2d^2+g^2}$$

那么到底哪种系法的鞋带最短呢？为便于论证，设 $n=8,d=1,g=2$. 据此求出鞋带的长度.

美式

$$2+14\sqrt{5}=33.305$$

欧式

$$14+2\sqrt{5}+6\sqrt{8}=35.443$$

鞋店式

$$14+7\sqrt{5}+\sqrt{53}=36.933$$

但是我们能肯定美式系法总是最短的吗？我们可以证明如果 d 和 g 是非零数，且 n 至少为4，则最短的鞋带总是美式系法的鞋带，其次是欧式鞋带，再次是鞋店式鞋带. 如果 $n=3$，则美式鞋带仍是最短的，但欧式与鞋店式鞋带的长度则相同. 如果 $n=2$，则所有三种系法的鞋带长度都相同.

不妨设

$$A=g+2(n-2)\sqrt{d^2+g^2}$$

$$B=(n-1)g+2\sqrt{d^2+g^2}+(n-2)\sqrt{4d^2+g^2}$$

$$C=(n-1)g+(n-1)\sqrt{d^2+g^2}+\sqrt{(n-1)^2d^2+g^2}$$

我们注意到

$$B-A=(n-2)g+(n-2)\sqrt{4d^2+g^2}-2(n-2)\sqrt{d^2+g^2}=$$

$$(n-2)(g+\sqrt{4d^2+g^2})-2(n-2)\sqrt{d^2+g^2}=$$

$$(n-2)(g+\sqrt{4d^2+g^2}-2\sqrt{d^2+g^2})$$

欲证 $B>A$，只需证

$$g+\sqrt{4d^2+g^2}>2\sqrt{d^2+g^2}$$

此不等式与下列不等式等价

$$g^2+4d^2+g^2+2g\sqrt{4d^2+g^2}>4d^2+4g^2 \tag{*}$$

因为

$$\sqrt{4d^2 + g^2} > g$$

所以

$$2g\sqrt{4d^2 + g^2} > 2g^2$$

故式(*)一定成立.

用同样的办法可证:$C > B$.

然而,这一代数方法对数学基础训练较弱的美国中学生来说比较复杂,而且不能说明是什么原因使不同的系法具有不同的效率.荷林顿指出,运用一种巧妙的几何技巧,就能一眼看出为什么美式系法的鞋带是三种系法中最短的.这一想法来自于光学——研究光线路径的学问——的启发.

荷林顿借助于上述反射技巧的一种推广形式推导出所有三种鞋带系法的几何表示.他在一张图上画出 $2n$ 列鞋眼,鞋眼在垂直方向上的间距为 d,在水平方向上的间距为 g(图2,为了把图缩小,我们减少了 g 的值;无论 d 与 g 取何值,此方法都行得通).图中最后一列代表鞋子的左边一列鞋眼,倒数第二列代表右边一列鞋眼.一般地说,编号为奇数的列代表左边一列鞋眼,而编号为偶数的列则代表右边一列鞋眼.

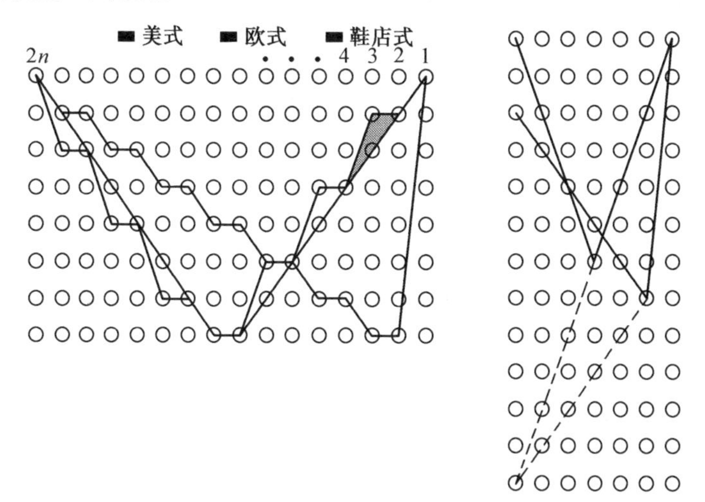

图2

在这幅图上蜿蜒穿行的折线路径对应于各种鞋带系法,但有一点额外的"花样".从某一系法的左上角鞋眼出发,从鞋子的左边到右边在图2的第1列和第2列之间画出第一段鞋带.接下来在第2列和第3列之间画出下一段鞋带,而不是像真正的鞋子那样从第2列返回到第1列.事实上,这一段鞋带被反射到另一侧,似乎各列鞋眼被镜子取代了一样.如此继续进行下去,每遇到一只鞋眼就依次把一段鞋带反射到另一侧.这样,鞋带的路径就不是在两列鞋眼之间往

返穿行,而是一直延伸到图的左侧.

由于一段鞋带的反射并不改变它的长度,因此这一表示法所得的路径的长度与相应的鞋带系法的鞋带长度是完全相等的. 此表示法还有一个好处,就是很容易比较出美式系法和欧式系法的鞋带长度. 有几个地方这两种系法的鞋带彼此重合,但在其他所有地方,美式系法的鞋带穿过一个小三角形的一条边,而欧式系法的鞋带则穿过该三角形的另外两条边. 由于三角形的任意两边之和大于第三边的长度(也就是说,任意两点间的路径以联结两点的直线为最短),因此很明显美式系法的鞋带要短一些.

鞋店式系法的鞋带比欧式系法的鞋带长则不是很明显的. 看出这一点的最简单方法是从两条路径中去掉所有水平线段(每条路径有 $n-1$ 条水平线段,其长度相同)以及长度相等的两条倾斜线段. 去掉这些线段后,就得到两条 V 字形路径. 把去掉了第一条线段的欧式系法的路径平移,使其又同鞋店式系法的路径一样都从第一个鞋眼出发. 如果把每条 V 字形路径都以其顶点处的一条水平轴为中心反射到另一侧从而使它们拉直,最终就容易看出鞋店式系法的路径要长一些,这也是因为三角形两边之和大于第 3 边.

这些聪明的反射技巧并不只是可以比较各种系法的鞋带长度. 荷林顿还应用这些技巧证明了在所有可能的系法中,美式“之”字形系法的长度是最短的. 更一般的,鞋带和费马式光学在测地线 —— 即各种几何中的最短路径 —— 的数学理论中统一了起来.

附录(8) 交通运输、社会物理学与折射定律

William Warntz①

译者按 长期从事区域理论地理、空间分析、社会经济的宏观地理显现及中心地理论等研究的 William Warntz 教授认为:能够将任何科学简化为最少的控制性规则是研究工作者的最终愿望;如果要在社会科学中发展类似物理学中的基本原则,那么就必须准许通过词汇等同来对社会科学的各个分支进行统一;对社会基本维度进行研究,是社会科学研究必要内容. 他说正如目前社会物理学研究范围的更多拓展一样,社会物理学的未来发展将更加令人兴奋和重要. William Warntz 的《交通运输、社会物理学与折射定律》一文,正是在阐述上述观点的情况下,运用物理学的折射定律来对水陆之间交通运输费用进行实证研究. 在此文中提出水陆间交通运输情况交接面存在与物理学中折射定律存在异质同形规律,并加以理论论证和实践分析. 同时,他认为物理学的折射定律在诸如城市间铁路的修建、军队穿越不同火力的敌人封锁线等任何两种不同界面的社会经济问题中具有普遍的实用性. 譬如,中美洲地峡与它们之间的巴拿马运河(Panama Canal)就可以被看作是双凹透镜折射点的案例. 文章的结论认为,折射定律是运输路线研究和决策的一个重要指南,文中异质同形的成功讨论意味着,对光学中的反射定律、焦距及其他的思想进行研究都可能会对社会经济有益. 总之,随着社会物理学的研究过程中对"社会维度"研究的逐渐拓展,将对具有时空特征的社会经济行为的规律研究产生巨大的推动作用.

—— 范泽孟

对于科研工作者来说,最大愿望就是能够将任何科学简化为最少的控制性规则. 上述目标确实在物理学中得到了非常成功的实现. 经典物理学所有已知公式均可以表达为少数几个基本维度,并通过选择适当的单位对每个维度进行量化. 任何方程中的每一个隶属关系可以用基本维度的一次(或更多次)幂指数来进行表征. 此外,在物理学各个分支学科中经过反复证明也能得出类似的

---

① William Warntz,1922—1988,获得美国宾夕法尼亚州立大学经济学学士、硕士和博士学位,早年曾在美国宾夕法尼亚州立大学和普林斯顿大学天体物理学系任教. 1968 ~ 1971 年在哈佛大学设计研究生院任理论地理学与地域规划方向教授,曾担任计量地理与空间分析实验室副主任、主任. 1971 年开始担任西安大略湖大学地理系教授及系主任. 主要从事区域理论地理、空间分析、社会经济的宏观地理显现及中心地理论等研究,被收入美国华盛顿《区域理论家名人录》.

模式和关系.譬如,通过词汇等同(vocabulary equivalences),热力学问题变得与电磁学或力学具有异质同形特征.

可以说社会科学家才刚刚开始社会基本维度的研究,这对社会科学来说是相当必要的.如果要在社会科学中发展类似物理学中的基本原则,那么就必须准许通过词汇等同来对社会科学的各个分支进行统一.纽约麦克米兰公司(Macmillan Company)1942 年出版的 Stuart Dodd 的《社会维度》一书是此方面研究有价值的先驱著作.

然而,对于多数学者来说以上目标是难以实现的.即使如此,普林斯顿大学教授约翰·Q·斯图尔(John Q. Stewart)仍然带领一个调查研究小组为实现此目标而努力地工作.这个社会物理学研究组取得的研究进展有以下两个方面:其一,通过社会经济统计检测来揭示人类行为的各种精密规则;其二,对物理科学与社会科学之间组成的异质同形进行测试.通过研究很快发现,可以通过许多精密规则来对社会机理进行解释,与物理力学具有异质同形特征的社会物理学分支也因此得以建立,并适当地命名为社会力学.

在所引用的参考文献[1] ~ [3]中,对人口潜力、产品供给潜力、人口能量、时间可达性等类似规则进行了强调.在多数案例中,在对各种社会经济现象进行解释时,用诸如“人口数量”“收入多少”“产量”等量化指标代替,这对作为“社会维度”而保留的力学方程中具有时间和距离特征的质量参数都将是必需的.这一预言对基于量子场理论(field quantity theory)的真正意义上的宏观经济地理学的发展起到了极大的促进作用.

对社会力学方面的研究正不断取得成功.随着试图对“社会能量”组分及每一个与其相关的适当的维度进行识别的进一步研究,社会物理学研究的重点内容从一维拓展和深化到了能量维.以上的这些早期研究成果对社会物理学研究组产生了很大鼓励,以至于促使他们在进一步的研究中,试图像相同的基本逻辑中包括相互异质同形的例子一样,提出社会和物理科学对应的每一个状态(phase),而且每一个和谐状态都可以被看作是知识的统一指标来加以强调.

正如目前社会物理学研究范围的更多拓展一样,社会物理学的未来发展将更加令人兴奋和重要.譬如,社会力学强调时空特征的研究目前就让专业地理学家产生了很大的研究兴趣和重要影响.

以下的案例研究不但是对社会物理学研究的本质进行说明,而且也是对社会力学有助于地理思考这一研究方法的阐述.

如图 1(a) 所示,假设要将单位质量的货物从 A 地经过水路,再经过公路运输到 B 地.CD 代表具有一些可供转载的港口的一段水陆交界线.运输要求是将货物从 A 运到 B 地所需的总成本最低.进一步临时性的假设是 CD 上所有港口

的转载适宜性相同.

图1(b)表征的是A,B两地间通过CD线上每一个港口的水陆交通组合路线的曲线. 曲线上所标注的点类似于图1(a)中标注在CD上的点.

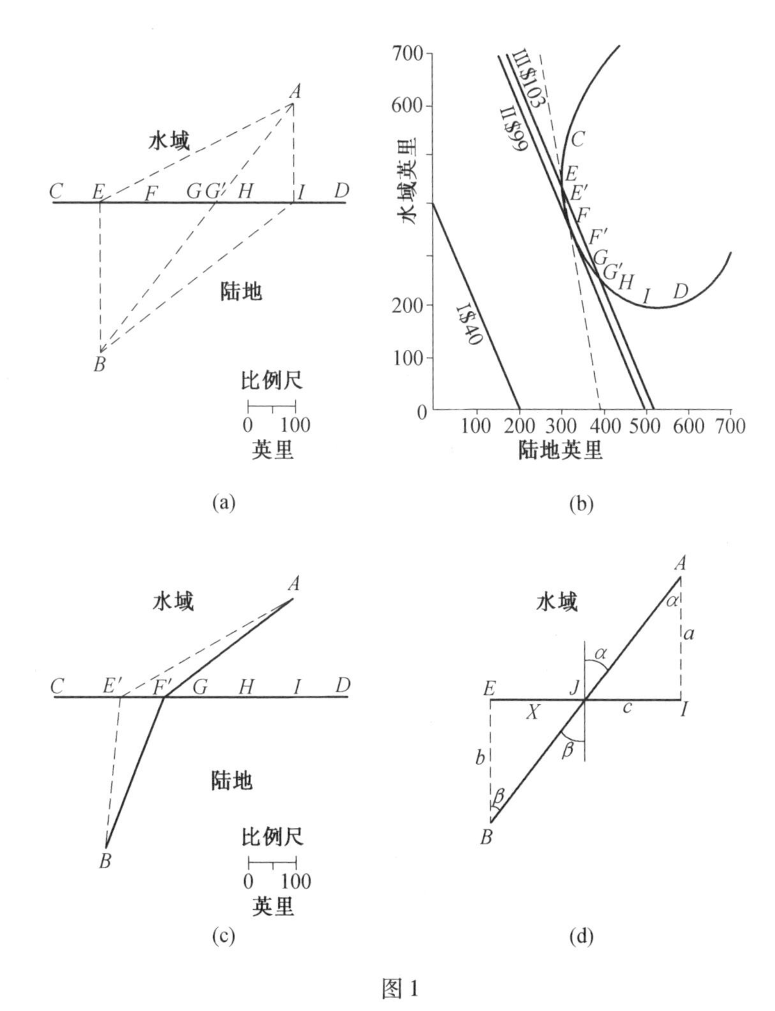

图1

注:图1(a)为从A地到B地可选择的水路—公路运输路径;图1(b)为运用标准成本曲线的曲线切线方法对最小成本路径的转载点进行确定;图1(c)为最佳路径选择,实线为公路与水路运输费用率之比为2时的选择路线,虚线为公路与水路运输费用率之比为6时的选择路线;图1(d)为交通路线与折射定律的关系.

只有知道水路和公路运输的运输费用率(如每英里的单位运输成本),才能够选择最佳的运输路线(如最小成本路线). 实际上,最佳路线位置的选择依赖于公路运输费用率与水路运输费用率之间的比率.

即使是在对公路和水路运输费用率缺乏准确了解的情况下,图1(a)和图

1(b) 的检测结果仍然可以提供以下几种信息：其一，在图 1(a) 中的四边形 $AEBI$ 外部不可能存在最佳路线；其二，图 1(b) 通过超过点 E 和点 I 的曲线段的正向斜率清楚地表明，点 E 和点 I 外部的任何运输路线的公路和水路距离，都远大于点 E 和点 I 内部之间的任何运输路线的公路和水路距离，很明显，点 E 和点 I 之外的任何运输路线都将造成成本浪费；其三，图 1(b) 中点 E、点 I 之间的线段的负向斜率表明，在 CD 线的点 E 和点 I 之间存在一个最佳路线的转载港口，一旦知道公路和水路的运输费用率，便可以在低成本和高成本的每英里单位运输成本之间作出明智选择.

如果公路和水路运输费用率相等，那么，640 英里的直线路径 $AG'B$(最短路径) 将作为最小成本路径而被选择.

如果水路运输费用率为零，而公路运输费用率大于零(虽然很小)，那么，最佳路径将变为 AEB. 所以，AEB 是公路运输费用率与水路运输费用率之比逐渐变大情况下的最小成本路径选择的底线.

如果公路运输费用率为零，而水路运输费用率大于零(虽然很小)，那么，最佳路径将变为 AIB. 所以，AIB 是水路运输费用率与公路运输费用率之比逐渐变大情况下的最小成本路径选择的底线.

因此，如果水路运输费用率与公路运输费用率之比等于 1，显然，$AG'B$ 将变成最佳路径；如果二者之比大于 1(这是即有可能的情况)，那么，转载港口将落在点 E 和点 G' 之间；如果二者之比小于 1，那么，转载港口将落在点 G' 和点 I 之间.

图 1(b) 不仅描述了水路和公路运输英里数的组合方式，还刻画出了各种相同成本路径. 图 1(b) 中的 I 线代表单位质量货物的每英里水路运输费用为 10 美分和每英里公路运输费用为 20 美分情况下，支付 40 美元运输成本可以选择的公路和水路英里数的各种组合. 在这些组合中，水路运输费用率与公路运输费用率之比为 2，因此相同成本曲线斜率为 -2.

但是，因为公路英里数最小为 300 英里，所以 40 美元运输成本无法支付以上任意一种理论上有效组合中的公路英里数的足够运输费用. 这也就是说 40 美元的运输成本是不可能实现将货物从 A 地运输到 B 地的.

另外一方面，基于相同运输成本比率的等成本曲线 Ⅱ 显示，如果在点 E 附近或点 G' 附近的转载港口被选择，那么支付 103 美元的运输成本刚好能够实现整个运输过程. 但是很明显，以上这些都不是最佳运输路径. 因为从 A 地到 B 地之间还存在运输成本花费更少的运输路径.

等成本曲线 Ⅲ 显示，支付 99 美元运输成本将是实现从 A 地到 B 地运输过程的最小运输成本，此路径的转载港口是等成本曲线 Ⅲ 与运输路线的相切点

F'. 不管对图1(b)(c)或纯理论计算结果进行测定可以得出，最佳运输路径长度的选择是水路和公路分别为333英里和328英里. 在图1(b)中等成本曲线Ⅲ与运输曲线相切点F'，两条曲线具有相同的斜率，因此，在点F'用水路英里数代替公路英里数的瞬时运费比率，与水路运输费用率和公路运输费用率之比相等. 如果要实现置换经济学(economics of substitution)成本最小，就必须考虑以上条件.

如图1(c)所示，从A地到B地的最佳路径是通过水陆交叉点F'. 当每英里的公路运输成本正好是每英里的水路运输成本时，此运输路径是运输成本最低的路径. 但需要记住的是，最佳路径的选择是由水路运输费用率和公路运输费用率之间的比率来决定的，因此，两种运输费用率发生同时的双倍、三倍增加或者是同时的减半变化，都不会引起运输路径的变化. 但是，一旦两种运输费用率发生不同比例的变化，那么，新的水路运输费用率和公路运输费用率之间的比率就会发生变化，随着这种比率变化的产生，将在前面讨论过的运输路径底线内部产生一条新的最低成本路径.

图1(b)中用虚线表示的相等成本曲线是在公路运输费用率和水路运输费用率之比为6∶1的情况，其所显示的结果是运输路径将通过水陆交叉点E'. 通过图1(c)中虚线可以更好地表示以上结论.

虽然对各种水陆运输比率进行重复图解显得有些笨拙和不必要，但有利于在用数学语言对上述情况进行陈述时更加通俗易懂. 因此，在图1(d)中，用c代表E和I之间的距离，X代表E和水陆交叉的任意点J之间的距离，W代表水路运输费用率，L代表公路运输费用率. 最小总运输成本为

$$T = W\sqrt{a^2+(c-x)^2}+L\sqrt{b^2+x^2}$$

在此方程式表达中，E和最佳路径所选择的转载港口之间的距离是求算最低运输成本的唯一自变量.

总运输成本T是具有唯一自变量的函数，因此当关于x的一阶导数等于0时，总运输成本T将达到最小. 譬如，当转载港口点的位置使得

$$\frac{(c-x)W}{\sqrt{a^2+(c-x)^2}}=\frac{xL}{\sqrt{b^2+x^2}}$$

且

$$\frac{(c-x)W}{\sqrt{a^2+(c-x)^2}}=W\sin\alpha,\quad \frac{xL}{\sqrt{b^2+x^2}}=L\sin\beta$$

即

$$\frac{\sin\alpha}{\sin\beta}=\frac{L}{W}$$

也就是角度 α 的正弦值与角度 β 的正弦值之比等于公路运输费用率和水路运输费用率之比时,总运输成本则达到最小.

上述所讨论的水路和公路交叉点的运输方式选择极其类似于:当光线或声音穿过具有不同光速(或声速)的两种介质的相交面时,发生波阵面突然变化而形成折射的情景.因此,可以说它是支持社会物理学观点的另一个微小证据.以上通过不同运输成本介质的交通运输路径选择案例中的运输费用比率,可以类比为物理学中折射定律研究案例中不同传播介质中的光速或声速的反向异质同形.

此外,人们在光学中还相当熟悉的是,当光线从一点发出,穿过不同传播介质边界后,到达另一点的路径选择过程所遵循的"时间最短原理".此处的"最短时间"和运输路径案例中的"最低成本"具有相同特征."置换经济学"在物理学中的应用类似于社会世界中的应用.这一吝啬原则"lex parsimoniae"在自然科学中得到普遍应用,同时,August Lösch① 在社会经济秩序研究中作了相应的讨论.他指出,对于通过两个不相同的有效地带的最少花费来说,不管花费的是时间成本还是资金成本,甚至是一个指挥官带领军队穿越不同火车带的流血代价,折射定律都具有普遍适用性.

美国社会地理研究组的成员 O. M. Miller 证实,因为两种不同传播介质间形成的任何圆弧边界将使直线边界只不过是变成无数圆弧半径的特例之一,所以对于具有任何边界特征的圆弧来说,异质同形特征同样具有很好的适用性.

然而必须注意的是,海岸线的不规则性可能会引起许多局部的最小数(minima).在海岸线的微观地理研究中,对最小限量(minimum minimarum)选择过程这一问题,必须加以考虑.同样地,如果在每一个地方的转载成本并不相同,那么对选择最终的运输路径的运输成本进行认真核算是必要的.

当应用折射定律来进行运输路径选择时,除了基本的运输总成本外,还要考虑不同表面的运输路线不同的造价,这并不意味着运输费用率不用考虑建设投资成本.不管是通过立法或者市场竞争来决定运输费用率,它都会像其他的营业成本一样趋向于反映出投资回报.尽管如此,折射定律可以作为在具有以下特征的两个城市构建"铁路设想"的指南,即一个城市的地表非常坚硬而另一个城市的地表则多为沼泽,由于两种地表类型每英里铁路造价成本之间存在的显著差异,从而在两种地表类型间形成相当明显的边界线.另一个在实践过程中经常出现的问题是,当两地间存在楔形山村或其他崎岖地形时,它们可以

---

① See especially Lösch's The Economics of Location as translated into English from the original German by W. H. Woglom[M]. New Haven: Yale University Press,1954,184-186.

利用运输通道连接起来. 这一问题即为两个折射面的其中之一.

为了克服导致道路建设固定成本很高的障碍,将会选择(部分)路线被加长的线路. 譬如在铁路和高速公路选线中,经济节约和某些生产性因素的有限划分之间需要折中处理.

Lösch 提出了在经济学中可以找到透镜的折射定律的对应规律,并指出中美洲地峡与它们之间的巴拿马运河就可以被看作是双凹透镜折射点的一个案例.

折射定律是运输路线研究和决策的一个重要指南,上述异质同形的成功讨论意味着,对光学中的反射定律、焦距及其他的思想进行研究都可能会对社会经济有益.

参考文献

[1] JOHN Q, STEWART. Empirical mathematical rules concerning the distribution and equilibrium of population[J]. Geog. Rev. ,1947(37): 461-485.

[2] JOHN Q, STEWART. The development of social physics[J]. Amer. Jour. Physics, 1959(18):239-253.

[3] WILLIAM WARNTZ. Measuring spatial association with special consideration of the case of market orientation of production[J]. Jour. Amer. Stat. Assoc. , 1956(51):597-604.

附录(9)　等周问题

J. Lefort

但是,理论都有其开始:不明确的提示、不成功的尝试、特殊的问题;即使这些开始对科学的现状不重要,但对它们避而不谈是不对的.

Frederic Riesz,1913

1. 数学是一项长期投资

等周问题可能不是一个"大问题",但肯定是个老问题. 传说它的起源是这样的:Didon 皇后必须用一张牛皮围出可能最大的面积,她想起一个主意将其切成长条,然后她就问把它围成什么形状才能圈成一个可能最大的面积. 我把下述问题称为等周问题,证明在平面上具有给定周长的所有的区域中,圆盘是具有最大面积的区域.

我选择了这个问题来说明一个叙述很简单的问题为什么能够在数学上产生如此深刻的概念,以至能够充实乍看起来相去很远的数学分支. 这个欧几里得几何的问题丰富了分析的发展,近来更丰富了黎曼几何和代数几何. 它的多维形式使得一个在 1928 年提出并且经过很多努力未能解决的组合问题,在 1982 年突然得到了一个光彩夺目的证明. 我还想着重指出这样一个事实,即这个问题只有大约到了18 世纪初才能清楚地提出,而且到19 世纪末才得到解决,而古代的希腊人已完全意识到了圆的极值性质. 人们经常合理地坚持说,数学发明一些概念,其"实际" 用途有时要等到几十年或几世纪后才出现,因此数学研究是一个长期的投资. 另一方面,"具体" 问题能在几个世纪中有助于建立一些数学概念也是事实. 我将概述的历史实际上是一段长期的数学思考的历史,这项关于面积和体积的概念以及关于极值概念的思考在 2 400 年前已经开始,而且至今还没有结束.

我还要强调指出这些研究的动机过去并不在应用上. 轮船设计师们在制造圆形舷窗时并没有等待等周不等式的严格证明. 像 T. Bonnesen 在他的《等周问题和 isépiphanes 问题》(1929 年) 一书的前言中说得好:

"圆和球面的这些性质是如此的直观,以至于对通情达理的人来说,对此作出证明显得是多余的. 对于几何学家来说,则与此相反,有关定理的正确证明显示出相当大的困难. "

然而由于等周问题的推动而发展起来的数学再返回到实际中所起的作用是不可估量的,并且远远超过能够给出一种反响来指导应用所能产生的实际效果(只举出一类应用,即结构振动的计算,比如桥的振动计算).

我在这个报告中想说明的另一个观点是严格性的研究对于发明来说是一个强大的推动力,而且比寻求"有用的真理"能提供更宽阔的应用领域.

2. 犹豫不决的第一步

等周问题的第一个陈述可能是Archimide(前287—前212)提出的,但我们现在所知的类似问题的第一个解答则是Zenodorns的解答,Zenodorns生活在公元前200年和公元90年之间,他证明了:在边数一定的所有圆的内接多边形中,正多边形围出最大的面积.

Polybius(前201—前120年)无法否认,人们通过城市和田地的周界来测量它们的面积这一事实,但他补充说:"由此产生的麻烦是由于我们已经忘记了我们的几何课所造成的."

生活在5世纪的Proclus提出了与希腊农业社团成员(在1世纪)相反的办法,在农业社团中,不得不按照周界,并且根据人们对收成的估计重新分配土地……

当时周界与面积之间的关系完全不清楚,尽管圆的极值性质已看清楚,至少在希腊人知道的下列曲线中是这样:圆锥曲线和多边形.此外似乎某些后来的评论者对欧几里得的下述命题表示怀疑:考虑给定了底的三角形,与底边相对的顶点在一条平行直线上移动,这些三角形形成相等的面积.怀疑的原因是:当顶点在平行线上远离时,可使三角形的周长趋向无穷大.

3. 变分学的产生

这个理论问题随后似乎一直到18世纪才又重新提出,而当无穷小分析为研究以下问题提供了方法,有关研究就立刻活跃起来:给定曲线的一个集合,对集合中每一曲线给定一个数值(比如通过所需要时间或能量的变化),决定某条或某些曲线使其相应地数值达到极大或极小;变分学作为分析学的一个分支就这样产生了.变分学最初提出的一些问题,像"捷线",即如何在垂直面上找出一条联结两给定点,又能使一个无摩擦的小球沿着它落下时所需的时间为最小的曲线,它的解是由能取极值(极大或极小值)必"使导数为零"这一条件而求得的;这样每个问题可以导出一个称为Euler方程的方程.满足这些方程的曲线就是有可能给出所求的极大或极小值的"候选者",但也可能其中没有一条曲线可以给出极值,而且可能事实上这个极值达不到.事实上,决定极值的存在

性是变分学中的重大难题,但因为在类似于捷线的情况下,可以相当容易地解出Euler方程,明显地给出所要寻找的解,从而不存在解的存在性问题. 我相信,等周问题的重大贡献之一就是:使数学家们不得不提出变分问题的解的存在性问题,下面请看:

Euler 方程只在可导性假设下有意义,即只在所考虑的曲线有正则性的假设下有意义,但显然不能认为在等周问题中做这样的假设是自然的. 因此在 Jacob、Johan Bcrnoulli 以及 Brook Taylor 的非结论性的解析工作之后,19 世纪初的几何学家寻求了几何解,而且 Jacob Steiner 发明了一种几何作图法,即 Steiner对称化法,只要给定的区域不是圆盘,就能找到一个方向,沿此方向把原区域对称化便得到一个面积相同边界更小的一个区域. Steiner曾相信可以由此导出圆的一个极值性质与等周性质等价;在围绕一给定面积的曲线中,圆有最小边界. 但他假设了极值的存在.

O. Perron曾指出同样的证明方法可推导出"数1是最大整数",因为对每一个与 1 不同的整数 a,人们可以相应地找到一个更大的整数,即它的平方 a^2,这一论证仅仅表明了数 1 只是唯一可能的最大整数. 这个证明的错误显然是在这里极大值不存在. 他也指出了主要的问题是证明一条具有极值性质的曲线存在,比如找出一条曲线达到极值的必要与充分条件.

4. 从等周问题到 Dirichlet 问题以及鼓

几乎是同一时期 Lejeune Dirichlet 断定,可以将平面区域 D 的边界上给定的一个函数,延拓成在 D 内有定义并使一种"能量" 达到极小的函数. 势论的物理起源(寻求把万有引力势和静电势放在同一数学框架内) 使得没有人怀疑这样的函数,即所谓"调和函数" 存在,但是Riemann对这一"Dirichlet原理" 的应用,也许还有对于等周问题的存在性问题的重视,使晚些时候的数学家们对论证有效性的确切条件提出疑问. 研究有关等周问题的方法还有分析方法,在建立特别包含下列问题的宏伟理论中起了作用:Dirichlet 问题、等周问题以及联系着平面区域的形状与一个具有这种形状鼓膜的鼓的基础频率之间的分析不等式. 等周定理在后一种情况下类似的结果是:在平面上所有面积相等的区域中,只有圆盘定出最低的基础音.

这一理论的一个部分为变分学中一个问题的解的存在给出了充分条件,并使得 Weierstrass 和 Schmidt 能在 19 世纪 80 年代以一种圆满的方式最终解决了等周问题.

注 Dirichlet 问题在许多方面都是研究的范例. 它出现于 19 世纪中叶,并涉及下述 Dirichlet 原理的严格化:Laplace 是方程的边值问题

$$\Delta u=\frac{\partial^2 u}{\partial x^2}+\frac{\partial^2 u}{\partial y^2}=0$$

在 Ω 上,有

$$u=f$$

在 Ω 的边界 $\Gamma=\partial\Omega$ 上有解,这个解是使下列能量积分达到极小值的函数 u,即

$$\iiint\left[\left(\frac{\partial u}{\partial x}\right)^2+\left(\frac{\partial u}{\partial y}\right)^2\right]\mathrm{d}x\mathrm{d}y$$

其中 $u=f$ 在 Γ 上.

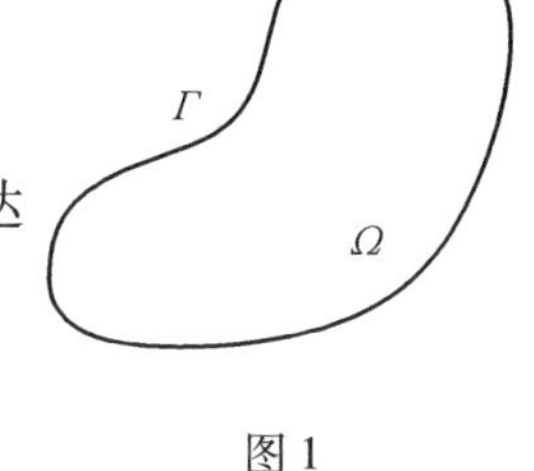

图 1

5. 极小化能量

所有这些今天只构成变分学的很小的一部分,这一部分在物理中还继续被广泛应用,自从 Maupertuis 和 Laplace 以来一直保持着这一想法,即所有的运动,一旦在一个有适当形状的空间中表示出来,其轨迹必须使得适当确定的能量的消耗为极小. 比如现代物理中的著名的 Yang - Mills 方程就是变分方程. Steiner 的对称化法成为用于证明分析结果的变分学的经典方法.

"鼓的基础频率" 部分的推广,即数学家所谓的"Laplace 谱",在此时形成一个几何与精细的分析学合作的非常活跃的研究领域. 最近 Colin de Verdiére 发现了一个曲面上的 Laplace 谱与在这曲面上所画地图着色所需的最少颜色数目之间的联系(根据四色定理,对于球面来说,最少颜色数等于 4,但至少对于现在来说,这还是另外一回事).

6. 回到几何学

高维的等周问题,从 19 世纪初开始,特别是 Steiner 使用几何方法进行讨论. 高维等周问题在 4 维的情形就是要证明:在所有有同样表面积的立体中,球体具有最大体积. 这种研究有很多新的困难,因为体积的情况复杂得多,比如人们根本不能像在平面中一样化成所考虑的区域是凸的情形. 为了很好地理解,必须列出几个公式. 有一个定量的结果,即"等周不等式"

$$(\mathrm{Vol}(\partial D)^d)\geqslant d^d\mathrm{Vol}(B)\mathrm{Vol}(D)^{d-1}$$

它建立了 d 维空间中一个区域 D 的边界 ∂D 的 $d-1$ 维体积与 D 的体积(以及半径为 1 的球体的体积,它是一个只依赖于维数的常数)之间的关系,其成立的条件仅有上述两个体积有意义,即对于那些不是"断片" 的区域成立. 当维数 $d=2$ 时,这一不等式就是 $L^2\geqslant 4\pi S$,其中 L 为区域的周长,S 是区域的面积. 于是等周问题又回到证明只有区域是一个圆盘时,等式才成立. 等周不等式的一般证明是 20 世纪 30 年代作出的. 只要空间的维数至少为 3,等式对除了 d 维球体以外的区域也成立，但可以证明若对于 D 在等周不等式中等式成立，则 D 是一个球，加上一个体积为0的"帷幕". 如果人们希望等式只对球才成立，可限于研究凸体，这样结果就会好些. 给定 d 维仿射空间中的两个凸域 K 和 K'，显然它们可以有同样的体积而在平移变换下不相等，我们发现可以这样推广体积的概念：给定两凸集 K,K'，在 K 体积和 K' 体积之间，可以自然地插入有确切定义、但只依赖于 K 和 K' 的混合体积，从而得到 $d+1$ 个正数或零的序列 $v_0,v_1,\cdots,v_d$，其中 $v_0=\mathrm{Vol}(K)$，$v_d=\mathrm{Vol}(K')$. 令人惊奇的是当且仅当两凸区域 K 和 K' 的所有混合体积都相等时，K 及 K' 在平移变换下相等. 等周不等式在这种情况下是下面更精确的不等式的结果：$v_i^2\geqslant v_{i-1}\cdot v_{i+1}$，其中 $i=1,2,\cdots,d-1$. 这足以证明在所有凸域中，只有 K 是一个球体时，等周不等式中的等式才成立.

这些不等式在1980年左右才用于证明从1926年以来一直企图证明的组合猜测(Van der Waerden 关于矩阵的 Permanent 猜测)，而且它们在组合论中还有其他应用. 另一方面利用新近凸集理论和一部分代数几何之间所建立的词汇，这些不等式已与"Hodge 理论"联系起来. 这最后的"Hodge 理论"尽管是几何理论，但它是从 Dirichlet 原理直接发展来的，上述关系实际上是等周问题和 Dirichlet 原理极其类似的现代的几何源泉. 这样得到的一些结果，其证明除其他作用外，还可用来使代数几何中用来证明与关于函数 ξ 的零点的 Riemann 假设相对应的，有限域上代数曲线的 Weil 猜测的不等式精确化，并且得到推广；而后者在今天由于其杰出成就而成了一个"大问题". 混合体积是在1983年左右在 Banach 空间理论中引进的；这种空间是无穷维空间，其"半径为1的球"的几何起主要作用，同时在研究更一般的对象即所谓 Riemann 流形的几何时，等周不等式变形起关键作用，对于 Riemann 流形，距离、球、体积等这些词都有意义，这又使我们回到了几何学，即我们的出发点.

就像支流汇成了小溪一样，从等周问题出发的思想潮流与其他由应用或由最纯粹的问题启发而得的潮流交织在一起，我们今天看到的东西就是这种混合的结果. 分辨水中来自每个支流的成分是不可能的，再说也没什么意思，但我想像"流体曲线网"那样复杂的几何，显然在这里只介绍了一部分，但已经足以使人们对数学构造的内容之丰富有一个清晰的概念.

7. 推动数学研究的一个危机

Riemann 这位大直觉者把这看作已知的，因为在物理上与这个问题中已给条件相对应的状态理应达到一个平衡位置. 但 Weierstrass 反驳说在数学上下界往往不能达到，并且构造了一个这样的反例. 于是产生了一个危机，即拒绝 Dirichlet 原理的一个现象. 这个危机持续了30年，直到1900年左右在对边界条件作出适当假设下，Hilbert 证明这一原理的有效性，才复活了这一原理.

附录(10) 控制电路与数学竞赛问题[①]

G. 丹哈姆　刘江枫[②]

1. 引论

下面的问题选自一本相当精彩的讲述智趣难题的书籍(参见文献[2]),它涉及若干数学计算.

某中心控制室用核反应器给 m 辆汽车中的每一辆发送一个信号. 要求在任一时刻,至多有 $k-1$ 辆汽车收到"走"的信号,其余都接收"不走"的信号. 今要设计一个控制电路,检查是否有 k 辆或多于 k 辆的汽车同时收到了"走"的信号,一旦发生这种情况,控制电路将使所有汽车发动机熄火,以保证安全.

在控制电路中,每个"走"的信号用 1 表示,"不走"的信号用 0 表示. 该电路由若干控制阀门组成,我们将这种阀门简称为"门". 每个信号都可以进入任意个数的门,每个门可有若干个输入信号,但只生成一个输出信号.

门可分为两种:"与"门和"或"门. 对于"与"门,只有当所有的输入值都是 1 时,其输出值才是 1,否则输出值为 0. 对于"或"门,只有当所有的输入值都是 0 时,其输出值才是 0,否则输出值为 1. 每个门的输出信号都应当是另一个门的输入信号,只有一个门例外,这个门输出信号的值就是整个电路的最终输出值. 汽车全部被熄火的充分必要条件是这个最终输出值为 1.

先举一个简单的例子:假定有 4 辆汽车,至多允许 1 辆汽车接收"走"的信号. 对此,文献[2] 给出了使用 7 个门的两个解. 图 1 给出了一个只用 6 个门的解,这是詹森·科尔维尔发现的,当时他只有 11 岁,正在埃德蒙顿市劳斯科那专科学院读 11 年级.

对于 9 辆汽车,至多允许 2 辆接收"走"信号的情形,图 2 给出了一个富有启发性的解答.

下面验证这一电路确实能有效地工作. 为此,将输入的 9 个信号看作下述方阵中的元素

① 译文收稿日期:1993 年 7 月 15 日.

② 刘江枫先生现任加拿大阿尔伯达大学(埃德蒙顿市) 数学系教授,本刊特约编委. 发表于 1993 年第 2 期《塞瓦定理与梅涅劳斯定理的联合推广》一文的作者刘安迪(Andy Lin) 即为刘先生的英文名字的音译.

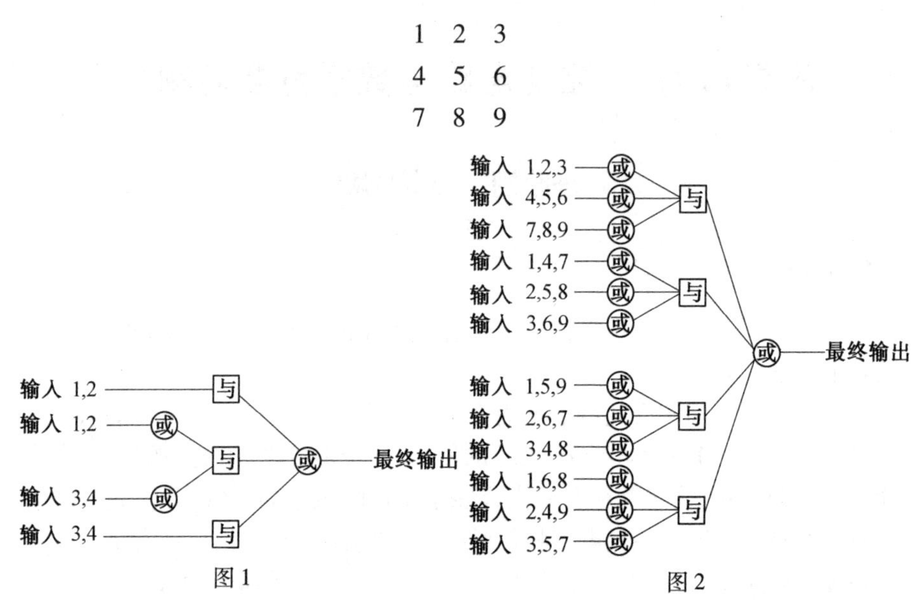

图 1　　图 2

对于任何一组表示接收“走”信号的三个元素,如果它们位于不同的行,那么,第一个“与”门将生成值为 1 的输出. 这个值可保持不变地通过最后的“或”门. 如果它们位于不同的列,或位于不同的下对角线(包括不标准的2,6,7 和3,4,8),或不同的上对角线,则将分别由第二个、第三个或第四个“与”门生成一个值为 1 的输出. 由于三个一组的元素对只有三个,上述的四种情形不会同时被否定,因而控制电路的最终输出值必定是 1.

文献[2] 给出了一道竞赛题:要求设计一个电路,用于控制 16 辆汽车,至多允许2 辆接收“走”信号的情形,并要求这一电路至多使用99 个门,每个门至多有 8 个输入信号. 稍后我们将给出此题的一个较好的解答.

2. 三进制序列

在图 2 的控制电路中,第一层的 12 个“或”门分成了 4 组,每组 3 个,每个“走”信号恰好进入每组的一个门. 如果把每组的 3 个门分别记为 0,1,2,则每个“走”信号都对应一个长度为 4 的三进制序列,如图 3 所示.

输入 1	0000
输入 2	0111
输入 3	0222
输入 4	1021
输入 5	1102
输入 6	1210
输入 7	2012
输入 8	2120
输入 9	2201

图 3

由此可引出下面的定义——对任何正整数n,$f(n)$表示满足下述条件的长度为n的三进制序列的个数的最大值:对任何三个序列$(x_1,x_2,\cdots,x_n)$,$(y_1,y_2,\cdots,y_n)$,$(z_1,z_2,\cdots,z_n)$,都存在一个下标i,其中$1\leqslant i\leqslant n$,使$x_i\neq y_i\neq z_i\neq x_i$.我们把这样的三个序列称为可由第$i$项区分的.当三个序列至少可由某一项区分时,我们称这三个序列是可区分的.

我们称一组m个长度为n的三进制序列为一个$T(n,m)$,并要求其中任何三个序列都是可区分的.那么,一个$T(n,m)$的存在,就意味着$f(n)\geqslant m$.最简单的情形是三个序列$\langle 0\rangle$,$\langle 1\rangle$,$\langle 2\rangle$组成了一个$T(1,3)$,于是$f(1)\geqslant 3$.图3展示了一个$T(4,9)$,于是$f(4)\geqslant 9$.这个下界是精确的,它实质上就是匈牙利为第29届IMO提供的备选题(参见文献[1]).

现在,我们证明一个递归关系和关于一般的$f(n)$的一个下界.尽管这两个结果都不是充分的,但对某些较小的n,所得到的就是$f(n)$的准确值.

引理1 $f(p+q)\geqslant f(p)+f(q)-2$.

证明 令$f(p)=u$,$f(q)=v$,并设$r_1,r_2,\cdots,r_n$是某个$T(p,u)$中的序列,$s_1,s_2,\cdots,s_v$是某个$T(q,v)$中的序列.我们用连接运算(记为"$\leftarrow$")构造一个$T(p+q,u+v-2)$.当$1\leqslant i\leqslant v-1$时,第$i$个序列是$r_1\leftarrow s_i$;当$v\leqslant i\leqslant u+v-2$时,第$i$个序列是$r_{i-v+2}\leftarrow s_v$.

这样,我们就得到了$u+v-2$个长度为$p+q$的序列.考虑其中任何三个序列,如果其中至少两个属于前$v-1$个序列,那么,存在某个i,$p+1\leqslant i\leqslant p+q$,使这三个序列可由第$i$项区分.如果至多一个属于前$v-1$个序列,那么存在某个$i$,$1\leqslant i\leqslant p$,使这三个序列可由第$i$项区分.由鸽巢原理(即抽屉原理),二者必居其一,于是我们得到了一个$T(p+q,u+v-2)$,从而证明了$f(p+q)\geqslant f(p)+f(q)-2$.

推论 $f(n+1)\geqslant f(n)+1$.

证明 只要利用引理1和$f(1)\geqslant 3$即可.

引理2 $f(n)\geqslant 2n$.

证明 我们按下述方式构造一个$T(n,2n)$:当$1\leqslant i\leqslant n$时,第i个序列以1为其第i项,1后面的各项均为0,1前面的各项轮流为0和2.若i为偶数,则第一项为0;若i为大于1的奇数,则第一项为2.当$n+1\leqslant i\leqslant 2n$时,把第$2n-i+1$个序列中的0换为2,2换为0,作为第$i$个序列.图4给出了这样的一个$T(8,16)$,其中框内的子结构依次是一个$T(7,14)$,一个$T(6,12)$,……,一个$T(2,4)$和一个$T(1,2)$.

我们用归纳法证明所构造的序列确实组成了一个$T(n,2n)$,即其中任何三个序列都是可区分的.当$n=1$时,序列个数少于3,由于根本就不存在三个序列,于是在空值的意义下,组成一个$T(1,2)$的条件是满足的.假定结论对某个

$n \geqslant 1$ 成立.

考虑其后的具有 $2n+2$ 个长度为 $n+1$ 的序列的结构,设 s_j, s_k 与 s_l 是其中任何三个序列,满足 $1 \leqslant j < k < l \leqslant 2n+2$. 如果 $1 < j < k < l < 2n+2$,由归纳假设可知,存在某个 $i, 2 \leqslant i \leqslant n+1$,这三个序列可由第 i 项区分. 如果 $j=1$ 且 $l=2n+2$,那么当 $2 \leqslant k \leqslant n+1$ 时,它们可由第 k 项区分,当 $n+2 \leqslant k \leqslant 2n+1$ 时,它们可由第 $2n-k+3$ 项区分.

如果 $j=1$ 且 $l<2n+2$,当 $l-k$ 是奇数时,这三个序列可由第一项区分. 当 $l-k$ 是偶数时,如果 $2 \leqslant k \leqslant n+1$,则可由第 k 项区分;如果 $n+2 \leqslant k \leqslant 2n+1$,则可由第 $2n-k+3$ 项区分. 对于 $j>1$ 且 $l=2n+2$ 的情形可用类似的方式处理.

根据图 4 给出的 $T(8,16)$,我们可以构造出如图 5 所示的具有 33 个门的控制电路,它解决了前面提到的文献[2]中的竞赛题.

在本附录即将结束之际,我们确定某些 $f(n)$ 的准确值,为此需要一个上界.

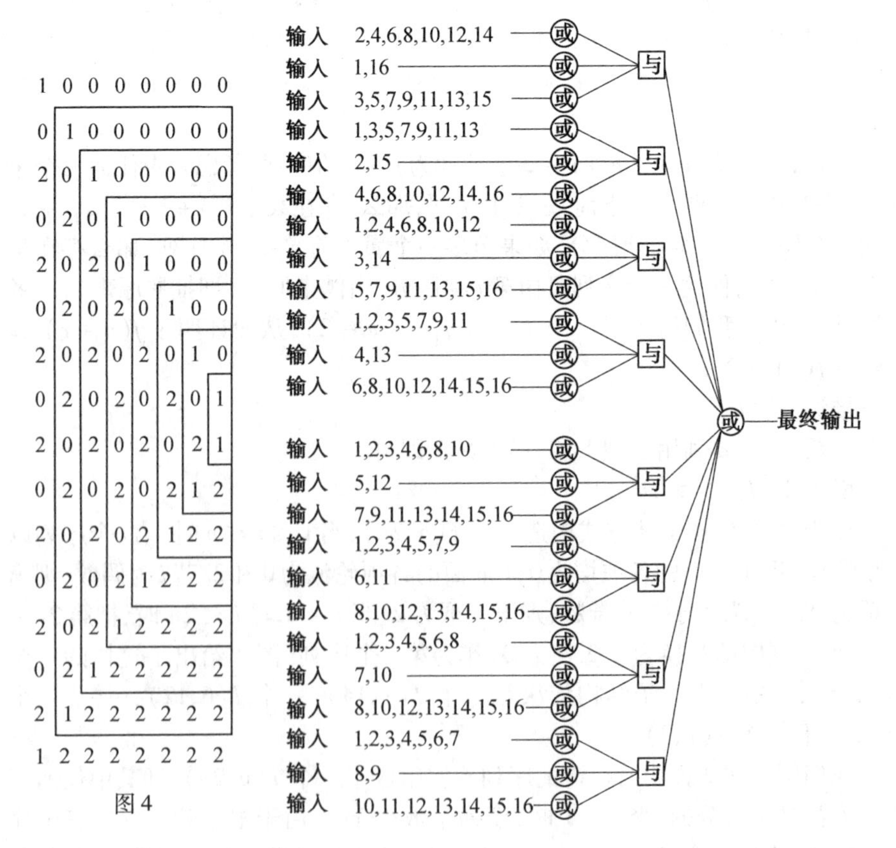

图 4

图 5

引理3 $f(n+1) \leqslant \frac{3}{2}f(n)$.

证明 设$f(n+1)=m$. 考虑某个$T(n+1,m)$中各序列的第一项. 不失一般性,假设在0,1,2这三个数字中,2出现得最少. 那么,至少有$\frac{2}{3}m$个序列是用0或1作为第一项. 这些序列中任何三个都不能由第一项区分. 如果我们去掉它们的第一项,就可得到$\frac{2}{3}m$个长度为n的可区分的序列. 由此可知

$$f(n) \geqslant \frac{2}{3}m \text{ 或 } f(n+1) \leqslant \frac{3}{2}f(n)$$

可直接看出$f(1)=3$,由推论和引理2,可知$f(2) \geqslant 4$,由引理3,可知$f(2) \leqslant \frac{9}{2}$,故$f(2)=4$. 再由引理2和引理3,可知$f(3)=6$,进而可得$f(4)=9$. 这就解决了前面提到的文献[1]中的问题.

(李学武　译)

参考文献

[1] 单墫,胡大同. 数学奥林匹克(1987—1988)[M]. 北京:北京大学出版社,1990.

[2] SHASHA D. The puzzling adventures of Dr. Ecco[M]. New York: W. H. Freeman & Co. 1988(59 - 62):155-156.

附录(11)　一条多功能曲线

在自行车轮胎上用粉笔画上一个清晰的白点. 当自行车沿地面往前滚动时,这个点画出怎样的一条曲线? 您可以在纸上来画出这条曲线. 这并不困难. 其做法是先用硬板纸剪一个圆盘,直径大约为 3.5 cm. 为了不让它在直尺上打滑,在直尺的边缘贴上一层黏纸,而且把黏的一面朝外. 然后把直尺搁在纸上,让圆盘挨着直尺的边缘. 圆盘的边上开了一个小孔,正好可以伸进一支铅笔. 当圆盘沿直尺的边缘往前滚动时,小孔里的铅笔就画出了下面这样一条曲线(图1):

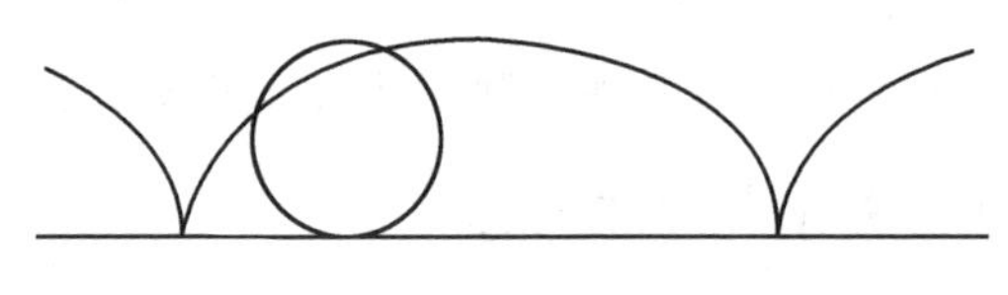

图 1

这条曲线是数学史上最有名的曲线中的一条. 它的名称是摆线,也叫旋轮线,下面您就会看到,它具有许多很有意思的性质.

1. 摆线下方的面积

我们先来看一下一段摆线弧跟圆盘沿着滚动的那条直线所围成的区域. 初看之下,您可能会问,计算面积 …… 相对于什么东西来计算呀? 您问得有理. 其实,是相对于圆盘的面积来计算,不是吗? 下面就是这两个面积,如何来比较这两个面积呢? 要是您有小方格纸,那就挺容易了. 把图形分别画在小方格纸上,数一下方格数目即可. 伽利略也曾经对这个问题很感兴趣. 他没有小方格纸,但有一架天平秤. 他把两个图形分别画在木板上,锯下以后称一下质量 …… 结果发现摆线下方的面积大约是圆盘面积的三倍! 但他可能觉得自己所用的方法不是很精确,面积的比值正好是 3,而不是什么 3.141 之类的,可以跟数 π 发生关系,这事不大可能. 因而他猜想,摆线下方的面积应该是圆盘面积的 π 倍. (图 2)

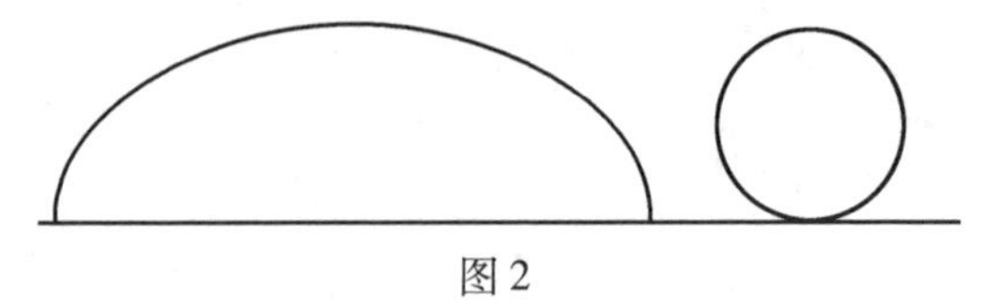

图 2

2. 一段摆线弧的长度

当法国数学家罗贝瓦尔和他的学生意大利人托里拆利证明了摆线下方的面积恰好是它的生成圆的面积的三倍的时候，伽利略想必是会大吃一惊的！

更令人吃惊的是一段摆线弧长的计算结果. 您何不自己动手来试一下呢？做法很简单. 用硬板纸剪成一条摆线，把一条细线绷在硬纸边上. 然后量一下细线的长度！我们用直径为 3.5 cm 的圆盘来生成摆线，量得的长度是 14 cm. 换一个圆盘，直径取为 4 cm 时，量出细线长度是多少？大致是 16 cm. 从中可以看出什么？$\frac{14}{3.5}=\frac{16}{4}=4$. 摆线的长度当真就是圆盘直径的 4 倍吗？确实如此！这是罗贝瓦尔、托里拆利和其他数学家在大约三个世纪以前得到的另一个结论.

正因为摆线具有这些奇妙的性质，所以 17 世纪的那些先生们一时间趋之若鹜，竞相争当发现这个或那个性质的第一人. 下面的这个性质，通常认为是一位长住巴黎的荷兰人惠更斯最先发现的.

用一张硬纸板剪下两段摆线如图 3 所示.

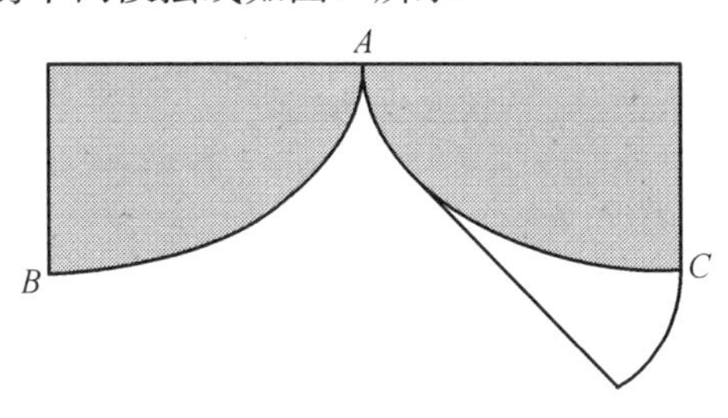

图 3

取一根长度正好与 AC 一样的细线，一头固定在点 A. 把铅笔尖连在细线的另一个端点上，先置于 C 处，固定点 A，让细线张紧，贴住硬板纸剪成的摆线，然后把点 C 的这一头慢慢放开，让铅笔尖画出一条曲线来. 这是一条什么曲线呢？您先照样做一下，然后猜猜看. 这也是一条摆线，形状跟刚才剪成的摆线一模一样，不过它是完整的一段弧线，如图 4 所示.

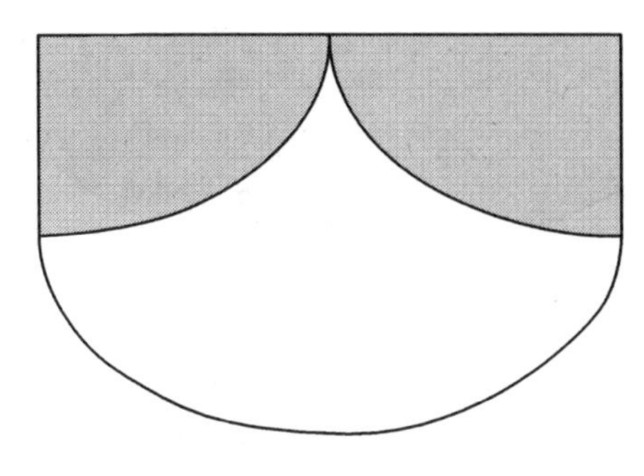

图 4

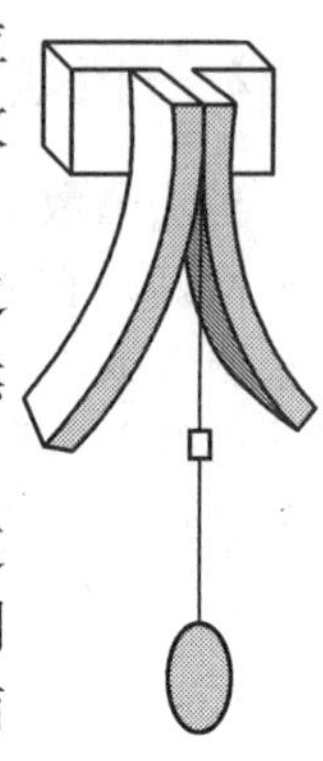
图 5

惠更斯是设计真正的摆钟的始作俑者,和他合作的还有一位数学家和一位天才的物理学家. 他们设计的 17 世纪的摆钟大致如图 5 所示.

它有一个令人侧目相看的特性:即使改变钟摆的长度,使之伸长或缩短,这个钟还是能精确计时,也就是说,钟摆的周期仍然不变.

怎样来解释这个特性呢? 惠更斯发现摆线有一种等时性. 这是什么意思呢? 是这样:如果把一条摆线如图 6 所示竖放,分别把两个小球放在点 M 和点 N 处,同时放手让它们往下滚 …… 两个小球同时到达摆线的最低点 P. 当然,从点 M 滚下的小球要滚过更多的路程.

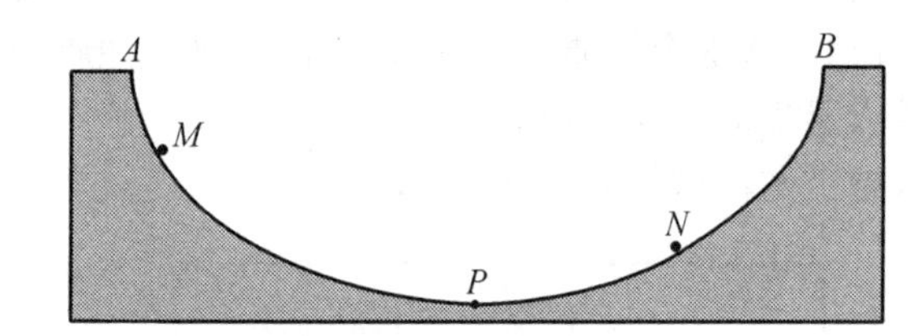

图 6

根据这个性质,您就可以知道,如果能设计一个钟,让它的摆锤不是像今天的钟那样沿圆弧摆动,而是沿一条摆线弧摆动,那么摆的长度长些或短些就都没关系了. 惠更斯根据我们上面看到的性质,实现了让摆锤沿摆线运动的想法. 我们可以注意到,上面那张惠更斯钟的示意图中,控制摆绳运动的凹颈的剖面是两条摆线弧.

下面设计一个验证摆线等时性的很简单的实验,您不妨也照样试一下. 剪一块大一些的硬板纸,边缘剪成一条摆线. 把它沿中间的虚线剪开(图 7).

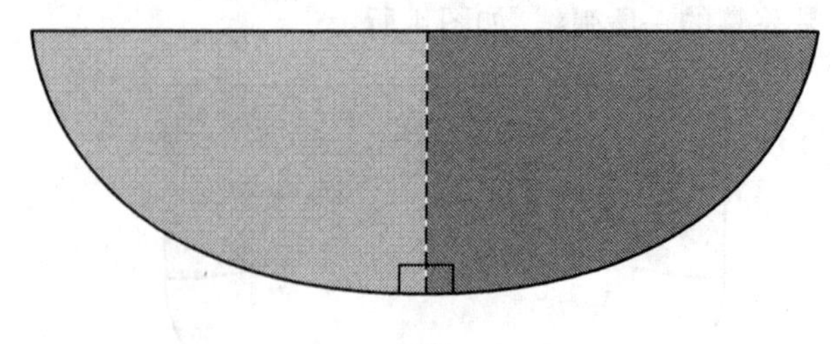
图 7

在底部的边上剪个方形的缺口,以便小球能通过这个小孔. 沿两个半段摆线的边缘分别黏上一条卡纸片,形成下面这样的形状(图 8):

卡纸片的外缘要做得略微高一些,好让小球沿摆线弧滚动时不会从卡纸上滑下来.

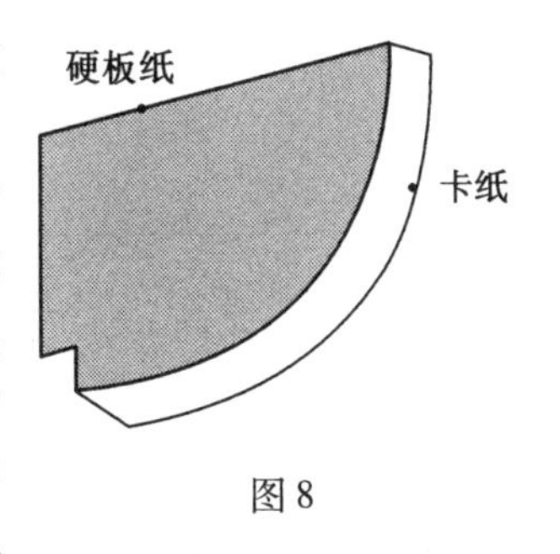

图 8

现在,用黏纸把这两半摆线相互垂直地联结起来. 这样就有了一个实验装置. 您可以开始做实验了,因为您得用到四只手,所以您要找个朋友来帮个忙. 让这位朋友把实验装置竖立放好. 您把两个一样大小的小球,分别从两个摆线弧上不同高度的两个位置同时放手让它们往下滚. 如果您一切都做得完妥无瑕,由于两个小球是同时到达最低点,所以它们会在最低点相撞. 但如果您有什么地方出了点纰漏,那么还没等到其中一个小球滚到,另一个小球就已到了最低点,并从方孔里窜了出去. (图 9)

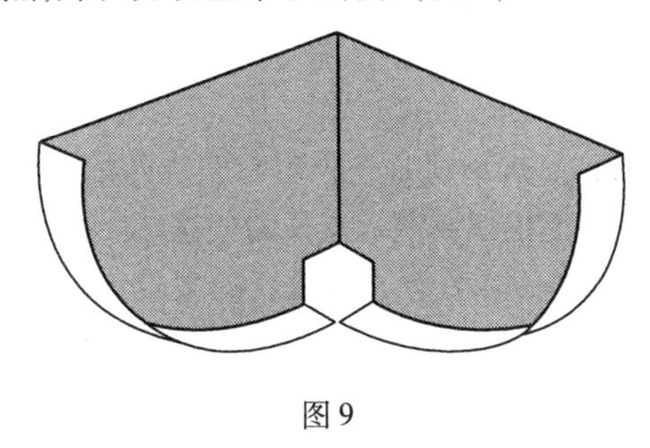

图 9

3. 最速降线

摆线不仅是等时曲线,而且还是最速降线. 所谓最速降线,是指下述意义上下降最快的曲线. 在一张竖直的平面上考察两个高度不同的点 A 和点 B. (图 10)

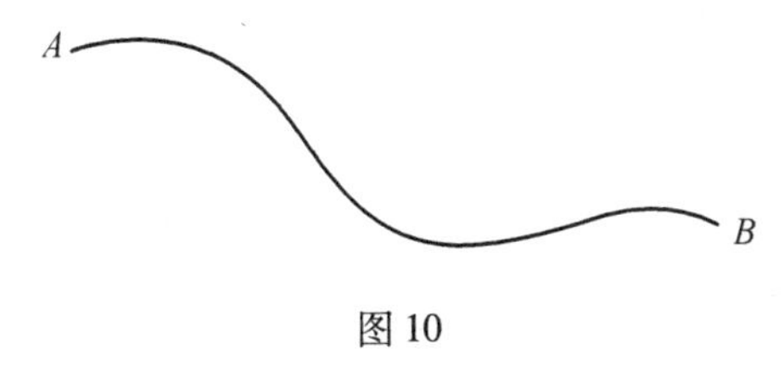

图 10

假设有一根细铁丝和一颗珠子. 现在要用这根铁丝把 A 和 B 联结起来,让珠子串在铁丝上从点 A 滑到点 B. 当把铁丝变成不同的形状时,珠子从点 A 下降到点 B 所需的时间往往是不一样的. 问题:铁丝取什么形状时,珠子从点 A 下降到点 B 所需的时间最少? 答案是一条从点 A 垂直往下经过点 B 的摆线(图 11).

这真是有点奇怪吧? 直线段 AB 是点 A 与点 B 之间距离最短的连线,可是

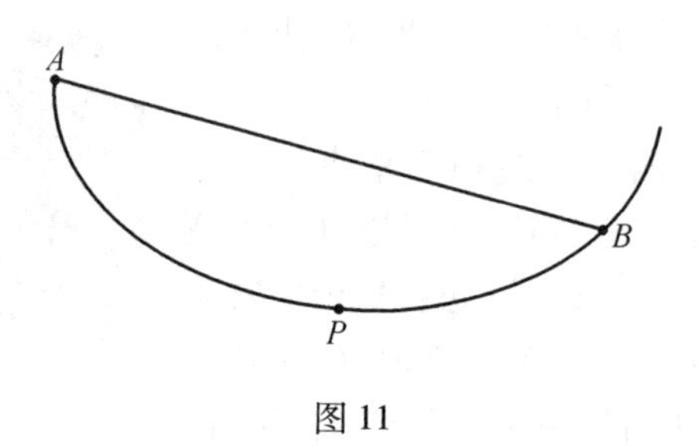

图 11

小球在竖直平面上沿 AB 滚下却要比沿 APB 滚动花费更多的时间，尽管后一条路线先要下滚到点 P，然后还要上升到点 B！这真叫人难以置信，不是吗？

何不跟刚才一样，用硬板纸、卡片和小球来做个实验呢？这可并不困难！剪的硬板纸越大，观察到的差别就越明显.

4. 螺旋线

在著名曲线的家族中，螺旋线是一种堪与摆线匹配的曲线. 关于跟它相关的平面螺线，还有过一则比摆线更源远流长的记述. 因为我们知道，阿波罗尼早在公元前 3 世纪就曾写过一篇关于这种曲线的文章，可惜这篇文章后来失传了.

拿一张纸，沿对角线折一下，然后把纸卷成圆柱形，这时折出的那条对角线就形成了圆柱面上的一条曲线. 这条曲线就是螺旋线.

螺旋线能帮助我们研究一些其他的曲线. 为了看得更清楚，可以用一张透明的薄片来代替普通的纸片，同样也在这张透明薄片上沿对角线折一下. 当这张薄片卷成圆柱形时，空间的这条螺旋线就可以看得很清楚.

在这个圆柱形后面，跟它的母线平行地放一张白纸. 螺旋线在这个背景上的垂直投影，是条正弦曲线. 这就是说，如果稍稍离开一点距离，从背后那张白纸的正面去看螺旋线，那么看到的就是一条正弦曲线. 挺奇怪吧？但奇怪的事还有呢.

在桌上放一张白纸，把圆柱竖直地放在白纸上，稍稍隔开一段距离，比如一米以外，闭上一只眼睛，用另一只眼睛去看这条螺旋线，并且设法使视线正好是沿着螺旋线的切线方向，也就是说，当略微朝螺旋线走近一些时，能看到螺旋线是怎样自身相交的. 看到的曲线是什么形状？是摆线！确实，螺旋线沿它本身的任何一条切线的方向，在圆柱面轴线的垂直平面上的投影，就是一条摆线.

若沿着一条不是螺旋线的切线方向的投影，则是一条内摆线，亦即一个轮子沿直线滚动时，固定在轮子里面（或者外面）的一点所画出的曲线.

这样您就看到了，几乎随处可见的螺旋线（比如，植物的茎须，某种羊的犄角等),为我们提供了一种手段,使我们很方便地生成其他一些有趣的曲线. 以上还不是全部情况. 选择一个适当的投影方向,所看到的曲线形状是一条平面螺线吗?

5. 摆线的方程

如果了解一些解析几何的知识,那么就不难证明上述这些性质了.

首先,让我们来求出摆线的方程,并以此作为出发点. 选取方便的坐标轴:把轮子在上面滚动的那条直线取作 x 轴,垂直于这条轴并经过轮子固定点正好处于地面上的位置的直线取作 y 轴.

这轮子稍稍滚过一点距离,考察轮子上的固定点 P 这时到达什么位置. 如图 12,圆心 C 到了 C',点 P 到了点 P'. 我们要找的正是这点坐标所应满足的方程,把这点的坐标记为(x,y). 由于轮子在地面上没有滑动,我们知道,圆周上弧 LP' 的长度等于直线段 OL 的长度.

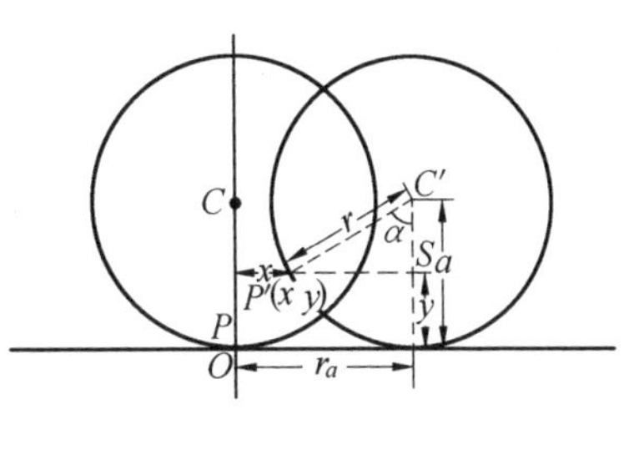

图 12

把 $\angle LC'P'$ 记作 α,并采用弧度制,则有

$OL=\widehat{LP'}=r\alpha$,另一方面,在取定的坐标系中,P' 的坐标是

$$x=OL-P'S=r\alpha-r\sin\alpha$$

$$y=SL=C'L-C'S=r-r\cos\alpha$$

这样就得到了摆线的参数方程(参数为 α)

$$\begin{cases}x=r\alpha-r\sin\alpha\\y=r-r\cos\alpha\end{cases}$$

不用设法消去 α,那样会弄得很复杂;不如还是把它留着为好.

6. 摆线的长度

我们要来推导以上性质. 摆线的长度是多少? 这很容易,可知

$$\frac{dx}{d\alpha}=r(1-\cos\alpha)$$

$$\frac{dy}{d\alpha}=r\sin\alpha$$

$$\text{长度}=\int_0^{2\pi}\sqrt{\left(\frac{dx}{d\alpha}\right)^2+\left(\frac{dy}{d\alpha}\right)^2}d\alpha=r\sqrt{2}\int_0^{2\pi}\sqrt{1-\cos\alpha}\,d\alpha=$$

$$2r\int_0^{2\pi}\sin\frac{\alpha}{2}d\alpha=4r\left[-\cos\frac{\alpha}{2}\right]\Bigg|_0^{2\pi}=8r$$

因此,一段摆线的长度是圆盘半径的8倍. 可能跟预期相反,这里完全跟 π 不相干.

从点 O 到参数为 β 的点的弧长是

$$2r\int_0^\beta \sin\frac{\alpha}{2}\mathrm{d}\alpha = 4r\left[-\cos\frac{\alpha}{2}\right]\Bigg|_0^\beta =$$

$$4r\left(1-\cos\frac{\beta}{2}\right) = 4r\sin^2\frac{\beta}{4}$$

摆线下方的面积是多少呢? 由曲线的方程即可求得

$$\int_0^{2\pi r} y\mathrm{d}x = \int_0^{2\pi}(r - r\cos\alpha)(r - r\cos\alpha)\mathrm{d}\alpha = 3\pi r^2$$

于是,一段摆线下方的面积,是生成这条曲线的圆盘的面积的三倍,图13所示的三部分面积是相等的.

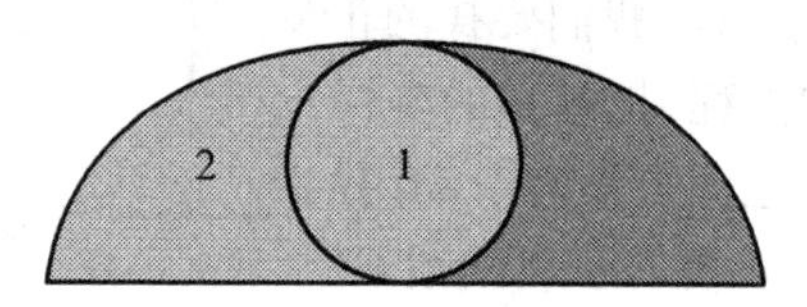

图13

现在我们要来求曲线上对应于参数 α 的一点(x,y) 处的法线,亦即垂直于切线的直线方程,我们有

$$\frac{\mathrm{d}x}{\mathrm{d}\alpha} = r - r\cos\alpha$$

$$\frac{\mathrm{d}y}{\mathrm{d}\alpha} = r - \sin\alpha$$

因而法线的斜率为

$$\frac{-1}{\frac{\mathrm{d}y}{\mathrm{d}x}} = -\frac{\mathrm{d}x}{\mathrm{d}y} = \frac{\cos\alpha - 1}{\sin\alpha}$$

于是,在参数为 α 的点的法线方程是

$$\frac{y-(r-r\cos\alpha)}{x-(r\alpha - r\sin\alpha)} = \frac{\cos\alpha - 1}{\sin\alpha}$$

经过运算即得

$$x\cos\alpha - y\sin\alpha - x - r\alpha\cos\alpha + r\alpha = 0$$

7. 法线的包络

我们已经有了摆线在每点处的法线的方程. 下面我们要来求这些法线的包络,也就是与所有这些法线分别相切的一条曲线(图14). 怎么求呢? 只要对法

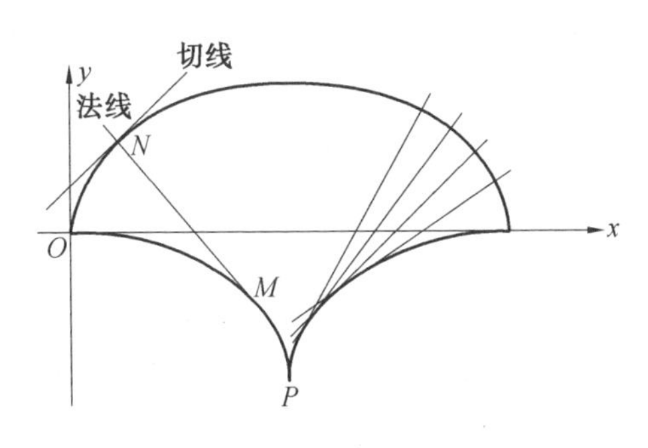

图 14

线方程关于 α 求导,再从所得方程和原法线方程中消去 α 即可. 也就是说,我们要从下面这两个方程中消去 α,即

$$\begin{cases}x\cos\alpha - y\sin\alpha - x - r\alpha\cos\alpha + r\alpha = 0\\ -x\sin\alpha - y\cos\alpha - r\cos\alpha + r\alpha\sin\alpha + r = 0\end{cases}$$

其实,如果不消去 α,而是用它作参数来分别解出 x,y,问题就会更简单,计算也变得更简便. 把第一个方程乘上 $\cos\alpha$,第二个方程乘上 $\sin\alpha$,然后相减,就可以得到 x,类似的,可以得到 y,得

$$\begin{cases}x = r\alpha + r\sin\alpha\\ y = -r + r\cos\alpha\end{cases}$$

这是一条什么曲线? 如果描一些点,会发现它很像是条摆线,它果真是摆线吗? 我们把坐标轴平移到点$(r\pi, -2r)$,就可以把它跟前面得出的摆线方程进行比较,这时方程变为

$$x = X + r\pi, X = r(\alpha - \pi) + r\sin\alpha = r(\alpha - \pi) - r\sin(\alpha - \pi)$$

$$y = Y - 2r, Y = r + r\cos\alpha = r - r\cos(\alpha - \pi)$$

若记 $\alpha - \pi = \theta$,则有

$$\begin{cases}X = r\theta - r\sin\theta\\ Y = r - r\cos\theta\end{cases}$$

因而,摆线的法线包络仍然是同一条摆线,仅仅是向右移了 $r\pi$,向下移了 $2r$! 您所熟悉的圆、椭圆……之类的曲线中,没有一种曲线也具有这种性质.

继续再来做一些计算. 我们已经有摆线及其法线包络的方程:

摆线

$$\begin{cases}X_c = r\alpha - r\sin\alpha\\ Y_c = r - r\cos\alpha\end{cases}$$

法线包络

$$\begin{cases}X_n = r\alpha + r\sin\alpha\\ Y_n = -r + r\cos\alpha\end{cases}$$

与该包络在点 M 相切的那条法线 MN，在摆线上对应于参数为 α 的点 N、点 M 的坐标分别是

$$N(r\alpha - r\sin\alpha, r - r\cos\alpha), M(r\alpha + r\sin\alpha, r\cos\alpha - r)$$

它们之间的距离是

$$\sqrt{(2r\sin\alpha)^2 + (2r - 2r\cos\alpha)^2} = 4r\sin\frac{\alpha}{2}$$

摆线弧 MP 的长度是容易求出的，只要注意到点 M 对应的参数是 α，而点 P 则对应于 π 即可

$$\overset{\frown}{PM} = \int_0^{\pi}\sqrt{\left(\frac{\mathrm{d}x}{\mathrm{d}\alpha}\right)^2 + \left(\frac{\mathrm{d}y}{\mathrm{d}\alpha}\right)^2}\,\mathrm{d}\alpha = 4r - 4r\sin\frac{\alpha}{2}$$

$$MN + \overset{\frown}{PM} = 4r$$

我们前面说过，惠更斯在设计摆钟时，让摆锤沿一条摆线运动，他的根据就是这样一个几何事实.

由上面的计算可知

$$NM + \overset{\frown}{PM} = 常数 = 4r$$

于是，如果沿摆线 OP 绷紧一条细绳，固定点 P，让另一头慢慢张开，保持拉开的那部分始终跟摆线 OP 相切，那么这个活动的一头画出图 15 中的摆线弧 ON.

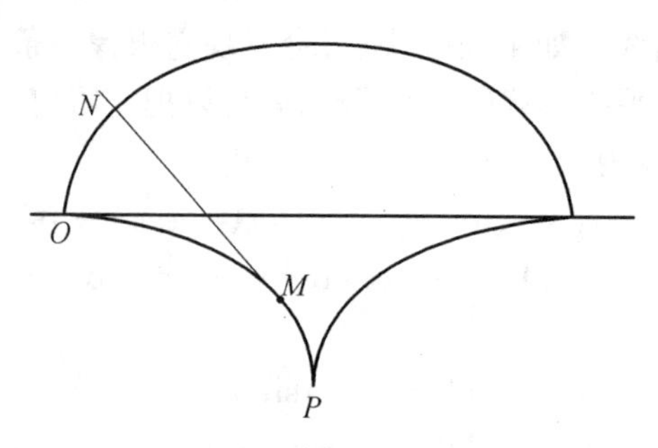

图 15

前面已经做过实验，来验证摆线的等时性，现在我们利用一些物理知识，可以推导出摆线是一条等时曲线. 下面是一条倒置的摆线的方程

$$\begin{cases} x = r\alpha - r\sin\alpha \\ y = r\cos\alpha - r \end{cases}$$

在参数为 β 的点的位置让小球下滚，则根据自由落体运动的规律，它到达参数为 α 的点时速度为 $\sqrt{2gh} = v_a$，其中 h 是两点间的高度差(图 16)，也就是说

$$h = y_\beta - y_\alpha = r(\cos\beta - \cos\alpha)$$

但由于

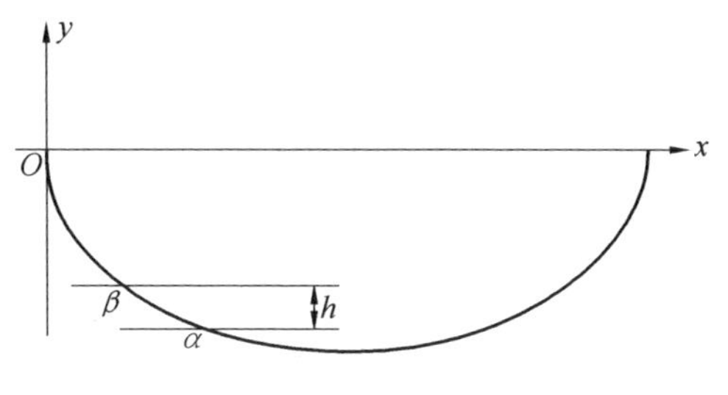

图 16

$$\cos\beta=\cos^2\frac{\beta}{2}-\sin^2\frac{\beta}{2}=2\cos^2\frac{\beta}{2}-1$$

就有

$$v_a=2\sqrt{rg}\sqrt{\cos^2\frac{\beta}{2}-\cos^2\frac{\alpha}{2}}$$

曲线在 α 处的弧长元素是

$$\mathrm{d}s=\sqrt{\left(\frac{\mathrm{d}x}{\mathrm{d}\alpha}\right)^2+\left(\frac{\mathrm{d}y}{\mathrm{d}\alpha}\right)^2}\mathrm{d}\alpha=2r\sin\frac{\alpha}{2}\mathrm{d}\alpha$$

由于距离 = 速度 × 时间,就有

$$\mathrm{d}s=2\sqrt{rg}\sqrt{\cos^2\frac{\beta}{2}-\cos^2\frac{\alpha}{2}}\mathrm{d}t=2r\sin\frac{\alpha}{2}\mathrm{d}\alpha$$

于是

$$\mathrm{d}t=\frac{1}{2\sqrt{rg}\sqrt{\cos^2\frac{\beta}{2}-\cos^2\frac{\alpha}{2}}}2r\sin\frac{\alpha}{2}\mathrm{d}\alpha$$

因此,小球沿摆线从参数为 β 的点滚到最低点,亦即参数为 π 的点,所需的时间为

$$\sqrt{\frac{r}{g}}\int_{\beta}^{\pi}\frac{\sin\frac{\alpha}{2}}{\sqrt{\cos^2\frac{\beta}{2}-\cos^2\frac{\alpha}{2}}}\mathrm{d}\alpha \xlongequal{\cos\frac{\alpha}{2}=u}$$

$$\sqrt{\frac{r}{g}}\int_{0}^{\cos\frac{\beta}{2}}\frac{\mathrm{d}u}{\sqrt{\cos^2\frac{\beta}{2}-u^2}}\xlongequal{u=(\cos\frac{\beta}{2})x}\sqrt{\frac{r}{g}}\int_0^1\frac{\mathrm{d}x}{\sqrt{1-x^2}}=\frac{\pi}{2}\sqrt{\frac{r}{g}}$$

我们可以看到,它是跟 β 无关的.

惠更斯是最先发现这一性质并将它加以应用的人. 他在深入研究摆钟的过程中发现,当钟摆的长度改变时,时钟的准确性一般会受到影响. 但是当钟摆不是像通常那样沿一个圆周运动,而是沿一条摆线摆动时,无论钟摆的长度怎样改变,时钟的周期总是保持不变的,这也正是刚才计算得出的结论!

怎样才能让钟摆沿一条摆线运动呢?惠更斯利用了我们刚才所说过的一个物理性质,如图17,它是图15的倒置.

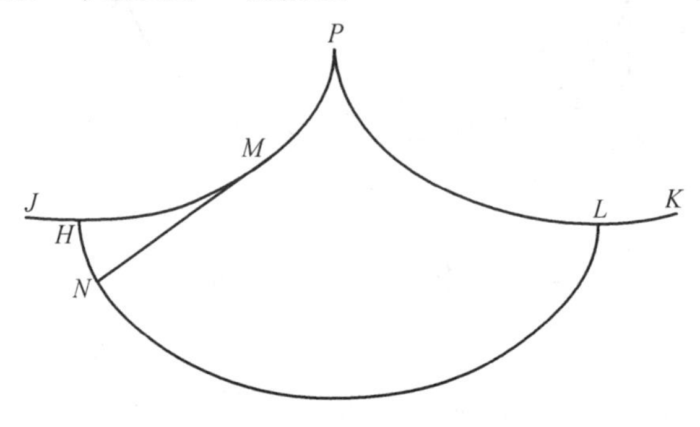

图 17

如果在点 P 悬一根 $4r$ 长的细绳,下面系住摆锤,在点 P 的两侧有两段摆线 PHJ 和 PLK 作为限位装置,作图18,那么 N 将画出一条摆线,无论摆锤 N 离顶点的距离如何,摆动的周期总是不变的!这是一个能够自动调节的时钟……

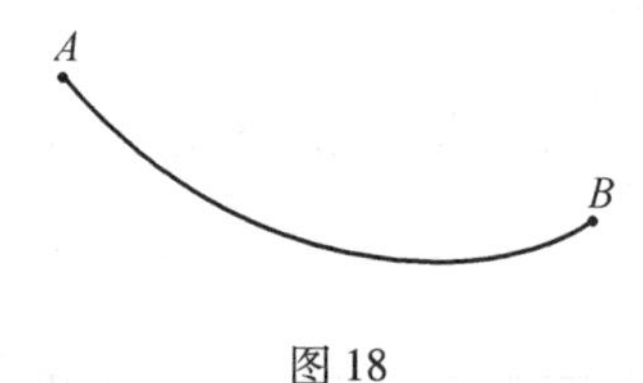

图 18

摆线是最速降线这一性质的历史也是很有意思的.

1696年,约翰·伯努利向欧洲所有的数学家提出了一个挑战.其内容是这样一个问题:在竖直平面里取定 A,B 两点,点 A 的位置高于点 B,另外拿一根铁丝,在上面套一颗珠子.现在要问,铁丝取成什么形状,联结 A,B 两点时,能使珠子从点 A 滑到点 B 所用的时间最短.

好几位数学家都在规定的时限内解决了这个问题,其中包括牛顿、德·洛必达、莱布尼兹、雅各布·伯努利(约翰·伯努利的哥哥).雅各布·伯努利在解决这一问题时,用了一种很新颖的方法,近代数学的一个新的分支——变分法从此也就应运而生了.

问题的解是摆线.这是一条如图19所示的从点 A 出发竖直往下到达点 B 的摆线,即使有时可能要先下降后上升也照样如此!

8.约翰·伯努利的解法

雅各布·伯努利的解法比较复杂.约翰·伯努利的解法则把物理和几何方

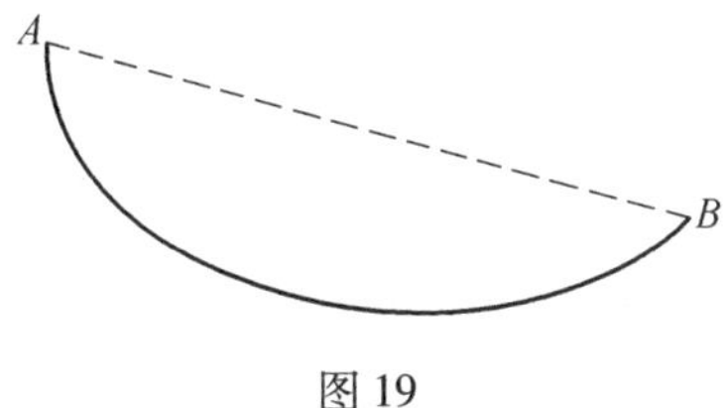

图 19

法融合在一起,显得很巧妙,尽管不如他哥哥的方法来得更有一般性,更有生命力. 下面我们来大致地看一下约翰是怎样考虑这个问题的.

(1) 无论珠子沿怎样的路线运动,它下降距离 h 后的速度总是$\sqrt{2gh}$(自由落体定律). 但我们还不知道这个速度的方向(图 20).

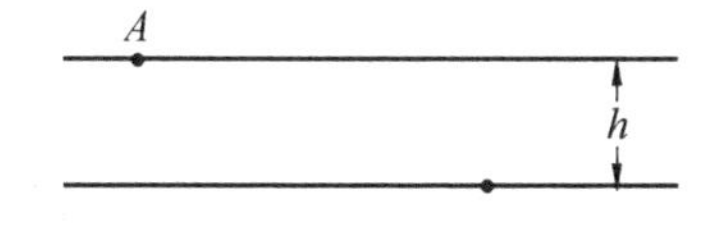

B

图 20

(2) 我们知道(费马原理) 光线从一点跑到另一点,总是取费时最少的路径.

(3) 如果光线在两种介质中的速度分别是 v_1 和 v_2(图21),那么根据折射定律就有

$$\frac{\sin \mu_1}{v_1}=\frac{\sin \mu_2}{v_2}=\text{常数}=k$$

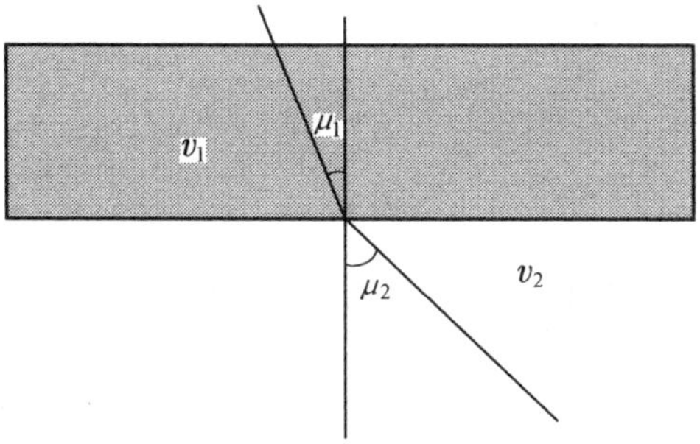

v_1 μ_1 μ_2 v_2

图 21

(4) 设想一种理想介质可以分成有限多个水平层面 $l_1,l_2,l_3,\cdots,l_n$,光线在这些层面中的速度分别为 $v_1,v_2,v_3,\cdots,v_n$,如图 22 所示.

光线沿图示轨迹从 A 到 B,而且

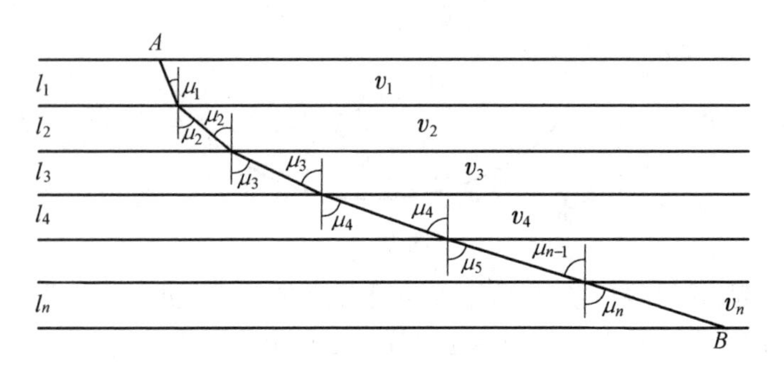

图 22

$$\frac{\sin \mu_i}{v_i} = k$$

那么光线的这一路径就是从 A 到 B 费时最少的路径!

(5) 在我们的情况下,已知下降了距离 h 时,速度正好是$\sqrt{2gh}$. 因而,费时最少的那条路径,应该就是一条光线在一种使光线在其中下行 h 距离而速度保持为$\sqrt{2gh}$ 的介质中所取的路径. 然而对这条路径,我们已经知道总有

$$\frac{\sin \mu}{\sqrt{2gh}} = k$$

其中 μ 是这条路径与铅垂线构成的夹角(图 23).

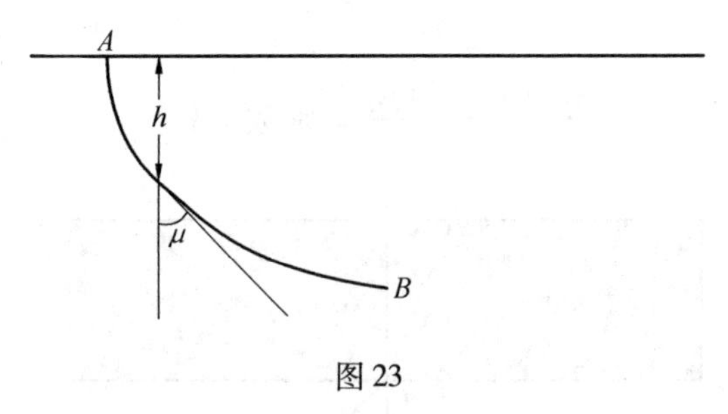

图 23

(6) 于是,在每个高度取速度 $v = \sqrt{2gh}$ 的费时最少的曲线,就是满足

$$\frac{\sin \mu}{\sqrt{2gh}} = k$$

的曲线.

(7) 我们来说明摆线就是所求的曲线(图 24).

摆线的方程是

$$\begin{cases} x = r\alpha - r\sin \alpha \\ y = r\cos \alpha - r \end{cases}$$

从而有

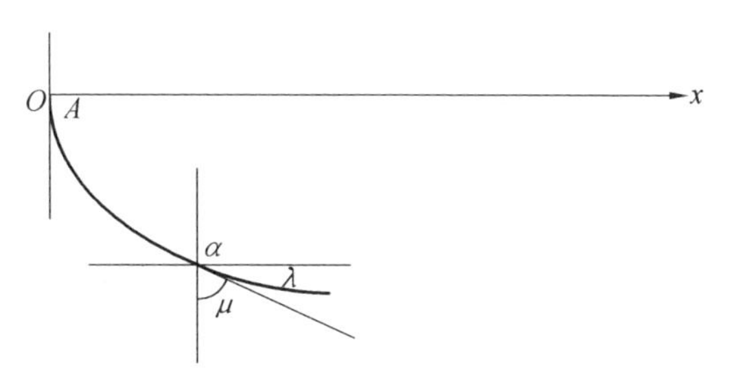

图 24

$$\begin{cases}\dfrac{\mathrm{d}x}{\mathrm{d}\alpha}=r-r\cos\alpha\\\dfrac{\mathrm{d}y}{\mathrm{d}\alpha}=-r\sin\alpha\end{cases}$$

另一方面

$$\tan\mu=\frac{\mathrm{d}x}{\mathrm{d}y}=\frac{1-\cos\alpha}{-\sin\alpha}=\tan\frac{\alpha}{2}$$

因而,$\mu=\left|\dfrac{\alpha}{2}\right|$. 同样

$$v=\sqrt{2gr(1-\cos\alpha)}=2\sqrt{gr}\sin\frac{\alpha}{2}$$

即

$$\frac{\sin\mu}{v}=\frac{\sin\dfrac{\alpha}{2}}{2\sqrt{gr}\sin\dfrac{\alpha}{2}}=\frac{1}{2\sqrt{gr}}$$

可知该式是与 α 无关的常数. 因此,摆线具有我们所需的性质.

同样,稍作计算就不难验证前面提到过的有关螺旋线的性质以及它与摆线、正弦曲线等之间的关系.

不难看出,螺旋线的参数方程(以 α 为参数) 是

$$\begin{cases}x=r\cos\alpha\\y=r\sin\alpha\\z=s\alpha\end{cases}$$

其中 r 是圆柱的半径,s 是一个与此半径及螺旋线的倾斜程度有关的常数.

沿平行于 Ox 轴的方向朝 yOz 平面作投影,得到曲线

$$\begin{cases}x=0\\y=r\sin\alpha\\z=s\alpha\end{cases}\quad 即\quad\begin{cases}x=0\\y=r\sin\dfrac{z}{s}\end{cases}$$

这显然是一条位于 $x=0$ 平面上的正弦曲线(图 25).

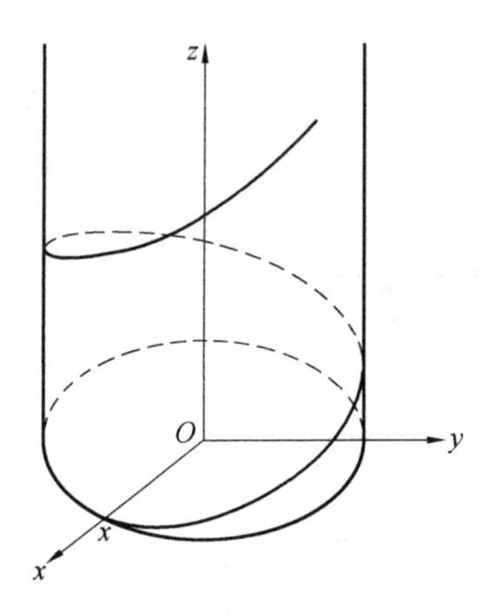

图 25

螺旋线在参数 $\alpha=0$ 处的切线是容易求出的,有

$$\begin{cases}x'=-r\sin\alpha\\y'=r\cos\alpha\\z'=s\end{cases}$$

令 $\alpha=0$,就有

$$\begin{cases}x'=0\\y'=r\\z'=s\end{cases}$$

因而,螺旋线在 $\alpha=0$,即点 $(r,0,0)$ 处的切线的方向向量为 $(0,\boldsymbol{r},\boldsymbol{s})$. 于是,沿这一方向并经过螺旋线上一般过点

$$\begin{cases}x=r\cos\alpha\\y=r\sin\alpha\\z=s\alpha\end{cases}$$

的直线的方程是

$$\frac{x-r\cos\alpha}{0}=\frac{y-r\sin\alpha}{r}=\frac{z-s\alpha}{s}$$

(其中分母的0当然是一种形式上的写法),与 $z=0$ 平面的交点的轨迹是参数曲线(以 α 为参数)

$$\begin{cases}x=r\cos\alpha\\y=r\sin\alpha-r\alpha\\z=0\end{cases}$$

这显然是一条摆线.

9. 一个新问题征解

在一个竖直的平面上给定两点 A,B,试找出一条路径 AMB,使动点 M 在重力作用下从点 A 滑到点 B 所需的时间最短.

为了给有兴趣尝试解决此题者以鼓劲,我想特地说明一下,这个问题并不像有些人可能会想的那样纯粹是个思辨的问题,而是确实有其实用意义的. 这个问题尽管看上去不像有什么实用价值,但实际上在诸如力学等其他学科中是非常有用的. 现在,为了避免让有些读者过早地下结论,我想指出一点,尽管直线段 AB 是两点间的最短联结,但是并不是最速降线. 这条曲线是一条您很熟悉的几何曲线.

10. 变分学

1696 年在莱布尼兹创办的数学杂志《Acta Eruditorum》上,约翰·伯努利向他的同行们提出了最速降线的问题,并且说了这么一句话:这条曲线是一条大家熟悉的几何曲线,如果到年底还没人能找出答案,那么到时候我就来告诉大家这条曲线的名称.

到了 1696 年底,可能是由于杂志寄送误时的缘故,除了这份杂志的编辑莱布尼兹提交的一份解答以外,没有收到任何别人寄来的解答,而莱布尼兹的解答,则是在他看到这个问题的当天就完成的. 莱布尼兹劝约翰·伯努利把挑战的期限再放宽半年,而且这一回征解的对象是"分布在世界各地的所有最杰出的数学家". 莱布尼兹预言能解决这个问题的数学家会有约翰的哥哥雅各布·伯努利、牛顿、德·洛必达侯爵和惠更斯 —— 如果他还活着的话(但他已于 1695 年去世). 莱布尼兹的预言完全实现了. 牛顿好像也是在收到问题的当天就做出解答的.

约翰·伯努利的解答最为巧妙,但是雅各布的解答意义最深刻,而且从中萌发出了数学分析的一个新的分支 —— 变分学. 在变分学的基础上,才有了今天的控制论这样一种在生产技术中发挥重要作用的理论. 约翰·伯努利曾经说过,一些看上去没有什么意义的问题,往往会对数学的发展起一种无法预期的推动作用,他的话实现了.

附录(12) 一个从生产中提出来的求极值问题[①]

武汉煤矿设计院在技术革新运动中有人提出了一个新的布置井筒的合理化建议,但有一个数学问题未解决.

问题:采煤时必须打一个数百米深的井筒,现有人提出了布置这个圆井的办法.

在井筒的一边划出一部分作为梯子间,在其余部分要放上两个底面积为一定且全等的提升容器,这两个提升容器之间、梯子与提升容器之间的距离皆为一定,又提升容器与井边缘的距离大于或等于某常数(图1),现在要求出这个圆井的最小半径,并找出一般公式.

将这问题译成数学语言即为:设把一圆割去一弓形,弓形高为 H,在剩下的圆缺中,平行地放入两个面积为 S 的全等矩形(这两个矩形的边长为任意,只要求两边之积等于 S),又这两个矩形之间的距离为 c(图2),试求这个圆的最小半径.

证明:(1) 图2的圆周即为图1的里面那道圆周.

(2) 图2的 H 为图1的 a 与 d 之和.

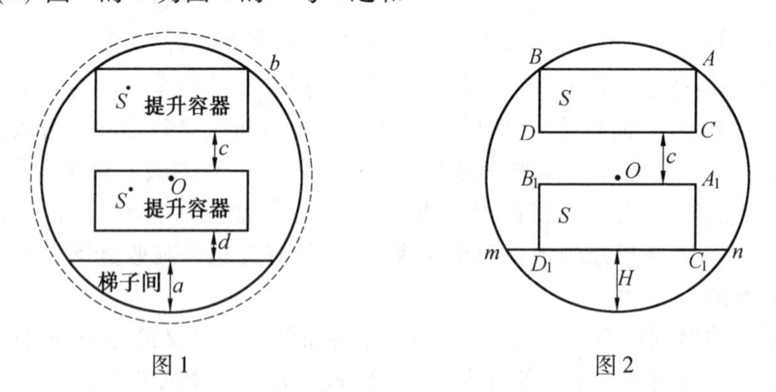

图1　　图2

解　为了列出等式并选择最好的坐标原点,首先我们来研究这两个矩形的大概位置.

显然,A,B 两点必在圆周上,C_1,D_1 两点必在直线 mn 上(图2),现在设点 A 不在圆周上(自然点 B 亦不在圆周上),我们可以反面来考虑这个问题,即设圆的半径为一定,要求出两矩形的最大面积. 显然矩形 $ABCD$ 与 $A_1B_1C_1D_1$ 比矩形 $A'B'C'D'$ 与 $A'_1B'_1C'_1D'_1$ 的面积要小(图3),故 A,B 两点必在圆周上. 同理 C_1,

① 摘自1958年12月号《数学通讯》.

D_1 两点必在直线 mn 上,但不一定在圆周上.

现在这样来选择坐标(图4):坐标原点取在直线 mn 的中点,x 轴与直线 mn 重合,这样,显然有

$$2xy = 2S + 2xc$$

即有

$$xy = S + cx$$

又

$$R^2 = x^2 + [y - (R - H)]^2 = x^2 + (y - R + H)^2$$

即

$$R = \frac{x^2 + (y + H)^2}{2(y + H)}$$

于是问题化为在条件为 $xy = S + cx$ 下,求 $R = \frac{x^2 + (y + H)^2}{2(y + H)}$ 的最小值.

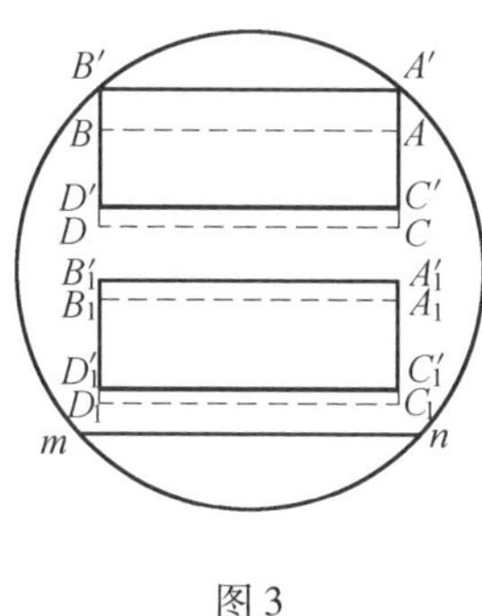

图3

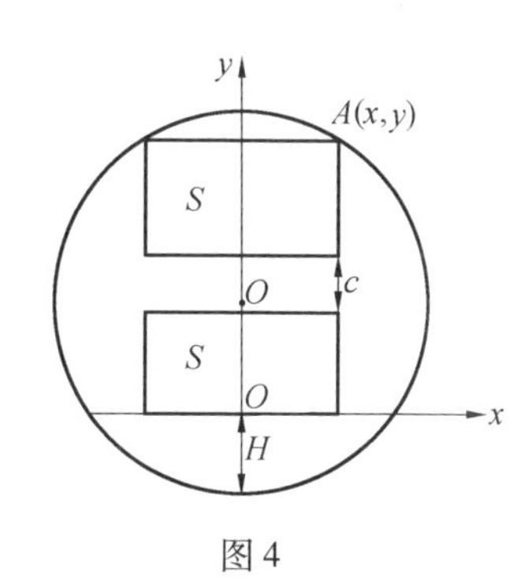

图4

我们将 $y = \frac{S + cx}{x}$ 代入上式,于是有

$$R = \frac{x^3}{S + 2(c + H)x} + \frac{S}{x} + 2c$$

问题仅成为一个一元函数求极值问题,即

$$\frac{\mathrm{d}R}{\mathrm{d}x} = \frac{3Sx^4 + 4(c + H)x^5 - S^3 + 4S^2(c + H)x + 4(c + H)^2Sx^2}{[S + 2(c + H)x]^2x^2}$$

令 $\frac{\mathrm{d}R}{\mathrm{d}x} = 0$,即有

$$4(c + H)x^5 + 3Sx^4 + 4S(c + H)^2x^2 + 4S^2(c + H)x - S^3 = 0$$

当然我们可以利用近似解法算出稳定点,并用高级导数判断出取极小值的点,然后代入 R 的表达式,即可求出 R 的最小值.但这样做不仅计算麻烦,而且误差大,因为我们求出的 x 值本为一近似值.

而在表达式中

$$R=\frac{x^3}{S+2(c+H)x}+\frac{S}{x}+2c$$

有 x^3,故 R 的误差就更大了. 现在用另一个办法找出 R 的一般方程式.

我们可以从反面来考虑这个问题:若圆的半径一定,现在要求在上述同样条件下,在这圆缺中线上两个全等的最大面积的矩形.

设 $S=\phi(R,H,c)$ 为矩形最大面积,则把 R 看成未知数,S 看成常数,$R=\phi(S,H,c)$ 显然为最小值. 首先考虑一特殊情形,即设

$$H=\left(1-\frac{1}{\sqrt{2}}\right)R$$

则显然 A,B,C,D 四点皆在圆周上,且四边形 ABC_1D_1 为一正方形. 因为

$$H=\left(1-\frac{1}{\sqrt{2}}\right)R$$

即

$$H=\left(1-\frac{1}{\sqrt{2}}\right)\left(\frac{c}{2\sqrt{2}}+\sqrt{\frac{c^2}{8}+2S}\right)$$

故

$$R=\frac{c}{2\sqrt{2}}+\sqrt{\frac{c^2}{8}+2S}$$

即为最小值. 因为 $H\neq\left(1-\frac{1}{\sqrt{2}}\right)R$,我们有

$$\begin{cases}xy=S+cx\\ R=\dfrac{x^2+(y+H)^2}{2(y+H)}\end{cases}$$

所以

$$\begin{cases}S=(y-c)x\\ x^2=2R(y+H)-(y+H)^2\end{cases}$$

所以

$$\begin{cases}S^2=(y-c)^2x^2\\ x^2=(y+H)(2R-y-H)\end{cases}$$

所以

$$S^2=(y-c)^2(y+H)(2R-y-H)$$

所以函数 $S^2(y)$ 的极值即为函数 $S(y)$ 的极值点,故我们可以只求 $S^2(y)$ 的稳定点. 可知

$$\frac{dS^2}{dy}=(y-c)[-4y^2+(6R-6H+2c)y+(4RH-2H^2-2cR+2cH)]$$

令$\frac{dS^2}{dy}=0$,故有 $y=c$,即

$$y=\frac{(6R-6H+2c)\pm\sqrt{(6R-6H+2c)^2+16(4RH-2H^2-2cR+2cH)}}{8}$$

若 $y=c$,显然 $S=0$,故为最小值. 因为 $H<R$,故

$$6R-6H+2c>0\quad R>0,H>0,c>0$$

又

$$4RH-2H^2-2cR+2cH=(2RH-2H^2)+(2RH-2cR)+2cH$$

因为根据实际经验有 $H<R,c<H$,故有

$$4RH-2H^2-2cR+2cH>0$$

故

$$\sqrt{(6R-6H+2c)^2+16(4RH-2H^2-2cR+2cH)}>6R-6H+2c$$

所以

$$6R-6H+2c-\sqrt{(6R-6H+2c)^2+16(4RH-2H^2-2cH+2cH)}<0$$

即 $y<0$. 这不合乎题意,根据我们的问题性质,S^2 必有一最大值

$$y=\frac{(6R-6H+2c)+\sqrt{(6R-6H+2c)^2+16(4RH-2H^2-2cR+2cH)}}{8}$$

即为 S^2 取最大值之点,以 y 之值代入 S^2 的表达式我们有

$$\begin{aligned}8^3S^2=&[(6R-6H-6c)+\sqrt{(6R-6H+2c)^2+16(4RH-2H^2-2cR+2cH)}]^2\cdot\\&[(6R+6H+2c)+\sqrt{(6R-6H+2c)^2+16(4RH-2H^2-2cR+2cH)}]\cdot\\&[(10R-6H-2c)-\sqrt{(6R-6H+2c)^2+16(4RH-2H^2-2cR+2cH)}]=\\&[(6R-6H-6c)^2+(6R-6H+2c)^2+16(4RH-2H^2-2cR+2cH)+\\&2(6R-6H-6c)\sqrt{(6R-6H+2c)^2+16(4RH-2H^2-2cR+2cH)}]\cdot\\&[(6R+2H+2c)(10R-2H-2c)+(10R-2H-2c)\cdot\\&\sqrt{(6R-6H+2c)^2+16(4RH-2H^2-2cR+2cH)}-(6R+2H+2c)\cdot\\&\sqrt{(6R-6H+2c)^2+16(4RH-2H^2-2cR+2cH)}-\\&(6R-6H+2c)^2-16(4RH-2H^2-2cR+2cH)]\end{aligned}$$

上式经过一系列的代数运算后便可化为系数为已知数 R 的八次方程式(在上式中经过一些代数运算,然后将有根号的项移到一边,再两边平方,最后展开并合并同类项即成).

乍一看来,似乎矛盾,因为八次方程最少有两个实根,而根据问题的实际意

义应该只有一个实根(显然 R 必有且仅有一个最小值),其实并不矛盾,因为在运算中,我们曾两边进行过平方,所以有增根.

我们已把求 R 的一般通式找出来了,这个求 R 的一般通式为一个八次方程式,而高次方程一般都非常难解,其实对于这个实际问题,解此八次方程并不困难,因为根据以往布置井筒之实际经验已知 H,c,S 便可估计 R 的值,即可估计出 R 大概在哪两数之间,因此两数之差较小,再根据柯西定理可把这个根的限缩到充分小. 最后再用线性内插法牛顿法便可比较近似地求出 R 值(可精确到任意程度).

看来要求出 R 值还必须经过较麻烦之计算,但是,好在这些运算皆为加、减、乘、除,故用手摇计算机便可完成,于是问题不仅在理论上解决了,同样在计算上亦解决了.

(武大下放煤矿设计院工作组)

附录(13) 易拉罐问题

易拉罐问题——一个想法改变了可口可乐易拉罐的形状.

问题 假设存在一个体积固定的饮料罐,初步测量可知中间部分的直径和罐高之比为2∶1. 这是体积固定时制造饮料罐所需材料最省的直径和罐高之比吗?

1. 简化模型

分析和假设 首先把饮料罐近似看成一个直圆柱体是有一定合理性的. 饮料罐内体积一定时,求能使易拉罐制作所用的材料最省的顶盖的直径和罐高之比.

假设 制造饮料罐所需材料与罐的表面积成正比. 于是用几何语言来表述就是:体积给定的直圆柱体,其表面积最小的尺寸(半径和高)为多少?

模型建立 设表面积为 S,体积为 V,则有

$$S(r,h)=2\pi rh+\pi r^2+\pi r^2=2\pi(r^2+rh)$$

$$V=\pi r^2 h,\quad h=\frac{V}{\pi r^2}$$

于是我们可以建立以下的数学模型

$$\min_{r>0,h>0} S(r,h)$$

使得

$$g(r,h)=0$$

其中 S 是目标函数,V 已知(即罐内体积一定),而

$$g(r,h)=V-\pi r^2 h=0$$

是约束条件. 即要在体积一定的条件下,求使罐的表面积最小的 $d=2r$ 和 h.

模型求解 把 $h=\dfrac{V}{\pi r^2}$ 代入 $S(r,h)$,得到

$$S(r)=2\pi\left(r^2+\frac{V}{\pi r}\right)$$

求驻点(临界点)

$$0=S'(r)=2\pi\left(2r-\frac{V}{\pi r^2}\right)=\frac{2\pi}{r^2}\left(2r^3-\frac{V}{\pi}\right)$$

$$r_0=\sqrt[3]{\frac{V}{2\pi}}$$

$$h=\frac{V}{\pi r_0^2}=\frac{V}{\pi}\sqrt[3]{\frac{4\pi^2}{V^2}}=\sqrt[3]{\frac{4\pi^2V^3}{\pi^2V^2}}=\sqrt[3]{\frac{8V}{2\pi}}=2r_0=d_0$$

又由于

$$S''(r)\mid_{r_0}=2\pi\left(2+\frac{2V}{\pi r^3}\right)\Big|_{r_0}>0,\quad r_0>0$$

由泰勒公式,例如

$$f(x)=f(x_0)+f'(x_0)(x-x_0)+\frac{f''(\xi)}{2!}(x-x_0)^2$$

知道 $r_0=\sqrt[2]{\frac{V}{2\pi}}$ 是一个局部极小值点. 实际上,它也是全局最小值点,因为临界点是唯一的,最小面积为

$$S(r_0)=6\sqrt[3]{\frac{V}{2\pi}}=6r_0^2$$

解释验证　有没有直径等于高的易拉罐?没有!该怎么办?留作习题.

测验题　请严格按照"合理假设、模型建立、模型求解、解释验证"的步骤回答下列问题. 把饮料罐近似看成一个直圆柱体. 假设制作饮料罐所用的材料固定,求罐内体积最大的罐内直径和高之比.

习题 1　有一位同学是这样做测验题的:

假设　所用材料与罐内直圆柱的表面积 S 成比例.

模型建立

$$\max_{r>0,h>0} V(r,h)=\pi r^2h$$

使得

$$S=2\pi r^2+2\pi rh$$

模型求解　因为

$$S=2\pi r^2+2\pi rh,\quad V(r,h)=\pi r^2h$$

所以

$$V(r,h)=\frac{S-2\pi rh}{2}h=\frac{Sh}{2}-\pi rh^2=$$

$$-\pi r(h-\frac{S}{4\pi r})^2+\frac{S^2}{16\pi^2r^2}$$

故当 $h-\frac{S}{4\pi r}=0$ 时 V 取最大,即

$$2\pi r^2+2\pi rh=4\pi rh$$

所以 $r=h$,即$\frac{d}{h}=\frac{2}{1}$.

当直径和高之比为2∶1时,其体积最大.对吗?如果不对,错在哪里?

习题2 请严格按照"合理假设、模型建立、模型求解、解释验证"的步骤回答下列问题.用手摸一下顶盖就能感觉到它的硬度要比其他的材料要硬(或者更厚,因为要使劲拉),假设把饮料罐近似看成一个直圆柱体,饮料罐的顶盖和底盖的厚度是侧边厚度的b倍.饮料罐内体积一定时,求能使易拉罐制作所用的材料最省的顶盖直径和罐高之比.b等于多少时,比较接近实测的直径和高之比.

习题3 如果饮料罐是如图1所示的形状(圆台加直圆柱形罐).

图1

导出能使罐内体积固定时,所用材料最省的数学模型.

习题4 在《牛奶可乐经济学——最妙趣横生的经济学课堂》一书中有如下一段:

> "铝制易拉罐的生产成本本来可以更低,可为什么人们不那么做?(查尔斯·罗丁)"
>
> 铝制易拉罐的任务是装饮料.全世界大部分地区销售的12 oz(1 oz = 28.349 5 g)铝制易拉罐,都是圆柱形的,高度(高12 cm)约等于宽度(直径6.5 cm)的两倍.如果把易拉罐造得矮一点,胖一点,能少用许多铝材.打个比方吧,高7.8 cm,直径7.6 cm的圆柱铝罐,与现在的标准易拉罐容量相同,但能少用30%的铝材.既然矮一点的罐子造价更低,为什么人们至今仍使用标准易拉罐呢?
>
> 可能的解释之一是,消费者会受到横竖错觉的误导.所谓横竖错觉,是心理学上著名的视错觉.比方说,请看图2中的横条与竖条,哪个更长呢?大部分人都会自信满满地说是竖条长,但你只要量一下就知道,横竖条其实一样长.
>
> 由于存在这种错觉,消费者可能不愿意买矮胖易拉罐装的软饮料,觉得它容量小……

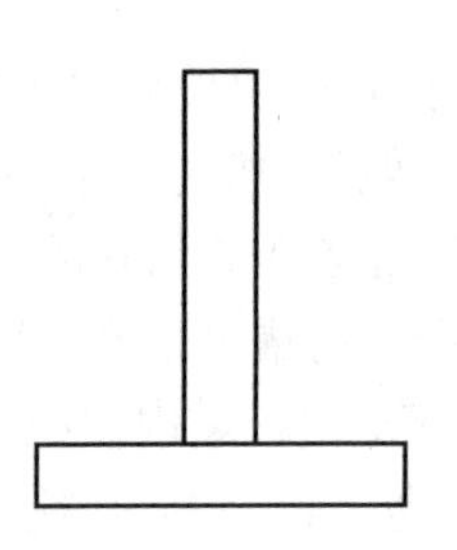

图2　横竖错觉(看起来似乎是竖条长,实际上却不是)

还有一种可能的解释是,购买软饮料的顾客更中意细长易拉罐的样子,即使他们知道矮胖一点罐的容量与之相同,还是宁愿多出点钱买细长的,道理跟他们愿意多出钱住景色好点的酒店房间一样."

你能否从数学建模的角度把问题说得更确切、清楚些,包括考虑黄金分割比等,并另写一段与该书作者切磋.

注:原书的题目为 *The Economic Naturalist*: *In Search of Solutions to Everyday Enigmas*(可直译为《经济博物学家:在寻求日常生活中费解事物的解答》),其作者罗伯特·哈里森·弗兰克(Robert Harrison Frank)是康奈尔大学的亨丽埃塔·约翰逊·路易斯(Henrietta Johnson Louis)管理学院教授和塞缪尔·柯蒂斯·约翰逊(Samuel Curtis Johnson)研究生管理学院经济学教授.他为《纽约时报》(*The New York Times*)的"经济观(Economic View)"栏目撰稿.

研究课题　请附加一些条件后求解之,使得同体积的圆台加直圆柱形罐的表面积比同体积的直圆柱罐的表面积小,并给出解释验证.

2. 多元函数

多元函数的单目标最优化问题的一般提法为

$$\min_{\boldsymbol{x}\in D} f(x_1,x_2,\cdots,x_n,x_{n+1},\cdots,x_{n+m})$$

$$\boldsymbol{x}=(x_1,x_2,\cdots,x_n,x_{n+1},\cdots,x_{n+m}),\quad n>0,m\geqslant 0$$

使得

$$g_i(\boldsymbol{x})=0,\quad i=n+1,n+2,\cdots,n+m$$

其中 f 称为目标函数,$g_i(i=n+1,\cdots,n+m)$ 称为约束条件.若 $m=0$,则称为无约束(无条件)最优化问题.

$\boldsymbol{x}^0=(x_1^0,x_2^0,\cdots,x_n^0,x_{n+1}^0,\cdots,x_{n+m}^0)$ 称为临界点(驻点),如果在点$(x_{n+1}^0,\cdots,x_{n+m}^0)$的邻域存在(隐)函数

$$x_{n+1}(x_1,x_2,\cdots,x_n),\cdots,x_{n+m}(x_1,x_2,\cdots,x_n)$$

$$x_{n+1}(x_1^0,x_2^0,\cdots,x_n^0)=x_{n+1}^0,\cdots,x_{n+m}(x_1^0,x_2^0,\cdots,x_n^0)=x_{n+m}^0$$

而且

$$\operatorname{grad} f=\left(\frac{\partial f}{\partial x_1},\cdots,\frac{\partial f}{\partial x_j},\cdots,\frac{\partial f}{\partial x_n}\right)\bigg|_{x^0}=0$$

其中

$$\frac{\partial f}{\partial x_j}=\frac{\partial f}{\partial x_j}+\sum_{k=1}^{m}\frac{\partial f}{\partial x_{n+k}}\cdot\frac{\partial x_{n+k}}{\partial x_j}\text{(必要条件)}$$

再由泰勒公式

$$f(\boldsymbol{x})=f(\boldsymbol{x}^0)+\operatorname{grad} f|_{x^0}+(\boldsymbol{x}-\boldsymbol{x}^0)D^2f|_{x^0}(\boldsymbol{x}-\boldsymbol{x}^0)^{\mathrm{T}}+o(\|\boldsymbol{x}-\boldsymbol{x}^0\|^2)$$

其中 $\boldsymbol{x}^0=(x_1^0,x_2^0,\cdots,x_n^0)$,而

$$D^2f=\left(\frac{\partial^2 f}{\partial x_j\partial x_k}\right),\quad j,k=1,2,\cdots,n$$

为赫塞(Hesse)矩阵,$\frac{\partial f}{\partial x_j},\frac{\partial^2 f}{\partial x_j\partial x_l}(j,l=1,2,\cdots,n)$ 都是指复合函数求导.

若二次型 $(\boldsymbol{x}-\boldsymbol{x}^0)D^2f|_{x^0}(\boldsymbol{x}-\boldsymbol{x}^0)^{\mathrm{T}}$ 正定,则 f 在 $\boldsymbol{x}^0$ 达到局部极小(充分条件).

可以按照"合理假设、模型建立、模型求解、解释验证"的步骤解答下面两个例子.

例 1 某厂要用铁板做成一个箱内容积为 8 m^3 的有盖长方体水箱,问:当长、宽、高各取怎样的尺寸时,才能使用料最省.

假设 铁板用料和箱内长方体的表面积成正比. 设箱内长方体的长、宽、高分别为 x,y,z,体积

$$V=8\ \mathrm{m}^3$$

所以

$$z=\frac{8}{xy}$$

模型建立 箱内长方体的表面积为

$$S(x,y)=2(xy+\frac{8}{x}+\frac{8}{y})$$

所以模型为

$$\min_{x>0,y>0}S(x,y)=2(xy+\frac{8}{x}+\frac{8}{y})$$

模型求解 求临界点,由

$$\frac{\partial S}{\partial x}=2(y-\frac{8}{x^2})=0$$

$$\frac{\partial S}{\partial y}=2(x-\frac{8}{y^2})=0$$

解得 $x=y$,所以 $x^3=8$,得临界点为

$$x_0=y_0=\sqrt[3]{8}$$

$$\frac{\partial^2 S}{\partial x^2}=\frac{32}{x^3},\quad \frac{\partial^2 S}{\partial y^2}=\frac{32}{y^3},\quad \frac{\partial^2 S}{\partial x\partial y}=2$$

$$\left.\frac{\partial^2 S}{\partial x^2}\right|_{(2,2)}=4,\quad \left.\frac{\partial^2 S}{\partial y^2}\right|_{(2,2)}=4,\quad \left.\frac{\partial^2 S}{\partial x\partial y}\right|_{(2,2)}=2$$

$$(x-2,y-2)\begin{pmatrix}4 & 2\\2 & 4\end{pmatrix}\begin{pmatrix}x-2\\y-2\end{pmatrix}=$$

$$[2(x-2)+y-2]^2+3(y-2)^2\geqslant 0$$

当 $x=x_0,y=y_0$ 时大于零.

而且还可以从以下定理得到同样的结论.

定理 1 实二次型

$$\boldsymbol{A}=(\boldsymbol{x}-\boldsymbol{x}_0)^{\mathrm{T}}D^2f(\boldsymbol{x}_0)(\boldsymbol{x}-\boldsymbol{x}_0)$$

为正(负)定的必要充分条件是:

(1)$\boldsymbol{A}$ 的本征值都大于零(都小于零);

(2)$\boldsymbol{A}$ 的所有顺序主式都大于零($\boldsymbol{A}$ 的奇数阶顺序主式都小于零,$\boldsymbol{A}$ 的偶数阶顺序主式都大于零).(注:可以有更多的充分条件.)

又因为当 $x>0,y>0$ 时只有唯一的驻点,所以是全局最小,为正方体.$z=2$ m,$S=24$ m^3.

再利用定理 1 可以证明当 $n=2,m=0$ 时,有以下定理.

定理 2(充分条件) 设函数 $z=f(x,y)$ 在点(x_0,y_0)的某邻域内连续且具有一阶及二阶连续偏导数,又 $f_x(x_0,y_0)=0$,$f_y(x_0,y_0)=0$,令

$$f_{xx}(x_0,y_0)=A$$

$$f_{xy}(x_0,y_0)=B$$

$$f_{yy}(x_0,y_0)=C$$

则 $f(x,y)$ 在(x_0,y_0)处是否取得极值的条件如下:

(1)$AC-B^2>0$ 时具有极值,且当 $A<0$ 时有极大值,当 $A>0$ 时有极小值;

(2)$AC-B^2<0$ 时没有极值;

(3)$AC-B^2=0$ 时可能有极值,也可能没有极值,还需另作讨论.

习题 5 对定理 2 中的(2)和(3),分别举出例子说明之.

例 2 用拉格朗日乘子法求解直圆柱形易拉罐问题

$$\min_{r>0,h>0} S(r,h)=2\pi(r^2+rh)$$

使得

$$g(r,h)=\pi r^2 h-V=0$$

解 设

$$L(r,h,\lambda)=2\pi(r^2+rh)-\lambda(\pi r^2 h-V)$$

并令

$$\begin{cases}\dfrac{\partial L}{\partial r}=4\pi r+2\pi h-2\pi r\lambda h=0\\\dfrac{\partial L}{\partial h}=2\pi r-\pi\lambda r^2=0,\quad \lambda=\dfrac{2}{r}\\\dfrac{\partial L}{\partial \lambda}=\pi r^2 h-V=0\end{cases}$$

把 $\lambda=\dfrac{2}{r}$ 代入第一式得 $h=2r$. 把 $h=2r$ 代入第三式得 $2\pi r^3-V=0, r_0=\sqrt[3]{\dfrac{V}{2\pi}}$. 与一元函数中的结果相同.

（叶其孝）

编辑手记

人类的思考本质是充满最值思维的.毛泽东在谈什么是政治的本质时说过一句非常经典的话:“就是要把我们的朋友搞得多多的,将我们的敌人搞得少少的.”这一多一少就是最值.

在现实生活中,人们无时无刻不做着最大和最小的计算,但这就要用到数学的帮助,搞科学研究的科学家也是如此.

正如英国著名科学家瑞利勋爵(Lord Rayleigh)所言:

这些例子……可以无限制地增多,表明没有数学的帮助,实验者要解释他得出的结果常常是多么困难.

《美国数学月刊》(*The American Mathematical Monthly*)前主编哈尔莫斯(Paul Richard Halmos,1916—2006)曾说过一句掷地有声的名言:“问题是数学的心脏”,将问题之于数学的重要性提到了无以复加的地位.而备受国人推崇的美国数学教育家波利亚(George Pólya,1887—1985)也曾说过:“教师要保持良好的解题胃口.”中国是一个考试大

国，也是一个考试古国，中国人崇拜考试，将其视为改变命运的唯一途径，中国的科举制度曾一度让西方羡慕不已，要考试就要有题目，而数学又是从西方的舶来品，所以西方国家的经典名题值得借鉴.

有人说中国经济至少落后美国50年，经济的事我们说不准，但数学大体是如此.下面我们回顾一下六十多年前美国数学科普界发生了哪些事件.

1956年，美国数学界出了两件大事：一件是由纽曼(Newman)主编的四大卷《数学世界》(*The World of Mathematics*)出版，并迅速成为英美的畅销书，要知道世界著名数理逻辑与人工智能专家道格拉斯·R.霍夫斯塔特(Douglas R. Hofstadter)高中毕业时收到的毕业礼物就是这套，其影响可见一斑.(2006年笔者在新西兰的一个专营旧书的店内以100纽币购得了一套.该书布面精装，深绿色封面相当典雅.)第二件事是有着170多年历史的著名科普杂志《科学美国人》(*Scientific American*)的主编皮尔(Gerard Piel)看到了数学科普的商机，决定创办《数学游戏》专栏.这两件事改变了马丁·加德纳(Martin Gardner)的一生，使他从一名哲学研究生成长为当代最著名的数学科普作家，因为皮尔邀请他主持这个专栏.

中国佛教讲起心动念，使我们想编此书的念头也是受以下两本图书的影响：

第一本是上海科技教育出版社推出的数学怪杰爱尔特希的传记《数字情种》.

在《数字情种》中有这样一个真实案例.国际知名大公司AT&T为有多个地址的公司顾客建立私人电话网络.AT&T的收费规定很严格，而且政府也规定私人建网的收费不应以所占公司的实际网线为依据，而应取决于连通不同地址所需线路的最小(理论)长度.其中一个客户是德尔塔航空公司，它有三个等间距的主要地址，假设都为1 000 mi(约1 600 km)，即这三个地址构成一个等边三角形的三个顶点，AT&T收德尔塔公司2 000 mi(约3 200 km)的线路费.

但德尔塔公司对这项收费提出质疑，他们利用1640年提出，后又于19世纪被瑞士数学家雅各布·斯坦纳(Jacob Steiner)发现的理论：如果他们在由这三个地址构成的等边三角形的正中心处设立第四个办公室，那么连线的总长度将降至1 730 mi(约2 780 km)，即降低了13.4%.这引起了AT&T管理层的恐慌，由此产生的两个问题需要他们考虑：①如果德尔塔公司再设第5个办公室又会如何？所需的连线还会进一步缩短吗？②如果所有私人网络用户都开始虚设办公室，那么公司要少收许多钱.格雷厄姆被委托处理此事.1968年其贝尔实验室的两位同事提出，不管网络有多大，添加站点节省的连线长度都不会超过13.4%，格雷厄姆为此悬赏500美金，直到1990年此奖金被普林斯顿大学博士后堵丁柱获得(此人也是我们东北人呀).

这段文字给我们的启示是“大哉数学之为用”，就其应用的广泛性和普遍性而言，最值问题是最佳的而且是最可能产生经济效益的.

曾获1974年图灵奖和1979年美国国家科学奖章的美国数学家克努特(Donald Ervin Knuth，1938—)，此人被国人广为知晓是因为他著的那套大书三卷本的《计算机程序艺术》(*The Art of Computer Programming*，Vols. 1，2，1968；Vol. 3，1973). 他在《美国数学月刊》(Vol. 92，1985，No. 3)上以“算法思维和数学思维”(Algorithmic Thinking and Mathematical Thinking)为题研究了“什么是好的数学”，得到的答案是：“好的数学是好的数学家做的东西”. 他的研究方法是从他自己的书架上取出9本书，大多数是其在学生时代的教科书，也有几本是为其他各种目的撰写的. 他仔细研究了每本书的第100页(“随机”选定的页)，并研究该页上的第一个结论. 他认为这样做可以得到好的数学家做的事的一个样本，并可以尝试理解其中蕴涵的思维类型.

他抽出的第一本书是他读大学时的一本《微积分教程》，作者是George Thomas. 在第100页上，作者所讨论的就是一个最值问题：当你必须以速度 s_1 从 $(0,a)$ 到 $(x,0)$，并以另一个速度 s_2 从 $(x,0)$ 到 $(d,-b)$ 时，问 x 取什么值能使从 $(0,a)$ 经 $(x,0)$ 到 $(d,-b)$ 的时间最短？Thomas认为这其实就是光学的“Snell定律”. 真妙，光线知道如何使它们的行程最短.

由此我们可以从概率的角度看出最值问题在数学中是最广泛存在的，因为随机抽取的第一本书翻到随机页数的第一个问题就是最值问题. 英国经济学家、哲学家边沁曾提出的一个为了大多数人的最大幸福而努力的准则. 仿此，我们是不是也应该按此方式选择选题方向呢！

本书对光行最速及折射定律也有涉及，其实如果数学素养更深，还可以用更高深的方法处理，如下列问题.

问题1 设 $y=y(x)$ 是通过 xOy 平面上给定的两点 A 与 B 的弧 γ 的方程. 确定这个弧，使得积分

$$\int_{\gamma}\frac{\mathrm{d}s}{y}$$

最大或最小，这里 $\mathrm{d}s$ 是弧微元.

解 在 γ 上有 $\mathrm{d}s=(1+y'^2)^{\frac{1}{2}}\mathrm{d}x$，从而上述积分取下面的形式

$$\int_{x_2}^{x_1}\frac{(1+y'^2)^{\frac{1}{2}}}{y}\mathrm{d}x$$

由此得到欧拉方程

$$\frac{\partial}{\partial y}\cdot\frac{(1+y'^2)^{\frac{1}{2}}}{y}-\frac{\mathrm{d}}{\mathrm{d}x}\cdot\frac{\partial}{\partial y'}\frac{(1+y'^2)^{\frac{1}{2}}}{y}=0$$

或

$$\frac{(1+y'^2)^{\frac{1}{2}}}{y^2}+\frac{\mathrm{d}}{\mathrm{d}x}\frac{y'}{y(1+y'^2)^{\frac{1}{2}}}=0$$

这是一个二阶方程，不可对它直接求积. 局部地将 x 表为 y 的函数更方便，由此出发，我们来处理积分

$$\int\frac{(1+x'^2)^{\frac{1}{2}}}{y}\mathrm{d}y$$

我们得到了同样的欧拉方程，它具有更便于求解的形式. 特别的，可将它写为

$$\frac{\partial}{\partial x}\cdot\frac{(1+x'^2)^{\frac{1}{2}}}{y}-\frac{\mathrm{d}}{\mathrm{d}y}\cdot\frac{\partial}{\partial x'}\cdot\frac{(1+x'^2)^{\frac{1}{2}}}{y}=0$$

但是，第一项取零，所以立即有第一积分

$$\frac{\partial}{\partial x'}\cdot\frac{(1+x'^2)^{\frac{1}{2}}}{y}=C$$

或

$$\frac{x'}{(1+x'^2)^{\frac{1}{2}}}=Cy$$

设

$$x'=\tan\varphi$$

于是有

$$Cy=\sin\varphi,\quad C\mathrm{d}y=\cos\varphi\mathrm{d}\varphi$$

由此可得

$$\mathrm{d}x=\tan\varphi\mathrm{d}y=\frac{1}{C}\sin\varphi\mathrm{d}\varphi$$

或者最后

$$x=x_0-\frac{1}{C}\cos\varphi,\quad y=\frac{1}{C}\sin\varphi$$

解曲线是中心在 x 轴上的圆. 这就确定了给定条件下的解. 在一般的情况下，存在一个解，这个解是过给定两点 A 与 B 的圆(图 1)(除非线段 AB 垂直于 x 轴，但这与变分问题的假设相矛盾).

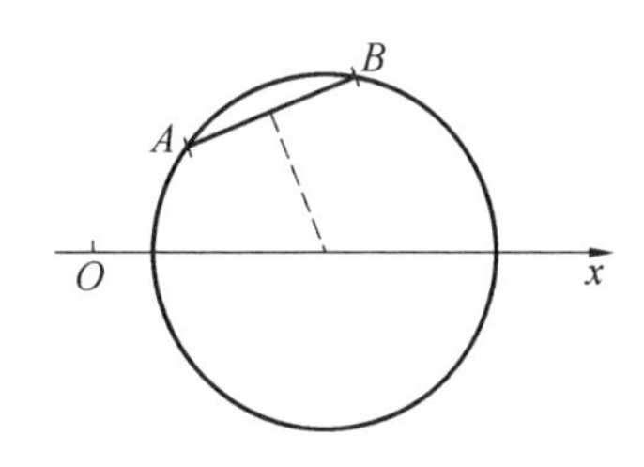

图 1

积分

$$\int\frac{\mathrm{d}s}{y}=\int\frac{\mathrm{d}\varphi}{\sin\varphi}$$

仅当 A 与 B 位于 x 轴的同一侧才是有意义的. 这时，表示解的弧是两个弧 AB 中

不与 x 轴相交的那一个弧.

我们再看一下折射问题：

光线可以看作一个运动的质点从一点到另一点花最少的时间所走过的路径. 它的速度(速度向量的绝对值) 在问题中的空间上构成了一个给定的数量场. 这个场在每一个齐次域上是常数.

问题 2 (1) 在 n 维空间中，考虑一个区域 $\mathscr{D}$，假定 $\mathscr{D}$ 可用曲面 S 分成两个子域. 设 A 表示一个子域中的一点，B 表示另一个子域中的一点. 对于两个给定的正数 n_1 与 n_2，在 S 上找一点 M，使得表达式

$$n_1MA + n_2MB$$

(这里 MA 与 MB 是点 M 分别到点 A 与点 B 的距离) 取最小值.

假设这个问题在 $\mathscr{D}$ 的内部有解. 考虑 $\mathscr{D}$ 是整个空间，而 S 是平面的情况.

(2) 设 $\varphi(x,y,z)$ 表示在三维空间中给定的连续函数. 假定 φ 有连续的一阶偏导数. 从联结两点 A 与 B 的所有曲线中，找出使得积分

$$\int_C \varphi(x,y,z)\mathrm{d}s$$

取最小值的曲线 C，这里 $\mathrm{d}s$ 表示 C 上的弧微分，并且假定所有这些曲线都具有变分法通常要求的正则性质.

写出 C 的微分方程. 研究 φ 不依赖 z 的特殊情况. 试证明，在这种情况下，C 是一条平面曲线. 考虑下述情况：φ 只依赖于 z，并且当 $z > z_1$ 时，它取常数值 n_1；当 $z < z_2$ 时，它取常数值 n_2. 这里 $z_1, z_2(z_1 > z_2)$ 是两个给定的数.

解 (1) 我们用 a_i 表示 A 的坐标，用 b_i 表示 B 的坐标，用 x_i 表示在曲面 S 上要求的点 M 的坐标，x_i 满足 S 的方程

$$f(x_1,\cdots,x_n)=0$$

我们在 S 上求一点 M，使得

$$n_1MA + n_2MB$$

取最小值，也就是

$$n_1\left[\sum(x_i-a_i)^2\right]^{\frac{1}{2}} + n_2\left[\sum(x_i-b_i)^2\right]^{\frac{1}{2}}$$

取最小值，其中 x_i 满足

$$f(x_i)=0$$

我们引进拉格朗日(Lagrange) 乘子 λ，并设

$$n_1\left[\sum(x_i-a_i)^2\right]^{\frac{1}{2}} + n_2\left[\sum(x_i-b_i)^2\right]^{\frac{1}{2}} + \lambda f(x_i)$$

的各个偏导数为零. 若令 $d_1 = MA$，$d_2 = MB$，则可求出 n 个方程

$$\frac{n_1}{d_1}(x_i-a_i) + \frac{n_2}{d_2}(x_i-b_i) + \lambda\frac{\partial f}{\partial x_i} = 0 \qquad ①$$

其中 x_i 满足 $f(x_i)=0$，在理论上，从这些方程中就可以确定出 $x_1,\cdots,x_n$ 及 λ. 我们指定

$$p=\left[\sum\left(\frac{\partial f}{\partial x_i}\right)^2\right]^{\frac{1}{2}}$$

若用 i_1 及 i_2 分别表示 S 在 M 处的法方向与 MA 及 MB 的夹角，则有(图 2)

$$\cos i_1=\frac{1}{pd_1}\sum(x_i-a_i)\frac{\partial f}{\partial x_i}$$

$$\cos i_2=\frac{1}{pd_2}\sum(x_i-b_i)\frac{\partial f}{\partial x_i}$$

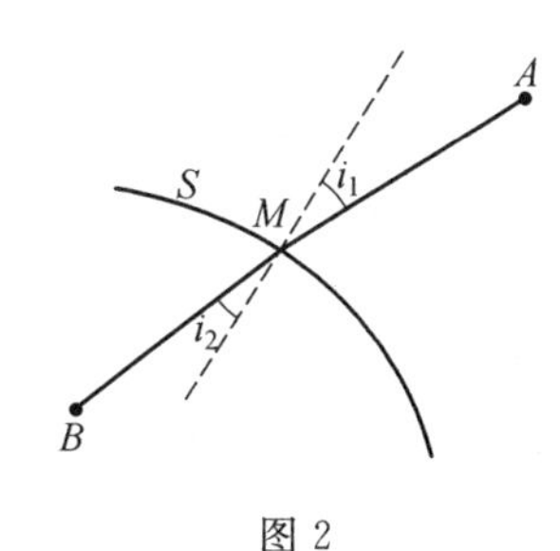

图 2

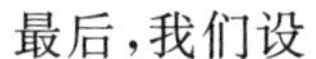

最后，我们设

$$\sum(x_i-a_i)(x_i-b_i)=h$$

利用乘数 $x_i-a_i,x_i-b_i,\frac{\partial f}{\partial x_i}$，我们可以从方程 ① 推出下面三个方程

$$n_1d_1+\frac{n_2}{d_2}h+\lambda pd_1\cos i_1=0$$

$$\frac{n_1}{d_1}h+n_2d_2+\lambda pd_2\cos i_2=0$$

$$n_1\cos i_1+n_2\cos i_2+\lambda p=0$$

在这三个方程中消去 h 与 λ，可得

$$n_1^2-n_2^2=n_1^2\cos^2 i_1-n_2^2\cos^2 i_2$$

或

$$n_1^2\sin^2 i_1=n_2^2\sin^2 i_2 \qquad ②$$

方程 ① 表示，由点 A,M,B 所确定的平面包含 S 在 M 处的法线. 方程 ② 可以写为

$$n_1\sin i_1=\pm n_2\sin i_2$$

为了确定这里的符号，我们将问题做如下的简化：在解的邻域内考虑一个平面，并局部地用一条直线代替 S 与这个平面的交线.

我们把这条曲线取作 x 轴. 现在来求

$$n_1[(x-a_1)^2+a_2^2]^{\frac{1}{2}}+n_2[(x-b_1)^2+b_2^2]^{\frac{1}{2}}$$

的极值(记号如图 3 所示)，其中 $a_2>0,b_2<0$.

这里只有一个参数. 若设上述函数的导数等于零，则有

$$\frac{n_1}{d_2}(x-a_1)+\frac{n_2}{d_2}(x-b_1)=0$$

式中 $x-a_1$ 与 $x-b_1$ 的符号相反. 点 M 在线段 AB 到 x 轴的投影的内部. 当角

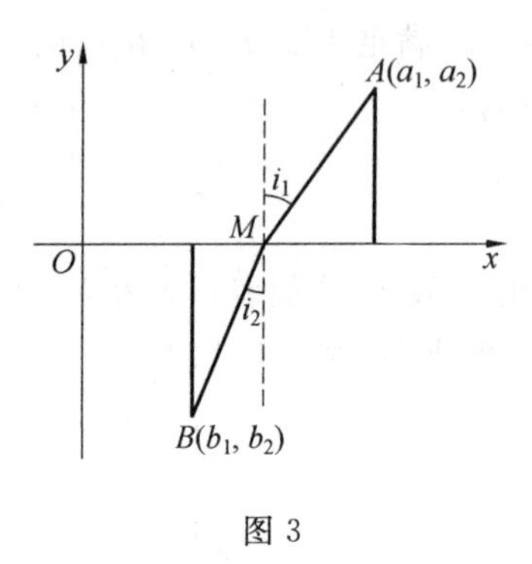

图 3

度位于 0 与 $\frac{\pi}{2}$ 之间时，可以明确地确定出角 i_1 与 i_2. 这时有

$$n_1 \sin i_1 = n_2 \sin i_2$$

这就是熟知的折射定律.

(2) 现在我们来讨论三维空间的情况：光线用最少可能的时间从点 A 到另一点 B. 但是，在非均匀各向同性的介质中，速度 V 是一个点函数. 假设这个函数是连续的. 光线通过两点所需要的时间由形如

$$\int \frac{\mathrm{d}s}{V} = \int \varphi(x, y, z)\,\mathrm{d}s$$

的积分给出，其中 $\varphi(x, y, z)$ 是变动的折射指数.

我们以这样的方式将 y 与 z 视为 x 的函数，使得上面的积分在联结两个固定点 A 与 B 的弧上求积时取最小值. 于是我们需要对函数

$$\varphi(x, y, z)(1 + y'^2 + z'^2)^{\frac{1}{2}}$$

建立欧拉微分方程组，这个方程组是

$$\frac{\partial \varphi}{\partial y}(1 + y'^2 + z'^2)^{\frac{1}{2}} - \frac{\mathrm{d}}{\mathrm{d}x} \cdot \frac{\varphi y'}{(1 + y'^2 + z'^2)^{\frac{1}{2}}} = 0$$

$$\frac{\partial \varphi}{\partial z}(1 + y'^2 + z'^2)^{\frac{1}{2}} - \frac{\mathrm{d}}{\mathrm{d}x} \cdot \frac{\varphi z'}{(1 + y'^2 + z'^2)^{\frac{1}{2}}} = 0$$

下面我们给出这些方程的解释：我们有 $\mathrm{d}s = (1 + y'^2 + z'^2)^{\frac{1}{2}}\mathrm{d}x$. 以 α, β, γ 表示切线 T 的方向余弦，切线 T 的方向与光线 C 的方向一致. 我们有

$$\frac{\partial \varphi}{\partial y} = \frac{\mathrm{d}}{\mathrm{d}s}(\varphi\beta), \quad \frac{\partial \varphi}{\partial z} = \frac{\mathrm{d}}{\mathrm{d}s}(\varphi\gamma)$$

类似的，如果不是把 x，而是 y 或 z 作为自变量，则有

$$\frac{\partial \varphi}{\partial x} = \frac{\mathrm{d}}{\mathrm{d}s}(\varphi\alpha)$$

通过求导，可得导数

$$\frac{\mathrm{d}\varphi}{\mathrm{d}s} = \alpha \frac{\partial \varphi}{\partial x} + \beta \frac{\partial \varphi}{\partial y} + \gamma \frac{\partial \varphi}{\partial z}$$

和 $\frac{\mathrm{d}\alpha}{\mathrm{d}s}$，根据弗雷内(Frenet) 公式

$$\frac{\mathrm{d}\alpha}{\mathrm{d}s} = \frac{\alpha_1}{R}, \quad \frac{\mathrm{d}\beta}{\mathrm{d}s} = \frac{\beta_1}{R}, \quad \frac{\mathrm{d}\gamma}{\mathrm{d}s} = \frac{\gamma_1}{R}$$

这里 $\alpha_1, \beta_1, \gamma_1$ 是曲线 C 主法线方向的方向余弦，R 是曲率半径. 这样一来，我们

有

$$\begin{cases}\dfrac{\partial\varphi}{\partial x}=\alpha\left(\alpha\dfrac{\partial\varphi}{\partial x}+\beta\dfrac{\partial\varphi}{\partial y}+\gamma\dfrac{\partial\varphi}{\partial z}\right)+\varphi\dfrac{\alpha_1}{R}\\ \dfrac{\partial\varphi}{\partial y}=\beta\left(\alpha\dfrac{\partial\varphi}{\partial x}+\beta\dfrac{\partial\varphi}{\partial y}+\gamma\dfrac{\partial\varphi}{\partial z}\right)+\varphi\dfrac{\beta_1}{R}\\ \dfrac{\partial\varphi}{\partial z}=\gamma\left(\alpha\dfrac{\partial\varphi}{\partial x}+\beta\dfrac{\partial\varphi}{\partial y}+\gamma\dfrac{\partial\varphi}{\partial z}\right)+\varphi\dfrac{\gamma_1}{R}\end{cases} \quad ③$$

这个公式表示曲线 C 在点 M 的摆动平面包含过点 M 的曲线 $\varphi=$ 常数的法线.

用 i 表示这个法线与 C 的切线之间的夹角,则有

$$p\sin i=\alpha_1\frac{\partial\varphi}{\partial x}+\beta_1\frac{\partial\varphi}{\partial y}+\gamma_1\frac{\partial\varphi}{\partial z}$$

这里

$$p=\left[\left(\frac{\partial\varphi}{\partial x}\right)^2+\left(\frac{\partial\varphi}{\partial y}\right)^2+\left(\frac{\partial\varphi}{\partial z}\right)^2\right]^{\frac{1}{2}}$$

现在由方程 ③ 可推出

$$p\sin i=\frac{\varphi}{R}$$

这就是非均匀介质中的折射定律.

因为 $\alpha=\dfrac{dx}{ds}$,所以 C 的微分方程变为

$$\varphi\frac{d^2x}{ds^2}+\frac{\partial\varphi}{\partial x}\left(\frac{dx}{ds}\right)^2+\frac{\partial\varphi}{\partial y}\frac{dx}{ds}\frac{dy}{ds}+\frac{\partial\varphi}{\partial z}\frac{dx}{ds}\frac{dz}{ds}=\frac{\partial\varphi}{\partial x}$$

和两个类似的方程.

引入带有角标的记号,我们把这些方程写为下述形式

$$\varphi\frac{d^2x_i}{ds^2}+\sum_k\frac{\partial\varphi}{\partial x_k}\cdot\frac{dx_i}{ds}\cdot\frac{dx_k}{ds}=\frac{\partial\varphi}{\partial x_i} \quad ④$$

这些方程与

$$\sum\left(\frac{dx_i}{ds}\right)^2=1$$

是相容的.它们是非均匀介质中光线的微分方程.

例 假定 φ 不依赖于 z,这时

$$\varphi x''+\varphi'x'z'=0,\quad \varphi y''+\varphi'y'z'=0,\quad \varphi z''+\varphi'z'^2=\varphi'$$

这里符号 $x'\cdots$ 表示对 s 求导.

由前两个方程可推出

$$x''y'-y''x'=0$$

所以 $y'=Kx'$,这里 K 是一个常数,从而 $y=Kx+K_1$.

轨道 C 在"竖直"平面上.把这个平面取为 xOz 平面,在这个平面上 $y=0$,

由此推出

$$\varphi x'' + \varphi' x' z' = 0, \quad \varphi z'' + \varphi' z'^2 = \varphi'$$

上面的第二个方程是包含 z, z', z'' 的方程，它们都是 s 的函数. 于是第二个方程给出 x. 它还有第一积分

$$\varphi \frac{\mathrm{d}x}{\mathrm{d}s} = \text{常数}$$

在这种情况下，我们也可以通过直接求积分

$$\int \varphi(z)(1 + x'^2)^{\frac{1}{2}} \mathrm{d}z$$

的极值来解这个问题，式中 x' 现在表示 x 关于 z 的导数.

欧拉方程有第一积分

$$\frac{\varphi(z) x'}{(1 + x'^2)^{\frac{1}{2}}} = \text{常数}$$

用 i 表示轨道与 z 轴(曲线 $\varphi(z) =$ 常数的法线) 的夹角(图 4). 于是有 $x' = \tan i$ 或

$$\frac{x'}{(1 + x'^2)^{\frac{1}{2}}} = \sin i$$

由此可得

$$\varphi(z) \sin i = \text{常数}$$

假定当 $z > z_1$ 时，$\varphi(z)$ 取常数值 n_1；当 $z < z_2$ 时，$\varphi(z)$ 取常数值 n_2. 在区域 $z_2 < z < z_1$ 之外，曲线 C 在局部上由直线段构成. 但是，在平面的上部分和下部分有两条不同的直线. 这两条直线分别与 z 轴构成角 i_1 与 i_2(图 5)，于是有

$$n_1 \sin i_1 = n_2 \sin i_2$$

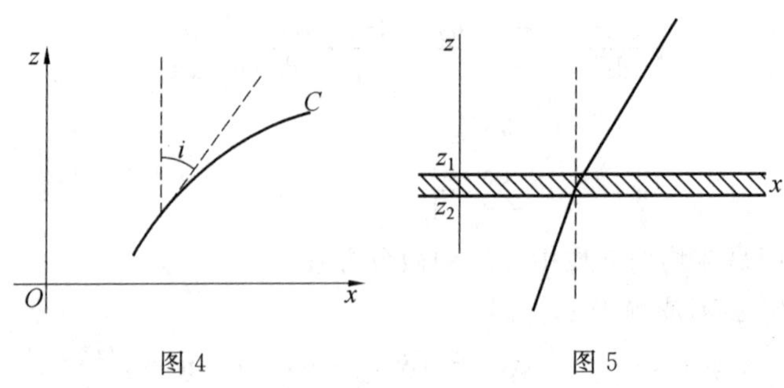

图 4　　图 5

我们可以假定在 $z_1 - z_2$ 趋向于零的过程中，这个结果仍然是合理的，尽管这时函数 $\varphi(z)$ 不可能是连续的，并且不可能满足关于欧拉方程所作的假设. 我们又一次找到了众所周知的折射定律，这个定律曾在问题 2(1) 中被直接证明过.

1954 年，菲尔兹奖得主日本数学家小平邦彦(Kunihiko Kodaira)在一篇名

为“数学的印象”的文章中谈到定理与应用时指出：在大学低年级的数学中，定理之所以为定理，乃是由于可应用于许多实例.

最值问题的特点是解题所依据的定理和方法较少，但题目种类繁多，花样翻新. 所以选择470个这样的问题不仅可供数学爱好者把玩欣赏，还可以供学子们借此复习课本中所学到的方法，并为那些枯燥的定理提供一点鲜活的例子；顺便还可以为不得不参加的那些各级各类升学考试增加一点分数. 在功利化如此盛行的社会中，一本没有任何功利目的的图书注定没有市场，若能一举数得，自然会皆大欢喜. 说不定还会催生出一位类似印度数学家拉马努金似的数学天才，因为1903年15岁的拉马努金得到了一本乔治·卡尔(George Carr)编的《纯粹与应用数学中的基础结果概要》(*A Synopsis of Elementary Results in Pureand Applied Mathematics*). 这本书因拉马努金而知名，它的作者没什么名气，但是书的结构却很有意思，其中列举了大约4 400个经典问题的结果，但仅仅是结果，而没有任何证明. 拉马努金花费数年时间通读了这本书，并将其中的结果一一验证，终成大器.

《470个数学奥林匹克中的最值问题》是我们数学工作室数学经典名题系列中的一本，以后还会陆续推出更多. 荷兰天文学家范得胡斯特(Vande Hulst, Hendrik Christoffell)发现：平均说来，一个氢原子每1 100万年左右只能发出一次射电波，能量相当微弱，但是这样的原子在空间很多，以至可以产生21 cm辐射的连绵细雨. 正是利用这样的辐射，可以详细描绘银河系的旋臂，这在射电天文望远镜产生之前很难做到. 这给了我们一个启示，不怕光亮小，只要数量多照样可以有所作为. 现在工作室如雨后春笋，数学普及类书籍的数量也是以指数形式增长，面对如此形势，我们既没有顾影自怜，也没有拿微不足道的成绩来骗自己，而是坚定地、不改初衷地坚持出版高端数学科普及奥数专业书籍，因为我们相信一定会得到读者的认可.

近年来在数学奥林匹克方面出现了大量最值问题，为了增强本书的实用性，我们再摘录一些题如下：

题1 设 S 为由所有不包含数码0的两位数所组成的集合. 若集合 S 中的两个两位数对应的最大的数码相等，最小的数码相差为1，则称这两个两位数为“朋友数”. 例如，68和85为朋友数，78和88为朋友数，而58和75不为朋友数. 若集合 S 的子集 T 满足 T 中的任意两个数均不为朋友数，求 $|T|$ 的最大值.

(2015年澳大利亚数学奥林匹克)

解 将集合 S 中的两位数排列如下

11

21,22,12

31,32,33,23,13

41,42,43,44,34,24,14

51,52,53,54,55,45,35,25,15

61,62,63,64,65,66,56,46,36,26,16

71,72,73,74,75,76,77,67,57,47,37,27,17

81,82,83,84,85,86,87,88,78,68,58,48,38,28,18

91,92,93,94,95,96,97,98,99,89,79,69,59,49,39,29,19

观察到,在同一行中任意相邻的两个数为朋友数.于是,集合 S 的子集 T 不能包含任意一行中的任意相邻两数.

注意到,在第 i 行上有 $2i-1$ 个元素,在第 i 行上可以选择的非朋友数的最大个数为 $i(1\leqslant i\leqslant 9)$,这表明,集合 T 最多包含 $1+2+\cdots+9=45$ 个元素.

此外,$|T|=45$ 当且仅当在第 i 行上间隔取 i 个数.从而,集合 T 唯一确定,即把每行的第偶数个数字去掉.

下面证明:集合 T 中不包含朋友数.

注意到,一些不相邻的数也可能为朋友数,例如,31 和 23 就是不相邻的朋友数.因为在集合 T 中两个两位数的最小数码均是奇数,所以,在每组最大数码相同的两个两位数中最小的数码的差值为偶数,即集合 T 中的任意两个两位数不可能为朋友数.故集合 T 中不包含朋友数.

综上,$|T|_{\max}=45$.

题 2 设 P 为所有 2 012 元数组 $(x_1,x_2,\cdots,x_{2\,012})$ 构成的集合,其中,对于每个 $i(1\leqslant i\leqslant 2\,012)$,$x_i\in\{1,2,\cdots,20\}$.

若对于每个 $(x_1,x_2,\cdots,x_{2\,012})\in A$,任意满足 $y_i\leqslant x_i(1\leqslant i\leqslant 2\,012)$ 的 $(y_1,y_2,\cdots,y_{2\,012})$ 也属于 A,则称集合 $A\subset P$ 为"递减的";若对于每个 $(x_1,x_2,\cdots,x_{2\,012})\in B$,任意满足 $y_i\geqslant x_i(1\leqslant i\leqslant 2\,012)$ 的 $(y_1,y_2,\cdots,y_{2\,012})$ 也属于 B,则称集合 $B\subset P$ 为"递增的".

求 $f(A,B)=\dfrac{|A\cap B|}{|A||B|}$ 的最大值,其中 A,B 分别为非空递减、递增的集合.

(2012 年第 20 届土耳其数学奥林匹克)

解 $f(A,B)_{\max}=\dfrac{1}{20^{2\,012}}$.

考虑更一般的情况,即 P 为 n 元数组构成的集合.

若 $A=B=P$,则 $f(A,B)=\dfrac{1}{20^n}$.

接下来对 n 用数学归纳法证明:$f(A,B)\leqslant\frac{1}{20^n}$.

当 $n=1$ 时,要使 $f(A,B)$ 取最大值,则 $A\cap B\neq\varnothing$.

设 $A=\{1,2,\cdots,a+c\}$,$B=\{20-b-c+1,\cdots,20\}(a+b+c=20,c>0)$,则

$$|A\cap B|=c,\quad |A|=a+c,\quad |B|=b+c$$

$$f(A,B)=\frac{c}{(a+c)(b+c)}=\frac{1}{20+\frac{ab}{c}}\leqslant\frac{1}{20}$$

假设 $n-1$ 时结论成立.

对于 n,设 $A=\bigcup_{i=1}^{20}A_i$,其中,A_i 是由集合 A 中最后一元为 i 的元素构成的集合,则 $|A|=\sum_{i=1}^{20}|A_i|$,可将 A_i 视为由其元素的前 $n-1$ 元数组构成的集合,且 $A_1\subset A_2\subset\cdots\subset A_{20}$.

设 $B=\bigcup_{i=1}^{20}B_i$,其中,B_i 是由集合 B 中最后一元为 i 的元素构成的集合,则 $|B|=\sum_{i=1}^{20}|B_i|$,可将 B_i 视为由其元素的前 $n-1$ 元数组构成的集合,且 $B_1\supset B_2\supset\cdots\supset B_{20}$.

故

$$|A\cap B|=\sum_{i=1}^{20}|A_i\cap B_i|\leqslant\frac{1}{20^{n-1}}\sum_{i=1}^{20}|A_i||B_i|\leqslant$$
$$\frac{1}{20^{n-1}}\times\frac{1}{20}\left(\sum_{i=1}^{20}|A_i|\right)\left(\sum_{i=1}^{20}|B_i|\right)=$$
$$\frac{1}{20^n}|A||B|$$

其中,第一个不等式用的是归纳假设,第二个不等式用的是切比雪夫不等式.

因此,$f(A,B)\leqslant\frac{1}{20^n}$.

题 3 正整数 $x_1,x_2,\cdots,x_n(n\in\mathbf{Z}_+)$ 满足 $x_1^2+x_2^2+\cdots+x_n^2=111$. 求 $S=\frac{x_1+x_2+\cdots+x_n}{n}$ 的最大可能值.

(第八届中国北方数学奥林匹克邀请赛)

解 由于 $111\equiv 7(\mathrm{mod}\ 8)$,且 $x^2\equiv 0,1,4(\mathrm{mod}\ 8)(n\in\mathbf{N})$,故 $n\geqslant 4$.

(1) 当 $n=4$ 时

$$S\leqslant\sqrt{\frac{x_1^2+x_2^2+x_3^2+x_4^2}{4}}=\frac{2\sqrt{111}}{4}<\frac{22}{4}$$

取(5,5,5,6)为一组解,此时 $S=\frac{21}{4}$.

(2) 当 $n\geqslant 5$ 时

$$\frac{x_1+x_2+\cdots+x_n}{n}\leqslant\sqrt{\frac{x_1^2+x_2^2+\cdots+x_n^2}{n}}=\sqrt{\frac{111}{5}}<\frac{21}{4}$$

综上,S 的最大值为$\frac{21}{4}$.

题 4 已知正整数 $n\geqslant 2$.定义集合 T 为

$$T=\{(i,j)\mid 1\leqslant i<j\leqslant n,i,j\in\mathbf{Z},且\ i\mid j\}$$

对于任意满足 $x_1+x_2+\cdots+x_n=1$ 的非负实数 $x_1,x_2,\cdots,x_n$,求 $\sum\limits_{(i,j)\in T}x_ix_j$ 的最大值(表示为关于 n 的函数).

(2013 年第 26 届韩国数学奥林匹克)

解 设 $\sum\limits_{(i,j)\in T}x_ix_j$ 的最大值为 $M(n)$.

下面证明:$M(n)=\frac{[\log_2 n]}{2([\log_2 n]+1)}$.

设 $k=[\log_2 n]$,取 $x_{2^0}=x_{2^1}=\cdots=x_{2^k}=\frac{1}{k+1}$,其余的 $x_i=0$,则

$$x_1+x_2+\cdots+x_n=1$$

且

$$\sum_{(i,j)\in T}x_ix_j=\frac{1}{(k+1)^2}\mathrm{C}_{k+1}^2=\frac{k}{2(k+1)}$$

于是

$$M(n)\geqslant\frac{[\log_2 n]}{2([\log_2 n]+1)}$$

考虑能够得到 $M(n)$ 的 $x_1,x_2,\cdots,x_n$,且使得满足 $x_i=0$ 的 i 的个数最多.在这种情况下,若 $x_a,x_b\neq 0$,且 $a<b$,则 $(a,b)\in T$.

事实上,若 $(a,b)\notin T$,则令 $x'_a=x_a-\varepsilon,x'_b=x_b+\varepsilon,x'_i=x_i(i\neq a,b)$.

故 $x'_1+x'_2+\cdots+x'_n=1$ 仍然成立.于是,$\sum\limits_{(i,j)\in T}x'_ix'_j$ 为关于ε 的线性函数.

对于 $\varepsilon=x_a$ 或 $-x_b$,有 $\sum\limits_{(i,j)\in T}x'_ix'_j\geqslant\sum\limits_{(i,j)\in T}x_ix_j$.

这与满足 $x_i=0$ 的 i 的个数最多矛盾.

设 $C=\{i\mid x_i>0\}$.

若 $i,j\in C$,且 $i<j$,则 $(i,j)\in T$.

于是,若 $C=\{i_1,i_2,\cdots,i_t\}$,且 $i_1<i_2<\cdots<i_t$,则对于所有的 $l=2,3,\cdots$,

t,均有 $i_l \geqslant 2i_{l-1}$.

从而,$n \geqslant i_t \geqslant 2^{t-1} i_1 \geqslant 2^{t-1}$.

这表明,$t-1 \leqslant \log_2 n$,即 $|C| \leqslant k+1$.

由柯西不等式得

$$\sum_{(i,j)\in T} x_i x_j = \frac{1}{2}\left[\left(\sum_{i\in C} x_i\right)^2 - \sum_{i\in C} x_i^2\right] \leqslant \frac{1}{2}\left[1 - \frac{1}{|C|}\left(\sum_{i\in C} x_i\right)^2\right] \leqslant \frac{1}{2}\left(1-\frac{1}{k+1}\right) = \frac{k}{2(k+1)}$$

特别的

$$M(n) \leqslant \frac{[\log_2 n]}{2([\log_2 n]+1)}$$

综上

$$M(n) = \frac{[\log_2 n]}{2([\log_2 n]+1)}$$

题 5 已知集合 $A_i(i=1,2,\cdots,160)$ 满足 $|A_i|=i$. 按如下步骤选取这些集合中的元素组成新集合 $M_1,M_2,\cdots,M_n$.

第一步:从集合 $A_1,A_2,\cdots,A_{160}$ 中选出一些集合,并去掉这些集合中相同个数的元素,且这些元素组成集合 M_1;

第二步:在剩下的集合中继续重复第一步,得到集合 M_2;

……

继续如上步骤至集合 $A_1,A_2,\cdots,A_{160}$ 均变成空集,定义新的集合为 M_3,$M_4,\cdots,M_n$.

求 n 的最小值.

(2013 年第 30 届希腊数学奥林匹克)

解 假设第一步在所选集合中选取了 k_1 个元素,第二步在余下的集合中选取了 k_2 个元素,依此类推,第 n 步选取了 k_n 个元素,则 $|A_i|=i(i=1,2,\cdots,160)$ 必为 $k_1,k_2,\cdots,k_n$ 中若干数之和.

注意到,集合 $\{k_1,k_2,\cdots,k_n\}$ 的子集的所有元素之和最多有 2^n 个.

于是,$2^n \geqslant 160$,从而,$n \geqslant 8$.

接下来说明:$n=8$ 是可以取到的.

第一步去掉每个集合 $A_{81},A_{82},\cdots,A_{160}$ 中的 80 个元素. 于是,集合 M_1 中的元素个数为 $|M_1|=80\times 80=6\ 400$.

去掉这 80 个元素后,记余下集合为 $A'_{81},A'_{82},\cdots,A'_{160}$,集合 A_i 与 A'_{80+i} $(i=1,2,\cdots,80)$ 均包含 i 个元素.

第二步去掉每个集合 $A_{41},A_{42},\cdots,A_{80},A'_{121},A'_{122},\cdots,A'_{160}$ 中的 40 个元素.

于是，集合 M_2 中的元素个数为 $|M_2|=80\times 40=3\ 200$.

继续上述方法.

于是，集合 M_3 中的元素个数为 $|M_3|=80\times 20=1\ 600$.

类似的，$|M_4|=800$.

第五步操作后，有 32 组：$A_i^{(k)}(k=1,2,\cdots,32,i=1,2,3,4,5)$，且 $|A_i^{(k)}|=i$.

第六步，将从有 3,4,5 个元素的集合中各取三个元素，得到 $|M_6|=32\times 9=288$，此时，非空集合有 64 组，每组中有一个的元素为一个，另一个的元素为两个.

第七步，在每个集合中取一个元素，得到 M_7，则 $|M_7|=128$，余下 64 个单元素集合，这些元素构成 M_8，于是，$|M_8|=64$.

综上，n 的最小值为 8.

题 6 设 $x_k\in[-2,2](k=1,2,\cdots,2\ 013)$，且 $x_1+x_2+\cdots+x_{2\ 013}=0$. 试求 $M=x_1^3+x_2^3+\cdots+x_{2\ 013}^3$ 的最大值.

（第九届北方数学奥林匹克邀请赛）

解 由 $x_i\in[-2,2](i=1,2,\cdots,2\ 013)$，知

$$x_i^3-3x_i=(x_i-2)(x_i+1)^2+2\leqslant 2$$

当且仅当 $x_i=2$ 或 -1 时，上式等号成立.

注意到，$\sum_{i=1}^{2\ 013}x_i=0$，故

$$M=\sum_{i=1}^{2\ 013}x_i^3=\sum_{i=1}^{2\ 013}(x_i^3-3x_i)\leqslant\sum_{i=1}^{2\ 013}2=4\ 026$$

当 $x_1,x_2,\cdots,x_{2\ 013}$ 中有 671 个取值为 2，有 1 342 个取值为 -1 时，上式等号成立. 因此，M 的最大值为 4 026.

题 7 设集合 $A,B\subseteq\mathbf{Z}_+$，已知集合 A 中任意两个不同元素之和均为集合 B 中的元素，且 B 中任意两个不同元素（大数除以小数）之商均为 A 中的元素. 求 $A\cup B$ 中元素个数的最大值.

（2011 年第 52 届荷兰国家队选拔考试）

解 假设集合 A 中至少含三个元素，不妨记为 $a<b<c$，则集合 B 中三个不同的元素为 $a+b<a+c<b+c$.

于是，集合 A 中含元素 $\frac{b+c}{a+c}$，且为整数，故

$$(a+c)\mid(b+c)\Rightarrow(a+c)\mid((b+c)-(a+c))\Rightarrow(a+c)\mid(b-a)$$

由 $a<b$，知 $a+c\leqslant b-a\Rightarrow c\leqslant b-2a<b$，与 $c>b$ 矛盾.

从而，集合 A 中至多有两个元素.

假设集合 B 中至少含四个元素，不妨记为 $a<b<c<d$.

则集合 A 中三个不同的元素为 $\frac{d}{a}, \frac{d}{b}, \frac{d}{c}$，但这与集合 A 中至多有两个元素矛盾. 于是，集合 B 中至多有三个元素.

从而，$A \cup B$ 中至多有五个元素，且是可以实现的.

例如，$A=\{2,4\}, B=\{3,6,12\}$.

易知，$2+4=6 \in B, \frac{12}{6}=\frac{6}{3}=2 \in A, \frac{12}{3}=4 \in A$.

因此，集合 A, B 满足条件.

综上，$A \cup B$ 中的元素个数的最大值为 5.

题 8 求最小的正整数 n，使得 $n=\sum_{a \in A} a^2$，其中，A 为正整数构成的有限集合，且 $\sum_{a \in A} a=2\ 014$.

（2014 年芬兰高中数学竞赛）

解 假设正整数 a, b, c 满足 $a=b+c$，则 $a^2=b^2+c^2+2bc>b^2+c^2$.

于是，对于任何一个由正整数构成的集合且使平方和为最小，则该集合中最小的元素为 1 或 2.

若 $a+2<b$，则

$$a+1<b-1$$

$$(a+1)^2+(b-1)^2=a^2+b^2+2(a-b)+2<a^2+b^2$$

即对应着最小的平方和集合中，将项按递增顺序排列得到一个数列，相邻的两项差最大为 2，且差为 2 最多出现一次.

假设差为 2 出现两次，不妨假设 $a<b$，有两次差为 2 的数列为 $a, a+2, \cdots, b, b+2$，对于另一个数列 $a+1, a+2, \cdots, b, b+1$，有

$$(a+1)^2+(a+2)^2+\cdots+b^2+(b+1)^2<$$
$$a^2+(a+2)^2+\cdots+b^2+(b+2)^2$$

矛盾.

而 $\sum_{k=1}^{63} k=32 \times 63=2\ 016$，则满足题意的唯一集合为 $A=\{1,3,\cdots,63\}$.

由平方和公式，得

$$\sum_{a \in A} a^2=\frac{63 \times 64 \times 127}{6}-2^2=85\ 340$$

题 9 定义 S 为所有形如 $a_0+10a_1+10^2a_2+\cdots+10^n a_n(n=0,1,\cdots)$ 的数的集合，其中：

(1) a_i 为整数，$0 \leqslant a_i \leqslant 9(i=0,1,\cdots,n), a_n \neq 0$；

(2) $a_i<\frac{a_{i-1}+a_{i+1}}{2}(i=1,2,\cdots,n-1)$.

求集合 S 中的最大数.

(2014 年澳大利亚数学奥林匹克)

解 设 $b_i = a_{i+1} - a_i (i=0,1,\cdots)$.

条件(2) 等价于 $b_0, b_1, b_2, \cdots$ 是严格递增数列.

本题需用到如下引理:

引理 至多三个 b_i 是正的,至多三个 b_i 是负的.

证明 假设有四个 b_i 是正的.

若 b_s 是这样的 b_i 中最小的一个,则 $b_s \geqslant 1, b_{s+1} \geqslant 2, b_{s+2} \geqslant 3, b_{s+3} \geqslant 4$.

故 $a_{s+4} - a_s = b_s + b_{s+1} + b_{s+2} + b_{s+3} \geqslant 1+2+3+4=10$.

这与 a_{r+4}, a_r 均为一位数且它们至多差 9 矛盾.

仿照上面的讨论可证明没有四个 b_i 是负的.

引理得证.

引理表明 $n \leqslant 7$.

若 $n=7$,则一定有 $b_0 < b_1 < b_2 < 0, b_3 = 0, 0 < b_4 < b_5 < b_6$.

由于 b_i 为不同整数,$b_0 \leqslant -3, b_1 \leqslant -2, b_2 \leqslant -1$,则

$$a_0 \leqslant 9$$
$$a_1 = a_0 + b_0 \leqslant 9 - 3 = 6$$
$$a_2 = a_1 + b_1 \leqslant 6 - 2 = 4$$
$$a_3 = a_2 + b_2 \leqslant 4 - 1 = 3$$

类似的,有

$$b_6 \geqslant 3, \quad b_5 \geqslant 2, \quad b_4 \geqslant 1$$

故

$$a_7 \leqslant 9$$
$$a_6 = a_7 - b_6 \leqslant 9 - 3 = 6$$
$$a_5 = a_6 - b_5 \leqslant 6 - 2 = 4$$
$$a_4 = a_5 - b_4 \leqslant 4 - 1 = 3$$

这表明,S 中没有超过 96 433 469 的数.

易验证 96 433 469 在 S 中.

故 96 433 469 是 S 中最大的数.

题 10 设 x, y 为正实数,求 $x + y + \frac{|x-1|}{y} + \frac{|y-1|}{x}$ 的最小值.

(2014 年中国西部数学邀请赛)

解 记

$$f(x,y) = x + y + \frac{|x-1|}{y} + \frac{|y-1|}{x}$$

若 $x\geqslant 1,y\geqslant 1$,则

$$f(x,y)\geqslant x+y\geqslant 2$$

若 $0<x\leqslant 1,0<y\leqslant 1$,则

$$f(x,y)=x+y+\frac{1-x}{y}+\frac{1-y}{x}\geqslant x+y+1-x+1-y=2$$

否则,不妨设 $0<x<1<y$.

故

$$\begin{aligned}f(x,y)=x+y+\frac{1-x}{y}+\frac{y-1}{x}=\\y+\frac{1}{y}+\frac{xy-x}{y}+\frac{y-1}{x}=\\y+\frac{1}{y}+(y-1)\left(\frac{x}{y}+\frac{1}{x}\right)\geqslant\\2\sqrt{y\cdot\frac{1}{y}}+0=2\end{aligned}$$

因此,对于任意的 $x>0,y>0$,有 $f(x,y)\geqslant 2$.

又 $f(1,1)=2$,故所求最小值为 2.

题 11 给定正整数 n,设 $a_1,a_2,\cdots,a_n$ 为非负整数序列,若其中连续若干项(可以只有一项)的算术平均值不小于 1,则称这些项组成一条“龙”,其中第一项称为“龙头”,最后一项称为“龙尾”. 已知 $a_1,a_2,\cdots,a_n$ 中每一项均为龙头或者龙尾. 求 $\sum_{i=1}^{n}a_i$ 的最小值.

(2014 年中国西部数学邀请赛)

解 $\sum_{i=1}^{n}a_i$ 的最小值为 $\left[\frac{n}{2}\right]+1$.

首先给出构造:当 $n=2k-1$ 时,令 $a_k=k$,其他项为 0;当 $n=2k$ 时,令 $a_k=k,a_{2k}=1$,其他项为 0.

容易验证,此时数列中每一项均为龙头或者龙尾,且 $\sum_{i=1}^{n}a_i=\left[\frac{n}{2}\right]+1$.

接下来用数学归纳法证明:对满足要求的数列 $a_1,a_2,\cdots,a_n$,均有

$$\sum_{i=1}^{n}a_i\geqslant\left[\frac{n}{2}\right]+1$$

当 $n=1$ 时,结论显然成立.

假设结论对所有小于 n 项的数列成立,考虑 n 项的数列 $a_1,a_2,\cdots,a_n$,其中每一项均为龙头或龙尾.

设以 a_1 为龙头的最长的龙有 t 项,若 $t\geqslant\left[\frac{n}{2}\right]+1$,则结论成立.

若 $t\leqslant\left[\frac{n}{2}\right]$,则由 $a_1,a_2,\cdots,a_t$ 为最长的龙知 $a_1+a_2+\cdots+a_t=t$,且 $a_{t+1}=0$.

令 $b_1=a_{t+1}+a_{t+2}+\cdots+a_{2t},b_2=a_{2t+1},b_3=a_{2t+2},\cdots,b_{n-2t+1}=a_n$.

下面证明:在数列 $b_1,b_2,\cdots,b_{n-2t+1}$ 中,对 $1\leqslant i\leqslant n-2t+1,b_i$ 均为龙头或龙尾.

若 a_{i+2t-1} 为龙头,则 b_i 也为龙头;

若 a_{i+2t-1} 为龙尾,则存在正整数 m 使得 $a_m+a_{m+1}+\cdots+a_{i+2t-1}\geqslant i+2t-m$.

对 m 的值分类讨论如下.

(1) 当 $m\geqslant 2t+1$ 时,有

$$b_{m-2t+1}+b_{m-2t+2}+\cdots+b_i=a_m+a_{m+1}+\cdots+a_{i+2t-1}\geqslant i+2t-m$$

于是,b_i 为龙尾;

(2) 当 $t+1\leqslant m\leqslant 2t$ 时,有

$$b_1+b_2+\cdots+b_i\geqslant a_m+a_{m+1}+\cdots+a_{i+2t-1}\geqslant i+2t-m\geqslant i$$

可得 b_i 为龙尾;

(3) 当 $m\leqslant t$ 时,有

$$b_1+b_2+\cdots+b_i=a_1+a_2+\cdots+a_{i+2t-1}-t\geqslant i+2t-m-t\geqslant i$$

同样可得 b_i 也为龙尾.

于是,在数列 $b_1,b_2,\cdots,b_{n-2t+1}$ 中,由归纳假设知

$$\sum_{i=1}^{n-2t+1}b_i\geqslant\left[\frac{n-2t+1}{2}\right]+1$$

故

$$\sum_{i=1}^{n}a_i=t+\sum_{i=1}^{n-2t+1}b_i\geqslant t+\left[\frac{n-2t+1}{2}\right]+1\geqslant\left[\frac{n}{2}\right]+1$$

结论对 n 项数列也成立.

综上,$\sum\limits_{i=1}^{n}a_i$ 的最小值为 $\left[\frac{n}{2}\right]+1$.

题 12 设 $x,y,z,w\in\mathbf{R}$,且 $x+2y+3z+4w=1$,求 $s=x^2+y^2+z^2+w^2+(x+y+z+w)^2$ 的最小值.

(第十届北方数学奥林匹克邀请赛)

解 注意到

$$1=2(x+y+z+w)-x+0y+z+2w$$

则

$$1^2\leqslant(2^2+(-1)^2+0^2+1^2+2^2)((x+y+z+w)^2+x^2+y^2+z^2+w^2)$$

故

$$s \geqslant \frac{1^2}{2^2+(-1)^2+0^2+1^2+2^2}=\frac{1}{10} \qquad ①$$

当 $y=0$，且 $\frac{x+y+z+w}{2}=-x=z=\frac{w}{2}$，即 $x=-\frac{1}{10}$，$y=0$，$z=\frac{1}{10}$，$w=\frac{1}{5}$ 时，式 ① 等号成立.

从而，s 的最小值为 $\frac{1}{10}$.

题 13 设正整数 x,y,z 满足 $\frac{x(y+1)}{x-1}$，$\frac{y(z+1)}{y-1}$，$\frac{z(x+1)}{z-1}$ 的值均为整数，求 xyz 的最大可能值.

（2014 ～ 2015 年匈牙利数学奥林匹克）

解 易知，$x-1>0$，$y-1>0$，$z-1>0$，从而，$x\geqslant 2$，$y\geqslant 2$，$z\geqslant 2$.

不妨设 x 最小.

由 $(x-1,x)=1$ 及 $\frac{x(y+1)}{x-1}\in \mathbf{Z}$，知

$$(x-1)\mid (y+1)\Rightarrow y+1>x-1$$

类似的

$$(y-1)\mid (z+1)$$
$$(z-1)\mid (x+1)$$

故

$$z+1\geqslant y-1$$
$$x+1\geqslant z-1\Rightarrow y+1\leqslant z+3\leqslant x+5$$

又 $(x-1)\mid ((y+1)-(x-1))$，且 $y+1>x-1$，故

$$0<(y+1)-(x-1)\leqslant (x+5)-(x-1)=6\Rightarrow$$
$$x-1\leqslant 6\Rightarrow x\leqslant 7\Rightarrow z\leqslant x+2\leqslant 9\Rightarrow$$
$$y\leqslant z+2\leqslant 11\Rightarrow xyz\leqslant 7\times 9\times 11=693$$

当 $x=7$，$y=11$，$z=9$ 时，$\frac{y+1}{x-1}=2$，$\frac{z+1}{y-1}=1$，$\frac{x+1}{z-1}=1$.

因此，xyz 的最大可能值为 693.

题 14 现有 335 个两两不同的正整数，其和为 100 000. 求奇数个数的最大值、最小值.

（2015 年德国数学竞赛）

解 设奇数个数为 n，则偶数个数为 $335-n$.

设这些正奇数为 $a_1,a_2,\cdots,a_n$，正偶数为 $b_1,b_2,\cdots,b_{335-n}$，则

$$a_1+a_2+\cdots+a_n+b_1+b_2+\cdots+b_{335-n}=100\ 000$$

故 $0 \equiv a_1 + a_2 + \cdots + a_n \equiv n(\bmod 2)$. 从而,$n$ 为偶数.

当 $a_i = 2i-1(i=1,2,\cdots,314)$,$b_i = 2i(i=1,2,\cdots,20)$,$b_{21}=984$ 时,满足条件.

此时,$n=314$.

假设 $n \geqslant 316$,则

$$\begin{aligned}&a_1+a_2+\cdots+a_n+b_1+b_2+\cdots+b_{335-n} \geqslant\\&1+3+\cdots+2n-1+2+4+\cdots+2(335-n)=\\&n^2+(335-n)(336-n)=2n^2-671n+112\ 560 \geqslant\\&2\times 316^2-671\times 316+112\ 560=100\ 236>100\ 000\end{aligned}$$

矛盾.

故 n 的最大值为 314.

当 $a_i = 2i-1(i=1,2,\cdots,20)$,$b_i=2i(i=1,2,\cdots,314)$,$b_{315}=690$ 时,满足条件.

此时,$n=20$.

假设 $n \leqslant 18$,则

$$\begin{aligned}&a_1+a_2+\cdots+a_n+b_1+b_2+\cdots+b_{335-n} \geqslant\\&2n^2-671n+112\ 560 \geqslant\\&2\times 18^2-671\times 18+112\ 560=101\ 130>100\ 000\end{aligned}$$

矛盾.

故 n 的最小值为 20.

题 15　已知 n 为正整数,使得存在正整数 $x_1,x_2,\cdots,x_n$ 满足

$$x_1x_2\cdots x_n(x_1+x_2+\cdots+x_n)=100n$$

求 n 的最大可能值.

(2017 年中国西部数学邀请赛)

解　n 的最大可能值为 9 702.

显然,由已知等式得 $\sum_{i=1}^{n} x_i \geqslant n$,故 $\prod_{i=1}^{n} x_i \leqslant 100$.

又等号无法成立,则 $\prod_{i=1}^{n} x_i \leqslant 99$. 而

$$\prod_{i=1}^{n} x_i = \prod_{i=1}^{n}((x_i-1)+1) \geqslant \sum_{i=1}^{n}(x_i-1)+1=\sum_{i=1}^{n}x_i-n+1$$

则

$$\sum_{i=1}^{n} x_i \leqslant \prod_{i=1}^{n} x_i+n-1 \leqslant n+98 \Rightarrow \qquad ①$$

$$99(n+98) \geqslant 100n \Rightarrow n \leqslant 99\times 98=9\ 702$$

取 $x_1=99$，$x_2=x_3=\cdots=x_{9\,702}=1$，可使式 ① 等号成立.

题 16 设 A 为由十个实系数五次多项式组成的集合.已知存在 k 个连续的正整数 $n+1,n+2,\cdots,n+k$ 及 $f_i(x)\in A(1\leqslant i\leqslant k)$，使得 $f_1(n+1),f_2(n+2),\cdots,f_i(n+k)$ 构成等差数列，求 k 的最大可能值.

（第 39 届俄罗斯数学奥林匹克）

解 由 $f_1(n+1),f_2(n+2),\cdots,f_k(n+k)$ 构成等差数列，知存在实数 a，b 满足 $f_i(n+i)=ai+b$.

注意到，对任意五次多项式 f，方程 $f(n+x)=ax+b$ 至多有五个实根.

于是，A 中每个多项式在 $f_1,f_2,\cdots,f_k$ 中至多出现五次.

从而，$k\leqslant 50$.

下面给出 $k=50$ 的例子.

令 $P_k(x)=(x-(5k-4))(x-(5k-3))\cdots(x-5k)+x(k=1,2,\cdots,10)$，则 $f_{5k}=f_{5k-1}=f_{5k-2}=f_{5k-3}=f_{5k-4}=P_k(1\leqslant k\leqslant 10)$.

故 $f_k(k)=k(1\leqslant k\leqslant 50)$.

题 17 已知 t 为 $x^2+x-4=0$ 的正实根.对于非负整系数多项式 $P(x)=a_nx^n+a_{n-1}x^{n-1}+\cdots+a_1x+a_0(n\in\mathbf{Z}_+)$，有 $P(t)=2\,017$.

(1) 证明：$a_0+a_1+\cdots+a_n\equiv 1(\bmod 2)$；

(2) 求 $a_0+a_1+\cdots+a_n$ 的最小可能值.

（2017 年第 34 届希腊数学奥林匹克）

证明 (1) 易知，$t=\dfrac{-1+\sqrt{17}}{2}$ 为无理数.

由题意，知 t 是整系数多项式 $F(x)=P(x)-2\,017$ 的零点，且 $\dfrac{-1-\sqrt{17}}{2}$ 也为此多项式的零点.

设 $F(x)=P(x)-2\,017=(x^2+x-4)Q(x)+kx+\lambda(k,\lambda\in\mathbf{Z})$，则 $k=\lambda=0$. 故

$$F(x)=P(x)-2\,017=(x^2+x-4)Q(x)\Leftrightarrow$$
$$a_nx^n+a_{n-1}x^{n-1}+\cdots+a_1x+a_0-2\,017=(x^2+x-4)Q(x)$$

当 $x=1$ 时，上式为

$$a_n+a_{n-1}+\cdots+a_0-2\,017=-2Q(1)\Rightarrow$$
$$a_n+a_{n-1}+\cdots+a_0=2\,017-2Q(1)\equiv 1(\bmod 2)$$

(2) 设非负整数集合 $\{a_0,a_1,\cdots,a_n\}$ 满足：

① $a_nt^n+a_{n-1}t^{n-1}+\cdots+a_1t+a_0=2\,017$；

② $a_0+a_1+\cdots+a_n$ 最小.

首先，$0\leqslant a_i\leqslant 3(i=0,1,\cdots)$.

否则,对于某些 $i=0,1,\cdots$,不存在 $0\leqslant a_i\leqslant 3$. 于是

$$\{a_0,\cdots,a_{i-1},a_i-4,a_{i+1}+1,a_{i+2}+1,a_{i+3},\cdots,a_n\}$$

为非负整数集合,满足条件 ①. 但此时集合各元素之和小于 $a_0+a_1+\cdots+a_n$,与 ② 矛盾.

设 $Q(x)=b_{n-2}x^{n-2}+b_{n-3}x^{n-3}+\cdots+b_1x+b_0$,则

$$a_nx^n+a_{n-1}x^{n-1}+\cdots+a_1x+a_0-2\ 017=(x^2+x-4)Q(x)$$

由对应项系数相等知

$$\begin{cases}a_0-2\ 017=-4b_0\\ a_1=-4b_1+b_0\\ a_2=-4b_2+b_1+b_0\\ a_3=-4b_3+b_2+b_1\\ \vdots\\ a_{n-2}=-4b_{n-2}+b_{n-3}+b_{n-4}\\ a_{n-1}=b_{n-2}+b_{n-3}\\ a_n=b_{n-2}\end{cases}\Leftrightarrow\begin{cases}a_0-2\ 017=-4b_0\\ a_1-b_0=-4b_1\\ a_2-b_1-b_0=-4b_2\\ a_3-b_2-b_1=-4b_3\\ \vdots\\ a_{n-2}-b_{n-3}-b_{n-4}=-4b_{n-2}\\ a_{n-1}-b_{n-2}=b_{n-3}\\ a_n=b_{n-2}\end{cases}\Rightarrow$$

$$a_{i+2}-b_{i+1}-b_i=-4b_{i+2},\quad i=0,1,\cdots,n-4$$

因为 $0\leqslant a_i\leqslant 3(i=1,2,\cdots,n-2)$,当 $a_0=1$ 时,$b_0=504$,所以

$$(a_1,b_1)=(0,126),\quad (a_2,b_2)=(2,157),\quad \cdots$$

则

$$(a_0,a_1,a_2,\cdots,a_{14})=(1,0,2,3,3,2,3,0,2,1,1,0,1,3,1)$$

$$(b_0,b_1,b_2,\cdots,b_{14})=(504,126,157,70,56,31,21,13,8,5,3,2,1,0,0)$$

因此,$a_0+a_1+\cdots+a_n$ 的最小可能值为 23.

题 18 对于任意给定的正整数 n,记 $S_n=\{0,1,\cdots,2n+1\}$,F 为满足下述条件的函数 $f:\mathbf{Z}\times S_n\to[0,1]$ 构成的集合:

① $f(x,0)=f(x,2n+1)=0(x\in\mathbf{Z})$;

② 对 $x,y\in\mathbf{Z},1\leqslant y\leqslant 2n$,均有

$$f(x-1,y)+f(x+1,y)+f(x,y-1)+f(x,y+1)=1$$

(1) 证明:F 为无限集;

(2) 对每个 $f\in F$,记 v_f 为 f 的像集,证明:v_f 为有限集;

(3) 求(2) 中所有像集 v_f 的元素个数的最大值.

(2013 年越南国家队选拔考试)

证明 (1) 由条件 ② 及

$$(x-1)-y\equiv(x+1)-y\equiv x-(y-1)\equiv x-(y+1)(\bmod 2)$$

知 $f(x,y)$ 在 x 和 y 奇偶性相同时的取值与 $f(x,y)$ 在 x 和 y 奇偶性不同时的

取值无关.

接下来分别确定两种情况下的函数值.

在坐标平面 xOy 上,对符合 $i,j\in\mathbf{Z}$,且 $0\leqslant j\leqslant 2n+1$ 的格点 (i,j) 赋值 $f(i,j)$.

由条件①,知最上一行和最底一行的格点均取 0.

由条件②,知所有以赋值的格点为顶点,$\sqrt{2}$ 为边长的小正方形的四个顶点上赋值之和为 1.

记 $a_k=f(k,k)$,有

$$a_1+a_2+0+f(3,1)=1\Rightarrow f(3,1)=1-a_1-a_2$$

$$a_2+a_3+f(3,1)+f(4,2)=1\Rightarrow f(4,2)=a_1-a_3$$

$$a_3+a_4+f(4,2)+f(5,3)=1\Rightarrow f(5,3)=1-a_1-a_4$$

$$\vdots$$

$$a_{2n-1}+a_{2n}+f(2n,2n-2)+f(2n+1,2n-1)=1\Rightarrow$$

$$f(2n+1,2n-1)=1-a_1-a_{2n}$$

$$a_{2n}+0+f(2n+1,2n-1)+f(2n+2,2n)=1\Rightarrow$$

$$f(2n+2,2n)=a_1$$

于是,当直线 $y=x$ 上格点的值给定后,直线 $y=x-2$ 上格点的值便被唯一确定.

再选择适当的 $a_1,a_2,\cdots,a_{2n}(a_i\in[0,1])$,使得直线 $y=x-2$ 上格点的取值在区间$[0,1]$上.选择

$$1\geqslant a_1\geqslant a_3\geqslant\cdots\geqslant a_{2n-1}\geqslant 0$$

$$0\leqslant a_2\leqslant a_4\leqslant\cdots\leqslant a_{2n}\leqslant 1$$

$$a_1+a_{2n}\leqslant 1$$

则 $f(3,1),f(4,2),\cdots,f(2n+2,2n)$ 均取值在区间$[0,1]$上,且

$$f(3,1)\geqslant f(5,3)\geqslant\cdots\geqslant f(2n+1,2n-1)$$

$$f(4,2)\leqslant f(6,4)\leqslant\cdots\leqslant f(2n+2,2n)$$

从而,由上述方法得到的直线 $y=x-2$ 上的格点,其值具有和直线 $y=x$ 上格点的值相同的取值范围以及相同的每隔一点的单调性.

类似的,可确定所有 $x-y$ 为偶数的格点 (x,y) 的值 $f(x,y)$.

另外,重复该方法,就可先确定直线 $y=x-1$ 上格点的值 $b_1,b_2,\cdots,b_{2n}$,进而确定所有 $x-y$ 为奇数的格点 (x,y) 的值 $f(x,y)$.

由于 $a_1,a_2,\cdots,a_{2n}$ 和 $b_1,b_2,\cdots,b_{2n}$ 的选取有无穷多种可能,于是,符合题意的 $f(x,y)$ 有无穷多个.

图 6 为其中的一个例子.

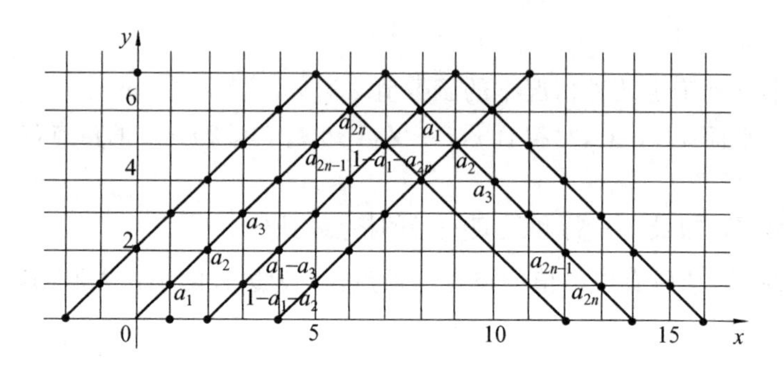

图 6

(2) 由已知

$$f(x-1,y)+f(x+1,y)+f(x,y-1)+f(x,y+1)=1$$

知

$$f(x,y+1)+f(x+2,y+1)+f(x+1,y)+f(x+1,y+2)=1$$

则

$$f(x-1,y)+f(x,y-1)=f(x+1,y+2)+f(x+2,y+1)$$

故

$$f(1,1)+f(2,0)=f(3,3)+f(4,2)=\cdots=f(2n+1,2n+1)+f(2n+2,2n)$$

$$f(3,1)+f(4,0)=f(5,3)+f(6,2)=\cdots=f(2n+3,2n+1)+f(2n+4,2n)$$

于是

$$f(1,1)=f(2n+2,2n)$$

$$f(3,1)=f(2n+4,2n)$$

类似的

$$f(2,2)=f(2n+3,2n-1)$$

$$f(4,2)=f(2n+5,2n-1)$$

依此类推得

$$f(k,k)=f(2n+1+k,2n+1-k)$$

$$f(k+2,k)=f(2n+3+k,2n+1-k)$$

类似的

$$f(2n+1+k,2n+1-k)=f(4n+2+k,k)$$

$$f(2n+3+k,2n+1-k)=f(4n+4+k,k)$$

故

$$f(k,k)=f(4n+2+k,k),\quad k=1,2,\cdots,2n$$

归纳可得

$$f(k,k)=f((4n+2)i+k,k),\quad k=1,2,\cdots,2n,\quad i\in \mathbf{Z}$$

于是,全部 $x-y$ 为偶数的格点的值,以图7的三角形区域(记作 Ω)为周期重复出现.

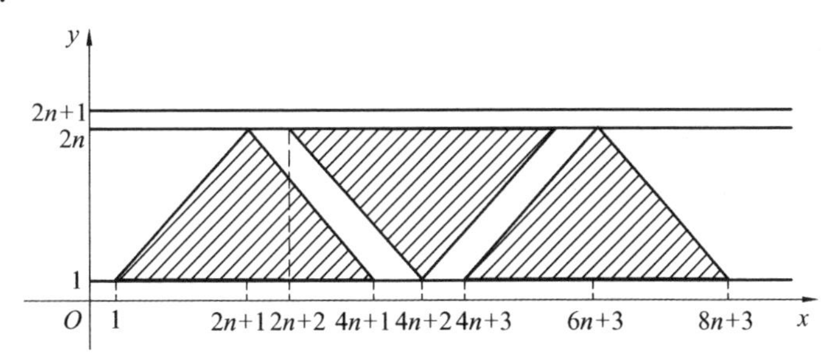

图7

从而,所有格点的值至多有 $1+2+\cdots+2n=n(2n+1)$ 个.

类似的,对 $x-y$ 为奇数的格点,其值仍然是重复出现.

因此,所有格点的值也至多有 $1+2+\cdots+2n=n(2n+1)$ 个.

算上最顶部和最底部的格点取值为0,于是,像集 v_f 中元素个数至多有 $2n(2n+1)+1$ 个,为有限多个.

(3) 先构造一个满足题意的 $f(x,y)$,且其像集 v_f 中恰有 $2n(2n+1)+1$ 个元素. 只需用数学归纳法证明:对 $i=1,2,\cdots,2n,k\in \mathbf{Z}$,且 $0\leqslant k+i\leqslant 2n+1$,均有

$$f(i+2k,i)=\frac{(1-(-1)^{i})(1-(-1)^{k})}{4}+(-1)^{k}a_{k+i}-(-1)^{k+i}a_{k}\qquad ①$$

事实上,当 $k=0$ 时,式①显然成立.

假设式①对 $(i,k)(k\leqslant m,i=1,2,\cdots,2n)$ 及 $k=m+1,i\leqslant j$ 两类情况均成立.

计算得

$$f(j+1+2(m+1),j+1)=$$
$$\frac{(1-(-1)^{j+1})(1-(-1)^{m+1})}{4}+(-1)^{m+1}a_{m+j+2}-(-1)^{m+j+2}a_{m+1}$$

从而,式①对 $i=j+1,k=m+1$ 也成立.

至此,三角形区域 Ω 内 $x-y$ 为偶数的格点的值均应具有形式:$\delta_{ij}\pm a_i\pm a_j(\delta_{ij}\in\{0,1\})$,其中,$\delta_{ij}$ 和 a_i,a_j 的符号均由 i,j 唯一确定.

接下来,取 $a_{2k-1}=\frac{1}{3^{2k-1}},a_{2k}=\frac{1}{3^{2(n+1-k)}}(k=1,2,\cdots,n)$.

因为任何一个正整数均可唯一地表示为 $\sum\limits_{i=0}^{r}3^{i}\delta_{i}(\delta_{ij}\in\{-1,0,1\})$ 的形式,

所以,三角形区域 Ω 内 $x-y$ 为偶数的格点的值彼此不同且均非零,共 $n(2n+1)$ 个.

类似的,取 $b_{2k-1}=\frac{1}{3^{2k-1}\sqrt{3}}$,$b_{2k}=\frac{1}{3^{2(n+1-k)}\sqrt{3}}(k=1,2,\cdots,n)$.

因此,所有 $x-y$ 为奇数的格点的值也有 $n(2n+1)$ 个,且均非零,同时,和 $x-y$ 为偶数的格点的值也不同,算上最顶部和最底部取 0 的格点,如此构造的 $f(x,y)$ 显然满足题目,且其像集 v_f 中的元素个数达到最大值 $2n(2n+1)+1$.

题 19 设函数 $f:\mathbf{Z}_+\to\mathbf{Z}$ 满足:

(1) $f(1)=0$;

(2) 对于所有素数 p,有 $f(p)=1$;

(3) 对于所有正整数 x,y,有 $f(xy)=yf(x)+xf(y)$.

求使得 $f(n)=n(n\geqslant 2\ 015)$ 的最小整数 n.

(2015 年第 46 届奥地利数学竞赛)

解 (i) 首先证明:对素数 $q_1,q_2,\cdots,q_s$,有

$$f(q_1q_2\cdots q_s)=q_1q_2\cdots q_s\left(\frac{1}{q_1}+\frac{1}{q_2}+\cdots+\frac{1}{q_s}\right) \quad ①$$

下面对 s 进行归纳.

当 $s=0$ 时,$f(1)=0$.

若对于某些 s,式 ① 成立,则

$$\begin{aligned}f(q_1q_2\cdots q_sq_{s+1})&=f((q_1q_2\cdots q_s)q_{s+1})=\\&q_{s+1}f(q_1q_2\cdots q_s)+q_1q_2\cdots q_sf(q_{s+1})=\\&q_1q_2\cdots q_{s+1}\left(\frac{1}{q_1}+\frac{1}{q_2}+\cdots+\frac{1}{q_s}\right)+q_1q_2\cdots q_s=\\&q_1q_2\cdots q_{s+1}\left(\frac{1}{q_1}+\frac{1}{q_2}+\cdots+\frac{1}{q_{s+1}}\right)\end{aligned}$$

(ii) 易知,式 ① 满足要求.

(iii) 令 $p_1,p_2,\cdots,p_r$ 为不同的素数,且 $\alpha_1,\alpha_2,\cdots,\alpha_r$ 为正整数.

提取式 ① 中相等的素数得

$$f(p_1^{\alpha_1}p_2^{\alpha_2}\cdots p_r^{\alpha_r})=p_1^{\alpha_1}p_2^{\alpha_2}\cdots p_r^{\alpha_r}\sum_{j=1}^{r}\frac{\alpha_i}{p_j}$$

(iv) 假设对于 $n\geqslant 2\ 015$ 有 $f(n)=n$,可写为 $n=p_1^{\alpha_1}p_2^{\alpha_2}\cdots p_r^{\alpha_r}$,则

$$\frac{\alpha_1}{p_1}+\frac{\alpha_2}{p_2}+\cdots+\frac{\alpha_r}{p_r}=1 \quad ②$$

存在非负整数 a 满足

$$\frac{\alpha_1}{p_1}+\frac{\alpha_2}{p_2}+\cdots+\frac{\alpha_{r-1}}{p_{r-1}}=\frac{a}{p_1p_2\cdots p_{r-1}}$$

故

$$\frac{a}{p_1p_2\cdots p_{r-1}}+\frac{\alpha_r}{p_r}=1\Leftrightarrow ap_r+\alpha_rp_1p_2\cdots p_{r-1}=p_1p_2\cdots p_r$$

由 p_r 与 $p_1p_2\cdots p_{r-1}$ 互素,得 $p_r\mid\alpha_r$.

又由式 ② 得 $\alpha_r\leqslant p_r$,于是,$r=1,\alpha_r=p_r$.

从而,$f(n)=n$ 当且仅当对于某些素数 p,有 $n=p^p$.

故 $2^2=4<3^3=27<2\ 015<5^5=3\ 125$.

因此,最小的 n 为 3 125.

题20 给定整数 $n\geqslant 2$,以及正数 $a<b$. 设实数 $x_1,x_2,\cdots,x_n\in[a,b]$,求 $\dfrac{\dfrac{x_1^2}{x_2}+\dfrac{x_2^2}{x_3}+\cdots+\dfrac{x_{n-1}^2}{x_n}+\dfrac{x_n^2}{x_1}}{x_1+x_2+\cdots+x_n}$ 的最大值.

(第32届中国数学奥林匹克)

解 本题需用到如下的引理.

引理1 设 $a\leqslant u\leqslant v\leqslant b$,则

$$\frac{\dfrac{u^2}{v}+\dfrac{v^2}{u}}{u+v}\leqslant\frac{\dfrac{a^2}{b}+\dfrac{b^2}{a}}{a+b}$$

引理1的证明 注意到

$$\frac{\dfrac{u^2}{v}+\dfrac{v^2}{u}}{u+v}=\frac{u^2-uv+v^2}{uv}=\frac{u}{v}+\frac{v}{u}-1$$

类似的

$$\frac{\dfrac{a^2}{b}+\dfrac{b^2}{a}}{a+b}=\frac{a}{b}+\frac{b}{a}-1$$

因为函数 $f(t)=t+\dfrac{1}{t}$ 在区间$[1,+\infty)$上单调递增,且 $1\leqslant\dfrac{v}{u}\leqslant\dfrac{b}{a}$,所以

$$f\left(\frac{v}{u}\right)\leqslant f\left(\frac{b}{a}\right)$$

引理2 设 $a\leqslant u\leqslant v\leqslant b$,则

$$\frac{u^2}{v}+\frac{v^2}{u}-u-v\leqslant\frac{a^2}{b}+\frac{b^2}{a}-a-b$$

引理2的证明 一方面

$$\left(\frac{a^2}{v}+\frac{v^2}{a}-a-v\right)-\left(\frac{u^2}{v}+\frac{v^2}{u}-u-v\right)=$$

$$\left(\frac{a^2}{v}-\frac{u^2}{v}\right)+\left(\frac{v^2}{a}-\frac{v^2}{u}\right)+(-a+u)=$$

$$(u-a)\left(-\frac{u+a}{v}+\frac{v^2}{au}+1\right)=$$

$$(u-a)\left(\frac{v-a}{v}+\frac{v^3-au^2}{auv}\right)\geqslant 0\Rightarrow$$

$$\frac{u^2}{v}+\frac{v^2}{u}-u-v\leqslant\frac{a^2}{v}+\frac{v^2}{a}-a-v \quad ①$$

另一方面

$$\left(\frac{a^2}{b}+\frac{b^2}{a}-a-b\right)-\left(\frac{a^2}{v}+\frac{v^2}{a}-a-v\right)=$$

$$\left(\frac{a^2}{b}-\frac{a^2}{v}\right)+\left(\frac{b^2}{a}-\frac{v^2}{a}\right)+(-b+v)=$$

$$(b-v)\left(-\frac{a^2}{bv}+\frac{b+v}{a}-1\right)=$$

$$(b-v)\left(\frac{b^2v-a^3}{abv}+\frac{v-a}{a}\right)\geqslant 0\Rightarrow$$

$$\frac{a^2}{v}+\frac{v^2}{a}-a-v\leqslant\frac{a^2}{b}+\frac{b^2}{a}-a-b \quad ②$$

由式 ①② 即证.

引理 1 和引理 2 得证.

下面证明原问题.

设 $x_1,x_2,\cdots,x_n$ 从小到大排列后的序列为 $y_1\leqslant y_2\leqslant\cdots\leqslant y_n$.

因为 $\sum_{i=1}^n x_i=\sum_{i=1}^n y_i$,所以,由排序不等式得

$$\frac{\sum_{i=1}^n\frac{x_i^2}{x_{i+1}}}{\sum_{i=1}^n x_i}\leqslant\frac{\sum_{i=1}^n\frac{y_i^2}{y_{n+1-i}}}{\sum_{i=1}^n y_i} \quad ③$$

记 $m=\left[\frac{n}{2}\right]$. 当 $i=1,2,\cdots,m$ 时,由引理 1 得

$$\left(\frac{y_i^2}{y_{n+1-i}}+\frac{y_{n+1-i}^2}{y_i}\right)(a+b)\leqslant\left(\frac{a^2}{b}+\frac{b^2}{a}\right)(y_i+y_{n+1-i})$$

对 i 求和得

$$(a+b)\sum_{i=1}^n\left(\frac{y_i^2}{y_{n+1-i}}+\frac{y_{n+1-i}^2}{y_i}\right)\leqslant\left(\frac{a^2}{b}+\frac{b^2}{a}\right)\sum_{i=1}^n(y_i+y_{n+1-i}) \quad ④$$

分两种情况讨论.

(1)$n=2m$.

由式 ④ 得

$$\frac{\sum_{i=1}^{n}\frac{y_i^2}{y_{n+1-i}}}{\sum_{i=1}^{n}y_i}\leqslant\frac{\frac{a^2}{b}+\frac{b^2}{a}}{a+b}=\frac{a^2-ab+b^2}{ab}$$

再由式 ③ 得

$$\frac{\sum_{i=1}^{n}\frac{x_i^2}{x_{i+1}}}{\sum_{i=1}^{n}x_i}\leqslant\frac{a^2-ab+b^2}{ab}$$

若取 $x_1,x_2,\cdots,x_n$ 为 $a,b,a,b,\cdots,a,b$,则上述不等式的等号成立.

此时,所求最大值为$\frac{a^2-ab+b^2}{ab}$.

(2)$n=2m+1$.

记

$$U=\sum_{i=1}^{m}\left(\frac{y_i^2}{y_{n+1-i}}+\frac{y_{n+1-i}^2}{y_i}\right),\quad V=\sum_{i=1}^{m}(y_i+y_{n+1-i})$$

由式 ④ 得

$$(a+b)U\leqslant\left(\frac{a^2}{b}+\frac{b^2}{a}\right)V$$

再由引理 2 得

$$U-V\leqslant m\left(\frac{a^2}{b}+\frac{b^2}{a}-a-b\right)$$

故

$$\left(m\left(\frac{a^2}{b}+\frac{b^2}{a}\right)+a\right)(V+y_{m+1})-(m(a+b)+a)(U+y_{m+1})=$$

$$m\left(\left(\frac{a^2}{b}+\frac{b^2}{a}\right)V-(a+b)U\right)+m\left(\left(\frac{a^2}{b}+\frac{b^2}{a}\right)-(a+b)\right)y_{m+1}-a(U-V)\geqslant$$

$$m\left(\left(\frac{a^2}{b}+\frac{b^2}{a}\right)-(a+b)\right)y_{m+1}-am\left(\left(\frac{a^2}{b}+\frac{b^2}{a}\right)-(a+b)\right)=$$

$$m\left(\left(\frac{a^2}{b}+\frac{b^2}{a}\right)-(a+b)\right)(y_{m+1}-a)\geqslant 0\Rightarrow$$

$$\frac{\sum_{i=1}^{n}\frac{y_i^2}{y_{n+1-i}}}{\sum_{i=1}^{n}y_i}\leqslant\frac{m\left(\frac{a^2}{b}+\frac{b^2}{a}\right)+a}{(m+1)a+mb}$$

再由式 ③ 得

$$\frac{\sum_{i=1}^{n}\frac{x_i^2}{x_{i+1}}}{\sum_{i=1}^{n}x_i}\leqslant\frac{m(a^3+b^3)+a^2b}{ab((m+1)a+mb)}$$

若取 $x_1,x_2,\cdots,x_n$ 为 $a,a,b,a,b,\cdots,a,b$，则上述不等式的等号成立.

此时，所求最大值为

$$\frac{m(a^3+b^3)+a^2b}{ab((m+1)a+mb)},\quad m=\frac{n-1}{2}$$

题 21 设 k 为正整数，假设可以用 k 种颜色对全体正整数染色，并存在函数 $f:\mathbf{Z}_+\to\mathbf{Z}_+$ 满足：

(1) 对同色的正整数 m,n(可以相同)，均有 $f(m+n)=f(m)+f(n)$；

(2) 存在正整数 m,n，使得 $f(m+n)\neq f(m)+f(n)$.

求 k 的最小值.

(2017 年欧洲女子数学奥林匹克)

解 k 的最值为 3.

先构造 $k=3$ 的例子. 令

$$f(n)=\begin{cases}2n, & n\equiv 0(\bmod 3)\\ n, & n\equiv 1,2(\bmod 3)\end{cases}$$

则 $f(1)+f(2)=3\neq f(3)$ 满足条件(2).

同时，将模 3 余 0,1,2 的数分别染为三种不同颜色，于是有：

对于任意 $x\equiv y\equiv 0(\bmod 3)$，均有

$$x+y\equiv 0(\bmod 3)\Rightarrow f(x+y)=\frac{x+y}{3}=f(x)+f(y)$$

对于任意 $x\equiv y\equiv 1(\bmod 3)$，均有

$$x+y\equiv 2(\bmod 3)\Rightarrow f(x+y)=x+y=f(x)+f(y)$$

对于任意 $x\equiv y\equiv 2(\bmod 3)$，均有

$$x+y\equiv 1(\bmod 3)\Rightarrow f(x+y)=x+y=f(x)+f(y)$$

由此，条件(1) 也满足，从而，$k=3$ 满足题意.

再证明 $k=2$ 不成立.

仅需证明当 $k=2$ 时，对一切满足条件(1) 的函数 f 与染色方案，均有

$$f(n)=nf(1),\quad n\in\mathbf{Z}_+ \tag{①}$$

与条件(2) 矛盾.

在条件(1) 中取 $m=n$，则

$$f(2n)=2f(n),\quad n\in\mathbf{Z}_+ \tag{②}$$

接下来证明

$$f(3n)=3f(n),\quad n\in\mathbf{Z}_+ \qquad ③$$

对于任意正整数 n，由式 ② 知

$$f(2n)=2f(n),\quad f(4n)=4f(n),\quad f(6n)=2f(3n)$$

若 n 与 $2n$ 同色，则 $f(3n)=f(2n)+f(n)=3f(n)$，式 ③ 成立；

若 $2n$ 与 $4n$ 同色，则 $f(3n)=\frac{1}{2}f(6n)=\frac{1}{2}(f(4n)+f(2n))=3f(n)$，式 ③ 亦成立.

否则，$2n$ 与 $n,4n$ 均异色，故 n 与 $4n$ 同色.

此时，若 n 与 $3n$ 同色，则

$$f(3n)=f(4n)-f(n)=3f(n)$$

式 ③ 成立；

若 n 与 $3n$ 异色，则 $2n$ 与 $3n$ 同色

$$f(3n)=f(4n)+f(n)-f(2n)=3f(n)$$

式 ③ 亦成立.

至此，式 ③ 得证.

假设命题 ① 不成立，则存在正整数 m，$f(m)\neq mf(1)$.

不妨取 m 最小，则由式 ②③ 知 $m\geqslant 5$，且 m 为奇数. 否则，由 m 的最小性知

$$f\left(\frac{m}{2}\right)=\frac{m}{2}f(1)$$

故 $f(m)=2f\left(\frac{m}{2}\right)=mf(1)$，矛盾.

考虑 $\frac{m-3}{2}<\frac{m+3}{2}<m$.

同样由 m 的最小性知

$$f\left(\frac{m-3}{2}\right)=\frac{m-3}{2}f(1),\quad f\left(\frac{m+3}{2}\right)=\frac{m+3}{2}f(1)$$

故 $\frac{m-3}{2}$，$\frac{m+3}{2}$ 异色，否则，$f(m)=f\left(\frac{m-3}{2}\right)+f\left(\frac{m+3}{2}\right)=mf(1)$，矛盾.

因此，m 恰与 $\left(\frac{m-3}{2}\right)$，$\left(\frac{m+3}{2}\right)$ 中的一个同色.

设 m 与 $\frac{m+3p}{2}$ $(p\in\{-1,1\})$ 同色.

注意到，$\frac{m+p}{2}<m$，则

$$f(m)+f\left(\frac{m+3p}{2}\right)=f\left(3\cdot\frac{m+p}{2}\right)=3f\left(\frac{m+p}{2}\right)=\frac{3(m+p)}{2}f(1)\Rightarrow$$

$$f(m)=mf(1)$$

矛盾.

故命题 ① 得证，即证明了 k 的最小值为 3.

题 22 米克参加了一次由十道选择题组成的测试.得分要求是：做对一道得一分，做错一道扣一分，不做得零分，七分及格.米克的目标是至少得 7 分.米克确定他前六道题的答案均正确，而剩下的每道题做对的概率为 $p(0<p<1)$.问：米克做多少道题时及格概率最大？

（2015 年芬兰数学竞赛）

解 记米克在前六道题均正确的基础上再做一道题，及格的概率为 $P_1=p$.

再做两道题，及格的概率为 $P_2=p^2$.

再做三道题，及格的概率为 $P_3=p^3+C_3^2p^2(1-p)=p^2(3-2p)$.

再做四道题，及格的概率为 $P_4=p^4+C_4^3p^3(1-p)=p^3(4-3p)$.

显然，$P_1>P_2$，$P_3>P_4$.

于是，只需比较 P_1，P_3 的大小.

当 $P_1<P_3$，即 $p^2(3-2p)>p$ 时，解得 $\frac{1}{2}<p<1$.

当 $\frac{1}{2}<p<1$ 时，$P_1<P_3$，此时，解答九道题及格的概率最大；

当 $0<p<\frac{1}{2}$ 时，$P_1>P_3$，此时，解答七道题及格的概率最大；

当 $p=\frac{1}{2}$ 时，$P_1=P_3$，此时，解答七（或九）道题及格的概率最大.

题 23 给定整数 $n\geqslant 2$，设实数 $x_1,x_2,\cdots,x_n$ 满足：

(1) $\sum_{i=1}^{n}x_i=0$；

(2) $|x_i|\leqslant 1(i=1,2,\cdots,n)$.

求 $\min\limits_{1\leqslant i\leqslant n-1}|x_i-x_{i+1}|$ 的最大值.

（2014 年中国西部数学邀请赛）

解 记 $A=\min\limits_{1\leqslant i\leqslant n-1}|x_i-x_{i+1}|$.

① 当 n 为偶数时，由条件(2)知对 $1\leqslant i\leqslant n-1$，有 $|x_i-x_{i+1}|\leqslant|x_i|+|x_{i+1}|\leqslant 2$.从而，$A\leqslant 2$.

取 $x_i=(-1)^i(i=1,2,\cdots,n)$，满足条件(1)(2)，且 $A=2$.因此，A 的最大值为 2.

② 当 n 为奇数时，设 $n=2k+1$.

若存在 i 使得 $x_i\leqslant x_{i+1}\leqslant x_{i+2}$ 或 $x_i\geqslant x_{i+1}\geqslant x_{i+2}$，则由 $A\leqslant|x_i-x_{i+1}|$，

$A \leqslant |x_{i+1}-x_{i+2}|$，知 $2A \leqslant |x_{i+2}-x_i| \leqslant 2$，从而，$A \leqslant 1 < \frac{2n}{n+1}$.

否则，不妨设 $x_{2i-1} > x_{2i}, x_{2i} < x_{2i+1}(i=1,2,\cdots,k)$，于是

$$\begin{aligned}(2k+2)A \leqslant & \sum_{i=1}^{k}(|x_{2i-1}-x_{2i}|+|x_{2i}-x_{2i+1}|)+(|x_1-x_2|+|x_{2k}-x_{2k+1}|)= \\ & \sum_{i=1}^{k}(x_{2i-1}-x_{2i}+x_{2i+1}-x_{2i})+(x_1-x_2+x_{2k+1}-x_{2k})= \\ & 2\sum_{i=1}^{k+1}x_{2i-1}-2\sum_{i=1}^{k}x_{2i}-x_2-x_{2k}= \\ & -4\sum_{i=1}^{k}x_{2i}-x_2-x_{2k} \leqslant 4k+2 \Rightarrow \\ & A \leqslant \frac{4k+2}{2k+2}=\frac{2n}{n+1}\end{aligned}$$

取 $x_i=\begin{cases}\frac{k}{k+1}, i=1,3,\cdots,2k+1 \\ -1, i=2,4,\cdots,2k\end{cases}$.

容易验证此数列满足条件(1)(2)，且 $A=\frac{2k+1}{k+1}=\frac{2n}{n+1}$.

因此，A 的最大值为$\frac{2n}{n+1}$.

题 24 对数列 $a_1,a_2,\cdots,a_m$，定义集合 $A=\{a_i \mid 1 \leqslant i \leqslant m\}$，$B=\{a_i+2a_j \mid 1 \leqslant i,j \leqslant m, i \neq j\}$.

设 n 为给定的大于 2 的整数. 对所有由正整数组成的严格递增的等差数列 $a_1,a_2,\cdots,a_n$，求集合 $A \triangle B$ 的元素个数的最小值，其中，$A \triangle B=(A \cup B)\setminus(A \cap B)$.

(2015 年中国西部数学邀请赛)

解 当 $n=3$ 时，所求最小值为 5；当 $n \geqslant 4$ 时，所求最小值为 $2n$.

本题需用到下面的引理.

引理 当 $n \geqslant 4$ 时，对公差为 d 的等差数列 $a_1,a_2,\cdots,a_n$，有

$$B=\{3a_1+kd \mid 1 \leqslant k \leqslant 3n-4, k \in \mathbf{Z}\}$$

证明 对任意 $1 \leqslant i,j \leqslant n, i \neq j$，均有

$$a_i+2a_j=3a_1+(i-1)d+2(j-1)d=3a_1+(i+2j-3)d$$

而 $1 \leqslant i+2j-3 \leqslant 3n-4$，故 $B \subseteq \{3a_1+kd \mid 1 \leqslant k \leqslant 3n-4, k \in \mathbf{Z}\}$.

又对 $1 \leqslant k \leqslant 3n-4$，可证明：存在 $1 \leqslant i,j \leqslant n, i \neq j$，使得 $i+2j-3=k$.

(1) 当 $k \geqslant 2n-2$ 时，取 $i=k+3-2n, j=n$，有

$$1 \leqslant i \leqslant n-1 < j=n \text{ 且 } i+2j-3=k$$

(2) 当 $k \leqslant 2n-3$，且 k 为偶数时，取 $i=1, j=\frac{k+2}{2}$，有

$$1=i<j<n \text{ 且 } i+2j-3=k$$

(3) 当 $5 \leqslant k \leqslant 2n-3$，且 k 为奇数时，取 $i=2, j=\frac{k+1}{2}$，有

$$1<i<j<n \text{ 且 } i+2j-3=k$$

(4) 当 $k=1$ 时，取 $i=2, j=1$；当 $k=3$ 时，取 $i=4, j=1$.

由上讨论，知总存在 $1 \leqslant i, j \leqslant n, i \neq j$，使得 $i+2j-3=k$，故

$$\{3a_1+kd \mid 1 \leqslant k \leqslant 3n-4, k \in \mathbf{Z}\} \subseteq B$$

引理得证.

先讨论 $n \geqslant 4$ 的情形.

设由正整数组成的等差数列 $a_1, a_2, \cdots, a_n$ 严格递增，即公差 $d>0$. 显然，$|A|=n$.

由引理知 $B=\{3a_1+kd \mid 1 \leqslant k \leqslant 3n-4, k \in \mathbf{Z}\}$. 于是，$|B|=3n-4$.

又由 $a_2=a_1+d<3a_1+d$，知 a_1, a_2 不属于 B，于是，$|A \cap B| \leqslant n-2$，故

$$|A \triangle B|=|A|+|B|-2|A \cap B| \geqslant n+(3n-4)-2(n-2)=2n$$

又当等差数列为 $1,3,\cdots,2n-1$ 时，有 $A=\{1,3,\cdots,2n-1\}$.

而由引理得 $B=\{5,7,\cdots,6n-5\}$，此时，$|A \triangle B|=2n$.

当 $n=3$ 时，设 a_1, a_2, a_3 为正整数组成的严格递增等差数列，则 $|A|=3$.

由 $2a_1+a_2<2a_1+a_3<2a_3+a_1<2a_3+a_2 \Rightarrow |B| \geqslant 4$.

又由 a_1, a_2 不属于 B，知 $|A \cap B| \leqslant 1$. 从而，$|A \triangle B| \geqslant 5$.

另外，当 $a_1=1, a_2=3, a_3=5$ 时，$A=\{1,3,5\}, B=\{5,7,11,13\}$，$|A \triangle B|=5$. 由此即得 $|A \triangle B|$ 的最小值为 5.

题 25 数列 $\{x_n\}$ 满足：$x_0=1, x_1=6, x_2=x_1+\sin x_1=5.72\cdots, x_3=x_2+\cos x_2=6.56\cdots$.

一般的，若 $x_n \geqslant x_{n-1}$，则 $x_{n+1}=x_n+\sin x_n$；若 $x_n<x_{n-1}$，则 $x_{n+1}=x_n+\cos x_n$.

对于任意的 $n \in \mathbf{Z}_+$，求满足 $x_n<c$ 的最小常数 c.

（第六届陈省身杯全国高中数学奥林匹克）

解 首先指出：若 $x<3\pi$，则 $x+\sin x=x+\sin(3\pi-x)<x+(3\pi-x)=3\pi$.

下面证明：$x_n<3\pi(n \in \mathbf{Z}_+)$.

若不然，存在 $k \in \mathbf{Z}_+$，使得 $x_k \geqslant 3\pi, x_{k-1}<3\pi$，则 $x_k=x_{k-1}+\cos x_{k-1}$.

故 $x_{k-1}=x_k-\cos x_{k-1} \geqslant 3\pi-1>\frac{5\pi}{2}$.

于是，$\cos x_{k-1}<0, x_k<x_{k-1}<3\pi$. 矛盾.

由 $x_3=6.56\cdots>2\pi$，用数学归纳法易得 $x_n>2\pi$，$\{x_n\}$ 单调递增.

故 $x_{n+1}=x_n+\cos x_n(n\geqslant 3)$.

若 $x_n<c<3\pi(n\in\mathbf{Z})$，则 $x_{n+1}-x_n=\sin x_n\geqslant\min\{\sin x_3,\sin c\}(n\geqslant 3)$.

这表明，$\{x_n\}$ 无界，从而，$c_{\min}=3\pi$.

题 26 设数列 $a_1,a_2,\cdots,a_n$，满足：

(1) 对于任意的 $1\leqslant i\leqslant n$，均有 $-1<a_i<1$；

(2) $a_1+a_2+\cdots+a_n=0$；

(3) $a_1^2+a_2^2+\cdots+a_n^2=40$.

求 n 的最小值.

（2015年中国香港数学奥林匹克）

解 由 $40=a_1^2+a_2^2+\cdots+a_n^2<1+1+\cdots+1=n\Rightarrow n>41$.

假设 $n=41$.

由 n 的最小性，知各项均为非零，又不妨设数列递增，则存在唯一的 k，使得

$$-1<a_1\leqslant\cdots\leqslant a_k<0<a_{k+1}\leqslant\cdots\leqslant a_{41}<1$$

因为此时数列 $-a_{41},-a_{40},\cdots,-a_1$ 也满足题意，所以，不妨设 $k\leqslant\left[\frac{41}{2}\right]=20$，故

$$\begin{aligned}40=a_1^2+a_2^2+\cdots+a_{41}^2=(a_1^2+a_2^2+\cdots+a_k^2)+(a_{k+1}^2+\cdots+a_{41}^2)<\\(a_1^2+a_2^2+\cdots+a_k^2)+(a_{k+1}+\cdots+a_{41})=\\(a_1^2+a_2^2+\cdots+a_k^2)-(a_1+\cdots+a_k)<\\2k\leqslant 40\end{aligned}$$

矛盾. 从而，$n\geqslant 42$.

取 $a_i=-\sqrt{\frac{20}{21}}(1\leqslant i\leqslant 21)$，$a_i=\sqrt{\frac{20}{21}}(22\leqslant i\leqslant 42)$.

易知，此取法符合题意.

因此，$n=42$.

题 27 将125个不同的正整数排成一行，使得连续三个数中的中间数大于两旁数的算术平均数，求这一行中，最大数的最小可能值.

（2016年爱沙尼亚数学奥林匹克）

解 设这一行的数为 $a_1,a_2,\cdots,a_{125}$.

由条件，得

$$a_{i+1}>\frac{a_i+a_{i+2}}{2}(i=1,2,\cdots,123)\Leftrightarrow a_{i+1}-a_i>a_{i+2}-a_{i+1}$$

记 $d_i=a_{i+1}-a_i$，则 $d_1>d_2>\cdots>d_{124}$.

令 a_m 为 $a_1, a_2, \cdots, a_{125}$ 中的最大数，于是

$$d_1 > d_2 > \cdots > d_{m-1} > 0 > d_m > d_{m+1} > \cdots > d_{124}$$

若 $d_1, d_2, \cdots, d_{124}$ 中同时有 1 和 -1，则 1 与 -1 一定是连续出现的，即存在一个 i，使得 $d_i = 1, d_{i+1} = -1$，于是，$a_{i+1} = a_{i-1}$，矛盾.

从而，不妨设没有 1(若没有 -1，则把整个数列倒过来排列即可化为没有 1 的情况). 因此

$$a_m = a_1 + (d_1 + d_2 + \cdots + d_{m-1}) \geqslant$$
$$1 + (m + (m-1) + \cdots + 2) = 1 + 2 + \cdots + m$$
$$a_m = a_{125} - (d_m + d_{m+1} + \cdots + d_{124}) \geqslant 1 + (1 + 2 + \cdots + (125 - m))$$

在 m 与 $125 - m$ 中有一个至少为 63，则由之前的不等式知 $a_m \geqslant 1 + 2 + \cdots + 63$.

取 $a_1 = 1, d_i = 64 - i(1 \leqslant i \leqslant 62)$ 和 $d_i = 62 - i(63 \leqslant i \leqslant 124)$，最大数 $a_{63} = 1 + 2 + \cdots + 63$，其中，每个 a_i 均为正数

$$1 < a_1 < a_2 < \cdots < a_{63}$$
$$a_{63} > a_{64} > \cdots > a_{125} = (1 + 2 + \cdots + 63) - (1 + 2 + \cdots + 62) = 63$$

再证明这些数确实两两不同.

事实上，对于 $i = 64, 65, \cdots, 125$，有

$$a_i = (1 + 2 + \cdots + 63) - (1 + 2 + \cdots + (i - 63)) =$$
$$(i - 62) + (i - 61) + \cdots + 63 = a_{127-i} - 1$$

从而，a_i 介于 a_{126-i} 与 a_{127-i} 之间.

因此，最大数为 $1 + 2 + \cdots + 63 = 2\ 016$.

题 28 给定正整数 k，设正整数列 $a_0, a_1, \cdots, a_n (n > 0)$ 满足：

(1) $a_0 = a_n = 1$；

(2) 对于任意的 $i(i = 1, 2, \cdots, n-1)$，均有 $2 \leqslant a_i \leqslant k$；

(3) 对于任意的 $j(j = 2, 3, \cdots, k)$，j 在 $a_0, a_1, \cdots, a_n$ 中出现 $\varphi(j)$ 次，其中，$\varphi(j)$ 表示不超过 j 且与 j 互素的正整数个数；

(4) 对于任意的 $i(i = 1, 2, \cdots, n-1)$，均有

$$(a_{i-1}, a_i) = 1 = (a_i, a_{i+1})$$
$$a_i \mid (a_{i-1} + a_{i+1})$$

现有整数列 $b_0, b_1, \cdots, b_n$ 满足对于所有的 $i(i = 1, 2, \cdots, n-1)$，均有 $\frac{b_{i+1}}{a_{i+1}} > \frac{b_i}{a_i}$，求 $b_n - b_0$ 的最小值.

(2016 年中国台湾数学奥林匹克选训营)

解 $b_n - b_0$ 的最小值为 1.

为了方便起见，称满足题意的数列 $a_0, a_1, \cdots, a_n$ 为 $k-$ 好数列.

首先证明：$k-$好数列是唯一的.

为此，将命题加强，同时证明$k-$好数列满足性质.

性质 若$(a,b)=1$，$a+b\geqslant k+1$，且$1\leqslant a,b\leqslant k$，则存在唯一的正整数$i$满足$a_i=a$，$a_{i+1}=b$.

对k进行归纳.

当$k=1$时，若$n\geqslant 2$，则$1\leqslant i\leqslant n-1$. 于是，由条件(2)，知$2\leqslant a_i\leqslant 1$，矛盾. 故$n=1$. 从而，这个数列只能是$\{1,1\}$，是唯一的. 若$(a,b)=1$，$a+b\geqslant k+1$，且$1\leqslant a,b\leqslant k$，则由$k=1$，知$a=b=1$. 又$a_0=a_1=1$，故性质成立.

若$k=t-1(t\geqslant 2)$，性质成立，则当$k=t$时，若$a_i=t$，则由$a_0=a_n=1\neq t$，知$1\leqslant i\leqslant n-1$.

由条件(4)，得$a_{i-1}\neq t$，$a_{i+1}\neq t$，这表明，t不会相邻，故$a_{i-1}<t$，$a_{i+1}<t$.

再由条件(4)，知$a_i\mid(a_{i-1}+a_{i+1})$.

而$0<a_{i-1}+a_{i+1}<2t$，故结合$a_i=t$，有$a_{i-1}+a_{i+1}=t$.

将所有是t的数从$a_0,a_1,\cdots,a_n$中移除，形成新数列$A_0,A_1,\cdots,A_N$.

由于$t\neq 1$，于是，$A_0=A_N=1$，且$N>0$.

令$f:[0,N]\to[0,n]$代表A_i原本在数列$a_0,a_1,\cdots,a_n$中的位置. 由于原本$a_0,a_1,\cdots,a_n$满足条件(1)(2)，并且已将所有t从中移除，故$A_0,A_1,\cdots,A_N$满足条件(1)(2)，余下证明满足条件(4).

设$0\leqslant i\leqslant N-1$. 若$f(i+1)=f(i)+1$，则

$$(A_i,A_{i+1})=(a_{f(i)},a_{f(i)+1})=1$$

若不然，在$a_{f(i)}$和$a_{f(i)+1}$之间有t被移除了，因为t不相邻，所以，被移除的t只有一个，即$a_{f(i)}=A_i$，$a_{f(i)+1}=t$，$a_{f(i)+2}=A_{i+1}$.

由前面证明，知$A_i+A_{i+1}=t=a_{f(i)+1}$.

又因为数列$\{a_n\}$满足条件(4)，所以

$$(A_i,A_{i+1})=(A_i,A_i+A_{i+1})=(a_{f(i)},a_{f(i)+1})=1$$

综上，无论如何，均有$(A_i,A_{i+1})=1$，这同时表明，对任意的$1\leqslant i\leqslant N-1$，均有

$$(A_{i-1},A_i)=(A_i,A_{i+1})=1$$

对于任意的$1\leqslant i\leqslant N-1$，若$f(i+1)=f(i)+1$，则

$$a_{f(i)-1}\equiv A_{i-1}(\bmod A_i),a_{f(i)+1}\equiv A_{i+1}(\bmod A_i)$$

故$A_i\mid(A_i+A_{i+1})$显然成立.

若不然，同前面讨论，知$a_{f(i)}=A_i$，$a_{f(i)+2}=A_{i+1}$，且$A_i+A_{i+1}=a_{f(i)+1}$.

故$a_{f(i)+1}=A_i+A_{i+1}\equiv A_{i+1}(\bmod A_i)$. 于是，$a_{f(i)+1}\equiv A_{i+1}(\bmod A_i)$.

类似的，$a_{f(i)-1}\equiv A_{i-1}(\bmod A_i)$.

结合数列$\{a_n\}$满足条件(4)，知$A_i \mid (A_i + A_{i+1})$.

从而，证明了数列$\{A_N\}$满足条件(4).

因此，$\{A_N\}$为$(t-1)$－好数列.

由归纳假设，知$\{A_N\}$是唯一的且满足性质.

接着证明数列$\{a_n\}$是唯一的.

注意到，由数列$\{A_N\}$的取法，只需证明$\varphi(t)$个t插入$A_0, A_1, \cdots, A_N$的方法唯一即可.

事实上，由前所证，知两个t不能同时出现在某个A_i, A_{i+1}之间，且若t在A_i, A_{i+1}之间，则$A_i + A_{i+1} = t$.

又$(A_i, A_{i+1}) = 1$，且$A_i \leqslant t, A_{i+1} \leqslant t$，结合性质，知若$t$可以在$A_i, A_{i+1}$之间和在$A_j, A_{j+1} (i \neq j)$之间，则$A_i \neq A_j$（否则，$A_{i+1} = A_{j+1}$与性质矛盾）.

又因为$(A_i, t) = 1, A_i \leqslant t$，所以，$A_i$的取法只有$\varphi(t)$种. 这表明，$t$能插入的位置至多只有$\varphi(t)$个. 从而，插入$t$的方法唯一，即数列$\{a_n\}$唯一. 同时注意到，若$A_i + A_{i+1} = t$，则一定会有$t$插在$A_i, A_{i+1}$之间（否则，位置不够）.

接着证明数列$a_0, a_1, \cdots, a_n$满足性质.

设$(a, b) = 1, a + b \geqslant t + 1$，且$1 \leqslant a, b \leqslant t$.

若$a, b \neq t$，则由数列$\{A_N\}$满足性质及$a + b \neq t$易知，存在唯一的正整数i满足$a_i = a, a_{i+1} = b$.

若$a = t$，由于$(t-b, b) = (t, b) = 1, (t-b) + b = t \geqslant t$，且$t-b, b \leqslant t-1$（注意到，$t$不相邻，则$b \neq t$），结合数列$\{A_N\}$满足性质，知存在一个正整数$i$满足$A_i = t - b, A_{i+1} = b$.

因为$A_i + A_{i+1} = t$，所以，由前面所证知$a_{f(i)+1} = t, a_{f(i)+2} = A_{i+1}$.

从而，性质的存在性得证.

若$a_i = t, a_{i+1} = b$，则$a_{i-1} = t - b$且存在唯一的I满足

$$f(I) = i - 1, f(I+1) = i + 1$$

因此，$A_I = t - b, A_{I+1} = b$.

又由于数列$\{A_N\}$满足性质，故存在唯一的I满足$A_I = t - b, A_{I+1} = b$. 由此便知i也是唯一的. 从而，性质的唯一性得证.

故数列$a_0, a_1, \cdots, a_n$满足性质.

由数学归纳法，知k－好数列唯一且满足性质.

将所有分母不超过k且在区间$[0,1]$之间的最简分数由小排到大（含$\frac{0}{1}$），设分子依次为$b_0, b_1, \cdots, b_n$，分母依次为$c_0, c_1, \cdots, c_n$.

为方便起见，分别称数列$\{b_n\}$，$\{c_n\}$为“k－分子数列”“k－分母数列”.

以下证明：$c_0, c_1, \cdots, c_n$是k－好数列且对于任意的$1 \leqslant i \leqslant n, c_i b_{i-1} - c_{i-1} b_i =$

1.由此,再结合 k — 好数列的唯一性,即知分子的 $b_0,b_1,\cdots,b_n$ 满足题设.

因为 $b_0=0,b_n=1$,所以,b_n-b_0 的最小值为1.

易知,$c_0,c_1,\cdots,c_n$ 满足条件(1)(2),接着对 k 使用数学归纳法证明 $\{c_n\}$ 也满足条件(4)且对于任意 $1\leqslant i\leqslant n,c_ib_{i-1}-c_{i-1}b_i=1$.

当 $k=1$ 时,显然成立.

假设当 $k=t-1$ 时成立.

则当 $k=t$ 时,设 $B_0,B_1,\cdots,B_N;C_0,C_1,\cdots,C_N$ 分别为 $(t-1)$ — 分子数列,$(t-1)$ — 分母数列.

考虑在区间 $[0,1]$ 中的最简分数 $\frac{x}{t}$,设它落在区间 $\left(\frac{B_i}{C_i},\frac{B_{i+1}}{C_{i+1}}\right)$ 中.

由归纳假设,只需证明

$$(t,C_i)=(t,C_{i+1})=1,\quad C_i\equiv t(\bmod C_{i+1}),\quad C_{i+1}\equiv t(\bmod C_i)$$

$$t\mid(C_i+C_{i+1}),\quad xC_i-B_it=B_{i+1}t-xC_{i+1}=1$$

由 $(x,t)=1$,设 $q<t$,且 $qx\equiv1(\bmod t)$,$p=\left[\frac{qx}{t}\right]$,则 $\frac{p}{q}<\frac{x}{t}$.

由数列 $\{B_N\}$,$\{C_N\}$ 的定义及 $q<t$,知 $\frac{p}{q}\leqslant\frac{B_i}{C_i}$.

注意到,$xq-pt=qx-t\left[\frac{qx}{t}\right]=qx$ 除以 t 的余数为1.

类似的,$xC_i-B_it=C_ix$ 除以 t 的余数为 r,这里用到了 $\frac{B_i}{C_i}$ 是离 $\frac{x}{t}$ 最近的分数.

由 $rqx\equiv r\equiv C_ix(\bmod t)\Rightarrow C_i\equiv rq(\bmod t)$.

又 $C_i\leqslant t$,且 $rq>0$,则 $C_i\leqslant rq$.

由 $\frac{p}{q}\leqslant\frac{B_i}{C_i}\Rightarrow\frac{x}{t}-\frac{B_i}{C_i}\leqslant\frac{x}{t}-\frac{p}{q}$.

但 $\frac{x}{t}-\frac{p}{q}=\frac{xq-pt}{qt}=\frac{1}{qt}$,且 $\frac{x}{t}-\frac{B_i}{C_i}=\frac{xC_i-tB_i}{C_it}\geqslant\frac{r}{rqt}$(因 $C_i\leqslant rq$)$=\frac{1}{qt}=\frac{x}{t}-\frac{p}{q}$,于是,等号必成立,这表明,$B_i=p,C_i=q$.

故 $(t,C_i)=(t,q)=1,xC_i\equiv1(\bmod t),xC_i-B_it=xq-pt=1$.

类似的,$(t,C_{i+1})=1,xC_{i+1}\equiv-1(\bmod t),B_{i+1}t-xC_{i+1}=1$.

从而,$x(C_i+C_{i+1})\equiv0(\bmod t)$,即 $t\mid(C_i+C_{i+1})$.

综上,由数学归纳法知 $c=a$,且对于任意的 $1\leqslant i\leqslant n,c_ib_{i-1}-c_{i-1}b_i=1$.

因此,结论成立.

题 29 给定正整数 $n(n\geqslant2)$,正整数 $a_1,a_2,\cdots,a_n$ 满足

$$a_k \geqslant a_1 + a_2 + \cdots + a_{k-1},\quad k=2,3,\cdots,n$$

求$\frac{a_1}{a_2}+\frac{a_2}{a_3}+\cdots+\frac{a_{n-1}}{a_n}$的最大值,并求取得最大值的条件.

(2017 年第 68 届罗马尼亚国家队选拔考试)

解 记 $S=\sum_{k=1}^{n-1}\frac{a_k}{a_{k+1}}, A_0=0, A_k=a_1+a_2+\cdots+a_k(k=1,2,\cdots,n)$,则

$$S=\sum_{k=1}^{n-1}\frac{A_k-A_{k-1}}{a_{k+1}}=\sum_{k=1}^{n-2}A_k\left(\frac{1}{a_{k+1}}-\frac{1}{a_{k+2}}\right)+\frac{A_{n-1}}{a_n}\leqslant$$
$$\sum_{k=1}^{n-2}a_{k+1}\left(\frac{1}{a_{k+1}}-\frac{1}{a_{k+2}}\right)+1=$$
$$\sum_{k=1}^{n-2}\left(1-\frac{a_{k+1}}{a_{k+2}}\right)+1=$$
$$n-1+\frac{a_1}{a_2}-\sum_{k=1}^{n-1}\frac{a_k}{a_{k+1}}\leqslant$$
$$n-1+1-S\Rightarrow$$
$$S\leqslant\frac{n}{2}$$

当且仅当 $A_k=A_{k+1}$,即 $a_k=2^{k-2}a_1(a_1>0)$ 时,$S=\frac{n}{2}$.

故 $S_{\max}=\frac{n}{2}$.

题 30 试确定最大的常数 $k\in\mathbf{R}$,满足若 $a_1,a_2,a_3,a_4>0$,对于任意的 $1\leqslant i<j<k\leqslant 4(i,j,k\in\mathbf{N})$,有 $a_i^2+a_j^2+a_k^2\geqslant 2(a_ia_j+a_ja_k+a_ka_i)$,则

$$a_1^2+a_2^2+a_3^2+a_4^2\geqslant k(a_1a_2+a_1a_3+a_1a_4+a_2a_3+a_2a_4+a_3a_4)$$

(2013 年塞尔维亚数学奥林匹克)

解 设 $\max\{a_1,a_2\}\leqslant a_3\leqslant a_4$. 记 $a_2=\beta^2, a_3=\gamma^2(\beta,\gamma>0)$.

于是,$a_1\leqslant(\gamma-\beta)^2$,且 $a_4\geqslant(\gamma+\beta)^2$.

若上述不等式的等号成立,则

$$a_1^2+a_2^2+a_3^2+a_4^2=3(\beta^4+4\beta^2\gamma^2+\gamma^4)$$
$$\sum_{1\leqslant i<j\leqslant 4}a_ia_j=3(\beta^4+\beta^2\gamma^2+\gamma^4)$$

当 $\gamma\leqslant 2\beta$ 时,注意到

$$\frac{\beta^4+4\beta^2\gamma^2+\gamma^4}{\beta^4+\beta^3\gamma^2+\gamma^4}=1+\frac{3\beta^2\gamma^2}{\beta^4+\beta^2\gamma^2+\gamma^4}=1+\frac{3}{1+\frac{\beta^2}{\gamma^2}+\frac{\gamma^2}{\beta^2}}\geqslant\frac{11}{7}$$

当且仅当 $\gamma=2\beta$ 时,上式等号成立.

于是,$k\leqslant\frac{11}{7}$. 此时,$a_1:a_2:a_3:a_4=1:1:4:9$.

接下来说明：$a_1=(\gamma-\beta)^2$，$a_4=(\gamma+\beta)^2$ 是可以取到的.

构造函数 $F=\sum_{i=1}^{4}a_i^2-\frac{11}{7}\sum_{1\leqslant i<j\leqslant 4}a_ia_j$.

固定 a_2,a_3,a_4，当 $a_1<\frac{11}{14}(a_2+a_3+a_4)$ 时，函数 F 关于 a_1 单调递减，这是因为

$$\frac{11}{14}(a_2+a_3+a_4)\geqslant\frac{11}{14}(\beta^2+\gamma^2+(\beta+\gamma)^2)\geqslant(\gamma-\beta)^2\geqslant a_1$$

于是，当 $a_1=(\gamma-\beta)^2$ 时，函数 F 达到极小值.

不失一般性，假设 $a_1\leqslant a_2$，即 $\beta\leqslant\gamma\leqslant 2\beta$.

类似的，固定 a_1,a_2,a_3，当 $a_4\geqslant\frac{11}{14}(a_1+a_2+a_3)$ 时，函数 F 关于 a_4 单调递增，这是因为

$$\frac{11}{14}(a_1+a_2+a_3)\leqslant\frac{11}{14}(\beta^2+\gamma^2+(\gamma-\beta)^2)\leqslant(\gamma+\beta)^2\leqslant a_4$$

于是，当 $a_4=(\gamma+\beta)^2$ 时，函数 F 达到极小值.

题 31 对于任意满足 $abc=1$ 的正实数 a,b,c，均有

$$\frac{1}{a}+\frac{1}{b}+\frac{1}{c}+\frac{k}{a+b+c+1}\geqslant\frac{k}{4}+3 \quad ①$$

求最大的正整数 k.

(2013 年越南国家队选拔考试)

解 将 $b=c=\frac{2}{3}$，$a=\frac{9}{4}$ 代入式 ① 得

$$\frac{4}{9}+2\times\frac{3}{2}+\frac{k}{\frac{4}{9}+\frac{2}{3}+\frac{2}{3}+1}\geqslant\frac{k}{4}+3\Rightarrow k\leqslant\frac{880}{63}<14$$

由于 k 为正整数，因而，$k\leqslant 13$.

接下来证明：$k=13$ 符合题意.

事实上，当 $k=13$ 时，式 ① 变形为

$$\frac{1}{a}+\frac{1}{b}+\frac{1}{c}+\frac{13}{a+b+c+1}\geqslant\frac{25}{4} \quad ②$$

记

$$f(a,b,c)=\frac{1}{a}+\frac{1}{b}+\frac{1}{c}+\frac{13}{a+b+c+1}$$

不失一般性，设 $a=\max\{a,b,c\}$，则

$$f(a,b,c)-f(a,\sqrt{bc},\sqrt{bc})=$$

$$\left(\frac{1}{b}+\frac{1}{c}-\frac{2}{\sqrt{bc}}\right)+13\left(\frac{1}{a+b+c+1}-\frac{1}{a+2\sqrt{bc}+1}\right)=$$

$$(\sqrt{b}-\sqrt{c})^2\left[\frac{1}{bc}-\frac{13}{(a+b+c+1)(a+2\sqrt{bc}+1)}\right]$$

由于 $a=\max\{a,b,c\}$ 及 $abc=1$,有 $bc\leqslant 1$.

另外,由均值不等式得

$$\frac{13}{(a+b+c+1)(a+2\sqrt{bc}+1)}\leqslant\frac{13}{(3\sqrt[3]{abc}+1)(3\sqrt[3]{abc}+1)}=\frac{13}{16}<1$$

从而

$$f(a,b,c)\geqslant f(a,\sqrt{bc},\sqrt{bc})$$

问题转化为证明:当 $0<x\leqslant 1$ 时,有 $f\left(\frac{1}{x^2},x,x\right)\geqslant\frac{25}{4}$.

事实上,当 $x=1$ 时,显然成立.

当 $0<x<1$ 时

$$x^2+\frac{2}{x}+\frac{13}{2x+\frac{1}{x^2}+1}\geqslant\frac{25}{4}\Leftrightarrow$$

$$\frac{x^3+2-3x}{x}+\frac{13x^2}{2x^3+x^2+1}\geqslant\frac{13}{4}\Leftrightarrow$$

$$\frac{(x+2)(x-1)^2}{x}\geqslant\frac{13(2x+1)(x-1)^2}{4(2x^3+x^2+1)}\Leftrightarrow$$

$$\frac{(x+2)(2x^3+x^2+1)}{x(2x+1)}\geqslant\frac{13}{4}\Leftrightarrow$$

$$4(x+2)(2x^3+x^2+1)\geqslant 13x(2x+1)\Leftrightarrow$$

$$8x^4+20x^3-18x^2-9x+8\geqslant 0\Leftrightarrow$$

$$2(2x^2-1)^2+5x(2x-1)^2+2(5x^2-7x+3)>0$$

显然成立.

因此,$k=13$ 为使得题目成立的最大正整数.

题 32 已知 $a,b,c,d\in\mathbf{R}_+\cup\{0\}$,且 $a+b+c+d=4$,求 $\frac{a}{b^3+4}+\frac{b}{c^3+4}+\frac{c}{d^3+4}+\frac{d}{a^3+4}$ 的最小值.

(2017 年第 46 届美国数学奥林匹克)

解 注意到

$$b^3+4=\frac{b^3}{2}+\frac{b^3}{2}+4\geqslant 3b^2$$

于是

$$\frac{4a}{b^3+4}=a-\frac{ab^3}{b^3+4}\geqslant a-\frac{ab}{3}$$

则

$$\frac{a}{b^3+4}+\frac{b}{c^3+4}+\frac{c}{d^3+4}+\frac{d}{a^3+4}\geqslant\frac{a+b+c+d}{4}-\frac{ab+bc+cd+da}{12}$$

由 $a+b+c+d=4$，有

$$4(ab+bc+cd+da)=4(a+c)(b+d)\leqslant(a+b+c+d)^2=16$$

故

$$\frac{a}{b^3+4}+\frac{b}{c^3+4}+\frac{c}{d^3+4}+\frac{d}{a^3+4}\geqslant 1-\frac{4}{12}=\frac{2}{3}$$

当 $a=b=2$ 且 $c=d=0$ 时，即可取到$\frac{2}{3}$.

因此，所求的最小值为$\frac{2}{3}$.

题 33 已知 $n,k(n>k)$ 为正整数，给定实数 $a_1,a_2,\cdots,a_n\in(k-1,k)$. 设正实数 $x_1,x_2,\cdots,x_n$ 满足对于$\{1,2,\cdots,n\}$ 的任意 k 元子集 I，均有 $\sum\limits_{i\in I}x_i\leqslant\sum\limits_{i\in I}a_i$. 求 $x_1x_2\cdots x_n$ 的最大值.

（第 33 届中国数学奥林匹克）

解 最大值为 $a_1a_2\cdots a_n$.

若 $x_i=a_i(1\leqslant i\leqslant n)$，则 $x_1,x_2,\cdots,x_n$ 满足条件，且 $x_1x_2\cdots x_n=a_1a_2\cdots a_n$.

接下来证明：$x_1x_2\cdots x_n\leqslant a_1a_2\cdots a_n$.

当 $k=1$ 时，结论显然. 由条件即得 $x_i\leqslant a_i(1\leqslant i\leqslant n)$.

下面假设 $k\geqslant 2$.

不失一般性，设 $a_1-x_1\leqslant a_2-x_2\leqslant\cdots\leqslant a_n-x_n$.

若 $a_1-x_1\geqslant 0$，则 $a_i\geqslant x_i(1\leqslant i\leqslant n)$，结论显然成立.

以下假设 $a_1-x_1<0$.

取 $I=\{1,2,\cdots,k\}$.

由条件，知

$$\sum_{i=1}^{k}(a_i-x_i)\geqslant 0 \quad ①$$

故 $a_k-x_k\geqslant 0$.

于是，存在 $s(1\leqslant s<k)$，使得

$$a_1-x_1\leqslant\cdots\leqslant a_s-x_s<0\leqslant a_{s+1}-x_{s+1}\leqslant\cdots\leqslant a_k-x_k\leqslant\cdots\leqslant a_n-x_n$$

记 $d_i=|a_i-x_i|(1\leqslant i\leqslant n)$，则

$$d_1\geqslant d_2\geqslant\cdots\geqslant d_s>0$$

$$0 \leqslant d_{s+1} \leqslant \cdots \leqslant d_k \leqslant \cdots \leqslant d_n$$

由式 ①,知

$$-\sum_{i=1}^{s} d_i + \sum_{i=s+1}^{k} d_i \geqslant 0 \Rightarrow \sum_{i=s+1}^{k} d_i \geqslant \sum_{i=1}^{s} d_i$$

记 $M=\sum_{i=1}^{s} d_i, N=\sum_{i=s+1}^{n} d_i$,则

$$\frac{N}{n-s}=\frac{\sum_{i=s+1}^{n} d_i}{n-s} \geqslant \frac{\sum_{i=s+1}^{k} d_i}{k-s} \geqslant \frac{M}{k-s}$$

注意到,对于 $j>s$,有 $d_j<a_j<k$.

利用均值不等式得

$$\begin{aligned}
\prod_{i=1}^{n} \frac{x_i}{a_i} &= \left(\prod_{i=1}^{s}\left(1+\frac{d_i}{a_i}\right)\right)\left(\prod_{j=s+1}^{n}\left(1-\frac{d_j}{a_j}\right)\right) \leqslant \\
&\left(\prod_{i=1}^{s}\left(1+\frac{d_i}{k-1}\right)\right)\left(\prod_{j=s+1}^{n}\left(1-\frac{d_j}{k}\right)\right) \leqslant \\
&\left(\frac{1}{n}\left(\sum_{i=1}^{s}\left(1+\frac{d_i}{k-1}\right)+\sum_{i=s+1}^{n}\left(1-\frac{d_i}{k}\right)\right)\right)^n = \\
&\left(1+\frac{M}{n(k-1)}-\frac{N}{nk}\right)^n \leqslant \\
&\left(1+\frac{M}{n(k-1)}-\frac{(n-s)M}{nk(k-s)}\right)^n \leqslant \\
&\left(1+\frac{M}{n(k-1)}-\frac{(k+1-s)M}{nk(k-s)}\right)^n = \\
&\left(1+\frac{M}{nk}\left(\frac{k}{k-1}-\frac{k-s+1}{k-s}\right)\right)^n \leqslant 1
\end{aligned}$$

从而,结论得证.

还需要指出的一点是最值问题也是初等数学研究的优质素材.

比如《数学通报》2021 年第 5 期的问题:

已知 $a,b,c>0$,且 $abc=1$.

(1) 证明 $\frac{1}{a}+\frac{1}{b}+\frac{1}{c}+\frac{3}{a+b+c} \geqslant 4$.

(2) 使不等式 $\frac{1}{a}+\frac{1}{b}+\frac{1}{c}+\frac{\lambda}{a+b+c} \geqslant 3+\frac{\lambda}{3}$ 恒成立的正常数 λ 的最大值是多少?[①]

---

① 杨先义.问题 2604[J].数学通报,2021,60(5).

《数学通报》2021年第6期刊登了问题提供者给出的一种解答①,解答认为:"使不等式$\frac{1}{a}+\frac{1}{b}+\frac{1}{c}+\frac{\lambda}{a+b+c}\geqslant 3+\frac{\lambda}{3}$恒成立的$\lambda$的最大值为9",这个结论是有问题的,反例如下:当$\lambda=9$时,取$a=\sqrt[3]{16}$,$b=c=\frac{1}{\sqrt[3]{4}}$,此时

$$abc=1$$

$$3+\frac{\lambda}{3}=6$$

$$\frac{1}{a}+\frac{1}{b}+\frac{1}{c}+\frac{\lambda}{a+b+c}=\frac{1}{\sqrt[3]{16}}+2\cdot\sqrt[3]{4}+\frac{9}{\sqrt[3]{16}+\frac{2}{\sqrt[3]{4}}}=$$

$$\frac{\sqrt[3]{4}}{4}+2\sqrt[3]{4}+\frac{9\sqrt[3]{4}}{4+2}=\frac{15}{4}\sqrt[3]{4}$$

但

$$\frac{15}{3}\sqrt[3]{4}<6$$

$$\left(500<512\Leftrightarrow 4<\frac{512}{125}\Leftrightarrow\sqrt[3]{4}<\frac{8}{5}\Leftrightarrow\frac{5}{4}\sqrt[3]{4}<2\Leftrightarrow\frac{15}{3}\sqrt[3]{4}<6\right)$$

安徽师范大学数学与统计学院的于洪翔、卢尧、郭要红三位教授2022年得到以下结论.

命题 已知$a,b,c>0$,且$abc=1$,若$0<\lambda\leqslant 8$,则有

$$\frac{1}{a}+\frac{1}{b}+\frac{1}{c}+\frac{\lambda}{a+b+c}\geqslant 3+\frac{\lambda}{3}$$

等号当且仅当$a=b=c=1$时成立.

证明 考虑函数$f(a,b,c)=\frac{1}{a}+\frac{1}{b}+\frac{1}{c}+\frac{\lambda}{a+b+c}(\lambda>0)$在约束条件$\phi(a,b,c)=abc-1=0,a>0,b>0,c>0$下的极值.

运用拉格朗日乘数法,作拉格朗日函数

$$L(a,b,c,k)=f(a,b,c)+k\phi(a,b,c)$$

其中k为拉格朗日乘数.

对L求偏导数,并令它们都等于0,则有

$$L_a=-\frac{1}{a^2}-\frac{\lambda}{(a+b+c)^2}+kbc=0 \quad ①$$

$$L_b=-\frac{1}{b^2}-\frac{\lambda}{(a+b+c)^2}+kca=0 \quad ②$$

① 杨先义.问题2604解答[J].数学通报,2021,60(6).

$$L_c=-\frac{1}{c^2}-\frac{\lambda}{(a+b+c)^2}+kab=0 \quad ③$$

$$L_k=abc-1=0 \quad ④$$

由式 ①②④ 得

$$\frac{1}{a}-\frac{1}{b}+\frac{\lambda(a-b)}{(a+b+c)^2}=0$$

$$(a-b)\left[\frac{\lambda}{(a+b+c)^2}-\frac{1}{ab}\right]=0 \quad ⑤$$

由式 ②③④ 得

$$(b-c)\left[\frac{\lambda}{(a+b+c)^2}-\frac{1}{bc}\right]=0 \quad ⑥$$

由式 ①③④ 得

$$(c-a)\left[\frac{\lambda}{(a+b+c)^2}-\frac{1}{ca}\right]=0 \quad ⑦$$

显然 $a=b=c$ 满足方程组，代入式 ④ 与式 ①，得 $a=b=c=1,k=1+\frac{\lambda}{9}$，所以，拉格朗日函数 $L(a,b,c,k)$ 的一个稳定点是$(1,1,1,1+\frac{\lambda}{9})$.

若 $a-b=0,b-c=0,c-a=0$ 都不成立，即 $a-b\neq 0,b-c\neq 0,c-a\neq 0$，由式 ⑤⑥⑦ 得 $a-b=0,b-c=0,c-a=0$，矛盾.

若 $a-b=0,b-c=0,c-a=0$ 有且仅有一个成立，不妨设 $b-c=0,a-b\neq 0$，由式 ⑤ 知

$$\frac{\lambda}{(a+2b)^2}-\frac{1}{ab}=0$$

$$(a+2b)^2-\lambda ab=0$$

$$a^2+(4-\lambda)ab+4b^2=0 \quad ⑧$$

方程 ⑧ 的根的判别式

$$\Delta=(4-\lambda)^2-4\times 4=\lambda^2-8\lambda$$

(1) 当 $0<\lambda<8$，则 $\Delta=\lambda^2-8\lambda<0$，方程 ⑧ 无解，所以 $L(a,b,c,k)$ 只有唯一一个稳定点$(1,1,1,1+\frac{\lambda}{9})$.

考虑函数 $f(a,b,c)=\frac{1}{a}+\frac{1}{b}+\frac{1}{c}+\frac{\lambda}{a+b+c}(abc-1=0)$ 在区域 $a>0,b>0,c>0$ 的边界变化情况，有

$$\lim_{a\to 0^+}f(a,b,c)=\lim_{b\to 0^+}f(a,b,c)=\lim_{\substack{a\to 0^+\\ b\to 0^+}}f(a,b,c)=+\infty$$

所以 $f(a,b,c)$ 在点$(1,1,1)$ 取得极小值，且极小值就是最小值，于是

$$f(a,b,c)=\frac{1}{a}+\frac{1}{b}+\frac{1}{c}+\frac{\lambda}{a+b+c}\geqslant f(1,1,1)=3+\frac{\lambda}{3}$$

(2) 当 $\lambda=8$ 时，有 $\Delta=0$，由方程 ⑧ 得 $a=2b$，代入式 ④，解得 $b=c=\frac{1}{\sqrt[3]{2}}$，$a=\sqrt[3]{4}$，依据 $f(a,b,c)$ 关于 a,b,c 的对称性，$L(a,b,c,k)$ 有 4 个稳定点，分别是：$(1,1,1,1+\frac{\lambda}{9})$，$(\sqrt[3]{4},\frac{1}{\sqrt[3]{2}},\frac{1}{\sqrt[3]{2}},\frac{3}{2}\sqrt[3]{2})$，$(\frac{1}{\sqrt[3]{2}},\sqrt[3]{4},\frac{1}{\sqrt[3]{2}},\frac{3}{2}\sqrt[3]{2})$，$(\frac{1}{\sqrt[3]{2}},\frac{1}{\sqrt[3]{2}},\sqrt[3]{4},\frac{3}{2}\sqrt[3]{2})$，考虑函数 $f(a,b,c)$ 在区域 $a>0,b>0,c>0$ 的边界变化情况，$f(a,b,c)$ 的最小值应为 $(1,1,1)$，$(\sqrt[3]{4},\frac{1}{\sqrt[3]{2}},\frac{1}{\sqrt[3]{2}})$，$(\frac{1}{\sqrt[3]{2}},\sqrt[3]{4},\frac{1}{\sqrt[3]{2}})$，$(\frac{1}{\sqrt[3]{2}},\frac{1}{\sqrt[3]{2}},\sqrt[3]{4})$ 处函数值的最小者，而

$$f(\sqrt[3]{4},\frac{1}{\sqrt[3]{2}},\frac{1}{\sqrt[3]{2}})=f(\frac{1}{\sqrt[3]{2}},\sqrt[3]{4},\frac{1}{\sqrt[3]{2}})=f(\frac{1}{\sqrt[3]{2}},\frac{1}{\sqrt[3]{2}},\sqrt[3]{4})=$$

$$\frac{1}{\sqrt[3]{4}}+2\cdot\sqrt[3]{2}+\frac{8}{\sqrt[3]{4}+\frac{2}{\sqrt[3]{2}}}=$$

$$\frac{\sqrt[3]{2}}{2}+2\cdot\sqrt[3]{2}+\frac{8\cdot\sqrt[3]{2}}{2+2}=$$

$$\frac{9}{2}\sqrt[3]{2}>f(1,1,1)=$$

$$3+\frac{8}{3}=\frac{17}{3}(\Leftrightarrow\sqrt[3]{2}>\frac{34}{27}\Leftrightarrow$$

$$2>\frac{34^3}{27^3}=\frac{39\ 304}{19\ 683}\Leftrightarrow 39\ 366>39\ 304)$$

所以

$$\frac{1}{a}+\frac{1}{b}+\frac{1}{c}+\frac{8}{a+b+c}\geqslant 3+\frac{8}{3}$$

综合(1)(2) 知，若 $0<\lambda\leqslant 8$，则

$$\frac{1}{a}+\frac{1}{b}+\frac{1}{c}+\frac{\lambda}{a+b+c}\geqslant 3+\frac{\lambda}{3}$$

等号当且仅当 $a=b=c=1$ 时成立.

命题得证.

由上述证明过程知，$L(a,b,c,k)$ 的稳定点的三个坐标 a,b,c 不可能两两不等，所以，结论“当 $\lambda>9$ 时，不等式 $\frac{1}{a}+\frac{1}{b}+\frac{1}{c}+\frac{\lambda}{a+b+c}\geqslant 2\sqrt{\lambda}$ 成立，取等号的充要条件是 $a=1,bc=1,b+c=\sqrt{\lambda}-1$”也是错误的. 事实上，取 $\lambda=16$，有

$$a=\sqrt[3]{16}, b=c=\frac{1}{\sqrt[3]{4}}$$

此时

$$abc=1$$

$$\frac{1}{a}+\frac{1}{b}+\frac{1}{c}+\frac{\lambda}{a+b+c}=$$

$$\frac{1}{\sqrt[3]{16}}+2\sqrt[3]{4}+\frac{16}{\sqrt[3]{16}+\frac{2}{\sqrt[3]{4}}}=$$

$$\frac{\sqrt[3]{4}}{4}+2\sqrt[3]{4}+\frac{16\sqrt[3]{4}}{4+2}=$$

$$\frac{59}{12}\sqrt[3]{4}<8=2\sqrt{\lambda}=2\sqrt{16}(\Leftrightarrow\sqrt[3]{4}<\frac{96}{59}\Leftrightarrow$$

$$4<\frac{96^3}{59^3}=\frac{884\ 736}{205\ 379}\Leftrightarrow$$

$$821\ 516<884\ 736)$$

故当 $\lambda>9$ 时，$2\sqrt{\lambda}$ 不是 $\frac{1}{a}+\frac{1}{b}+\frac{1}{c}+\frac{\lambda}{a+b+c}$ 的最小值.

当 $\lambda>8$ 时，$\Delta=\lambda^2-8\lambda>0$，由方程 ⑧ 解得 $a=\frac{\lambda-4\pm\sqrt{\lambda^2-8\lambda}}{2}b$，代入 $abc=1$ 中，得

$$a=\sqrt[3]{2}(\lambda-4+\sqrt{\lambda^2-8\lambda})^{\frac{2}{3}}$$

$$b=c=\frac{1}{2}(\lambda-4-\sqrt{\lambda^2-8\lambda})^{\frac{1}{3}}$$

或

$$a=\sqrt[3]{2}(\lambda-4-\sqrt{\lambda^2-8\lambda})^{\frac{2}{3}}$$

$$b=c=\frac{1}{2}(\lambda-4+\sqrt{\lambda^2-8\lambda})^{\frac{1}{3}}$$

根据 $f(a,b,c)$ 关于 a,b,c 的对称性，$L(a,b,c,k)$ 有 7 个稳定点.

当 $\lambda=9$ 时

$$a=\sqrt[3]{2}(\lambda-4-\sqrt{\lambda^2-8\lambda})^{\frac{2}{3}}=1$$

$$b=c=\frac{1}{2}(\lambda-4+\sqrt{\lambda^2-8\lambda})^{\frac{1}{3}}=1$$

$L(a,b,c,k)$ 的 7 个稳定点退化为 4 个，它们分别是 $(1,1,1,2)$，$(\sqrt[3]{16},\frac{1}{\sqrt[3]{4}},\frac{1}{\sqrt[3]{4}},\frac{5}{4}\sqrt[3]{4})$，$(\frac{1}{\sqrt[3]{4}},\sqrt[3]{16},\frac{1}{\sqrt[3]{4}},\frac{5}{4}\sqrt[3]{4})$，$(\frac{1}{\sqrt[3]{4}},\frac{1}{\sqrt[3]{4}},\sqrt[3]{16},\frac{5}{4}\sqrt[3]{4})$，比较 $f(\sqrt[3]{16},\frac{1}{\sqrt[3]{4}},\frac{1}{\sqrt[3]{4}})$ 与

$f(1,1,1)$ 的大小关系，得到了前文提到的反例，这个反例不是凭空想象的，而是在求出稳定点后，比较稳定点处函数值的大小，精心计算后产生的.

$L(a,b,c,k)$ 的 7 个稳定点处，哪一个是 $f(a,b,c)$ 的最小值点，$f(a,b,c)$ 的最小值是多少？是一个计算量颇大、值得继续研究的问题.

当然我们说最值问题的解决依赖于所使用的方法，以目前大学和中学都很流行的数学建模谈起，我们从一个日常生活的常识开始①.

我们都知道，在我们的常规空间中，两点之间为直线距离最近. 那么这个结论可不可以用数学进行证明呢？

为简单起见，我们在平面上考虑这个问题. 如图 8 所示，设平面上有两点 A 和 B，它们的坐标分别为 (x_0,y_0) 和 (x_1,y_1). 现在我们用一段连线将它们连接起来，那么连线的方程为 $y=y(x)$，并且 $y_0=y(x_0)$，$y_1=y(x_1)$. 我们知道这样的连线方程有无穷多个. 现在的问题是，我们怎么找到一条最短的连线呢？那么我们就要计算这些连线的长度.

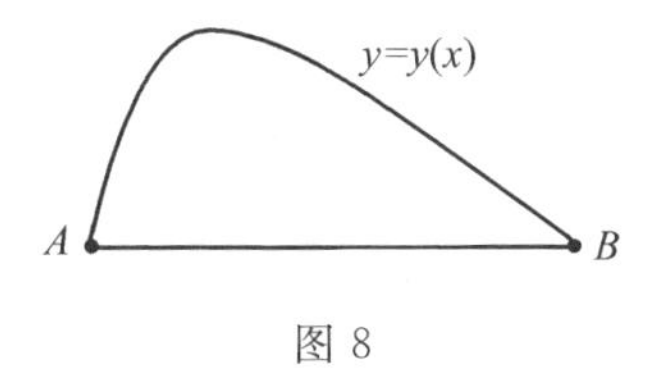

图 8

根据微积分的理论，可以用曲线积分算出连线 $y=y(x)$ 的长度

$$J[y(x)]=\int_{x_0}^{x_1}\sqrt{1+y'^2(x)}\,\mathrm{d}x \quad ①$$

当函数 $y=y(x)$ 变化时，长度 d 自然跟着变. 这个关系很像自变量和应变量的函数关系，只不过现在的自变量不再是个数，而是一个函数，那么应变量也就不是普通的函数，我们把它称为泛函. 所以，我们更喜欢把 J 写成 $J[y(x)]$，这样就反映出 J 和 $y(x)$ 的对应关系.

现在我们要在一个函数集合 $\{y(x)\}$ 里找到一个特殊的函数 $y^*(x)$，使得 $J[y^*(x)]$ 的值最小. 根据问题和 J 的表达式，我们知道这个函数集合里的函数要连续，一阶可导，而且过两个端点. 如果用 M 表示这个函数集合，则用数学的语言就是

$$M=\{y(x)\mid y\in C^1[x_0,x_1],y_0=y(x_0),y_1=y(x_1)\}$$

这里 $C^1[x_0,x_1]$ 表示所有定义在区间 $[x_0,x_1]$ 上连续并且一阶导数也连续的函数集合，所以我们的问题转变成寻找 $y^*(x)$，使得

① 摘编自《数学建模讲义》，梁进，陈雄达，张华隆，项家梁编著，上海科学技术出版社，2014.

$$J[y^*(x)]=\inf_{y\in M}J[y(x)]$$

假定 $y^*(x)$ 存在,从微积分求最小值的思想出发,我们定义一个函数

$$\Phi(\alpha)=J[y^*(x)+\alpha\eta(x)] \qquad ②$$

这里 $\eta\in C^1[x_0,x_1],\eta(x_0)=\eta(x_1)=0,\alpha\in(-\infty,+\infty)$,故 $y^*(x)+\alpha\eta(x)\in M$. 这样,$\alpha=0$ 时,$\Phi(\alpha)$ 取得极值. 换句话说,$\Phi'(0)=0$,即

$$\Phi'(0)=\int_{x_0}^{x_1}\frac{y^{*\prime}\eta'}{\sqrt{1+y^{*\prime 2}}}\mathrm{d}x=\int_{x_0}^{x_1}\frac{y^{*\prime\prime}\eta}{\sqrt[3]{1+y^{*\prime 2}}}\mathrm{d}x=0$$

由于 $\eta\in C^1[x_0,x_1]$ 的任意性,我们推出 $y^{*\prime\prime}(x)=0,\forall x\in(x_0,x_1)$. 这就是说,$y^*(x)$ 是过点 A 和点 B 的直线.

自由边界问题是一类非线性问题,其边界成为解的一部分. 这类问题在物理、经济和金融等领域的控制和优化问题中经常可以碰到. 其中很多问题可以化成变分不等式来解决. 这里我们再介绍其中一个基础的问题 —— 障碍问题.

从点 A 到点 B,我们已经用数学方法证明了其最短距离是连接两点的直线距离. 现在假定这两点之间有一个障碍,如点 B 在一座高山的顶点(图 9). 我们假定,在空间里我们有工具,例如飞毯,可以腾飞走直线,但我们却不能穿越障碍. 那么在这种情况下,点 A 到点 B 的最短距离是什么?

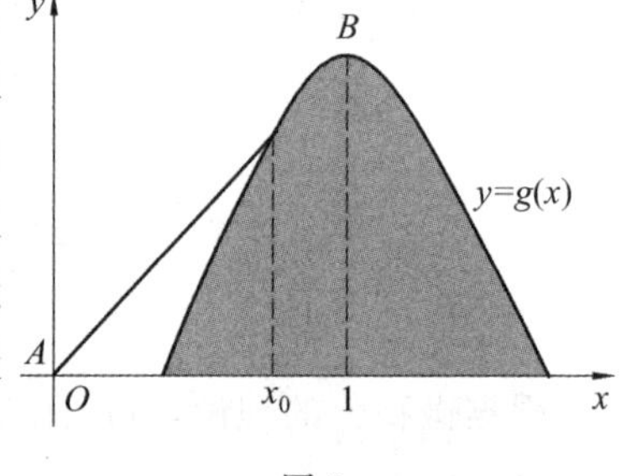

图 9

分析 直觉告诉我们,最短的距离应该是从点 A 出发,先沿直线达到山的某点,然后沿着山的表面攀爬至点 B,并且所有的路线都应该落在垂直于地面的平面上. 那么接下来的问题是,在哪点落山为最佳?

假定 (1) 在 xOy 平面上考虑这个问题.

(2)A,B 两点的坐标分别为$(0,0)$ 和$(1,1)$.

(3) 山表面的截面线为连续光滑函数 $y=g(x),g(0)<0,g(1)=1$,并且 $g''(x)<0$.

建模解模1 假定登山点的坐标为$(x_0,g(x_0))$,所以点 A 到点 B 的距离函数为

$$d(x_0)=\sqrt{x_0^2+g^2(x_0)}+\int_{x_0}^{1}\sqrt{1+g'^2(x)}\,\mathrm{d}x$$

$d(x_0)$ 取得极小的必要条件是 $d'(x_0)=0$,即

$$d'(x_0)=\frac{x_0+g(x_0)g'(x_0)}{\sqrt{x_0^2+g^2(x_0)}}-\sqrt{1+g'^2(x_0)}=0$$

整理后得

$$[g(x_0)-x_0g'(x_0)]^2=0$$

或者

$$\frac{g(x_0)}{x_0}=g'(x_0)$$

这表明,在落山点山面截面的切线与腾空直线重合.所以我们得到的解为

$$f(x)=\begin{cases}\frac{g(x_0)}{x_0}x, x\in(0,x_0)\\ g(x), x\in(x_0,1)\\ \frac{g(x)}{x}=g'(x), x=x_0\end{cases}$$

如果进一步有 $g(x)$ 的信息,还可以求出 x_0 的具体值.例如当 $g(x)=1-4(x-1)^2$,可求出 $x_0=\frac{\sqrt{3}}{2}$.

然而,这样的解法虽然简单,但却有争议.因为我们讨论的路径并没有包括从点 A 到点 B 的绕过障碍的所有路径.为此,我们用变分的方法来讨论这个问题.

建模解模 2 考虑允许函数集合

$$M_1=\{f(x)\mid f(x)\in C^1[0,1], f(0)=0, f(1)=1, f(x)\geqslant g(x)\}$$

我们要求的变分问题是寻找 $y^*(x)$,使得

$$J[y^*(x)]=\inf_{y\in M_1}J[y(x)]$$

这里 J 由式 ① 定义.

我们要说明这个变分问题的解就是由建模解模 1 得到的解.

事实上,由自由边界问题理论,上面的变分问题的解等价于如下的两可问题的解.

寻找 $f(x)\in C^1[0,1]$,使得

$$\begin{cases}f(x)-g(x)\geqslant 0\\ -f''(x)\geqslant 0\\ [f(x)-g(x)]f''(x)=0\\ f(0)=0, f(1)=1\end{cases}$$

而且,上述两可问题的解是存在唯一的.

这就说明我们讨论的变分问题的极小值只有两种情况,或者是直线,或者是障碍线.而且在连接处一阶导数连续.而满足这些条件的解就是建模解模 1 得到的解.也就是说,在建模解模 1 得到的解就是该问题的最优解.

据历史学家何兆武先生回忆:著名哲学家王浩(也是著名数学家)曾谈到哲学家需要具备三个条件:一是 Intellectual skepticism(智识上的怀疑主义),否

则无以成其深；二是 Spiritual affirmation（精神上的肯定），否则无以成其高；三是要有一句格言，所谓格言就是信条，各人不同，但足以反映自己的特色与风格. 例如，苏格拉底（Socrates）的格言是"Knowledge is virtue"（知识即美德），而培根（F. Bacon）的格言则是"Knowledge is power"（知识就是力量）（何兆武口述，文靖撰写. 上学记[M]. 北京：生活·读书·新知. 三联书店，2006）. 作为数学工作室，我们也应该有自己的格言，仿照中世纪的哥廷根镇议会大厅的墙上的刻字"哥廷根之外没有生活"，我们的格言是"Mathematical is life".

刘培杰

2022 年 7 月于哈工大

敬告读者

本书所选少部分内容是数学大师的经典之作，在本书编辑过程中，我们尽可能与选文的作者或译者取得联系，并得到他们的授权．虽经过多方努力，但仍有个别译者未联系上．美文难以割舍，我们考虑再三，还是决定先选入本书．对此，我们深表歉意．希望相关学者看到本书后，及时与我们联系著作权使用相关事宜．

联 系 人：刘培杰

联系电话：0451－86281378　13904613167

E-mail：lpj1378@163.com

哈尔滨工业大学出版社

2018年10月

刘培杰数学工作室
已出版(即将出版)图书目录——初等数学

书　名	出版时间	定　价	编号
新编中学数学解题方法全书(高中版)上卷(第2版)	2018－08	58.00	951
新编中学数学解题方法全书(高中版)中卷(第2版)	2018－08	68.00	952
新编中学数学解题方法全书(高中版)下卷(一)(第2版)	2018－08	58.00	953
新编中学数学解题方法全书(高中版)下卷(二)(第2版)	2018－08	58.00	954
新编中学数学解题方法全书(高中版)下卷(三)(第2版)	2018－08	68.00	955
新编中学数学解题方法全书(初中版)上卷	2008－01	28.00	29
新编中学数学解题方法全书(初中版)中卷	2010－07	38.00	75
新编中学数学解题方法全书(高考复习卷)	2010－01	48.00	67
新编中学数学解题方法全书(高考真题卷)	2010－01	38.00	62
新编中学数学解题方法全书(高考精华卷)	2011－03	68.00	118
新编平面解析几何解题方法全书(专题讲座卷)	2010－01	18.00	61
新编中学数学解题方法全书(自主招生卷)	2013－08	88.00	261
数学奥林匹克与数学文化(第一辑)	2006－05	48.00	4
数学奥林匹克与数学文化(第二辑)(竞赛卷)	2008－01	48.00	19
数学奥林匹克与数学文化(第二辑)(文化卷)	2008－07	58.00	36
数学奥林匹克与数学文化(第三辑)(竞赛卷)	2010－01	48.00	59
数学奥林匹克与数学文化(第四辑)(竞赛卷)	2011－08	58.00	87
数学奥林匹克与数学文化(第五辑)	2015－06	98.00	370
世界著名平面几何经典著作钩沉——几何作图专题卷(共3卷)	2022－01	198.00	1460
世界著名平面几何经典著作钩沉(民国平面几何老课本)	2011－03	38.00	113
世界著名平面几何经典著作钩沉(建国初期平面三角老课本)	2015－08	38.00	507
世界著名解析几何经典著作钩沉——平面解析几何卷	2014－01	38.00	264
世界著名数论经典著作钩沉(算术卷)	2012－01	28.00	125
世界著名数学经典著作钩沉——立体几何卷	2011－02	28.00	88
世界著名三角学经典著作钩沉(平面三角卷Ⅰ)	2010－06	28.00	69
世界著名三角学经典著作钩沉(平面三角卷Ⅱ)	2011－01	38.00	78
世界著名初等数论经典著作钩沉(理论和实用算术卷)	2011－07	38.00	126
发展你的空间想象力(第3版)	2021－01	98.00	1464
空间想象力进阶	2019－05	68.00	1062
走向国际数学奥林匹克的平面几何试题诠释.第1卷	2019－07	88.00	1043
走向国际数学奥林匹克的平面几何试题诠释.第2卷	2019－09	78.00	1044
走向国际数学奥林匹克的平面几何试题诠释.第3卷	2019－03	78.00	1045
走向国际数学奥林匹克的平面几何试题诠释.第4卷	2019－09	98.00	1046
平面几何证明方法全书	2007－08	35.00	1
平面几何证明方法全书习题解答(第2版)	2006－12	18.00	10
平面几何天天练上卷·基础篇(直线型)	2013－01	58.00	208
平面几何天天练中卷·基础篇(涉及圆)	2013－01	28.00	234
平面几何天天练下卷·提高篇	2013－01	58.00	237
平面几何专题研究	2013－07	98.00	258
平面几何解题之道.第1卷	2022－05	38.00	1494
几何学习题集	2020－10	48.00	1217
通过解题学习代数几何	2021－04	88.00	1301

刘培杰数学工作室
已出版(即将出版)图书目录——初等数学

书　　名	出版时间	定　价	编号
最新世界各国数学奥林匹克中的平面几何试题	2007－09	38.00	14
数学竞赛平面几何典型题及新颖解	2010－07	48.00	74
初等数学复习及研究(平面几何)	2008－09	68.00	38
初等数学复习及研究(立体几何)	2010－06	38.00	71
初等数学复习及研究(平面几何)习题解答	2009－01	58.00	42
几何学教程(平面几何卷)	2011－03	68.00	90
几何学教程(立体几何卷)	2011－07	68.00	130
几何变换与几何证题	2010－06	88.00	70
计算方法与几何证题	2011－06	28.00	129
立体几何技巧与方法	2014－04	88.00	293
几何瑰宝——平面几何500名题暨1500条定理(上、下)	2021－07	168.00	1358
三角形的解法与应用	2012－07	18.00	183
近代的三角形几何学	2012－07	48.00	184
一般折线几何学	2015－08	48.00	503
三角形的五心	2009－06	28.00	51
三角形的六心及其应用	2015－10	68.00	542
三角形趣谈	2012－08	28.00	212
解三角形	2014－01	28.00	265
探秘三角形:一次数学旅行	2021－10	68.00	1387
三角学专门教程	2014－09	28.00	387
图天下几何新题试卷.初中(第2版)	2017－11	58.00	855
圆锥曲线习题集(上册)	2013－06	68.00	255
圆锥曲线习题集(中册)	2015－01	78.00	434
圆锥曲线习题集(下册·第1卷)	2016－10	78.00	683
圆锥曲线习题集(下册·第2卷)	2018－01	98.00	853
圆锥曲线习题集(下册·第3卷)	2019－10	128.00	1113
圆锥曲线的思想方法	2021－08	48.00	1379
圆锥曲线的八个主要问题	2021－10	48.00	1415
论九点圆	2015－05	88.00	645
近代欧氏几何学	2012－03	48.00	162
罗巴切夫斯基几何学及几何基础概要	2012－07	28.00	188
罗巴切夫斯基几何学初步	2015－06	28.00	474
用三角、解析几何、复数、向量计算解数学竞赛几何题	2015－03	48.00	455
用解析法研究圆锥曲线的几何理论	2022－05	48.00	1495
美国中学几何教程	2015－04	88.00	458
三线坐标与三角形特征点	2015－04	98.00	460
坐标几何学基础.第1卷,笛卡儿坐标	2021－08	48.00	1398
坐标几何学基础.第2卷,三线坐标	2021－09	28.00	1399
平面解析几何方法与研究(第1卷)	2015－05	18.00	471
平面解析几何方法与研究(第2卷)	2015－06	18.00	472
平面解析几何方法与研究(第3卷)	2015－07	18.00	473
解析几何研究	2015－01	38.00	425
解析几何学教程.上	2016－01	38.00	574
解析几何学教程.下	2016－01	38.00	575
几何学基础	2016－01	58.00	581
初等几何研究	2015－02	58.00	444
十九和二十世纪欧氏几何学中的片段	2017－01	58.00	696
平面几何中考.高考.奥数一本通	2017－07	28.00	820
几何学简史	2017－08	28.00	833
四面体	2018－01	48.00	880
平面几何证明方法思路	2018－12	68.00	913

刘培杰数学工作室
已出版(即将出版)图书目录——初等数学

书　　名	出版时间	定　价	编号
平面几何图形特性新析. 上篇	2019—01	68.00	911
平面几何图形特性新析. 下篇	2018—06	88.00	912
平面几何范例多解探究. 上篇	2018—04	48.00	910
平面几何范例多解探究. 下篇	2018—12	68.00	914
从分析解题过程学解题:竞赛中的几何问题研究	2018—07	68.00	946
从分析解题过程学解题:竞赛中的向量几何与不等式研究(全 2 册)	2019—06	138.00	1090
从分析解题过程学解题:竞赛中的不等式问题	2021—01	48.00	1249
二维、三维欧氏几何的对偶原理	2018—12	38.00	990
星形大观及闭折线论	2019—03	68.00	1020
立体几何的问题和方法	2019—11	58.00	1127
三角代换论	2021—05	58.00	1313
俄罗斯平面几何问题集	2009—08	88.00	55
俄罗斯立体几何问题集	2014—03	58.00	283
俄罗斯几何大师——沙雷金论数学及其他	2014—01	48.00	271
来自俄罗斯的 5000 道几何习题及解答	2011—03	58.00	89
俄罗斯初等数学问题集	2012—05	38.00	177
俄罗斯函数问题集	2011—03	38.00	103
俄罗斯组合分析问题集	2011—01	48.00	79
俄罗斯初等数学万题选——三角卷	2012—11	38.00	222
俄罗斯初等数学万题选——代数卷	2013—08	68.00	225
俄罗斯初等数学万题选——几何卷	2014—01	68.00	226
俄罗斯《量子》杂志数学征解问题 100 题选	2018—08	48.00	969
俄罗斯《量子》杂志数学征解问题又 100 题选	2018—08	48.00	970
俄罗斯《量子》杂志数学征解问题	2020—05	48.00	1138
463 个俄罗斯几何老问题	2012—01	28.00	152
《量子》数学短文精粹	2018—09	38.00	972
用三角、解析几何等计算解来自俄罗斯的几何题	2019—11	88.00	1119
基谢廖夫平面几何	2022—01	48.00	1461
数学:代数、数学分析和几何(10—11 年级)	2021—01	48.00	1250
立体几何. 10—11 年级	2022—01	58.00	1472
直观几何学:5—6 年级	2022—04	58.00	1508

书　　名	出版时间	定　价	编号
谈谈素数	2011—03	18.00	91
平方和	2011—03	18.00	92
整数论	2011—05	38.00	120
从整数谈起	2015—10	28.00	538
数与多项式	2016—01	38.00	558
谈谈不定方程	2011—05	28.00	119
质数漫谈	2022—07	68.00	1529

书　　名	出版时间	定　价	编号
解析不等式新论	2009—06	68.00	48
建立不等式的方法	2011—03	98.00	104
数学奥林匹克不等式研究(第 2 版)	2020—07	68.00	1181
不等式研究(第二辑)	2012—02	68.00	153
不等式的秘密(第一卷)(第 2 版)	2014—02	38.00	286
不等式的秘密(第二卷)	2014—01	38.00	268
初等不等式的证明方法	2010—06	38.00	123
初等不等式的证明方法(第二版)	2014—11	38.00	407
不等式・理论・方法(基础卷)	2015—07	38.00	496
不等式・理论・方法(经典不等式卷)	2015—07	38.00	497
不等式・理论・方法(特殊类型不等式卷)	2015—07	48.00	498
不等式探究	2016—03	38.00	582
不等式探秘	2017—01	88.00	689
四面体不等式	2017—01	68.00	715
数学奥林匹克中常见重要不等式	2017—09	38.00	845

刘培杰数学工作室
已出版(即将出版)图书目录——初等数学

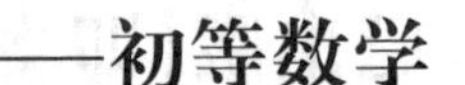

书　　名	出版时间	定　价	编号
三正弦不等式	2018－09	98.00	974
函数方程与不等式:解法与稳定性结果	2019－04	68.00	1058
数学不等式.第1卷,对称多项式不等式	2022－05	78.00	1455
数学不等式.第2卷,对称有理不等式与对称无理不等式	2022－05	88.00	1456
数学不等式.第3卷,循环不等式与非循环不等式	2022－05	88.00	1457
数学不等式.第4卷,Jensen不等式的扩展与加细	2022－05	88.00	1458
数学不等式.第5卷,创建不等式与解不等式的其他方法	2022－05	88.00	1459
同余理论	2012－05	38.00	163
[x]与{x}	2015－04	48.00	476
极值与最值.上卷	2015－06	28.00	486
极值与最值.中卷	2015－06	38.00	487
极值与最值.下卷	2015－06	28.00	488
整数的性质	2012－11	38.00	192
完全平方数及其应用	2015－08	78.00	506
多项式理论	2015－10	88.00	541
奇数、偶数、奇偶分析法	2018－01	98.00	876
不定方程及其应用.上	2018－12	58.00	992
不定方程及其应用.中	2019－01	78.00	993
不定方程及其应用.下	2019－02	98.00	994
Nesbitt不等式加强式的研究	2022－06	128.00	1527
历届美国中学生数学竞赛试题及解答(第一卷)1950－1954	2014－07	18.00	277
历届美国中学生数学竞赛试题及解答(第二卷)1955－1959	2014－04	18.00	278
历届美国中学生数学竞赛试题及解答(第三卷)1960－1964	2014－06	18.00	279
历届美国中学生数学竞赛试题及解答(第四卷)1965－1969	2014－04	28.00	280
历届美国中学生数学竞赛试题及解答(第五卷)1970－1972	2014－06	18.00	281
历届美国中学生数学竞赛试题及解答(第六卷)1973－1980	2017－07	18.00	768
历届美国中学生数学竞赛试题及解答(第七卷)1981－1986	2015－01	18.00	424
历届美国中学生数学竞赛试题及解答(第八卷)1987－1990	2017－05	18.00	769
历届中国数学奥林匹克试题集(第3版)	2021－10	58.00	1440
历届加拿大数学奥林匹克试题集	2012－08	38.00	215
历届美国数学奥林匹克试题集:1972～2019	2020－04	88.00	1135
历届波兰数学竞赛试题集.第1卷,1949～1963	2015－03	18.00	453
历届波兰数学竞赛试题集.第2卷,1964～1976	2015－03	18.00	454
历届巴尔干数学奥林匹克试题集	2015－05	38.00	466
保加利亚数学奥林匹克	2014－10	38.00	393
圣彼得堡数学奥林匹克试题集	2015－01	38.00	429
匈牙利奥林匹克数学竞赛题解.第1卷	2016－05	28.00	593
匈牙利奥林匹克数学竞赛题解.第2卷	2016－05	28.00	594
历届美国数学邀请赛试题集(第2版)	2017－10	78.00	851
普林斯顿大学数学竞赛	2016－06	38.00	669
亚太地区数学奥林匹克竞赛题	2015－07	18.00	492
日本历届(初级)广中杯数学竞赛试题及解答.第1卷(2000～2007)	2016－05	28.00	641
日本历届(初级)广中杯数学竞赛试题及解答.第2卷(2008～2015)	2016－05	38.00	642
越南数学奥林匹克题选:1962－2009	2021－07	48.00	1370
360个数学竞赛问题	2016－08	58.00	677
奥数最佳实战题.上卷	2017－06	38.00	760
奥数最佳实战题.下卷	2017－05	58.00	761
哈尔滨市早期中学数学竞赛试题汇编	2016－07	28.00	672
全国高中数学联赛试题及解答:1981—2019(第4版)	2020－07	138.00	1176
2022年全国高中数学联合竞赛模拟题集	2022－06	30.00	1521
20世纪50年代全国部分城市数学竞赛试题汇编	2017－07	28.00	797

刘培杰数学工作室
已出版(即将出版)图书目录——初等数学

书　　名	出版时间	定　价	编号
国内外数学竞赛题及精解:2018～2019	2020－08	45.00	1192
国内外数学竞赛题及精解:2019～2020	2021－11	58.00	1439
许康华竞赛优学精选集.第一辑	2018－08	68.00	949
天问叶班数学问题征解 100 题.Ⅰ,2016－2018	2019－05	88.00	1075
天问叶班数学问题征解 100 题.Ⅱ,2017－2019	2020－07	98.00	1177
美国初中数学竞赛:AMC8 准备(共 6 卷)	2019－07	138.00	1089
美国高中数学竞赛:AMC10 准备(共 6 卷)	2019－08	158.00	1105
王连笑教你怎样学数学:高考选择题解题策略与客观题实用训练	2014－01	48.00	262
王连笑教你怎样学数学:高考数学高层次讲座	2015－02	48.00	432
高考数学的理论与实践	2009－08	38.00	53
高考数学核心题型解题方法与技巧	2010－01	28.00	86
高考思维新平台	2014－03	38.00	259
高考数学压轴题解题诀窍(上)(第 2 版)	2018－01	58.00	874
高考数学压轴题解题诀窍(下)(第 2 版)	2018－01	48.00	875
北京市五区文科数学三年高考模拟题详解:2013～2015	2015－08	48.00	500
北京市五区理科数学三年高考模拟题详解:2013～2015	2015－09	68.00	505
向量法巧解数学高考题	2009－08	28.00	54
高中数学课堂教学的实践与反思	2021－11	48.00	791
数学高考参考	2016－01	78.00	589
新课程标准高考数学解答题各种题型解法指导	2020－08	78.00	1196
全国及各省市高考数学试题审题要津与解法研究	2015－02	48.00	450
高中数学章节起始课的教学研究与案例设计	2019－05	28.00	1064
新课标高考数学——五年试题分章详解(2007～2011)(上、下)	2011－10	78.00	140,141
全国中考数学压轴题审题要津与解法研究	2013－04	78.00	248
新编全国及各省市中考数学压轴题审题要津与解法研究	2014－05	58.00	342
全国及各省市 5 年中考数学压轴题审题要津与解法研究(2015 版)	2015－04	58.00	462
中考数学专题总复习	2007－04	28.00	6
中考数学较难题常考题型解题方法与技巧	2016－09	48.00	681
中考数学难题常考题型解题方法与技巧	2016－09	48.00	682
中考数学中档题常考题型解题方法与技巧	2017－08	68.00	835
中考数学选择填空压轴好题妙解 365	2017－05	38.00	759
中考数学:三类重点考题的解法例析与习题	2020－04	48.00	1140
中小学数学的历史文化	2019－11	48.00	1124
初中平面几何百题多思创新解	2020－01	58.00	1125
初中数学中考备考	2020－01	58.00	1126
高考数学之九章演义	2019－08	68.00	1044
高考数学之难题谈笑间	2022－06	68.00	1519
化学可以这样学:高中化学知识方法智慧感悟疑难辨析	2019－07	58.00	1103
如何成为学习高手	2019－09	58.00	1107
高考数学:经典真题分类解析	2020－04	78.00	1134
高考数学解答题破解策略	2020－11	58.00	1221
从分析解题过程学解题:高考压轴题与竞赛题之关系探究	2020－08	88.00	1179
教学新思考:单元整体视角下的初中数学教学设计	2021－03	58.00	1278
思维再拓展:2020 年经典几何题的多解探究与思考	即将出版		1279
中考数学小压轴汇编初讲	2017－07	48.00	788
中考数学大压轴专题微言	2017－09	48.00	846
怎么解中考平面几何探索题	2019－06	48.00	1093
北京中考数学压轴题解题方法突破(第 7 版)	2021－11	68.00	1442
助你高考成功的数学解题智慧:知识是智慧的基础	2016－01	58.00	596
助你高考成功的数学解题智慧:错误是智慧的试金石	2016－04	58.00	643
助你高考成功的数学解题智慧:方法是智慧的推手	2016－04	68.00	657
高考数学奇思妙解	2016－04	38.00	610
高考数学解题策略	2016－05	48.00	670
数学解题泄天机(第 2 版)	2017－10	48.00	850

刘培杰数学工作室
已出版(即将出版)图书目录——初等数学

书　　名	出版时间	定　价	编号
高考物理压轴题全解	2017－04	58.00	746
高中物理经典问题 25 讲	2017－05	28.00	764
高中物理教学讲义	2018－01	48.00	871
高中物理教学讲义:全模块	2022－03	98.00	1492
高中物理答疑解惑 65 篇	2021－11	48.00	1462
中学物理基础问题解析	2020－08	48.00	1183
2016 年高考文科数学真题研究	2017－04	58.00	754
2016 年高考理科数学真题研究	2017－04	78.00	755
2017 年高考理科数学真题研究	2018－01	58.00	867
2017 年高考文科数学真题研究	2018－01	48.00	868
初中数学、高中数学脱节知识补缺教材	2017－06	48.00	766
高考数学小题抢分必练	2017－10	48.00	834
高考数学核心素养解读	2017－09	38.00	839
高考数学客观题解题方法和技巧	2017－10	38.00	847
十年高考数学精品试题审题要津与解法研究	2021－10	98.00	1427
中国历届高考数学试题及解答.1949－1979	2018－01	38.00	877
历届中国高考数学试题及解答.第二卷,1980—1989	2018－10	28.00	975
历届中国高考数学试题及解答.第三卷,1990—1999	2018－10	48.00	976
数学文化与高考研究	2018－03	48.00	882
跟我学解高中数学题	2018－07	58.00	926
中学数学研究的方法及案例	2018－05	58.00	869
高考数学抢分技能	2018－07	68.00	934
高一新生常用数学方法和重要数学思想提升教材	2018－06	38.00	921
2018 年高考数学真题研究	2019－01	68.00	1000
2019 年高考数学真题研究	2020－05	88.00	1137
高考数学全国卷六道解答题常考题型解题诀窍:理科(全 2 册)	2019－07	78.00	1101
高考数学全国卷 16 道选择、填空题常考题型解题诀窍.理科	2018－09	88.00	971
高考数学全国卷 16 道选择、填空题常考题型解题诀窍.文科	2020－01	88.00	1123
高中数学一题多解	2019－06	58.00	1087
历届中国高考数学试题及解答:1917－1999	2021－08	98.00	1371
2000～2003 年全国及各省市高考数学试题及解答	2022－05	88.00	1499
2004 年全国及各省市高考数学试题及解答	2022－07	78.00	1500
突破高原:高中数学解题思维探究	2021－08	48.00	1375
高考数学中的“取值范围”	2021－10	48.00	1429
新课程标准高中数学各种题型解法大全.必修一分册	2021－06	58.00	1315
新课程标准高中数学各种题型解法大全.必修二分册	2022－01	68.00	1471
高中数学各种题型解法大全.选择性必修一分册	2022－06	68.00	1525

书　　名	出版时间	定　价	编号
新编 640 个世界著名数学智力趣题	2014－01	88.00	242
500 个最新世界著名数学智力趣题	2008－06	48.00	3
400 个最新世界著名数学最值问题	2008－09	48.00	36
500 个世界著名数学征解问题	2009－06	48.00	52
400 个中国最佳初等数学征解老问题	2010－01	48.00	60
500 个俄罗斯数学经典老题	2011－01	28.00	81
1000 个国外中学物理好题	2012－04	48.00	174
300 个日本高考数学题	2012－05	38.00	142
700 个早期日本高考数学试题	2017－02	88.00	752
500 个前苏联早期高考数学试题及解答	2012－05	28.00	185
546 个早期俄罗斯大学生数学竞赛题	2014－03	38.00	285
548 个来自美苏的数学好问题	2014－11	28.00	396
20 所苏联著名大学早期入学试题	2015－02	18.00	452
161 道德国工科大学生必做的微分方程习题	2015－05	28.00	469
500 个德国工科大学生必做的高数习题	2015－06	28.00	478
360 个数学竞赛问题	2016－08	58.00	677
200 个趣味数学故事	2018－02	48.00	857
470 个数学奥林匹克中的最值问题	2018－10	88.00	985
德国讲义日本考题.微积分卷	2015－04	48.00	456
德国讲义日本考题.微分方程卷	2015－04	38.00	457
二十世纪中叶中、英、美、日、法、俄高考数学试题精选	2017－06	38.00	783

刘培杰数学工作室
已出版(即将出版)图书目录——初等数学

书　　名	出版时间	定　价	编号
中国初等数学研究　2009 卷(第 1 辑)	2009－05	20.00	45
中国初等数学研究　2010 卷(第 2 辑)	2010－05	30.00	68
中国初等数学研究　2011 卷(第 3 辑)	2011－07	60.00	127
中国初等数学研究　2012 卷(第 4 辑)	2012－07	48.00	190
中国初等数学研究　2014 卷(第 5 辑)	2014－02	48.00	288
中国初等数学研究　2015 卷(第 6 辑)	2015－06	68.00	493
中国初等数学研究　2016 卷(第 7 辑)	2016－04	68.00	609
中国初等数学研究　2017 卷(第 8 辑)	2017－01	98.00	712
初等数学研究在中国.第 1 辑	2019－03	158.00	1024
初等数学研究在中国.第 2 辑	2019－10	158.00	1116
初等数学研究在中国.第 3 辑	2021－05	158.00	1306
初等数学研究在中国.第 4 辑	2022－06	158.00	1520
几何变换(Ⅰ)	2014－07	28.00	353
几何变换(Ⅱ)	2015－06	28.00	354
几何变换(Ⅲ)	2015－01	38.00	355
几何变换(Ⅳ)	2015－12	38.00	356
初等数论难题集(第一卷)	2009－05	68.00	44
初等数论难题集(第二卷)(上、下)	2011－02	128.00	82,83
数论概貌	2011－03	18.00	93
代数数论(第二版)	2013－08	58.00	94
代数多项式	2014－06	38.00	289
初等数论的知识与问题	2011－02	28.00	95
超越数论基础	2011－03	28.00	96
数论初等教程	2011－03	28.00	97
数论基础	2011－03	18.00	98
数论基础与维诺格拉多夫	2014－03	18.00	292
解析数论基础	2012－08	28.00	216
解析数论基础(第二版)	2014－01	48.00	287
解析数论问题集(第二版)(原版引进)	2014－05	88.00	343
解析数论问题集(第二版)(中译本)	2016－04	88.00	607
解析数论基础(潘承洞,潘承彪著)	2016－07	98.00	673
解析数论导引	2016－07	58.00	674
数论入门	2011－03	38.00	99
代数数论入门	2015－03	38.00	448
数论开篇	2012－07	28.00	194
解析数论引论	2011－03	48.00	100
Barban Davenport Halberstam 均值和	2009－01	40.00	33
基础数论	2011－03	28.00	101
初等数论 100 例	2011－05	18.00	122
初等数论经典例题	2012－07	18.00	204
最新世界各国数学奥林匹克中的初等数论试题(上、下)	2012－01	138.00	144,145
初等数论(Ⅰ)	2012－01	18.00	156
初等数论(Ⅱ)	2012－01	18.00	157
初等数论(Ⅲ)	2012－01	28.00	158

刘培杰数学工作室
已出版(即将出版)图书目录——初等数学

书　　名	出版时间	定　价	编号
平面几何与数论中未解决的新老问题	2013-01	68.00	229
代数数论简史	2014-11	28.00	408
代数数论	2015-09	88.00	532
代数、数论及分析习题集	2016-11	98.00	695
数论导引提要及习题解答	2016-01	48.00	559
素数定理的初等证明. 第 2 版	2016-09	48.00	686
数论中的模函数与狄利克雷级数(第二版)	2017-11	78.00	837
数论:数学导引	2018-01	68.00	849
范氏大代数	2019-02	98.00	1016
解析数学讲义. 第一卷,导来式及微分、积分、级数	2019-04	88.00	1021
解析数学讲义. 第二卷,关于几何的应用	2019-04	68.00	1022
解析数学讲义. 第三卷,解析函数论	2019-04	78.00	1023
分析・组合・数论纵横谈	2019-04	58.00	1039
Hall 代数:民国时期的中学数学课本:英文	2019-08	88.00	1106
数学精神巡礼	2019-01	58.00	731
数学眼光透视(第 2 版)	2017-06	78.00	732
数学思想领悟(第 2 版)	2018-01	68.00	733
数学方法溯源(第 2 版)	2018-08	68.00	734
数学解题引论	2017-05	58.00	735
数学史话览胜(第 2 版)	2017-01	48.00	736
数学应用展观(第 2 版)	2017-08	68.00	737
数学建模尝试	2018-04	48.00	738
数学竞赛采风	2018-01	68.00	739
数学测评探营	2019-05	58.00	740
数学技能操握	2018-03	48.00	741
数学欣赏拾趣	2018-02	48.00	742
从毕达哥拉斯到怀尔斯	2007-10	48.00	9
从迪利克雷到维斯卡尔迪	2008-01	48.00	21
从哥德巴赫到陈景润	2008-05	98.00	35
从庞加莱到佩雷尔曼	2011-08	138.00	136
博弈论精粹	2008-03	58.00	30
博弈论精粹. 第二版(精装)	2015-01	88.00	461
数学 我爱你	2008-01	28.00	20
精神的圣徒　别样的人生——60 位中国数学家成长的历程	2008-09	48.00	39
数学史概论	2009-06	78.00	50
数学史概论(精装)	2013-03	158.00	272
数学史选讲	2016-01	48.00	544
斐波那契数列	2010-02	28.00	65
数学拼盘和斐波那契魔方	2010-07	38.00	72
斐波那契数列欣赏(第 2 版)	2018-08	58.00	948
Fibonacci 数列中的明珠	2018-06	58.00	928
数学的创造	2011-02	48.00	85
数学美与创造力	2016-01	48.00	595
数海拾贝	2016-01	48.00	590
数学中的美(第 2 版)	2019-04	68.00	1057
数论中的美学	2014-12	38.00	351

刘培杰数学工作室
已出版(即将出版)图书目录——初等数学

书　　名	出版时间	定　价	编号
数学王者　科学巨人——高斯	2015－01	28.00	428
振兴祖国数学的圆梦之旅:中国初等数学研究史话	2015－06	98.00	490
二十世纪中国数学史料研究	2015－10	48.00	536
数字谜、数阵图与棋盘覆盖	2016－01	58.00	298
时间的形状	2016－01	38.00	556
数学发现的艺术:数学探索中的合情推理	2016－07	58.00	671
活跃在数学中的参数	2016－07	48.00	675
数海趣史	2021－05	98.00	1314
数学解题——靠数学思想给力(上)	2011－07	38.00	131
数学解题——靠数学思想给力(中)	2011－07	48.00	132
数学解题——靠数学思想给力(下)	2011－07	38.00	133
我怎样解题	2013－01	48.00	227
数学解题中的物理方法	2011－06	28.00	114
数学解题的特殊方法	2011－06	48.00	115
中学数学计算技巧(第2版)	2020－10	48.00	1220
中学数学证明方法	2012－01	58.00	117
数学趣题巧解	2012－03	28.00	128
高中数学教学通鉴	2015－05	58.00	479
和高中生漫谈:数学与哲学的故事	2014－08	28.00	369
算术问题集	2017－03	38.00	789
张教授讲数学	2018－07	38.00	933
陈永明实话实说数学教学	2020－04	68.00	1132
中学数学学科知识与教学能力	2020－06	58.00	1155
怎样把课讲好:大罕数学教学随笔	2022－03	58.00	1484
中国高考评价体系下高考数学探秘	2022－03	48.00	1487
自主招生考试中的参数方程问题	2015－01	28.00	435
自主招生考试中的极坐标问题	2015－04	28.00	463
近年全国重点大学自主招生数学试题全解及研究.华约卷	2015－02	38.00	441
近年全国重点大学自主招生数学试题全解及研究.北约卷	2016－05	38.00	619
自主招生数学解证宝典	2015－09	48.00	535
中国科学技术大学创新班数学真题解析	2022－03	48.00	1488
中国科学技术大学创新班物理真题解析	2022－03	58.00	1489
格点和面积	2012－07	18.00	191
射影几何趣谈	2012－04	28.00	175
斯潘纳尔引理——从一道加拿大数学奥林匹克试题谈起	2014－01	28.00	228
李普希兹条件——从几道近年高考数学试题谈起	2012－10	18.00	221
拉格朗日中值定理——从一道北京高考试题的解法谈起	2015－10	18.00	197
闵科夫斯基定理——从一道清华大学自主招生试题谈起	2014－01	28.00	198
哈尔测度——从一道冬令营试题的背景谈起	2012－08	28.00	202
切比雪夫逼近问题——从一道中国台北数学奥林匹克试题谈起	2013－04	38.00	238
伯恩斯坦多项式与贝齐尔曲面——从一道全国高中数学联赛试题谈起	2013－03	38.00	236
卡塔兰猜想——从一道普特南竞赛试题谈起	2013－06	18.00	256
麦卡锡函数和阿克曼函数——从一道前南斯拉夫数学奥林匹克试题谈起	2012－08	18.00	201
贝蒂定理与拉姆贝克莫斯尔定理——从一个拣石子游戏谈起	2012－08	18.00	217
皮亚诺曲线和豪斯道夫分球定理——从无限集谈起	2012－08	18.00	211
平面凸图形与凸多面体	2012－10	28.00	218
斯坦因豪斯问题——从一道二十五省市自治区中学数学竞赛试题谈起	2012－07	18.00	196

刘培杰数学工作室

已出版(即将出版)图书目录——初等数学

书　　名	出版时间	定　价	编号
纽结理论中的亚历山大多项式与琼斯多项式——从一道北京市高一数学竞赛试题谈起	2012－07	28.00	195
原则与策略——从波利亚"解题表"谈起	2013－04	38.00	244
转化与化归——从三大尺规作图不能问题谈起	2012－08	28.00	214
代数几何中的贝祖定理(第一版)——从一道 IMO 试题的解法谈起	2013－08	18.00	193
成功连贯理论与约当块理论——从一道比利时数学竞赛试题谈起	2012－04	18.00	180
素数判定与大数分解	2014－08	18.00	199
置换多项式及其应用	2012－10	18.00	220
椭圆函数与模函数——从一道美国加州大学洛杉矶分校(UCLA)博士资格考题谈起	2012－10	28.00	219
差分方程的拉格朗日方法——从一道 2011 年全国高考理科试题的解法谈起	2012－08	28.00	200
力学在几何中的一些应用	2013－01	38.00	240
从根式解到伽罗华理论	2020－01	48.00	1121
康托洛维奇不等式——从一道全国高中联赛试题谈起	2013－03	28.00	337
西格尔引理——从一道第 18 届 IMO 试题的解法谈起	即将出版		
罗斯定理——从一道前苏联数学竞赛试题谈起	即将出版		
拉克斯定理和阿廷定理——从一道 IMO 试题的解法谈起	2014－01	58.00	246
毕卡大定理——从一道美国大学数学竞赛试题谈起	2014－07	18.00	350
贝齐尔曲线——从一道全国高中联赛试题谈起	即将出版		
拉格朗日乘子定理——从一道 2005 年全国高中联赛试题的高等数学解法谈起	2015－05	28.00	480
雅可比定理——从一道日本数学奥林匹克试题谈起	2013－04	48.00	249
李天岩－约克定理——从一道波兰数学竞赛试题谈起	2014－06	28.00	349
整系数多项式因式分解的一般方法——从克朗耐克算法谈起	即将出版		
布劳维不动点定理——从一道前苏联数学奥林匹克试题谈起	2014－01	38.00	273
伯恩赛德定理——从一道英国数学奥林匹克试题谈起	即将出版		
布查特－莫斯特定理——从一道上海市初中竞赛试题谈起	即将出版		
数论中的同余数问题——从一道普特南竞赛试题谈起	即将出版		
范·德蒙行列式——从一道美国数学奥林匹克试题谈起	即将出版		
中国剩余定理:总数法构建中国历史年表	2015－01	28.00	430
牛顿程序与方程求根——从一道全国高考试题解法谈起	即将出版		
库默尔定理——从一道 IMO 预选试题谈起	即将出版		
卢丁定理——从一道冬令营试题的解法谈起	即将出版		
沃斯滕霍姆定理——从一道 IMO 预选试题谈起	即将出版		
卡尔松不等式——从一道莫斯科数学奥林匹克试题谈起	即将出版		
信息论中的香农熵——从一道近年高考压轴题谈起	即将出版		
约当不等式——从一道希望杯竞赛试题谈起	即将出版		
拉比诺维奇定理	即将出版		
刘维尔定理——从一道《美国数学月刊》征解问题的解法谈起	即将出版		
卡塔兰恒等式与级数求和——从一道 IMO 试题的解法谈起	即将出版		
勒让德猜想与素数分布——从一道爱尔兰竞赛试题谈起	即将出版		
天平称重与信息论——从一道基辅市数学奥林匹克试题谈起	即将出版		
哈密尔顿－凯莱定理:从一道高中数学联赛试题的解法谈起	2014－09	18.00	376
艾思特曼定理——从一道 CMO 试题的解法谈起	即将出版		

刘培杰数学工作室
已出版(即将出版)图书目录——初等数学

书　　名	出版时间	定　价	编号
阿贝尔恒等式与经典不等式及应用	2018－06	98.00	923
迪利克雷除数问题	2018－07	48.00	930
幻方、幻立方与拉丁方	2019－08	48.00	1092
帕斯卡三角形	2014－03	18.00	294
蒲丰投针问题——从2009年清华大学的一道自主招生试题谈起	2014－01	38.00	295
斯图姆定理——从一道“华约”自主招生试题的解法谈起	2014－01	18.00	296
许瓦兹引理——从一道加利福尼亚大学伯克利分校数学系博士生试题谈起	2014－08	18.00	297
拉姆塞定理——从王诗宬院士的一个问题谈起	2016－04	48.00	299
坐标法	2013－12	28.00	332
数论三角形	2014－04	38.00	341
毕克定理	2014－07	18.00	352
数林掠影	2014－09	48.00	389
我们周围的概率	2014－10	38.00	390
凸函数最值定理:从一道华约自主招生题的解法谈起	2014－10	28.00	391
易学与数学奥林匹克	2014－10	38.00	392
生物数学趣谈	2015－01	18.00	409
反演	2015－01	28.00	420
因式分解与圆锥曲线	2015－01	18.00	426
轨迹	2015－01	28.00	427
面积原理:从常庚哲命的一道CMO试题的积分解法谈起	2015－01	48.00	431
形形色色的不动点定理:从一道28届IMO试题谈起	2015－01	38.00	439
柯西函数方程:从一道上海交大自主招生的试题谈起	2015－02	28.00	440
三角恒等式	2015－02	28.00	442
无理性判定:从一道2014年“北约”自主招生试题谈起	2015－01	38.00	443
数学归纳法	2015－03	18.00	451
极端原理与解题	2015－04	28.00	464
法雷级数	2014－08	18.00	367
摆线族	2015－01	38.00	438
函数方程及其解法	2015－05	38.00	470
含参数的方程和不等式	2012－09	28.00	213
希尔伯特第十问题	2016－01	38.00	543
无穷小量的求和	2016－01	28.00	545
切比雪夫多项式:从一道清华大学金秋营试题谈起	2016－01	38.00	583
泽肯多夫定理	2016－03	38.00	599
代数等式证题法	2016－01	28.00	600
三角等式证题法	2016－01	28.00	601
吴大任教授藏书中的一个因式分解公式:从一道美国数学邀请赛试题的解法谈起	2016－06	28.00	656
易卦——类万物的数学模型	2017－08	68.00	838
“不可思议”的数与数系可持续发展	2018－01	38.00	878
最短线	2018－01	38.00	879
幻方和魔方(第一卷)	2012－05	68.00	173
尘封的经典——初等数学经典文献选读(第一卷)	2012－07	48.00	205
尘封的经典——初等数学经典文献选读(第二卷)	2012－07	38.00	206
初级方程式论	2011－03	28.00	106
初等数学研究(Ⅰ)	2008－09	68.00	37
初等数学研究(Ⅱ)(上、下)	2009－05	118.00	46,47

刘培杰数学工作室
已出版(即将出版)图书目录——初等数学

书　　名	出版时间	定　价	编号
趣味初等方程妙题集锦	2014－09	48.00	388
趣味初等数论选美与欣赏	2015－02	48.00	445
耕读笔记(上卷):一位农民数学爱好者的初数探索	2015－04	28.00	459
耕读笔记(中卷):一位农民数学爱好者的初数探索	2015－05	28.00	483
耕读笔记(下卷):一位农民数学爱好者的初数探索	2015－05	28.00	484
几何不等式研究与欣赏.上卷	2016－01	88.00	547
几何不等式研究与欣赏.下卷	2016－01	48.00	552
初等数列研究与欣赏·上	2016－01	48.00	570
初等数列研究与欣赏·下	2016－01	48.00	571
趣味初等函数研究与欣赏.上	2016－09	48.00	684
趣味初等函数研究与欣赏.下	2018－09	48.00	685
三角不等式研究与欣赏	2020－10	68.00	1197
新编平面解析几何解题方法研究与欣赏	2021－10	78.00	1426
火柴游戏(第2版)	2022－05	38.00	1493
智力解谜.第1卷	2017－07	38.00	613
智力解谜.第2卷	2017－07	38.00	614
故事智力	2016－07	48.00	615
名人们喜欢的智力问题	2020－01	48.00	616
数学大师的发现、创造与失误	2018－01	48.00	617
异曲同工	2018－09	48.00	618
数学的味道	2018－01	58.00	798
数学千字文	2018－10	68.00	977
数贝偶拾——高考数学题研究	2014－04	28.00	274
数贝偶拾——初等数学研究	2014－04	38.00	275
数贝偶拾——奥数题研究	2014－04	48.00	276
钱昌本教你快乐学数学(上)	2011－12	48.00	155
钱昌本教你快乐学数学(下)	2012－03	58.00	171
集合、函数与方程	2014－01	28.00	300
数列与不等式	2014－01	38.00	301
三角与平面向量	2014－01	28.00	302
平面解析几何	2014－01	38.00	303
立体几何与组合	2014－01	28.00	304
极限与导数、数学归纳法	2014－01	38.00	305
趣味数学	2014－03	28.00	306
教材教法	2014－04	68.00	307
自主招生	2014－05	58.00	308
高考压轴题(上)	2015－01	48.00	309
高考压轴题(下)	2014－10	68.00	310
从费马到怀尔斯——费马大定理的历史	2013－10	198.00	Ⅰ
从庞加莱到佩雷尔曼——庞加莱猜想的历史	2013－10	298.00	Ⅱ
从切比雪夫到爱尔特希(上)——素数定理的初等证明	2013－07	48.00	Ⅲ
从切比雪夫到爱尔特希(下)——素数定理100年	2012－12	98.00	Ⅲ
从高斯到盖尔方特——二次域的高斯猜想	2013－10	198.00	Ⅳ
从库默尔到朗兰兹——朗兰兹猜想的历史	2014－01	98.00	Ⅴ
从比勃巴赫到德布朗斯——比勃巴赫猜想的历史	2014－02	298.00	Ⅵ
从麦比乌斯到陈省身——麦比乌斯变换与麦比乌斯带	2014－02	298.00	Ⅶ
从布尔到豪斯道夫——布尔方程与格论漫谈	2013－10	198.00	Ⅷ
从开普勒到阿诺德——三体问题的历史	2014－05	298.00	Ⅸ
从华林到华罗庚——华林问题的历史	2013－10	298.00	Ⅹ

刘培杰数学工作室
已出版(即将出版)图书目录——初等数学

书　　名	出版时间	定　价	编号
美国高中数学竞赛五十讲.第1卷(英文)	2014-08	28.00	357
美国高中数学竞赛五十讲.第2卷(英文)	2014-08	28.00	358
美国高中数学竞赛五十讲.第3卷(英文)	2014-09	28.00	359
美国高中数学竞赛五十讲.第4卷(英文)	2014-09	28.00	360
美国高中数学竞赛五十讲.第5卷(英文)	2014-10	28.00	361
美国高中数学竞赛五十讲.第6卷(英文)	2014-11	28.00	362
美国高中数学竞赛五十讲.第7卷(英文)	2014-12	28.00	363
美国高中数学竞赛五十讲.第8卷(英文)	2015-01	28.00	364
美国高中数学竞赛五十讲.第9卷(英文)	2015-01	28.00	365
美国高中数学竞赛五十讲.第10卷(英文)	2015-02	38.00	366

书　　名	出版时间	定　价	编号
三角函数(第2版)	2017-04	38.00	626
不等式	2014-01	38.00	312
数列	2014-01	38.00	313
方程(第2版)	2017-04	38.00	624
排列和组合	2014-01	28.00	315
极限与导数(第2版)	2016-04	38.00	635
向量(第2版)	2018-08	58.00	627
复数及其应用	2014-08	28.00	318
函数	2014-01	38.00	319
集合	2020-01	48.00	320
直线与平面	2014-01	28.00	321
立体几何(第2版)	2016-04	38.00	629
解三角形	即将出版		323
直线与圆(第2版)	2016-11	38.00	631
圆锥曲线(第2版)	2016-09	48.00	632
解题通法(一)	2014-07	38.00	326
解题通法(二)	2014-07	38.00	327
解题通法(三)	2014-05	38.00	328
概率与统计	2014-01	28.00	329
信息迁移与算法	即将出版		330

书　　名	出版时间	定　价	编号
IMO 50年.第1卷(1959-1963)	2014-11	28.00	377
IMO 50年.第2卷(1964-1968)	2014-11	28.00	378
IMO 50年.第3卷(1969-1973)	2014-09	28.00	379
IMO 50年.第4卷(1974-1978)	2016-04	38.00	380
IMO 50年.第5卷(1979-1984)	2015-04	38.00	381
IMO 50年.第6卷(1985-1989)	2015-04	58.00	382
IMO 50年.第7卷(1990-1994)	2016-01	48.00	383
IMO 50年.第8卷(1995-1999)	2016-06	38.00	384
IMO 50年.第9卷(2000-2004)	2015-04	58.00	385
IMO 50年.第10卷(2005-2009)	2016-01	48.00	386
IMO 50年.第11卷(2010-2015)	2017-03	48.00	646

刘培杰数学工作室
已出版(即将出版)图书目录——初等数学

书　　名	出版时间	定　价	编号
数学反思(2006—2007)	2020—09	88.00	915
数学反思(2008—2009)	2019—01	68.00	917
数学反思(2010—2011)	2018—05	58.00	916
数学反思(2012—2013)	2019—01	58.00	918
数学反思(2014—2015)	2019—03	78.00	919
数学反思(2016—2017)	2021—03	58.00	1286
历届美国大学生数学竞赛试题集.第一卷(1938—1949)	2015—01	28.00	397
历届美国大学生数学竞赛试题集.第二卷(1950—1959)	2015—01	28.00	398
历届美国大学生数学竞赛试题集.第三卷(1960—1969)	2015—01	28.00	399
历届美国大学生数学竞赛试题集.第四卷(1970—1979)	2015—01	18.00	400
历届美国大学生数学竞赛试题集.第五卷(1980—1989)	2015—01	28.00	401
历届美国大学生数学竞赛试题集.第六卷(1990—1999)	2015—01	28.00	402
历届美国大学生数学竞赛试题集.第七卷(2000—2009)	2015—08	18.00	403
历届美国大学生数学竞赛试题集.第八卷(2010—2012)	2015—01	18.00	404
新课标高考数学创新题解题诀窍:总论	2014—09	28.00	372
新课标高考数学创新题解题诀窍:必修1～5分册	2014—08	38.00	373
新课标高考数学创新题解题诀窍:选修2—1,2—2,1—1,1—2分册	2014—09	38.00	374
新课标高考数学创新题解题诀窍:选修2—3,4—4,4—5分册	2014—09	18.00	375
全国重点大学自主招生英文数学试题全攻略:词汇卷	2015—07	48.00	410
全国重点大学自主招生英文数学试题全攻略:概念卷	2015—01	28.00	411
全国重点大学自主招生英文数学试题全攻略:文章选读卷(上)	2016—09	38.00	412
全国重点大学自主招生英文数学试题全攻略:文章选读卷(下)	2017—01	58.00	413
全国重点大学自主招生英文数学试题全攻略:试题卷	2015—07	38.00	414
全国重点大学自主招生英文数学试题全攻略:名著欣赏卷	2017—03	48.00	415
劳埃德数学趣题大全.题目卷.1:英文	2016—01	18.00	516
劳埃德数学趣题大全.题目卷.2:英文	2016—01	18.00	517
劳埃德数学趣题大全.题目卷.3:英文	2016—01	18.00	518
劳埃德数学趣题大全.题目卷.4:英文	2016—01	18.00	519
劳埃德数学趣题大全.题目卷.5:英文	2016—01	18.00	520
劳埃德数学趣题大全.答案卷:英文	2016—01	18.00	521
李成章教练奥数笔记.第1卷	2016—01	48.00	522
李成章教练奥数笔记.第2卷	2016—01	48.00	523
李成章教练奥数笔记.第3卷	2016—01	38.00	524
李成章教练奥数笔记.第4卷	2016—01	38.00	525
李成章教练奥数笔记.第5卷	2016—01	38.00	526
李成章教练奥数笔记.第6卷	2016—01	38.00	527
李成章教练奥数笔记.第7卷	2016—01	38.00	528
李成章教练奥数笔记.第8卷	2016—01	48.00	529
李成章教练奥数笔记.第9卷	2016—01	28.00	530

刘培杰数学工作室
已出版(即将出版)图书目录——初等数学

书　　名	出版时间	定　价	编号
第19～23届"希望杯"全国数学邀请赛试题审题要津详细评注(初一版)	2014—03	28.00	333
第19～23届"希望杯"全国数学邀请赛试题审题要津详细评注(初二、初三版)	2014—03	38.00	334
第19～23届"希望杯"全国数学邀请赛试题审题要津详细评注(高一版)	2014—03	28.00	335
第19～23届"希望杯"全国数学邀请赛试题审题要津详细评注(高二版)	2014—03	38.00	336
第19～25届"希望杯"全国数学邀请赛试题审题要津详细评注(初一版)	2015—01	38.00	416
第19～25届"希望杯"全国数学邀请赛试题审题要津详细评注(初二、初三版)	2015—01	58.00	417
第19～25届"希望杯"全国数学邀请赛试题审题要津详细评注(高一版)	2015—01	48.00	418
第19～25届"希望杯"全国数学邀请赛试题审题要津详细评注(高二版)	2015—01	48.00	419

书　　名	出版时间	定　价	编号
物理奥林匹克竞赛大题典——力学卷	2014—11	48.00	405
物理奥林匹克竞赛大题典——热学卷	2014—04	28.00	339
物理奥林匹克竞赛大题典——电磁学卷	2015—07	48.00	406
物理奥林匹克竞赛大题典——光学与近代物理卷	2014—06	28.00	345

书　　名	出版时间	定　价	编号
历届中国东南地区数学奥林匹克试题集(2004～2012)	2014—06	18.00	346
历届中国西部地区数学奥林匹克试题集(2001～2012)	2014—07	18.00	347
历届中国女子数学奥林匹克试题集(2002～2012)	2014—08	18.00	348

书　　名	出版时间	定　价	编号
数学奥林匹克在中国	2014—06	98.00	344
数学奥林匹克问题集	2014—01	38.00	267
数学奥林匹克不等式散论	2010—06	38.00	124
数学奥林匹克不等式欣赏	2011—09	38.00	138
数学奥林匹克超级题库(初中卷上)	2010—01	58.00	66
数学奥林匹克不等式证明方法和技巧(上、下)	2011—08	158.00	134,135

书　　名	出版时间	定　价	编号
他们学什么:原民主德国中学数学课本	2016—09	38.00	658
他们学什么:英国中学数学课本	2016—09	38.00	659
他们学什么:法国中学数学课本.1	2016—09	38.00	660
他们学什么:法国中学数学课本.2	2016—09	28.00	661
他们学什么:法国中学数学课本.3	2016—09	38.00	662
他们学什么:苏联中学数学课本	2016—09	28.00	679

书　　名	出版时间	定　价	编号
高中数学题典——集合与简易逻辑·函数	2016—07	48.00	647
高中数学题典——导数	2016—07	48.00	648
高中数学题典——三角函数·平面向量	2016—07	48.00	649
高中数学题典——数列	2016—07	58.00	650
高中数学题典——不等式·推理与证明	2016—07	38.00	651
高中数学题典——立体几何	2016—07	48.00	652
高中数学题典——平面解析几何	2016—07	78.00	653
高中数学题典——计数原理·统计·概率·复数	2016—07	48.00	654
高中数学题典——算法·平面几何·初等数论·组合数学·其他	2016—07	68.00	655

刘培杰数学工作室

已出版(即将出版)图书目录——初等数学

书　　名	出版时间	定　价	编号
台湾地区奥林匹克数学竞赛试题.小学一年级	2017－03	38.00	722
台湾地区奥林匹克数学竞赛试题.小学二年级	2017－03	38.00	723
台湾地区奥林匹克数学竞赛试题.小学三年级	2017－03	38.00	724
台湾地区奥林匹克数学竞赛试题.小学四年级	2017－03	38.00	725
台湾地区奥林匹克数学竞赛试题.小学五年级	2017－03	38.00	726
台湾地区奥林匹克数学竞赛试题.小学六年级	2017－03	38.00	727
台湾地区奥林匹克数学竞赛试题.初中一年级	2017－03	38.00	728
台湾地区奥林匹克数学竞赛试题.初中二年级	2017－03	38.00	729
台湾地区奥林匹克数学竞赛试题.初中三年级	2017－03	28.00	730
不等式证题法	2017－04	28.00	747
平面几何培优教程	2019－08	88.00	748
奥数鼎级培优教程.高一分册	2018－09	88.00	749
奥数鼎级培优教程.高二分册.上	2018－04	68.00	750
奥数鼎级培优教程.高二分册.下	2018－04	68.00	751
高中数学竞赛冲刺宝典	2019－04	68.00	883
初中尖子生数学超级题典.实数	2017－07	58.00	792
初中尖子生数学超级题典.式、方程与不等式	2017－08	58.00	793
初中尖子生数学超级题典.圆、面积	2017－08	38.00	794
初中尖子生数学超级题典.函数、逻辑推理	2017－08	48.00	795
初中尖子生数学超级题典.角、线段、三角形与多边形	2017－07	58.00	796
数学王子——高斯	2018－01	48.00	858
坎坷奇星——阿贝尔	2018－01	48.00	859
闪烁奇星——伽罗瓦	2018－01	58.00	860
无穷统帅——康托尔	2018－01	48.00	861
科学公主——柯瓦列夫斯卡娅	2018－01	48.00	862
抽象代数之母——埃米·诺特	2018－01	48.00	863
电脑先驱——图灵	2018－01	58.00	864
昔日神童——维纳	2018－01	48.00	865
数坛怪侠——爱尔特希	2018－01	68.00	866
传奇数学家徐利治	2019－09	88.00	1110
当代世界中的数学.数学思想与数学基础	2019－01	38.00	892
当代世界中的数学.数学问题	2019－01	38.00	893
当代世界中的数学.应用数学与数学应用	2019－01	38.00	894
当代世界中的数学.数学王国的新疆域(一)	2019－01	38.00	895
当代世界中的数学.数学王国的新疆域(二)	2019－01	38.00	896
当代世界中的数学.数林撷英(一)	2019－01	38.00	897
当代世界中的数学.数林撷英(二)	2019－01	48.00	898
当代世界中的数学.数学之路	2019－01	38.00	899

刘培杰数学工作室
已出版(即将出版)图书目录——初等数学

书名	出版时间	定价	编号
105 个代数问题:来自 AwesomeMath 夏季课程	2019—02	58.00	956
106 个几何问题:来自 AwesomeMath 夏季课程	2020—07	58.00	957
107 个几何问题:来自 AwesomeMath 全年课程	2020—07	58.00	958
108 个代数问题:来自 AwesomeMath 全年课程	2019—01	68.00	959
109 个不等式:来自 AwesomeMath 夏季课程	2019—04	58.00	960
国际数学奥林匹克中的 110 个几何问题	即将出版		961
111 个代数和数论问题	2019—05	58.00	962
112 个组合问题:来自 AwesomeMath 夏季课程	2019—05	58.00	963
113 个几何不等式:来自 AwesomeMath 夏季课程	2020—08	58.00	964
114 个指数和对数问题:来自 AwesomeMath 夏季课程	2019—09	48.00	965
115 个三角问题:来自 AwesomeMath 夏季课程	2019—09	58.00	966
116 个代数不等式:来自 AwesomeMath 全年课程	2019—04	58.00	967
117 个多项式问题:来自 AwesomeMath 夏季课程	2021—09	58.00	1409
118 个数学竞赛不等式	2022—08	78.00	1526
紫色彗星国际数学竞赛试题	2019—02	58.00	999
数学竞赛中的数学:为数学爱好者、父母、教师和教练准备的丰富资源.第一部	2020—04	58.00	1141
数学竞赛中的数学:为数学爱好者、父母、教师和教练准备的丰富资源.第二部	2020—07	48.00	1142
和与积	2020—10	38.00	1219
数论:概念和问题	2020—12	68.00	1257
初等数学问题研究	2021—03	48.00	1270
数学奥林匹克中的欧几里得几何	2021—10	68.00	1413
数学奥林匹克题解新编	2022—01	58.00	1430
澳大利亚中学数学竞赛试题及解答(初级卷)1978~1984	2019—02	28.00	1002
澳大利亚中学数学竞赛试题及解答(初级卷)1985~1991	2019—02	28.00	1003
澳大利亚中学数学竞赛试题及解答(初级卷)1992~1998	2019—02	28.00	1004
澳大利亚中学数学竞赛试题及解答(初级卷)1999~2005	2019—02	28.00	1005
澳大利亚中学数学竞赛试题及解答(中级卷)1978~1984	2019—03	28.00	1006
澳大利亚中学数学竞赛试题及解答(中级卷)1985~1991	2019—03	28.00	1007
澳大利亚中学数学竞赛试题及解答(中级卷)1992~1998	2019—03	28.00	1008
澳大利亚中学数学竞赛试题及解答(中级卷)1999~2005	2019—03	28.00	1009
澳大利亚中学数学竞赛试题及解答(高级卷)1978~1984	2019—05	28.00	1010
澳大利亚中学数学竞赛试题及解答(高级卷)1985~1991	2019—05	28.00	1011
澳大利亚中学数学竞赛试题及解答(高级卷)1992~1998	2019—05	28.00	1012
澳大利亚中学数学竞赛试题及解答(高级卷)1999~2005	2019—05	28.00	1013
天才中小学生智力测验题.第一卷	2019—03	38.00	1026
天才中小学生智力测验题.第二卷	2019—03	38.00	1027
天才中小学生智力测验题.第三卷	2019—03	38.00	1028
天才中小学生智力测验题.第四卷	2019—03	38.00	1029
天才中小学生智力测验题.第五卷	2019—03	38.00	1030
天才中小学生智力测验题.第六卷	2019—03	38.00	1031
天才中小学生智力测验题.第七卷	2019—03	38.00	1032
天才中小学生智力测验题.第八卷	2019—03	38.00	1033
天才中小学生智力测验题.第九卷	2019—03	38.00	1034
天才中小学生智力测验题.第十卷	2019—03	38.00	1035
天才中小学生智力测验题.第十一卷	2019—03	38.00	1036
天才中小学生智力测验题.第十二卷	2019—03	38.00	1037
天才中小学生智力测验题.第十三卷	2019—03	38.00	1038

刘培杰数学工作室

已出版(即将出版)图书目录——初等数学

书　名	出版时间	定　价	编号
重点大学自主招生数学备考全书:函数	2020—05	48.00	1047
重点大学自主招生数学备考全书:导数	2020—08	48.00	1048
重点大学自主招生数学备考全书:数列与不等式	2019—10	78.00	1049
重点大学自主招生数学备考全书:三角函数与平面向量	2020—08	68.00	1050
重点大学自主招生数学备考全书:平面解析几何	2020—07	58.00	1051
重点大学自主招生数学备考全书:立体几何与平面几何	2019—08	48.00	1052
重点大学自主招生数学备考全书:排列组合・概率统计・复数	2019—09	48.00	1053
重点大学自主招生数学备考全书:初等数论与组合数学	2019—08	48.00	1054
重点大学自主招生数学备考全书:重点大学自主招生真题.上	2019—04	68.00	1055
重点大学自主招生数学备考全书:重点大学自主招生真题.下	2019—04	58.00	1056
高中数学竞赛培训教程:平面几何问题的求解方法与策略.上	2018—05	68.00	906
高中数学竞赛培训教程:平面几何问题的求解方法与策略.下	2018—06	78.00	907
高中数学竞赛培训教程:整除与同余以及不定方程	2018—01	88.00	908
高中数学竞赛培训教程:组合计数与组合极值	2018—04	48.00	909
高中数学竞赛培训教程:初等代数	2019—04	78.00	1042
高中数学讲座:数学竞赛基础教程(第一册)	2019—06	48.00	1094
高中数学讲座:数学竞赛基础教程(第二册)	即将出版		1095
高中数学讲座:数学竞赛基础教程(第三册)	即将出版		1096
高中数学讲座:数学竞赛基础教程(第四册)	即将出版		1097
新编中学数学解题方法 1000 招丛书. 实数(初中版)	2022—05	58.00	1291
新编中学数学解题方法 1000 招丛书. 式(初中版)	2022—05	48.00	1292
新编中学数学解题方法 1000 招丛书. 方程与不等式(初中版)	2021—04	58.00	1293
新编中学数学解题方法 1000 招丛书. 函数(初中版)	2022—05	38.00	1294
新编中学数学解题方法 1000 招丛书. 角(初中版)	2022—05	48.00	1295
新编中学数学解题方法 1000 招丛书. 线段(初中版)	2022—05	48.00	1296
新编中学数学解题方法 1000 招丛书. 三角形与多边形(初中版)	2021—04	48.00	1297
新编中学数学解题方法 1000 招丛书. 圆(初中版)	2022—05	48.00	1298
新编中学数学解题方法 1000 招丛书. 面积(初中版)	2021—07	28.00	1299
新编中学数学解题方法 1000 招丛书. 逻辑推理(初中版)	2022—06	48.00	1300
高中数学题典精编. 第一辑. 函数	2022—01	58.00	1444
高中数学题典精编. 第一辑. 导数	2022—01	68.00	1445
高中数学题典精编. 第一辑. 三角函数・平面向量	2022—01	68.00	1446
高中数学题典精编. 第一辑. 数列	2022—01	58.00	1447
高中数学题典精编. 第一辑. 不等式・推理与证明	2022—01	58.00	1448
高中数学题典精编. 第一辑. 立体几何	2022—01	58.00	1449
高中数学题典精编. 第一辑. 平面解析几何	2022—01	68.00	1450
高中数学题典精编. 第一辑. 统计・概率・平面几何	2022—01	58.00	1451
高中数学题典精编. 第一辑. 初等数论・组合数学・数学文化・解题方法	2022—01	58.00	1452

联系地址:哈尔滨市南岗区复华四道街 10 号　哈尔滨工业大学出版社刘培杰数学工作室

网　　址:http://lpj.hit.edu.cn/

邮　　编:150006

联系电话:0451—86281378　　13904613167

E-mail:lpj1378@163.com